Lehrbuch Medizinische Mikrobiologie

Mit Beiträgen von

R. Bollmann, G. Döller,
P. C. Döller, E. Halle, R. Hammann,
W. R. Heizmann, W. Presber,
G. Schmidt, H. Werner, M. H. Wolff

Medizinische Mikrobiologie

mit Repetitorium

Herausgegeben von H. Werner

W DE G

Walter de Gruyter
Berlin · New York 1992

Prof. Dr. med. H. Werner
Direktor der Abt. für
Medizinische Mikrobiologie
Hygiene-Institut
Universität Tübingen
Silcherstr. 7
W-7400 Tübingen

Dieses Buch enthält 180 Abbildungen und 65 Tabellen

Die Deutsche Bibliothek – CIP Einheitsaufnahme

Medizinische Mikrobiologie mit Repetitorium / hrsg. von H. Werner. [Mit Beitr. von R. Bollmann ...]. – Berlin ; New York : de Gruyter, 1992
(De-Gruyter-Lehrbuch)
ISBN 3-11-012066-6
NE: Werner, Herbert [Hrsg.]

Printed in Germany
Didaktisches Konzept: Dr. U. Herzfeld, Gaiberg
Typografie: D. Plake, Berlin
Zeichnungen: Folke Lindenblatt, Ebergötzen
Umschlagentwurf: Rudolf Hübler, Berlin
Satz und Druck: INTERDRUCK Leipzig GmbH
Papier: Terraprint seidenmatt plus – ein Feldmühle-Erzeugnis
Bindung: Lüderitz & Bauer GmbH, Berlin

Vorwort

Im Rahmen der ärztlichen Tätigkeit nimmt die Medizinische Mikrobiologie durch die Laboratoriumsdiagnostik der Infektionskrankheiten an der mittelbaren Patientenversorgung teil; sie ist dabei auf Kooperation mit allen klinischen Fächern angelegt.

Als Lehr- und Prüfungsfach besteht die Medizinische Mikrobiologie aus Bakteriologie mit allgemeiner Infektionslehre und Chemotherapie, Mykologie, Parasitologie, Virologie und Immunologie.

Der vielleicht größte Innovationsschub im Bereich von Ätiologie, Pathogenese und Diagnostik der Infektionskrankheiten kam in den letzten Jahren von seiten der molekularen Genetik. Bei zahlreichen bakteriellen Erregern hat die Analyse der DNA-Homologie Einblicke in zuvor unbekannte phylogenetische – und damit taxonomische – Zusammenhänge ermöglicht. Als terminologische (nomenklatorische) Konsequenz ergaben sich zahlreiche neue Spezies und Gattungsnamen. Als moderne Konzeption im Bereich der höheren Taxa verdient die neueste Einteilung des Bakterienreiches in vier Divisionen, die für medizinische Zwecke den gramnegativen Bakterien, den grampositiven Bakterien, den zellwandlosen Bakterien und den Archäobakterien entsprechen, Beachtung. Die Diagnostik, insbesondere der Nachweis schwerzüchtbarer Erreger, wird durch den zunehmenden Einsatz von DNA-Sonden und verwandten Techniken revolutioniert. Weitere eindrucksvolle Fortschritte wurden mit Hilfe der Molekularbiologie, z. B. bei der Aufklärung von Toxinwirkungsmechanismen, Pathogenitätsfaktoren, antigeninduzierten Zellinteraktionen und Mechanismen der Viruspathogenese, erzielt.

Als systematisch aufgebautes Lehrfach bietet die Medizinische Mikrobiologie die Grundlagen der diagnostischen und therapeutischen Betreuung von Patienten mit Infektionskrankheiten. Der klinische Alltag fordert vom Arzt vielfach in erster Linie organbezogenes Vorgehen. Je nach beteiligtem klinischem Fach stehen unterschiedliche Erreger im Vordergrund; daher liegt der Akzent auf unterschiedlichen Diagnostikverfahren. Als diagnostische Herausforderung zuvor unbekannter Amplitude hat sich in den letzten Jahren der abwehrgeschwächte Patient erwiesen: Gesucht wird hier der Erreger **vor** der klinischen Krankheitsmanifestation. Diese Aufgabe bedingt angesichts der großen Zahl opportunistischer, potentiell gefährlicher Erreger einen sehr hohen diagnostischen Aufwand. Als vorläufig letzte Entwicklung ist die Analyse der mikrobiellen Restpopulationen beim antibiotisch dekontaminierten abwehrgeschwächten Patienten zu betrachten.

Im Rahmen dieses Lehrbuches wurden Indikationen und Kontraindikationen von Tierversuchen bei zahlreichen Erregern herausgestellt. Die Henle-Koch-Postulate, vor mehr als 100 Jahren in der geistigen Auseinandersetzung mit der Urzeugungslehre formuliert, nach denen ätiologisch angeschuldigte, aus dem erkrankten Menschen in Reinkultur isolierte Erreger im Tierversuch das gleiche Krankheitsbild erzeugen müssen, ließen sich von Robert Koch und seinen Schülern nur bei einzelnen Krankheiten wie der Tuberkulose, nicht jedoch bei Keuchhusten, Diphtherie, Weichem Schanker u. a. erfüllen. Ätiologische Aufklärung von speziell an den Menschen angepaßten exogenen Infektionskrankheiten und von endogenen Infektionen des Menschen darf nicht primär von Tierversuchen erwartet werden.

In dem Bestreben, das Wesentliche darzustellen und neueste Entwicklungen zu berücksichtigen, profitierten Autoren und Herausgeber von Hinweisen und Ratschlägen zahlreicher Fachkollegen im In- und Ausland. Ganz beson-

derer Dank gebührt Herrn Professor H.-J. Gerth, Tübingen, für Beratung in virologischen Fragen.
Die Hauptlast bei der Manuskripterstellung hatte in unserer Tübinger Arbeitsgruppe Frau Gertrud Eichmüller zu tragen.

Dem De Gruyter Verlag, insbesondere Herrn Dr. Radke und Herrn Dr. Herzfeld, ist die Anregung dafür zu danken, die Medizinische Mikrobiologie in Form eines Lehrbuches mit parallel laufendem Repetitorium zu bearbeiten. Die Autoren, welche sich noch vor der Wiedervereinigung zu einer deutsch-deutschen Gemeinschaftsaktion zusammenfanden, stellten sich die Aufgabe, die einzelnen Gebiete der Medizinischen Mikrobiologie in Anlehnung an den Gegenstandskatalog für den ersten Abschnitt der Ärztlichen Prüfung darzustellen und neuere Aspekte nach Möglichkeit zu berücksichtigen.

Möge sich das vorliegende Lehrbuch für Medizinstudium und ärztlichen Beruf als nützlicher Ratgeber erweisen.

Tübingen, im September 1991 — Der Herausgeber

Anschriftenverzeichnis der Autoren

Bollmann, Renate, Dr.
Medizinische Fakultät (Charité)
der Humboldt-Universität zu Berlin
Institut für Mikrobiologie
Clara-Zetkin-Str. 96
O-1040 Berlin

Döller, Gabriele, Dr. rer. nat.
Beckmannweg 26
W-7400 Tübingen

Döller, P. C., Dr. rer. nat. Dr. med.
Beckmannweg 26
W-7400 Tübingen

Halle, Elke, Dr.
Medizinische Fakultät (Charité)
der Humboldt-Universität zu Berlin
Institut für Mikrobiologie
Clara-Zetkin-Str. 96
O-1040 Berlin

Hammann, R., PD. Dr. rer. nat.
Becton Dickinson GmbH
Mikrobiologisches Labor
Tullastr. 8–12
W-6900 Heidelberg

Heizmann, W. R., PD Dr. med.
Trollinger Str. 3
W-7151 Affalterbach

Presber, W., Prof. Dr. sc. med.
Medizinische Fakultät (Charité)
der Humboldt-Universität zu Berlin
Institut für Mikrobiologie
Clara-Zetkin-Str. 96
O-1040 Berlin

Schmidt, G., Prof. Dr. sc. med.
Städt. Krankenhaus Holweide
Zentrallabor
Neufelder Str. 32
W-5000 Köln 80

Werner, H., Prof. Dr. med.
Abteilung für Medizinische Mikrobiologie
Hygiene-Institut
Universität Tübingen
Silcherstr. 7
W-7400 Tübingen

Wolff, M. H., Prof. Dr. rer. nat.
Institut für Mikrobiologie und Virologie
der Universität Witten/Herdecke
Medizinische Fakultät
Stockumer Str. 10
W-5810 Witten-Annen

Inhaltsverzeichnis

III Mykologie

(H. Werner)

IV Virologie

V Medizinische Parasitologie

(W. Presber)

VI Immunologie

(W. R. Heizmann)

I Bakteriologie – Allgemeiner Teil –

Bakteriologie
– Allgemeiner Teil –

1 Morphologie

R. Hammann

Morphologie

1.1 Definitionen und Vorbemerkungen

Definitionen

Lebewesen, bei denen aufgrund ihrer geringen Größe das Einzelindividuum nur mit mikroskopischen Methoden sichtbar ist, werden als **Mikroorganismen** bezeichnet. Dieser Begriff entspricht dem der **Protisten**, die man den Pflanzen und Tieren gegenüberstellt. Das Reich der Protisten kann untergliedert werden in die *höheren Protisten* (das sind mikroskopisch kleine Pilze und Algen sowie Protozoen) und die *niederen Protisten* (das sind Bakterien und Zyanobakterien). **Höhere Protisten** ähneln bezüglich ihrer Zellstruktur den Pflanzen und Tieren; sie sind wie diese **Eukaryonten.** Bei ihnen ist die Tendenz zur Bildung von Geweben, gewebeähnlichen Zellverbänden oder vielzelligen Individuen wesentlich ausgeprägter als bei den **niederen Protisten**, die aufgrund ihres abweichenden Zellaufbaus als **Prokaryonten** (= Bakterien und Zyanobakterien) bezeichnet werden.

Mikroorganismen = Protisten
Einzelindividuum nur mikroskopisch sichtbar
Protisten: Bakterien, mikroskopisch kleine Pilze und Algen sowie Protozoen
höhere Protisten = **Eukaryonten**
niedere Protisten = **Prokaryonten**: Bakterien und Zyanobakterien

1.1.1 Unterschiede zwischen Prokaryonten und Eukaryonten

Die prokaryotische Zelle ist, verglichen mit der eukaryotischen Zelle, relativ einfach gebaut. Während das **genetische Material** *(Genom)* der Eukaryonten in Form von *Chromosomen* organisiert ist, die aus Desoxyribonukleinsäure (DNA) und Histonen bestehen, ist das *Genom* der Prokaryonten ein *ringförmiges DNA-Molekül* („Bakterienchromosom"). Die Chromosomen der Eukaryonten liegen in einem membranumhüllten Zellkern (= Nukleus oder Karyon) vor; den Prokaryonten fehlt der *membranumhüllte Zellkern*; die DNA liegt frei im Zytoplasma. Den Prokaryonten fehlen die bei Eukaryonten stets vorhandenen *Mitochondrien.* Die prokaryotischen *Ribosomen* sind kleiner als die eukaryotischen. Prokaryotische *Geißeln* (= Flagellen) weisen im Querschnitt nicht das bei Eukaryonten übliche 9 + 2-Mikrofibrillenmuster auf. Mit Ausnahme der Mykoplasmen sind die Bakterien von einer gestaltgebenden **Zellwand** umhüllt. Diese besteht bei den Eubakterien aus *Murein* (= Peptidoglykan), bei den Archaebakterien aus anderen Heteropolymeren. Bei Eukaryonten existiert eine Zellwand nur im Reich der Pflanzen; sie ist dort meist aus *Zellulose* (grüne Pflanzen, viele Pilze) oder aus *Chitin* (einige Pilze) zusammengesetzt; tierische Zellen besitzen keine Zellwand.
Die *Prokaryonten* sind morphologisch relativ wenig differenziert; sie sind *meist einzellig* oder bestehen, seltener, aus wenigen aneinandergereihten Zellen, von denen jede ihre volle Eigenständigkeit behält. Da die Zyanobakterien medizinisch gesehen keinerlei Bedeutung haben, beschränkt sich die folgende Darstellung auf die Bakterien.
Eine Sonderstellung nehmen die *Viren* ein: Sie weisen *keinerlei eigenen Stoffwechsel* und *keine zelluläre Struktur* auf und können daher außerhalb ihrer homologen Wirtszellen als tote Makromoleküle bezeichnet werden.

Unterschiede zwischen Prokaryonten und Eukaryonten:
Chromosomen der Eukaryonten:
- bestehen aus DNA und Histonen
- liegen in membranumhülltem Zellkern (Nukleus)

„Bakterienchromosom" = Nukleoid:
- ringförmiges DNA-Molekül
- ohne Membranumhüllung

Bakterienzelle: keine Mitochondrien
Bakterielle Ribosomen: kleiner als die der Eukaryonten

Zellwand
- Bakterien: *Murein* (= Peptidoglykan)
- Eukaryonten (nur Pflanzen und Pilze): *Zellulose* (bzw. Zellulose oder Chitin)
- tierische Zelle: *ohne* Zellwand

Zellwand der Bakterien besteht aus: *Murein* (= Peptidoglykan)
Zellwand der Eukaryonten (nur Pflanzen und Pilze) besteht aus: Zellulose bzw. Zellulose oder Chitin; tierische Zelle: ohne Zellwand
Prokaryotische Zelle: weniger differenziert als die eukaryotische

Sonderstellung der Viren:
- keine zelluläre Struktur
- kein eigener Stoffwechsel

Größe und Form der Bakterienzelle

1.2 Größe und Form der Bakterienzelle

Die **Form der Bakterienzelle** wird meist durch die recht starre Zellwand festgelegt. Der Gestalt nach lassen sich die Bakterien bis auf wenige Ausnahmen von der Kugel, dem Zylinder und dem gebogenen Zylinder ableiten (Abb. 1-1).

Größe der Bakterienzelle
- Stäbchen (Zylinderform) ca. 1 µm breit, ca. 5–10 µm lang
- Kokken (Kugelbakterien) ca. 0,5 µm Durchmesser
- Spirochäten (Schraubenbakterien) ca. 0,1 µm breit, ca. 20 µm lang
- Fadenförmige Bakterien (z. B. Streptomyces): z. T. wesentlich länger als 20 µm

Stäbchenförmige Bakterienzellen sind 1 bis 1,5 µm breit und 5 bis 10 µm lang. Der Durchmesser von **Kokken** (Kugelbakterien) beträgt etwa 0,5 µm. **Spirochäten** (Schraubenbakterien) sind bis zu 20 µm lang, aber nur etwa 0,1 µm breit. **Fadenförmig wachsende Bakterien** aus der Gattung Streptomyces können noch wesentlich länger als 20 µm sein; sie unterscheiden sich von fadenförmig wachsenden Pilzen hauptsächlich durch die geringere Breite.

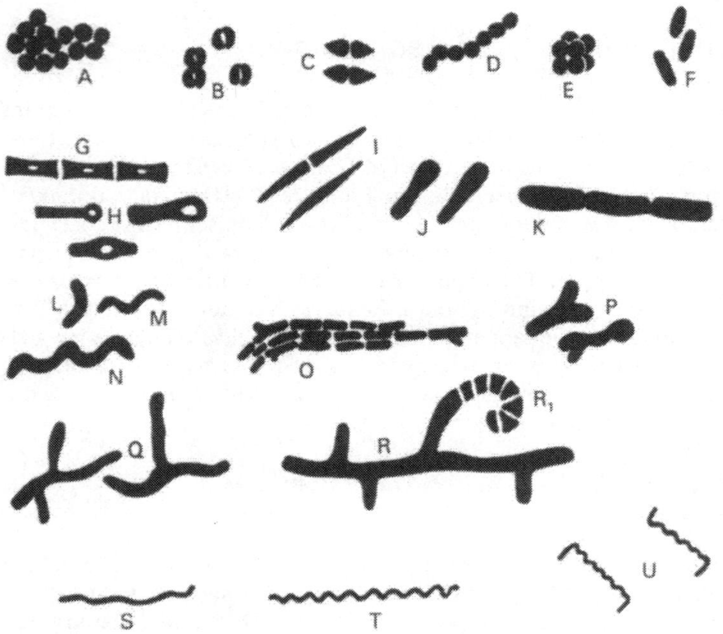

Abb. 1-1: Schematische Darstellung der verschiedenen Bakterienformen
A-E: Kokken; A = Trauben- oder Haufenkokken – Staphylococcus; B = Diplokokken (Semmelform) – Neisseria; C = Diplokokken (Lanzettform) – Streptococcus pneumoniae; D = Kettenkokken – Streptococcus pyogenes; E = Paketkokken – Micrococcus.
F-R: Stäbchen; F = Enterobacteriaceae; G = sporenbildende Stäbchen in Ketten – Bacillus anthracis; H = verschiedene andere sporenbildende Stäbchen – Clostridium-Arten; I = fusiforme Stäbchen – Fusobacterium; J = keulenförmige Stäbchen – Corynebacterium diphtheriae; K = Stäbchen in Ketten – Lactobacillus; L = kommaförmig gebogene Stäbchen – Vibrio cholerae; M = komma- bis S-förmig gebogene Stäbchen – Campylobacter; N = schraubenförmige Stäbchen – Spirillum; O = Stäbchen mit Ansätzen von Verzweigungen – Mycobacterium; P = Zellform von Bifidobacterium; Q = stärker verzweigte Stäbchen – Actinomyces; R = myzelartiges Wachstum mit Konidiosporenbildung (R_1)–Streptomyces.
S-U: Spirochäten; S = Treponema; T = Borrelia; U = Kleiderbügelform – Leptospira.

Kokken

1.2.1 Kokken

Anordnung der Zellen:
- Kettenbildung: Streptococcus
- trauben- oder haufenförmige Lagerung: Staphylococcus

Kugelige oder eiförmige Bakterienzellen bezeichnet man als Kokken (s. Abb. 1-1). Nach der Zellteilung bleiben die Zellen oft in charakteristischer Form aneinander hängen, so daß in einigen Fällen schon anhand eines gefärbten Ausstrichpräparates eine vorläufige Diagnose möglich ist: In der Gattung **Streptococcus** kommt es oft zu einer *ketten- oder perlschnurartigen Aneinanderreihung der Zellen*; bei **Staphylococcus** findet man häufig eine *trauben- oder haufenförmige Anordnung*. Eine *paarweise Anordnung zu Diplokokken*, die einer *Semmelform* ähnelt, ist für **Neisserien** typisch; *Diplokokken von lanzettförmiger Gestalt* findet man oft bei **Streptococcus pneumoniae**. Eine *paketförmige*, regelmäßige *Lagerung* in Bündeln von vier, acht oder mehr Zellen ist für **Micrococcus** (= „Sarcina") typisch.

- paarweise Lagerung: Diplokokken
- Semmelform: Neisseria-Arten
- Lanzettform: Streptococcus pneumoniae
- paketförmige Lagerung: Micrococcus

1.2.2 Stäbchen

Gerade, regelmäßige Stäbchen (s. Abb. 1-1) findet man z. B. in den Gattungen **Lactobacillus, Bacillus** sowie in der Familie der **Enterobacteriaceae** (z. B. E. coli). Manche stäbchenförmige Bakterien weisen runde, andere kantige oder zugespitzte Zellenden (Fusobacterium) auf. Bei Corynebacterium sind die Zellenden angeschwollen (Keulenform).
In den endosporenbildenden Gattungen Bacillus und Clostridium ist die sporulierende Zelle oftmals ebenfalls aufgetrieben. Die Lage der Spore in der Zelle wird hier vielfach als taxonomisches Merkmal genutzt.
Gebogene Stäbchen findet man in der Gattung **Vibrio**. Auch stäbchenförmige Bakterien können einzeln, paarweise oder in Ketten vorkommen.
Ansätze zu Verzweigungen der Zelle findet man in den Gattungen **Mycobacterium** und Bifidobacterium.
Stärkere Verzweigungen treten bei Actinomyces auf. Echte Verzweigungen und fadenförmiges (= myzelartiges) Wachstum sind für die Gattung Streptomyces typisch. Hier erfolgt auch Konidiosporenbildung.

Stäbchen
- gerade, regelmäßig, z. B. Lactobacillus, Bacillus, E. coli
- zugespitzte Zellenden: Fusobacterium

- mit Endosporen: Bacillus, Clostridium

- gebogene Stäbchen: Vibrio

1.2.3 Schraubenförmige Bakterien

Prinzipiell leiten sich auch die schraubenförmigen Bakterien (s. Abb. 1-1) von der zylindrischen Grundform ab, doch ist bei ihnen der Zylinder mehrfach gebogen, also schraubenförmig (= helikal). Bei der Gattung **Spirillum** ist die *Schraube starr*, bei den **Spirochäten** (z. B. Gattungen Borrelia, Treponema) *flexibel*. Letztere können Roll- und Abknickbewegungen ausführen.

Schraubenförmige Bakterien
Spirillen: starr
Spirochäten: flexibel

1.2.4 Gestaltänderung durch äußere Einflüsse

Die Zellform ist genetisch weitgehend vorbestimmt. Durch verschiedene Einflüsse, z. B. suboptimales Medium, Anhäufung toxischer Stoffwechselprodukte im Medium oder die *Einwirkung von Antibiotika*, kann es zu Veränderungen der Gestalt kommen. Häufig findet man unter derartigen Milieubedingungen fadenartige Zellen, Zellen mit blasenartigen Auftreibungen und gelegentlich, besonders bei Stäbchenbakterien, eine mehr oder weniger stark ausgeprägte Abrundung (Involutionsformen). Besonders bei der Einwirkung bestimmter, auf die Zellwandsynthese wirksamer Antibiotika kommt es auch zur Bildung von sog. **L-Formen**, die meist auf ihrer gesamten Oberfläche keine Zellwand mehr aufweisen. Sie neigen, ähnlich wie die stets zellwandlosen **Mykoplasmen**, in ihrer Zellform zur Vielgestaltigkeit (Pleomorphie).

Gestaltänderung durch äußere Einflüsse
z. B. durch Einwirkung von Antibiotika
→ Bildung von sog. L-Formen (weisen keine Zellwand auf)

1.3 Struktur und Funktion der Bakterienzelle

Struktur und Funktion der Bakterienzelle

⇦

Die Bakterienzelle besteht, von außen nach innen, aus folgenden Teilen (Abb. 1-2):
- Zellwand,
- Zytoplasmamembran,
- Zytoplasma mit Ribosomen, gelegentlich anderen Einschlüssen und
- Bakterienchromosom (= Nukleoid).

Zellwand und Zytoplasmamembran zusammen werden auch als Zellhülle (envelope) bezeichnet. Diese ist grundsätzlich bei grampositiven und gramnegativen Bakterien unterschiedlich strukturiert.

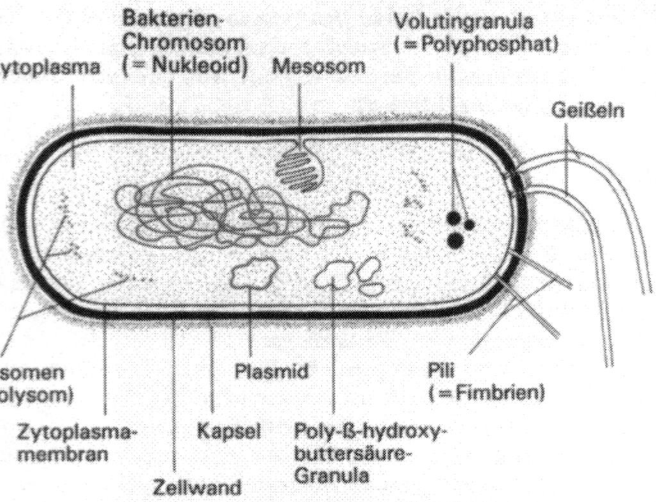

Abb. 1-2: Schematisches Längsschnittbild einer Bakterienzelle. Die hier dargestellte Zellwandstruktur entspricht der einer grampositiven Zelle.

Bakterienchromosom

1.3.1 Das Bakterienchromosom

Der zytologische Nachweis des Bakterienchromosoms (= Nukleoid) unter Verwendung des Lichtmikroskopes ist mit der *Feulgenschen Nuklealreaktion* möglich, die den Bereich des Bakterienchromosoms in der Zelle spezifisch anfärbt. In elektronenmikroskopischen Aufnahmen von Dünnschnitten tritt der Kernbereich nach entsprechender Fixierung als weniger elektronendichter Bereich mit fädiger Strukturierung in Erscheinung. Eine *Membranstruktur* zwischen Zytoplasma und Kernbereich ist bei Bakterien *nicht nachweisbar.* Mit Hilfe autoradiographischer Methoden konnte nachgewiesen werden, daß das Chromosom aus DNA besteht und z.B. bei E. coli als etwa 1 mm langer, an den Enden geschlossener Faden vorliegt. Näheres wird im Abschnitt „Genetik“ (Kap. I.6) besprochen. Neben diesem Bakterienchromosom können in der Bakterienzelle noch weitere, meist wesentlich kleinere DNA-Elemente von gleicher Struktur vorkommen, die als *Plasmide* bezeichnet werden und die der Bakterienzelle zusätzliche Eigenschaften verleihen (z.B. Antibiotikaresistenz). Auch die Plasmide werden im Abschnitt „Genetik“ genauer besprochen.

- ist nicht von Membran umhüllt
- besteht aus DNA;
- ist ca. 1 mm langer, an den Enden geschlossener Faden (= Ring);
- zusätzlich kleinere DNA-Moleküle (nicht obligatorisch): Plasmide

1.3.2 Zytoplasma

Zytoplasma enthält:
- Proteine
- lösliche RNA (Ribonukleinsäure)
- Salze
- Stoffwechselprodukte
- Wasser

Das Zytoplasma wird nach außen hin durch die Zytoplasmamembran begrenzt. In ihm sind alle partikulären Zelleinschlüsse einschließlich des Bakterienchromosoms eingebettet. Es enthält Proteine (darunter zahlreiche Enzyme), lösliche RNA (= Ribonukleinsäure), Salze, Stoffwechselprodukte und Wasser.

1.3.3 Ribosomen

Ribosomen: Orte der Proteinsynthese

Die Ribosomen sind die *Orte der Proteinsynthese* (s. Kap. „Genetik“). Sie haben partikuläre Struktur und messen etwa 16 × 18 nm. Bakterielle Ribosomen sedimentieren bei der Ultrazentrifugation mit einem Sedimentationskoeffizienten von 70 Svedberg-Einheiten und werden daher als **70 S-Ribosomen** bezeichnet. Die bei Eukaryonten im Zytoplasma vorkommenden Ribosomen sind größer und werden als **80 S-Ribosomen** bezeichnet.

bakterielle Ribosomen: 70 S

Eukaryotische Ribosomen: 80 S

Die Unterschiede in der Größe von eukaryotischen und prokaryotischen Ribosomen spiegeln sich offensichtlich auch in ihrer Struktur und Funktion wider. Viele Antibiotika, die mit der Proteinsynthese interferieren, z. B. Aminoglykoside, Tetrazykline, Chloramphenicol und Erythromycin, wirken nur auf 70 S-Ribosomen und verschonen die Proteinsynthese der (eukaryotischen) Wirtszelle weitgehend.

Ribosomen → zwei Untereinheiten

Ribosomen bestehen aus zwei Untereinheiten, deren Sedimentationsge-

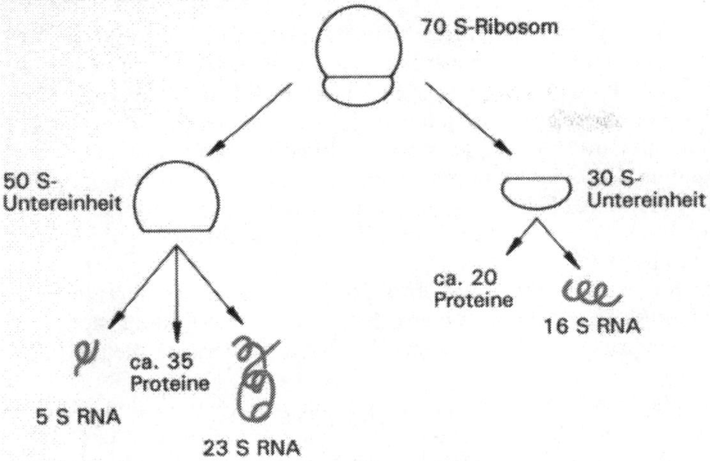

Abb. 1-3: Aufbau der bakteriellen Ribosomen (Erklärung s. Text).

schwindigkeit beim prokaryotischen Ribosom bei 50 S bzw. 30 S liegt. Beide Untereinheiten bestehen aus ribosomaler Ribonukleinsäure (rRNA) und verschiedenen Proteinen (Abb. 1-3). Die in den eukaryotischen Mitochondrien vorhandenen Ribosomen gleichen hinsichtlich der Größe und Struktur denen der Bakterien. Je nach Syntheseleistung und Wachstumszustand enthält eine Bakterienzelle zwischen 5 000 und 50 000 Ribosomen. Oft sind die Ribosomen perlschnurartig an Strängen von messenger-RNA aufgereiht. Solche Ribosomen werden als **Polysomen** oder Polyribosomen bezeichnet.

Pro Zelle: 5 000 bis 50 000 Ribosomen

1.3.4 Zytoplasmamembran

Zytoplasmamembran

Im elektronenmikroskopischen Bild von fixierten Ultradünnschnitten stellt sich die Membran *zweischichtig* dar: Zwei dunkle Schichten von ca. 2–3 nm Dicke werden durch eine hellere Schicht von 4–5 nm getrennt. Da der Aufbau der Bakterienmembran derjenigen von höheren Organismen (Pflanzen und Tieren) prinzipiell gleicht, spricht man auch von einer **Elementarmembran**.

(→ Elementarmembran)

Die Zytoplasmamembran ist eine *physiologische Barriere*; sie ist die osmotisch wirksame Schranke und *kontrolliert den Stoffein- und -austritt.*

Physiologische Barriere, sie kontrolliert Stoffein- und -austritt.

In ihrer Zusammensetzung besteht die Zytoplasmamembran (Abb. 1-4) aus **Proteinen** und **Lipiden**. Die Lipide stellen die *Grundsubstanz* (= Matrix) der Membran dar. Sie sind in einer Doppelschicht reihenförmig aneinandergelagert. Die hydrophoben Enden der Phospholipide und Triglyzeride weisen nach innen, die hydrophilen „Köpfe" nach außen. Die Membranschichten werden durch elektrostatische Wechselwirkungen (Kopfende) und hydrophobe Wechselwirkungen zwischen den Fettsäureketten stabilisiert.

In diese Lipidmatrix sind zahlreiche **Proteine** eingelagert, die ganz oder teilweise in diese eintauchen (= integrale Proteine) oder als periphere Proteine an sie angelagert sind. Die meisten dieser Proteine haben *Enzym- oder Transportfunktion* (s. u.). **Bakterielle Membranen** sind im Gegensatz zu denen eu-

Sie besteht aus:
- Lipiden (Matrix) und
- Proteinen (Enzym- und Transportfunktion).

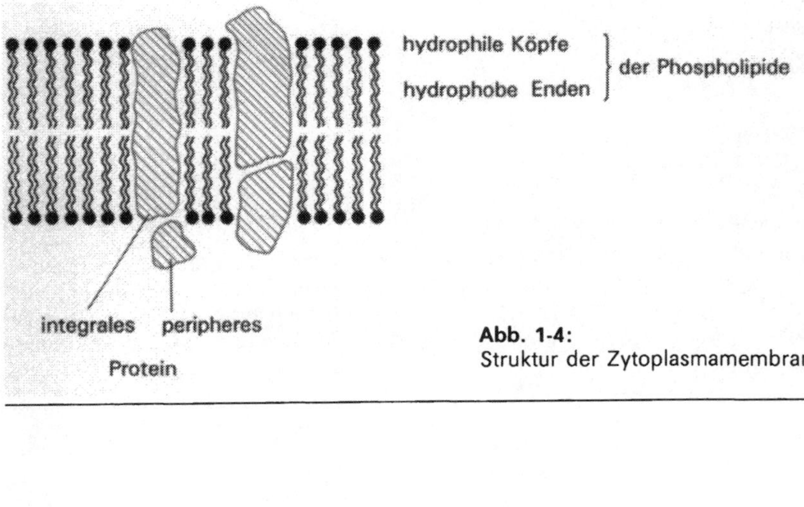

Abb. 1-4:
Struktur der Zytoplasmamembran.

karyotischer Organismen **sterinfrei**. Polyenantibiotika (z. B. Nystatin, Amphotericin) verändern die Permeabilität der sterinhaltigen Membranen. Sie sind daher gegen Pilze, nicht aber gegen Bakterien wirksam. Strukturell gesehen, ist die Membran ein plastisches, halbflüssiges Gebilde, das einerseits die Zelle umgibt und andererseits häufig Einstülpungen und Fältelungen aufweist und das Zytoplasma durchziehen kann. Derartige Einstülpungen erkennt man besonders häufig bei grampositiven Bakterien, die gerade in Zellteilung begriffen sind. Man bezeichnet diese Membrankörper als **Mesosomen** (s. Abb. 1-2).

Bei manchen Bakterien findet man im Zytoplasma flache Membranlamellenpakete, die teilweise mit der Zytoplasmamembran in Verbindung stehen. Sie dienen der Vergrößerung der inneren Oberfläche und tragen membranständige Enzymsysteme.

Bei Bakterien: Sitz der Komponenten des Elektronentransports und der Enzyme für Zellwandsynthese

Die bakterielle Zytoplasmamembran enthält auch die Enzyme und alle anderen *Komponenten des Elektronentransports* (Zytochrome, Eisen-Schwefelproteine usw.), die der *Energiegewinnung* (ATP-Synthese) der Zelle dienen (s.

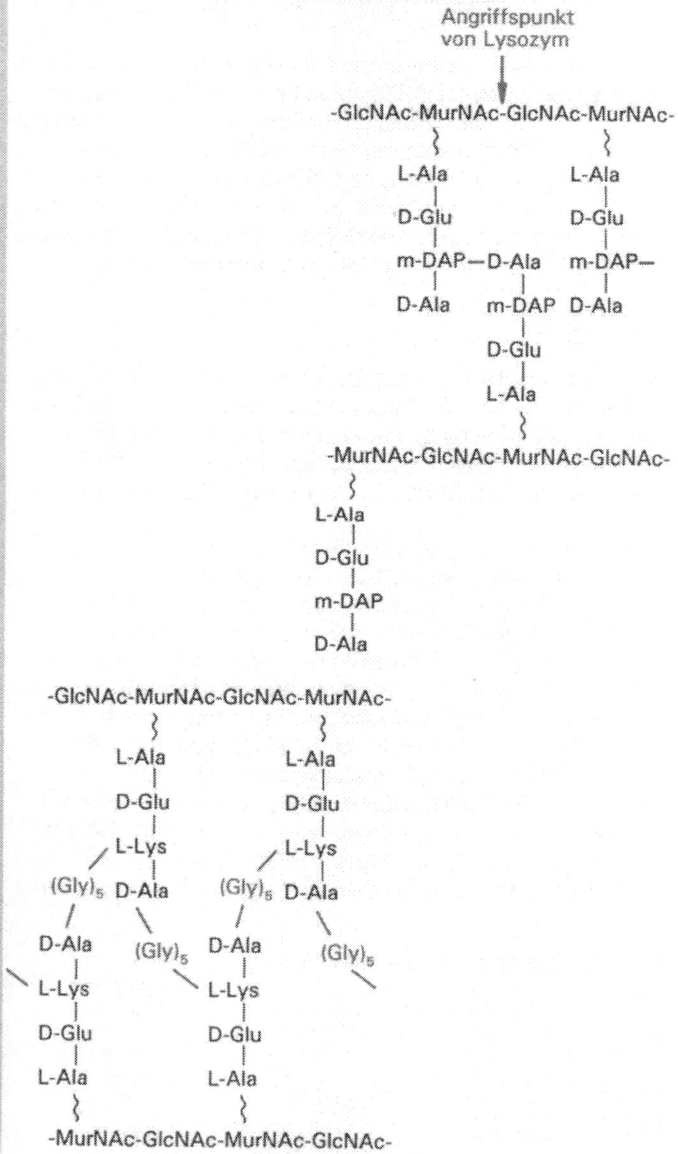

Abb. 1-5: Mureinstrukturen. Oben: von E. coli; unten: Staphylococcus aureus. GlcNAc = N-Azetylglukosamin, MurNAc = N-Azetylmuraminsäure; L-Ala = L-Alanin; D-Glu = D-Glutaminsäure; m-DAP = meso-Diaminopimelinsäure; D-Ala = D-Alanin; L-Lys = L-Lysin; $(Gly)_5$ = Pentaglyzin. Die Quervernetzung ist rot eingezeichnet.

Kap. „Metabolismus" 1.5). Auch die zur *Synthese der Zellwand* und der Kapsel notwendigen Enzyme sind in der Membran lokalisiert.
Während **grampositive Bakterien** nur die Zytoplasmamembran unterhalb der Zellwand besitzen, ist bei **gramnegativen Bakterien** eine weitere Membran vorhanden (Außenmembran oder outer membrane), die sich nach außen an die Zellwand anschließt (s. u.).

Grampositive Bakterien: nur Zytoplasmamembran unterhalb der Zellwand; *gramnegative:* weitere Membran (Außenmembran) außerhalb der Zellwand

1.3.5 Zellwand der Bakterien

Die Zellwand der Bakterien mit Ausnahme der Archaebakterien besteht in ihrer Grundstruktur aus *Murein* (= Peptidoglykan). Die Zellwand der Bakterien ist kein starres Gebilde; sie ist elastisch wie die Lederhülle eines Fußballs, jedoch verleiht ihr der prall gefüllte Zellinhalt (= Protoplast) aufgrund des Zelldrucks (= Turgor) eine gewisse Festigkeit. Die Zellwand ist für zahlreiche niedermolekulare Stoffe, z.B. Salze, Zucker und Wasser, durchlässig.
Die Zellwand verleiht der Zelle ihre charakteristische Gestalt; Zellen ohne Zellwand, z. B. die der Mykoplasmen, weisen keine bestimmte, festgelegte Gestalt auf.

Zellwand
- besteht aus Murein (= Peptidoglykan),
- ist elastisch und
- durchlässig für niedermolekulare Stoffe

1.3.5.1 Aufbau und Bestandteile der Zellwand

Aufbau und Bestandteile

Das Stützskelett der Bakterienzellwand (Abb. 1-5, 1-6) besteht aus einheitlichen, polymeren Ketten, in denen abwechselnd N-Azetylglukosamin (GlcNAc) und N-Azetylmuraminsäure (MurNAc) β-1,4-glykosidisch miteinander verknüpft sind. Die Ketten sind unverzweigt. An die Lactylgruppe der N-Azetylmuraminsäure sind Tetrapeptide angehängt. Typische, in diesen Muropeptiden vorkommende Aminosäuren sind L-Alanin, D-Glutaminsäure, m-Diaminopimelinsäure, L-Lysin und/oder D-Alanin. Die parallel verlaufenden polymeren Ketten sind über Diaminosäuren (z. B. Diaminopimelinsäure oder Lysin) quervernetzt, so daß ein sackförmiges Riesenmolekül zustande kommt.

Angriffspunkt für zellwandwirksame Antibiotika

> Die Heteropolysaccharidstruktur des Mureins kommt nur bei Bakterien, nicht aber bei Mensch, Tieren und Pflanzen vor und ist daher ein hoch selektiver Angriffspunkt für zellwandwirksame Antibiotika, z. B. Penizilline, Cephalosporine oder Vancomycin.

Primäre Nebenwirkungen bei Behandlung mit diesen Chemotherapeutika sind ausgeschlossen, da der Angriffspunkt, die Mureinsynthese, bei Tier und

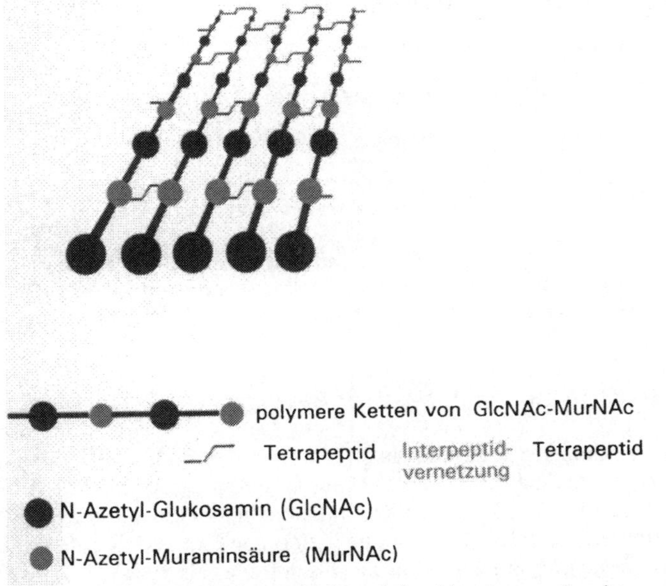

Abb. 1-6: Perspektivische Aufsicht auf das Murein von E. coli.

Mensch nicht existiert. Sowohl im Aufbau als auch im Anteil und Gehalt akzessorischer Substanzen unterschieden sich grampositive und gramnegative Bakterienzellwände wesentlich.

Zellwand grampositiver Bakterien:

dickes, mehrschichtiges Peptidoglykan;

kann Lipoteichon-, Teichon- oder Teichuronsäuren enthalten; gelegentlich mit Polysacchariden, M-Protein (Streptococcus); Protein A (Staphylococcus); Arabinogalaktan und Mykolsäureestern (Mycobacterium)

1.3.5.2 Zellwandstruktur grampositiver Bakterien

Bei diesen sind *bis zu 40 Mureinschichten* (ca. 20–80 nm dick) übereinandergelagert, so daß der Mureinanteil am Zellwandtrockengewicht 30 bis 70% ausmacht (Abb. 1-7). Anstelle von m-Diaminopimelinsäure (m-DAP) enthalten grampositive Bakterien meist LL-Diaminopimelinsäure oder L-Lysin im Muropeptid. Die Quervernetzung kann, z. B. bei Staphylococcus aureus, durch Pentaglyzinketten erfolgen. Der Aminosäuregehalt der Muropeptide ist speziesspezifisch und kann zur chemotaxonomischen Identifizierung herangezogen werden. Bei vielen grampositiven Bakterien enthält die Zellwand **Lipoteichon-, Teichon-** oder **Teichuronsäuren**, die kovalent über Amidbrükken ans Murein gebunden sind. Teichonsäuren bestehen aus Ketten von 8–50 Ribit- oder Glyzerinmolekülen, die über Phosphatgruppen miteinander verbunden sind. Streptokokken enthalten außerdem Polysaccharide, die ebenfalls kovalent ans Murein gebunden sind. Ihr Zuckergehalt ist spezies- oder gruppenspezifisch, was die Einteilung der Streptokokken nach dem **Lancefield-Typisierungsschema** ermöglicht. Bei Streptococcus pyogenes enthält die Zellwand außerdem **M-Protein**, welches strukturell dem menschlichen Muskelprotein Tropomyosin ähnelt. – Bei Staphylococcus aureus kommt **Protein A** in der Zellwand vor, das IgG am Fc-Teil binden kann.
Die Zellwand der **Mykobakterien** enthält außer dem Murein ein Arabinogalaktan und **Mykolsäureester** (hochmolekulare Lipide mit ca. 80 C-Atomen). Letztere sind für die **Säurefestigkeit** verantwortlich.

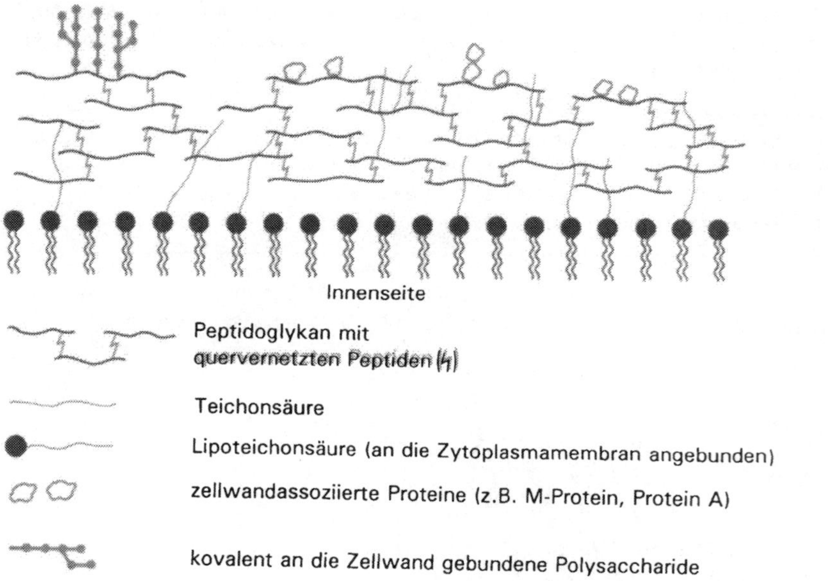

Abb. 1-7: Schematische Darstellung der Zellwand grampositiver Bakterien. Mit Ausnahme des Peptidoglykans und der hier nur halb dargestellten Zytoplasmamembran kommen nicht alle Strukturen gleichzeitig bei einer Spezies vor.

Zellwand gramnegativer Bakterien:

dünnes, meist einschichtiges Peptidoglykan; ist mit Außenmembran verbunden.

1.3.5.3 Zellwandstruktur gramnegativer Bakterien

Bei gramnegativen Bakterien folgt auf die Zytoplasmamembran nach außen zunächst der **periplasmatische Raum**, der unter anderem Enzyme zum Abbau hochmolekularer Nährstoffe, aber auch *antibiotikainaktivierende Enzyme* (z. B. Beta-Laktamasen) enthält. Daran schließt sich nach außen eine *dünne, meist ein- oder zweischichtige Mureinschicht* an, die weniger als 10% der Trokkenmasse der Zellwand ausmacht. Das Murein enthält als quervernetzende

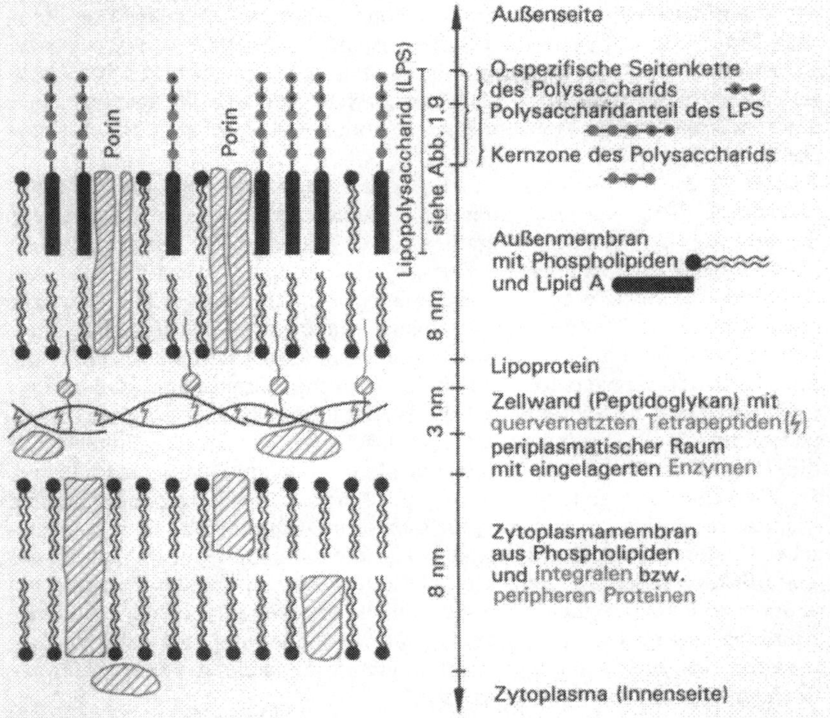

Abb. 1-8: Schematische Darstellung der Zellhülle (= Zellwand und Membranen) gramnegativer Bakterien.

Aminosäure meist meso-Diaminopimelinsäure (m-DAP) (s. Abb. 1-5 und 1-8). Es folgt nach außen hin die **Außenmembran**, die über Lipoproteine kovalent ans Murein gebunden ist. Sie stellt, neben der Zytoplasmamembran, eine weitere physiologische Barriere dar und ist grundsätzlich ähnlich wie die erstere aufgebaut.

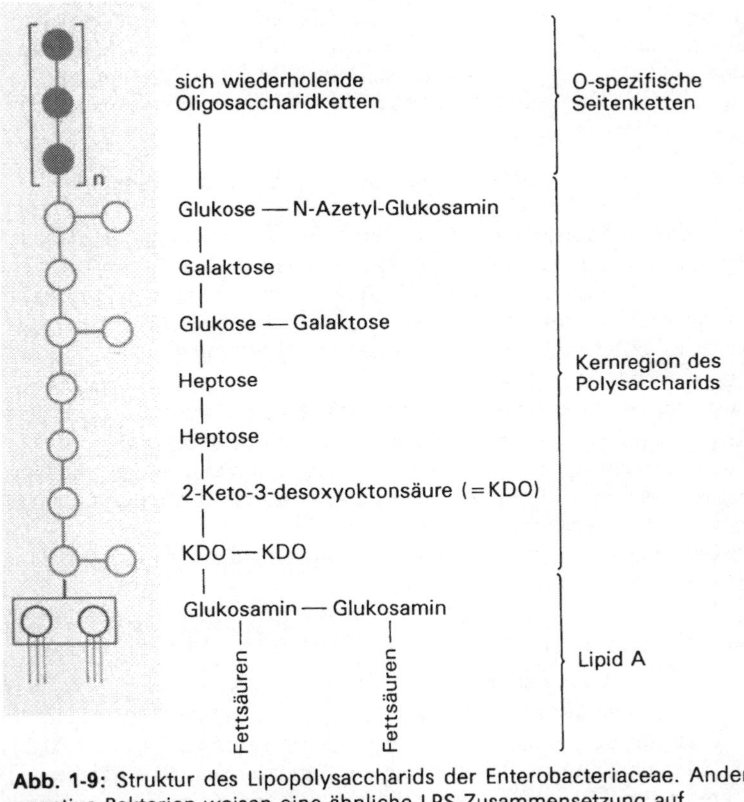

Abb. 1-9: Struktur des Lipopolysaccharids der Enterobacteriaceae. Andere gramnegative Bakterien weisen eine ähnliche LPS-Zusammensetzung auf.

Die Grundsubstanz besteht aus Phospholipiden, in die Proteine eingelagert sind. Die Proteine dienen dem Stofftransport. Unter ihnen sind die **Porine** zu erwähnen, die wassergefüllte Poren bilden und einen passiven Stofftransport für Moleküle bis zum Molekulargewicht von ca. 700 gewährleisten. Auch hochspezifische Transportsysteme kommen vor, darunter **Siderophore** (Eisen-Bindeproteine).

Außenmembran: ähnlich der Zytoplasmamembran, enthält aber zusätzlich Lipopolysaccharide (als Endotoxin wirksam)

Anders als die Zytoplasmamembran enthält die Außenmembran **Lipopolysaccharide (LPS)**, die nach außen aus ihr herausragen (Abb. 1-8 und 1-9). Sie sind für die Pathogenität gramnegativer Bakterien von Interesse, da ihr *Lipid A-Anteil toxische Eigenschaften* hat. Da das Lipid A erst bei Lysis der Zelle frei wird, wird es auch als **Endotoxin** bezeichnet. Das LPS ist mit dem Lipid A in der Außenmembran verankert. Strukturell ist es bei allen gramnegativen Bakterien ähnlich. Es besteht aus einem Glukosamindisaccharid, das mit Fettsäuren verestert ist. Nach außen folgt die **Kernzone** des Polysaccharides, welches z.B. bei Salmonellen aus Ketodesoxyoktonat, Heptose, D-Galaktose und D-Glukosamin besteht. An das Kernpolysaccharid schließen sich die **O-spezifischen Seitenketten** aus alternierenden Oligosaccharidketten an. Sie stellen die **Determinanten der Oberflächen-(O)-Antigene** dar und können spezies- oder serovar-spezifisch sein. Aufgrund der immunchemischen Unterschiede können beispielsweise die Salmonellen nach dem **Kauffmann-White-Schema** in Serovare unterteilt werden. Außer den O-Antigenen benutzt man hierzu auch noch die Geißel- und Kapselantigene (s. unten). Ähnliche serologische Einteilungen, die besonders aus epidemiologischen Gründen von Bedeutung sein können, gibt es bei anderen (meist enteropathogenen) gramnegativen Bakterien.

Gramfärbung

1.3.5.4 Gramfärbung und Zellwand

Vielschichtige, grampositive Zellwand: hält Kristallviolett-Jod-Komplex zurück = violett
Einschichtige gramnegative Zellwand: wird schnell entfärbt; nach Gegenfärbung rot

Die Zellwand ist offensichtlich auch für den Ausfall der *Gramfärbung* (s. S. 95) verantwortlich. Die vielschichtige, grampositive Zellwand hält den nach dem zweiten Färbeschritt gebildeten Kristallviolett-Jod-Komplex in der Zelle derartig fest, daß er auch bei der anschließenden Alkoholbehandlung nicht herausgelöst wird. Das einschichtige Murein der gramnegativen Bakterien wird dagegen mit Alkohol schnell entfärbt. Da die Zellwand grampositiver Bakterien nicht in allen Altersstadien gleichmäßig strukturiert ist, kann es bei diesen gelegentlich zu „falschem“ oder variablem Färbeverhalten kommen: Sehr junge und sehr alte Zellen besitzen nicht immer die notwendige Schichtdicke, so daß sie sich mitunter bei der Färbung gramnegativ verhalten.

Wirkung von Lysozym und Beta-Laktamantibiotika
Lysozym in Körpersekreten, spaltet Murein (= Peptidoglykan)

1.3.5.5 Wirkung von Lysozym und Beta-Laktamantibiotika

Lysozym wurde 1922 von A. Fleming entdeckt. Es ist in vielen *Körpersekreten*, z. B. *Tränenflüssigkeit*, sowie im Eiklar vorhanden. Es spaltet die *Mureinpolymeren* zwischen GlcNAc und MurNAc (s. Abb. 1-5) und ist deshalb als *Muramidase* zu bezeichnen. Auf grampositive Bakterien wirkt es lytisch; gramnegative werden durch Lysozym meist erst nach EDTA-Behandlung lysiert.

Penizilline und Cephalosporine (= Beta-Laktamantibiotika) inhibieren Zellwandsynthese

Beta-Laktamantibiotika *verhindern die Quervernetzung der Peptidoglykanstränge* während des Wachstums. Die Oligopeptidseitenkette der naszierenden Stränge (D-Alanin-D-Alanyl) ist der Beta-Laktamstruktur ähnlich. Penizilline und Cephalosporine binden an das quervernetzende Enzym (= Transpeptidase) und stören dadurch die Neusynthese von Zellwandmaterial bei aktiv sich teilenden Bakterien.
Die nach Lysozym- bzw. Beta-Laktameinwirkung entstehenden Protoplasten sind nur in hypertonischer Lösung stabil.

Medizinische Bedeutung der Zellwand

1.3.5.6 Medizinische Bedeutung der Zellwand

⟹

1. Die Zellwand ist der Teil der Bakterienzelle, der mit der Außenwelt, also auch mit dem Immunsystem des Makroorganismus, in Kontakt tritt. Die als antigene Determinanten fungierenden Oberflächenstrukturen der Zellwand rufen die *Bildung von Antikörpern* hervor, die

zur *Agglutination* bzw. in Gegenwart von Komplement und Phagozyten zur *Phagozytose* oder Zellabtötung führen.
2. *Die Lipopolysaccharide* gramnegativer Bakterien stellen die *Endotoxine* dar.
3. *Die Zellwand* ist der *Angriffspunkt für Lysozym*, das in der Tränenflüssigkeit und anderen Sekreten enthalten ist.
4. Beta-Laktamantibiotika (Penizilline, Cephalosporine) *inhibieren die Neusynthese des Peptidoglykans.* Sie wirken deshalb nur auf Bakterien, die in der Teilung begriffen sind.

1.3.6 Kapseln und Schleimhüllen

Bei vielen Bakterien bestehen die Außenschichten „nur" aus den oben genannten Komponenten. Bei anderen ist der Zellhülle noch eine mehr oder weniger dicke, klar begrenzte Schicht stark wasserhaltigen Materials aufgelagert, welches als **Kapsel** oder Schleimhülle bezeichnet wird. Der Besitz einer Kapsel ist für die meisten kapselbildenden Bakterien nicht lebenswichtig, bedeutet jedoch gerade bei pathogenen Bakterien einen erheblichen Selektionsvorteil, da er sie *gegen Phagozytose unempfindlich* macht und daher ihre Virulenz erheblich erhöht. *Auch die Kapsel ist als Antigen wirksam* (z. B. das Vi-Antigen der Salmonellen).

Kapseln
- umgeben manche Bakterien
- Phagozytoseschutz
- als Antigen wirksam
- bestehen aus Polysacchariden oder Polyglutaminsäure
- können in Negativfärbungen sichtbar gemacht werden

Das Kapselmaterial besteht zumeist aus Polysacchariden (z. B. bei Streptococcus pneumoniae). Die Kapseln von Bacillus-Arten (z. B. B. anthracis, B. subtilis) bestehen aus Poly-D-Glutaminsäure.
Polysaccharidkapseln enthalten neben reinen Zuckermolekülen auch Aminozucker, Uronsäuren und organische Säuren.
Kapseln können mit *Negativfärbungen* sichtbar gemacht werden: Mischt man auf einem Objektträger einen Tropfen Tusche mit einer Suspension eines bekapselten Bakteriums und mikroskopiert anschließend, so sind die hell erscheinenden Bakterien von einer ebenfalls hellen Kapsel umgeben, während der Hintergrund schwarz ist: Die Tuschepartikel können nicht in die Kapsel eindringen.
Wird extrazelluläres Material dagegen nicht in einer bestimmten Form um die Zell herum abgelagert, so spricht man von **Schleimhülle** oder Glykokalyx. Oftmals bildet dieser ein loses Netzwerk. Der Glykokalyx spielt eine Rolle bei der **Anheftung** (= Adhärenz) der Bakterien an einer Oberfläche, die Wirtszelloberfläche eingeschlossen.

Schleimhüllen (Glykokalyx)

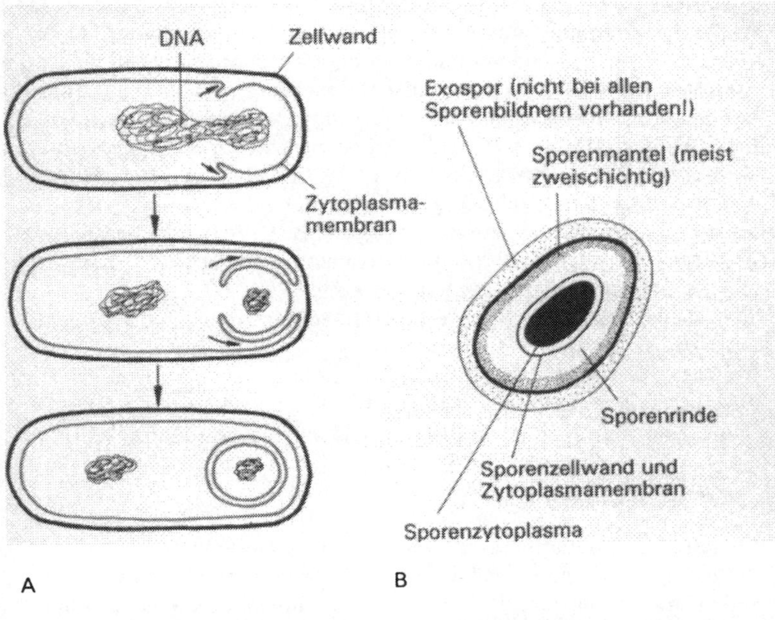

Abb. 1-10: Schematische Darstellung der Endosporenbildung (A) und Struktur einer Bacillus-Spore (B).

Bakteriensporen:
- Endosporen werden in der Zelle gebildet;
- Konidiosporen entstehen an den Enden spezieller Lufthyphen, z. B. bei Streptomyces

1.3.7 Bakteriensporen

Die Zahl der sporenbildenden Bakteriengattungen ist, insgesamt gesehen, gering. Morphologisch gesehen muß zwischen **Endosporen**, die *innerhalb der Bakterienzelle* gebildet werden, und **Konidiosporen**, die bei den myzelartig wachsenden Actinomycetales (s. Abb. 1-1) gebildet werden und *an den Enden spezieller Lufthyphen* entstehen, unterschieden werden.

Endosporen bei Bacillus und Clostridium resistent gegen:
- Kochen
- Trockenheit
- Desinfektionsmittel

Unter den medizinisch wichtigen Bakterien findet man die Fähigkeit zur **Endosporenbildung** in den Gattungen **Bacillus** und **Clostridium**. Beides sind grampositive Stäbchen.
Während alle übrigen Bakterien und auch die vegetativen Zellen der Sporenbildner durch eine 10minütige Erhitzung auf 70–80 Grad Celsius (Pasteurisation) abgetötet werden, halten die thermoresistenten Endosporen eine wesentlich stärkere Erhitzung aus; viele können sogar durch stundenlanges Kochen nicht abgetötet werden. Die aufwendige Sterilisationstechnik im medizinisch-chirurgischen, mikrobiologischen und lebensmitteltechnischen Bereich ist allein aufgrund der **Hitzeresistenz der Endosporen** erforderlich.

Resistenz der Endosporen

⇨

> Endosporen lassen sich erst durch eine Behandlung bei 121 Grad Celsius im gespannten Dampf (Autoklav) mit einer Einwirkungszeit von 15 bis 20 min abtöten.
> Endosporen weisen auch eine erhebliche Resistenz gegen Austrocknung und Desinfektionsmittel (z. B. Alkohol) auf.

Widerstandsfähigkeit durch mehrschichtige Zellwand und geringen Wassergehalt

Die Widerstandsfähigkeit der Spore ist durch die *mehrschichtige Zellwand* und den sehr *geringen Wassergehalt* erklärbar. Die *Hitzeresistenz* wird auch dem Gehalt der Spore am Kalziumsalz der **Dipikolinsäure** (Pyridin-2,6-dicarbonsäure), einer sporenspezifischen Substanz, zugeschrieben.

Pro Zelle nur eine Endospore (keine Vermehrung!)

Sporen sind kugelige oder eiförmige Gebilde, die im Innern der Zelle (= Sporenmutterzelle) gebildet werden. *Pro Zelle* wird immer *nur eine Spore* gebildet; daher dient die Spore nicht der Vermehrung, sondern nur der Überdauerung widriger Lebensumstände.

Sporenbildung

Die Sporenbildung (Abb. 1-10) beginnt mit der Ansammlung von proteinhaltigem Material, die Synthese von Dipikolinsäure beginnt, und es werden vermehrt Kalzium-Ionen aufgenommen. Es folgt die Verdoppelung des Erbmaterials (DNA) und anschließend die Einschnürung eines kleineren Teils des Protoplasten der Mutterzelle. Die Zytoplasmamembran trennt schließlich die zukünftige Spore ganz vom Protoplasten der Zelle ab. Anschließend umwächst der Protoplast der Mutterzelle den Sporenprotoplasten, so daß dieser von zwei Zytoplasmamembranen umhüllt ist. Nun erfolgt die Synthese von **Sporenwand** (normales Zellwand-Peptidoglykan), **Rinde** (spezielles Sporen-Peptidoglykan mit geringerem Vernetzungsgrad), **Sporenmantel** (keratinähnliches Protein mit hohem Disulfidbrückengehalt) und **Exospor** (Lipoproteinmembran). Die Hüllen machen etwa 50 % des Volumens der gesamten Spore aus. Wenn die Spore reif ist, geht die Mutterzelle zugrunde.

Endosporen keimen in geeigneter Umgebung wieder zur vegetativen Zelle aus

Sporen können über Jahrzehnte, einige sogar über Jahrhunderte überdauern. In geeigneter Umgebung (z. B. in frischem Nährmedium) keimt die Spore aus und wird wieder zur vegetativen Zelle.
Die Lage der Spore in der Zelle (zentral, subterminal oder terminal) *ist meist artspezifisch.*
Bei der Gramfärbung wird die Spore nicht angefärbt und erscheint daher hell durchscheinend. Erst unter Einwirkung von Hitze kann ein Farbstoff in die Spore eindringen und sie anfärben (spezielle Sporenfärbung).

1.3.8 Geißeln und Pili

Geißeln:
- Fortbewegung der Bakterien
- 10–20 µm lang
- im Lichtmikroskop nur nach spezieller Färbung sichtbar

Manche Bakterienarten sind begeißelt. **Die Geißeln** (Flagellen) *dienen der Fortbewegung* im umgebenden Milieu. Von der aktiven Bewegung durch Flagellen muß die ungerichtete Brown'sche Molekularbewegung unterschieden werden, die mehr ein Drehen ohne wesentliche Ortsveränderung ist. Mit Hilfe der Geißeln sind Bakterien in der Lage, chemotaktische oder aerotakti-

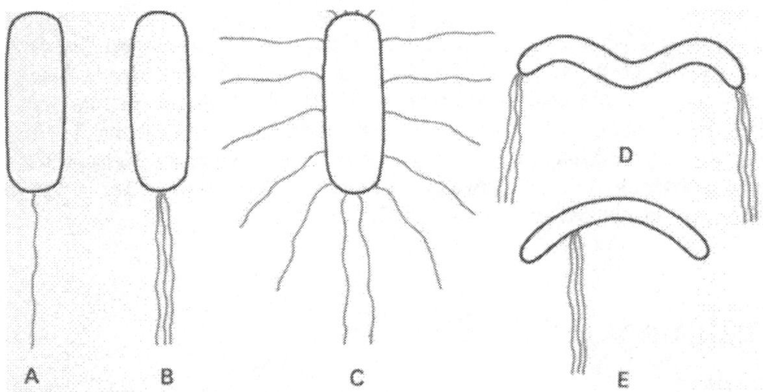

Abb. 1-11: Begeißelungstypen:
A: monopolar monotrich – Vibrio
B: monopolar lophotrich – Pseudomonas
C: peritrich – Proteus
D: amphitrich – Spirillum
E: lateral – Mobiluncus

sche Bewegungen durchzuführen, also z.B. in Richtung steigender Nährstoffkonzentration zu schwimmen. *Die Anordnung der Geißeln an der Zelle* (Abb. 1-11) ist bei den meisten begeißelten Bakterienarten ein charakteristisches Merkmal. Die Geißeln können **polar** (am Zellende) oder **lateral** (seitlich) inseriert sein. Oft sind mehrere Geißeln an einer Stelle zu einem Geißelbüschel vereinigt: **lophotriche Begeißelung**. Tragen beide Zellenden Geißeln, so spricht man von **amphitricher Begeißelung**. Bei den Enterobacteriaceae und einigen anderen ist die gesamte Zelloberfläche mit Geißeln besetzt: **peritriche Begeißelung**.

– bestehen aus Flagellin (Protein)
– als Antigen wirksam

Geißeln können mit speziellen Geißelfärbungen nach Auflagerung eines Farbstoffniederschlages (lichtmikroskopische Darstellung) oder nach Metallbedampfung (elektronenmikroskopische Darstellung) sichtbar gemacht werden.
In mikroskopischen Lebendpräparaten unter Verwendung eines Dunkelfeldes oder mit Phasenkontrastobjektiv kann man meist nur die Bewegung begeißelter Zellen, selten jedoch auch die Geißeln selbst erkennen.
Bei einer polar inserierten Geißel wirkt diese wie eine Schubgeißel und drückt die Zelle durch das Medium. Bei einigen Arten wirken sie auch als Zuggeißel.
Peritrich angeordnete Geißeln funktionieren als gut koordinierter Geißelschopf und schieben ebenfalls die Zelle durch das Medium. Bei weniger gut erfolgender Koordination kommt es hier zur Taumelbewegung.
Bakteriengeißeln bestehen aus helikal angeordneten Proteinfäden (Flagellin), die um einen zentralen Hohlzylinder angeordnet sind. Geißeln sind mit einem Basalkörper in der Zelle verankert. Der nach innen liegende Teil des Basalkörpers sitzt in der Zytoplasmamembran und wirkt als Antriebsmotor. Geißeln haben eine durchschnittliche Dicke von 12–18 nm und eine Länge von 10–20 µm.
Geißeln sind aufgrund ihres Proteingehaltes gute *Antigene.* Bei Salmonellen und anderen begeißelten Enterobacteriaceae werden die *Geißelantigene* als *H-* (von „Hauch" wegen der Schwärmeigenschaften auf Agarnährböden) *Antigene* bezeichnet. Diese werden, neben den O- und Kapselantigenen im **Kauffmann-White-Schema** zur Serodiagnostik genutzt (s. oben).
Neben den Geißeln findet man bei manchen Bakterienarten kürzere Anhängsel, die als Fimbrien oder Pili (Sing. Pilus) bezeichnet werden. Bis zu hundert Pili können an einer Zelle vorhanden sein. Sie sind ebenfalls aus Protein (Pilin) aufgebaut. Ihre Hauptfunktionen bestehen in der **Anheftung** (Adhärenz) der Bakterien an Zell- oder Substratoberflächen sowie in der

Pili (Singular Pilus) = Fimbrien:
– Anheftung (Adhärenz) der Bakterien
– Fertilitäts-Pili: Bakterienkonjugation
– kürzer als Geißeln
– bestehen aus Pilin (Protein)

Konjugation. Im letzten Fall handelt es sich um besondere Fertilitäts-Pili (siehe Kap. Genetik).

1.3.9 Reservestoffe

Reservestoffe:

Polyphosphate (= Volutin), Poly-Beta-hydroxybuttersäure, Stärke oder Glykogen
Volutin bei Corynebacterium:
→ Differentialfärbung.
Liegen in wasserunlöslicher Form vor.

Viele Bakterien lagern unter bestimmten Wachstumsbedingungen *Speicher- und Reservestoffe* ab (s. Abb. 1-2). Dabei handelt es sich einerseits um Stärke oder Glykogen, andererseits um bakterienspezifische Substanzen wie Polyphosphate (Volutin) oder Poly-Betahydroxybuttersäure (fettähnlich). Auf der Anwesenheit von *Volutingranula bei Corynebacterium* basiert die **Neisser'sche Differentialfärbung**. Die bakteriellen Speicherstoffe liegen in der Zelle in osmotisch inerter, wasserunlöslicher Form vor.

2 Ernährung und Physiologie

Ernährung und Physiologie

R. Hammann

2.1 Ernährung der Bakterien

Ernährung der Bakterien

Grund- und Makroelemente:
- Kohlenstoff
- Stickstoff
- Wasserstoff
- Sauerstoff
- Schwefel
- Phosphor

andere wichtige Elemente:
- Kalzium
- Magnesium
- Eisen
- Kalium
- Natrium
- Chlor

Spuren- und Mikroelemente:
meist Bestandteile von Enzymen und Kofaktoren

Bakterien benötigen zum Leben, wie alle Organismen, *Wasser* und (darin meist gelöste) *Nährstoffe.*
Die zum Wachstum erforderlichen **Grund-** oder **Makroelemente** umfassen *Kohlenstoff,* der das Grundgerüst aller organischen Verbindungen darstellt, *Sauerstoff, Wasserstoff* und *Stickstoff. Schwefel* kommt in der Zelle in den Aminosäuren Cystein und Methionin vor; *Phosphor* ist als Phosphat am Grundgerüst der Nukleinsäuren beteiligt und stellt in Form von Nukleotidphosphaten (z. B. ATP) oder anderen phosphorylierten Verbindungen (z. B. Phosphoenolpyruvat) den universellen *Energieträger* der Zelle dar. Meist werden auch *Kalzium, Magnesium* und *Eisen* sowie *Kalium, Natrium* und *Chlor* benötigt. Diese Elemente liegen in Form ihrer *Ionen* (Ca^{2+}, Mg^{2+}, Fe^{2+}, Fe^{3+}, K^+, Na^+, Cl^-) in der Zelle vor.
Die **Spuren- oder Mikroelemente** *Mangan* (Mn^{2+}), *Zink* (Zn^{2+}), *Kupfer* (Cu^{2+}), *Kobalt* (Co^{2+}), *Nickel* (Ni^{2+}), *Molybdän* (MoO_4^{2-}), *Selen* (SeO_3^{2-}) und *Wolfram* (WO_4^{2-}) sind meist *Bestandteile* oder *Kofaktoren* von *Enzymen.*

2.1.1 Stoffwechseltypen

Stoffwechseltypen

Medizinisch wichtige Bakterien
- benötigen meist organische Verbindungen als Nährstoffe bzw. Energiequelle
- werden daher als *heterotroph* bzw. *chemoorganotroph* bezeichnet

Hinsichtlich der Herkunft und Art der Kohlenstoff- und Energiequellen haben die Bakterien eine erstaunliche Vielfalt entwickelt. Wird der Zellkohlenstoff überwiegend aus CO_2 fixiert, so bezeichnet man die Organismen als **autotroph**. Medizinisch wichtige Bakterien beziehen ihren Zellkohlenstoff dagegen überwiegend aus organischen Verbindungen (z. B. Glukose) und werden daher als **heterotroph** bezeichnet.
Als Energiequelle benötigen die meisten medizinisch wichtigen Bakterien chemisch gebundene Energie in Form von organischen Verbindungen (z. B. Glukose); sie werden deshalb auch als **chemoorganotroph** bezeichnet.

2.1.2 Nährstoffansprüche

In ihrem natürlichen Milieu (z. B. Schleimhaut oder Darminhalt) finden die Bakterien normalerweise alle zur Ernährung notwendigen Stoffe. Wenn sie jedoch im Laboratorium mit In-vitro-Methoden isoliert und kultiviert werden sollen, stellt sich die Frage nach ihren Nährstoffansprüchen. Auch für die medizinisch bedeutsamen Bakterien sind diese durchaus unterschiedlich. Viele kommen grundsätzlich schon mit wenigen Grundnährstoffen aus. So kann z. B. E. coli mit einer anorganischen Stickstoffquelle (z. B. NH_4^+) und Glukose als Energie- und Kohlenstoffquelle, Phosphat und Magnesiumsulfat bei pH 7 recht gut wachsen.

Viele medizinisch wichtigen Bakterien benötigen:

⇦

Viele andere medizinisch wichtige Bakterien sind aber weitaus stärker an ihr natürliches Biotop angepaßt und haben deshalb die Fähigkeit zur Eigensynthese vieler organischer Verbindungen verloren. Sie benötigen daher *organische Nährstoffe*, z. B. *Aminosäuren, Zucker, Fette.* Zusätzlich werden oft *Wachstumsfaktoren* wie Nikotinamid, Thiamin, Riboflavin, Pantothensäure, Biotin, Folsäure, p-Aminobenzoesäure sowie gelegentlich Purine und Pyrimidine oder Häm benötigt.

Haemophilus influenzae wächst z. B. nur in Gegenwart von freiem *Häm und NAD.* Chlamydien besitzen keinen eigenen Energiestoffwechsel; sie benötigen Zufuhr von *ATP* und anderen *komplexen Wachstumsfaktoren* und lassen sich deshalb außerhalb von eukaryotischen Wirtszellen nicht kultivieren. Die Nährstoffansprüche mancher Bakterien sind nicht genau bekannt; sie benötigen oft zusätzlich noch *Blut, Serum oder Blutprodukte.*

2.1.3 Physikochemische Einflüsse auf das Wachstum

Physikochemische Einflüsse auf das Wachstum:

Neben den eigentlichen Nährstoffen spielen weitere Faktoren sowohl im natürlichen Milieu als auch bei der Kultivierung eine erhebliche Rolle.

2.1.3.1 pH-Wert

• pH-Wert: 6,8–7,3

Die meisten Bakterien wachsen optimal im *Neutralbereich* zwischen pH 6,8–7,3. Nur wenige medizinisch bedeutsame Bakterien sind ausgesprochen *azidophil* (säureliebend), wie z.B. die Laktobazillen, die einen wichtigen physiologischen Bestandteil der normalen Vaginal- und Darmflora darstellen; diese bevorzugen einen pH-Wert um 4,5–5,5. Unter den hier zu besprechenden Bakterienspezies gibt es keine extrem alkalophilen; einige, z. B. die Vibrionen, tolerieren jedoch pH-Werte von 8,5–9,0.

2.1.3.2 Temperatur

• **Temperatur:**
  – psychrophil: 5–20 °C
  – mesophil: 20–40 °C (Kultivierung vieler medizinisch wichtiger Bakterien bei 35–37 °C)
  – thermophil: 40–70 °C
  – extrem thermophil: oberhalb 70 °C

Nach ihren Wachstumsoptima kann man die Bakterien in drei Temperaturbereiche einteilen: *Psychrophile* (kälteliebende) *Bakterien* wachsen etwa im Bereich zwischen +5 und +20 Grad Celsius am besten. Die Mehrzahl der Bakterien ist als *mesophil* zu bezeichnen und wächst am besten zwischen 20 und etwa 40 Grad Celsius. Die meisten medizinisch wichtigen Bakterien besitzen innerhalb dieses Temperaturbereiches ein Wachstumsoptimum zwischen 34 und 38 Grad Celsius und werden üblicherweise bei 35–37 Grad Celsius kultiviert.

Thermophile Bakterien benötigen Temperaturen oberhalb von 40 Grad Celsius und können bis etwa 70 Grad Celsius wachsen. Als *extrem thermophil* sind solche Bakterien zu bezeichnen, deren Wachstumsoptimum oberhalb von etwa 70 Grad Celsius liegt.

Von der Thermophilie muß die *Thermotoleranz* abgegrenzt werden: Thermotolerant sind solche Organismen, die noch bei hohen Temperaturen zu wachsen vermögen, deren Wachstumsoptimum aber bei tieferen Temperaturen liegt; auch die Endosporen von Bacillus und Clostridium sind thermotolerant. Tatsächlich thermophile Bakterien benötigen dagegen die hohe Temperatur zum Wachstum.

2.1.3.3 Wassergehalt

• **Wassergehalt:** meist hoher Gehalt an freiem, verfügbarem Wasser erforderlich

Für das Wachstum der meisten Mikroorganismen ist auch der Gehalt an freiem, verfügbarem Wasser sehr bedeutsam. Dieser wird üblicherweise als **a_w-Wert** ausgedrückt (Quotient aus Wassergehalt der Dampfphase im Luftraum über dem Medium und Wasserkonzentration im Luftraum über reinem Wasser bei einer bestimmten Temperatur). Die meisten Bakterien benötigen a_w-Werte von mehr als 0,98. Nur Spezialisten unter den Mikroorganismen (z. B. osmotolerante Pilze oder halophile Bakterien) vermögen bei a_w-Werten von 0,6 bis 0,75 zu wachsen.

• **Verhältnis zum Sauerstoff**

– obligat aerobe Bakterien: Wachstum nur in Gegenwart von Luftsauerstoff; nur Atmungsstoffwechsel

– mikroaerophile Bakterien: Wachstum nur in Gegenwart von 4–10% O_2; meist Atmungsstoffwechsel

– fakultativ anaerobe Bakterien: Wachstum sowohl mit als auch ohne Sauerstoff; Kultivierung unter aeroben Bedingungen

– aerotolerante Bakterien: nur anaerober Stoffwechsel, Sauerstoff wird aber meist toleriert

– obligat anaerobe Bakterien: Wachstum nur in Abwesenheit von O_2; Sauerstoff ist toxisch! Toxizität des Sauerstoffs durch Radikale und Peroxide

Für Transport und Kultivierung von mikroaerophilen und obligat anaeroben Bakterien sind spezielle Verfahren erforderlich

2.1.3.4 Verhältnis der Bakterien zum Sauerstoff

Hinsichtlich der Sauerstofftoleranz bzw. -bedürftigkeit kann man die Bakterien in mehrere Gruppen einteilen. In allen Gruppen findet man medizinisch wichtige Bakterien.

Obligat aerobe, „atmende" Bakterien (z. B. Micrococcus, Pseudomonas) können nur wachsen in Gegenwart von *Sauerstoff.* Sauerstoff ist *der essentielle Elektronenakzeptor* (s. auch Kap. „Metabolismus"). Werden zur Kultivierung Oberflächenkulturen (z. B. auf der Agaroberfläche) verwendet, so stellt die ausreichende Sauerstoffversorgung kein Problem dar. In Flüssignährmedien und in Hochschichtagar im Röhrchen wachsen obligat aerobe Bakterien nur auf und knapp unter der Oberfläche. Um in tieferen Flüssigkeitsschichten das Wachstum aerober Bakterien zu ermöglichen, bedarf es der *Belüftung,* z. B. durch mechanisches Schütteln.

Mikroaerophile Bakterien (z. B. Campylobacter) besitzen im allgemeinen einen *Atmungsstoffwechsel;* anders als für die aeroben Bakterien ist für sie die relativ hohe O_2-Konzentration der Luft (20–22%) jedoch toxisch. Meist wachsen sie bei Sauerstoff-Konzentrationen zwischen 4 und 10%.

Fakultativ anaerobe Bakterien (z. B. E. coli, S. aureus) führen in Gegenwart von Sauerstoff wie die obligat aeroben einen *Atmungsstoffwechsel* durch; ist kein Sauerstoff vorhanden, so schaltet der Stoffwechsel auf *Gärung* um. Daher können sie auch in hoher Schicht oder in nicht geschüttelten Flüssigmedien das gesamte Medium bewachsen. Ihre Bebrütung erfolgt üblicherweise unter aeroben Bedingungen.

Aerotolerante Bakterien (z. B. Lactobacillus, Streptococcus) verfügen nur über einen *anaeroben Stoffwechsel* (Gärung), tolerieren aber mehr oder weniger hohe O_2-Konzentrationen.

Obligat anaerobe Bakterien (z. B. Bacteroides, Peptostreptococcus) besitzen ebenfalls nur einen *Gärungsstoffwechsel,* für sie ist der Sauerstoff jedoch mehr oder weniger *toxisch.* Auch innerhalb dieser Gruppe gibt es wieder Unterschiede: Einige wachsen noch bei O_2-Gehalten von 3%, die meisten jedoch erst bei weniger als 1,5% O_2, und für einige EOS (= extremely oxygen sensitive bacteria) sind schon Spuren von O_2 tödlich.
Neben dem O_2-Gehalt des Milieus ist auch das *Redoxpotential* (Eh-Wert) ausschlaggebend: Enthält die Umgebung chemisch reduzierende Verbindungen (z. B. Thioglykolat, Zystein, Sulfit, Glukose, H_2), ist also das Redoxpotential des Mediums sehr niedrig, so werden meist noch höhere O_2-Konzentrationen toleriert als in einem Milieu ohne diese Substanzen. In Mischkultur mit aeroben Bakterien können strikte Anaerobier sehr gut wachsen, da der Sauerstoff durch die Atmung der Aerobier dem Milieu entzogen wird.
Die Gründe für die Sauerstoffintoleranz der mikroaerophilen und der obligat anaeroben Bakterien sind nur zum Teil geklärt. Grundsätzlich fehlen den extrem sauerstoffempfindlichen Bakterien die Enzyme *Superoxiddismutase* und *Katalase.* Eines oder beide der genannten Enzyme kommen bei einigen, aber nicht bei allen „normal O_2-empfindlichen" obligaten Anaerobiern vor, jedoch ist die Enzymaktivität oder -konzentration meist recht niedrig. Dies gilt auch für die meisten mikroaerophilen Bakterien. Die Gründe für die O_2-Toxizität liegen nicht im Sauerstoff selbst, sondern vor allem in den toxischen Produkten, die auf rein chemischem Wege oder durch den Bakterienstoffwechsel daraus entstehen können. So werden in Gegenwart von bakteriellen Oxidasen aus O_2 reaktionsfähige *Radikale* (z. B. O_2^-) *und Peroxide* gebildet, die die Zellbestandteile rasch oxidieren und damit zerstören. Die Superoxiddismutase ($2\,O_2^- + 2\,H^+ \rightarrow H_2O_2 + O_2$) und die Katalase ($2\,H_2O_2 \rightarrow 2\,H_2O + O_2$) entgiften diese Radikale und Peroxide. Aerotoleranz- bzw. -intoleranz läßt sich jedoch allein durch An- bzw. Abwesenheit von Superoxiddismutase und Katalase nicht erklären: Es gibt einige wenige aerobe Bakterien, die sie nicht besitzen, und es gibt einige strikt anaerobe Bakterien, die sie besitzen und trotzdem vollkommen O_2-intolerant sind.
Die O_2-Intoleranz hat bei mikroaerophilen und besonders bei obligat anaero-

ben Bakterien erhebliche Auswirkungen auf den *Transport* entsprechender *klinischer Materialien* bzw. die *Kulturtechnik* (s. dazu „Kultivierung", I. 4).

2.1.3.5 Verhältnis der Bakterien zum Kohlendioxid

Viele heterotrophe Bakterien vermögen CO_2 aus der Umgebung aufzunehmen und zu fixieren. Die Akzeptoren für CO_2 bei einer derartigen *Karboxylierung* sind meist Pyruvat oder Phosphoenolpyruvat. Bei Mensch oder Tier vorkommende Bakterien sind sehr oft an CO_2-Konzentrationen des Wirtes adaptiert, die höher sind als die in der Luft. Während CO_2 für viele Bakterien einen zusätzlichen Nährstoff darstellt, erfolgt bei den obligat kapnophilen Bakterien (z. B. Neisseria gonorrhoeae) ohne 5–10 % CO_2 kein signifikantes Wachstum. Kapnophilie findet man unter den aeroben, den mikroaerophilen und den anaeroben Bakterien.

- **Verhältnis zum Kohlendioxid:**
  - viele heterotrophe Bakterien fixieren CO_2
  - kapnophile Bakterien benötigen 5–10 % CO_2 zum Wachstum (CO_2 ist Nährstoff)

2.2 Nährstoffaufnahme der Zelle

Die Zytoplasmamembran ist für viele Nährstoffe undurchlässig. Nur sehr kleine und lipophile Moleküle können sie durch **passive Diffusion** durchdringen. Die **erleichterte Diffusion** ist bei Vorhandensein aktiver, aber energieunabhängiger Permease-Systeme möglich. Sie erfolgt im *Konzentrationsgradienten* des aufzunehmenden Stoffes (d. h. in der Zelle niedrige, im Medium hohe Konzentration).
Für den **aktiven Transport** sind ebenfalls spezifische Permease- oder Translokase-Systeme erforderlich, jedoch ist hierbei der Transport *energieabhängig* und kann auch gegen den Konzentrationsgradienten erfolgen. Die notwendige Energie zur Stoffaufnahme wird hierbei durch ATP oder das in der Atmungskette (s. S. 42) erzeugte Protonenpotential zur Verfügung gestellt.
Bei der **Gruppentranslokation** wird das Molekül während des aktiven Transportes modifiziert. Zuckermoleküle werden z. B. als Zuckerphosphate in die Zelle geschleust. Die einzelnen Transportmechanismen sind schematisch in Abb. 2-1 dargestellt.

Nährstoffaufnahme der Zelle (Abb. 2-1)

- passive Diffusion: nur bei sehr kleinen, lipophilen Molekülen
- erleichterte Diffusion: Aufnahme mittels energieunabhängiger Permease-Systeme im Konzentrationsgradienten
- *aktiver Transport:* energieabhängige Aufnahme mit spezifischen Permease- und Translokase-Systemen
- Gruppentranslokation: aktiver Transport unter chemischer Veränderung des aufzunehmenden Stoffes (z. B. Phosphorylierung)

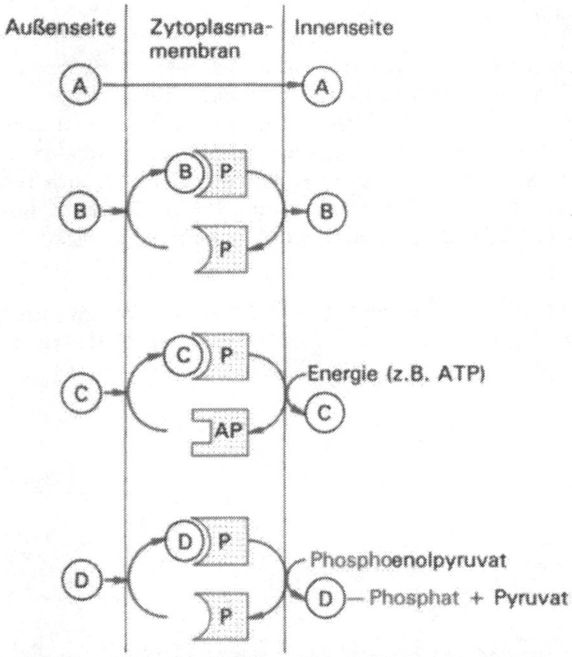

Abb. 2-1: Schematische Darstellung des Stofftransportes in die Zelle.
Das Moleküle A wird durch einfache Diffusion aufgenommen, das Molekül B durch erleichterte Diffusion (Bindung an Permease P), das Molekül C durch aktiven Transport (Bindung an aktivierte Permease AP) und das Molekül D durch Gruppentranslokation (Modifizierung bei der Aufnahme, im Beispiel durch Phosphorylierung).

Aufnahme von Eisen:

⇨

Ein besonderes Problem stellt die Aufnahme des Eisens dar. Unter aeroben Bedingungen liegt es überwiegend als unlösliches Fe^{3+} vor. Die Bakterien müssen daher *Chelatbildner* produzieren, die das Eisen als Komplex gelöst halten. Diese werden als **Siderophore** bezeichnet. Zu ihnen gehören die Enterocheline, die Mykobaktine und viele andere. Die Bildung wirkungsvoller Siderophore kann als **Pathogenitätsfaktor** betrachtet werden, wenn diese das Eisen fester binden als die im Wirtsorganismus vorhandenen Eisenbindeproteine und damit mit dem Wirtsorganismus um das Eisen konkurrieren.

Physiologie des bakteriellen Wachstums

Wachstum = Zunahme an Zellsubstanz, bei Bakterien = Zunahme der Zellzahl
Bakterien vermehren sich durch Querteilung

Wachstumsparameter:
- Zellzahl
- Teilungsrate
- Generationszeit

2.3 Physiologie des bakteriellen Wachstums

Unter Wachstum versteht man die *Zunahme an Zellsubstanz,* die meist mit Vergrößerung und/oder Teilung der Zelle bzw. des Organismus einhergeht. Bei einzelligen Organismen (z. B. den Bakterien) nimmt in erster Linie die *Zellzahl* zu. Bakterien vermehren sich durch *Querteilung der Zelle* in zwei gleich große Tochterzellen.
Parameter des bakteriellen Wachstums sind die *Zellzahl* (= Keimzahl) pro Volumeneinheit, die *Teilungsrate* (Anzahl der Zellteilungen pro Zeiteinheit) und deren Reziprokwert, die *Generationszeit* (Zeitintervall der Verdoppelung).
Bei der **Bestimmung der Zellzahl** muß zwischen der *Lebendzellzahl* und der *Gesamtzellzahl* (lebende und tote Bakterien) unterschieden werden. Die Gesamtzellzahl läßt sich mit *mikroskopischen* (Neugebauer-Zählkammer) oder *elektrischen* (Coulter-Counter) Methoden messen.
Aussagekräftiger ist die *Bestimmung der Lebendzellzahl* (s. „Kultivierung", I. 4). Jede lebende Zelle wächst dabei zu einer Kolonie aus. Nach Bebrütung werden die aus den lebenden Zellen entstandenen Kolonien ausgezählt. Die Methode hat ihre Grenzen bei Bakterienspezies, bei denen nach der Zellteilung mehrere Zellen zu Paaren, Ketten oder Haufen zusammenbleiben. Bei diesen kann man nicht exakt die Zellzahl, sondern nur die *Zahl der koloniebildenden Einheiten* (KBE) bestimmen.

Wachstum in statischer Kultur

2.3.1 Wachstum in statischer Kultur

Charakteristische Wachstumsphasen:
1. Anlauf- oder Lagphase
2. exponentielle oder logarithmische Phase
3. stationäre Phase
4. Absterbephase

Beimpft man ein flüssiges Nährmedium mit einer bestimmten Bakterienzahl, bebrütet das Medium und gibt hinterher kein frisches Nährmedium zu, so ergeben sich bestimmte **Wachstumsphasen**. Eine solche Kultur ist eine *statische Kultur.* Entnimmt man nun dieser Kultur nach einem festgelegten Zeitplan (z. B. alle 15 min) Proben, mit denen man wie oben beschrieben Zellzahlbestimmungen durchführt, so erhält man für alle einzelligen Mikroorganismen bei halblogarithmischer Auftragung die in Abb. 2-2 dargestellte Wachstumskurve.

Wachstumskurve (Abb. 2-2, 2-3)

Die Wachstumskurve beginnt mit der *Anlauf- oder Lag-Phase.* Sie ist durch Anpassungsvorgänge der Bakterien an das frische Medium (z. B. Enzymin-

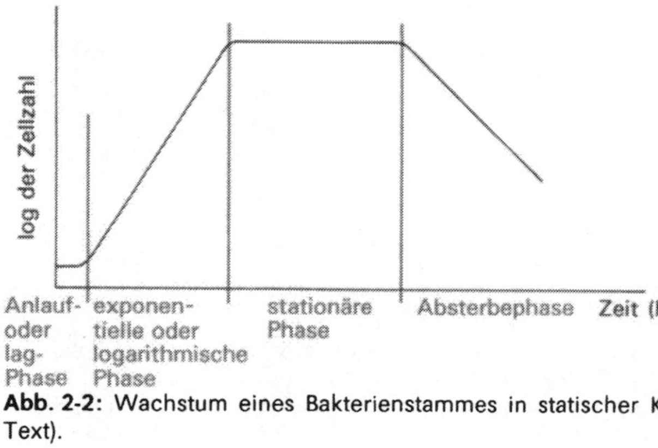

Abb. 2-2: Wachstum eines Bakterienstammes in statischer Kultur (Erklärungen s. Text).

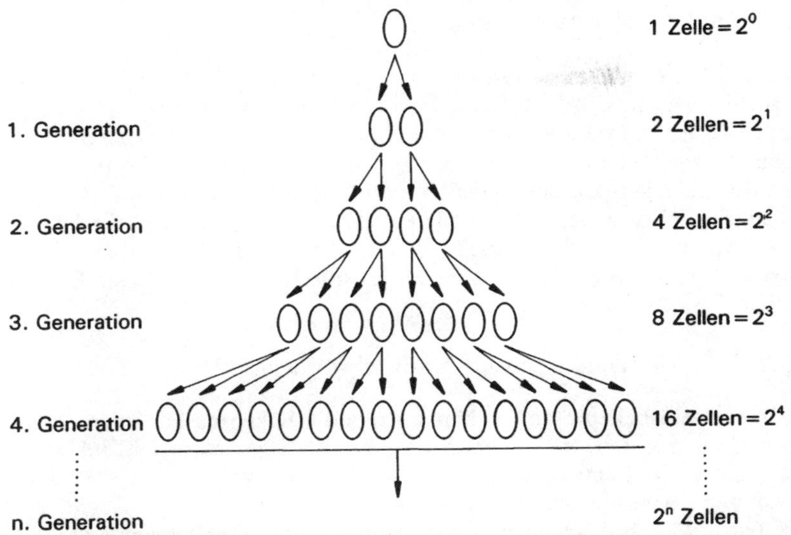

Abb. 2-3: Darstellung des bakteriellen Wachstums während der exponentiellen Phase: Aus einer Zelle entstehen durch Querteilung jeweils zwei Tochterzellen.

duktion) bedingt. Eine Vermehrung der Zellzahl findet in der Anlaufphase nicht statt; ihre Dauer hängt von der Art des Mediums und dem Zustand der eingeimpften Zellen ab.

In der darauffolgenden *exponentiellen oder logarithmischen Wachstumsphase* nimmt der Logarithmus der Zellzahl linear mit der Zeit zu: Da sich die Bakterien durch Zweiteilung vermehren, entspricht das Wachstum einer *geometrischen Progression* (Abb. 2-3).

Wird eine Kultur mit N Zellen beimpft, so beträgt die Zellzahl N nach n Teilungen

$$N = N_0 \cdot 2^n.$$

Durch Logarithmieren ergibt sich

$$\log N = \log N_0 + n \cdot \log 2$$

oder für die Anzahl der Zellteilungen

$$n = \frac{\log N - \log N_0}{\log 2}.$$

Die Zahl der Zellteilungen pro Stunde (v) ist die Teilungsrate:

$$v = \frac{n}{t} = \frac{\log N - \log N_0}{\log 2 \cdot (t - t_0)}.$$

Ihr Reziprokwert g ist die Generationszeit

$$g = \frac{t}{n} = \frac{1}{v}.$$

Die **Generationszeit der Bakterien** ist speziesspezifisch, oft sogar stammspezifisch und variiert stark: Bei E. coli werden im Mittel 20 min gemessen, bei Mycobacterium tuberculosis bis zu 24 Stunden.

Die Länge der Generationszeit hängt weiterhin von Milieufaktoren (Nährstoffe, pH, O_2-Partialdruck, Temperatur usw.) ab.

An die exponentielle Phase schließt sich die *stationäre Phase* an. Nun sind alle Nährstoffe aufgebraucht. Dadurch nimmt die Zellteilungsrate ab. Es kommt schließlich zum Wachstumsstillstand. Schließlich geht die stationäre Kultur in die *Absterbephase* über. Hier haben sich große Mengen toxischer Stoffwechselprodukte angehäuft, oder der pH-Wert ist durch Säurebildung in unphysiologisch niedrige Bereiche abgesunken. Es stehen keine Nährstoffe mehr zur Verfügung. Einige Spezies bilden in dieser Phase auch *autolytische Substanzen*, mit denen sie sich selbst auflösen. Durch diese Umstände sinkt die Zahl der lebenden Bakterien ab. Bei einigen Arten können wenige Zellen noch nach Tagen, Wochen oder Monaten lebensfähig sein.

Kontinuierliche Kultur
durch Kontrolle der Wachstumsparameter im Chemostaten wird die Kultur ständig in der exponentiellen Phase gehalten

2.3.2 Kontinuierliche Kultur

Mit Hilfe eines **Chemostaten**, bei dem Temperatur, Nährstoffgehalt, pH-Wert des Mediums, Keimzahl und andere Bedingungen konstant gehalten werden, kann man eine Bakterienkultur ständig in der exponentiellen Wachstumsphase halten. Meist wird über eine photometrische Trübungsmessung die Keimzahl konstant gehalten und frische Nährlösung wird kontinuierlich zugeführt; gleichzeitig werden Zellen mit der verbrauchten Nährlösung über einen Überlauf abgeführt. Die kontinuierliche Kultur ist eine wichtige Voraussetzung für die *biotechnologische Produktgewinnung* (z.B. Antibiotika).

Bakterienwachstum im natürlichen Milieu

Idealbedingungen der In-vitro-Kultur werden am natürlichen Standort nur selten angetroffen; bei Infektionen Behinderung des bakteriellen Wachstums durch Wechselwirkungen zwischen Parasit und Wirt

2.3.3 Bakterienwachstum im natürlichen Milieu

An ihrem natürlichen Standort können sich die Bakterien nur selten so ungehindert vermehren wie in der In-vitro-Kultur. Stellt man sich Bakterienwachstum am Ort einer Infektion vor, so muß man vor allem die **Wechselwirkungen zwischen Parasit und Wirt**, u. a. dessen unspezifische und spezifische Abwehrmechanismen bedenken, die der Zellteilungsrate der Bakterien natürliche Schranken setzen.

Taxonomie

3 Taxonomie

R. Hammann

Begriffserklärung und Aufgaben

Taxonomie: Schaffung von Ordnungssystemen für Organismen

Klassifizierung: Anordnung von Einheiten zu Gruppen größerer Einheiten → hierarchisches System

Nomenklatur = Namensgebung

⇨

3.1 Begriffserklärung und Aufgaben

Die Taxonomie befaßt sich mit der Schaffung von Ordnungssystemen für Organismen. Der Begriff ist gleichzusetzen mit dem der *Klassifizierung.* Unter Klassifizierung versteht man die Anordnung von Einheiten zu Gruppen größerer Einheiten. Das Ergebnis hiervon ist ein **hierarchisches System**. Die Klassifizierung hat die adäquate Identifizierung eines bestimmten Bakteriums unter Verwendung allgemein üblicher, bewährter und reproduzierbarer Methoden ebenso zur Voraussetzung wie eine adäquate **Nomenklatur** (= Namensgebung).

> Für die Nomenklatur sind international festgelegte Regeln gültig. Diese sind sowohl für die Zuordnung eines bestimmten Stammes zu einer bestimmten Art (oder höheren hierarchischen Gruppe) als auch für die Neubeschreibung einer Art (oder höheren hierarchischen Gruppe) anzuwenden.

Der *International Code of Nomenclature of Bacteria* gibt die Richtlinien zur gültigen Beschreibung und Namensgebung von Bakterien an. Um eine Kontinuität und Stabilität in der Verwendung von Bakteriennamen zu erreichen, wurden im Jahr 1980 die *Approved Lists of Bacterial Names* herausgegeben. Alle früher publizierten Namen, die nicht auf der Liste sind, sind damit ungültig geworden.
Als Standardwerk bei der Identifizierung von Bakterien dient *Bergey's Manual of Systematic Bacteriology*, das bisher in zwei Bänden (Band I: Gramnegative Bakterien, Erscheinungsjahr 1984; Band II: Grampositive Bakterien, Erscheinungsjahr 1986) erschienen ist und das alte Bergey's Manual of Determinative Bacteriology ablöst. (Die entsprechenden Neubeschreibungen seit 1984 bzw. 1986 sind allerdings nicht enthalten!)
Neubeschreibungen von Bakterien müssen im *International Journal of Systematic Bacteriology* erfolgen oder in dieser Zeitschrift validiert (für gültig erklärt) werden.
Sinn dieser für den Außenstehenden umständlichen Prozedur ist u. a. die Schaffung einer international einheitlichen Nomenklatur.

Tab. 3-1: Ein Beispiel für die Reihenfolge der Taxa im hierarchischen System

Taxon	Beispiel
Reich	Prokaryotae
Abteilung	Gracilicutes
Klasse	Scotobacteria
Ordnung	Spirochaetales
Familie	Leptospiraceae
Gattung	Leptospira
Spezies	Leptospira interrogans

Die Reihenfolge der Ordnungsbezeichnungen (Taxa) im hierarchischen System stellt sich wie folgt dar (Tab. 3-1): Auf der untersten Ebene steht allgemein die **Art (= Spezies)**. Sie umfaßt diejenigen Bakterienstämme, die identische oder doch sehr ähnliche Eigenschaften aufweisen.

Reihenfolge der Taxa:
- Unterste Ebene: Spezies = Art (manchmal auch Subspezies = Unterart)

In einzelnen Fällen kann die Art noch weiter untergliedert werden. Unterscheiden sich Stämme einer Art in ihren Antigenen, so spricht man von *Serovar* (alte Bezeichnung Serotyp); unterscheiden sie sich in einigen biochemischen Eigenschaften, von *Biovar*, unterscheiden sie sich im Lysemuster durch verschiedene Bakteriophagen, von *Phagovar* usw. Der Begriff der **Subspezies** (Unterart) wird dann verwendet, wenn innerhalb einer Spezies kleinere, aber konstante Varianten im Phänotyp (biochemisches Erscheinungsbild) beobachtet werden. Während die Varietäten keinen offiziellen Rang im System haben, aber oft von großer klinischer oder epidemiologischer Bedeutung sind, ist die Subspezies (Unterart) als kleinste taxonomische Einheit anerkannt.

Das nächsthöhere Taxon ist die **Gattung (Genus)**, in der mehrere Arten zusammengefaßt werden. Bis jetzt gibt es keine festgesetzten Regeln für die Genusdefinition, so daß hier Subjektivität, aber auch Sachkenntnis eine erhebliche Rolle spielen.

- Nächsthöhere Ebene: Genus = Gattung

Dem **binären System** der Benennung von Pflanzen und Tieren folgend, muß auch ein Mikroorganismus durch Gattungs- und Artnamen definiert werden. *Escherichia coli* z.B. ist durch den Gattungsnamen *Escherichia* und den Artnamen *coli* definiert.

Definition eines Mikroorganismus durch Gattungs- und Artnamen
Beispiel: Escherichia coli

Auf der nächsthöheren Ebene werden verschiedene Gattungen zur **Familie** zusammengefaßt. An verschiedenen Stellen im Bakteriensystem ist diese Eingruppierung von Gattungen zur Familie aufgegeben worden, weil sich die früher zur Familienzugehörigkeit herausgestellten Merkmale als nichtig erwiesen haben. In anderen Fällen (z. B. den *Enterobacteriaceae*) umfaßt die Familie eine genotypisch und phänotypisch gut definierte Gruppe von Gattungen und Arten.

- Nächsthöhere Ebenen: Familie

Von jeder beschriebenen Art muß ein sog. **Typ-Stamm** existieren und verfügbar sein. Dies erfordert die Hinterlegung dieses Typ-Stammes bei einer anerkannten *Stammsammlung*, z. B. der American Type Culture Collection (ATCC), der Deutschen Sammlung von Mikroorganismen (DSM) oder der National Collection of Type Cultures (NCTC, England). Der Name „Typ-Stamm" sollte dabei eher im Sinne von „Referenz"-Stamm verstanden werden als im Sinne des „typischen" Stammes, denn oftmals ist zum Zeitpunkt der Neubeschreibung einer Gattung oder Art noch recht wenig über die Eigenschaften des neuen Taxons bekannt. Stirbt ein Typ-Stamm ab, so muß zuerst ein neuer Typ-Stamm gefunden und beschrieben werden, der dann als

Erforderlich für die Festlegung der
- Art → Typ-Stamm
- Gattung → Typ-Spezies
- Familie → Typ-Genus

Tab. 3-2: Ein Beispiel für taxonomische „Typen"

Ebene	Taxon	Typ
Familie	Pseudomonadaceae	Pseudomonas
Genus	Pseudomonas	Pseudomonas aeruginosa
Spezies	Pseudomonas aeruginosa	Typstamm ATCC 10145

Neotyp-Stamm bezeichnet wird. Von jeder Gattung muß außerdem eine *Typ-Spezies* und von jeder Familie (soweit derzeit überhaupt existent) ein *Typ-Genus* bekannt sein. Ein Beispiel für die hier gebrauchte Hierarchie ist in Tab. 3-2 dargestellt.

- Ordnung
- Klasse
- Abteilung
- Reich

Den nächsthöheren Rang über der Familie nimmt die **Ordnung** ein; es folgen **Klasse, Abteilung** (Divisio) und **Reich**. Alle Bakterien gehören zum Reich *Prokaryotae.* Wie schon bei der Begriffsdefinition der Familie beschrieben, hat man in vielen Gruppen auch die Einordnung in Ordnung und Klassen aufgegeben, lediglich die **Einteilung in Abteilungen** ist aufgrund des *Zellwandaufbaus* meist eindeutig durchführbar:

Einteilung der Bakterien in Abteilungen

⇨

- Gramnegative Bakterien (Gracilicutes),
- Grampositive Bakterien (Firmicutes),
- Mykoplasmen (Tenericutes) und die mureinfreien
- Archaebakterien (Mendosicutes)

In der Praxis wird zur Zuordnung eines Bakterienstammes nur der Gattungs- und Artname und, falls vorhanden und eindeutig zuzuordnen, die Familienbezeichnung verlangt.

Medizinisch bedeutsame Taxa

Einen Überblick über die medizinisch bedeutsamen Taxa nach Bergey's Ma-

Tab. 3-3: Überblick über die Abteilungen und die medizinisch wichtigen Taxa des Bakterienreiches (nach Bergey's Manual of Systematic Bacteriology)

Abteilung Gracilicutes (gramnegative Bakterien):

a) Spirochäten (Schraubenbakterien)
Spirochaetaceae: Spirochaeta, Borrelia, Treponema
Leptospiraceae: Leptospira

b) aerobe und fakultativ anaerobe Stäbchen
gebogen:
Spirillum, Campylobacter (mikroaerophil)
gerade:
Pseudomonadaceae: Pseudomonas
Legionellaceae: Legionella
Gattungen ohne Familienbezeichnung:
Alcaligenes, Brucella, Bordetella, Francisella
Enterobacteriaceae: Escherichia, Shigella, Salmonella, Citrobacter, Klebsiella, Enterobacter, Serratia, Edwardsiella, Proteus, Providencia, Morganella, Yersinia und andere
Vibrionaceae: Vibrio, Aeromonas, Plesiomonas
Pasteurellaceae: Pasteurella, Haemophilus, Actinobacillus
Gattungen ohne Familienbezeichnung:
Cardiobacterium, Calymmatobacterium, Eikenella, Streptobacillus, Capnocytophaga

c) aerobe Kokken oder kokkoide Stäbchen:
Neisseriaceae: Neisseria, Moraxella, Acinetobacter, Kingella

d) strikt anaerobe Stäbchen:
Bacteroidaceae: Bacteroides, Fusobacterium, Leptotrichia, Mobiluncus, Wolinella, Selenomonas

e) strikt anaerobe Kokken:
Veillonellaceae: Veillonella, Acidaminococcus, Megasphaera

f) obligat intrazelluläre Bakterien:
Rickettsiaceae: Rickettsia, Rochalimaea, Coxiella, Ehrlichia
Chlamydiaceae: Chlamydia

Abteilung Firmicutes (grampositive Bakterien):

a) aerobe oder fakultativ anaerobe Kokken:
Micrococcaceae: Micrococcus, Staphylococcus
Gattungen ohne Familienbezeichnung:
Streptococcus, Enterococcus, Aerococcus

b) strikt anaerobe Kokken:
Peptostreptococcus, Peptococcus

c) endosporenbildende Stäbchen:
Bacillus, Clostridium

d) gerade, sporenlose Stäbchen:
Lactobacillus, Listeria, Erysipelothrix

e) unregelmäßige Stäbchen:
aerob: Corynebacterium, Arcanobacterium, Gardnerella
mikroaerophil bis strikt anaerob:
Propionibacterium, Actinomyces, Bifidobacterium
f) säurefeste Stäbchen:
Mycobacteriaceae: Mycobacterium
g) aerob wachsende Actinomycetales:
Nocardia, Rhodococcus, Streptomyces und andere
Abteilung Tenericutes (Bakterien ohne Zellwand):
Mycoplasmataceae: Mycoplasma, Ureaplasma
Acholeplasmataceae: Acholeplasma
Abteilung Mendosicutes (Bakterien mit mureinfreier Zellwand)
Archaebacteria (ohne medizinische Bedeutung)

nual of Systematic Bacteriology (und einige dort noch nicht enthaltene Ergänzungen) gibt Tab. 3-3.
Die Namensgebungen leiten sich vom Lateinischen oder Griechischen her oder sind einlatinisierte Begriffe aus anderen Sprachen. Vielfach sind die Namen deskriptiv, z. B. bedeutet *Streptococcus pyogenes* „das eitererregende *(pyogenes)*, in Ketten wachsende Kugelbakterium *(Streptococcus)*“, oder sie sind von Personennamen hergeleitet, z. B. *Pasteurella, Yersinia, Listeria.*

3.2 Konventionelle Klassifizierung

Konventionelle Klassifizierung

aufgrund von phänotypischer Ähnlichkeit

Die Klassifizierung der Bakterien erfolgt heute in den meisten Gruppen aufgrund ihrer *phänotypischen Ähnlichkeit* und dient dem Wiedererkennen (Bestimmen) von Mikroorganismen bei der Identifizierung von frisch isolierten Stämmen. Oft stimmt dieses künstliche System jedoch nicht mit der tatsächlichen Verwandtschaft überein (s. unten).

Zur Identifizierung verwendete Merkmale und Eigenschaften:
- Morphologie und Gramverhalten
- physiologische und biochemische Tests
- manchmal auch: antigene Zusammensetzung

Die häufig zur Identifizierung herangezogenen Merkmale (Tests) sind:
- *Zellmorphologie* und *Gramverhalten*;
- *Beweglichkeit, Sporenbildung*;
- *physiologische Merkmale* wie Nährstoffbedarf, Temperaturoptimum und -toleranz, Sauerstofftoleranz (aerobe, fakultativ oder strikt anaerobe Lebensweise) usw.;
- *biochemische Merkmale*, z. B. Assimilation bzw. Fermentation von Zuckern, Zuckeralkoholen, organischen Säuren, Aminosäuren und anderen Verbindungen; Bildung bestimmter Stoffwechselendprodukte (z. B. Indol, Schwefelwasserstoff, Ammoniak, Amine, Acetoin); Bildung wichtiger Enzyme, z. B. Zytochrom-c-oxidase (= Indophenoloxidase), Katalase, β-Galactosidase;
- *gaschromatographische Analyse der Fermentationsprodukte;* diese Methode ist zur Identifizierung strikt anaerober Bakterien äußerst nützlich (Fettsäuremuster);
- *Hemmstofftests*: Resistenz oder Empfindlichkeit gegen bestimmte Antibiotika (nicht zu verwechseln mit der Antibiotika-Empfindlichkeitsbestimmung, die die Suche nach therapeutisch wirksamen Antibiotika zur Aufgabe hat), Resistenz oder Empfindlichkeit gegen Farbstoffe, Zellgifte (z. B. Azid, Cyanid) und andere Hemmstoffe;
- *antigene Zusammensetzung* (oft als Bestätigung für die biochemische Differenzierung oder zur Identifizierung bestimmter Serovare, z. B. bei Salmonellen, Shigellen usw.).

Vergleich der erhaltenen Ergebnisse mit Bestimmungsschlüsseln und -tabellen

Die erhaltenen Ergebnisse werden mit *Bestimmungsschlüsseln* oder *-tabellen* verglichen (vgl. Kap. „Diagnostik“), die bei Übereinstimmung eine Zuordnung des unbekannten Isolates in eine bereits beschriebene Gattung und Art erlauben. Derartige Identifizierungstabellen sind u. a. in Bergey's Manual und anderen Handbüchern enthalten. Sie geben auch über die Auswahl der richtigen Tests für die jeweilige Spezies Auskunft. Eine Grobzuordnung eines Stammes zu einer Familie oder Gruppe erfolgt mit sog. *Schlüsselreaktionen* (z. B. Verhältnis des Isolates zum Sauerstoff, Indophenoloxidase, Katalase, oxidative und/oder fermentative Verwertung von Kohlenhydraten). Ein Beispiel in Form eines dichotomen Bestimmungsschlüssels ist in Abb. 3-1 dargestellt.

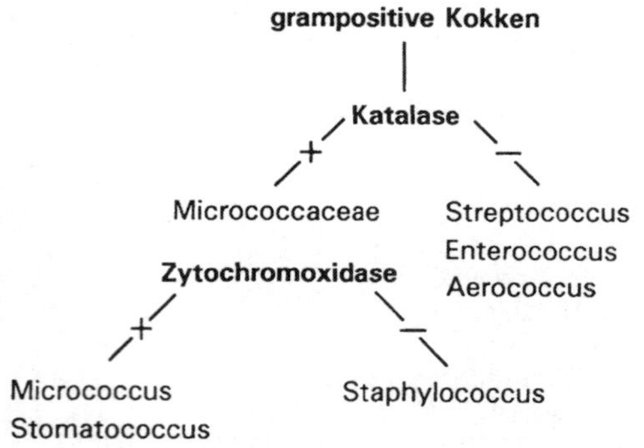

Abb. 3-1: Beispiel für einen dichotomen Bestimmungsschlüssel zur Differenzierung grampositiver, aerob wachsender Kokken aufgrund von Gramverhalten, Katalase- und Zytochromoxidasereaktion

Numerische Taxonomie

Aufgabe: Feststellung von Verwandtschaftsbeziehungen zwischen ähnlichen Stämmen

Anwendung der Adansonschen Prinzipien:
- alle Merkmale haben das gleiche Gewicht
- jedes Merkmal eines Stammes wird mit jedem Merkmal aller anderen Stämme verglichen
- Sortierung nach Ähnlichkeitsgruppen

Ergebnis wird als Cluster-Analyse oder Dendrogramm dargestellt

3.3 Numerische Taxonomie

Will man die Verwandtschaftsbeziehungen zwischen ähnlichen Stämmen oder Stämmen verwandter Arten aufgrund ihrer phänotypischen Eigenschaften objektiv beurteilen, so wird meist die numerische Taxonomie angewendet. Erst die Anwendung von Computern in der Wissenschaft hat dieses Verfahren ermöglicht. Man macht sich dabei die *Adansonschen Prinzipien* zu eigen, nach denen alle erfaßbaren morphologischen, physiologischen und biochemischen Merkmale das gleiche Gewicht haben. Bei sinnvoller Anwendung müssen so viele Merkmale wie möglich eingesetzt werden, die alle eine Alternativentscheidung zulassen (Reaktionsausfall positiv oder negativ). Der Rechner vergleicht dann jedes Merkmal von jedem Stamm mit jedem Merkmal aller anderen Stämme. Anschließend wird eine Sortierung nach Ähnlichkeitsgruppen (Cluster) vorgenommen.

Die Auswertung kann auch als *Dendrogramm* (Abb. 3-2) erfolgen. Die untersuchten Stämme sind umso ähnlicher, je größer das Verhältnis der übereinstimmenden Merkmale zu den insgesamt untersuchten Merkmalen (Ähnlichkeitskoeffizient S) ist. Diese Methode wird auch zum Erstellen der Datenbasen für kommerzielle Identifizierungssysteme angewendet.

Für die tägliche Routinediagnostik ist die numerische Taxonomie wenig ge-

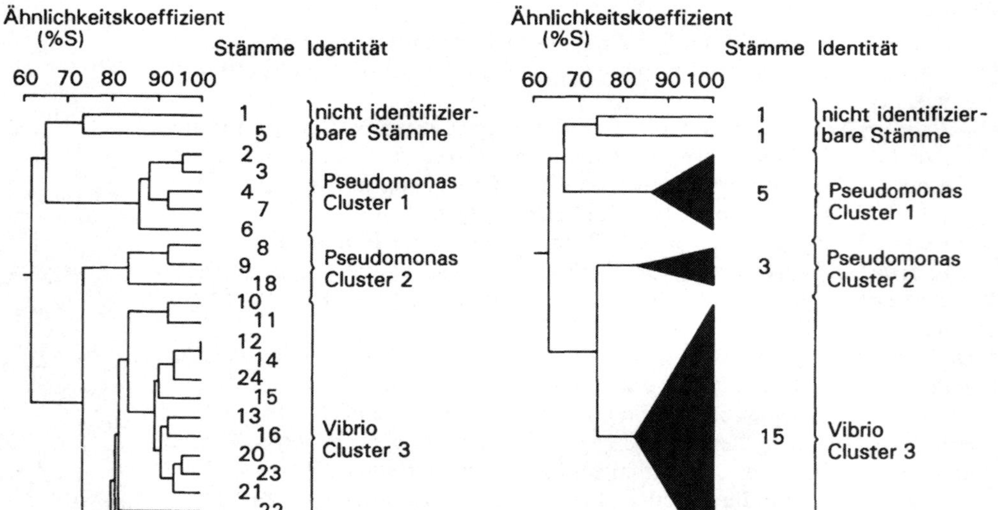

Abb. 3-2: Möglichkeiten der Darstellung einer numerisch-taxonomischen Analyse: A zeigt ein genaues, B ein vereinfachtes Dendrogramm

eignet, da sie sehr arbeits- und zeitintensiv ist. Allerdings lassen sich damit relativ einfach solche Tests herausfinden, die für die Differenzierung bestimmter Arten besonders geeignet sind und dann auch in der Routinediagnostik eingesetzt werden können.
Heute werden auch andere als nur phänotypische Merkmale mit der numerischen Analyse untersucht. Sie wird beispielsweise zur Auswertung von Gesamtzell-Proteinmustern (s. unten) verwendet, die ebenfalls taxonomisch genutzt werden, oder zur Auswertung von DNA-Homologiedaten.

3.4 Chemotaxonomie

Chemotaxonomie

Bestandteilanalyse (meist Makromoleküle) von Bakterienzellen, z. B. Zellwand, Lipopolysaccharide, Isoprenoidchinone, Lipide, Mykolsäuren, Gesamtzell-Proteinmuster, Pyrolyseprodukte

Die Chemotaxonomie verwendet chemische Methoden zum Nachweis und zur Analyse bestimmter *Zellbestandteile* von Mikroorganismen. Die Methode basiert auf der Annahme, daß verwandte Organismen auch ähnliche oder gleiche Zellbestandteile (hauptsächlich Makromoleküle) aufweisen. Die Methode wird hauptsächlich auf der Spezies- und Genus-, gelegentlich auch auf der Familienebene angewendet. Am häufigsten werden untersucht:

- Peptidanteil des Peptidoglykans (= Murein), besonders die Art der Quervernetzung des Mureins
- Vorkommen und Struktur von Teichonsäuren bei grampositiven Bakterien
- Vorkommen und Art zellwandständiger Zucker bei grampositiven Bakterien
- Zusammensetzung der Lipopolysaccharide gramnegativer Bakterien
- Isoprenoidchinone in der Zytoplasmamembran
- Zusammensetzung der zellulären Lipide (hauptsächlich Fettsäureanteil)
- Vorkommen von Mykolsäuren, Nokardiomykolsäuren bzw. Korynemykolsäuren bei Mykobakterien, Nokardien bzw. Korynebakterien
- Analyse des Gesamtzell-Proteinmusters mittels Polyacrylamidgelelektrophorese (PAGE)
- Analyse der Gesamtzell-Pyrolyseprodukte

Verwendung der Techniken in Referenzlaboratorien sowie gelegentlich bei Bakterienstämmen, die nur schwer mit konventionellen Methoden identifiziert werden können.

Der apparative Aufwand zur Anwendung ist unterschiedlich groß; während die Zellwandanalyse mit dünnschichtchromatographischen Methoden zugänglich ist, erfordern Fettsäure- und Proteinanalyse sowie die pyrolytischen Methoden einen relativ kostspieligen apparativen Aufwand. Bisher sind daher die meisten dieser Analysenmethoden Spezial- oder Referenzlaboratorien vorbehalten. Die Identifizierung einiger, meist asaccharolytischer und phänotypisch „inaktiver" Bakterienspezies erfordert jedoch die Anwendung solcher Methoden, beispielsweise der PAGE, die vor allem für die Differenzierung auf Speziesebene geeignet ist. Mit zunehmender Methodenvereinfachung werden die bisher meist zur Abklärung taxonomischer Probleme verwendeten Methoden auch zunehmend Anwendung in der Routinediagnostik finden.

3.5 Bestimmung des Basengehaltes der DNA und Nukleinsäurehybridisierung

Bestimmung des Basengehaltes der DNA und Nukleinsäurehybridisierung

Das derzeit gültige System des Bakterienreiches basiert hauptsächlich auf phänotypischen, d. h. morphologischen und biochemischen Unterschieden zwischen den einzelnen Taxa.
Seit etwa 20 Jahren werden zusätzlich einige genotypische Merkmale, z. B. der *Guanin-plus-Cytosin-(G + C)-Basengehalt der DNA* und die Bestimmung der *Homologierate der Nukleinsäuren* (meist als DNA-DNA-Hybridisierung) bei der Neubeschreibung von Arten oder bei der Überprüfung bestehender Arten eingesetzt. Die Bestimmung des Basengehaltes der DNA ist heute, soweit es sich nicht um schwer kultivierbare Bakterien handelt, zur Charakterisierung einer neuen Art erforderlich. Wenn Stämme zur gleichen Art gehören sollen, so müssen sie einen identischen oder sehr ähnlichen Basengehalt aufweisen. Andererseits gibt es zahlreiche phänotypisch unterschiedliche, aber auch identische Spezies mit gleichem G + C-Gehalt (Tab. 3-4). Der Basengehalt bewegt sich im Bakterienreich zwischen 20 und 75 mol %.

Bestimmung des Guanin-plus-Cytosin-Gehaltes (= Basengehalt) der DNA: erforderlich zur Charakterisierung neuer Arten

Zur **Speziesabgrenzung** ist die *Nukleinsäurehybridisierung* besser geeignet. Gehören zwei Stämme zur gleichen Art, so müssen sie den gleichen G + C-

Nukleinsäurehybridisierung: erforderlich zur **Speziesabgrenzung**

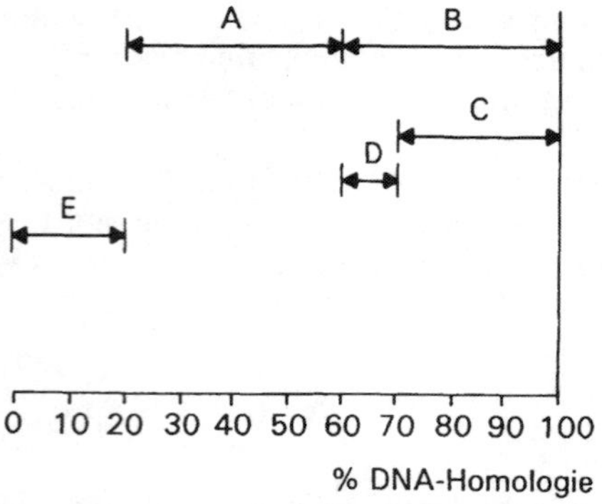

Abb. 3-3: Verwandtschaftsbeziehungen eines unbekannten Stammes X zu einem Referenzstamm R aufgrund von DNA-Homologiewerten.
Bereich A: Stamm X gehört in eine mit R verwandte Spezies;
Bereich B: Stamm X gehört in die gleiche Spezies wie R, aber möglicherweise in eine andere Subspezies (besonders bei Werten im Bereich von D);
Bereich C: Stamm X und Stamm R gehören der gleichen Spezies an;
Bereich E: Stamm X gehört in eine mit R wenig verwandte Spezies oder sogar in ein anderes Genus.

Stämme einer Art → gleicher G + C-Gehalt und hohe DNA-Homologierate

Gehalt und eine hohe DNA-Homologierate aufweisen. Gehören sie zu verschiedenen Arten (vielleicht trotz gleichen G + C-Gehaltes), so ist die Homologierate geringer. Innerhalb eines Genus sollten trotz heterogener Arten eine ähnliche DNA-Homologierate (Abb. 3-3) und auch ähnliche G + C-Gehalte feststellbar sein. Genaue Grenzen lassen sich jedoch bei keiner Methode festlegen, da beide Parameter natürlichen Schwankungen unterliegen.

Stämme verschiedener Arten → gleicher oder unterschiedlicher G + C-Gehalt, niedrige DNA-Homologierate

Diskrepanzen bezüglich der Werte

Außerdem gibt es gerade bei den wohlbekannten und schon vor der Anwendung dieser Techniken beschriebenen Taxa wesentliche Diskrepanzen bezüglich dieser Werte (Tab. 3-4).
Derzeit umfaßt z. B. die Gattung *Clostridium* offensichtlich zwei Gruppen von Spezies, eine mit niedrigem (20–30 mol%) und eine mit wesentlich höherem (40–50 mol%) G + C-Gehalt. Bisher hat man aus Gründen der Praktikabilität davon Abstand genommen, die anaeroben sporenbildenden grampositiven Stäbchen aufgrund dieser Tatsache in zwei separate Genera aufzuteilen. Solche Tendenzen zeichnen sich aber im Genus *Bacteroides*, das bisher noch wesentlich heterogener war (s. Tab. 3-4), bereits ab (s. spezieller Teil).

Tab. 3-4: Guanin-plus-Cytosin-Gehalte einiger Bakterientaxa (Angaben in mol%)

Enterobacteriaceae	38–60
Escherichia coli	48–52
Enterobacter cloacae	52–54
Enterobacter aerogenes	53–54
Klebsiella pneumoniae	56–58
Klebsiella oxytoca	55–58
Morganella morganii	48–52
Providencia rettgeri	38–41
Bacteroides	28–61
Bacteroides fragilis	41–44
Bacteroides vulgatus	40–42
Bacteroides bivius	39–41
Bacteroides disiens	40–42
Porphyromonas asaccharolytica (= früher Bacteroides asaccharolyticus)	50–52
Clostridium	20–30 bzw. 40–50
Clostridium perfringens	25–28
Clostridium novyi	26–29
Clostridium sphenoides	41–42
Clostridium clostridioforme	47–50

Bisher eignet sich daher der G + C-Gehalt zur Charakterisierung einer Bakterienart. In einigen Fällen hat seine Bestimmung auch zum Nachweis der Heterogenität einer Art und, als Folge davon, zu einer Aufteilung der alten in mehrere neue Arten geführt. Die Methodik der beiden geschilderten Techniken wird im Kap. „Genetik", I. 6 geschildert.

DNA-DNA- und DNA-RNA-Hybridisierungstechniken werden heute schon zur **Diagnostik** einiger schwer oder nicht kultivierbarer Erreger (z. B. Viren, Chlamydien) eingesetzt *(DNA-Sonden)*.

Verwendung von Nukleinsäuretechniken: Diagnostik nicht oder nur schwer kultivierbarer Erreger (DNA-Sonden)

3.6 Ansätze zu einem natürlichen System

Ansätze zu einem natürlichen System

Als brauchbare Methode zur Schaffung eines natürlichen, **phylogenetischen Verwandtschaftssystems** (= Stammbaumes) haben sich die *5 S- und die 16 S-rRNA-Sequenzierung bzw. -Katalogisierung* erwiesen. Da die ribosomalen Ribonukleinsäuren hoch konservativ sind, d. h. viel weniger einer Mutation unterliegen als beispielsweise die DNA, lassen sich mit diesen Methoden echte Verwandtschaftsbeziehungen zwischen Gattungen, Familien sowie höher liegenden Einheiten herstellen. Als Gradmesser der Verwandtschaft dient die Berechnung von *Ähnlichkeitskoeffizienten* (S_{AB}-Wert).

Schaffung eines phylogenetischen Verwandtschaftssystems mit 5 S rRNA- bzw. 16 S rRNA-Sequenzierung und Katalogisierung

Gradmesser der Verwandtschaft: Berechnung von Ähnlichkeitskoeffizienten (S_{AB}-Wert)

Die Ergebnisse der rRNA-Analysen haben bisher in vielen Fällen nur wenig mit dem künstlichen System gemein; nur selten konnten phänotypische Übereinstimmungen auf der Gattungs- oder Familienebene bestätigt werden. Meist wurden bisher mit dieser Technik erstaunliche Verwandtschaftsbeziehungen zu Tage gefördert, z. B. zwischen den (zellwandlosen) Mykoplasmen und einem Teil der Klostridien.

Eine phylogenetische, stammbaumartige Darstellung der Organismengruppen aufgrund der genannten rRNA-Analysen ist in Abb. 4-4 dargestellt. Daraus geht hervor, daß sich aus der Urzelle, *dem Progenoten,* einerseits die *Archaebakterien,* andererseits die *Eubakterien* entwickelt haben. Verschiedene Daten lassen eine gewisse phylogenetische Beziehung zwischen Archaebakterien und den Eukaryonten vermuten.

Stammbaumartige Darstellung der Organismengruppen

Die Darstellung der für diese Technik verwendeten Methoden und Hintergründe übersteigen den Rahmen dieses Buches. Deshalb sei an dieser Stelle auf die entsprechende Fachliteratur verwiesen. Derzeit sind die nach dieser

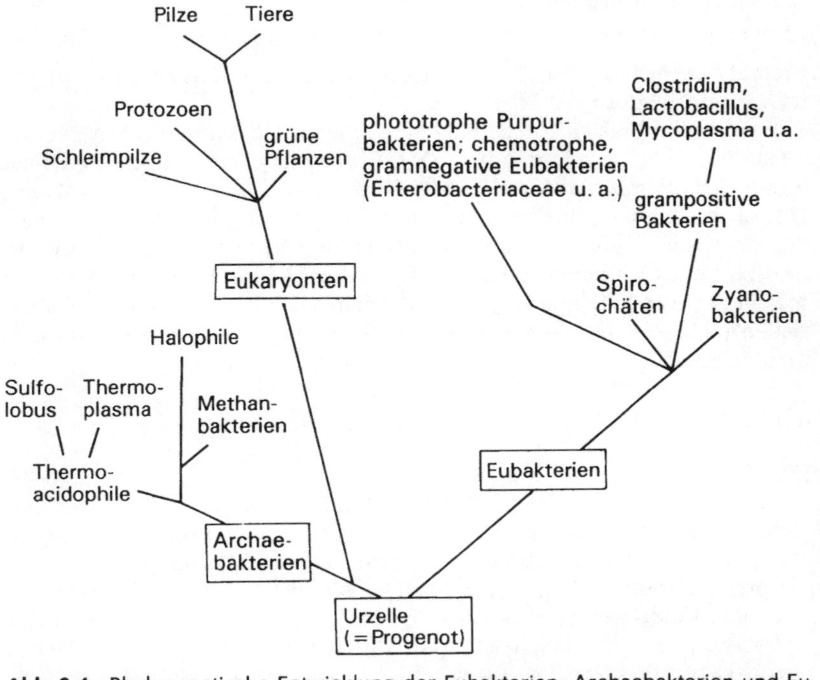

Abb. 3-4: Phylogenetische Entwicklung der Eubakterien, Archaebakterien und Eukaryonten aus einer gemeinsamen, hypothetischen Urzelle. Ergebnisse aufgrund von Analysen der ribosomalen Ribonukleinsäuren

Technik erhaltenen Daten auch noch sehr lückenhaft und wegen des hohen Arbeitsaufwandes für die routinemäßige Identifizierung von Krankheitserregern nicht geeignet.
Die Auswirkungen eines derartigen natürlichen Systems auf die Klassifizierung sind noch nicht abzusehen.

Kultivierung

4 Kultivierung

R. Hammann

Nährmedien und Inhaltsstoffe

Kultivierung von Bakterien mittels Nährmedien (= Nährböden):
- Flüssige Nährmedien: Bouillon
- Feste Nährmedien: Agar (wird als Gelierungsmittel verwendet)

Agar = saures Polysaccharid aus Meeresalgen
- schmilzt bei 95 °C
- erstarrt bei 42–45 °C
- *wird von den meisten Mikroorganismen nicht angegriffen*

4.1 Nährmedien und Inhaltsstoffe

Die Kultivierung von Bakterien erfolgt mittels *Nährmedien* (= Nährböden). Diese enthalten die notwendigen Nährstoffe in meist gelöster Form. Grundsätzlich muß zwischen *flüssigen (= Nährlösung, Bouillon)* und *festen Nährmedien* unterschieden werden. Feste Nährmedien werden aus flüssigen durch Zusatz eines *Geliermittels* (meist *Agar*) hergestellt. Agar (von malaiisch Agar-Agar) ist ein saures Polysaccharid aus Meeresalgen (Tangen), das aus Agarose und Agaropektin besteht. Es wurde von Hesse, einem Schüler Robert Kochs, erstmals in die Mikrobiologie eingeführt. Der Schmelzpunkt von Agar liegt bei 95 Grad Celsius; eine Wiederverfestigung tritt bei 42–45 Grad Celsius ein. Agar wird von den meisten Mikroorganismen nicht abgebaut. Zur Herstellung eines festen Gels wird Agar etwa 1,2–1,8%ig den übrigen Nährbodenbestandteilen in granulierter Form zugesetzt und durch kurzes Kochen gelöst.

Allgemeine Nährstoffe

Bestandteile der Nährmedien für heterotrophe Bakterien:

⇨

4.1.1 Allgemeine Nährstoffe

Ein Nährmedium für heterotrophe Bakterien muß mindestens aufweisen:

- eine *Stickstoffquelle* (z.B. Peptone, Ammonium- oder Nitratstickstoff),
- eine *Kohlenstoff- und Energiequelle* (z.B. Glukose),
- *Kochsalz oder Phosphate* zur Osmoregulation,
- einen meist *neutralen* **pH-Wert.**

Synthetisches Nährmedium besteht aus chemisch definierten Substanzen

Kultivierung medizinisch wichtiger Bakterien:
meist auf Komplexmedien.

Besteht das Medium aus chemisch genau definierten Substanzen, so spricht man vom *synthetischen Nährmedium.*
Einige medizinisch wichtige Bakterien können in synthetischen Medien wachsen (s. Kap. „Ernährung und Physiologie“, I. 2). Viele andere benötigen *organische Nährstoffe,* oder die Nährstoffansprüche sind nicht genau bekannt. Oft sollen auch vom Stoffwechsel her verschiedene Bakterienspezies auf ein und demselben Nährmedium kultiviert werden. Daher verwendet man in der medizinischen Mikrobiologie sehr oft *komplexe Nährmedien* oder solche, die sowohl aus wenig definierten, aber sehr nährstoffreichen organischen Materialien (z. B. Peptone, Hefeextrakt) bestehen und zusätzlich noch mit definierten Substanzen (z. B. Glukose, Salze) versetzt sind.

Bestandteile nichtselektiver Komplexmedien

Komplexmedien enthalten:
- Pepton (Stickstoff- und Schwefelquelle); Peptone sind Abbauprodukte tierischer oder pflanzlicher Proteine.
- Kohlenstoff- und Energiequelle: meist Glukose

4.1.2. Bestandteile nichtselektiver Komplexmedien

Ein **Komplexmedium** besteht aus:
- einer **organischen Stickstoff- und Schwefelquelle**, z. B. *Pepton,* in dem beide Elemente in organisch gebundener Form als *Aminosäuren* vorliegen. Peptone sind *Abbauprodukte von Pflanzen- oder Tiergeweben* (Soja, Muskelgewebe, Casein, Gelatine), die zum überwiegenden Teil aus **Proteinen** bestehen. Heute werden diese Proteine meist *enzymatisch* (z. B. mit Papain, Trypsin oder Pankreatin) *abgebaut.* Durch die enzymatische Verdauung entstehen dabei *Gemische aus einzelnen Aminosäuren und Peptide unterschiedlicher Größe.* Es versteht sich von selbst, daß die Aminosäurezusammensetzung der verschiedenen Peptonarten unterschiedlich ist. Da aber den Me-

dien genügend Pepton zugesetzt wird, sind alle Aminosäuren in ausreichender Menge vorhanden. Oft werden auch *Mischpeptone* (z.B. 50 % Fleischpepton, 50 % Sojapepton) verwendet. Als „Verunreinigungen" enthalten die Peptone auch geringe Mengen von Kohlenhydraten, Vitaminen und Spurenelementen;

- einer **Kohlenstoff- und Energiequelle.** Meist wird hier *Glukose* als recht universell verwertbarer Zucker verwendet; besonders reiche Medien enthalten gelegentlich auch *Mais-, Reis- oder Kartoffelelextrakte*, die vor allem reich an *Stärke* sind. Gelegentlich werden auch andere definierte Kohlenhydrate oder ähnliche Verbindungen (z. B. Laktose, Saccharose, Mannit, Pentosen) zugesetzt. Diese können oft nicht von allen Bakterien verwertet werden und sind daher meist Bestandteil von *Differentialmedien.*

  In reinen Peptonmedien dient das Kohlenstoffgerüst der Aminosäuren auch als Kohlenstoff- und Energiequelle; allerdings können hier alle rein saccharolytischen Bakterien (z. B. die Laktobazillen) nur sehr schlecht wachsen.

Reine Peptonmedien: hier dient das Pepton als Stickstoff-, Kohlenstoff- und Energiequelle.

Meist wird zur **Osmoregulation** auch noch *Kochsalz* (0,5 bis 1 %) und gelegentlich auch noch pH- oder Redoxpuffer zugesetzt. Bakterien wachsen am besten in isotonischen bis leicht hypertonischen Medien und bei neutralem pH-Wert (6.8–7.3).

oft Zusatz von 0,5–1 % Kochsalz zur Osmoregulation

Besonders optimale Komplexmedien enthalten oft noch

- **Hefeextrakt.** Dieser ist besonders reich an Nikotinsäure, Biotin, Pyridoxal, Pantothensäure, Zyanocobalamin, Riboflavin und Folsäure. Weitere wichtige Komponenten sind Mineralsalze und Spurenelemente.
- **Fleischextrakt** oder **Leberextrakt** (manchmal zusätzlich zu oder anstatt Hefeextrakt). Diese sind besonders reich an Nukleosiden, Glykogen, organischen Phosphaten und organischen Säuren.

Zusätzliche Bestandteile optimaler Komplexmedien;
- Hefeextrakt: reich an Vitaminen und Spurenelementen
- Fleischextrakt, Leberextrakt: reich an Nukleosiden, Phosphaten, Glykogen

Das zur Herstellung bakteriologischer Medien verwendete *Wasser* muß *von hoher Reinheit* sein. Daher wird destilliertes, demineralisiertes oder vollentsalztes (V. E.) Wasser eingesetzt.

Da die meisten Medien durch Hitzebehandlung im Autoklaven sterilisiert werden, ist darauf zu achten, daß hitzeempfindliche Substanzen (z. B. Vitamine wie Nikotinsäure) erst nach dem Autoklavieren zugesetzt werden.

Blutzusatz und Hämolyseverhalten: Die meisten festen, nichtselektiven Komplexmedien und auch einige feste Selektivmedien zur Kultivierung von medizinisch wichtigen Bakterien enthalten außerdem *Vollblut* (meist 4–6 %). In diesem dienen die flüssigen (Serum) und zellulären Bestandteile einerseits als weitere Nährstoffquelle, andererseits wird die Art der **Hämolysewirkung** vieler Bakterien differentialdiagnostisch genutzt.

Bei vielen Medien erfolgt Zusatz von *Vollblut* (meist vom Schaf).

Gründe für Blutzusatz:
1. Blut dient als *Nährstoffquelle*
2. Differentialdiagnose nach Art der Hämolyse:
   Beta-Hämolyse = vollständige Auflösung der Blutzellen in der Umgebung der Kolonie
   Alpha-Hämolyse = Bildung von grünlichen Farbstoffen aus dem Hämoglobin; Vergrünungszone in der Umgebung der Kolonie

Die vollständige Auflösung der Blutzellen durch bakterielle Hämolysine (meist Lezithinasen oder Phospholipasen) wird als **Beta-Hämolyse** bezeichnet. Hierbei sind die Kolonien von einem klaren Hof umgeben, z. B. bei *Streptococcus pyogenes* oder *Staphylococcus aureus.*

Eine **Alpha-Hämolyse** (Vergrünung) findet man beispielsweise bei *Streptococcus pneumoniae.* Hier wird das Hämoglobin durch bakteriell produzierte Peroxide in grünliche Hämoglobinderivate (z. B. Methämoglobin) umgewandelt. Die Kolonien sind dann von einem grünlichen Hof umgeben.

Viele Bakterien lassen das Blut unverändert. Fehlendes Hämolysevermögen wurde früher als „Gamma-Hämolyse" bezeichnet.

Meist wird Schafblut zugesetzt; bei Blut von anderen Spezies zeigt sich u. U. ein abweichendes Hämolyseverhalten. Damit das Blut nicht denaturiert wird, darf es erst nach Abkühlung des vorher sterilisierten Mediums auf etwa 45–50 Grad Celsius zugesetzt werden.

Einige besonders anspruchsvolle Bakterien (z. B. *Haemophilus influenzae*) besitzen keine Hämolysine, sind aber auf Zellinhaltsstoffe der Erythrozyten als Nährstoffe angewiesen. Für sie wird das Blut absichtlich durch Hitzebehandlung (60–75 Grad Celsius) oder mehrfaches Einfrieren und Auftauen denaturiert und dem Medium zugesetzt (Kochblutagar, hämolysierter Blutagar). Alternativ dazu kann *H. influenzae* auch *in Kokultur mit Staphylococcus aureus* auf Blutagar angezüchtet werden (Ammen- oder Satellitenwachstum).

Haemophilus influenzae: Wachstum nur auf Kochblutagar oder hämolysiertem Blutagar bzw. in Kokultur mit Staphylococcus aureus

Selektivmedien

bestehen aus nichtselektivem Basalmedium und Hemmstoffen

Verwendungszweck: Unterdrückung oder Hemmung unerwünschter Mikroorganismen

häufig verwendete Hemmstoffe:
- Antibiotika
- Stoffwechselgifte
- hoher bzw. niedriger pH-Wert
- hohe Kochsalzkonzentration
- Gallensalze oder Detergenzien

Physikalische Selektionsmethoden:
- Pasteurisation (10 min 70–80 °C) zur Isolierung endosporenbildender Bakterien
- hohe oder niedrige Bebrütungstemperatur
- aerobe bzw. anaerobe Atmosphäre

4.1.3 Selektivmedien

Neben den nichtselektiven Nährmedien gibt es zahlreiche Selektivmedien. Sie werden besonders dann, wenn Materialien zur Untersuchung kommen, in denen neben der Körperflora spezielle, zahlenmäßig vielleicht unterlegene Krankheitserreger vermutet werden, meist zusätzlich zum nichtselektiven Medium eingesetzt. Sie bestehen aus einem *nichtselektiven Basalmedium*, das durch Zusatz von Hemmstoffen selektiv gemacht wird, so daß nur oder fast nur die gewünschten Erreger wachsen können. Die Hemmstoffe unterdrükken also das Wachstum der unerwünschten Mikroorganismen.
Selektive Isolierungsbedingungen lassen sich zum Beispiel erreichen durch:

a) **Zusatz bestimmter Antibiotika:** Resistente Mikroorganismen können auf den Nährböden wachsen.
b) **Zusatz von Stoffwechselgiften** für bestimmte Abbauwege: So hemmt z. B. Natriumazid die Atmungskette: Alle obligat aeroben und viele fakultativ anaeroben Bakterien werden durch Azid inhibiert; fermentative Bakterien (z. B. die Streptokokken) wachsen in Gegenwart bestimmter Azidkonzentrationen, weil sie nicht über eine Atmungskette verfügen und immer eine Gärung durchführen.
c) **Zusatz bestimmter Farbstoffe** (z. B. Fuchsin, Kristallviolett, Bengalrot, Malachitgrün usw.): Die Hemmung bestimmter Bakteriengruppen oder Spezies hängt hier besonders stark von der Art des Farbstoffes und seiner Konzentration ab.
d) **extrem niedrigen oder hohen pH-Wert:** So werden z. B. Lactobacillus-Arten oder Pilze durch niedrige pH-Werte (pH 5.0–6.0) nicht gehemmt, viele werden sogar gefördert (acidophile Mikroorganismen); Vibrio-Arten lassen sich in Gegenwart hoher pH-Werte anreichern (z. B. alkalisches Peptonwasser, pH 9.5).
e) **hohe Kochsalzkonzentrationen:** Halophile Vibrio-Arten wachsen noch bei 7–10 % NaCl; Staphylokokken tolerieren bis zu 7,5 % NaCl, Enterokokken bis zu 6,5 % NaCl.
f) **Zusatz von Gallensalzen oder Detergenzien.** Die meisten Darmbakterien sind resistent gegen Gallensalze.

Oftmals werden auch verschiedene Agenzien miteinander kombiniert (z. B. Farbstoffe mit Antibiotika; Gallensalze mit Farbstoffen).
Auch **physikalische Methoden** können zur selektiven Isolierung verwendet werden, z. B. die *Pasteurisation* (10minütiges Erhitzen auf 70–80 Grad Celsius) zur Anreicherung von endosporenbildenden Bakterien. Als selektive Methoden sind auch zu beurteilen: *Hohe oder niedrige Bebrütungstemperatur, aerobe oder anaerobe Bebrütungsatmosphäre.*
Leider stehen nicht für alle wichtigen Mikroorganismen gute Selektivmedien und -bedingungen zur Verfügung.
Man sollte sich darüber klar sein, daß kein Selektivmedium eine 100%ige Selektivität aufweist; einige der „unerwünschten" Mikroorganismen werden beispielsweise resistenter gegen Antibiotika oder andere Hemmstoffe sein als die überwiegende Mehrheit. Andererseits wird es unter den „erwünschten" gelegentlich Stämme von schwächerer Resistenz geben, die dann auf dem Nährboden nicht wachsen können. In den meisten Fällen werden daher selektive und nichtselektive Medien parallel verwendet.

Differentialmedien

ermöglichen die Unterscheidung von Bakterientaxa:

⇨

4.1.4 Differentialmedien

Differentialmedien enthalten Bestandteile, die eine Unterscheidung bestimmter Gattungen oder Arten in einer Rein- oder Mischkultur ermöglichen.

> Differentialmedien können selektiv oder nichtselektiv sein. Meist macht man sich biochemische oder physiologische Unterschiede zwischen den Taxa zunutze, die man mittels Indikatorsystem leicht erkennen kann. Oft werden hier Unterschiede in der Fermentierbarkeit spezieller Kohlenstoff- und Energiequellen genutzt.

Während beispielsweise alle *Enterobacteriaceae* Glukose fermentieren, sind nur einige Gattungen zur Fermentation von *Laktose* in der Lage. Sie bilden dann Säure aus diesem Zucker. Durch Zusatz eines pH-Indikators, der im sauren Bereich seine Farbe ändert, zu einem laktosehaltigen Medium ist es möglich, eine Vordifferenzierung in laktosepositive und laktosenegative Enterobacteriaceae vorzunehmen (z. B. bei Endo- oder MacConkey-Agar). Dies spielt u. a. bei der **Stuhldiagnostik** eine erhebliche Rolle, weil neben anderen Gattungen die wichtigsten Erreger enteraler Erkrankungen (z. B. *Salmonella* und *Shigella*) laktosenegativ sind.
Als weiteres Beispiel sei der Mannit-Kochsalzagar, ein selektives Differentialmedium für Staphylokokken, genannt. Der hohe Kochsalzgehalt des Mediums hemmt weitgehend alle anderen Bakterien und erlaubt nur den Staphylokokken das Wachstum. Innerhalb dieser Gattung erfolgt eine Differenzierung in *mannitpositive* und *-negative Spezies. Staphylococcus aureus*, der eine bedeutende Pathogenität besitzt, ist unter den wenigen mannitpositiven Arten. Diese werden am Farbumschlag von Phenolrot von rot nach gelb erkannt (Säurebildung aus Mannit).
Die Entwicklung neuer Selektiv- und Differentialmedien erfordert genaue Kenntnisse der Physiologie, Biochemie und des Resistenzverhaltens der jeweiligen Bakteriengruppe. Auf einzelne Selektiv- und Differentialmedien wird im speziellen Teil des Buches eingegangen.

4.1.5 Transportmedien

Transportmedien

- dienen dem Versand klinischen Materials vom Entnahmeort ins Labor
- sollen die Lebensfähigkeit der im Material vorhandenen Erreger erhalten, ohne daß es zu einer Vermehrung kommt
- enthalten keine Nährstoffe

Der Versand klinischen Materials vom Entnahmeort zum Labor sollte immer in Transportmedien erfolgen. Dies gilt vor allem für Abstrichtupfer, an denen es bei Aufbewahrung im leeren Röhrchen oft sehr rasch zum Absterben der Erreger durch Austrocknung bzw. Sauerstoffexposition (v. a. Anaerobier!) kommt.
Transportmedien enthalten keine Nährstoffe; sie bestehen meist aus einem *Agargel*, das pH- und redoxgepuffert ist, so daß keine Austrocknung und keine Abtötung von Anaerobiern durch Sauerstoff erfolgt. Auch soll die Vermehrung der Erreger während des Transportes minimiert und das Überwachsen einzelner Spezies verhindert werden.
Einige Transportmedien enthalten auch *Aktivkohle* zur Adsorption toxischer Stoffe aus dem klinischen Material. Lediglich für pathogene Neisserien werden Transportmedien verwendet, die das Wachstum auch während des Transportes gewährleisten, weil diese Bakterien bei stagnierendem Wachstum durch Autolyse rasch absterben.

max. Transportzeit: 2–3 Tage

Auch bei Verwendung von Transportmedien sollte eine Transportzeit von 2–3 Tagen nicht überschritten werden, weil es danach erfahrungsgemäß doch zum Absterben empfindlicher Bakterien kommt.

4.2 Anwendung der Medien und Kulturverfahren

Anwendung der Medien und Kulturverfahren

An ihrem natürlichen Standort liegen die Bakterien meist als **Mischkultur** (= mehrere Spezies nebeneinander) vor. Will man die Bakterien charakterisieren, d. h. identifizieren und ihre Empfindlichkeit gegen Antibiotika überprüfen, so muß man das Gemisch in einzelne Spezies auftrennen, d. h. **Reinkulturen** herstellen.

- feste Medien in Petrischalen:
  - Isolierung und Herstellung von Reinkulturen

Zur Isolierung und zur Herstellung von Reinkulturen werden *feste Medien in Petrischalen* („Agarplatten") verwendet. Auf festen Medien kann jede lebende Bakterienzelle zu einer sichtbaren Kolonie auswachsen. Bakterienkolonien bestehen aus 10^5 bis 10^8 Zellen.

Zum Anlegen der Primärkultur wird das klinische Material mittels Öse oder Tupfer aufgetragen und durch fraktioniertes Ausstreichen (Verdünnungsausstrich, Abb. 4-1) in Einzelkolonien aufgetrennt. Diese sind durch unterschiedliche Größe, Form, eventuell auch Hämolyse und Pigmentierung meist leicht voneinander zu differenzieren. Durch *Abimpfen* und *Subkultivieren* der Einzelkolonien werden Reinkulturen hergestellt, die für die Identifizierung und Resistenzbestimmung verwendet werden können.

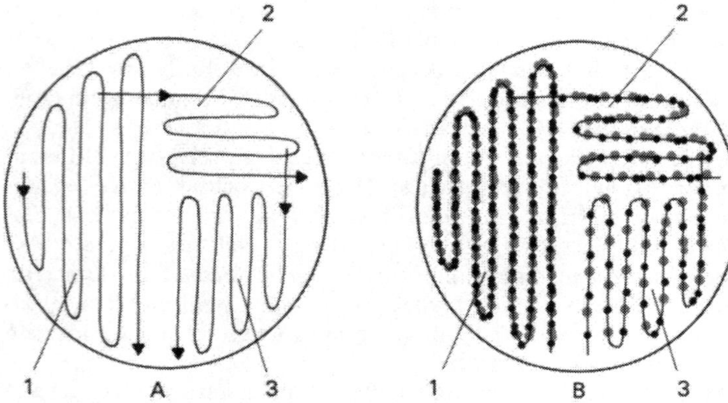

Abb. 4-1: Schema des Verdünnungsausstriches. A: vor, B: nach Bebrütung. Zwischen der Ausführung der Ausstriche 1 und 2 bzw. 2 und 3 wird die Impföse jeweils ausgeglüht.
Während die beiden Kolonietypen (rot und schwarz) in Ausstrich 1 und teilweise auch in Ausstrich 2 ineinander wachsen, sind sie im Ausstrich 3 einzeln erkennbar und können von dort mit der Öse abgeimpft werden.

– Lebendzellzahlbestimmung

⇨

Feste Medien in Petrischalen werden auch zur Bestimmung der **Lebendzellzahl** verwendet. Beim *Koch'schen Plattengußverfahren* wird das Untersuchungsmaterial (oder eine Verdünnung desselben) mit verflüssigtem Agar in Petrischalen vermischt und zum Erstarren gebracht. Die nach Bebrütung im und auf der Oberfläche des Agars gebildeten Kolonien werden ausgezählt. Alternativ kann auch die gleichmäßige Verteilung des bakterienhaltigen Materials auf der Oberfläche des festen Mediums erfolgen. Nach Bebrütung erfolgt dann die Lebendzellzahlbestimmung durch Zählung der auf der Oberfläche gewachsenen Kolonien.

– Resistenzbestimmung mittels Agardiffusionstest

⇨

Auch zur **Resistenzbestimmung** mit dem Agardiffusionstest wird der Teststamm gleichmäßig auf der Oberfläche geeigneter Agarmedien verteilt. Anschließend werden die Testblättchen aufgelegt (siehe Kap. „Grundzüge der antibakteriellen Chemotherapie").

- feste Medien in Röhrchen:
  - Schrägagar zur Aufbewahrung von Stammkulturen
  - Hochschichtagar: Anreicherung; Beurteilung der Sauerstofftoleranz

In Röhrchen abgefüllte feste Medien werden als *Schrägagar* (Abb. 4-2) zur Stammhaltung von Reinkulturen über kürzere Zeiträume (1–6 Monate) verwendet oder in *hoher Schicht* zunächst in verflüssigtem Zustand (45–50 Grad Celsius) mit dem Untersuchungsmaterial bzw. auch der Reinkultur gemischt. *Hochschichtmedien* gestatten nach Erstarren und Bebrütung die simultane Kultivierung aerober, mikroaerophiler, fakultativ und strikt

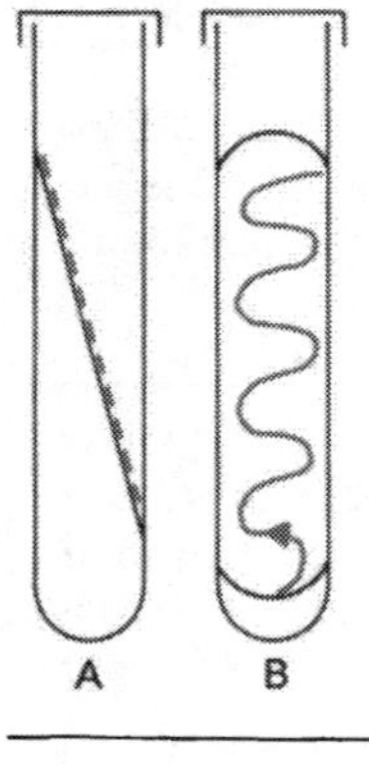

Abb. 4-2:
Schematische Darstellung einer Schrägagarkultur
A: Seitenansicht, B: Aufsicht auf die Schrägfläche.
Die Schrägfläche wird von unten nach oben mit der Öse beimpft.

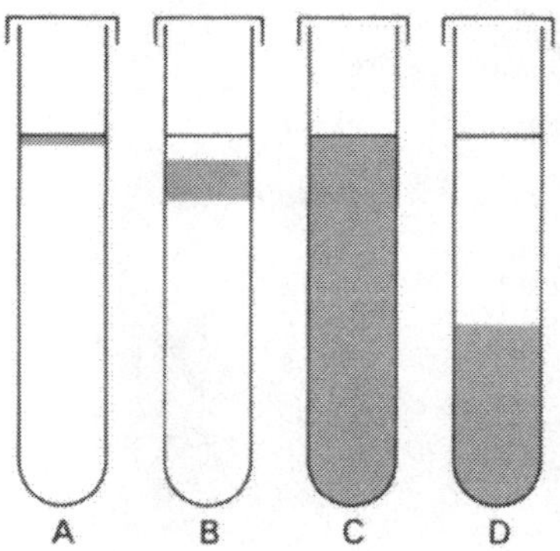

Abb. 4-3:
Bestimmung der Sauerstofftoleranz von Bakterien im Hochschichtmedium (halbfest oder fest).
A: Oberflächenwachstum **strikt aerober Bakterien**;
B: Wachstum in einer relativ begrenzten Zone unterhalb der Oberfläche bei **mikroaerophilen Bakterien**;
C: Wachstum in der gesamten Schicht bei **fakultativ anaeroben Bakterien**;
D: Wachstum in der Tiefe des Mediums bei **strikt anaeroben Bakterien**.

anaerober Stämme und die Beurteilung der Sauerstofftoleranz eines Stammes (Abb. 4.3). Sie können auch zur Anreicherung verwendet werden.

Flüssigmedien werden zur Anreicherung von Mikroorganismen verwendet. Sie haben manchmal auch die Funktion der Ausverdünnung im klinischen Material vorhandener bakterizider Stoffe (z. B. Serum, Eiterzellen, Lysozym; Antibiotika bei vorbehandelten Patienten), so daß vorgeschädigte, aber noch lebende Bakterien die Möglichkeit zur Vermehrung wiedererlangen.

- flüssige Medien:
  - Anreicherung nur weniger Mikroorganismen
  - Ausverdünnen bakterizider Stoffe im klinischen Material

Die Anreicherungstechnik wird auch bei den meisten *Blutkulturverfahren* zum Nachweis einer Bakteriämie oder Sepsis verwendet (vgl. auch Kap. „Direkte Krankheitsdiagnose durch Bakteriennachweis“, I. 10).

- weitere wichtige Anwendung von Flüssigmedien: Blutkultur

Flüssige Medien in Erlenmeyerkolben, Steilbrustflaschen oder Chemostaten (Fermentern) werden verwendet, wenn man bakterielle Produkte (z. B. Antibiotika, Enzyme, Toxine) gewinnen will oder für biochemische Untersuchungen größere Mengen von Zellmaterial benötigt.

Die Verwendung von Flüssigmedien erlaubt keine Unterscheidung von Rein- und Mischkultur, da hier nur eine *Trübung* erkennbar wird; infolgedessen muß nach Anreicherung eine Aussaat auf festen Medien (Agarplatte) in der oben erwähnten Weise (Verdünnungsausstrich) erfolgen. Die Trübung ist erst bei Zellzahlen von $>10^5$/ml für das menschliche Auge sichtbar.

Flüssigmedien: keine Unterscheidung von Rein- und Mischkultur; Wachstum nur anhand von Trübung sichtbar

4.3 Verfahren zur Kultivierung strikt anaerober, mikroaerophiler und kapnophiler Bakterien

Verfahren zur Kultivierung strikt anaerober, mikroaerophiler und kapnophiler Bakterien

Für das Wachstum strikt anaerober Bakterien sind besondere Verfahren zum Ausschluß des toxischen Sauerstoffs und zur Senkung des Redoxpotentials notwendig. Oft werden schon in Flüssigmedien am Boden des Röhrchens anaerobe Verhältnisse durch physikalischen Sauerstoffausschluß erzielt. Man kann das Eindringen des Sauerstoffs weiter verlangsamen, indem man eine kleine Menge Agar (0,3–0,6 %) zugibt (halbfeste Medien) und das Medium mit *reduzierenden Substanzen* (Thioglykolat, Cystein) anreichert oder indem man ein *Hochschichtmedium* (s. o.) verwendet. Vor dem Beimpfen werden die Medien kurz ausgekocht, um dem eingedrungenen Sauerstoff zu entfernen. Nach Abkühlen und anschließendem Beimpfen kann erneuter O_2-Zutritt durch *Überschichten mit sterilem Paraffin oder Vaseline* verhindert werden.

Kultivierung strikt anaerober Bakterien in flüssigen Medien:
- Zusatz von 0,3–0,6 % Agar
- Zusatz reduzierender Substanzen
- Abfüllen in hoher Schicht
- Überschichten mit sterilem Paraffin oder Vaseline
- kurzes Auskochen der Medien vor Gebrauch zur Entfernung des gelösten Sauerstoffs
- Verwendung besonders nährstoffreicher Medien, z. T. mit Zusatz von tierischem Gewebe (Hirn, Leber, Hackfleisch)

Zur Anzüchtung, Stammhaltung oder Anreicherung werden sehr oft *nährstoffreiche, stark reduzierende Medien* (Thioglykolat- oder Schaedler-Bouillon) und *mit Gewebe angereicherte Medien*, z. B. Rosenow-Bouillon (enthält Kalbshirn), Tarozzi-Bouillon (enthält Leberstückchen) oder Kochfleischbouillon (enthält fettfreies Hackfleisch) verwendet.

Oberflächenkulturen von strikten Anaerobiern werden auf besonders reichhaltigen, *stark reduzierenden Optimalmedien* (z. B. Schaedler-Agar, Pepton-Glukose-Hefeextrakt-Zystein-Agar) *mit Schafblutzusatz* durchgeführt.

Zur Schaffung anaerober Bedingungen für Oberflächenkulturen (auch für flüssige Medien verwendbar) werden heute meist kommerziell erhältliche **Anaerobiersysteme** (Abb. 4-4) eingesetzt. Diese bestehen aus einem meist transparenten *Anaerobiergefäß mit Deckel* (= Anaerostat), in das nach Einstel-

Oberflächenkulturen von Anaerobiern auf festen Medien:
- besonders reichhaltige, stark reduzierende Medien mit Blutzusatz
- Inkubation in speziellen Anaerobiergefäßen in fast sauerstofffreier Atmosphäre ($<1\%$ O_2)

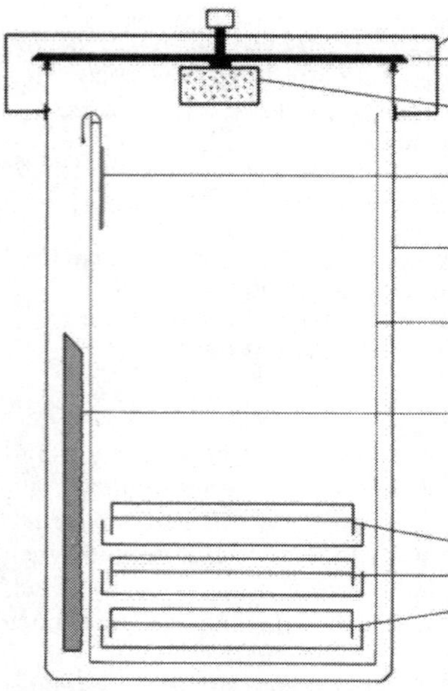

Abb. 4-4: Schematische Darstellung eines Anaerostaten.

Kulturen mikroaerophiler Bakterien: Bebrütung in Anaerobiergefäßen mit Gasatmosphäre von 5–10% O_2, 5–10% CO_2, Rest Stickstoff

Kulturen aerober kapnophiler Bakterien: Bebrütung in einer Gasatmosphäre aus 5–10% CO_2 und Luft

len der beimpften Medien ein *H_2/CO_2-Gasentwickler-System* eingeführt wird. Der Sauerstoff wird katalytisch gebunden (meist wird er mit dem gebildeten Wasserstoff in Gegenwart von Palladium zu Wasser umgesetzt). Derartige kommerzielle Systeme erzielen eine Gasatmosphäre, die weniger als 1% O_2 enthält, was für die klinisch wichtigen Anaerobier vollkommen ausreicht. Der gebildete Wasserstoff senkt darüber hinaus das Redoxpotential des Mediums soweit ab, daß ein üppiges Wachstum gewährleistet wird. Neben Wasserstoff wird außerdem CO_2 entwickelt (für kapnophile Anaerobier).
Als *Funktionskontrolle* wird ein mit alkalischer Glukose-Methylenblau- oder Resazurinlösung gesättigter *Indikatorstreifen* verwendet, der sich erst bei Anaerobiose entfärbt.
Noch leistungsfähiger, jedoch für die klinische Routine nicht praktikabel ist die *Hungate-Technik*, bei der vor der Sterilisation sauerstofffrei in Röhrchen abgefüllte Medien mit hermetisch schließendem Butylgummistopfen verwendet werden. Die Beimpfung erfolgt hierbei unter einem Strom sauerstofffreien Gases.
Das *Fortner-Verfahren* (biologischer Sauerstoffverbrauch durch Serratia marcescens, die in Kokultur mit dem Anaerobier auf einer mit Plastillin luftdicht verschlossenen Agarplatte wächst) wird heute noch zur *Kultivierung von Actinomyces-Arten* eingesetzt. Für andere Anaerobier, die meist wesentlich empfindlicher auf den restlichen Sauerstoff reagieren, wird das Verfahren heute nicht mehr verwendet.
Kulturen **mikroaerophiler Bakterien**, z. B. *Campylobacter*, werden ebenfalls in handelsüblichen Anaerobiergefäßen kultiviert, in denen mit chemischen Mitteln oder durch Austausch der Luft mit einem geeigneten Gasgemisch eine Atmosphäre von 5–10% O_2 und 5–10% CO_2 (Rest: Stickstoff) hergestellt wird.
Zur Kultivierung **aerober kapnophiler Bakterien** ist eine mit 5–10% CO_2 angereicherte, ansonsten sauerstoff- und stickstoffhaltige Atmosphäre erforderlich. Diese kann durch *CO_2-Begasung* in speziellen Brutschränken oder Anaerobiergefäßen mit kommerziell erhältlichen *CO_2-Gasentwicklern* erreicht werden. Einfacher, aber wegen fehlender Standardisierbarkeit wenig empfehlenswert ist der *Kerzentopf*. Dies ist ein luftdicht verschließbarer Glastopf, in den nach Einstellen der Kulturen eine brennende Kerze eingeführt wird. Diese erlischt von selber, wenn ein Teil des Sauerstoffs verbrannt wird und die CO_2-Konzentration auf etwa 3–5% angestiegen ist.

5 Metabolismus

R. Hammann

5.1 Hauptfunktionen und Definitionen

Alle lebenden Organismen benötigen zum Wachstum und zur Aufrechterhaltung ihrer Lebensfunktionen **Nährstoffe**. Aus diesen gewinnen sie einerseits chemisch gebundene **Energie**; andererseits werden die aufgenommenen Nährstoffe direkt oder nach chemischer Veränderung der Struktur in **Zellsubstanz** umgewandelt. **Der Stoffwechsel** *(Metabolismus)* beschreibt die Umwandlung aller Nährstoffe in der Zelle. Er läßt sich untergliedern in **Katabolismus** (= Abbau) und **Anabolismus** (= Aufbau, Synthesestoffwechsel). Zwischen beiden vermittelt der **Amphibolismus** (= Intermediärstoffwechsel).

Die Aufrechterhaltung des „geordneten" Zustandes in einer Zelle erfordert ebenso wie jede Neusynthese **Energie**. Diese gewinnt die Zelle aus energiereichen Substraten (z.B. Glukose). Andere Zucker mit sechs Kohlenstoffatomen oder aus diesen zusammengesetzte Di-, Tri- oder Polysaccharide müssen erst enzymatisch in Glukose umgewandelt werden, bevor sie als Energiequelle für den Abbau zur Verfügung stehen. Die Glukose kann dann *oxidiert bzw. dehydrogeniert* werden, bei aeroben (atmenden) Bakterien bis zum CO_2. Der dabei abgespaltene Wasserstoff wird auf NAD *(Nikotinamidadenindinukleotid)* bzw. NADP *(Nikotinamidadenindinukleotidphosphat)* übertragen (Abb. 5-1). Er ist energiereich und kann bei aeroben Organismen zur ATP-Bildung durch *Atmungskettenphosphorylierung* genutzt werden oder steht für Synthesen zu Verfügung. Die beim Abbau der Substrate direkt freiwerdende Energie wird zur *Knüpfung energiereicher Phosphatesterbindungen* genutzt: Hierbei wird entweder aus phosphorylierten Substraten und ADP (Adenosindiphosphat) oder aus anorganischem Phosphat (P_i) und ADP das

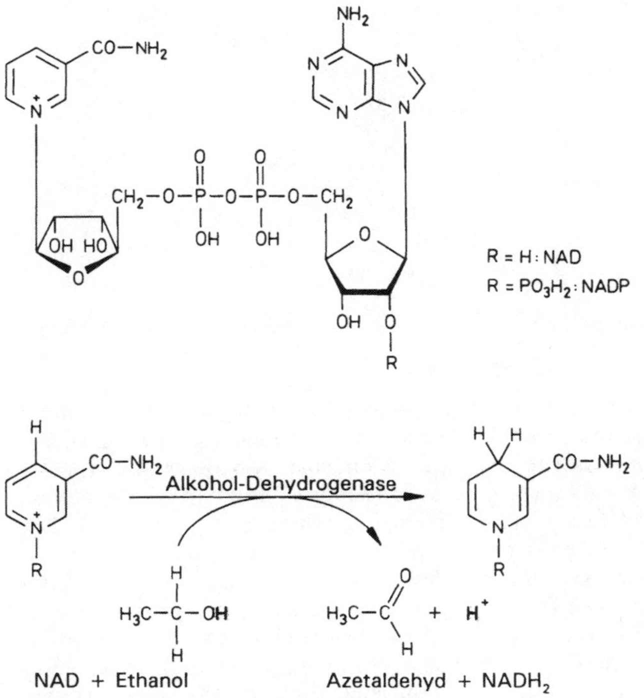

Abb. 5-1: Struktur und Funktion von NAD(P).
Oben: komplette Strukturformel;
unten: Funktion von NAD, dargestellt am Beispiel der Alkohol-Dehydrogenase. NAD nimmt ein Wasserstoffatom und ein Elektron vom Ethanol auf. Das zweite Wasserstoffatom vom Ethanol wird durch die Elektronenabgabe zum Proton (H+) und geht in Lösung. Der Einfachheit halber wird die reduzierte Form von NAD nicht als NADH + H^+, sondern als $NADH_2$ geschrieben.

Metabolismus

Hauptfunktionen und Definitionen

Metabolismus: Umwandlung der Nährstoffe in der Zelle
- Katabolismus: Abbau
- Anabolismus: Aufbau

Amphibolismus (= Intermediärstoffwechsel), vermittelt zwischen beiden

Aufrechterhaltung des geordneten Zustandes in der Zelle sowie Neusynthesen erfordern Energie.

Abbau der Substrate liefert Energie

- Wasserstoff, an den Substraten abgespalten, wird auf NAD übertragen und bei allen aeroben Organismen durch *Atmungskettenphosphorylierung* zur ATP-Bildung genutzt
- Energie, die beim Glukoseabbau direkt frei wird, wird durch *Substratphosphorylierung* konserviert und in ATP überführt

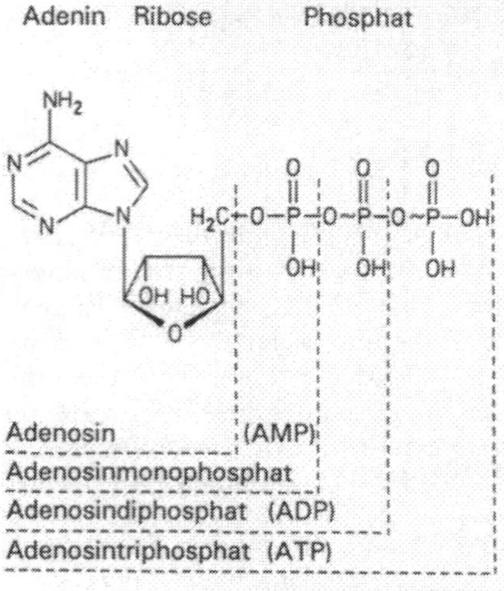

Abb. 5-2:
Struktur der Adenosinphosphate. Die zum Knüpfen der Phosphatesterbindungen (~) notwendige Energie entstammt dem Abbau der Substrate.

energiereiche ATP *(Adenosintriphosphat)* gebildet (Abb. 5-2). ATP steht damit für alle energieverbrauchenden Prozesse zur Verfügung.

Enzyme, Koenzyme und Stoffwechelregulation

Enzym = Biokatalysator
- setzen Aktivierungsenergie chemischer Reaktionen herab
- beschleunigen dadurch wesentlich ihren Ablauf

5.2 Enzyme, Koenzyme und Stoffwechselregulation

Die meisten Stoffwechselreaktionen werden durch **Enzyme** (= Biokatalysatoren) durchgeführt. Enzyme sind *funktionelle Proteine.* Sie setzen die *Aktivierungsenergie* chemischer Reaktionen herab und beschleunigen wesentlich ihren Ablauf. Enzyme wirken im allgemeinen *hochspezifisch* und setzen nur ein einziges oder wenige ähnliche Substrate (Schlüssel-Schloß-Prinzip, Abb. 5-3) um. Die Bindung zwischen Substrat und Enzym erfolgt meist über *Wasserstoffbrückenbindungen.*

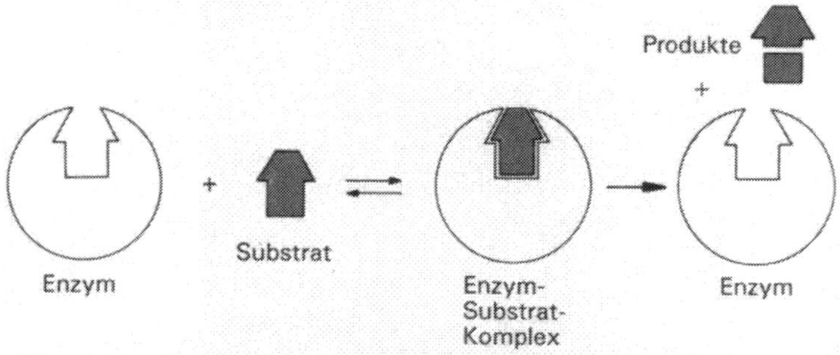

Abb. 5-3: Prinzip der Bindung zwischen Enzym und Substrat nach dem Schlüssel-Schloß-Prinzip.

Enzymbezeichnungen:
- mit Endsilbe „-ase"
- Beschreibung der Funktion des Enzyms im Namen enthalten (z. B. *Dehydrogenase*: spaltet Wasserstoff ab)
- spezifische Bezeichnung eines bestimmten Enzyms schließt Substratnamen mit ein (z. B. *Laktat-Dehydrogenase*).

Manche Enzyme funktionieren allein, andere benötigen Koenzyme = Gruppenüberträger.

Enzymbezeichnungen enden immer mit der Nachsilbe *-ase.* Diese Endung wird typischerweise immer an die Bezeichnung der Reaktion angehängt: Beispielsweise heißen wasserstoffabspaltende Enzyme *Dehydrogenasen,* gruppenübertragende *Transferasen,* proteinspaltende *Proteasen* usw. Die Bezeichnung der einzelnen Enzyme schließt den Namen des Substrates mit ein (z. B. *Laktat-Dehydrogenase*). Einige tragen Trivialnamen (z. B. Lysozym).
Viele Enzyme funktionieren allein: Sie binden an das Substrat, katalysieren die Umsetzung und geben das Produkt wieder frei; andere Enzyme benötigen zusätzlich **Koenzyme**, die entweder fest gebunden sein können oder nur während der Katalyse mit dem Enzym in Verbindung treten. Koenzyme fungieren als Gruppenüberträger; viele sind selbst *Vitamine* oder leiten sich von diesen her.

⟹

Die wichtigsten Koenzyme sind: das oben erwähnte NAD(P), Flavinadenindinukleotid (FAD), Zytochrome, Ubichinone, Biotin, Tetrahydrofolsäure, Koenzym A (CoA), Liponsäure, Thiamin und Vitamin B 12.

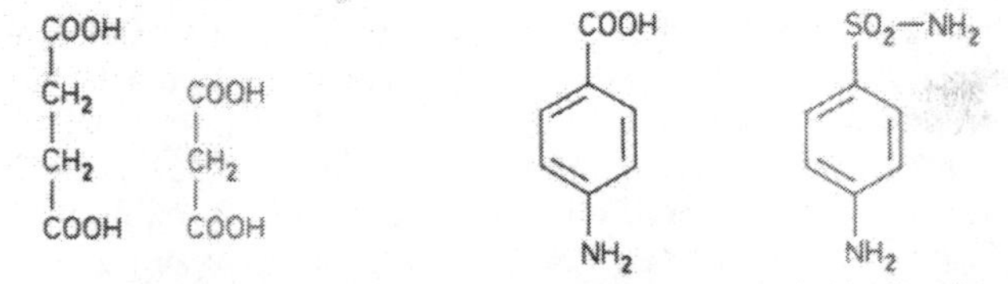

Abb. 5-4: Beispiele für kompetitive Inhibitoren: Malonsäure hemmt die Bernsteinsäure-Dehydrogenase, Sulfonamide hemmen die bakterielle Folsäuresynthese (p-Aminobenzoesäure ist einer der Vorläufer bei der Bildung von Folsäure).

Damit die Zelle keine Energie verschwendet, sind die Stoffwechselfunktionen in vielfältiger Weise reguliert.
Die **Grobregulation** findet auf der Ebene der *Enzymsynthese* statt. Als Proteine werden Enzyme direkt genetisch kodiert. Die Bildung induzierbarer oder reprimierbarer Enzyme (das sind meist solche, die nur in bestimmten Situationen benötigt werden) wird auf diese Weise reguliert: Das Substrat wirkt als Induktor (oder das Produkt als Repressor) für die Transkription des entsprechenden Genabschnittes (Operon) (s. Kap. „Genetik", I.6).
Die Regulation der Enzymaktivität erlaubt eine **Feinregulation** des Stoffwechsels.
Einfache Enzyme werden über die *Substratkonzentration* reguliert: Sie setzen bei hoher Substratkonzentration das Substrat schneller um als bei niedriger. Eine Beeinflussung der Geschwindigkeit ihrer Katalyse ist auch durch *kompetitive Inhibitoren* (= dem Substrat strukturanaloge Verbindungen) möglich. Diese konkurrieren an der Substratbindungsstelle des Enzyms mit dem Substrat, werden auch an das Enzym gebunden, aber nicht umgesetzt. Durch Erhöhung der Substratkonzentration kann die kompetitive Hemmung aufgehoben werden. Kompetitive Inhibitoren sind z. B. Malonat (für Bernsteinsäure = Sukzinat) und die therapeutisch eingesetzten Sulfonamide (für para-Aminobenzoesäure) (Abb. 5-4).
Die Regulation allosterischer Enzyme erfolgt über Zwischen- oder Endprodukte des Abbauweges: Neben der Substratbindungsstelle verfügen diese Enzyme über *Bindungsstellen für Effektoren* (Zwischen- oder Endprodukte), die die *Substrataffinität* für das Enzym verändern. Es gibt Bindungsstellen für po-

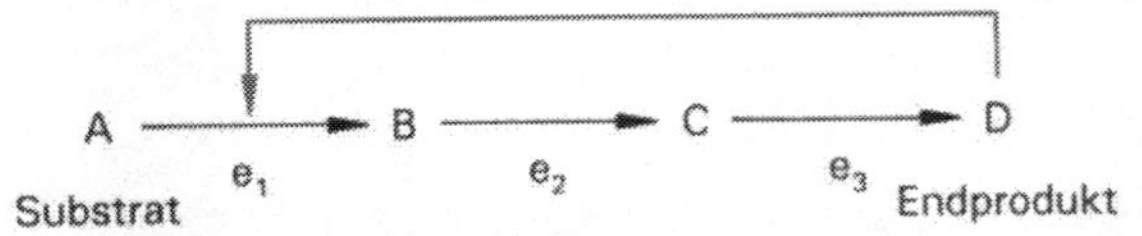

Abb. 5-5: Endprodukthemmung: Bei Anhäufung des Endproduktes D wird das erste Enzym des Syntheseweges (e_1) durch D gehemmt.

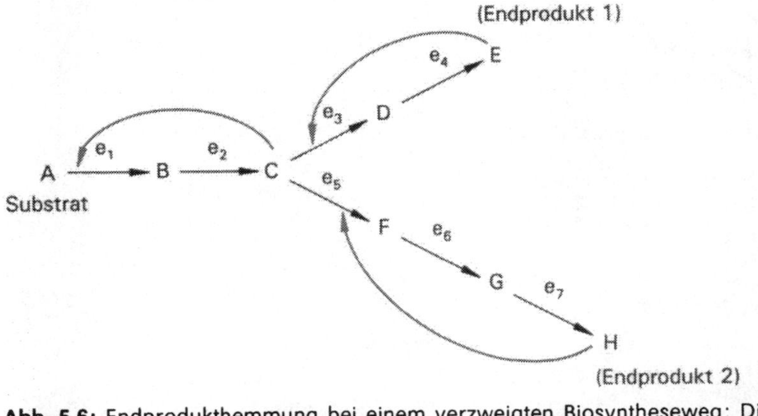

Abb. 5-6: Endprodukthemmung bei einem verzweigten Biosyntheseweg: Die beiden Endprodukte E und H hemmen die Enzyme e_3 und e_5; dadurch wird das vor der Verzweigung liegende Zwischenprodukt C angehäuft; dieses wiederum hemmt e_1, das erste Enzym des gesamten Weges.

Regulation des Stoffwechsels:
- Grobregulation: durch *Induktion* und Repression auf der Ebene der Enzymsynthese
- Feinregulation: durch Beeinflussung der Enzymaktivität
  - Einfache Enzyme: Geschwindigkeit der Katalyse steigt mit der Substratkonzentration; kompetitive Hemmung durch dem Substrat analoge Verbindungen, die an das Enzym gebunden, aber nicht umgesetzt werden; Aufhebung der kompetitiven Hemmung durch Erhöhung der Substratkonzentration.
  - Allosterische Enzyme: Verfügen neben Substratbindungsstelle über Bindungsstelle für Effektoren

– Hemmung eines Stoffwechselweges durch das Endprodukt: „feedback inhibition"

sitive Effektoren (= Aktivatoren) und negative Effektoren (Inhibitoren). Das Prinzip der *Hemmung durch das Endprodukt* („feedback inhibition“) ist bei vielen Biosynthesen und Abbauwegen verifiziert (Abb. 5-5). Bei verzweigten Stoffwechselwegen erfolgt meist eine *mehrfache Hemmung* (Abb. 5-6). Auch Substanzen, die den Energiegehalt der Zelle repräsentieren (z. B. ATP, ADP, AMP, Phosphoenolpyruvat, Azetyl-CoA, NAD), können als Aktivatoren oder Inhibitoren fungieren. Allosterische Enzyme sind aus mehreren Untereinheiten aufgebaut, zwischen denen kooperative Wechselwirkungen bestehen. Wird an die Substratbindungsstelle einer Untereinheit ein Substratmolekül angelagert, so erhöht sich offensichtlich die Affinität der Substratbindungsstellen der anderen Untereinheit.

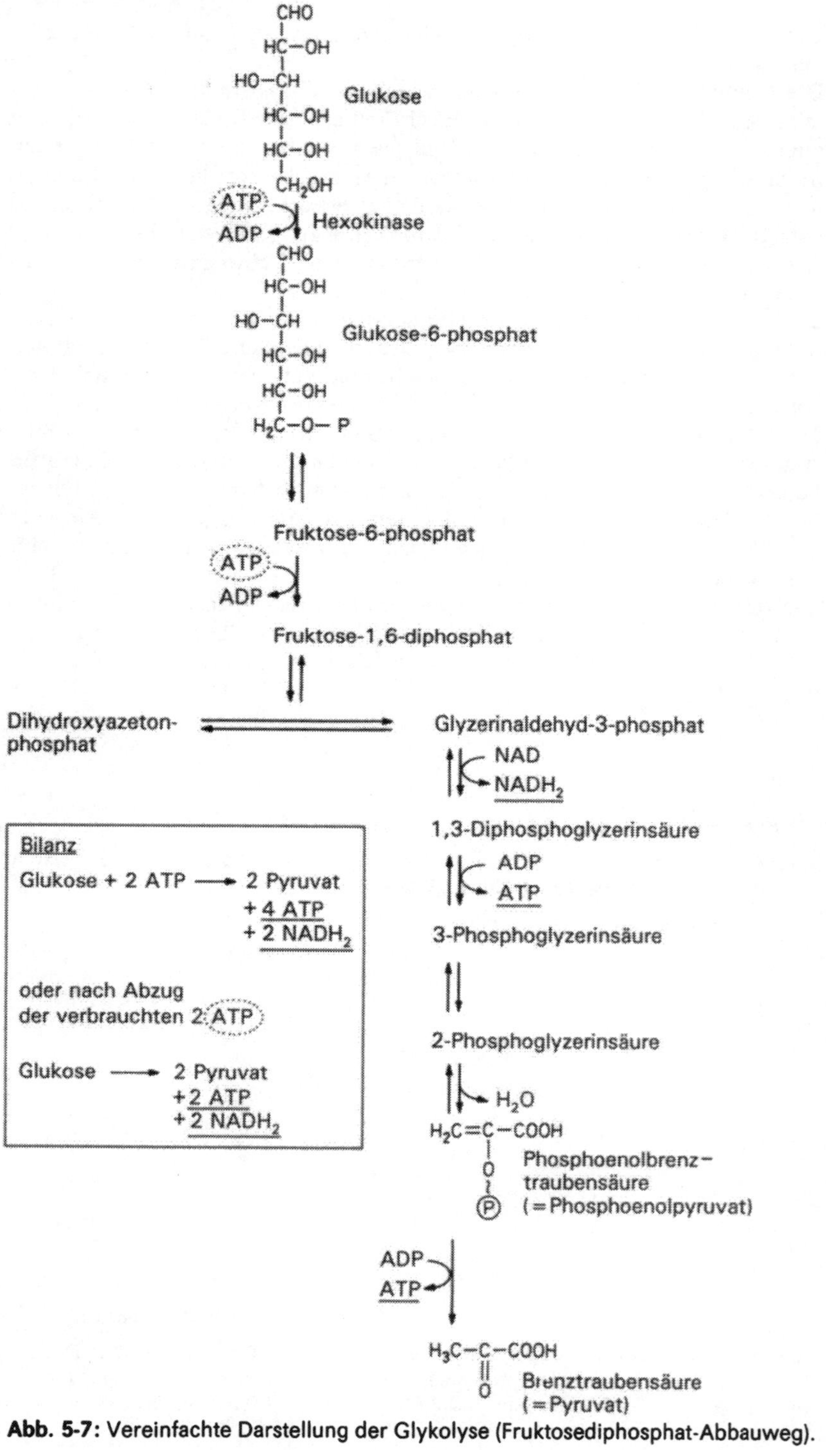

Abb. 5-7: Vereinfachte Darstellung der Glykolyse (Fruktosediphosphat-Abbauweg).

5.3 Abbau der Glukose

Der schrittweise Abbau des Kohlenstoffgerüstes der Glukose kann bei Bakterien über verschiedene *Abbauwege* erfolgen.

5.3.1 Glykolyse

Der universellste Abbauweg, der sowohl bei den meisten Bakterien als auch bei den Eukaryonten vorkommt, ist die Glykolyse *(= Fruktosediphosphatabbauweg).* Daher kann hier auf Einzelheiten verzichtet werden. Die Aufgabe der Glykolyse (Abb. 5-7) besteht im Abbau der Glukose zu C_3-Verbindungen (Pyruvat). Dabei wird das anfänglich zur Aktivierung der Glukose verwendete ATP zurückgewonnen und mittels *Substratphosphorylierung* das hoch energiereiche Phosphoenolpyruvat (PEP) in Brenztraubensäure (= Pyruvat) und ATP überführt. Insgesamt werden aus 1 Mol Glukose 2 Mol Pyruvat,

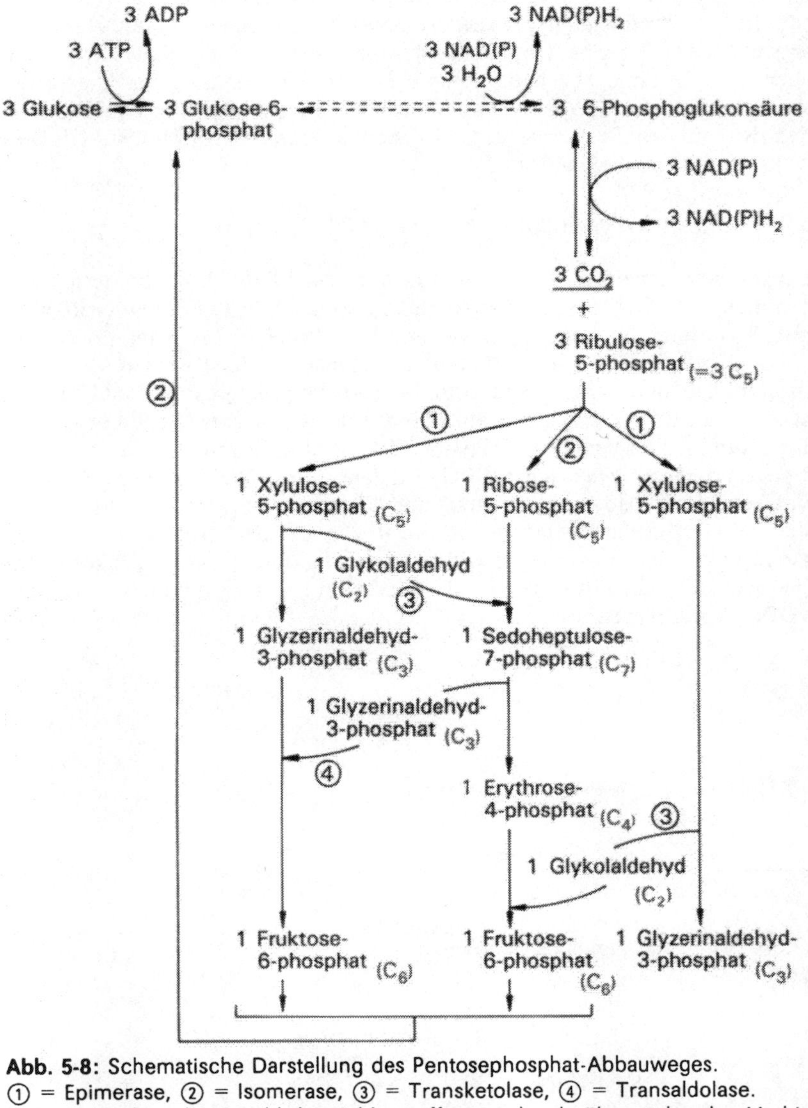

Abb. 5-8: Schematische Darstellung des Pentosephosphat-Abbauweges.
① = Epimerase, ② = Isomerase, ③ = Transketolase, ④ = Transaldolase.
(C_2)—(C_6) geben die Anzahl der Kohlenstoffatome der darüber stehenden Verbindungen an.
Der Abbau von Glukose führt zu CO_2 und Pentosephosphat (= Ribulose-5-phosphat). Die Pentosen werden durch Isomerasen, Epimerasen, Transketolase und Transaldolase so verändert und umgelagert, daß wieder Hexosephosphat (Fruktose-6-phosphat) entsteht. Dieses kann erneut in den Zyklus eingeschleust werden. Alle Zwischenprodukte stehen auch für Biosynthesen zu Verfügung.

Abbau der Glukose

- **Glykolyse** (universell verbreitet): Abbau der Glukose zu C_3-Verbindungen, Bildung von ATP und $NADH_2$

2 ATP und 2 $NADH_2$ gebildet. *Pyruvat* und *Phosphoenolpyruvat* sind wichtige Ausgangsstoffe im Intermediärstoffwechsel. Einige Schritte der Glykolyse sind reversibel und dienen der Glukoneogenese.

5.3.2 Pentosephosphatabbauweg

- **Pentosephosphatabbauweg** (häufig vorhanden):
  - Nebenweg zum Abbau von Hexosen
  - Abbauweg für Pentosen
  - Bereitstellung von Intermediärverbindungen (Nukleinsäuren, aromatische Aminosäuren)
  - Bildung von $NAD(P)H_2$ und Glyzerinaldehyd-3-phosphat

Bei vielen Organismen kommt außerdem der Pentosephosphat-Abbauweg vor (Abb. 5-8). Er spielt als Nebenweg besonders eine Rolle beim Abbau anderer Zucker als Glukose, z. B. von *Pentosen*. Weiterhin ist seine Bedeutung in der Bereitstellung vieler *Intermediärverbindungen* für Synthesewege (z. B. Nukleinsäuren, aromatische Aminosäuren) zu sehen. Da er reversibel ist, kann er auch dem Einbau von C_1-Verbindungen (z. B. CO_2) dienen. In seiner katabolischen Funktion stellt er $NAD(P)H_2$ und Glyzerinaldehyd-3-phosphat zur Verfügung.

Durch Einbeziehung des *Transketolase-Transaldolase-Systems* ist zyklischer Ablauf und direkte Oxidation der Glukose zu CO_2 möglich.

Der Pentosephosphatweg beginnt mit der direkten Oxidation von Glukose zu 6-Phosphoglukonsäure. Nach Decarboxylierung entsteht Ribulose-5-phosphat. Dieses kann in vielfältiger Weise (z. B. für Synthesen) verwendet oder im sog. *Transketolase-Transaldolase-System* umgelagert werden. Das dabei entstehende Glyzerinaldehydphosphat bzw. Fruktosephosphat kann auch über die Glykolyse abgebaut werden. Durch Einbeziehung des Transketolase-Transaldolase-Systems läßt sich der oxidative Abbau der Glukose zum Zyklus schließen. Bei sechsmaligem Durchlauf kann so ein Molekül Glukose völlig zu CO_2 oxidiert werden.

5.3.3 Ketodesoxyphosphoglukonat (KDPG)-Weg

- **Ketodesoxyphosphoglukonatweg** (auf einige Bakteriengattungen beschränkt): Abbauweg für Hexosen und Glukonsäure

Ein weiterer Abbauweg für Hexosen ist der ausschließlich bei Bakterien vorkommende Ketodesoxyphosphoglukonatweg (Entner-Doudoroff-Weg, Abb. 5-9). Einige Bakterien, z. B. verschiedene *Pseudomonas*-Arten und *Alcaligenes*, nutzen sogar ausschließlich diesen Abbauweg für Hexosen.
Die anfänglichen Schritte von Glukose zu 6-Phosphoglukonat sind mit denen des Pentose-Phosphat-Zyklus identisch. An 6-Phosphoglukonat wird dann durch eine spezifische Dehydrase Wasser abgespalten, wodurch *2-Keto-3-desoxy-6-phosphoglukonat* (KDPG) entsteht. Diese Verbindung wird durch eine spezifische Aldolase in Pyruvat und Glyzerinaldehyd-3-phosphat gespalten. Das Glyzerinaldehydphosphat wird wie bei der Glykolyse unter ATP-Gewinnung zu Pyruvat umgesetzt. Die meisten Bakterien bauen Glukose über die Glykolyse ab; Glukonsäure als Substrat wird dagegen meist über den KDPG-Weg abgebaut.

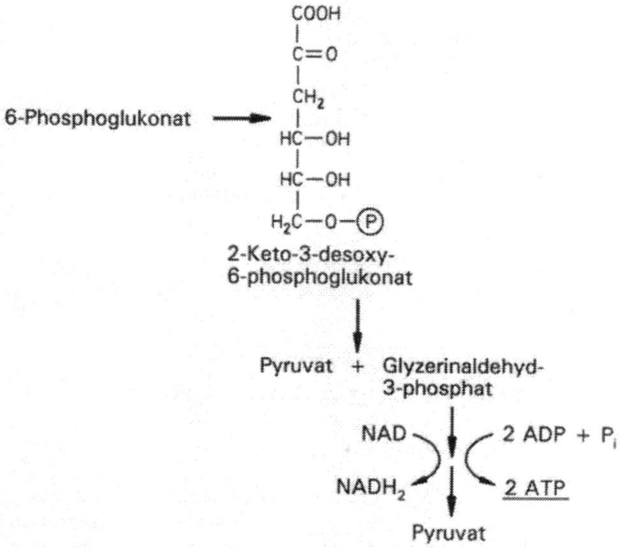

Abb. 5-9: Ketodesoxyphosphoglukonat-Weg des Abbaus von Glukonat bzw. Glukose.

5.4 Oxidation von Pyruvat

Oxidation von Pyruvat

zu Azetyl-CoA am Pyruvatdehydrogenase-Komplex; nur bei aeroben Bakterien vorhanden
Produkte: Azetyl-CoA, CO_2, $NADH_2$

Von vielen Organismen wird während der Glykolyse Pyruvat zu Azetyl-CoA oxidiert. Hierfür ist der *Pyruvat-Dehydrogenase-Komplex* verantwortlich. Dieser läßt sich in einzelne Schritte bzw. Enzyme untergliedern. Mehrere *Koenzyme* sind daran beteiligt: Thiaminpyrophosphat, Liponsäure, Koenzym A (CoA) und schließlich NAD. Die Produkte sind Azetyl-CoA, CO_2 und $NADH_2$ (Abb. 5-10, oberer Teil). Die meisten strikt anaeroben Bakterien verfügen nicht über den Pyruvatdehydrogenase-Komplex.

5.5 Trikarbonsäurezyklus

Trikarbonsäurezyklus

bei den meisten aeroben Organismen vorhanden

Funktionen:

⇦

Der Trikarbonsäurezyklus (= *Zitronensäurezyklus, Krebs-Zyklus,* Abb. 5-10) ist ebenfalls ein bei den meisten aeroben Bakterien und den höheren Organismen universell verbreiteter Abbauweg. Seine wesentlichen Funktionen sind:

- Die vollständige Dekarboxylierung des Azetyl-CoA und damit die vollständige Überführung der Glukose in CO_2;
- die Festlegung des durch die Dehydrogenasen an den Substraten abgespaltenen Wasserstoffs, der energiereich ist, in Form von 3 $NAD(P)H_2$ und 1 $FADH_2$;
- die Bildung von 1 mol ATP pro mol Azetyl-CoA;
- die Bereitstellung von Ausgangsstoffen für Biosynthesen (z.B. für die Aminosäuresynthese).

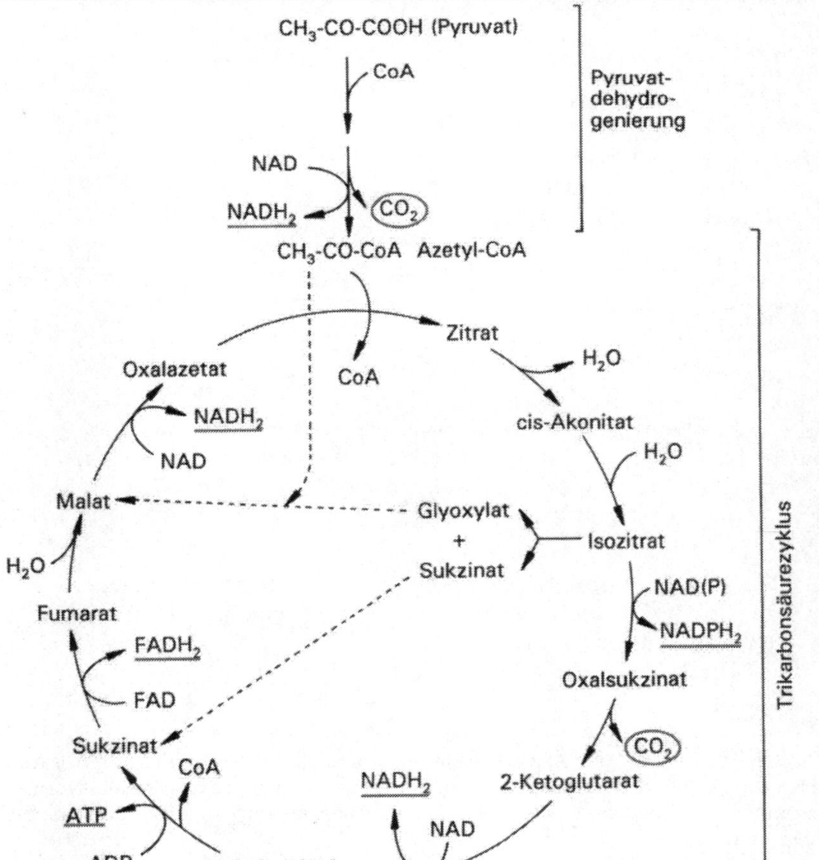

Abb. 5-10: Pyruvatdehydrogenierung und Trikarbonsäurezyklus (mit Glyoxylatzyklus: unterbrochene Linien).

Die im Trikarbonsäurezyklus gebildeten Reduktionsäquivalente (NAD[P]H_2, $FADH_2$) werden anschließend zur Endoxidation und ATP-Gewinnung in die Atmungskette eingeschleust.
Innerhalb des Trikarbonsäurezyklus ist als „Nebenschluß" der *Glyoxylatzyklus* möglich.

Atmungskette und Elektronentransportphosphorylierung

5.6 Atmungskette und Elektronentransportphosphorylierung

Nur bei aeroben Organismen vorhanden. Hauptfunktion: Bildung von ATP unter Ausnutzung des an NAD und FAD gebundenen energiereichen Substrat-Wasserstoffs

Atmende (= aerobe) Organismen können Energie in Form von ATP nicht nur durch Substratphosphorylierung (z. B. in der Glykolyse) gewinnen; eine weitaus größere ATP-Menge kann in der Atmungskette und der damit gekoppelten *Elektronentransportphosphorylierung* gebildet werden.
Der durch Substratdehydrogenierung während des oben besprochenen Substratabbaus gebildete und an NAD oder FAD gebundene Wasserstoff befindet sich nämlich auf einem *hohen Energieniveau*; dieses wird zur ATP-Gewinnung genutzt. Der Wasserstoff wird dabei stufenweise an die Komponenten der Atmungskette gebunden; bei Anwesenheit aller bekannten Wasserstoff- bzw. Elektronenüberträger lassen sich dabei aufgrund der Potentialdifferenzen *drei ATP-Bildungsstellen* errechnen (Abb. 5-11). Am Ende der Atmungskette wird der nun energieärmere Wasserstoff im Sinne einer geregelten *„biologischen Knallgasreaktion"* auf den bei der Atmung aufgenommenen Sauerstoff übertragen. Das eigentliche Endprodukt der Atmung ist Wasser. Nur ein geringer Teil der freigewordenen Energie geht als Wärme verloren.

Das Endprodukt der Atmung ist Wasser

Die Komponenten der Atmungskette und die Reihenfolge der Übertragung des Wasserstoffs auf diese Komponenten sind (Abb. 5-11):

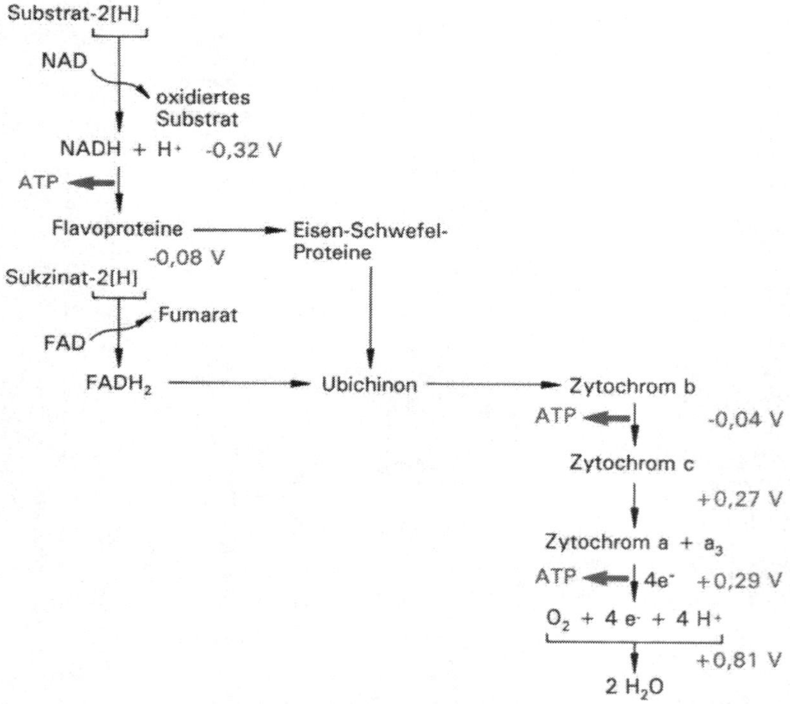

Abb. 5-11: Schema der Atmungskette. Aufgrund der Potentialdifferenzen lassen sich drei ATP-Bildungsstellen ableiten. Bei einigen Komponenten sind die Normalpotentiale (= Redoxpotentiale bei pH 7, Angaben in Volt) in roter Schrift eingezeichnet.

Komponenten der Atmungskette:
- Flavoproteine
- Eisen-Schwefelproteine

1. **Flavoproteine** (= Enzyme, die FAD als Koenzym benötigen). Sie fungieren als Akzeptoren des von NAD angelieferten, von den Substraten stammenden Wasserstoffs.
2. **Eisen-Schwefelproteine** sind Redoxsysteme, die Nichthäm-Eisen und in

Form der Aminosäure Zystein und als Sulfid Schwefel enthalten. Sie übertragen Elektronen.

3. **Chinone (Ubichinone, Naphthochinone) übertragen Wasserstoff und Elektronen und dienen u. a. als Akzeptor des von der Sukzinatdehydrogenase im Tricarbonsäurezyklus angelieferten und an FAD gebundenen Wasserstoffs.**
4. **Zytochrome** übernehmen die Elektronen von den Chinonen. Sie enthalten Häm-Eisen. Das zentrale Eisenatom des Häms nimmt durch Valenzwechsel an der Elektronenübertragung teil. Man unterscheidet zwischen Zytochromen a, a_3, b, c, o und einigen anderen. Zytochrom c ist bei praktisch allen Organismen, die eine Atmungskette besitzen, nachgewiesen worden. Zytochrome sind auch an der Endoxidation, der Übertragung der Elektronen auf den Sauerstoff, beteiligt. Schließlich reagiert die Zytochromoxidase mit dem Sauerstoff und belädt ihn mit 4 Elektronen:

$$O_2 + 4\,Fe^{2+} \rightarrow 2\,O^{2-} + 4\,Fe^{3+}$$

- Chinone
- Zytochrome
- Zytochromoxidase

Zytochromoxidase überträgt vier Elektronen auf den bei der Atmung aufgenommenen Sauerstoff

Die Zytochromoxidase wird durch Zyanid und Kohlenmonoxid gehemmt.

Die zwischen den Komponenten der Atmungskette ablaufenden Reaktionen sind allesamt *Redoxreaktionen*; zwischen ihrem oxidierten bzw. reduzierten Zustand besteht ein sog. *Redoxpotential*, das in Millivolt oder Volt gemessen wird.

Die Komponenten der Atmungskette sind bei Bakterien in der *Zytoplasmamembran*, bei eukaryotischen Zellen in der *inneren Membran der Mitochondrien* lokalisiert (Abb. 5-12).

Die von den Substraten im Zytoplasma angelieferten Reduktionsäquivalente gelangen zunächst an die *Innenseite der Membran*, werden von den Atmungskettenkomponenten aufgenommen und *durch die Membran hindurch transportiert.* Dort erfolgt eine Trennung in Protonen (H^+), die nach außen transportiert werden, und Elektronen (e^-), die an das nächste Transportsystem weitergegeben werden. Durch den mehrfachen, schleifenartigen Transport der Elektronen wird ein *elektrochemischer Gradient* erzeugt, weil jeweils an der Innenseite der Membran wieder Protonen aufgenommen und auf der Außenseite wieder abgegeben werden. Die Atmungs- oder Elektronentransportkette entspricht damit einer *Protonenpumpe*. Da die Membran von außen nach innen impermeabel für Protonen ist, entsteht ein *Ladungsungleichgewicht*: Die Membran ist innen negativ, außen positiv geladen. Die Energie des von den Substraten angelieferten Wasserstoffs wird zunächst in diesem Gradienten gespeichert. An einigen Stellen ist in der Membran ein spezielles Enzym enthalten, die ATP-Synthase, die aus ADP + $P_i \rightarrow$ ATP bildet. Bei dieser Syn-

Komponenten der Atmungskette: bei Bakterien in der Zytoplasmamembran lokalisiert. Der von $NADH_2$ oder $FADH_2$ angelieferte Wasserstoff wird in der Atmungskette in Protonen (H^+) und Elektronen (e^-) getrennt; die Protonen werden auf die Membranaußenseite geschleust (= Protonenpumpe), die Elektronen durchlaufen schleifenartig die Atmungskettenkomponenten; dadurch wird ein *elektrochemischer Gradient* erzeugt: Die Membran ist innen negativ, außen positiv geladen.

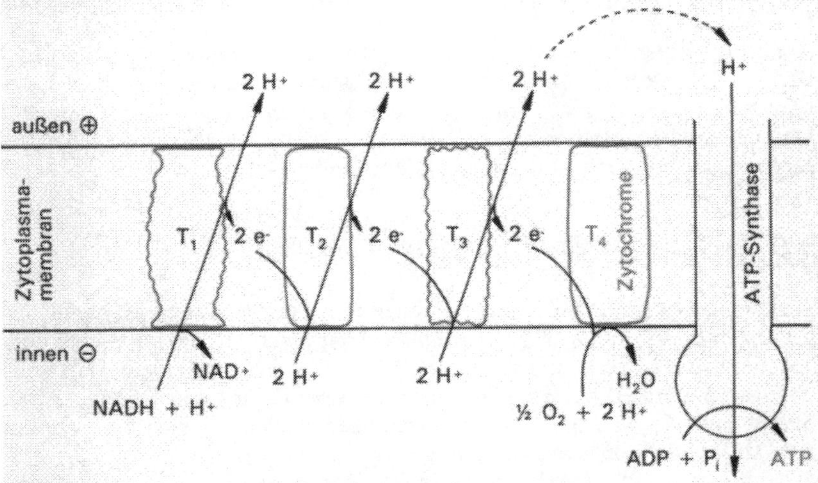

Abb. 5-12: Membranlokalisierter Elektronentransport und ATP-Bildung bei der Atmungskette. Die Elektronentransportsysteme (T_1–T_4) erzeugen einen Protonengradienten zwischen Membraninnen- und -außenseite. Nur an bestimmten Stellen ist die ATP-Synthase lokalisiert. Dort können Protonen ins Zellinnere zurückfließen. Der Protonenrückfluß treibt die Phosphorylierung von ADP und P_i zu ATP an.

Rückfluß der Protonen nach innen: nur an der *ATP-Synthase* möglich; er treibt die ATP-Synthese an.

these fließen die ausgeschleusten Protonen von außen nach innen zurück, wodurch die **ATP-Bildung** angetrieben wird. Die mit dem Elektronentransport verbundene ATP-Synthese wird als *Elektronentransportphosphorylierung* bezeichnet. Auch weitere energieintensive Prozesse (z. B. Geißelbewegung, aktiver Transport) werden durch den Gradienten angetrieben.

Energiebilanz

5.7 Energiebilanz

– Atmungskettenphosphorylierung: Bildung von 26–34 mol ATP pro mol Glukose
– Substratphosphorylierung (Glykolyse und Trikarbonsäurezyklus): 4 mol ATP pro mol Glukose

Aus der Berechnung der Redoxpotentiale bzw. der freien Energie der ablaufenden Redoxreaktionen der Atmungskette ergibt sich, daß pro mol $NADH_2$ drei mol ATP, bzw. pro mol $FADH_2$ zwei mol ATP gebildet werden können. Je nach Aufbau der Atmungskette und Anzahl der ATP-Synthasestellen werden bei der vollständigen Oxidation von einem Molekül Glukose allein durch die oxidative Phosphorylierung zwischen *26 und 34 mol ATP* gebildet, jedoch nur 4 weitere mol ATP bei der Substratphosphorylierung während der Glykolyse und im Trikarbonsäurezyklus.
Die meisten *strikt anaeroben Bakterien* können nur durch *Substratphosphorylierung* Energie gewinnen und sind dadurch gegenüber den aeroben deutlich im Nachteil. Vor einiger Zeit wurde jedoch bei einigen Anaerobiern der Besitz einer unvollständigen Elektronentransportphosphorylierung mit anderen Elektronenakzeptoren als Sauerstoff nachgewiesen.

Auffüllreaktionen und Glukoneogenese

5.8 Auffüllreaktionen und Glukoneogenese

bei Entzug von Intermediärprodukten für Synthesen ist Auffüllung durch Bildung von Oxalazetat möglich

Oxalazetat wird durch Karboxylierung (= CO_2-Einbau) verschiedener C_3-Verbindungen unter Energieverbrauch gebildet

Wächst die Zelle mit Glukose als Kohlenstoff- und Energiequelle, so hat sie normalerweise alle notwendigen Intermediärprodukte in ausreichender Menge zur Verfügung. Der **Trikarbonsäurezyklus** stellt einen *Pool von Intermediärverbindungen* dar (beispielsweise zur Aminosäuresynthese). Durch Bildung von Zellbausteinen aus den Intermediärverbindungen werden diese den Stoffwechselwegen entzogen. Dieser Verlust kann durch Auffüllreaktionen ausgeglichen werden. Diese haben u. a. die Funktion, Oxalazetat als Akzeptor von Azetyl-CoA nachzubilden. Dies geschieht durch eine Reihe von *Karboxylierungsreaktionen*, also den Einbau von CO_2 in Pyruvat oder Phosphoenolpyruvat. Diese Reaktionen sind *endergonisch*, verbrauchen also Energie.
Für kapnophile Bakterien (z. B. die pathogenen *Neisseria*-Arten) sind diese Reaktionen essentiell für ein signifikantes Wachstum.
Ein weiterer Auffüllweg ist der **Glyoxylat-Zyklus** im Trikarbonsäurezyklus (vgl. Abb. 5-10).
Auch die **Glukoneogenese** (formelle Umkehr der Glykolyse) ist eine wichtige Auffüllreaktion, wenn keine Glukose, sondern z. B. nur Laktat, Pyruvat oder bestimmte Aminosäuren als Substrat zur Verfügung stehen. Diese Reaktionen sind ebenfalls *energieverzehrend*, für Synthesen aber (z. B. Lipopolysaccharide, Peptidoglykan) unbedingt notwendig.

Anaerober Stoffwechsel: Gärungen

5.9 Anaerober Stoffwechsel: Gärungen

ATP-Bildung bei Anaerobiern fast ausschließlich durch Substratphosphorylierung

→ notwendig zur Rückgewinnung von NAD: organische Spaltprodukte

Auch anaerobe Bakterien müssen Energie in Form von ATP gewinnen. Obligat anaerobe Bakterien (z. B. *Clostridium, Bacteroides*) verfügen nie über eine vollständige Elektronentransportkette, bei der die Elektronen auf Sauerstoff übertragen werden. Sie können daher im wesentlichen nur Energie durch *Substratphosphorylierung* gewinnen. Doch auch sie müssen sich des während der Oxidation (= Dehydrogenierung) der Substrate gebildeten $NADH_2$ wieder entledigen und NAD rückgewinnen. Als **Wasserstoffakzeptor** dienen ihnen eigens zu diesem Zweck gebildete, *organische Spaltprodukte*, die durch die Regeneration von NAD reduziert und dann ausgeschieden werden (Abb. 5-13). Die im $NADH_2$ gespeicherte Energie kann von den meisten Anaerobiern nicht genutzt werden. Als **Gärungsprodukte** (Fermentationsprodukte) treten dabei, einzeln oder gemischt, meist folgende Verbindungen

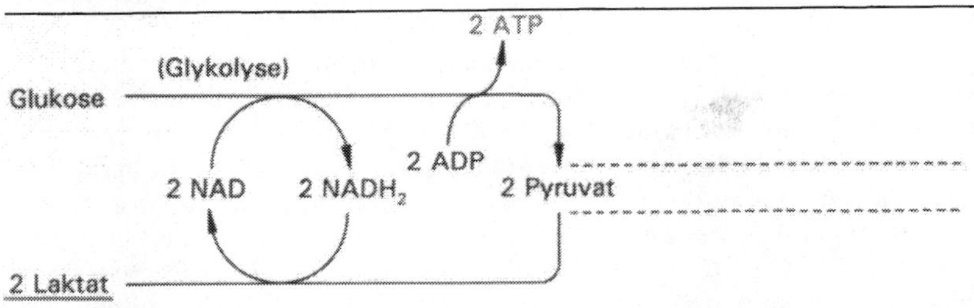

Abb. 5-13: Prinzip der Gärungen, dargestellt am Beispiel der homofermentativen Milchsäuregärung bei *Lactobacillus*: Der Glukoseabbau liefert Energie (= ATP) durch Substratphosphorylierung. Die Reduktion von Pyruvat zu Laktat (= Milchsäure) dient allein der Regeneration von NAD, liefert also keine weitere Energie.

auf: Ethanol, Butanol, Propanol, 2,3-Butandiol, Azeton, Formiat, Azetat, Propionat, Butyrat, Valerianat, Kapronat, Laktat, Sukzinat, Kohlendioxid und Wasserstoff. Die im einzelnen beschrittenen Wege zum Substratabbau und die dabei gebildeten Produkte sind spezies-, gattungs-, oder gruppenspezifisch und können bei obligat anaeroben Bakterien zur *Identifizierung unbekannter Isolate* herangezogen werden. Gärungen werden von fakultativ anaeroben Bakterien (z. B. den *Enterobacteriaceae*) in Abwesenheit von Sauerstoff und von den obligat anaeroben Bakterien (die nur unter Sauerstoffabschluß zu wachsen vermögen) durchgeführt. Obwohl die einzelnen Gärungstypen, besonders unter den obligat anaeroben Bakterien, recht vielfältig sind, sind die *energieliefernden Reaktionen* nur auf drei beschränkt, nämlich:

Trotz zahlreicher verschiedener Gärungstypen mit unterschiedlichen Endprodukten gibt es *nur drei energieliefernde Reaktionen:*

⇦

(1) 1,3-Diphosphoglyzerat $\xrightarrow{ADP \rightarrow ATP}$ 3-Phosphoglyzerat
(siehe Glykolyse)

(2) Phosphoenolpyruvat $\xrightarrow{ADP \rightarrow ATP}$ Pyruvat
(siehe Glykolyse)

(3) Azetylphosphat $\xrightarrow{ADP \rightarrow ATP}$ Azetat

oder

Butyrylphosphat $\xrightarrow{ADP \rightarrow ATP}$ Butyrat

Maximal werden beim anaeroben Abbau der Glukose 4 mol ATP gebildet. Da die meisten Anaerobier nur von der im Zuge der Glykolyse üblichen *Substratphosphorylierung* Gebrauch machen (Reaktionen 1 und 2), werden pro Mol vergärter Glukose nur 2 bis 3 mol ATP gebildet. Lediglich die Einbeziehung der Azetatkinase (Reaktion 3) bietet eine Möglichkeit zusätzlicher ATP-Bildung, von der beispielsweise saccharolytische Klostridien und einige Milchsäurebakterien Gebrauch machen. Die einzige bei Anaerobiern nachgewiesene, membrangebundene und mit Elektronentransport verbundene Phosphorylierung stellt die *Fumaratreduktion* (zu Sukzinat) dar.

Max. werden beim Gärungsstoffwechsel 4 mol ATP pro mol Glukose gebildet.

Fumaratreduktase ist bei verschiedenen strikt anaeroben (*Bacteroides*-Arten, *Propionibacterium, Wolinella*) und den fakultativ anaeroben *(Enterobacteriaceae)* Bakterien vorhanden:

Einzige Elektronentransportphosphorylierung bei einigen Anerobiern: Reduktion von Fumarat zu Sukzinat

$$HOOC—CH{=}CH—COOH \longrightarrow HOOC—CH_2—CH_2—COOH$$

$$\text{Fumarat} \xrightarrow{NADH_2 \rightarrow NAD} \text{Sukzinat}$$

Zumindest bei einigen Anaerobiern wurde die Beteiligung von Zytochromen an dieser Reaktion bewiesen.

Neben saccharolytischen gibt es auch proteolytische Gärer. Bei ihnen (z. B.

Proteolytische Gärer:
Vergärung von Aminosäuren beinhaltet Desaminierung und Bildung von Azetyl-CoA; dieses wird über Azetylphosphat in ATP und Azetat umgewandelt.

Paarweise Vergärung von Aminosäuren: Stickland-Reaktion

Clostridium tetani, C. sporogenes, Fusobacterium, mehrere *Peptococcaceae*) dienen vorwiegend oder ausschließlich Aminosäuren als Substrate. Obwohl noch nicht in allen Fällen bewiesen, erfolgt hier nach Desaminierung die Bildung verschiedener Spaltprodukte, die meist eine Azetyl-CoA-Bildung beinhaltet. Azetyl-CoA wird dann, wie oben dargestellt (s. Reaktion 3) in Azetylphosphat überführt, welches durch Azetatkinase unter Phosphorylierung von ADP zu ATP in Azetat umgesetzt wird. Die *paarweise Vergärung von Aminosäuren*, z. B. Alanin und Glyzin, von denen eine als Elektronendonor, die zweite als Akzeptor fungiert, wird als *Stickland-Reaktion* bezeichnet und kommt bei Klostridien vor. Hier ist eine ATP-Bildung bei der Dekarboxylierung der nach Desaminierung gebildeten Ketosäure möglich, die dadurch zur Fettsäure oxidiert wird.

5.10 Anaerobe Atmungen

Anaerobe Atmung: Elektronentransportphosphorylierung mit anderen Elektronenakzeptoren als Sauerstoff:
- Nitratatmung (= Bildung von Nitrit)
- Denitrifikation von Nitrat zu molekularem Stickstoff (N_2).
- Sulfatatmung (Bildung von Sulfit, Schwefel oder Schwefelwasserstoff)
- Reduktion von Kohlendioxid zu Methan
- Reduktion von Eisen-III zu Eisen-II

Elektronentransportphosphorylierung kann auch unter anaeroben Bedingungen ablaufen, wenn statt Sauerstoff andere geeignete Wasserstoffakzeptoren zur Verfügung stehen. Diese Art der Atmung ist formell und strukturell der aeroben Atmung mit Sauerstoff als Wasserstoffakzeptor ähnlich und an die Anwesenheit von Zytochromen, z. T. auch von Eisen-Schwefel-Proteinen, gebunden.
Bei der *Nitrat-Atmung* (dissimilatorische Nitratreduktion) wird Nitrat von Nitratreduktase zuerst zu Nitrit reduziert:

$$\underset{\text{(Nitrat)}}{NO_3^-} + NADH_2 \longrightarrow \underset{\text{(Nitrit)}}{NO_2^-} + H_2O + NAD$$

Bei manchen Bakterien ist auch eine Reduktion des Nitrats bis zum Stickstoff möglich *(Denitrifikation)*:

$$2\,NO_3^- + 5\,NADH_2 + 2\,H^+ \longrightarrow N_2 + 6\,H_2O + 5\,NAD$$

Analog dazu kann *Sulfat* zu *Sulfit, zu elementarem Schwefel* oder zu *Schwefelwasserstoff* reduziert werden. *Kohlendioxid* kann zu *Methan* und *Eisen-III* zu *Eisen-II* reduziert werden. Auch die oben erwähnte Fumaratreduktion zu Sukzinat ist zytochromabhängig und kann daher auch als anaerobe Atmung verstanden werden. Die beteiligten Bakterien (z. B. bei der Nitratatmung) können strikt aerob, fakultativ oder strikt anaerob sein. Die Anwesenheit denitrifizierender Enzyme erlaubt es z. B. vielen Pseudomonaden, mit Nitrat anaerob zu wachsen. Die Nitratreduktion zu Nitrit kommt bei allen *Enterobacteriaceae* vor. Die strikt anaeroben Veillonellen können ebenfalls Nitrat als Wasserstoffakzeptor benutzen.
Die genannten Reaktionen spielen in der Natur, aber auch im menschlichen Organismus eine wichtige Rolle (z. B. Nitratreduktion zum toxischen Nitrit durch die Darmflora!) und werden auch diagnostisch zur Identifizierung der Bakterien genutzt.

5.11 Biosynthese und Abbau von Aminosäuren

Biosynthese und Abbau von Aminosäuren

Synthese:
Kohlenstoffskelett entstammt meist dem Intermediärstoffwechsel; für einige Aminosäuren spezielle Synthesewege.

Primäre Herkunft der Aminogruppe: bei vielen Bakterien aus Nitrat, Nitrit oder Ammonium.

Primäre Aminierung an:
- Pyruvat oder
- alpha-Ketoglutarat oder
- Glutamat

Viele Bakterien sind in der Lage, die für die Proteinsynthese notwendigen 20 Aminosäuren selbst *(de novo)* zu synthetisieren. Das *Kohlenstoffskelett* stammt entweder aus üblichen Intermediärprodukten (z. B. Trikarbonsäurezyklus) oder wird über spezielle Synthesewege gebildet. Meist gegen Ende der Synthese wird die Aminogruppe eingeführt. Diese ist durch *direkte Aminierung* oder *Transaminierung* zugänglich. Wenn keine organische Stickstoffquelle zu Verfügung steht, können viele Bakterien die Aminogruppe aus den anorganischen Stickstoffquellen Nitrat, Nitrit oder Ammonium bilden. Im Zuge der *assimilatorischen Nitratreduktion* wird Nitrat oder Nitrit erst in Ammonium überführt. Letzteres kann auf Pyruvat, Ketoglutarat oder Glutamat übertragen werden, wodurch aus Pyruvat Alanin, aus alpha-Ketoglutarat Glutamat und aus Glutamat Glutamin gebildet wird. Diese drei Aminosäuren, die also direkt aminiert werden können, dienen durch Transaminierung zur

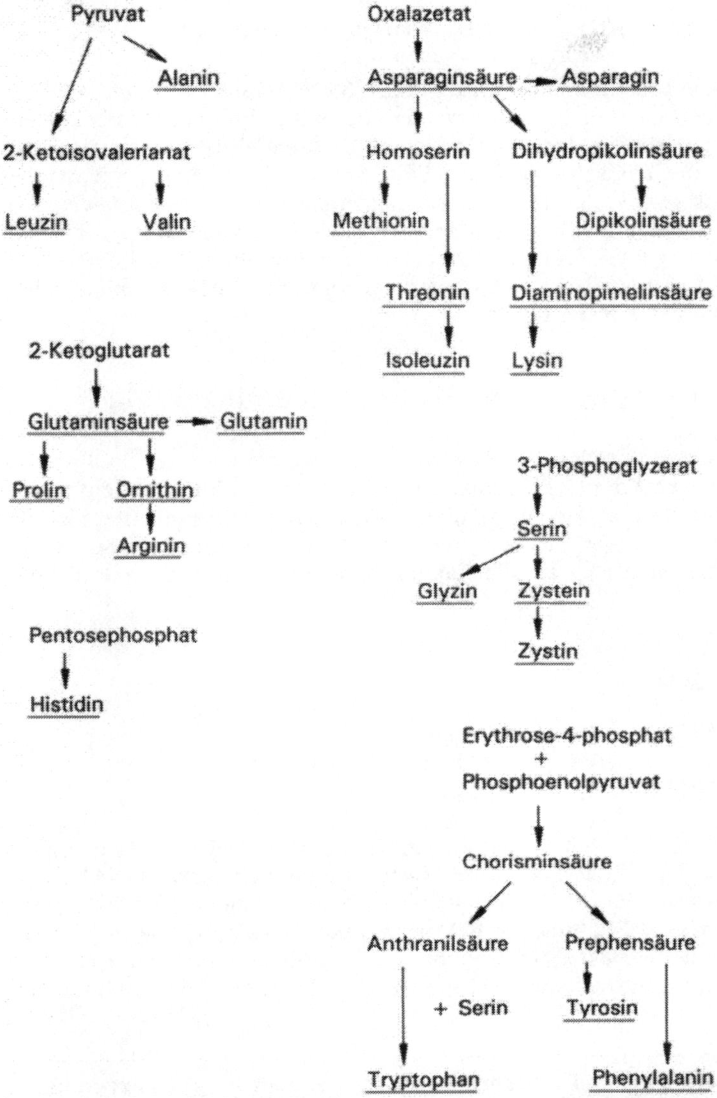

Abb. 5-14: Bakterielle Synthesewege von Aminosäuren. Die Bildung erfolgt aus allgemein zugänglichen Intermediärprodukten. Besonders sei auf die Bildung von Dipikolinsäure (sporenspezifische Substanz bei *Bacillus* und *Clostridium*) und von Diaminopimelinsäure (kommt nur im Peptidoglykan vieler Bakterien vor) hingewiesen. Die übrigen Aminosäuren sind universell verbreitet.

Synthese der übrigen, deren Synthesewege sehr komplex sind. Es sei daher hier nur auf die schematische Darstellung in Abb. 5-14 verwiesen. Ihre Synthese erfolgt jedoch primär meist aus allgemein zugänglichen Intermediärstoffen des Kohlenstoffstoffwechsels.

Andere Aminosäuren werden durch Transaminierung gebildet.

Teilweise können die Synthesewege in umgekehrter Richtung auch zum *Abbau* genutzt werden, teilweise werden spezielle Abbauwege angewendet. Die durch *oxidative* oder *desaturative Desaminierung* entstehenden Verbindungen sind jedoch meist auch wieder die üblichen Intermediärprodukte (Karbonsäuren), die wieder in den Kohlenstoffstoffwechsel eingeschleust werden.

Abbau:
Synthesewege in umgekehrter Richtung, zum Teil auch spezielle Abbauwege durch:
- Desaminierung zur Karbonsäure oder
- Dekarboxylierung zum Amin.

Eine weitere, bei Bakterien recht verbreitete Abbaumöglichkeit stellt die *Dekarboxylierung von Aminosäuren* dar. Die unmittelbaren Produkte sind primäre Amine und CO_2, doch kann auch das Kohlenstoffgerüst der Amine wieder in den Intermediärstoffwechsel eingeschleust werden. Durch Aminosäuredekarboxylierung entsteht aus Lysin *Cadaverin*, aus Ornithin *Putreszin* und aus Arginin *Agmatin*.

Abbau von Harnstoff durch Urease zu Ammoniak und Kohlendioxid.

Harnstoff, ein häufiges Endprodukt des Aminosäurestoffwechsels der Säugetiere, kann von bakteriellen *Ureasen* zu *Ammoniak* und *Kohlendioxid* abgebaut werden.

Bedeutung anderer Stoffwechselwege

Sekundärstoffwechsel von Mikroorganismen: Bildung technologisch oder medizinisch wichtiger Produkte (z. B. Antibiotika).

5.12 Bedeutung anderer Stoffwechselwege

Auf viele andere ana- und katabolische Stoffwechselwege kann hier aus Platzgründen nicht eingegangen werden. Besonders Produkte des Sekundärstoffwechsels, der für den Produzenten nicht essentiell ist, spielen technologisch und medizinisch eine Rolle. Viele Spezies der verzweigt wachsenden aeroben Aktinomyzeten (z. B. *Streptomyces, Nocardia, Streptoverticillium*) produzieren wichtige **Antibiotika** (Aminoglykoside und viele andere). Die Enzymausrüstung vieler Darmbakterien spielt bei Tier und Mensch eine erhebliche Rolle für den Abbau besonders der schwerverdaulichen pflanzlichen Polysaccharide (z. B. Hemizellulosen).

Stoffwechselleistungen und Identifizierung

Unterschiedliche Verwertbarkeit von Substraten und Bildung unterschiedlicher Produkte gestattet Verwendung biochemischer Tests zur Identifizierung von Bakterien.

5.13 Stoffwechselleistungen und Identifizierung

Aufgrund des unterschiedlichen Vermögens, bestimmte Stoffwechselwege zu beschreiten, bestimmte Substanzen (z. B. Zucker) als Substrate zu nutzen bzw. bestimmte Endprodukte zu bilden, ist eine Klassifizierung und Identifizierung der Bakterien möglich, die weit über ihre morphologische Vielfalt hinausgeht. Hierfür sei auf die Kapitel „Taxonomie“ und „Diagnostik“ verwiesen.

Genetik

6 Genetik

R. Hammann

6.1 Allgemeines

Aufgaben der Genetik:
Untersuchung der Weitergabe, Konstanz und Veränderbarkeit der Erbanlagen.
Lokalisation der Erbanlagen (= Gene): *Desoxyribonukleinsäure* (DNA)

Die Genetik befaßt sich mit der *Weitergabe, Konstanz* und *Veränderbarkeit* der *Erbanlagen.* Die **Gene** sind in der **Desoxyribonukleinsäure (DNA)** lokalisiert. Vieles von dem, was wir heute über die Vererbung (= Genetik) wissen, wurde durch das Studium der Bakterien- und der Bakteriophagen-DNA gewonnen, weil das bakterielle Chromosom wesentlich einfacher aufgebaut ist und weniger Informationen enthält als die Chromosomen der Eukaryonten.

Ein-Gen-Ein-Enzym-Hypothese: ⇨

> Jedes Gen eines Individuums *(= Genotyp)* kodiert für ein Enzym oder ein anderes Protein, das sein Erscheinungsbild und seine Eigenschaften *(= Phänotyp)* determiniert *(Ein-Gen-Ein-Enzym-Hypothese).* Die Gesamtheit der Gene eines Individuums wird auch als *Genom* bezeichnet.

Mutation führt zu veränderten Genen und damit zu veränderten Enzymen oder Ausfall von Enzymen (= *Defektmutation*)
Neukombination der genetischen Merkmale bei Bakterien durch parasexuelle Vorgänge (= Transformation, Konjugation, Transduktion).

Die Veränderung eines Genes durch Mutation führt zu einem veränderten Enzym oder zu einem Ausfall *(= Defektmutation)* und damit auch zu einem veränderten Merkmal. Erst durch die Mutation wird das Gen erkennbar. Auch durch die verschiedenen *parasexuellen Vorgänge* bei Bakterien (Transformation, Konjugation, Transduktion) und die daraus resultierenden *Neukombinationen* von Merkmalen wurde es möglich, die genetische Kodierung und die Übertragung von Merkmalen näher zu untersuchen.

Struktur des Bakterienchromosoms

Zwei ringförmige DNA-Einzelstränge sind spiralig umeinander gewunden (alpha-Helix). Beide Stränge bestehen aus zahlreichen Nukleotiden.

Ein Nukleotid besteht aus:
Phosphatrest + Zucker
(= Desoxyribose) + Base

6.2 Struktur des Bakterienchromosoms

Wie schon im Abschnitt Morphologie besprochen wurde, liegt bei Bakterien die DNA als ringförmiger Doppelstrang *(= Bakterienchromosom, Nukleoid)* vor. Beide Einzelstränge sind spiralig umeinander gewunden (alpha-Helix, Abb. 6-1).

Die beiden Stränge setzen sich aus einer langen Kette von **Nukleotiden** zusammen, die über Phosphodiesterbrücken verknüpft sind. Jedes Nukleotid besteht aus einem *Phosphatrest,* einem *Zucker* (Desoxyribose) und einer *Purinbase* (entweder *Adenin* oder *Guanin*) oder einer *Pyrimidinbase* (*Cytosin* oder

Abb. 6-1: Schematische Darstellung des Bakterienchromosoms. Die beiden DNA-Einzelstränge sind spiralig umeinandergewunden und zum Ring geschlossen (wesentlich verkürzt dargestellt).

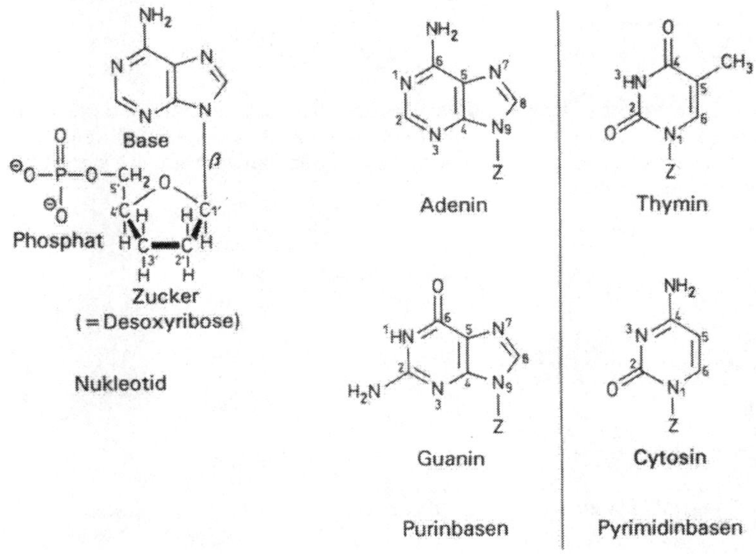

Z = Bindungsstelle zum Zucker

Abb. 6-2: Die Bausteine der DNA (Erläuterungen s. Text).

Thymin) (Abb. 6-2). Jeder Purinbase auf einem Strang steht eine Pyrimidinbase auf dem gegenläufigen Strang gegenüber; beide Stränge werden durch lockere *Wasserstoffbrückenbindungen* zwischen den Basen zusammengehalten (Abb. 6-3). Die *Basensequenz* eines Stranges ist *komplementär* zur Sequenz des anderen Stranges. Dabei steht Adenin (A) immer Thymin (T) gegenüber und Guanin (G) immer Cytosin (C). Zwischen A und T bestehen zwei, zwischen G und C drei Wasserstoffbrückenbindungen.
Die DNA-Struktur wurde von Watson und Crick im Jahre 1953 aufgeklärt.
Die DNA liegt in der Zelle in verknäuelter Form vor. Die *Topoisomerasen*, darunter die *DNA-Gyrase*, halten die DNA in einer bestimmten Form („Supercoiling“ = Überspiralisierung), die die Replikation erleichtert. **Chinolonantibiotika** (Nalidixinsäure, Norfloxacin u. v. a.) hemmen die Gyrase.
Die **Größe des Bakterienchromosoms** ist *artspezifisch* und liegt zwischen 0,8 bis 8×10^6 Basenpaaren (bp).
Menschliche DNA besitzt $2{,}9 \times 10^9$ bp. Extrem angepaßte Bakterien (z. B. die zellparasitischen Chlamydien) besitzen besonders kleine Genome.
Basengehalt der DNA: Erwärmt man DNA, so trennen sich beide Stränge voneinander, da die oben erwähnten Wasserstoffbrückenbindungen relativ locker sind. Diese *Denaturierung* ist *reversibel*, d. h. bei anschließender Abkühlung reassoziieren die Einzelstränge wieder. Die Denaturierungstemperatur, die auch als Schmelzpunkt (T_m) bezeichnet wird, ist proportional zum Gehalt an Guanin und Cytosin. Mit steigender G + C-Konzentration steigt der Schmelzpunkt. T_m gibt die Temperatur an, bei der bei photometrischer Messung der Denaturierung die halbmaximale Extinktionszunahme bei

Die DNA enthält vier verschiedene Basen:
– 2 Purinbasen: Adenin, Guanin
– 2 Pyrimidinbasen: Cytosin, Thymin
(Adenin steht gegenüber von Thymin, Guanin steht gegenüber von Cytosin)

Wasserstoffbrückenverbindungen → zwischen den Basen halten die Stränge zusammen.

Topoisomerasen (darunter DNA-Gyrase) halten die DNA in überspiralisierter Form; **Chinolonantibiotika hemmen die DNA-Gyrase**

Bestimmung des Basengehaltes der DNA: bei Erhitzen erfolgt Aufspaltung des DNA-Doppelstranges in zwei Einzelstränge (= „Schmelzen“);
Schmelzpunkt der DNA: abhängig von der Guanin-plus-Cytosin-Konzentration (G + C-Gehalt).
G + C-Gehalt ist artspezifisch.

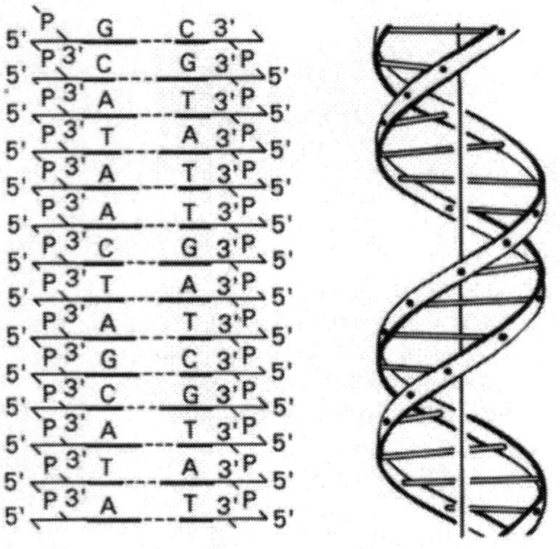

Abb. 6-3: Schematische Darstellung der Doppelhelixstruktur der DNA. Beide komplementären Stränge werden durch Wasserstoffbrückenbindungen (gestrichelte Linien im linken Teil bzw. quer verlaufende „Sprossen" im rechten Teil der Abbildung) zusammengehalten.

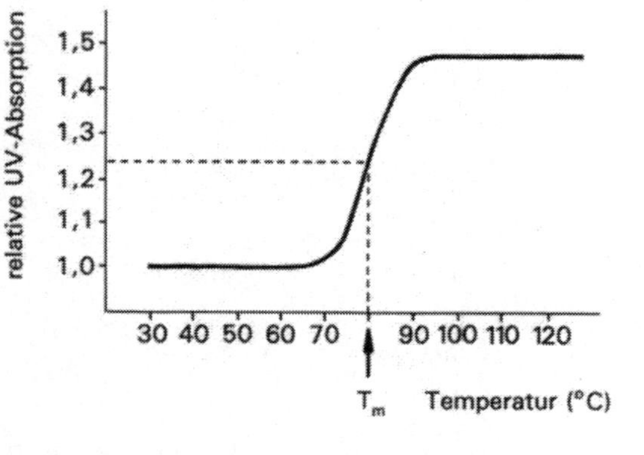

Abb. 6-4: Schmelzkurve einer bakteriellen DNA (Erläuterungen s. Text).

λ = 259 nm erreicht ist (Abb. 6-4). *Der G + C-Gehalt ist artspezifisch* und wird daher taxonomisch genutzt (s. Kap. „Taxonomie").

Nukleinsäurehybridisierung:
Mischen von DNA verschiedener Stämme oberhalb des Schmelzpunktes führt bei anschließender Abkühlung zu Reassoziation zum Doppelstrang:
Je höher die Reassoziationsrate, desto näher sind die Stämme verwandt.

Nukleinsäurehybridisierung: Beim „Schmelzen" von DNA weichen die Doppelstränge auseinander. Mischt man nun DNA zwei verschiedener Stämme, die jedoch vermutlich zur gleichen Art oder zu zwei sehr nahe verwandten Arten gehören, oberhalb des Schmelzpunktes, so kommt es bei anschließender Abkühlung zur Reassoziation; die aus den Einzelsträngen verschiedener Organismen gebildeten DNA-Doppelstränge bezeichnet man als *Heteroduplex-Moleküle.* Sind die zwei Stämme sehr nahe verwandt, so ist die *Hybridisierungsrate* aufgrund ähnlicher oder identischer (homologer) Basensequenz sehr hoch (ca. 70–100 %). Auch zwischen DNA und RNA sind Hybridisierungen möglich.

Die Bestimmung der Hybridisierungsrate (= Reassoziation) erfolgt meist nach Markierung einer DNA mit radioaktiven Isotopen oder aber mit spektralphotometrischen Methoden.

Anwendung der Hybridisierungstechnik in der Taxonomie

Mit Hybridisierungstechniken kann die natürliche Verwandtschaft verschiedener Taxa zueinander genau bestimmt werden (vgl. Kap. I.3 „Taxonomie").

6.3 Verdoppelung des bakteriellen Chromosoms

Zellteilung ist mit **Verdoppelung des bakteriellen Chromosoms** gekoppelt.

Bei der **Zellteilung** wird die DNA verdoppelt, also identisch repliziert. Diese Verdoppelung erfolgt nach einem *semikonservativen Mechanismus*: Bei der Replikation weichen die umeinandergewundenen Doppelstränge auseinander *(Entspiralisierung).* An jedem Einzelstrang erfolgt die Neusynthese eines *kom-*

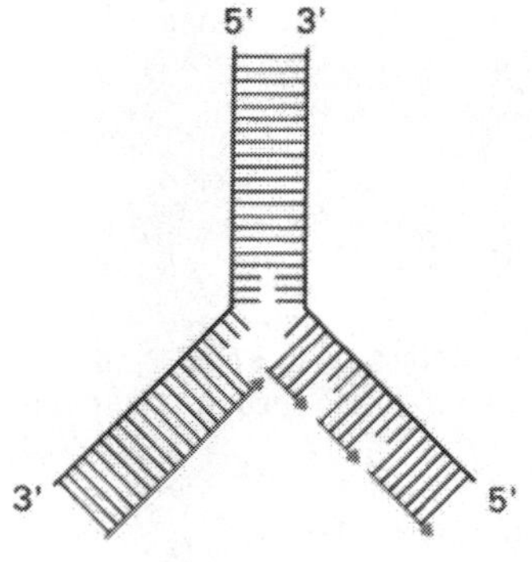

Abb. 6-5:
Schematische Darstellung
der DNA-Replikation (Erläuterungen s. Text).

plementären Stranges. Daran sind die **DNA-Polymerasen** beteiligt. Diese verknüpfen die zum Elternstrang komplementären Nukleotide miteinander und synthetisieren einen neuen Polynukleotidstrang. Jeder *Elternstrang* dient also als Matrize für einen neuen *Tochterstrang.* Die Synthese verläuft dabei in 5' → 3'-Richtung und nicht umgekehrt. Ein Tochterstrang wird daher *kontinuierlich,* der andere *diskontinuierlich* synthetisiert (Abb. 6-5). An der Trennung der beiden Stränge, die an einem bestimmten Startpunkt (origin) beginnt, sind die bakterielle *Gyrase* sowie *Initiationsproteine* beteiligt.
Da die **Generationszeit** bei E. coli je nach Medium und physikalischen Bedingungen zwischen 15 und 40 min liegt, muß eine neue DNA-Replikationsrunde eingeleitet werden, bevor die vorausgehende beendet ist, damit alle nachfolgenden Generationen ein komplettes Genom erhalten. Das hat zur Folge, daß in aktiv wachsenden E. coli-Kulturen jede Zelle durchschnittlich vier Chromosomen besitzt. Bei langsam wachsenden Bakterien findet dagegen zwischen den Zellteilungen eine Pause statt. Zellteilung und DNA-Replikation sind stets miteinander verknüpft.

Verdoppelung des Chromosoms nach semikonservativem Mechanismus:
jeder Elternstrang dient als Matrize für einen neuen Tochterstrang
Neusynthese verläuft immer in 5' → 3'-Richtung

6.4 Genetischer Kode und Proteinsynthese

Genetischer Kode und Proteinsynthese

Die in den Genen (= DNA) vorliegende Information muß in die *Sequenz* der in den Proteinen vorliegenden *Aminosäuren* übersetzt werden. Die DNA ist dabei nicht selbst die Matrize für die Proteinsynthese. Vielmehr fungiert die **Messenger-(Boten)-Ribonukleinsäure** (= m-RNA) als Übermittler zwischen Erbinformation und Proteinsynthese am Ribosom. Die m-RNA ist einsträngig und enthält, wie alle Ribonukleinsäuren, anstelle von Thymin die Base *Urazil* (U) sowie anstelle von Desoxyribose die *Ribose* (Abb. 6-6). Die Synthese der m-RNA erfolgt am *kodogenen* Strang der DNA. Das beteiligte Enzym ist die DNA-abhängige *RNA-Polymerase.* Die Basensequenz der m-RNA ist der Basensequenz der DNA komplementär. Die Umkopierung von der DNA in die m-RNA wird als **Transkription** bezeichnet.
Die **Information der DNA** wird durch die *lineare Reihenfolge der Basen* im DNA-Strang (= Basensequenz) determiniert. Die *„Kodebuchstaben" entsprechen den einzelnen Basen der DNA.* Vier „Buchstaben", nämlich Adenin (A), Thymin (T) und Guanin (G) und Cytosin (C) kommen vor. Bei der Übersetzung in die m-RNA tritt an die Stelle von Thymin das Urazil (U). Die Funktion und Spezifität der Proteine – von den Genen gesteuert –, wird durch die Sequenz ihrer Bausteine, den *Aminosäuren,* determiniert. Die *Aminosäuresequenz* entscheidet auch über die räumliche Struktur *(= Konformation)* des

m-RNA (= Messenger-Ribonukleinsäure):
Übermittler zwischen Erbinformation (= DNA) und Proteinsynthese
m-RNA ist **einsträngig**.
Alle Ribonukleinsäuren enthalten statt Thymin Urazil und statt Desoxyribose Ribose.
Synthese der m-RNA erfolgt am kodogenen DNA-Strang.
Transkription: Umkopierung von DNA in m-RNA.

Kodebuchstaben der DNA: Basen

Funktion und Spezifität der Proteine: durch **Aminosäuresequenz** determiniert

Aminosäuresequenz ist in Anordnung der Kodebuchstaben zu Kodewörtern (= Basensequenz) festgelegt.

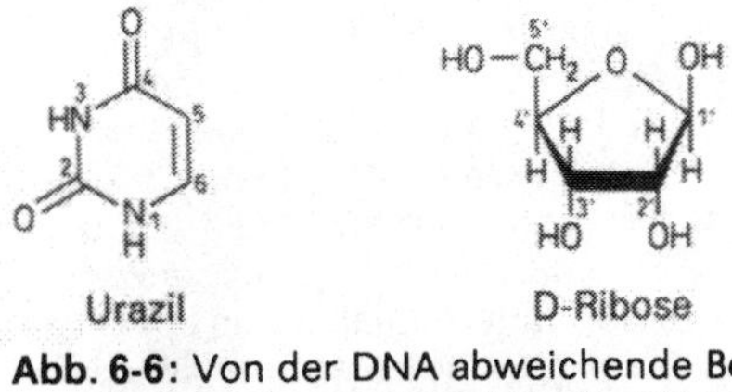

Abb. 6-6: Von der DNA abweichende Bestandteile der RNA: Statt Thymin und Desoxyribose in der DNA enthält die RNA Urazil und Ribose.

TAC	AAA	GAC	TAC	CAC	AGA	GGA	CTA	CCT	CCC	ATT	kodogener DNA-Strang
AUG	UUU	CUG	AUG	GUG	UCU	CCU	GAU	GGA	GGG	UAA	mRNA
Methionin –	Phenylalanin –	Leuzin –	Methionin –	Valin –	Serin –	Prolin –	Asparaginsäure –	Glyzin –	Glyzin –	Stop-Codon	Protein

Abb. 6-7: Der genetische Kode: Ausschnitt aus einer DNA-Sequenz (oben), der entsprechenden Messenger-RNA-Sequenz (Mitte) und ihrer „Übersetzung" in die Aminosäuresequenz (unten).

Proteins. Die Aminosäuresequenz ist in der Anordnung der Kodebuchstaben zu Kodewörtern *(= Kodons)* in der DNA bzw. nach Transkription in der m-RNA niedergelegt.

3 Kodebuchstaben (= Basentriplett) ergeben 1 Kodewort, kodieren also für 1 Aminosäure.

Die Kombination von 2 Kodebuchstaben (= Basenduplett) zu einem Kodewort würde $4^2 = 16$ Kodewörter ergeben, was für die Kodierung von 20 Aminosäuren zu wenig wäre. Bei Kombination von 3 Kodebuchstaben *(= Triplett)* zu einem *Kodewort* ergeben sich dagegen $4^3 = 64$ Möglichkeiten, was für die Kodierung von 20 Aminosäuren ausreicht. Dabei blieben 44 Kombinationsmöglichkeiten ungenutzt. Es hat sich gezeigt, daß viele Aminosäuren durch zwei oder mehr verschiedene Tripletts kodiert werden. Außerdem sind *Kodons für „Start" und „Stop"* und für die Anheftung des Promoters und eventuell des Repressors (s. unten) bei der Transkription notwendig. Die Basentripletts werden *linear* durch Ablesen (1, 2, 3; 1, 2, 3; ...) von Anfang des zu transkribierenden Genes bzw. von Anfang der m-RNA gelesen; es gibt keine „Pausen" im Kode. Einige Beispiele für „Kodewörter" und ihre „Übersetzung" in Aminosäurebausteine eines Proteins sind in Abb. 6-7 genannt.

Translation: Umsetzung der Information der m-RNA in die Sequenz der Aminosäuren: Proteinsynthese läuft an den Ribosomen ab. Transfer-Ribonukleinsäuren (t-RNA) aktivieren und binden die ihnen entsprechende Aminosäure.

Die Umsetzung der Information der m-RNA in die Proteine erfolgt am Ribosom und wird als **Translation** bezeichnet. Die **Proteinsynthese** ist ein energieverbrauchender Prozeß. Daher müssen die zum Einbau in eine Polypeptidkette anstehenden Aminosäuren erst aktiviert werden: Dies erfolgt durch *Phosphorylierung* (Aminoacyl-Adenosinmonophosphat). Jede aktivierte Aminosäure wird sodann mittels einer spezifischen *Synthetase* an die der Aminosäure entsprechende **Transfer-Ribonukleinsäure (t-RNA)** angehängt. Die Synthetase erkennt also einerseits die Aminosäure, andererseits die ihr entsprechende t-RNA.

t-RNA: Kleeblattstruktur

Transfer-RNAs besitzen eine charakteristische Kleeblattstruktur (Abb. 6-8). Diese Form gestattet einerseits die Ausbildung einer *Aminosäurebindungsstelle* am oberen offenen Ende, welches immer die Sequenz CCA besitzt. Die Schleife am entgegengesetzten Ende stellt das *Antikodon* dar. Dieses paart (durch Wasserstoffbrückenbindungen) mit dem komplementären Triplett der m-RNA, dem *Kodon.*

Transfer-RNAs sind reich an *modifizierten Basen* (Dihydrouridin, Pseudouri-

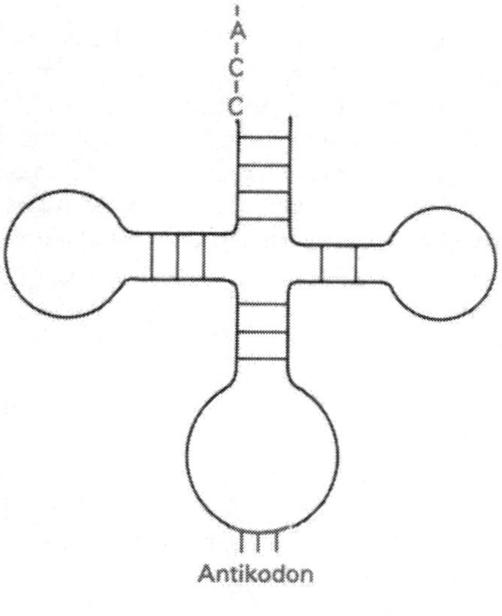

Abb. 6-8: Schematische Darstellung der Kleeblattstruktur der Transfer-RNA. Oberes Ende: Aminosäurebindungsstelle; unteres Ende: Antikodon (= ein Basentriplett). In den linearen Bereichen wird die Struktur durch Basenpaarungen mit Wasserstoffbrückenbindungen wie in der DNA stabilisiert (quer verlaufende, dünne Linien).

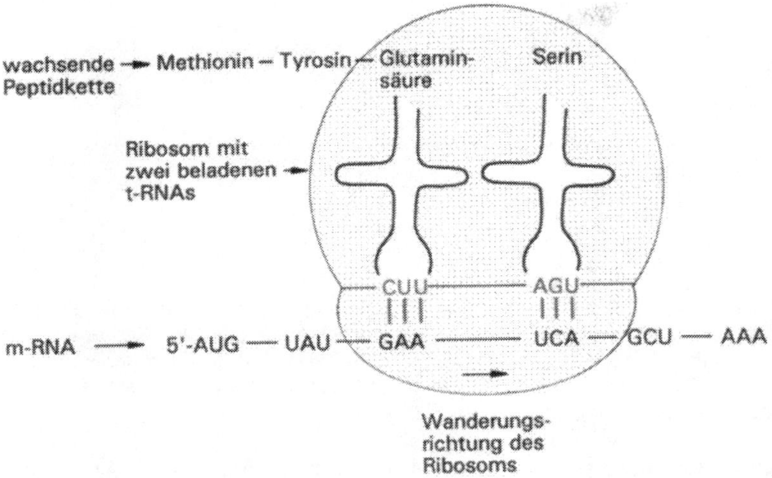

Abb. 6-9: Schema der Proteinsynthese. Die Ribosomen wandern von links nach rechts an der m-RNA entlang. Die t-RNAs liefern die dem Kodon der m-RNA entsprechenden Aminosäuren an. Nacheinander erfolgt deren Verknüpfung zur Peptidkette.

din, Methylguanin, Inosin). Die Synthese der t-RNAs erfolgt in Analogie zur Transkription der m-RNA direkt durch „Abschrift" bestimmter DNA-Bezirke. Da manche Aminosäuren durch mehrere Codewörter determiniert werden, gibt es für diese Aminosäuren auch ebenso viele verschiedene t-RNAs.

Die mit den Aminosäuren beladenen t-RNAs treffen sich am Ribosom mit der m-RNA. Dort erfolgt die **Verknüpfung der Aminosäuren** gemäß der in der m-RNA enthaltenen Information (Abb. 6-9). Das *„Startsignal"* für die Proteinsynthese wird durch die *N-Formyl-Methionin-spezifische t-RNA* (bzw. die Anwesenheit des Methionin-Kodons am Anfang jeder m-RNA-Kette) gegeben. Das Ribosom wandert dann, am 5'-Ende beginnend, an der m-RNA entlang. Dabei wird es, je nach Art des gerade gelesenen m-RNA-Kodons, mit der entsprechenden aminosäurehaltigen t-RNA beladen. Am Ribosom wird die Aminosäure von ihrer t-RNA losgelöst und mit der vorausgehenden Aminosäure *peptidisch* verknüpft.

Aminosäurebeladene t-RNAs treffen am Ribosom mit m-RNA zusammen. Dort erfolgt die Verknüpfung der Aminosäuren nach der durch die Basensequenz der m-RNA festgelegten Reihenfolge.

An ein m-RNA-Molekül lagern sich offenbar immer mehrere Ribosomen gleichzeitig an, so daß dieselbe Matrize zur Synthese mehrerer gleicher Polypeptidketten dient. Der Komplex aus m-RNA und mehreren Ribosomen wird auch als *Polysom* bezeichnet. Ein *Stopkodon* (UAA, UAG und UGA) dient zur Terminierung der Proteinsynthese.

Die Art der Informationsübertragung von der DNA auf die m-RNA und von dort durch Translation auf die Proteine wird als *zentrales Dogma der Molekularbiologie* bezeichnet. Es gilt für alle Prokaryonten, Eukaryonten und DNA-haltige Viren.

„Zentrales Dogma der Molekularbiologie": ⇦

6.5 Regulation der Enzymsynthese auf der Ebene der Transkription: Induktion und Repression

Regulation der Enzymsynthese auf der Ebene der Transkription: Induktion und Repression

In Abschnitt Metabolismus wurde bereits die Regulation am Enzym besprochen. Die Zelle kann aber aus Gründen der Ökonomie nicht ständig alle Enzyme in großer Menge enthalten. Lediglich die stets notwendigen Enzyme sind immer in ausreichender Menge vorhanden (z. B. die für den *Glukoseabbau* notwendigen Enzyme). Enthält das Medium dagegen ein „selteneres" Substrat, z. B. *Laktose*, so muß die Enzymsynthese (und damit die entsprechende Transkription und Translation) erst induziert werden. Stets vorhandene Enzyme bezeichnet man als *konstitutiv*, die erst bei Bedarf gebildeten als *induktiv*.

Enzymregulation:
Stets notwendige Enzyme = konstitutiv (= stets vorhanden).
Enzyme für seltenere Substrate = induktiv (= erst auf Substratreiz hin gebildet).

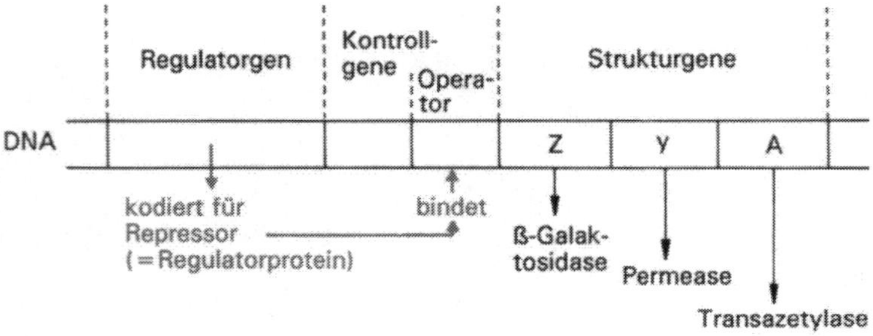

Abb. 6-10: Vereinfachte Darstellung der Regulation der Enzymsynthese am Beispiel des Laktose-Operons von *E. coli.* Das Regulatorgen kodiert für den Repressor, der in Abwesenheit des Substrates (Laktose) an den Operatorbereich bindet. Bei Anwesenheit des Substrates gibt der Repressor den Operatorbereich und damit auch die Strukturgene zur Transkription frei.

Abbauwege: Substrat wirkt als Induktor, Enzymsynthese wird aktiviert;
Biosynthesewege: Endprodukt wirkt als Repressor, Enzymsynthese wird inaktiviert.
Meist werden für einen Abbau- oder Biosyntheseweg mehrere Enzyme benötigt, deren Gene dann auf der DNA zu einer **Funktionseinheit (= Operon)** zusammengeschlossen sind.
Die Transkription des Operons unterliegt der Regulation:
Effektoren (= Substrat oder Endprodukt) verändern Affinität des Regulatorproteins zur DNA.

Meist werden die Enzyme von Abbauwegen durch **Substratinduktion** und die Enzyme von Biosynthesewegen durch **Endproduktrepression** geregelt. Oftmals werden für den Abbau eines Substrates mehrere Enzyme benötigt, deren Gene dann zu einer Funktionseinheit *(= Operon)* zusammengeschlossen sind (Abb. 6-10). Die Transkription des Operons unterliegt der *Regulation*: Sog. **Effektormoleküle** (das sind die Substrate oder die Endprodukte) binden an spezielle *Regulatorproteine*, die dadurch eine *Konformationsänderung* erfahren. Dadurch wird die Eigenschaft der Regulatorproteine, an den Operatorbereich des Operons an der DNA zu binden, verändert.
Bei **induzierbaren Operons** ist der Operatorbereich bei Abwesenheit des Substrates vom *Regulatorprotein* besetzt. Schon bei geringen Effektor-(=Substrat-)Konzentrationen erfolgt die *Freigabe des Operators* und der *Strukturgene* für die m-RNA-Synthese (Transkription).
Enzyme zur Synthese von Zellbausteinen sind meist *konstitutiv*; ihre Synthese wird aber bei Endproduktüberschuß reprimiert: Hier wird die Affinität des Regulatorproteins zum Operatorbereich des Operons durch das Endprodukt des Syntheseweges erhöht. Die Grundlagen zu dieser Art der Regulation wurden von Jacob und Monod erarbeitet.

6.6 Mutationen

Mutation: Sprunghafte, ungerichtete, weitervererbbare **Veränderung eines Genes**

Unter Mutation versteht man eine sprunghafte, ungerichtete und weitervererbbare Veränderung eines Genes. Ein Gen kann in verschiedenen Ausprägungen vorkommen. Diese werden als *Allele* bezeichnet. Aus einem *Wildtyp-Allel* (der Normalausprägung) kann ein *mutiertes Allel* entstehen. Der Träger eines solchen mutierten Allels ist eine *Mutante.* Mutationen können in allen Organismen, so auch in Bakterien, auftreten. Da eine Bakteriengeneration oft nur wenige Minuten bis mehrere Stunden dauert, sind Bakterien besonders gute Studienobjekte der Genetiker.

6.6.1 Mutationsarten

Mutationsarten

- **Punktmutation:** Austausch einer Base gegen andere Base

Eine **Punktmutation** wird durch *Austausch einer Base* verursacht. Wird eine Purinbase durch eine andere Purinbase (oder eine Pyrimidinbase durch eine andere Pyrimidinbase) ausgetauscht, so spricht man von *Transition*, wird eine Purin- gegen eine Pyrimidinbase (oder umgekehrt) ausgetauscht, so spricht man von *Transversion.* Bei der Proteinsynthese wird dadurch eine Aminosäure durch eine andere ausgetauscht. Das resultierende Protein kann entweder weniger aktiv oder aktiver sein als das des Wildtyp-Allels. Entsteht durch die Punktmutation ein Nonsense- oder Stop-Kodon, so hat dies einen Funktionsverlust zur Folge.

- **Insertion oder Deletion:** Einschub oder Verlust eines Basenpaares führt zu Verschiebung des Leserahmens (frame-shift) der Basentripletts.

Die **Insertion** (= Einschub) oder die **Deletion** (= Verlust) eines Basenpaares verursachen die *Verschiebung des Leserahmens* (frame) der Basentripletts. Daher wird diese Art der Mutation als „frame shift" bezeichnet. Meist führt sie zum Ausfall einer oder mehrerer nachfolgender Funktionen, da es keine

Lysin Prolin Alanin Serin Alanin Serin
5'- AAG CCA GCC TCA GCC AGT -3' vor der Mutation

↓ Einschub von A

Lysin Threonin Serin Leuzin Serin Glutamin
5'- AAG ACC AGC CTC AGC CAG T -3' nach der Mutation

Abb. 6-11: Beispiel einer Frame-shift-Mutation: Einschub von Adenin führt zu einer Verschiebung aller nachfolgenden Tripletts um einen Kodebuchstaben und damit zur Veränderung der Aminosäuresequenz.

„Pausen“ bei der Transkription gibt (Abb. 6-11). Frame-shift-Mutationen entstehen bevorzugt in DNA-Regionen, die gehäuft die gleichen Basen hintereinander enthalten. Sie entstehen bei der Replikation der DNA. Auch die durch *Transposons induzierte Mutagenese* ist eine Art der *Insertionsmutation* (s. unten). Deletionen können auch größere Abschnitte des Genoms umfassen.
Mutationen können durch **Reversion** rückgängig gemacht werden. Dies erfordert eine zweite Mutation, durch die der Wildtypcharakter oder nur der ursprüngliche Phänotyp wieder hergestellt wird.

Größere Deletionen: Ausfall eines ganzen Genomabschnittes

Reversionen = Rückmutation.

6.6.2 Spontane Mutationen

Die spontane, d. h. nicht induzierte Mutation kommt mit einer Häufigkeit von etwa 10^{-6} bis 10^{-13} vor; also befindet sich in einer Kultur von 1 Million Bakterien bestenfalls eine spontan mutierte Zelle. Mit geeigneten Selektionsverfahren können solche Mutanten jedoch sehr einfach isoliert werden.
Ein solches Verfahren, das schlüssig den ungerichteten, spontanen Charakter von Mutationen beweist, ist die **Stempeltechnik** (Replica Plating) nach Lederberg (Abb. 6-12). Sie ermöglicht die indirekte Selektion von Mutanten ohne besonderen Selektionsdruck, also in Abwesenheit des „selektierenden Agens“:

Spontane Mutationen:

spontane „Fehler“ beim Einbau von Nukleotiden während der Replikation;

spontane Mutationsrate: 10^{-6} bis 10^{-13}.

Isolierung von spontanen Mutanten ohne Selektionsdruck:
Stempeltechnik nach Lederberg.

> Ein mit Samt überzogener, steriler Stempel, der etwas kleiner ist als der nährbodentragende untere Teil einer Petrischale, wird auf eine dicht mit Kolonien eines hemmstoffempfindlichen Stammes bewachsene Agaroberfläche gedrückt. Dabei beladen sich die Samthärchen mit Bakterien. Drückt man diesen Stempel auf eine unbeimpfte, normale Agarplatte, so wird das gesamte Koloniemuster, quasi als Abbild *(= Replikon)* übertragen. Impft man mit dem Stempel auf eine hemmstoffhaltige Agarplatte, so wachsen nach Bebrütung dagegen auf dieser nur wenige Kolonien *(= spontane Mutanten)*.

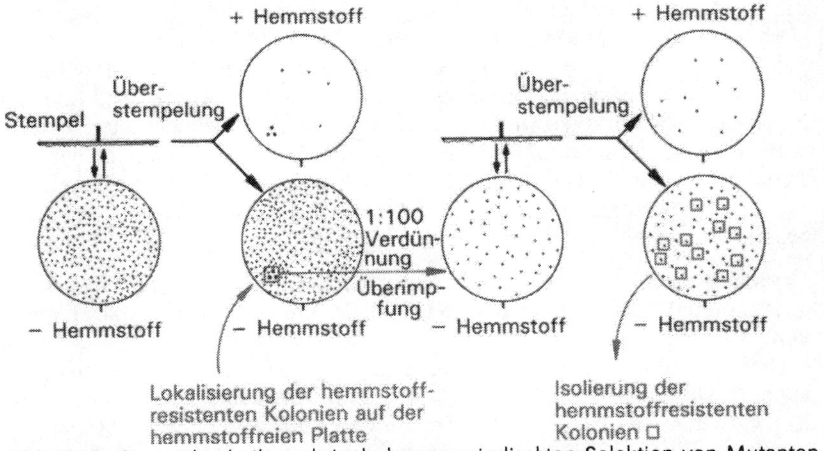

Abb. 6-12: Stempeltechnik nach Lederberg zur indirekten Selektion von Mutanten (Erläuterungen s. Text).

Die Position des Stempels auf beiden Platten war vorher markiert worden. Dadurch lassen sich jetzt auf der hemmstofffreien Platte diejenigen wenigen Kolonien lokalisieren, die auch auf der hemmstoffhaltigen Platte gewachsen sind. Sie werden von der hemmstofffreien Platte abgeimpft, 1:100 verdünnt und erneut der gleichen Prozedur unterworfen. Auf diese Weise erhält man *resistente Mutanten*, die noch nie vorher mit dem Hemmstoff in Kontakt gekommen sind.

Beispiele für spontane Mutationen:
- **Antibiotikaresistenz** (Verlust des Aufnahmemechanismus in die Zelle)
- Veränderung der antigenen Zusammensetzung
- Verlust von Phagenrezeptoren
- Verlust von Flagellen oder Pili
- Steigerung der Produktion von Stoffwechselprodukten
- Ausfall von Stoffwechselleistungen
- Konditionale Letalität (z. B. Veränderung des Bereiches der Wachstumstemperatur)

Das obige Beispiel ist charakteristisch für die *spontane Mutation.* Mutationen dieser Art umfassen:

- Resistenzentstehung gegenüber einem Antibiotikum:
  Die durch Mutation entstandene Antibiotika-Resistenz ist meist eine *„Verlustmutation"* gegenüber dem Wildtyp: Die Mutante hat z. B. den für die Aufnahme des Antibiotikums erforderlichen Transportmechanismus durch die Zytoplasmamembran verloren. Dieser Mechanismus ist vom „Hinzugewinn" einer Antibiotikaresistenz durch Aufnahme genetischen Materials zu unterscheiden (s. unten).
- Veränderung der antigenen Zusammensetzung
- Verlust von Rezeptoren für einen bestimmten Bakteriophagen (= Phagenresistenz)
- Verlust von Flagellen oder Pili
- Produktion größerer Mengen eines Stoffwechselproduktes als beim Wildtyp-Stamm
- Ausfall einer bestimmten Stoffwechselleistung
  So kann ein E. coli-Wildtypstamm auf einem Minimalmedium wachsen. Die Mutante kann dagegen ein oder mehrere Enzyme eines Syntheseweges verloren haben. Sie wächst nicht auf dem Minimalmedium und wird gegenüber dem prototrophen Wildstamm als *auxotrophe Mutante* bezeichnet.
- Konditional letale Mutanten:
  Die Mutante kann z. B. bei 25 Grad Celsius wachsen, ist aber bei 37 Grad Celsius nicht mehr lebensfähig. Diese Mutation wird erst bei Bebrütung bei 37 Grad Celsius apparent.

Induzierte Mutationen

Induktion durch:
- chemische Mutagene
- energiereiche Strahlung

kein Unterschied zwischen spontanen und induzierten Mutationsmechanismen aber:

Mutagene erhöhen Mutationsrate um Faktor 1000!

Wirkungsweise einiger Mutagene:
- Basenanaloga werden anstatt von Basen in die DNA eingebaut
- salpetrige Säure, alkylierende Agenzien führen zu chemischer Veränderung der Basen
- Akridinfarbstoffe: Einschub zwischen den Basen, führt zu frame-shift
- energiereiche Strahlung: UV führt zur Bildung von Thymindimeren (Folge: Ablesefehler).

6.6.3 Induzierte Mutationen

Diese werden erzeugt durch die Einwirkung **chemischer Mutagene** (z. B. Basenanaloga, salpetrige Säure, alkylierende Agenzien, polyzyklische Kohlenwasserstoffe, bestimmte Farbstoffe) oder **energiereiche Strahlung** (γ-Strahlung, UV).

Grundsätzlich unterscheiden sich durch Induktion gewonnene Mutationen nicht von den spontanen, jedoch wird die Mutationsrate durch Mutagene um ein Vielfaches (bis zu 10^3mal) erhöht.

Unterschiede bestehen in der Natur der chemischen Mutagene: **Basenanaloga** (z. B. Bromurazil, 2-Aminopurin) werden anstatt der normalen Basen in die DNA eingebaut; andere **Agenzien** (z. B. salpetrige Säure, alkylierende Verbindungen wie Methylmethansulfonat oder N-methyl-N'-nitro-N-nitrosoguanidin) führen zu einer *chemischen Modifikation* der natürlichen Basen, was veränderte Basenpaarungseigenschaften und damit eine Mutation zur Folge hat. **Akridinfarbstoffe** (z. B. Proflavin) schieben sich zwischen benachbarte Basen auf einem DNA-Strang *(Interkalation)* und vergrößern den Abstand der Basen zueinander. Bei der Replikation treten dann Synthesefehler in Form eines Nukleotidverlustes oder eines zusätzlichen Nukleotideinschubes auf. Beides führt zu *Frame-shift-Mutationen* (s. oben).

Physikalische Mutagene, wie UV und ionisierende Strahlung (γ- und Röntgenstrahlung), haben, abhängig von der Dosis, eine letale oder mutagene Wirkung auf Mikroorganismen. Aus der Absorptionskurve der DNA läßt sich schließen, daß UV von einer Wellenlänge um 260 nm an die Nukleinsäuren angreift. Die Schädigung betrifft vor allem die *Pyrimidinbasen.* Beispielsweise tritt zwischen zwei benachbarten Thyminbasen auf dem gleichen Strang eine kovalente Bindung *(Bildung von Thymin-Dimeren)* ein, die zu Ablesefehlern bei der Replikation führt. Darüber hinaus erhöht jede energiereiche Strahlung die Wahrscheinlichkeit für Alkylierungsreaktionen und andere chemische Veränderungen der DNA.

6.6.4 Reparatur von Mutationen.

Reparatur von Mutationen durch:
- Photoreaktivierung
- Dunkelreaktivierung

DNA-Reparatur kann die durch mutagene Agenzien und UV hervorgerufenen Schäden teilweise ausgleichen. So besitzen E. coli-Zellen ein Enzym, das spezifisch an Thymindimere bindet und nach *Photoreaktivierung* durch sichtbares Licht den ursprünglichen Zustand wieder herstellt. Es existiert auch ein *Dunkel-Reparaturmechanismus.*

fehlerhafter Reparaturmechanismus

Beide Reparaturmechanismen sind recht effizient. Daß es trotzdem zu Mutationen kommt, ist vermutlich auf den sog. *fehlerhaften Reparaturmechanismus* zurückzuführen. Er wurde bei *Phagen* nachgewiesen. Offenbar regt UV die Proteinsynthese an; in der Folge kommt es zu einer Steigerung der Vermehrung der Phagenpartikel, aber auch zur Erhöhung der Mutanten in der Phagenpopulation. Die Mechanismen sind noch nicht aufgeklärt.

6.7 Genetische Rekombination und Merkmalsübertragung

Genetische Rekombination und Merkmalsübertragung

Austausch von genetischem Material bei Bakterien → vom Spender (= Donor) zum Empfänger (= Akzeptor).

Keine Zygotenbildung bei Bakterien!

Rekombination: Paarung und Segmentaustausch zwischen Empfänger-Chromosom und Spender-DNA
Nachkomme mit rekombiniertem Chromosom wird als *Rekombinante* bezeichnet.
Integration von DNA durch:

Die genetische Veränderlichkeit von Bakterien ist nicht nur auf Mutationen beschränkt. Mittels verschiedener Mechanismen kann zwischen Bakterienzellen ein **Austausch** von genetischem Material erfolgen, wobei die *Spender-(Donor-)Zelle* in der Regel nur einen Teil ihrer DNA auf die *Empfänger-(Akzeptor-)Zelle* überträgt. Da es hierbei nicht, wie bei Eukaryonten, zur Bildung einer diploiden Zygote aus zwei Gameten kommt, spricht man gelegentlich auch von *Parasexualität.* Die Empfängerzelle wird nach Aufnahme der Spender-DNA auch als *Merozygote* (= partielle Zygote) bezeichnet. Bei der folgenden Zellteilung kommt es zu Paarung und Segmentaustausch *(= Rekombination)* zwischen Empfängerchromosom und Spender-DNA. Einer der Nachkommen enthält das rekombinierte Chromosom. Dieser wird als *Rekombinante* bezeichnet.
Die Integration von DNA kann auf verschiedene Arten erfolgen:

- allgemeine, homologe Rekombination: erfordert Maximum an Homologie zwischen Spender- und Empfänger-DNA

Bei der **allgemeinen, homologen Rekombination** müssen die rekombinierenden DNA-Partner die *gleiche Basensequenz* haben, also über ein *Maximum an Homologie* verfügen. Die homologe Rekombination steht unter der Kontrolle des Gens rec A. Die Rekombination erfolgt durch *reziproken Austausch* homologer Spender- und Empfänger-DNA.

- ortsspezifische Rekombination: Spender-DNA wird an definierter Stelle ins Empfänger-Chromosom eingegliedert

Die **ortsspezifische Rekombination** kann auch in rec$^-$-Mutanten ablaufen. Hierbei wird ein relativ kleiner DNA-Doppelstrang an einer *spezifischen Stelle* in einen großen DNA-Doppelstrang (z. B. ein Bakterienchromosom) vollständig eingegliedert. So wird beispielsweise die DNA des temperenten Phagen Lambda, wenn er in den Prophagenzustand übergeht, immer zwischen dem gal-Operon und der Biotin-Region in die E. coli-DNA integriert (Abb. 6-13). Die Insertion erfolgt nach Bruch und kreuzweiser Wiedervereinigung von E. coli- und Lambda-Genom und wird durch ein vom Phagen kodiertes Enzym (Integrase) ermöglicht.

- nichthomologe Rekombination: Eingliederung an verschiedenen Stellen des Genoms möglich (führt oft zur Mutation)

Die **nichthomologe Rekombination** ist die Eingliederung von DNA in Bereichen fehlender Homologie. Sie erfolgt jedoch nicht zwischen bestimmten Genloci, sondern kann auch inmitten von Strukturgenen stattfinden. Sie ist rec A-abhängig. Oft hat sie eine *Mutation* zur Folge, da die Insertion in

Abb. 6-13: Beispiel für ortsspezifische Rekombination: Eingliederung des Genoms des Phagen Lambda zwischen der gal- und der bio-Region des *E. coli*-Chromosoms durch Bruch und kreuzweise Wiedervereinigung. at = Lambda-Anheftregion.

Übertragene DNA muß nicht unbedingt mit Empfänger-DNA rekombinieren, kann auch ohne Eingliederung in Empfängerzelle erhalten bleiben.

Übertragungsmechanismen bei Bakterien:

⟹

Transformation:

Isolierte, lösliche DNA wird von Empfängerzelle aufgenommen und führt zur Rekombination.
Nur kompetente Zellen sind dazu in der Lage.

Transformation ist nur zwischen eng verwandten Bakterienspezies oder Stämmen einer Art möglich.

Konjugation:
Während des physischen Kontaktes von Spender- und Empfängerzelle erfolgt die unilaterale Übertragung genetischen Materials.

Strukturgenen zu Ablesefehlern führt. *Insertionssequenzen, Transposons* (s. unten) und der *Phage Mu* sind dazu in der Lage.
Die Übertragung von Merkmalen ist nicht unbedingt gleichzusetzen mit einer Rekombination. Die aufgenommene DNA kann auch *eigenständig* ohne Eingliederung in das Bakterienchromosom der Empfängerzelle erhalten bleiben.

Bei Bakterien sind mehrere Arten von Übertragungsmechanismen bekannt: Die **Transformation**, die **Konjugation**, die **Insertion** und die **Transposition** sowie die **Transduktion**.

6.7.1 Transformation

Die am längsten bekannte Art der genetischen Rekombination bei Bakterien ist die bereits 1928 von Griffith entdeckte Transformation. Er injizierte Mäusen avirulente, unbekapselte *Streptococcus pneumoniae*-Zellen zusammen mit hitzeabgetöteten, bekapselten *S. pneumoniae*-Zellen des Typs III. Die unbekapselten (R-)Zellen stammten von einem bekapselten (S-)Stamm des Typs II, hatten aber die Fähigkeit zur Kapselbildung verloren. Aus den Mäusen wurden virulente, kapselbildende *S. pneumoniae*-Zellen des Kapseltyps III isoliert: Die toten Typ III-Zellen hatten das Merkmal „Kapsel-Typ III" auf die R II-Zellen übertragen.
1944 gelang es Avery, MacLeod und McCarty, das gleiche Experiment *im Reagenzglas* durchzuführen (Abb. 6-14) und zu beweisen, daß das *„transformierende Prinzip"* nicht aus Proteinen, sondern aus freier, löslicher DNA besteht, die ohne Vektor übertragen wird. Nicht nur die direkt transformierten Bakterienzellen, sondern auch deren Nachkommen behielten die Eigenschaft zur Kapselbildung bei.
Die Fähigkeit von Bakterien, isolierte, lösliche DNA durch Transformation aufzunehmen und ins eigene Genom zu übernehmen, hängt von ihrer **Kompetenz** ab: Die Zellen müssen grundsätzlich in der Lage sein, *hochmolekulare*, intakte DNA aufzunehmen, und sie müssen sich in einer bestimmten Wachstumsphase (meist die Mitte der logarithmischen Phase) befinden.
Außer bei *S. pneumoniae* konnte die Transformation bei *Acinetobacter, Haemophilus, Bacillus subtilis, Neisseria* und Streptokokken der Gruppe H erfolgreich durchgeführt werden. Die Integration der DNA erfolgt bei der Transformation offenbar mit dem Mechanismus der *homologen Rekombination*, so daß nur Merkmale eng verwandter Bakterien zur Ausprägung gelangen.

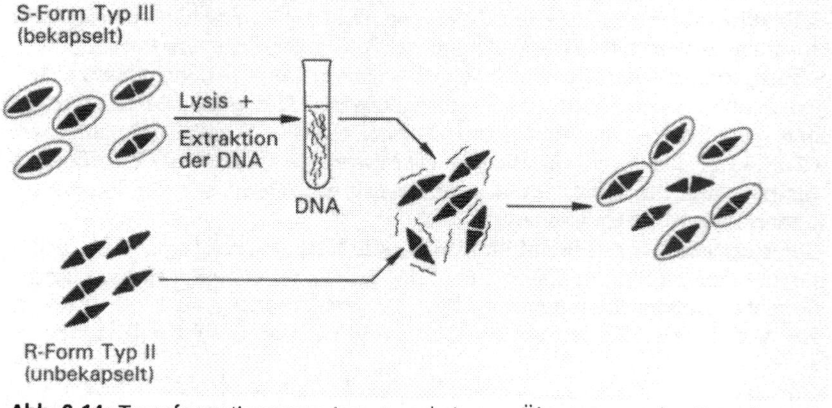

Abb. 6-14: Transformationsexperiment nach Avery: Übertragung des Kapseltyps III durch extrahierte DNA auf unbekapselte Typ II-Zellen von *Streptococcus pneumoniae.*

6.7.2 Konjugation

In Jahre 1946 konnten Lederberg und Tatum erstmals zeigen, daß durch unmittelbaren Kontakt *(Konjugation)* von lebenden Bakterienzellen zweier unterschiedlicher auxotropher Doppelmutanten die Wiederherstellung des prototrophen Wildtyps durch Übertragung von DNA stattfinden kann. Der eine Stamm hatte durch Mutation die Fähigkeit zur Methionin- und Biotin-Eigensynthese verloren (met^- bio^-), konnte aber Threonin und Leuzin selbst bilden (thr^+ leu^+); der zweite Stamm war dagegen umgekehrt auxotroph, also thr^- leu^- und met^+ bio^+. Nach einiger Zeit des gemeinsamen Wachstums konnten aus der Mischkultur prototrophe E. coli-Zellen isoliert werden, die also thr^+ leu^+ und met^+ bio^+ waren. *Die Übertragung erfolgte durch physischen Kontakt unilateral vom Spender auf den Empfänger.* Die Rekombination des genetischen Materials findet im *Akzeptor-Stamm* statt.

6.7.2.1 F-Faktor und Konjugation

F-Faktor und Konjugation:

Der F-Faktor ist ein kleines, autonom replizierendes DNA-Element, das die Trägerzelle (= Spender) zur **Konjugation** mit geeigneten Empfängerzellen befähigt.

F = Fertilität.

Durch die Konjugation und die Übertragung wird die Empfängerzelle (F^-) selbst zur Spenderzelle (F^+).

Die Konjugation ist bei *E. coli* besonders intensiv untersucht worden. Zuerst fand man den F-(für Fertilität) Faktor. Es handelt sich dabei um ein *extrachromosomales, autonom replizierendes DNA-Element,* das den Plasmiden zuzuordnen ist. Der F-Faktor besitzt etwa 2 % der Größe des *E. coli*-Chromosoms und hat ein Molekulargewicht von ca. 5×10^7. Seine DNA kodiert lediglich für den Spenderzustand *(tra-Gene: Konjugation und DNA-Transfer),* unter anderem für die *Sex-Pili,* die die Konjugation erst ermöglichen (Abb. 6-15). Sie dienen der Kontaktaufnahme mit der Empfängerzelle und ermöglichen die Ausbildung einer Plasmabrücke, über die der F-Faktor in die Zelle geschleust wird. Der F-Faktor kann sich selbst übertragen und kommt in ein bis drei Kopien pro Zelle vor. Durch die Übertragung des F-Faktors wird die *Empfängerzelle (F^-)* selbst zur *Spenderzelle (F^+).* Hierbei werden keine chromosomalen Gene übertragen.
Der F-Faktor kann für einen Teil der aus einem Zellteilungszyklus hervorgehenden Population durch Zufallsverteilung auch verloren gehen, da seine Replikation nicht direkt (wie die des Bakterienchromosoms) mit der Zellteilung synchronisiert ist. Auch Behandlung mit Acridinorange führt zu seinem Verlust.

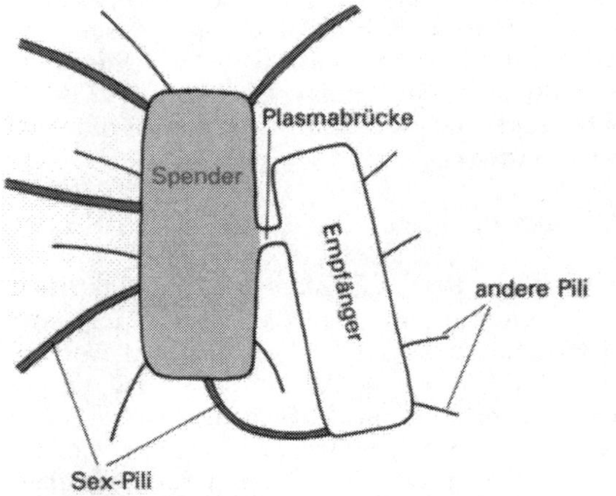

Abb. 6-15: Schematische Darstellung der Konjugation. Die Sex-Pili sind nur bei der Spenderzelle vorhanden (Erläuterungen s. Text).

6.7.2.2. Hfr-Zustand des F-Faktors

Hfr-Zustand des F-Faktors:

Bei Hfr-Zellen ist der F-Faktor in das Bakterienchromosom integriert worden.
Hfr-Zellen sind zur Übertragung chromosomaler Gene auf Empfängerzellen (F^-) in der Lage.
Hfr = high frequency of recombination

Zur Übertragung chromosomaler DNA zusätzlich zum F-Faktor sind nur wenige Zellen einer F^+-Population befähigt. Diese erwiesen sich als Bakterienzellen, bei denen der F-Faktor in das Bakterienchromosom eingegliedert worden ist. Verwendet man solche Zellen zu Konjugationsexperimenten, so entstehen Rekombinanten etwa 1000fach häufiger als bei Kreuzungen mit F^+-Stämmen, bei denen der F-Faktor also als autonomes Plasmid vorliegt. Derartige *hochrekombinante* Spenderzellen nennt man **Hfr-Zellen** (Hfr = high frequency of recombination).
Durch Integration des F-Faktors ins Bakterienchromosom wird dieses mobi-

lisiert, d. h. zur *Übertragung durch Konjugation* befähigt. Die Insertion des F-Faktors erfolgt nach dem ortsspezifischen Rekombinationsmechanismus (s. oben), jedoch nicht nur an einer, sondern an mehreren festgelegten Stellen.

Übertragung von DNA aus Hfr-Spenderzellen:

⟹

> Mischt man eine Hfr-Population mit einem Überschuß an F^--Zellen, so kann nahezu jede Hfr-Zelle mit einer F^--Zelle konjugieren. Aus dem Gemisch werden in gewissen Zeitabständen Proben entnommen, bei denen man durch Scherkräfte (Mixer) die konjugierenden Zellen voneinander trennt, also die Paarung unterbricht. Durch Ausplattieren werden anschließend die Rekombinanten isoliert und hinsichtlich der übertragenen Gene überprüft.

Experimente nach dem Prinzip der unterbrochenen Paarung
- beweisen, daß die zeitliche Folge der Genübertragung mit der Reihenfolge der Gene auf dem Bakterienchromosom übereinstimmt,
- sind eine wertvolle Hilfe beim Aufstellen von Genkarten.

Bei derartigen Experimenten nach dem *Prinzip der „unterbrochenen Paarung"* wurde klar herausgefunden, daß die zeitliche Folge der Genübertragung mit der Reihenfolge der Gene auf dem Bakterienchromosom übereinstimmt. Je *weiter* ein Gen vom Übertragungsanfang entfernt ist, um so *später* wird es übertragen. Die Wahrscheinlichkeit, daß auch der integrierte F-Faktor vollständig übertragen wird, ist recht gering, da sein Hauptteil am Ende der zu übertragenden chromosomalen DNA liegt. Dadurch wird auch die Empfängerzelle nur selten zur Hfr-Zelle.
Zur **Übertragung** wird das Chromosom inmitten des integrierten F-Faktors geöffnet und entspiralisiert; ein Strang wandert in die Empfängerzelle, der andere verbleibt in der Spenderzelle. In beiden Zellen erfolgt die *Neusynthese* der komplementären Stränge. Die Übertragung des gesamten E. coli-Chromosoms dauert bei 37 Grad Celsius etwa 100 Minuten. Verwendet man verschiedenartige Hfr-Stämme, so ist auch der Integrationsort des F-Faktors meist verschieden. Ebenso unterscheiden sich dann die zuerst bzw. zuletzt übertragenen chromosomalen Gene.
Mit derartigen Experimenten nach dem Prinzip der unterbrochenen Paarung gelang es, bei E. coli eine **Genkarte** mit der Lage der einzelnen *Genloci* aufzustellen. Allerdings ist bei der unterbrochenen Paarung das Auflösungsvermögen im Bereich einer Minute recht gering, so daß man den Feinbau der Gensequenzen mit anderen Mitteln aufklären mußte. Für E. coli K 12 ist die Lage von etwa 1200 Genen bekannt. Auch von Salmonella typhimurium und Bacillus subtilis existieren Genkarten.

F'-Zustand des F-Faktors:

Durch Ausgliederung des F-Faktors aus dem Chromosom wird eine Hfr-Zelle wieder zur F^+-Zelle.

Bei ungenauer Ausgliederung erfolgt die Mitnahme benachbart zur Eingliederungsstelle liegender chromosomaler Gene.
F'-Faktor = F-Faktor mit kleinem chromosomalem Genabschnitt

6.7.2.3 F'-Zustand des F-Faktors

Eine Hfr-Zelle kann durch Ausgliederung des F-Faktors aus dem Bakterienchromosom wieder zur F^+-Zelle werden. Eine korrekte Ausgliederung setzt voraus, daß die Exzision an der gleichen Stelle erfolgt wie die Eingliederung. In seltenen Fällen erfolgt der Bruch jedoch dicht daneben, so daß ein benachbarter Abschnitt des Bakteriengenomes mit ausgegliedert wird.
Der ein kleines Stück chromosomale DNA enthaltende F-Faktor wird F'-Faktor genannt. Besitzt dieser F'-Faktor noch die Fähigkeit zur Selbstübertragung auf F^--Zellen und zur Replikation, so kann seine genetische Information auf Empfängerzellen übertragen werden. In dieser liegt dann der im F'-Faktor enthaltene Teil des Bakterienchromosoms doppelt vor; sie ist als *partiell diploid* zu bezeichnen.

Beziehungen zwischen den verschiedenen Fertilitätstypen von E. coli → Abb. 6-16

In Abb. 6-16 sind die Beziehungen zwischen den verschiedenen **Fertilitätstypen** von E. coli zusammenfassend dargestellt.

Plasmide

sind extrachromosomale, zirkuläre, doppelsträngige DNA-Moleküle, die sich unabhängig vom Bakterienchromosom replizieren können.
Die meisten Plasmide befähigen die Trägerzelle zur Konjugation und Übertragung der Plasmidgene.

6.7.2.4 Plasmide

Aus den Zellen der meisten Bakterienarten kann man Plasmide isolieren. Es handelt sich dabei um *extrachromosomale, zirkuläre DNA-Moleküle*, die als **Doppelstrang** organisiert sind. Ihr Molekulargewicht liegt zwischen 1,5 und 130×10^6 Dalton, was etwa 2,3 bis 200×10^6 Basenpaaren entspricht. Sie können sich *unabhängig* vom Bakterienchromosom und selbständig vermehren (replizieren). Sie kommen meist in mehreren bis vielen Exemplaren in

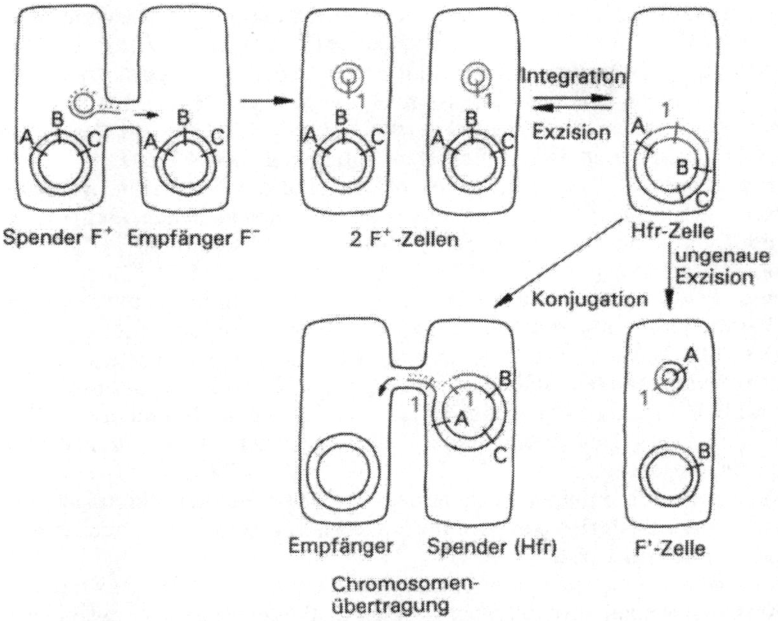

Abb. 6-16: Zusammenfassende Darstellung der Fertilitätstypen von *E. coli*: F-Faktor-Übertragung, Hfr- und F'-Zustand.

der Bakterienzelle vor. Viele Plasmide versetzen die Trägerzelle in die Lage, mit anderen Zellen zu *konjugieren*, das Plasmid auf Empfängerzellen zu übertragen und damit weiter zu verbreiten. Die Konjugation wird dabei stets von *Plasmidgenen* gesteuert. Die für die Übertragung notwendigen Plasmidgene werden als *tra-Gene* bezeichnet. Der oben erwähnte F-Faktor ist im Grunde ein Plasmid, das nur aus tra-Genen besteht.

Die Übertragung von Plasmiden durch Konjugation kann über Spezies-Grenzen hinaus erfolgen. Bei gramnegativen Bakterien ist der Austausch z. B. zwischen allen Gattungen und Arten der Familie *Enterobacteriaceae* möglich, aber darüber hinaus auch zwischen *E. coli* und *Vibrionaceae, E. coli* und *Pseudomonadaceae* oder *E. coli* und *Bacteroides.*

Plasmidübertragung: **über Speziesgrenzen hinaus**

Die einzige Einschränkung besteht offenbar in der **Inkompatibilität:**

Inkompatibilität:

Zwei identische oder nahe verwandte Plasmide können nicht in die gleiche Zelle übertragen werden.

⇦

Es gibt auch Plasmide, denen die tra-Gene fehlen, die also nicht zur Selbstverbreitung durch Konjugation in der Lage sind. Diese können jedoch entweder mittels transduzierender Bakteriophagen (s. unten) oder durch Mobilisation mittels konjugativer Plasmide übertragen werden.

Trotz des häufigen Vorkommens der Plasmide können plasmidfreie oder durch Mutagene *vom Plasmid „geheilte"* Bakterienzellen sehr gut auf den üblichen Medien wachsen. Plasmide sind daher für die Bakterienzelle grundsätzlich entbehrlich; meist ist ihr Vorhandensein für den Träger jedoch eindeutig von Vorteil: Plasmide enthalten zusätzliche genetische Informationen.

Plasmide sind für den Träger entbehrlich; Besitz von Plasmid(en) ist jedoch für den Träger vorteilhaft.

Für die **Medizin** und **Infektiologie** sind folgende Eigenschaften bzw. Gene von Plasmiden besonders von Bedeutung:

1. **Multiple Antibiotikaresistenz.** Entsprechende Plasmide werden auch als *R-(Resistenz)Faktoren* bezeichnet.
   Im Jahre 1959 wurden in Japan erstmals *Shigella*-Stämme entdeckt, die auf die bis dahin übliche Antibiotikatherapie nicht mehr ansprachen. Diese Shigellen-Stämme wiesen gegenüber den „normalen" Shigellen nicht nur Resistenz gegen ein Antibiotikum auf, sondern gleichzeitig gegen mehrere. Diese multiple Resistenz ließ sich von Shigellen auch auf andere *Enterobacteriaceae* übertragen. Sie war gleichzeitig gegen Streptomyzin, Chloramphenicol, Tetrazyklin und Sulfonamide gerichtet. Ge-

Plasmide kodieren für sehr verschiedenartige Eigenschaften; medizinisch wichtig sind:

- **multiple Antibiotikaresistenz:** durch Resistenzplasmide (= *R*-Faktoren). Sie tragen gleichzeitig Resistenzgene gegen mehrere Antibiotika und die zur Konjugation nötigen Gene.

Bei gramnegativen Stäbchen sind 50–90 % der Resistenzen auf Plasmidgene zurückzuführen: *„infektiöse Resistenz".*

R-Faktoren können sich besonders gut unter dem Selektionsdruck von Antibiotika (Krankenhaus!) behaupten.

Als Genprodukte von Resistenzplasmiden kommen in erster Linie antibiotikainaktivierende Enzyme in Frage (z. B. Beta-Laktamasen und viele andere).

nauere Untersuchungen führten zur Entdeckung der Resistenzplasmide (Abb. 6-17). Diese haben also zwei wesentliche Eigenschaften: Sie machen die Zelle *resistent gegen Antibiotika*, tragen also Resistenzgene (r-Gene), und sie befähigen den Besitzer, diese Eigenschaften durch *Konjugation* an andere Bakterien weiterzugeben *(= RTF- bzw. tra-Gene).* Die r-Gene bestehen meist aus mehreren, hintereinandergeschalteten *Transposons* (s. unten). Die Produkte der r-Gene sind recht vielfältig. Bei Resistenz gegen *Beta-Laktamantibiotika* ist das entsprechende Genprodukt meist eine Beta-Laktamase (gelegentlich auch mehrere!).

Bei Resistenz gegen *Aminoglykoside* kann das Genprodukt eine *Adenylierung, Phosphorylierung* oder *Transazetylierung* des Antibiotikums bewirken. Weitere plasmidkodierte Resistenzmechanismen sind bekannt.

Die Zahl der durch Plasmide übertragenen Resistenzen ist sehr groß. Bei den **gramnegativen Stäbchen** sind etwa 50–90% aller Resistenzen auf Plasmide zurückzuführen. Auch bei Staphylokokken, Streptokokken, *Haemophilus* und Neisserien wurde Resistenzentwicklung durch Plasmide nachgewiesen.

Wegen des ubiquitären Vorkommens und der leichten Übertragbarkeit auf andere Bakterien wird die multiple Antibiotikaresistenz auch als *infektiöse Resistenz* bezeichnet.

Mehrfach resistente Bakterienstämme können sich besonders gut im Krankenhaus bei antibiotikabehandelten Patienten gegenüber den normalen, weniger resistenten Stämmen behaupten. In der Regel verschwinden diese multiresistenten Stämme dann wieder, wenn der *Selektionsdruck* nachläßt, also der Patient wieder entlassen wird. In Ländern, in denen Antibiotika frei verkäuflich sind, spielt die Ausbreitung resistenter Stämme in der Gesamtpopulation eine wesentlich größere Rolle als in Ländern mit Verschreibungspflicht und gezielter Anwendung.

- **Toxinbildung**: Manche Plasmidgene kodieren für Toxine, z. B. Tetanus; Enterotoxine von *E. coli*; Hämolysine.

2. **Toxinbildung.** Viele bakterielle Toxine werden nur gebildet, wenn der entsprechende Stamm ein bestimmtes Plasmid trägt, das die *Toxingene* enthält. Beispiele dafür sind das *Tetanustoxin* (Clostridium tetani), *Enterotoxine* (z. B. bei enteropathogenen E. coli-Stämmen), *Hämolysine* (z. B. bei uropathogenen E. coli-Stämmen) und viele andere *Zytotoxine.*

- **Virulenz und Kolonisation**: plasmidkodierte Virulenzantigene, Adhärenzpili

3. **Virulenz und Kolonisation.** *Yersinia enterocolitica* beispielsweise ist nur virulent, wenn ein bestimmtes, etwa 45 Mdal großes Plasmid vorhanden ist. Dieses kodiert u. a. für bestimmte *Virulenzantigene* und *Membranproteine.* Eine wichtige Voraussetzung zur erfolgreichen Kolonisation bzw. Infektion ist bei vielen Bakterien die durch Pili vermittelte *Adhärenz.* Bei verschiedenen Spezies wurden Plasmide als Träger der Pilusgene identifiziert.

- **Resistenz gegen Desinfektionsmittel und Schwermetalle.**

4. **Resistenz gegen Desinfektionsmittel und Schwermetalle.** In verdünnten Desinfektionsmittellösungen wurden Bakterienstämme von hoher Resistenz, besonders gegen Aldehyde, Detergenzien und Phenole gefunden. Auch Schwermetallresistenz (gegen Kupfer, Quecksilber, Kadmium usw.) ist bekannt.

Andere plasmidkodierte Eigenschaften:
- Abbau von Aromaten, Halogenaromaten usw.
- Antibiotikaproduktion
- Bakteriozinbildung

Andere plasmidkodierte Eigenschaften. Oftmals liegen die Gene der zum Abbau ansonsten schwer abbaubarer organischer Verbindungen (z. B. von Aromaten und Halogenaromaten oder Paraffinen) erforderlichen Enzyme auf Plasmiden. Entsprechende Mikroorganismen werden in industriellen *Kläranlagen* und zur *Sanierung verseuchter Böden* eingesetzt.

Die Fähigkeit bestimmter Mikroorganismen, technisch oder medizinisch wichtige Stoffwechselprodukte zu bilden, wird oft von Plasmiden kodiert (z. B. *Antibiotikaproduktion* bei *Streptomyces*).

Bakteriozine:
Proteine, gegen die der Produzent resistent ist, die aber andere Stämme der gleichen Art oder nahe verwandter Arten im Wachstum hemmen.
Beispiel: Kolizine (= Col-Faktoren) bei *E. coli*

Auch die *Bakteriozinbildung* wird durch Plasmide kodiert. *Bakteriozine* sind Proteine, gegen die der bildende Stamm resistent ist, die aber andere Stämme der gleichen Art oder sehr nahe verwandter Arten abtöten oder hemmen. Besonders gut untersucht sind die *Kolizine* (Col-Faktoren), die nur auf bestimmte Stämme von *E. coli* und der nahe verwandten Gattung *Shigella* wirken. Auch von Staphylokokken, Pseudomonaden, Bazillen und vielen anderen ist die Bildung von Bakteriozinen bekannt.

In einigen Fällen werden Bakteriozine zur Typisierung *(Bakteriozinotypie)*

von Stämmen einer Art herangezogen (z. B. *Pseudomonas aeruginosa, Shigella sonnei*).
Das Plasmid von *Agrobacterium tumefaciens* ist für die Induktion von Tumoren bei verschiedenen Pflanzen verantwortlich.

Verwendung:
Bakteriozinotypie zur Differenzierung von Stämmen einer Art.

6.7.3 Insertion und Transposition

Insertion und Transposition

Insertionssequenzen (IS) sind relativ kleine DNA-Abschnitte, die sowohl *im Bakterienchromosom* als auch *auf Plasmiden* (inklusive dem F-Faktor) vorkommen. Im *E. coli*-Genom wurden mehrere solcher IS-Elemente identifiziert. Sie können an vielen verschiedenen Stellen des Genoms vorkommen. Ihr Einbau (Insertion) erfolgt daher nach der *nichthomologen Rekombination* (s. oben). Sie können *Promoter-Funktion* besitzen (daher also die Expression von Genen kontrollieren) oder auch zu *Mutationen* und *Ablesefehlern* in den nachfolgenden DNA-Abschnitten führen. Ihre physiologische Funktion dürfte mit der *Mobilisierung und Integration von F-Faktoren und Transposons* (s. unten) zusammenhängen.
Erkennbare phänotypische Merkmale kodieren sie dagegen nicht.

Insertionssequenzen *(IS-Elemente)*:
Kleine DNA-Abschnitte; Vorkommen auf Bakterienchromosom oder Plasmiden.
IS-Elemente:
- haben Promoter-Funktion (Kontrolle der Genexpression)
- führen durch Insertion zu Mutation und Ablesefehlern
- kodieren nicht für phänotypische Merkmale

Transposons sind sog. springende Gene. Sie ähneln den IS-Elementen, tragen aber zusätzlich Gene für *phänotypische Merkmale.* Sie können in Bakterienchromosomen, Plasmiden oder Phagengenomen vorkommen und von einer DNA auf die andere überwechseln (springen). Sie können Antibiotikaresistenzen determinieren.
Transposons können sich *nicht* selber replizieren oder eine Konjugation einleiten. Dagegen sind sie bezüglich der Integration in andere genetische Elemente, v. a. Plasmide, sehr flexibel. Für diese Integration kodieren ihre eigenen Gene.
Eines der bestuntersuchten Transposons ist die **TnA-Sequenz**, die eine **Resistenz gegen Ampicillin** kodiert. TnA enthält 3 Gene: eines für die *β-Lactamase*, die das Antibiotikum hydrolysiert, eines für die sog. *Transposase*, ein Peptid, welches für die *Transposition* in andere DNA verantwortlich ist und als drittes eine *Repressorsequenz.* Die nach außen hin stehenden Basensequenzen wiederholen sich an beiden Enden in umgekehrter Reihenfolge, was für die nichthomologe Integration wichtig zu sein scheint.

Transposons:
- springende Gene
- ähneln den IS-Elementen, tragen aber zusätzlich noch Gene für phänotypische Merkmale, z. B. Antibiotikaresistenzen,
- können sich nicht selbst replizieren oder eine Konjugation einleiten,
- kodieren selbst für ihre Integration
- sind bezüglich ihrer Integration in andere genetische Elemente (z. B. Plasmide) sehr flexibel.

Die Transposition unterliegt keinerlei Steuerung durch die Zelle. Transposons mit identischen Sequenzen wurden auf gänzlich unterschiedlichen Plasmiden gefunden. Dies erklärt auch teilweise, wieso nach der Einführung neuer Antibiotika relativ rasch „neue" R-Faktoren auftreten, die für eine Resistenz gegen die neue Substanz determinieren. Diese R-Faktoren bestehen

Transposition unterliegt keinerlei Steuerung durch die Zelle.

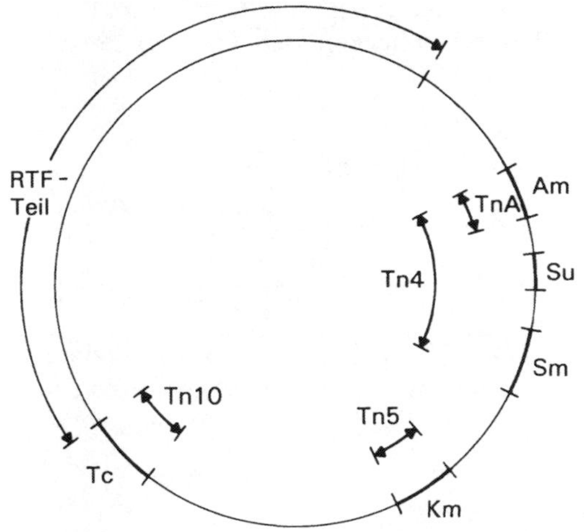

Abb. 6-17: Genkarte eines Resistenzplasmids. Der RTF-Anteil ist für die Weitergabe des Plasmids verantwortlich. Das Plasmid vermittelt Resistenz gegen Tetrazyklin (Tc), Kanamycin (Km), Streptomycin (Sm), Sulfonamide (Su) und Ampicillin (Am). Die Resistenzgene bestehen aus hintereinander geschalteten Transposons (TnA, Tn4, Tn5 und Tn10).

Viele Resistenzplasmide bestehen aus hintereinandergeschalteten Transposons.

meist aus bereits vorhandenen Plasmiden, in die sich eine Transposon-Sequenz integriert hat. Auch die Anhäufung von mehreren Resistenzgenen in einem R-Plasmid muß als Folge der Transposition gesehen werden, die unter dem Selektionsdruck der Antibiotika verstärkt in eine bestimmte Richtung gelenkt wurde. Damit bestehen viele **Resistenzplasmide** aus mehreren *hintereinandergeschalteten Transposons* und den für die Konjugation notwendigen Genen (Abb. 6-17).

Große Bedeutung der Transposons für die Resistenzentstehung

⇨

Die Bedeutung der Transposons bei der *Evolution der Bakterien* darf nicht unterschätzt werden. Darüber hinaus hat man auch bei Eukaryonten, z. B. Mais, Hefe und der Fruchtfliege Drosophila, sog. *springende Gene* entdeckt.
Der *Bakteriophage Mu* hat mit den Transposons und Insertionssequenzen das ungewöhnliche Integrationsverhalten gemein.

6.7.4 Transduktion

Transduktion:

Übertragung bakterieller DNA mittels temperenter Bakteriophagen. Durch Transduktion werden meist nur kurze Genomabschnitte übertragen.

Eine weitere Art der Übertragung von bakteriellem genetischem Material stellt die Transduktion dar. *Als Vehikel oder Vektor für die bakterielle DNA dient ein temperenter Bakteriophage* (s. Kap. IV „Virologie"). Dieser kann, entweder zusätzlich zu seinem eigenen Genom oder anstatt seines Genoms, kurze Abschnitte des Bakteriengenoms übertragen.

Transduktion ist offenbar im natürlichen Biotop eine recht verbreitete Art des Genaustausches. Sie ist bei einer großen Anzahl von Bakterienspezies nachgewiesen worden. Die Menge der ausgetauschten DNA ist jedoch, verglichen mit der Konjugation oder Transformation, relativ klein, da die Phagenpartikel nur eine sehr begrenzte DNA-Menge aufnehmen kann. Trotzdem kann die Transduktion auch medizinisch von Bedeutung sein: Bei Staphylokokken wurde gezeigt, daß ein Teil der Antibiotikaresistenz durch Transduktion verbreitet wird.

Medizinische Bedeutung der Transduktion:

⇨

In Abhängigkeit von der Art des Phagen unterscheidet man zwei Klassen der Transduktion: die **unspezifische** oder allgemeine und die **spezifische**.

Unspezifische (= allgemeine) Transduktion: Nach Zerstückelung des Bakterienchromosoms nehmen einige Phagenpartikel statt Phagen-DNA ein der Größe ihrer DNA entsprechendes Stück Bakterien-DNA auf.
Bei nachfolgender Infektion eines Bakterienstammes mit diesen Phagen rekombiniert die transduzierte DNA mit dem Empfängerchromosom.

Bei der **unspezifischen Transduktion**, z. B. durch den *Salmonella-Phagen P22*, kann praktisch jedes beliebige Gen übertragen werden (Abb. 6-18). Während des durch Induktion hervorgerufenen lytischen Zyklus kommt es zur *Zerstückelung des Bakterienchromosoms.* Ein Teil der in der Zelle gebildeten Phagen nimmt statt der Phagen-DNA zerstückelte Bakterien-DNA auf. Aufgrund der geringen Größe der Phagenpartikel kann nur eine begrenzte Menge Bakterien-DNA aufgenommen und anschließend transduziert werden; anschließend kommt es bei Infektion einer Empfängerzelle zur *Rekombination.* Mit jedem Phagenpartikel werden meist nur ein oder zwei benachbarte Gene übertragen. Die Wahrscheinlichkeit der Transduktion eines

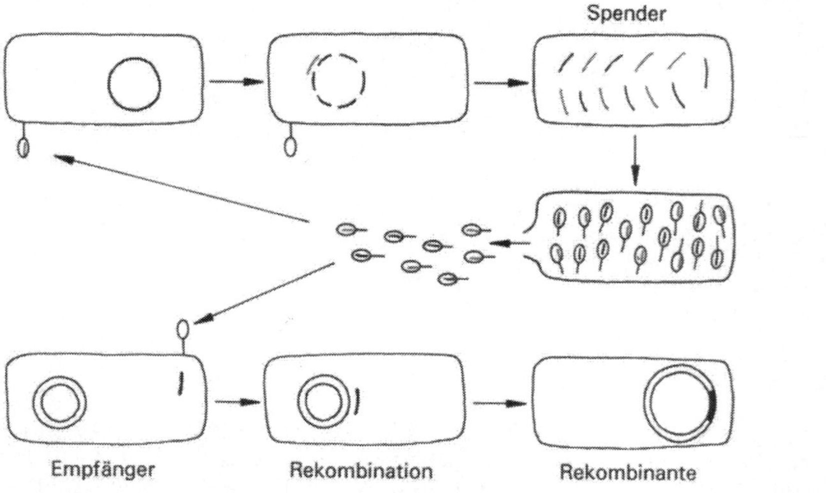

Abb. 6-18: Unspezifische Transduktion am Beispiel des Bakteriophagen P 22. Phagen-DNA rot, Bakterien-DNA schwarz dargestellt (Erläuterungen s. Text).

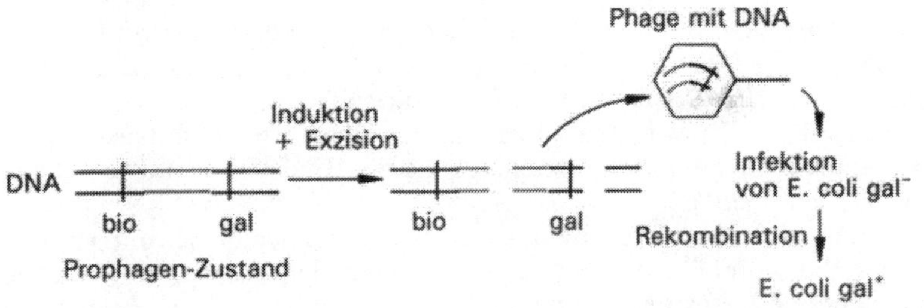

Abb. 6-19: Spezifische Transduktion durch den Phagen Lambda. Phagen-DNA rot, Bakterien-DNA schwarz (Erläuterungen s. Text).

bestimmten Merkmales ist gering, da die Verteilung der Bakterien-DNA-Bruchstücke zufällig erfolgt; sie liegt bei 10^{-6} bis 10^{-8}.

Zur **spezifischen Transduktion** befähigte Phagen, z. B. der *E. coli-Phage Lambda*, gliedern sich an einer *definierten* Stelle ins Genom des Wirtsbakteriums ein (s. Abb. 6-19). Damit werden sie zum *Prophagen* (s. Kap. IV „Virologie"). Werden sie induziert, so erfolgt zunächst die *Exzision* (Heraustrennen) der Phagen-DNA aus dem Bakterienchromosom. Die Exzision erfolgt offenbar nicht sehr präzise: Am Ende der Phagen-DNA werden oft noch die benachbart liegenden Bakteriengene mit herausgetrennt; andererseits kann am anderen Ende auch ein Stück Phagen-DNA fehlen.

Spezifische Transduktion:
Bei der Exzision der DNA des Phagen Lambda aus dem Bakterienchromosom werden benachbart zur Integrationsstelle liegende Genabschnitte des Bakterienchromosoms mit herausgetrennt. Nur sehr kurze Genabschnitte werden übertragen (meist nur 1 Operon). Beispiel: Der Lambda-Phage von *E. coli* überträgt das gal-Operon.

Der Phage Lambda inseriert immer genau zwischen den Genen *gal* und *bio*; er kann also immer nur eines dieser beiden Operons durch Transduktion weitergeben (Abb. 6-19).

Bei beiden Arten der Transduktion sind diejenigen Phagenpartikel, die gar kein oder nur ein unvollständiges Phagengenom enthalten, im Hinblick auf ihre eigene Vermehrung *defekt*. Sie können nur an die Zelloberfläche neuer Wirtszellen binden und die DNA injizieren.

Transduzierende Phagenpartikel sind im Hinblick auf eigene Vermehrung defekt.

Mit Hilfe der Transduktion ist es gelungen, die durch Konjugationsexperimente gewonnene Grobkartierung der Gene wesentlich zu verfeinern.

6.8 Restriktion und Modifikation

Die **Annahme von Fremd-DNA** durch die Bakterienzelle kann durch Restriktion erschwert oder verhindert werden (Restriktion = Einschränkung). Die Restriktion wird durch wirtszelleigene Enzyme, sog. *Restriktions-Endonukleasen*, vermittelt. Diese erkennen die fremde DNA und zerschneiden sie endonukleolytisch. Um zu verhindern, daß diese Enzyme die eigene DNA angreifen, wird diese durch **Modifikation** vor der Endonuklease geschützt. Dies wird durch *Methylierung oder Glykosylierung von Adenin und Cytosin* erreicht. Es werden aber nur bestimmte DNA-Regionen modifiziert, nicht aber alle Adenin- und Cytosinbasen.

Restriktion und Modifikation

Restriktion: Empfängerzelle verhindert Annahme von Fremd-DNA durch Restriktions-Endonukleasen. Eigene DNA wird durch **Modifikation** (Methylierung und Glykosylierung) vor der Zerstörung geschützt.

Restriktions-Endonukleasen werden nicht nur von Bakterien-DNA, sondern auch von Phagen- und Plasmidgenomen kodiert. Alle zerschneiden doppelsträngige DNA. **Enzyme der Klasse 1** erkennen eine bestimmte *Nukleotidsequenz*, zerschneiden die DNA aber außerhalb der Erkennungsregion. **Enzyme der Klasse 2** schneiden spezifisch innerhalb der Erkennungsregion, was zur Bildung *definierter Fragmente* führt.

Die Erkennungsregion von **Eco R 1**, einer *Restriktionsendonuklease von E. coli*, besteht aus einer spezifischen Sequenz von sechs Basenpaaren, die ein *Palindrom* (= doppelte Rotationssymmetrie; ein Wort, das vorwärts wie rückwärts

Restriktionsendonukleasen zerschneiden die DNA innerhalb von Palindrombereichen.

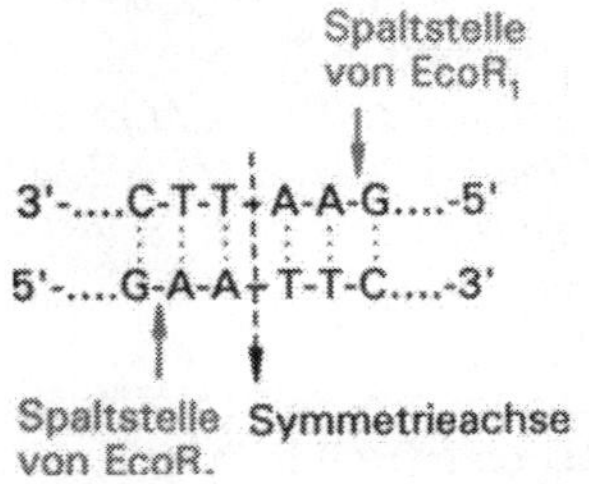

Abb. 6-20:
DNA-Erkennungsregion von Eco R1, einer Restriktionsendonuklease von *E. coli* (Erläuterungen s. Text).

Die Effizienz der Restriktion ist nicht vollkommen: Wenige Fremd-DNA-Moleküle entkommen der Restriktion. Diese werden anschließend ebenfalls modifiziert und unterliegen dann nicht mehr der Restriktion.

Bedeutung der Restriktionsendonukleasen für die Gentechnologie.

gelesen den gleichen Sinn ergibt, z. B. „Reliefpfeiler") bilden, wenn man auf jedem der beiden Stränge am 3'-Ende mit dem Ablesen beginnt. Die Erkennungsregion für Eco R 1 ist in Abb. 6-20 dargestellt.
Die Spaltstellen (Pfeile) liegen außerhalb der Symmetrieachse (gestrichelte Linie). Andere Restriktionsendonukleasen, z. B. Hind III, schneiden ebenfalls in Palindromen.
Die Effizienz der Restriktionsmechanismen ist offenbar nicht vollkommen. Bei einer Phageninfektion oder bei der Konjugation *„entkommen"* wenige Fremdgenome der Restriktion (zwischen 10^{-2} und 10^{-7}). Wenn sie mit der Bakterien-DNA rekombinieren oder sich in der Zelle autonom replizieren, werden sie ebenfalls so modifiziert, daß sie bei erneuter Infektion oder Konjugation mit dem gleichen Bakterienstamm nicht mehr der Restriktion unterliegen.
Restriktionsendonukleasen sind von enormer Bedeutung für die *Gentechnologie* (s. unten).

6.9 Molekulare Klonierung und Gentechnologie

Molekulare Klonierung und Gentechnologie

Zu klonierende Fremd-DNA wird nach Behandlung mit Restriktionsendonukleasen in Plasmid integriert.
Das resultierende Hybridplasmid wird meist durch Transformation in eine geeignete Empfängerzelle gebracht.
Die Nachkommen der beherbergenden Zelle sind genetisch identisch (= Klon) und sind in der Lage, die aufgenommenen Gene zu exprimieren.

Zur **Klonierungstechnik** werden Plasmide und Restriktionsendonukleasen verwendet, um fremde DNA, auch von Eukaryonten, in einer Bakterienzelle zu exprimieren.
Das Plasmid, das zur Einführung der fremdem Eigenschaften dient (= Vektor), und die entsprechende Fremd-DNA werden z. B. mit Eco R 1 behandelt. Dabei entstehen aus beiden DNA-Präparaten Fragmente mit Einzelstrang-Enden, die beide die Sequenz AATT bzw. TTAA tragen (s. Abb. 6-20). Wenn beide Präparate gemischt werden, kommt es zwischen den komplementären Enden zur Basenpaarung. Eine Ligase verbindet die Bruchstellen. Ein **Hybrid-Plasmid** ist damit entstanden. Das Hybrid-Plasmid wird mittels Transformation (s. oben) in eine entsprechende Empfänger-Bakterienzelle gebracht, so daß es zur Vermehrung und zur *Expression aller Plasmidgene, auch der fremden,* kommt. Die Nachkommen der beherbergenden Zelle sind *genetisch identisch (= Klon)* und exprimieren die in der Fremd-DNA enthaltenen Eigenschaften.

Medizinische Bedeutung gentechnologisch hergestellter Produkte:
- Humaninsulin
- Hepatitis-B-Impfstoff.

Bereits heute werden mehrere **Stoffwechselprodukte, Hormone** und **Antigene** mikrobiell produziert. Auf diese Weise wird heute z. B. *Human-Insulin* aus *E. coli* und *Hepatitis-B-Impfstoff* aus der Hefe *Saccharomyces cerevisiae* gewonnen.

7 Normale Flora

Normale Flora

R. Hammann

7.1 Definitionen und Grundlagen

Definitionen und Grundlagen

Normalflora: Gesamtheit der Mikroorganismen, die regelmäßig an den normalerweise besiedelten Körperpartien anzutreffen ist und die vom menschlichen Organismus ohne Krankheitserscheinungen toleriert wird.
Die normale Flora besteht aus Bakterien, Pilzen, Protozoen.
Die zur Normalflora gerechneten Mikroorganismen weisen erhebliche Pathogenitätsunterschiede auf: *opportunistisch pathogene* können bei Vorliegen bestimmter Prädispositionen zu Erkrankungen führen.
Nur wenige gelten als völlig *apathogen.*

Mikroorganismen, die man an den regelmäßig besiedelten Körperpartien der überwiegenden Mehrheit gesunder Probanden nachweisen kann und die vom menschlichen Organismus ohne Krankheitserscheinungen toleriert werden, werden in ihrer Gesamtheit als *normale Flora* bezeichnet. Zur Normalflora zählen *Bakterien, Pilze* und *Protozoen,* die sich aufgrund ihrer Anpassung dort meist lebenslang halten, ohne dem Wirt normalerweise zu schaden. Trotzdem bestehen zwischen den zur Normalflora gehörenden Spezies erhebliche Unterschiede in der Pathogenität; beim Vorliegen bestimmter *Prädispositionen* oder *Noxen* können viele zu mehr oder weniger schweren Erkrankungen führen. Sie werden daher als *opportunistische* oder *potentiell pathogene Mikroorganismen* bezeichnet. Nur wenige gelten als *völlig apathogen* (z. B. viele *Lactobacillus*-Arten). Viele Spezies der Normalflora können bei einer Schwächung der natürlichen Abwehrlage des Wirtes endogene Infektionen hervorrufen.
Beim Gesunden stets besiedelt sind die **Haut** sowie die nach außen offenen Körperhöhlen, also der **Oropharynx** und der **Nasopharynx** bis zum Kehl-

kopf, der **Intestinaltrakt** und der **Urogenitaltrakt**. Alle übrigen Organe sind im Normalzustand steril.
Die Kenntnisse über die mikrobielle Besiedelung des gesunden Menschen sind in den letzten Jahren durch exaktere Untersuchungs- und Isolierungsmethoden wesentlich erweitert worden. Trotz allem ist das Wissen über die Mikroökologie an den einzelnen Standorten (= *Biotopen*) und die Wechselwirkungen zwischen den Mikroorganismen einerseits und zwischen Wirt und Mikroorganismus andererseits noch recht unvollständig. Dies ist vor allem auf die Komplexität der Thematik zurückzuführen.

Stets besiedelt sind:
- die Haut
- der Oro- und Nasopharynx bis zum Kehlkopf
- der Intestinaltrakt
- der Urogenitaltrakt.

7.2 Etablierung der Flora und Adhärenz

Etablierung der Flora und Adhärenz

Eine dauerhafte und weitgehend statische Besiedelung ist durch die Fähigkeit der Mikroorganismen zur *Adhärenz* (= Anheftung) an den Schleimhautepithelien und anderen Oberflächen (z. B. den Zähnen) gegeben. Die in einem Mikrobiotop ständig vorhandenen Mikroorganismen werden in ihrer Gesamtheit als **residente Flora** bezeichnet. Dem sind diejenigen Mikroorganismen gegenüberzustellen, die, meist durch Kontamination (z. B. mit der Nahrung), in ein Biotop gelangen und sich dort wegen fehlender Fähigkeit zur Adhärenz nur *vorübergehend* aufhalten (**„transiente Flora“**). Die Bezeichnung „Flora“ ist für die nur kurzfristig im Biotop vorhandenen Mikroorganismen eigentlich fehl am Platze, da „Flora“ eine Besiedlung ausdrückt.

Dauerhafte Besiedlung durch Anheftung (= Adhärenz) der Mikroorganismen am Epithel und anderen Oberflächen (z. B. Zähne).

Ständig vorhandene Mikroorganismen: *residente* Flora.
Nur vorübergehend vorhandene Mikroorganismen: *transiente Flora.*

Die Spezifität der Adhärenz ist u. a. durch molekulare Wechselwirkungen zwischen Mikroorganismenoberfläche und Epitheloberfläche möglich (Abb. 7-1). Von seiten der Mikroorganismen tragen (meist relativ unspezifisch) *Schleim- und Kapselmaterialien* und (meist hochspezifisch) *Proteine, Glykoproteine (= Lektine), Oligo- und Polysaccharide* der Außenmembran sowie die *Lipoteichonsäuren* der Zellwand zur Adhärenz bei. Die Ausbildung spezifischer **Haftorganellen** (z. B. *Pili*) wird für zahlreiche Spezies beschrieben.
Die Lektinnatur bakterieller Oberflächenstrukturen, die der Adhärenz an Oligosaccharidstrukturen der Wirtszelloberfläche dienen, ist bei verschiedenen Organismen aus der Mundflora (z. B. *Leptotrichia, Actinomyces*) nachgewiesen worden. Hier wurde auch die Fähigkeit zur **Koaggregation** (Adhärenz zweier Mikroorganismen aneinander und am Epithel), z. B. zwischen *Streptococcus sanguis, Actinomyces viscosus* und dem Glukan des Zahnbelages festgestellt (s. Abb. 7-1).

Spezifität der Adhärenz durch molekulare Wechselwirkungen zwischen Bakterien und Wirtszelloberfläche

Haftstrukturen der Bakterien:
- Schleime, Kapseln (= meist unspezifisch)
- Proteine, Glykoproteine (= Lektine), Oligo- und Polysaccharide der Außenmembran und Lipoteichonsäuren der Zellwand (= meist hochspezifisch).
- Haftorganellen (z. B. Pili)

Koaggregation: Anheftung der Mikroorganismen aneinander und an Wirtsoberfläche (z. B. Glukan des Zahnbelags).

Von seiten des Wirtes führen *molekulare Strukturunterschiede* zwischen den einzelnen Epithelien zu einer oft biotopspezifischen Verteilung der Mikroorganismen. So können die intestinalen *Bacteroides*-Arten nur sehr selten das oropharyngeale Epithel besiedeln.
Manche Mikroorganismen vermögen jedoch durch Enzyme (z. B. *Sialidase*)

Strukturelle Unterschiede zwischen den Epithelien führen zu biotopspezifischer Verteilung der Mikroorganismen.

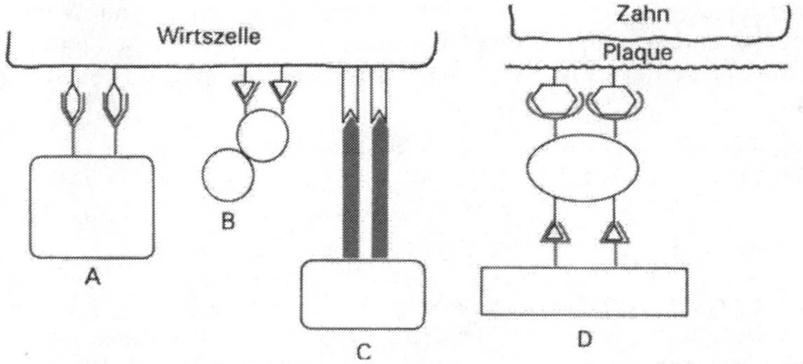

Abb. 7-1: Verschiedene Arten der Adhärenz von Bakterien an Wirtsoberflächen (schematisch).
A, B: Adhärenz an Wirtszelloberflächen-Strukturen (z. B. Oligosaccharide, Glykoproteine usw., durch schwarze Drei- oder Sechsecke symbolisiert) mittels bakterienzellständiger Oberflächenstrukturen (z. B. Lektine).
C: Anheftung der Bakterienzelle über Haftorganellen (Pili).
D: Koaggregation zwischen zwei verschiedenen Bakterienzellen und dem Glukan des Zahnbelags (Plaque).

Genetisch bedingte Strukturunterschiede des Wirtes ermöglichen individualspezifische Flora.

Eineiige Zwillinge: oft gleiche Florazusammensetzung durch weitgehend identische Haftstrukturen und ähnliche Immunantwort.

die Oberflächenstrukturen des Gewebes so zu modifizieren, daß sie siedeln können, vorausgesetzt, daß sie vom Immunsystem des Wirtes an diesem Standort geduldet werden.
Möglicherweise genetisch bedingte Unterschiede in den Oberflächenstrukturen der Epithelien bedingen (meist schwächer ausgeprägte) ***individuelle Unterschiede*** in der Zusammensetzung der Normalflora eines Biotopes: Bestimmte Spezies oder Genera sind nur bei einzelnen Individuen nachweisbar. Selten weisen Einzelindividuen sogar eine grundlegend andere Florazusammensetzung als die Mehrzahl auf.
Bei eineiigen Zwillingen konnte gezeigt werden, daß die quantitative und qualitative Zusammensetzung der Stuhlmikroflora, ziemlich unabhängig von der Lebensweise, recht ähnlich ist. Hier kann (aufgrund des gleichen Genotyps) auf die Ähnlichkeit der epithelialen Haftstrukturen und der physiologischen Funktionen sowie auf eine weitaus ähnliche Immunantwort (die zum Tolerieren gleichartiger Mikroorganismen notwendig ist) geschlossen werden.

Substratangebot und Ernährung

Nährstoffangebot ist limitierender Faktor für Entwicklung der Hautflora.

Nahrungszusammensetzung des Wirtes beeinflußt Florazusammensetzung.

Exogene Ernährung der Flora: Flora partizipiert an Nahrung des Wirtes.

Endogene Ernährung der Flora: Produkte des Wirtes (z. B. Schleime, Sekrete, Zelldetritus) ernähren Flora.

Intermikrobielle Ernährung: Produkte von Mikroorganismen dienen anderen Mikroorganismen als Nahrung.

7.3 Substratangebot und Ernährung

Neben der Fähigkeit zur Adhärenz kontrollieren und beeinflussen andere Faktoren die Flora. Einer der wichtigsten Regulatoren ist das **Nährstoffangebot**. In bestimmten Biotopen, beispielsweise auf der Haut, stellt das Nahrungsangebot den wichtigsten limitierenden Faktor dar. Im Magen-Darm-Trakt sind dagegen bei normaler Ernährung des Wirtes immer ausreichend Nährstoffe vorhanden. Kohlenhydratreiche Kost führt im Mundraum zur starken Vermehrung von Streptokokken und Lactobacillus. Längere, einseitige Ernährung (kohlenhydratreich bzw. proteinreich) führt auch im Darm zu einer Zunahme saccharolytischer bzw. proteolytischer Mikroorganismen.
Neben den **exogenen**, vom Wirt zu dessen Ernährung aufgenommenen Stoffen stellen *Sekrete, Schleime,* der *Zelldetritus* der sich ständig erneuernden Epithelzellen und auch *abgestorbene Mikroorganismen* Nährstoffe für die Mikroflora dar. Auch die in den Darm ausgeschiedenen Gallensäuren können von vielen intestinalen Bakterien als Substrate genutzt werden. Für die Hautflora schließlich ist die **endogene Ernährung** durch die Stoffe, die von der Haut abgegeben werden (z.B. Schweiß), die einzige Form der Substratversorgung.
Außerdem spielt auch die **intermikrobielle Ernährung** eine wichtige Rolle. So kann z. B. das Gärungsprodukt der Laktobazillen, die Milchsäure, den Veillonellen als Kohlenstoff- und Energiequelle dienen. Formiat und Wasserstoff können verschiedenen Anaerobiern als Wasserstoffdonor dienen (z. B. *Wolinella*-Arten). Kurzkettige Fettsäuren und Alkohole können im Darm den bei einigen Individuen vorhandenen Methanbakterien wieder als Energiequelle dienen. Die gegenseitige Nährstoff-, Vitamin- und Wuchsstoffsymbiose in den komplizierten Ökosystemen des menschlichen und tierischen Makroorganismus ist jedoch bei weitem noch nicht ausreichend untersucht.

Physikochemische Faktoren

- Feuchtigkeit: limitierender Faktor für die Hautflora.

- Sauerstoff und Redoxpotential: limitierend für strikt aerobe und anaerobe Bakterien.

7.4 Physikochemische Faktoren

7.4.1 Feuchtigkeit

Ein anderer wesentlicher Faktor, besonders für die Hautflora, ist die Feuchtigkeit. Auf der normalen, trockenen Haut ist sie ein limitierender Faktor. Im Bereich der Achselhöhlen und anderer Schweißdrüsen ist die Flora im Vergleich zu der trockenen Haut erhöht. Die Körperhöhlen sind dagegen immer ausreichend mit Feuchtigkeit versorgt.

7.4.2 Sauerstoff und Redoxpotential

Sauerstoffkonzentration und Redoxpotential spielen für alle Mikroorganismen eine wesentliche Rolle. Für strikt aerobe und strikt anaerobe Bakterien

stellt die Sauerstoffkonzentration im Biotop einen limitierenden Faktor dar, die fakultativ anaeroben Bakterien sind diesbezüglich am anpassungsfähigsten. Andererseits führt die Anwesenheit aerober und fakultativ anaerober Mikroorganismen auch zum Verbrauch von Sauerstoff, so daß damit strikten Anaerobiern die Existenz wesentlich erleichtert wird.
Die **Haut** stellt die wohl *am stärksten aerobe Zone* dar. Daher besteht die Hautflora überwiegend aus strikten Aerobiern oder fakultativen Anaerobiern. Dort vorhandene Anaerobier sind vergleichsweise sauerstofftolerant, beispielsweise *Propionibacterium acnes.*
Die Schleimhautbezirke der **Mundhöhle** kommen ständig mit der eingeatmeten Luft in Berührung, doch lediglich die Zungenoberfläche ist als aerob zu bezeichnen. In den Zahnfleischfurchen und im Zahnbelag liegt die Sauerstoffkonzentration meist unter 1%. Die dort vorherrschenden Redoxpotentiale von −50 bis −150 mV ermöglichen auch das Gedeihen recht empfindlicher Anaerobier.
Im **Magen-Darm-Trakt** nehmen der Sauerstoffpartialdruck und das Redoxpotential von kranial nach kaudal ab. Während es im Magen noch im positiven Bereich liegt, fällt es im Dickdarm auf −250 bis −300 mV ab. Strikte Aerobier sind demnach im Dickdarm recht selten anzutreffen. Dagegen wird dort der größte Teil der Flora von strikten Anaerobiern gestellt.
Obwohl aus dem **Urogenitalbereich** nur wenige zuverlässige und z. T. widersprüchliche Angaben über Redoxpotentiale und Sauerstoffkonzentrationen vorliegen, gilt auch hier das Nebeneinander von strikt aeroben und fakultativ bzw. strikt anaeroben Mikroorganismen als gesichert. Die überwiegende Mehrzahl der Normalflora wird hier durch die strikt anaeroben bis aerotoleranten Laktobazillen gestellt.

- Sauerstoffverbrauchende Bakterien erleichtern strikt anaeroben Bakterien die Existenz.
  - Hautflora: enthält wegen starker Sauerstoffexposition *überwiegend aerobe* Bakterien.
  - Mundhöhle: Zahnfleischfurchen und Zahnbelag: niedrige O_2-Konzentration, niedriges Redoxpotential, *zahlreiche strikte Anaerobier*
  - Gastrointestinaltrakt: Redoxpotential nimmt von kranial nach kaudal ab, die strikten Anaerobier nehmen von oben nach unten zu.
  - Urogenitalbereich: aerobe und anaerobe Bakterien, hauptsächlich Laktobazillen (= strikt anaerob bis aerotolerant)

7.4.3 Protonenkonzentration (pH-Wert)

Ein weiterer limitierender Faktor ist der pH-Wert. Vor allem ein niedriger pH-Wert, beispielsweise in der Vagina, engt das Spektrum der dort normalerweise ansässigen Organismen auf azidophile und azidotolerante ein.

- pH-Wert: Niedriger pH-Wert engt Spektrum der Mikroorganismen auf azidophile und azidotolerante Arten ein.

7.4.4 Spüleffekte

Als physikalische Faktoren sind Spüleffekte durch Körperflüssigkeiten und Sekrete (Speichel, Urin) bzw. den Nahrungs- und Kotbrei und die mit der Verdauung verbundene **Peristaltik** zu erwähnen. *Miktion* und *Defäkation* schließlich entfernen losgelöste, nicht am Epithel haftende Bakterien. Die Fäzes des Menschen bestehen zu etwa 30% aus Mikroorganismenmasse.

- Spüleffekte: Körperflüssigkeiten, Sekrete, Nahrungs- und Kotbrei spülen alle nicht haftenden Bakterien fort. Fäzes des Menschen bestehen zu ca. 30% aus Mikroorganismenmasse.

7.5 Antagonismen und Synergismen

Antagonismen und Synergismen

Wirt und Flora, aber auch die Mikroorganismen untereinander, beeinflussen sich wechselseitig, so daß sich unter natürlichen Bedingungen ein Gleichgewicht einstellt.

7.5.1 Antagonistische Beziehungen

Antagonistische Beziehungen mit Auswirkung auf die Flora bestehen zwischen den Mikroorganismen untereinander und zwischen Makro- und Mikroorganismus. In natürlichen Mischkulturen spielt die *Substratkonkurrenz* eine wesentliche Rolle. Auch **bakterielle Stoffwechselprodukte**, z. B. H_2S und niedere Fettsäuren, wirken auf manche andere Mikroorganismen hemmend. Ob auch im Biotop *Antibiotika* und *Bakteriozine* von bestimmten Mikroorganismen in ausreichender Menge produziert werden und ob sie, wie unter In-vitro-Bedingungen, einen hemmenden Einfluß haben, ist jedoch ungeklärt. Zu den antagonistischen Beziehungen zwischen Wirt und Mikroorganismus sind die **Lysozymbildung**, die Hemmung mancher Bakterien durch *Gallensäuren* und die *lokale Immunität* (IgA) zu rechnen.

Antagonismen
- zwischen den Mikroorganismen durch: Substratkonkurrenz, Hemmstoffe
- zwischen Makroorganismus und Mikroorganismen durch: Lysozym, Gallensäuren, lokale Immunität.

Synergismen
Flora verleiht dem Wirt
Kolonisationsresistenz:
Eindringen florafremder Organismen wird durch Flora verhindert.

Hemmung oder Abtötung der Flora (z. B. durch Antibiotikatherapie) führt zu Überwachsen durch eingedrungene Mikroorganismen oder einzelne Spezies aus der Flora. Beispiel: *pseudomembranöse Enterokolitis.*

Flora trägt durch ihre metabolische Aktivität nur dann zur Ernährung des Wirtes bei, wenn die Möglichkeit zur Resorption besteht.

Ursache des niedrigen pH-Wertes in der Vagina ist der Abbau epithelialen Glykogens zu Milchsäure durch Laktobazillen.

Vitaminproduktion durch die Darmflora:
– Vitamin K, Thiamin
– Vitamin B 12, Folsäure
– Biotin.
Nur ein Teil der Vitamine kann am Ort ihrer Produktion resorbiert werden.

7.5.2 Synergistische Beziehungen

Synergismen zwischen Wirt und Flora sind hier von besonderem Interesse. So verleiht die Flora dem Wirt die sog. **Kolonisationsresistenz**: Die Siedlungsfähigkeit von außen eingedrungener, florafremder Mikroorganismen wird durch die Flora verhindert, selbst wenn der Eindringling Adhärenzfaktoren besitzt: Zum einen hat die Flora die meisten Haftstellen besetzt, zum anderen erfolgt oft eine Hemmung durch Stoffwechselprodukte (s. oben).
Eine Infektion durch enteropathogene Bakterien wird durch die Kolonisationsresistenz bis zu einem gewissen Grad verhindert oder doch erschwert: Bei *gnotobiotisch* aufgezogenen (also keimfreien) Tieren reicht eine um mehrere Zehnerpotenzen niedrigere Zahl von Salmonellen oder anderen enteralen Erregern zur Infektion aus als bei Tieren mit normaler Flora.
Wird durch eine *Antibiotikatherapie* ein Teil der Flora gehemmt oder abgetötet, so können entweder Eindringlinge oder einzelne Spezies aus der Flora überwachsen und den Normalzustand (= *Eubiose*) zur *Dysbiose* hin verändern. Ein eindrucksvolles Beispiel hierfür stellt die *pseudomembranöse Enterokolitis* durch Clostridium difficile dar.
Die Ausscheidung mikrobieller *Enzyme* und *Produkte* trägt, allerdings insgesamt gesehen nur in geringem Maße, zur menschlichen Ernährung bei. Soweit Faser- und Ballaststoffe bereits im Dünndarm durch mikrobielle Polysaccharidasen in kleinere, verdauliche Untereinheiten abgebaut werden, ist eine Resorption möglich. Die Mehrzahl der Ballaststoffe wird im Kolon abgebaut, wo sie kaum noch resorbiert wird und dort nur noch der Mikroflora als Ernährung dient. Ein Teil der von strikten Anaerobiern als Endprodukte ins Darmlumen ausgeschiedenen Fettsäuren kann aus dem Kolon resorbiert werden. Der Abbau des nach Zytolyse aus dem Vaginalepithel freigesetzten Glykogens durch Laktobazillen und Streptokokken führt zu dem wünschenswert niedrigen pH-Wert von 3,5–4,5. Die intestinale Mikroflora trägt auch zur menschlichen Vitaminversorgung bei: Vitamin K (Menachinone), Vitamin B 12 (Zyanokobalamin), Biotin, Folsäure und Thiamin werden von der Mikroflora produziert und auch ins Darmlumen abgegeben. Ein Teil der genannten Vitamine kann allerdings dort, wo sie gebildet werden, nicht resorbiert werden.

Auswirkungen metabolischer Fähigkeiten der Flora

7.6 Auswirkungen metabolischer Fähigkeiten der Flora

Metabolismus von Nahrungsadditiven und Chemotherapeutika:
- Nitratreduktion zu Nitrit (Bildung von kanzerogenen Nitrosaminen)
- Reduktion von Azoverbindungen zu aromatischen Aminen (kanzerogen)

7.6.1 Metabolismus von Nahrungsadditiven und Chemotherapeutika

Nitratreduzierende Mikroorganismen tragen erheblich zur Bildung von *Nitrit* und damit zur Bildung von *N-Nitrosaminen* (kanzerogen) bei. Laktobazillen, Bifidobacterium und Bacteroides sind jedoch auch zum Abbau dieser Kanzerogene in der Lage.
Viele Nahrungsmittelfarbstoffe enthalten *Azoverbindungen.* Manche Mikroorganismen können die Azobindung spalten *(Azoreduktase)* und *aromatische Amine* (kanzerogen) freisetzen. Andererseits ist dieser Metabolismus bei der **Therapie der ulzerativen Kolitis** (Morbus Crohn) auch erwünscht: Salizylazosulfapyridin wird durch die Darmflora in die biologisch aktiven Bestandteile *Sulfapyridin* und *Aminosalizylsäure* zerlegt.
Die Bildung von *Hippursäure* durch Aromatisierung der in Kaffee, Tee und Pflanzennahrung enthaltenen *Chinasäure* erfolgt ebenfalls durch bakterielle Enzyme.
Verschiedene **Chemotherapeutika** werden durch bakterielle Enzyme metabolisiert:

- Inaktivierung von Beta-Laktamantibiotika
- Inaktivierung von Chloramphenicol und Nitroimidazolen
- Aktivierung von Digoxin zu Digoxigenin

- Inaktivierung von **Beta-Laktamantibiotika** durch Beta-Laktamasen;
- Inaktivierung von **Chloramphenicol** und **Nitroimidazolen** durch Nitroreduktasen;
- Aktivierung von **Digoxin** zu **Digoxigenin**
- Inaktivierung von **Digoxin** zum physiologisch inaktiven **Dihydrodigoxige-**

Tabelle 7-1: Wichtige Gallensäuretransformationen durch die Darmflora

Mikroorganismus	Dekonjugation[1])	7α-Dehydroxylierung	Andere Veränderungen von Gallensäuren
Bacteroides fragilis-Gruppe	+	(+)	12α-Dehydroxylierung C_5-Epimerisierung
Peptostreptococcus	–	+	7β-Dehydroxylierung 3α-3β-Dehydrogenierung
Eubacterium[2])	+	+	zahlreiche weitere Transformationen
Bifidobacterium	+	(+)	
Clostridium[2])	+	+	3α-7α-3β-Dehydrogenierung
Enterococcus	+	+	
Lactobacillus	+	–	
Escherichia coli	–	+	
Enterobacter	–	+	

[1]) Abspaltung von Glyzin bzw. Taurin aus Glykocholsäure, Taurocholsäure, Glykodesoxycholsäure und Taurodesoxycholsäure.
[2]) speziesabhängig.

nin durch *Eubacterium lentum* (bei etwa 10 % der mit Digoxin therapierten Patienten).

Die Darmflora verfügt auch über zahlreiche enzymatische **Transformationsmöglichkeiten von Gallensäuren** (Dekonjugation, Hydrolyse und Dehydroxylierung). Die meisten Transformationen werden durch strikte Anaerobier *(Bacteroides, Clostridium, Eubacterium)* verursacht. Einen Überblick über die Veränderung von Gallensäuren durch die Flora gibt Tabelle 7-1.

Eubacterium-Arten haben eine besonders starke und breitgefächerte Transformationsaktivität. Die Darstellung aller von ihnen gebildeten Produkte überschreitet den Rahmen dieses Buches. Entsprechend werden auch andere Steroide, z. B. *Östrogene* und *Androgene*, mikrobiell verändert. Die Bildung der *sekundären Gallensäuren* (Desoxycholsäure, Lithocholsäure) aus primären Gallensäuren (Cholsäure bzw. Chenodesoxycholsäure) durch *7-α-Dehydroxylierung* ist allein auf den mikrobiellen Metabolismus zurückzuführen. Mit Hilfe dieser im Dickdarm ablaufenden Reaktionen wird eine optimale Zusammensetzung der Galle und ein funktionierender enterohepatischer Kreislauf gewährleistet. Finden diese Reaktionen dagegen bereits im Dünndarm statt, so führt dies zu *Steatorrhoe* und *Diarrhoe* (Blindsack-Syndrom).

- Inaktivierung von Digoxin zu Dihydrodigoxenin (bei etwa 10 % der mit Digoxin behandelten Patienten)
- Zahlreiche Transformationen von Gallensäuren unter anderen Steroiden (v. a. durch *Bacteroides, Clostridium* und *Eubacterium*).

7.6.2 Bildung des „fäkalen Mutagens"

Fäkalextrakte reagieren im Ames-Test (mikrobiologischer Mutagenitätsnachweis) sehr oft positiv. Erst 1982 gelang die Strukturaufklärung einer **mutagenen Substanz**. Es handelt sich dabei um ein *Dodecapentaenyloxy-1,2-propandiol.* Wie inzwischen gezeigt werden konnte, sind zahlreiche intestinale *Bacteroides*-Arten (z. B. B. fragilis, B. thetaiotaomicron, B. uniformis, B. ovatus) in Gegenwart von Gallensäuren in kohlenhydratfreier Nährlösung zur Bildung dieser Substanz in der Lage. Bei der Suche nach dem fäkalen Mutagen in den Stuhlproben verschiedener ethnischer Gruppen ergab sich, daß mischkost- und fleischreichernährte Europäer und Amerikaner wesentlich höhere Konzentrationen aufwiesen als Vegetarier oder Sieben-Tage-Adventisten (die sich vorwiegend vegetarisch ernähren). Es ist bekannt, daß bei Vegetariern das Kolonkarzinom wesentlich seltener auftritt als bei fleischreicher Ernährung.

Bildung des „fäkalen Mutagens":

durch zahlreiche intestinale Bacteroides-Arten, besonders bei fleischreicher Ernährung.

7.6.3 Mikrobielle Gasproduktion

Eine weitere medizinisch wichtige Stoffwechselleistung der Darmflora ist die Gasproduktion. Der überwiegende Anteil des Darmgases ist auf die metabolische Aktivität der Darmflora zurückzuführen. Besonders bei sehr proteinreicher Kost (verursacht durch die Dekarboxylierung und Desaminierung der

Mikrobielle Gasproduktion:

Die Darmgase sind zum großen Teil auf mikrobielle Aktivität zurückzuführen.

Aminosäuren durch die Bakterienflora) kann das Flatusvolumen zehnfach ansteigen. Mikrobiellen Ursprungs sind *Kohlendioxid* (teilweise), *Wasserstoff, Methan, Schwefelwasserstoff, Ammoniak, Indol, Skatol, flüchtige Amine, Methanthiol* und *kurzkettige Fettsäuren.* Beim Neugeborenen und bei keimfreien Tieren sind außer Stickstoff und Kohlendioxid keine Gase nachweisbar. Methan ist bei bis zu 40 % der Erwachsenen nachweisbar. Es wird teilweise resorbiert und mit der Atemluft ausgeschieden.

Beschreibung der normalen Flora in den einzelnen Biotopen

7.7 Beschreibung der normalen Flora in den einzelnen Biotopen

Etwa 500 verschiedene Spezies können vom Menschen isoliert werden.

Die normale Flora des Menschen weist eine enorme Artenvielfalt auf. Nach neueren Schätzungen können vom Menschen etwa 500 verschiedene Spezies isoliert werden. Qualitativ und quantitativ weist die Flora der einzelnen Biotope wesentliche Unterschiede auf.

Haut:

7.7.1 Haut

Vergleichsweise dürftige Flora (besonders in trockenen Bereichen).

Verglichen mit dem Oropharynx und dem Darm weist die Haut eine relativ dürftige Flora auf. Die Keimzahlen in den besonders trockenen Bereichen erreichen 10^1 bis etwa $10^3/cm^2$. Im Bereich der Schweißdrüsen der Achseln, auf dem Brustbein und entlang der Wirbelsäule sowie auf den Fußsohlen sind Keimzahlen zwischen 10^4 und $10^6/cm^2$ keine Seltenheit. Auch die Kopfhaut und die fett- und talgdrüsenreichen Regionen der Stirn und zu beiden Seiten der Nasenflügel sind recht reichhaltig mit Mikroorganismen besiedelt. Neben der ständig anwesenden Flora weist gerade die Haut aufgrund ihrer Exposition zu Luft, Wasser und Kleidung oft eine *transiente Besiedelung* auf, die unterschiedlich zusammengesetzt sein kann. In der Umgebung der Körperöffnungen können auch oft Mikroorganismen aus den entsprechenden Körperhöhlen angetroffen werden.

Häufigste Gattungen:
- Micrococcus
- Staphylococcus
- Corynebacterium
- Propionibacterium

Die typische, ständige Hautflora setzt sich aus folgenden Gattungen und Arten zusammen:
Staphylococcus epidermidis, S. warneri, S. hominis, S. haemolyticus, S. cohnii, S. xylosus, S. capitis, S. aureus; Micrococcus luteus, M. varians und vereinzelt andere *Micrococcus*-Arten; *Corynebacterium xerosis* und andere *Corynebacterium*-Arten; in tieferen Hautschichten, in Talgdrüsen und Haarfollikeln kommt *Propionibacterium acnes* vor. In schweißdrüsenreichen Regionen, im Interdigitalbereich und im Nabel werden vereinzelt *Peptococcus niger* und *Peptostreptococcus*-Arten nachgewiesen. An Hefen dominieren auf der Haut *Pityrosporum*-Arten.

Staphylococcus aureus ist bei etwa 40 % der gesunden Erwachsenen in der Hautflora nachweisbar: Risikofaktor für Infektionen und Bedeutung für Krankenpflegepersonal (potentielle Keimträger, Hospitalismus).

Staphylococcus aureus ist bei etwa 40 % der gesunden Erwachsenen recht häufig im Bereich der Nasenöffnungen, in der Perinealfalte und, ebenso wie *S. capitis,* auf der Kopfhaut anzutreffen. Die Präsenz von *Staphylococcus aureus* auf der gesunden Haut kann als durchaus normal betrachtet werden; dennoch stellt dieses Reservoir einen Risikofaktor für den Wirt selbst (Eindringen des Keimes in Wunden, tiefere Hautschichten) und für seine Mitmenschen (Krankenpflegepersonal als potentieller Keimträger, *Hospitalismus!*) dar.

Durch die mikrobielle Lipolyse werden aus den von der Haut ausgeschiedenen Triglyzeriden Fettsäuren freigesetzt, die für viele florafremde Mikroorganismen eine erhebliche Bakterizidie besitzen. Das gleiche gilt für das Gärungsendprodukt der Propionibakterien, die Propionsäure. Aus dem gleichen Grunde (hoher Lipidgehalt des Zerumens) enthält das äußere Ohr bis zum Trommelfell nur wenige Arten (*Staphylococcus epidermidis,* gelegentlich Pilze und *Pseudomonas*-Arten) in geringer Zahl.

Die **Konjunktiven** sind wegen der bakteriziden Eigenschaften der Tränenflüssigkeit (Lysozym) ebenfalls meist nur gering besiedelt. Hier können *Corynebacterium xerosis,* Moraxellen und sehr selten auch *Bacteroides*-Arten (meist aus der Oralflora) vorkommen.

Labien und **Präputium** sind ein typischer Übergangsbereich. Neben genital ansässigen Mikroorganismen können hier Bakterien aus der Hautflora, aber

auch apathogene Mykobakterien *(Mycobacterium smegmatis)* nachgewiesen werden.
Die Zahl der vorübergehend auf der Haut anzutreffenden Keime ist groß. Bei Personen mit schlechter Hygiene können beispielsweise *Bacillus*-Arten und Pseudomonaden, aber auch *Enterobacteriaceae* auf der Haut vorkommen; dagegen verhindert auch häufiges Waschen mit Detergenzien das Auftreten der normalen, residenten Hautflora, z.B. *Micrococcus, Staphylococcus, Corynebacterium* und *Propionibacterium*, höchstens sehr kurzzeitig.

7.7.2 Mundhöhle und Respirationstrakt

Die normale Flora der Mundhöhle und des oberen Respirationstraktes bis zum Kehlkopf weist ein überaus großes Spektrum aerober und anaerober Mikroorganismen auf. Besonders dicht besiedelt sind die Schleimhäute der Tonsillen und der Rachenhinterwand sowie die Zähne (Plaque) und das Zahnfleisch. Die Zunge weist dagegen wesentlich weniger strikt anaerobe Keime auf als die genannten Areale. Die **Nasopharyngealflora** ist teilweise von der Flora der Mundhöhle zu unterscheiden und beherbergt auch Bakterien aus der Hautflora. Die Wangenschleimhaut beherbergt weniger Mikroorganismen als die restlichen Schleimhäute (vermindertes Haftvermögen).

Mundhöhle und oberer Respirationstrakt: überaus großes Spektrum aerober und anaerober Mikroorganismen.

Die Oropharyngealflora enthält, unter Einbeziehung der in der Plaque vorhandenen Mikroorganismen, folgende Gattungen und Arten:

Häufigste Gattungen und Arten in der Oropharyngealflora:

⇦

- **Aerob bis kapnophil:**
  - Corynebacterium species (nicht C. diphtheriae)
  - Neisseria species (nicht N. meningitidis, nicht N. gonorrhoeae)
  - Branhamella species
  - Haemophilus species
  - Actinobacillus actinomycetemcomitans
  - Capnocytophaga species
  - Eikenella corrodens
  - Streptococcus species (besonders S. mutans und S. milleri-Gruppe)
- **Mikroaerophil:**
  - Campylobacter sputorum
  - C. concisus
- **Obligat anaerob:**
  - Bacteroides buccae
  - B. denticola
  - B. oris
  - B. buccalis
  - B. oralis
  - B. gracilis
  - B. melaninogenicus
  - B. intermedius
  - B. loescheii
  - Fusobacterium nucleatum
  - F. necrophorum und andere Fusobakterien
  - Leptotrichia buccalis
  - Wolinella species
  - Selenomonas sputigena
  - Veillonella parvula
  - Treponema denticola
  - T. vincentii
  - T. orale
  - Peptostreptococcus species
  - Actinomyces species (teilweise auch kapnophil bis mikroaerophil)
  - Lactobacillus species (teilweise auch aerob bis kapnophil)
  - Bifidobacterium species
  - Eubacterium species
  - Propionibacterium species.

Neben den erwähnten und etlichen anderen Gattungen und Spezies, die z. T. auch individualspezifisch nachweisbar sind, können auch Mykoplasmen, Hefen (in niedriger Zahl) und einige apathogene Protozoen (Amöben, Trichomonaden) zur normalen Mundflora gezählt werden.
Aus der Hautflora und über den Nasopharynx können außerdem verschie-

Insgesamt hohe Keimzahlen in der Mundflora; auch abhängig von Art der Ernährung und richtiger Mundhygiene.

Unterer Respirationstrakt und Sinus: beim Gesunden steril.

Bedeutung von Streptococcus pyogenes, Neisseria meningitidis und Corynebacterium diphtheriae in der Normalflora: **Keimträgerstadium** (Reservoir!).

Gastrointestinaltrakt

- Ösophagus und Magen: beim Gesunden keine residente Flora, vereinzelt Nachweis von heruntergeschluckten säuretoleranten Mikroorganismen aus der Mundflora.

- Dünndarm: langsamer Anstieg der Flora.

- **Kolon: größte Anzahl von Mikroorganismen,** Keimzahlen von 10^{10} bis 10^{12}/g. Niedriges Redoxpotential, daher Anteil strikter Anaerobier 90–99 %! Das beim Erwachsenen dominierende Bakterium ist *Bacteroides vulgatus.* E. coli und Bacteroides fragilis sind in der Darmflora nicht unter den dominierenden Arten.

Die Darmflora besteht hauptsächlich aus folgenden Gattungen und Arten:

⟹

dene Staphylokokken (inclusive *S. aureus*) und gelegentlich auch Mikrokokken in die Mundflora einwandern. Die Keimzahlen in der Mundflora sind sehr hoch, im Speichel findet man 10^7–10^8 Keime pro ml. Ein mg Plaquesubstanz enthält 10^6–10^8 Keime. Aufgrund des niedrigen Redoxpotentials des Zahnbelages liegt der Anaerobieranteil hier bei 70–90 %. Auch die Art der Ernährung und die richtige Mundhygiene spielen eine wesentliche Rolle bei der Ausprägung und Quantität der Mundflora.

Die Mundflora und die Nasopharyngealflora sind wegen der anatomischen Nachbarschaft nicht voneinander zu trennen. Allerdings ist die Zahl der Anaerobier im Bereich der Nase relativ niedrig; es dominieren hier *Corynebacterium*-Arten und Staphylokokken. Die Trachea ist infolge der Keimelimination durch Flimmerepithel und Alveolarmakrophagen beim Gesunden steril; auch die Sinus sind beim Gesunden keimfrei.

Eine Sonderstellung in der Rachenflora nehmen betahämolysierende Streptokokken (auch *Streptococcus pyogenes*), *Neisseria meningitidis* und (wesentlich seltener) *Corynebacterium diphtheriae* ein, die sich manchmal der normalen Flora zugesellen können, ohne zu einer Erkrankung zu führen. Entsprechende Individuen stellen als **Keimträger** eine potentielle Gefahr für ihre Mitmenschen dar *(Angina, Meningitis)*.

Etablierung der Oropharyngealflora: Schon kurz nach der Geburt beginnt die Besiedelung mit vergrünenden Streptokokken und Laktobazillen. Mit der Dentition beginnen sich die oben genannten strikten Anaerobier zu etablieren. Erst beim Erwachsenen ist die Flora vollständig ausgeprägt.

7.7.3 Gastrointestinaltrakt

Der **Ösophagus** und der **Magen** weisen beim Gesunden keine ständige, adhärente Flora auf. Daran sind vor allem die Azidität, die aktive Peristaltik und das hohe Redoxpotential schuld. Der Mageninhalt ist dagegen auch bei Werten um pH 3 keineswegs steril. Bei den dort nachweisbaren Spezies dürfte es sich jedoch vorwiegend um „heruntergeschluckte" Mund-Rachen-Flora und nicht um residente Flora handeln. Vor allem *Lactobacillus* und *Streptococcus*-Arten sowie verschiedene Hefen können bei derart niedrigem pH-Wert überleben. Vor allem beim Erkrankten ist auch eine mukosale Adhärenz verschiedener Mikroorganismen anzunehmen bzw. nachgewiesen worden (vgl. dazu *Helicobacter pylori*).

Im **Dünndarm** findet eine rasche Alkalisierung des Mageninhaltes statt, das Redoxpotential sinkt auf etwa −100 bis −150 mV ab, und damit steigt auch die Zahl der nachweisbaren, ständigen Flora auf 10^2 bis 10^5 pro ml an. Vor allem Streptokokken, *Propionibacterium, Peptostreptococcus* und *Bacteroides* kommen hier vor. In den unteren Abschnitten des Dünndarms kommt es zu einer Zunahme der *Enterobacteriaceae* und der Enterokokken.

Das **Kolon** schließlich enthält die größte Anzahl an Mikroorganismen. Zwischen 10^{10} und 10^{12} Keime sind pro g Darminhalt nachweisbar. Das Redoxpotential sinkt hier auf Werte um −250 mV ab, und daher sind 90–99 % der hier vorhandenen Bakterien strikte Anaerobier. Mehr als 400 verschiedene Spezies sind hier insgesamt nachweisbar. *E. coli*, das häufigste aerob wachsende Bakterium aus Darminhalt, und *Bacteroides fragilis*, der häufigste anaerobe Erreger endogener Infektionen, sind hier nicht unter den dominierenden Arten. Das bei den meisten Erwachsenen häufigste Bakterium ist *Bacteroides vulgatus.* Prozentual berechnet setzt sich die Darmflora der meisten gesunden Individuen wie folgt zusammen:

- **Zusammen etwa 70 % der kultivierbaren Flora:**
  - Bacteroides vulgatus
  - Eubacterium aerofaciens
  - Bacteroides thetaiotaomicron
  - B. distasonis
  - Fusobacterium prausnitzii
  - Coprococcus eutactus
  - Ruminococcus albus
  - R. bromii

- Bifidobacterium adolescentis
- B. longum
- Gemmiger formicilis.

- **Unter 1 % der kultivierbaren Flora:**
  - Escherichia coli
  - andere Enterobacteriaceae
  - Bacteroides fragilis
  - Enterococcus faecalis
  - andere Enterokokken
  - Megasphaera elsdenii
  - Clostridium perfringens
  - C. difficile
  - andere Clostridium species
  - Lactobacillus species und andere.

Bei etwa 40 % der Erwachsenen läßt sich auch *Methanobrevibacter*, ein besonders sauerstoffempfindliches, methanbildendes *Archaeobacterium* nachweisen. Das Vorhandensein dieser Spezies korreliert vollständig mit der intestinalen Methanproduktion (s. oben).
In bestimmten ethnischen Gruppen konnte eine Abhängigkeit der qualitativen Florazusammensetzung von der Ernährung festgestellt werden.

Etablierung der Darmflora: Bei der Geburt ist der Intestinaltrakt steril; schon kurz danach findet eine Besiedelung durch von der Mutter und aus der Umwelt erworbene Bakterien statt. Die anfänglichen hohen Keimzahlen von E. coli und Streptokokken gehen beim brustmilchernährten Kind innerhalb weniger Tage wieder zurück, und Bifidobakterien und Laktobazillen dominieren dann. Bereits innerhalb des ersten Lebensjahres erscheinen auch *Bacteroides* und *Peptostreptococcus.* Etwa mit dem dritten Lebensjahr gleicht die Flora des Kindes weitgehend der des Erwachsenen. Im Greisenalter nimmt die Zahl der Klostridien in der Darmflora zu.

7.7.4 Urogenitaltrakt

Urogenitaltrakt:

7.7.4.1 Harnwege

Die Harnorgane sind mit Ausnahme der distalen Urethra steril. Beim Gesunden sind in Urinen, die durch suprapubische Blasenpunktion gewonnen wurden, keine Mikroorganismen nachweisbar. Zur normalen Urethralflora beider Geschlechter zählen *Corynebacterium*-Arten, koagulase-negative Staphylokokken (Keimzahlen bis 10^4/ml Urin) und gelegentlich auch *Mycoplasma*- und *Ureaplasma*-Arten. Die strikt anaerobe Flora setzt sich vor allem aus *Bacteroides bivius, B. disiens, B. ureolyticus, B. asaccharolyticus* und *Peptostreptococcus*-Arten zusammen. Im unteren Bereich der Urethra, besonders an den Orifizien, wird die normale Urethralflora von der (kontaminierenden) Intestinalflora mit aeroben gramnegativen Stäbchen *(E. coli, Klebsiella sp., Enterobacter sp.)* und Enterokokken sowie der Hautflora überlagert. Im Präputialsekret sind als Normalflora häufig *Mycobacterium smegmatis* und *Treponema refringens* vorhanden. Über das Vorkommen von *Gardnerella vaginalis* in der normalen Urethralflora liegen noch keine ausreichenden Befunde vor.

Harnwege:
- Obere Urethra und Harnblase sind beim Gesunden steril.

- Distale Urethra:
  - Corynebacterium
  - koagulasenegative Staphylokokken, gelegentlich Mycoplasma- und Ureaplasma-Arten
  - Bacteroides
  - Peptostreptococcus.

An den Orifizien Überlagerung mit Intestinal- und Hautflora.
Aerobe Keimzahlen: bis 10^4/ml Urin.

7.7.4.2 Weiblicher Genitaltrakt

Weiblicher Genitaltrakt:

Das äußere weibliche Genitale besitzt die übliche Hautflora. Die Vagina der geschlechtsreifen Frau stellt dagegen ein völlig anderes Biotop dar. Der überwiegende Anteil der normalen Vaginalflora besteht aus *Lactobacillus*-Arten (= Milchsäurebakterien), die früher in ihrer Gesamtheit als *Döderlein-Stäbchen* bezeichnet wurden. Diese Bakterien fermentieren das Glykogen der vaginalen Epithelzellen zu Milchsäure, wodurch der pH-Wert auf 3,5 bis 4,5 erniedrigt wird. Dies verhindert weitestgehend das Eindringen nichtazidotoleranter Mikroorganismen. Neben *Lactobacillus*-Arten sind auch Streptokokken (meist alpha- oder nichthämolysierende) sowie *Corynebacterium*-Arten regelmäßig anzutreffen. Quantitative Untersuchungen bei gesun-

Überwiegend Laktobazillen (= Döderlein-Stäbchen), Streptokokken, Korynebakterien.
Meist in niedrigen Keimzahlen:
Strikte Anaerobier (u. a. Bacteroides bivius, B. disiens).
Gelegentlich auch Gardnerella vaginalis, Hefen und einige andere.

Intestinale Bacteroides-Arten sind kein Bestandteil der residenten Vaginalflora.

den Frauen in der Geschlechtsreife ergaben Gesamtkeimzahlen dieser Bakterien zwischen 10^7 und 10^9 pro ml Vaginalsekret. Wesentlich seltener und dann meist nur in Keimzahlen unter 10^5 nachweisbar sind *Bacteroides bivius, B. disiens,* Klostridien, *Peptostreptococcus* und *Veillonella.* Die intestinalen *Bacteroides*-Arten *(B. fragilis, B. thetaiotaomicron* und andere) werden in diesem Milieu nicht als residente Flora angetroffen. Andererseits kann bei etwa 10%–30% gesunder Probandinnen auch *Gardnerella vaginalis,* ein gramvariables Kurzstäbchen, z. T. in erheblichen Keimzahlen nachgewiesen werden. Auch Hefen (inklusive *Candida albicans*) und Mykoplasmen, beide meist in geringer Zahl, werden bei einem Teil gesunder Frauen in der Vaginalflora gefunden, ebenso wie *Streptococcus agalactiae,* der als Erreger von Neugeboreneninfektionen eine erhebliche Bedeutung hat.

Etablierung der Vaginalflora

Etablierung der Vaginalflora: Bei der Geburt ist die Vagina meist steril, wird aber innerhalb der ersten Tage von Aerobiern, z. B. Korynebakterien, Mikrokokken und nichthämolysierenden Streptokokken besiedelt. Innerhalb der ersten Tage kommt es auch zur Glykogenspeicherung in den Vaginalepithelzellen, bedingt durch den anfangs hohen Östrogenspiegel im Blut, den das Kind von der Mutter erhalten hat. Dadurch können, wie bei der geschlechtsreifen Frau, zunächst beim Kleinkind die Laktobazillen dominieren und das pH auf 4,4–4,6 erniedrigen. Wenn das mütterliche Östrogen abgebaut worden ist, gehen deren Keimzahlen langsam zurück. Erst mit der Pubertät stellt sich erneut die überwiegend aus Laktobazillen und Anaerobiern bestehende Flora ein. Mit der Menopause kommt es dann wieder zur Reduktion der Laktobazillen; danach lassen sich vermehrt *Enterobacteriaceae,* Korynebakterien und Mikrokokken nachweisen.

Veränderungen der Vaginalflora während der Schwangerschaft

Über Veränderungen der Vaginalflora während der Schwangerschaft liegen z. T. widersprüchliche Befunde vor. Neuere Untersuchungen belegen jedoch, daß nur kleinere, meist quantitative Veränderungen stattfinden. Auch zyklusabhängige Veränderungen der Vaginalflora werden beobachtet.

Pathogenese und Infektabwehr

8 Pathogenese und Infektabwehr

H. Werner

Infektion und Infektionskrankheit

8.1 Infektion und Infektionskrankheit

Normalflora: Wirt wird nicht nachweislich geschädigt

Normalflora: Die Wechselbeziehungen zwischen Mikroorganismen (Bakterien, Pilze) und makroorganismischem Wirt können in einer *Besiedlung von Schleimhäuten und Haut* bestehen (s. Kap. I.7 „Normale Flora"), ohne daß der Wirt geschädigt wird. Die sog. Mikroflora wird dann als physiologisch bezeichnet.

Infektion:
- Haftung an Wirt
- Eindringen ins Gewebe
- Vermehrung mit immunologischen Reaktionen und Gewebeschädigungen bzw. Entzündung

Infektionskrankheit:
- asymptomatische Infektion (ohne äußere Symptome)
- subklinische Formen
- voll ausgeprägtes Krankheitsbild

Pathologische Kolonisation ist häufig Vorstufe der Infektionskrankheit.

Infektion: Falls Mikroorganismen an einem zuvor von ihnen nicht befallenen Wirt haften, ins Gewebe eindringen, sich dort vermehren und immunologische Reaktionen sowie Gewebeschädigung bzw. Entzündung verursachen, so spricht man von einer Infektion.

Infektionskrankheit: Eine Infektion führt nicht immer zu einer Krankheit mit klinischen Symptomen. Außer in einer asymptomatischen Infektion ohne äußere Symptome kann der Verlauf in einer *subklinischen* (abortiven) Form bis zu dem voll ausgeprägten typischen Krankheitsbild und ggf. Tod des Patienten reichen.

Eine **pathologische Kolonisation**, bei der die physiologische Flora durch potentiell krankheitserregende Mikroorganismen verdrängt oder durchsetzt wird, ist häufig als Vorstufe der Infektion zu betrachten.

8.1.1 Erreger von Infektionskrankheiten

Exogene Erreger: Typische Erreger von Infektionskrankheiten *(Mycobacterium tuberculosis, Corynebacterium diphtheriae, Brucella abortus, Treponema pallidum)* kommen stets von außen (= exogene Infektion).
Kommt es nach dem Überstehen einer Infektionskrankheit nicht zur völligen Erregereliminierung und werden die Erreger über längere Zeit hin in die Umgebung ausgeschieden, spricht man von *Ausscheidern.* Personen, die bekannt pathogene Mikroorganismen ausscheiden, ohne je an der entsprechenden Krankheit gelitten zu haben, werden als Keimträger bezeichnet.

Endogene Erreger: Bei einer Schwächung der natürlichen Resistenz- und Immunitätslage des Wirtes (z. B. durch Trauma, Operation, Diabetes mellitus, zytostatische Behandlung u. a.) können Spezies aus der normalerweise harmlosen Oropharyngeal-, Intestinal- oder Genitalflora *invasiv* werden und Infektionen auslösen.

Opportunistische Erreger: Im weiteren Sinne werden die endogenen Erreger sowie manche als lediglich fakultativ pathogen einzuschätzende Bakterienarten meist exogener Herkunft als opportunistische Erreger bezeichnet.

> **Erreger von Infektionskrankheiten**
>
> • exogene Erreger: Erreger kommen von außen
>
> – Erreger-Ausscheider: nach Überstehen einer Krankheit
> – Keimträger: ohne klinische Erkrankung
>
> • endogene Erreger:
> Infektionsbahnung durch Schwächung der natürlichen Resistenzlage
>
> • opportunistische Erreger:
> fakultativ pathogene Arten meist exogener Herkunft

8.1.2 Eindringen von Krankheitserregern in den Körper

Pathogene Mikroorganismen können Mikrotraumen an Haut oder Schleimhäuten als Eintrittspforte benützen, die Haut aktiv durchwandern, an Schleimhäuten haften und über nachfolgende Vermehrung eine Invasion setzen sowie Arthropoden als Vektoren benützen; eine Sonderform der Erregerinvasion stellt die *diaplazentare Infektion* dar.

> **Eindringen von Krankheitserregern in den Körper** durch:
> – Mikrotraumen
> – aktive Durchwanderung der Haut
> – Haftung (Adhärenz) an Schleimhäuten
> – Vektoren (Arthropoden)

Häufig – und deshalb klinisch besonders wichtig – sind Infektionen, deren Eintrittspforte an *Schleimhäuten* liegt. Durch eine primäre Infektion mit nachfolgender Epithelschädigung wird häufig der Superinfektion der Boden bereitet (Beispiel: Primärinfektion Influenza, bakterielle Superinfektion durch *Haemophilus influenzae* oder *Staphylococcus aureus*).

> Epithelschädigung durch Primärinfektion ermöglicht Angehen der Superinfektion:
>
> ⇦

8.1.3 Ausbreitung der Erreger im Wirt

- Bei der **Lokalinfektion** bleibt der Erreger zunächst auf die Eintrittspforte und deren Umgebung beschränkt (Gonorrhoe, Erysipel, Staphylokokken-Abszeß).
- Bei der systemischen oder **Allgemeininfektion** gelangen Erreger in das lymphatische Gewebe, welches die Region der Eintrittspforte drainiert (Lymphbahnen und Lymphknoten). Nach einer erregerspezifischen Periode der Vermehrung im lymphatischen Gewebe *(= Inkubationszeit)* treten die pathogenen Mikroorganismen in die Blutbahn über *(Stadium der Generalisation)* und gelangen anschließend in Organe *(Stadium der Organmanifestation).* Typische Allgemeininfektionen sind Tuberkulose, Syphilis, Typhus abdominalis, Röteln, Poliomyelitis und Masern.
- Bei der **Sepsis** durchbricht der Erreger einer ursprünglich lokalen Infektion die Abwehrbarrieren und gelangt fortlaufend oder in Schüben in die Blutbahn; da die ins Blut gelangten Erreger nicht vollständig durch die Abwehrfaktoren eliminiert werden, sind metastatische sekundäre Infektionen möglich. Sepsis ist stets charakterisiert durch Fieber (remittierend oder intermittierend) und hat eine hohe Letalität.

> **Ausbreitung der Erreger im Wirt**
>
> • Lokalinfektion
> • Allgemeininfektion:
> hämatogene Streuung am Ende der Inkubationszeit
>
> → Organmanifestation
>
> • Sepsis:
> ursprünglich lokale Infektionen streuen Erreger in die Blutbahn
> → Möglichkeit metastatischer Sekundärinfektionen
> Fieber ist charakteristisch

8.1.4 Tropismus und Inkubationszeit

Prädilektionsstellen der Krankheitsmanifestation: Welcher Körperteil bzw. welches Organ von der Infektion befallen wird, ist häufig durch die *Eintrittspforte* determiniert (Syphilis u. a. Geschlechtskrankheiten; Wundinfektionen; Gasbrand).
Zahlreiche Infektionskrankheiten sind jedoch durch einen typischen *Erreger-*

> **Tropismus**
>
> Prädilektionsstellen der Krankheitsmanifestation:
> durch Eintrittspforte determiniert
> Prädilektionsstellen im engeren Sinn: Organtropismus

Organ-Zusammenhang charakterisiert (Neisseria meningitidis und Meningitis; Entamoeba histolytica und Leberabszesse; Cryptococcus neoformans und Stammgangliengranulome).

Inkubationszeit
Intervall zwischen Aufnahme/Eindringen des Erregers und Krankheitsbeginn:
- bei exogenen Infektionskrankheiten relativ gut bekannt
- bei latent verlaufenden oder endogen entstehenden Infektionskrankheiten kaum zu definieren

Inkubationszeit: Das Intervall zwischen Aufnahme bzw. Eindringen des Erregers und klinischer Krankheitsmanifestation wird *Inkubationszeit* genannt. Sie ist für zahlreiche typische *exogene* Infektionskrankheiten bekannt, schwankt jedoch – auf Grund unterschiedlicher Virulenz einzelner Erreger, unterschiedlicher Infektionsdosis und wechselnder Reaktion des Makroorganismus – in bestimmten Grenzen (z. B. Diphtherie 2–5, Typhus abdominalis 7–21, Masern 9–14, Influenza 1–3 Tage). Bei manchen primär chronischen oder zunächst latent verlaufenden Infektionskrankheiten (Beispiel: Tuberkulose) läßt sich keine Inkubationszeit angeben.

Pathogenitäts- und Virulenzfaktoren

Pathogenität = Gesamtheit der krankmachenden Eigenschaften eines Erregers

Nur wenige Infektionskrankheiten lassen sich auf einen einzelnen Pathogenitätsfaktor (Toxin) zurückführen.
Virulenz = Pathogenitätsgrad einzelner Stämme

8.2 Pathogenitäts- und Virulenzfaktoren

Krankmachende Eigenschaften eines Erregers in ihrer Gesamtheit werden als *Pathogenität* bezeichnet. Nur bei wenigen toxisch determinierten Infektionskrankheiten besteht ein klarer Zusammenhang zwischen dem einzelnen Pathogenitätsfaktor und dem Krankheitsbild (Diphtherie; Tetanus). Bei der großen Mehrzahl der Infektionskrankheiten führt erst das Zusammenspiel verschiedener Komponenten zur Infektion und zur Krankheit.

Virulenz bedeutet den *Grad der Pathogenität einzelner Stämme* einer Spezies (z. B. können bei Corynebacterium diphtheriae Stämme mit schwacher oder starker Diphtherietoxinbildung, aber auch atoxinogene Stämme vorkommen).

Toxine

- Exotoxine = extrazellulär abgegebene Proteine mit
  - hoher Toxizität
  - guter Antigenität
- Endotoxine
  - Lipopolysaccharid-Komplexe
  - Lipid A
  - wichtiger Pathomechanismus bei Sepsis u. a.
  - Pyrogenität, Komplementaktivierung u. a.

8.2.1 Toxine

Bei bakteriellen Infektionskrankheiten spielen Toxine für die Erklärung der Ätiopathogenese eine zentrale Rolle. Bakterielle Exotoxine, zu denen auch Enterotoxine gehören, werden von proliferierenden Erregern extrazellulär abgegeben, sind Proteine mit meist sehr *hoher Toxizität* und *guter Antigenität*; durch Formalinbehandlung werden sie in atoxische, aber noch immunogene Toxoide umgewandelt.
Endotoxine aus der Zellwand gramnegativer Bakterien werden bei Bakteriolyse freigesetzt und stellen hochmolekulare Lipopolysaccharid-Komplexe dar (toxischer Anteil ist Lipid A). Klinisch ist Endotoxin-Freisetzung, die bei Sepsis durch gramnegative Stäbchenbakterien, aber auch bei Typhus abdominalis, Paratyphus und Syphilis eintritt, vor allem wegen der Pyrogenität dieser Stoffe wichtig (außerdem: Induktion der Prostaglandinbildung; Komplementaktivierung).

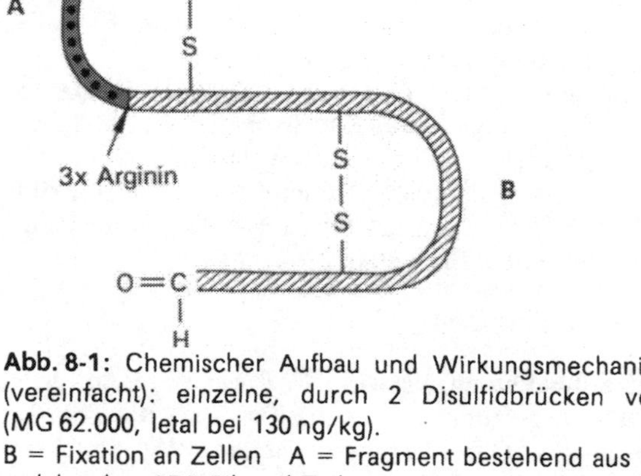

Abb. 8-1: Chemischer Aufbau und Wirkungsmechanismus des Diphtherietoxins (vereinfacht): einzelne, durch 2 Disulfidbrücken verbundene Polypeptidkette (MG 62.000, letal bei 130 ng/kg).
B = Fixation an Zellen A = Fragment bestehend aus 193 Aminosäuren; NADase, welche den ADP-Ribosyl-Teil von NAD an EF_2 bindet; dadurch Inaktivierung des FF_2 (Proteinsynthesehemmung).

Nach ihrer Wirkungsweise werden unterschieden:

a) *Membranschädigende* Toxine (Phospholipase C von Clostridium perfringens, die das Lecithin von makroorganismischen Zellmembranen zerstört; porenerzeugendes Alpha-Toxin von Staphylococcus aureus; verschiedene O_2-labile Hämolysine, z. B. von Streptococcus pyogenes, Listeria monocytogenes; unterschiedliche Toxine mit z. T. noch unbekanntem Wirkungsmechanismus, z. B. Staphylokokken-Leukozidin).
b) Toxine, die aus *Untereinheiten* (A, B) bestehen (Abb. 8-1). Die zwei Polypeptidketten sind durch Disulfidbrücken verbunden; Fragment B bewirkt die Bindung an makroorganismische Effektorzelle, Fragment A dringt intrazellulär ein und entfaltet Toxinwirkung (Beispiele: Neurotoxine wie das Tetanustoxin von Clostridium tetani und das Botulismustoxin von Clostridium botulinum; Enterotoxine von Escherichia coli; Choleratoxin; Diphtherietoxin; Exotoxin A von Pseudomonas aeruginosa).

Unterscheidung nach Wirkungsweise:
- membranschädigende Toxine
  - Phospholipase C von Clostridium perfringens
  - Alpha-Toxin von Staphylococcus aureus u. a.
- aus Untereinheiten (A, B) bestehende Toxine
  - Fragment B: Bindung an Effektorzellen
  - Fragment A: intrazelluläre Toxinwirkung (Beispiele: Diphtherie-Toxin, Cholera-Toxin u. a.)

8.2.2 Exoenzyme als Pathogenitätsfaktoren

Bestimmte Exoenzyme pathogener Bakterien, die in vitro ins Kulturmedium und in vivo in das umliegende Gewebe abgegeben werden, spielen in der Ätiopathogenese der Infektionsprozesse eine wesentliche Rolle (Beispiele: Neuraminidase, DNase, Hyaluronidase, Fibrinolysin, Proteinasen mit Wirkung gegen Immunglobuline, bestimmte Lipasen u. a.).

Exoenzyme als Pathogenitätsfaktoren

Beispiele: Neuraminidase, Hyaluronidase, Fibrinolysin u. a.

8.2.3 Adhäsion (Adhärenz)

Die bakterielle Adhäsion an Mukosaepithelzellen führt dazu, daß der normalerweise keimentfernend wirkende Sekretstrom in Mundhöhle, Darmkanal und Urogenitaltrakt nicht zur Eliminierung führt. Nach Vergrößerung der Zellzahl von adhärierenden Erregern wird die Invasion in das Gewebe bzw. in das Körperinnere erleichtert. Adhärenz ist auch Voraussetzung für das Wirksamwerden von Choleratoxin und Enterotoxin.
Die adhärenzvermittelnden Bestandteile von Bakterien heißen **Adhäsine.** Besondere Beachtung haben die *Fimbrien* (Pili) von Escherichia coli und Neisseria gonorrhoeae gefunden. Bakterien mit organellenfreien Zelloberflächen bewirken Adhärenz durch bestimmte Oberflächensubstanzen wie Lipoteichonsäure. Bakterielle Adhäsine binden sich an Glykolipide und Glykoproteine der Epithelzellen. Ein anderer Mechanismus der Wirtszell-Bakterien-Interaktion wird durch Kohlenhydratstrukturen auf der Bakterienoberfläche und Eiweißkörper auf der Zelloberfläche realisiert. Eine zentrale Bedeutung für Adhärenz besitzen Lektine, das sind Proteine oder Glykoproteine, die mit bestimmten Kohlenhydraten in spezifischer Weise reagieren. Bei E. coli und vielen anderen Spezies ist zur Adhäsin- bzw. Fimbriencharakterisierung die Hemmbarkeit durch *Mannose* (Mannose-Sensitiv = MS; Mannose-Resistent = MR) verwendet worden. Während bei E. coli-Stämmen mit Fimbrien vom MS-Typ keine Korrelation mit Pathogenität zu bestehen scheint, herrscht z. B. bei uropathogenen Stämmen der MR-Typ vor.
Adhärenz ist häufig der erste Schritt für eine Penetration der Erreger in Schleimhautepithelzellen oder in tiefer gelegene Gewebeschichten. Die Mechanismen dieser Vorgänge sind nur wenig bekannt; gegenwärtig wird Erregerpenetration für einen Phagozytose-ähnlichen Vorgang gehalten.

Adhäsion (Adhärenz)

- Adhärenz an Mukosazellen
- Vermehrung der Zellzahl von adhärierenden Erregern
- Invasion in das Gewebe

Adhäsine
Fimbrien
Adhärenz durch Bindung an Glykolipide und Glykoproteine von Epithelzellen

Lektine = Proteine/Glykoproteine, die mit bestimmten Kohlenhydraten in spezifischer Weise reagieren

Fimbriencharakterisierung bei Escherichia coli durch Mannose-Hemmbarkeit

Adhärenz bildet Grundlage für Penetration

8.2.4 Siderophorbildung

Die meisten bakteriellen Erreger benötigen zur Vermehrung *Eisen* in Konzentrationen von etwa 0,1–1 µM. Im Serum kommt Eisen frei jedoch nur in einer Konzentration von 6×10^{-9} µM vor, da es durch *Transferrin* weitgehend gebunden wird. *Pathogene* Bakterien können ihren Eisenbedarf auf Grund von speziellen Eisenbindungs- und -transportsystemen auch unter den makroorganismischen Bedingungen sicherstellen: Sie synthetisieren in der Nähe der Zytoplasmamembran *Siderophore* (Eisenkomplexbildner), die ausgeschieden werden und extrazellulär mit Eisenionen Komplexe bilden, die wiederum an spezifische Rezeptoren der Bakterienoberfläche gebunden und

Siderophorbildung

pathogene Bakterien sichern ihren Eisenbedarf durch spezielle Eisenbindungs- und -transportsysteme
→ Siderophore (Eisenkomplexbildner) werden ausgeschieden und nach Komplexbildung in die Bakterienzelle rücktransportiert

Beispiele für Siderophore:
- Enterochelin; Ferrichrom
- Pyochelin

dann in die Zelle rücktransportiert werden. Beispiele für Siderophore sind *Enterochelin* und *Ferrichrom* bei Escherichia coli oder *Pyochelin* bei Pseudomonas aeruginosa.

Kapselbildung (Phagozytoseschutz)

(Kapsel = extrazelluläre Hülle)
bekapselte Bakterien werden nur schwer phagozytiert

- Polysaccharid-Kapsel bei
  - Klebsiella pneumoniae
  - Streptococcus pneumoniae
- Polypeptid-Kapsel bei Bacillus anthracis

6 Kapseltypen bei Haemophilus influenzae

zahlreiche Kapselpolysaccharid-Typen bei Escherichia coli

8.2.5 Kapselbildung (Phagozytoseschutz)

Extrazellulär, d. h. außerhalb der Zellwand, besitzen viele bakterielle Erreger eine zusätzliche Hülle, meist aus *Polysacchariden:* die Kapsel. Bekapselte bakterielle Erreger werden von polymorphkernigen Granulozyten nur schwer oder nicht phagozytiert; dagegen werden unbekapselte Bakterien oder unbekapselte Varianten von ursprünglich bekapselten Spezies meist leicht phagozytiert und anschließend intrazellulär abgetötet. Während die meisten virulenzvermittelnden bakteriellen Kapseln aus *Polysaccharid* bestehen (Beispiele: Klebsiella pneumoniae, Haemophilus influenzae, Streptococcus pneumoniae), besitzt Bacillus anthracis, der Erreger des Milzbrandes, eine lediglich aus Glutaminsäure zusammengesetzte *Polypeptidkapsel.* Auch die Kapsel des Sproßpilzes Cryptococcus neoformans besteht aus Polysaccharid. Bei manchen bekapselten und fakultativ pathogenen Bakterienarten liegen intraspezifisch mehrere immunologisch unterscheidbare Kapselantigentypen vor. Bei Haemophilus influenzae, bei dem die 6 Kapseltypen a–f bekannt sind, besitzt Typ b für Meningitis und akute Laryngotracheitis im Kindesalter die größte Bedeutung. Während bei Escherichia coli mehr als 100 Kapselpolysaccharid-Typen abgegrenzt sind, kommen bei Harnwegsinfektionen bestimmte Typen (z. B. K5, K12 und K51) gehäuft vor.

Resistenz

- gegen intrazelluläre Abtötung
  - fakultativ intrazelluläre Bakterien (Mycobacterium tuberculosis u. a.)
  - nichtbakterielle Erreger: Leishmania-Arten u. a.
- Serumresistenz
  - unspezifische Serumbakterizidie
  - Serumresistenz durch bakterielle Oberflächenproteine, die Komplementaktivierung hemmen

8.2.6 Resistenz

Resistenz gegen intrazelluläre Abtötung: Zahlreiche Bakterien vermögen innerhalb von Phagozyten, d. h. polymorphkernigen Granulozyten und Makrophagen, zu überleben und sich sogar zu vermehren *(= fakultativ intrazelluläre Bakterien).* Zu diesen Erregern gehören Mycobacterium tuberculosis, Brucella melitensis, Salmonella typhi und Listeria monocytogenes. Manche protozoischen (z. B. Leishmania donovani) und pilzlichen Erreger (z. B. Histoplasma capsulatum) verhalten sich ähnlich.

Serumresistenz: Frisches Serum kann auf manche gramnegative Bakterien abtötend wirken. Diese unspezifische Serumbakterizidie ist von Komplementaktivierung (auf dem klassischen oder dem alternativen Weg) abhängig. Manche Stämme von Escherichia coli sind auf Grund der Ausbildung von Oberflächenproteinen, die eine Aktivierung von Komplement hemmen, besonders serumresistent und gleichzeitig virulent (z. B. Erreger von Harnwegsinfektionen).

Genetik der Pathogenitäts- und Virulenzfaktoren
- chromosomale Kodierung
- Plasmidkodierung

8.2.7 Genetik der Pathogenitäts- und Virulenzfaktoren

Die meisten Pathogenitätsfaktoren sind *chromosomal kodiert,* manche besonders wichtige werden von *Plasmiden* reguliert. Bei Corynebacterium diphtheriae ist Toxinbildung von Prophagenbefall abhängig (d. h. lysogene Stämme sind toxinogen).

Infektabwehr des Makroorganismus

Immunität und Resistenz
Resistenz = Summe der unspezifischen, sofort verfügbaren Abwehreinrichtungen

Resistenz ist:
- angeboren

8.3 Infektabwehr des Makroorganismus

8.3.1 Immunität und Resistenz

Die Abwehrleistung des Makroorganismus gegen Infektionen wird durch natürliche Resistenz und erworbene Immunität gewährleistet. Hierbei bedeutet Resistenz die Summe der unspezifischen Abwehreinrichtungen, die bei einer Infektion sofort wirksam werden können, bevor im Rahmen der Immunantwort spezifische Abwehrfaktoren gebildet werden.
Resistenz ist angeboren und auf Grund ihrer Unspezifität breit wirksam, d. h. sie richtet sich gegen die verschiedensten Krankheitserreger. Absolute Resi-

stenz bedeutet, daß der Mensch gegen bestimmte (z. B. tierische) Krankheitserreger nicht empfänglich ist. Absolute Resistenz ist genetisch festgelegt. Bei der relativen Resistenz bestimmter Individuen (z. B. gegen Tuberkulose) spielen genetische Faktoren ebenfalls eine Rolle. Junge Individuen können empfänglicher sein als Erwachsene. So ist die Meningitis durch B-Streptokokken eine Erkrankung der Neugeborenen, und Meningitis durch Enterobacteriaceae kommt fast ausschließlich bei Frühgeborenen vor.

- breit wirksam

absolute Resistenz → genetisch festgelegt
relative Resistenz → ebenfalls genetisch beeinflußt

Immunität ist eine Abwehrleistung des Körpers, welche durch antigenspezifische Produkte des Immunsystems (Antikörper und spezifisch reagible T-Lymphozyten) zustande kommt. Das Entstehen einer Immunität setzt daher entweder den Kontakt mit Antigenen des Krankheitserregers voraus *(= aktive Immunität)*, oder sie kommt durch Übernahme (Übertragung) spezifischer Immunprodukte aus einem immunisierten Spender zustande *(= passive Immunität)*. Sowohl aktive als auch passive Immunität richten sich gezielt bzw. spezifisch gegen die Antigene eines bestimmten Krankheitserregers.

Immunität = Abwehrleistung durch Antikörper und spezifisch reagible T-Lymphozyten

- aktive Immunität
- passive Immunität

Eine den jeweiligen Erfordernissen einer Infektionskrankheit oder eines Infektionsprozesses angepaßte Abwehr beruht auf dem Zusammenwirken von **Resistenz** und **Immunität.**

Zusammenwirken von Resistenz und Immunität

Die *antiinfektiöse Resistenz* dient zunächst der unspezifischen Abwehr von Krankheitserregern. Durch die antigene Wirkung des Krankheitserregers geht der Prozeß dann als Folge von Immunisierungsvorgängen in die *spezifische* Abwehr über. Durch Immunfaktoren werden Antigene erkannt, und als Konsequenz dieses Prozesses werden bestimmte *Resistenzfaktoren* aktiviert, konzentriert und vermehrt. Durch *Amplifikationen* (Komplementaktivierung, Makrophagenaktivierung, Granulombildung u. a.) wird die eigentliche Abwehrleistung sichergestellt.

⇦

Die eigentliche Abwehrleistung wird durch Amplifikationen (Komplementaktivierung, Granulombildung u. a.) sichergestellt.

8.3.2 Barrieren und Selbstreinigungsmechanismen

Die intakte Haut stellt für Bakterien und Viren eine Barriere dar. Grundsätzlich Ähnliches gilt für Schleimhäute. Der Speichelfluß, die Darmperistaltik zusammen mit antibakteriellen Faktoren wie Gallensäuren, der ungestörte Urinfluß sowie Wimpernschlag des Auges mit Tränenflüssigkeit entfernen eingedrungene Krankheitserreger oder verhindern bzw. erschweren deren Haften. Im unteren Respirationstrakt bleiben abgelagerte Erreger und deren Bestandteile in dem klebrigen Schleim hängen, werden durch das Flimmerepithel nach oben transportiert und anschließend ausgehustet oder verschluckt. Nasenhöhle und Teile des oberen Respirationstrakts besitzen eine ähnliche mukoziliäre Schutzschicht, welche eingedrungene Mikroorganismen zur Rachenhinterwand transportiert. Bis in die Lungenalveolen vorgedrungene Erreger werden von Alveolarmakrophagen phagozytiert.

Barrieren und Selbstreinigungsmechanismen

- intakte Haut
- Schleimhäute
- Speichelfluß, Darmperistaltik, Tränenfluß
- Gallensäuren

klebriger Schleim im unteren Respirationstrakt fängt Erreger ein,
→ Transport durch das Flimmerepithel;
mukoziliäre Schutzschicht in Nasenhöhlen und oberem Respirationstrakt.
Erreger-Phagozytose durch Alveolarmakrophagen

8.3.3 Körpereigene antimikrobielle Resistenzfaktoren

Auf chemischem Wege antimikrobiell wirken der Säuremantel der Haut (pH 3–5), die Magensäure und der relativ niedrige pH-Wert (4–4,5) der Vaginalschleimhaut. Bakterizide und fungizide Aktivität entfalten die ungesättigten Fettsäuren der Haut.

Körpereigene antimikrobielle Resistenzfaktoren

- Säuremantel der Haut
- niedriger pH-Wert in Magensaft, Vaginalsekret
- Bakterizidie und Fungizidie durch ungesättigte Fettsäuren der Haut

Lysozym, aus den *Lysosomen polymorphkerniger Granulozyten* stammend, ist ein Enzym, welches die Peptidoglykanschicht grampositiver Bakterien durch Muraminsäure-Spaltung zerstört. Es findet sich in der Tränenflüssigkeit, im Nasensekret, im Speichel und im Darmsaft. Antibakterielle Aktivität entfalten auch **kationische Proteine**, wie sie sich z. B. (als Spermin und Spermidin) im Ejakulat finden. **Gallensäuren** haben eine hohe Aktivität gegen mikrobielle Zellmembranen und wirken daher gegen viele Spezies bakterizid.

- Lysozym
  - gebildet in Lysosomen polymorphkerniger Granulozyten
  - Muramidase
  - wirksam in Tränen, Speichel, Darmsaft

- kationische Proteine
- antibakterielle Aktivität der Gallensäure

Zu den körpereigenen infektionsverhütenden Strukturen sind auch die verschiedenen **Normalfloren** im Bereich des Oropharynx, des Darmkanals, insbesondere des Kolons, und des weiblichen Genitaltraktes zu rechnen. Die je-

- Normalfloren verhüten Infektionen

- Kolonisationsresistenz

Fehlen/Unterfunktion der normalen Resistenzfaktoren führt zu Infektionsbahnung

Phagozytose:

Leistung von:
- polymorphkernigen Granulozyten
  - im zirkulierenden Blut
  - an den Gefäßwänden haftend
  - Endzellen mit wenigen Stunden Lebenszeit

und

- Monozyten/Makrophagen
  - nach 2 Tagen in der Blutbahn Einwanderung ins Gewebe
  - dort Differenzierung in Histiozyten, Alveolarmakrophagen u. a.

Chemotaxis:
- bewirkt Einwanderung phagozytierender Zellen aus der Blutbahn bzw. aus der Umgebung in den Ort der Infektion
- Chemotaxis geht aus von:
  - Erregerbestandteilen
  - Komplement
  - Lymphokinen u. a.

Opsonierung:
- Kontaktaufnahme zwischen Phagozyten-Zellmembran und Infektionserreger
- Erkennungsstrukturen = Rezeptoren
  - unspezifische Rezeptoren
  - spezifische Rezeptoren (z. B. C3b-Rezeptor u. a.)

Immunglobulin- bzw. C3b-beladene Erreger sind opsoniert

Aufnahme ins Zellinnere = Phagozytose → Bildung von Phagosom = phagozytäre Vakuole

Vereinigung mit Lysosomen = **Phagolysosom**

weilige Standortflora, bestehend aus zahlreichen aeroben und anaeroben *endogenen* Spezies, besitzt gegenüber dem makroorganismischen Epithel eine größere Affinität als Fremdkeime (zu denen die meisten Infektionserreger zu rechnen sind). Haften, Ansiedlung und Vermehrung von Infektionserregern werden durch die Platzhalterfunktion der Standortflora *(Kolonisationsresistenz)* verhindert oder zumindest wesentlich erschwert. Durch Fehlen oder Funktionsbeeinträchtigung der normalen Resistenzfaktoren wird Infektionsprädisposition ausgelöst.

8.3.4 Phagozytose

Phagozytose ist Leistung von **polymorphkernigen Granulozyten** (englisch: polymorphonuclear neutrophils = PMN; ältere Bezeichnung Mikrophagen) und **mononukleären Zellen** (Monozyten bzw. Makrophagen).

Polymorphkernige Granulozyten stellen 30–70 % der *zirkulierenden weißen Blutzellen* dar. Etwa die Hälfte der in der Blutbahn vorhandenen polymorphkernigen Granulozyten haftet an den *Gefäßwänden.* Eine hundertfach größere Zahl von polymorphkernigen Granulozyten findet sich im Knochenmark. Polymorphkernige Granulozyten besitzen ein schwach ausgebildetes endoplasmatisches Retikulum mit entsprechend geringer Proteinsynthese-Aktivität; sie teilen sich nicht und verfügen als Endzellen nur über eine Lebenszeit von wenigen Stunden.

Monozyten bzw. Makrophagen sind keine Endzellen und können sich in beschränktem Ausmaß in der Peripherie noch vermehren. Nach einer Verweildauer von etwa 2 Tagen verlassen sie die Blutbahn und wandern in Gewebe ein, wo sie sich zu Histiozyten, Kupferschen Sternzellen, Alveolarmakrophagen und Makrophagen von Milz und Lymphknoten differenzieren.

Chemotaxis: Die Einwanderung *phagozytierender Zellen* aus der Blutbahn oder aus der Umgebung in den Ort der Infektion beruht auf Chemotaxis, welche von Erregerbestandteilen, Komplement, Lymphokinen und Substanzen aus phagozytoseaktiven polymorphkernigen Granulozyten ausgeht. Als erstes adhärieren in der Blutbahn zirkulierende Phagozyten am Gefäßendothel, vorwiegend im Bereich der postkapillaren Venolen. Bei der anschließenden Diapedese (erleichtert durch vasoaktive Stoffe) quetschen sich die Phagozyten zwischen zwei benachbarten Endothelzellen hindurch, durchdringen die Basalmembran und wandern durch die Gewebespalten zum Ort der Infektion. Die Fortbewegung wird durch kontraktile Elemente des zellulären Aktomyosinsystems gewährleistet. Die Orientierung der Phagozyten wird durch Mikrotubuli (aus dem Protein Tubulin aufgebaute röhrenförmige Strukturen) gesteuert.

Opsonierung: Dem Phagozytosevorgang geht eine Kontaktaufnahme zwischen der *Zellmembran des Phagozyten* und den zu *phagozytierenden Infektionserregern* voraus; sie kommt über spezifische und unspezifische Erkennungsstrukturen (Rezeptoren) auf der Membran der Phagozyten zustande. Unspezifische Rezeptoren von Phagozyten sind zu zahlreichen verschiedenen Strukturen komplementär. Spezifisch sind dagegen die C3b- und Fc-Rezeptoren. Der C3b-Rezeptor reagiert mit der aktivierten dritten Komplementkomponente und der Fc-Rezeptor mit dem Fc-Stück von Immunglobulinmolekülen der Subklassen IgG1 und IgG3. Immunglobulin- bzw. C3b-beladene Erreger sind für die Phagozytose opsoniert („zubereitet").

Aufnahme ins Zellinnere (Phagozytose): Bei der Erregeraufnahme ins Zellinnere schieben sich Pseudopodien vor und bilden durch Verschmelzung ihrer Enden die *phagozytäre Vakuole*, das Phagosom, welches von eingestülpter zytoplasmatischer Membran ausgekleidet ist. Danach werden Lysosomen an die phagozytäre Vakuole herangebracht; die Membran der Lysosomen verschmilzt mit der Membran des Phagosoms, und in das so entstandene Phagolysosom ergiesen sich die lysosomalen Inhaltsstoffe.

8.3.5 Erregerabtötung

Erregerabtötung in polymorphkernigen Granulozyten: Zu Beginn der Phagozytose tritt eine explosionsartige Zunahme des oxidativen Stoffwechsels („respiratory burst") ein. Im weiteren Verlauf werden die *sauerstoffabhängigen Abtötungsmechanismen* wie letale Halogenierung der Bakterienzellwand durch das H_2O_2-Myeloperoxidase-Halogen-System, Superoxid-Anion, Hydroxyl-Radikal und naszierender Sauerstoff in Gang gesetzt. Die größte Bedeutung für die intrazelluläre Erregerabtötung besitzt der *naszierende Sauerstoff*, der u. a. mit Doppelbindungen von Molekülen in Bakterienwänden reagiert. In Phagolysosomen vorhandene sauerstoffunabhängige Faktoren sind Lysozym, Laktoferrin, kationische antibakterielle Proteine und der saure pH-Wert.

> **Erregerabtötung in polymorphkernigen Granulozyten**
>
> - sauerstoffabhängige Abtötungsmechanismen:
>   - H_2O_2-Myeloperoxidase-Halogen-System
>   - Superoxid-Anion u. a.
> - sauerstoffunabhängige Faktoren: Lysozym, Laktoferrin, kationische antibakterielle Proteine

Erregerabtötung in Makrophagen: Die bakteriziden und fungiziden Eigenschaften von Makrophagen werden auf die Wirkung der *Katalase*, der *lysosomalen Hydrolasen*, des *Lysozyms*, der *Wasserstoffionen* und des *Wasserstoffperoxids* zurückgeführt. Infolge unvollständigen intrazellulären Abbaus persistieren häufig Erregerantigene, die eine anhaltende Produktion von Antikörpern oder spezifischen T-Zellen stimulieren (Zusammenhang mit chronischen Entzündungsprozessen).

> **Erregerabtötung in Makrophagen:**
> Mikrobizidie durch Katalase, lysosomale Hydrolase, Wasserstoffperoxid u. a.

8.3.6 Komplementsystem

Komplement, ein wichtiges humorales Abwehrsystem, wirkt als *unspezifisches Amplifikationssystem* spezifischer Immunreaktionen und unspezifischer Entzündungsprozesse. Es besteht nach heutiger Kenntnis aus 17 Proteinen (C1–C9, außerdem die Proteine des alternativen Reaktionsweges: Properdin, Faktoren D und B sowie die Kontrollproteine C1-Inaktivator, C3b-Inaktivator und H).
Neben der klassischen Aktivierungssequenz des Komplements, die antikörperabhängig ist und daher erst nach einer Latenzzeit von etwa 5–7 Tagen wirksam werden kann, gibt es einen sofort wirksamen („alternativen") Aktivierungsweg. Bakterielle Polysaccharide (z. B. Kapselsubstanz von Pneumokokken, Endotoxin gramnegativer Bakterien), aber auch Viren, Bakterien und Pilze vermögen mit Hilfe der Proteine B und D eine Aktivierung in Gang zu setzen.

> **Komplementsystem**
>
> Unspezifisches Amplifikationssystem für
> – spezifische Immunreaktionen
> – unspezifische Entzündungsprozesse
>
> C1–C9
> Properdin, Faktoren D und B
>
> - klassische Aktivierung: antikörperabhängig
> - alternativer Aktivierungsweg: in Gang gebracht durch
>   – LPS
>   – Bakterien, Viren, Pilze

8.3.7 Spezifische Immunität und Infektabwehr

> Spezifische Immunität und Infektabwehr
>
> **spezifische Immunität**

Das spezifische Immunsystem ist mit seinem humoralen Schenkel (Antikörper) und dem zellulären Schenkel (spezifisch reagible T-Lymphozyten) an der antimikrobiellen Abwehr beteiligt.

Bei Diphtherie, Tetanus und Botulismus ist für die Unschädlichmachung der Ektotoxinwirkung eine **Toxinneutralisation** mit Hilfe antitoxischer Antikörper ausschlaggebend; hierdurch wird Überleben des Patienten und Aufbau einer *antitoxischen langdauernden Immunität* gewährleistet. Die Neutralisation bakterieller Toxine durch Antikörper wird bei den genannten Krankheiten auch therapeutisch ausgenützt (z. B. durch heterologe Antiserumgabe).

> Toxinneutralisation bei Diphtherie, Tetanus, Botulismus u. a. Grundlage für
> - Überleben des Patienten
> - Aufbau einer langdauernden antitoxischen Immunität

Extrazelluläre Bakterien werden nach Phagozytose im Inneren der Phagozyten prompt abgetötet (Abb. 8-2). Bei Infektionen mit extrazellulären Bakterien ist daher die Steigerung der Phagozytoseleistung für eine Überwindung der Infektion ausschlaggebend (klassisches Beispiel ist die Pneumonie durch *Streptococcus pneumoniae*, bei der spezifische Antikörper gegen das Pneumokokken-Kapselpolysaccharid gebildet werden, die über Opsonierung die Phagozytoseleistung bis zur klinischen Heilung steigern).

> Sog. extrazelluläre Bakterien werden in Phagozyten intrazellulär abgebaut
>
> Schutz vor Infektionen durch extrazelluläre Bakterien ist von Steigerung der Phagozytoseleistung abhängig

Fakultativ intrazelluläre Erreger besitzen die Fähigkeit, nach der Phagozytose intrazellulär zu überleben und sich sogar noch zu vermehren. Die Abwehr gegen diese Erreger vollzieht sich über *Granulombildung* und *Makrophagenaktivierung*; diese sind Ergebnis eines Zusammenwirkens zweier

> Fakultativ intrazelluläre Erreger überleben bzw. vermehren sich intrazellulär
>
> Abwehr beruht auf Makrophagenaktivierung und Granulombildung →

Zusammenwirken von T-Lymphozyten und Makrophagen (Abb. 8-3)

Lymphokinbildung
– Chemotaxisfaktor (Anlockung von Monozyten)

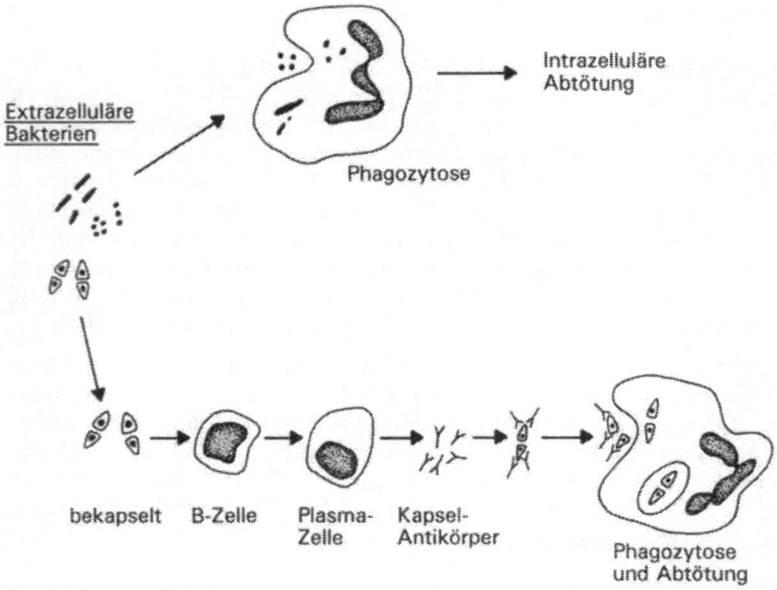

Abb. 8-2: Elimination unbekapselter und bekapselter extrazellulärer Bakterien

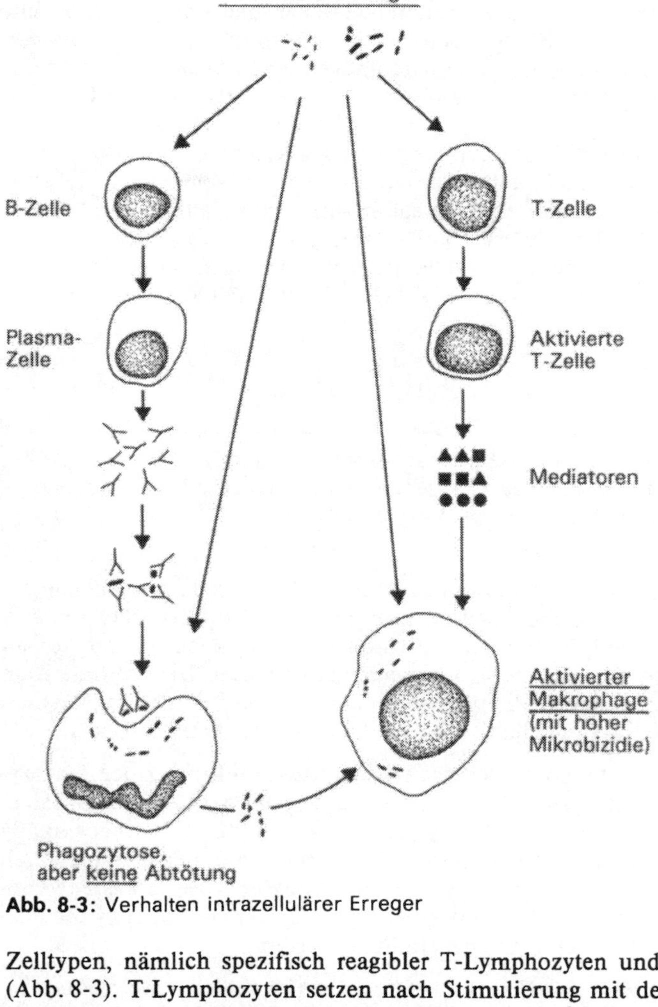

Abb. 8-3: Verhalten intrazellulärer Erreger

Zelltypen, nämlich spezifisch reagibler T-Lymphozyten und Makrophagen (Abb. 8-3). T-Lymphozyten setzen nach Stimulierung mit dem Erregerantigen Lymphokine frei, welche auf Makrophagen einwirken, und zwar makrophagenstimulierende Lymphokine (Makrophagen-Aktivierungsfaktor und Makrophagen-Inhibitionsfaktor) und einen *chemotaxisbewirkenden* Faktor.

Während der Chemotaxisfaktor für die Anlockung von Monozyten aus der Blutbahn in den Infektionsherd verantwortlich ist, hält der *Makrophageninhibitionsfaktor* die Phagozyten am Ort fest und der *Makrophagenaktivierungsfaktor* stimuliert sie zu erhöhten Leistungen. Ergebnis dieser Prozesse ist das infektiöse **Granulom**, welches außer aus zentraler Nekrose mit Erregern aus einer Anhäufung mononukleärer Phagozyten mit vereinzelten Lymphozyten besteht; je nach Dauer der Infektion und Persistenz der Erreger können sich zusätzlich noch *makrophagenabgeleitete Riesenzellen* und *Epitheloidzellen* (z. B. bei Tuberkulom) entwickeln. Die Granulombildung führt zu einem Wall um den Infektionsherd und erzeugt ungünstige Bedingungen für die Erregervermehrung. Im Inneren eines Granuloms erreicht die Makrophagenaktivierung ihre stärkste Ausprägung. Aktivierte Makrophagen besitzen eine gesteigerte bakterizide Leistungsfähigkeit, welche nicht antigenspezifisch ist, sondern auch andere antigenetisch nichtverwandte intrazelluläre Erreger mit höherer Effizienz als nichtaktivierte Makrophagen erfaßt.

- Makrophageninhibitionsfaktoren
- Makrophagenaktivierungsfaktor

→ Ergebnis: Granulom
besteht aus:
- zentraler Nekrose mit Erregern
- Makrophagen und Lymphozyten
- Riesenzellen und Epitheloidzellen

Makrophagenaktivierung im Inneren des Granuloms am stärksten
aktivierte Makrophagen besitzen gesteigerte Mikrobizidie

Die meisten Infektionen durch fakultativ intrazelluläre Erreger gehen mit einer allergischen Reaktion vom verzögerten Typ einher (Beispiele: Tuberkulin-, Lepromin- und Histoplasmin-Reaktion). Allergische Reaktionen vom verzögerten Typ sind durch verspätetes Auftreten (24–72 Std. nach Antigenapplikation) charakterisiert und werden – passiv – durch spezifische T-Lymphozyten übertragen.

allergische Reaktionen vom verzögerten Typ
charakteristisch für Infektionskrankheiten mit fakultativ intrazellulären Erregern (Tuberkulose, Lepra u. a.)

9 Epidemiologie der Infektionskrankheiten

H. Werner

Epidemiologie der Infektionskrankheiten

Die Epidemiologie ist die Lehre von dem Auftreten und den Ursachen von Volkskrankheiten. Die Epidemiologie der Infektionskrankheiten wird durch die biologische Verflechtung **Erreger – Wirt – Umwelt** bestimmt.

Epidemiologie = Lehre von dem Auftreten und den Ursachen von Volkskrankheiten

9.1 Erregerreservoir

Erregerreservoir

Endogene Erreger: Kaum bekannt und wenig erforscht ist die Epidemiologie endogener bakterieller Infektionen; diese erzeugen zwar hohe Morbidität und Mortalität und herrschen daher im klinischen Alltag vor, doch gelten sie als nichtübertragbar und haben keine Meldepflicht (Beispiele: *Sepsis, Peritonitis, pelvine Infektionen – Erreger Escherichia coli, Bacteroides-Arten, Enterokokken* u. a.).

- endogene Erreger
  - klinisch wichtig, weil Erreger häufiger Infektionskrankheiten, aber
  - nichtübertragbar und nicht meldepflichtig

Exogene Erreger: Während bei endogenen Infektionen die Erregerquelle (Reservoir) im Patienten selbst, z. B. in seiner Darmflora, liegt, werden nichtübertragbare exogene Infektionen durch Erreger hervorgerufen, die in der unbelebten Umwelt des Menschen existieren, aber eine potentielle Ansiedlungsfähigkeit einschließlich krankmachender Wirkung besitzen (Beispiele: *Pseudomonas aeruginosa, Serratia marcescens, Acinetobacter calcoaceticus, Clostridium tetani; Aspergillus-Arten;* System-Mykoseerreger wie *Histoplasma capsulatum* und *Coccidioides immitis*).

- exogene Erreger
  - Erreger existieren in der unbelebten Umwelt des Menschen

Anthroponosen sind als Infektionskrankheiten definiert, deren einziger natürlicher Wirt der Mensch ist und die von Mensch zu Mensch übertragbar sind. Erregerquelle ist daher stets der kranke Mensch (einschließlich des chronisch Kranken und ggf. des symptomlosen Ausscheiders). Zu den Anthroponosen gehören besonders wichtige Seuchen, die das Menschengeschlecht seit Urzeiten begleiten, wie *Gonorrhoe, Syphilis, Tuberkulose* (durch Mycobacterium tuberculosis), *Lepra, Diphtherie, Keuchhusten, Typhus abdominalis, Masern* und *Poliomyelitis.* Zu den Anthroponosen gehört auch *AIDS.* In Ätiologie (toxinbildende Bakterien wie *Corynebacterium diphtheriae*, intrazelluläre Bakterien wie *M. tuberculosis* und *Salmonella typhi*; Viren), Manifestationen und Immunität bestehen wesentliche Unterschiede; so erzeugt die *Gonorrhoe* fast keine Immunität (so daß derselbe Patient immer wieder neu

- Anthroponosen
  - Infektionskrankheiten, deren einziger natürlicher Wirt der Mensch ist

  Erregerquelle ist der kranke Mensch

  Beispiele: *Gonorrhoe, Syphilis, Diphtherie, Keuchhusten, Typhus abdominalis* u. a.

  Überstehen der Krankheiten hinterläßt in unterschiedlichem Maße Immunität:
  - Gonorrhoe hinterläßt fast keine Immunität
  - Lues und Tuberkulose erzeugen Infektionsimmunität

- langdauernde bzw. lebenslange Immunität ist selten (Beispiele: *Diphtherie; Masern*)

erkranken kann), entsteht bei *Syphilis* und *Tbc* lediglich Infektionsimmunität (die nicht antiinfektiös, sondern nur manifestationssupprimierend wirkt, solange noch vermehrungsfähige Erreger im Körper sind), und sind nur wenige Seuchen durch langdauernde bzw. praktisch lebenslange Immunität charakterisiert *(Diphtherie; Masern, Röteln).*

Immune Individuen dämmen Seuchen ein

⇨

> Da immune Individuen nicht (oder nur abgeschwächt und vorübergehend) als Erregerquelle in Betracht kommen, besitzen sie eine wichtige Funktion bei der Eindämmung von Seuchen unter natürlichen Bedingungen.

- Zoonosen
  - Übertragung von Wirbeltieren auf den Menschen

Beispiele: *Brucellosen, Leptospirosen* u. a.

- durch Vektoren verbreitete Infektionskrankheiten
  - einfache Erreger-Vektor-Mensch-Beziehungen (Beispiel: *Borrelia-burgdorferi-Infektion*)
  - komplizierte Entwicklungszyklen (Beispiele: *Malaria; Helminthosen*)

Zoonosen sind Infektionskrankheiten, die auf natürliche Weise zwischen Wirbeltieren und dem Menschen übertragen werden; hierbei ist der Mensch nur Nebenwirt und meist Endglied der Infektionskette (Beispiele: *Brucellosen; Leptospirosen;* Infektion des Menschen durch *Mycobacterium bovis; Milzbrand; Tollwut*).

Durch Zwischenwirte (Vektoren) weiterverbreitete Infektionskrankheiten zeigen z. T. relativ einfache Erreger-Vektor-Mensch-Beziehungen (Beispiele: *Gelbfieber* und *Aedes-Mücken*; *Fleckfieber* und *Kleiderlaus*; *Rückfallfieber* und *Kleiderlaus*; *Borrelia-burgdorferi-Infektion* und *Zecken*) oder sind – wie *Malaria* und *Helminthosen* – durch komplizierte Entwicklungszyklen charakterisiert.

9.2 Infektionsquellen und Übertragungsweise

Infektionsquellen und Übertragungsweise

- Übertragung von Mensch zu Mensch
  - direkte Übertragung (Kontaktinfektion; Tröpfcheninfektion)
  - indirekte Übertragung (über Lebensmittel)
  - vertikale Übertragung (diaplazentar)

Ausscheidung von Krankheitserregern bereits in der Inkubationszeit möglich; Ansteckungsfähigkeit noch nach der klinischen Heilung.

Übertragung von Mensch zu Mensch: Bei vielen Infektionskrankheiten stellt der Patient auf dem Höhepunkt der Krankheit eine Infektionsquelle für andere dar, und zwar in der Regel durch direkte Übertragungsvorgänge. Bei *Keuchhusten, Influenza* und *Tuberkulose* werden die Erreger beim Sprechen, Husten und Niesen als Kondensationskerne eines Aerosols in die Luft geschleudert und können von einem nichtimmunen Menschen eingeatmet werden. Zu den direkt übertragenen Krankheiten gehören *Gonorrhoe, Syphilis* und *AIDS*, aber auch viele Nosokomialinfektionen, bei denen die Weiterverschleppung von Erregern durch kontaminierte Hände die Hauptrolle spielt. Indirekt, nämlich über fäkal kontaminierte Lebensmittel, werden die meisten *Salmonella-* und *Campylobacter-*Infektionen sowie die *Amoebenruhr* übertragen. Eine Sonderform der Infektion von Mensch zu Mensch ist die **vertikale Übertragung** diaplazentar von der Schwangeren auf die Leibesfrucht (als Embryopathie z. B. bei *Röteln*; als Fetopathie bei der *Toxoplasmose*).
Die Ausscheidung der Krankheitserreger kann bereits in der Inkubationszeit beginnen (Beispiel: *Hepatitis A*), und bei einigen übertragbaren Krankheiten überdauert die Ansteckungsfähigkeit noch die klinische Heilung (z. B. *Typhusbakterienausscheider* durch Besiedlung der Gallenblase bzw. der Gallengänge). Im Falle der *Hepatitis B* kann das Virus im gesunden Wirt persistieren und durch Bluttransfusion übertragen werden. Zuvor gesunde Träger der Minutaform von *Entamoeba histolytica* können bei der Einreise in warme Länder selbst erkranken oder andere anstecken.

inapparente Infektion

Vielfach werden Krankheitserreger aufgenommen, ohne daß es zu Krankheitserscheinungen kommt (= **inapparente Infektion**). Die Erregerausscheidung erfolgt in diesen Fällen meist nur über kurze Zeit (Keimträger z. B. bei *Meningokokken, Salmonellen* der *Enteritisgruppe, Shigellen, Staphylococcus aureus, Poliovirus* u. a.).

- Ansteckung des Menschen durch Tiere und deren Ausscheidungen = Zoonosen

Bei **Zoonosen** können **Tiere und deren Ausscheidungen** zur Ansteckungsquelle werden, z. B. Schlachttiere und Hühner für *gastroenteritische Salmonellosen*, Ratten für *Pest* und *Leptospirose – Morbus Weil*, Vögel für *Ornithose* und *Kryptokokkose*, Hunde für *Echinokokkosen*, Katzen für *Toxoplasmose*, Hamster für die *lymphozytäre Choriomeningitis*.

- sekundäre Infektionsquellen: Lebensmittel, Trinkwasser

Unbelebte, mit Krankheitserregern kontaminierte Gegenstände kommen als **sekundäre Infektionsquellen** in Betracht (Lebensmittel bei *Salmonellosen,*

Shigellosen und *Hepatitis A*; Trinkwasser bei *Cholera, Typhus* u.a.; Instrumentarium von Krankenhäusern bei infektiösem Hospitalismus).

9.3 Infektionsketten

Bei den **Anthroponosen** liegt eine *homogen-homonome Ansteckungskette* vor (d.h., die Übertragung erfolgt innerhalb einer Vertebraten-Spezies). Die epidemiologische Aufklärung wird manchmal durch Ausscheider oder abortiv Erkrankte erschwert. Auch Übertragung auf indirektem Wege, z. B. über kontaminierte Lebensmittel, kompliziert die Infektkette. *Syphilis* und *Röteln* können diaplazentar („vertikal") übertragen werden. Manche Anthroponosen, wie z.B. *Poliomyelitis* und *Meningitis epidemica*, besitzen relativ geringe Manifestationsraten der Erkrankung, d.h. viele werden infiziert und können die Erreger weiter verbreiten, doch nur wenige erkranken.
Grundsätzlich ähnliche Begriffe eignen sich für die deskriptive Epidemiologie der ätiologisch uneinheitlichen, d. h. z. B. durch *Staphylococcus aureus, Pseudomonas aeruginosa* oder andere Erreger hervorgerufenen exogenen **Nosokomialinfektion**.

Zoonosen haben z.T. recht komplizierte Infektionsketten, in die der Mensch auf verschiedene Weise eingeschaltet sein kann. *Direkte Übertragung* kommt z.B. bei der *Tollwut* durch Bißverletzung, *indirekte Übertragung* bei *Ornithose* und *Q-Fieber* durch Inhalation von kontaminiertem Staub vor. Bei den *gastroenteritischen Salmonellosen* stellen tierische Lebensmittel das Hauptverbindungsglied zum Menschen dar. Bei der *Pest* wird der Mensch in den Zyklus Ratte – Rattenfloh einbezogen und im Falle der *Lungenpest* sogar zur Infektionsquelle für aerogene Erregerübertragung auf andere Menschen.
Die durch **Zwischenwirte** (Vektoren) weiterverbreiteten Krankheiten, zu denen zahlreiche Tropenkrankheiten gehören, sind durch ein kompliziertes Wechselspiel zwischen Erreger, Wirt und manchmal mehreren Zwischenwirten charakterisiert. Da der Mensch häufig lediglich Zwischen- und Endwirt ist, endet die Infektionskette meistens bei ihm (Ausnahme: *Malaria*).

> Erregerreservoire, Vektoren und Naturherde (definiert als gemeinsame Biotope von Erregern, Vektoren und Reservoirtieren in einer den permanenten Erregerumlauf ermöglichenden Populationsdichte) sind von Umwelteinflüssen abhängig.

Infektionsketten

- homogen-homonome Infektionsketten bei Anthroponosen
- diaplazentare Übertragung z. B. bei Syphilis und Röteln

  Manifestationsrate der Erkrankung

Nosokomial-Infektionen ätiologisch uneinheitlich

- Zoonosen haben meist komplizierte Infektionsketten
  - direkte Übertragung (z. B. durch Tierbiß)
  - indirekte Übertragung
- durch Vektoren verbreitete Krankheiten: Mensch ist häufig Endwirt

Naturherde = permanenter Erregerumlauf in gemeinsamen Biotopen von Erreger, Vektor und Reservoirtieren

⇦

9.4 Morbidität – Mortalität – Letalität

Ein wichtiges Charakteristikum übertragbarer Krankheiten ist die **Morbidität**, d.h. die Zahl der Krankheitsfälle auf 100000 Einwohner pro Jahr. Aufschluß über die Gefährlichkeit ergibt die Berechnung der **Mortalität** (= Zahl der Todesfälle unter 100000 Einwohnern pro Jahr). **Letalität** wird in % ausgedrückt und gibt die Zahl der Todesfälle berechnet auf 100 Kranke an. **Inzidenz** bezeichnet die Zahl der Neuerkrankungen innerhalb eines Jahres; **Prävalenz** gibt die Zahl aller Fälle an einer bestimmten Krankheit an einem Stichtag an.

Morbidität – Mortalität – Letalität

- Morbidität = n Krankheitsfälle auf 100000 E/Jahr
- Mortalität = n Todesfälle auf 100000 E/Jahr
- Letalität = n Todesfälle unter 100 Kranken (in %)
- Inzidenz = n Neuerkrankungen innerhalb 1 Jahres
- Prävalenz = n Neuerkrankungen an einem Stichtag

9.5 Endemie – Epidemie – Tardivepidemie – Pandemie

Als **endemisch** wird das ständige Vorkommen einer übertragbaren Krankheit innerhalb bestimmter räumlicher Grenzen bezeichnet. Alle einheimischen übertragbaren Krankheiten besitzen endemischen Charakter (Beispiele: *Masern, Windpocken, Mumps, Röteln; Typhus abdominalis*). Das endemische Geschehen verläuft nicht gleichförmig, sondern zeigt über längere Zeiträume

Endemie – Epidemie – Tardivepidemie – Pandemie

- Endemie:
  eine übertragbare Krankheit kommt ständig in einer Region vor
  - saisonale Schwankungen
  - säkulare Rhythmik

fallende oder steigende Tendenzen. Saisonale Schwankungen der Erkrankungshäufigkeit sind bei *Typhus abdominalis* und *gastroenteritischen Salmonellosen* (Maximum im Spätsommer/Herbst), *Rotavirusinfektionen* (Maximum im Frühjahr), *Frühsommer-Meningoenzephalitis* u. a. bekannt. Seuchen wie *Diphtherie* und *Tuberkulose* zeigen außerdem eine säkulare Rhythmik.

- sporadische Fälle: im engeren Sinn = eingeschleppte Fälle

Sporadische Krankheitsfälle kommen ohne zeitliche und räumliche Begrenzung und ohne Zusammenhang untereinander innerhalb eines Gebietes vor, in dem die Krankheit nicht einheimisch ist. Demnach sind unter sporadischen Fällen im strengeren Sinn nur eingeschleppte Krankheitsfälle (z. B. von *Cholera*) zu verstehen, doch wird der Begriff in der ärztlichen Umgangssprache meist für einzeln auftretende einheimische Krankheitsfälle (z.B. *Meningokokkenmeningitis*) verwendet.

Sowohl Endemien wie auch sporadische Fälle sind mögliche Ausgangspunkte für Epidemien

Sowohl von importierten sporadischen Fällen als auch aus einer endemischen Situation heraus kann sich beim Zusammentreffen begünstigender Faktoren eine **Epidemie** (= gehäuftes Auftreten einer übertragbaren Krankheit in örtlicher und zeitlicher Begrenzung) entwickeln. Je nach Schnelligkeit der Entwicklung kommt es zu einer **Tardiv-** oder **Explosivepidemie**.

- Tardivepidemien
  - Kontaktketten und Inkubationszeiten wirken bremsend
  - Eingreifen der Gesundheitsbehörden erleichtert

Tardivepidemien entstehen durch Kontaktketten, bei denen durch eingeschaltete Inkubationszeiten mehr oder weniger große Zeiträume verstreichen, ehe eine größere Anzahl von Personen erkrankt ist. Der Anstoß geht meist von kleinen Gruppenerkrankungen aus, an die sich Infektionsketten mit relativ langsamem Anstieg der Gesamterkrankungszahlen anschließen. Tardivepidemien ermöglichen bei rechtzeitiger Erkennung ein wirkungsvolles Eingreifen der Gesundheitsbehörden.

- Explosivepidemien = größere Personenzahlen werden plötzlich erfaßt
- Pandemien = ohne örtliche Beschränkung

Explosivepidemien sind durch verseuchtes Trinkwasser, Milch oder andere Lebensmittel entstandene Epidemien, die plötzlich Hunderte von Personen erfassen können (Beispiele: *Typhus abdominalis, Hepatitis A, Cholera*).

Unter **Pandemie** ist die Ausbreitung einer übertragbaren Krankheit über bestimmte Zeiträume ohne örtliche Beschränkung zu verstehen (z. B. *Cholerapandemien; Influenzapandemien*).

Krankenhausepidemien – infektiöser Hospitalismus
- Gruppenerkrankungen in Krankenhäusern durch hochresistente Erreger
- Richtlinie des Bundesgesundheitsamtes

9.6 Krankenhausepidemien – infektiöser Hospitalismus

Meist durch hochresistente Stämme von *Staphylococcus aureus* oder bestimmten gramnegativen Stäbchen *(Klebsiella spp., Enterobacter spp.)* bedingte Gruppenerkrankungen im Krankenhaus haben die Aufmerksamkeit auf die Bedeutung der Einhaltung von Hygienevorschriften (vgl. Richtlinie des Bundesgesundheitsamtes „Erkennung, Bekämpfung und Verhütung von Krankenhausinfektionen") und auf den möglichst gezielten, sorgfältig indizierten Einsatz von Antibiotika gelenkt.

Erfassung übertragbarer Krankheiten

- Bundesseuchengesetz
- Gesetz zur Bekämpfung der Geschlechtskrankheiten

Grundlage für Ermittlungstätigkeit

Meldepflicht

Internationale Gesundheitsvorschriften der WHO

Bekämpfung übertragbarer Krankheiten
- Isolierung der Kranken
- Desinfektion von Kleidung, Wohnung, Ausscheidungen
- erregerspezifische Therapie
- Schutzimpfungen

9.7 Erfassung übertragbarer Krankheiten

Die Kontrolle der übertragbaren Krankheiten erfolgt mit Hilfe des „Gesetzes zur Verhütung und Bekämpfung übertragbarer Krankheiten beim Menschen" (= Bundesseuchengesetz) in seiner Neufassung vom 18.12.1979 und des „Gesetzes zur Bekämpfung der Geschlechtskrankheiten" vom 23. 07. 1953. Hiermit sind die Rechtsgrundlagen für Ermittlungen im Verdachts- und Krankheitsfall über Art, Ursache, Ansteckungsquelle und Ausbreitung der Krankheit durch das Gesundheitsamt geschaffen. Nach dem Bundesseuchengesetz sind der behandelnde Arzt und bestimmte andere Personen zur Meldung verpflichtet; Einzelheiten der Vorschriften im Verdachts-, Krankheits- und Todesfall regelt das Gesetz.

Internationale Gesundheitsvorschriften regeln die Maßnahmen bei der Seuchenbekämpfung im internationalen Reiseverkehr.

Zu den wichtigsten Maßnahmen bei der **Bekämpfung übertragbarer Krankheiten** gehören Isolierung der Kranken, Desinfektion (Kleidung, Wohnung, Ausscheidungen), spezifische Therapie und Schutzimpfungen.

10 Direkte Krankheitsdiagnose durch Bakteriennachweis

H. Werner

10.1 Vorbemerkung

Infektionen und Infektionskrankheiten sind durch ihre Erreger charakterisiert. Die *direkte Krankheitsdiagnose* besteht im mikroskopischen Erregernachweis, in der Erregerzüchtung und in äquivalenten Methoden wie dem Erregernachweis durch DNA-Sonden oder dem Nachweis eines spezifischen Toxins. Daneben kann die **ätiologische Diagnose** auch *indirekt*, z. B. durch den Nachweis erregerspezifischer Antikörper in Patientenserum, durch spezifische Hautteste u. a., gestellt werden.

Ätiologische Diagnose:
- direkt (z. B. durch Erreger- oder Toxinnachweis)
- indirekt (durch Antikörpernachweis)

Für die direkte Krankheitsdiagnose wird der bakterielle Erreger (bzw. sein Antigen oder sein Toxin) aus *signifikantem Untersuchungsmaterial* nachgewiesen.

signifikantes Untersuchungsmaterial: ⇦

> Signifikantes, d. h. krankheitsdiagnostisch relevantes Untersuchungsmaterial stammt vom Orte der Infektion (z. B. eitriges Punktat aus Pleuraempyem, Liquor bei Meningitis purulenta u. a.) und ist unter strikter Vermeidung akzidenteller oder florabedingter Kontamination zu entnehmen.

Bei den **nichtzüchtbaren bakteriellen Erregern** wie *Treponema pallidum* und *Mycobacterium leprae* ist der mikroskopische Nachweis die einzige Möglichkeit der direkten Krankheitsdiagnose. Die meisten menschenpathogenen Bakterien werden dagegen vornehmlich durch Züchtung nachgewiesen. Gegenüber der Züchtung hat der mikroskopische Erregernachweis im Originalmaterial den Nachteil geringerer Empfindlichkeit (kultureller Erregernachweis bis zu Keimdichten von 10^3 oder 10^2 pro ml möglich, mikroskopischer Nachweis dagegen erst ab 10^5 pro ml). Bei vielen bakteriellen Erregern, z. B. *grampositiven Haufenkokken, gramnegativen Stäbchen* und *grampositiven Kettenkokken*, ist das morphologische Verhalten im Originalmaterial nicht charakteristisch genug, so daß mikroskopisch die Identifizierung bis zur Speziesebene (z. B. *Klebsiella pneumoniae, Streptococcus pyogenes* usw.) ohne Züchtung nicht möglich ist.

nichtzüchtbare Erreger: mikroskopischer Erreger – Nachweis als einzige Möglichkeit der Krankheitsdiagnose

Geringe Empfindlichkeit des mikroskopischen Erregernachweises

mikroskopische Morphologie meist uncharakteristisch

Bakteriologische Untersuchungsgänge erfordern Arbeitsbedingungen, welche die Gefährdung des Laboratoriumspersonals so gering wie möglich halten und Kontaminationen von klinischen Untersuchungsproben und Kulturmedien vermeiden (laufende Sterilisation von Pipetten, Reagenzgläsern usw., Verminderung der aerogenen Infektionsgefahr durch Arbeiten in einer „reinen Werkbank“ u. a.). Besonders zu beachten sind die **Unfallverhütungsvorschriften**, welche die Berufsgenossenschaft für Gesundheitsdienst und Wohlfahrtspflege herausgibt. Die Erlaubnis für das Arbeiten mit Krankheitserregern regelt das **Bundesseuchengesetz**. Von Belang sind ferner „die vorläufigen Empfehlungen für den Umgang mit pathogenen Mikroorganismen und für die Klassifizierung von Mikroorganismen und Krankheitserregern nach den im Umgang mit ihnen auftretenden Gefahren“ des **Bundesgesundheitsamtes** aus dem Jahre 1981; in diesen Empfehlungen werden Bakterien (und Viren) je nach Gefährdung für Beschäftigte, Bevölkerung und Haustiere in die Risikogruppen I–IV eingeteilt.

Gefährdung des Laboratoriumspersonals

Unfallverhütungsvorschriften
- der Berufsgenossenschaft für Gesundheitsdienst und Wohlfahrtspflege,
- Erlaubnis für das Arbeiten mit Krankheitserregern (geregelt durch Bundesseuchengesetz)
- Einteilung in Risikogruppen 1–4 nach den Empfehlungen des Bundesgesundheitsamtes

10.2 Entnahme und Transport von Untersuchungsmaterial

Entnahme und Transport von Untersuchungsmaterial:

= ärztliche Maßnahme

Die Entnahme menschlicher Untersuchungsstoffe für die mikrobiologische Diagnostik ist eine ärztliche Tätigkeit. Dies wird besonders offensichtlich, wenn die Entnahme instrumentelle oder operative Eingriffe voraussetzt. Die

Gewinnung einfach zugänglicher Stoffe wie Sputum, Urin und Stuhl hat unter Aufsicht des Arztes und nach seinen Anweisungen zu erfolgen.

Operations- und Biopsiematerial

Entnahme unter aseptischen Bedingungen

sterile Gefäße ohne (z. B. fixierende) Zusätze

10.2.1 Operations- und Biopsiematerial

Ganze Organe, Organteile oder mehrere Gewebeproben aus verschiedenen Organbezirken werden unter aseptischen Bedingungen entnommen, zur Vermeidung akzidenteller Verunreinigungen unverzüglich in sterile Gefäße ohne Zusätze gegeben und möglichst rasch zum bakteriologischen Laboratorium gebracht.

Sektionsmaterial

Entnahme unmittelbar postmortal und unter sterilen Bedingungen

10.2.2 Sektionsmaterial

Die Probenentnahme ist bald nach Todeseintritt vorzunehmen (Gefahr der Ausbreitung von *Zersetzungsbakterien*). Durch Abtrennen oder Abglühen von Organteilen wird eine oberflächliche Desinfektion erzielt, anschließend sind unter mehrfachem Wechsel steriler Instrumente mehrere kleine Gewebestücke aus dem Inneren zu exzidieren; diese Gewebestücke können anschließend wie bioptisch gewonnenes Material behandelt werden.

Blutkulturen

Indikationen: *Sepsisverdacht*
Endokarditis u. a.

Entnahme bei Fieberbeginn

mehrere Proben erhöhen Nachweiswahrscheinlichkeit

arterielles Blut?
Vermeidung der sekundären Kontamination anläßlich Blutentnahme

Absterben der Erreger durch
– Antibiotikanachwirkung
– Blutbakterizidie
Zusatz von Komplementhemmern

schneller Transport

10.2.3 Blutkulturen

Indikationen sind *klinischer Sepsisverdacht, Endokarditis, Typhus abdominalis* und *Brucellose.* Da bei septischen und zyklischen Infektionskrankheiten die Erreger meist nur in geringer Anzahl und intermittierend in die Blutbahn ausgeschwemmt werden, sollte das Volumen der einzelnen Blutprobe mindestens 10–20 ml Venenblut betragen. Oft sind mehrere zu verschiedenen Zeitpunkten entnommene Proben zu untersuchen; als günstigster Entnahmezeitpunkt gilt der Beginn eines Fieberanstiegs. Alternativ kann eine Entnahmeserie von 3–4 Proben gleichmäßig über einen Zeitraum von 24–48 Std. verteilt werden. Außer aus **Venenblut** versuchen manche klinische Arbeitskreise die Erregeranzüchtung aus **arteriellem Blut** oder **Sternalpunktat**. Durch zuverlässige, zweiphasige Hautdesinfektion an der Punktionsstelle (erst Alkohole, dann Jodtinktur, PVP-Jod oder Jodersatzmittel) und Händedesinfektion oder sterile Handschuhe des Entnehmenden wird sekundäre Kontamination vermieden. Das Absterben der Erreger durch Antibiotikanachwirkung oder Blutbakterizidie soll durch den Zusatz von *Na-Polyanetholsulfonat* in industriell gefertigten Blutkulturflaschen (zahlreiche Hersteller) verhindert werden. Die modernen Blutkultursysteme (häufig parallel aerob und anaerob) werden meist am Krankenbett inokuliert und danach anschließend im Laboratorium als flüssiges Anreicherungsmedium benützt. Der Transport der Blutproben sollte so schnell als möglich vorgenommen werden. Wenn längere Intervalle zwischen Entnahme und bakteriologischer Verarbeitung nicht vermieden werden können, sind Blutkulturflaschen am Entnahmeort („auf Station") bei 37 °C vorzubebrüten.

Eiter

Punktion aus Abszessen und Empyemen

Problematik der schleimhautnahen Eiterungen

übliche Eitererreger

Anaerobier

Vorgehen bei Anaerobierverdacht

sauerstofffreies Transportmedium

Transport des Eiters im Anaerobiertopf

Probenentnahme aus offenen Eiterungen

10.2.4 Eiter

Material aus Abszessen und Empyemen sollte vor der therapeutischen Inzision durch Punktion und Aspiration mit einer Spritze unter aseptischen Bedingungen entnommen werden. Bei schleimhautnahen Prozessen ist Zugang von der Mukosa aus zu vermeiden und nach Möglichkeit Eröffnung des Herdes von der äußeren Haut aus anzustreben. Eine Portion des Eiters wird in ein steriles Röhrchen gefüllt und zur Untersuchung weitergeleitet. Übliche Eitererreger *(Staphylococcus aureus, Enterobacteriaceae, Streptococcus spp.)* überstehen meist auch längere Transportzeiten relativ gut. Anaerobier (*Bacteroides spp., Peptostreptococcus spp.* u. a.) sind vor allem bei Eiterungen zu erwarten, die vom Verdauungskanal und vom weiblichen Genitale ausgehen. Eiter aus intraabdominalen und pelvinen Prozessen wird deshalb ohne Luftbeimengung mit der Spritze aspiriert. Zum Transport bleibt der Eiter in der Entnahmespritze; die Kanüle wird zum luftdichten Abschluß in einen sterilen Gummistopfen eingestochen. Alternativ kann das Eitermaterial unter sterilen Kautelen in ein sauerstofffreies Transportmedium (mehrere industrielle Hersteller) übertragen werden. Grundsätzlich empfehlenswert ist auch, das Eitersekret in ein normales, steriles Röhrchen umzufüllen und letzteres in einen tragbaren Anaerobiertopf zu stellen, aus dem der Sauerstoff entfernt wird.

Vorgehen bei tiefen Wunden

Eiter aus offenen Prozessen wird mit einem Abstrichtupfer vom Wundrand aufgenommen oder mit einem scharfen Löffel aus dem befallenen Gebiet abgekratzt. Bei tiefen Wunden sollte eitriges Sekret mit einem sterilen Venenkatheter angesaugt werden. Ist nur wenig Eiter zu gewinnen, muß der Tupfer in Transportmedium eingestochen und so zum Laboratorium transportiert werden.

Damit der bakteriologische Befund nicht verzögert und Überwuchern pathogenetisch irrelevanter Kontaminanten vermieden wird, sollten alle Proben **unverzüglich** ins Laboratorium gebracht werden.

schneller Probentransport

10.2.5 Liquor

Liquor

Liquor wird durch Lumbal- oder Subokzipitalpunktion unter sterilen Kautelen aspiriert und in ein steriles Röhrchen gefüllt. Liquor bei *eitriger Meningitis* gehört zu den wenigen Untersuchungsmaterialien, aus denen durch Mikroskopie – vor der Kultur – eine Schnelldiagnose mit hoher Genauigkeit erstellt werden kann (z. B. Differentialdiagnose zwischen Meningokokken und Pneumokokken bei nichttraumatischer „Kokkenmeningitis"). Liquor ist daher stets ein besonders wichtiges Untersuchungsmaterial, das zu jeder Tageszeit auf dem schnellsten Wege ins bakteriologische Laboratorium zu bringen ist. Klinische Angaben, z. B. über *nichttraumatische Meningitis* (häufigste Erreger: Neisseria meningitidis, Haemophilus influenzae, Streptococcus pneumoniae) oder *posttraumatische Meningitis* (zu erwarten sind Klebsiella spp., andere Enterobacteriaceae, Pseudomonas aeruginosa u. a.), sind für das Laboratorium von großer Bedeutung.

Bei Verdacht auf *tuberkulöse Meningitis* (auch auf Protozoen, Viren) laufen getrennte Untersuchungsgänge ab.

mikroskopische Schnelldiagnose der eitrigen *Meningitis*

Liquor ist stets eiliges Untersuchungsmaterial

klinische Angaben über
– nichttraumatische Meningitis
– posttraumatische Genese

getrennte Untersuchungsgänge bei Verdacht auf tuberkulöse Meningitis (sowie nichtbakterielle Ätiologie)

10.2.6 Eiter und Sekrete aus dem Kopfbereich

Eiter und Sekrete aus dem Kopfbereich

Für **Bindehautsekrete** ist Aufsaugen mit einer Glaskapillare empfehlenswert. Lange Transportzeiten sind wegen der Hinfälligkeit der Erreger (*Haemophilus spp., Neisseria gonorrhoeae* u. a.) zu vermeiden. Transportmedien stellen allerdings, verglichen mit dem direkten schnellen Materialtransport, einen Behelf dar.

• Bindehautsekret

Gehörgangs- und Mittelohrsekrete werden mit einem Tupfer unter Sicht direkt von den Läsionen gewonnen. Sekrete und Eiter aus **Mund, Rachen und Nase** werden unter Sicht mit Tupferabstrich vom entzündeten Bereich gewonnen. Liegen membranöse Beläge vor, sind diese vorsichtig abzuheben und zur Untersuchung einzusenden. **Nasennebenhöhlensekrete** werden durch Spülung gewonnen. Als Spülflüssigkeit ist Ringerlösung mit Laktatzusatz zu empfehlen. Wegen der Hinfälligkeit vieler Sinusitiserreger in der Außenwelt müssen schneller Transport ins Laboratorium und unverzügliche bakteriologische Verarbeitung realisiert werden.

• Gehörgangs- und Mittelohrsekrete

• Material aus Mund, Rachen, Nase
Vorgehen bei Belägen

Sinus-Spülflüssigkeiten
schneller Transport wegen Hinfälligkeit der Erreger

10.2.7 Pleura-, Perikardial-, Peritoneal- und Synovialflüssigkeiten

Pleura-, Perikardial-, Peritoneal- und Synovialflüssigkeiten

Diese werden aspiriert und in sterile Röhrchen gefüllt. Bei Peritoneal- oder Pleurapunktaten sind als Eitererreger Anaerobier (*Bacteroides spp., Fusobacterium nucleatum* u. a.) zu erwarten. Die Konsequenz heißt schneller Transport mit unverzüglicher Untersuchung oder Verwendung von Transportmedien.

Aspiration
Vorgehen bei Anaerobierverdacht → Schneller Transport und unverzügliche Untersuchung

10.2.8 Sputum

Sputum

Sputum zur Untersuchung auf schnellwachsende bakterielle Pneumonieerreger (*Streptococcus pneumoniae, Enterobacteriaceae, Pseudomonas aeruginosa, My-*

schnellwachsende Pneumonieerreger

Gewinnung von eitrigem Sputum (Trennung von Speichel u. a.)

unverzügliche Verarbeitung

coplasma pneumoniae u. a.) ist in Form des ersten morgendlichen Auswurfes nach kräftigem Abhusten aus den tieferen Atemwegen zu gewinnen. Der Auswurf wird entweder direkt in das hierfür vorgesehene Versandgefäß abgegeben oder zunächst in eine sterile Glasschale entleert, aus der mit sterilen Instrumenten eitrige oder flockige Bestandteile in ein Sputumtransportgefäß umgefüllt werden. Unverzüglicher Transport ins Laboratorium verringert die Gefahr eines Überwucherns pathogenetisch irrelevanter Keime.

Vorgehen bei Tuberkuloseverdacht

⇒

Bei Tuberkuloseverdacht kann Sputum über einen längeren Zeitraum gesammelt werden; dabei ist jede Einzelportion bis zur Überstellung in das Untersuchungslabor bei 4 °C zu kühlen.

Bronchialsekret

Vermeidung der oropharyngealen Kontamination

bei Anaerobierinfektionen der Lunge → transtracheale Aspiration

10.2.9 Bronchialsekret

Wenn Sekret aus den tieferen Atemwegen durch Bronchoskopie oder transtracheale Aspiration gewonnen wird, läßt sich die oft irreführende oropharyngeale Keimkontamination vermeiden. Bei Anaerobierinfektionen der Lunge ist **transtracheale Aspiration**, neben direkter transthorakaler Punktion, die einzige Möglichkeit, zu einer ätiologischen Diagnose zu kommen.

Magen-, Duodenal- und Gallensaft

Campylobacter (Helicobacter) pylori

Tuberkuloseerreger

Duodenal- und Gallensaftproben für den Salmonella-Nachweis

10.2.10 Magen-, Duodenal- und Gallensaft

Die bakteriologische Diagnostik von Infektionen der Magenschleimhaut durch *Campylobacter pylori* hat neuerdings große Bedeutung angenommen. Magennüchternsaft wird zum Nachweis verschluckter, aber aus der Lunge stammender **Tuberkuloseerreger** benutzt. Duodenal- und Gallensaftproben („A-, B- und C-Galle") werden nach der Gewinnung über die Duodenalsonde getrennt in sterile Röhrchen umgefüllt. Als Untersuchungsauftrag werden meist Salmonellen angegeben (daneben Protozoen: *Lamblia/Giardia*).

Stuhl

Gewinnung für den Darmpathogenen-Nachweis

Stuhlröhrchen

Clostridium difficile (Keim- und Toxinnachweis)

Anal- bzw. Rektalabstrich

10.2.11 Stuhl

Stuhl für den Nachweis von *Salmonellen, Shigellen, Campylobacter spp.* und anderen Darmpathogenen (z. B. *Vibrio cholerae*) wird in ein sauberes Gefäß (Bettpfanne) ohne Urinbeimengung abgesetzt. Bei geformten Exkrementen wird mit dem Löffelchen des „Stuhlröhrchens" eine etwa bohnengroße Portion aus dem mittleren Teil der Faeces in das Stuhlröhrchen übertragen. Bei dünnflüssigem Stuhl sind 1–2 ml zu entnehmen, vor allem wenn der Untersuchungsauftrag auf *Clostridium difficile* und sein Toxin (sowie ggf. *Cryptosporidium spp.*) ausgedehnt wird. Bei manchen Patienten gelingt es lediglich, mit einem Tupfer aus der Region proximal des Sphincter ani Material für die Untersuchung abzustreichen. Schnelle Probenzustellung ist wegen der Hinfälligkeit z. B. der Shigellen oder der Brisanz mancher epidemiologischen Situationen (Choleraverdacht) stets anzustreben.

Harnröhren-, Prostata-, Zervikal- und Vaginalsekrete

empfindliche (in der Außenwelt hinfällige) Erreger, z. B. Gardnerella vaginalis: Transportmedien

Gonokokken-Transportmedium

10.2.12 Harnröhren-, Prostata-, Zervikal- oder Vaginalsekrete

Diese Sekrete werden unter Sicht (Spekulum bei der Frau) mit dem Tupfer entnommen. Da gerade im Genitaltrakt mit empfindlichen, d. h. in der Außenwelt hinfälligen Erregern wie *Gardnerella vaginalis, Bacteroides spp., Chlamydia trachomatis* u. a. zu rechnen ist, sollten Transportmedien eingesetzt werden. Zum kulturellen Nachweis von Gonokokken ist schnelle bakteriologische Verarbeitung unerläßlich; als Alternative kommt spezielles Gonokokken-Transportmedium (z. B. modifiziertes Thayer-Martin-Medium in gasdichten Flaschen mit 20%iger CO_2-Konzentration) in Betracht.

Urin

Ausschaltung der Urethralflora

10.2.13 Urin

Urin zur Untersuchung auf bakterielle Erreger von Harnwegsinfektionen *(Zystitis, Pyelitis, Pyelonephritis)* ist so zu gewinnen, daß die Harnbeladung mit den in der vorderen Urethra angesiedelten Keimen ausgeschlossen wird oder zumindest sich nicht befundverfälschend auswirkt. Zur Gewinnung von **Mittelstrahlurin** spült der Patient mit seiner ersten Harnportion die Urethra aus, und aus der mittleren Portion wird ohne Anhalten des Urinstrahls die Probe gewonnen. Durch **Katheterisieren** der Harnblase kann Urin für die bakteriologische Analyse gewonnen werden, wenn die Maßnahme aus anderen Gründen indiziert ist. Die **suprapubische Blasenpunktion** stellt allerdings die einzige Möglichkeit zur Gewinnung eines sicher kontaminationsfreien Harnes dar.

- Mittelstrahlurin
- Katheterurin
- suprapubische Blasenpunktion

10.2.14 Besondere Verfahren

Spezielle Verfahren

Nachweis von Mykoplasmen, Chlamydien, Rickettsien

Erregerspezifische besondere Verfahren werden für den Rickettsiennachweis (außer bei *Rochalimaea quintana* keine Vermehrung auf zellfreien Medien), z. T. auch bei Mykoplasmen und Chlamydien, benötigt. Rickettsienisolierung gehört nicht zu dem üblichen Spektrum der Untersuchungstechnik bakteriologischer Laboratorien; daher sind Vereinbarungen vor der Materialübersendung nötig.

10.3 Probenzustellung, Transportgefäße und -medien

Probenzustellung

Probenkennzeichnung (Patientennamen; Entnahmezeitpunkt u. a.)

Begleitschreiben
- u. a. mit klinischer Verdachtsdiagnose und Therapieangaben

Versand

Infektionsgefahr

Jede einzelne Materialprobe ist unmittelbar nach der Gewinnung mit Vor- und Zuname des Patienten und Datum zu kennzeichnen. Werden mehrere Untersuchungsproben gleichzeitig von demselben Kranken oder die gleiche Materialart kurz hintereinander mehrfach entnommen, so sind auch Material und Entnahmezeitpunkt zu vermerken. Außerdem muß jeder Probe ein Begleitschreiben mit Personalien des Patienten, Art des Untersuchungsmaterials, Entnahmezeitpunkt, gewünschter Untersuchung, Hinweisen auf klinische Symptomatik oder Verdachtsdiagnose und Angaben über antimikrobielle Chemotherapie beigefügt sein.

Postversand von Materialproben für mikrobiologische Untersuchungen hat wegen der häufig wechselnden Transportzeiten viele potentielle Nachteile. Um Postarbeiter und andere unbeteiligte Personen vor Gesundheitsgefahren zu schützen, ist der Versand menschlicher, potentiell infektiöser Untersuchungsstoffe durch gesetzliche Vorschriften geregelt (Neufassung der Vorschriften trat 1989 in Kraft).

Botendienst

Zwischen Krankenhäusern und Praxen, in denen täglich größere Mengen von Materialproben anfallen, und der bakteriologischen Untersuchungsstelle sollte ein regelmäßiger Botendienst eingerichtet werden. In manchen Fällen können Patient oder seine Angehörigen mit der Überbringung der Probe beauftragt werden. In Ausnahmesituationen *(Cholera-, Pestverdacht)* ist Materialtransport durch Boten obligatorisch.

Transportgefäße

Nur vorgeschriebene (zulässige) Gefäße verwenden!

Transportgefäße zur Aufnahme von Untersuchungsproben für die Diagnostik von Infektionskrankheiten müssen steril sein; unerläßlich sind weiterhin chemische Reinheit und Korrosionsbeständigkeit der Gefäße. Zur Verhütung von Laborinfektionen, vor allem aber zum Schutz unbeteiligter Personen während des Transportes müssen die Transportgefäße sicher verschließbar sein. Die zur Bearbeitung infektiöser Untersuchungsstoffe ermächtigten bakteriologischen Untersuchungsstellen geben dem Arzt auf Anforderung geeignete (wiederverwendbare) Gefäße ab.

Transportmedien
zur Verhütung des Absterbens empfindlicher Erreger

Transportmedien sollen die Hauptschwierigkeiten des bakteriologischen Erregernachweises umgehen helfen, nämlich Absterben der pathogenetisch relevanten, aber in der Außenwelt hinfälligen Erreger (wie *Gonokokken, Meningokokken, Haemophilus spp., Bacteroides spp.*) und Überwuchern von robusten, aber pathogenetisch bedeutungslosen Kontaminanten (je nach Probe: *Proteus spp., Pseudomonas spp.* u. a.). Für die verschiedenen Zwecke (*Gonokokken, Anaerobier* usw.) sind kommerzielle Transportmedien erhältlich.

10.4 Mikroskopischer Erregernachweis

10.4.1 Mikroskopische Untersuchungsverfahren

Mikroskopische Untersuchungsverfahren

- vorläufige Orientierung über den Bakteriengehalt klinischer Untersuchungsproben
- Mikromorphologie von Bakterienkulturen

Immunfluoreszenz ermöglicht Speziesdiagnose

Auflösungsvermögen der Immersionsobjektive

Mikroskopische Untersuchungsverfahren dienen in der medizinischen Bakteriologie hauptsächlich der vorläufigen Orientierung über den Bakteriengehalt klinischer Materialproben und außerdem der Prüfung von Zellformen, Beweglichkeit, Färbeeigenschaften und Einheitlichkeit der Kulturen. Eine mikroskopische Speziesdiagnose ist bei bakteriellen Krankheitserregern nur in Verbindung mit *serologischen Methoden* (z.B. **Immunfluoreszenz**) möglich. Die Form der Bakterien läßt sich am besten mit **Immersionsobjektiven** feststellen, die bei hohem Auflösungsvermögen eine Endvergrößerung zwischen 500- und 1000fach ermöglichen. Verstärkung der Lichtbrechung kommt über Spezialverfahren wie Dunkelfeld- oder Phasenkontrasttechnik sowie über Anfärbung zustande.

10.4.1.1 Nativpräparate

Nativpräparate

abgeblendetes Hellfeld; Dunkelfeld- oder Phasenkontrasttechnik
– Nachweis der Beweglichkeit
– Nachweis von Schraubenbakterien

Ohne vorausgehende abtötende und evtl. formverändernde Fixierung lassen sich Bakterien in bewachsenen Kulturflüssigkeiten oder in Eiter und Sekreten (1 Tropfen unter dem Deckglas) bei mittlerer bis starker Vergrößerung, ausreichender Abblendung des Hellfeldes oder Verwendung der Dunkelfeld- oder Phasenkontrasttechnik mikroskopisch untersuchen. Häufige Anwendungsbereiche sind Nachweis der Beweglichkeit und – in der Dunkelfeldtechnik – Nachweis von Schraubenbakterien (*Treponemen* in syphilitischem Reizsekret vom Primäraffekt; *Leptospiren* im Peritonealexsudat experimentell geimpfter Versuchstiere u. a.).

- Technik des „Hängenden Tropfens"

Technik des „Hängenden Tropfens": Benötigt wird ein Hohlschliffobjektträger und ein Deckglas. Vaseline wird ringförmig um die Aushöhlung des Objektträgers gestrichen. Ein Tropfen der bakterienhaltigen Suspension wird in die Mitte des Deckglases gegeben; der Hohlschliffobjektträger wird mit der Vertiefung nach oben so aufgesetzt, daß der Tropfen in der Mitte der Vertiefung liegt und die Vaseline das Deckglas nach leichtem Andrücken luftdicht abschließt. Das Präparat wird umgedreht und durch das Deckglas mikroskopiert. Im Randbereich des Tropfens läßt sich die Beweglichkeit der Bakterien zuverlässig beurteilen.

- Tuschepräparat = Negativdarstellung

Tuschepräparat (Negativdarstellung): Angestrebt wird die Darstellung der äußeren Konturen mikrobieller Zellen und Nachweis von Schleimkapseln. Das mit Tusche vermischte Untersuchungsmaterial (in der Regel Kulturmaterial) wird wie ein Blutausstrich auf dem Objektträger ausgezogen, luftgetrocknet und fixiert. Das Präparat wird anschließend ohne Deckglas mit dem Ölimmersionsobjektiv mikroskopiert. Wird das Tuschepräparat mit einem Bakterienfarbstoff (z. B. Fuchsin) angefärbt, so erscheinen innerhalb der ungefärbten Kapsel farbige Kokken oder Stäbchen.

Kapseldarstellung

10.4.1.2 Monochromatische und dichromatische Bakterienfärbungen

Monochromatische und dichromatische Bakterienfärbungen

gefärbt wird (denaturiertes) Zytoplasma

Gefärbt werden mit geeigneten Farbstoffen in erster Linie das Zytoplasma (nach Denaturierung durch Fixation mit Hitze, Methylalkohol u. a.) und Zelleinschlüsse. Das zu untersuchende Material wird auf einem Objektträger mit der Öse oder einem Tupfer dünn und gleichmäßig ausgestrichen. Nach vollständiger Lufttrocknung wird durch dreimaliges langsames Passieren des Objektträgers (mit der Schichtseite nach oben) durch die leuchtende Bunsenbrennerflamme das Präparat fixiert.

10.4.1.2.1 Monochromatische Färbungen (Methylenblau, Fuchsin u. a.)

Monochromatische Färbungen
(Methylenblau, Fuchsin u.a.)

Zur Durchführung der Färbung wird das fixierte Präparat mit der Schichtseite nach oben auf eine Färbebank gelegt und mit reichlich Farblösung bedeckt. Nach einer Einwirkungszeit von ca. 1 Min. wird der Objektträger mit Leitungswasser abgespült und zwischen Fließpapier getrocknet. Das Präparat wird ohne Deckglas unter dem Ölimmersionsobjektiv mikroskopiert. Bakterien sind in dem Farbton der verwendeten Lösung gefärbt.

Mikroskopie mit Ölimmersionsobjektiv

10.4.1.2.2 Dichromatische Färbungen (Differentialfärbungen)

Dichromatische Färbungen (Differentialfärbungen)

Bei den dichromatischen Färbungen wird das unterschiedliche Verhalten von Bakterien (grampositiv/gramnegativ; säurefest/nichtsäurefest) entweder durch Auswaschung des erstverwendeten Farbstoffes (= „Differenzierung") oder durch Metachromasie (= unterschiedliche Anfärbbarkeit verschiedener Zellbestandteile z. B. in der Neisserfärbung) sichtbar gemacht.

Prinzip der Differenzierung
Metachromasie

a) Gramfärbung (Gram 1884): Hitzefixierte Präparate werden zunächst für 1–2 Min. mit einer frisch filtrierten wässrig-alkoholischen Lösung von *Gentianaviolett* (Methylviolett, Kristallviolett) bedeckt. Anschließend wird die Farbe mit *Lugolscher Lösung* (Jodjodkalilösung) abgespült; das Präparat bleibt zur Beizung 1–2 Min. mit der Lösung bedeckt. Nach Abkippen der Lugolschen Lösung wird das Präparat mit absolutem *Äthylalkohol* bzw. Alkoholazetonmischung entfärbt, bis keine sichtbaren Farbwolken mehr abgehen. Danach wird der restliche Alkohol sofort mit Leitungswassser abgespült und das Präparat etwa 1 Minute lang mit verdünnter *Fuchsin*- oder *Safraninlösung* gegengefärbt.

a) Gramfärbung
hitzefixierte Präparate
Färbung mit Gentianaviolett
Beizung mit Lugolscher Lösung

Differenzierung mit Alkohol

Gegenfärbung mit Fuchsin

Grampositive Bakterien mit dicker Peptidoglykanschicht in der Zellwand halten die eingebeizte Gramfarbe im Zytoplasma auch unter der entfärbenden Wirkung des Alkohols fest und bleiben blauschwarz bis dunkel-violett. **Gramnegative Bakterien**, deren Zellwand nur eine dünne Peptidoglykanschicht besitzt, geben den violetten Farbstoff unter Alkoholeinwirkung schnell ab und nehmen die rote Gegenfarbe an.

- grampositive Bakterien: bleiben blauschwarz bis dunkel-violett
- gramnegative Bakterien: erscheinen rot

Im typischen Fall sind Zellwandaufbau des jeweiligen Testbakteriums (= *Gramtyp*) und das Verhalten in der Gramfärbung (= *Gramreaktion*) identisch. Der Ausfall der Gramfärbung wird z. T. auch durch das Alter der Kulturen und den Vitalitätszustand der Bakterien (z. B. in Abhängigkeit vom Nährstoffangebot) beeinflußt. Unter ungünstigen biologischen Bedingungen können Bakterien, die nach ihrem wissenschaftlich definierten Gramtyp sich eigentlich *grampositiv* verhalten müßten, so rasch und vollständig durch Alkohol entfärbt werden, daß sie *gramnegativ* erscheinen.

Gramtyp und Gramreaktion sind meist identisch
Diskrepanzen:
- infolge Alterung der Kulturen
- bei manchen Spezies (z. B. bestimmten *Clostridium-Arten; Cardiobacterium hominis* u. a.)

b) Ziehl-Neelsen-Färbung auf Säurefestigkeit (Ziehl und Neelsen, 1882 ff.): Der hitzefixierte Ausstrich wird mit wässrig-alkoholischer **Karbolfuchsinlösung** bedeckt. Danach wird der Objektträger auf der Färbebank von unten her mit der leuchtenden Bunsenbrennerflamme so lange erhitzt, bis die Lösung zu dampfen beginnt. Anschließend wird die rote Farblösung mit Leitungswasser abgespült und das Präparat mit 3%igem **Salzsäurealkohol** entfärbt. Die Entfärbung wird durch Abspülen unter Leitungswasser beendet und das Präparat mit wässriger **Methylenblaulösung** gegengefärbt.

b) Ziehl-Neelsen-Färbung auf Säurefestigkeit
hitzefixierte Präparate
Karbolfuchsinfärbung unter Erhitzung
Differenzierung mit Salzsäurealkohol
Gegenfärbung mit Methylenblau
säurefeste Bakterien erscheinen rot

Säurefeste Bakterien sind als einzige unter dem Mikroskop rot, während alle anderen biologischen Strukturen einschließlich sonstiger Bakterien, der Pilze, Epithelzellen u. a. blau erscheinen. Die Ziehl-Neelsen-Färbung erleichtert das Auffinden von Mykobakterien, insbesondere *Mycobacterium tuberculosis* und *Mycobacterium leprae*, in klinischen Untersuchungsproben sowie die Identifizierung von verdächtigen Kulturen.

Mycobacterium-Arten

Die Säurefestigkeit von *Nocardia-* und *Rhodococcus-Arten* ist meist schwächer ausgeprägt (am besten nach kurzer Entfärbung mit 1%iger Schwefelsäure nachweisbar).

partielle Säurefestigkeit von *Nocardia-* und *Rhodococcus-Arten*

c) Neisserfärbung für Corynebacterium diphtheriae (Polkörnchenfärbung; Neisser, 1897): Nach sukzessiver Anfärbung mit Neisser I (alkoholische Methylenblaulösung) und Neisser II (Chrysoidin) zeigt insbesondere *C. diphtheriae* charakteristische, an den Zellenden gelegene blaue (metachromatische) „Polkörnchen" bei goldgelb gefärbtem Zelleib.

c) Neisserfärbung für Corynebacterium diphtheriae
Neisser I und II (ohne Differenzierung)
Nachweis *metachromatischer Polkörnchen*

Spezialfärbungen **für einzelne Zellstrukturen** geeignet für die Darstellung von:
- Geißeln
- Kapseln
- Sporen

10.4.1.3 Spezialfärbungen für einzelne Zellstrukturen

Mit Spezialfärbungen können auch Bakterienstrukturen wie Geißeln, Kapseln und Sporen, die in den üblichen mono- und dichromatischen Färbungen nicht tingiert sind, dargestellt werden.

Fluoreszenzmikroskopie

Auraminfärbung
Immunfluoreszenz

Fluorochrome (= Fluoreszenzfarbstoffe)

Fluoreszeinisothiozyanat

10.4.1.4 Fluoreszenzmikroskopie

Sowohl die direkte **Fluorochromierung** von Bakterien (z. B. von Mykobakterien durch Auramin) als auch die **Immunfluoreszenz** kann nur in Mikroskopen mit spezieller Ausrüstung (Durchlicht- oder Auflichtfluoreszenztechnik) sichtbar gemacht werden. Fluoreszenzfarbstoffe (Fluorochrome) sind chemische Verbindungen, die kurzwelliges Licht oder UV-Strahlen absorbieren und dabei Licht längerer Wellenlänge aussenden; sie können zur unmittelbaren Fluorochromierung von Mikroorganismen verwendet werden. **Fluoreszeinisothiozyanat** läßt sich an Immunglobulinmoleküle koppeln, ohne daß die spezifische Bindungsfähigkeit der Antikörper verloren geht (Immunfluoreszenz).

besondere Bedeutung des Immunfluoreszenztests
- **direkte Immunfluoreszenz**
- **indirekte Immunfluoreszenz**

Anwendung der direkten Immunfluoreszenz für den Erregernachweis

In der modernen Medizinischen Mikrobiologie hat der Immunfluoreszenztest besondere Bedeutung erlangt, und zwar entweder in der direkten Modifikation (= spezifisches Anti-Erreger-IgG ist fluoreszeinmarkiert) oder in der indirekten Testausführung (IIFT; an Erreger bzw. Antigene bindet sich ein spezifisches IgG, mit welchem in einem zweiten Schritt das fluoreszeinmarkierte Anti-IgG-IgG reagiert). Während der IIFT hauptsächlich in der *indirekten Krankheitsdiagnose* (d. h. zum Nachweis von Antikörpern im Patientenserum) Anwendung findet, wird die direkte Immunfluoreszenz z. B. für den *Listeria-monocytogenes-* und *Haemophilus-influenzae-Nachweis* im Liquor oder den *Legionella-pneumophila-Nachweis* im Sputum eingesetzt.

Elektronenmikroskopie

- Transmissions-Elektronenmikroskopie: Untersuchung von Bakterien-Ultradünnschnitten
- Raster-Elektronenmikroskopie: dreidimensionale Bilder von Bakterienkolonien

10.4.1.5 Elektronenmikroskopie

Elektronenmikroskope besitzen ein 100 000mal größeres Auflösungsvermögen als Lichtmikroskope. Bei der **Transmissions-Elektronenmikroskopie** werden Ultradünnschnitte (20–80 nm Stärke) von Bakterien u. ä. untersucht. Die **Raster-Elektronenmikroskopie** liefert, über technische Zwischenstufen visualisiert, dreidimensionale Bilder von Bakterienkolonien und an Oberflächen adhärierenden Bakterien (z. B. *Staphylococcus epidermidis* an der Innenfläche von Venenkathetern).

Kulturelle Verfahren zum Nachweis bakterieller Erreger

Bakterien züchtbar auf agarhaltigen Nährböden und in Flüssigmedien

nichtzüchtbar: *Treponema pallidum* und *Mycobacterium leprae*

10.5 Kulturelle Verfahren zum Nachweis bakterieller Erreger

Mit Ausnahme der obligat intrazellulären Rickettsien und Chlamydien sind bakterielle Erreger in zellfreien Flüssigmedien oder auf der Oberfläche „fester“ agarhaltiger Medien züchtbar. Züchtung im Sinn von Erstisolierung und beliebig langer Weiterzüchtung ist allerdings noch nicht gelungen bei *Mycobacterium leprae* und den pathogenen *Treponema-Arten.* Bei den übrigen Hunderten von bekannten bakteriellen Erregern ist kultureller Nachweis auf geeigneten Nährböden unter aeroben, „mikroaerophilen“ oder anaeroben Bedingungen möglich.

Züchtung = kulturelle Vermehrung aus ursprünglich einer vitalen Bakterienzelle: empfindlichste Nachweismethode überhaupt

Da Züchtung auf Vermehrung aus potentiell ursprünglich nur einer vitalen Bakterienzelle beruht, ist der **kulturelle Nachweis** bakterieller Krankheitserreger die empfindlichste Methode überhaupt. Dieser Vorteil der Kulturmethode wird besonders deutlich bei Untersuchungsmaterialien mit geringen initialen Erregerkonzentrationen (z. B. Blut bei Sepsis).

Zusammensetzung bakteriologischer Nährmedien:
- Peptone
- Fleischextrakt, Spurenelemente, Vitamine u. a.
- verschiedene Salze (meist in isotonischer Konzentration)

Die meisten diagnostisch genutzten bakteriologischen Nährmedien enthalten als Kohlenstoff-, Stickstoff- und Energiequellen *Peptone* (Spaltprodukte tierischer oder pflanzlicher Eiweiße) oder *Fleischextrakt* neben *Wasser*, verschiedenen *Spurenelementen* und *Vitaminen.* Vielen modernen Medien ist *Hefeextrakt* (besonders reich an Vitaminen des B-Komplexes) zugesetzt. *Kochsalz* wird meist in isotonischer Konzentration (z. B. zur Stabilisierung der

Erythrozyten bei bluthaltigen Medien) verwendet. *Puffersalze* (Phosphate oder Karbonate), die sich in den Formulierungen der meisten Medien finden, sollen den pH-Wert unter der wachstumsbedingten Anhäufung von sauren oder alkalischen Metaboliten konstant halten. Der Zusatz von *Glukose* verbessert das Wachstum von fermentierenden, aber auch von asaccharolytischen, jedoch glukose-assimilierenden Spezies. Nach Herstellung werden bakteriologische Kulturmedien durch Autoklavieren sterilisiert; *thermolabile Substanzen* werden in Lösung filtriert und nach dem Autoklavieren zugesetzt.

- Glukosezusatz (verbessert Ausbeute)

Sterilisation der Nährböden
Sterilzusatz thermolabiler Substanzen

Während sich in flüssigen Medien („Nährbouillon" u. a.) die Nachkommen der inokulierten Bakterien verteilen und eine Trennung von Mischkulturen aus mehreren Spezies nicht möglich ist, bieten in Kulturschalen gegossene, mit gelierenden Zusätzen (Agar; ggf. Serum u. a.) versehene Medien den mit der Impföse – im fraktionierten Dreiösenausstrich – deponierten Bakterien Gelegenheit zur Koloniebildung (1 Kolonie = ca. 10^9 Bakterien). Einzelkolonien stellen meist die Nachkommen einer ursprünglichen Bakterienzelle und damit reine Kulturen dar. Die Kolonien verschiedener Bakterienspezies weisen charakteristische Unterschiede in Konsistenz, Größe, Farbe und Form (Oberflächen- und Randstruktur) auf, wodurch eine vorläufige Identifizierung, aber auch die Erkennung von Mischkulturen erleichtert wird. Koloniebildung auf der Oberfläche fester Medien ist das Basisphänomen zur Erzielung von Reinkulturen und zur Beschreibung von Spezies und damit der gesamten neueren wissenschaftlichen Bakteriologie (Mikrobiologie).

In flüssigen Medien:
gleichmäßige Verteilung der Bakterien;
keine Trennung von Mischkulturen möglich;

auf Agarmedien:
Koloniebildung

Einzelkolonie = Nachkommen einer Bakterienzelle → Erzielung von Reinkulturen durch Koloniebildung auf festen Medien

Je nach Untersuchungsmaterial und vermuteten bzw. erwarteten Erregern kommen unterschiedliche Medien und Bebrütungsverfahren zum Einsatz, z. B. werden bei **Eiterproben** größere Nährbodensätze aus Optimal- und Selektivmedien für die parallele aerobe und anaerobe Bebrütung zur Erfassung aerob wachsender *Enterobacteriaceae, Streptococcus-* und *Staphylococcus-Arten* sowie anaerober Keime der *Clostridium-, Bacteroides-* und *Peptostreptococcus-Gruppe* beimpft oder bei **Liquor** ein Nährbodensatz aus Blutagar, Kochblutagar und Endo-Agar (oder anderem *Enterobacteriaceae-Medium*) verwendet, der die vorherrschenden Meningitiserreger wie *Meningokokken, Pneumokokken, Haemophilus influenzae, B-Streptokokken* und *Escherichia coli* sicher erfaßt.

Diagnostische Verwendung bestimmter Nährbodensätze je nach Untersuchungsmaterial und vermuteten Erregern.

z. B. bei Liquor: Blutagar, Kochblutagar und Endoagar

Während bei Liquor, Blut, Gewebe u. a. normalerweise **keimfreien** Materialien die Infektionsdiagnostik den Nachweis aller aktuellen Erreger auf sog. Optimalmedien anstrebt – und daher Züchtung mit Isolierung gleichzusetzen ist –, stellt die Suche nach bestimmten Erregern aus normalerweise **keimhaltigen** Materialien wie Rachen- und Genitalsekret sowie Darminhalt ein technisch komplexeres Problem dar. Grundsätzlich ließe sich zwar die Isolierung von *Salmonella-Arten* aus Stuhl, *Bordetellen* aus Rachensekret und *Gonokokken* aus Zervix- oder Urethralsekret auch mit nichtselektiven (optimalen oder „universellen") Medien lösen, doch wäre der Arbeitsaufwand infolge der dann notwendigen zahlreichen Abimpfungen „verdächtiger" Kolonien unvorstellbar groß. Deshalb werden in der diagnostischen Mikrobiologie für die genannten Zwecke **Selektivmedien** verwendet.

Vorgehen bei ursprünglich keimfreien Materialien

Erregerisolierung aus normalerweise keimhaltigen Materialien

Ein Selektivmedium sollte möglichst nur den gewünschten Erreger aus natürlichen Mischkulturen oder aus mischinfiziertem Material zum Anwachsen kommen lassen. Zur Suppression der unerwünschten „Begleitkeime" werden u. a. inhibitorische Farbstoffe, Gallensalze und Antibiotika als Nährbodenzusätze benutzt (Beispiele: Kohle-Pferdeblut-Cephalexin-Agar zur selektiven Züchtung von *Bordetella pertussis*; Kanamycin-Vancomycin-Blutagar zur selektiven anaeroben Züchtung von *Bacteroides-Arten*). Viel angewendet werden kombinierte Selektiv- und Differentialmedien, z. B. Medien zur Isolierung laktose-negativer Enteropathogener der *Salmonella-* und *Shigella-Gruppe* (nach Leifson u. a.).

Bedeutung der Selektivmedien

Suppression der unerwünschten Keime

Selektivmedium für Keuchhustenerreger
Kanamycin-Vancomycin-Blutagar für Bacteroides-Arten
Selektivmedien für laktose-negative Enterobacteriaceae

Flüssige Medien zur speziellen Züchtung („Anreicherung") bestimmter Erreger werden als **Elektivmedien** bezeichnet. Förderung (Anreicherung) wird durch stark abweichende pH-Werte (z. B. alkalisches Peptonwasser zur Anreicherung von *Choleravibrionen* aus Stuhl), durch chemische Hemmstoffe (z. B. Tetrathionatbouillon zur Anreicherung von *Salmonellen* aus Stuhlproben)

Elektivmedien (flüssige „Anreicherungsmedien")

Choleravibrionen
Salmonellen

Staphylokokken; Enterokokken

Züchtung und Isolierung anaerober Bakterien

Wachstum von Aerobiern (die fakultative Anaerobier sind) unter anaeroben Bedingungen erschwert Isolierung von Anaerobiern

karboxiphile Bakterien

mikroaerophile Bakterien

oder hohe Kochsalzkonzentrationen (für die Anreicherung von *Staphylokokken* oder *Enterokokken*) erzielt.
Züchtung und vor allem Isolierung **strikt anaerober Bakterien** bereiten dem diagnostischen Laboratorium immer wieder besondere Schwierigkeiten, weil nicht nur spezielle Flüssigmedien mit Zusatz von Hämin, Menadion und reduzierenden Stoffen (Zystein, Thioglycolat u. a.) hergestellt und verwendet werden müssen und die verschiedenen Techniken der anaeroben Bebrütung (Anaerobier-Brutschrank mit Evakuierung und Begasung; Anaerobiertöpfe mit H_2- und CO_2-Entwicklern u. a.) zu realisieren sind, sondern vor allem weil viele sog. Aerobier, die genau genommen fakultative Anaerobier sind, wie *Enterobacteriaceae, Streptococcus-* und *Staphylococcus-Arten,* in der nichtselektiven Anaerobierkultur ebenfalls anwachsen und erst durch weitere Subkultur- und Isolierungsschritte getrennt werden müssen. **Karboxiphile** oder **kapnophile Bakterien** (Beispiel: *Capnocytophaga spp.*) benötigen eine CO_2-Spannung von 5–10% zum Oberflächenwachstum. Mikroaerophile Bakterien (Campylobacter spp.) zeigen erst bei erniedrigter O_2-Spannung (5%) – und bei CO_2-Konzentrationen um 10% – Koloniebildung.

Identifizierung

vorläufige Diagnose

- Identifizierung von schnellwachsenden Bakterien (innerhalb Tagesfrist)
- Identifizierung von langsamwachsenden Erregern, z. B. *Mycobacterium-Arten,* (innerhalb mehrerer Tage oder Wochen)

10.5.1 Identifizierung

In frühen Stadien des bakteriologisch-diagnostischen Ablaufs stehen erst **vorläufige Diagnosen** – wie grampositive Kokken in Blutkultur nachgewiesen – zur Verfügung, nicht selten aber bereits mit dem Antibiogramm. Die Identifizierung der Erreger bis zur Speziesebene wird – als Ergebnis der nach der Isolierung unverzüglich angelaufenen kulturell-biochemischen („physiologischen") und evtl. antigenetischen Prüfung – in der Regel in Tagesfrist verfügbar sein. Bei langsam wachsenden bakteriellen Erregern, z. B. strikten Anaerobiern, und dem extrem langsam wachsenden *Mycobacterium tuberculosis* beträgt das diagnostisch-identifikatorisch leere Intervall in Abhängigkeit von der Wachstumsgeschwindigkeit Tage oder sogar Wochen.

Identifizierung bis zur Gattungsebene

Gattungsdiagnose = Frühstadium des bakteriologischen Befundes

Speziesdiagnose meist unerläßlich

10.5.1.1 Identifizierung bis zur Gattungsebene

Für eine Identifizierung von Isolaten bis zur Gattungsebene wird wegen des kleinen gemeinsamen Nenners aller Angehörigen einer Gattung ein geringerer informatorischer und experimenteller Aufwand benötigt als für die Speziesdiagnose. **Gattungsdiagnosen** sind in manchen Fällen mit dem Frühstadium des bakteriologischen Befundes gleichzusetzen, z. B. „Salmonellen nachgewiesen; genaue Identifizierung folgt". Bei medizinisch relevanten Erregern muß stets die Speziesdiagnose angestrebt werden, z. B. ist die Diagnose *Corynebacterium spp.* bei Diphtherieverdacht unbrauchbar, benötigt wird die Information, ob toxinbildendes *Corynebacterium diphtheriae* vorliegt. Dagegen brauchen bekanntermaßen zur Normalflora gehörige apathogene Bakterien wie Angehörige der Gattung *Lactobacillus* nicht bis zur Speziesebene identifiziert zu werden.

Zweizucker-Eisenagar nach Kligler für die vorläufige Differenzierung der Gattungen:
- *Escherichia, Citrobacter*
- *Salmonella*
- *Shigella*
- *Proteus* u.a.

Eine praktisch besonders wichtige und häufig angewendete Methode für eine vorläufige Gattungsdiagnose bei *Enterobacteriaceae* stellt der **Zweizucker-Eisenagar** nach Kligler dar. Das Medium wird mit verdächtigen Kolonien beimpft und erlaubt die Ablesung der Spaltung von Glukose und Laktose sowie der Gasbildung aus Glukose und der Schwefelwasserstoffbildung. So können bei sehr zahlreichen Isolierungen aus Stuhlproben vorläufige Differenzierungen in *Escherichia, Citrobacter, Proteus, Salmonella, Shigella* u. a. erfolgen und erst bei Verdacht auf *Salmonella* oder *Shigella* Antigenanalysen durchgeführt werden.

Speziesidentifizierung

Speziesidentifizierung ist Zielpunkt der ätiologischen Diagnose
→ Therapie – und Bekämpfungsmaßnahmen

bei *Staphylococcus aureus* nur eine diskriminierende Reaktion: Plasmakoagulasetest

10.5.1.2 Speziesidentifizierung

Die Spezies steht nicht nur wissenschaftlich, sondern auch medizinisch im Mittelpunkt wichtiger **ätiologischer Diagnosen** sowie der daraus abgeleiteten Therapie- und Bekämpfungsmaßnahmen. Der mikrobiologisch-identifikatorische Aufwand bis zur Feststellung der Spezies ist je nach beteiligtem Krankheitserreger meist ganz verschieden: Während z. B. *Staphylococcus au-*

reus – außer über Koloniefom, Hämolyse und mikroskopische Charakterisierung als grampositive Kokken – letztlich über nur **eine diskriminierende Reaktion**, nämlich den positiven Plasmakoagulasetest, identifiziert werden kann, ist für die Diagnose *Corynebacterium diphtheriae* neben physiologischen Merkmalen der Nachweis von Diphtherietoxin im Elektest und für die Identifizierung von *Salmonella typhi* außer der Bestimmung zahlreicher biochemischer (physiologischer) Merkmale in einer konventionellen Bunten Reihe oder in einem modernen miniaturisierten System (API, Minitek u. a.) noch der Nachweis von O-Antigen (O9, evtl. Vi) und von monophasischem H-Antigen d nötig.

Nachweis von Diphtherietoxin entscheidend für die Diagnose *Corynebacterium diphtheriae;* dagegen bei *Salmonella-Arten* u.a. hoher Aufwand an biochemischen und serologischen Prüfungen.

In der diagnostischen Mikrobiologie werden für nahe verwandte bzw. sich ähnlich verhaltende Erregergruppen entweder selbst hergestellte („konventionelle") Sets von Reaktionen (Bunte Reihe) oder die entsprechenden kommerziell erhältlichen meist miniaturisierten Systeme eingesetzt, so z. B. für *Streptococcus-Arten* (einschließlich Enterokokken), *Staphylococcus-Arten* (seitdem neben S.aureus und S.epidermidis noch weitere Spezies abgegrenzt werden), *Enterobacteriaceae* und nichtkohlenhydratfermentierende gramnegative Stäbchen. Da bei den letzterwähnten Keimen die für *Enterobacteriaceae* bewährten Reaktionen mit zahlreichen Kohlenhydraten, Alkoholen und Glykosiden identifikatorisch leer bleiben (non-fermenter), wurden hier in den letzten Jahren Sets von künstlichen Substraten nutzbar gemacht, die durch bakterielle Hydrolasen abgebaut werden und Farbreaktionen in Gang setzen.

konventionelle (selbsthergestellte) und kommerziell erhältliche Diagnostiksets

Enzymnachweise (Hydrolasen u.a.) für asaccharolytische Keime

10.5.1.3 Intraspezifische (= infraspezifische) Differenzierung

Intraspezifische (= infraspezifische) Differenzierung
unterschiedliche Entitäten innerhalb von Spezies

Hierbei handelt es sich um die Identifizierung von unterschiedlichen **Entitäten** innerhalb definierter Spezies, z.B. der Toxintypen von *Clostridium perfringens* oder der Serotypen (Serovare) von *Listeria monocytogenes.* Die intraspezifische Feindiagnostik wird vor allem dann mit beträchtlichem experimentellem und methodischem Aufwand betrieben, wenn epidemiologische Fragestellungen – wie die Etablierung von Infektketten – zu klären sind. Beispiele für wichtige Erreger und die jeweiligen Methoden sind: *Clostridium difficile,* bei dem Erregerquellensuche u. ä. auf Bestimmung von Proteinmustern (festgestellt mit Hilfe von PAGE = Polyacrylamidgelelektrophorese), Bakteriozinen, Antigenen (Agglutinogenen) und Plasmid-Profilen gestützt werden; durch *Pseudomonas aeruginosa* bedingte Krankenhausinfektionen können anhand von Serovarbestimmung und Bakteriozin-Mustern nach Herkunft und Verlauf näher analysiert werden.

bei epidemiologischen Fragestellungen → Infektkettensuche:
- Proteinmuster u.a. bei *Clostridium difficile*
- Serovarbestimmung und Bakteriozin-Muster bei *Pseudomonas aeruginosa*

Seit langem von besonderer Bedeutung ist die intraspezifische Feinidentifizierung mit Hilfe spezifischer Bakteriophagen (= **Lysotypie**). Da die Phageninfektion, bei der über intrazelluläre Virusvermehrung Lyse der bakteriellen Wirtszelle und im weiteren Verlauf der gesamten Bakterienkultur eintritt, mit der Anheftung an spezifische bakterielle Rezeptoren beginnt, tritt das Phänomen der Bakteriolyse jeweils nur bei bestimmten Angehörigen einer Spezies – die dann als Phagtyp charakterisiert sind – auf. Praktisch bewährt hat sich Lysotypie für Infektkettensuche bei Infektionen durch *Staphylococcus aureus* und Salmonella-Arten *(S. typhi, S. paratyphi B, S. typhimurium).*

Lysotypie durch spezifische Bakteriophagen, bedeutsam bei:
- *Staphylococcus aureus*
- *Salmonella typhi, Salmonella paratyphi B*
- *Salmonella typhimurium*

10.6 DNA-Sonden für den spezifischen und schnellen Erregernachweis

DNA-Sonden für den spezifischen und schnellen Erregernachweis (zunehmende Bedeutung in der Mikrobiologie)

In allen lebenden Zellen, d. h. auch in allen Mikroorganismen, finden sich Gene oder **DNA-Sequenzen** sowie deren direkte Produkte, nämlich RNA-Sequenzen. Falls ein mikrobieller Erreger in einem Untersuchungsmaterial vorhanden ist, müssen sich auch seine DNA-Sequenzen darin finden. Mit Hilfe einer erregerspezifischen DNA-Sonde kann daher der Mikroorganismus durch den Vorgang der DNA-Hybridisierung nachgewiesen werden.

Spezifität

Angehörige derselben Bakterienspezies enthalten identische DNA-Sequenzen. Während die Gegenwart von RNA-Sequenzen von deren genetischer

Erhöhung der Empfindlichkeit
→ direkter Erregernachweis bei geringer Erregerdichte
DNA-Sonden mit Längen von 10–10^4 Dalton
– radioaktive Marker
– nichtradioaktive Marker

anwendbar für den Nachweis von
- *Mycobacterium-Arten*
- *Legionella pneumophila*
- *Chlamydien*
- *Gonokokken* u. a.

Expression abhängt, enthalten alle lebenden Zellen derselben Bakterienspezies in relativ großer Menge rRNA von identischer Sequenz. Auf rRNA komplementäre DNA-Sonden besitzen daher eine höhere Empfindlichkeit und können insbesondere für den direkten Erregernachweis bei geringen Erregerdichten eingesetzt werden.

DNA-Sonden variieren in der Länge zwischen 10 und mehr als 10^4 Basen. Zur Markierung, von welcher der Nachweis evtl. stattfindender Hybridisierung abhängt, werden **radioaktive** und **nichtradioaktive** Marker (z. B. biolumineszenz-aktive Stoffe) eingesetzt.
Beschrieben und wissenschaftlich angewendet sind DNA-Sonden für *Treponema pallidum, Legionella-Arten, Mycobacterium spp., Chlamydia spp., Mycoplasma spp.*, Virulenz-Plasmide von *Shigella*-Arten und enteroinvasiven *Escherichia-coli*-Stämmen, *Mobiluncus*-Arten u. a. Bei weiterem Ausbau von sensitiven, nichtradioaktiven DNA-Sonden wird diese Technik in der Medizinischen Mikrobiologie bald zunehmende Bedeutung erlangen.

Indirekte Krankheitsdiagnose durch Antikörpernachweis

11. Indirekte Krankheitsdiagnose durch Antikörpernachweis – Serologische Techniken

W. R. Heizmann

11.1 Anwendungsgebiete

indirekte Krankheitsdiagnose wichtig bei Rikkettsiosen, Syphilis u. a.

Grundlage der serologischen Methoden: Antigen-Antikörper-Reaktionen

Titer = höchste in einer Testmethode noch reagierende Serumverdünnung

Eine **indirekte Diagnose** über den Nachweis von Antikörpern im Serum kann bei bestimmten Infektionskrankheiten notwendig werden. Häufig handelt es sich dabei um Infektionen durch *schwer oder nicht anzüchtbare Erreger* wie Rickettsien, Mykoplasmen, Treponema pallidum u. a. Auch Krankheiten, bei denen keine Erreger mehr in Untersuchungsmaterialien nachweisbar sind, können über die indirekte Diagnose teilweise noch geklärt werden. **Serologische Methoden** beruhen darauf, daß spezifische Antikörper mit dem homologen Antigen eine Bindung eingehen, die dann direkt sichtbar oder über Indikatorsysteme nachgewiesen wird. Mit Hilfe eines Teils dieses Methodenarsenals können neben Serum auch andere antikörperhaltige Flüssigkeiten (wie z. B. Liquor) untersucht werden. Die relative Menge an spezifischen Antikörpern im Serum kann durch den sog. *Titer* angegeben werden. Beim Titer handelt es sich um die höchste in einer Testmethode noch reagierende Serumverdünnung. Angaben in serologischen Befunden können etwa so lauten: „Antikörper gegen Treponema pallidum wurden mit einem Titer von 1:320 (es folgt die Angabe der Testmethode) im Serum nachgewiesen". Neben dem Titer findet sich neuerdings auch die Angabe der *optischen Dichte* bei Enzymimmunoassays, da bei dieser Methode die Zunahme einer Farbentwicklung im allgemeinen proportional zur vorhandenen Antikörpermenge ist.

12.1.1 Sensitivität und Spezifität

Sensitivität von serologischen Methoden

Zwei wesentliche Parameter sind für die Qualität einer serologischen Methode wichtig, nämlich **Sensitivität** und **Spezifität**. Die **Sensitivität eines Testes** gibt an, wieviel Prozent der an einer Infektion erkrankten Personen mit diesem Test erfaßt werden.

$$\frac{PE}{(PE + NE)} \times 100 = \text{Sensitivität}$$

PE: Zahl der im Test **positiven** sicher erkrankten Personen
NE: Zahl der im Test **negativen** sicher erkrankten Personen
PE + NE: Gesamtzahl der sicher erkrankten Personen

Spezifität von serologischen Methoden

Die **Spezifität** ist der Prozentsatz von untersuchten Personen ohne Erkrankung, bei denen die Untersuchung auch negativ ausfällt.

$$\frac{NP}{(NP + PP)} \times 100 = \text{Spezifität}$$

NP: Zahl der im Test negativen Probanden ohne diese Erkrankung
PP: Zahl der im Test positiven Probanden ohne diese Erkrankung
NP + PP: Zahl der Probanden ohne diese Erkrankung

⇦

Bei einer Sensitivität von 96 % werden von 100 erkrankten Personen 4 nicht mit dem angewandten Testsystem erfaßt, während bei einer Spezifität von 97 % drei gesunde Personen als falsch positiv eingestuft werden. Serologische Untersuchungsmethoden mit 100 % Sensitivität und Spezifität existieren nicht.

Methoden mit 100 % Sensitivität und 100 % Spezifität gibt es nicht.

Als Faustregel kann gelten, je höher die Spezifität, desto geringer die Sensitivität und umgekehrt.

⇦

Allerdings gibt es heute aufwendige Methoden, die sich dem Ideal annähern. Eine weitere Möglichkeit, Spezifität und Sensitivität der indirekten Krankheitsdiagnose zu erhöhen, besteht in der Kopplung verschiedener Untersuchungsmethoden. So wird z. B. in der **Luesdiagnostik** als sensitive Suchmethode der **Treponema-pallidum-Hämagglutinationstest** (TPHA) bei positivem Reaktionsausfall mit dem sehr spezifischen **Treponema-pallidum-Immunfluoreszenztest** kombiniert (FTA-abs-Test).

Parallele Anwendung sensitiver und spezifischer Methoden führt in manchen Fällen zu einer verläßlicheren diagnostischen Interpretation.

Ein weiterer wesentlicher Grundsatz in der serologischen Diagnostik ist die wiederholte Untersuchung von Patientenseren zur Erfassung der **Titerdynamik**. Zu Beginn einer Erkrankung, bei der Verdacht auf eine infektiöse Ätiologie besteht, sollte neben der Kultivierung auch auf Antikörper gegen die differentialdiagnostisch in Frage kommenden Erreger untersucht werden. Zumindest sollte jeweils ein Serum asserviert und in gefrorenem Zustand (−20 °C) aufbewahrt werden. Da bei Erstinfektionen bis zum Zeitpunkt einer meßbaren Antikörperproduktion wenigstens eine Woche verstreicht, ist nach 10 bis 14 Tagen ein zweites Serum (und auch ein drittes) zu untersuchen. Ein vierfacher **Titeranstieg** im Vergleich zum Erstserum kann dann als starker Hinweis auf eine infektiöse Genese dienen.

Erstserum

Zweitserum

Titeranstieg vierfach
→ Hinweis auf infektiöse Genese

Wesentlich bei der Interpretation serologischer Daten ist die Kenntnis über **Kreuzreaktionen** mit anderen Antigenen, über **Grundkrankheit** und über das **klinische Krankheitsbild**. Dazu kommen noch **anamnestische Angaben** (Beruf, Tierhaltung, Lebensraum usw.) und **epidemiologische Daten** (so ist z. B. eine Histoplasmose bei einem Mitteleuropäer ohne Aufenthalt in den südlichen Teilen von Nordamerika oder in Südamerika sehr unwahrscheinlich). Gelegentlich werden auch sog. **Grenztiter** angegeben, ab denen ein starker Krankheitsverdacht vorliegt. Da diese Titer aber rein statistisch gesehen über denen der sog. Normalpopulation liegen, sind diese Angaben immer sehr zurückhaltend zu interpretieren, und es ist im weiteren Verlauf wenigstens eine Titerbewegung zu kleineren Titern hin zu fordern.

Bedeutung klinischer und epidemiologischer Angaben für die Interpretation serologischer Befunde

Grenztiter (stets zurückhaltend interpretieren)

11.1.2 Einsatz serologischer Methoden zum Antigennachweis

Einsatz serologischer Methoden zum Antigennachweis

Als zweites Anwendungsgebiet können serologische Methoden auch *zum Antigennachweis* eingesetzt werden. Dabei wird mit bekannten Antikörpern versucht, ein Antigen in Körperflüssigkeiten oder Geweben zu detektieren. Beispiel hierfür ist der **fluoreszenzserologische Nachweis** von *Pneumocystis carinii* in der Bronchiallavage von immunsupprimierten Patienten mit atypischer Pneumonie. Um die Spezifität dieser Testmethoden zu erhöhen, werden immer häufiger monoklonale Antikörper eingesetzt. Allerdings gilt die Einschränkung, daß mit dem Begriff „monoklonal“ nicht zwangsläufig auch eine monospezifische Reaktion verknüpft sein muß. Im Gegenteil, ein monoklonaler Antikörper z. B. gegen kreuzreagierende Antigene (z. B. zwischen *Yersinia enterocolitica* O:9 und *Brucella spp.*) ist vorstellbar und kann bei richtiger Indikation des Einsatzes durchaus erwünscht sein.

Detektion von Antigen durch Einsatz von Antikörpern mit bekannter Spezifität

11.2 Komplementbindungsreaktion (KBR)

Komplementbindungsreaktion (KBR): erstes (diagnostisches) System zweites (hämolytisches) System

eingesetzt zum Antikörpernachweis

Bei der Komplementbindungsreaktion (KBR) wird die in einem ersten (diagnostischen) System eingetretene Antigen-Antikörperreaktion über die Nachschaltung eines zweiten, hämolytischen Systems sichtbar gemacht. Die KBR wird auch heute noch bei zahlreichen Untersuchungen zum Antikörpernachweis gegen Bakterien, Pilze und Viren eingesetzt. Obwohl grundsätzlich auch ein Antigennachweis durch den Einsatz bekannter Antikörper möglich ist, findet die KBR bei der Antigendetektion keine Anwendung.

Testbeschreibung
Hitzeinaktivierung des Serums bei 55 °C

Prinzip: Im Serum des Patienten vorhandenes Komplement wird durch Hitzeeinwirkung (55 °C für 30 min im Wasserbad) inaktiviert und anschließend vom inaktivierten Serum eine Verdünnungsreihe hergestellt (z. B. 1:5, 1:10, 1:20, ..., 1:1280) und mit Antigen versetzt. Es wird dann eine *standardisierte Menge Komplement* in Form von Meerschweinchenserum zugegeben und anschließend bei 4–6 °C für 15 bis 18 h inkubiert. Kommt es während der Inkubationszeit zu einer Antigen-Antikörperreaktion, wird, wenn IgG- oder IgM-Antikörper an dieser Reaktion beteiligt waren, die Komplementkaskade auf dem klassischen Weg aktiviert und Komplementfaktoren verbraucht. Als zweiter Schritt wird das sog. *hämolytische System* zugesetzt. Dieses besteht aus einer *standardisierten Suspension* von Schaferythrozyten und aus Antikörpern gegen Schaferythrozyten. Diese Antikörper werden als *Ambozeptor* bezeichnet. Bei fehlender Antigen-Antikörperreaktion im ersten (diagnostischen) System steht noch ausreichend Komplement zur Verfügung, um bei der Reaktion Schaferythrozyten-Ambozeptor die Komplementkaskade zu aktivieren, was zu einer Lyse der Erythrozyten und Freisetzung von Hämoglobin führt (negativer Reaktionsausfall der KBR). Wurden die Komplementfaktoren im ersten System verbraucht, bleibt die hämolytische Reaktion aus (positiver Reaktionsausfall, Abb. 11-1). Zur Standardisierung der Reaktion ist es wichtig, die erforderliche Menge an Komplement bzw. Ambozeptor in **Vorversuchen** zu bestimmen. Zusätzlich muß im Testansatz eine Serumkontrolle ohne Antigen mitgeführt werden, um unspezifische Re-

negative Reaktion im Hauptsystem läßt Komplement für Indikatorsystem übrig; Hämolyse der Testerythrozyten = negativer Reaktionsausfall

Verbrauch von Komplement im Hauptsystem: Hämolyse der Testerythrozyten bleibt aus = positive KBR

Vorversuche

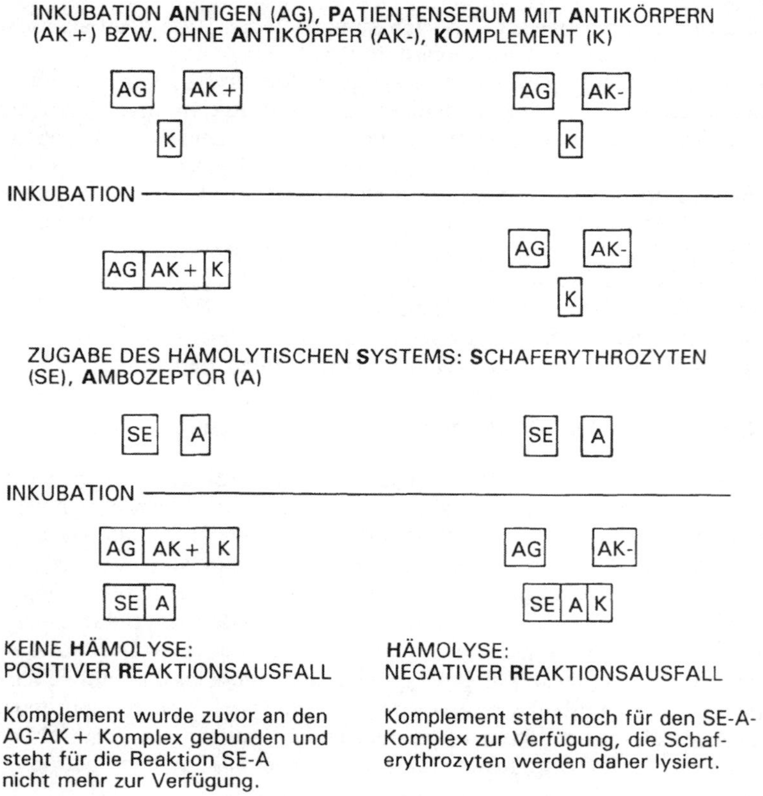

Abb. 11-1: Prinzip der Komplementbindungsreaktion

aktionen des Patientenserums (sog. Eigenhemmung) erkennen zu können. Darüber hinaus ist wie bei allen serologischen Methoden auch eine Kontrolle des gesamten Testansatzes mittels eines **Kontrollserums** mit bekanntem Titer gegen das im Test eingesetzte Antigen notwendig.

unspezifische Reaktionen

11.3 Präzipitation

Präzipitationsreaktion:
lösliche Antigene bilden mit homologen Antikörpern Präzipitate

Reagiert ein Antikörper mit einem gelösten Antigen in Flüssigkeit oder einem halbfesten Medium, können **Antigen-Antikörperpräzipitate** entstehen, d. h. die eingesetzten **löslichen** Antigene werden durch präzipitierende Antikörper im Bereich der optimalen Konzentrationen ausgefällt (Abb. 11-2). Lösliche Antigene sind Makromoleküle wie Proteine, Polysaccharide oder Nukleinsäuren (MG >10 000 Dalton). Bei präzipitierenden Antikörpern handelt es sich im allgemeinen um divalente Moleküle, also z. B. um IgG. In flüssigen Medien wird der **klassische Präzipitationstest** und der **Ringtest** durchgeführt. In den letzten Jahren haben lasernephelometrische Tests zur Detektion von Präzipitaten eine weite Verbreitung gefunden. Testmethoden, die sich halbfester Medien bedienen, sind die Immundiffusion und die Immunelektrophorese.

In flüssigen Medien → Klassischer Präzipitationstest und Ringtest

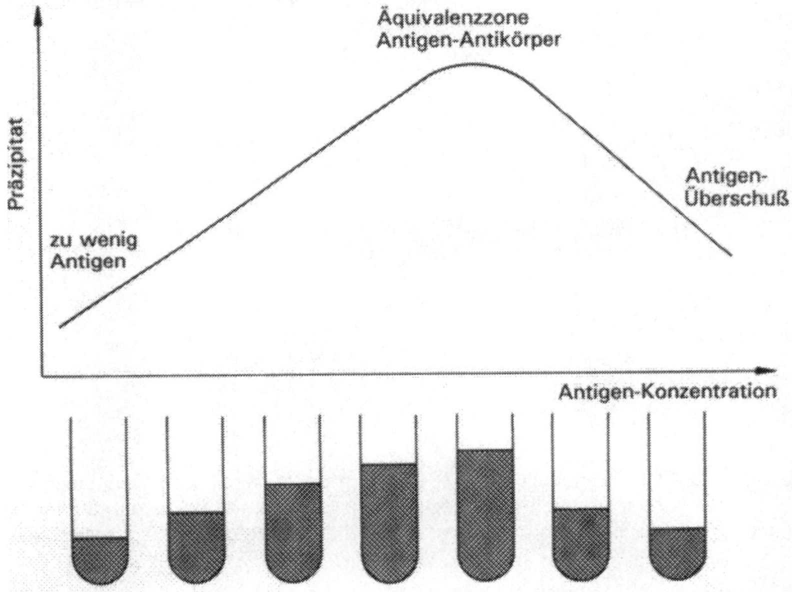

Abb. 11-2: Die Höhe des Präzipitats in den Reaktionsgefäßen ist der Bildung von Antigen-Antikörper-Komplexen proportional. In einer Äquivalenzzone mit optimalem Antigen-Antikörper-Verhältnis läuft die Reaktion maximal ab und ergibt damit die höchste Präzipitationsschicht.

11.3.1 Doppeldiffusion nach Ouchterlony

Ouchterlony-Test

In einem Agarosegel wandern Antigen und Antikörper aufeinander zu. In der Zone optimaler Konzentrationsverhältnisse formen beide nach 24 bis 48 h eine feine **Präzipitationslinie**. In vielen Fällen werden mehrere, hintereinander gestaffelte Präzipitationslinien sichtbar sein. Dies kommt durch die Heterogenität der Antikörper und der entsprechenden Epitope des Antigens zustande (Abb. 11-3). Verschmelzen zwei im rechten Winkel zueinander stehende Präzipitationsbande an den Enden miteinander (Koaleszenz), so kann daraus auf eine **immunologische Identität** geschlossen werden. Fehlt diese Verschmelzung bzw. ist sie inkomplett (Sporn), spricht dies für eine fehlende bzw. inkomplette Identität.

Präzipitine und Präzipitinogene wandern aufeinander zu

Ausbildung von Präzipitationslinien im Agargel

Koaleszenz von Präzipitationsbanden beweist immunologische Identität

Mit der Doppeldiffusionstechnik können sowohl Antikörper als auch Antigene nachgewiesen oder identifiziert werden. Eine Modifikation stellt der **Elek-Test** zum Nachweis von Diphtherietoxin dar, bei dem im positiven Fall

Elek-Test zum Nachweis von Diphtherietoxin

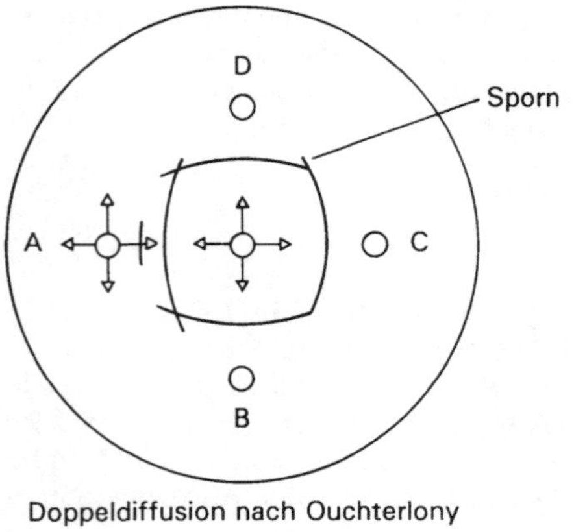

Abb. 11-3: Bei der Doppeldiffusion nach Ouchterlony wandern lösliche Antigene und Antikörper aufeinander zu und bilden in der Äquivalenzzone eine bis mehrere Präzipitationslinien. Gehen senkrecht aufeinanderstehende Präzipitationslinien ineinander über, so deutet dies auf eine antigenetische Identität hin. Kreuzen sich die Präzipitationslinien, so unterscheiden sich die Antigene, bei Spornbildung kann auf eine Partialidentität geschlossen werden.

im Winkel von 90° Diphtherieantitoxin und Diphtherietoxin aufeinander zuwandern und eine Präzipitationslinie im Winkel von 45° sichtbar wird (Abb. 11-4).

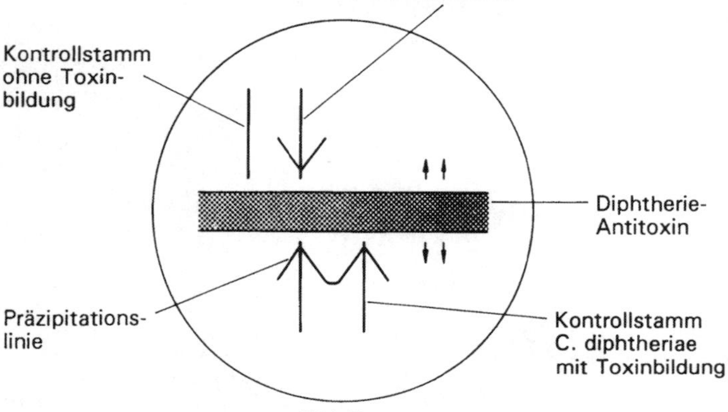

Abb. 11-4: Der Elek-Test stellt eine Modifikation der Agardiffusion nach Ouchterlony dar. Ineinander übergehende Präzipitationslinien des zu prüfenden Stammes mit dem toxinbildenden Kontrollstamm zeigen die Produktion von Diphtherietoxin an.

Radiale Immundiffusion:

Antikörper sind im Agargel inkorporiert

11.3.2 Radiale Immundiffusion

Bei der radialen Immundiffusion ist ein geeigneter Antikörper in das Agarosegel inkorporiert. Die zu untersuchende Flüssigkeit diffundiert aus einem Stanzloch in das Gel. Am Ort der optimalen Antigen-Antikörperkonzentration bildet sich ein Präzipitat aus, welches als Ring erscheint. Der Durchmesser des Rings ist der Antigenkonzentration proportional. Über entsprechende Referenzkurven kann auf die zu bestimmende Konzentration rückgeschlossen werden. Anwendung findet diese Methode vor allem bei der **Konzentrationsbestimmung** von **Immunglobulinen** im Serum.

Anwendung:
Immunglobulinkonzentrationsbestimmung

Immunelektrophorese:
Antigene wandern im elektrischen Feld

11.3.3 Immunelektrophorese

Die nachzuweisenden Antigene wandern durch das Anlegen einer elektrischen Spannung aufgrund unterschiedlicher Oberflächenspannungen in einem elektrischen Feld. Nach der Trennung der Antigene diffundiert aus einer parallel zur Trennrichtung in den Agar geschnittenen Rinne Antiserum gegen die Antigene mit der Ausbildung entsprechender Präzipitationslinien. Eine Abwandlung ist die **gekreuzte Immunelektrophorese**, bei der eine zweite Auftrennung in einem Antiserum enthaltenden Gel senkrecht zur er-

Abwandlung:
gekreuzte Immunelektrophorese

sten Trennung vorgenommen wird. Diese Methode dient vor allem zur Trennung und Identifikation komplizierter Antigenmischungen (mikrobielle Antigene, Serumproteine, Immunglobuline).

Anwendungsbereich: Trennung von Antigenmischungen

11.3.4 Gegenstromimmunelektrophorese

Gegenstromimmunelektrophorese empfindliche Methode zum Antigennachweis

Durch die schnelle und sensitive Gegenstromimmunelektrophorese können schon geringe Mengen von Antigenen oder (mit geringerer Sensitivität) von Antikörpern in Körperflüssigkeiten nachgewiesen werden. Dazu ist eine unterschiedliche Ladung der beteiligten Komponenten notwendig, die dann im elektrischen Feld im Agarosegel aufeinander zuwandern und Präzipitationslinien bilden.

11.3.5 Immunoblot-Techniken (Western-Blot)

Immunoblot-Techniken

Antigentrennung durch Elektrophorese

Reaktion mit Antikörpern (z. B. in Patientenserum) wird durch enzymmarkierte Antihumanglobuline nachgewiesen

Antigene werden mittels Elektrophorese in einem Polyacrylamidgel in ihre Komponenten aufgeteilt und anschließend ebenfalls elektrophoretisch auf ein Blatt Nitrozellulose übertragen. Dieses Blatt wird in Streifen geschnitten und entweder mit Patientenserum zum Nachweis von Antikörpern oder mit Seren bekannten Antikörperngehaltes zur Identifikation von unbekannten Antigenen inkubiert. Zum Reaktionsnachweis werden **enzymmarkierte Antihumanglobuline** eingesetzt (siehe ELISA), wobei eine Reaktion ablaufen muß, bei der das chromogene Produkt am Reaktionsort fixiert bleiben muß. Die Analyse mittels western-blot ist hoch spezifisch und sensitiv.

11.4 Agglutination

Agglutinationsreaktion: korpuskuläre Antigene und homologe Antikörper bilden mit freiem Auge sichtbare Agglutinate

Agglutinierende Antikörper bilden zusammen mit **korpuskulären** Antigenen makroskopisch sichtbare Agglutinate. Grundsätzlich können mittels Agglutination entweder Antikörper oder Antigene nachgewiesen werden.

11.4.1 Röhrchentest (Widal-Reaktion)

Widal-Reaktion

Zweck: Antikörpernachweis (bei *Typhus abdominalis, Paratyphus; Yersiniose, Brucellose* u. a.)

Prozonenphänomen

Nachweis von Antikörpern gegen O- und H-Antigene von *Salmonella typhi*

Im klassischen Röhrchentest wird eine standardisierte Menge Antigen (von *Salmonella-, Yersinia-* und *Brucella-Arten*) mit Serumverdünnungen bei 52 °C eine definierte Zeit (z. B. 18 h) inkubiert. Die höchste Verdünnung, in der noch eine Agglutination sichtbar ist, wird als Antikörpertiter angegeben. Bei hohen Antikörperkonzentrationen kann in den ersten Serumverdünnungen das sog. **Prozonenphänomen** auftreten, d. h. eine fehlende oder schwache Reaktion durch ungünstige Konzentrationsverhältnisse von Antigen und Antikörpern. Im Widaltest können verschiedene bakterielle Antigene eingesetzt werden, so z. B. bei *Salmonella typhi H- und O-Antigene* (Geißel- und Oberflächenantigene). Über unterschiedliche Titerhöhen gegenüber den beiden Antigenen können dann Rückschlüsse auf den Krankheitsverlauf gezogen werden.

Weil-Felix-Reaktion Antigengemeinschaften zwischen bestimmten Proteusstämmen und Rickettsien

Die **Weil-Felix-Reaktion** stellt eine Sonderform der Widal-Reaktion dar. Hierbei werden kreuzreagierende Antigene bestimmter Proteus-vulgaris-Stämme (OX 19, OX 2, OX K) dazu genutzt, Antikörper gegen Rickettsien nachzuweisen.

Agglutinine gehören zu IgG und IgM

Nachweis inkompletter Antikörper

Coombs-Test

Nur IgG- und IgM-Antikörper sind in der Lage, Antigene zu agglutinieren, wobei die Effektivität der IgM-Antikörper etwa 750mal größer sein soll als die der IgG-Antikörper. Sog. **inkomplette** Antikörper können sich wie jeder Antikörper mit dem entsprechenden Antigen zwar verbinden, eine Agglutination bleibt jedoch aus. Zum Nachweis von inkompletten Antikörpern werden Antigen-Antikörperkomplexe abzentrifugiert, gewaschen und resuspendiert. Nach dem Zusatz von Antikörpern gegen menschliche Immunglobuline (Coombs-Serum) kommt es zur sichtbaren Agglutination. Der **Coombs-Test** findet in der Mikrobiologie vor allem bei der serologischen Diagnose der Brucellose Anwendung, in der Hämatologie beim direkten und indirekten Coombs-Test zum Nachweis von Antikörpern gegen Rh-positive Erythrozyten.

Gruber-Reaktion

Zweck: Antigenidentifizierung

Objektträgeragglutination

Absättigungsversuche
→ führen zur Herstellung von monospezifischen Antiseren

Identifizierung von Salmonella-Arten (Kauffmann-White-Schema), Shigella-Arten u. a.

11.4.2 Objektträger-Agglutination (Gruber-Reaktion)

Bei dieser Untersuchung werden (im Gegensatz zur Widal-Reaktion) bekannte Antiseren zur Bestimmung von unbekannten Antigenen eingesetzt. Der Test wird auch nicht wie die Widal-Reaktion in Röhrchen oder Mikrotiterplatten, sondern auf Objektträgern durchgeführt. Die Reaktionsdauer bis zur Agglutination beträgt nur etwa 1 bis 2 Minuten. Durch **Absättigung von Antiseren** (Kaninchen, Ziege) mit Antikörpern gegen die Epitope A, B und C mit Antigenen a und b werden Antigen-Antikörperkomplexe Aa und Bb entstehen, Antikörper C wird weiterhin frei verfügbar sein. Nach Abzentrifugation von Aa und Bb bleibt ein monospezifisches Antiserum C zurück, welches in der Lage ist, Bakterien mit c-Antigen zu agglutinieren (Absättigung nach Castellani).
Anwendung findet die Gruber-Reaktion bei der Identifikation von *Salmonella spp.* (Kauffmann-White-Schema), *Shigella spp., Yersinia spp., Escherichia coli, Brucella spp., Pseudomonas aeruginosa, Listeria monocytogenes* und anderen Bakterienspezies.

Hämagglutination:
- direkte Hämagglutination: angewendet bei der Bestimmung der Blutgruppeneigenschaften
- indirekte (passive) Hämagglutination: verschiedene Antigene adsorbieren spontan an Erythrozyten (die als Antigenträger dienen)

TPHA-Test

11.4.3 Hämagglutination

Bei der direkten Hämagglutination reagieren Erythrozyten und ihre Oberflächenantigene (z. B. des AB0-Systems) mit entsprechenden Antikörpern. Ein typisches Beispiel für die Anwendung der direkten Hämagglutination ist die Bestimmung klassischer **Blutgruppeneigenschaften**.
Bakterielle Polysaccharid- oder Proteinantigene und Haptene adsorbieren spontan an Erythrozyten. Durch eine milde Behandlung mit Tannin oder Trypsin kann die Menge der adsorbierten Antigene auf der Erythrozytenoberfläche erhöht werden. Sind im zu untersuchenden Patientenserum Antikörper gegen die auf der Erythrozytenoberfläche angelagerten Antigene vorhanden, tritt wiederum eine Agglutination auf. Diese diagnostisch wichtige Reaktion wird als **passive oder indirekte Hämagglutination** bezeichnet. Ein Beispiel hierfür ist der **Treponema-pallidum-Hämagglutinationstest** (TPHA-Test) in der Lues-Serologie, der in der oben beschriebenen Weise abläuft.

Hämagglutinationshemmtest

spezifische Antikörper unterbinden virusbedingte Hämagglutination

11.4.4 Hämagglutinationshemmtest

Verschiedene Viren (Influenza- und Rötelnvirus) besitzen an ihrer Oberfläche Hämagglutinine, also Rezeptoren für Erythrozytenmembranen, welche Erythrozyten direkt agglutinieren. Sind im Patientenserum Antikörper gegen die viralen Hämagglutinine vorhanden, wird durch die Antigen-Antikörperreaktion die Funktion der Hämagglutinine aufgehoben, eine Agglutination der Erythrozyten bleibt im positiven Fall also aus.

Latex-Test

Latexpartikel als Antigenträger

Beispiel: Latex-Test zum Nachweis von Rheumafaktoren

Latexpartikel als Antikörperträger

Nachweis von *Cryptococcus-neoformans*-Antigen in Liquor

11.4.5 Latextest

Anstelle von Erythrozyten können auch **Latexpartikel** als Träger von Antigenen eingesetzt werden. Einer der ersten Tests auf dieser Basis war der Nachweis von Rheumafaktoren im menschlichen Serum. Menschliche Gammaglobuline werden auf Latexpartikeln adsorbiert; sind im Patientenserum IgM-Antikörper gegen menschliche Immunglobuline vorhanden (sog. **Rheumafaktoren**), kommt es zu einer sichtbaren Agglutination.
Häufig werden auch spezifische Antikörper an Latexoberflächen gebunden. Mit diesem Testsystem ist es dann möglich, mit hoher Sensitivität Antigene in Körperflüssigkeiten wie Liquor oder Serum nachzuweisen. Beispiele hierfür sind Latexteste für den Nachweis von *Candida*- oder *Cryptococcus*-Antigenen und *Streptokokken*-Antigenen der Gruppen A, B, C, D, F und G.

Koagglutination
an *Staphylococcus-aureus*-Protein A mit Fc-Teil gebundene Antikörper reagieren mit homologen Antigenen

11.4.6 Koagglutination

Durch den Besitz des Oberflächenproteins „Protein A“ besitzen viele *Staphylococcus-aureus*-Stämme die Eigenschaft, IgG-Antikörper mit ihrem Fc-Teil zu binden. Die Reaktivität des Fab-Teils wird dadurch nicht beeinträchtigt, und die so mit Antikörpern beladenen Zellen agglutinieren bei Anwesenheit homologer Antigene. Der Anwendungsbereich der Koagglutination ist ähnlich dem der Latex-Tests.

Anwendungsbereich ähnlich wie Latex-Test

11.5 Fluoreszenzserologie

Fluoreszenzserologie

fluoreszenzoptische Darstellung von Erregern mit Hilfe von Fluorescein-isothiocyanat-gekoppelten Antiseren

Antigene (Bakterien, Viren, Protozoen) können in Ausstrichen oder Gefrierschnitten durch **Fluorescein-Isothiocyanat**-gekoppelten Antikörper nachgewiesen werden. Die Kopplung von Fluorescein-Isothiocyanat an den Fc-Teil darf den Fab-Teil des Antikörpermoleküls in seiner Bindungsfähigkeit nicht beeinträchtigen. Bei der **direkten Immunfluoreszenz** sind spezifische Antikörper mit Fluorescein gekoppelt und reagieren direkt mit dem Antigen (Abb. 11-5). Häufige Anwendungen sind der Nachweis von *Chlamydien* in Abstrichen von Cervix oder Auge, die Identifikation von *Chlamydien* oder Viren in Zellkulturen oder die Detektion von *Legionella pneumophila* in Trachealsekreten.

- **direkte Immunfluoreszenz** Nachweis von Chlamydien u. a.

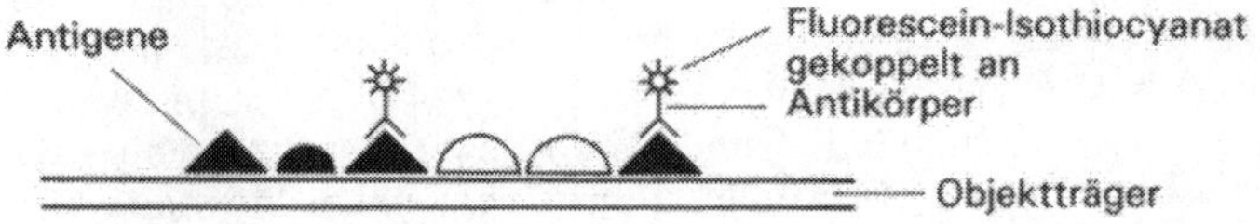

Abb. 11-5: Mit Fluorescein-Isothiocyanat markierte Antikörper (Fc-Teil) reagieren direkt mit den auf einem Objektträger aufgebrachten Antigenen.

Bei der **indirekten Immunfluoreszenz** ist ein Zwischenschritt eingeschaltet. Er besteht darin, nichtmarkierte Antikörper (z. B. vom Menschen oder Kaninchen) mit einem Antigen reagieren zu lassen, um dann mit einem markierten Anti-Antikörper die Reaktion nachzuweisen. Diese Testmodifikation zeichnet sich dadurch aus, daß nur noch wenige spezifische Arten markierter Antikörper benötigt werden und die Sensitivität des Testes durch die Amplifikation der Bindungsstellen erhöht wird (Abb. 11-6).

- **indirekte Immunfluoreszenz**

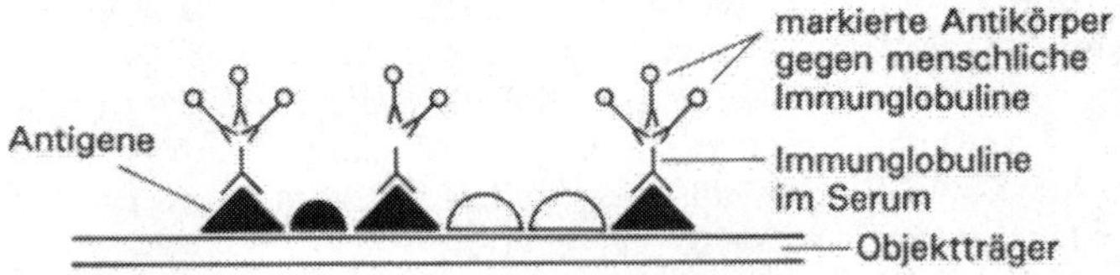

Abb. 11-6: Bei der indirekten Immunfluoreszenz bilden unmarkierte Antikörper (z. B. aus Patientenseren) mit einem bekannten, auf den Objektträger aufgebrachten Antigen einen Antigen-Antikörper-Komplex. Fluorescein-Isothiocyanat-markierte Antikörper, die gegen den ersten, unmarkierten Antikörper gerichtet sind, reagieren mit diesem an das Antigen gebundenen Antikörper. Vorteil dieses Systems ist die Verstärkung der Detektion dadurch, daß sich an jeden gebundenen unmarkierten Antikörper mehrere markierte Antikörper anlagern können.

Es können also im indirekten Immunfluoreszenztest wie beim direkten Test Antigene detektiert werden (beim Einsatz bekannter unmarkierter Antikörper mit anschließendem Nachweis der Antigen-Antikörperreaktion über markierte Anti-Antikörper) oder aber Antikörper in Patientenseren, wenn diese zuerst mit dem homologen Antigen und dann mit einem markierten Antihumanglobulin reagieren. Zur indirekten Krankheitsdiagnose der Lues wird sehr häufig der **Treponema-pallidum-Immunofluoreszenztest** (FTA-Test) eingesetzt. Um die Spezifität des sehr sensitiven Testsystems zu erhöhen, ist es möglich, die Patientenseren mit sog. *Reiter-Treponemen* (H. Reiter) abzusättigen; dadurch werden Antikörper gegen gemeinsame Antigene von *Treponema pallidum* und *saprophytischen Treponemen* entfernt (FTA-abs-Test). Weitere häufige Anwendungen sind der Nachweis von Antikörpern gegen **Rickettsien, Candida albicans, Toxoplasma gondii** und **Viren**.

Anwendung:
- Antigenidentifizierung
- Antikörpernachweis

FTA-Test (zur indirekten Krankheitsdiagnose der Lues)

Absättigung der Patientenseren mit Reiter-Treponemen zur Entfernung von genus-spezifischen Treponema-Antikörpern (FTA-abs-Test)

Anwendung der indirekten Immunfluoreszenz bei:
- Rickettsiosen
- Candidiasis
- Toxoplasmose u. viralen Infektionen

Bei der Immunfluoreszenz leuchten bei positivem Reaktionsausfall die Zellränder der Antigene verstärkt auf, da hier senkrecht auf hintereinander gelagerte Antikörper eingesehen wird und damit eine relativ größere Zahl von fluoreszierenden Molekülen vorhanden ist als an der Zelloberfläche parallel zur Objektträgerebene.

11.6 Enzyme-Linked Immunosorbent Assay (ELISA)

Enzyme-Linked Immunosorbent Assay (ELISA)

Antikörpermarkierung mit Peroxidase

Antikörpernachweis
→ Antigen gebunden an „Festphase"
→ Inkubation mit Patientenserum
→ markiertes Antihumanglobulin-Serum
→ Substratzugabe

Farbumschlag: Bewertung photometrisch

Wie beim fluoreszenzoptischen Nachweis von Antikörpern oder Antigen besteht das Detektionssystem dieser Antigen-Antikörperreaktion im Einsatz eines markierten Antikörpers. Beim ELISA wird als Marker häufig das Enzym **Peroxidase** eingesetzt. Während bei der Immunfluoreszenz der Reaktionsausfall im allgemeinen auf dem Objektträger unter dem Mikroskop sichtbar wird, findet die Reaktion beim ELISA meist in Mikrotiterplatten (oder auf Nitrozellulose) statt, und der entstehende Farbumschlag wird mit dem bloßen Auge oder einem Photometer abgelesen. Zum Nachweis von Antikörpern dient der indirekte ELISA, bei dem Antigen an eine **feste Polystyrolphase** gebunden und anschließend mit Patientenserum inkubiert wird. Das überschüssige Serum wird in mehreren Waschvorgängen entfernt. Im folgenden Schritt wird enzymmarkiertes Antihumanglobulin-Serum zugegeben. Nach einer weiteren Inkubation und dem Auswaschen überschüssiger Antikörper entwickelt sich bei Verwendung eines geeigneten Substrates ein Farbumschlag, der den gebundenen enzymmarkierten Antikörpern und damit den Antikörpern im Patientenserum proportional ist.

IgM-Einfang-ELISA
- Antihuman-IgM an Festphase gebunden
- IgM aus Patientenserum wird „eingefangen"
- Antigenzugabe
- antigenspezifische markierte Antikörper
- Reaktionsausfall proportional zum IgM-Gehalt der Probe

Eine Modifikation der ELISA-Technik ist der **IgM-capture ELISA**, bei welchem Antihuman-IgM an die feste Phase gebunden wird und mit der Serumprobe reagiert. Im Patientenserum vorhandene IgM-Antikörper werden dann abgefangen. Um die Spezifität der gebundenen Antikörper zu prüfen, ist anschließend die Zugabe von definierten Antigenen notwendig. Sind diese nach Inkubation und Waschung noch gebunden, können sie mit antigenspezifischen enzymmarkierten Antikörpern nachgewiesen werden.

kompetitiver ELISA
Zweck: Antikörpernachweis in Patientenserum
- Reaktionsausfall umgekehrt proportional zum Antikörpergehalt der Serumprobe

Beim **kompetitiven Enzymimmunoassay** sind im Testansatz sowohl Patientenserum als auch enzymmarkierte Antikörper gegen das eingesetzte Antigen vorhanden. Enthält das Patientenserum in hohem Titer Antikörper gegen das eingesetzte Antigen, werden markierte Antikörper an der Antigenbindung gehindert. Der Reaktionsausfall (d. h. die Stärke der Farbentwicklung) nach Abtrennung der ungebundenen Antikörper wird bei diesem Testsystem der Konzentration von spezifischen Antikörpern im Patientenserum umgekehrt proportional sein.
Antigene lassen sich mittels der ELISA-Technik ebenfalls nachweisen.

11.6.1 Radioimmunoassay (RIA)

Radioimmunoassay (RIA)

Antikörper mit radioaktiven Isotopen markiert

Nachweis für:
- Proteinhormone
- Enzyme
- Komplementkomponenten
- Immunglobuline
- virale Antigene

Auch der Radioimmunoassay kann zum Nachweis von Antigenen und Antikörpern dienen. Die hierzu verwendeten Antikörper sind nicht mit Fluoreszein oder einem Enzym, sondern mit einem **radioaktiven Isotop** (meist ^{125}J) markiert. Andererseits werden beim RIA auch Antigene markiert, die mit Antigenen im Untersuchungsmaterial um eine definierte Zahl von Bindungsplätzen an Antikörpern konkurrieren. Nach Abtrennung der Antigen-Antikörperkomplexe kann über die Zahl der in speziellen Meßgeräten gemessenen radioaktiven Zerfälle auf die Konzentration des Antigens (umgekehrt proportional) im Untersuchungsmaterial geschlossen werden. Diese sehr sensitive Methode wird häufig dazu benutzt, um Proteinhormone, Enzyme, Komplementkomponenten, Immunglobuline und virale Antigene nachzuweisen.

11.6.2 Immobilisationsteste

Immobilisationsteste
- Treponema-pallidum-Immobilisationstest zum Nachweis spezifischer Antikörper in Patientenserum

Bei der Serodiagnose der Lues spielt in ausgewählten Fällen der **Treponema-pallidum-Immobilisationstest** nach Nelson eine Rolle, bei dem es zu einer Hemmung der Beweglichkeit lebender Erreger bei Anwesenheit von spezifischen Antikörpern kommt. Zur schnellen Diagnose bei Verdacht auf Cholera kann ebenfalls ein Immobilisationstest mit Vibrionen aus Stuhl oder aus Subkulturen durchgeführt werden.

- Immobilisation von Choleravibrionen durch Antikörper = Test zur Schnelldiagnose der Cholera

11.6.3 Sabin-Feldman-Test

Sabin-Feldman-Test
Prinzip: spezifische Antikörper verhindern Färbung von Toxoplasmen mit Methylenblau

Der „Serofarbtest" zur indirekten Krankheitsdiagnose der Toxoplasmose beruht darauf, daß lebende Toxoplasmen **(Infektionsgefahr!)** mit alkalischer Methylenblau-Lösung bei Anwesenheit von spezifischen Antikörpern nicht mehr angefärbt werden. Als Titer gilt die Serumverdünnung, bei welcher 50 von 100 Toxoplasma-Zellen ungefärbt sind.

11.6.4 Neutralisationsteste

Neutralisationsteste

Antikörper neutralisieren Toxine
Anwendung:
- Nachweis von Tetanustoxin
- Nachweis von Botulismustoxinen

Toxin-Antitoxin-Schutzversuch zur sicheren Toxinidentifizierung

Toxin B von *Clostridium difficile*

bei Diphtherie statt Tierversuch: Elek-Test

Die Infektiosität von Mikroorganismen oder die Toxizität mikrobieller Produkte kann durch spezifische Antikörper aufgehoben, also neutralisiert werden. Dieses Prinzip wird bei Neutralisationstesten (in vitro und in vivo) genutzt. Durch die Verbindung von Toxin mit spezifischen Antikörpern wird die toxische Wirkung auf Zellen oder Gewebe aufgehoben. Zum Nachweis der Toxine von *Clostridium tetani* oder *Clostridium botulinum* sind auch heute noch Tierversuche zur schnellen und sicheren Diagnose notwendig. Die zu untersuchenden Körperflüssigkeiten, meist Serum, werden suszeptiblen Laboratoriumstieren (Mäuse oder Meerschweinchen) mit und ohne Antitoxin intraperitoneal gespritzt. War im Untersuchungsmaterial Toxin enthalten, so wird das ungeschützte Tier unter typischen Symptomen (*C. botulinum:* Wespentaille; *C. tetani:* Robbenstellung) versterben, das mit Antitoxin behandelte Tier aber überleben. Zeigen beide Tiere Intoxikationserscheinungen, so ist im Untersuchungsmaterial möglicherweise ein anderes Toxin als das erwartete vorhanden. Klinisch wichtig ist häufig der schnelle Nachweis von *Clostridium-difficile*-Toxin B bei der pseudomembranösen Colitis. Die Standardmethode ist dabei wegen hoher Spezifität und Sensitivität der Neutralisationstest in Zellkulturen. Zum Nachweis des Diphtherietoxins kann heute auf einen Tierversuch verzichtet werden, da der **Elek-Test** ausreichend sensibel und spezifisch ist.

Neutralisationstest zum Nachweis von Antistreptolysin O

Streptococcus pyogenes setzt das Streptolysin O frei, ein Toxin, welches in der Lage ist, Erythrozyten aufzulösen. Sind im Makroorganismus Antikörper gegen Streptolysin O als Zeichen einer bestehenden oder abgelaufenen Infektion vorhanden, so kann durch sie die Toxinwirkung aufgehoben werden. Diese Neutralisation wird in diagnostischen Tests genutzt, indem diejenige Serumverdünnung (Titer) bestimmt wird, an der die Lyse von Erythrozyten durch Streptolysin O noch verhindert wird.
Sehr häufig finden Neutralisationstests in der Virologie Anwendung:

Virusneutralisation: ⇦

> Infektiöse Viren werden mit Antikörpern versetzt und nach einer Inkubationszeit auf empfängliche Zellen inokuliert. Bleibt eine Infektion der Zellen aus, so hat eine spezifische Antigen-Antikörperreaktion stattgefunden und die Infektiosität ist aufgehoben.

Bei Einsatz bekannter Antikörper können auf diese Weise unbekannte Viren identifiziert werden. Umgekehrt ist bei Verwendung bekannter Viren die Titerbestimmung neutralisierender Antikörper in Patientenseren möglich.

Grundzüge der antibakteriellen Chemotherapie

- „allgemeine" antibakterielle Chemotherapie
- Tuberkulose- und Lepratherapie (siehe Besonderheiten)

Indikationen der antibakteriellen Chemotherapie

Antibiotika (= ursprünglich biologisch gewonnen) bzw. Chemotherapeutika (= Substanzen synthetischer Herkunft) neuerdings zunehmend synonym gebraucht
- in geringen Konzentrationen bakteriostatisch oder bakterizid wirksam
- Vorteil der Erregerwirksamkeit überwiegt bei Risikobewertung

Wirkungsmechanismen (Angriffspunkte)

Wirkungsmechanismen = Eingriffe in Synthesevorgänge

12. Grundzüge der antibakteriellen Chemotherapie

H. Werner

Die antibakterielle Chemotherapie hat zwei Zweige:
- die sog. **allgemeine antibakterielle Chemotherapie** und
- die **Tuberkulose- und Lepratherapie**.

Letztere bedient sich entweder speziell antimykobakteriell wirksamer Substanzen (INH, Ethambutol; DDS u. a.) oder solcher Mittel, die zwar auch nichtmykobakterielle Erreger beeinflussen, wie Rifampicin, Streptomycin und Cycloserin, aber der Tuberkulosetherapie vorbehalten sind. Die Therapie der Tuberkulose und Lepra ist in dem Kap. II. 25 „Mycobacterium" abgehandelt.

Zu den **Indikationen** der allgemeinen antibakteriellen Chemotherapie gehören so unterschiedliche Infektionskrankheiten wie Syphilis, Typhus abdominalis, Pneumonie, Harnwegsinfektion, Sepsis u.v.a. mit potentiell Hunderten von grampositiven oder gramnegative Erregern. Die verwendeten Mittel (**Antibiotika** = ursprünglich biologisch aus Schimmelpilzen oder Streptomyzeten gewonnen; **Chemotherapeutika** = Substanzen synthetischer Herkunft) beeinflussen in geringen Konzentrationen Erreger bakteriostatisch oder bakterizid, sind wasserlöslich und für den menschlichen Organismus entweder atoxisch oder so wenig toxisch, daß der Vorteil der Erregerwirksamkeit bei der Abwägung der Risiken überwiegt.

In neuerer Zeit werden – nicht zuletzt infolge internationaler Einflüsse – die Begriffe Antibiotika (einschließlich semisynthetisch weiterentwickelter Substanzen) und Chemotherapeutika zunehmend synonym gebraucht.

12.1 Wirkungsmechanismen (Angriffspunkte)

Der antibakterielle Wirkungsmechanismus der therapeutisch wichtigen Antibiotika/Chemotherapeutika entspricht molekularbiologisch Eingriffen in die zum Wachstum (Vermehrung) nötigen **Synthesevorgänge** (Abb. 12-1).

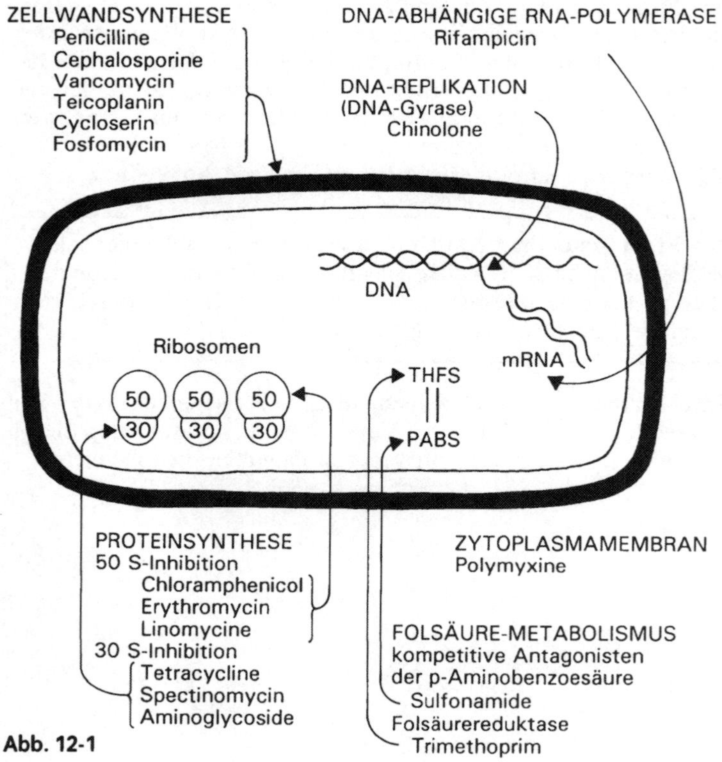

Abb. 12-1

Zellwandsynthesehemmung: Angriffspunkt ist die **Peptidoglykanschicht** grampositiver und gramnegativer Bakterien. Eine Beschädigung der Peptidoglykanhülle führt zum Verlust der Teilungsfähigkeit (infolge Fehlens der Septumbildung), der osmotischen Widerstandsfähigkeit unter hypotonen Milieubedingungen und der Rigidität der Zellwand sowie letztlich zu Zelltod.
Die Peptidoglykansynthese verläuft in 3 Stadien, und zwar:
1. als intrazytoplasmatische Herstellung von niedermolekularen nukleotidhaltigen Präkursoren und Dipeptiden für die peptidische Peptidoglykanverknüpfung;
2. als Durchschleusung von nukleotidfreien Präkursor-Molekülen durch die Zytoplasmamembran und
3. als Polymerisierung der Untereinheiten und Anheftung des naszierenden Peptidoglykans an die Zellwand.

Mit dem ersten Stadium interferieren *Fosfomycin* (Bildung von Uridindiphosphat-N-Azetyl-Muraminsäure wird unterbunden) und *Cycloserin* (Hemmung der Alanin-Racemase und D-Alanyl-D-Alanin-Synthetase).
Im zweiten Stadium werden die nukleotidfreien Anteile der Präkursormoleküle auf ein in der Zytoplasmamembran vorhandenes Transportmolekül (phosphorylierter Undecaprenyl-Alkohol) übertragen, welches die Durchschleusung durch die hydrophobe Außenschicht ermöglicht. Das Peptidantibiotikum *Bacitracin* verhindert durch Interferenz mit dem entsprechenden Undecaprenyl-Alkohol-Derivat den Transfer des Muramyl-Pentapeptids von seinem Präkursor-Nukleotid auf das wachsende Peptidoglykan.
Im dritten Stadium wird die neue Peptidoglykan-Kette von seinem Transportmolekül in der Zytoplasmamembran auf das wachsende Saccharid-Peptid außen auf der Zytoplasmamembran transferiert. Der Einbau von neuem Peptidoglykanmaterial in das präexistente Peptidoglykan involviert eine Transpeptidase-Reaktion. *Beta-Laktam-Antibiotika* interferieren mit der Ablösung des Transpeptidase-Enzyms von dem D-Alanyl-D-Alanin-Ende des einen der beiden Polymeren und bewirken so Hemmung der Peptidoglykansynthese.
Die verschiedenen Beta-Laktam-Antibiotika wie *Penizilline, Cephalosporine, Cephamycine (z. B. Cefoxitin), Thienamycine (Imipenem) und Monobaktame (Aztreonam)* binden sich an die Enzyme, welche die Endstadien der Peptidoglykansynthese bewerkstelligen, und beeinträchtigen deren Funktionen. Diese Enzyme, auch *penizillin-bindende Proteine* (PBP) genannt, sind bei grampositiven und gramnegativen Bakterien sowie bei Anaerobiern unterschiedlich. Die jeweilige PBP-Beta-Laktam-Antibiotikum-Bindung beeinflußt Art und Ausmaß der morphologischen Veränderung bei dem Zielbakterium. Manche Beta-Laktam-Antibiotika binden sich an das PBP, welches die Septumbildung bewirkt, so daß die beeinflußten Bakterien zu langen Filamenten auswachsen und endlich absterben. Antibiotikumbindung an ein anderes PBP führt zu Zellwandausbuchtung und rascher Lysis.
Besonderheiten der PBP-Bindungsfähigkeiten können z. T. Unterschiede in den antibakteriellen Wirkungsspektren der verschiedenen Beta-Laktam-Antibiotika erklären. *Mecillinam* reagiert nicht mit den PBPs grampositiver Bakterien und bleibt daher diesen Erregern gegenüber wirkungslos. Das Monobaktam *Aztreonam* geht nur mit PBPs gramnegativer aerober Bakterien Bindung ein, nicht jedoch mit grampositiven und anaeroben Spezies.
Vancomycin, ein komplexes hochmolekulares Polypeptid, welches nicht durch bakterielle Zytoplasmamembranen intrazellulär eindringt und nicht die komplexe Zellwand gramnegativer Bakterien passieren kann, bindet sich an terminales D-Alanyl-D-Alanin des wachsenden Peptidoglykans grampositiver Bakterien und führt so zur Hemmung der Peptidoglykansynthese.

Beeinträchtigung der Funktion der Zytoplasmamembran: *Polymyxine* (Polymyxin B und Colistin), *Octapeptide* von hohem Molekulargewicht, verdrängen in der Zytoplasmamembran gramnegativer Bakterien, die als oberflächliche Schicht aus negativ geladenen Lipiden besteht, Mg^{++} und Ca^{++}. Folgen sind Kationenverlust und Zelltod. Polymyxine lassen sich lokal und oral (mit intraintestinaler Wirkung), nicht jedoch systemisch anwenden.

Inhibition der DNA-Replikation: Die DNA-Gyrase, zuständig für den Auf-

Hemmung der Zellwandsynthese (Peptidoglykansynthese)

Bakterizidie als Endeffekt der Zellwandsynthesehemmung

Stadien der Peptidoglykansynthese
1. Synthese von nukleotidhaltigen Präkursoren
2. Durchschleusung durch Zytoplasmamembran
3. Polymerisierung von Untereinheiten im Bereich der Zellwand

Hemmung des 1. Stadiums durch Fosfomycin und Cycloserin

Bacitracin interferiert mit dem 2. Stadium

Beta-Laktam-Antibiotika blockieren das 3. Synthesestadium

Beta-Laktam-Antibiotika:
- Penizilline
- Cephalosporine
- Cephamycine
- Thienamycine
- Monobaktame

penizillin-bindende Proteine

Verhinderung der Septumbildung

Zusammenhang zwischen Antibiotikumbindung an penizillin-bindende Proteine und antibakteriellem Wirkungsspektrum

Mecillinam nur gegen gramnegative Erreger wirksam

Aztreonam unwirksam gegen grampositive und anaerobe Erreger

Vancomycin hemmt Peptidoglykansynthese grampositiver Bakterien

Beeinträchtigung der Funktion der Zytoplasmamembran
Polymyxin B und Colistin beeinträchtigen Funktion der Zytoplasmamembran

Bakterizide Wirkungsweise

Inhibition der DNA-Replikation
DNA-Gyrase-Hemmung durch
- Nalidixinsäure
- fluorinierte Chinolone (Ciprofloxacin u. a.)

Nitroimidazole bewirken bei strikt anaeroben Bakterien Brüche der chromosomalen DNA (Bakterizidie)

Verhinderung der DNA-Transskription durch Rifampicin

Proteinsynthesehemmung
Ribosomen bestehend aus
- 30 S-Untereinheit
- 50 S-Untereinheit

Aminoglykoside (klinisch wichtigste Antibiotikagruppe):
binden sich an spezifische ribosomale Proteine auf der 30 S-Untereinheit

bakterizide Wirkungsweise

Spectinomycin

Tetrazykline

bakteriostatische Wirkungsweise

Hemmung der Peptidyl-Transferase-Reaktion an der 50 S-Untereinheit durch:
- Chloramphenicol
- Makrolide
- Lincomycine

} Bakteriostase

Inhibition des Folsäuremetabolismus
Eingriff in den Folsäuremetabolismus: Sulfonamide und Trimethoprim

Sulfonamide setzen Folsäure-Synthetase-Hemmung durch kompetitiven Antagonismus gegen p-Aminobenzoesäure

bakteriostatische Wirkungsweise

Folsäurereduktase-Hemmung durch Trimethoprim

bau doppelsträngiger ringförmiger DNA sowie für die Replikation des ringförmigen Chromosoms, besteht aus den Komponenten A und B. Nalidixinsäure und die neueren fluorinierten *Chinolone* (Ciprofloxacin, Enoxacin, Ofloxacin) binden sich an die Komponente A und verhindern die weitere Funktion des Enzyms.
Der Angriffspunkt der gegen anaerobe Bakterien wirksamen *Nitroimidazole* (Metronidazol, Ornidazol, Tinidazol) ist ebenfalls die chromosomale DNA: Nach Reduktion der Nitrogruppe können die Substanzen in anaerobe Bakterien eindringen, wo sie konzentriert und durch ein Elektronentransportprotein reduziert werden. Die reduzierten intrazellulären Nitroimidazole verursachen DNA-Brüche.
Eine **Hemmung der DNA-abhängigen RNA-Polymerase** bewirkt der Wirkungsmechanismus von *Rifampicin*, welches sich an eine β-Untereinheit des Enzyms bindet und so die DNA-Transskription verhindert.

Proteinsynthesehemmung: Bakterielle Ribosomen lassen sich in zwei Untereinheiten dissoziieren, die traditionell nach dem Verhalten in der Ultrazentrifuge als 50 S- und 30 S-Untereinheiten bezeichnet werden. Die Bindung ribosom-aktiver Antibiotika ist folgendermaßen zu charakterisieren:
Aminoglykoside sind die klinisch wichtigste Antibiotikagruppe, die mit der Ribosomenfunktion interferiert. Aminoglykoside sind komplexe Kohlenhydrate mit Streptidin (bei Streptomycin) oder 2-Desoxystreptidin (bei Gentamicin, Tobramycin, Amikacin) als Kern und Aminohexosen in der Ringstruktur. Mit Hilfe freier NH_4- und OH-Gruppen binden sich Aminoglykoside an spezifische ribosomale Proteine auf der 30 S-Untereinheit. Dadurch kommt es zu falscher Ablesung des mRNA-Codes, Einbau falscher Aminosäuren und Bildung defekter Proteine; die inkorrekt funktionierenden Ribosomen werden aus dem Ribosomenpool sequestriert. Konsequenz der Aminoglykosid-Wirkung ist nicht Sistieren der Proteinsynthese, sondern Zelltod.
Obwohl als Aminocyclitol-Antibiotikum mit Aminoglykosiden nahe verwandt, bindet sich *Spectinomycin* an ein anderes Protein der 30 S-Untereinheit und hemmt die Proteinsynthese.
Ebenfalls an der 30 S-Untereinheit haben *Tetrazykline* (Oxytetracyclin, Chlortetracyclin, Rolitetracyclin, Doxycyclin) ihre Bindungsstelle. Diese Substanzen verhindern die Bindung von Aminoazyl-tRNA an den A-Locus auf dem bakteriellen Ribosom. Folge ist eine (reversible) Inhibition der Proteinsynthese.
An der 50 S-Untereinheit haben drei chemisch unterschiedliche Substanzklassen ihren Angriffspunkt, nämlich
a) *Chloramphenicol* (und Thiamphenicol),
b) *Makrolide* (Erythromycin) und
c) Lincomycine (u. a. *Clindamycin*). Der hauptsächliche Wirkungsmechanismus dieser Antibiotika besteht in der Hemmung der Peptidyl-Transferase-Reaktion; die Proteinsynthese kommt dadurch zum Stillstand.

Inhibition des Folsäuremetabolismus: *Sulfonamide* und *Trimethoprim* greifen in den zum Aufbau von Purinbasen der Nukleinsäuren führenden Syntheseweg ein. Sulfonamide wirken als kompetitive Antagonisten der p-Aminobenzoesäure. Bakterien, die Folsäure aus exogen zugeführten p-Aminobenzoesäure sowie Glutaminsäure und Pteridin aufbauen, sind sulfonamidempfindlich. Ebenfalls empfindlich sind Bakterien, die p-Aminobenzoesäure synthetisieren und anschließend zum Aufbau von Folsäure verwenden. Bei den sulfonamid-empfindlichen Bakterien setzt sich das Sulfonamid anstelle der p-Aminobenzoesäure an die Oberfläche des Enzyms Folsäure-Synthetase. Die Folge ist Wachstumsstillstand.
Die kompetitive Hemmung wird durch einen Überschuß von p-Aminobenzoesäure aufgehoben. Die durch Sulfonamid gesetzte Wachstumshemmung ist daher reversibel.
Die Reduktion der Folsäure zu Tetrahydrofolsäure, dem Cofaktor der C_1-Gruppen übertragenden Enzyme, wird durch *Trimethoprim*, ein trimethoxybenzylhaltiges Diaminopyrimidin, unterbunden. Für die Wirkung von

Trimethoprim ist der Unterschied zwischen folsäuresynthetisierenden und folsäure-aufnehmenden Bakterienzellen bedeutungslos.

12.2 Bakteriostase und Bakterizidie

Bakteriostase und Bakterizidie

In Abhängigkeit von ihrem molekularen Wirkungsmechanismus sind Antibiotika/Chemotherapeutika entweder bakteriostatisch oder bakterizid.

Bakteriostase ist definiert als Beibehaltung der bei Eintritt der Antibiotikawirkung erzielten Zellzahl. Auch der Abfall der Zellzahl um nicht mehr als eine Zehnerpotenz gilt noch als Bakteriostase.

Bakteriostase = Beibehaltung der Zellzahl

> Typische Bakteriostatika sind Sulfonamide, Trimethoprim, Chloramphenicol, Tetrazykline, Makrolide und Lincomycine.

typische Bakteriostatika: ⇐

Der therapeutische Vorteil der Bakteriostase ist darin zu sehen, daß die keimeliminierende körpereigene Abwehr eine nicht mehr zunehmende Erregermenge erfolgreich bekämpfen kann.

therapeutischer Vorteil der Bakteriostase

Bakterizidie ist nicht nur grundsätzlich als Keimabtötung, sondern quantitativ definiert: sie liegt vor, wenn der Abfall der Lebendkeimzahl – innerhalb des experimentellen Beobachtungszeitraumes – mindestens 99,9 %, d. h. drei Zehnerpotenzen, beträgt. Da in infektiösen Prozessen mit Erregerzahlen von mindestens 10^5 pro g Gewebe zu rechnen ist, bedeutet bakterizide Beeinflussung nicht automatisch Erregereliminierung, sondern wesentliche Unterstützung der körpereigenen Abwehr. Bei wiederholter Gabe bakterizider Substanzen summiert sich der therapeutische Vorteil, so daß im Verlaufe einer wirksamen Therapie nur noch sehr geringe Erregerzahlen als Substrat der körpereigenen Abwehr übrigbleiben.

Bakterizidie = Abtötung von 99,9 % der Erreger

Bakterizidie nicht automatisch gleich Erregereliminierung

therapeutischer Vorteil, insbesondere bei wiederholter Applikation

> Die meisten klinisch wichtigen Bakterizida, nämlich Penizilline, Cephalosporine, Aminoglykoside, Chinolone, Vancomycin und Rifampicin, entfalten ihre Wirkung nur an proliferierenden Bakterien (wie sie bei akuten Infektionen vorliegen).

klinisch wichtige Bakterizida: ⇐

Die hierbei erzielte Keimabtötung heißt *degenerative Bakterizidie.* Bakterizide Beeinflussung von proliferierenden *und* ruhenden Erregern ist die Seltenheit (Polymyxine).

degenerative Bakterizidie

12.3 Wirkungsspektrum/Wirkungsprofil

Wirkungsspektrum/Wirkungsprofil

Je nach therapeutischer Dosierung und nach der am Infektionsort erreichten Antibiotikakonzentration sind die jeweiligen Chemotherapeutika als wirksam bzw. die Erreger als empfindlich einzuschätzen. Da manche Organsysteme, z. B. Liquorräume, Gallenwege, Harnwege u. a., durch besondere Konzentrationsabläufe charakterisiert sind (*Lincomycine* und *Aminoglykoside* erzeugen bei i.v. Gabe keine Liquorspiegel; in der Galle werden manche Chemotherapeutika nach parenteraler Gabe stark angereichert usw.) und viele Antibiotika nicht in menschliche Zellen penetrieren, müßten für Organ- und Allgemeininfektionen eigentlich differente Empfindlichkeitsbewertungen, und damit Wirkungsspektren, gelten. Eingebürgert hat sich jedoch die Bewertung der quantitativ bestimmten Empfindlichkeit (s. Resistenzprüfung) nach dem mittleren Serumspiegel im Applikationsinterval bei parenteraler Therapie.

Abhängigkeit von der Dosierung und den am Infektionsort erreichbaren Konzentrationen

Lincomycine und Aminoglykoside nicht liquorgängig

nur wenige Antibiotika penetrieren in menschliche Zellen (z. B. Makrophagen)

mittlerer Serumspiegel im Applikationsintervall bei parenteraler Therapie = Maßstab für die Bewertung empfindlich/resistent

Antibiotika sind in ihrem Wirkungsbereich nicht gleichermaßen aktiv, vielmehr lassen sich nach mikrobiologischen und klinisch-therapeutischen Gesichtspunkten Bereiche höchster Aktivität (= bevorzugter therapeutischer Einsatz) von Schwächen und Lücken unterscheiden (Tab. 12-1). *Aminoglykoside* sind ausschließlich gegen aerob wachsende bakterielle Erreger, Metroni-

„Wirkungsspektrum" nicht homogen; unterscheide
- Stärken
- Schwächen
- Lücken

Aminoglykoside nur gegen aerobe Bakterien aktiv

Tab. 12-1: Wirkungsprofile klinisch wichtiger Antibiotika

Höchste Wirksamkeit (= bevorzugter therapeutischer Einsatz)	**Schwächen**	**Lücken**
A. Aminoglykoside (Gentamicin; Tobramycin; Netilmicin; Amikacin u. a.)		
Enterobacteriaceae Pseudomonas aeruginosa Staphylokokken gramnegative Nosokomialkeime	Streptokokken Enterokokken	Anaerobier (Bacteroides u. a.)
B. Penizillin G		
Streptokokken, nichtpenicillinasebildende Staphylokokken, Pneumokokken, Meningokokken (Treponema pallidum)	Enterobacteriaceae Bacteroides spp.	penicillinasebildende Staphylokokken Ps. aeruginosa u. a.
C. Isoxazolylpenizilline (Oxacillin; Dicloxacillin; Flucloxacillin)		
penicillinasebildende Staphylokokken	alle sonstigen Keime	
D. Aminopenizilline (Ampicillin; Amoxicillin)		
Enterokokken, Listerien Haemophilus influenzae (nicht-betalaktamasebildend)	Klebsiella spp. u. a. Enterobacteriaceae Ps. aeruginosa	penicillinasebildende Staphylokokken
E. Acylureidopenizilline (Azlocillin, Mezlocillin, Piperacillin)		
Enterobacteriaceae Bacteroidaceae, Streptokokken nichtpenicillinasebildende Staphylokokken; Ps. aeruginosa	Klebsiella spp. Serratia marcescens	penicillinasebildende Staphylokokken
F. Ältere Cephalosporine = sog. 1. Generation (Cephalotin, Cefazolin, Cefazedon)		
Staphylokokken	best. Enterobacteriaceae (Enterobacter cloacae) Bacteroides spp.	Enterokokken Ps. aeruginosa
G. Neuere Cephalosporine der 2. und 3. Generation (Cefoxitin, Cefuroxim; Cefotaxim, Ceftizoxim, Lamoxactam u. a.)		
best. Enterobacteriaceae (Klebsiella spp., Enterobacter spp.) (bei Cefoxitin u. Lamoxactam: Bacteroides spp.)	Staphylokokken Streptokokken Bacteroides spp. Ps. aeruginosa	Enterokokken
H. Betalaktamasehemmer – Kombinationspräparate (Amoxicillin + Clavulansäure; Ticarcillin + Clavulansäure; Ampicillin + Sulbactam)		
Staphylokokken Streptokokken, Enterokokken Enterobacteriaceae Bacteroidaceae u. sonst. Anaerobier Haemophilus influenzae	einz. Enterobacteriaceae	einz. Enterobacteriaceae Acinetobacter calcoaceticus Pseudomonas spp.
I. Imipenem + Cilastatin		
Staphylokokken Streptokokken, Enterokokken Enterobacteriaceae Bacteroidaceae u. sonst. Anaerobier	Proteus mirabilis	Pseudomonas spp.
J. Aztreonam		
Enterobacteriaceae Pseudomonas spp.		grampos. Erreger Anaerobier

Höchste Wirksamkeit (= bevorzugter therapeutischer Einsatz)	**Schwächen**	**Lücken**
K. Fosfomycin		
Enterobacteriaceae	Grampos. Anaerobier	Bacteroides spp.
P. aeruginosa		
Staphylokokken		
L. Nitroimidazole (Metronidazol, Ornidazol, Tinidazol)		
Bacteroides spp.	Actinomyces spp.	Propionibacterium spp.
	einige Clostridien	
strikte Anaerobier	Peptococcaceae	alle Aerobier
M. Clindamycin		
Staphylokokken	Enterokokken	Enterobacteriaceae
Streptokokken	Clostridium difficile	Pseudomonas spp.
Bacteroides spp.		
N. Chinolone (Ciprofloxacin)		
Enterobacteriaceae	Streptokokken	Bacteroides spp.
Pseudomonas spp.	Staphylokokken	
Haemophilus influenzae	Bacteroides spp.	
O. Tetrazykline (Doxycyclin u. a.)		
Chlamydien	Enterobacteriaceae	
Mykoplasmen	Pseudomonas spp.	
	Staphylokokken	
	Bacteroides spp.	

dazol und andere Nitroimidazole lediglich gegen Anaerobier wirksam. Die verschiedenen Beta-Laktam-Antibiotika sind im aeroben und anaeroben Erregerbereich unterschiedlich aktiv; Ähnliches gilt für Makrolide, Chloramphenicol und Fosfomycin. Auch die angeblich breitest wirksamen Antibiotika weisen noch relative Schwächen oder absolute Lücken auf (s. Tab. 12-1).

auch sog. Breitband-Antibiotika weisen Schwächen und Lücken auf

Therapeutika der ersten Wahl: Bei differentialtherapeutischen Überlegungen sollte der jeweils optimalen Chemotherapie der Vorzug gegeben werden. Von einer Therapie der ersten Wahl ist nur im Notfall, z. B. bei bewiesener oder sicher anzunehmenden Allergie, Abstand zu nehmen. Bei neueingeführten Antibiotika ist kritisch zu prüfen, ob sie bisherige, als erste Wahl anerkannte Therapieformen ersetzen sollten.

Therapie der ersten Wahl

Systemische oder lokale Chemotherapie: Patienten mit lebensbedrohlichen bakteriellen Infektionen müssen systemisch, d. h. i. v. oder i. m., behandelt werden, weil nur so die optimale Verteilung – auch am Infektionsort – zu gewährleisten ist. Bei Ofloxacin, Nitroimidazolen und einigen weiteren Substanzen entspricht orale Applikation wegen guter Resorption und Verteilung einer systemischen Therapie. Lokale Antibiotikagabe ist wenigen speziellen Indikationen (Auge, Ohr, weibliches Genitale) vorbehalten.

systemische Therapie
bei ernsten Infektionen nicht zu umgehen
orale Applikation entspricht häufig einer systemischen Therapie
lokale Antibiotikatherapie ist speziellen Indikationen vorzubehalten

12.4 Kombinationstherapie

Hierunter versteht man die simultane Anwendung von zwei oder mehr Chemotherapeutika (Antibiotika). Als anerkannte Indikationen für eine Kombinationstherapie gelten:

a) Erzielung **synergistisch bakterizider Effekte**, z. B. bei Sepsis durch Pseudomonas aeruginosa (Kombinationstherapie mit Aminoglykosid + Azylureidopenicillin) und bei Streptokokken-Endokarditis (Kombinationstherapie mit Ampicillin + Gentamicin)
b) Erhöhung der Trefferwahrscheinlichkeit in **Notfallsituationen** bei lebensbedrohlicher Infektion durch noch unbekannten Erreger (unbekannte Erreger)
c) **Mischinfektionsätiologie**, insbesondere polybakterielle aerob-anaerobe Infektionen

Kombinationstherapie
= simultane Anwendung von zwei oder mehr Antibiotika

Indikationen:
- Erzielung synergistisch bakterizider Effekte
- Notfallstherapie
- Mischinfektionstherapie

Chemoprophylaxe

anerkannte Prophylaxeindikationen:
- Rezidivprophylaxe des rheumatischen Fiebers u. a. Indikationen

perioperative Chemoprophylaxe: langdauernde und hochdosierte Antibiotikagabe gefährlich (Selektion resistenter Erreger)

- perioperative Kurzzeit-Chemoprophylaxe: Ziel ist die Elimination der intraoperativ ins Wundgebiet gelangten Erreger

Antibiotika müssen gegen die bei postoperativen Infektionen bekanntermaßen vorherrschenden Erreger wirksam sein

Einmalgabe als ausreichend erwiesen

Gentamicin-Zusatz zum Knochenzement bei Hüftgelenksendoprothesen

12.5 Chemoprophylaxe

Für die Manifestationssuppression ätiologisch definierter exogener Infektionskrankheiten sind einige Prophylaxeindikationen anerkannt (**Rezidivprophylaxe des rheumatischen Fiebers** mit Penizillin-G-Depotpräparat einmal monatlich; Lepraprophylaxe u. a.).

Perioperative Chemoprophylaxe: In den 60er und frühen 70er Jahren wurden bei operierten Schwerkranken vielfach langdauernd und hochdosiert Antibiotika – seinerzeit vor allem Ampicillin – verabfolgt. Durch ihre Mißerfolge und z. T. dramatischen Rückschläge infolge Selektion resistenter, nicht mehr beherrschbarer Erreger geriet diese ältere falsch konzipierte postoperative Prophylaxe zurecht in Verruf. Die neuere, im Verlaufe der letzten 10 Jahre erarbeitete Konzeption der **perioperativen Kurzzeit-Chemoprophylaxe** strebt demgegenüber unter der Devise „so kurz wie möglich, so hoch wie nötig" lediglich die Elimination bzw. weitgehende Unterdrückung der **während der Operation** ins Wundgebiet gelangten Erreger an. Zur Erreichung dieses Zieles müssen wirksame Antibiotikakonzentrationen über systemische Verteilung zum Zeitpunkt der Operation im Gewebe vorliegen. Zu verwenden sind Antibiotika mit Aktivität gegen die bei postoperativen Infektionen bekanntermaßen vorherrschenden Erreger. Die **einmalige** Gabe des gewählten Antibiotikums bzw. der Chemotherapeutika-Kombination am Operationstag ist für zahlreiche Indikationen, einschließlich Rektumexstirpation, als ausreichend erwiesen.
Eine Sonderform der perioperativen Chemoprophylaxe stellt die Beimengung von *Gentamicin* zu dem für Hüftgelenksendoprothesen verwendeten Knochenzement dar: Wegen der hohen Polymerisationstemperatur des Kunststoffes läßt sich lediglich Aminoglykosid, ausgezeichnet durch Hitzestabilität, verwenden. Die medizinische Prophylaxe-Indikation ergibt sich aus den Konsequenzen einer postoperativen Infektion für das Schicksal der Endoprothese.

Resistenz und Resistenzsteigerung

natürlicherweise hochempfindliche Erreger: *Treponema pallidum, Neisseria meningitidis* u. a.
Erreger mit hoher natürlicher Resistenz: *Pseudomonas aeruginosa, Bacteroides fragilis* u. a.

erworbene Antibiotika-Resistenz

genetische Mechanismen der erworbenen Resistenz
mutationsbedingte primäre Resistenz

konjugationsbedingter R-Plasmid-Transfer

biochemische Resistenzmechanismen:
- Beta-Laktamasen

- Veränderung penizillin-bindender Proteine

12.6 Resistenz und Resistenzsteigerung

Außer natürlicherweise hochempfindlichen Erregern wie Treponema pallidum, Neisseria meningitidis und Clostridium perfringens gibt es zahlreiche Spezies mit hoher natürlicher Resistenz (Beispiele: Pseudomonas aeruginosa und Bacteroides fragilis). Das Verhalten dieser Spezies ist für den Therapeuten in hohem Maße „vorhersehbar" und bildet die Grundlage für frühzeitige zutreffende Therapieentscheidungen.
Besondere Beachtung findet seit vielen Jahren zurecht das Phänomen der **erworbenen Antibiotika-Resistenz**, die bei einer großen Zahl klinisch wichtiger Erreger therapeutische und epidemiologische Probleme erzeugt. Erworbene Resistenz wird durch genetische Änderungen am Bakterium ermöglicht, und zwar durch Mutation, Konjugation oder Transduktion (Tab. 12-2). Mutationsbedingte primäre und selektionsbedingte sekundäre Resistenz wird besonders bei pathogenen Mykobakterien gefürchtet. Das Bestreben, die sekundäre Resistenz von Tuberkulose- und Lepraerregern zu unterbinden, impliziert die Indikation für die obligatorische antituberkulotische bzw. antilepröse Kombinationstherapie (s. S. 244, 246). Konjugationsbedingter R-Plasmid-Transfer kommt bei zahlreichen gramnegativen Bakterien (Enterobacteriaceae, Pseudomonas aeruginosa, Aeromonas sp., Vibrio sp., Haemophilus influenzae, Bacteroides frigilis, Neisseria gonorrhoeae) und grampositiven Erregern (Staphylococcus aureus, Clostridium spp.) vor.
Die meisten bekannten **biochemischen Resistenzmechanismen** (s. Tab. 13-2), sind plasmid-kodiert. Bakterielle *Beta-Laktamasen* inaktivieren Penizilline und Cephalosporine – z. T. je nach „Substratprofil" in unterschiedlichem Maße – durch Öffnung des Beta-Laktam-Ringes. Eine besondere Form der Resistenz gegen Beta-Laktam-Antibiotika, wie sie manche Stämme von Streptococcus pneumoniae zeigen, ist plasmid-kodiert und beruht auf Veränderung der *penizillin-bindenden* Proteine. Auch die Resistenz

Tab. 12-2: Genetische und biochemische Grundlagen der erworbenen Resistenz

Genetische Mechanismen	Biochemische Mechanismen
a) Mutation: primäre Resistenz; durch Selektion: sekundäre Resistenz b) Konjugation: Transfer von R-Plasmiden c) Transduktion (temperente Bakteriophagen) d) Transformation?	a) Penizilline und Cephalosporine: Inaktivierung durch Beta-Laktamasen b) Aminoglykoside: Modifikation durch – Phosphorylasen – Adenylasen – Transazetylasen c) Chloramphenicol: Modifikation durch Transazetylasen d) Tetrazykline: Erschwerung des intrazellulären Transports e) Erythromycin u.a. Makrolide: Verhinderung der Anheftung an Ribosomen f) Sulfonamide und Trimethoprim: Aufgabe von Folsäuresynthese bzw. Einrichtung von alternativen Synthesewegen

bzw. Minderempfindlichkeit von Enterokokken gegen Cephalosporine und bestimmte Penizilline ist nicht durch Beta-Laktamase-Aktivität hervorgerufen, sondern Resultat einer geringen Affinität der penizillin-bindenden Proteine.

Aminoglykosid-Moleküle werden durch verschiedene bakterielle Transferasen phosphoryliert, adenyliert oder azetyliert und können als so maskierte Substanzen nicht mehr intrazellulär penetrieren. Durch Antibiotika-Maskierung bzw. Membranveränderung werden *Chloramphenicol-* und *Tetrazyklin-Resistenz* erzeugt (s. Tab. 12-2). Die Basis der Resistenz gegen Antibiotika der *Makrolid-Gruppe* (Erythromycin, Lincomycin, Clindamycin) bei Staphylokokken und Streptokokken ist die plasmid-kodierte Methylierung von zwei Adeninnukleotiden in der 23 S-Untereinheit von 50 S-RNA: Die methylierte RNA bindet Makrolid-Antibiotika schlechter als nichtmethylierte RNA, so daß der Wirkungsmechanismus unterbunden wird. Plasmid- und transposon-kodierte *Trimethoprim-Resistenz* beruht auf der Bildung veränderter, kaum trimethoprim-empfindlicher Dihydrofolatreductasen. Resistenz gegen neuere *Chinolone* (Enoxacin, Ciprofloxacin, Ofloxacin) scheint entweder auf Penetrationsbarrieren oder auf mutationsbedingten Veränderungen der DNA-Gyrase zu beruhen; Plasmide sind nicht involviert.

- Aminoglykosid-Resistenz durch Aktivität von Transferasen (Phosphorylasen, Adenylasen, Azetylasen)
- Chloramphenicol-Resistenz
- Tetrazyklin-Resistenz
- Resistenz gegen Makrolid-Antibiotika bei Staphylokokken und Streptokokken
- Trimethoprim-Resistenz
- Resistenz gegen fluorinierte Chinolone

Je nach ihrer Inaktivierungsaktivität führen die verschiedenen Resistenzmechanismen zu relativer – mit hohen Antibiotikakonzentrationen noch zu beeinflussender – Resistenz oder zu absoluter Resistenz, die durch keine in Organen des Patienten erreichbaren Konzentrationen mehr überwunden werden kann. Wegen der Häufigkeit ihres Vorkommens und der klinischen Konsequenzen stellt die **plasmid-kodierte Resistenz** die hauptsächliche Indikation für die routinemäßige Resistenzbestimmung klinischer Isolate dar.

Verschiedene Resistenzmechanismen führen zu:
relativer Resistenz:
mit hoher Dosierung bestehen ggf. Therapiechancen
absoluter Resistenz:
plasmid-kodierte Resistenz = wichtigste Indikation für routinemäßige Resistenzbestimmung klinischer Isolate
Typen der Resistenzsteigerung

12.6.1 Typen der Resistenzsteigerung

Kurz nach Aufkommen der ersten Antibiotika (Penizillin, Streptomycin) wurde durch serienmäßiges Überimpfen von Erregerkulturen auf Nährböden mit subinhibitorischen Antibiotikakonzentrationen und durch regelmäßige MHK-Bestimmung der erzielten Subkulturen die Geschwindigkeit der Entwicklung resistenter Mutanten untersucht; gleiches geschah später mit neueingeführten Antibiotika. Der sog. **Streptomycin-Typ der Resistenzentstehung** (der sich auch bei Makroliden, Fusidinsäure, Rifamycinen, Nalidixinsäure u. a. findet) ist dadurch charakterisiert, daß in Bakterienkulturen relativ schnell offenbar nur durch einen Mutationsschritt bedingte resistente Mutanten auftreten. Dagegen entstehen resistente Mutanten unter der Einwirkung von *Penizillinen*, Cephalosporinen, Polymyxinen, Chloramphenicol, Tetrazyklinen u. a. langsam, so daß hier offenbar mehrere und entsprechend selten zusammentreffende Mutationsschritte zur Resistenzentwicklung nötig sind (= **Penizillin-Typ der Resistenzsteigerung**).

- sog. Streptomycin-Typ der Resistenzentstehung
- sog. Penizillin-Typ der Resistenzsteigerung

Therapieversagen im klinischen Alltag bedingt durch
- Superinfektion
- oder Resistenzentwicklung unter der Chemotherapie

Im klinischen Alltag bleibt bei Therapieversagen die Frage einer Resistenzentwicklung unter der Chemotherapie meist offen, weil nur mit speziellen diagnostischen Maßnahmen die Möglichkeit des Erregerwechsels unter der Therapie (= **Superinfektion** mit einem resistenten Stamm) ausgeschlossen werden kann. Nur wenn feststeht – z. B. durch Nachweis desselben Sero- oder Phagtyps usw. –, daß die resistenten Keime die Nachkommen des ursprünglich ermittelten Erregers sind, handelt es sich um **Resistenzentwicklung unter der Chemotherapie**.

Persistenz

12.6.2 Persistenz

L-Formen funktionell resistent gegen Penizilline und Cephalosporine

nichtproliferierende Bakterien

intrazelluläre Erregerstadien

Als Grund für unerwartetes Therapieversagen bei grundsätzlicher Erregerempfindlichkeit kommt das Stadium der **Persistenz** in Betracht. L-Formen (d. h. transitorisch zellwandlose Bakterien, die zu vollständiger Bakterienform revertieren können) sind vorübergehend funktionell resistent gegen Penizilline und Cephalosporine, deren Angriffspunkt ja die Zellwandsynthese ist. **Nichtproliferierende Bakterien** (z. B. in chronischem Infektionsprozeß) sind für Antibiotika, die wachsende Zellen als Substrat brauchen, inert. Auch **intrazelluläre Erregerstadien** sind gegen die Einwirkung vieler Antibiotika geschützt. Gebremst werden kann Antibiotika-Aktivität durch vom Wirkungsoptimum stark abweichende Ionen-, pH- und Redoxverhältnisse, wie sie in infizierten Organen, Nekrosebezirken u. a. herrschen können.

Kreuzresistenz (Parallelresistenz) – Kreuzempfindlichkeit:

12.6.3 Kreuzresistenz (Parallelresistenz) – Kreuzempfindlichkeit

Vorkommen bei chemisch nahe verwandten Antibiotika
komplette Kreuzresistenz bei
- Tetrazyklinen
- Polymyxinen
- Isoxazolylpenizillinen

„stellvertretende" Testung in der routinemäßigen Resistenzbestimmung

Lehre von der Kreuzresistenz nur noch partiell gültig bei:
- Aminoglykosiden
- Acylureidopenizillinen
- Cephalosporinen

Resistenz gegen ein bestimmtes Chemotherapeutikum bedingt gleichzeitig Resistenz gegen weitere Mittel meist der gleichen Substanzklasse (Kreuz- oder Parallelresistenz). Kreuzresistenz beruht daher in der Regel auf enger chemischer Verwandtschaft der Antibiotika. So weisen z. B. die verschiedenen *Tetrazykline* (Doxycyclin, Oxytetracyclin, Rolitetracyclin usw.) untereinander komplette Kreuzresistenz auf. Das gleiche gilt für *Polymyxine* (Polymyxin B und Colistin) und die Gruppe der *staphylokokken-penicillinase-festen Penizilline* (Oxacillin, Dicloxacillin, Flucloxacillin).
In der routinemäßigen Resistenzbestimmung wird jeweils nur ein Mittel aus den kreuzresistenz-zeigenden Substanzklassen getestet. Komplette Kreuzresistenz impliziert demnach auch Parallel-Empfindlichkeit.
Mit dem Aufkommen immer differenzierter wirkender Antibiotika ist die Lehre von der Kreuzresistenz zunehmend in den Hintergrund getreten. Die parenteralen *Aminoglykoside* (Gentamicin, Tobramycin, Amikacin), die *Acylureidopenizilline* (Mezlocillin, Azlocillin, Piperacillin, Apalcillin) und die große Zahl der verschiedenen *Cephalosporine* zeigen nennenswerte Unterschiede im antibakteriellen Spektrum, so daß die Einzeltestung vielfach nicht zu umgehen ist.

Effekt der klinischen Antibiotikatherapie auf die Resistenzentstehung

12.6.4 Effekt der klinischen Antibiotikatherapie auf die Resistenzentstehung

Gefahren der langdauernden und kombinierten Antibiotikatherapie

Selektionsdruck auf oropharyngeale und intestinale Bakterien
Gefahr der Gruppenerkrankung durch hochresistente Spezies

Langdauernde und in Mehrfachkombination durchgeführte Chemotherapie bringt die Gefahr mit sich, daß resistente Stämme schneller als sonst üblich entstehen und sich – z. B. im Hospitalmilieu – ausbreiten. Während der Patient wegen Befalls innerer Organe behandelt wird, entfalten die systematisch wirksamen Antibiotika ihre Aktivität immer auch zugleich an anderen Stellen des menschlichen Körpers, z. B. im Mund-Rachen-Sekret und Darmsekret; die dort vorhandenen endogenen und exogenen Bakterien geraten so unter den **Selektionsdruck** der Antibiotika. Kombiniert sich bei bestimmten Stämmen Antibiotikaresistenz mit Ansiedlungsfähigkeit, so können – vor allem unter kleinraumepidemiologischen Bedingungen, z. B. auf Intensivstationen – Gruppenerkrankungen durch hochresistente Spezies auftreten.

12.7 Resistenzprüfung

Resistenzprüfung

Ergebnisse von Empfindlichkeits- bzw. Resistenzbestimmungen werden dem Arzt aus zwei Bereichen zugänglich, nämlich
a) der wissenschaftlichen Erforschung des Wirkungsspektrums und
b) der routinemäßigen Resistenztestung im einzelnen Krankheitsfall.

a) **Die wissenschaftliche Erforschung des Empfindlichkeitsverhaltens** bedient sich z. T. genauerer und aufschlußreicherer Methoden als die routinemäßige Resistenzbestimmung; z. B. wird Bakterizidie bzw. Bakteriostase durch nephelometrische Dichtebestimmung oder durch kulturelle Keimzahlbestimmung in Abhängigkeit von der Antibiotikumkonzentration und der Einwirkungszeit untersucht. In die Beschreibung des Wirkungsprofils – und damit der therapeutisch vorherrschenden Indikationen – gehen auch die Kenntnisse über Aktivität gegen nichtzüchtbare Erreger (Treponema pallidum, Mycobacterium leprae), gegen nicht in vitro züchtbare Erreger (Rickettsien, Chlamydien) bzw. nicht routinemäßig getestete Erreger (Borrelien; Bordetellen; Legionellen; Mykoplasmen) mit ein.

wissenschaftliche Erforschung des Wirkungsspektrums als Grundlage von Therapieentschlüssen

Wirkungsprofil definiert therapeutisch vorherrschende Indikationen
nichtzüchtbare Erreger
obligat intrazelluläre Erreger
nicht routinemäßig getestete Erreger

b) **Routinemäßige Resistenzbestimmungen** werden mit schnellwachsenden grampositiven und gramnegativen aeroben Bakterien, daneben auch mit schwer züchtbaren und strikt anaeroben Erregern sowie mit Mykobakterien durchgeführt. Wegen der Häufigkeit erworbener Resistenz bei Staphylokokken, Enterokokken und Enterobacteriaceae und der relativ raschen Verfügbarkeit der Ergebnisse ist die Empfindlichkeitstestung schnellwachsender bakterieller Erreger für den Therapeuten besonders relevant. Als standardisierte Methoden stehen der Bouillondilutionstest, Agardilutionstest und der Agardiffusionstest zur Verfügung.

routinemäßige Resistenzbestimmungen durchgeführt mit
- Staphylokokken
- Enterokokken
- Enterobacteriaceae
- Anaerobiern u. a.

Die **Dilutionsteste** werden mit geometrisch abgestuften Chemotherapeutikumkonzentrationen (in der Regel 256 mg/l bis 0,125 mg/l) und meist mit Mueller-Hinton-Medium, ggf. unter Agarzusatz, durchgeführt. Die Teststämme werden in festgelegten initialen Keimkonzentrationen (z. B. 10^5 pro ml) im Bouillonverdünnungsversuch bzw. als gleichbleibendes Inokulum auf die Oberfläche der Agardilutionstestplatten verimpft. Nach 18–20stündiger Bebrütung werden die Verdünnungsteste unter Vergleich mit dem Keimwachstum in/auf antibiotikumfreiem Kontrollmedium abgelesen. Die niedrigste Chemotherapeutikumkonzentration, die Wachstum vollständig unterdrückt, gilt als **minimale Hemmkonzentration** (MHK).

Agar- und Bouillondilutionsteste

definierte initiale Keimkonzentrationen

minimale Hemmkonzentration (MHK) = niedrigste Antibiotikumkonzentration, die Wachstum vollständig unterdrückt

Wegen der langen Bebrütungszeit ist die so bestimmte MHK nicht ohne weiteres mit der Erregerempfindlichkeit in vivo in Abhängigkeit von pharmakokinetischen Phänomenen (z. B. bei 8stündigem Applikationsintervall) zu korrelieren, doch kann grundsätzlich eine Empfindlichkeitseinschätzung je nach befallenem Organ und den dort vorhandenen Chemotherapeutikumkonzentrationen (z. B. Liquorräume, Galle, Harnwege, Allgemeininfektion) vorgenommen werden. Vorherrschend ist allerdings die Bewertung der MHK nach den Kategorien *„empfindlich"* oder *„resistent"*; z. B. gelten (nach DIN-Richtlinien) Erreger mit Gentamicin-MHK-Werten bis 1 mg/l als empfindlich und solche mit MHK-Werten von $\geqq 4$ mg/l als resistent.

Diskrepanz zwischen Bebrütungszeit (in vitro) und pharmakokinetischen Konzentrationsabläufen (in vivo)

Empfindlichkeitsbewertung nach DIN-Richtlinien

Unter der Voraussetzung, daß die ätiologisch relevanten Erreger getestet werden und keine Superinfektionen eintreten, besteht zwischen der In-vitro-Bewertung der Erregerempfindlichkeit und dem Therapieergebnis eine hohe Übereinstimmung.

In-vitro-Testung und Therapieergebnis stimmen überein, wenn
- ätiologisch relevanter Erreger getestet wurde
- keine Superinfektion eintritt

Bei dem standardisierten **Agardiffusionstest** werden Filterpapierblättchen, die mit festgelegten Mengen des zu testenden Chemotherapeutikums imprägniert sind, auf eine beimpfte Testplatte (0,1 ml einer frischbeimpften 2–3 Std. bebrüteten Bouillonkultur werden gleichmäßig ausgespatelt) aufgelegt. Von dem Papierträger diffundiert Chemotherapeutikum und erzeugt bei empfindlichen Bakterienstämmen relativ große und bei resistenten vergleichsweise kleine bzw. keine Hemmhöfe. Unter standardisierten experimentellen Bedingungen besteht für ein gegebenes Chemotherapeutikum zwischen der MHK eines Bakterienstammes und dem Hemmhofdurchmesser eine Korrelation. Durch Austestung zahlreicher Bakterien pro Erregerspezies

Agardiffusionstest

Unter standardisierten Bedingungen besteht pro Antibiotikum und Teststamm zwischen MHK und Hemmhofdurchmesser eine Korrelation.

Bewertung der Hemmhöfe als „empfindlich" oder „resistent" über Regressionsgeraden

Agardiffusionstest ist weltweit die häufigste routinemäßige Resistenzbestimmung.

und durch MHK-Hemmhof-Vergleiche, die als **Regressionsgeraden** berechnet werden, kann die Bewertung der Hemmhofdurchmesser als „empfindlich“ oder „resistent“ festgelegt werden.
Der Agardiffusionstest wird weltweit am häufigsten als routinemäßige Resistenzbestimmung angewendet. Die Übereinstimmung mit den Ergebnissen der quantitativen Verdünnungsmethode sowie mit dem Therapieverlauf ist – unter den obenangegebenen Voraussetzungen – gut (d. h. $\geqq 90\%$).

Kombinationstestung:
zwei Chemotherapeutika in verschiedenen Konzentrationen werden „schachbrettartig“ kombiniert (Checkerboard-Testung)

- Synergismus entspricht therapeutischer Indikation
- Antagonismus entspricht Kontraindikation

Kombinationstestung: Hierzu werden die verschiedenen Testkonzentrationen von zwei Chemotherapeutika in „schachbrettartiger“ Kombination in Röhrchen (Bouillondilutionstest) bzw. Platten (Agardilutionstest) zusammengebracht und Teststämme wie bei den Dilutionsmethoden verimpft. Nach der üblichen Bebrütungszeit wird Wachstum bzw. Hemmung abgelesen und die Wirkung der verschiedenen Kombinationen mit der MHK der beiden einzelnen Chemotherapeutika verglichen. Tritt in der Kombination bereits Hemmung ein bei Konzentrationen, die nur ein Viertel oder weniger der beiden Einzel-MHK-Werte betragen, so wird **synergistische** Wirkung der getesteten Chemotherapeutika angenommen. Wirken die getesteten Chemotherapeutika kombiniert erst in Konzentrationen, die mehr als das Doppelte der Einzel-MHK-Werte betragen, so liegt **Antagonismus** vor.
Die Kombinationstestung gibt demnach Auskunft über die Möglichkeiten einer synergistischen Beeinflussung monoätiologischer Infektionen durch Kombinationstherapie; sie ist nicht das In-vitro-Äquivalent der anderen Indikationen der Kombinationstherapie.

Nebenwirkungen der Antibiotikatherapie

12.8 Unerwünschte Nebenwirkungen der Antibiotikatherapie

Nebenwirkungen unter der Chemotherapie können
a) durch direkte (toxische) Beeinflussung menschlicher Zellen und Organe
b) durch Allergie und
c) auf dem Umweg über mikrobielle Effekte (Keimzerfall; Floraveränderungen; Superinfektion) zustandekommen.

unerwünschte toxische Wirkungen
- Aminoglykoside potentiell oto- und nephrotoxisch → strikte Einhaltung von Tagesmaximaldosen
- auch bei anderen Substanzen Einhaltung von Tagesnormdosen

a) Grundsätzlich sollten Chemotherapeutika nur gegen Erreger, nicht jedoch gegen menschliche Zellen und Organe wirken. Diese Idealforderung ist offensichtlich unverfüllbar; ihr nahe kommen nur wenige Mittel, z. B. Penizillin G in Normdosierung. Bei *Aminoglykosiden*, deren potentielle Oto- und Nephrotoxizität bekannt ist, sollen strikte Einhaltung der Tagesmaximaldosen (berechnet nach dem Körpergewicht der Patienten) sowie Spiegelbestimmungen unter der Therapie das Überschreiten zulässiger Serumkonzentrationen vermeiden helfen. Auch bei anderen Substanzen (z. B. *Chinolone, Tetrazykline*) soll durch die vorgeschlagenen Tagesnormdosen das Erreichen toxischer Wirkspiegel verhindert werden.

Beta-Laktam-Antibiotika in der Regel wenig toxisch.
Gegenbeispiel: Gerinnungsstörungen unter Lamoxactam-Therapie

Relativ wenig toxisch sind *Beta-Lactam-Antibiotika*, bei denen der Therapeut daher einen gewissen Ermessensspielraum für Dosiserhöhungen, z. B. zur Beeinflussung mäßig empfindlicher Erreger, hat. Diese Regel gilt jedoch nicht ohne Ausnahmen, wie das Beispiel Lamoxactam (Gerinnungsstörungen durch intrahepatischen Syntheseblock; Antidot: Vitamin-K-Substitution) zeigt.

allergische Reaktionen

Anaphylaxie

makulo-papulöse Exantheme unter Ampicillintherapie

b) **Allergische Reaktionen** sind nach Therapie mit fast allen antibakteriellen Chemotherapeutika einschließlich der Antituberkulotika bekannt geworden. Die klinische Symptomatik kann von Fieber und Urtikaria bis zum anaphylaktischen Schock reichen. Anaphylaxie, ein seltenes Ereignis, ist stets eine absolute Indikation zum Absetzen des Antibiotikums. Bei Therapie mit Ampicillin treten makulo-papulöse Exantheme in einer Frequenz von 5–7% auf; diese Hauterscheinungen gehören nicht in den anaphylaktischen Formenkreis und stellen daher keine Indikation gegen die Fortführung der Therapie dar.

Keimzerfall durch antibakterielle Chemotherapie

c) Antibakterielle Chemotherapie kann durch **Keimzerfall** bei Syphilis (Herxheimer-Reaktion), Leptospirosen, Brucellosen, Typhus abdominalis,

Sepsis durch gramnegative Stäbchenbakterien, Lepra u. a. zu teilweise lebensbedrohlichen Nebenerscheinungen (Fieber, Schüttelfrost, Kreislaufkollaps, Oligurie) führen. Zu **Herxheimer-Reaktionen** gibt besonders häufig hochdosierte Antibiotikagabe zu Therapiebeginn Anlaß. Komplikationen bis zum irreversiblem Schock werden vornehmlich bei bakteriziden, nicht selten jedoch auch bei bakteriostatischen Antibiotika beobachtet. Wichtigster Pathomechanismus ist die Freisetzung großer Mengen von *Endotoxinen*, deren biologische Aktivitäten zu Blutdruckabfall, gastrointestinalen Blutungen, irreversiblem Schock, Leukopenie und Fieber führen. Der **Endotoxin-Schock** kann z. T. durch initial einschleichende Therapie bzw. durch Kortikosteroidgabe verhindert werden.

Herxheimer-Reaktionen

Freisetzung von großen Mengen Endotoxin

Möglichkeiten zur Verhinderung des Endotoxin-Schocks

Als unerwünschte Nebenwirkung ist auch die **Beeinflussung der Normalflora** einzustufen: Durch Chemotherapeutika werden nicht nur die empfindlichen Krankheitserreger, sondern auch empfindliche Keime in der Oropharyngeal-, Intestinal-, Genital- und Hautflora gehemmt. Nach Unterdrückung der empfindlichen Keimanteile können sich resistente Bakterien und die stets antibiotika-resistenten Pilze ohne Behinderung durch die normale biologische Kompetition der biotop-adaptierten Florakeime vermehren. Diese chemotherapiebedingten Selektionsvorgänge können zu **Infektionswechsel** (bei Harnwegsinfektionen, Pneumonie, Sepsis u. a.) bzw. zu **Superinfektionen** führen; außerdem wird die Entstehung von Mykosen, speziell der Candidiasis, gefördert. Als antibiotika-gebahnt gilt insbesondere die pseudomembranöse Kolitis **durch Clostridium difficile.**
Zur frühzeitigen Erfassung veränderter Erregersituationen ist laufende bakteriologische Kontrolle erforderlich.

Beeinflussung der Normalflora

nach Suppression der Normalflora Vermehrung resistenter Bakterien und Pilze

Infektionswechsel durch antibiotika-induzierte Selektionsvorgänge

antibiotika-induzierte pseudomembranöse Kolitis

Wichtigkeit laufender bakteriologischer Kontrollen

13. Sterilisation und Desinfektion

H. Werner

Sterilisation und Desinfektion

Die Anwendung physikalischer und chemischer Methoden zur Keimtötung macht die Bereitstellung von keimfreien chirurgischen Instrumenten, Nahtmaterial und Verbandstextilien sowie sterilen Arzneimitteln zur parenteralen Anwendung möglich. Erst die Herstellung keimfreier Nährsubstrate schuf in der Mikrobiologie die Voraussetzung dafür, definierte Arten von Mikroorganismen anzuzüchten und als Reinkulturen zu studieren.

sterile medizinische Instrumente
keimfreie Arzneimittel
Nährmedien für die Mikrobiologie

13.1 Sterilisation

Unter Sterilisation wird die **Abtötung** aller Bakterien (Pilze und Protozoen) sowie die Inaktivierung von Viren in einem Material bzw. deren vollständige Abtrennung daraus verstanden. Über die Sterilität hinaus geht die Forderung nach **Pyrogenfreiheit** bei Infusionslösungen (d. h. pyrogen wirksame mikroorganismische Zellbestandteile müssen entfernt sein). Zur Sterilisation werden vor allem **thermische Methoden** sowie die **Einwirkung von energiereichen Strahlen**, daneben auch Äthylenoxid, herangezogen. Die Abtötung einer größeren Zahl von Mikroorganismen durch konstant einwirkende physikalische oder chemische Einflüsse verläuft als **Reaktion erster Ordnung:**

Sterilisation = Abtötung aller Bakterien und Inaktivierung von Viren in einem Material

Pyrogenfreiheit bei Infusionslösungen

Methoden:
- thermische Verfahren
- energiereiche Strahlen
- Äthylenoxid

> Für gleiche Zeitspannen ist das Verhältnis der primär vorhandenen lebenden Keime (K_o) zu den nach der Einwirkung noch vorhandenen lebenden Keimen (K) immer gleich.

Abtötung = Reaktion erster Ordnung:

Bei den thermischen Verfahren unterscheidet man im Sterilisationszyklus die **Anheizzeit** von Betriebsbeginn bis zum Erreichen der Sterilisationstemperatur, die **Ausgleichszeit** vom Erreichen der Solltemperatur im freien Raum des Gerätes bis zum Erreichen der Solltemperatur im Inneren des Ste-

- Anheizzeit
- Ausgleichszeit
- Abtötungszeit

} = Sterilisationszeit

Thermoresistenz der Mikroorganismen

Stufe 1: vegetative Bakterienzellen sowie Pilze und Protozoen
Stufe 2–4: unterschiedlich widerstandsfähige Bakteriensporen

Sterilisation durch:
- **trockene Hitze → Heißluftsterilisator**
geeignet für Gegenstände mit ausreichender Hitzestabilität

- **gespannter Dampf → Autoklav**

Interdependenz von Druck und Temperatur

breites Anwendungsspektrum

- **Äthylenoxid-Sterilisation**
  Mikrobizidie durch reaktionsfähiges Sauerstoffmolekül
  giftig; explosibel
  Anwendungsbereich: thermoplastische Kunststoffe
  Bedeutung des feuchten Milieus für die Sterilisationswirkung
  Entfernung der Rückstände

- Mikrobizidie durch Aldehyde, Peroxide, Halogene und Ozon

- **energiereiche ionisierende Strahlen:**
  Anwendung
  – in technischen Großanlagen
  – bei Verbandsstoffen, Einweginstrumenten u. ä.

- **Sterilfiltration** → bei flüssigen und gasförmigen Substanzen
  – Impfstoffe, Serumfraktionen u. a.
  – Luft von Operationssälen
  vorteilhaft: Entfernung von Pyrogenen

rilisationsgutes und die **Abtötungszeit.** Anheiz-, Ausgleichs- und Abtötungszeit werden als **Sterilisationszeit** zusammengefaßt.

Nach ihrer **Thermoresistenz** lassen sich Mikroorganismen in vier Stufen einteilen. Alle vegetativen Bakterien, alle Pilze und Pilzsporen sowie viele Viren werden in wässrigem Milieu bei Temperaturen nicht über 100 °C abgetötet und repräsentieren die Stufe 1. Zu den Stufen 2, 3 und 4 gehören unterschiedlich widerstandsfähige Bakteriensporen, z. B. zu Stufe 2 die Sporen von *Bacillus anthracis* und zu Stufe 3 die Sporen von *Clostridium tetani* und anderen terrestrischen Clostridien (vegetative Zellen von Sporenbildnern der Thermoresistenzstufe 4, d. h. thermophilen Arten, erzeugen keine Infektionen beim Menschen).

Bei der Sterilisation durch **trockene Hitze** wird das Sterilisationsgut einer Temperatur von 180 °C ausgesetzt; die Sterilisationszeit beträgt 30 Min. (Gerät: Heißluftsterilisator). Die Keimtötung erfolgt durch Denaturierung aller organischen Bestandteile von Mikroorganismen (Pyrogene werden allerdings erst durch 2-stündige Hitzeeinwirkung bei 200 °C zerstört). Für die Hitzesterilisation eignen sich nur Gegenstände von ausreichender thermischer Stabilität (Glas, Keramik, Metall, Teflon); hierfür ungeeignet sind wässrige Lösungen, Textilien, Gummi, die meisten Kunststoffartikel u. a.

Mit **gespanntem Dampf** und einer Temperatur von 121 °C (2 bar bzw. 1 atü) läßt sich im Autoklaven Sterilisation in 20–30 Min. erzielen; für spezielle Zwecke wird der Autoklav bei 3 bar bzw. 2 atü verwendet, und die Sterilisationszeit ist dann 8–10 Min. Die gute keimtötende Wirkung des gespannten Dampfes beruht auf seinem großen Wärmeinhalt. Definitionsgemäß darf im Inneren des Autoklaven außer dem Sterilisationsgut nur noch gespannter Dampf vorhanden sein. Zur Austreibung der Luft wird bei handgesteuerten Geräten mit eigener Dampferzeugung der Dampf von oben her in den Innenraum des Autoklaven eingeleitet und verdrängt hier die spezifisch schwerere Luft durch ein unten gelegenes Ablaßventil. Der Druckanstieg auf 2 bzw. 3 bar (1 bzw. 2 atü) beginnt parallel mit dem Temperaturanstieg von 100° auf 121° bzw. 134 °C. Für die Sterilisation mit gespanntem Dampf eignen sich Metallgegenstände, Textilien aus Baumwolle, Gummi, manche Kunststoffgegenstände sowie wässrige Lösungen.

Die Sterilisation mit **Äthylenoxid** wird bei Temperaturen von 20–60 °C durchgeführt, wobei Mikroorganismen durch Einwirkung des besonders reaktionsfähigen Sauerstoffatoms im Wirkstoffmolekül abgetötet werden. Äthylenoxid ist eine für den Menschen giftige, stark schleimhautreizende, leicht brennbare Substanz, die bereits bei etwa 10 °C siedet und mit Luft explosive Gemische bildet. Die Sterilisation mit Äthylenoxid wird vor allem bei thermoplastischen Kunststoffen und Gegenständen, die in Kunststoffbeutel eingeschweißt sind, angewendet. Allerdings können ausgetrocknete Mikroorganismen nicht abgetötet werden (deshalb kommt die sonst gebräuchliche Sporenerde nicht für die Erfolgskontrolle in Betracht). Äthylenoxid-Sterilisationskammern werden daher durch Zugabe von Wasser auf eine relative Feuchte von 40–90 % eingestellt. Nach dem Sterilisationsvorgang muß das in Lösungen, Gummi, Kunststoff usw. noch vorhandene Gas (z. B. durch mehrstündiges Fluten mit steriler Luft) entfernt werden.

Eine umfassende und schnelle mikrobizide Wirkung, z. T. auch gegen bakterielle Sporen, entfalten **Aldehyde, Peroxide, Halogene** und **Ozon**, doch gibt es keine zuverlässigen und standardisierten Verfahren für eine breitere Anwendung dieser Wirkstoffe in der Sterilisation.

Die Einwirkung von **Gamma-** und **Betastrahlen**, d. h. energiereichen ionisierenden Strahlen, führt zur Abtötung von Mikroorganismen. Weite Anwendung, vor allem in technischen Großbetrieben, hat die Sterilisation mit Gammastrahlen für Verbandsstoffe, Einweginstrumente u. a. gefunden. Betastrahlen, die in Elektronenbeschleunigern erzeugt werden, haben zwar eine geringere Eindringtiefe als Gammastrahlen, sind aber ebenfalls für viele Sterilisationszwecke geeignet.

Sterilfiltration wird für flüssige und gasförmige Substanzen angewendet, soweit eine Hitzesterilisation nicht möglich ist (Beispiele: Impfstoffe, Serumfraktionen, thermolabile Lösungen, aber auch Luft von Operationssälen). Pyrogene werden bei der Sterilfiltration in der Regel zugleich mit den Mikroorganismen entfernt.

Zur **Kontrolle der Sterilisation** muß die technische Zuverlässigkeit des Gerätes überprüft und die Sterilität des behandelten Materials untersucht werden. Die mikrobiologische Überprüfung von medizinisch genutzten Sterilisatoren ist mindestens einmal jährlich vorzunehmen. Als Bioindikatoren werden heute statt nativer Erdsporen („Sporenerde") mit Sporen von *Bacillus stearothermophilus* beladene Teststreifen verwendet. Richtiges Funktionieren des Sterilisationsgerätes wird dadurch angezeigt, daß ein zuvor zum Sterilisationsgut gelegter Sporenstreifen bei der Wachstumskontrolle (in Nährbouillon bei 55 °C bebrütet) negativ bleibt.

Kontrolle der Sterilisation:
- technische Zuverlässigkeit der Geräte
- mikrobiologische Überprüfung

Sporen von *Bacillus stearothermophilus*

13.2 Desinfektion

Bei der Desinfektion werden Gegenstände so behandelt, daß sie nicht mehr infizieren können. Bei der **Entseuchung** zielt Desinfektion auf Inaktivierung spezifischer Erreger von Infektionskrankheiten (bei erkrankten Personen, tierischen Überträgern und in der Umwelt) ab. Eine prophylaktische Reduktion der Keimzahl ohne direkten Zusammenhang mit aufgetretenen Erkrankungen z. B. bei der **Infektionsprophylaxe** in Praxis und Krankenhaus stellt gegenwärtig den Hauptanwendungsbereich der Desinfektion dar. Hierbei werden die dem desinfizierten Objekt anhaftenden Krankheitserreger soweit vermindert, daß sein Gebrauch, seine Behandlung oder der Umgang mit ihm meist nicht zu Infektionen führt. Die Desinfektion muß durch physikalische und chemische Verfahren zu einer **irreversiblen Inaktivierung** der Krankheitserreger führen, d. h. eine bakteriostatische Einwirkung bewirkt nicht Desinfektion. Für Desinfektionsmaßnahmen bei meldepflichtigen Krankheiten auf Grund des Bundesseuchengesetzes müssen vom Bundesgesundheitsamt geprüfte und anerkannte Mittel oder Verfahren angewendet werden.

Desinfektion = nach Behandlung können Gegenstände nicht mehr infizieren
Entseuchung = Inaktivierung spezieller Erreger von Infektionskrankheiten

Hauptanwendungsbereich: Infektionsprophylaxe in Praxis und Krankenhaus

Physikalische oder chemische Verfahren führen zu irreversibler Inaktivierung von Krankheitserregern:
Desinfektionsmaßnahmen bei meldepflichtigen Krankheiten → Anwendung vorgeschriebener Verfahren

Feuchte Hitze ist zur Desinfektion vorzüglich geeignet; sie kann als Wasser von 80–100 °C, als strömender Dampf und als gespannter Dampf eingesetzt werden. Feuchte Hitze in Form von heißem Wasser wird bei der Wäschedesinfektion, bei der Pasteurisierung von Milch und anderen Getränken sowie beim Kochen von Lebensmitteln nutzbar gemacht. Die Instrumentenkocher, die früher zur abschließenden Wiederaufbereitung von Instrumenten verwendet wurden, bieten keine ausreichende Sicherheit. Strömender Dampf hat den Druck der umgebenden Atmosphäre und eine Temperatur von ca. 100 °C. Gespannter Dampf wird für Desinfektionszwecke meist bei 105 °C und 1,2 bar (0,2 atü) 15 Min. lang angewendet (vor allem in Dampfdesinfektionsgeräten in Krankenhäusern und Desinfektionsanstalten für die Desinfektion von Betten, Matratzen und Textilien).

- **Desinfektion durch feuchte Hitze**

  z. B.: Pasteurisierung der Milch

  gespannter Dampf für Desinfektionszwecke

  Bettendesinfektion

UV-Strahlen, elektromagnetische Wellen mit Wellenlängen zwischen 13,6 und 400 nm, haben das Maximum ihrer antibakteriellen Wirkung (infolge DNA-Denaturierung durch Absorption von Strahlenquanten) bei 257 nm. Für eine 90%ige Reduktion der meisten Bakterienarten sind 100–500 µW sec/cm^2 erforderlich. Im Krankenhaus können UV-Strahlen für die direkte Bestrahlung von Räumen und damit für die Keimzahlreduktion in der Luft eingesetzt werden.

- **UV-Strahlen**
  Keimzahlreduktion in der Luft

Die **chemische Desinfektion** mit unterschiedlichen, meist in wässrigen Lösungen vorliegenden Substanzen wird durch unzureichendes Vordringen zu den Mikroorganismen, durch Hemmung, Inaktivierung oder Neutralisierung des Wirkstoffes, unzureichende Konzentration und Einwirkungszeit des Desinfektionsmittels sowie spezielle mikrobielle Widerstandsfähigkeit in ihrer Wirksamkeit beeinträchtigt. *Konzentrierte starke Laugen und Säuren* sind zwar antimikrobiell gut wirksam, haben aber wegen ihrer Aggressivität keine große praktische Bedeutung erlangt. Für Desinfektionszwecke, speziell die chirurgische und hygienische Händedesinfektion, werden Alkohole, und zwar *Äthanol* (80 %), *Propanol* (60 %) und *Isopropanol* (70 %), mit Erfolg eingesetzt. Alkohole wirken nicht sporozid, daher können handelsübliche Präparate Sporen enthalten. Zur Herstellung von *sporenfreiem Alkohol*, wie er z. B. für

- **chemische Desinfektion**
  etliche Faktoren, die die Wirksamkeit beeinträchtigen

  chirurgische und hygienische Händedesinfektion:
  – Äthanol
  – Propanol
  – Isopropanol
  Herstellung von sporenfreiem Alkohol

Formaldehyd:
Wirkung gegen Bakterien, Pilze und Viren

Raumdesinfektion mit gasförmigem Formaldehyd

- **halogenierte Phenolderivate**

in Kombination mit Seife zur Scheuerdesinfektion

- **Metallionen und metallorganische Verbindungen**
bewirken lediglich Bakteriostase
organische Quecksilberverbindungen: Anwendung für die Haut- und Wunddesinfektion

- **Halogene**
breites Wirkungsspektrum und kurze Einwirkungszeit:
  - Desinfektion von Trinkwasser mit Chlorgas oder chlorabspaltenden Verbindungen
  - Jod und Jodophore zur Hautdesinfektion

- **oberflächenaktive Substanzen:**
kationaktive und amphotere Detergentien
  - quartäre Ammonium- und Phosphoniumverbindungen = Invertseifen
  - Chlorhexidin
  - Amphotenside

- **Oxidationsmittel:**
Wasserstoffperoxid u. a.

- **Desinfektionsmaßnahmen am menschlichen Körper**
  - chirurgische Händedesinfektion
  - hygienische Händedesinfektion (**nach** Patientenuntersuchung)
  - Desinfektion der Haut vor ärztlichen Eingriffen

Phenolpräparate zur Desinfektion von:
- Stuhl
- Sputum
- Urin
- Körperflüssigkeiten

Flächendesinfektion
desinfizierende Reinigung von Instrumenten vor der Sterilisation

Schlußdesinfektion

die Hautdesinfektion vor Impfungen und Venenpunktionen vorgeschrieben ist, muß der Alkohol filtriert und aseptisch aufbewahrt werden. *Formaldehyd* ist in wässriger Lösung (0,5–5 %) und als Gas (8 g/m^3) eine Substanz von großer Anwendungsbreite mit gleichmäßiger Wirkung gegen Bakterien, Pilze und Viren, welche auf Denaturierung der Zellproteine und Nukleinsäuren beruht, und besitzt darüber hinaus bei ausreichender Einwirkungszeit und Temperatur sporozide Aktivität. Für die Desinfektion von Flächen und Gegenständen sind Aldehyde die häufigst eingesetzten Wirkstoffe. Gasförmiges Formaldehyd wird zur Desinfektion von Räumen und größeren Geräten verwendet.

Mit Chlor, Brom und Jod **halogenierte Phenolderivate** (Kresol, Chlorkresol und Orthophenylphenol) kommen in 0,5–4%igen Lösungen zur Anwendung. Da diese Substanzen gegenüber organischen Beimengungen und Seifen unempfindlich sind, können sie in Kombination mit Seife zur Scheuerdesinfektion sowie zur Desinfektion von Ausscheidungen eingesetzt werden.

Quecksilber, Silber, Kupfer und Zinn besitzen als **Metallionen** und in Form dissoziierter Salze sowie als **metallorganische Verbindungen** eine lediglich bakteriostatische Aktivität (Sporen und Viren werden nicht, säurefeste Stäbchen nur unzureichend beeinflußt). Für die Haut-, Schleimhaut und Wunddesinfektion werden organische Quecksilberverbindungen (u. a. Phenylquecksilberborat) eingesetzt.

Die **Halogene** Fluor, Chlor, Brom und Jod sind in wässrigen Lösungen durch oxidierende Wirkung sowie durch Halogenierung der organischen Zellsubstanz wirksam. Halogene besitzen ein breites Wirkungsspektrum und sehr kurze Einwirkungszeit. *Chlor* wird als Chlorgas, Chlordioxid, Natriumhypochlorid, Kalziumhypochlorid, verschiedene Chloramine und organische chlorabspaltende Verbindungen für die Desinfektion von Trink- und Brauchwasser, zur Wäschedesinfektion und Scheuerdesinfektion verwendet. *Jod,* früher in Form der Jodtinktur zur Hautdesinfektion angewendet, wird heute meist in Form von Jodophoren, z. B. Polyvinylpyrrolidon, eingesetzt. *Brom* wird nur in geringem Umfang für Desinfektionszwecke verwendet.

Oberflächenaktive Substanzen sind die kationaktiven und amphoteren Detergentien, welche ein begrenztes antibakterielles Wirkungsspektrum besitzen. Zu den kationaktiven Verbindungen bzw. Invertseifen gehören *quartäre Ammonium- und Phosphoniumverbindungen.* Auch *Chlorhexidin* ist eine kationische Substanz. Ihre desinfizierende Wirkung wird durch anionaktive Seifen und durch Serum beeinträchtigt. *Amphotenside,* in Oberflächenaktivität und Bakteriostase den quartären Ammoniumverbindungen ähnlich, haben gegen Mykobakterien allerdings eine stärkere Wirkung als die letzterwähnten Substanzen.

Zur Desinfektion eingesetzte **Oxidationsmittel** sind *Ozon, Wasserstoffperoxid, Kaliumpermanganat* und verschiedene andere sauerstoffabspaltende Verbindungen.

Zu den **Desinfektionsmaßnahmen am menschlichen Körper** gehören die chirurgische Händedesinfektion (5 Minuten mit alkoholischen Präparaten), die hygienische Händedesinfektion (ca. 1 Minute mit alkoholischen Präparaten; sie soll die Hand ohne vorherige Reinigung von äußerlich aufgebrachten pathogenen Keimen befreien, z. B. nach Patientenuntersuchung oder nach mikrobiologischem Arbeiten) und die Desinfektion der Haut vor ärztlichen Eingriffen, z. B. Operationen und Injektionen (alkoholische Präparate mit Wirkungsverstärkung durch Brom- oder Jodverbindungen).

Zur Desinfektion von Stuhl, Sputum, Urin und Körperflüssigkeiten werden *Phenolpräparate* – unter ausreichender Einwirkungszeit und Durchmischung – verwendet. *Tensidkombinationen* und *Aldehyde* oder *Phenolderivate* werden zur **Flächendesinfektion**, die vorteilhafterweise mit einer Reinigung der Flächen verbunden wird, eingesetzt. Instrumente, die vor der Wiederverwendung sterilisiert werden, sollten desinfizierend gereinigt werden. Nach Entlassung infektiöser Patienten soll der Krankenraum mit allen Flächen und Einrichtungsgegenständen durch eine Schlußdesinfektion entseucht werden.

II Bakteriologie – Spezieller Teil –

Bakteriologie – Spezieller Teil –

1 Staphylococcus – Micrococcus – Stomatococcus

P. C. Döller

Staphylococcus, Micrococcus, Stomatococcus

In der Familie Micrococcaceae werden grampositive, überwiegend fakultativ anaerob wachsende Haufenkokken zusammengefaßt, die Katalase-positiv und mit wenigen Ausnahmen unbeweglich sind. 3 Genera sind für die Humanmedizin von Bedeutung: Staphylococcus, Micrococcus und Stomatococcus.

Familie Micrococcaceae: katalasebildende grampositive Haufenkokken

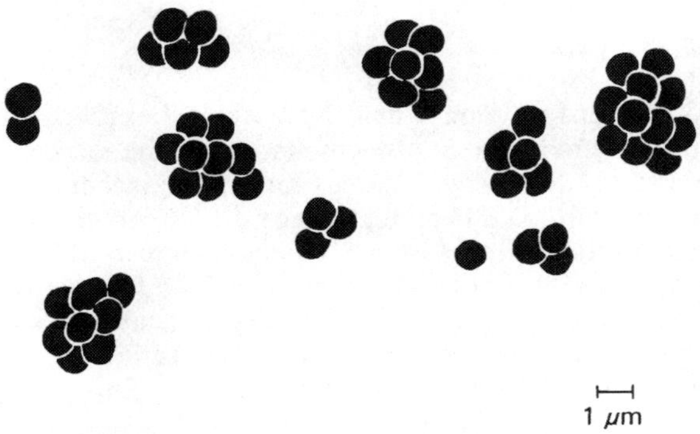

Abb. 1-1: Mikroskopische Morphologie von Staphylococcus-Arten

Im Grampräparat sind blaue (grampositive), in Haufen liegende runde Bakterien sichtbar. Der Durchmesser der Einzelkokken beträgt ca. 1 μm. Außer der Haufenform können auch kurze Ketten vorkommen.

Micrococcaceae
- Staphylococcus
  - Koagulase-positiv — S. aureus
  - Koagulase-negativ — S. epidermidis, S. saprophyticus und weitere Staphylococcus spp.
- Micrococcus
- Stomatococcus

1.1 Staphylococcus spp.

Staphylococcus

Die Staphylokokken werden in 2 große Gruppen eingeteilt: **Koagulase-positive** und **Koagulase-negative** Staphylokokken. Diese Einteilung beruht darauf, daß Koagulase-positive Staphylokokken eine besondere klinische Bedeutung besitzen und daß sie aufgrund einer einfachen Differenzierungsreaktion (Koagulase) von den „apathogenen" Koagulase-negativen Staphylokokken abgegrenzt werden können.

Einteilung nach der Koagulase-Reaktion
Koagulase-positive Staphylokokken
→ besondere klinische Bedeutung: S. aureus

Zu den Koagulase-positiven Staphylokokken zählt als einzige Art *S. aureus.* Koagulase-negativ sind *S. epidermidis, S. saprophyticus* und eine Vielzahl „apathogener" *Staphylococcus spp.* Pathogene Staphylokokken verursachen Eiterungen (v. a. an der Haut und den Hautanhangsgebilden, Furunkel, Karbunkel), Abszesse und Septikämien, bestimmte Stämme verursachen auch Nahrungsmittelvergiftungen. Die „apathogenen" Staphylokokken gehören zur normalen Haut- und Schleimhautflora.

Staphylococcus aureus

1.1.1 Staphylococcus aureus

Keimträger
- in der Bevölkerung
- bei Krankenhauspersonal

Infektionsgenese
- exogen (z. B. Schmierinfektion)
- endogen

Bei einem Teil der Bevölkerung und bei Tieren gehört S. aureus zur physiologischen Körperflora (Staphylokokkenträger). S. aureus kommt auf der Nasenschleimhaut (bei 20–60 % der Bevölkerung), auf der Rachenschleimhaut, in den Ausführungsgängen der Brustdrüse und in geringem Umfang im Darm, sowie auf der Hautoberfläche (Perinealregion, Achselhöhlen) vor. Unter dem Krankenhauspersonal sind häufig Träger von S. aureus zu finden, die Ausgangspunkt für eine Hospitalinfektion sein können. In der Regel sind diese Stämme gegen eine Vielzahl von Antibiotika resistent. Außer durch **exogene** Infektionen (z. B. Schmierinfektionen) kommt es häufiger zu einer S. aureus-Infektion aus der patienteneigenen Körperflora (**endogene** Infektion). S. aureus-Stämme, die beim Tier vorkommen, sind in der Regel beim Menschen nicht vorhanden und umgekehrt.

Pathogenitätsfaktoren

1.1.1.1 Pathogenitätsfaktoren

Kapselpolysaccharide behindern Phagozytose

Protein A bindet IgG über Fc-Teil

Koagglutination

Die Pathogenität von S. aureus wird zum einen durch seine Oberflächenstrukturen und zum anderen durch seine Stoffwechselprodukte, die extrazellulär abgegeben werden, bedingt. So besitzt S. aureus **Kapselpolysaccharide**, welche die Phagozytose behindern. Das Peptidoglykangerüst hemmt die zelluläre Immunität. Protein A ist bei den meisten S. aureus-Stämmen auf der Oberfläche vorhanden, und es kann Immunglobuline (v. a. IgG) über deren Fc-Teil binden. In der serologischen Diagnostik wird diese Eigenschaft zunutze gemacht, indem spezifische Antikörper mit ihrem Fc-Teil an S. aureus-Zellen gebunden und anschließend zum Antigennachweis (Koagglutination) eingesetzt werden.

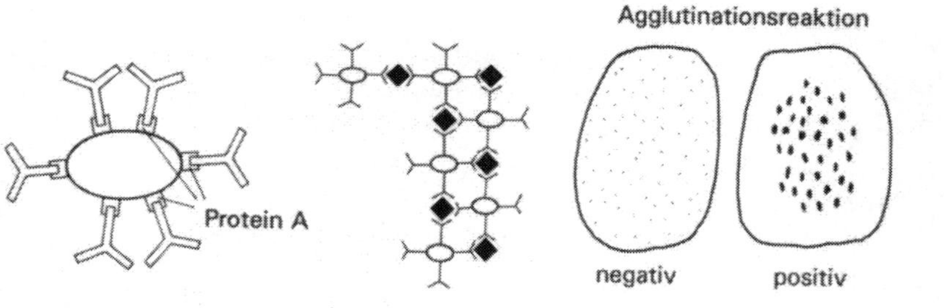

Abb. 1-2: Prinzip der Koagglutination mit Staphylococcus aureus

Clumping-Faktor

Plasmakoagulase

Ein weiterer fester Bestandteil der Zelloberfläche beinahe aller S. aureus-Stämme ist der **Clumpingfaktor.** Durch Aktivierung von Fibrinmonomeren führt er zu einer Verklumpung von Plasma. Durch Einreiben einer verdächtigen Kolonie in Kaninchenplasma (Objektträgeragglutinationstest) kann der Clumpingfaktor schnell nachgewiesen und somit S. aureus von den anderen Staphylococcus spp. differenziert werden. Von S. aureus-Stämmen wird außerdem ein Enzym (Koagulase), welches zur Verklumpung von Plasma (Human- und Kaninchenplasma) führt, produziert und extrazellulär abgegeben. Diese Koagulase ist der wichtigste Pathogenitätsfaktor von S. aureus. Etwa 3 % der S. aureus-Stämme sind jedoch Koagulase-negativ und werden aufgrund anderer Identifizierungsmerkmale in diese Spezies eingeordnet. Der Nachweis der freien Koagulase erfolgt im Röhrchentest. Im positiven Fall kommt es zu einer Gerinnung des Zitratplasmas. Dieser Vorgang ähnelt stark der natürlichen Blutgerinnung.

Koagulase + Prothrombin → Staphylothrombin; **Fibrinolysin**

Fibrinogen —(Staphylothrombin)→ Fibrin —(Fibrinolysin)→ Fibrinmonomere

Das Fibrin bildet einen Schutzwall, der die ins Gewebe eingedrungenen Staphylokokken umgibt, innerhalb dessen sie sich ungehindert vermehren können. Dieselben Staphylokokken bilden auch Fibrinolysin, welches den Fibrinschutzwall wieder auflösen kann. Dadurch kann sich S. aureus weiter in das umgebende Gewebe ausbreiten.

in vivo bildet Fibrin Schutzwall um Staphylococcus aureus

Extrazellulär abgegebene, membranschädigende Produkte von S. aureus sind **Hämolysine** und **Leukozidin.** Mehrere unterschiedliche Hämolysine werden gebildet und führen zur Zerstörung von Erythrozyten. Wichtigster Vertreter ist das α-Hämolysin (= α-Toxin = Staphylolysin), gegen das im Verlauf einer S. aureus-Infektion Antikörper gebildet werden (serologischer Nachweis einer invasiven S. aureus-Infektion). Leukozidin schädigt die Leukozytenmembranen. Das Toxin einiger S. aureus-Stämme (epidermolytisches Toxin, Exfoliativtoxin) kann zur Ablösung der Haut von ihrer Unterlage im Bereich des Stratum granulosum führen. Ein Teil der S. aureus-Stämme kann **Enterotoxine** bilden (A, B, C1–3, D und E), die für die klinischen Symptome einer Nahrungsmittelvergiftung verantwortlich sind. Die Enterotoxine sind sehr hitzeresistent und werden auch durch Aufkochen der Speisen nicht völlig inaktiviert. Von einem Teil der S. aureus-Stämme wird ein Toxin gebildet, das für das *„toxic shock syndrome"* verantwortlich ist. Dieses Krankheitsbild wurde erstmalig Ende der 70er Jahre in Nordamerika beschrieben. Es betraf v. a. junge Frauen mit Tampongebrauch während der Menstruation, bei denen es zur vaginalen Resorption des Toxins („toxic-shock-syndrome-toxin-1 [= TSST-1]) kam. *β-Laktamasen, die* β-Lactam-Antibiotika inaktivieren, können von S. aureus-Stämmen produziert werden und **dadurch zur Resistenz gegenüber Antibiotika, wie z. B. dem Penizillin,** führen. Weitere Enzyme, die von S. aureus produziert und in seine Umgebung abgegeben werden, sind *Nukleasen, Proteasen, Lipasen* und *Hyaluronidasen.*

Hämolysine
α-Hämolysin = Staphylolysin

Leukozidin
Exfoliativtoxin (= epidermolytisches Toxin)
Enterotoxine

toxic shock syndrome-toxin 1
β-Laktamasen

extrazelluläre Nukleasen, Proteasen, Lipasen, Hyaluronidasen

1.1.1.2 Erkrankungen durch S. aureus

Krankheitsbilder

Erkrankungen durch S. aureus können durch die Invasivität des Erregers hervorgerufen werden bzw. durch die Wirkung von Toxinen. Toxine können zum einen im infizierten Organismus gebildet oder als präformiertes Toxin, z. B. mit kontaminierten Lebensmitteln, aufgenommen werden *(„Lebensmittelvergiftung").* S. aureus ist bei vielen Personen Bestandteil der physiologischen Flora von Haut und Schleimhäuten. Erkrankungen treten meist erst dann auf, wenn eine lokale oder allgemeine **Abwehrschwäche** vorliegt. Durch ihre relative Unempfindlichkeit gegenüber Umwelteinflüssen und durch ihre Fähigkeit, gegenüber Antibiotika resistent zu werden, bilden sie häufig die Ursache für Hospitalinfektionen **(Nosokomialinfektionen).** Invasive Prozesse können *lokalisiert* (oberflächlich oder in der Tiefe) oder *generalisiert* auftreten. Zu den lokalisierten Prozessen zählen Abszeß, Empyem, Furunkel, Karbunkel, Pyodermie sowie eitrige Parotitis, Mastitis puerperalis, primär hämatogene Osteomyelitis, sekundäre Osteomyelitis und Pneumonie (meist bei Säuglingen oder als Hospitalinfektion). Einschwemmungen von S. aureus in die Blutbahn können zu Sepsis, Endokarditis, sowie zur Fremdkörperinfektion führen.

Infektionsbahnung durch Abwehrschwäche

Nosokomialinfektionen
invasive Prozesse
- lokalisiert (Abszesse, Empyeme u. a.):
- generalisiert
  - Pyodermie
  - Mastitis puerperalis
  - primäre und sekundäre Osteomyelitis
  - Pneumonie; Sepsis

In den Organismus eingedrungene S. aureus-Stämme können durch ihre Toxinproduktion zur Erkrankung führen. So kann es durch die Wirkung des **Exfoliativ-Toxins**, vorwiegend bei Säuglingen und Kleinkindern, zur generalisierten Form, dem sog. *„Staphylococcal Scalded Skin Syndrome"* kommen. Hierbei tritt wenige Stunden nach Infektion durch die Bildung epidermolytischer Toxine eine Epidermolyse mit Blasenbildung („verbrühte Haut") auf. Dieses Syndrom wird auch bei immunsupprimierten Erwachsenen beobachtet und geht mit hoher Letalität einher (DD: Lyell-Syndrom). Das „Toxic Shock Syndrome" tritt v. a. im Zusammenhang mit der Menstruation auf

Epidermolyse und Blasenbildung durch Exfoliativtoxin

Toxic Shock Syndrome:
Fieber, Hypotonie, Exanthem
(Zusammenhang mit Menstruation)

und führt zu Fieber, Hypotonie und Exanthem. Meist sind mehrere Organfunktionen bis zum völligen Versagen (Schocksymptomatik) beeinträchtigt.

Vermehrung in Nahrungsmitteln und Bildung von Enterotoxinen

akute Gastroenteritis

S. aureus vermehrt sich auch sehr gut in Lebensmitteln (z. B. Milch, Eiprodukte, Fleischwaren) und bildet ebenfalls Toxine **(Enterotoxine).** Nach Aufnahme dieser relativ hitzeresistenten Toxine, die von den Bakterien gebildet und an die Lebensmittel abgegeben werden, kommt es durch die Toxinresorption innerhalb weniger Stunden zu einer akuten **Gastroenteritis** (Lebensmittelvergiftung) mit Übelkeit, massivem Erbrechen, Leibschmerzen, starkem allgemeinen Krankheitsgefühl, Fieber und Diarrhoe. Ohne Spätfolgen klingt die Symptomatik nach 24–48 Stunden wieder ab.

Labordiagnose
mikroskopische Verdachtsdiagnose

typische Kolonie mit Hämolysezone auf Blutagar
Identifizierung durch Plasmakoagulase bzw. Clumping-Faktor, Protein A, DNase u. a.

Lysotypie zur Ermittlung von Infektketten

Labordiagnose: Ein mikroskopisches Präparat nach Gram erlaubt lediglich eine Verdachtsdiagnose. Obwohl S. aureus auf vielen Nährböden wachsen kann, erfolgt die Erregeranzucht aus dem Untersuchungsmaterial (Abstriche, Punktate u. a.) v. a. auf bluthaltigen (Hammelblut) Nährböden. Dabei zeigen S. aureus-Kolonien häufig ein charakteristisches Erscheinungsbild. S. aureus bildet runde glänzende Kolonien mit gelblicher bis goldgelber Pigmentierung, die manchmal auch weißlich ist. In der Umgebung der Kolonien kommt es auf Blutagarplatten zu einer Hämolyse. Gegenüber anderen Staphylococcus spp. wird S. aureus durch die *Plasmakoagulase*, den *Clumpingfaktor, Protein A* oder seine *DNase-Aktivität* abgegrenzt. Bei epidemiologischen Untersuchungen (z. B. zur Verfolgung von Infektketten) kann S. aureus durch die Phagentypisierung weiter differenziert werden. Hierbei wird der zu untersuchende Stamm auf seine Empfindlichkeit gegenüber verschiedenen Bakteriophagen (internationaler Phagensatz) geprüft.

indirekte Krankheitsdiagnose

Antistaphylolysintest
Ausführung und Bewertung

S. aureus-Infektionen können auch **serologisch** diagnostiziert werden. Voraussetzung dafür ist, daß Antikörper gegen verschiedene Pathogenitätsmerkmale, v. a. gegen *Staphylolysin (Antistaphylolysin)*, gebildet werden, was z. B. bei Erkrankungen des rheumatischen Formenkreises der Fall ist. Menschenpathogene Staphylokokken bilden in unterschiedlichem Ausmaß Staphylolysin (α-Hämolysin). Der Antikörpernachweis (Antistaphylolysin) erfolgt mit dem *Latex-Agglutinationstest* und der *Hämolyse-Hemmreaktion.* Ca. 2–3 Wochen nach der Infektion kommt es zum Antikörpertiteranstieg. Die Antistaphylolysin-Konzentration erreicht nach 2–3 Monaten Maximalwerte und fällt 5–6 Monate nach durchgemachter Infektion in den Normalbereich (0,2–2,0 IE/ml) ab. Oberflächliche Infektionen (Haut, Schleimhäute) ergeben niedrige Antikörper-Konzentrationen, tiefe Prozesse und Sepsis hingegen höhere Werte, wobei Konzentrationen im Normalbereich eine S. aureus-Infektion nicht ausschließen.

Chemotherapie
a) Stämme ohne β-Laktamase: Penizillin G
b) β-Laktamase-Bildner: Isoxazolylpenizilline, ggf. bestimmte Cephalosporine
Kombination mit Aminoglykosid
Bedeutung von Vancomycin

Chemotherapie: Gegen *nichtpenizillinasebildende* Stämme sind Benzylpenizilline (Penizillin G) Mittel der Wahl, gegen *Penizillinasebildner* kommen penizillinasefeste Penizilline (Flucloxacillin, Oxacillin) in Frage. Bei schweren Infektionen werden diese Penizilline in Kombination mit einem Aminoglykosid eingesetzt. Bei Penizillin-Allergie und resistenten Stämmen ist Vancomycin geeignet.

Koagulase-negative Staphylokokken

1.1.2 Koagulase-negative Staphylokokken

Vorkommen, Epidemiologie und Krankheitsbilder
weniger Virulenzfaktoren als Staphylococcus aureus
Staphylococcus epidermidis besiedelt Haut und Schleimhäute

Staphylococcus saprophyticus: Affinität zu Uroepithel

Einteilung nach dem Verhalten gegenüber Novobiocin:
- empfindlich: *S. epidermidis, S. hominis, S. haemolyticus, S. warneri, S. capitis*

Vorkommen, Epidemiologie und Krankheitsbilder: Koagulase-negative Staphylokokken sind ein wichtiger Bestandteil der physiologischen aeroben Mikroflora des Menschen, und sie weisen deutlich weniger Virulenzfaktoren auf als Koagulase-positive Staphylokokken. *S. epidermidis* ist ubiquitär verbreitet und hat eine ausgeprägte Fähigkeit, Haut und Schleimhäute zu besiedeln, wobei Axilla und Kopf am dichtesten besiedelt sind. Koagulase-negative Staphylokokken sind auch an der primären lokalen Barrierefunktion gegen eindringende potentiell pathogene Mikroorganismen beteiligt. *S. saprophyticus* besitzt eine besondere Affinität zum menschlichen Uroepithel, und man findet ihn in der transienten Flora des äußeren Urogenitaltraktes. Aufgrund ihres Verhaltens gegenüber Novobiocin werden Koagulase-negative Staphylokokken in 2 Gruppen eingeteilt. Zur Novobiocin-empfindlichen S. epidermidis-Gruppe gehören *S. epidermidis, S. hominis, S. haemolyticus,*

S. warneri und *S. capitis*. Die Erreger der S. saprophyticus-Gruppe sind Novobiocin-resistent (*S. saprophyticus, S. cohnii* und *S. xylosus*).

- resistent: *S. saprophyticus, S. cohnii, S. xylosus*

Frühere Einschätzung: apathogen

In früheren Jahren wurde angenommen, daß Koagulase-negative Staphylokokken für Mensch und Tier generell apathogen sind. Heute ist jedoch bekannt, daß sie auch für **schwere Infektionsprozesse** verantwortlich sein können. Aufgrund der geringeren Virulenz sind jedoch Infektionen mit Koagulase-negativen Staphylokokken, wenn keine prädisponierenden Faktoren vorliegen, selten. Bei gestörter lokaler oder allgemeiner Abwehr führen auch Koagulase-negative Staphylokokken zu Infektionen. So kam es in den letzten Jahren zu einem starken Anstieg dieser Infektionen. Hauptbetroffen sind hiervon v. a. Patienten mit implantierten Plastikfremdkörpern (künstliche Herzklappen, Endoprothesen) und intravasalen Kathetern, unreife Neugeborene, sowie Patienten mit malignen Erkrankungen und immunsuppressiver Therapie. *S. epidermidis* adhäriert irreversibel an Polymeroberflächen, kann sich dort vermehren und Mikrokolonien bilden. Dabei produzieren die Erreger eine extrazelluläre Schleimsubstanz, welche die Staphylokokken umgibt und vor der Wirkung von Antibiotika und Wirtsabwehrmechanismen (Opsonophagozytose) schützt. Der Infektionsherd kann häufig nur durch die Entfernung des infizierten Plastikmaterials eliminiert werden. Eine pathogene Bedeutung besitzen Keime der *S. saprophyticus-Gruppe* beim Dysuriesyndrom der geschlechtsaktiven Frau und bei der unspezifischen Urethritis des Mannes.

Prädisposition für schwere Infektionen durch:
- Endoprothesen
- künstliche Herzklappen
- intravasale Katheter u. a.

extrazellulare Schleimsubstanz

S. saprophyticus-Gruppe: Dysurie und unspezifische Urethritis

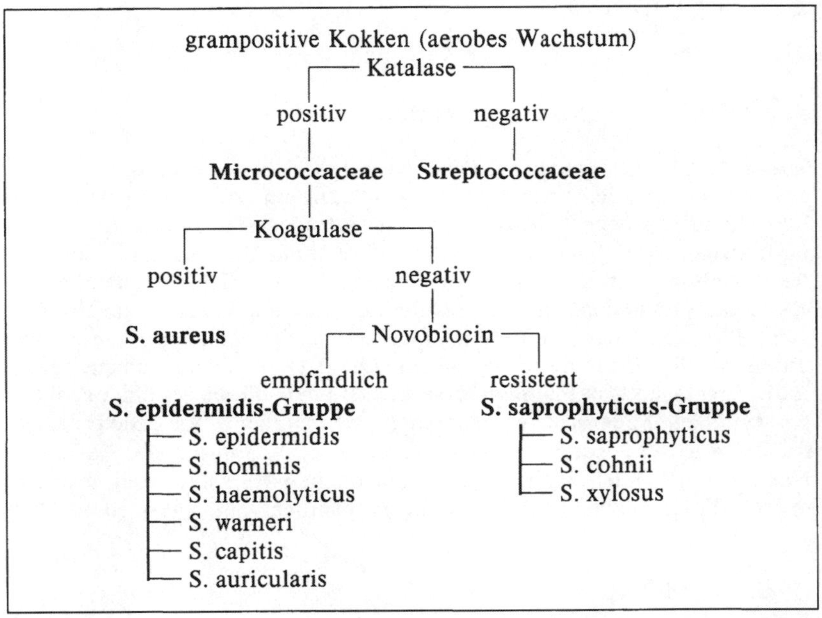

	Clumpingfaktor	DNase	Mannit
S. aureus	+	+	+
S. epidermidis	–	–	–
S. saprophyticus	–	–	+

Labordiagnose: Mikroskopisch ist eine Unterscheidung von Koagulase-positiven und Koagulase-negativen Staphylokokken nicht möglich. Koloniemorphologisch erscheinen sie in weißen bis gelblichen Kolonien und sind oft nur durch weitere Differenzierungen, wie Koagulase, Clumpingfaktor, Protein A, DNase und Mannitverwertung, von S. aureus zu unterscheiden.

Labordiagnose
mikroskopisch keine nähere Identifizierung möglich; kultureller Erregernachweis mit Identifizierung (Plasmakoagulase; Mannitspaltung u. a.)

1.2 Micrococcus spp.

Angehörige der Gattung Micrococcus gehören zur normalen Haut- und Schleimhautflora von Mensch und Säugetieren und sind auch als Saprophyten in der Natur weitverbreitet. Man findet Mikrokokken außerdem in Milch und Milchprodukten, in Staub, im Erdboden und im Wasser. Häufig wachsen sie mit starker Pigmentbildung (M. luteus). Über die Pathogenität der Mikrokokken ist wenig bekannt.

Micrococcus

Mikrokokken sind strikte Aerobier (im Gegensatz zu den fakultativ anaeroben Staphylokokken); ausgezeichnet durch Bildung von Carotinoid-Pigmenten
Vorkommen auf Haut und Schleimhäuten sowie in der Außenwelt; pathogene Bedeutung fraglich

1.3 Stomatococcus spp.

Stomatokokken werden vorwiegend in der Normalflora des Mund- und Rachenraumes gefunden. Einzige Art im Genus Stomatococcus ist *S. mucilaginosus*, welcher ein wichtiger Bestandteil der normalen oralen Flora zu sein scheint. Man kann S. mucilaginosus von der Zunge, aus dem Rachen, dem Nasopharynx, aus Bronchialsekret und aus Blutkulturen züchten. Über die Pathogenität von Stomatokokken ist noch nicht viel bekannt, außer daß lokale Abszesse auftreten können.
Bei granulozytopenischen Patienten sind Sepsis und Endokarditis beschrieben.

Stomatococcus

Stomatococcus mucilaginosus, große Kugelbakterien von 0,9–1,3 µm Durchmesser mit schleimiger Kolonie, kommt in der Mundhöhle vor.

Bei abwehrgeschwächten Patienten ist hämatogene Aussaat möglich.

2 Streptococcus – Enterococcus

P. C. Döller

Streptococcus, Enterococcus

2.1 Familie Streptococcaceae

In der Familie Streptococcaceae sind grampositive, überwiegend fakultativ anaerob wachsende, unbewegliche Kettenkokken zusammengefaßt. Von humanmedizinischer Bedeutung sind die Gattungen **Streptococcus** und **Enterococcus.** Streptokokken und Enterokokken sind Oxidase- und, auf Häm-freien Nährmedien, Katalase-negativ. Sporen werden nicht gebildet. Streptococcaceae sind kettenförmig angeordnet. Dies beruht auf einer unvollständigen Trennung der einzelnen Kokken nach ihrer Teilung, wobei unterschiedlich lange Ketten entstehen (Abb. 2-1). Manche Arten aus der Familie Streptococcaceae können Kapseln ausbilden, die sie vor einer Phagozytose schützen. Streptokokken haben hohe Nährstoffansprüche. Sie benötigen für ihr Wachstum komplexe Nährmedien, z. B. mit Blutzusatz. Auf diesen Nährmedien können auch die unterschiedlichen Hämolysearten abgelesen werden. Enterokokken benötigen weniger anspruchsvolle Nährmedien. Viele

Familie Streptococcaceae
Gattungen Streptococcus und Enterococcus
Kettenbildung bei Streptokokken

Streptococcus-Arten haben hohe Nährstoffansprüche

Abb. 2-1:
Kettenbildung bei Streptokokken

Streptococcaceae sind entweder Kommensalen oder Parasiten von Mensch und Tier, wobei einige hochpathogen sind.

2.1.1 Serologische Gruppen

Für Streptokokken gibt es unterschiedliche Einteilungsprinzipien, von denen die **Gruppeneinteilung nach Lancefield** die größte Bedeutung besitzt. Die Klassifizierung nach Lancefield basiert auf dem Vorhandensein unterschiedlicher gruppen-spezifischer *Polysaccharid-Antigene* (C-Substanz), die in der Zellwand vorkommen. Diese C-Substanz muß vor ihrem Nachweis mit gruppenspezifischen Antikörpern jedoch erst aus dem Zellverband freigesetzt werden. Im Gegensatz dazu beruht die Gruppen-Spezifität bei der D-Gruppe (Enterokokken) auf einer *nichtzellwandgebundenen Teichonsäure.* Alle Stämme mit gleichem Gruppen-Antigen werden zu einer **Serogruppe** zusammengefaßt. Einige Streptokokken (z. B. orale Streptokokken) sind serologisch nicht gruppierbar, da sie kein Gruppen-Antigen besitzen. Außer den gruppen-spezifischen C-Antigenen sind bei der Serogruppe A, C und G in der Zellwand noch typ-spezifische Protein-Antigene (M-, T- sowie in seltenen Fällen R-

Gattung Streptococcus unterteilt nach Lancefield in serologische Gruppen → gruppen-spezifische Polysaccharid-Antigene = C-Substanz

serologisch nichtgruppierbare Streptokokken

„typ-spezifische" Proteinantigene:
- M-Protein
- R-Protein

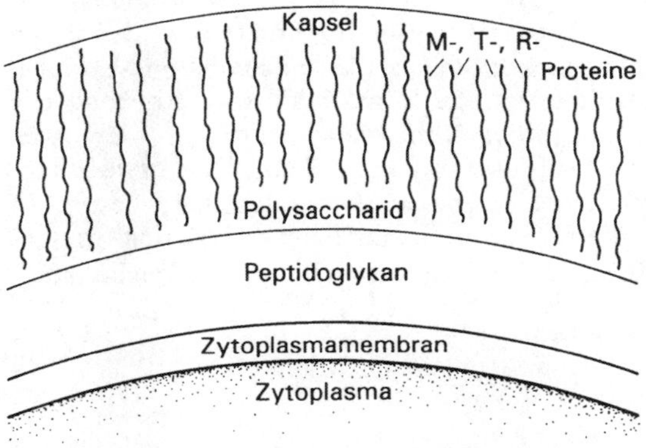

Abb. 2-2: Schematischer Querschnitt durch die Zelle von Streptococcus sp.

grampositive Kokken (aerobes Wachstum)

- Katalase positiv → **Micrococcaceae**
- Katalase negativ → **Streptococcaceae**
  - Streptococcus
    - **pyogene hämolytische Streptokokken**
      - Gruppe A — S. pyogenes
      - Gruppe B — S. agalactiae
      - Gruppe C — S. equisimilis
      - Gruppe G — S. spp. Gruppe G
    - **orale Streptokokken**
      - S. mutans
      - S. sanguis
      - S. mitior
      - S. salivarius
      - S. milleri
    - Pneumokokken
  - Enterococcus
    - E. faecalis
    - E. faecium

Protein) vorhanden (Abb. 2-2). M-Proteine, die eine anti-phagozytäre Eigenschaft besitzen (wichtiger Virulenzfaktor), kommen in der Regel v. a. bei Streptokokken der serologischen Gruppe A (S. pyogenes) vor. Es sind mehr als 70 verschiedene M-Proteine bekannt, die eine typ-spezifische Immunität induzieren. Unter T-Proteinen versteht man Trypsin-resistente Oberflächen-Antigene, welche ebenso wie die seltener vorkommenden R-Proteine keine Virulenzfaktoren sind. Auf der Oberfläche der Streptococcaceae sind Kapselpolysaccharide mit ebenfalls antiphagozytären Eigenschaften lokalisiert.

Einteilung der Streptokokken nach Hämolyse-Art:
- α-Hämolyse
- β-Hämolyse
- γ-Hämolyse

2.1.2 Einteilung der Streptokokken nach Hämolyse-Art

Streptokokken können weiterhin aufgrund ihrer Fähigkeit zur **Hämolyse** von Schaf(Hammel)blut in 3 Gruppen eingeteilt werden, wobei die Hämolyseart ein wichtiges Differenzierungsmerkmal bei Streptokokken darstellt. Bei Blutzusätzen von anderen Tierspezies kann die Hämolyse andersartig ausfallen. Unter **α-Hämolyse** versteht man eine Umwandlung des Hämoglobins in Methämoglobin bei intakt gebliebener Erythrozytenzellmembran. Um die Kolonien bilden sich grüne Höfe aus (Vergrünung). Hämolysine werden von diesen Streptokokken nicht gebildet. Unter **β-Hämolyse** versteht man eine vollständige, scharf begrenzte Hämolyse. Dabei werden die Kolonien von einem klaren, durchsichtigen Hof umgeben. Die Erythrozyten werden durch verschiedene Hämolysine, die von den Streptokokken gebildet und extrazellulär abgegeben werden, aufgelöst, und das Hämoglobin wird abgebaut. Die Bezeichnung **γ-Hämolyse** ist eigentlich falsch, da es bei diesen Streptokokken zu keinerlei Veränderung des Blutagars kommt. Die Bezeichnung nichthämolysierende Streptokokken charakterisiert diesen Umstand besser. In diesem Kapitel werden nur die für die Humanmedizin wichtigsten Streptokokken beschrieben und nach ihrer klinischen Bedeutung in 4 (nichttaxonomische) Gruppen eingeteilt:
I: pyogene hämolytische Streptokokken,
II: orale Streptokokken,
III: Pneumokokken und
IV: Enterokokken.

Pyogene hämolytische Streptokokken

Angehörige der serologischen Gruppen A, B, C und G

Streptokokkenträger → Hauptinfektionsquelle

pyogene Streptokokken bilden extrazelluläre Virulenzfaktoren

2.2 Pyogene hämolytische Streptokokken

Die hier beschriebenen Streptokokken der serologischen Gruppe A, B, C und G führen auf Schafblut zu einer β-Hämolyse. Bei einem Teil der Bevölkerung (bis ca. 25%) können diese ohne klinische Symptomatik im Rachenabstrich nachgewiesen werden. Dabei sind Streptokokken der Gruppe C am häufigsten, gefolgt von den Streptokokken der Gruppe A. Diese klinisch unauffälligen Streptokokken-Träger stellen die **Hauptinfektionsquelle** des Menschen dar. Fast alle Stämme der Gruppe A, C und G bilden bestimmte extrazelluläre Produkte (z. B.: Streptolysin-O und Hyaluronidase).

Streptokokken der serologischen Gruppe A *(S. pyogenes)*
Mensch ist natürlicher Wirt
Standort: Oropharynx

S. pyogenes-Infektionen eine der häufigsten Infektionskrankheiten im Kindesalter: Tröpfcheninfektion

Pharyngitis (Angina)
Scharlach

2.2.1 Streptokokken der serologischen Gruppe A (S. pyogenes)

Epidemiologie: Für die meisten Streptokokken-Erkrankungen des Menschen, der auch das natürliche Reservoir bildet, ist *S. pyogenes* verantwortlich. Das wichtigste Reservoir für S. pyogenes stellt der obere Respirationstrakt (Oropharynx) dar. Ein Teil der Bevölkerung trägt S. pyogenes auf der gesunden Haut und besitzt damit ein hohes Risiko für das Entstehen von Hautinfektionen (Pyodermien). S. pyogenes-Infektionen des Respirationstraktes gehören v. a. im Schulkindesalter zu den häufigsten Infektionskrankheiten. Über eine Tröpfcheninfektion (Aerosole, Sekrete) können die Erreger von erkrankten oder gesunden Keimträgern verbreitet werden. Bei engem Zusammenleben (Kasernen, Schulen, Gefängnisse) und auch in öffentlichen Verkehrsmitteln, sowie im engen Familienverband kann es leicht zu einer Übertragung kommen. Die häufigste Erkrankungsform stellt die **Pharyngitis** (Angina) dar. Eine Sonderform der S. pyogenes-Angina ist der-

Scharlach. Eine Häufung dieser Erkrankungsformen ist in den kalten und gemäßigten Klimazonen im Winter und Frühjahr zu beobachten. Hauterkrankungen durch S. pyogenes kommen hauptsächlich in tropischen und subtropischen Regionen vor. Akute eitrige Erkrankungen mit S. pyogenes können auch Folgekrankheiten nach sich ziehen, wie **rheumatisches Fieber** und akute **Poststreptokokken-Glomerulonephritis** (abhängig von unterschiedlich nephritogenen Stämmen). Außer zu einer Ausbreitung des Erregers im Gewebe kommt es auch zur Produktion von Toxinen, die teilweise immunogen sind und somit zur Antikörperbildung führen können. Von epidemiologischer Bedeutung ist auch die Bestimmung der M-Typen von isolierten S. pyogenes-Stämmen. Dadurch läßt sich der Ablauf einer Epidemie gut verfolgen, und es können auch Rückschlüsse auf die Infektionsquelle gezogen werden.

Folgekrankheiten:
- rheumatisches Fieber
- Poststreptokokken-Glomerulonephritis

M-Typen von S. pyogenes epidemiologisch bedeutsam

Eine S. pyogenes-Infektion hinterläßt eine jahrelange, M-Typ-spezifische Immunität.

⇦

Klinik: Bei der akuten S. pyogenes-Infektion sind primär die direkten Wirkungen der extrazellulären Toxine und Enzyme des Erregers vorherrschend. Nach einer Inkubationszeit von (1) 3–5 (9) Tagen kommt es, häufig v. a. im Schulkindesalter, zu einer schmerzhaften **Pharyngitis** (Halsschmerzen) mit Enanthem, Fieber und weicher Schellung der regionären Lymphknoten. Die Tonsillen sind entzündet und mit stippchenförmigen oder zusammenfließenden dicken Exsudaten belegt und geschwollen (Schluckbeschwerden). Es können Allgemeinsymptome mit schwerem Krankheitsgefühl, allgemeiner Schwäche und Lethargie auftreten. Eine direkte Ausbreitung von S. pyogenes kann zu eitrigen Komplikationen wie **Otitis media, Mastoiditis, Osteomyelitis** und **Sinus-cavernosus-Thrombose** mit Meningitis führen. Als Folge dieser streuenden Foci kann es zur Sepsis kommen, die aufgrund einer Verbrauchskoagulopathie rasch zum Tode führen kann, sowie zu Endokarditis und eitriger Arthritis.

Klinik
Inkubationszeit der Pharyngitis 3–5 Tage

Enanthem, Fieber, Schwellung regionärer Lymphknoten
geschwollene Tonsillen: Schluckbeschwerden (Angina)

Otitis media
Mastoiditis
Osteomyelitis
Meningitis
Sepsis, Endokarditis, Arthritis

Der **Scharlach** zeichnet sich außerdem durch ein typisches kleinfleckiges Exanthem am ganzen Körper aus. Verursacht wird das Exanthem durch ein erythrogenes Toxin, das von bestimmten S. pyogenes-Stämmen gebildet wird, welche die genetische Information eines integrierten (lysogenen) Prophagen besitzen (ähnlich wie beim Diphtherie-Toxin). Das Exanthem breitet sich, von Hals und Oberkörper ausgehend, auf den ganzen Körper aus, wobei im typischen Fall die Gegend des Mundes und Kinns ausgespart bleibt (periorale Blässe). Nach 2–3 Tagen verschwindet das Exanthem. Besonders an den Händen und Füßen tritt eine typische Schuppung auf, die einige Wochen anhalten kann.

Scharlach: Exanthem (periorale Blässe), erythrogenes Toxin

Der Scharlach hinterläßt meist eine lebenslange Immunität gegen das jeweilige erythrogene Toxin.

lebenslange Immunität

⇦

Nach Abklingen der klinischen Symptomatik können die Erreger jedoch noch über Wochen bis Monate auf der Rachen- und Nasenschleimhaut vorhanden sein und eine Infektionsgefahr darstellen.

Zu den Infektionen der Haut zählen **Pyodermie** und **Erysipel**, die häufig durch Eindringen von S. pyogenes in die Dermis und Subkutis entstehen. Werden Pharyngitis, Scharlach oder Infektionen der Haut nicht rechtzeitig antibiotisch behandelt, so kann es in der 2.–6. Woche zu einer **Folgeerkrankung** wie akutes rheumatisches Fieber und/oder akute Poststreptokokken-Glomerulonephritis kommen. Auch inapparent verlaufende S. pyogenes-Infektionen der Atemwege können zu Folgeerkrankungen führen. Verantwortlich sind hierfür Streptokokken-Komponenten und die immunologische Reaktion des Wirtsorganismus gegen diese. Das **akute rheumatische Fieber** tritt nur nach einer Infektion des Respirationstraktes auf. Es kommt hierbei nicht nur zu schmerzhaften Schwellungen der mittleren und großen Gelenke, sondern es können auch Endokard und Herzklappen betroffen sein. Die **akute Poststreptokokken-Glomerulonephritis** kann sowohl nach Pha-

nach Krankheitsende können Erreger noch lange haften
Pyodermie, Erysipel

Folgekrankheiten:
- rheumatisches Fieber nach respiratorischen Infektionen
  - schmerzhafte Schwellungen der mittleren und großen Gelenke
  - Befall von Endokard und Herzklappen

- akute Poststreptokokken-Glomerulonephritis = Folgekrankheit bei Angina/Scharlach oder Hautinfektionen

ryngitis/Scharlach als auch nach einer Hautinfektion auftreten. In seltenen Fällen tritt eine Chorea minor als Folgekrankheit auf.

Pathogenese
M-Protein bewirkt Phagozytoseschutz

Vermittlung der Adhärenz durch M-Protein (Fimbrien)

extrazelluläre Virulenzfaktoren:
- Hämolysin
- Streptolysin
- Hyaluronidase
- Streptokinase
- Scharlachtoxin

Pathogenese: Als Hauptvirulenzfaktor gilt das *M-Protein,* welches eine Phagozytose der Bakterienzelle verhindert und somit die Vermehrung der Bakterien im Organismus ermöglicht. S. pyogenes-Stämme, die kein M-Protein besitzen, werden sofort von Leukozyten phagozytiert und sind damit avirulent. Die M-Proteine sind auf der Oberfläche von S. pyogenes lokalisiert (Fimbrien) und induzieren eine typ-spezifische Immunität. Auch das Anheften von S. pyogenes an die Zellen des Respirationstraktes scheint über das M-Protein vermittelt zu werden. Bestandteile der Zellwände (auch von abgestorbenen S. pyogenes-Stämmen) besitzen eine Gewebstoxizität. Weiterhin werden eine Reihe *extrazellulär ausgeschiedener Substanzen* produziert (Hämolysin, Streptolysin, Hyaluronidase, Streptokinase, DNase, sowie das erythrogene Toxin (Scharlach)).

Labordiagnose
Abstriche von befallenen Organen
kultureller Nachweis auf bluthaltigen Medien

Bestimmung der Gruppenzugehörigkeit (A) mit Latex-Test

Serodiagnostik:
Antistreptolysin-O
Anti-DNase B

Labordiagnose: Die Anzucht der Erreger aus Abstrichen (Tonsillen-, Rachen-, Haut-, Wundabstriche) erfolgt auf bluthaltigen Agarmedien, auf denen die Hämolyse beurteilt werden kann. Bei den isolierten β-hämolysierenden Streptokokken muß die Gruppenzugehörigkeit serologisch bestimmt werden. Dies erfolgt heute v. a. durch **Latex-Agglutinationstests.** Das Gruppenantigen von S. pyogenes kann auch direkt aus dem Abstrichtupfer nachgewiesen werden. Von großer Bedeutung ist auch der Nachweis von spezifischen Antikörpern gegen eine Vielzahl extrazellulärer Substanzen, die von S. pyogenes im Verlauf der Infektion gebildet werden. Der **Antikörpernachweis** wird v. a. beim Auftreten einer Folgekrankheit durchgeführt, wobei Patienten mit Pyodermie eine sehr viel schwächere Immunreaktion zeigen als Patienten mit einer Pharyngitis. Beim akuten rheumatischen Fieber und bei der akuten Glomerulonephritis treten hohe Titer von Antistreptolysin-O (ASL) und Anti-DNase B (Anti-Streptodornase B) auf. Am einfachsten durchzuführen und am weitesten verbreitet ist der Nachweis von Antikörpern gegen Streptolysin-O. Als Suchtest wird hierbei in der Regel ein Latex-Agglutinationstest durchgeführt, der bei positiver Reaktion durch einen **Hämolyse-Hemmtest** quantifiziert wird. Ein positives Testergebnis ist als Zeichen einer Auseinandersetzung des Organismus mit Streptokokken der Gruppen A, C oder G zu werten, wobei Verlaufskontrollen durchgeführt werden sollten. Weitere wichtige Antikörperbestimmungen zur Diagnostik und Verlaufsbeurteilung von Streptokokken-Infektionen sind der Nachweis von Anti-Streptodornase B, Anti-Streptokokken-NADase und Anti-Streptokokken-Hyaluronidase.

Chemotherapie
10 Tage Penizillin G (bzw. Oralpenizillin); angestrebt wird nicht nur Sistieren der klinischen Erscheinungen, sondern **Elimination** der Erreger (zur Vermeidung der Folgekrankheiten).

Versagen der Penizillinbehandlung möglich bei Mischinfektionen mit Penizillinasebildnern

Chemotherapie: Jede symptomatische S. pyogenes-Infektion muß grundsätzlich systemisch therapiert werden. Durch eine 10tägige Therapie mit Penizillin (Mittel der Wahl) kann das Auftreten eines rheumatischen Fiebers mit großer Wahrscheinlichkeit verhindert werden. Penizillin-resistente Stämme sind bisher nicht bekannt. Bei Penizillin-Allergie stellen Erythromycin oder Cephalosporine Alternativen dar. Ungeeignet sind Sulfonamide und Tetrazykline. Behandlungsversager können u. a. dann auftreten, wenn andere Penizillinase-bildende Bakterien vorhanden sind und das Penizillin inaktivieren, bevor es seine Wirkung an den Streptokokken ausüben kann.

Streptokokken der serologischen Gruppe B
(S. agalactiae)
Erreger von Rindermastitis

2.2.2. Streptokokken der serologischen Gruppe B (S. agalactiae)

Streptokokken der Gruppe B *(S. agalactiae)* spielen v. a. in der Veterinärmedizin (Rinder, „gelber Galt") eine große Rolle. Die in der Humanmedizin vorkommenden Streptokokken der Gruppe B unterscheiden sich von den in der Veterinärmedizin vorherrschenden. Beim Menschen handelt es sich nur in Ausnahmefällen um Infektionen, die durch Rinder übertragen werden. Die größte Bedeutung in der Humanmedizin haben **Infektionen von Neugeborenen** und jungen Säuglingen. Es werden 2 Erkrankungsformen unterschieden:

Infektionen von Neugeborenen:

a) Manifestation in der ersten Lebenswoche als Sepsis und Meningitis (Erregerreservoir Geburtskanal); schlechte Prognose

- Beim *„early-onset-type"* kommt es innerhalb der ersten 5–8 Lebenstage zur Erkrankung. Die Erreger werden hierbei immer von der Mutter über die Geburtswege, die häufig asymptomatisch mit S. agalactiae besiedelt sind, auf das Kind übertragen. Diese Erkrankungsform hat eine schlechte Prognose.

- Beim Erkrankungsbeginn ab der zweiten Lebenswoche (*„late-onset-type“*) ist die Prognose relativ gut, Defektheilungen kommen jedoch vor. Bei der late-onset-Form sind sowohl Infektionen durch die Mutter als auch durch die Umgebung (Krankenhauspersonal) möglich. Häufig kommt es durch den Erregereintritt über den Nabel der Neugeborenen zur *Sepsis, Pneumonie* und *Meningitis*. Weiter treten *Konjunktivitis* und *Otitis media* auf.

Auch bei **Erwachsenen** kann es zu *Meningitis, Pneumonie* und *Pyelonephritis* kommen, sowie v. a. bei Frauen zu *Infektionen des Urogenitaltraktes*. Infektionsquellen sind Vaginalschleimhaut, oberer Respirationstrakt, Urin und Stuhl.

b) Manifestation ab der zweiten Lebenswoche: Sepsis, Meningitis, Pneumonie

Konjunktivitis, Otitis media

Infektionen bei Erwachsenen: Urogenitaltrakt

Labordiagnose: Die Anzucht der Erreger aus den verschiedenen Abstrichen,Blut und Liquor erfolgt auf bluthaltigen Agarmedien. Die Hämolyse von S. agalactiae ist auf Schafblutagar meist schwächer ausgeprägt als bei S. pyogenes. Durch eine Latex-Agglutinationsreaktion kann das Gruppenantigen-B direkt im Liquor nachgewiesen werden.

Chemotherapie: Bei Infektionen durch S. agalactiae ist Penizillin G, meist mit Gentamicin kombiniert, das Mittel der Wahl.

Labordiagnose
Kultureller Erregernachweis aus Abstrichen von befallenen Organen bzw. aus Blut und Liquor
Identifizierung der serologischen Gruppe (B) durch Latex-Test
Chemotherapie:
Penizillin G + Gentamicin (im Sinne einer bakterizid-synergistischen Kombinationstherapie)

2.2.3. Streptokokken der serologischen Gruppe C und G

Streptokokken der serologischen Gruppe C (*S. equisimilis*) und G (*Streptococcus spp.*) ähneln den Gruppe A-Streptokokken in ihrer Koloniemorphologie und in ihrem Hämolyseverhalten. Sie können ebenfalls bei **Pharyngitis** und **Wundinfektionen**, auch bei **Endokarditis** und bei **Meningitis** isoliert werden. Obwohl die meisten extrazellulären Antigene auch von den Streptokokken der Gruppe C und G gebildet werden, treten nichteitrige Folgeerkrankungen, wie akutes rheumatisches Fieber, nicht auf.

Streptokokken der serologischen Gruppe C und G
Gruppe C = *Streptococcus equisimilis*
Ähnlichkeit in Kolonieverhalten mit Gruppe A-Streptokokken; Vorkommen bei:
- Pharyngitis, Wundinfektionen
- Endokarditis, Meningitis

2.3 Streptococcus pneumoniae (Pneumokokken)

Pneumokokken gehören zur Gattung Streptococcus. Im mikroskopischen Bild sind sie grampositiv und in charakteristischer Diploform (ovoid-lanzettförmig) gelagert. Im Grampräparat der Untersuchungsprobe sind die blaugefärbten Kokken von einer hellen Zone (Polysaccharidkapsel) umgeben. Dabei werden die aneinanderliegenden Einzelkokken von einer gemeinsamen Kapsel umschlossen (Abb. 2-3). Die Kapsel läßt sich auch durch Anlagerung von Antikörpern sichtbar machen. Pneumokokken sind unbeweglich und bilden keine Sporen.

Pathogenese und Klinik: Klinisch inapparente Träger von Pneumokokken im Nasopharynx sind häufig. Nur bekapselte (S-[**s**mooth=glatt]) Stämme sind virulent, unbekapselte (R-[**R**auh]) Stämme sind dagegen avirulent. Mehr als 80 verschiedene Kapsel-Polysaccharide (serologische Typisierung [Serovar]) sind bekannt mit unterschiedlicher Virulenz der einzelnen (Kapsel)-Typen, wobei die kapsellosen Pneumokokken als apathogen gelten. Kapsel-Polysaccharide werden während der Vermehrung der Pneumokokken im

Streptococcus pneumoniae (Pneumokokken)

Polysaccharidkapsel

Pathogenese und Klinik
Standort der Pneumokokken: Oropharynx; bekapselte Stämme sind virulent
80 Kapsel-Serovare

Kapselpolysaccharid immunogen
- im infizierten Makroorganismus werden Antikörper gebildet
- antikörperbeladene Pneumokokken sind opsoniert

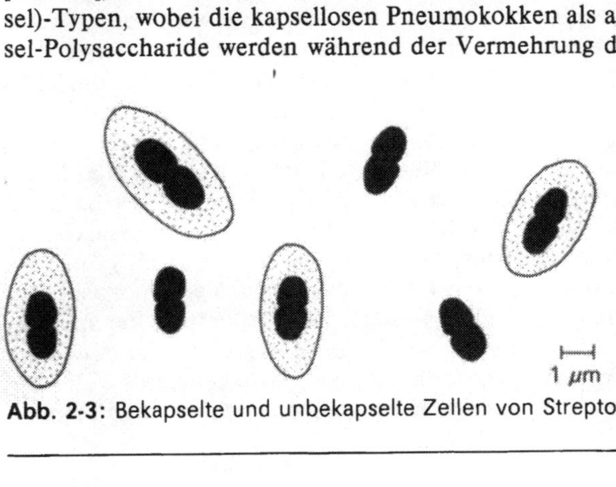

Abb. 2-3: Bekapselte und unbekapselte Zellen von Streptococcus pneumoniae

weitere Virulenzfaktoren:
Pneumolysin, Leukozidin, Neuraminidase

C-reaktives Protein (Bindung mit Zellwandpolysaccharid C der Pneumokokken)
Akute-Phase-Protein

bakterielle Erreger werden durch Bindung des C-reaktiven Proteins opsoniert

Organismus an die Umgebung abgegeben und führen zur Bildung von **Antikörpern.** Die Kapsel schützt somit die Pneumokokken so lange vor der Phagozytose, bis der Organismus Antikörper gegen diese Kapsel-Polysaccharid-Antigene produziert hat. Die Bindung dieser Antikörper an das Kapselantigen führt zur **Opsonierung** der Pneumokokken und zur anschließenden **Phagozytose.** Die Polysaccharidkapsel ist daher der wichtigste Virulenzfaktor der Pneumokokken. Pneumokokkenstämme mit unterschiedlichen Kapseln zeigen geographisch unterschiedliche Verbreitung. Weiterhin produzieren Pneumokokken in großer Menge *Hämolysin* (Pneumolysin), *Leukozidin* und *Neuraminidase*, wobei letztere für die schweren Krankheitserscheinungen bei Pneumonie und Meningitis verantwortlich ist.
Eine besondere Bedeutung hat das in der Zellwand lokalisierte **C-Polysaccharid.** Im Verlauf einer Infektion wird ein Serumprotein (C-reaktives Protein, Akute-Phase-Protein) gebildet, welches an das C-Polysaccharid von Pneumokokken bindet. Dieses C-reaktive Protein erkennt jedoch auch auf vielen anderen Bakterien und Pilzen ähnliche molekulare Strukturen. Durch Bindung des C-reaktiven Proteins an eine Vielzahl verschiedener Bakterienarten werden diese Erreger opsoniert. Die Komplementkaskade wird hierdurch aktiviert und es kommt dadurch zu einer Steigerung der Phagozytose von diesen Bakterien.

Epidemiologie und Krankheitsbilder
- exogene Infektion (Tröpfcheninfektion)
- endogene Infektion

Lobär-Pneumonie
(außerhalb des Krankenhauses erworbene Pneumonie)

splenektomierte Patienten besonders gefährdet

septische Verlaufsformen gehäuft bei Patienten mit nephrotischem Syndrom

Bronchopneumonie, Sinusitis, Konjunktivitis
primäre (hämatogene) Peritonitis
Meningitis

Epidemiologie und Krankheitsbilder: Die Übertragung der Pneumokokken erfolgt über *Tröpfcheninfektion*, wobei Bakteriämien, unabhängig vom Ansiedlungsort der Erreger auftreten. Es kann jedoch auch zu *endogenen* Infektionen kommen. Am 4.–7. Tag nach Krankheitsbeginn treten Antikörper auf, die zur Elimination der Erreger aus dem Blut führen. Bei den außerhalb des Krankenhauses erworbenen Pneumonien spielen Pneumokokken nach wie vor eine große Rolle, wobei 70–80 % der **Lobärpneumonien** durch Pneumokokken verursacht werden. Eine lobäre Pneumokokken-Pneumonie tritt meist als endogene Infektion auf, wenn bei geschwächter Infektabwehr Pneumokokken aus dem oberen Respirationstrakt die natürlichen Abwehrmechanismen der unteren Atemwege überwinden. Eine erhöhte Empfänglichkeit besteht bei splenektomierten Patienten, besonders wenn der Eingriff vor dem 5. Lebensjahr erfolgte. Bei Patienten mit einer Schwächung der Phagozytose (Tumorerkrankung, Milzexstirpation) hat die Pneumokokken-Pneumonie eine schlechte Prognose. Besonders anfällig für eine septische Pneumokokken-Infektion sind Patienten mit nephrotischem Syndrom, mit Sichelzellanämie, sowie Alkoholiker. Weitere typische Pneumokokken-Infektionen sind **Bronchopneumonie, Sinusitis, Konjunktivitis** und **primäre Peritonitis.** 80 % der schweren Pneumokokken-Infektionen ereignen sich vor dem vollendeten 2. Lebensjahr. Eine **Pneumokokken-Meningitis** entsteht am häufigsten durch die Fortleitung einer Infektion im Kopfbereich (z. B. Otitis media). Weiterhin kann eine Meningitis auch nach einer hämatogenen Aussaat des Erregers auftreten.

Labordiagnose
kultureller Nachweis aus Liquor, Blutkulturen, Sputum u. a.

schleimbildende Kolonien auf Blutagar mit α-Hämolyse

Labordiagnose: Wichtigste Untersuchungsmaterialien sind Sputum bzw. andere Sekrete des unteren Respirationstraktes sowie Liquor und Blut. Pneumokokken sind sehr labil. Das Untersuchungsmaterial muß daher sehr bald nach der Entnahme verarbeitet werden, da ansonsten die Pneumokokken durch ihre autolytischen Enzyme zerstört werden. Das nach Gram gefärbte mikroskopische Präparat aus dem Untersuchungsmaterial zeigt grampositive Diplokokken, wobei diese häufig von einer hellen Zone (Kapsel) umgeben sind. Außer der Anzucht aus Sputum oder aus Trachealsekret sollte immer eine Blutkultur angelegt werden, da erst bei Anzucht der Pneumokokken aus dem Blut die Ätiologie der aus dem Respirationstrakt angezüchteten Pneumokokken als gesichert gilt. Zur Anzucht benötigen Pneumokokken komplexe Nährmedien (Blutagar). In Abhängigkeit von der Kapselpolysaccharidmenge wachsen Pneumokokken mehr oder weniger schleimig als glänzende Kolonien und zeigen auf dem Blutagar einen deutlichen Vergrünungshof *(α-Hämolyse).* Eine CO_2-Atmosphäre begünstigt die Anzüchtung der meisten Stämme. Charakteristisch ist eine zentrale Vertiefung (Dellenbildung) der Kolonien, die auf einem Autolyseprozeß der Pneumokokken beruht. Die Abgrenzung der isolierten Pneumokokken gegenüber anderen vergrünenden

Streptokokken erfolgt durch die Empfindlichkeit gegenüber *Optochin* (Pneumokokken gut empfindlich, andere vergrünende Streptokokken resistent) und durch die Empfindlichkeit gegenüber *Gallensalzen* (Pneumokokken-Kolonien werden aufgelöst, andere vergrünende Streptokokken-Kolonien bleiben erhalten). Pneumokokken sind, obwohl sie zu den Streptokokken gehören, nicht nach Lancefield gruppierbar.

zur Identifizierung ausgenutzt:
- Optochinempfindlichkeit
- Empfindlichkeit gegenüber Gallensalzen

Pneumokokken sind nach Lancefield nicht in serologische Gruppen einzuordnen.

	Optochin-Empfindlichkeit	Galle-Empfindlichkeit
Pneumokokken	ja	ja
andere vergrünende Streptokokken	nein	nein

Chemotherapie: Auch heute noch, trotz Antibiotika-Therapie, können mit Begleitbakteriämie einhergehende Pneumokokken-Pneumonien tödlich verlaufen. Etwa 2 % der isolierten Pneumokokken-Stämme sind gegen Penizillin resistent, ohne daß derzeit die Penizillin-Resistenz wesentlich zunimmt. Das Mittel der Wahl bei einer Pneumokokken-Infektion ist Penizillin G.

Chemotherapie:
Mittel der Wahl bei Pneumonie und Meningitis ist Penizillin G

Impfung: In den letzten Jahren wurden Pneumokokken-Impfstoffe entwikkelt, die zur aktiven Immunisierung bei bestimmten **Risikogruppen** (Patienten mit bestimmten chronischen Erkrankungen und einem erhöhten Risiko für eine Pneumokokken-Infektion) eingesetzt werden. Der Impfstoff besteht aus gereinigten Kapselantigenen der wichtigsten (z.Z. bis zu 23 verschiedene Kapseltypen) Pneumokokken-Serovare. Die Vakzine enthält Serovare, die einen Schutz gegen ca. 75 % aller Pneumokokken-Infektionen induzieren. Zur Risikogruppe zählen Patienten mit *Sichelzellanämie, multiplem Myelom, Leberzirrhose, Nierenversagen, funktioneller Asplenie* sowie Patienten nach Splenektomie und nach *Organtransplantation.*

Immunprophylaxe
aktive Immunisierung von Risikogruppen

Impfstoff = gereinigte Kapselantigene von prävalenten Serovaren

Bei Patienten mit besonders hohem Infektions-Risiko, sowie bei Kindern unter 2 Jahren (unzureichende Antikörperbildung) ist eine Kombination von Impfung und Antibiotikatherapie angebracht. Die Dauer des Impfschutzes beträgt mindestens 3 Jahre. Vor Ablauf dieser Zeit ist eine Wiederimpfung kontraindiziert (es kommt zu stärkeren Lokalreaktionen). Kontraindiziert ist die Impfung ebenfalls bei Säuglingen unter 6 Monaten, bei vorliegender Schwangerschaft und bei Pneumokokken-Erkrankungen in der Anamnese.

Dauer des Impfschutzes etwa 3 Jahre
Kontraindikationen:
⇦

2.4 Orale Streptokokken

Orale Streptokokken

In dieser Gruppe sind **vergrünende** und **nichthämolysierende Streptokokken** zusammengefaßt, die vorwiegend zur normalen Mundflora und zur Flora des oberen Respirationstraktes gehören *(S. sanguis, S. salivarius, S. mutans, S. mitior und S. milleri).* Früher wurden diese Bakterien der „Viridans-Gruppe" zugeordnet. Obwohl die meisten Stämme auf Blutmedien zu einer α-Hämolyse führen können, ist dies kein geeignetes konstantes taxonomisches Merkmal. In den letzten Jahren hat die Bedeutung der oralen Streptokokken zugenommen, da einige Arten bei Infektionsprozessen außerhalb ihres natürlichen Standortes isoliert wurden. So können einige dieser Mikroorganismen *(S. sanguis, S. mutans und S. mitior)* durch Absiedlung auf vorgeschädigten Herzklappen zu einer **Endokarditis** (Endokarditis lenta) führen. Weiterhin sind sie an der Entstehung der **Karies** beteiligt, da *S. mutans* an Zahnoberflächen anhaften und durch seine sauren Stoffwechselprodukte die Zahnsubstanzen angreifen kann.

nichthämolysierende und vergrünende Streptokokken
- Streptococcus sanguis
- Streptococcus salivarius
- Streptococcus mutans u. a.

Endocarditis lenta
Karies und S. mutans

Labordiagnose: Die Anzucht der Erreger aus dem Untersuchungsmaterial (in erster Linie Blutkultur, sowie Abszeßmaterial [dentogener Abszeß]) erfolgt auf bluthaltigen Agarnährböden in einer CO_2-angereicherten At-

Labordiagnose: kultureller Nachweis aus Blutkulturen und Abszeßmaterial

mosphäre. Die Diagnose erfolgt durch biochemische Identifizierungen der angezüchteten Erreger.

Chemotherapie: bei Endokarditis Penizillin G + Gentamicin (synergistisch-bakterizide Kombination)

Chemotherapie: Die Therapie einer Endokarditis erfolgt meist als Kombinationstherapie von Penizillin G mit Gentamicin (= synergistisch bakterizide Kombination).

Enterococcus-Arten

2.5 Enterococcus spp.

serologische Gruppe D (nach Lancefield)

Enterococcus faecalis, E. faecium: Standort Darmkanal; Erreger von Harnwegsinfektionen, Endokarditis u. a.

Den Enterokokken gemeinsam ist das Gruppenantigen D, welches jedoch auch bei manchen Streptokokken-Arten, die sich physiologisch nicht wie Enterokokken verhalten, vorkommt. Die beiden in der Humanmedizin wichtigsten Arten sind *E. faecalis* und *E. faecium.* Beide Arten kommen im Darm von Mensch und Tier vor. Enterokokken werden bei Harnwegs- und Wundinfektionen sowie Endokarditis isoliert. E. faecalis wird hierbei am häufigsten nachgewiesen, während E. faecium sehr viel seltener vorkommt.

Labordiagnose: kultureller Nachweis (auf nichtbluthaltigen Medien möglich); Differenzierung aufgrund von biochemischem Verhalten.

Labordiagnose: Enterokokken wachsen in der Regel auch auf Nährmedien ohne Blutzusatz. Auf bluthaltigen Nährmedien zeigt *E. faecalis* meist keine Hämolyse, wohingegen *E. faecium* häufig zu einer Vergrünung führt. Enterokokken können von Streptokokken durch ihr Wachstum auf Agar mit 6,5 % NaCl-Zusatz und auf Blutagar mit 40%igem Gallegehalt abgegrenzt werden.

Chemotherapie: Mittel der Wahl ist Ampicillin (bei Endokarditis mit Gentamicin kombiniert); wegen der Resistenz gegen Cephalosporine u. a. tritt bei antibiotisch behandelten Patienten häufig Enterokokken-Selektion auf.

Chemotherapie: Enterokokken besitzen eine ausgeprägte Neigung zur Antibiotika-Resistenz (z. B. Resistenz gegen Penizillin G, Oxacillin und Cephalosporine). Gut empfindlich sind sie gegenüber Ampicillin, welches z. B. bei Harnwegsinfektionen das Mittel der Wahl darstellt. Bei der Endokarditis-Therapie wird Ampicillin mit Gentamicin kombiniert, wobei Enterokokken gegenüber Gentamicin alleine jedoch resistent sind. Bei Penizillin-Allergie ist Vancomycin geeignet.

Neisseriaceae

3 Neisseria – Moraxella – Branhamella – Kingella – Acinetobacter

P. C. Döller

aerobe bzw. fakultativ anaerobe gramnegative Kokken

In der Familie Neisseriaceae sind aerob bzw. fakultativ anaerob wachsende gramnegative Kokken, sowie einige gramnegative „kokkoide“ Stäbe zusammengefaßt.

Familie	Gattung (Genus)	Subgenus	Art
Neisseriaceae	Neisseria		N. gonorrhoeae
			N. meningitidis
			N. lactamica
			N. mucosa
			N. sicca
			N. perflava
			N. flava
	Moraxella	Branhamella	M. (B.) catarrhalis
		Moraxella	M. (M.) lacunata
	Kingella		
	Acinetobacter		A. calcoaceticus subsp. anitratus
			A. calcoaceticus subsp. lwoffi

3.1 Neisseria spp.

Die humanpathogenen Neisserien (*Neisseria gonorrhoeae* und *N. meningitidis*) werden nur beim Menschen gefunden. Eine Vielzahl apathogener Arten können Schleimhautoberflächen besiedeln und zählen bei Mensch und Tier im oberen Respirationstrakt und gelegentlich auch in der Harnröhre zur physiologischen Flora.

Erregereigenschaften: Neisserien sind gramnegative, unbewegliche, sporenlose, ca. 0,6–1 µm große Kokken. Sie liegen häufig paarweise (Diplokokken) zusammen, wobei die einander zugewandten Seiten abgeflacht sind, so daß die Neisserien einer Semmel oder einer Kaffeebohne gleichen. Auch Einzelkokken können auftreten. Alle Neisserien produzieren **Oberflächen-Polysaccharide**, die entweder als locker assoziierte Hülle oder als feste Kapsel vorliegen; auch **Fimbrien** und **Pili** kommen vor. Neisserien verfügen über die Enzyme **Cytochromoxidase** und **Katalase** und lassen sich u. a. aufgrund ihrer unterschiedlichen Fähigkeiten zur Zuckerspaltung differenzieren.

> Die humanpathogenen Neisserien sind auf ein angereichertes Wachstumsmedium, auf einen erhöhten CO_2-Gehalt der Atmosphäre, auf eine relative Luftfeuchtigkeit von 50 %, sowie auf Bebrütungstemperaturen zwischen 35° und 37 °C angewiesen.

3.1.1 Neisseria gonorrhoeae (Gonokokken)

Pathogenese: Gonokokken infizieren Schleimhäute mit Zylinder-, Übergangs- oder mehrschichtigem Plattenepithel. In erster Linie ist die *Urethra* der Frau oder des Mannes betroffen. Auch die Endozervix, das *Rektum*, der *Rachen* und die *Konjunktiven* können infiziert werden. Von seltenen Ausnahmen abgesehen, erfolgt die Übertragung der Gonokokken durch den Geschlechtsverkehr. Bestimmte Zellstrukturen wie Pili, Fimbrien und Oberflächenproteine ermöglichen es den Gonokokken, sich an das zilienfreie Schleimhautepithel zu heften. Dabei kommt es zur Ablösung zilientragender Zellen mit nachfolgender Gewebszerstörung, an welcher wahrscheinlich Lipopolysaccharide der Gonokokken beteiligt sind. Dadurch wird eine *Invasion in das subepitheliale Gewebe* der Schleimhaut ermöglicht, wobei Gonokokken sowohl *intrazellulär*, als auch *extrazellulär* (interzellulär) vorliegen. Die Erreger werden von polymorphkernigen Leukozyten phagozytiert und als eitriges Exsudat in das Lumen der infizierten Organe abgegeben.

Klinik, Verlauf: Die Inkubationszeit der **Gonorrhoe** (Tripper) beträgt durchschnittlich ca. 2–5 Tage, kann jedoch zwischen 1 und 14 Tagen betragen. Die klinischen Erscheinungen einer Gonokokken-Infektion sind vielgestaltig und reichen von asymptomatischen bis zu symptomatischen Infektionen, welche mit Komplikationen einhergehen können.

Unkomplizierte Infektionen bei Erwachsenen: Beim **Mann** ist die häufigste Manifestation eine eitrige Entzündung der Harnröhrenschleimhaut und der

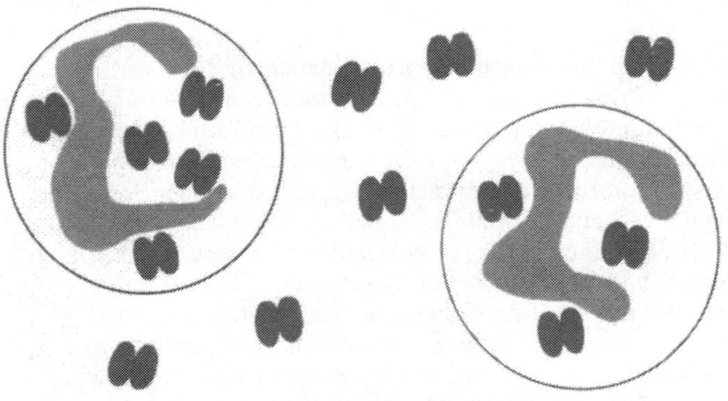

Abb. 3-1: Intra- und extrazellulär gelagerte Neisserien

Neisseria spp.

- humanpathogene Neisserien
- apathogene Neisserien

Erregereigenschaften
Neisserien = gramnegative Diplokokken

- produzieren Oberflächen – Polysaccharide
- Fimbrien und Pili
- Cytochromoxidase und Katalase

Wachstumsvoraussetzungen: ⇐

N. gonorrhoeae

Pathogenese
Infektion von Schleimhautepithelien
- Urethra
- Endozervix
- Rektum
- Rachen
- Konjuktiven

Übertragung durch Geschlechtsverkehr

Invasion des subepithelialen Gewebes

Phagozytose
eitriges intraluminales Exsudat

Klinik, Verlauf
Tripper:
Inkubationszeit: ca. 2–5 Tage

unkomplizierte Infektionen bei Erwachsenen:
- Mann
  - akute anteriore Urethritis
  - chronisches Stadium
  - asymptomatische Verläufe

Urethramündung *(akute anteriore Urethritis)* mit purulentem (eitrigem) Ausfluß und Dysurie. Im Ausfluß sind in großer Zahl Gonokokken vorhanden. Wird die Erkrankung nicht behandelt, so kann sich die Infektion ausweiten und in ein *chronisches Stadium* übergehen. Bei einem kleinen, jedoch unbekannten Anteil der Männer verläuft die Infektion asymptomatisch. Bei der **Frau** verläuft die Infektion häufig asymptomatisch bzw. mit milder Symptomatik. Primärer Infektionsort ist die Endozervix *(Zervizitis)*, häufig ist auch die *Urethra* betroffen, seltener kommt es zu Entzündungen der Drüsen im Bereich der Vulva *(Bartholinische Drüsen)*. Die Gonokokken-Infektion präpubertärer Mädchen verläuft als *Vulvovaginitis*. Der symptomatische Verlauf bei der infizierten Frau zeichnet sich durch vaginalen Ausfluß (purulenter bzw. mukopurulenter Ausfluß aus der Endozervix), durch Dysurie und durch intermenstruelle Blutungen aus.

- Frau
  - häufig asymptomatisch
  - milde Symptomatik
  - Zervizitis

bei präpubertären Mädchen führt die Infektion zur Vulvovaginitis

Abhängig von der Sexualpraktik können auch andere Schleimhautbereiche *(Anus, Rektum, Pharynx, Tonsillen)* infiziert werden. Anorektale Infektionen verlaufen vermutlich zum größten Teil asymptomatisch. Diese Form der Gonorrhoe findet man vorwiegend bei homosexuellen Männern, aber auch bei etwa der Hälfte der an einer Gonorrhoe leidenden Frauen. Infektionen des *Pharynx* treten seltener auf. Bei weniger als 5 % der Patienten ist nur der Pharynx betroffen. Bei Frauen und homosexuellen Männern mit einer Gonorrhoe ist der Pharynx zu ca. 10–25 % infiziert. Eine pharyngeale Gonorrhoe kann innerhalb von 12 Wochen spontan ausheilen.

abhängig von der Sexualpraktik sind auch andere Schleimhautbereiche betroffen:
- Anus
- Rektum
- Pharynx

Bei Erwachsenen ist die Gonokokken-Infektion der *Konjunktiven* selten. Sie erfolgt in der Regel als Autoinokulation.

- Konjuktiven

Komplikationen: Unbehandelt kann die Infektion aszendieren, in ein chronisches Stadium übergehen und zu Komplikationen führen. Beim **Mann** kann die Infektion auf Prostata, Samenstränge, Nebenhoden, auf die Cowpersche Drüsen und die Tysonsche Talgdrüsen übergreifen. Komplikationen wie *Harnröhrenstriktur* und *Sterilität* sind die Folge. Bei der **Frau** kann es zu einer *aufsteigenden Infektion* mit Salpingitis, Adnexitis oder Peritonitis kommen. Vernarbung und Verschluß der Tuben führen zu *Infertilität* oder zu ektoper Schwangerschaft. Eine Urethrastriktur kann als Folge auftreten. Bei einigen besonders virulenten Gonokokken-Stämmen kann es zur hämatogenen Aussaat mit *Arthritis* (meist Monarthritis) und *Dermatitis*, sowie zu *Endokarditis* und *Meningitis* kommen.

Komplikationen (chronisches Stadium):
- Mann
  - Harnröhrenstriktur
  - Sterilität
- Frau
  - aufsteigende Infektion
  - Infertilität

bei besonders virulenten Gonokokken-Stämmen: hämatogene Aussaat mit Arthritis, Dermatitis, Endokarditis und Meningitis

Infektionen während der Schwangerschaft und bei Säuglingen: Eine Gonokokken-Infektion während der Schwangerschaft kann zu einer *Chorioamnionitis* mit vorzeitigem Blasensprung und *Frühgeburt* führen. Beim Durchtritt durch den Geburtskanal können die Neugeborenen infiziert werden, wobei besonders die Augen betroffen sind. Bei der *Ophthalmia neonatorum* (Blennorrhoea gonorrhoica) tritt reichlich purulentes Konjunktivalexsudat auf. Unbehandelt tritt eine Ulzeration der Kornea auf. Die Folge davon ist eine Beeinträchtigung der Sehkraft (bis zur Erblindung).

Infektion während der Schwangerschaft und bei Säuglingen
- Frühgeburt
- Ophthalmia neonatorum

Immunität: Eine überstandene Gonorrhoe führt zu *keiner Immunität*. Daher kommen bei entsprechender Exposition immer wieder Reinfektionen vor. Der Hauptgrund für das Fehlen einer Immunität dürfte in der großen antigenetischen Variabilität bestimmter Oberflächenproteine (Pili, Membranproteine) liegen.

Keine Immunität, daher sind Reinfektionen möglich

Labordiagnose: Geeignete Untersuchungsmaterialien sind beim Mann *Eiter aus der vorderen Harnröhre* und bei der Frau *Abstriche von der Endozervix* unter Spekulumeinstellung. Bei entsprechender Anamnese (z. B. Homosexualität) sollten Abstriche auch aus den Krypten des *Analkanals* und von den *Tonsillen* entnommen werden. Proben aus der Urethra werden mit einem geeigneten Tupfer (Calciumalginat, Dacron, vorbehandelte nichttoxische Baumwolltupfer) oder einer Platinöse entnommen, welche 3–4 cm in die Urethra eingeführt und unter drehender Bewegung wieder herausgezogen werden. Proben aus der Endozervix werden nach Entfernung des Zervixschleims mit einem geeigneten Tupfer entnommen. Der Tupfer wird in die Endozervix eingeführt und unter rotierender Bewegung wieder herausgezogen. Bei der Entnahme anorektaler Abstriche wird der Tupfer (s. o.) etwa

Labordiagnose
aus:
- Eiter der vorderen Urethra (Mann)
- Abstrich von der Endozervix (Frau)
- Abstrich aus dem Analkanal
- Tonsillenabstrich

4–5 cm in den Analkanal eingeführt und Untersuchungsmaterial von den Krypten entnommen. Weitere geeignete Untersuchungsmaterialien sind *Pharynx-, Tonsillen-* und *Konjunktivenabstrich.* Bei V.a. Salpingitis können intraoperativ oder laparoskopisch Proben entnommen werden. Bei Verdacht auf eine disseminierte Gonokokken-Infektion müssen Blutkulturen angelegt werden.

- Pharynx
- Konjunktiven

Materialtransport: Da Gonokokken sehr empfindliche Organismen sind, sollte das Untersuchungsmaterial sofort nach der Entnahme auf geeignete Nährmedien verimpft und sofort bebrütet werden. Falls dies nicht möglich ist, müssen für Gonokokken geeignete, spezielle Transportmedien verwendet werden.

Materialtransport
falls keine sofortige Verarbeitung möglich
→ spezielle Transportmedien

Mikroskopisches Präparat: Zur ersten Orientierung werden direkt vom Untersuchungsmaterial zwei mikroskopische Präparate *(Methylenblaupräparat-Suchpräparat; Grampräparat)* angefertigt. Die Gonokokken sind in den polymorphkernigen Leukozyten intrazellulär gelagert.

Mikroskopisches Präparat
– Methylenblaupräparat
– Grampräparat

Der mikroskopische Befund stellt lediglich eine Verdachtsdiagnose dar und muß unbedingt durch die Erregeranzucht und dessen anschließende biochemische Differenzierung verifiziert werden.

mikroskopischer Befund:

⇐

Erregeranzucht: Gonokokken wachsen nur auf Spezialmedien (Kochblut- oder „Schokoladen"-Agar; Thayer-Martin-Medium, New York City-Medium). Nach 24–48 Stunden Bebrütung bei 37 °C in einer 5–10%igen CO_2-Atmosphäre sind kleine, glasige Kolonien sichtbar. Die Differenzierung erfolgt aufgrund **biochemischer Merkmale.**

Erregeranzucht

Gonokokkenantigen bzw. *-nukleinsäure* können mit verschiedenen Testverfahren (z. B. ELISA, rRNA-Hybridisierung) innerhalb weniger Stunden direkt aus dem Untersuchungsmaterial nachgewiesen werden. Ein Nachteil dieser Methoden ist, daß für eine Antibiotika-Testung keine Erreger zur Verfügung stehen.

- Antigennachweis
- Nukleinsäurehybridisierung

Antikörpernachweis: Zur Antikörperbildung kommt es nur bei systemischen Infektionen wie *Sepsis, Endokarditis* und *Arthritis.* Spezifische Antikörper können mit der KBR nachgewiesen werden. Antikörperuntersuchungen sind bei der akuten Gonorrhoe (Lokalinfektion!) jedoch ohne diagnostischen Nutzen.

Antikörpernachweis bei akuter Gonorrhoe (Lokalinfektion!) ohne Nutzen:

Ein negatives serologisches Ergebnis schließt daher eine Gonorrhoe nicht aus.

⇐

Therapie: Gonokokken sind gegenüber einer Vielzahl verschiedener Antibiotika empfindlich. Heute ist *Penizillin G* immer noch das Mittel der Wahl, obwohl bereits in einigen Regionen der Welt **Penizillinase-produzierende** Stämme von N. gonorrhoeae (PPNG) isoliert wurden. Alternativpräparate bei Penizillin-Resistenz bzw. Penizillin-Allergie sind *Spectinomycin* bzw. *Fluorochinolone* (Ciprofloxacin; Ofloxacin). Im allgemeinen ist eine einmalige Dosis ausreichend.
Da in 25–40 % der Gonorrhoe-Fälle auch eine **Chlamydien-Infektion** vorliegt, kann eine Kombinationstherapie erforderlich sein. Dabei werden die Gonokokken mit einer Penizillin-Einzeldosis therapiert und gleichzeitig mehrtägige *Tetrazyklin-* oder *Erythromycingaben* zur Behandlung von C. trachomatis angeschlossen.

Therapie
Penizillin G = Mittel der Wahl

Alternativen bei Penizillin-Allergie bzw. -Resistenz:
- Spectinomycin
- Fluorochinolone

bei gleichzeitiger Chlamydien-Infektion zusätzlich
- Tetrazykline
- Erythromycin

Bekämpfung, Prophylaxe, Schutzimpfung: Für die Bekämpfung ist eine frühe Diagnose und eine früh einsetzende Therapie wesentlich. Kondome können einer Übertragung vorbeugen.
Die Ophthalmopathia neonatorum (Blennorrhoea gonorrhoica) wird durch die 1881 von Credé eingeführte Prophylaxe *(Credé'sche Prophylaxe)* verhindert. Unmittelbar nach der Geburt wurde jedem Neugeborenen eine 1%ige Silbernitratlösung in jeden Konjunktivalsack geträufelt. Heute erfolgt die Credé'sche Prophylaxe meist mit Antibiotikatropfen.

Prophylaxe
- Kondome

- Credésche Prophylaxe bei Neugeborenen

Epidemiologie
Gonokokken sind weltweit verbreitet
- weltweit häufigste Geschlechtskrankheit

Infektion des Neugeborenen beim Durchtritt durch den Geburtskanal

Ausbreitung v. a. durch asymptomatisch Infizierte

Übertragung von der Art der Sexualpraktik abhängig

gesetzliche Meldepflicht
- anonyme Meldung

bei Verweigerung einer Therapie:
- namentliche Meldung

Meningokokken

Pathogenese

zusätzliche Polysaccharidkapseln

Vorschädigung der Schleimhäute

häufig symptomlose Besiedlung des Nasopharynx

- Aufnahme durch Phagozytose
- Eindringen in tiefere Gewebsschichten
- Ausbreitung über Lymphstrom und Blutweg
- Endotoxinwirkung → Blutungen meist mit letalem Ausgang

besondere Affinität zu den Meningen → Meningitis

Klinik, Verlauf

- Erkrankung des Respirationstraktes → Meningokokken – Pneumonie

- Meningokokken-Sepsis (Waterhouse-Friderichsen-Syndrom) → häufig letaler Verlauf

- Meningokokken-Meningitis: → führt ohne Behandlung innerhalb von 5 Tagen zum Tode

Epidemiologie: Die Gonorrhoe ist eine weltweit verbreitete sexuell übertragbare Erkrankung (STD=-sexually transmitted disease), die ausschließlich beim Menschen vorkommt. Weltweit stellt sie die häufigste Geschlechtskrankheit dar. So sind in Ländern der Dritten Welt bis zu 10 % der Schwangeren mit N. gonorrhoeae infiziert, wobei es bei ca. 3 % der Neugeborenen zur Ophthalmopathia neonatorum kommt. In den Industrienationen ist die Inzidenz der Gonorrhoe in den letzten 10 Jahren gesunken und wird heutzutage in ihrer Häufigkeit von Chlamydia-trachomatis-Infektionen um ein Mehrfaches übertroffen.
Eine wichtige Rolle bei der Ausbreitung der Gonorrhoe stellen *asymptomatisch infizierte* Männer und Frauen dar. N. gonorrhoeae stirbt außerhalb des menschlichen Organismus sehr schnell ab, so daß die Übertragung einen engen Kontakt zu Schleimhäuten erfordert. Eine große Anzahl unterschiedlicher Sexualpartner, sowie eine früher durchgemachte Gonorrhoe stellen Risikofaktoren dar. Die Übertragungsrate ist von der Art der Sexualpraktiken abhängig. Sowohl das Rektum, als auch der Pharynx können Infektionsquellen darstellen.
Es besteht eine gesetzliche Meldepflicht, wobei der behandelnde Arzt die Erkrankung **anonym** an das Gesundheitsamt meldet. Erst bei Verweigerung einer Behandlung durch den Patienten erfolgt eine **namentliche** Meldung.

3.1.2 Neisseria meningitidis (Meningokokken)

Pathogenese: N. meningitidis zeigt einen ähnlichen Zellaufbau wie N. gonorrhoeae, besitzt jedoch *zusätzliche Polysaccharidkapseln*, die für die Virulenz und für ihre Bevorzugung von nasopharyngealen Schleimhautoberflächen von Bedeutung sind. Eine *Vorschädigung der Schleimhäute durch Austrocknung* scheint eine wesentliche Vorbedingung für das Angehen einer Infektion zu sein. Häufig ist der *Nasopharynx symptomlos besiedelt.* Die Meningokokken adhärieren an den zilienlosen Epithelzellen, welche auf ihrer Zelloberfläche vermehrt Rezeptoren für die Pili von N. meningitidis besitzen, im Vergleich zu Epithelzellen anderer Lokalisation. Durch die Kolonisation der zilienfreien Zellen kommt es zu einem Aktivitätsverlust der zilientragenden Zellen und zu einem Abstoßen dieser Zellen. Die adhärierten Meningokokken werden dann von *Phagozyten* aufgenommen und können so bei suszeptiblen Personen in *tiefere Gewebeschichten* gelangen. Mit dem *Lymphstrom* und auf dem *Blutweg* breiten sie sich im Organismus aus. Durch *Endotoxinwirkung* können innerhalb weniger Stunden Blutungen in den verschiedensten Organen (v. a. in den Nebennieren) sowie petechiale Blutungen an Rumpf und Extremitäten, mit meist **letalem** Ausgang, auftreten. Eine besondere Affinität der Meningokokken besteht zu den Meningen, so daß es zur Entzündung der Hirnhäute (Meningitis) im Bereich von Großhirn, Hirnbasis und Rückenmark kommt.

Klinik, Verlauf: Eine Meningokokken-Infektion kann sich mit einem breiten Spektrum an klinischen (respiratorischen, meningealen, septikämischen) Symptomen manifestieren. Es kann zu Erkrankungen des oberen (z. B. Pharyngitis) und des unteren **Respirationstraktes** (z. B. *Pneumonie*) kommen. Eine Meningokokken-Pneumonie ist von anderen bakteriell verursachten Pneumonien klinisch nicht zu unterscheiden. Häufig scheint eine virale Infektion des oberen Respirationstraktes (z. B. Influenza) vorauszugehen. Von einer Infektion des oberen Respirationstraktes ausgehend kann eine Meningokokkämie auftreten, welche sich zu einer Sepsis entwickeln kann.
Das Krankheitsbild der foudroyanten **Meningokokken-Sepsis** ist als *Waterhouse-Friderichsen-Syndrom* bekannt. Die massive Freisetzung von Endotoxin führt zu einem Schock mit *disseminierter intravaskulärer Koagulopathie* (DIC). Der Verlauf mit schwerem Kreislaufkollaps und Nebennierenversagen ist häufig letal.
Die **Meningokokken-Meningitis** (Meningitis epidemica) entsteht fast ausschließlich durch hämatogene Ausbreitung der Erreger. Nach einer Inkubationszeit von ca. 2–4 Tagen beginnt die Erkrankung mit plötzlich einsetzendem hohem unregelmäßigem Fieber, starken Kopfschmerzen, Übelkeit,

Erbrechen, Meningismus und petechialen Blutungen in der Haut (Exanthem). Bei einer vollentwickelten Meningokokken-Meningitis findet sich Eiter im Subarachnoidalraum. Obwohl der Eiter selbst nicht ins Gewebe eindringt, kommt es zu Veränderungen im darunterliegenden Gewebe. Auch andere Organe wie Endokard, Lungen, große Gelenke, Haut und Nebennieren können betroffen sein (Zeichen einer Allgemeininfektion). Ohne Behandlung tritt bei der Meningitis häufig innerhalb der ersten 5 Krankheitstage der Tod ein.

Labordiagnose: Für die Erregeranzucht müssen die Untersuchungsproben unbedingt **vor** Beginn einer antibiotischen Therapie entnommen werden. Da Meningokokken aufgrund autolytischer Enzymsysteme außerhalb des Organismus schnell zugrunde gehen, ist ein rascher Probentransport ins Laboratorium und eine baldige Verarbeitung unbedingt notwendig. Temperaturschwankungen während des Transportes sind zu vermeiden. Bei Verdacht auf **Meningokokken-Pneumonie** ist nur transtracheal oder bronchoskopisch entnommenes Untersuchungsmaterial geeignet, und bei Verdacht auf **Meningokokken-Sepsis** müssen Blutkulturen angelegt werden. Der Liquor ist bei einer Meningokokken-Infektion milchig trüb und eitrig. Die Zellzahl der polymorphkernigen Leukozyten, der Liquordruck und der Eiweißgehalt sind stark erhöht, der Zuckergehalt ist jedoch vermindert. Zur ersten schnellen Orientierung werden vom Liquorsediment 2 mikroskopische Präparate angefertigt. Das eine wird mit Methylenblau *(= Suchpräparat)* und das andere nach Gram gefärbt. Die Meningokokken sind extra- oder intrazellulär in polymorphkernigen neutrophilen Leukozyten gelagert.

Labordiagnose
- eine Erregeranzucht muß vor Beginn der Antibiotika-Therapie erfolgen (rascher Transport und baldmöglichste Verarbeitung)
  - bei Meningokokken-Pneumonie: nur transtracheal oder bronchoskopisch entnommenes Material
  - bei Meningokokken-Sepsis: Anlegen von Blutkulturen
- Mikroskopische Präparate

Ein mikroskopischer Befund erlaubt lediglich eine Verdachtsdiagnose, die nach Anzüchtung des Erregers durch dessen biochemische Differenzierung ergänzt werden muß.

mikroskopischer Befund: ⇦

Die Anzucht der Meningokokken ist nicht so schwierig wie die der Gonokokken. Bewährt haben sich ähnliche Nährmedien wie bei der Gonokokken-Anzucht. Der Nachweis von Meningokokken-Antigen im Liquor ist auch durch einen Schnellnachweis *(Latex-Agglutinationstest)* möglich. Die am häufigsten bei Meningitiden isolierten Meningokokken der Gruppe B reagieren jedoch mit dem Latex-Agglutinationstest am schlechtesten und können meist mit diesem Test nicht nachgewiesen werden.

- Ahtigennachweis ist bei Infektion mit Meningokokken der Gruppe B (Serotyp B) nicht möglich: ⇦

Ein negatives Ergebnis schließt daher eine Meningitis mit Meningokokken der Gruppe B (Serotyp B) nicht aus.

Therapie: Mittel der ersten Wahl ist *Penizillin G.* Zwar kann Penizillin G die intakte Blut-Liquor-Schranke nicht passieren, jedoch erfolgt ein Durchtritt in den Liquorraum bei entzündeten Meningen. Alternativen bei Penizillin-Allergie sind *Chloramphenicol* oder *Cephalosporine.* Obwohl Meningokokken in vitro gegen die meisten Antibiotika sehr empfindlich sind, kann der letale Verlauf einer Infektion durch eine Antibiotika-Therapie nicht immer aufgehalten werden **(Letalität ca. 8–30%)**.

Therapie
- Penizillin G (= Mittel der 1. Wahl)

Alternativen bei Penizillin-Allergie
- Chloramphenicol
- Cephalosporine

Letalität = ca. 8–30%

Bekämpfung, Prophylaxe, Schutzimpfung: Auf Grund der hohen Keimträgerrate ist die Bekämpfung der *Meningitis epidemica* durch eine Expositionsprophylaxe schwierig. Zum Schutz Gesunder müssen Erkrankte nach Beginn der Antibiotika-Therapie (i. v.) für einen Zeitraum von 24 Stunden isoliert werden. Danach ist der Erreger aus dem Respirationstrakt verschwunden. In vereinzelten Fällen kann bei Personen mit nachweislich engem Kontakt zu Erkrankten eine **Antibiotika-Prophylaxe** indiziert sein. So z. B. bei Auftreten von Erkrankungen bei Personen in enger Gemeinschaft (Haushalte, Kasernen, Massenlager).
Aktive Immunisierung: Gegen die *Serotypen A und C* existiert eine Impfung mit gutem Schutzeffekt. Das *Gruppe B-Antigen* besitzt jedoch keine ausreichende Immunogenität, um beim Menschen eine schützende Immunantwort

Bekämpfung, Prophylaxe, Schutzimpfung
- Expositionsprophylaxe schwierig
- eventuell Antibiotika-Prophylaxe
- Schutzimpfung
  - gegen Serotyp A und C möglich
  - gegen Serotyp B nicht möglich

hervorzurufen. Gegen Infektionen durch B-Meningokokken gibt es daher augenblicklich noch **keine** wirksame Schutzimpfung. Der Schutzeffekt der bivalenten A + C-Vakzine ist gut, beginnt etwa 1 Woche nach Impfung und hält für maximal 3–5 Jahre an.

Epidemiologie
weltweites Vorkommen der Meningokokken
Einteilung der Meningokokken aufgrund ihrer Polysaccharidkapseln
- in der BRD ist vorwiegend Serotyp B vorhanden
- nur der Mensch betroffen
- Übertragung durch Tröpfcheninfektion

Epidemiologie: Aufgrund ihrer Polysaccharidkapsel können Meningokokken in die Serotypen (Serovare) A, B, C, D, X, Y, Z (29 E) und W-135 eingeteilt werden. Meningokokken kommen weltweit vor, wobei 95 % der Meningitiden in der BRD durch die Serotypen A, B und C verursacht werden. *Serotyp B* ist für die meisten (65–75 %) Erkrankungen verantwortlich.
Infektionen durch N. meningitidis kommen nur beim Menschen vor. Die Übertragung erfolgt über den Respirationstrakt *(Tröpfcheninfektion)*, insbesondere bei schlechten Wohnverhältnissen, überfüllten Verkehrsmitteln, Kasernen und anderen Massenunterkünften, auch in Schulen und Kindergärten. Symptomlose Keimträger *(Nasopharynx)* sind häufig Ausgangspunkt von kleineren Epidemien. Die Manifestationsrate ist gering.

- geringe Manifestationsrate

Industrienationen:
saisonale Häufungen treten im Winter und Frühjahr auf, betroffen sind Säuglinge und Kleinkinder.

„Meningitisgürtel" Afrikas:
hauptsächlich sind Schulkinder und Erwachsene betroffen.

Inzidenz

Die Epidemiologie in den **Industrienationen** unterscheidet sich von derjenigen in der **Dritten Welt**. So sind in den Industrienationen v. a. *Säuglinge* und *Kleinkinder*, im „Meningitisgürtel" Afrikas, der zwischen Sahara und den Äquatorialwäldern liegt, vorwiegend *Schulkinder* und auch *Erwachsene* betroffen. In gemäßigten Klimaten beobachtet man eine saisonale Häufung in den Winter- und Frühjahrsmonaten. Sowohl in Afrika als auch im gemäßigten Klima sind die Krankheitsausbrüche an Zeiten der niedrigsten Luftfeuchtigkeit gebunden. In Südamerika und im „Meningitisgürtel" Afrikas ereignen sich die schwersten Epidemien in der heißen Zeit am Ende der Trockenperiode (März-April). Im „Meningitisgürtel" liegt die **Inzidenz** der Erkrankung bei etwa 70 pro 100 000 Einwohner, in den USA und in der BRD bei ca. 2 pro 100.000.

apathogene Neisseria spp.

3.1.3 Apathogene Neisseria spp.

Saprophyten

Außer den beiden humanpathogenen Arten N. gonorrhoeae und N. meningitidis, existieren noch eine Vielzahl saprophytischer Arten in der Gattung Neisseria, wie *N. lactamica, N. sicca, N. mucosa, N. subflava, N. flavescens, N. cinerea und N. elongata.*

Pathogenese:
oropharyngeale Flora
in der Regel apathogen, in besonderen Fällen pathogen
Klinik, Verlauf

Pathogenese: Man findet diese Arten als Teil der oropharyngealen kommensalen Flora bei gesunden Menschen. In der Regel sind diese Neisserien **apathogen**, können jedoch zu (opportunistischen) Infektionen führen.

Klinik, Verlauf: Bei systemischen Infektionen kann es v. a. bei Klappendefekten zur **Endokarditis** kommen, aber auch **Meningitis, Osteomyelitis** und **Sepsis** können auftreten.

Labordiagnose
Erregeranzucht und biochemische Differenzierung

Labordiagnose: Die *apathogenen Neisserien* lassen sich gut auf den herkömmlichen Nährmedien anzüchten. Gegenüber den *pathogenen Neisserien* werden sie durch ihr Wachstum bei 22 °C und durch biochemische Reaktionen abgegrenzt. Die Abschätzung der klinischen Signifikanz einer Isolierung ist schwierig.

Therapie
Penizillin

Therapie: In der Regel sind die apathogenen Neisserien gegenüber Penizillin empfindlich. Resistenzen sind beschrieben, daher ist eine Resistenztestung anzustreben.

Moraxella spp. und Kingella spp.

3.2 Moraxella spp. und Kingella spp.

Erregereigenschaften
gramnegative Kokken

Erregereigenschaften: Bakterien dieser beiden Gattungen sind gramnegative, unbewegliche Stäbe (ca. 1 µm im Durchmesser und 2,0–3,0 µm lang), die meist in Diploform oder in kurzen Ketten gelagert und mit Fimbrien besetzt sind. Sie wachsen unter **aeroben** Verhältnissen auf anspruchsvollen Nährmedien. In der Regel sind sie harmlose Bewohner von Schleimhäuten und besitzen vorwiegend *differentialdiagnostische Bedeutung.* Aufgrund von DNA-Homologien wurde die früher unter dem Namen Neisseria catarrhalis bekannte Art der Gattung Moraxella mit dem neuen Subgenus Branhamella zugeordnet.

3.2.1 Moraxella (Branhamella) catarrhalis

Branhamella catarrhalis

Pathogenese: Branhamella catarrhalis (allgemein geläufige Bezeichnung) wurde früher als apathogener Kommensale des oberen Respirationstraktes beim gesunden Menschen angesehen. Heute weiß man, daß sie ein wichtiger humanpathogener Erreger ist, der eine Vielzahl von Infektionserkrankungen hervorrufen kann. Häufig bilden diese Stämme Beta-Laktamase.

Pathogenese

Klinik, Verlauf: B. catarrhalis kann zu katarrhalischen *Entzündungen* des *Respirationstraktes*, zu *Sinusitis, Bronchitis* und *Pneumonie* führen. Meist weisen diese Patienten funktionelle oder strukturelle Abnormitäten der Lunge bzw. eine gestörte Abwehrfunktion auf. Auch nichtrespiratorische Erkrankungen, wie *Meningitis, Endokarditis, septische Arthritis, Konjunktivitis, Keratitis* und *Sepsis*, können, jedoch nur selten, auftreten.

Klinik, Verlauf
- respiratorische Erkrankungen
- nichtrespiratorische Erkrankungen (selten)

Diagnose: Eine mikroskopische Unterscheidung von B. catarrhalis und Neisseria spp. ist nicht möglich. B. catarrhalis läßt sich auf vielen Standardnährböden vermehren. Die Differenzierung muß durch biochemische Methoden erfolgen.

Diagnose
Erregerisolierung und biochemische Differenzierung

Therapie: Bei einer B. catarrhalis-Infektion wurden bislang Penizillin G und Ampicillin, sowie andere Oralpenizilline als Mittel der Wahl eingesetzt. Diese Antibiotika sind jedoch nur von **begrenztem Wert**, da klinisch signifikante Isolate von B. catarrhalis Beta-Laktamase produzieren und daher gegenüber Penizillinen resistent sind. Geeignete orale Antibiotika bei nichtinvasiver Branhamella-Infektion sind *Cefaclor, Trimethoprim/Sulfamethoxazol, Erythromycin, Tetrazyklin* und *Amoxicillin + Clavulansäure.* Invasive Infektionen (Pneumonie) erfordern eine parenterale Therapie mit *Drittgeneration-Cephalosporinen, Aminoglykosiden, Anti-Pseudomonas-Penizillinen* und *Chloramphenicol.*

Therapie
Penizilline sind aufgrund der häufigen Betalaktamasebildung nur von begrenztem Wert

Prophylaxe und Schutzimpfung:

Maßnahmen zur Prophylaxe und eine Schutzimpfung existieren nicht.

Epidemiologie: Bei gesunden Menschen gehört B. catarrhalis zur physiologischen Flora des oberen Respirationstraktes. Insbesondere ist die ältere Bevölkerung mit *prädisponierenden Vorerkrankungen*, wie chronischer Bronchitis, chronisch obstruktiver Lungenerkrankung, Emphysem, Alkoholismus, Tumoren und *humoraler Abwehrschwäche*, von einer Infektion mit B. catarrhalis betroffen. Insbesondere in den Wintermonaten kommt es zu einer Häufung der bronchopulmonalen Infektionen.

Epidemiologie
B. catarrhalis zählt zur physiologischen Flora des oberen Respirationstraktes

von einer Infektion ist vorwiegend die ältere Bevölkerung mit prädisponierenden Vorerkrankungen betroffen
häufig in den Wintermonaten vorkommend

3.3 Acinetobacter spp.

Acinetobacter spp.

Erregereigenschaften: Acinetobacter spp. sind unbeweglich (unbegeißelt),stäbchenförmig, bilden keine Sporen, sind in ihrem Nährstoffbedürfnis relativ anspruchslos und können Kohlenhydrate nicht fermentieren (obligate Aerobier); viele der Stämme sind bekapselt. Im Durchmesser sind die Bakterien ca. 0,9–1,6 µm groß und 1,5–2,5 µm lang und treten vorwiegend in Diploform auf, wobei es in der Wachstumsphase vorübergehend zum Auftreten von Kugelformen kommt. Als einzige Gattung der Familie Neisseriaceae ist Acinetobacter Oxidase-negativ; die Katalase-Reaktion ist positiv. Es existiert eine einzige Spezies (A. calcoaceticus) mit zwei Subspezies (*Acinetobacter calcoaceticus subsp. anitratus* und *A. calcoaceticus subsp. lwoffi*).

Erregereigenschaften
- unbeweglich
- stäbchenförmig
- bilden keine Sporen
- anspruchsloses Nährstoffbedürfnis
- fermentieren keine Kohlenhydrate

Acinetobacter = Oxidase-negativ

Klinik, Verlauf: Beide Subspezies werden vorwiegend von hospitalisierten Patienten mit mischinfizierten Prozessen isoliert. Dabei ist eine ätiologische Beurteilung schwierig, da eine Unterscheidung zwischen *Kolonisierung* oder *Infektion* häufig nicht gemacht werden kann. *Septikämie, Pneumonie, Harnwegs-* und *Wundinfekte*, sowie *Meningitis* können auftreten.

Klinik, Verlauf
vorwiegend Infektionen bei hospitalisierten Patienten
- Septikämie
- Pneumonie
- Harnwegs- und Wundinfekte
- Meningitis

Labordiagnose

Labordiagnose: Die Diagnose wird durch Anzucht der Erreger und deren biochemische Differenzierung gestellt.

Therapie

Therapie: Aufgrund der variierenden Antibiotika-Empfindlichkeit erfolgt die Therapie anhand eines Antibiogramms.

Prophylaxe
vorrangig Desinfektion

Bekämpfung Prophylaxe, Schutzimpfung: Die Übertragung kann durch Hände des Pflegepersonals, durch kontaminierte Respiratoren, durch Absauginstrumente und durch invasive Maßnahmen, sowie durch Infusionen erfolgen. Daher sollte Wasser für Inhalationszwecke alle 8 Stunden verworfen und Geräte einschließlich ihrer Verbindungen zum Patienten täglich desinfiziert bzw. erneuert werden.

Epidemiologie
Acinetobacter spp. sind in der Natur weit verbreitet

prädisponierend für eine Infektion sind
- vorausgegangene chirurgische Eingriffe
- Antibiotika-Therapie mit Breitspektrum-Antibiotika
- Aufenthalt auf Intensivstationen

Epidemiologie: Die Gattung Acinetobacter ist in der Natur (Wasser, Boden, Abwasser) weit verbreitet. Beim Menschen können diese Mikroorganismen gelegentlich auf der *Haut* und im *Oropharynx* vorkommen. Bei nicht sorgfältig desinfizierter Haut können die Erreger auch perkutan abgenommene Untersuchungsmaterialien kontaminieren. Die Anzahl der Isolierungen von A. calcoaceticus hat bei hospitalisierten Patienten (v. a. Intensivpatienten) zugenommen. Prädisponierend für eine Kolonisierung bzw. Infektion des Patienten mit Acinetobacter spp. sind v. a. vorausgegangene *chirurgische Eingriffe, Antibiotika-Therapie* mit Breitspektrum-Antibiotika (Schädigung der physiologischen Flora) und der *Aufenthalt auf Intensivstationen.*

Bacillus

4 Bacillus

H. Werner

4.1 Sporenbildende Bakterien der Gattung Bacillus

Sporenbildende Bakterien:
Endosporen = Dauerformen mit hoher Resistenz gegen Austrocknung, Hitze und Desinfektionsmittel

Unterscheide: „Sporen" von Streptomyzeten (= Vermehrungsformen)

Bakterielle Endosporen sind **Dauerformen**; normalerweise wird **eine** Spore (Endospore) pro vegetative Zelle gebildet. Sporen enthalten das vollständige **Bakteriengenom**, sind **extrem wasserarm** und von einer dickwandigen Kapsel umgeben. Von Endosporen sind die „Sporen" von Streptomyzeten und verwandten bakteriellen filamentösen Mikroorganismen zu unterscheiden, die durch Zerfall von langen Fäden entstehen und Vermehrungsformen darstellen.

In den letzten Jahren ist die Zahl der wissenschaftlich bekannten **Endosporenbildner-Gattungen** angestiegen:

Genus	Gramreaktion
Bacillus	+
Clostridium	+
Sporolactobacillus	+
Desulfotomaculum	−
Sporosarcina	+ (Paketkokken)
Oscillospira	−
Thermoactinomyces	+ (Filamente)

Familie Bacillaceae wegen Beschreibung zahlreicher neuer grampositiver und gramnegativer Gattungen von Sporenbildnern aufgegeben

Wegen der Heterogenität der verschiedenen Sporenbildner-Gattungen ist die Zusammenfassung in eine Familie (z. B. früher Bacillaceae) aufgegeben worden.

Desulfotomaculum (anaerob) wichtig für Mikroökologie des Erdbodens

Bacillus = aerob wachsende, sporenbildende Stäbchen

Während Desulfotomaculum und andere Gattungen eine Rolle in der **Mikroökologie des Erdbodens** spielen, finden sich **Infektionserreger** unter den Bacillus- und Clostridium-Arten.

In der Gattung **Bacillus** sind mehr als 50 Arten aerob wachsender sporenbildender Stäbchen zusammengefaßt. Sie spielen als Saprophyten, Insektenpathogene (Bacillus thuringiensis) u. a. im Haushalt der Natur eine große Rolle. Für die menschliche Infektionspathologie sind **Bacillus anthracis** und **Bacillus cereus** bedeutsam. Bei Patienten unter *Immunsuppression* werden neuerdings in nennenswerter Häufigkeit Bacillus-Arten (B. cereus, B. circulans, B. macerans u. a.) als Erreger von *Sepsis, Pneumonie* und *Meningitis* gefunden. Als apathogen geltende Spezies (B. subtilis u. a.) finden sich bei der kulturellen Untersuchung klinischer Proben häufig als *Kontaminanten.* **Bacillus stearothermophilus,** der eine optimale Wachstumstemperatur von 55 °C hat, bildet besonders hitzeresistente Sporen aus, die bevorzugt zur *Prüfung von Heißluftsterilisatoren* und *Autoklaven* eingesetzt werden. Von **Bacillus polymyxa** stammen die *Antibiotika der Polymyxin-Gruppe* (Colistin und Polymyxin B). In der experimentellen Biologie und Medizin findet **B. subtilis** als Indikatorbakterium für Antibiotikawirkung laufend Verwendung.

B. stearothermophilus in Sporenstreifen zur Prüfung von Sterilisatoren
B. polymyxa → Polymyxine
B. subtilis – Indikatorbakterium für Antibiotikawirkung

4.2 Bacillus anthracis

Bacillus anthracis – Milzbrand = Zoonose

B. anthracis ist ein bodenbewohnendes Bakterium, das in seiner virulenten Form vor allem Weidetiere (Schafe, Rinder, Pferde) befällt. Der **tierische Milzbrand** verläuft septikämisch mit massivem Erregerbefall von Milz und anderen parenchymatösen Organen; letztere erscheinen bei verendeten Tieren schwärzlich-hämorrhagisch verfärbt, daher **Anthrax** (griechisch = Kohle). Durch Kontrollmaßnahmen wurde der Milzbrand der Schafe in weiten Teilen der Welt auf geringe Inzidenzen zurückgedrängt. Befall des Menschen – als Lungen-, Haut- oder Darmmilzbrand – ist selten.

schwärzlich-hämorrhagische Verfärbung von Milz und parenchymatösen Organen (= Anthrax)

Häufigkeit infolge Bekämpfungsmaßnahmen rückläufig

In einer 1877 veröffentlichten Untersuchung klärte **Robert Koch** den Entwicklungsgang des Milzbranderregers (verendete Tiere – Erdboden – Neuinfektionen von Tieren; Infektionsmöglichkeiten für den Menschen) auf und stellte die zentrale Bedeutung der **Sporen** für die **Epidemiologie** dieser Infektionskrankheit heraus. Wissenschaftsgeschichtlich war damit erstmals der Beweis dafür erbracht, daß spezifische Erreger spezifische Infektionskrankheiten hervorrufen; diese Untersuchung steht daher am Anfang der **Medizinischen Mikrobiologie** im neuzeitlichen Sinne.

Robert Koch 1877:
Am Beispiel des Milzbrandes wissenschaftsgeschichtlich erster Beweis für spezifische Ätiologie einer Infektionskrankheit

Erregereigenschaften: Die vegetativen, unversporten Zellen von B. anthracis sind 3–10 µm lang und 1–1,5 µm breit. Ketten- und Fadenbildung ist häufig. Die medial im Zelleib auftretenden Sporen sind oval und stark lichtbrechend. Besonders ausgeprägt ist ihre *Resistenz gegen trockene Hitze* (sie überstehen 50 Min. bei 150 °C), doch werden B. anthracis-Sporen nach 10–15 Min. Exposition gegen feuchte Hitze von 100 °C abgetötet. Sporen können *jahrzehntelang* im Erdboden überleben.
B. anthracis wächst auf einfachen flüssigen und festen Nährböden unter aeroben Bedingungen mit kurzer Verdopplungszeit (ca. 20 Min.); *optimale Wachstumstemperatur* ist 35 °C, Vermehrung findet bei Temperaturen zwischen 15°–43 °C statt. Auf Agarmedium sind die Kolonien grauweiß, mattglänzend mit lockenartigen Randausläufern. Auf bluthaltigem Medium tritt

Erregereigenschaften:
- mediale Sporenbildung
- Sporen hitzeresistent und lange überlebensfähig
- Wachstum aerob
- optimale Wachstumstemperatur: 35 °C
- Koloniebildung
- Kohlenhydratspaltung und weitere biochemische Merkmale
- B. anthracis unbeweglich

Tab. 4-1 Differenzierung ausgewählter Bacillus-Arten

Bacillus-Spezies	Lysis durch Bakteriophagen	Arabinose u. Xylose	Acetoin (VP)	Lezithinase	Sonstige Merkmale
B. anthracis	+	–	+	+	
B. cereus	–	–	+	+	gutes Wachstum bei 45 °C
B. thuringiensis	–	–	+	+	schwaches Wachstum bei 45 °C
B. subtilis	–	+	+	–	Mannitspaltung
B. pumilus	–	+	+	–	Galaktosespaltung
B. licheniformis	–	+	+	–	Rhamnosespaltung
B. circulans	–	+	–	–	Citrat negativ
B. sphaericus	–	–	–	–	
B. coagulans	–	+ oder –	+ oder –	–	Laktosespaltung
B. macerans	–	+	–	–	

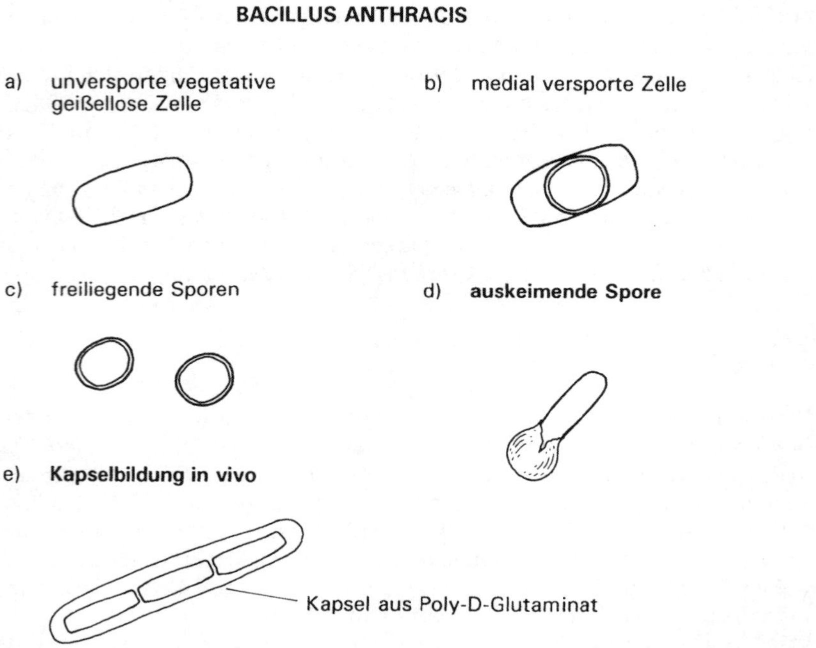

Abb. 4-1: Die verschiedenen Formen des Milzbranderregers. Kapseln werden vorwiegend in vivo gebildet (e).

nur selten Hämolyse auf. Bei der *biochemischen (physiologischen) Prüfung* zeigt B. anthracis Spaltung von Glukose, Fruktose, Saccharose, Maltose, Trehalose und Dextrin; Pentosen und Mannit werden nicht abgebaut (Tab. 4-1). Die Reaktionen auf Nitratreduktion und Acetoinbildung (Voges-Proskauer) sind positiv.

Kapsel aus D-Glutaminsäure-Polypeptid = **Phagozytoseschutz**

Während Bacillus-Arten so gut wie ausnahmslos durch peritriche Geißeln beweglich sind, ist B. anthracis charakteristischerweise *unbeweglich.* In vivo zeigt sich die B. anthracis-Zelle von einer *Kapsel* umgeben (Abb. 4-1), die aus einem Polypeptid, und zwar Poly-D-Glutaminat, besteht. Die Kapsel verleiht dem Erreger **Phagozytoseschutz**, so daß er sich im befallenen Makroorganismus weiter vermehren und sein aus drei Komponenten bestehendes Ektotoxin bilden kann.

→ **Ektotoxin**
I = Oedemfaktor (= Adenylatzyklase)
II = protektives Antigen
III = Letalfaktor

große Plasmide kodieren Ektotoxinbildung

Die **Ektotoxinkomponenten** wurden als I = Oedemfaktor, II = protektives Antigen und III = Letalfaktor individualisiert, doch sind sie im Tierversuch nicht einzeln, sondern erst kombiniert toxisch wirksam. Der *Oedemfaktor* ist eine *Adenylatzyklase,* welche die Konzentration an zyklischem AMP in eukaryotischen Zellen erhöht und so in der Haut zu Oedembildung führt. Aufgrund von neueren Befunden wird die Ektotoxinbildung bei B. anthracis durch hochmolekulare *Plasmide* reguliert: Nach wiederholter Subkultur bei 42,5 °C und dadurch bedingtem Verlust des extrachromosomalen Genpools konnten B. anthracis-Stämme keine Letal- und Oedemfaktoren mehr produzieren. Umgekehrt ließ sich bei zuvor atoxinogenen Stämmen durch *Transformation mit Plasmid-DNA* von toxinpositiven Stämmen Bildung von Ektotoxin hervorrufen.

Pathogenese und klinischer Verlauf

Hautmilzbrand
klinisch typisch: blauschwarzes, von Erythem umgebenes Bläschen

Pathogenese und klinischer Verlauf: Infektionen des Menschen sind unter drei Verlaufsformen bekannt:

a) **Hautmilzbrand**
Durch Verletzung, Insektenstich u.ä. gelangen Sporen von B. anthracis unter die Haut und keimen aus; die resultierenden vegetativen Zellen (= unversporte Stäbchen) proliferieren und bilden Ektotoxin. Nach einer Inkubationszeit von 1–7 Tagen erscheint eine kleine juckende *Papel,* die sich zu einem *Bläschen* von etwa 1 cm Durchmesser bzw. gelegentlich zu einem Ring von Bläschen erweitert. Das Bläschen ist von Erythem umgeben und enthält zunächst eine klare seröse Flüssigkeit, die hämorrhagisch und blauschwarz wird. Nach Ruptur des Bläschens entsteht ein rundes *Ul-*

kus mit scharfem Rand, hämorrhagisch-nekrotischem Koagulum und schwarzem Nekrosebelag im Geschwürsgrund. Schmerzhaftigkeit der Läsion ist nicht ausgeprägt. Nach Ablösung des Nekrosebezirkes tritt Heilung der Läsion ein.

Prognose, Verlauf

Nur bei 5% der Patienten mit Hautmilzbrand ist mit Septikämie und generalisierter Ausbreitung in parenchymatöse Organe zu rechnen.

b) **Lungenmilzbrand**

Lungenmilzbrand

Aufnahme der Sporen durch Lungenmakrophagen

hämorrhagische Nekrose des Mediastinums

Die Krankheit entsteht durch Einatmen von Staubteilchen, die mit B. anthracis-Sporen kontaminiert sind. Die Staubteilchen samt Sporen werden in den terminalen Alveolen deponiert, dort von *Lungenmakrophagen* aufgenommen und zu den regionalen Lymphknoten im *Mediastinum* transportiert. Die B. anthracis-Sporen keimen aus, und die resultierenden Stäbchen produzieren Ektotoxin. Klinisch und pathologisch-anatomisch steht die *hämorrhagische Nekrose des Mediastinums* im Vordergrund. Präfinal findet Aussaat in andere Organe (Milz, Leber, Nieren) statt.

Prognose, Verlauf

Lungenmilzbrand endet meist tödlich.

c) **Darmmilzbrand**

Darmmilzbrand
über Ösophagus und Darm gelangen Erreger in regionale Lymphknoten
→ Generalisation

Die Erreger werden mit kontaminiertem Fleisch oral aufgenommen und gelangen in das submuköse Gewebe von Ösophagus und Darm; dort vermehren sie sich und bilden Toxin. Meist tritt Ausbreitung in die regionalen Lymphknoten und Generalisation ein.

Prognose, Verlauf

Bei dieser Krankheitsform ist mit einer Letalität von 50% zu rechnen.

Meldepflicht für Verdacht, Krankheit, Tod

Meldepflicht: Milzbrandverdacht sowie Erkrankung und Tod an Milzbrand sind nach dem *Bundesseuchengesetz* meldepflichtig.

Diagnose
klinisch bei Hautmilzbrand

bakteriologisch durch Erregernachweis
a) mikroskopisch
b) Kultur mit Nachweis von Phagenempfindlichkeit

Diagnose: Die *klinische Verdachtsdiagnose* ist nur bei Hautmilzbrand mit nennenswerter Sicherheit zu stellen, nicht jedoch bei den anderen Krankheitsformen. Die *ätiologische Diagnose* besteht im mikroskopischen (Gramfärbung, Immunfluoreszenz) und kulturellen Erregernachweis aus Hautherden bzw. anderen zugänglichen Untersuchungsproben. Bei B. anthracis-verdächtigen unbeweglichen Bacillus-Stämmen aus klinischem Material kann die Diagnose durch *Lysis mit spezifischen Bakteriophagen* sowie durch Nachweis der *Kapselbildung auf bikarbonathaltigem Medium* gesichert werden.

Therapie:
Penizillin G

Therapie: Die antibakterielle Therapie der Wahl ist die Gabe von Penizillin G. Hautmilzbrand pflegt auch unter Penizillin-Therapie bis zur hämorrhagischen Nekrose abzulaufen.

Die *schlechte Prognose* von Lungen- und Darmmilzbrand läßt sich nur durch frühen Therapiebeginn verbessern.

Bekämpfung und Prophylaxe:
Beseitigung der Sporen

Impfung berufsbedingt exponierter Personen

Morbidität weltweit 2000–5000 Fälle

Bekämpfung und Prophylaxe: B. anthracis und seine Sporen sind grundsätzlich ubiquitär, doch reichern sie sich in der Umgebung befallener Tiere und in deren Kadavern an. *Beseitigung befallener Tierkadaver* und *Desinfektion kontaminierter tierischer Produkte* spielen daher in der Prävention des Milzbrandes eine große Rolle.
Berufsbedingt exponierte Personen sind erfolgreich mit *zellfreier Vakzine*, welche die Bildung protektiver Antikörper gegen Ektotoxin-Komponenten anregt, geimpft worden. Weltweit werden jährlich etwa 2000–5000 Fälle von Milzbrand des Menschen registriert.

4.3 Bacillus cereus – Nahrungsmittelvergiftung

B. cereus – Nahrungsmittelvergiftung

Erbrechen

Diarrhoe

Enterotoxin

Diese weitverbreitete und häufig isolierte Spezies ruft – nach Vermehrung in Lebensmitteln und oraler Aufnahme – Nahrungsmittelvergiftung hervor.
Die B. cereus-bedingte Nahrungsmittelvergiftung ist unter zwei klinischen Bildern bekannt, und zwar als **Erbrechen** und als **Diarrhoe**. Das Erbrechen tritt nach einer Inkubationszeit von lediglich 1–6 Stunden auf und ist meist auf Genuß von kontaminiertem gebratenem Reis zurückzuführen. Die diarrhoische Verlaufsform mit Bauchschmerzen und profusen wässrigen Durchfällen hat Inkubationszeiten von 10–12 Stunden und sistiert nach 12–24 Stunden. Die Diarrhoe ist durch *Enterotoxine* bedingt, die von proliferierenden B. cereus-Zellen im Nahrungsmittel gebildet wurden und nach oraler Aufnahme im Bereich der Darmmukosazellen die *Adenylatzyklase* aktivieren und dadurch den Flüssigkeitsverlust über die Darmschleimhaut hervorrufen.

Diagnose durch Keimzahlbestimmung aus Nahrungsmittel, Erbrochenem oder Faeces

Wegen des ubiquitären Vorkommens von B. cereus ist qualitativer Nachweis der Spezies in Stuhl oder Erbrochenem für die *ätiologische Diagnose* einer Nahrungsmittelvergiftung nicht hinreichend, vielmehr sind zur näheren Beweisführung *Keimzahlbestimmungen* nötig. Bei B. cereus-Keimzahlen über 10^5 pro g in Faeces, Nahrungsmitteln u. ä. wird ein ätiologischer Zusammenhang mit dem Krankheitsgeschehen angenommen.

Therapie symptomatisch

Die **Therapie** der B. cereus-Nahrungsmittelvergiftung ist symptomatisch.

4.4 Bacillus-Septikämie bei immunkompromittierten Patienten

Bacillus-Septikämie ist selten

B. cereus, B. licheniformis, B. pumilus – zeigen häufig Penizillin-Resistenz

Initialtherapie: Vancomycin

Zum Nachweis einer Bacillus-bedingten Septikämie und insbesondere zur Differenzierung von Kontamination wird Nachweis derselben Spezies in zwei zu demselben Zeitpunkt, jedoch an getrennten Entnahmestellen anläßlich septischer Episoden entnommenen Blutkulturen gefordert. Nach diesen Kriterien ist *Bacillus-Septikämie auch bei immunsupprimierten Patienten ein seltenes Ereignis*; als *häufigste Erreger* wurden B. cereus, B. licheniformis und B. pumilus identifiziert.
Da bei Bacillus-Stämmen, die nicht zu B. anthracis gehören, **Penizillin-Resistenz** häufig ist, wird zur Initialtherapie einer Septikämie – bis zum Vorliegen des Antibiogramms – Vancomycin empfohlen. Venenkatheter sind zu ziehen.

5 Listeria

Listeria

G. Schmidt

Listerien bilden eine Gattung, deren Zuordnung zu einer Familie auf Schwierigkeiten stößt. Listerien sind ubiquitär vorkommend und bei Säugetieren und Vögeln zu finden. Weitere Nachweisorte sind insbesondere Tierfutter und Abwasser.

Arten

Als bekannteste *Arten* gelten u. a.:
- *L. monocytogenes*
- *L. ivanovii*
- *L. innocua*
- *L. welshimeri*
- *L. seeligeri*

Von den genannten Spezies sind *L. monocytogenes und L. ivanovii menschenpathogen*. Die durch sie verursachte Erkrankung wird als **Listeriose** bezeichnet. Die Listeriose zählt zu den selteneren Infektionskrankheiten. Dennoch darf ihre humanmedizinische Bedeutung nicht unterschätzt werden, da gehäuftes Auftreten längeren Zeitintervallen mit geringer Morbidität folgen kann.

Erregereigenschaften: L. monocytogenes ist ein *grampositives, sporenloses Kurzstäbchen.* Bei Wachstumstemperaturen von 22–30 °C bilden die Listerien Geißeln aus, die i. d. R. monotrich angeordnet sind und ihnen eine *gute Beweglichkeit* verleihen. Die *Kultivierung* gelingt bereits auf einfachen Nährmedien, ein Zusatz von *Blut* wirkt *wachstumsfördernd.* Eine Bebrütung unter *mikroaerophilen Bedingungen* verbessert die Anzucht. Die sich innerhalb von 24–48 Stunden entwickelnden Kolonien (Durchmesser 0,5–2,0 mm) sind von gräulich-weißer Farbe. Die *β-Hämolyse* auf bluthaltigen Nährmedien kann spärlich ausgeprägt sein.

Die *Umweltstabilität* der Listerien ist *beachtlich.* Das betrifft sowohl höhere als auch niedrige Temperaturen. So können sie einerseits dem Pasteurisierungsprozeß widerstehen, andererseits vermehren sie sich bei +4 °C, wenn auch verlangsamt.

Biochemische Eigenschaften: Listerien der Spezies L. monocytogenes *spalten Glukose* und bilden *Säure aus L-Rhamnose und Alpha-Methyl-D-Mannosid.* Sie sind *D-Xylose-negativ.*

Antigene: Die Listerien verfügen über *O- und H-Antigene.* Mit den entsprechenden Antiseren sind mehrere *Serovare* zu unterscheiden.

Erregereigenschaften
- grampositives, sporenloses Kurzstäbchen
- beweglich

Kultivierung
- Blut wachstumsfördernd
- mikroaerophile Bedingungen günstig
- β-Hämolyse, z. T. spärlich

Umweltstabilität ist beachtlich → Vermehrung bei +4 °C möglich

Biochemische Eigenschaften
- Glukose-, L-Rhamnose- und Alpha-Methyl-D-Mannosid-positiv
- D-Xylose-negativ

Antigene
- O- und H-Antigene
- Serovare

Pathogenese: Die Listerien zählen zu den *fakultativ intrazellulären Bakterien.* Damit stehen nicht die Eiterbildung sondern die *Entwicklung von Granulomen* am Absiedlungsort im Vordergrund des infektiösen Prozesses. Ihre Mäusepathogenität erlaubte es, die Listerien als Modellkeim für das Studium dieser „spezifischen Entzündung“ heranzuziehen und Granulombildung und Makrophagenaktivierung zu studieren. Spezielle Pathogenitätsfaktoren blieben bisher undefiniert. Hinweise auf die *Virulenz* soll jedoch das Hämolysevermögen *(β-Hämolyse)* der einzelnen Stämme geben.

Pathogenese
- Listerien = fakultativ-intrazelluläre Bakterien
- Granulombildung
- β-Hämolyse = Virulenzmerkmal?

Klinik: Unter den Listerioseinfektionen des Menschen ist die *Schwangerenlisteriose* besonders gefürchtet. Sie kann diaplazentar auf den Feten übertragen werden. *Fehl- bzw. Frühgeburten* können daher auch in einer Listeriose der Mutter ihre Ursache haben. Während die Schwangerenlisteriose nicht selten inapparent oder uncharakteristisch, mit grippeähnlichen Symptomen verläuft, stehen bei manifesten Erkrankungen die Folgen einer Allgemeininfektion im Vordergrund. Die Fetopathie ist häufig (jedoch nicht immer) durch ein septisch-granulomatöses Geschehen gekennzeichnet. Im *Neugeborenenalter* (*early-onset* und *late-onset-Infektionen,* s. auch B-Streptokokken) und bei *Erwachsenen* dominieren die septisch-typhöse und okulo-glanduläre Form. Aus den Symptomen auf eine Listeriose zu schließen, gestatten die Krankheitssymptome der Listeriose jedoch nicht oder nur selten. Aus diesem Grunde muß bei ätiologisch „unklaren“ Krankheitsbildern (Sepsis, Meningitis u. ä.) auch an eine Listeriose gedacht werden. Zu den Personen, die *Listerien-gefährdet* sind, zählen immundefiziente und -supprimierte *Tumor- und Transplantationspatienten.* Gleiches gilt für *Hämodialyse-Patienten.*

Klinik
- Schwangerenlisteriose
- Früh- und Fehlgeburten
- Im Neugeborenenalter: early-onset- und late-onset-Infektionen möglich
- im Erwachsenenalter: septisch-typhöse und okulo-glanduläre Form
- Listeriengefärdet auch:
  - Tumor- und Transplantations-Patienten
  - Hämodialyse-Patienten

Diagnose: *Untersuchungsmaterial.* Zur bakteriologischen Diagnostik sind Blut (auch Nabelschnurblut), Liquor, Mekonium, Genital- bzw. Lochialsekret, Stuhl (auch Mekonium) und Sektionsmaterial in Betracht zu ziehen.

Mikroskopisches Präparat. Im Direktausstrich (z. B. Liquor, Mekonium) sind Listerien nicht selten als solche zu erkennen: grampositive, deutlich gefärbte kokkoide Stäbchen mit einer gewissen Neigung zur Diplo-Lagerung. Die Unterscheidung von Pneumokokken oder anderen Streptokokken ist dabei nicht einfach. Im Liquor-Präparat ist auch intrazelluläres Vorkommen keine Seltenheit.

Kultur. Bei Kultivierungsversuchen aus Liquor, Blut und Mekonium reichen in der Regel einfache Nährmedien wie *Blut- oder Tryptose-Agar* aus. Muß mit starker Begleitflora gerechnet werden (Stuhl, Genitalsekret, Sektionsmaterial), so sollten Nebenplatten beimpft werden. Dafür brauchbare *Selektivmedien* enthalten Zusätze von *Akriflavin-Nalidixinsäure* oder *Kaliumrhodanid.* Nicht unüblich ist der Versuch, eine Bouillon oder Platte zur *„Kälteanreicherung“* bei Kühlschranktemperatur (mehrere Wochen bis Monate) zu inkubieren.

Diagnose
- Untersuchungsmaterial
  - Blut, Liquor
  - Mekonium
  - Genital- bzw. Lochialsekret
  - Stuhl
- Mikroskopisches Präparat
- Kultur
  - Blut- oder
  - Tryptose-Agar

  Selektivnährmedien mit
  - Akriflavin-Nalidixinsäure oder Kaliumrhodanid-Zusätzen
  - Kälteanreicherung

- Bestätigungsdiagnostik
  - Beweglichkeit
  - Katalase-positiv
  - Äskulin-Hydrolyse
  - serologische Identifizierung

Die β-Hämolyse auf Blutagar-Platten ist unterschiedlich ausgeprägt. Die beste Hämolyse liefert Serovar 5.
Bestätigungsdiagnostik. Verdächtige Kolonien werden zunächst mikroskopisch und biochemisch untersucht. Wichtige Hinweise auf Listerien erlauben der *Beweglichkeitstest* (Nährbouillon/Hochstich-Agar), die *Katalase-Reaktion* sowie die *Äskulin-Hydrolyse.* In allen drei Reaktionen ist L. monocytogenes positiv. Die *serologische Identifizierung* mit anti O- und H-Seren ist i. A. speziellen Laboratorien vorbehalten.

Chemotherapie
- Ampizillin, evtl. in Kombination mit Gentamicin
- Erythromycin, Tetrazykline

Chemotherapie: Mittel der Wahl ist das *Ampizillin,* das zweckmäßigerweise mit einem Aminoglykosid-Antibiotikum (z. B. *Gentamicin*) kombiniert wird. Als Alternativen stehen das *Erythromycin* oder *Tetrazykline* zur Verfügung.

Epidemiologie
- Anthropozoonose
- Mensch → Mensch in Geburtshilfe
- sporadisches Auftreten
- Kleinraum-Epidemien möglich

Epidemiologie: Die Listeriose ist als *Anthropozoonose* aufzufassen. Der Mensch infiziert sich i. d. R. an Haustieren. Dadurch sind Tierbesitzer oder in der Land- und Forstwirtschaft Tätige speziell gefährdet. Mensch-Mensch-Infektionen sind bei Leistung von Geburtshilfe möglich. Wenngleich über die Manifestationsrate einer Listeriose wenig bekannt ist, gelingt der Nachweis von Listerien auch bei gesunden Personen.
Der epidemische Prozeß der Listeriose ist im Regelfall durch das Auftreten von *sporadischen Fällen* gekennzeichnet. Gehäuftes Auftreten und selbst *Kleinraum-Epidemien* sind bekannt und *beschrieben.* Solche Geschehen stehen mit dem Verzehr kontaminierter Lebensmittel (meist Milch- und Fleischprodukte sowie Gemüse) in ursächlichem Zusammenhang.

Meldepflicht für:
- Schwangeren- und Neugeborenen-Listeriose (Krankheit und Tod)
- Listeriose mit ZNS-Beteiligung (Meningitis, Enzephalitis)

Meldepflicht! In der Bundesrepublik Deutschland ist die *Schwangeren- und Neugeborenen-Listeriose meldepflichtig.* Sie betrifft die *Krankheit* und den *Tod.* Die Meldepflicht gilt auch für die *Listeriose mit ZNS-Beteiligung* (Meningitis, Enzephalitis).

Streptobacillus, Cardiobacterium, Calymmatobacterium

6 Streptobacillus – Cardiobacterium – Calymmatobacterium

H. Werner

schwer züchtbare gramnegative Erreger

Bei den Angehörigen dieser Gattungen handelt es sich um schwer züchtbare gramnegative Erreger, die definierte Krankheitsprozesse **(Rattenbißkrankheit; Endokarditis; Ganuloma venerum)** hervorrufen.

Streptobacillus moniliformis – Rattenbißkrankheit

6.1 Streptobacillus moniliformis

Mikromorphologie

Züchtung

L-Formen

Mikroskopisch handelt es sich um unbewegliche gramnegative, sehr pleomorphe Stäbchen (0,2–0,6 μm breit, 1–2 μm lang), oft in Ketten aus runden oder oval aufgetriebenen Zellen. Die Spezies bildet auf eiweißhaltigen Nährböden nach drei Tagen Bebrütung in CO_2-haltiger (10 %), feuchter Atmosphäre kleine graue Kolonien.
Besonders charakteristisch ist die Entwicklung stabiler L-Formen, die in flüssigen Medien nur eine schwache Trübung bewirken und auf festen Nährböden kleine Kolonien von „Spiegeleiform" bilden. Neben Glukose werden einige andere Kohlenhydrate gespalten.

Pathogenese, Klinik, Verlauf
Rattenbiß; Abwehrschwäche → fieberhafte Allgemeininfektion

Komplikationen: Endokarditis, Pneumonie, Organabszesse

Pathogenese, Klinik, Verlauf: Eine mangelhafte kutane Abwehr erleichtert das Angehen der Infektion nach Rattenbiß. Wenige Tage nach dem Biß tritt plötzlich *Fieber mit Schüttelfrost, Kopfschmerzen* und *Erbrechen* auf. Es folgt eine schmerzhafte (einseitige) *Kniegelenkarthritis.* Ein *Exanthem* an Handflächen und Fußsohlen, ggf. an den Extremitäten, vervollständigt das Bild. Das Fieber klingt meist nach drei bis fünf Tagen ab. Als seltene Komplikationen gelten *Endokarditis, Pneumonie* und *Organabszesse.* Die Letalität beträgt ohne Behandlung etwa 10 %.

Epidemiologie

Epidemiologie: Streptobacillus moniliformis findet sich im Oropharynx von

Ratten und anderen Nagern. Die Rattenbißkrankheit tritt weltweit auf, doch ist sie in Europa und Nordamerika selten.

Standort Oropharynx von Ratten

Diagnose: Der Krankheitsverdacht beruht auf charakteristischer Anamnese (Rattenbiß; berufsbedingte Exposition) und klinischer Symptomatik.
Die ätiologische Diagnose wird durch den kulturellen Erregernachweis (aus Blutkulturen, Gelenkpunktaten, Eiter) gestellt. Mikroskopischer Nachweis im Originalmaterial gelingt nur selten.

Diagnose
Anamnese: Rattenbiß
klinische Symptomatik
kultureller Erregernachweis

Therapie: Die Streptobacillus-moniliformis-Infektion wird mit Penizillin G behandelt und heilt schnell. Schwere Fälle erfordern lange Behandlung und hohe Dosierung. Tetrazykline sind zur Eradikation von L-Formen indiziert.

Therapie
Penizillin G
Tetrazyklin für L-Formen

6.2 Cardiobacterium hominis

Cardiobacterium hominis

Dieses erst seit 1964 der Wissenschaft bekannte Bakterium wird als **Endokarditiserreger** gefunden. Nach dem Gramtyp handelt es sich um gramnegative Bakterien, doch reagieren die in kurzen Ketten, Paaren oder Haufen gelagerten Stäbchen in der Gramfärbung nicht gleichmäßig negativ, sondern zeigen – insbesondere an den Polen – blaugefärbte Zellpartien. Zur Koloniebildung werden Hefeextrakt und andere Zusätze zu Nährmedien benötigt. Bebrütung erfolgt in CO_2-Luftgemisch. Kleine, glänzende später graue, stumpfe Kolonien treten häufig erst nach mehr als *einwöchiger Bebrütungsdauer* zutage. Biochemisch ist der Keim wenig charakteristisch (Oxidasereaktion positiv, Glukose und einige andere Kohlenhydrate werden gespalten, Indol wird gebildet).

erst seit 1964 bekannt

Zellwandaufbau gramnegativ

Züchtungsmedien müssen Hefeextrakt und andere Zusätze enthalten

Langzeitbebrütung

Cardiobacterium hominis findet sich in der **Oropharyngealflora.** Virulenzfaktoren sind nicht bekannt. Die Erreger gelangen bei Parodontose oder Zahnbehandlungen aus dem Mund in die Blutbahn. Die **chronische Endokarditis** – meist auf vorgeschädigten Herzklappen usw. – beginnt schleichend und wird erst Monate nach der Infektion manifest. Zeichen einer prolongierten Bakteriämie wie *Milzschwellung, Hämaturie* und *Anämie* kommen vor.

Standort Oropharyngealflora
Eindringen in die Blutbahn
chronische Endokarditis

Zur Behandlung wird Kombination von Penizillin G oder Ampicillin mit einem Aminoglykosid empfohlen.

Therapie: Kombination Penizillin G/Ampicillin + Aminoglykosid

6.3 Calymmatobacterium granulomatis

Calymmatobacterium granulomatis – Granuloma venereum

Die Erreger des Granuloma venereum, einer chronisch verlaufenden Erkrankung mit Ulzerationen in der **Genital-** und **Leistenregion**, sind kurze, unbewegliche gramnegative Stäbchen mit ausgeprägter Kapsel und lassen sich im Dottersack von Bruteiern züchten.

chronische Ulzerationen an den Genitalien und in der Leistenregion

Kapselbildung
Züchtung im Dottersack von Bruteiern

Calymmatobacterium granulomatis vermehrt sich **intrazellulär** und findet sich als Donovan-Körperchen in Vakuolen infizierter Makrophagen oder Granulozyten. Die Phagozyten sterben ab und geben die Erreger frei. Histologisch zeigen sich entzündliche Infiltrate im proliferierenden Epithel; typische Riesenzellen fehlen.

intrazelluläre Vermehrung
Donovan-Körperchen in Phagozyten

Das Granuloma venereum gehört zu den *sexuell übertragbaren Krankheiten.* Die äußeren Genitalien (Präputium, Glans penis; Labien) sowie die Leisten- und Analregion sind am häufigsten befallen. Nach einer Inkubationszeit von Tagen bis Wochen entwickeln sich einzelne oder multiple *subkutane Knötchen*, die geschwürig zerfallen, über Jahre sich vergrößern und zu großflächigen *Ulzerationen* konfluieren. Die Ulzera sind nichtschmerzend. Regionäre Lymphknoten sind nicht betroffen; Fieber und Leukozytose fehlen.

sexuell übertragbar
Befall der äußeren Genitalien und der Leistenregion

subkutane Knötchen zerfallen geschwürig

→ nichtschmerzende Ulzerationen
regionäre Lymphknoten nicht befallen

Das Granuloma venereum kommt in tropischen und subtropischen Ländern, besonders in Indien, Australien und in der Karibik häufig vor.

Vorkommen in Tropen und Subtropen

Die **Diagnose** beruht auf den charakteristischen klinischen Befunden sowie dem mikroskopischen Nachweis der Donovan-Körperchen in Quetschpräparaten (gefärbt nach Giemsa). Die Züchtung der Erreger ist aufwendig; serologische Nachweisverfahren sind nicht verfügbar.

Diagnose
- klinisch
- Nachweis der Donovan-Körperchen

Als **Therapie** der Wahl gelten Cotrimoxazol oder Tetrazykline.

Therapie: Cotrimoxazol oder Tetrazyklin

Clostridium

Definition der Gattung: anaerobe grampositive Stäbchen mit Sporenbildung

Gramtyp: positiv, jedoch in der Gramfärbung z. T. negativ (Beispiel: C. symbiosum)

GC%-Bereich von 22–55 als Ausdruck phylogenetischer Diversität

bei manchen Clostridium-Arten wurde Sporenbildung erst kürzlich erkannt (C. ramosum)

aerotolerante Clostridien

Clostridium botulinum stellt eine Gruppe von Spezies dar

clostridiale Toxiinfektionen:
Tetanus, Botulismus, Gasbrand
enterotoxinbildende Stämme von C. perfringens Typ A
pseudomembranöse Colitis durch *C. difficile*
Beteiligung an Eiterungsprozessen

gaschromatographischer Nachweis metabolischer Fettsäuren und Alkohole:
- buttersäurebildend: *C. perfringens, C. septicum* u. v. a.
- Bildung von Isocapronsäure: *C. difficile*

Toxinnachweis im Tierversuch bei Tetanus und Botulismus
Tierversuche bei Gasbrandverdacht überflüssig

Habitat der meisten Clostridien: Erdboden
Darmbesiedler: *C. perfringens* (z. T. auch *C. septicum* und *C. difficile*)

Kontaminationsgefahr bei klinischen Untersuchungsproben

Clostridium tetani – Wundstarrkrampf/Tetanus
Tetanus weltweit verbreitet

1 Million Tote pro Jahr weltweit

7 Clostridium

H. Werner

Von den etwa 100 der Wissenschaft gegenwärtig bekannten Clostridium-Arten hat knapp ein Dutzend medizinische Bedeutung.
Die Gattung Clostridium, definiert als anaerobe grampositive sporenbildende Stäbchen, ist unter verschiedenen Aspekten heterogen. Das definitionsgemäß **grampositive** Verhalten findet seine Entsprechung elektronenoptisch und molekularbiologisch im „Gramtyp" der Zellwand, nicht jedoch mit Regelmäßigkeit in der Gramfärbung: Hier erscheinen einige Arten, z. B. *Clostridium clostridioforme, Clostridium symbiosum, Clostridium saccharolyticum* u. a., vorwiegend **gramnegativ**. Der weite Bereich von 22–55 der molaren Guanin-Cytosin-Prozentwerte chromosomaler DNA zeigt die phylogenetische Diversität der Gattung. Manche jetzt als Clostridium-Arten geführte Spezies sind als Entitäten schon lange, als **Sporenbildner** erst seit relativ kurzer Zeit bekannt (z. B. *Clostridium ramosum*, früher Ramibacterium ramosum u. v. a.). Die meisten Spezies verhalten sich **strikt anaerob,** einige zeigen allerdings auch Koloniebildung unter Luftzutritt (aerotolerante Clostridien: *Clostridium carnis, Clostridium histolyticum* u. a.). Während die kosmopolitische Spezies *Clostridium tetani* pharmakologisch und immunologisch einheitliches Toxin (Tetanospasmin) bildet, imponiert *Clostridium botulinum* mit intraspezifisch differentem biochemischem Verhalten und immunologisch verschiedenen Toxinen eher wie eine Gruppe von Spezies.
Als „klassische" clostridiale Toxiinfektionen gelten **Tetanus** *(C. tetani),* **Botulismus** *(C. botulinum)* und **Gasbrand** *(C. perfringens, C. novyi, C. septicum, C. histolyticum).* Hinzuzurechnen sind die **Nahrungsmittelvergiftung** durch enterotoxin-bildende Stämme von *Clostridium perfringens Typ A* sowie die **pseudomembranöse Colitis** durch *Clostridium difficile.* Einige nichttoxinbildende Clostridien (*C. ramosum, C. fallax* u. a.) werden in eitrigen Prozessen nachgewiesen.
Die modernen Methoden der biochemischen Prüfung, insbesondere der **gaschromatographische Nachweis** metabolischer Fettsäuren und Alkohole in Kulturbouillon, hat die Identifizierung der meisten Clostridium-Arten auf eine sichere Grundlage gestellt. Zum Beispiel unterscheiden sich die **buttersäurebildenden** Spezies *C. perfringens* und *C. septicum* im Gaschromatogramm deutlich von *C. difficile*; letztere Spezies akkumuliert außer reichlich Butyrat noch **Isovalerian-** und **Isocapronsäure**. Toxinnachweis im Tierversuch (Maus) zur Speziesidentifizierung ist nur noch bei *C. tetani* und *C. botulinum* unentbehrlich, dagegen sind Meerschweinchenversuche mit vom Menschen isolierten Gasbranderregern (*C. perfringens, C. septicum* usw.) überflüssig: Die Speziesidentifizierung ist anderweitig zu sichern, und der Verlauf der experimentellen Meerschweincheninfektion gibt über aktuelle Krankheitsmanifestation und Prognose beim Menschen keine Auskunft.
Clostridium-Arten leben weltweit im Erdboden. *C. perfringens* kommt mit Regelmäßigkeit im menschlichen **Darm** vor. Zu den häufigen Besiedlern des Darmes scheinen noch C. difficile und C. septicum zu gehören; andere Spezies sind offenbar nur „Passanten". Der Standort Darm impliziert in manchen Fällen (z. B. von endogenem Gasbrand oder von Clostridium-septicum-Septikämie) die Erregerquelle, häufiger jedoch die Gefahr von – pathogenetisch irrelevanten – **Kontaminationen**.

7.1 Clostridium tetani

Der Standort von Clostridium tetani ist der Erdboden aller Kontinente und Klimazonen. Der Wundstarrkrampf ist daher eine **kosmopolitische Infektionskrankheit**, der nach Schätzungen der Weltgesundheitsorganisation jährlich 500 000–1 000 000 Menschen, vor allem durch den in unterentwickelten Ländern häufigen **Neugeborenentetanus**, zum Opfer fallen. Infolge von Präventivmaßnahmen (Wundchirurgie, Immunprophylaxe) ist die Tetanus-Morbidität in den Industrieländern auf niedrigem Stand angelangt.

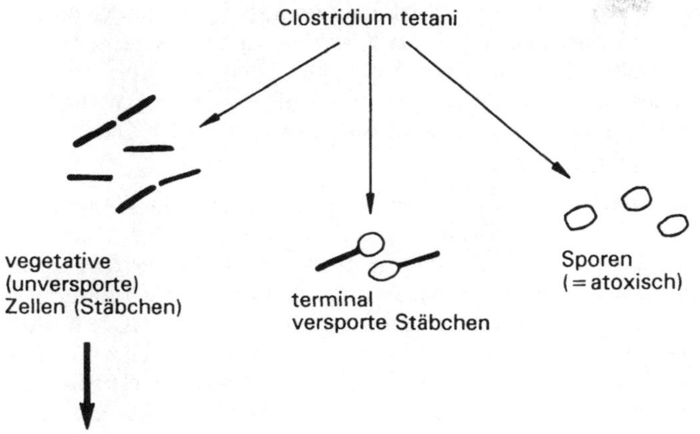

Tetanospasmin (MG 66.000 bzw. 132.000)
Genetische Kontrolle der Tetanospasminbildung durch einzelnes großes Plasmid (welches bei atoxinogenen Stämmen fehlt)
Biochemisches Kurzprofil von C. tetani:

- asaccharolytisch
- Akkumulation von Acetat (C2) und Butyrat (C4) in Kulturmedien

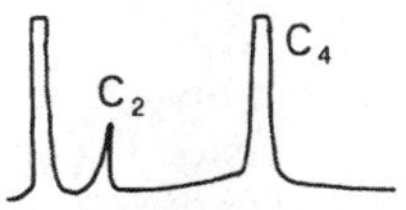

Abb. 7-1: Biologische Entwicklung von Clostridium tetani; Toxinbildung; biochemische Charakterisierung

Erregereigenschaften: Das In-vivo- und In-vitro-Wachstum von C. tetani beruht auf der Vermehrung (Verdopplung) vegetativer sporenloser Zellen. Diese grampositiven Stäbchen sind 2,5–5 µm lang und 0,5–1 µm breit und durch peritriche Begeißelung stark beweglich. Bei C. tetani kommen 9 verschiedene Geißelantigene vor; den entsprechenden verschiedenen Geißel-Serovaren *(Serotypen)* ist ein in der Zellwand lokalisiertes **O-Antigen** gemeinsam. Sporen entwickeln sich – in der Kultur nach 48–72 Std. – terminal. Voll entwickelte freiliegende Sporen sind Dauerformen; aus je einer Spore kann sich wieder eine vegetative vermehrungsfähige Zelle entwickeln (auskeimen). Die Sporen selber sind atoxisch und damit avirulent, können jedoch Quelle von vegetativ sich vermehrenden und toxinbildenden C. tetani-Stäbchen, und damit von klinischem Tetanus nach Wundkontamination, sein. Die Sporen von C. tetani gehören zu den **widerstandsfähigsten** biologischen Einheiten (Überlebenszeit bei trockener Hitze von 150 °C etwa 1 Std.).

Erregereigenschaften
- peritrich begeißelt
- ein speziesspezifisches O-Antigen
- Sporen besonders widerstandsfähig, jedoch selbst nicht zur Toxinbildung befähigt

Koloniebildung tritt auf geeigneten Medien wie Hefeextrakt-Blutagar nur unter **anaeroben** Bedingungen ein; optimale Bebrütungstemperatur ist 37 °C. Manche Isolate von C. tetani breiten sich infolge ihrer Beweglichkeit filmartig über die Agarplatte aus; andere Stämme bilden zirkumskripte Kolonien, z. T. mit haarförmigen Ausläufern. C. tetani ist **asaccharolytisch**, und sein metabolisches Gaschromatogramm (*Essig-* und *Buttersäure;* Spuren von *Propionsäure, Ethyl-* und *Butylalkohol*) ist recht uncharakteristisch (weil manche anderen, apathogenen Clostridium-Arten ähnlich reagieren). Die Identifizierung von asaccharolytischen terminal versporenden Clostridien als C. tetani beruht auf dem Nachweis von **Tetanospasmin.** Nach neueren Befunden scheint die genetische Kontrolle der Tetanospasminbildung mit einem instabilen großen Plasmid verknüpft zu sein; bei atoxinogenen Stämmen von C. tetani fehlt dieses Plasmid.

- anaerobes Kulturverhalten
- asaccharolytisch
- Bildung von Buttersäure u. a.
- genetische Kontrolle der Tetanospasminbildung durch Plasmid

Tetanospasmin: Das tetanuserzeugende Toxin wird von vegetativen C. tetani-Zellen gebildet und durch Autolyse freigesetzt. Tetanospasmin ist ein thermolabiles Protein von Molekulargewicht 66 000 (bzw. als Dimer 132 000); durch 20 Min. Erhitzen auf 60 °C wird es inaktiviert. Es ist antige-

Tetanospasmin
- Ektotoxin, gebildet von nichtversporten Zellen
- antigenetisch einheitlich (daher Immunisierung weltweit wirksam)

Überstehen des Tetanus hinterläßt keine Immunität

netisch einheitlich; dies erleichtert die aktive Immunisierung des Menschen mit Toxoid-Impfstoff (das Überstehen der Krankheit hinterläßt **keine** Immunität). Tetanospasmin wird nicht an menschliche Zellen oder Körperflüssigkeiten, sondern nur an wasserlösliche Ganglioside im *Spinalmark* und im *Hirnstamm* gebunden. Die Tetanospasmin-Bindekapazität der Ganglioside hängt von der Zahl der Neuraminsäurereste ab.

Pathogenese
- Bedeutung der Nekrose für Auskeimen der Tetanuserreger
- Tetanospasminbildung im Wundgebiet und Transport des Toxins über Nervenbahnen (bei überschüssigen Toxinmengen z. T. über Kreislauf) ins ZNS
- Anreicherung in der grauen Substanz des Spinalmarks und des Hirnstammes (Aussparung von Groß- und Kleinhirn)
- präsynaptische Hemmung der inhibitorischen Synapsen an den spinalen Motoneuronen

Pathogenese: Die ubiquitären Sporen von C. tetani können in Wunden gelangen und dort in Nekrosebezirken oder bei gleichzeitigem Vorliegen von aeroben, sauerstoffzehrenden, anaerobiose-erzeugenden Bakterien auskeimen und *Tetanospasmin* bilden. Von der Wunde aus wandert das Tetanospasmin vor allem durch retrograden axonalen Transport, nur z. T. auf dem Blutwege, in das *Zentralnervensystem.* Bei lokalem oder aszendierendem Tetanus scheint das gebildete Toxin vornehmlich in den motorischen Nervenendigungen absorbiert zu werden und wandert dann entlang den größeren regionalen Nervenbahnen ins ZNS. Bei generalisiertem oder deszendierendem Tetanus werden offenbar größere Toxinmengen, die nicht durch lokale motorische Nervenendigungen gebunden wurden, über den Kreislauf verteilt und gelangen so zu allen motorischen Nerven. Das Tetanospasmin ist in diesen Fällen in der grauen Substanz des *Rückenmarks* und des *Hirnstammes* angereichert, Groß- und Kleinhirn sind ausgespart. Das Tetanospasmin hemmt präsynaptisch die inhibitorischen Synapsen an den spinalen Motoneuronen; klinisch entsteht **spastische Paralyse.**

Klinik, Verlauf
- Inkubationszeit Tage bis Wochen
- Beginn mit Trismus (Risus sardonicus)
- Vollbild der spastischen Paralyse = Opisthotonus
- Tod an Asphyxie (infolge Lähmung der Schlund- und Atemmuskulatur)

Klinik, Verlauf: Nach einer Inkubationszeit von wenigen Tagen bis mehreren Wochen entsteht das charakteristische klinische Bild. Als erstes zeigen sich **Spasmen** in der besonders stoffwechselaktiven Gesichtsmuskulatur (Trismus; Risus sardonicus). Bei voll ausgebildeter spastischer Paralyse überwiegen die großen Streckmuskeln des Rückens über die ventralen Muskelgruppen, so daß **Opisthotonus** entsteht. Bei erhaltenem Bewußtsein werden die Krämpfe als quälend schmerzhaft erlebt. Der Tod tritt infolge **Asphyxie** durch Lähmung der Schlund- und Atemmuskulatur ein. Leichte lokalisierte Tetanusfälle zeigen lediglich Muskelstarre ohne Krämpfe.

Meldepflicht:
Erkrankung und Tod

Meldepflicht: Nach dem Bundesseuchengesetz sind Erkrankung und Tod an Tetanus meldepflichtig.

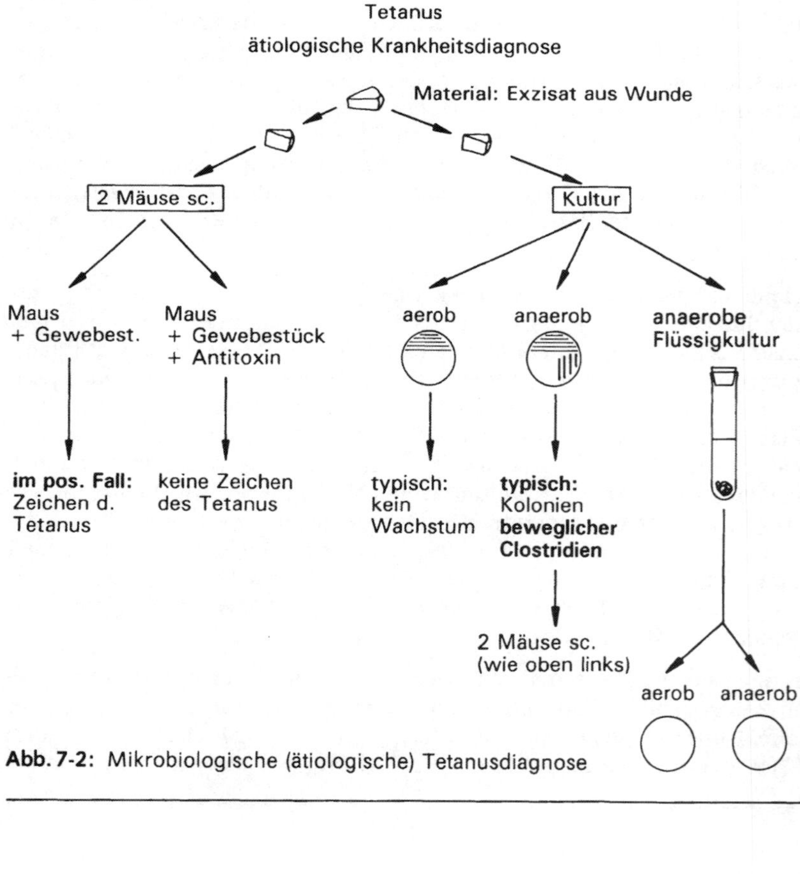

Abb. 7-2: Mikrobiologische (ätiologische) Tetanusdiagnose

Diagnose:

a) *klinisch:* Bei Vorliegen typischer Zeichen kann die Diagnose zweifelsfrei gestellt werden.

b) *ätiologisch:* Die größte Bedeutung hat der Tetanospasmin-Nachweis aus menschlichem Gewebe, in der Regel Wundexzision, im Mäuseversuch. Mindestens 2 Mäusen wird Gewebematerial subkutan über der Schwanzwurzel implantiert; mindestens 1 Tier erhält Tetanus-Antitoxin. Im positiven Fall diffundiert Tetanospasmin aus dem Gewebematerial; die hochempfindliche, auf geringste Toxinmengen reagierende Maus entwickelt aszendierenden Tetanus. Das antitoxinbehandelte Tier bleibt erscheinungsfrei; dadurch ist die Tetanospasmin-Natur des Toxins aus menschlichem Gewebe bewiesen.
Erregerkultur ist ebenfalls möglich: Zerkleinertes Gewebe u. dgl. wird auf anaerob zu bebrütende Blutagarplatten sowie in Flüssigmedien zur Anaerobierzüchtung verimpft. Verdächtige Isolate (terminal versporte Clostridien) sind auf Tetanospasminbildung im Mäuseversuch zu prüfen.

Diagnose
a) klinisch bei typischem Bild
b) Toxin- und Erregernachweis aus Wundexzisat

Therapie: Eine kausale Therapie, bestehend in Erregerentfernung durch Wundexzision und in Toxinbindung durch humanes Antitoxin, ist bei dem klinischen Vollbild des Tetanus – infolge Bindung des Toxins an die motorischen Nerven – nur in eingeschränktem Maß möglich. Die symptomatische Behandlung der Krämpfe *(Curare)* sowie die künstliche Langzeitbeatmung in speziellen intensivmedizinischen Einrichtungen schaffen die Voraussetzung für Überleben des Patienten. Wichtig ist hierbei noch:

a) *Immunisierung des Kranken* (an anderer als für die Antitoxingabe benutzter Körperstelle) mit Tetanus-Toxoid zum Aufbau einer aktiven Immunität;

b) *Bekämpfung der bakteriellen Superinfektion der tiefen Atemwege* (Pneumonie) durch Antibiotika.

Therapie
- kausal: Erregerentfernung durch Wundexzision, Toxinbindung durch (humanes) Antitoxin
- symptomatisch: Muskelrelaxation Langzeitbeatmung
- außerdem: Immunisierung und Pneumonieprophylaxe bzw. -therapie

Bekämpfung, Prophylaxe: Die *hohe Inzidenz* des **Neugeborenentetanus** in Entwicklungsländern und die *geringe Morbidität* in den Industriestaaten lassen die prophylaktische Bedeutung von Klinikgeburt und Nabelschnurhygiene ermessen. Da jede verschmutzte Wunde oder Bagatellverletzung tetanusbedroht ist, besitzt die chirurgische Wundtoilette hohen Prophylaxe-Wert.

Bekämpfung, Prophylaxe
- Bedeutung der Nabelschnurhygiene und der chirurgischen Wundtoilette

Überstehen des Tetanus hinterläßt keine Immunität; Tetanusrezidive sind daher möglich.

⇦

Morbiditäts-senkend wirkt ganz besonders die **aktive Immunisierung** mit Toxoid-Impfstoff. Als Präventivmaßnahme ist die aktive Immunisierung hochwirksam (weniger als 1 Versager auf 2 Millionen Geimpfte). Auch Kleinkinder, allergische Personen und Tuberkulöse können geimpft werden. Der Tetanus neonatorum kann durch systematische Impfung der Schwangeren zu 100% vermieden werden. Die Vollimpfung besteht in 2, besser 3 Impfstoffgaben s.c. oder i.m. im Mindestabstand von 4 Wochen. Mischimpfstoffe sind brauchbar und üblich. Der Impfschutz stellt sich aber erst ca. 1 Woche nach der 2. Injektion ein, so daß die Immunisierung, falls erst nach einer Verletzung begonnen, zu spät kommen kann und dann nicht vor Tetanus schützt. Die Dauer des Impfschutzes beträgt 1–3 Jahre; danach ist *Auffrischung* nötig. Die Wiederauffrischung erfolgt durch eine einzige zusätzliche Impfstoffinjektion entweder als erneute Präventivmaßnahme oder aber zum Zeitpunkt einer Verletzung als Sofortprophylaxe. Nach 2 Impfstoffauffrischungen kommt es zu einem jahrzehntelangen, aller Wahrscheinlichkeit nach lebenslänglichen vollständigen Schutz. Während der geimpfte Patient entweder gegen Tetanus geschützt ist oder aber jederzeit wirksam geschützt werden kann, besteht beim **Ungeimpften** im Verletzungsfalle eine **erhöhte Lebensgefahr**. In dieser Situation wird der schnelle Aufbau einer antitoxischen Immunität und außerdem Intervallschutz – während der Inkubationszeit des verletzungsgesetzten Tetanus – angestrebt. Das Verfahren (*„Simultanimpfung“* oder *„Serotoxoidprophylaxe“*) besteht in einer ersten Toxoid-

- aktive Immunisierung mit Toxoid-Impfstoff

- Dauer des Impfschutzes 1–3 Jahre
- Wiederauffrischung (bei Verletzung = Sofortprophylaxe)
  → nach 2. Impfstoffauffrischung: lebenslänglicher Schutz

Ungeimpfte im Verletzungsfall:
a) schneller Aufbau einer antitoxischen Immunität
b) Intervallschutz (durch „Simultanimpfung“)

spritze und gleichzeitiger Gabe von menschlichem Hyperimmunglobulin oder Pferdeserum. Am günstigsten ist die Kombination Toxoid/menschliches Hyperimmunglobulin. Die Verweildauer menschlichen Immunglobulins im Blut des Impflings beträgt mehrere Wochen und ermöglicht einen intervallfreien Übergang vom passiven zum aktiven Impfschutz. Nach den bisherigen Erfahrungen ist eine prophylaktische Wirkung in ca. 90% der Fälle zu erwarten. Dagegen ist die Kombination *Toxoid/Tierserum* nicht in der Lage, ein geschütztes Intervall zwischen der (fraglichen) Serumwirkung und dem Eintritt des aktiven Impfschutzes zu vermitteln. Zu den vielen Versagern kommen die Gefahren und Komplikationen der Serumtherapie.

Schnellimmunisierung: kein verläßlicher Schutz

Als Alternative für weniger bedrohliche Fälle steht die sog. *„Schnellimmunisierung"* zur Verfügung. Sie ist bei Verletzten nur dann wirksam, wenn die Inkubationszeit länger als 18 Tage dauert. Sie besteht in der mehrfach wiederholten Gabe von Toxoid im Abstand von 2–3 Tagen. Es gelingt aber in keinem Falle, den Eintritt des Impfschutzes so zu beschleunigen, daß vor Mitte der 3. Woche Immunität besteht.

7.2 Clostridium botulinum

Clostridium botulinum – Botulismus

Botulismus normalerweise alimentär bedingt
Säuglingsbotulismus beginnt mit intestinaler Infektion
Wundbotulismus ist selten

Mit Ausnahme des Säuglingsbotulismus wird **Botulismus** durch Aufnahme von toxinhaltigen Nahrungsmitteln hervorgerufen. Beim **Säuglingsbotulismus** wird Botulismus-Toxin im Darm von intestinal infizierten Säuglingen und Kleinkindern gebildet. Eine tetanusähnliche Pathogenese hat dagegen der **Wundbotulismus**, der selten ist.

Erregereigenschaften
Mikromorphologie: beweglich; subterminale Sporen

Erregereigenschaften: Clostridium botulinum zeigt in der vegetativen sporenlosen Phase grampositive peritrich begeißelte Stäbchen von 2–10 µm Länge und 0,5–1 µm Breite. Die ovalen Sporen werden subterminal gebildet und sind sehr hitzeresistent.

sog. Spezies C. botulinum stellt Gruppe von botulismustoxinbildenden anaeroben Sporenbildnern dar
(atoxinogene Stämme der C. botulinum-Gruppe z. T. zu anderen Spezies gestellt)

Unter der Speziesbezeichnung *C. botulinum* wird eine Gruppe von anaeroben Sporenbildnern zusammengefaßt, die differentes biochemisches Verhalten, aber als gemeinsames Merkmal die Bildung von Botulismus-Toxin zeigen. *Typ A von C. botulinum* weist eine DNA-Homologie von über 81% mit Clostridium sporogenes, einer apathogenen Spezies, auf. Als vorläufiger Schluß ergibt sich, daß atoxinogene Stämme der *C. botulinum-Gruppe* taxonomisch bei anderen Spezies untergebracht sind.

Innerhalb derselben Toxintypen kommen z. T. sowohl proteolytische als auch nichtproteolytische Stämme vor.

metabolisches Gaschromatogramm u. a. zur biochemischen Identifizierung

Die nach den immunologisch differenten Toxinen benannten „Typen" von C. botulinum beherbergen z. T. innerhalb desselben Immuno-Toxin-Typs sowohl **proteolytische** als auch **nichtproteolytische** Stämme. Für die Einordnung eines Clostridium-Isolates als C. botulinum sind bestimmte Enzymaktivitäten und Merkmale des *metabolischen Gaschromatogramms* Voraussetzung und Nachweis der Botulismus-Toxin-Bildung im Tierversuch (als Toxin- und Toxin-Antitoxin-Versuch durchgeführt) entscheidend.

Botulismus-Toxine
8 immunologisch verschiedene, pharmakologisch identische Toxine;
menschliche Fälle durch A, B, E und F;
Toxinbildung bei C und D abhängig von Phagenkonversion

Typ A-Toxin: stärkstes bakterielles Gift,
- Molekulargewicht 150000
- hitzelabil
- Überführung in Toxoid

Toxinfreisetzung durch Autolyse der vegetativen Bakterienzellen

Botulismus-Toxine: Die Keime der Clostridium-botulinum-Gruppe bilden insgesamt 8 immunologisch verschiedene, pharmakologisch jedoch identische Toxine (A, B, C1, C2, D, E, F, G). Menschliche Fälle von Botulismus werden vornehmlich durch die Toxin-Typen A, B, E und F hervorgerufen. Abhängigkeit der Toxinbildung von Phagenkonversion wurde für die Typen C und D gezeigt. Das **Typ A-Toxin** ist ein Protein von Molekulargewicht 150000; es ist das stärkste bakterielle Gift. Botulismus-Toxine sind hitzelabil (Inaktivierung innerhalb von 15 Min. bei 100 °C). Sie können durch Formaldehyd in Toxoide überführt werden.

Trypsinaktivierung bei Toxinen der nichtproteolytischen Stämme
proteolytische Stämme aktivieren selbst

Botulismus-Toxine werden im Zytoplasma der C. botulinum-Typen gebildet und durch Autolyse freigesetzt. Die von nichtproteolytischen Stämmen vor allem der Typen C, D und E gebildeten Toxine entfalten ihre volle toxische Wirkung erst nach Trypsinaktivierung; Trypsin spaltet dabei den Toxinkomplex in mindestens 2 Polypeptide. Proteolytische C. botulinum-Stämme besitzen ein trypsinähnliches Enzym, das Toxin aktivieren kann.

Pathogenese
- Befall des peripheren Nervensystems

Pathogenese: Die Botulismus-Toxine wirken spezifisch auf das *periphere Nervensystem.* Auf Grund von Permeabilitätsbarrieren oder mangels Rezeptoren wird das Zentralnervensystem nicht befallen. Botulismus-Toxine binden sich spezifisch an die neuromuskuläre Verbindung und hemmen präsynaptisch die Freisetzung von Acetylcholin; dies führt zu **vollständiger Lähmung** cholinergischer Nervenfasern. Klinisch resultiert eine schlaffe Paralyse des autonomen Nervensystems, die zu Atembehinderung und im weiteren Verlauf zum **Tod an Asphyxie** führt.

- präsynaptische Hemmung der Freisetzung von Acetylcholin
- vollständige Lähmung cholinergischer Nervenfasern
- schlaffe Paralyse des autonomen Nervensytems →
- Tod an Asphyxie

Klinik, Verlauf: Botulismus entsteht durch *orale Toxinaufnahme* (aus kontaminierten Fleischwaren, Käse, Konserven etc.). Nach Ingestion größerer Toxinmengen ist das Intervall bis zum Auftreten der Krankheitserscheinungen nur kurz (Stunden), in anderen Fällen vergehen bis zum Ausbruch der Krankheit Tage. Neben uncharakteristischen Symptomen wie Schwindelgefühl, Erbrechen u. ä. tritt meist früh das pathognomonische, durch partielle Lähmung der Augenmuskeln bedingte **Doppelsehen** auf. Schluckbeschwerden infolge Lähmung der Schlund- und Zungenmuskulatur und Versiegen der Speichelsekretion vervollständigen das Bild. Ohne Behandlung tritt, meist nach 3–8 Tagen, Tod an Asphyxie ein. Die Letalität beträgt 25–70 %. Nach Ingestion geringerer Toxinmengen entstehen milde, nichtletale Krankheitsverläufe.

Klinik, Verlauf:
orale Toxinaufnahme;
Intervall bis zum Krankheitsbeginn abhängig von der ingerierten Toxinmenge

pathognomonisch: Doppelsehen

Schluckbeschwerden

Letalität 25 %–70 %
milde Krankheitsverläufe nach Aufnahme geringer Toxinmengen

Der **Säuglingsbotulismus** rechnet seit etwa 10 Jahren zu den möglichen Ursachen des plötzlichen Kindstodes. Befallen sind Säuglinge im Alter von 1–6 Monaten. Vor dem Tod an Asphyxie zeigen die Patienten uncharakteristische Symptome wie allgemeine Muskelschwäche, Müdigkeit, Trinkunlust und Obstipation. Bei ätiologisch geklärten Fällen waren post mortem in den Faeces C. botulinum und Botulismus-Toxin der Typen A und B nachweisbar. Als **Hauptkeimquelle** wurde *sporenhaltiger Honig* ausfindig gemacht. Die pathogenetische Hypothese (intraintestinale Ansiedlung von C. botulinum und nachfolgende Toxin-Bildung) wurde weithin akzeptiert.

Säuglingsbotulismus
- präfinal uncharakteristische Symptome (Muskelschwäche, Trinkunlust u. a.)
- post mortem C. botulinum Typ A und B sowie Botulismus-Toxin in Darminhalt nachgewiesen
- intraintestinale Ansiedlung von C. botulinum und nachfolgende Toxinbildung

Bei **Wundbotulismus**, einem selten diagnostizierten Ereignis, liegt ebenfalls intrakorporale Toxin-Bildung, nämlich durch die in der Wunde proliferierenden C. botulinum-Keime, vor. Bei schweren Verlaufsformen ist die Prognose abhängig vom Zeitpunkt der Antitoxingabe; letztere setzt eine frühe Klärung der Ätiologie voraus.

Wundbotulismus
intrakorporale Toxinbildung durch in der Wunde proliferierende C. botulinum-Zellen

Meldepflicht: Krankheitsverdacht, Erkrankung und Tod an Botulismus sind nach dem Bundesseuchengesetz meldepflichtig.

Meldepflicht für Krankheitsverdacht sowie Erkrankung und Tod an Botulismus

Diagnose:

a) *klinisch:* Bei typischem klinischem Bild (Doppelsehen u. a.) und entsprechenden epidemiologischen Umständen (Gruppenerkrankung) kann die Diagnose mit einem hohen Wahrscheinlichkeitsgrad gestellt werden.
b) *mikrobiologisch:* Die ätiologische Diagnose beruht auf dem Nachweis von Botulismus-Toxin im Erkrankten (Kontrolle von inkriminierten Lebensmitteln u. dgl. auf C. botulinum und Botulismus-Toxin entspricht einer Infektionsquellen-Forschung und nicht der ätiologischen Krankheitsdiagnose). Das geeignetste Untersuchungsmaterial ist das *Serum* des Kranken, das im Toxin- und Toxin-Antitoxin-Schutzversuch an Mäuse verimpft wird.

Bei Säuglingsbotulismus (aus Darminhalt) und Wundbotulismus (aus Wundsekret u. dgl.) ist **Erregernachweis** angezeigt.

Diagnose
- klinisch aufgrund charakteristischer Symptome (Doppelsehen) und epidemiologischer Umstände
- mikrobiologisch
  Toxinnachweis im Serum des Kranken

bei Säuglingsbotulismus und Wundbotulismus Erregernachweis aus Darminhalt bzw. Wundsekret

Therapie: Die kausale Therapie besteht in den Gaben von (polyvalentem) Botulismus-Antitoxin.

Therapie:
Antitoxin-Gabe

> Da der Botulismus eine Intoxikation mit extrakorporalem Toxin darstellt, gibt es für eine Antibiotikatherapie keinen Ansatzpunkt. Die mögliche Rolle von Antibiotika bei der Bekämpfung von (intraintestinal entstandenem) Säuglingsbotulismus bleibt zu klären. Wundbotulismus ist eine Indikation für Antitoxingabe.

Antibiotika nicht indiziert

⇦

Bekämpfung, Prophylaxe: Die für die Humanpathologie besonders wichtigen Typen A, B und E von C. botulinum sind weltweit verbreitet. Eine *Immunprophylaxe* größerer Bevölkerungsgruppen wurde infolge der immunologi-

Bekämpfung, Prophylaxe
- weltweite Verbreitung der Erreger

- Immunprophylaxe wegen Diversität der Toxine schwierig
- Konsum ungenügend geräucherter Fleisch- und Fischwaren vermeiden
- C. botulinum-Sporen-enthaltende Nahrungsmittel häufig nicht grobsinnlich verändert

schen Diversität der Toxine bislang *nicht realisiert.* Die Prophylaxe besteht daher in Vermeidung ungenügend geräucherter Fleisch- und Fischwaren und unsteriler Konserven. Die Prophylaxe des Säuglingsbotulismus ist dadurch erschwert, daß C. botulinum-Sporen-haltiger Honig nicht grobsinnlich verdorben erscheint.

7.3 Clostridium perfringens

Clostridium perfringens

- Bestandteil der Darmflora
- Wundinfektionen und Gasbrand (Myositis)
- Enteritis necroticans
- Nahrungsmittelvergiftung

Diese Spezies ist ein regelmäßiger Anteil der **Darmflora** des Menschen, häufig beteiligt bei **Wundinfektionen**, ruft den (seltenen) **Gasbrand** (Myositis) sowie **Enteritis necroticans** hervor und kann – über Enterotoxinwirkung – **Nahrungsmittelvergiftung** verursachen.

Erregereigenschaften
Mikromorphologie
- Kapselbildung
- unbeweglich
- subterminale Sporenbildung
- meist liegen unversporte Zellen vor

Koloniebildung nach kurzer Bebrütungszeit

in Flüssigmedien meist reichliche Gasbildung

Wachstum noch bei 46 °C

kohlenhydratspaltend sowie proteolytisch aktiv

positive Lezithinase-Reaktion → Lezithinase-Hemmungsreaktion (Nagler-Test) zur Identifizierung

Phosphatase-Reaktion

Erregereigenschaften: C. perfringens zeichnet sich durch relativ große plumpe Stäbchen von 3–10 µm Länge und 0,9–1,4 µm Breite aus. Die Stäbchen sind von einer polysaccharidhaltigen (antigenetisch differenten) Kapsel umgeben und – eine Besonderheit unter den Clostridien – *unbeweglich.* Subterminale Sporenbildung tritt nur zögernd ein: Nach In-vivo- und In-vitro-Wachstum bleibt C. perfringens meistens unversport.
Infolge kurzer Verdopplungszeit (Generationszeit) bildet C. perfringens bereits nach 12–18 Std. anaerober Bebrütung bei 37 °C auf geeigneten Medien (Blutagar, Glukose-Blutagar u. ä.) **Kolonien**. In Flüssigkulturen tritt in Abhängigkeit von der initialen Keimzahl bereits nach 3–5 Std. Bebrütung Wachstum, charakterisiert durch reichliche *Gasbildung* und *Trübung,* auf. C. perfringens zeigt gutes Wachstum noch bei 46 °C; letzteres Merkmal läßt sich für differentielle Züchtung (z. B. Nachweis aus Darmflora) und für die Identifizierung nutzen. C. perfringens ist saccharolytisch und proteolytisch sehr aktiv. Die charakteristischerweise **positive Lezithinase-Reaktion** kann in Form des *Nagler-Testes* (durch Auftropfen von Anti-Lezithinase-Serum auf Eigelbagar mit strichförmiger C. perfringens-Kolonie und Hemmung der Lecithinase im Bereich der Antiserumwirkung) zu einer einfachen und genauen Identifizierungs-Methode ausgebaut werden. Gute Dienste bei der Identifizierung von C. perfringens-Kolonien leistet auch die **Phosphatase-Reaktion** (*positiv* bei *C. perfringens, negativ* bei den *meisten anderen Clostridien*).

Toxine
12 Toxine
Charakterisierung der Typen A–E durch unterschiedliche Bildung der Toxine Alpha, Beta, Epsilon und Iota (Tab. 7-1)

Toxine: C. perfringens bildet mindestens 12 lösliche Antigene, die Toxine sind. Vier dieser Toxine (Alpha, Beta, Epsilon, Iota), die vermutlich pathogenetisch besonders wichtige Faktoren sind, werden zur Charakterisierung und Identifizierung der Clostridium-perfringens-Typen A, B, C, D und E benutzt (Tab. 7-1):

Tab. 7-1: Toxintypen von Clostridium perfringens

Toxin	Typ A	B	C	D	E
Alpha (Lezithinase)	+	+	+	+	+
Beta	–	+	+	–	–
Epsilon	–	+	–	+	–
Iota	–	–	–	–	+

menschliche Infektionen überwiegend durch Typ A
für die Pathogenese der Wundinfektion außer Alpha-Toxin bedeutsam Kollagenase, Hämolysin, Proteinase und DNase

Alpha-Toxin = Phospholipase C
- setzt aus membranständigem Lezithin Phosphorylcholin und Diglycerid frei
- Zerstörung von Erythrozyten und Leukozyten

In der **menschlichen Infektionspathologie** sind fast ausschließlich *Typ-A-Stämme* bedeutsam. Die anderen Toxin-Typen von C. perfringens sind mit gastrointestinalen Infektionen bei Mensch und Tier vergesellschaftet. Im Zusammenhang mit der Ätiopathogenese von Wundinfektionen durch C. perfringens Typ A nimmt man an, daß außer dem Alpha-Toxin noch eine *Kollagenase* (Kappa), ein *Hämolysin* (Theta), eine *Proteinase* (Lambda) und eine *Desoxyribonuclease* (Ny) mitwirken. Das aktivste Letalgift von C. perfringens ist das **Alpha-Toxin.** Es handelt sich um eine Ca-abhängige Phospholipase C bzw. Lezithinase, ein Zink-Metalloenzym mit dem Molekulargewicht 53.000, das aus membranständigem Lezithin Phosphorylcholin und Diglycerid freisetzt. Im infizierten Makroorganismus werden **Erythrozyten** und **Leukozyten** zerstört.

Enterotoxin: Das für menschliche Nahrungsmittelvergiftungen durch C. perfringens Typ A verantwortliche Enterotoxin wird – abweichend von allen anderen Toxinen der Spezies – nicht während der vegetativen Vermehrung, sondern bei der Versporung gebildet. Das hitzelabile Enterotoxin besteht aus einer einzelnen Polypeptidkette mit einem Molekulargewicht von etwa 34.000. Durch *Trypsinbehandlung* kann die Aktivität verdreifacht werden. Das C. perfringens-Typ-A-Enterotoxin ist z. T. schon in seiner Aminosäuresequenz aufgeklärt. Es erhöht die *Permeabilität von Blutkapillaren* in der Darmmukosa und bewirkt einen *verstärkten Flüssigkeitsstrom* in den Dünndarm; dies führt zu Diarrhö. Das Toxin wird nicht extrakorporal in Nahrungsmitteln, sondern durch die zahlreichen (10^7 pro g) oral aufgenommenen Keime *in vivo* gebildet.

Enterotoxin
- gebildet während der Versporung
- hitzelabil
- Molekulargewicht 34.000
- Wirkungsverstärkung durch Trypsin
- Permeabilitätserhöhung der Blutkapillaren in der Darmmukosa
- Enterotoxinbildung nach Aufnahme großer C. perfringens-Mengen im Darm des Kranken

Pathogenese, Klinik, Verlauf:
a) *Wundinfektionen* durch C. perfringens kommen als 3 pathologisch-anatomisch und klinisch verschiedene Krankheitsbilder von sehr differenter Prognose und Inzidenz vor, nämlich als **Kontamination** (sehr häufig), **Zellulitis** (häufig) und **Myonekrose/Gasbrand** (sehr selten). Bei der Wundkontamination tritt keine Invasion tieferer Gewebeschichten ein. Die C. perfringens-Zellulitis bleibt auf nekrotisches Gewebe beschränkt und zeigt in der Regel kaum Ausbreitungstendenzen. Die seltene, aber stets lebensbedrohende perakute Myonekrose (Myositis) ist durch Befall zuvor gesunder, nicht durch Trauma usw. geschädigter Muskulatur charakterisiert. Der Tod in irreversiblem Schock tritt sehr schnell ein.
b) *Enteritis necroticans:* Das lebensbedrohliche Krankheitsbild, durch hämorrhagisch infarziertes, mit Nekrosen durchsetztes Jejunum charakterisiert, wird durch den Typ C von C. perfringens hervorgerufen. Epidemische Häufung (1946–1948 in norddeutschen Küstengebieten; bei Eingeborenen in Neuguinea nach reichlichem Verzehr von ungenügend erhitztem, kontaminiertem Schweinefleisch) spricht ebenso für exogene Keimquellen wie der Toxintyp C. Sporadische Fälle kommen weltweit vor.
c) *Nahrungsmittelvergiftung:* Die Krankheit wird ausgelöst durch das Enterotoxin, das mit kontaminierten Nahrungsmitteln (Hackfleisch, Fleischpastete, Geflügelsalat usw.) aufgenommene C. perfringens-Keime während der Versporung im Darm produzieren und freisetzen. Die Enteritis mit Übelkeit, profusen Durchfällen und Tenesmen tritt 8–12 Std. nach der Nahrungsaufnahme auf. Die Krankheit ist nichtfieberhaft und in der Regel selbstheilend.

Pathogenese, Klinik, Verlauf
a) Wundinfektionen
- Wundkontamination (häufig)
- Zellulitis (keine Ausbreitungstendenz)
- Gasbrand = perakute Myonekrose (Myositis), progredient; sehr schnell tödlich

b) Enteritis necroticans
- Jejunum hämorrhagisch infarziert mit Nekrosen
- Erreger Typ C von C. perfringens; epidemische Häufung und sporadische Fälle

c) Nahrungsmittelvergiftung
- oral aufgenommen, bildet Typ A von C. perfringens im Darm Enterotoxin
- Beginn der Enteritis mit Erbrechen, Diarrhoe und Tenesmen 8–12 Stunden nach Nahrungsaufnahme

Meldepflicht: Erkrankung und Tod an Gasbrand/Gasödem sind nach dem Bundesseuchengesetz meldepflichtig.

Meldepflicht: Erkrankung und Tod an Gasbrand

Diagnose:
a) *Wundinfektionen:* Bei Verdacht auf Myonekose (Myositis) besteht das Untersuchungsmaterial aus frisch vom marginalen Bezirk des progredienten Gasbrandes entnommener Muskulatur. Der mikroskopische Nachweis von zahlreichen (d. h. ungefähr 10^7 pro g) clostridialen Zellen im gramgefärbten Muskelquetschpräparat ist pathognomonisch. Bestätigung erfolgt durch die Kultur. Bei klinisch weniger eindrucksvollen Prozessen (Zellulitis etc.) werden meist Wundabstriche zum mikroskopischen und kulturellen Erregernachweis entnommen.
b) *Enteritis necroticans:* Typisches Untersuchungsmaterial stellt der operativ oder autoptisch entnommene Dünndarm dar, der massenhaft C. perfringens enthält.
c) *Nahrungsmittelvergiftung:* Nachweis von massenhaft C. perfringens im Stuhl Erkrankter (bei Fehlen sonstiger Enteritis-Ätiologie) sowie in inkriminierten Nahrungsmitteln stützt die Diagnose; der Enterotoxin-Nachweis ist Speziallaboratorien vorbehalten.

Diagnose
a) Wundinfektionen
- Untersuchungsmaterial Muskel bei Gasbrandverdacht; mikroskopische und kulturelle Untersuchung
- Wundabstriche u. ä. mikroskopisch und kulturell

b) Enteritis necroticans
Untersuchungsmaterial Dünndarm

c) Nahrungsmittelvergiftung
Nachweis von massenhaft C. perfringens im inkriminierten Nahrungsmittel stützt die Diagnose

Therapie:
Blandere *Wundinfektionen* bedürfen der üblichen chirurgischen und – ggf. in Abhängigkeit von sonstigen aeroben und anaeroben Mischinfektionserre-

Therapie
Wundinfektionen chirurgisch und chemotherapeutisch (*C. perfringens* ist penizillinempfindlich)

Gasbrand

⟹

gern – einer wirksamen antibakteriellen Chemotherapie. C. perfringens ist penizillin-empfindlich.

Der Erfolg einer *Gasbrand* (Myonekrose)-Therapie hängt vom frühen Beginn des chirurgischen Eingriffes ab, der möglichst unter hyperbaren Sauerstoffbedingungen (3 atü) durchgeführt werden sollte. Neben der chirurgischen Behandlung besitzt die antibakterielle Chemotherapie einen hohen Stellenwert.

Enteritis necroticans kann durch frühe Antibiotikagabe abgemildert werden; Darmresektion in schweren Fällen
Therapie der Nahrungsmittelvergiftung symptomatisch

Die *Enteritis necroticans* kann durch frühzeitige Gabe geeigneter Antibiotika (Penizillin G; evtl. Breitbandpenizilline) günstig beeinflußt werden; in schweren Fällen ist Laparotomie zum Zwecke der Darmresektion nötig.
Die Therapie der *Nahrungsmittelvergiftung* durch Enterotoxin von C. perfringens Typ A ist symptomatisch.

Bekämpfung, Prophylaxe
- ubiquitäre Verbreitung des Erregers
- Bedeutung von Asepsis und Antisepsis

Bekämpfung, Prophylaxe: Das ubiquitäre Vorkommen (Darm, Erdboden) erschwert die Prophylaxe von C. perfringens-Infektionen. Hauptgrundlage der Prophylaxe sind **Asepsis** und **Antisepsis**; als Konsequenz der strikten Asepsis gehören iatrogene Gasbrandfälle in neuerer Zeit zu den extremen Seltenheiten.

keine Immunprophylaxe

⟹

Eine Immunprophylaxe ist nicht bekannt. Überstehen einer klinisch manifesten C. perfringens-Infektion hinterläßt keine Immunität.

Clostridium septicum – Gasbrand/Sepsis

7.4 Clostridium septicum

Hauptstandort Erdboden, gelegentlich im Darm

- Erreger von 20% der menschlichen Gasbrandfälle
- Sepsiserreger bei Malignompatienten

Die Spezies kommt im Erdboden vor, läßt sich – allerdings weniger häufig als C. perfringens – im Darm des Menschen nachweisen und wird bei etwa 20% der menschlichen **Gasbrandfälle** (Myositis) als Erreger gefunden. Bei Karzinom und anderen **Malignomen** ist C. septicum häufiger Sepsiserreger.

Erregereigenschaften
Mikromorphologie
- peritrich begeißelt
- subterminale Versporung

Lezithinasereaktion negativ; Saccharose nicht gespalten; Buttersäurebildung

Erregereigenschaften: C. septicum bildet relativ große Stäbchen von 3–15 µm Länge, ist wie C. perfringens butyratpositiv und leicht züchtbar, unterscheidet sich jedoch durch starke Beweglichkeit *(peritriche Begeißelung)*, häufig auftretende *subterminale Sporenbildung* sowie durch Fehlen der Lezithinase-Aktivität und Saccharose-Spaltung.

Toxine
4 Toxine (wie *C. chauvoei*):
- Alphatoxin wirkt letal, nekrotisierend und hämolysierend
- außerdem: DNase, Hyaluronidase und Neuraminidase

Toxine: C. septicum bildet – wie das ihm nahestehende, lediglich veterinärmedizinisch bedeutsame Clostridium chauvoei – vier anerkannte Toxine. Das *Alphatoxin* wirkt letal, nekrotisierend und hämolysierend und erzeugt Leukozidie. Antigenetisch ist das Alphatoxin von C. septicum verwandt mit dem Alphatoxin von C. histolyticum, dem allerdings die hämolysierenden Eigenschaften fehlen. Zu den weiteren toxischen Aktivitäten gehören eine *Desoxyribonuclease*, eine *Hyaluronidase* und eine *Neuraminidase*.

Pathogenese, Klinik, Verlauf
a) Gasbrand
- Entstehung über Wundinfektion bzw. hämatogen
- Inkubationszeit 1–3 Tage
- Wundexsudat hämorrhagisch
- Erreger invasiv (Blutkulturen häufig positiv)

schlechte Prognose

Pathogenese, Klinik, Verlauf:
a) *Gasoedeminfektionen:* Diese nehmen ihren Ausgang von Wunden oder kommen – aus der Keimquelle Darmtrakt – endogen zustande. Klinisch ist die Inkubationszeit meist länger (1–3 Tage) als bei C. perfringens-Gasbrand; das Wundexsudat ist stark hämorrhagisch. Die Erreger sind invasiv und lassen sich bei Gasbrandpatienten nicht selten in Blutkulturen nachweisen.

⟹

Die Prognose kann nur durch schnelles chirurgisches Eingreifen – am besten unter hyperbaren Sauerstoffbedingungen – sowie sofortige Penizillin-G-Therapie verbessert werden.

b) Sepsis
bei Patienten mit Darmkrebs u. ä.

b) *Sepsis:* Bei Patienten mit Darmkrebs und anderen Malignomen wird C. septicum als relativ häufiger anaerober Septikämieerreger beobachtet. Die

Erregerquelle ist so gut wie stets der Darm des Patienten. Die Prognose ist abhängig vom Grundleiden und einer wirksamen Antibiotikatherapie.

Prognose unterschiedlich

Meldepflicht: Erkrankung und Tod an *Gasbrand / Gasoedem* sind nach dem Bundesseuchengesetz meldepflichtig.

Meldepflicht: Erkrankung und Tod an Gasbrand

Diagnose:
a) *Gasbrand:* Klinisch können eine längere Inkubationszeit sowie stark hämorrhagisches Wundexsudat den Verdacht auf C. septicum-Ätiologie lenken. Aus frisch eröffneten Gasbrandbezirken lassen sich mikroskopisch zahlreiche große grampositive Stäbchen nachweisen, wobei intravitale Versporung für C. septicum sprechen würde; Bestätigung durch die anaerobe Kultur.
b) *Sepsis:* Erregernachweis in Blutkulturen mit nachfolgender Aussaat auf anaerob zu bebrütenden Agarplatten.

Diagnose
a) Gasbrand
- klinische Zeichen
- mikroskopisch
- kulturell

b) Sepsis
- Blutkultur

Therapie: Es gilt das bei C. perfringens-Wundinfektionen und -Gasbrand Ausgeführte analog.

Therapie
wie Infektionen durch C. perfringens

Bekämpfung und Prophylaxe beruhen – erschwert durch das ubiquitäre Vorkommen von C. septicum – auf *Asepsis, Antisepsis* und regelrechter *chirurgischer Wundversorgung.*

Bekämpfung, Prophylaxe
ubiquitäres Vorkommen;
Asepsis, Antisepsis und regelrechte chirurgische Wundversorgung senken Krankheitshäufigkeit.

7.5 Clostridium histolyticum

Clostridium histolyticum – Gasbrand

Die Spezies kommt im Erdboden und im menschlichen Darm vor. Bei Gasbrandfällen des Menschen ist sie nur selten beteiligt, doch hat C. histolyticum-Gasbrand eine besonders schlechte Prognose.
C. histolyticum-Zellen sind kleiner als C. perfringens und C. septicum und zeigen *mediale* bis *subterminale Versporung,* durch die der Zelleib geringfügig aufgetrieben wird. Die stark bewegliche Spezies zeigt keine saccharolytischen Eigenschaften (differentialdiagnostische Abgrenzung gegen C. perfringens, C. septicum und C. novyi), ist jedoch besonders aktiv im **Eiweißabbau.** Native Eiweiße (Kollagen, Gewebe) werden in vitro und in vivo schnell zerlegt. Mehrere der hier beteiligten Enzymsysteme *(Kollagenase, Protease, Elastase)* werden zu den C. histolyticum-Toxinen gerechnet. Das letal wirkende *Alphatoxin* ist mit dem gleichnamigen C. septicum-Toxin antigenetisch verwandt.
Klinisch ist C. histolyticum-Gasbrand durch **Muskel-** und **Hautzerfall** gekennzeichnet. Die Prognose ist besonders ernst. Die Diagnose beruht auf dem *kulturellen Erregernachweis* aus befallenem Gewebe. Neben den chirurgischen Maßnahmen gelten Penizillin-G-Therapie und Gabe von Gasoedem-Antitoxin als unverzichtbar.

Vorkommen im Erdboden und im Darm
C. histolyticum-Gasbrand hat schlechte Prognose

Mikromorphologie:
- mediale bis subterminale Versporung
- keine Kohlenhydratspaltung
- proteolytisch besonders aktiv (schneller Abbau nativer Eiweiße)

Toxine:
- Kollagenase, Protease, Elastase
- letalwirkendes Alphatoxin

Gasbrand durch Muskel- und Hautzerfall charakterisiert
Diagnose durch kulturellen Erregernachweis
Therapie:
- Chirurgie
- Penizillin-G-Gabe
- Antitoxin-Gabe

7.6 Clostridium novyi

Clostridium novyi = wichtiger Gasbranderreger

Die Spezies kommt im Erdboden sowie im Darm von Pflanzenfressern vor und ist nach C. perfringens der nächstbedeutsame Gasbranderreger des Menschen.

Erregereigenschaften: Von den vier Toxintypen (A–D) spielen in der menschlichen Infektionspathologie nur A und B eine Rolle. Mikroskopisch imponiert Typ A als lange (10 µm), schlanke (1 µm breit) Stäbchen; Typ B ist dagegen durch noch längere Stäbchen (20 µm) charakterisiert. Die Spezies ist *beweglich* und zur Bildung *subterminaler Sporen* befähigt. Koloniebildung auf der Oberfläche fester Medien tritt nur unter strikt anaeroben Bedingungen ein. Von den stark saccharolytischen ebenfalls buttersäurebildenden Spezies C. perfringens und C. septicum unterscheidet sich das glukose- und maltose-positive C. novyi durch fehlende Reaktion z. B. bei Laktose und Salizin. Die Typen A und B von C. novyi bilden *Lezithinase,* Typ A daneben eine *Lipase.*

Erregereigenschaften
Mikromorphologie
- Typ A hat lange, Typ B besonders lange Zellen
- peritriche Begeißelung
- subterminale Sporenbildung

Kohlenhydratspaltung (negative Reaktionen bei Laktose und Salizin)

Lezithinasebildung

Toxine: Während das letale und nekrotisierende **Alphatoxin** den Typen A und B gemeinsam ist, unterscheiden sie sich durch ihre Lezithinase (Gam-

Toxine
- Alphatoxin (letal, nekrotisierend)

- unterschiedliche Lezithinasen bei Typ A und B
- Alphatoxin-Bildung abhängig vom Befall mit Bakteriophagen

Pathogenese, Klinik, Verlauf
nach langer Inkubationszeit
→ „glasiges" progredientes Oedem mit Toxinämie
schlechte Prognose
Meldepflicht: Erkrankung und Tod

Diagnose
- klinische Differentialdiagnose schwierig
- mikroskopischer und kultureller Erregernachweis (C. novyi besonders sauerstoffempfindlich, daher schnelle Materialentnahme, schneller Probentransport und unverzügliche bakteriologische Verarbeitung)

Therapie
Chirurgie + Antitoxingabe (zur Bekämpfung der Toxinämie)

Antibiotikatherapie untergeordnet

Prophylaxe
Asepsis, Antisepsis und regelrechte Wundversorgung

Clostridium difficile

Besiedler des Säuglingsdarmes
Erreger der pseudomembranösen Colitis

Erregereigenschaften
Mikromorphologie
- subterminale Sporenbildung
- beweglich

GC% 28

Hyaluronidase, Chondroitinsulfatase und Kollagenase

Isocapronsäurebildung

- Empfindlichkeit gegen Penizillin, Ampicillin, Vancomycin, Rifampicin und Metronidazol
- Resistenz gegen Cephalosporine, häufig resistent gegen Clindamycin, plasmidbedingte Tetrazyklinresistenz

Toxine (Tab. 7-2)
- Enterotoxin (= Toxin A)
- Zytotoxin (= Toxin B)

matoxin bei Typ A und Betatoxin bei Typ B). Die Bildung von Alphatoxin ist bei C. novyi Typ A und B vom Befall mit spezifischen Bakteriophagen abhängig.

Pathogenese, Klinik, Verlauf: Nach relativ langer Inkubationszeit (5–6 Tage) entwickelt sich am Ort der Infektion ein glasiges, farbloses rasch fortschreitendes *Oedem.* Klinisch steht die *Toxinämie* im Vordergrund; die Prognose ist meistens ungünstig.

Meldepflicht: Erkrankung und Tod an Gasbrand/Gasoedem sind nach dem Bundesseuchengesetz meldepflichtig.

Diagnose: Klinische Hinweise auf die spezielle Gasoedem-Ätiologie sind trotz bestehender Regeln (Blässe der befallenen Muskeln; wenig Gasbildung) im Einzelfall nicht leicht zu erkennen. Die mikrobiologische Diagnose besteht im *kulturellen Erregernachweis;* hierbei ist die *hohe Sauerstoffempfindlichkeit* von C. novyi bereits bei der Materialentnahme aus dem Herdgeschehen, dem Probentransport und der bakteriologischen Verarbeitung (Züchtung auf präreduzierten Medien) zu beachten.

Therapie: *Chirurgische Behandlung* ist mit frühzeitiger *Antitoxingabe* zur Bekämpfung der Toxinämie zu kombinieren. Der hyperbaren Sauerstoffbehandlung wird für den Ausgang der C. novyi-Infektion nur geringe Bedeutung beigemessen. Da der vorherrschende Pathomechanismus die Toxinämie ist, kommt der Antibiotikatherapie nur eine untergeordnete Rolle zu; ggf. ist eine vorliegende Mischinfektionsätiologie zu bekämpfen.

Prophylaxe: Hauptgrundlage der Prophylaxe, die durch das ubiquitäre Vorkommen von C. novyi erschwert wird, sind *Asepsis* und *Antisepsis* sowie die unverzügliche *chirurgische Versorgung* von kontaminationsgefährdeten Wunden.

7.7 Clostridium difficile

Seit 1935 als Bewohner des Säuglingsdarmes bekannt, wurde C. difficile jahrzehntelang kaum beachtet, bis 1977 der Zusammenhang mit der **antibiotikainduzierten Colitis** deutlich wurde.

Erregereigenschaften: C. difficile ist ein 6–8 µm langes und etwa 0,5–1 µm breites grampositives Stäbchen, das Sporen bilden kann, welche den Bakterienleib subterminal auftreiben. Die Spezies ist beweglich. Der *Guanin-Cytosin-Prozentgehalt* der chromosomalen DNA beträgt 28. Nur wenige Kohlenhydrate (Glukose, Fruktose, Mannit) werden gespalten, Äskulin hydrolysiert, jedoch Tryptophanase und Lipase nicht gebildet. Hyaluronidase-, Chondroitinsulfatase- und Kollagenase-Aktivität wurde nachgewiesen. C. difficile gehört zu den wenigen Clostridien, die in flüssiger Kultur *Isocapronsäure* akkumulieren. Koloniebildung tritt nur unter strikt anaeroben Bedingungen auf; die optimale Wachstumstemperatur beträgt 30–37 °C.
Die Spezies zeigt gleichförmige Empfindlichkeit gegen *Penizillin, Ampicillin, Vancomycin, Rifampicin* und *Metronidazol.* Gegenüber den meisten *Cephalosporinen* besteht eine nicht-betalaktamase-bedingte Resistenz. Resistenz gegen *Clindamycin* wird häufig beobachtet. Tetrazyklin-Resistenz ist übertragbar und plasmid-bedingt.

Toxine: C. difficile bildet zwei hochmolekulare Ektotoxine (Tab. 7-2):

Tab. 7-2: Charakterisierung der beiden Toxine von Clostridium difficile

Toxin	Charakterisierung	Bemerkung
A („Enterotoxin")	Molekulargewicht 440 000–500 000; säure- u. hitzeempfindlich	enterotoxisch; in geringerer Konzentration nachweisbar als Toxin B
B („Zytotoxin")	Molekulargewicht 360 000–470 000; säure- u. hitzeempfindlich	Zytotoxin (durch zytopathische Effekte in Zellkulturen nachweisbar)

Mit den üblichen zytotoxischen Nachweismethoden wird nur das Toxin B von C. difficile erfaßt.

routinemäßiger Nachweis von Toxin B

Pathogenese: Ohne den bahnenden Effekt von Antibiotika (in oraler oder parenteraler Gabe) scheint C. difficile beim Menschen kaum enterale Krankheitsmanifestationen hervorrufen zu können. Offen ist noch, ob C. difficile sich *exogen im antibiotikum-gestörten* Darmmilieu festsetzt oder schon als *Darmflora-Komponente* vor dem pathogenen Überwuchern mit Toxinbildung existiert. Aus vielen Krankheitsberichten geht hervor, daß pseudomembranöse Colitis nach Therapie mit C. difficile-unwirksamen Antibiotika (Clindamycin, viele Cephalosporine) auftritt; doch sind auch bei Therapie mit *C. difficile-wirksamen Substanzen* wie z. B. Ampicillin Fälle von pseudomembranöser Colitis beobachtet worden. Bei manifester pseudomembranöser Colitis sind C. difficile und sein Toxin B im Stuhl nachweisbar (allerdings wird der genannte Laboratoriumsbefund nicht selten auch ohne klinische Krankheitsmanifestation erhoben).

Pathogenese
- Ausmaß der Bahnung durch Antibiotika nicht genau bekannt
- endogene oder exogene Herkunft der Erreger?
- pseudomembranöse Colitis meist nach Therapie mit C. difficile-unwirksamen Antibiotika

Bei pseudomembranöser Colitis sind C. difficile und dessen Toxin B im Stuhl nachweisbar.

Das typische Bild der pseudomembranösen Colitis besteht in *ödematöser Schleimhaut*, die mit erhabenen, gelblich-weißen Plaques übersät ist. Als früheste Läsionen finden sich *fokale Epithelnekrosen* und *polymorphkernige Leukozyten* bzw. ein *eosinophiles Exsudat* in der Lamina propria.

rektoskopische und pathologisch-anatomische Befunde der pseudomembranösen Colitis

Klinik, Verlauf: Typisch ist der Beginn der Krankheit unter *Antibiotikatherapie*, aber die Colitis kann auch erst bis zu 3 Wochen nach Ende der Antibiotikatherapie einsetzen. Zu den klinischen Symptomen gehören *Fieber, Diarrhö* und *Bauchschmerzen*, die krampfartig sein können. Blutige Darmentleerungen, Schüttelfrost, hohes Fieber, Übelkeit und Erbrechen sind keine Seltenheit. Als gefährliche Komplikationen können *Schock, Kolonperforation* und *toxisches Megakolon* auftreten.

Klinik, Verlauf
Krankheitsbeginn häufig unter der Antibiotikatherapie, doch kann pseudomembranöse Colitis bis zu 3 Wochen nach Ende der Therapie einsetzen:
- Fieber, Diarrhoe, blutige Stühle
- Schock, Kolonperforation u. a.

Meldepflicht: Als ätiologische Einheit ist C. difficile-Colitis nicht meldepflichtig.

keine Meldepflicht

Diagnose: Die Krankheitsdiagnose ist durch *prokto-rekto-sigmoideoskopischen Nachweis* einer pseudomembranösen Colitis zu stellen. Nachweis von C. difficile und seinem Toxin B stützt die Diagnose, ist für sich allein – weil beide auch bei Gesunden vorkommen – nicht pathognomonisch.

Diagnose
- pseudomembranöse Colitis wird prokto-rekto-sigmoideoskopisch diagnostiziert
- mikrobiologische Befunde zur Sicherung der Diagnose

Therapie: Wichtigste Maßnahme ist das *sofortige Absetzen* einer noch laufenden Antibiotikatherapie. Daneben ist die tägliche Gabe von 2 g Vancomycin oral als Therapie der Wahl anzusehen. Zusätzliche symptomatische Behandlung (Cholestyramin; Flüssigkeits- und Elektrolytsubstitution u. a.) ist bei schweren Verläufen entscheidend für den günstigen Ausgang.

Therapie
- Absetzen der laufenden Antibiotikatherapie
- 2 g Vancomycin oral pro Tag
- zusätzlich symptomatische Behandlung

Bekämpfung, Prophylaxe: C. difficile wurde im Erdboden, bei vielen Tierarten, im Darm des Menschen und im Krankenhausmilieu nachgewiesen. Bei Fällen von pseudomembranöser Colitis wird daher die Frage einer exogenen Keimherkunft (*„Krankenhausinfektion"*) stets ernsthaft zu prüfen sein. Wichtigste Prophylaxe-Maßnahme ist die kritische und *zurückhaltende Indikationsstellung* bei der Antibiotikatherapie.

Bekämpfung, Prophylaxe
C. difficile weit verbreitet
die meisten Fälle = **Krankenhausinfektionen?**

Zurückhaltung bei Antibiotikatherapie

C. difficile wird bei Patienten mit *Diarrhö* ohne Antibiotikatherapie in ähnlicher Frequenz (2–3 %) gefunden wie bei gesunden Personen. Bei Neugeborenen und Säuglingen wurden von verschiedenen Untersuchern enterale Nachweisraten von etwa 50 % beschrieben. Noch ist unklar, ob die niedrige Nachweisrate bei Erwachsenen einer C. difficile-Eliminierung oder einer Suppression auf niedrige, nicht mehr nachweisbare Keimzahlen entspricht.

C. difficile bei Patienten mit Diarrhoe in ähnlicher Frequenz nachweisbar wie bei Gesunden

7.8 Clostridium ramosum

Clostridium ramosum

Diese Spezies (die 40 Jahre lang als nichtsporenbildend galt; Bezeichnungen vor 1971 u. a. *Nocardia ramosa* und *Ramibacterium ramosum*) gehört zu den 10 häufigsten Clostridien im klinischen Untersuchungsmaterial (intraabdominale Infektionen; Blutkulturen). Möglicherweise spielt C. ramosum eine Rolle als Komponente von **Mischinfektionsätiologie**. Toxine werden nicht gebildet.

- vor 1971 nicht als Sporenbildner bekannt
- gehört zu den 10 häufigsten Clostridium-Arten in pathologischem Material

Beteiligung an Mischinfektionen?

Speziesidentifizierung durch Kohlenhydratspaltung, metabolisches Gaschromatogramm und Nachweis terminaler Versporung

10 % der Isolate sind penizillinresistent

Durch ihr biochemisches Verhalten (Spaltung zahlreicher Kohlenhydrate; gaschromatographischer Nachweis von Essig-, Ameisen- und Milchsäurebildung) und ihre mikroskopische Morphologie (schlanke, lange, V-arrangierte grampositive oder gramnegative Zellen mit selten nachweisbarer terminaler Versporung) ist die Spezies eindeutig identifiziert. Die Mehrzahl der Isolate ist *penizillinempfindlich*, doch sind 10 % resistent.

Clostridium butyricum, Clostridium beijerinckii, Clostridium pseudotetanicum

terminal bzw. subterminal versporte Clostridium-Arten, die in der Darmflora und daher auch in klinischem Material vorkommen

mögliche Ursache für nekrotisierende Enterocolitis bei Neugeborenen

Toxinbildung wurde beschrieben

7.9 Clostridium butyricum, Clostridium beijerinckii, Clostridium pseudotetanicum

Es handelt sich um buttersäurebildende subterminal bis terminal („pseudotetanicum") versporte Clostridien, die wegen ihres häufigen Vorkommens in der Umwelt und im Darminhalt nicht selten aus klinischen Materialien isoliert werden können.
C. butyricum, die seit 1880 bekannte Typspezies der Gattung, wurde in den letzten 10 Jahren als mögliche Ursache für nekrotisierende **Enterocolitis** bei Neugeborenen herausgestellt. Die aus den genannten Krankheitsprozessen isolierten C. butyricum-Stämme wurden als toxinbildend beschrieben (obgleich die Spezies als atoxisch gilt).

Peptococcus, Peptostreptococcus, Veillonella

Differenzierung (und Taxonomie) der anaeroben Kokken

strikt anaerobes Kulturverhalten ist zu prüfen:
a) in der Erstanzüchtung
b) in Subkultivierung

8 Peptococcus – Peptostreptococcus – Veillonella

P. C. Döller

Strikt anaerobe Kokken

Gramfärbung

- positiv: **Peptococcaceae**
  - Peptococcus
  - Peptostreptococcus
- negativ: **Veillonellaceae**
  - Veillonella

Peptococcus – Peptostreptococcus
(= strikt anaerobe grampositive Kokken)

Peptococcaceae:
- Peptococcus
- Peptostreptococcus

Peptococcus niger (= wichtigste Art der Gattung Peptococcus)

Arten der Gattung Peptostreptococcus:
- *Peptostreptococcus anaerobius* (Vaginalflora)
- *Peptostreptococcus productus* (Darmflora)
- andere Arten:
  - Beteiligung an Eiterungsprozessen unterschiedlicher Lokalisation
  - Beteiligung an parodontalen Erkrankungen

8.1 Peptococcus – Peptostreptococcus (strikt anaerobe grampositive Kokken)

Zu der Familie Peptococcaceae zählen die beiden obligat anaeroben Gattungen **Peptococcus** und **Peptostreptococcus**. In den letzten Jahren gab es einige Änderungen der Taxonomie in dieser Familie, wobei einige Arten der Gattung Peptococcus in die Gattung Peptostreptococcus transferiert wurden. Peptococcaceae sind nichtsporenbildende grampositive strikt anaerobe Kokken, wobei die Einzelkokken ca 0,5–2 µm groß sind. Die wichtigste Art der Gattung **Peptococcus** ist **P. niger**, welche auf Blutagar als schwarze kleine Kolonien wächst und beim Menschen nur selten nachweisbar ist. In der Gattung **Peptostreptococcus** sind 9 verschiedene Arten zusammengefaßt. Einige gehören zur Standortflora des Menschen (*P. anaerobius*: Vaginalflora; *P. productus*: vorherrschender Keim in der menschlichen Darmflora), andere können aus Abszessen unterschiedlicher Herkunft, sowie aus Wunden, Blut und Liquor isoliert werden. Manche Arten spielen auch eine Rolle bei Erkrankungen der Zähne und deren Halteapparat. So werden z. B. *P. anaerobius* und *P. micros* bei Gingivitis und parodontalen Erkrankungen isoliert.

Labordiagnose: Die Anzucht der Erreger aus klinischem Untersuchungsmaterial erfolgt unter Sauerstoffausschluß auf reichhaltigen Nährmedien, wie sie bei der Anaerobier-Züchtung verwendet werden. Unterscheidungsmerkmale, wie sie zur Differenzierung bei aeroben Kokken herangezogen werden (Katalase und Anordnung der Bakterienzellen im mikroskopischen Bild), sind bei den Peptococcaceae nicht aussagekräftig. Zur Differenzierung der verschiedenen Arten der Familie Peptococcaceae werden daher v. a. *gaschromatographische Identifizierungsmerkmale* hinzugezogen, da die verschiedenen Arten charakteristische Fettsäuremuster zeigen. Auch biochemische Merkmale sind für die Differenzierung von Bedeutung.

Labordiagnose
- kultureller Erregernachweis (aus signifikantem Untersuchungsmaterial) unter anaeroben Bedingungen
- Speziesdifferenzierung: u. a. gaschromatographische Stoffwechseluntersuchungen

Pathogenese, Klinik und Chemotherapie: Obwohl Monoinfektionen vorkommen, werden anaerobe grampositive Kokken vorwiegend aus **Mischinfektionen** isoliert.

Pathogenese, Klinik, Chemotherapie
vorwiegend Beteiligung an Mischinfektionen

> Am häufigsten werden Peptococcaceae aus Wundinfektionen, tiefen Abszessen, bei Osteomyelitis, aus dentogenen Abszessen, Lungenabszessen und Pleuraempyem, bei Abszessen der weiblichen Genitalien sowie bei Septikämien isoliert.

häufig Mischinfektionen: ⇦

Die anaeroben grampositiven Kokken sind gut empfindlich für Penizillin G (bei Monoinfektion Mittel der Wahl). Bei Penizillin-Allergie und Mischinfektionen sind Anaerobier-wirksame Medikamente (Clindamycin, Metronidazol) indiziert.

Therapie:
- bei Monoinfektionen Penizillin G
- bei Mischinfektionen Clindamycin/Metronidazol in Kombination mit anderen Chemotherapeutika

8.2 Veillonella (strikt anaerobe gramnegative Kokken)

Veillonella
(= strikt anaerobe gramnegative Kokken)

Obligat anaerobe gramnegative Kokken werden der Familie Veillonellaceae zugeordnet. Sie sind sehr klein (0,3–0,5 µm), im mikroskopischen Bild häufig als Diplokokken, als Haufenkokken oder in kurzen Ketten gelagert, unbeweglich und bilden keine Sporen. Sie werden vorwiegend aus der **Mundhöhle**, dem **Respirations-** und **Darmtrakt** bei Mensch und Tier isoliert. Aus der Mundhöhle des Menschen wurden v. a. *V. parvula, V. atypica* und *V. dispar* nachgewiesen. V. parvula wird auch bei verschiedenen Mischinfektionen des Menschen gefunden. Dennoch besitzen Veillonellen nur eine geringe medizinische Bedeutung.

Veillonellaceae (u. a. mit Gattung Veillonella) sehr kleine gramnegative Kokken; Komponenten der oropharyngealen und intestinalen Floren:
- *V. parvula*
- *V. atypica* u. a.

Labordiagnose: Veillonellaceae wachsen nur unter strikt anaeroben Verhältnissen auf anspruchsvollen Nährböden. Frühestens nach 48 Stunden werden kleine durchscheinende Kolonien sichtbar. Sie sind Oxidase- und Katalase-negativ, spalten keine Kohlehydrate und werden gaschromatographisch identifiziert.

Labordiagnose
- kultureller Nachweis unter strikt anaeroben Bedingungen
- Identifizierung u. a. durch Gaschromatographie

Chemotherapie: Veillonellaceae sind gut empfindlich für Penizillin, Chloramphenicol, Tetrazykline, Polymyxin B und Erythromycin. Auch anaerobier-wirksame Substanzen wie Clindamycin und Metronidazol sind geeignet. Resistent sind sie gegen Streptomycin und Vancomycin.

Chemotherapie:
Veillonellen sind empfindlich gegenüber Penizillin G und anderen Antibiotika

9 Bacteroides – Porphyromonas – Fusobacterium – Leptotrichia – Mobiluncus – Selenomonas – Wolinella – Eikenella – Capnocytophaga

R. Hammann

Bacteroides – Porphyromonas – Fusobacterium – Leptotrichia – Mobiluncus – Selenomonas – Wolinella – Eikenella – Capnocytophaga

Die meisten der hier zu besprechenden strikt anaeroben Gattungen und Arten werden laut „Bergey's Manual of Systematic Bacteriology" in die Familie *Bacteroidaceae* gestellt. Von den dort erwähnten Gattungen haben vor allem *Bacteroides* und *Fusobacterium*, selten auch *Leptotrichia, Wolinella* und *Seleno-*

Definitionen
Gattungen in der Familie Bacteroidaceae: Bacteroides, Fusobacterium, Leptotrichia, Wolinella, Selenomonas, Porphyromonas, Mobiluncus.

Gattungen ohne Familienzuordnung: Eikenella, Capnocytophaga.

Die genannten Gattungen sind Bestandteil der normalen Flora des Menschen und vieler Säugetiere.
Viele haben keine pathogenetische Bedeutung; andere treten als Erreger eitriger oder eitrig-septischer Infektionen meist endogenen Ursprungs in Erscheinung.
Eine Zuordnung der Erreger zu bestimmten Krankheitsbildern ist nicht möglich.

monas medizinische Bedeutung. Seit dem Erscheinen von „Bergey's Manual of Systematic Bacteriology" im Jahre 1984 sind durch Namensänderungen bzw. Neubeschreibungen die Gattungen *Porphyromonas* und *Mobiluncus* hinzugekommen.
Die mehr oder weniger sauerstofftoleranten, aber fermentativen Gattungen *Eikenella* und *Capnocytophaga*, die derzeit keiner Familie zugeordnet sind, werden meist ebenfalls unter anaeroben Bedingungen isoliert und sollen daher in diesem Abschnitt mitbesprochen werden.
Die überwiegende Mehrheit der Arten aus den oben genannten Gattungen ist Bestandteil der **normalen Flora** des Menschen und der meisten Säugetiere. Während viele Arten pathogenetisch nicht oder nur selten in Erscheinung treten, werden einige andere häufig als **Erreger eitriger oder eitrig-septischer Infektionen** des Menschen nachgewiesen.
Die meisten der durch diese Bakterien verursachten Erkrankungen sind daher **endogener** Natur; der Patient ist dann also selbst Quelle der Erreger. In den meisten Fällen lassen sich die Erreger jedoch nicht mit bestimmten Krankheitsbildern assoziieren. Sie sind aber **Erreger unspezifischer eitrig-septischer Infektionen.**

Bacteroides und Porphyromonas

Taxonomie und Vorkommen:
Bacteroides:
Strikt anaerobe, gramnegative, unbewegliche, kurze, isomorphe Stäbchenbakterien ohne Sporenbildung

9.1 Bacteroides und Porphyromonas

9.1.1 Taxonomie und Vorkommen

Die Gattung *Bacteroides* sensu strictu umfaßt **gramnegative, strikt anaerobe, unbewegliche** Stäbchenbakterien, die keine Sporen bilden. Die Zellform (Abb. 9-1) entspricht der eines meist **kurzen, recht isomorphen Stäbchens**. Die Neigung zur Pleomorphie (= Fadenbildung bzw. zentrale oder terminale Auftreibung der Zelle mit Vakuolisierung) ist weit schwächer ausgeprägt als bei Fusobacterium und ist nur bei Verwendung suboptimaler sowie selektiver Nährböden im mikroskopischen Präparat zu beobachten.

Abb. 9-1:
Bacteroides fragilis im Grampräparat

Neueste taxonomische Untersuchungen weisen darauf hin, daß der Gattungsname *Bacteroides* auf die *Bacteroides-fragilis*-Gruppe beschränkt sein sollte; es wurden jedoch noch keine Vorschläge für neue Gattungsnamen der übrigen Taxa gemacht.

Stoffwechsel der *Bacteroides*-Arten: fermentativ, meist saccharolytisch, seltener proteolytisch.
Charakteristische Endprodukte:
- Isobutter- und Isovaleriansäure
- Hauptendprodukt: meist Bernsteinsäure (Buttersäure wird nur selten gebildet).

Weitere Charakteristika:
- Sphingolipide
- Menachinone mit 9–13 Isopreneinheiten
- G + C-Gehalt der DNA 39–52 mol%
- Zellwand mit Lipopolysacchariden (frei von KDO und Heptose)

Der **Stoffwechsel** der *Bacteroides*-Arten ist **fermentativ** und mehr oder weniger stark **saccharolytisch**; proteolytische Aktivität kommt nicht bei allen Arten vor. Das Muster der sauren *Fermentationsendprodukte* im diagnostischen Gaschromatogramm wird einerseits zur Unterteilung des Genus, andererseits zur Abgrenzung gegen andere Gattungen (z. B. *Fusobacterium*) verwendet. Die Bildung von *Isobutter-* und *Isovaleriansäure* kann als charakteristisch für die Gattung Bacteroides sensu strictu angesehen werden. Als Hauptendprodukt tritt meist *Bernsteinsäure* (Sukzinat) auf; Buttersäure wird nur selten gebildet. Weitere biochemische Charakteristika sind das Vorliegen von *Sphingolipiden* und *Menachinonen* (9–13, meist 10 oder 11 Isopreneinheiten) und ein *Guanin-plus-Zytosin-Gehalt der DNA* von etwa 39–52 mol%. Die Zellwand von Bacteroides entspricht der anderer gramnegativer Bakterien; das Lipopolysaccharid ist jedoch frei von 2-Keto-3-desoxyoktonat (KDO) und Heptose.
Innerhalb der Gattung wird in folgende Gruppen unterteilt:

B. fragilis-Gruppe:
Normales Vorkommen in der Darmflora, resistent gegen Galle;

- **Bacteroides-fragilis-Gruppe:** Das normale Vorkommen beschränkt sich auf den *Darm*. Die hier subsumierten Arten zeichnen sich durch eine *er-*

hebliche Resistenz gegen (teilweise sogar Wachstumsförderung durch) *Galle* und die Bildung von *Essig-, Propion-, Isobutter-, Isovalerian-* und *Bernsteinsäure* aus. Der Stoffwechsel ist vorwiegend saccharolytisch; zahlreiche Kohlenhydrate und ähnliche Verbindungen werden fermentiert. Ein Teil der hier eingeordneten Arten repräsentiert den *quantitativ vorherrschenden Teil der menschlichen Darmflora.* Andere dagegen sind in der Darmflora unterrepräsentiert, besitzen dagegen eine *signifikante Virulenz* und treten häufig bei **eitrigen oder eitrig-septischen Infektionen** in Erscheinung. Die Gruppe wird in folgende Arten unterteilt:

- **B. fragilis:** *Häufigster* Nachweis in klinisch-pathologischem Material; *höchste Virulenz;* nicht dominierend in der Darmflora.
- **B. thetaiotaomicron:** Ebenfalls *häufig als Infektionserreger*; mit B. fragilis vergleichbare Virulenz, jedoch häufiger in der Darmflora als dieser.
- **B. vulgatus:** *geringste Virulenz;* nur *sehr selten* in klinisch-pathologischem Material. Häufigste Bacteroides-Art in der *Darmflora* und meist insgesamt dominierendes Bakterium in diesem Biotop.
- B. distasonis, B. uniformis, B. eggerthii, B. caccae, B. merdae, B. stercoris, B. ovatus, „B. variabilis“: nur *selten* in klinischem Material, häufiger aber in der *Darmflora* nachgewiesen; geringe bis fehlende Virulenz.

Bildung von Essig-, Propion-, Isobutter-, Isovalerian- und Bernsteinsäure.
Stoffwechsel überwiegend saccharolytisch (= Fermentation von Kohlenhydraten und ähnlichen Verbindungen).

- *B. fragilis:*
  häufigster Nachweis in klinischem Material;
  –nicht dominierend in der Darmflora;
  –bedeutendster anaerober Sepsiserreger.
- *B. thetaiotaomicron:*
  häufig als Infektionserreger, jedoch häufiger in der Darmflora als B. fragilis.
- *B. vulgatus:*
  geringste Virulenz; dominierende Art in der Darmflora.
  Andere Arten der B. fragilis-Gruppe: selten in klinischem Material, geringe bis fehlende Virulenz.

- **Bacteroides-oralis-Gruppe:** Diese Gruppe ist Bestandteil der *normalen Oral- und/oder Urogenitalflora* des Menschen. Die hier zusammengefaßten Spezies sind alle *empfindlich gegen Galle*; im Gaschromatogramm werden *Essig-, Isobutter-, Isovalerian-* und *Bernsteinsäure* nachgewiesen. Die hier eingeordneten Arten sind deutlich *schwächer saccharolytisch* als die B. fragilis-Gruppe; oft findet eine nennenswerte Proteolyse statt. Die *Virulenz* ist *schwächer* als bei B. fragilis und B. thetaiotaomicron. Die Gruppe wird in folgende Arten unterteilt:
  - **B. bivius:** Normaler Bestandteil der *Urethralflora*; auch bei 20–35% der gesunden Frauen aus der *Vaginalflora* anzüchtbar; häufig in klinischem Material aus dem *Urogenitalbereich*, selten auch bei Sepsis.
  - **B. disiens:** Gleiches normales Vorkommen wie B. bivius, aber seltener in klinischem Material.
  - **B. buccae, B. denticola, B. oralis, B. oris, B. buccalis, B. oralis, B. veroralis, B. oulorum, B. zoogleoformans:** sehr *selten* in klinischem Material (z. B. bei orofazialen Eiterungen); normaler Bestandteil der *Oral-* oder *Urogenitalflora* des Menschen; geringe bis fehlende Virulenz.

- **B. oralis-Gruppe:**
  Normales Vorkommen in der Oral- und/oder Urogenitalflora des Menschen.
  Empfindlich gegen Galle; Bildung von Essig-, Isobutter-, Isovalerian- und Bernsteinsäure; schwächer saccharolytisch als die B. fragilis-Gruppe, oft auch proteolytisch.
  Virulenz: schwächer als bei B. fragilis und B. thetaiotaomicron.
- *B. bivius:*
  normaler Bestandteil der Urethralflora, seltener auch in der Vaginalflora; relativ häufig in klinischem Material aus dem **Urogenitalbereich**
- *B. disiens:*
  Vorkommen wie B. bivius, aber seltener in klinischem Material.
  Andere Arten der B. oralis-Gruppe: selten in klinischem Material.

- **Bacteroides-melaninogenicus-Gruppe:** Die Arten in dieser Gruppe werden *gelegentlich* aus klinischem Material (vorwiegend bei Mischinfektionen) unterschiedlicher Lokalisation isoliert. Vor allem die Flora im *Oropharyngeal-* und *Urogenitalbereich* kommt als Reservoir in Betracht. Das Charakteristikum dieser Gruppe ist die Fähigkeit, auf bluthaltigen Nährmedien im Bereich der Kolonie **braune bis schwarze Pigmente** zu akkumulieren. Dabei handelt es sich nicht, wie früher angenommen, um Melanin, sondern um **Hämatinpigmente**, deren Synthese aus *Hämoglobin* oder *Hämin* erfolgt. Die hier subsumierten Arten sind allesamt *empfindlich gegen Galle*; das Gaschromatogramm gleicht dem der B. oralis-Gruppe (siehe oben). Zu dieser Gruppe gehören:
  - **B. melaninogenicus, B. intermedius, B. loescheii:** gelegentlich in klinischen Materialien, hauptsächlich bei *dentogenen, pleuropulmonalen* und *orofazialen Infektionen*; vermutlich Beteiligung bei *Parodontalerkrankungen* (B. intermedius, B. loescheii); normaler Bestandteil der *Mundflora.*
  - **B. corporis:** alle bisher vorhandenen Isolate entstammen klinischen Materialien; insgesamt gesehen jedoch relativ selten an Infektionen beteiligt; normales Vorkommen vermutlich im Urogenital- und/oder Oropharyngealbereich.

- **B. melaninogenicus-Gruppe:**
  Normaler Bestandteil der Oral- und Urogenitalflora; in den unterschiedlichsten klinischen Materialien nachweisbar.
  Hauptcharakteristikum: Anhäufung brauner bis schwarzer Hämatinpigmente im Koloniebereich. Wichtigste Arten:
  –*B. melaninogenicus*
  –*B. intermedius*
  –*B. loescheii*
  –*B. corporis.*

- **Andere Bacteroides-Arten:** *B. splanchnicus* und *B. putredinis* sind Bestandteil der *normalen Darmflora* und werden gelegentlich auch aus klinischem Material (hauptsächlich bei intraabdominalen Infektionsprozessen) isoliert. Beide sind *buttersäurebildend* und schwach saccharolytisch.

- **Andere Bacteroides-Arten:**
  – *B. splanchnicus*
  – *B. putredinis* (Vorkommen in der Darmflora, gelegentlich in klinischem Material).

– *B. ureolyticus* **(Urethral- und Mundflora, selten in klinischem Material)**

B. ureolyticus findet sich vor allem in der *Urethral-*, gelegentlich auch in der *Mundflora*. Er kann bei Proben aus dem Urogenitalbereich Bedeutung haben. Diese Art wurde lange Zeit mit *Eikenella corrodens*, einem fakultativ anaeroben bis mikroaeroben gramnegativen Stäbchen als eine Art („Bacteroides corrodens") betrachtet (s. unten). Als Charakteristikum von *Bacteroides ureolyticus* und *Eikenella corrodens* ist das kraterartige Einwachsen der Kolonien in den Agar zu erwähnen.
B. gracilis ist eine in der Mundflora ansässige Spezies. Eine Beteiligung bei der Parodontose kann nicht ausgeschlossen werden.

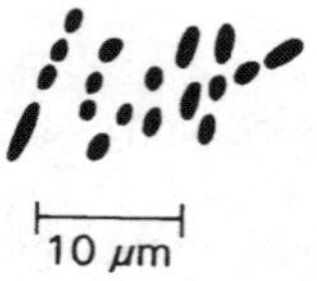

Abb. 9-2:
Porphyromonas gingivalis im Grampräparat

Porphyromonas:
Früher zu den schwarz pigmentierten Bacteroides-Arten gestellt.
Strikt anaerobe, gramnegative, kokkoide Stäbchen.
Stoffwechsel asaccharolytisch, Endprodukte: Essig-, Propion-, Isobutter-, Butter- und Isovaleriansäure.
G + C-Gehalt 46–52 mol%.

P. gingivalis:
Beteiligung an der Ätiologie der Parodontose; nur selten in der Mundflora parodontosefreier Individuen nachweisbar.

P. asaccharolytica:
Bestandteil der Urogenital-, selten auch der Darmflora; gelegentlich in klinischem Material aus dem Urogenitalbereich.

Die Gattung *Porphyromonas* umfaßt die früher ebenfalls zu den schwarz pigmentierten Bacteroides-Arten gerechneten Spezies *B. asaccharolyticus, B. gingivalis* und *B. endodontalis.* Morphologisch gesehen ähneln sie im wesentlichen *Bacteroides,* jedoch sind die Zellen meist kürzer und werden daher auch als *kokkoide Stäbchen* bezeichnet (Abb. 9-2). Sie unterscheiden sich jedoch von diesen durch den völlig *asaccharolytischen, proteolytischen* Stoffwechsel, die Bildung von *Buttersäure* und einige weitere biochemische Eigenschaften. Ihr *Guanin-plus-Zytosin-Gehalt* liegt bei *46–52 mol%.* Als Endprodukte treten *Essig-, Propion-, Isobutter-, Butter-* und *Isovaleriansäure* auf. Sowohl die klinische Bedeutung als auch das normale Vorkommen sind unterschiedlich:
- **Prophyromonas gingivalis:** Verstärkter Nachweis bei *Parodontosepatienten* (hauptsächlich Erwachsene); nur selten gelingt die Isolierung aus der Mundflora bei parodontosefreien Probanden.
- **P. endodontalis:** Die bisherigen Isolate entstammen zumeist *dentogenen Abszessen.*
- **P. asaccharolytica:** Das normale Vorkommen beschränkt sich auf den *Urogenitalbereich.* Selten wird diese Art auch aus Darminhalt isoliert.
- P. asaccharolytica wird gelegentlich in klinischem Material aus dem *Urogenitalbereich* nachgewiesen.

Epidemiologie und Ätiologie von Bacteroides und Porphyromonas:
Verursachte Erkrankungen sind meist endogener Natur.
Vordringen in primär sterile Körperbereiche führt zu Infektionen. Verteilung der Spezies in der Normalflora entspricht nicht der Dominanz am Infektionsort.
Neben der Prädisposition des Patienten spielen Virulenzfaktoren eine erhebliche Rolle für die Invasivität.

9.1.2 Epidemiologie und Ätiologie

Bacteroides- und Porphyromonas-Infektionen sind fast stets *endogener Natur,* da sie ein wesentlicher Bestandteil der normalen Flora sind. Außerhalb ihres normalen Standortes, vor allem beim Vordringen in primär sterile Körperbereiche, können einige der erwähnten Arten *schwere eitrige oder lebensbedrohliche septische Infektionen* verursachen. Die Verteilung der Spezies im normalen Biotop (z. B. Darm) entspricht dabei keineswegs der Dominanz am Infektionsort. Neben der Prädisposition des Patienten spielen vor allem die *Virulenzfaktoren* bestimmter Arten für die Invasivität eine erhebliche Rolle (s. unten).
Nur in Ausnahmefällen kann die Bacteroides- bzw. Porphyromonas-Infektion auch exogener Natur sein. Dies trifft fast nur für menschliche und tierische Bißverletzungen zu, wo die virulentesten Arten aus der Oralflora des „Beißenden" häufig als Infektionserreger in der Wunde nachgewiesen wurden.

Pathogenese und Klinik:
Wichtigster anaerober Infektionserreger: *B. fragilis.*

9.1.3 Pathogenese und Klinik

Eine herausragende Bedeutung als anaerober Infektionserreger schlechthin besitzt *B. fragilis.* Wie schon oben erwähnt, ist B. fragilis im Darm dagegen nicht die dominierende Spezies. In einer neueren statistischen Auswertung wurden aus 15.844 klinischen Materialien 6.557 Anaerobierstämme isoliert. 800 dieser Stämme (das sind 12 %!) erwiesen sich als B. fragilis. Wie auch andere Untersuchungen belegen, ist B. fragilis damit die *am häufigsten isolierte Anaerobierart* schlechthin und die mit Abstand am häufigsten isolierte Bacteroides-Art. Alle anderen Bacteroides-Arten und alle anderen Anaerobier folgen erst mit weitem Abstand. *B. bivius, B. thetaiotaomicron* und *B. melaninogenicus* sind dabei unter den häufigeren Arten. Die Gesamtzahl der in dieser Arbeit nachgewiesenen Bacteroides-Stämme betrug 2.835 bzw. 43 % (bezogen auf die Gesamtzahl aller anaeroben Isolate). B. fragilis ist auch der *häufigste anaerobe Sepsiserreger.*

Als **Pathogenitätsfaktoren** kommen bei verschiedenen Bacteroides-Arten *Neuraminidasen, Kollagenasen, Proteasen, Hämolysine* und *Fibrinolysin* in Betracht. Die *Neuraminidase* besonders von B. fragilis kann, anders als beispielsweise die von B. bivius, auch höhermolekulare Substrate abbauen und kommt bezüglich der Substratspezifität der Neuraminidase von Vibrio cholerae gleich.

Pathogenitätsfaktoren:
Neuraminidasen, Kollagenasen, Proteasen, Hämolysine, Fibrinolysin, Kapselbildung (bei *B. fragilis* und *B. thetaiotaomicron*), Lysozymresistenz, Resistenz gegen Serumbakterizidie.

Frische klinische Isolate von B. fragilis und B. thetaiotaomicron weisen meist eine *Kapsel* auf, die ebenfalls einen *Virulenzfaktor* (Phagozytoseschutz) darstellt. Bei *B. fragilis, B. melaninogenicus* und *Porphyromonas asaccharolytica* wurde außerdem eine erhebliche *Lysozymresistenz* festgestellt. Bei In-vitro-Versuchen wurde eine starke *Resistenz gegen Serumbakterizidie* bei *B. fragilis*, nicht aber bei *B. vulgatus* nachgewiesen. Die *Fibrinolysinaktivität* scheint dagegen bei den *schwarzpigmentierten Bacteroides-Arten* stärker ausgeprägt zu sein als bei B. fragilis. Bei *Porphyromonas gingivalis* wurden ebenfalls *gewebsauflösende Enzyme* sowie *Kapselbildung* nachgewiesen.

Über die Virulenzmechanismen der anderen Arten liegen nur sporadische Befunde vor.

Viele Bacteroides-Infektionen sind **Mischinfektionen**. Meist führt erst die gegen den Anaerobier gerichtete Therapie zur klinischen Besserung bzw. Heilung. Eine Ausnahme vom Konzept der häufigen Mischinfektionen macht erneut *Bacteroides fragilis*: Er wird in etwa einem *Drittel* der Fälle in *Reinkultur isoliert* (Monoinfektion).

Krankheitsbilder: Wegen der anatomischen Nähe zum normalen Biotop sind die Spezies der *Bacteroides-fragilis*-Gruppe, besonders *B. fragilis und B. thetaiotaomicron*, besonders häufig an **intraabdominalen Eiterungen, postoperativen Wundinfektionen** (Laparotomie), **Appendizitis, Peritonitis, Leberabszessen** und **Gallenwegsinfektionen** beteiligt. Auch bei **Pyometra, Douglasabszeß, Endometritis** und anderen Infektionen des **weiblichen Genitales** spielen sie eine herausragende Rolle. Doch auch weit entfernt vom Darm, z. B. bei **Meningitis nach otogenem Hirnabszeß** und verschiedenen **Weichteilinfektionen**, spielen *B. fragilis* und *B. thetaiotaomicron* eine herausragende Rolle. Die meisten Fälle von **Anaerobiersepsis** werden ebenfalls durch *B. fragilis* verursacht.

Krankheitsbilder mit häufiger Beteiligung
- von *B. fragilis* bzw. *B. thetaiotaomicron*: **Intraabdominale Eiterungen**, postoperative Wundinfektionen (Laparotomie), Appendizitis, Peritonitis, Leberabszesse, Gallenwegsinfektionen, Pyometra, Douglasabszeß, Endometritis, Meningitis nach otogenem Hirnabszeß, Weichteilinfektionen, **Sepsis** u. a.

Im Urogenitalbereich kommt neben *B. fragilis* besonders häufig auch *B. bivius* als Infektionserreger in Betracht **(Endometritis, Zervizitis, Abszesse)**. Auch **Sepsis** *durch B. bivius* wurde, besonders *nach gynäkologischen Eingriffen*, beobachtet. Neuere Untersuchungen weisen auf eine Beteiligung von *B. bivius* (neben anderen Anaerobiern und *Gardnerella vaginalis*) bei der **unspezifischen Vaginitis** (= Vaginosis) hin.

- von *B. bivius*: Endometritis, Zervizitis, Abszesse, Sepsis (selten), Beteiligung an unspezifischer Vaginitis und andere.

Die *schwarzpigmentierten Bacteroides-Arten* und *Porphyromonas* treten je nach normalem Vorkommen bevorzugt entweder im *Urogenital- oder im Kopfbereich* sowie bei **pleuropulmonalen Infektionen** in Erscheinung. Hier sind sie an den unterschiedlichsten eitrigen Prozessen beteiligt. Eine Anaerobiersepsis durch diese Gruppe stellt die Ausnahme dar. *P. gingivalis* ist an der Ätiologie der **adulten Parodontitis** beteiligt.

- der *schwarzpigmentierten Bacteroides-Arten* und von *Porphyromonas*: urogenitale und pleuropulmonale Infektionen; *P. gingivalis:* adulte Parodontitis.

Bacteroides ureolyticus wird gelegentlich in Abszeßmaterialien (Schweißdrüsen, Urogenitaltrakt) nachgewiesen.

Den anderen Arten kommt eine vergleichsweise geringe Bedeutung als Infektionserreger zu.

- *B. ureolyticus:* Abszesse und andere.

Klinik: Da es sich bei *Bacteroides* und *Porphyromonas* um Erreger unspezifischer Infektionen handelt, lassen sich im Gegensatz zu den spezifischen Anaerobierinfektionen wie Tetanus und Gasbrand *keine besonderen Symptome* aufzeichnen. Grundsätzlich sollte bei Vorliegen entsprechender Prädispositionen immer an Anaerobier als Infektionserreger gedacht werden. Eiter aus

Klinik:
Keine besonderen Symptome; Eiter aus tiefliegenden Prozessen, Abszessen; Infektionen des Abdomens und des kleinen Beckens enthalten sehr oft Bacteroides-Arten.

Diagnostik:
Sichere Diagnose nur durch die Kultur!
Wichtig:
- Sorgfältige Materialentnahme!
- Kontamination mit der normalen Anaerobierflora muß ausgeschlossen werden!
- Am besten geeignet: Eiter, Punktate.
- Materialtransport in geeigneten Transportmedien!
- Rascher Transport ins Labor!

Kultur:
Auf reichhaltigen Optimal- und Selektivmedien mit Zusatz von Schafblut sowie Hämin und Vitamin K.
Anreicherung in flüssigen Medien: nur bei Materialien aus primär sterilen Bereichen!

Bebrütung unter strikt anaeroben Bedingungen bei 37 °C.
Wichtig: Generell 2–3 Tage Bebrütungszeit: bei einigen Arten bis zu 5 Tagen!

Speziesdifferenzierung durch biochemische Tests, ev. gaschromatographische Analyse der Fermentationsprodukte

Therapie:
B. fragilis-Gruppe und B. bivius:
Ausgeprägte Resistenz gegen Penizilline und Cephalosporine der ersten Generation (z. B. Penizillin G, Cephalothin); Resistenzrate gegen Mezlo-, Azlo-, Piperacillin geringer.
Cefoxitin: Beste Wirksamkeit unter den Cephalosporinen der dritten Generation.

Mittel der Wahl: Imipenem, Sulbactam + Ampicillin, Clavulansäure + Amoxycillin, Nitroimidazole.

übrige Bacteroides-Arten und Porphyromonas: Geringere Resistenz, auch Mezlo-, Azlo- und Piperacillin sind meist gut wirksam.
Wichtig: Aminoglykoside sind gegen strikte Anaerobier, also auch gegen Bacteroides unwirksam!

tiefliegenden Prozessen, Körperhöhlen sowie Abszesse und Materialien von eitrigen Infektionen des Abdomens bzw. des kleinen Beckens enthalten sehr oft strikte Anaerobier; unter diesen dominieren die Arten der Gattung *Bacteroides.*

9.1.4 Diagnostik

Ähnlich wie die Klinik ist auch die direkte klinische Diagnostik wenig spezifisch. Grundsätzliche Hinweise auf eine Anaerobierbeteiligung sind *foetider Eiter* und *schwärzliche Verfärbung* des infizierten Gewebes. Abwesenheit dieser Merkmale schließt eine Anaerobierinfektion jedoch keineswegs aus.
Eine **sichere Diagnose** kann jedoch nur durch die **Kultur** erfolgen. Wichtig ist hierbei eine sorgfältige Probenahme ohne Kontamination durch die normale Anaerobierflora des Patienten. Am besten geeignet sind *Eiter* und *Punktate.* Diese müssen, ebenso wie *Abstrichtupfer,* in anaerobiertauglichen *Transportmedien* möglichst rasch ins Labor gebracht werden.
Die **mikrobiologische Kultur** erfordert die Verwendung reichhaltiger Optimalmedien, z. B. *Schaedler-Agar* oder *Glukose-Hefeextrakt-Cysteinagar.* Oftmals ist auch die Verwendung von Selektivmedien *(Schaedler-Agar mit Kanamycin und Vancomycin)* erforderlich. Da die meisten Arten dieser Gruppe recht anspruchsvoll sind, wird diesen Medien 5 % Schafblut zugesetzt. Außerdem ist die Supplementierung mit Hämin und Vitamin K (= Menachinon), besonders für die Kultur schwarzpigmentierter Arten, empfehlenswert. Eine Anreicherung in flüssigen Medien (z. B. Thioglykolatbouillon mit Hämin und Vitamin K oder Schaedler-Bouillon) ist bei Materialien aus *primär sterilen Körperbereichen* empfehlenswert. Diese erfolgt zusätzlich zur Kultur auf festen Medien. Die Bebrütung erfolgt unter *strikt anaeroben Bedingungen* bei 37 Grad Celsius. Für den Klinikarzt ist es wichtig zu wissen, daß viele der genannten Arten eine recht lange Generationszeit haben, die generell eine 2–3tägige, selten bis zu 5tägige Bebrütungszeit erforderlich macht. Danach ist eine vorläufige Diagnosestellung möglich.
Die **Spezies-Differenzierung** erfolgt mittels *biochemischer Tests.* Die *gaschromatographische Analyse* der Fermentationsprodukte ist zur Bestätigung der übrigen Diagnostik empfehlenswert.
Die Klärung von Fragestellungen wie Beteiligung von Bacteroides an **Vaginitis** und **Parodontose** erfordert *spezielle Probenahme- und Untersuchungstechniken,* die meist die Grenzen eines Routinelabors überschreiten.

9.1.5 Therapie

Fast alle Stämme der *Bacteroides-fragilis-Gruppe,* besonders *B. thetaiotaomicron* und *B. fragilis,* weisen eine **erhebliche Resistenz** gegen die älteren *Cephalosporine* und *Penizilline* auf. Diese ist auf **Beta-Laktamasen** zurückzuführen; zusätzlich dazu tritt besonders bei *B. thetaiotaomicron* die sog. *intrinsische Resistenz* gegen Beta-Laktamantibiotika auf, die durch eine verminderte Aufnahmefähigkeit dieser Antibiotika in die Zellen der Erreger charakterisiert ist. Etwa 90 % der Stämme dieser Gruppe sind gegen *Penizillin* und 80–90 % auch gegen *Ampicillin* resistent. 95–100 % der Stämme der B. fragilis-Gruppe sind gegen die *Cephalosporine der ersten Generation* (z. B. *Cephalothin*) resistent. Bei neueren Penizillinen, z. B. Mezlo-, Azlo- und Piperacillin, ist die Resistenzrate geringer und liegt bei etwa 60 %. Die *Cephalosporine der dritten Generation,* besonders das *Cefoxitin,* zeigen eine bessere Wirkung: Hier sind nur etwa 20–25 % der Stämme resistent. Neuentwicklungen wie das *Imipenem* sowie die Kombinationen von *Beta-Laktamase-Inhibitoren mit Penizillinen* (z. B. Sulbactam + Ampicillin oder Clavulansäure + Amoxycillin) besitzen bisher eine fast uneingeschränkte Wirksamkeit.
In der *B. oralis-Gruppe* zeigt lediglich *B. bivius* ein mit der B. fragilis-Gruppe vergleichbares Resistenzverhalten gegen Penizilline und Cephalosporine. Die anderen Arten der B. oralis-Gruppe sind, ebenso wie die *schwarzpigmentierten Bacteroides-Arten* und *Porphyromonas,* empfindlicher gegen Beta-Laktamantibiotika. Die übrigen Bacteroides-Arten stellen therapeutisch meist kein Problem dar.

Weitere Mittel der Wahl gegen alle Bacteroides- und Porphyromonas-Arten sind die *Nitroimidazole* (Metronidazol, Tinidazol, Ornidazol). Eine hochgradige *Clindamycinresistenz* wird bei Bacteroides nur sehr selten beobachtet. Dagegen hat die Anwendung von *Tetrazyklinen* und *Erythromycin* aufgrund der hohen Resistenzrate besonders der *B. fragilis-Gruppe* und der fehlenden Bakterizidie an Bedeutung verloren.

Aminoglykoside sind kontraindiziert: ⇦

Es sollte abschließend bemerkt werden, daß *Aminoglykoside* (z. B. Gentamicin, Tobramycin, Amikacin) **grundsätzlich** gegen Bacteroides und Porphyromonas, wie auch gegen die allermeisten anderen strikten Anaerobier **unwirksam** sind. Die Monotherapie mit Aminoglykosiden begünstigt sogar noch die Anaerobierkomponente bei Mischinfektionen!

9.2 Fusobacterium

Fusobacterium

9.2.1 Taxonomie und Vorkommen

Taxonomie und Vorkommen:
Gramnegative, strikt anaerobe Stäbchen, z. T. faden- oder spindelförmig, z. T. polymorph bis kugelig; Neigung zur Pleomorphie ausgeprägter als bei Bacteroides.

Typisch gramnegative Zellhülle; strikt anaerob.
Stoffwechsel vorwiegend proteolytisch.
Saure Endprodukte: Essig-, Propion- und Buttersäure;
keine Bildung von Isobutter- und Isovaleriansäure.
G + C-Gehalt der DNA: 26–34 mol%, bei *F. prausnitzii* 52–57 mol%.
Zellwand mit KDO- und heptosehaltigem Lipopolysaccharid.

Die Gattung *Fusobacterium* umfaßt gegenwärtig einerseits die *faden- oder spindelförmigen*, typischen Arten, andererseits auch recht *polymorphe*, oftmals sogar kugelige Spezies (Abb. 9-3). Die Neigung zur *Pleomorphie* durch *Sphaeroplastenbildung* ist bei dieser Gattung allgemein größer als bei Bacteroides. Die Fusobakterien weisen alle eine typische *gramnegative Zellhülle* auf. Sie sind strikt anaerob und bilden keine Sporen.
Der **Stoffwechsel** der Fusobakterien ist vorwiegend *proteolytisch*; nur wenige Kohlenhydrate werden schwach fermentiert. Im Gaschromatogramm der Fermentationsprodukte dominieren *Essig-*, *Propion-* und *Buttersäure*; verzweigte Fettsäuren (Isobutter- oder Isovaleriansäure) werden nicht gebildet. Der *Guanin-plus-Zytosin-Gehalt* der DNA beträgt 26–34 mol%; nur bei *F. prausnitzii* liegt er wesentlich höher (52–57 mol%). Das Lipopolysaccharid der Fusobakterien weist KDO und Heptose auf. Bei den bisher untersuchten Arten wurden Sphingolipide nachgewiesen.

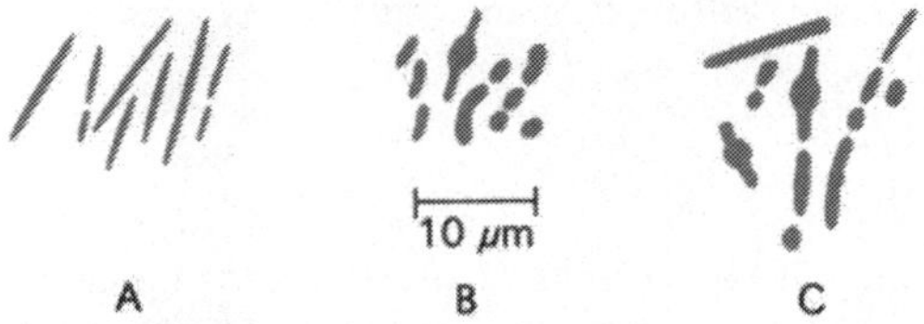

Abb. 9-3:
A: Fusobacterium nucleatum,
B: Fusobacterium varium,
C: Fusobacterium necrophorum
im Grampräparat

Klinisch wichtigste Arten:
F. nucleatum, F. necrophorum, F. varium, F. mortiferum.
(*F. plauti*: In Eubacterium plauti überführt)

Die in klinischem Material wie auch in der Normalflora vorherrschenden Arten sind *Fusobacterium nucleatum, F. necrophorum, F. varium, F. mortiferum.* Die übrigen Arten (F. gonidiaformans, F. perfoetens, F. naviforme, F. russii, F. necrogenes und F. prausnitzii) werden nur sehr selten aus klinischem Material isoliert. *F. plauti* wurde vor einiger Zeit wegen des Fehlens von Lipopolysacchariden und einer grampositiven Zellwandstruktur (trotz gramnegativen Färbeverhaltens) in die Gattung *Eubacterium* (grampositive, nichtsporenbildende, anaerobe Stäbchen) überführt.
Seit dem Erscheinen von „Bergey's Manual of Systematic Bacteriology" im Jahre 1984 sind einige neue Arten (z. B. *Fusobacterium sulci, F. periodonticum* und *F. alocis*) beschrieben worden. Diese haben aber, soweit bisher absehbar, nur geringe allgemeine pathogenetische Bedeutung.

Normales Vorkommen der Fusobakterien: Mund- und Darmflora; durch Fusobakterien verursachte Infektionen sind daher endogener Natur.

Fusobakterien gehören zur **normalen Schleimhautflora**. Während *F. nucleatum* und *F. necrophorum* vorwiegend in der **Mundflora** nachweisbar sind, dominieren *F. varium* und *F. mortiferum* in der **Darmflora**. Gelegentlich kommen Fusobakterien auch in der Vaginalflora vor. Die durch sie verursachten Infektionen sind daher fast immer *endogener Natur.* Sie können an verschiedenen Infektionen beteiligt sein, wo sie meist in Mischkultur mit anderen aeroben oder anaeroben Bakterien nachgewiesen werden.

Epidemiologie und Ätiologie:
Das Vordringen in primär sterile Körperbereiche, vor allem bei bestimmten Prädispositionen, stellt den eigentlichen Infektionsweg dar.

Pathogenese und Klinik:
Ähnlich Bacteroides, jedoch allgemein geringere Invasivität. Pathogenitätsfaktor: endotoxisches Lipopolysaccharid.

Krankheitsbilder:
- orofaziale
- pleuropulmonale oder abdominale Infektionen:
  - Pneumonie
  - Lungenabszeß
  - Weichteilinfektionen
  - Leberabszeß
  - Peritonitis
  - andere abdominale Infektionen; meist als Mischinfektion mit anderen Spezies aus dem gleichen Bereich.

Angina Plaut-Vincent: Assoziation von Eubacterium (früher Fusobacterium) plauti mit Treponema vincentii; meist einseitige, nekrotisierende Tonsillitis.

Klinik und Diagnose
s. Bacteroides

Diagnose der Angina Plaut-Vincent:
Im Grampräparat vom Tonsillenabstrich fusiforme Stäbchen, Treponemen und Granulozyten.

Therapie
Fusobakterien sind gegen Penizilline, Cephalosporine, Nitroimidazole, Clindamycin und Tetrazykline gut empfindlich.

Aminoglykoside: unwirksam!

9.2.2 Epidemiologie und Ätiologie

Da die Fusobakterien in der normalen Flora reichlich vorhanden sind, stellt ihr Vordringen in primär sterile Organe den eigentlichen Infektionsweg dar. Ähnlich wie bei anderen Anaerobierinfektionen erleichtern bestimmte Prädispositionen die per se geringe Invasivität dieser Keime.

9.2.3 Pathogenese und Klinik

Grundsätzlich gleicht die Pathogenese der von Bacteroides (s. oben). Die Nachweisraten von Fusobakterien im klinischen Material sind jedoch wesentlich niedriger als beispielsweise die von *B. fragilis*, was auf eine geringere Invasivität schließen läßt.
Als **Pathogenitätsfaktor** wird vor allem das *Lipopolysaccharid* herausgestellt, das in seiner Wirkung dem Salmonellen-Endotoxin ähnelt *(Schwartzman-Reaktion, Mäuseletalität).*

Krankheitsbilder: In der präantibiotischen Ära rief *F. necrophorum* im Anschluß an Angina tonsillaris eine oft tödliche **Thrombophlebitis** hervor. Heutzutage treten *Fusobacterium*-Arten besonders bei Infektionen im **orofazialen** und **pleuropulmonalen**, selten auch im *abdominalen* und *urogenitalen* Bereich in Erscheinung.
Bei **pleuropulmonalen Infektionen** (z. B. Pneumonie, Lungenabszeß), bei **Weichteilinfektionen** im orofazialen Bereich (z. B. Mastoiditis) sind sie unter den am häufigsten isolierten Anaerobiern. Die höchste klinische Isolierungsrate hat *F. nucleatum.* In den meisten Fällen sind die Fusobakterien mit Peptostreptokokken, Keimen aus der B. melaninogenicus-Gruppe oder anderen aeroben und anaeroben Spezies aus dem oropharyngealen Bereich assoziiert.
Eubacterium plauti (früher *Fusobacterium plauti*) ruft in Assoziation mit *Treponema vincentii* die **Angina Plaut-Vincent** (meist einseitige, nekrotisierende Tonsillitis, oft als Folge der Herpes-Erstinfektion) hervor.
Im **Abdominalbereich** werden Fusobakterien vergleichsweise häufig aus **Leberabszessen** *(F. varium, F. mortiferum)*, seltener bei **Peritonitis** und anderen intraabdominalen Infektionen isoliert.

Klinik: Für die Klinik der *Fusobacterium*-Infektionen wird auf den Abschnitt *Bacteroides* verwiesen.

9.2.4 Diagnose

Hier gilt im wesentlichen ebenfalls das im Abschnitt „Bacteroides" Gesagte; beim Vorliegen von faden- oder spindelförmigen gramnegativen Stäbchen im Direktpräparat ist differentialdiagnostisch gesehen die Abgrenzung gegen *Leptotrichia, Capnocytophaga* bzw. fusiforme, manchmal gramnegativ angefärbte *Clostridium*-Spezies (z. B. Clostridium clostridioforme) wichtig. Auch hier müssen der Transport des klinischen Materials und die Kultivierung unter **Sauerstoffausschluß** vorgenommen werden.
Bei Verdacht auf **Angina Plaut-Vincent** hat das *Gram-* oder *Giemsapräparat vom Tonsillenabstrich* eine hohe Aussagekraft (Vorliegen von reichlich fusiformen Stäbchen, Treponemen und Granulozyten). Eine Kultur wird hier wegen des ubiquitären Vorkommens der Fusobakterien in der Mundflora und der Hinfälligkeit der Treponemen nicht durchgeführt.

9.2.5 Therapie

Fusobacterium-Arten stellen, therapeutisch gesehen, kein wesentliches Problem dar. *F. nucleatum* ist gegen *Penizilline, Cephalosporine, Nitroimidazole, Clindamycin* und *Tetrazykline* gut empfindlich. Die bei der In-vitro-Resistenzbestimmung gelegentlich beobachtete schwächere Wirksamkeit von Beta-Laktamantibiotika, besonders bei *F. varium, F. necrophorum* und *F. mortiferum*, hat bisher keine klinische Bestätigung gefunden, so daß auch für diese Arten die für *F. nucleatum* getroffenen Aussagen gelten. Beta-Laktamasen sind bei *Fusobacterium*-Arten nicht nachweisbar. Auch für diese Gattung gilt die bei Anaerobiern generell beobachtete *Resistenz gegen Aminoglykoside.*

9.3 Leptotrichia

Leptotrichia

9.3.1 Taxonomie und Vorkommen

Die Morphologie von Leptotrichia ähnelt bis zu einem gewissen Grade den fadenförmigen Fusobakterien. Es handelt sich um *anaerobe, gramnegative, lange, unbewegliche Stäbchenbakterien* mit zugespitzten oder leicht abgerundeten Zellenden; gelegentlich weisen die Zellen grampositive Abschnitte auf (Abb. 9-4). Die Zellwandstruktur entspricht jedoch der eines gramnegativen Bakteriums.
Das Genus besteht bisher nur aus einer Art, *Leptotrichia buccalis.* Stoffwechselphysiologisch unterscheidet sich L. buccalis von den Fusobakterien durch einen ausschließlich *saccharolytischen Stoffwechsel* mit *Essig-* und *Milchsäure* als einzigen Endprodukten. Der *Guanin-plus-Zytosin-Gehalt* der DNA beträgt etwa 25 mol%. Die Zellhülle von L. buccalis enthält ein Lipopolysaccharid mit Heptose und KDO.

Morphologisch den Fusobakterien ähnlich:
Lange, gramnegative, unbewegliche Stäbchen mit zugespitzten oder abgerundeten Zellenden;
manchmal mit grampositiv gefärbten Abschnitten.
Die Zellwandstruktur entspricht der eines gramnegativen Bakteriums.
Einzige Art: *L. buccalis.*
Stoffwechsel rein saccharolytisch; saure Endprodukte: Essig- und Milchsäure.

Abb. 9-4:
Leptotrichia buccalis im Grampräparat

9.3.2 Epidemiologie, Pathogenese und Klinik

Leptotrichia buccalis ist Bestandteil der *normalen Oropharyngeal-* und gelegentlich auch der weiblichen *Genitalflora.* In den meisten Fällen wird Leptotrichia bei *Mischinfektionen endogener Natur* nachgewiesen. Betroffen sind die Zervikofazial- und die Genitalregion. Die pathogenetische Bedeutung dieser Spezies bei der Entstehung derartiger Mischinfektionen ist jedoch unklar. Als möglicher Pathogenitätsfaktor kann das endotoxische Lipopolysaccharid angesehen werden. Insgesamt gesehen sind sowohl Virulenz als auch Isolierungsfrequenz gering.

Epidemiologie, Pathogenese und Klinik
Normales Vorkommen:
Oropharyngeal- und Vaginalflora
Gelegentlich Beteiligung an Mischinfektionen; Virulenz und Isolierungsfrequenz gering.

9.3.3 Diagnose und Therapie

Der **Nachweis** von L. buccalis erfolgt durch die **Kultur**. Die Isolierung muß unter *strikt anaeroben Bedingungen* erfolgen, jedoch ist eine zunehmende Aerotoleranz klinischer Isolate bei mehrfachem Nährbodentransfer beobachtet worden. Differentialdiagnostisch gilt das bei *Fusobacterium* Gesagte. Die **Therapie** von L. buccalis stellt kein Problem dar; hier kann auf den Abschnitt *Fusobacterium* verwiesen werden.

Diagnose und Therapie
s. *Fusobacterium*

9.4 Mobiluncus

Mobiluncus

9.4.1 Taxonomie und Vorkommen

Taxonomie und Vorkommen

Bei dieser Gattung handelt es sich um *strikt anaerobe, gebogene bis sichelförmige,* durch lateral oder subpolar inserierte Geißeln *bewegliche Stäbchen* (Abb. 9-5). Obwohl das Färbeverhalten sie als *gramnegativ* oder gramvariabel ausweist (und daher eine Zuordnung zur Familie *Bacteroidaceae* erfolgte), entspricht die Struktur der Zellhülle (Fehlen von Außenmembran und Lipopolysacchariden) eher der eines *grampositiven* Bakteriums, so daß die Zuordnung zu den *Bacteroidaceae* eigentlich nicht gerechtfertigt erscheint.
Obwohl bereits 1913 als *„anaerobe Vibrionen"* erstmals beschrieben, erfolgten

Strikt anaerobe, gebogene bis sichelförmige, bewegliche Stäbchen. Färbeverhalten: gramnegativ bis gramvariabel.
Struktur der Zellhülle: ähnlich der von grampositiven Bakterien.
Zwei Spezies:
- *M. mulieris* (saccharolytisch)
- M. curtisii (asaccharolytisch)

Abb. 9-5:
Mobiluncus mulieris im Grampräparat

Namensgebung und genaue Beschreibung erst im Jahre 1984. Es werden derzeit zwei Spezies, *Mobiluncus mulieris* und *M. curtisii*, unterschieden; M. mulieris besitzt einen vorwiegend *saccharolytischen* Stoffwechsel, während M. curtisii *asaccharolytisch* ist und sich vorwiegend von Aminosäuren ernährt. Im Gaschromatogramm sind bei beiden Spezies *Essig-* und *Bernsteinsäure*, gelegentlich noch *Milchsäure*, nachweisbar. Der *Guanin-plus-Zytosin-Gehalt* der DNA von Mobiluncus liegt bei 49–53 mol%.

Epidemiologie, Pathogenese und Klinik

Mobiluncus ist einer der an der **unspezifischen Vaginitis** beteiligten Erreger.
Normales Vorkommen noch nicht geklärt.

Über einige Fälle von extragenitalen Infektionen durch *Mobiluncus* wurde berichtet (Brustabszeß, Nabelabszeß, Wundinfektionen, Sepsis).

9.4.2 Epidemiologie, Pathogenese und Klinik

Die medizinische Bedeutung von Mobiluncus ist im Formenkreis **„unspezifische Vaginitis/Vaginosis“** zu sehen. Bei manchen Fällen von chronisch-rezidivierendem *Fluor vaginalis* lassen sich *Mobiluncus*-Arten als deutlich dominierende Keime nachweisen. Eigene Untersuchungen weisen auf Keimzahlen von 10^9–10^{10} koloniebildenden Einheiten pro ml Vaginalsekret hin.
Der natürliche Standort von Mobiluncus ist noch nicht geklärt; Untersuchungen vaginitisfreier Probandinnen konnten nur in Einzelfällen die anaeroben Vibrionen nachweisen. Auch beim männlichen Geschlecht stellt das Vorkommen dieser Keime in der Urethralflora die große Ausnahme dar. Der Nachweis in der Kultur ist jedoch schwierig und langwierig, so daß möglicherweise eine optimale Kulturtechnik hier noch zur Aufklärung beitragen wird.
In jüngster Zeit wurde Mobiluncus mehrfach aus *extragenitalen Materialien*, so z. B. aus **Brustabszessen, Nabelabszeß** und verschiedenen **Wundinfektionen** isoliert. In einem Fall wurde Mobiluncus als Sepsiserreger (Prädisposition: Alkoholismus) isoliert. Insgesamt gesehen erscheint die klinische Bedeutung jedoch vergleichsweise gering.

Diagnose:
Aufgrund der charakteristischen Zellform ist bereits das direkte Grampräparat recht aussagekräftig.

Kultur: Strikt anaerob, auf anaerobiertauglichen Optimalmedien sowie Columbia- oder Columbia-CNA-Agar mit Blut- oder Serumzusatz.
Bebrütungsdauer: ca. 1 Woche lang!

Therapie:
Bisher wenige Erfahrungen zur In-vivo-Wirksamkeit:
- Penizilline, Cephalosporine, Clindamycin und Erythromycin sind als wirksam einzustufen;
- Nitroimidazole: bei In-vitro-Testung sind viele Stämme resistent.

9.4.3 Diagnose und Therapie

Da Mobiluncus eine *charakteristische Zellform* aufweist, ist das *Grampräparat* vom klinischen Material bereits sehr aussagekräftig. Differentialdiagnostisch sollte jedoch eine Abgrenzung gegen andere gebogene Stäbchen (z. B. *Selenomonas, Campylobacter*) vorgenommen werden. Die Keime sind *strikt anaerob* und wachsen auf den üblichen für Anaerobier geeigneten Optimalmedien sowie auf Columbia- und dem selektiven Columbia-Colistin-Nalidixinsäure-Agar mit Blut- oder Serumzusatz innerhalb von etwa einer Woche zu sichtbaren Kolonien aus. Transport und Anzucht müssen unter **Sauerstoffausschluß** erfolgen.

Therapie: Obwohl bei der unspezifischen Vaginitis oft ohne Erregernachweis und Empfindlichkeitsprüfung die Nitroimidazoltherapie als Mittel der Wahl betrachtet wird, sind bei entsprechender In-vitro-Testung etwa 60–80% der Stämme von *M. curtisii* und etwa 20–30% von *M. mulieris* gegen *Metronidazol resistent.* Penizilline, Cephalosporine, Clindamycin und Erythromycin werden als empfindlich eingestuft. Bisher liegen jedoch nur wenige Erfahrungen über den Einsatz von Antibiotika gegen Mobiluncus vor.

Selenomonas und Wolinella

Selenomonas: gramnegative, gebogene, bewegliche Stäbchen, strikt anaerob.

9.5 Selenomonas und Wolinella

Bei *Selenomonas* handelt es sich um *gramnegative, strikt anaerobe, gebogene, bewegliche Stäbchen* (Abb. 9-6).

Abb. 9-6:
Selenomonas sputigena im Grampräparat

Selenomonas sputigena kommt in der *Mundflora* vor. Die *medizinische Bedeutung* ist *gering.* Differentialdiagnostisch gelingt die Abgrenzung gegen *Mobiluncus* mittels Gaschromatographie, da *Selenomonas Propionsäure* bildet, die bei *Mobiluncus* fehlt.
Bei *Wolinella* handelt es sich um *strikt anaerobe, gramnegative, leicht gebogene, bewegliche Stäbchenbakterien* (Abb. 9-7). *Wolinella recta* und *W. curva* kommen in der *Mundflora* vor. Neuere Untersuchungen weisen beide Arten möglicherweise eine Rolle bei der *Ätiologie der Parodontitis* zu. *W. succinogenes* kommt vorwiegend als normaler Pansenbewohner beim Rind vor, wird gelegentlich aber auch in der menschlichen Darmflora gefunden. Die *allgemeinmedizinische Bedeutung* dieser Gattung ist *gering.*

Vorkommen: Mundflora
Geringe medizinische Bedeutung.

Wolinella: gramnegative, strikt anaerobe, leicht gebogene, bewegliche Stäbchen.
Vorkommen der beim Menschen verbreiteten Arten: Mundflora.
Möglicherweise Beteiligung an der Parodontitis-Ätiologie;
allgemeinmedizinische Bedeutung gering.

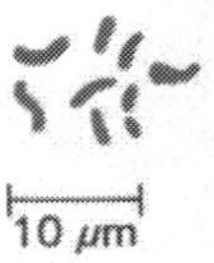

Abb. 9-7:
Wolinella succinogenes im Grampräparat

9.6 Capnocytophaga und Eikenella

Capnocytophaga und Eikenella

Bei diesen Gattungen handelt es sich um *fermentative, gramnegative Stäbchen.* Obwohl sie sich auch unter mikroaeroben Bedingungen und sogar in einer *aeroben Atmosphäre mit CO_2-Anreicherung* anzüchten lassen, ist das Wachstum unter anaeroben Bedingungen besser.
Bei *Capnocytophaga* handelt es sich um teils *spindelförmige, teils fusiforme, an den Enden meist zugespitzte Stäbchen* (Abb. 9-8).

Nicht strikt anaerob, Wachstum auch in mikroaerober Atmosphäre.

Capnocytophaga: fusiforme, durch Gleiten bewegliche Stäbchen.
Vorkommen: Mundflora des Menschen und verschiedener Säugetiere.

Abb. 9-8:
Capnocytophaga ochracea im Grampräparat

Capnocytophaga zeichnet sich durch *gleitende,* nicht durch Geißeln vermittelte *Beweglichkeit* aus. Dafür scheinen spezielle, *schwefelhaltige Membranlipide* verantwortlich zu sein.
Capnocytophaga ist ein normaler Bestandteil der *Oropharyngealflora* des Menschen und verschiedener Säugetiere. Die Beteiligung an der **juvenilen Parodontitis** gilt als gesichert. Bei *splenektomierten, immunsuppressiv behandelten* oder *an Leukämie leidenden Patienten* wird vergleichsweise häufig **Sepsis** durch die beim Menschen vorkommenden Arten *(C. ochracea, C. gingivalis, C. sputigena)* beobachtet. Vor kurzem wurden die in der Oropharyngealflora von Hunden und Katzen vorhandenen Arten als *C. canimorsus* und *C. cynodegmi* beschrieben. Beide können nach **Bißverletzungen** des Menschen durch diese Tiere in klinischem Material vorkommen; fast alle *C. canimorsus-Isolate* stammen aus **Blutkulturen** (meist von splenektomierten Patienten oder von Alkoholikern).
Differentialdiagnostisch ist die *Abgrenzung gegen Fusobacterium* notwendig; dies ist meist schon durch die Kultur (mikroaerobes Wachstum, charakteristische, flache, ausgebreitete Kolonieform bei *Capnocytophaga*) möglich.

Klinische Bedeutung:
- Beteiligung an der Ätiologie der juvenilen Parodontitis
- Sepsis bei Leukämie oder nach Splenektomie
- bei Tieren vorkommende Arten: nach Bißverletzungen beim Menschen Wundinfektionen oder Sepsis (besonders bei splenektomierten Personen).

Eikenella corrodens ist ein *gramnegatives, gerades, unbewegliches Stäbchenbakterium* (Abb. 9-9), das auf festen Nährböden charakteristischerweise flache, in der Mitte eingesunkene Kolonien von kraterartiger Struktur bildet. Früher

Eikenella: gramnegative, gerade, unbewegliche Stäbchen.
Einzige Art: *E. corrodens*

10 μm

Abb. 9-9:
Eikenella corrodens im Grampräparat

Vorkommen: in der Oropharyngealflora des Menschen; gelegentlich in klinischem Material nachgewiesen.

wurde dieses monospezifische Genus zusammen mit dem strikt anaeroben *Bacteroides ureolyticus* (s. oben) als „Bacteroides corrodens" bezeichnet. E. corrodens gehört zur *Oropharyngealflora* des Menschen und wurde auch bei verschiedenen Krankheitsprozessen nachgewiesen.
Die Differentialdiagnose ist gegenüber *Bacteroides ureolyticus* durch den Ureasetest (*E. corrodens* negativ) und die Kultur unter mikroaeroben Bedingungen (nur bei *E. corrodens* positiv) möglich.

Salmonella

10 Salmonella

G. Schmidt

Die Erreger der Gattung *Salmonella* (nach SALMON benannt) sind weltweit verbreitet und Ursache für:

- *zyklische Allgemeininfektionen* (Typhus abdominalis, Paratyphus A, B und C) sowie
- *akute Gastroenteritiden.*

- Allgemeininfektionen (Typhus/Paratyphus)
- Gastroenteritiden

Salmonellosen

⟹

Die durch *Salmonellen* hervorgerufenen akuten Gastroenteritiden werden als Salmonellosen bezeichnet.

Morbidität an Typhus: niedrig
Morbidität an Salmonellosen: erheblich gestiegen

Im Verlaufe der letzten Jahrzehnte konnte in Ländern mit gutem Hygiene-Standard die *Morbidität an Typhus und Paratyphus* entscheidend gesenkt werden. Gleichzeitig wird ein erheblicher Anstieg der *Erkrankungshäufigkeit an Salmonellosen* registriert.

Eigenschaften der Salmonellen

10.1 Eigenschaften

- gramnegative, sporenlose Stäbchen
- peritrich begeißelt
- fakultativ anaerob

- Anzucht auf Selektivnährböden (Begleitflora ausschalten!)

- relativ hohe Umweltresistenz
- Überlebenszeiten in der Umwelt: Wochen bis Monate

Die Erreger der Gattung *Salmonella* unterscheiden sich in morphologischer Hinsicht nicht von anderen Bakterien der Familie *Enterobacteriaceae.* Wie diese sind sie *gramnegative, sporenlose* und im Regelfall peritrich *begeißelte Stäbchen.* Das Kapselbildungsvermögen ist innerhalb der Gattung unterschiedlich ausgeprägt.
Sie wachsen *fakultativ-anaerob,* ohne an Nährmedien größere Ansprüche zu stellen. Zu ihrer Anzucht aus Untersuchungsmaterial, insbesondere aus Stuhlproben, sind jedoch spezielle *Selektivnährböden* erforderlich. Die Ursache ist in der *Begleitflora* zu sehen, die das Wachstum der Salmonellen, z. B. auf einer Nähr- oder Blut-Agar-Platte, völlig unterdrücken kann (s. Tab. 10-1). Von großer **epidemiologischer Bedeutung** ist die relativ hohe

Tab. 10-1: Feste Nährböden zur Anzucht von Enterobacteriaceae (Beispiele)

Nährboden	Anzucht von:	Selektivität für Salmonellen
Nähragar Blutagar	Enterobacteriaceae möglich	keine
Endo-Agar MacConkey-Agar	Enterobacteriaceae möglich	befriedigend bis gut
Leifson-Agar SS-Agar	Salmonella und Shigella	gut
Wismutsulfit-Agar	Salmonella	gut bis sehr gut

Umweltresistenz von Salmonellen. Das gilt sowohl für die Typhus/Paratyphus- als auch die Enteritis-Salmonellen, für letztere in besonderem Maße. So sind *Überlebenszeiten* in Lebensmitteln (auch bei Kühlschranktemperatur aufbewahrten), Zimmerstaub, Tierkot, Leitungswasser, stehenden Gewässern und Gartenerde von Wochen bis Monate beschrieben.
Zur Differenzierung und Klassifizierung der Salmonellen stehen vordergründig zwei Möglichkeiten zur Verfügung: die **Enzymaktivitäten** (biochemische Eigenschaften) und die **Antigenanalyse**.

Biochemische Eigenschaften: Von den Kohlehydraten spaltet die Mehrzahl der Salmonellen *Glukose*, Maltose, Xylose, D-Mannose und Mannit. *Laktose*, Saccharose, Arabinose, Raffinose und Cellobiose werden nicht fermentiert.
Im Gasbildungsvermögen aus Glukose sowie in der Verstoffwechselung von Zitrat, Sorbit, Rhamnose und Melibiose verhalten sich die einzelnen Salmonellen unterschiedlich.
Was den Nachweis von Enzymen des Proteinstoffwechsels anbetrifft, so sind Salmonellen *Harnstoff-*, *Indol-* und in der *Voges-Proskauer-Reaktion (VPR)* negativ.
Gleiches trifft für den Nachweis der Phenylalanindesaminase zu, während die Anwesenheit oder das Fehlen der Lysin- bzw. Ornithindecarboxylase für die gattungsinterne Differenzierung genutzt werden kann.

Biochemische Eigenschaften:
- spalten Glukose (mit oder ohne Gasbildung)
- sind Laktose-negativ
- sind Harnstoff-, Indol- und VPR-negativ

10.2 Antigene

Antigene

In der Routinediagnostik wird der erste Verdacht auf das Vorliegen von Salmonellen i. d. R. auf einem Selektivnährboden (SS-Agar, Leifson, MacConkey) angezeigt. Ob es sich um eine Salmonelle handelt und – wenn ja – um welche, bedarf weiterer diagnostischer Schritte. Ein sehr entscheidender ist in der Serologie zu sehen. Die dabei eingesetzten poly- und monovalenten Seren enthalten Antikörper gegen mehrere oder einzelne spezifische Salmonellen-Antigene: O-Antigene, H-Antigene und K-Antigene.

O-Antigene: Die O-Antigene (auch somatische oder Körper-Antigene genannt) sind *in der Zellwand lokalisiert.* Sie leiten sich von den *Lipopolysacchariden* (s. auch Lipid A) ab, deren äußere Region aus Ketten von sich wiederholenden Oligosaccharid-Einheiten aufgebaut ist. Letztere bestehen aus mehreren Monosacchariden, die in Zusammensetzung und Aufbau variieren.
Die einzelnen Salmonellen verfügen über mehrere, mit arabischen Ziffern ausgewiesene O-Antigene. Die O-Antigene sind *thermostabil.*

O-Antigene
- in Zellwand lokalisiert
- Lipopolysaccharide
- thermostabil

H-Antigene: Die H-Antigene gehen auf die *Geißeln* zurück, die aus dem Protein Flagellin bestehen. H-Antigene sind *thermolabil.*
Die Proteinnatur der Geißeln und der Spielraum, den diese Struktur den antigenen Determinanten für ihre Ausbildung bietet, führte auch hier zu zahlreichen voneinander differenten H-Antigenen.
Für H-Antigene der Salmonellen ist typisch, daß sie *in 2 serologisch verschiedenen Phasen* vorkommen können *(Phase 1 und Phase 2).* Die H-Antigene der Phase 1 werden mit kleinen lateinischen Buchstaben, die der Phase 2 mit arabischen Ziffern (wie die O-Antigene) bezeichnet. Abweichungen davon sind auf die große Zahl der Salmonellen zurückzuführen.

H-Antigene
- auf Geißelproteine zurückzuführen
- thermolabil

H-Antigene in zwei Phasen: Phase 1 und Phase 2

K-Antigene: Von spezieller Bedeutung ist das *Vi(Virulenz)-Antigen von S. typhi.* Es besitzt die Eigenschaft, die S. typhi-spezifischen O-Antigene zu maskieren. Aus diesem Grunde muß für die serologische Untersuchung eines für S. typhi suspekten Stammes stets ein anti-Vi-Serum zur Verfügung stehen.

K-Antigene
- Vi(Virulenz)-Antigen von S. typhi
- Vi-Ag maskiert O-Antigene

Kauffmann-White-Schema: Die für die einzelnen Salmonellen zutreffenden Antigen-Kombinationen führten zur Aufstellung des *Kauffmann-White-Schemas* (KWS). Dieses Schema, das zu einem wichtigen Element der Salmonellendiagnostik geworden ist, vereinigt inzwischen *mehr als 2 000 Salmonellen.* Die einzelnen Glieder des Schemas werden als *Serovare* (Serovar, fem.), Se-

Kauffmann-White-Schema (KWS)
(= wichtiges Element der Salmonellendiagnostik)

im KWS: mehr als 2 000 Salmonellen
Glieder des KWS: Serovare (auch Serotypen oder S.-spezies) (Tab. 10-2)

Tab. 10-2: Antigenformeln für ausgewählte Salmonellen

Serovar	O-Antigen	H-Ag Ph.1	H-Ag Ph.2
S. paratyphi A	2, 12	a	–
S. paratyphi B	4, 5, 12	b	1, 2
S. typhimurium	4, 5, 12	i	1, 2
S. agona	4, 12	f, g	–
S. paratyphi C	6, 7	c	1, 5
S. typhi	9, 12, Vi[1]	d	–
S. enteritidis	9, 12	g, m	–
S. panama	9, 12	l, v	1, 5

[1]) Vi = Kapselantigen

Aus KWS sind Antigenformeln für Salmonellen abgeleitet.

Serologische Differenzierung der S. auf der Basis von:
- Gruppenseren (enthalten O-Antikörper) und
- Faktorenseren (enthalten H-Antikörper)

Toxine:
- Enterotoxin
- Endotoxin

rotypen, aber auch als Spezies aufgefaßt. Ihre Beschreibung erfolgt durch *Antigenformeln* (s. Tab. 10-2).
Eine wichtige Voraussetzung für die *serologische Typisierung* eines Salmonellen-Isolates sind diagnostische **Gruppen-** und **Faktoren-Seren.**
Gruppenseren enthalten *Antikörper gegen* die in der Gruppe dominierenden *O-Antigene.*
Faktoren-Seren basieren auf *Antikörpern gegen H-Antigene* der Phase 1 oder Phase 2. Sie sind häufig Einfaktoren-Seren, die durch Absättigung mit Stämmen definierter Antigenstruktur hergestellt werden.

Toxine: Für die Pathogenität der Salmonellen dürften zwei Toxin-Arten von Bedeutung sein. So konnte bei diversen Salmonellen ein thermolabiles *Enterotoxin* nachgewiesen werden. Außerdem enthält die Zellwand reichlich Lipopolysaccharide, deren *Endotoxin*-Charakter unbestritten ist.

10.3 Typhus abdominalis

Typhus abdominalis

- zyklische Allgemeininfektion
- Typhus und Paratyphus sehr ähnlich

Der Typhus abdominalis (engl.: typhoid fever) wird erst seit dem vergangenen Jahrhundert von anderen typhösen Krankheiten wie Fleckfieber und Rückfallfieber unterschieden. Es handelt sich um eine *zyklische Allgemeininfektion.*
Da sich **Typhus** und **Paratyphus** hinsichtlich Pathogenese, Klinik, Therapie und Epidemiologie nicht oder nur unwesentlich unterscheiden, wird im weiteren allein der durch *S. typhi* hervorgerufene Typhus abdominalis besprochen.

10.3.1 Pathogenese

Pathogenese

Ty-Salmonellen sind fakultativ-intrazelluläre Bakterien und führen zur Bildung von Granulomen

Für das Verständnis der Pathologie des Typhus abdominalis ist von grundsätzlicher Bedeutung, daß die Typhus-Salmonellen *fakultativ-intrazelluläre Bakterien* sind und zur *Bildung von Granulomen* (Typhomen) führen.
Das Granulom ist bekanntlich als Produkt der Auseinandersetzung der Infektabwehr mit dem Erreger aufzufassen. Daran sind spezifisch reagible T-Lymphozyten und Makrophagen beteiligt.

- perorale Aufnahme des Erregers
- Erreger gelangen in Dünndarm
- Penetration der Darmwand
- Generalisation
- Organmanifestation

Die *per os (oral)* aufgenommenen Erreger gelangen zunächst in die oberen Abschnitte des *Dünndarmes.* Auf dem Wege dorthin müssen sie den Magen „überwinden“, der eine erhebliche Reduzierung der aufgenommenen Keimmenge bewirken kann.
Nach *Penetration der Darmwand* erreichen sie via Lymphgefäße, Mesenterialdrüsen und Ductus thoracicus die Blutbahn. Der *Generalisation* des Erregers folgt die Phase der *Organmanifestation.*

Zielorgane ⇨

Spezielle Zielorgane sind Milz, Leber, Knochenmark, Nieren, Gehirn, Lunge und die Haut.

In der Haut entwickeln sich die Roseolen.
Von besonderer Bedeutung für den weiteren Verlauf der Krankheit ist der *Befall der Peyer'schen Plaques* mit Typhusbakterien. Einer *„markigen" Schwellung* und *Verschorfung* dieser lymphatischen Organe folgt die *Ulzeration*, in deren Ergebnis es zur *Darmperforation* kommen kann. Die Erreger werden mit dem *Stuhl* und *Urin* ausgeschieden.
Abweichungen von diesem pathogenetischen Grundschema sind in Rechnung zu stellen. Das betrifft z. B. die Möglichkeit der Erreger, bereits über den lymphatischen Rachenring in die Blutbahn zu gelangen oder die Ausscheidung über Fisteln zu vollziehen.
Der häufige Nachweis der Erreger im Gallensaft ist dagegen als normal zu betrachten.

- Befall der Peyer'schen Plaques mit
  - markiger Schwellung
  - Verschorfung
  - Ulzeration (→ Perforation)
- Erregerausscheidung im:
  - Stuhl
  - Urin

10.3.2 Klinik

Klinik

Die **Inkubationszeit** des Typhus abdominalis beträgt in Abhängigkeit von Infektionsdosis und Disposition des Patienten *zwischen 7 und 21 Tagen*. Als Extremwerte gelten 3–41 Tage. Nach uncharakteristischen Frühsymptomen stellt sich *in der ersten Krankheitswoche* allmählich *steigendes Fieber* ein, das schließlich Werte bis zu 39/40 °C erreicht.
In der darauffolgenden Krankheitsphase, die unbehandelt zwei Wochen währt, dominiert *gleichbleibend hohes Fieber (Kontinua)*.

- IKZ: 7–21 (14) Tage
- 1. KW: ansteigendes Fieber (bis zu 39/40 °C)
- 2. und 3. KW: hohes Fieber (Kontinua)

> Weitere Symptome sind: relative Bradykardie, Lymphopenie, ZNS-Zeichen, Milztumor und Roseolen, die vor allem an der Bauchhaut zu finden sind.

weitere Symptome ⇐

Bei benignem Ausgang entfiebert der Patient in der vierten Krankheitswoche.
Als gefürchtete Komplikationen treten *Darmblutungen* sowie *Darmperforationen* mit *Peritonitis* auf.
Letale Ausgänge nach Peritonitis sind auch bei typhöser Myokarditis oder durch einen toxischen Schock möglich.
Die typischen erbsbreiartigen *Durchfälle* werden meist in der zweiten Krankheitshälfte manifestiert.
Ein besonderes Problem des Typhus abdominalis besteht darin, daß ca. 2–5 % der Patienten nach erfolgter Ausheilung *Dauerausscheider* bleiben (besonders Frauen!). Bevorzugte Organe der *Erregerpersistenz*, von denen die schubweise oder kontinuierliche und nicht selten lebenslange Ausscheidung gespeist wird, sind *Gallenblase* und *Gallenwege*.

- Komplikationen:
  - Darmblutungen
  - Darmperforation
  - Peritonitis
- erbsbreiartige Durchfälle ab 2./3. Krankheitswoche

2–5 % der Patienten werden Dauerausscheider;
Organ der Erregerpersistenz:
- Gallenblase
- Gallenwege

10.3.3 Mikrobiologische Diagnostik

Mikrobiologische Diagnostik

Die mikrobiologische Diagnostik des Typhus muß, um effizient zu sein, die Dynamik des infektiösen Prozesses in besonderem Maße berücksichtigen. Im Vordergrund steht der **Erregernachweis**. Zur Beurteilung der Aktivität und des Verlaufes der Krankheit eignet sich die **Widal'sche Reaktion**, die agglutinierende Antikörper im Patienten-Serum anzeigt.

- Erregernachweis
- Widal'sche Reaktion

Erregernachweis: Der Erregernachweis gelingt in der 1. und 2. Krankheitswoche aus dem *Blut*, ab 2. Krankheitswoche auch aus dem *Stuhl*. Er gelingt relativ häufig aus *Urin* (bei Nierenbeteiligung), seltener aus Abstrichen bzw. Punktaten anderer beteiligter Organe. Für den Erregernachweis wurden salmonellen-spezifische, selektivwirkende Nährmedien entwickelt (s. Tab. 10-1). Zu den einzelnen diagnostischen Schritten s. Abb. 10-1.

Erregernachweis
1. und 2. Krankheitswoche: aus Blut, ab 2. Woche auch aus Stuhl; eventuell aus Urin.

einzelne diagnostische Schritte

Antikörpernachweis: Die agglutinierenden *Antikörper* erscheinen etwa ab 2. Krankheitswoche. Hohe Titer (≥1:800) sprechen für eine akute Infektion. Besser ist die Beurteilung der Titerdynamik in mindestens *zwei Serumproben*, die in Abständen von 7–12 Tagen zu gewinnen sind. Als Antigene für die Widal'sche Reaktion werden Stämme verwendet, die entweder O- oder H-Antigene enthalten (Tab. 10-2).

Antikörpernachweis: ab 2. Krankheitswoche

2 Serumproben (Titerdynamik!)

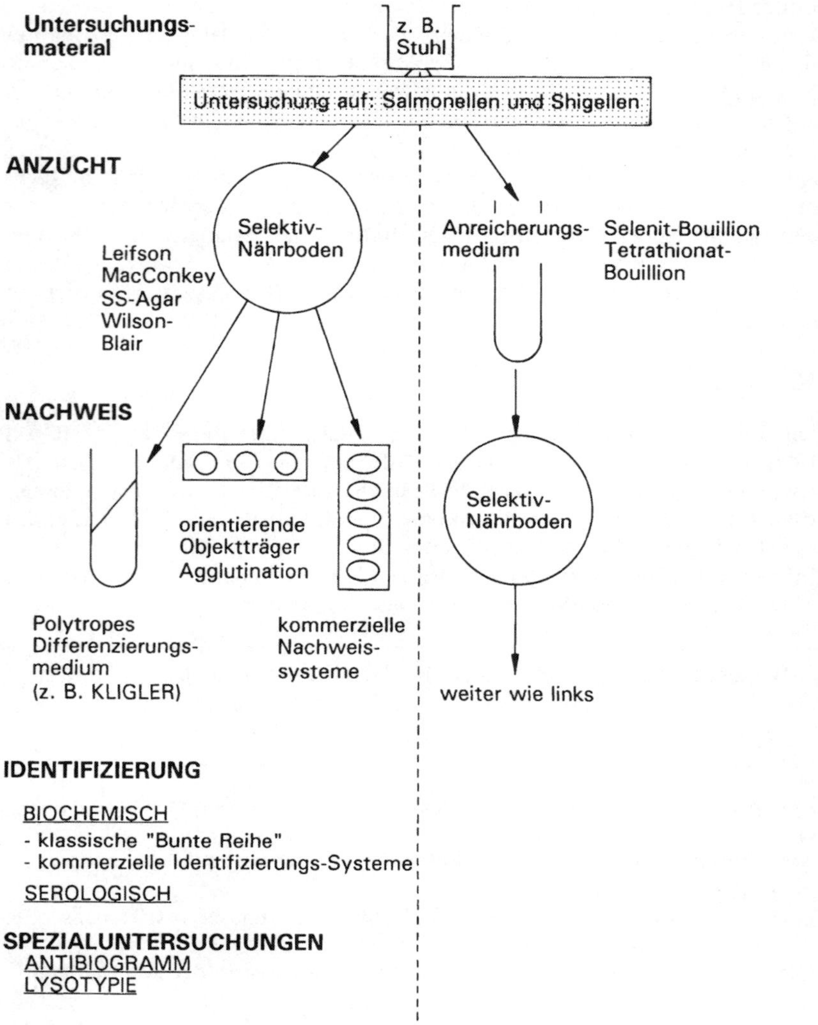

Abb. 10-1: Schematische Darstellung zum Nachweis und zur Identifizierung von *Salmonellen* und *Shigellen*

Bei frühzeitig einsetzender Chemotherapie kann die Bildung von Antikörpern ausbleiben oder stark beeinträchtigt sein.

Chemotherapie

früher: Chloramphenicol

heute:
- Cotrimoxazol
- Amoxicillin
- Fluorochinolone

10.3.4 Chemotherapie

Gute Behandlungsergebnisse wurden bei 10–14tägiger Therapie mit *Chloramphenicol* erreicht. Da das Chloramphenicol jedoch wegen der bekannten Nebenwirkungen in Kritik geraten ist, wird zunehmend auf andere Präparate ausgewichen. Eines davon ist das *Cotrimoxazol*, andere sind *Amoxicillin* oder *Fluorochinolone.*
Nach wie vor schwierig gestaltet sich die Therapie von Dauerausscheidern. Neben positiven Behandlungsergebnissen wird über zahlreiche Therapieversager berichtet.

Epidemiologie

Erregerreservoir:
- Mensch

Infektionsquellen:
- Inkubierte
- Kranke
- Dauerausscheider

10.3.5 Epidemiologie

Erregerreservoir/Infektionsquellen: Das *Hauptreservoir* für Typhus-Salmonellen ist der **Mensch**. Der Typhus ist somit als Anthroponose aufzufassen. Als *Infektionsquellen* kommen **Inkubierte, Kranke** und **Dauerausscheider** in Frage.
In Ländern mit hoher Typhusmorbidität spielen, wenn auch in unterschiedlichem Maße, alle genannten Kategorien von Infektionsquellen eine Rolle. In

Ländern mit geringer Morbidität sind häufig Dauerausscheider, insbesondere die bisher unerkannten, Ausgangspunkte für sporadische Erkrankungen oder gelegentlich auch für Kleinraumepidemien.

Übertragung: Die Erregerübertragung erfolgt ausschließlich *auf fäkal-oralem Wege* („Typhus wird gegessen oder getrunken!"). In *Lebensmitteln* (häufig Milchprodukte), die von einer Infektionsquelle (häufig Dauerausscheider!) kontaminiert werden, kommt es zu einer rasanten Erregervermehrung und schnellem Erreichen der erforderlichen Infektionsdosis. Ein anderer wichtiger Übertragungsfaktor ist im kontaminierten *Trinkwasser* (Brunnen!) zu sehen. *Fliegen* als intermediärer Übertragungsfaktor sind nicht auszuschließen.

Übertragung
- fäkal-oral
- durch Lebensmittel
- Trinkwasser (Brunnen!)
- Fliegen

Empfänglichkeit: Der Mensch kann *in jedem Alter* an Typhus abdominalis erkranken. Bei lebensmittelbedingter Übertragung sind in der Regel kürzere Inkubationszeiten zu beobachten (hohe Infektionsdosis).
Die Morbidität exponierter Personengruppen unterliegt starken Schwankungen und hängt in entscheidendem Maße auch *von dispositionellen Faktoren* ab.
Die Erkrankung hinterläßt eine relativ **stabile Immunität**. Dadurch entsteht in Ländern mit hoher Endemizität eine kollektive **Immunbarriere**. Sie bewirkt, daß sich der Typhus abdominalis als „Kinderkrankheit" manifestiert.

Empfänglichkeit
- in jedem Alter gegeben
- abhängig von Disposition

Immunität nach überstandener Erkrankung → Immunbarriere möglich

Immunprophylaxe: Präparate zur *aktiven Immunisierung* standen bereits im I. Weltkrieg zur Verfügung. Zunächst wurden *Totimpfstoffe*, die parenteral verabfolgt wurden, eingesetzt. Die Erfolge blieben partiell. Erfolgversprechender sind die in jüngster Zeit entwickelten *oralen Impfstoffe* auf der Basis lebender und genetisch veränderter Typhus-Salmonellen.

Immunprophylaxe
aktive Immunisierung:
- Totvakzine
- oraler Impfstoff aus genetisch veränderten Salmonellen (Perspektive!)

Verhütung und Bekämpfung: Um den Typhus abdominalis (und andere fäkal-oral übertragbare Krankheiten) zu verhüten, sind eine *Vielzahl gesetzlicher Bestimmungen* festgelegt. Sie betreffen insbesondere die hygienischen Anforderungen an die Nahrungsmittelgewinnung und -verteilung, die Trinkwasserversorgung sowie die Fäkalien- und Abwasserbeseitigung.
Andererseits sind im Bundesseuchengesetz Festlegungen getroffen, um *die in Lebensmittelbetrieben tätigen Personen ärztlich zu überwachen.* So dürfen in solchen Einrichtungen nur Personen arbeiten, die keine pathogenen Darmbakterien ausscheiden (Untersuchung von Stuhl- und Urinproben, *einmal vor der Einstellung*, das zweite Mal *innerhalb weiterer 4 Wochen*).
Der Typhus und Paratyphus zählen zu den meldepflichtigen Krankheiten. Die **Meldepflicht** besteht bei *Verdacht, Erkrankung* und *Tod.* Die Meldepflicht gilt auch bei Feststellung von *Dauerausscheidern.*
Der Erfolg einer Behandlung ist durch drei Stuhluntersuchungen im Abstand von drei Tagen sowie durch die Untersuchung von Gallensaft abzusichern.

Verhütung und Bekämpfung
- gesetzliche Bestimmungen
- Überwachung von Personen im Umgang mit Lebensmitteln
- Pflichtuntersuchungen

Meldepflicht bei:
- Verdacht, Erkrankung, Tod
- Dauerausscheidung

> Der Patient wird als Dauerausscheider angesehen, wenn die Erreger-Ausscheidung über einen Zeitraum von 10 Wochen nach Heilung anhält.

Dauerausscheider ⇦

In der Arbeit zur Verhütung und Bekämpfung des Typhus abdominalis, insbesondere zur Feststellung von Infektionsquellen und zur Verfolgung von Infektketten, spielt als epidemiologische Untersuchungsmethode die **Lysotypie** eine wichtige Rolle. Häufige Lysotypen (für die Bundesrepublik Deutschland) sind z. B. A, E_1, D_1 und C_1. Die Lysotypie ist Speziallaboratorien vorbehalten.

10.4 Salmonellosen

Salmonellosen

Salmonellosen sind Krankheiten, die durch Salmonellen (außer S. typhi und S. paratyphi A, B und C) hervorgerufen werden. Abweichend vom Typhus abdominalis steht die **akute Gastroenteritis** im Vordergrund des Krankheits-

akute Gastroenteritis

Tab. 10-3: Unterschiede zwischen Typhus und Salmonellosen

Merkmale	Typhus	Salmonellosen
Erregerassoziierte		
Serovare	S. typhi S. paratyphi A, B u. C	S. typhimurium S. agona S. panama S. enteritidis u. v. a.
ID_{50}	niedriger	höher
infektiöse Potenz	fakultativ-intrazellulär	invasiv-toxisch
Krankheitsbezogene		
IKZ	7–21 Tage	16–24 Std., auch kürzer
Form des infekt. Prozesses	zyklische Allgemeininfektion	auf Dünndarm beschränkt
Dauer	Wochen	Tage
Komplikationen	ohne Therapie häufig	selten
Dauerausscheidung	in ca. 5 % der Fälle	nein
Immunität	ja	nein
Chemotherapie	ja	i. d. R. nein
Epidemiologische		
E.-Reservoir	Mensch,	Tiere, Mensch möglich?
Krankheitsgruppe	Anthroponose	Anthropozoonose

bildes. Aber auch in epidemiologischer Hinsicht bestehen wesentliche Unterschiede (Tab. 10-3).

Pathogenese

- hohe Infektionsdosis (ID)
- ID speziesabhängig
- Enterotoxin-Wirkung

10.4.1 Pathogenese

Wie beim Typhus werden die Erreger per os aufgenommen. Für Salmonellosen ist die i. d. R. *hohe Infektionsdosis* typisch, die in Lebensmitteln sehr schnell aufgebaut wird. Sie ist aber auch *speziesabhängig* und soll für *S. typhimurium* geringer sein.
Für das Zustandekommen der Gastroenteritis werden neben Mechanismen, die den Erreger zur Penetration und Invasion in das Darmepithel befähigen, vor allem *Enterotoxine* angeschuldigt.

Klinik

- IKZ: ca. 20 Stunden
- Erbrechen und Durchfall
- selten letal

10.4.2 Klinik

Die *mittlere Inkubationszeit* für die Salmonellen-Enteritis beträgt etwa *20–24 Stunden.* Wesentlich kürzere Inkubationszeiten sind möglich (3–5 Stunden). Im Vordergrund des sich akut entwickelnden Krankheitsbildes stehen **Erbrechen** und **Durchfall**. Die Stühle sind wäßrig. Die Schwere der Erkrankung ist vom Serotyp und von der Infektionsdosis abhängig. Außerdem spielt das Lebensalter eine Rolle.
Säuglinge und Kleinkinder sowie alte Menschen sind besonders gefährdet. Bei diesen Personengruppen, vor allem bei *S. typhimurium*-Infektionen, kann die Erkrankung generalisieren und mit typhusähnlichen Krankheitsbildern einhergehen. Letale Ausgänge bei Salmonellosen sind jedoch selten und i. d. R. auf Herz- und Kreislaufversagen zurückzuführen.

Keimausscheidung nach Krankheit möglich – jedoch keine Dauerausscheidung

Während nach 1–2 Tagen die Leitsymptome abklingen und sich das Krankheitsbild zunehmend bessert, kann die *Keimausscheidung* wochenlang anhalten, ohne daß sich ein Dauerausscheidertum entwickelt.

Mikrobiologische Diagnostik

Erregernachweis aus:
- Stuhl
- Erbrochenem

10.4.3 Mikrobiologische Diagnostik

Im Gegensatz zum Typhus abdominalis steht der **Erregernachweis** aus dem *Stuhl* (eventuell *aus Erbrochenem*) im Vordergrund der bakteriologischen Diagnostik.
Mit positiven Blutkulturen ist nur im Falle der seltenen Generalisierung der Salmonellose zu rechnen. Agglutinierende Antikörper treten erst nach der Genesung auf und dann nur in geringeren Mengen (niedriger Titer).
Infolge der kurzen Inkubationszeit lohnt es sich, in die Diagnostik noch vor-

handene und suspekte *Lebensmittel* oder Lebensmittel-Reste einzubeziehen. (Zur Durchführung der Diagnostik s. Abb. 10-1.)

• Lebensmittel, -Reste

10.4.4 Chemotherapie

Der Einsatz chemotherapeutischer Mittel ist *nur bei typhösen* (septikämischen) *Krankheitsverläufen* gerechtfertigt. Wesentliche Elemente der Therapie sind daher Maßnahmen gegen den akuten Wasserverlust, das Erbrechen sowie zur Stützung des Kreislaufes.

Chemotherapie:
nur bei typhösen Krankheitsverläufen

10.4.5 Epidemiologie

Salmonellosen können als *sporadische Fälle* in Erscheinung treten. Die große Zahl der Krankheitsfälle resultiert jedoch aus *Gruppenerkrankungen* nach Gemeinschaftsverzehr kontaminierter Speisen bzw. Lebensmittel.
Zu den häufigsten Salmonellen, die in Deutschland nachgewiesen werden, zählen: *S. typhimurium, S. agona, S. panama, S. enteritidis* u. a. Das Spektrum der in Frage kommenden Salmonellen ist jedoch wesentlich breiter und variiert stark.

Epidemiologie

- sporadische Fälle
- häufig Gruppenerkrankungen

Erregerreservoir/Infektionsquellen: Da die Enteritissalmonellen ein *Wirtsspektrum* besitzen, das von Reptilien über Vögel bis hin zu Säugetieren reicht, ist der epidemische Prozeß außerordentlich vielgestaltig. Der *Mensch*, meist als *Nebenwirt*, doch auch als Hauptwirt, ist in diesen einbezogen. Relevante *Infektionsquellen* sind somit *Schlachttiere* (Schweine, Rinder, Enten, Gänse, Hühner, Fische) und der *Mensch.*
Neben Kranken spielen symptomlos Infizierte und zeitweilige Ausscheider eine Rolle (für Mensch und Tier gültig). Der Anteil von humanen Ausscheidern an der Gesamtbevölkerung ist insgesamt gering, bei Beschäftigten in der Landwirtschaft und Lebensmittelindustrie jedoch deutlich höher. Dennoch bleiben die Tiere die Hauptinfektionsquellen.

Erregerreservoir
- **breites Wirtsspektrum**
- **Mensch meist Nebenwirt**

Infektionsquellen:
- **Schlachttiere**
- **Mensch**

Übertragung: Das entscheidende Vehikel für die Erreger sind *Lebensmittel.* Schmierinfektionen sind unwahrscheinlich, da die hierbei übertragene Keimmenge unterhalb der erforderlichen Infektionsdosis liegt. Ausnahmen davon sind in Kinderkollektiven, bei psychiatrischen Patienten und extrem schlechten hygienischen Bedingungen möglich.
Für die *Kontamination der Lebensmittel* sind vielfältige Möglichkeiten gegeben. Da Salmonellen ubiquitär vorkommen und in der Nähe von Tieren allgegenwärtig sind, ist der Durchseuchungsgrad der Tiere hoch. Zusätzlich werden Nutztiere durch tierische Futtermittel (Fisch-, Knochen- und Blutmehl, meist Importprodukte) infiziert. Die mikrobielle Belastung des Fleisches kann bereits *intravital* erfolgt sein. Größere Bedeutung dürfte die *postmortale Kontamination* besitzen.

Übertragung:
i. d. R. durch kontaminierte Lebensmittel

- Kontamination der Lebensmittel (Fleisch):
  - intravital (lebende Tiere)
  - häufiger postmortal (geschlachtete Tiere)

> Ursachen sind hygienische Mängel im Schlachtprozeß, die durch solche auf dem Transport, bei der Lagerung und bei der Verarbeitung potenziert werden.

Ursachen:
⇦

Die wichtigsten finalen Übertragungsfaktoren für Salmonellosen sind demzufolge Fleisch- und Fleischwaren. Zusätzlich kommen in Frage: Milch und Milchprodukte sowie Backwaren.
In Küchen von Gaststätten, aber auch in Privathaushalten können Lebensmittel durch Fliegen, Schaben, Nager und keimausscheidende Personen kontaminiert werden. Die kritische Infektionsdosis wird *in der warmen Jahreszeit* besonders schnell erreicht.

- hohe Gefahr in warmer Jahreszeit

Empfänglichkeit: Der Mensch ist gegenüber den einzelnen Salmonellen unterschiedlich anfällig. Die größte Empfänglichkeit dürfte für *S. typhimurium*, den langjährig häufigsten Erreger von Salmonellen-Enteritiden, bestehen (s. Tab. 10-3). Die *postinfektiöse Immunität* ist wenig ausgeprägt. Hinzu kommt die Vielzahl der Salmonellen, die zu Erkrankungen führen können.

Empfänglichkeit
- postinfektiöse Immunität gering ausgeprägt

Verhütung und Bekämpfung
- kompliziert
- strikte Einhaltung der lebensmittel- und küchenhygienischen Normative
- Zusammenarbeit mit Veterinärmedizin

Meldepflicht bei Verdacht, Erkrankung und Todesfall

Verhütung und Bekämpfung: Die Verhütung von Salmonellosen ist auf Grund der Gesetzmäßigkeiten des epidemischen Prozesses *kompliziert.* Die hohe Morbidität (auch in industriell hochentwickelten Ländern) kann nur über die *strikte Einhaltung der lebensmittel- und küchenhygienischen Normative* gesenkt werden. Eine enge Zusammenarbeit mit der *Veterinärmedizin* ist unverzichtbar.
Wie beim Typhus abdominalis sind der *Verdacht,* die *Erkrankung* und der *Todesfall* **meldepflichtig**. Personen, die Salmonellen ausscheiden, sind bis zu ihrer Sanierung vom Umgang mit Lebensmitteln und der Pflege von Kranken, Säuglingen und Kleinkindern zu befreien.
Eine aktive Immunisierung gegen Salmonellosen kommt nicht in Betracht (Erregervielfalt!).

Zusammenfassung

⇨

Die Unterschiede zwischen Typhus/Paratyphus und Salmonellosen sind gravierend. Dies betrifft sowohl die Erreger als auch die von ihnen hervorgerufenen Krankheitsbilder. Gleiches gilt für einige epidemiologische Gesichtspunkte.
Eine Gegenüberstellung wichtiger Unterschiede verdeutlicht die Tab. 10-3.

Shigella

11 Shigella

G. Schmidt

4 Spezies:

⇨

Die Gattung Shigella (nach SHIGA benannt) umfaßt vier Spezies:
- S. dysenteriae
- S. boydii
- S. flexneri
- S. sonnei

in Europa:
S. flexneri und *S. sonnei*
Shigellosen = akute Darminfektionen (bakterielle Ruhr, Dysenterie)

Die Shigellen sind weltweit verbreitet. In Europa dominieren die Arten *S. flexneri* und *S. sonnei.*
Die Shigellen verursachen Shigellosen, die als *akute Darminfektionen* verlaufen. Synonyma sind: **bakterielle Ruhr** und **Dysenterie.** Die bakterielle Ruhr zählt zu den am längsten bekannten Infektionskrankheiten.

Erregereigenschaften

- gramnegative sporenlose Stäbchen
- unbeweglich
- fakultativ-anaerob

Kultivierung:
Erstkultivierung auf Selektivnährböden (s. Tab. 10-1)

Umweltstabilität
- unterschiedlich
- S. dysenteriae < S. sonnei
- in Lebensmitteln langlebig

11.1. Erregereigenschaften

Wie alle Enterobacteriaceae sind Shigellen *gramnegative* und *sporenlose Stäbchenbakterien.* Sie bilden *keine Geißeln* und sind demzufolge unbeweglich. Sie sind *fakultativ-anaerob.* Ihre Ansprüche an Nährmedien entsprechen in etwa denen von Salmonellen. So muß ihre *Erstkultivierung* aus Untersuchungsmaterial (Stuhlproben!) wieder *auf Selektivnährböden* erfolgen (s. Tab. 10-1 im Kap. II.10 „Salmonellen").
Die *Umweltstabilität* der Shigellen ist innerhalb der Gattung *unterschiedlich* ausgeprägt. Sie soll bei *S. dysenteriae* am geringsten, bei *S. sonnei* beträchtlich sein. Sie hängt von verschiedenen Faktoren ab, wobei der pH-Wert des Milieus, die Temperatur und Feuchtigkeit sowie antagonistisch wirkende Bakterien dominante Größen sind.

Von besonderer epidemiologischer Relevanz ist die Eigenschaft der Shigellen (gilt besonders für *S. flexneri* und *S. sonnei*), sich lange Zeit *in Lebensmitteln* halten und vermehren zu können. Dem normaziden Magensaft widerstehen sie allerdings nur kurzfristig.

Biochemische Eigenschaften:
- Laktose-negativ
- Glukose-positiv (ohne Gas!)

Biochemische Eigenschaften:
Die Shigellen sind *Laktose-negativ.* Lediglich S. sonnei vermag diesen Zucker verzögert zu spalten. *Aus Glukose* bilden sie *Säure,* jedoch *kein Gas.* Zur gattungsinternen Differenzierung können z. B. die Mannitvergärung, das Indolbildungsvermögen sowie der Ornithinabbau herangezogen werden.

Antigene

Neben den biochemischen Eigenschaften ist es wieder die unterschiedliche Antigenstruktur, die eine Unterscheidung der Gattung Shigella in vier **Spezies** und diverse Serovare möglich macht. Die Ursache für die serologische Differenziertheit muß dabei in der Verschiedenheit der *O-Antigene* gesehen werden.
Von *S. dysenteriae* sind *10 Serotypen* bekannt. Die größte Bedeutung besitzt Serotyp 1, der Erreger der Shiga-Kruse-Ruhr. *S. boydii* existiert in *15 Serotypen*. *S. flexneri* wird in *6 Serotypen* vorliegend beschrieben, die zum Teil weiter differenziert werden können.
Allein die Spezies *S. sonnei* verfügt über eine relativ einheitliche Antigenstruktur. Die Spezifik dieser Art besteht jedoch darin, daß die *Glatt- oder S-Form* (Phase 1) in die *Rauh- oder R-Form* (Phase 2) wechseln kann. Diesem Phasenwechsel muß die serologische Diagnostik mit dem Einsatz entsprechender Antiseren Rechnung tragen.

Antigene
- O-Antigene
- Serotypen:
  - S. dysenteriae – 10
  - S. boydii – 15
  - S. flexneri – 6

S. sonnei → Phasenwechsel:
- Glattform (Phase 1)
- Rauhform (Phase 2)

Toxine: Die Virulenz der einzelnen Shigellenarten und ihrer verschiedenen Subtypen differiert beträchtlich. Toxinbildungsvermögen und invasive Potenzen sind unterschiedlich ausgeprägt. Relativ gut definiert ist das *S. dysenteriae Typ 1 – Toxin*. Es zählt zu den *zytotoxischen Enterotoxinen* (s. Tab. 14-2 bei Kap. II. 14 „Vibrio cholerae").
Struktur und Wirkungsmechanismus sind inzwischen weitgehend aufgeklärt. Das Toxin ist *hitzelabil* und hat ein MG von ca. 64 000. Seinem Aufbau liegen zwei nicht kovalent gebundene Polypeptidketten zugrunde. Die B-Untereinheit (5–7 Kopien pro Molekül) sorgt dafür, daß die A-Untereinheit in die Zelle eindringen und ihre Wirkung entfalten kann. Sie besteht in einer Hemmung der Proteinsynthese (s. Tabelle 14-2).
Ein anderes bei Shigellen nachgewiesenes Enterotoxin wird als *Shiga-like-Toxin* bezeichnet. Sein Unterschied zum Typ 1-Toxin scheint nicht wesentlich zu sein.
Das Mitwirken von *Endotoxinen* im pathogenetischen Prozeß ist unbestritten.

Toxine
- S. dysenteriae Typ 1-Toxin (zytotoxisches Enterotoxin)
  - hitzelabil
  - MG von ca 64 000
- Shiga-like-Toxin
- Endotoxine

11.2 Pathogenese

Die Shigellen-Infektion erfolgt *per os*. Während die ID_{50} für *S. dysenteriae* sehr klein sein soll (≈10 K), dürfte sie für *Flexner-* und *Sonne-Shigellen* um mehrere Zehnerpotenzen höher liegen. Eine Kolonisation oder Invasion der Shigellen im Dünndarmbereich wird ausgeschlossen, eine schon hier einsetzende Toxinproduktion jedoch diskutiert. Diese könnte die akuten Durchfälle, ein ständiger Begleiter der Bakterienruhr, verursachen. Ansonsten muß die **Shigellose** als invasive *Erkrankung des Dickdarms* aufgefaßt werden. Die Invasion wurde an Hela-Zellen studiert und als Endozytose ohne Ruptur der Zellmembran beschrieben.
Insgesamt gesehen ist der pathogenetische Prozeß jedoch vielgestaltiger und nur als Summe der Wirkung mehrerer Faktoren *(Endozytose, Enterotoxinproduktion, Zelldestruktion)* zu verstehen. Im Gegensatz zu diversen Salmonellen (S. typhi) bleibt jedoch bei der bakteriellen Ruhr die Generalisation der Erreger aus. Somit ist die Bakterienruhr eine *Lokalinfektion.*

Pathogenese
- Infektion per os
- Invasion des Dickdarms
- Wirkungsfaktoren
  - Endozytose
  - Enterotoxinproduktion
  - Zelldestruktion
- Shigellose = Lokalinfektion

11.3 Klinik

Die *Inkubationszeit* der Shigellose beträgt 2–5 Tage. Sie ist wiederum (wie bei anderen Darmbakterien) von der aufgenommenen Keimmenge sowie vom Allgemeinzustand des Patienten abhängig und variiert von Stamm zu Stamm.
Das **Leitsymptom** ist der *Durchfall*, wobei sich die Zahl der Stühle ständig erhöht. Bald stellen sich Beimengungen von *Schleimflocken* (besonders erregerhaltig), *Blut* und *Eiter* ein. Die Patienten leiden außerdem unter *Tenesmen*. Die Körpertemperatur ist nicht oder nur leicht erhöht. Dagegen kommt es

Klinik
- IKZ: 2–5 Tage
- Leitsymptom: Durchfall mit Schleimflokken, Blut und Eiter
- Tenesmen

- Komplikationen
  Blutungen → Darm
  Perforation des Darmes (→ Perforationsperitonitis: führt unbehandelt zum letalen Ausgang)
- chronische Form möglich

sehr schnell zu Symptomen, die das ZNS, das Herz und den Kreislauf betreffen und auf den starken Wasserverlust und das Defizit an Mineralien zurückzuführen sind. Als gefürchtete *Komplikationen* der Shigellose gelten starke *Blutungen* und *Darmperforationen*, zu denen es über eine Epithelnekrose und Geschwürsbildung im Kolonbereich kommt. Eine unmittelbare Folge wäre die Perforationsperitonitis, die, wie das Herz- und Kreislaufversagen, bei unbehandelten Fällen zum letalen Ausgang führen kann.
In die *chronische Form* übergehende akute Shigellosen sind möglich.

Verlaufsformen

⇨

Als Spätform kommt der nur gelegentlich zu beobachtende sog. **Ruhr-Rheumatismus**, der mit Schwellungen der Gelenke einhergeht, in Frage. Die schwersten Verlaufsformen werden bei der *S. dysenteriae-Ruhr* beobachtet. Die *Sonne-Ruhr* verläuft in der Regel milder, eine Zwischenstellung nimmt die Flexner-Ruhr ein.

Diagnostik

11.4 Diagnostik

- Erregernachweis im Stuhl

Dem Verlauf des infektiösen Prozesses entsprechend ist die einzige effektive diagnostische Methode der *Erregernachweis im Stuhl.*
Die Erreger sind bereits bei Krankheitsbeginn, häufig schon in der Inkubationsphase (wichtig für die Begrenzung eines Herdes!) zu finden.

- Material:
  - Stuhlproben
  - Rektalabstrich

Als Untersuchungsmaterial kommen *Stuhlproben* oder *Rektalabstriche* in Frage. Optimal ist das sofortige Beimpfen von Nährmedien (am Krankenbett).

Materialtransport

⇨

Ansonsten sollten Stuhlproben „körperwarm" und auf schnellstem Wege transportiert werden. Rektalabstriche sind unter Verwendung von Transportmedium einzusenden.

- Anzucht (s. Abb. 10-1)
- Bestätigungsdiagnostik
  - Objektträgeragglutination
  - Bunte Reihe

Die primäre Diagnostik zur **Anzucht** des Erreger-Stammes erfolgt gemäß Schema in Abb. 10-1. Die *Bestätigungsdiagnose* läuft über die serologische Objektträgeragglutination sowie die *Bunte Reihe.* Für die epidemiologische Diagnostik stehen die Lysotypie, Colicinotypie und erweiterte Biochemotypie zur Verfügung. In der Regel ist sie Speziallaboratorien vorbehalten.

Antikörpernachweis (Widal) möglich, aber geringe Relevanz

Der *Nachweis von O-spezifischen Antikörpern* in der Widal'schen Reaktion ist prinzipiell möglich. In der Norm sind die Titer, wenn überhaupt vorhanden, niedrig und für die Beurteilung des Krankheitsbildes *von geringerer Relevanz.*

Chemotherapie

11.5 Chemotherapie

→ kürzere Krankheitsdauer und weniger Komplikationen
Mehrfachresistenz möglich!
- Mittel der Wahl:
  - Cotrimoxazol
- Alternativpräparate:
  - Ampicillin
  - Tetrazykline

Der Einsatz chemotherapeutisch wirksamer Mittel *verkürzt* die Krankheit und *vermindert Komplikationen.* Die Chemotherapie ist insofern nicht unproblematisch, als manche Stämme *mehrfachresistent* sind (R-Plasmide!). Aus diesem Grunde muß jeder Behandlung die Resistenzprüfung vorgeschaltet sein. Präparate, die in Frage kommen, sind das *Cotrimoxazol* (Mittel der Wahl), das *Ampicillin* (nicht Amoxicillin!) oder *Tetrazykline.* Die Therapie muß mindestens 5 Tage durchgeführt und mit einem anderen Präparat fortgesetzt werden, falls die Erregerausscheidung nicht zu unterbinden war (relativ häufig zu beobachten).

Epidemiologie

11.6 Epidemiologie

Reservoir: Mensch
Shigellose = Anthroponose

Reservoir: Das alleinige Reservoir für Shigellen ist der *Mensch* (Shigellose = Anthroponose).

Infektionsquellen:
- Kranke
- Dauerausscheider

Infektionsquellen: Zu Infektionsquellen können akut oder chronisch *Erkrankte* sowie *Dauerausscheider* werden.

Eine große epidemiologische Bedeutung besitzen auch *inapparent Infizierte*. Das gilt vor allem für Shigellosen mit niedriger Manifestationsrate und in besonderem Maße für die *Sonne-Ruhr*.

• inapparent Infizierte

> Allgemein ist davon auszugehen, daß die Manifestationsrate bei der *S. dysenteriae-Ruhr* ca. 95 % beträgt, die der Flexner-Ruhr bei 70 % liegt und bei der *Sonne-Ruhr* zwischen 30 und 75 % schwankt.

Manifestationsrate ⇦

Dabei hängt der Grad der Manifestationsrate vordergründig von der Virulenz des Erregers ab. Diese ist bekanntlich bei *S. dysenteriae* am höchsten, bei *S. sonnei* am niedrigsten. Dies drückt sich auch in den unterschiedlichen ID_{50} aus, die für *S. dysenteriae* 10^1 Keime, für *S. flexneri* 10^4 und für *S. sonnei* $10^6 - 10^7$ und mehr betragen soll. Was die Dauer der *Keimausscheidung* anbetrifft, so *variiert* sie *stark*.
Im Vergleich zum Typhus abdominalis tritt sie jedoch bei weniger Patienten ein und ist (chemotherapeutisch) besser zu sanieren.

Keimausscheidung:
– variiert in Dauer
– besser sanierbar

Übertragung: Die Übertragung erfolgt grundsätzlich *fäkal-oral*. Der wichtigste *Übertragungsfaktor* ist in *Lebensmitteln* zu sehen. Bei Kindern oder Personengruppen mit wenig ausgeprägtem Hygiene-Bewußtsein kann der *After-Finger-Mund-Weg* Bedeutung erlangen. Die Übertragung der Ruhr durch *Fliegen* ist sehr wahrscheinlich.

Übertragung
• fäkal-oral
• Übertragungsfaktoren/weg
  – Lebensmittel
  – After-Finger-Mund
  – Fliegen

Empfänglichkeit: Die *Anfälligkeit* von Kindern ist im allgemeinen höher als die von Erwachsenen. Hunger, Fehlernährung und andere *dispositionelle Faktoren* erhöhen die Erkrankungswahrscheinlichkeit beträchtlich (Ruhr als Begleiter von Kriegen und anderen Katastrophensituationen!).

Empfänglichkeit
Anfälligkeit:
• Kinder > Erwachsene
• wichtig: Disposition

Epidemischer Prozeß: Neben *sporadisch* auftretenden Einzelerkrankungen (vorrangig in den Sommermonaten) spielen *Gruppenerkrankungen* sowie Klein- und Großraum-*Epidemien* eine Rolle. Diese können zu jeder Jahreszeit entstehen. Häufig entwickeln sie sich jedoch in Zeiten, die für die Ruhr „Saison“ sind (später Sommer und früher Herbst).

Epidemischer Prozeß
• sporadische Fälle
• Gruppenerkrankungen
• Epidemien

Verhütung und Bekämpfung: Die Verhütung und Bekämpfung der Shigellosen folgt den Regeln, die für Typhus abdominalis und Salmonellosen gelten (s. d.). Die Ruhr ist eine meldepflichtige Krankheit. Die *Meldepflicht* gilt für den *Verdacht*, die *Erkrankung*, den *Tod* und den *Dauerausscheider*.

Verhütung und Bekämpfung
• s. Typhus und Salmonellosen
• Meldepflicht für:
  – Verdacht – Tod
  – Erkrankung – Dauerausscheider

12 Campylobacter – Helicobacter

W. R. Heizmann

Campylobacter und Helicobacter

Die Gattung Campylobacter gehört zu der Familie Spirillaceae, wurde aber früher in die Familie Vibrionaceae eingeordnet. Augenblicklich sind folgende Arten in die Gattung Campylobacter eingeordnet: *Campylobacter jejuni, Campylobacter fetus ssp. fetus, Campylobacter coli, Campylobacter lari, Campylobacter cinaedi, Campylobacter fennelliae, Campylobacter hyointestinalis; Campylobacter pylori* wurde unlängst in die neugeschaffene Gattung Helicobacter *(H. pylori)* transferiert. In der Veterinärmedizin sind einige dieser Erreger schon seit 1907 als Ursache von Aborten bei Rind und Schaf bekannt. Seit 1947 *Campylobacter spp.* erstmals bei Menschen isoliert wurden, hat die Bedeutung von Bakterien dieser Gattung bei der Pathogenese menschlicher Erkrankungen stark zugenommen.

Campylobacter-Arten:
• C. jejuni
• C. fetus ssp. fetus
• C. coli
• C. lari
• C. cinaedi
• C. fennelliae
• Campylobacter (Helicobacter) pylori

lange bekannt: Infektiöse Aborte bei Wiederkäuern

12.1 Campylobacter jejuni

Campylobacter jejuni

Die Mehrzahl der menschlichen Erkrankungen scheint durch *Campylobacter jejuni* hervorgerufen zu werden, wobei über 99 % der Isolate aus dem Inte-

menschliche Erkrankungen vorwiegend durch C. jejuni → vor allem Enteritis, selten Sepsis

C. fetus ssp. fetus nur gelegentlich nachweisbar (Sepsis bei Immunsupprimierten)

Darminfektionen durch C. jejuni:
- Diarrhoe, Tenesmen
- Fieber

Spontanheilung die Regel

Pathogenese
- Chemotaxis durch L-Fucose
- Adhäsion an Enterozyten
- Enterotoxinbildung (positiv bei *C. jejuni* sowie *C. coli* und *C. lari*)

Epidemiologie
- Infektionsquellen: Milch oder Wasser
- tierisches Erregerreservoir für C. jejuni (Geflügel, Ratten)
- Fliegen als Vektoren?

C. coli, C. lari

C. coli ebenfalls Enteritiserreger
Zusammenfassung zur C. jejuni/coli-Gruppe

C. lari (nach Larus argentatus = Silbermöwe) herrscht bei tierischen Wirten vor
seltene Fälle von menschlichen Erkrankungen (Enteritis; Sepsis)

Proktitis-Erreger bei Homosexuellen:

- C. cinaedi
- C. fennelliae

bei Homosexuellen weitere Campylobacter-Arten nachgewiesen

Helicobacter pylori

- chronische Gastritis
- peptische Ulcera

Epithel kolonisiert

stinaltrakt stammen und nur 0,3 % aus Blutkulturen. Sehr viel seltener wird *Campylobacter fetus ssp. fetus* isoliert, allerdings ist hier der Nachweis in Blutkulturen besonders bei älteren oder immunsupprimierten Patienten bedeutsam. Eine Häufung der Infektionen findet sich in den Monaten **Juni bis September**. Die Zahl der Infektionen durch *C. jejuni* kann die der Shigellen oder sogar der Salmonellen übersteigen. Dies gilt besonders bei Kindern unter fünf Jahren in Entwicklungsländern.
Häufige Krankheitssymptome der intestinalen C. jejuni-Infektion sind **Durchfälle** und **Bauchschmerzen**, gelegentlich treten blutige Stühle (besonders bei Kindern), Muskelschmerzen oder allgemeines Krankheitsgefühl auf. Die Temperaturen können bis auf 40 °C ansteigen. Gesunde Ausscheider sind ebenfalls beschrieben worden. Die Erkrankung sistiert meist spontan innerhalb von vier Tagen bis zwei Wochen.
In der **Pathogenese der Enterocolitis** spielen möglicherweise drei Faktoren eine Rolle: *Chemotaxis, Adhäsion* und *Toxinproduktion.* L-Fucose, ein Bestandteil von Galle und Muzin, ist ein stark chemotaktisch wirkendes Molekül für C. jejuni. Nach der Kolonisierung von Galle oder Muzin könnte die Adhäsion der Erreger an Enterozyten über ein Adhäsin der bakteriellen Geißeln vermittelt werden. C. jejuni, Campylobacter coli und Campylobacter lari sind dann in der Lage, ein Enterotoxin ähnlich dem Verotoxin (s. S. 204) zu produzieren.

Epidemiologie: Infektionsquellen können **Rohmilch** oder **Wasser** sein. Bei Neugeborenen und Säuglingen wird auch die Übertragung von der Mutter auf das Kind unter der Geburt oder durch Familienmitglieder diskutiert. Neue DNA-Typisierungen haben gezeigt, daß die beim Menschen isolierten C. jejuni-Stämme sehr häufig auch bei **Geflügel** oder **Ratten** vorkommen. Schweine oder Wildvögel scheinen seltene oder keine Infektionsquellen darzustellen. Als Vektor innerhalb der Infektionskette spielen möglicherweise **Insekten** eine Rolle, da durch eine Forschergruppe bei immerhin 28 % der untersuchten Fliegen C. jejuni isoliert werden konnte.

12.2 Campylobacter coli und Campylobacter lari

C. coli ist wie C. jejuni Ursache von **Enteritiden**, die Spezies wird gelegentlich mit C. jejuni zu einer C. jejuni/coli-Gruppe zusammengefaßt.
C. lari wird hauptsächlich bei Möwen, Hunden, Katzen und Küken gefunden, menschliche Erkrankungen sind jedoch bekannt. Es handelt sich dabei in erster Linie um **Enteritiden**; bei immunsupprimierten Patienten kann allerdings auch eine Sepsis auftreten.

12.3 Campylobacter cinaedi und Campylobacter fennelliae

Bei homosexuellen Männern mit **Proktitis, Proktokolitis** und/oder **Enteritis** konnten aus Rektalabstrichen campylobacterähnliche Mikroorganismen isoliert werden. Ein Teil dieser Isolate wurde den neuen Spezies Campylobacter cinaedi und Campylobacter fennelliae zugeordnet. Bei der Rektoskopie der Patienten zeigte sich eine akut entzündliche Reaktion der Darmschleimhaut mit zahlreichen Leukozyten. Ebenso wie bei diesen beiden Arten war es möglich, in dieser Patientenpopulation *C. fetus ssp. fetus* und *Campylobacter hyointestinalis* nachzuweisen.

12.4 Helicobacter pylori

BesondereAufmerksamkeit hat die Isolation von Helicobacter (Campylobacter) pylori im Zusammenhang mit **chronischer Gastritis** und **peptischen Ulcera** gefunden. Die Erreger lassen sich im Epithel der Magenschleimhaut mit einer Silber- oder einer modifizierten Giemsa-Färbung in histologischen

Schnitten gut nachweisen. Eine Infektion des Magens durch H. pylori ist durch eine Infiltration mit neutrophilen Granulozyten charakterisiert. Für den Zusammenhang zwischen *H. pylori* und **Gastritis** spricht weiter, daß neutrophile Granulozyten in Schleimhautbereichen ohne H. pylori nicht gefunden werden und daß nach einer Behandlung mit Mitteln gegen H. pylori eine Besserung der Gastritis beobachtet wird. In einem Selbstversuch von Warren konnte dies bestätigt werden. Infektionen durch H. pylori nehmen normalerweise einen **chronischen Verlauf**. Die Erreger persistieren lange in der Magenschleimhaut. Rezidive bei Duodenalulcera traten signifikant häufiger auf bei Patienten mit fortwährendem H. pylori-Nachweis als bei solchen ohne Erregernachweis. Darüber hinaus können bei Personen mit diesen Krankheitsbildern hohe Antikörpertiter gegen den Erreger gefunden werden. Ein möglicher Pathomechanismus besteht in der Produktion eines hitzelabilen Exotoxins.

nach Elimination von H. pylori
→ klinische Heilung/Besserung

H. pylori persistiert lange in Magenschleimhaut

Antikörper gegen H. pylori

12.5 Diagnostik und Therapie der Campylobacter-Infektionen

Diagnostik der Campylobacter-Infektionen:

Bakterien der Gattung Campylobacter sind **gramnegative**, schmale, spiralig gebogene Stäbchen. Für ihr Wachstum bedürfen sie einer **mikroaerophilen** oder **anaeroben** Atmosphäre, obwohl ihr Stoffwechselweg dem aerober Bakterien entspricht. Kohlenhydrate werden nicht abgebaut, Energie wird aus *Aminosäuren* oder *Produkten des Zitratzyklus* gewonnen. Thermophile Campylobacterarten wachsen bei 37 °C und bei 42 bis 43 °C, hierzu gehören *C. jejuni, C. coli, C. lari, C. faecalis, C. hyointestinalis* und *H. pylori.*
C. fetus ssp. fetus und *C. fetus ssp. veneralis, C. cinaedi* und *C. fennelliae* wachsen dagegen bei 25 °C und bei 37 °C. Alle Spezies sind beweglich, oxidasepositiv, die Mehrzahl produziert auch Katalase. **Phänotypische Unterschiede** ergeben sich außer bei der Wachstumstemperatur bei der *H_2S-Bildung*, der *Hippurat-Hydrolyse*, dem *Nitrat- und Harnstoffabbau* und der Empfindlichkeit gegenüber Nalidixinsäure und Cefalotin. Neuere Methoden zur Identifikation gehen den Weg der DNA-DNA-Hybridisierung. *H. pylori-Infektionen* werden bei einigen Arbeitsgruppen mit Hilfe des CLO-Tests diagnostiziert, welcher die Spaltung von Harnstoff durch die H. pylori-Urease nachweist. Allerdings dürfte die Sensitivität und die Spezifität dieses Tests der kulturellen Methode unterlegen sein.
Zur indirekten Krankheitsdiagnose bei Infektionen durch *C. jejuni* stehen auch **serologische Methoden** zur Verfügung. Epidemiologische Daten weisen darauf hin, daß nach einer symptomatischen Infektion eine protektive Immunantwort hervorgerufen wird.
Die Isolierung von Campylobacterarten aus Stuhl und anderen Materialien mit einem hohen Anteil an physiologischer Flora wird durch den Gebrauch von **Selektivmedien** und einer Anreicherungsbouillon (4 °C) mit verschiedenen Antibiotikazusätzen erleichtert. Die Platten sollten sowohl bei 37 °C als auch bei 42 °C über wenigstens vier Tage (besser noch länger) in einer mikroaerophilen Atmosphäre bebrütet werden. Bei langer Transportdauer kann das Überleben von *C. jejuni* durch den Transport des Stuhles in alkalischer Thioglykolatbouillon verbessert werden. Campylobacterarten, welche bei Homosexuellen vorkommen, lassen sich möglicherweise in **Rektalabstrichen** besser als im Stuhl selbst nachweisen. Dies könnte auf eine enge Assoziation der Erreger mit der Darmschleimhaut hinweisen.

Züchtung unter erhöhter CO_2-Spannung

keine Kohlenhydratspaltung
Energiegewinn aus Aminosäuren

thermophile Arten wachsen bei 37°–43 °C

C. fetus ssp. fetus u. a. zeigen Wachstum bei 25°–37 °C
Oxidasereaktion positiv

Differenzierung durch Hippurat-Hydrolyse, Harnstoffabbau, Nalidixinsäure-Empfindlichkeit u. a.

Nachweis von *Helicobacter-pylori*-Befall durch Ureasetest?

Nachweis von Antikörpern gegen C. jejuni

Selektivmedien für den Campylobacter-Nachweis aus Stuhl

Rektalabstriche für den Nachweis von proktitis-assoziierten Campylobacter-Arten

Therapie: *Erythromycin* ist das Mittel der Wahl bei Infektionen durch *C. jejuni*, in vitro wirken auch *Chinolone* oder *Cephalosporine* der vierten Generation *(Cefpirom)*. Campylobacterarten, wie sie bei Homosexuellen nachgewiesen werden, erwiesen sich in In-vitro-Untersuchungen als relativ resistent gegenüber *Erythromycin*; *Tetrazykline*, z. B. *Doxycyclin*, scheinen hier effektiver zu sein. Bei der Behandlung von *Helicobacter-pylori-assoziierter* **chronisch erosiver Gastritis** weist *Wismutsubsalicylat* eine hohe Wirksamkeit auf.

Therapie
- Erythromycin bei *C. jejuni*-Infektionen
- proktitis-assoziierte Campylobacter-Arten sind tetrazyklin-empfindlich
- Wismutsubsalicylat bei chronischer Gastritis

13 Legionella

W. R. Heizmann

Legionella

seit 1977 bekannt

erste Gruppenerkrankung hatte hohe Letalität

zahlreiche Arten und Serogruppen

Legionella pneumophila = führender menschenpathogener Erreger

Erkrankungen durch Arten der Gattung Legionella können erst seit Januar 1977 diagnostiziert werden, da es zu diesem Zeitpunkt erstmalig gelang, den bis dahin unbekannten Erreger im Dottersack eines befruchteten Hühnereis anzuzüchten. Während der 58. Tagung im Juli 1976 der „Pennsylvanian American Legion", einem Veteranenverein, in Philadelphia kam es bei 221 Teilnehmern zu einer schweren Erkrankung, die durch eine schwere Pneumonie und hohe Letalität (15 %) gekennzeichnet war. Retrospektiv ließen sich Erkrankungen durch Legionellen seit 1947 nachweisen. Neben *Legionella pneumophila*, dem ätiologischen Agens dieser Epidemie, sind inzwischen weitere 23 Arten dieser Gattung mit insgesamt 39 Serogruppen bekannt. Davon konnten 14 Spezies bei menschlichen Erkrankungen isoliert werden. Schwere menschliche Erkrankungen werden hauptsächlich durch *L. pneumophila* verursacht, obwohl auch andere Arten (insbesondere bei immunsupprimierten Patienten) bei Erkrankungen isoliert werden konnten.

sonstige Legionellaarten:
- Legionella bozemanii
- Legionella longbeachae
- Legionella micdadei u.a.

Humanpathogene Legionellaarten:
- L. pneumophila
- L. birminghamensis
- L. bozemanii
- L. dumoffii
- L. feeleii
- L. gormanii
- L. hackeliae
- L. israelensis
- L. jordanis
- L. longbeachae
- L. maceachernii
- L. micdadei
- L. oakridgensis
- L. wadsworthii

Legionella pneumophila
Mikromorphologie
asaccharolytisch
Aminosäuren Hauptenergiequelle

Von **L. pneumophila** sind zur Zeit 12 Serogruppen bekannt. Die Erreger sind *bewegliche, kleine, aerob wachsende gramnegative Stäbchenbakterien*, welche nicht in der Lage sind, Zucker zu spalten. Charakteristisch ist das Vorkommen von verzweigten Fettsäuren in der Zellwand. **Hauptenergiequelle** sind *Aminosäuren.*

Klinischer Verlauf
Pontiac-Fieber = fieberhafte Allgemeininfektion

Legionella-Pneumonie
- dünnflüssiges Sputum mit wenig Leukozyten
- Fieberanstieg bis 41 °C
- häufig (kleiner) Pleuraerguß
- Beteiligung des Intestinaltraktes
- ZNS-Beteiligung
- Komplikationen: akutes Nierenversagen bis Schock

röntgenologische Lungenveränderungen bleiben nach klinischer Heilung lange bestehen

Fibrosierung der Lunge

Klinischer Verlauf: Neben asymptomatischen Infektionen können klinische Manifestationen in unterschiedlicher Art auftreten. Das sog. **Pontiac-Fieber** ist eine akute fieberhafte Erkrankung mit *allgemeinem Krankheitsgefühl, Kopfschmerz, Myalgien*, auch mit *Tachypnoe und Tachykardie.* Röntgenologische Veränderungen der Lungen können nicht nachgewiesen werden. Nach drei bis fünf Tagen erholen sich die Patienten ohne Behandlung. Das wichtigste Krankheitsbild ist die **Legionella-Pneumonie**, die mild („Bronchitis"), aber auch sehr schwer verlaufen kann. Nach einer Inkubationszeit von 2 bis 10 Tagen treten *Prodromi* wie beim Pontiac-Fieber auf, zusätzlich mit *Husten, Dyspnoe* und *Brustschmerzen.* Der Husten ist zu Beginn uncharakteristisch, später wird ein *dünnflüssiges Sputum* produziert, welches kaum Leukozyten enthält. Dies kann ein wichtiger differentialdiagnostischer Hinweis sein. Das Fieber mit Schüttelfrost steigt im Rahmen einer Continua auf bis zu 41 °C an, die Patienten haben eine *Tachypnoe* und eine *relative Bradykardie* (s.a. Typhus abdominalis). In etwa der Hälfte der Fälle ist ein meist kleiner *Pleuraerguß* zu sehen. Die Veränderungen im Röntgenbild sind unspezifisch. Neben der Lunge ist in bis zu 50 % der *Intestinaltrakt* mit betroffen, es treten *Übelkeit, Erbrechen* und *Durchfälle* auf. Neurologische Manifestationen mit *Kopfschmerzen, Verwirrtheit* oder *Delir* sind ebenfalls beschrieben worden. Patienten mit **schwerer Erkrankung** müssen relativ häufig beatmet werden, es kann ein *akutes Nierenversagen, disseminierte intravasale Gerinnung* oder ein *Schock* als Komplikation auftreten. Todesursachen sind respiratorische Insuffizienz oder Schock. Während die Infektion nach etwa zwei Wochen überstanden ist, sind die röntgenologischen Veränderungen der Lunge noch lange (Monate) nachweisbar. Residuen können nach bisherigen Erfahrungen in Form einer *Fibrosierung* der Lunge zurückbleiben. Ein weiteres wichtiges, wenn auch bis jetzt seltenes Krankheitsbild ist eine **Endokarditis** nach Klappenersatz. Darüber hinaus sind noch weitere extrapulmonale Manifestationen beschrieben worden.

Endokarditis u.a. extrapulmonale Manifestationen

Über die **Pathogenese** der Krankheitsbilder ist noch wenig bekannt. Auf eine bis jetzt noch nicht geklärte Weise scheinen L. pneumophila-Stämme ohne Plasmid virulenter zu sein, als plasmidtragende. Sie besitzen wie alle gramnegativen Keime ein *Endotoxin*, darüber hinaus *Hämolysine, Proteasen* sowie *saure Phosphatasen*. Die Erreger sind fakultativ intrazellulär, sie werden auch ohne vorangegangene Opsonierung durch Antikörper von Makrophagen aufgenommen und vermehren sich bedingt durch den Infektionsweg besonders in *Alveolarmakrophagen*. Zur Elimination der Keime sind aber offensichtlich auch Antikörper notwendig. Neuere Forschungen weisen auf eine Aktivierung von „Natürlichen Killer-Zellen“ durch L. pneumophila und eine daraus resultierende Produktion von Interferon-gamma und anderen Cytokinen hin.

Pathogenese
- Virulenz nicht plasmidkodiert
- Endotoxin
  fakultativ intrazelluläre Erreger
- Vermehrung in Alveolarmakrophagen
- Aktivierung von NK-Zellen

Nach den heute vorliegenden **epidemiologischen Daten** muß davon ausgegangen werden, daß Legionella spp. *ubiquitär* in der Umwelt zu finden sind. Eine ganz wesentliche epidemiologische Rolle spielt hier das *Wasser* aus Wasserleitungen (besonders Warmwasser), in Kühleinheiten von Klimaanlagen oder in Luftbefeuchtern. L. pneumophila kann z. B. in Aerosolen bis zu 2 h virulent bleiben. Auch in der Bundesrepublik muß von einer Besiedlung der Wasserleitungen ausgegangen werden.

Epidemiologie
- ubiquitäres Vorkommen
- Warmwasser als Erregerreservoir

> Bei der Vermehrung der Keime im Warmwassersystem scheint es sich um einen relativ komplexen Prozeß zu handeln, bei dem nutritive Eigenschaften des Sediments in Wasserleitungen und Stoffwechselprodukte anderer Bakterien über eine Nahrungskette wesentlich sind. Legionella pneumophila wird auch von freilebenden Amoeben (Acanthamoeba palestinensis) phagozytiert und kann sich innerhalb der Einzeller bei 35 °C stark vermehren. Innerhalb der Amoeben sind die Legionellen relativ geschützt und können so eventuell Chlorierung und Erhitzung des Wassers besser überleben.

Bedingungen für Legionella-Vermehrung in Warmwassersystemen: Vermehrung in freilebenden Amoeben

Inwieweit eine Sanierung der Wassersysteme in einem Krankenhaus angezeigt und erfolgreich ist, muß zum gegenwärtigen Zeitpunkt noch dahingestellt bleiben.

Diagnose: Infolge ihrer schwachen oder fehlenden Anfärbung in der *Gramfärbung* sind die Erreger besonders in klinischen Materialien *kaum mikroskopisch nachzuweisen.* Dies gelingt nur mit Spezialfärbungen wie der *Giménez-Färbung* oder einer Silberimprägnationstechnik. Ein Ausweg aus dieser Schwierigkeit ist über den Gebrauch *fluoreszeinmarkierter Antikörper* möglich. Mittels dieser Testmethode können Legionellen direkt z. B. in Trachealsekret oder in Geweben nachgewiesen werden; die *Sensitivität* liegt bei etwa 70%. Wesentlich ist die mehrfache Untersuchung signifikanten Untersuchungsmaterials in einem möglichst frühen Krankheitsstadium.

Diagnose
Legionellen mit der Gramfärbung schwer nachweisbar

Immunfluoreszenz: → Legionellen-Nachweis in Trachealsekret, Lungengewebe u.a.

Ein wesentlicher Grund für die späte Entdeckung von Bakterien der Gattung Legionella liegt in ihren besonderen **Wachstumsansprüchen.** Die Keime wachsen nicht auf den üblichen Nährmedien wie z. B. Blutagar. Zur Anzüchtung sind besondere Nährmedien mit dem Zusatz von *Holzkohle, Eisen* und *Zystein* notwendig. Die Bebrütung der Agarplatten sollte unter einer erhöhten CO_2-Spannung (5%) bei 35 °C über wenigstens 10 Tage erfolgen. Nach drei bis vier Tagen entwickeln sich kleine, etwas bläulich schimmernde undurchsichtige Kolonien mit glatter Oberfläche, die unter UV-Licht fluoreszieren. Die Konsistenz des Koloniematerials ist etwas pastös. Die Mehrzahl der Stämme bildet *Beta-Laktamasen*; L. pneumophila und einige andere Spezies sind oxidasepositiv. Wachsen auf den Spezialmedien verdächtige Kolonien, kann die Diagnose Legionella sp. durch Überimpfung auf Blutagar mit

Erregereigenschaften:
- keine Koloniebildung auf den üblichen Nährmedien, einschließlich Blutagar
- Legionellen-Medium enthält Holzkohle sowie Eisen- und Zystein-Zusätze
- Langzeitbebrütung in einer 5%-CO_2-Luft-Atmosphäre

Koloniebeschreibung

Beta-Laktamase-Bildung

Identität der Legionellen-verdächtigen Kolonien durch Immunfluoreszenz zu sichern

Serovar 1 von Legionella pneumophila – der häufigste Erreger

ohne Spezialmedien entgehen Legionellen dem kulturellen Nachweis
geeignetes Untersuchungsmaterial u.a.:
- Bronchiallavagen
- Lungenbiopsien
- Blut

fehlendem Wachstum nach 24 h den Verdacht erhärten. Eine **sichere Diagnose** ist dann mittels direkter **Immunfluoreszenz** möglich, allerdings dürften in der Mehrzahl der Laboratorien Antiseren gegen seltene Spezies oder Serotypen nicht zur Verfügung stehen. Bei menschlichen Erkrankungen ist *L. pneumophila Serotyp 1* sehr häufig, entsprechende Antiseren stehen kommerziell zur Verfügung. Wegen des notwendigen Einsatzes von **Spezialmedien** ist dem mikrobiologischen Laboratorium unbedingt der Verdacht auf eine Legionellose mitzuteilen, da andernfalls die Diagnose durch fehlendes Wachstum auf den üblichen Medien falsch negativ sein kann. Allerdings beträgt die Sensitivität kultureller Methoden bei klinischen Materialien nur etwa 50–80 %. Geeignete Untersuchungsmaterialien sind *Trachealsekrete, Bronchiallavagen, Lungenbiopsien, Pleurapunktate* und *Blut.*

Nukleinsäurehybridisierungen für die schnelle Identifizierung

Inzwischen stehen Reagenzien zur *Nukleinsäurehybridisierung* zur Verfügung. Mit diesem Test gelingt eine schnelle Identifikation auf der Speziesebene. Eine weitere Möglichkeit der schnellen Diagnose besteht im Einsatz eines ELISA zum Nachweis *löslicher Antigene* von L. pneumophila Serotyp 1 in Urin, da dort eine Anreicherung stattfindet. Allerdings ist die Interpretation eines positiven Antigennachweises schwierig, da die Antigene noch bis zu 300 Tage nach Krankheitsbeginn ausgeschieden werden.

Antigennachweis im Urin mit ELISA

Korrelation zwischen Antigennachweis und Krankheitsdiagnose meist fraglich

Serodiagnostik
bei manchen Legionellose-Patienten treten keine humoralen Antikörper auf
Problematik der antigenetischen Vielfalt

Eine der am häufigsten angewendeten Untersuchungen ist der **Antikörpernachweis.** Wie bei jeder indirekten Krankheitsdiagnose sind auch hier Einschränkungen im Aussagewert zu machen. Die Serokonversion kann viele Wochen benötigen oder auch nicht eintreten, was auf Kreuzreaktionen mit anderen Bakterien zurückgeführt wird. Auch hier stehen meist nicht alle Antigene in der Diagnostik zur Verfügung.

Therapie
- Erythromycin
  Wirkung innerhalb von Makrophagen
- Alternativen:
  - Tetrazykline
  - Chinolone (?)

Erythromycin ist das **Antibiotikum der Wahl** bei der Behandlung einer Legionärserkrankung. Die Dosierung muß ausreichend hoch sein, um entsprechende Konzentrationen in den Makrophagen zu erreichen. Alternativen bestehen im Einsatz von *Tetrazyklinen* oder *Cotrimoxazol.* Der Einsatz von *Chinolonen,* welche sehr gute In-vitro-Wirksamkeit zeigen und deren erfolgreicher Einsatz in Tiermodellen belegt ist, wird diskutiert.

Vibrio

14 Vibrio – Aeromonas – Plesiomonas

G. Schmidt

Gattung der Fam. Vibrionaceae

Die Gattung Vibrio ist Bestandteil der großen Familie Vibrionaceae.

Die Familie Vibrionaceae enthält außerdem die Gattungen Photobacterium (ohne medizinische Bedeutung), Aeromonas und Plesiomonas

14.1 Vibrio cholerae

Vibrio cholerae → Cholera

- akute Darmerkrankung
- in Asien, Ozeanien und Afrika endemisch
- in Europa möglich
- quarantänepflichtig

V. cholerae verursacht die Cholera. Die Cholera ist eine seit dem Altertum bekannte Infektionskrankheit des Menschen. Sie zählt zu den akuten Darmerkrankungen und tritt *in* verschiedenen *Ländern Asiens, Ozeaniens und Afrikas endemisch* auf. Die Geschichte (auch die jüngere) zeigt jedoch, daß auch *Europa* (Sowjetunion – 1965 und 1970; Türkei – 1970; Tschechoslowakei – 1970; Italien – 1973; Portugal – 1974) befallen werden kann. Bedingt durch die relativ hohe Letalität und ihre Neigung zur pandemischen Ausbreitung wird die Cholera nach den Internationalen Gesundheitsbestimmungen zu den *quarantänepflichtigen* Krankheiten gerechnet.

14.1.1 Erregereigenschaften

Erregereigenschaften
- gramnegative, sporenlose und leicht gekrümmte Stäbchen
- beweglich
- Oxidase-positiv

Cholera-Vibrionen sind *gramnegative, sporenlose,* gerade oder „kommaförmige", also leicht gekrümmte Stäbchen mit monotricher oder lophotricher Begeißelung. Die *Beweglichkeit* ist nach Kultivierung in flüssigen Medien besonders stark ausgeprägt. Cholera-Vibrionen sind *oxidase-positiv* und werden

durch das *Vibriostatikum 0/129* (= 2,4-Diamino-6,7-diisopropylpteridin-Phosphat) in ihrem Wachstum gehemmt.
Für die Herstellung von Anzuchtmedien bzw. zur Abgrenzung von anderen Bakterien sind zwei wichtige Eigenschaften der Cholera-Vibrionen von Bedeutung: ihre relative *Halophilie* und das *Wachstum im alkalischen Milieu* (pH 8,0 und höher).
Zur Überprüfung des biochemischen Verhaltens der Cholera-Vibrionen dienen verschiedene Kohlenhydrate, z. B. Glukose, Laktose und Saccharose. Cholera-Vibrionen sind *Glukose* (ohne Gas) – *und Saccharose-positiv, Laktose* wird *nicht* gespalten.

- 0/129-sensibel
- halophil
- Wachstum in alkalischem Milieu
- Glukose- und Saccharosespaltung
- Laktose-negativ

Biovarietäten cholerae und eltor: Da sich die Erreger der Cholera in einigen biologischen Eigenschaften deutlich voneinander unterscheiden, kam es zur Aufstellung der Biovarietäten *V. cholerae biovar. cholerae* und *V. cholerae biovar. eltor.*
Wichtige Kriterien für diese Differenzierung sind u. a. die *Hämagglutination* von Hühnererythrozyten (HAHE), die *Voges-Proskauer-Reaktion (VPR)* sowie die Empfindlichkeit gegenüber dem Antibiotikum *Polymyxin B* (Poly B) – s. Tab. 14-1.

Biovarietäten
- V. cholerae biovar. cholerae
- V. cholerae biovar. eltor
  Differenzierung → s. Tab. 14-1

Tab. 14-1: Unterschiede im biologischen Verhalten der beiden Biovarietäten cholerae und eltor von V. cholerae

Merkmal	Biovar. cholerae	Biovar. eltor
HAHE	–	+
VPR	–	+
Poly B-sensibel	+	–

Antigene Struktur: Einen Anhalt über den Aufbau der Cholera-Vibrionen vermittelt die Abb. 14-1. Von den dargestellten Antigenen ist das somatische *LPS-Antigen O1*, über das nur die Choleraerreger verfügen, von besonderer Bedeutung. Sein Nachweis ermöglicht ihre eindeutige Abgrenzung von anderen Vertretern der Spezies, die heute als *V. cholerae* non O1-Stämme bezeichnet werden.
Für die praktische Diagnostik ohne größeren Wert – wohl aber für epidemiologische Untersuchungen – ist die Möglichkeit, bei beiden Biovarietäten zwischen den *Serovars Inaba und Ogawa* unterscheiden zu können.

Antigene Struktur (Abb. 14-1)
- O1-Antigen (LPS)
- Serovars Inaba und Ogawa

Umweltstabilität: Allgemein kann davon ausgegangen werden, daß Cholera-Vibrionen der *Biovar. eltor* in erheblichem Maße *umweltstabiler als* Stämme der *Biovar. cholerae* sind.
Während höhere Temperaturen, Austrocknung und UV-Strahlen zu einer raschen Inaktivierung führen, erhalten die Vibrionen in *Lebensmitteln*, nicht chloriertem *Trinkwasser* und auf *Patientenwäsche* für längere Zeit (Tage bis Wochen) ihre Lebensfähigkeit.
Untersuchungen im Süden der UdSSR zeigten, daß eltor-Vibrionen in Oberflächenwasser und Flußschlamm 14 Monate aktiv blieben.

Umweltstabilität
- eltor stabiler als cholerae
- in Lebensmitteln, Trinkwasser und auf Patientenwäsche länger lebensfähig

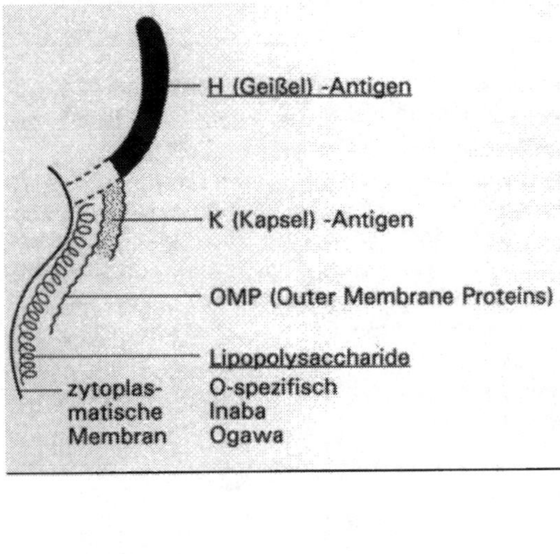

Abb. 14-1:
Antigene von V. cholerae

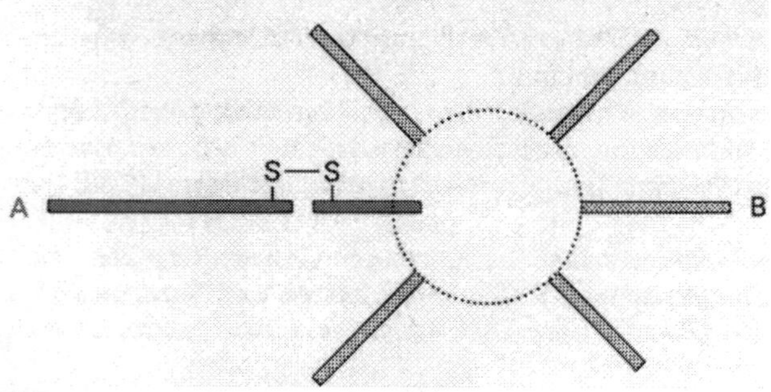

Abb. 14-2: Modell des Choleratoxins
A = A-Untereinheit (toxische Komponente)
B = B-Untereinheiten (Kopplungsfunktion)

Toxin
- Ektotoxin – Enterotoxin
- Choleragen
- A-Untereinheit und B-Ring mit 5 Untereinheiten
- zytotonisches Enterotoxin

Toxin: Das wichtigste pathogenetische Element der Cholera-Vibrionen ist ein *Ektotoxin mit Enterotoxincharakter.* Es wird auch als *Choleragen* bezeichnet.

Bei dem Toxin handelt es sich um ein Protein mit einem Molekulargewicht von etwa 82 000.

Wie das Modell (s. Abb. 14-2) erkennen läßt, ist die *A-Untereinheit* über eine nichtkovalente Bindung an einen *B-Ring* gekoppelt, der *aus 5 gleichgroßen Anteilen* besteht.

Ähnlich den Toxinen der ETEC-Stämme (s. *E. coli*) zählt das Choleragen zu den *zytotonischen Enterotoxinen.*

Bekanntlich führen diese Toxine in Zellkulturen und Zellen des Darmepithels zu einem Anstieg des intrazellulären Spiegels an zyklischen Nukleotiden. Ein Zelltod, den die zytotoxischen Enterotoxine bewirken (z. B. das Sh. dysenteriae-Toxin), tritt nicht ein.

Pathogenese
- nach oraler Aufnahme

  ↓

  Erreger zum

  ↓
- Dünndarm
- Adhäsion an Darmwand

14.1.2 Pathogenese

Die Choleraerreger werden **oral** mit dem Trinkwasser oder Lebensmitteln aufgenommen. Nach Passage des Magens, der für die höchst säureempfindlichen Vibrionen eine natürliche „Barriere" darstellt, gelangen sie in den **Dünndarm.**

Im Gegensatz zu zellinvasiven Erregern (Salmonellen, Shigellen) verbleiben die Choleraerreger im Darmlumen. Das alkalische Milieu in diesem Darmabschnitt bietet ihnen gute Bedingungen für die schnelle Vermehrung. Im weiteren erfolgt die *Adhäsion* der Bakterienzellen *an die Darmwand.* In die Anheftung sind möglicherweise auch die Geißeln einbezogen. Das vom fixierten Erreger produzierte Enterotoxin dringt wie folgt in die Zelle:

Eindringen des Toxins in die Zelle

⇨

- die B-Untereinheiten gehen mit dem G_{M1}-Gangliosid eine spezifische Rezeptorbindung ein;
- die toxische Komponente gelangt durch eine Rezeptor-vermittelte Endozytose in das Zellinnere der Target-Zelle;
- an die Innenseite der Zellmembran fixiert, entfaltet das Toxin seine enzymatischen Aktivitäten.

Enzymatische Aktivitäten

↓

bewirken

↓
- Überangebot an cAMP
- verstärkte Abgabe von HCO_3^-, Cl^- und Na^+
- Wasseraustritt

Die *enzymatischen Aktivitäten* bestehen in der Bindung der toxischen A-Komponente an die GTP-regulatorische Untereinheit des Adenylatzyklase-Komplexes, die durch ADP-Ribosylierung modifiziert wird (s. Tab. 14-2). Dadurch kann das GDP nicht von der regulatorischen Untereinheit abgespalten werden, so daß die Selbstbegrenzung der Adenylatzyklasewirkung ausbleibt und cAMP ständig nachgebildet wird. Durch das *Überangebot an cAMP* in der Zelle kommt es zu einer „Überaktivierung" der Proteinkinasen, die Membranproteine phosphorylieren und damit aktivieren. Mit dieser Aktivierung ist eine *verstärkte Abgabe von* HCO_3^- und Cl^-, sowie zur Wahrung der Elektroneutralität, von Na^+ in das Darmlumen verbunden. Eine Folge davon ist der passive *Wasseraustritt,* der die immens großen Flüssigkeitsmengen, die ein Cholerakranker ausscheidet, erklärt.

Tab. 14-2: Vergleich des Choleratoxins (CT) mit anderen Enterotoxinen (ET)

ET	Struktur	ungefähres MG	Zellrezeptor	Wirkungsmechanismus
CT	A–5 B	82–84 000	G_{M1}-Gangliosid	ADP-Ribosylierung des $G_{S\alpha}$ [1])
LT [2]) von E. coli	A–5 B	wie CT	wie CT und Galaktoproteine	wie CT
Shiga-Toxin	A–5 B	70 000	Gal α1–4 Gal β Galabiose	Hemmung d. Funktion des EF-1 [3])
S. aureus (A, B, C_1–C_3, D und E)	Polypeptidkette	27–28 000	unbekannt	unbekannt

[1]) Guanin-Nukleotid-bindendes Protein
[2]) Thermolabiles Toxin
[3]) Elongations-Faktor 1

Weitere Effekte sind die Erschöpfung an ATP und eine Störung der Rückresorption von H_2O in den unteren Darmabschnitten.

14.1.3 Klinik

Klinik

IKZ: Stunden bis Tage
Mittelwert ca. 3 Tage

Das Krankheitsbild der Cholera entwickelt sich nach einer *Inkubationszeit (IKZ)*, die von wenigen Stunden bis zu 8 Tagen betragen kann. Der *mittlere Wert* dürfte *bei etwa 3 Tagen* liegen.
Wie bei anderen akuten Darmerkrankungen ist die Infektionsdosis ein ausschlaggebender Faktor. Unterernährung mit akutem Eiweiß- und Vitaminmangel sowie Darmparasiten und chronische Darminfektionen anderer Genese dürften die Anfälligkeit erhöhen und ein Grund dafür sein, daß Kranke und Cholera-Opfer in Entwicklungsländern fast ausschließlich den ärmsten Bevölkerungsschichten angehören.

- Leitsymptome
  - Durchfall
  - Erbrechen
  - Wasserverlust bis zu 20 l/d und mehr

Ein frühes **Leitsymptom** der Cholera ist der *Durchfall*, der häufig von *Erbrechen* begleitet wird. Der Durchfall setzt meist plötzlich ein. Die Zahl der Stuhlentleerungen nimmt bei schweren Fällen drastisch zu, wobei in kurzer Zeit ein nahezu völliger Konsistenzverlust des Stuhles eintritt. Dadurch verliert der Cholerakranke in wenigen Stunden viele Liter an Flüssigkeit *(bis zu 20 l und mehr in 24 Stunden)*. Der große Wasserverlust, der mit dem „Wegfließen" großer Elektrolytmengen einhergeht, leitet zu einer *zweiten Krankheitsphase* über, die durch folgende Symptome charakterisiert wird:

Symptome der 2. Krankheitsphase

⇦

> Verfall des Blutdruckes, Tachykardie, Hypothermie, schlaffe, leicht abhebbare Haut, Heiserkeit (vox cholerae), Oligurie bis Anurie und schließlich zunehmende Abgeschlagenheit bis zur totalen Apathie.

Dieses Stadium endet, setzen nicht sofort therapeutische Maßnahmen ein, häufig **letal**.
Zwar kann davon ausgegangen werden, daß die aktuelle Cholera, die durch eltor-Vibrionen verursacht wird, mit einer geringeren *Letalität* behaftet ist als die der klassischen, durch Biovar. cholerae hervorgerufene, doch die jüngeren Erfahrungen zeigen, daß in der frühen Epidemiephase mit einer Letalität zu rechnen ist, die immerhin noch 10 und mehr Prozent betragen kann.

- Letalität heute: bis zu 10%, gelegentlich höher

⇦

> Eine wichtige und therapierelevante Erkenntnis muß in der Tatsache gesehen werden, daß ca. 50% der Todesfälle innerhalb der ersten 24 Stunden der akuten Krankheit auftreten.

Immunität:
- relativ stabil
- sekretorische IgA-Antikörper

Immunität: Das Überstehen einer Cholera führt zu einer *relativ stabilen* Immunität. Sie ist auf die spezifischen *sekretorischen IgA-Antikörper* zurückzuführen. Diese sind auf den intestinalen Schleimhautoberflächen und in den Interzellularräumen vorhanden und im Stuhl nachweisbar.

Therapie
- parenterale Substitutionstherapie (H_2O, Elektrolyte)
- orale Gabe von Glukose-Kochsalz-Lösung

Therapie: Durch eine *schnelle*, dem realen Wasser- und Elektrolytverlust adäquate *parenterale Substitutionstherapie* ist vielen, auch aus der Gruppe der schwerstkranken Patienten, zu helfen.
Bei leichteren Verläufen ohne Erbrechen hat sich die *orale Gabe von Glukose-Kochsalz-Lösung* bewährt. Grund dafür ist, daß Na^+-Ionen in Anwesenheit von Glukose unabhängig von der Konzentration der zyklischen Nukleotide in der Zelle resorbiert werden. Die von der WHO dafür empfohlene *Trinklösung* besteht aus:

Trinklösung der WHO: ⟹

Glukose	20,5 g
NaCl	3,5 g
$NaHCO_3$	2,5 g
KCl	1,5 g
ad 1 000,0 ml H_2O	

- Tetrazykline oder Cotrimoxazol Ampicillin

Wenngleich die Flüssigkeits- und Elektrolyt-Substitution bei der Therapie der Cholera Priorität besitzt, so verzichtet kein Kliniker auf den Einsatz von chemotherapeutisch wirksamen Medikamenten. Bewährt haben sich *Tetrazykline.* Als Alternativpräparate stehen *Cotrimoxazol* oder *Ampicillin* zur Verfügung.

Diagnose

Erregernachweis

14.1.4 Diagnose

Im Vordergrund der mikrobiologischen Diagnostik der Cholera steht der **Erregernachweis.**

Untersuchungsmaterial:
- Stuhlproben!!!
- Erbrochenes
- Rektalabstriche
- Sektionsmaterial

Untersuchungsmaterial: Das wichtigste Untersuchungsmaterial sind *Stuhlproben.* In akuten Fällen (zu Beginn und auf der Höhe von Epidemien) werden die Cholera-Vibrionen in nahezu Reinkultur ausgeschieden. Die Isolierrate beträgt in solchen Situationen 80 % und mehr. Als Untersuchungsmaterial sind fernerhin geeignet: *Erbrochenes, Rektalabstriche* und *Sektionsmaterial* (Dünndarminhalt).
Bei Versand der Proben ist davon auszugehen, daß die Überlebensfähigkeit der Cholera-Vibrionen im Untersuchungsmaterial stark eingeschränkt ist (pH-Wert, Austrocknung). Spezielle Forderungen an den **Transport** sind daher:

Probentransport: ⟹

- die Proben innerhalb weniger Stunden dem Laboratorium übergeben;
- Transportmedien verwenden (z. B. alkalisches Peptonwasser mit einem pH-Wert von 8,5–9,2 oder CARY-BLAIR-Medium) und außerdem
- besonders strenge Einhaltung der Festlegungen zum Versand von infektiösem Material.

Mikroskopischer Nachweis
- Dunkelfeldmikroskopie
- Hängender Tropfen
- Gram-Präparat

Mikroskopischer Nachweis: Er besitzt zwar nur orientierenden Charakter, ist aber prinzipiell möglich. Als Methoden stehen zur Verfügung:
- *Dunkelfeldmikroskopie* mit Zugabe von O1-Antiserum, das zur Immobilisation der Vibrionen führt; dabei flüssigen Stuhl oder Material aus oberflächiger Schicht des einige Stunden bebrüteten Peptonwassers verwenden!
- *„Hängender Tropfen":* stark bewegliche Bakterien;
- *Gram-Präparat:* Gramnegative, kommaförmige Bakterien, evtl. fischzugartig gelagert.

Kultur
- Selektivnährböden

z. B.
↓
TCBS-Agar

Kultur: Wie in der Salmonellen- und Shigellendiagnostik erfolgt die Kultivierung der Cholera-Vibrionen durch Direktbeimpfung spezieller *Selektivnährböden* und über *Anreicherungsmedien.*
Als einer der leistungsfähigsten Nährböden für die Choleradiagnostik gilt der

TCBS-Agar (Thiosulfat-Citrate-Bile Salt-Sucrose-Agar). Auf dem dunkelgrünen Nährmedium entwickeln sich bei 37 °C innerhalb von 16–24 Stunden große, flache und gelbe Kolonien. Der Farbumschlag ist auf die Verstoffwechslung der Saccharose zurückzuführen.
Zur *Anreicherung* stehen ebenfalls mehrere Medien zur Verfügung, z. B. *alkalisches Peptonwasser* oder das *Medium nach Monsur* (Taurocholat-Tellurit-Galle-Peptonwasser).
Für die **Bestätigungsdiagnose** werden genutzt:
- der *Oxidase-Test* (Cholera-Erreger sind grundsätzlich Oxidase-positiv),
- die *Objektträgeragglutination* mit anti-O1-Serum,
- *Kligler-Nährmedium* (im Kligler-Röhrchen verhalten sich Cholera-Vibrionen wie Shigellen),
- die erweiterte *Bunte Reihe* sowie
- Methoden zur *Bestimmung der Biovarietät* (s. Tab. 14-1).

- Anreicherung
  – alkalisches Peptonwasser
  – Medium nach Monsur

Bestätigungsdiagnose:
- Oxidase-Test
- Objektträgeragglutination
- Kligler-Medium
- Bunte Reihe
- Bestimmung der Biovarietät

14.1.5 Epidemiologie

Epidemiologie

- Cholera = „Klassische" Infektionskrankheit

Die Cholera ist epidemiologisch betrachtet von außerordentlichem Interesse und zählt, ohne an Aktualität verloren zu haben, neben Pocken, Pest, Fleckfieber, Syphilis, Tuberkulose u. a. zu den „Klassikern" unter den großen Infektionskrankheiten.
Ursprünglich auf den indischen Subkontinent beschränkt, wurde die Cholera *zu Beginn des 19. Jahrhunderts pandemisch* und befiel in jahrelang währenden „Seuchenzügen" faktisch alle Kontinente. Die Tab. 14-3 vermittelt einen Eindruck von den ersten *6 Pandemien*, die *durch* den klassischen Choleraerreger *V. cholerae biovar. cholerae* verursacht wurden und dessen Entdeckung und Beschreibung Robert Koch zu verdanken ist (1883, Ägypten).

- seit Beginn des 19. Jahrhunderts pandemisch
- 6 Pandemien (s. Tab. 14-3) durch biovar. cholerae

Tab. 14-3: Zeittafel der Cholerapandemien

Pandemie	Zeitraum	Dauer (Jahre)	Ausdehnung
1.	1817–1823	6	Asien, Afrika, Europa, Australien
2.	1826–1837	11	Asien, Afrika, Europa, Australien, Amerika
3.	1846–1862	16	Asien, Afrika, Europa, Amerika
4.	1864–1875	11	Asien, Afrika, Europa, Amerika
5.[1])	1883–1896	13	Asien, Afrika, Europa
6.	1902–1923	21	Asien, Afrika, Europa
7.[2])	ab 1961		Asien, Afrika, Europa, Ozeanien, (Amerika)

[1]) Hamburger Choleraepidemie mit ca. 17 000 Erkrankten; Letalität 51 %
[2]) durch *V. cholerae biov. eltor* hervorgerufen

Auf den 1884 und 1885 in Berlin stattgefundenen Cholera-Konferenzen erwies sich R. Koch nicht nur als der exzellente Bakteriologe, sondern brillierte mit der nahezu lückenlosen Beschreibung des epidemischen Prozesses dieser Infektionskrankheit auch als Epidemiologe.

Die Situation veränderte sich 1961 insofern drastisch, als mit Beginn der *7. Pandemie V. cholerae biovar. eltor* (El Tor = Ort am Roten Meer) als Epidemiekeim in Erscheinung trat und der bis heute dominierende Cholera-Erreger blieb. Für europäische Länder ist die Cholera eine ekdemische Infektionskrankheit. Die wenigen Fälle, die in europäischen Ländern in den letzten Jahren registriert wurden, betrafen fast ausschließlich aus endemischen Gebieten eingereiste Personen.

- 7. Pandemie (seit 1961) durch *biovar. eltor*

> Endemie-Gebiete finden sich vorwiegend in asiatischen und afrikanischen Ländern tropischer und subtropischer Klimazonen.

⇦

Das Auftreten der Cholera ist häufig durch größere, nicht selten ländergrenzenüberschreitende Epidemien gekennzeichnet.

Erregerreservoir/Infektionsquellen
- Hauptreservoir → Mensch
- Nebenreservoir → Wassertiere
- Infektionsquelle → Mensch
- Manifestationsrate
  - 1:10 (klassische Cholera)
  - 1:25 bis 1:100 (eltor-Cholera)

Erregerreservoir/Infektionsquellen: Das *Hauptreservoir* der Erreger ist nach wie vor der **Mensch** und die Cholera eine Anthroponose. Es liegen jedoch zahlreiche Informationen vor, die eindeutig belegen, daß Cholera-Vibrionen auch außerhalb des Menschen „existieren" können. Dies betrifft *küstennahe Gewässer* und bestimmte *Flüsse.* Auch Besiedelungen von Wassertieren (Schellfisch, Austern, Krabben) und Vögeln wurden nachgewiesen – ob als gelegentliche Zwischenwirte für die Vibrionen oder als *Neben-Reservoire*, bedarf der weiteren Abklärung.

Die unbestritten wichtigste Infektionsquelle ist jedoch der **Mensch**. Dabei spielen neben Kranken die *symptomlos Infizierten* die Hauptrolle. Während die *Manifestationsrate bei der klassischen Cholera* mit 1:10 (auf 10 Infizierte 1 Kranker) angegeben wird, liegt sie *bei der eltor-Cholera* zwischen 1:25 und 1:100. Diese Zahlen verdeutlichen die Probleme, die für die Verhütung und Bekämpfung daraus erwachsen (vgl. Cholera und Sonne-Ruhr!).

Da ein akut an Cholera erkrankter Patient 10^7 bis 10^9 lebende Vibrionen pro ml Stuhl ausscheidet, erreichen mit 20 Liter Patientenausscheidungen pro Tag (s. oben) 2×10^{11} bis 2×10^{13} Keime die Umwelt. Dies mag ein Grund dafür sein, daß bei relativ geringer Manifestationsrate in Epidemiezeiten dennoch große Fallzahlen zu registrieren sind. Für die *Ausbreitung* der Cholera dürften allerdings die *symptomlos Infizierten* bedeutungsvoller sein.

längere Keimausscheidung nach überstandener Krankheit

Nach Überstehen der Krankheit kann es, insbesondere bei der eltor-Form, zu längerer Keimausscheidung kommen. Sie ist durch Chemotherapie verkürzbar. Auch unter symptomlos Infizierten ist die Erregerpersistenz im Darm keine Seltenheit.

Übertragung oral durch:
- Trinkwasser
- Lebensmittel
- Fliege

Übertragung: Die Cholera wird *ausschließlich* auf oralem Wege übertragen. Der wichtigste Übertragungsfaktor ist das *Trinkwasser.* Weiterhin spielen *Lebensmittel* eine Rolle, unter diesen auch Fische, Krabben und Muscheln. Der Faktor *Fliege* darf nicht unterschätzt werden.

⇨

Für die große Bedeutung des **Wasserfaktors** sprechen
- die in Cholera-gefährdeten Gebieten fast immer zu beobachtende Ausbreitung entlang der Küsten oder Flüsse und
- der Beginn von epidemischen Ausbrüchen am Anfang der Regenzeit in den betreffenden Ländern.

Empfänglichkeit
- dispositionelle Faktoren (s. Klinik)
- Immunbarriere nach Epidemien

Empfänglichkeit: Mit Ausnahme von Säuglingen sind Menschen beider Geschlechter und jeden Alters gegenüber Cholera anfällig. Auf die *Bedeutung dispositioneller Faktoren* wurde bereits hingewiesen (s. Klinik). Daß Cholera-Epidemien innerhalb einer relativ stabilen Population meist nur in größeren Zeitabständen auftreten, dürfte mit der *Immunbarriere* zusammenhängen, die sich, wie auch bei anderen Infektionskrankheiten, in der epidemischen Phase aufbaut und erst nach Jahren ihre Schutzfunktion einbüßt.

Verhütung und Bekämpfung
- Lebensmittel-, Trinkwasser- und Abwasserhygiene verbessern!
- Meldepflicht für
  - Verdacht
  - Krankheit
  - Todesfall
- Schutzimpfungen
  - Totvakzinen (antibakteriell, aber nicht antitoxisch)

Verhütung und Bekämpfung: Um die Cholera einzudämmen oder völlig zu liquidieren (als reine Anthroponose theoretisch möglich), sind in den Endemiegebieten vor allem Maßnahmen durchzusetzen, die die *Lebensmittel-, Trinkwasser-* und *Abwasserhygiene* der betreffenden Länder auf ein Niveau bringen, das dem hochindustrialisierter Staaten entspricht.

Die Cholera ist *meldepflichtig* (Verdacht, Krankheit, Todesfall).

Schutzimpfungen sind möglich und werden in einigen Ländern, für die die Cholera endemisch ist, durchgeführt und für Einreisende gefordert. Die bislang eingesetzten und antibakteriell, nicht antitoxisch, wirkenden *Totvakzinen* stehen in berechtigter Kritik. Neue Impfstoffe, die das Haften von pathogenen Cholera-Vibrionen verhindern sollen oder die nichttoxische B-Komponente des Choleragens enthalten, sind denkbar, ihre Entwicklung erfolgverheißend.

- Chemoprophylaxe
  - Versuch mit Fanasil®

Chemoprophylaxe: Es gibt Versuche, Cholera-Epidemien durch Verabfolgung von Chemotherapeutika an Gesunde und Inkubierte an der Ausbreitung zu hindern. *Versuche mit Fanasil®*, einem Langzeit-Sulfonamid, schlugen jedoch fehl. Zwar konnte im Epidemieherd die tägliche Morbidität

zunächst schnell gesenkt, ihr erneuter Anstieg nach ca. 10 Tagen jedoch nicht verhindert werden.
Ein nicht zu unterschätzender Vorteil eines derartigen chemoprophylaktischen „Feldversuchs" besteht allerdings darin, daß ein in Epidemiezeiten ohnehin stark gefordertes (oder in Entwicklungsländern überfordertes) Gesundheitswesen für einen längeren Zeitraum Gelegenheit erhält, sich zu reorganisieren und Reserven an weiteren Kräften und materiellen Mitteln zu schaffen.

14.2 Andere Vibrionen als Krankheitserreger

Andere Vibrionen als Krankheitserreger

Neben dem Erreger der Cholera verursachen zahlreiche andere zur Gattung *Vibrio* zählende Bakterien Krankheiten.

V. cholerae non O1: Diese Vibrionen unterscheiden sich vom eigentlichen Choleraerreger (klassisch oder eltor) durch das Fehlen der Agglutinabilität mit dem O1-Antiserum. Sie treten gelegentlich als Erreger von *akuten Darmerkrankungen* in Erscheinung und können *Wundinfektionen* hervorrufen. Sie wurden lange Zeit irreführend als NAG-Vibrionen (**n**icht**agg**lutinable Vibrionen) bezeichnet.
Inzwischen ist bekannt, daß weit mehr als 60 unterschiedliche serologische Typen existieren, von denen einige (die Typen 5 und 37) sogar zu Durchfall-Epidemien führten.

V. cholerae non O1 (gelegentlich)
- akute Darmerkrankungen
- Wundinfektionen

V. mimicus: Dieser Erreger korreliert in vielen Eigenschaften mit V. cholerae. Seine humanmedizinische Bedeutung entspricht der von non O1-Stämmen.

V. mimicus

V. parahaemolyticus: Er gilt als häufigster Erreger unter anderen halophilen Vibrionen. Besonders *häufig* wird er *in Japan* gefunden. Für die Diagnostik bedeutsam ist sein Unvermögen zur Saccharose-Fermentation. Er wächst auf TCBS-Agar grün.
V. parahaemolyticus-assoziierte Krankheitsbilder sind: akuter *Brechdurchfall, Wundinfektionen, Otitiden* und selbst Infektionen, die generalisiert verlaufen *(Septikämien).*

V. parahaemolyticus
- in Japan häufig
- verursacht:
  - Brechdurchfall
  - Wundinfektionen
  - Otitiden
  - Septikämien (gelegentlich)

14.3 Aeromonas und Plesiomonas

Aeromonas und Plesiomonas

Aeromonaden und Plesiomonaden sind Vibrionaceae, deren *natürliches Habitat* das *Wasser* ist. Sie besiedeln u. a. *Fische* und *Reptilien* und rufen Erkrankungen dieser Tiere hervor (gilt besonders für Aeromonaden).
Für die Abgrenzung von Vibrionen sind folgende Eigenschaften von Bedeutung:
- die fehlende Halophilie und 0/129-Empfindlichkeit sowie (mit Einschränkungen)
- die Begeißelungsform.

Selbstverständlich verfügen sie *nicht* über das *O1-Antigen.*
Die größte humanmedizinische Bedeutung unter diesen Erregergruppen wird *Aeromonas hydrophila* und *Plesiomonas shigelloides* (die einzige Plesiomonas-Art) zugeschrieben.

- natürliches Habitat: Wasser und Wassertiere
- O1-Antigen-negativ

Aeromonas-Infektionen: Sie treten als *akute Darminfektionen* (z. B. nach Genuß durch Oberflächenwasser kontaminierter Lebensmittel) auf oder sind *nosokomial erworbene Infektionen* (z. B. bei Dialysepatienten).
So muß bei immundefizienten oder immunsupprimierten Patienten bei Vorliegen einer Infektion differentialdiagnostisch auch an Aeromonaden als Ursache gedacht werden.
Bei der Chemotherapie von Aeromonas-Infektionen mit Tetrazyklinen, Aminoglykosiden u. a. sind Resistenztestungen unbedingt erforderlich.

Aeromonas-Infektionen:
- akute Darmerkrankungen
- nosokomiale Infektionen

Plesiomonas-shigelloides-Infektionen: Sie erfolgen *oral* und gehen auf *Wasser-kontaminierte Lebensmittel* zurück. Im Vordergrund stehen akute *Gastroenteritiden* bis hin zu ruhrähnlichen Krankheitsbildern.
Opportunisten-Infektionen können durch P. shigelloides verursacht werden.

Plesiomonas-shigelloides-Infektionen
- akute Gastroenteritiden
- Opportunisten-Infektionen

Escherichia coli = wichtigster Vertreter des Genus Escherichia

E. coli ist ein wichtiger Bestandteil der normalen Darmflora des Menschen.

E. coli ist Erreger intestinaler und extraintestinaler Infektionen.
Es ist die am besten untersuchte Bakterienspezies überhaupt.

Allgemeine Eigenschaften

- gramnegativ
- stäbchenförmig
- fakultativ anaerob
- sporenlos
- meist begeißelt
- oft bekapselt

Die Differenzierung erfolgt durch biochemische Leistungen (Bunte Reihe).

E. coli spaltet Laktose.

Serologische Typisierung auf der Grundlage von O-, H-, K- und F-Antigenen möglich.

Eine Reihe von Virulenzmerkmalen bestimmen die spezifische Pathogenität.

15 Escherichia

R. Bollmann, W. Presber

Die Spezies **Escherichia coli** ist der wichtigste Vertreter des Genus Escherichia und wurde 1885 von dem Kinderarzt Th. Escherich als normaler Bewohner **(Normalflora)** des menschlichen Darmes beschrieben. Die Besiedelung des Darmes erfolgt unmittelbar nach der Geburt. Innerhalb der gesamten Darmflora nimmt E. coli nur einen Anteil von etwa 1 % ein. E. coli ist aber der dominierende Keim innerhalb der fakultativ-anaeroben Flora und spielt eine wichtige Rolle bei der Erhaltung der **intestinalen Physiologie.** Er nimmt an der Induktion körpereigener Abwehrvorgänge z. B. durch die Bildung von O-Antikörpern gegen bestimmte Lipopolysaccharide teil. So ist die Antikörperbildung gegen das Kapselantigen K 100 z. B. die Ursache für Kreuzreaktionen mit *Haemophilus influenzae* des Kapseltyps „b" bei der Untersuchung von Erwachsenenseren.
Als fakultativ pathogene Keime sind bestimmte E. coli-Stämme **Erreger einer Reihe intestinaler und extraintestinaler Infektionen.**
Da E. coli seit Jahrzehnten als Modell für molekularbiologische und genetische Untersuchungen verwendet wird, stellt diese Spezies das genetisch und biochemisch am **besten** untersuchte Bakterium dar.

15.1 Allgemeine Erregereigenschaften

E. coli ist ein *gramnegatives, sporenloses, fakultativ anaerobes* Stäbchen, das auch auf Minimalnährmedien wächst.
Es ist meist begeißelt und bildet teilweise eine **Polysaccharid-Kapsel.** Morphologisch und kulturell läßt es sich nicht von anderen Vertretern der Familie Enterobacteriaceae unterscheiden. Die Differenzierung erfolgt im Labor auf der Grundlage der typischen biochemischen Leistungen (**Laktosespaltung: positiv**, Harnstoffspaltung: negativ, Indolbildung: positiv, Zitratverwertung: negativ, Voges-Proskauerreaktion: negativ).
Eine auch epidemiologisch bedeutsame **Feintypisierung** ist serologisch möglich. Bis heute lassen sich 171 O-Antigene, 72 K-Antigene und 53 H-Antigene, sowie 14 F- (Fimbrien) Antigene nachweisen (s. a. Tab. 15-1).
Eigenschaften oder Leistungen der Bakterien, die direkt zur Entstehung von Krankheiten beitragen, werden *Pathogenitätsfaktoren* oder *Virulenzmerkmale* genannt. Einige E. coli-Stämme können zum Beispiel Hämolysine (α oder β) oder Enterotoxine bilden. Auch in dieser Hinsicht zählt E. coli zu den am besten untersuchten Keimen (s. Tab. 15-2).
Das Lipopolysaccharid der Zellwand ist ein wirksames Endotoxin.

Tab. 15-1: Überblick über das Vorkommen und die Bedeutung von Escherichia coli

Subtyp	Vorkommen bzw. spezifische Pathogenität	Bevorzugte Serotypen
NOEC	normale *E. coli* Normalflora des Darmes (Keimzahl ≈ 10^8/g)	O1, O2, O4, O6 usw.
EPEC	enteropathogene Stämme	(O26), O55, O86, O111, O127, O142
ETEC	enterotoxische Stämme	O6, O8, O15, O115
EIEC	enteroinvasive Stämme	O28, O124, O136, O143, O144
EHEC	enterohämorrhagische Stämme	O157, O126, O111
EAEC	enteroadhärente Stämme	noch nicht bekannt
UPEC	uropathogene Stämme	O1, O2, O4, O6, O7, O16, O75
...?	lokale Wundinfektionen, Cholezystitis, Peritonitis, Pneumonie	unabhängig vom Serotyp, nosokomiale Infektionen
SEPEC	Sepsis-*E. coli* (Erreger von Sepsis und neonataler Meningitis)	O18, O83, O1, O7, O16, O45

Tab. 15-2: Ausgewählte Virulenzmerkmale bei *E. coli*-Stämmen

Virulenzmerkmal	Codierung	Zielorgan
P-Fimbrien	Chromosom	Harnwege
S-Fimbrien	Chromosom	ZNS (Meningen)
G-Fimbrien	Chromosom	?
Colonization factor antigen (CFA)	Plasmid	Darm
AFA (afimbrial adhesines)	Chromosom	Harnwege
M-Adhäsin	Chromosom	Harnwege
X-Adhäsin	Chromosom	Harnwege
Äußeres Membranprotein (OMP; outer membrane protein) als Adhäsin	Plasmid	Darm
O-Antigene:		
O1, O2, O4, O6, O7, O8, O75	Chromosom	Harnwege
O1, O7, O16, O18, O45, O83	Chromosom	ZNS (Meningen)
K-Antigene:		
K1-Kapsel	Chromosom	ZNS (Meningen von Neugeborenen)
K1- und K5-Kapsel	Chromosom	Harnwege
tra-T-Protein (OMP mit Transportfunktion)	Plasmid	diverse
Iss-Protein (OMP = increased survival in serum)	Plasmid	diverse
Siderophore (z.B. Aerobactin)	Plasmid oder Chromosom	diverse
Toxine:		
α-Hämolysin	Chromosom oder Plasmid	Harnwege
Hitzlabiles Enterotoxin (LT)	Plasmid	Darm
Hitzestabiles Enterotoxin (ST)	Plasmid	Darm
Shiga-like-Toxin 1 + 2 (Verotoxin 1 + 2)	Phage	Darm

15.2 Pathogenese

Pathogenese

Art und Kombination der einzelnen Virulenzmerkmale bestimmen die Ausprägung der jeweiligen Krankheitsbilder.

Neben den **Fimbrien**, die für die Anheftung der Keime und damit für die Besiedelung des Makroorganismus von Bedeutung sind, können eine Reihe weiterer Faktoren und Toxine gebildet werden, die in ihrer jeweiligen Ausprägung und Kombination für die Entstehung der verschiedensten Krankheitsbilder verantwortlich sind (s. Tab. 15-2).
Oft prägt, wie im Falle der Toxin-bedingten Diarrhoen, ein einzelner Faktor das Krankheitsgeschehen. Bei schweren Allgemeinerkrankungen wie Sepsis oder Meningitis ergänzen sich eine entsprechende Disposition des Patienten und eine geeignete Kombination von Merkmalen, wie **Kapselbildung, Serumresistenz** oder **Siderophore** (Aerobactinbildung), die einerseits die Abwehr des Wirtes unterlaufen und zum anderen für die Bereitstellung von lebensnotwendigem Eisen sorgen.

15.2.1 Intestinale Infektionen

Intestinale Infektionen

Erreger gehören bestimmten Serotypen an.

Innerhalb der Art E. coli gibt es unterschiedliche pathogene Stämme, die zu **Durchfallerkrankungen** führen. Sie unterscheiden sich in ihren *Virulenzmerkmalen*, in ihren *Interaktionen* mit der *Intestinalmukosa*, den *klinischen Symptomen* und in der *Epidemiologie*. Gemeinsamkeiten der darmpathogenen Stämme sind:

- die Virulenzeigenschaften sind nicht chromosomal codiert,
- es werden **Entero-** oder **Zytotoxine** gebildet und
- die verschiedenen Gruppen gehören zu bestimmten Serotypen.

Entero- und Zytotoxinbildung

Enteropathogene E. coli-Stämme (EPEC): E. coli- bedingte **Durchfälle** sind **bei Säuglingen** seit 50 Jahren bekannt. Die Pathogenese war lange Zeit un-

Enteropathogene E. coli (EPEC)
- Durchfallerreger bei Säuglingen

- Mukosaadhärenz
- Bisher nur Verotoxin und Enterohämolysin als mögliche Virulenzmerkmale nachgewiesen.
- Es treten Mukosaläsionen im Dünndarm auf.

klar, es konnte aber nur eine bestimmte Auswahl von Serotypen nachgewiesen werden. Die Erreger bilden *kein* klassisches E. coli-Toxin und sind *nicht invasiv.* Neuerdings konnten elektronenmikroskopisch eine **Bakterienadhärenz** und typische **Mukosaläsionen** im Dünndarm nachgewiesen werden. Die Adhärenz wird über ein plasmidcodiertes (60 MD) Protein der äußeren Membran vermittelt.
Bei einigen EPEC-Stämmen, z. B. O26, wurde auch ein „shiga-like"-Toxin Typ 1 (Verotoxin 1) nachgewiesen. Es hemmt die Proteinsynthese. Ebenfalls von einigen O26- und O111-Stämmen wird ein sog. **Enterohämolysin** gebildet, das sich von den klassischen α- und β-Hämolysinen von E. coli immunologisch und genetisch unterscheidet.

Enterotoxische E. coli (ETEC)
- Bildung eines hitzestabilen (ST) und eines hitzelabilen (LT) Enterotoxins.
- Das LT ähnelt in Aufbau und Wirkung dem Choleratoxin: Wasser- und Elektrolytverlust nach cAMP-vermittelter NaCl-Sekretion.
- Auch das ST wirkt auf den Ionentransport in der Darmschleimhaut.
- Kolonisationsfaktoren bewirken enge Bindung an die Dünndarmschleimhaut.

Enterotoxische E. coli-Stämme (ETEC): Vertreter dieser Gruppe können zwei Toxine, ein **hitzelabiles (LT)** und ein **hitzestabiles (ST) Enterotoxin** allein oder in Kombination bilden. Das LT ist ein 74 kD-Polypeptid, das strukturell und funktionell dem Choleratoxin („cholera-like") sehr ähnlich ist. Es besteht aus einer A-Untereinheit (Toxinwirkung) und fünf B-Untereinheiten, die für die Bildung des Toxins an die Zellen verantwortlich sind. Das LT induziert eine Erhöhung der Synthese an cAMP. Dadurch kommt es zu einer Hypersekretion von NaCl. Der Elektrolytverlust ist mit einem starken Flüssigkeitsverlust gekoppelt.
Für die Therapie ist bedeutungsvoll, daß der Na-gekoppelte Glukosetransportmechanismus durch das Enterotoxin unbeeinflußt bleibt.
Das ST ist ein niedermolekulares Peptid, das über eine Erhöhung des zyklischen Guanosinmonophosphats (cGMP) ebenfalls auf den Ionentransport wirkt. Die Gene für die Toxine befinden sich meist auf dem gleichen Plasmid, das auch für die sog. **Kolonisationsfaktoren** (colonization factor antigen – CFA-, CFA 1 – CFA 5) codiert. Durch die enge Bindung der Bakterien an die Darmzellen können die Toxine optimal wirksam werden. Diese Virulenzplasmide sind auch auf bestimmte Serotypen beschränkt.

Enteroinvasive E. coli (EIEC)
- Erreger zeichnen sich durch
  - Adhärenz
  - Invasionsfähigkeit und
  - intrazelluläre Vermehrung aus.
- Produktion eines „shiga-like"-Toxins.

Enteroinvasive E. coli-Stämme (EIEC): Diese Stämme sind zur **Adhärenz, Invasion** (Durchdringung des Epithels) und zu einer **intrazellulären Vermehrung** befähigt. Sie ähneln damit sehr den Erregern der Ruhr („shiga-like"). Es wird kein LT oder ST produziert, aber geringe Mengen eines **„shiga-like"-Toxins**, wie es auch für EHEC (O157:H7) und einige EPEC Stämme beschrieben wurde.
Für die Invasion ist ein 140 MD-Plasmid verantwortlich, das 7 Proteine der äußeren Membran determiniert.

Enterohämorrhagische E. coli (EHEC):
- Spezifische Fimbrien (Adhäsion)
- „shiga-like"-Toxine 1 und 2 (= Verotoxin 1 und 2)

Enterohämorrhagische E. coli-Stämme (EHEC): Trotz des klinischen Syndroms der hämorrhagischen Colitis sind diese E. coli-Stämme nicht invasiv. Ein 60 MD-Plasmid codiert für die Ausbildung von **Fimbrien** (Adhärenz!) und es wird in großen Mengen ein **phagencodiertes Zytotoxin** gebildet. Es wirkt auf HeLa- und Verozellen und ist offensichtlich identisch mit dem neuro- und enterotoxischen Shigatoxin von *S. dysenteriae 1* (= **shiga-like-Toxin 1** oder **Verotoxin 1**). Viele Stämme bilden auch ein zweites potentes **Zytotoxin** (**Shiga-like-Toxin 2** oder **Verotoxin 2**), das aber nicht durch Shigatoxin-Antikörper neutralisiert wird.
Obwohl Ähnlichkeiten zwischen EPEC- und EHEC-bedingten Darmveränderungen bestehen, betreffen die EHEC-verursachten Läsionen nur Coecum und Kolon, die Läsionen der Mikrovilli sind massiver, es werden keine leukozytären Infiltrationen beobachtet. Aus diesem Grund sollte der Serotyp O26:H11 aus der Gruppe der EPEC Stämme übernommen werden.

Enteroadhärente E. coli (EAEC):
Bisher ist nur eine spezifische Adhärenz bekannt.

Enteroadhärente E. coli-Stämme (EAEC): Diese Stämme sind noch wenig charakterisiert und können durch ihre Adhärenz an Hep2-Zellen identifiziert werden. Sie bilden keinerlei Toxine und sind nicht invasiv. Ob sie eine eigene Gruppe innerhalb der Diarrhoestämme bilden, ist noch unklar.

15.2.2 Extraintestinale Infektionen (Harnwegsinfektionen, Sepsis und Meningitis)

Es dominieren **Harnwegsinfektionen (HWI)**, gefolgt von **Wundinfektionen (WI), Peritonitis, Cholezystitis** und **Pneumonie**. Diese Infektionen können Ausgangspunkt für eine **Sepsis** sein. Ein besonders schweres Krankheitsbild stellt die **Meningitis** der Neugeborenen dar.

Pathogenese der Harnwegsinfektionen: Ausgehend von einer periurethralen Kolonisierung mit *uropathogenen* E.coli **(UPEC)** kann es zu einer aufsteigenden Infektion der ableitenden Harnwege und der Niere kommen.
Typische Krankheitsbilder sind:

- Zystitis
- Pyelonephritis
- Nierenabszeß
- Urosepsis

Begünstigt werden Harnwegsinfektionen durch Abflußhindernisse oder Stoffwechselstörungen. Seltener ist ein hämatogener oder lymphogener Infektionsmodus nachzuweisen.
Die Adhärenz erfolgt über sog. *P-Fimbrien*, die lektinartig mit kohlenhydrathaltigen Rezeptoren der Uroepithelien reagieren. Anheftung und Vermehrung (Kolonisation) sind die Voraussetzung für die Ausbreitung der Keime. Wichtige Virulenzmerkmale dabei sind *Siderophore* (Eisenbereitstellung) *und Hämolysine* (Zerstörung von Phagozyten und anderen Zellen!).

Pathogenese der Sepsis und der Meningitis: Neben den B-Streptokokken sind *Septikämie-verursachende E. coli-Stämme* **(SEPEC)** eine wichtige Ursache für neonatale Meningitiden. Erreger sind sowohl typische *„Meningitis-assoziierte" Serotypen* (z.B. O18:K1; O83:K1; O156:K1; O45:K1) als auch typische Keime der Normalflora des Darmes. Bevorzugt erkranken Frühgeborene, untergewichtige Neugeborene und Neugeborene mit Mißbildungen. Etwa 30% der Neugeborenen sind mit E. coli-K1-Stämmen besiedelt, die dem Gastrointestinaltrakt der Mutter entstammen. Nur ein geringer Anteil der Kolonisierten (≈1 auf 1000) erkrankt bei Invasion der Keime in das Gefäßsystem und Erregervermehrung. Nach Überwindung der Blut-Hirn-Schranke kann sich eine *Meningitis* entwickeln. Dieser Ausbreitungsmodus erfordert invasive Keime, die über mehrere Virulenzmerkmale verfügen: K1-Antigen, Serumresistenz, Siderophore (z. B. Aerobactin). Besonders wichtig ist das **K1-Antigen**, das bei 84% der Meningitisisolate nachgewiesen werden konnte. Es verhindert die alternative Komplementaktivierung und reduziert damit u.a. die Serumbakterizidie und Phagozytose.

Extraintestinale Infektionen (Harnwegsinfektionen, Sepsis und Meningitis): **Harnwegsinfektionen** sind die häufigsten Infektionen durch E. coli.

Pathogenese der Harnwegsinfektionen: Meist aufsteigende Infektionen durch UPEC.

typische Krankheitsbilder:

⇦

Begünstigende Faktoren:
- Abflußbehinderungen
- Stoffwechselstörungen

Wichtigste Virulenzmerkmale:
- spezifische Fimbrien (Adhäsine)
- Siderophore
- Hämolysine

Pathogenese der Sepsis und der Meningitis: Es erkranken bevorzugt Neugeborene (Altersdisposition!)

Virulenzmerkmale:
- K1-Kapsel
- bestimmte O-Antigene

Zur Invasion aus dem Intestinum (Überwindung der verschiedenen Barrieren) sind Kombinationen von Virulenzmerkmalen nötig.

15.3 Klinisches Bild und Verlauf

15.3.1 Intestinale Infektionen

a) **EPEC-Stämme** rufen epidemisch oder sporadisch auftretende schwere *Diarrhoen mit Erbrechen bei Säuglingen* hervor. Sie treten in hochindustrialisierten Ländern selten auf, zählen aber z.B in Südamerika zu den häufigsten Erregern von Diarrhoen bei Kindern, mit deutlichem Einfluß auf die Säuglingssterblichkeit.
b) **ETEC-Stämme** sind die Ursache der *Reisediarrhoe*, die bei Kindern und Erwachsenen gleichermaßen auftreten kann. Das Krankheitsbild ist durch wäßrige Durchfälle mit Übelkeit und Abdominalkrämpfen gekennzeichnet. Leichtes Fieber ist möglich.
c) Das durch **EIEC-Stämme** hervorgerufene Krankheitsbild ähnelt der Ruhr. Die schleimig-blutigen Durchfälle sind in der Regel von Fieber begleitet. Betroffen sind Kinder und Erwachsene.
d) **EHEC-Stämme** können zum einen eine *hämorrhagische Colitis (HC)* mit blutigem Durchfall (im Gegensatz zur Ruhr jedoch ohne Fieber und ohne Leukozyten im Stuhl) und zum anderen das **hämolytisch-urämische Syndrom (HUS)** mit akutem Nierenversagen, Thrombozytopenie und An-

Klinisches Bild und Verlauf

Intestinale Infektionen

- EPEC-Stämme
  Diarrhoe mit Erbrechen vor allem bei Säuglingen in sozial schwachen Ländern.
- ETEC-Stämme:
  - **Reisediarrhoe:** wäßrige Durchfälle bei Erwachsenen und Kindern
- EIEC-Stämme
  Ruhrähnliches Krankheitsbild mit blutig-schleimigen Stühlen
- EHEC-Stämme:
  - Hämorrhagische Colitis (HC)
  - Hämolytisch-urämisches Syndrom (HUS).

ämie hervorrufen. Dieses Krankheitsbild wird besonders bei Kindern beobachtet.

Extraintestinale Infektionen (Harnwegsinfektionen, Wundinfektionen, Sepsis und Meningitis)

- **Harnwegsinfektionen:**
  Wichtigste Erkrankung: Pyelonephritis:

  typischer Urinbefund:
  – Bakteriurie und
  – Leukozyturie

Sekundäre Verlaufsformen mit hoher Rezidivrate.

- **Wundinfektionen u.ä.:**
  Meist endogene postoperative Infektionen (nosokomiale Infektionen).
  Sekundäre Pneumonie bei Intensiv-Patienten besonders nach Beatmung.

- **Sepsis und Meningitis:**
  Besonders häufig bei Neugeborenen.

Hohe Letalität bei schwach ausgeprägter Symptomatik.

15.3.2 Extraintestinale Infektionen

a) Die Klinik der durch E. coli verursachten Harnwegsinfektionen ist *erregerunspezifisch.* Die größte Bedeutung hat die akute **Pyelonephritis**, gekennzeichnet durch Allgemeinsymptome wie hohes Fieber, stark reduziertes Allgemeinbefinden sowie durch druck- und klopfschmerzhafte Nierenlager und Bakteri- und Leukozyturie. Es kommt jedoch auch zunehmend zu symptomarmen, primär chronischen Verlaufsformen.
Primäre Verlaufsformen (bei normalen anatomischen Verhältnissen) haben eine gute Heilungstendenz, ansonsten besteht eine hohe Rückfallquote meist mit anderen Erregern **(Reinfektion)**, seltener handelt es sich um den gleichen Keim **(Exazerbation oder relapse)**.
Die **Zystitis** ist in der Regel afebril und durch Pollakisurie und Dysurie gekennzeichnet.

b) Bei **Wundinfektionen, Gallenwegsinfektionen und Peritonitiden** handelt es sich meist um endogene Infektionen nach Eröffnung natürlich besiedelter Organe (Abdominalchirurgie) oder es kommt postoperativ (bei mangelnder Hygiene) zu exogenen Infektionen.
Ebenfalls eine typische nosokomiale Infektion ist die häufig schwer verlaufende **Pneumonie** bei beatmeten oder immunsuppressiv behandelten Patienten.

c) Neugeborene mit **Sepsis und/oder Meningitis** zeigen eine nur schwach ausgebildete Symptomatik. Häufig sind Trinkunlust, nachlassender Muskeltonus und eine blasse Haut. Typische Meningitiszeichen fehlen meist. Die große Fontanelle kann bei Neugeborenen vorgewölbt sein. Die Temperaturen liegen im subfebrilen bis Normbereich. Die Letalität liegt zwischen 30 und 60 %.

Diagnostik

Wachstum auf Blut- und Indikatornährböden.

Biochemische Abgrenzung von anderen Enterobacteriaceae („Bunte Reihe")

Serologische Typisierung

15.4 Diagnostik

E. coli wächst auf Blutnährmedien in Form von großen, grauen Kolonien, die z. T. von einem **Hämolysehof** (α- oder β-Hämolysin) umgeben sind. Auf **Selektivnährmedien** wie den **Laktoseindikatorplatten nach Endo oder Mac Conkey** wird der typische Laktoseabbau durch rosa bis rotviolette Färbung der Kolonien und des Agars angezeigt. Weitergehende biochemische Reaktionen können in polytropen Nährmedien (z. B. Zweizucker-Eisen-Agar nach Kligler) und der sog. Bunten Reihe geprüft werden. Heute stehen industriell hergestellte Testsysteme zur Überprüfung einer Vielzahl von stoffwechselphysiologischen Leistungen zur Verfügung (z. B. API, Enterotube).
Neben den allgemeinen Grundsätzen gibt es in Abhängigkeit von der Erkrankung einige Besonderheiten:

Intestinale Infektionen

Erst der Nachweis bestimmter Serotypen ist der Beweis, daß es sich um enteropathogene E. coli-Stämme handelt.

Oft ist ein Toxinnachweis (z. T. noch im Tierversuch) nötig.

Die schnelle Erkennung der enteropathogenen E. coli-Stämme wird durch den Einsatz von Gensonden und Blottechniken in der Routine möglich.

15.4.1 Intestinale Infektionen

Wenn aus dem Untersuchungsmaterial Stuhl E. coli in Reinkultur isoliert wurde, ist damit noch kein Beweis für den ursächlichen Zusammenhang erbracht. Nur der EHEC-Serotyp O157:H7 weist häufig eine charakteristische Biochemie auf (z. B. Sorbit-negativ). Erst eine **Objektträgeragglutination** (Gruber-Reaktion) mit polyvalenten bzw. monovalenten Seren ermöglicht eine Zuordnung in die einzelnen Pathogenitätsgruppen.
Eine exakte Gruppierung ist z. Zt. erst nach aufwendigen **Tierversuchen** (z. B. Kaninchen-Darmschlingen-Test, Babymaustest oder Keratokonjunktivaltest beim Kaninchen) möglich. Der Verotoxinnachweis wird in Zellkulturen durchgeführt.
Auch für die Routinediagnostik werden zukünftig **immunologische Methoden** und **Gensonden** die Methode der Wahl sein. Der LT-Nachweis diente als Modell für die Entwicklung eines ELISA und für den Einsatz radioaktiv markierter Gensonden. Schon heute kann beispielsweise ST mit Oligonu-

cleotidsonden und Verotoxin im Kolonieimmunblot oder im ELISA mit monoklonalen Antikörpern nachgewiesen werden.

15.4.2 Extraintestinale Infektionen

Harnwegsinfektionen: Für eine aussagefähige Diagnostik der Harnwegsinfektionen ist eine geeignete Uringewinnung Voraussetzung.
Als Methoden der **Uringewinnung** kommen in Frage:

- Mittelstrahlurin (Methode der Wahl)
- Katheterisierung der Blase oder der Nierenbecken (potentielle Keimverschleppung!)
- Blasenpunktion (ärztlicher Eingriff)

In jedem Fall muß der Urin rasch nach der Entnahme untersucht werden, um eine Verfälschung der Keimzahl zu verhindern. Maximale Lagerungszeit bei +4 °C beträgt 8 Stunden. Als Alternative bieten sich **Tauchkulturen** an (z. B. Uricult).
Neben der Identifizierung der Erreger muß beim Mittelstrahlurin eine semiquantitative Keimzahlbestimmung vorgenommen werden, um Kontaminationskeime (Urethra, äußerer Genitalbereich) vom Infektionserreger abzugrenzen. Der Keimzahlbewertung liegt die Auszählung der „Kolonie-bildenden Einheiten" (colony forming units = CFU) zugrunde:

- CFU $\geqslant 10^5$/ml infektsignifikante Bakteriurie
- CFU $= 10^4$/ml kontrollbedürftig
- CFU $\leqq 10^4$/ml Kontamination

Diese Keimzahlen gelten nur für Urin, der länger als 4 Stunden in der Blase verweilte (Cave Kleinkinder und Pollakisuriepatienten). Im Falle der Therapie- oder Verlaufskontrolle sind auch niedrigere Keimzahlen des Erregers relevant.
Wenn mehr als drei verschiedene Keimspezies isoliert werden, spricht das auch bei höheren Keimzahlen als 10^5 Keime pro Milliliter für eine Kontamination.

Sepsis und Meningitis: Voraussetzung für die Diagnose E. coli-Sepsis oder -Meningitis ist der Nachweis der Erreger im Blut oder Liquor. Im Rahmen von präventiven bakteriologischen Untersuchungen der Neugeborenen ist der K1-Nachweis mit spezifischen Phagen anzustreben. Für einen schnellen K1-Antigennachweis stehen Testkits mit Antikörpern gegen *Neisseria meningitidis Typ B* zur Verfügung, die auf Grund von Kreuzreaktionen mit dem K1-Antigen reagieren. Ebenso sind Latexteste mit monoklonalen K1-Antikörpern möglich.
Da die Kultivierung der Erreger mindestens 24 h dauert, ist auch die Mikroskopie (Gram- und **Acridinorangefärbung**) für eine orientierende Aussage wichtig.

Extraintestinale Infektionen

- **Harnwegsinfektionen:**
  Voraussetzung ist eine sachgerechte Materialgewinnung!

  Möglich sind:
  - Mittelstrahlurin
  - Katheterurin
  - Blasenpunktionsurin

Schneller Transport ins Labor!

Vorteile bieten Tauchkulturen.

Um Infektionen von Kontaminationen abgrenzen zu können, ist beim Mittelstrahlurin eine halbquantitative Keimzahlbestimmung notwendig.
Infektion bei $\geqq 10^5$ Keime/ml.

- **Sepsis und Meningitis:**
  Nachweis der Erreger oder des K1-Antigens in Blut bzw. Liquor!

Mikroskopie von z. B. Acridinorange-gefärbten Ausstrichpräparaten als „Schnelltest".

15.5 Therapie

Allgemeine Grundsätze: Die antibiotische Therapie ist bei außerhalb des Krankenhauses erworbenen Infektionen in der Regel noch gut mit Ampicillin und Cotrimoxazol möglich. Nosokomiale Infektionserreger sind häufig multiresistent und erfordern eine Therapie nach Antibiogramm. Aminoglykoside und neuere Cephalosporine, auch Aztreonam, Imipenem und die neuen Gyrasehemmer sind meist wirksam.

Therapie

Multiresistente Erreger nosokomialer Infektionen sind primär antibiogrammgerecht zu behandeln.

15.5.1 Intestinale Infektionen

Der schwere Verlauf der Säuglingsenteritis erfordert eine antibiotische Therapie. Bei den übrigen intestinalen Infektionen ist im allgemeinen keine Chemotherapie erforderlich, im Vordergrund steht der Flüssigkeitsersatz.

Intestinale Infektionen

Chemotherapie nur in schweren Fällen, aber:
Flüssigkeits- und Elektrolytersatz!

Extraintestinale Infektionen
- Harnwegsinfektionen:
  - ambulant: kalkulierte Chemotherapie möglich
  - stationär: Antibiogramm

Therapiekontrollen!

15.5.2 Extraintestinale Infektionen

Therapie von Harnwegsinfektionen: In akuten Fällen im ambulanten Bereich ist eine kalkulierte Chemotherapie mit oral einsetzbaren Chemotherapeutika (z. B. mit Ampicillin, Trimethoprim-Sulfonamid oder Gyrasehemmern) möglich.

Bei hospitalisierten Patienten werden häufig multiresistente Keime isoliert, hierbei und bei chronischen Erkrankungen muß primär antibiogrammgerecht behandelt werden.
Wichtig sind **mehrfache Therapiekontrollen**, da die Rezidivrate bei Harnwegsinfektionen hoch ist.

- Sepsis und Meningitis

Kalkulierte Chemotherapie mit Ampicillin-Gentamicin

Therapie der Sepsis und der Meningitis: Für eine kalkulierte Chemotherapie ist die Kombination **Ampicillin-Gentamicin** geeignet, mit der auch *B-Streptokokken* und *Listerien* (Neugeborenenmeningitis) erfaßt werden.
Bei Ampicillinresistenz können auch Cefotaxim oder Chloramphenicol eingesetzt werden.

Epidemiologie und Prophylaxe

15.6 Epidemiologie und Prophylaxe

E. coli befindet sich normalerweise nicht im Boden und im Wasser.

⇨ Sein Nachweis in diesen Untersuchungsmaterialien gilt als **Indikator für fäkale Verunreinigungen**, der auf ein Vorhandensein von pathogenen Keimen (z. B. Salmonella spp.) hinweisen kann.

Intestinale Infektionen

Übertragung: fäkal/oral

Eine Prophylaxe ist durch Hygienemaßnahmen möglich.

15.6.1 Intestinale Infektionen

Die intestinalen Infektionen erfolgen immer **exogen**, bei den EPEC-Stämmen als fäkal-orale **Schmierinfektion**, bei ETEC und EIEC über **kontaminierte Nahrungsmittel.** Für EHEC-Stämme scheinen tierische Reservoire (Rinder, Hühner) zu existieren.
Bei nosokomialen Infektionen mit EPEC-Stämmen sind eine Isolierung der Säuglinge, die Desinfektion der Ausscheidungen und die **Händedesinfektion des Personals (!)** erforderlich.
Eine Prophylaxe der übrigen Erkrankungen besteht in der Einhaltung der persönlichen Hygiene, dem Abkochen von Wasser (tropisches Ausland!) und dem ausschließlichen Verzehr von gekochten Nahrungsmitteln.

Extraintestinale Infektionen

Harnwegsinfektionen sind meist endogene Infektionen.

Sie spielen eine wichtige Rolle als **nosokomiale Infektionen nach Katheterisierung.**

Spezielle Vakzinen auf der Basis von Fimbrien sind in der Entwicklung.

15.6.2 Extraintestinale Infektionen

Harnwegsinfektionen: Es handelt sich um **endogene Infektionen** durch Keime der Darmflora. Besonders disponiert sind Säuglinge (Windelperiode!), Frauen (kurze Urethra, kurzer Damm; Schwangerschaft) und Patienten mit Abflußbehinderungen.
Häufig treten Harnwegsinfektionen als nosokomiale Infektionen, zum Beispiel bei Patienten auf Intensivtherapie-Stationen als Folge des Katheterisierens auf. Für derartige risikobehaftete Eingriffe ist eine genaue Indikationsstellung nötig.
Die Untersuchungen zum Einsatz einer **Fimbrienvakzine** oder von **Rezeptoranaloga** zur Blockade der Adhärenz befinden sich noch im experimentellen Stadium.

16 Citrobacter, Klebsiella und sonstige Enterobacteriaceae

P. C. Döller

Citrobacter, Klebsiella und sonstige Enterobacteriaceae

16.1 Überblick und Charakteristika

Überblick und Charakteristika

- physiologische Darmflora
- fakultativ pathogene Keime

Innerhalb der Familie Enterobacteriaceae finden sich außer *Escherichia coli* und den obligat pathogenen Erregern eine Vielzahl **fakultativ pathogener** Keime, welche z. T. auch in der Natur und Umwelt weit verbreitet sind. Viele dieser Bakterien zählen zur physiologischen Darmflora des Menschen.

Überblick über die in diesem Kapitel berücksichtigten Gattungen der Familie Enterobacteriaceae

⇦

Gattung	Art
Citrobacter	C. freundii
	C. diversus
	C. amalonaticus
Klebsiella	K. pneumoniae
	– K. pneumoniae Subspezies pneumoniae (K. pneumoniae)
	– K. pneumoniae Subspezies ozaenae (K. ozaenae)
	– K. pneumoniae Subspezies rhinoscleromatis (K. rhinoscleromatis)
	K. oxytoca
	K. terrigena
	K. planticola
Enterobacter	E. cloacae
	E. sakazakii
	E. agglomerans (Pantoea agglomerans)
	E. aerogenes
	E. gergoviae
Serratia	S. marcescens
	S. liquefaciens
	S. plymuthica
	S. rubidaea
	S. odorifera
	S. ficaria
Hafnia	H. alvei
Edwardsiella	E. tarda
	E. hoshinae
	E. ictaluri
Proteus	P. vulgaris
	P. mirabilis
	P. penneri
	P. myxofaciens
Providencia	P. alcalifaciens
	P. stuartii
	P. rettgeri
Morganella	M. morganii

Allgemeine Erregereigenschaften
- gramnegativ
- fakultativ anaerob

Allgemeine Erregereigenschaften: Die Vertreter der Enterobacteriaceae sind *gramnegative, fakultativ anaerobe*, bewegliche oder unbewegliche Stäbchenbakterien. Bewegliche Keime besitzen eine peritriche Begeißelung. Manche Vertreter sind bekapselt.

Pathogenese
- prädisponierende Faktoren:
  - Hospitalisierung
  - Abwehrschwäche
  - langdauernde Antibiotika-Therapie

viele Gattungen sind gegenüber Antibiotika multiresistent
- unterschiedliche Resistenzmechanismen
  - Plasmid-kodierte Resistenzgene sind übertragbar

Pathogenese: Das Pathogenitätspotential der Enterobacteriaceae manifestiert sich in der Regel erst unter bestimmten Voraussetzungen, wie **Hospitalisierung, Abwehrschwäche** und **langdauernde Antibiotika-Therapie.** Erregerisolate von Patienten, welche ihre Infektion außerhalb des Krankenhauses erworben haben, sind gegenüber Antibiotika in der Regel sensibler als Erregerisolate, die im Krankenhaus zur Infektion geführt haben. Daraus folgt, daß unter einer Antibiotika-Therapie die physiologische Flora durch resistente Enterobacteriaceae überwuchert werden kann und dadurch die Genesung des Patienten beeinträchtigt wird. Viele dieser Gattungen (z. B. *Enterobacter, Serratia*) sind gegenüber einer Vielzahl von Antibiotika resistent. Verschiedene Resistenz-Mechanismen, wie **konstitutive chromosomale**, durch Penizilline und Cephalosporine **induzierbare chromosomale** (Beta-Laktamasen) oder **Plasmid-vermittelte** Resistenz-Mechanismen, sind beteiligt. Plasmid-kodierte Resistenzgene können auf andere, noch empfindliche Bakterien übertragen werden, die dann ihrerseits resistent werden.

transitorische Bakteriämie möglich:

⇨

> Da Enterobacteriaceae häufig durch Katheterisierung, Intubation und chirurgische oder andere invasive Maßnahmen in den Organismus eingebracht werden, findet man die Keime auch im Blut. Es kann dadurch über eine transitorische Bakteriämie zu Pneumonie, Harnwegs-, Wund- und ZNS-Infektionen, Abszeßbildung in verschiedenen Organen und Sepsis, sowie zur Kolonisierung und Infektion von Implantaten, Prothesen und Kathetern kommen.

- Urease ist ein wichtiger Pathogenitätsfaktor bei Harnwegsinfektionen durch *Proteus spp.*

die Spaltung von Harnstoff führt zur pH-Erhöhung und dadurch zur Steinbildung

Einen wichtigen Pathogenitätsmechanismus stellt das Enzym **Urease** dar. Dieses Enzym ist in verschiedenen Gattungen vorhanden, besondere Bedeutung besitzt es bei Harnwegsinfektionen durch *Proteus spp.* Urease führt durch **Spaltung von Harnstoff** in CO_2 und Ammoniak zu einer **pH-Erhöhung** in den ableitenden Harnwegen und dadurch zu einer **Präzipitation** von polyvalenten Kationen und Anionen, was zu Magnesiumammoniumphosphat- und Kalziumkarbonatsteinen führt.

Klinik, Verlauf
- endogene Infektionen
- exogene Infektionen

Klinik, Verlauf: Eine Besiedlung des Menschen mit Enterobacteriaceae ist in den meisten Fällen als physiologische Flora anzusehen. Diese Bakterien können jedoch zu **endogenen** oder **exogenen** opportunistischen Infektionen mit klinischen Manifestationen bis hin zu Komplikationen anderer Grunderkrankungen führen.

Betroffene:

⇨

> Betroffen sind in der Regel nur
> - hospitalisierte Patienten,
> - Patienten mit Grundleiden anderer Art,
> - Patienten mit Abwehrschwäche,
> - antibiotisch und antineoplastisch Therapierte,
> - Neugeborene, Frühgeborene,
> - Verbrennungs- oder polytraumatisierte Patienten,
> - Patienten, die mit invasiven Vorrichtungen versorgt sind (Katheter, Respiratoren und Prothesen können einer Besiedlung bzw. Infektion den Weg bahnen).

klinisches Bild

Der Schweregrad der **klinischen Bilder** ist vielgestaltig:
- **lokale Infektionen** wie Infektionen des Respirationstraktes, sowie Harnwegs- und Wundinfektionen.
- **Generalisierte Infektionen** können zu Katheter-assoziierten Infektionen, Sepsis, Endokarditis, Osteomyelitis, und insbesondere bei Neugeborenen zur Beteiligung des ZNS (Meningitis) führen.

- Harnwegsinfektionen

Neben E. coli ist *P. mirabilis* einer der wichtigsten Erreger von Harnwegsin-

fektionen. Außerhalb des Krankenhauses erworbene P. mirabilis-Infektionen sind häufig mit prädisponierenden Erkrankungen, wie Diabetes mellitus und anatomischen Harnwegsanomalien, assoziiert.
Zwar können bei Gastroenteritiden Enterobacteriaceae, wie *Proteus, Citrobacter, Morganella, Hafnia* und *Edwardsiella*, isoliert werden, jedoch besteht hinsichtlich ihrer Enteropathogenität häufig keine Klarheit.

- Gastroenteritiden

Diagnose: Die Diagnose kann durch **Anzucht** des Erregers aus Blut, Urin, Liquor, Wunden, Abszessen und gelegentlich auch aus Sputum und Rachenabstrichen, insbesondere bei antibiotisch behandelten Patienten, erfolgen. Die Kultivierung der relativ anspruchslosen Enterobacteriaceae erfolgt auf unterschiedlichen nichtselektiven und selektiven Nährmedien und dauert etwa einen Tag. Durch das Schwärmvermögen von Proteus spp. wird die Isolierung anderer Bakterien aus klinischem Untersuchungsmaterial erschwert. Durch Zusatz von Gallensalzen oder Detergenzien zu den Nährböden, sowie durch Verminderung der Elektrolytkonzentration kann das Schwärmen verhindert werden. Die **Identifizierung** erfolgt aufgrund biochemischer Unterscheidungsmerkmale und unterschiedlicher Antigenstruktur. Moderne Methoden erlauben es, Identifizierungen und Resistenzbestimmungen innerhalb weniger Stunden durchzuführen.

Diagnose
- Erregeranzucht
- Erregeridentifizierung aufgrund
  - biochemischer Merkmale
  - antigenetischer Unterschiede
- Antibiogramm

Ohne Angaben zur Anamnese, zu Grundkrankheiten, zur Antibiotika-Therapie, zur Immunsuppression, zur Länge des Krankenhausaufenthalts, zu Kathetern und Prothesen und zur Beatmung, können Laborbefunde nicht interpretiert werden, da eine Isolierung alleine nichts über die Pathogenität des Erregers aussagt.

Anamnese = diagnostische Voraussetzung:

⇦

Während eine **Isolierung** dieser Keime aus normalerweise „sterilem" Untersuchungsmaterial (Blut, Liquor, tiefe Wunden, transtracheale Aspirate, Biopsien) in der Regel **für** eine Infektion spricht, ist beim Nachweis aus Sputum, Urin, Rachenabstrich, Stuhl oder oberflächlichen Wunden die Entscheidung, ob der isolierte Keim für die Symptomatik verantwortlich ist oder ob es sich lediglich um eine **Kolonisation** handelt, schwierig. Eine wiederholte Isolierung derselben Keimart in Reinkultur oder als vorwiegender Keim in hoher Keimzahl aus einwandfrei entnommenen und transportierten Untersuchungsproben erhöht die Wahrscheinlichkeit der klinischen Relevanz des isolierten Keimes.

Isolierung der Keime aus sterilem Untersuchungsmaterial → Infektion

Bewertung von Isolaten aus nicht-sterilem Material = schwierig

Serologische Untersuchungsmethoden spielen bei der Diagnostik einer Enterobacteriaceae-Infektion keine Rolle. In der serologischen Diagnostik einer Rickettsien-Infektion (Weil-Felix-Reaktion), werden jedoch O-Antigene von bestimmten Proteus-Stämmen (X19, X2 und XK) eingesetzt. Die Ergebnisse dieser Reaktionen müssen vorsichtig interpretiert werden, da es sich um kreuzreagierende Antikörper handelt und es auch durch Proteus-Infektionen zur Antikörperbildung kommen kann.

- Nachweis kreuzreagierender Antikörper gegen Proteus-O-Antigene bei Rickettsien-Infektionen

Therapie: Enterobacteriaceae sind gegenüber Antibiotika **unterschiedlich empfindlich** und, v. a. bei hospitalisierten Patienten, häufig multiresistent. Auch kann sich gegenüber den verabreichten Antibiotika sehr schnell eine Resistenz entwickeln. Daher muß eine **Therapie, gemäß ihrer individuellen Empfindlichkeit**, anhand des **Antibiogramms** erfolgen.

Therapie
aufgrund unterschiedlicher Empfindlichkeiten gegenüber Antibiotika muß eine Therapie anhand eines Antibiogramms erfolgen

Wenn eine Antibiotika-Therapie nicht zur Genesung führt, kann eine chirurgische Intervention oder die Entfernung von Kathetern oder Prothesen indiziert sein.

⇦

Bekämpfung, Prophylaxe, Schutzimpfung: Um eine Weiterverbreitung der Erreger zu verhindern, sollten Patienten mit multiresistenten Erregern isoliert werden, und das Personal muß die **Hygiene-Maßnahmen** streng einhalten. Diese Maßnahmen sollten durch regelmäßige Schulung des Personals immer wieder in Erinnerung zurückgerufen werden. Um die Entstehung von

Bekämpfung, Prophylaxe, Schutzimpfung
- strenge Einhaltung hygienischer Maßnahmen, um eine Weiterverbreitung im Krankenhaus zu verhindern
- Restriktion im Einsatz von Antibiotika

multiresistenten Erregern zu vermindern oder zu unterbinden, muß eine strenge Restriktion im Einsatz von Antibiotika gefordert werden.

Epidemiologie
Enterobacteriaceae sind in der Natur und der Umwelt weit verbreitet

Allgemeine Epidemiologie: Enterobacteriaceae sind in der Natur und Umwelt weit verbreitet und können den Genesungsprozeß von hospitalisierten, abwehrgeschwächten Patienten komplizieren. Beim Einbringen dieser Keime in die menschliche Umwelt spielen **Tiere** eine bedeutende Rolle; in ländlicher Umgebung v. a. landwirtschaftliche Nutztiere und in städtischer Umgebung Haus- und Spieltiere. Die Keime gelangen mit den Fäkalien ins Abwasser und können dadurch in den Erdboden, auf Pflanzen (Gemüse, Obst) und gelegentlich auch ins Trinkwasser gelangen.

Darstellung der verschiedenen Gattungen

16.2 Darstellung der verschiedenen Gattungen

Citrobacter

16.2.1 Citrobacter

Erregereigenschaften
- Zitrat kann als einzige Kohlenstoffquelle genutzt werden
- Antigenverwandtschaft zwischen Citrobacter, Salmonella, Escherichia und Shigella

Erregereigenschaften: Citrobacter spp. kann Zitrat als einzige Kohlenstoffquelle nutzen, ist kapsellos und beweglich. Eine Vielzahl somatischer (O-) und Geißel-(H)-Antigene ist bekannt. Zwischen den Gattungen *Citrobacter, Salmonella, Escherichia* und *Shigella* besteht eine **Antigenverwandtschaft.** Bestimmte Stämme von Citrobacter können ein Enterotoxin bilden, welches dem hitzestabilen Toxin von E. coli gleicht.

Epidemiologie

Epidemiologie: Citrobacter spp. kommen als physiologische Flora bei Mensch und Tier (Säuger, Vögel, Reptilien und einige Insekten) im Darm vor. Die Bakterien werden auch im Erdboden, Wasser, Abwasser und Nahrungsmitteln, sowie in klinischem Untersuchungsmaterial von abwehrgeschwächten, hospitalisierten und/oder immunsupprimierten Patienten gefunden.

Klebsiella

16.2.2 Klebsiella

Erregereigenschaften
- bekapselte, unbewegliche Bakterien
- enthalten häufig Resistenzgene

Erregereigenschaften: Klebsiella spp. sind von einer großen polysaccharidhaltigen **Kapsel** umgeben und unbeweglich. Die serologische Typisierung beruht auf den K-Antigenen, da die O-Antigene durch K-Antigene maskiert sind. Zusätzlich können Fimbrien (Pili) vorhanden sein, welche für die Adhäsion verantwortlich sind. Die Kapselproduktion führt zu großen schleimigen Kolonien von visköser Konsistenz. Dabei können Kapselbestandteile auch als extrazelluläres Kapselmaterial in das umgebende Nährmedium diffundieren. Klebsiellen sind gegenüber R-Faktoren gut empfänglich, so daß viele Klebsiellen aus klinischem Untersuchungsmaterial, v. a. bei nosokomialen Infektionen, **Resistenzgene** tragen. Diese R-Faktoren sind für die Resistenz gegenüber Beta-Laktam-Antibiotika, Cephalosporinen, Aminoglykosiden, Tetrazyklinen, Chloramphenicol, Sulfonamiden und Trimethoprim verantwortlich. K. pneumoniae ist in drei Subspezies (*K. pneumoniae, K. ozaenae* und *K. rhinoscleromatis*) eingeteilt, wobei *K. ozaenae* und *K. rhinoscleromatis* als biochemisch inaktive Varianten angesehen werden.

Epidemiologie
- spielen eine besondere Rolle bei nosokomialen Infektionen
- Übertragung häufig über die Hände des Pflegepersonals

Epidemiologie: Klebsiella spp. sind in der Umwelt weit verbreitet. In Gewässern, Erdboden und auf Pflanzen kommen *K. terrigena* und *K. planticola* am häufigsten vor, werden aus klinischem Untersuchungsmaterial jedoch nur extrem selten isoliert. Als wichtigstes Reservoir für *K. pneumoniae* und *K. oxytoca* gilt der **Darm** von Mensch und Tier, und die Erreger sind aus Stuhl, Erdboden, Wasser, sowie aus klinischen Untersuchungsproben isolierbar. Eine besondere Rolle spielen *Klebsiella spp.* bei **nosokomialen Infektionen**, insbesondere bei urologischen Patienten, bei Neugeborenen und bei Intensivpatienten, sowie bei Immunsupprimierten. Besonders in den letzten Jahren kam es v. a. in Krankenhäusern durch **multiresistente Stämme** zu einer Zunahme von Infektionen, wobei die Kapseltypen 1, 2 und 3 bei Pneumonien gehäuft auftreten. Bei der Übertragung spielen die **Hände** des Personals eine wichtige Rolle.
Das Rhinosklerom *(K. rhinoscleromatis)* und die Ozaena *(K. ozaenae)* treten

nur äußerst selten auf. Man findet jedoch in vielen klinischen Untersuchungsproben K. ozaenae, ohne daß eine Ozaena vorliegt.

16.2.3 Enterobacter

Enterobacter

Erregereigenschaften: Enterobacter spp. sind beweglich und ihre Kapseln besitzen mit K. pneumoniae Antigengemeinschaft.

Erregereigenschaften

Epidemiologie: Enterobacter spp. sind in der Natur weit verbreitet. Man findet sie im Intestinaltrakt von Mensch und Tier, auf der Haut als Kommensale, in Erdboden, Wasser, Abwasser, Milch und Milchprodukten, Tierhäuten, Fisch und Fleisch, in Pflanzen (Gräser, Getreide, Gemüse), sowie in Krankenhäusern (v. a. auf Intensiv- und urologischen Stationen). Häufig sind v. a. **multiresistente** Enterobacter spp. bei hospitalisierten Patienten zu finden, bei denen sie zu Komplikationen führen. *E. sakazakii* findet man häufig als Kommensale ohne klinische Signifikanz. Gelegentlich kann er pathogen sein und zur Neugeborenen-Meningitis und Sepsis führen.

Epidemiologie
- multiresistente Enterobacter spp. findet man meist bei hospitalisierten Patienten

16.2.4 Serratia

Serratia

Erregereigenschaften: Im allgemeinen sind Serratia spp. beweglich und viele Serratiastämme können, abhängig von bestimmten Kulturbedingungen, Farbstoffe produzieren. **Prodigiosin** ist ein wasserunlösliches an der Zellhülle haftendes rotes Pigment und wird von S. marcescens Biogruppe A1 und A2, sowie von den meisten Stämmen von S. plymuthica und S. rubidaea gebildet. Auch nichtpigmentierte Stämme kommen vor. Die meisten Serratia spp. zeichnen sich durch einen modrigen, kartoffelähnlichen und einen nach Fisch bzw. Urin stinkenden (Trimethylamine mit etwas Ammoniak) Geruch aus. Charakteristische extrazelluläre Enzyme, welche DNA, Gelatine, Casein und Tributyrin hydrolysieren können, werden produziert. Eine wichtige Eigenschaft stellt die **Resistenz** gegenüber einer Vielzahl von Antibiotika dar, wobei *S. marcescens* der resistenteste Vertreter ist. Durch engen Kontakt mit anderen Enterobacteriaceae können **Resistenzfaktoren** auf diese **übertragen** werden. Das Kapselantigen von *S. odorifera* zeigt Kreuzreaktionen mit Klebsiella-Antiseren (K4 oder K68).

Erregereigenschaften
- können Farbstoffe produzieren
  - Prodigiosin
- multiresistent gegenüber Antibiotika

Epidemiologie: Serratia spp. sind ubiquitär in der Natur (Erdboden, Wasser, Pflanzenoberflächen, Nahrungsmittel, Insekten) verbreitet und wurden jahrelang als apathogen angesehen. Erst seit den 60er Jahren trat S. marcescens als **wichtiger Nosokomialkeim** in Erscheinung, wobei häufig immunsupprimierte und antibiotisch therapierte Patienten betroffen sind.

Epidemiologie
- wichtiger Nosokomialkeim

> Pflanzen können als Vektoren die Keime in die Biosphäre des Menschen (v. a. in Krankenhäusern) einbringen und vorwiegend bei abwehrgeschwächten Patienten den Genesungsprozeß beeinträchtigen.

Vektoren: ⇐

So kann z. B. das Essen von rohem Gemüse und Salaten und die Anwesenheit von Blumen in den Krankenzimmern zur Kolonisierung und Infektion beim Patienten führen. Auch das Krankenhauspersonal scheint bei der Verbreitung des Erregers eine nicht unwesentliche Rolle zu spielen.
Ferner sind mit Serratia spp. kontaminierte Aufbewahrungslösungen für Kontaktlinsen, bzw. Augentropfen häufig Ursache bakterieller Keratitis und Hornhautulzera.
Erkrankungen werden vorwiegend durch *S. marcescens* und *S. liquefaciens* hervorgerufen. Die klinische Relevanz der anderen selten vorkommenden *Serratia spp.* ist noch weitgehend unklar. *S. ficaria* wurde aus menschlichem Untersuchungsmaterial bisher nicht isoliert.

16.2.5 Hafnia

Hafnia

Erregereigenschaften: Nur eine Art ist bekannt. *H. alvei* ist unbekapselt, bei 30 °C beweglich und bei 35 °C unbeweglich.

Erregereigenschaften

Epidemiologie

Epidemiologie: H. alvei kann in der Umwelt (Erdboden, Wasser und Abwasser, sowie in Milchprodukten) beim Tier (v. a. bei Vögeln), sowie auch im Stuhl von gesunden Menschen gefunden werden. Das natürliche Erregerreservoir ist derzeit nicht bekannt. Als Opportunist ist H. alvei auch in klinischem Untersuchungsmaterial, in Assoziation mit anderen Bakterien (Mischkultur) oder auch in Reinkultur, nachweisbar. Bei den meisten dieser Patienten herrschen schwere Grundkrankheiten vor, wobei durch eine Antibiotika-Therapie die Selektion von H. alvei begünstigt wird.

Edwardsiella

16.2.6 Edwardsiella

Erregereigenschaften

Erregereigenschaften: Edwardsiella spp. sind beweglich und benötigen verschiedene Vitamine und Aminosäuren für ihr Wachstum; sie können jedoch nur wenige Kohlenhydrate fermentieren. Gegenüber Colistin besteht im allgemeinen eine Resistenz.

Epidemiologie
- beim Menschen nur sehr selten vorkommend

Epidemiologie: *E. tarda* ist im Tierreich (Zoo-, Haus- und Spieltiere), sowie in deren Umwelt (v. a. Wasser) weit verbreitet. Als Reservoir gilt der Darm von gesunden Tieren, die den Keim mit den Fäzes ausscheiden. In Stuhl von gesunden Personen findet man E. tarda nur **sehr selten.** Zur Infektion des Menschen kommt es wahrscheinlich durch Kontakt mit den Keimen in der Umwelt und kann v. a. in Entwicklungsländern zu seltenen opportunistischen Infektionen führen. In den meisten industrialisierten Ländern ist E. tarda, wenn überhaupt, nur sehr selten nachweisbar. In der Regel kommt E. tarda mit anderen Mikroorganismen assoziiert vor, so daß Aussagen über ihre ätiologische Rolle bei nosokomialen Infektionen extrem schwierig sind. E. tarda wird eine Beteiligung bei **Durchfallserkrankungen** zugeschrieben, wobei eine enge Assoziation mit einer Entamoeba-histolytica-Infektion beschrieben ist. *E. hoshinae* und *E. ictaluri* haben für den Menschen keine Bedeutung.

Proteus

16.2.7 Proteus

Erregereigenschaften
- sehr beweglich: „Schwärmvermögen"

Erregereigenschaften: Die meisten Proteus-Stämme sind sehr beweglich, unbewegliche Stämme kommen jedoch auch vor. Die Beweglichkeit zeigt sich auf der feuchten Oberfläche eines festen Nährbodens als **„Schwärmen"** (Abb. 16-1). Dabei breiten sich die Bakterien, ausgehend von der Inokulationsstelle, meist mit periodischen Bewegungszyklen aus, was zu konzentrischen Zonen führt. Meist kommt es auf bluthaltigen Nährböden zur Hämolyse. Phenylalanin und Tryptophan (nicht bei P. mirabilis) werden oxidativ desaminiert, Harnstoff wird gespalten und H_2S gebildet. Es sind 49 O- und 19 H-Antigene bekannt, wobei man bei bestimmten Rickettsien-Infektionen im Serum Erkrankter kreuzreagierende Antikörper gegen O-Antigene von drei Proteus-Stämmen (X19, X2 und XK) findet (Weil-Felix-Reaktion). Im allgemeinen sind *P. mirabilis*-Stämme gegenüber Penizillinen und Cephalosporinen empfindlich, *P. vulgaris*-Stämme dagegen meist resistent. Durch

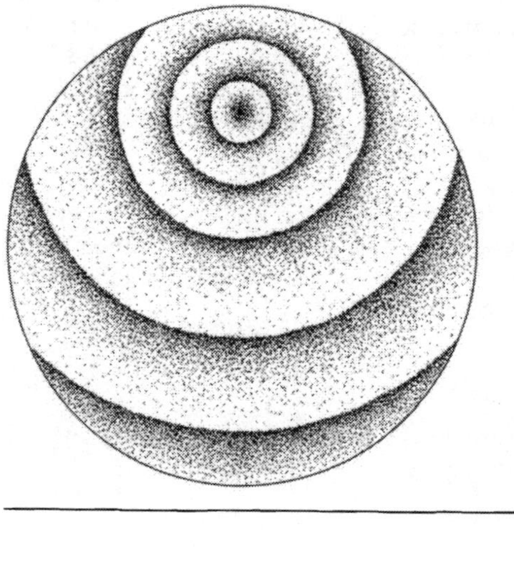

Abb. 16-1:
Schwärmen von Proteus spp. auf festem Nährboden

Aufnahme von Plasmiden **(Resistenzfaktoren)** kann es zur Resistenzentwicklung kommen. *P. penneri* stellt eine phänotypische Variante von *P. vulgaris*, mit weitreichender Antibiotika-Resistenz, dar.

Epidemiologie

Epidemiologie: *P. vulgaris, P. mirabilis* und *P. penneri* sind in der Umwelt (Dünger, Erdboden, kontaminiertes Wasser) des Menschen weit verbreitet und gehören auch zur endogenen, physiologischen Darmflora von Mensch (ca. 25 %) und Tier. In der Umwelt spielen Proteus spp. vermutlich eine wichtige Rolle beim Abbau organischen Materials. Durch Proteus spp. aus der eigenen physiologischen Flora kann es unter besonderen Umständen (z. B. Resistenzminderung, Autoinfektion) zur endogenen Infektion kommen. Eine exogene Übertragung der Erreger von anderen Patienten oder aus der Umwelt ist ebenfalls möglich. P. mirabilis findet man häufiger in klinischem Untersuchungsmaterial als P. vulgaris.

P. mirabilis = einer der wichtigsten Erreger von Harnwegsinfektionen

- P. mirabilis ist neben E. coli einer der wichtigsten Erreger von Harnwegsinfektionen.
- Außerhalb des Krankenhauses erworbene P. mirabilis-Infektionen sind häufig mit prädisponierenden Erkrankungen, wie Diabetes und anatomischen Harnwegsanomalien, assoziiert.
- Hospitalisierte Patienten sind besonders durch Katheterisierung, sowie urologische oder chirurgische Eingriffe am Harntrakt prädisponiert.

P. penneri gilt als opportunistischer Keim und kommt in klinischem Untersuchungsmaterial, als Rein- aber auch als Mischkultur mit anderen Erregern, nur selten vor und kann aufgrund seiner Multiresistenz bei granulozytopenischen Patienten zu opportunistischen Infektionen führen. *P. myxofaciens* hat keine klinische Bedeutung.

16.2.8 Providencia

Providencia

Erregereigenschaften

Erregereigenschaften: Providencia spp. sind beweglich, zeigen jedoch kein Schwärmverhalten. Die Erreger sind in der Lage, oxidativ Phenylalanin und Tryptophan zu desaminieren (Indol-positiv).

Epidemiologie
- werden vorwiegend bei nosokomialen Infektionen isoliert

Epidemiologie: Providencia spp., insbesondere *P. rettgeri* und *P. stuartii*, spielen eine signifikante Rolle bei nosokomialen Ausbrüchen von **Harnwegsinfektionen.** Betroffen sind in erster Linie abwehrgeschwächte, katheterisierte Patienten. Übertragung und natürliches Vorkommen sind noch unklar. Während man *P. rettgeri* und *P. stuartii* nur sehr selten im Stuhl findet, konnte man zwar *P. alcalifaciens* aus durchfälligen Stühlen von Säuglingen und Kleinkindern isolieren, ihr aber bislang keine definitive ätiologische Rolle zuschreiben.

16.2.9 Morganella

Morganella

Erregereigenschaften

Erregereigenschaften: Einzige bekannte Art ist *Morganella morganii.* Sie ist beweglich, schwärmt jedoch nicht. Einige Stämme bilden bei Temperaturen über 30 °C keine Geißeln mehr aus. Phenylalanin und Tryptophan werden oxidativ desaminiert. Auf Blutagar findet man bei einigen Stämmen Hämolyse.

Epidemiologie
- führt vorwiegend bei hospitalisierten Patienten zur Infektion

Epidemiologie: M. morganii kommt in den Fäzes von Mensch und Tier (Hund und andere Säugetiere, Reptilien) vor und führt nur selten zu Primärinfektionen. Vorwiegend führt M. morganii bei hospitalisierten, abwehrgeschwächten Patienten zu opportunistischen Sekundärinfektionen.

17 Pseudomonas

H. Werner

17.1 Gattungscharakteristika und wichtige Spezies

Pseudomonas

Gattungscharakteristika:

- über 100 Spezies
- gramnegative Stäbchen mit polaren Geißeln
- oxidativer Substratabbau

Pseudomonas aeruginosa und *Pseudomonas maltophilia* in pathologischem Material besonders häufig

Pseudomonas mallei – Rotz
Vorkommen nur bei erkrankten Einhufern

Pseudomonas pseudomallei – Melioidose:
Vorkommen in Tropen und Subtropen, eitrige oder granulomatöse Infektionen (Lungenbefall, danach septikämischer Verlauf)

Chemotherapie: Chloramphenicol; evtl. Cephalosporine der 3. Generation

In dieser Gattung sind weit mehr als 100 Spezies zusammengefaßt. Es handelt sich um *gramnegative sporenlose* Stäbchen, die meist durch eine oder mehrere polare Geißeln beweglich sind und Kohlenhydrate sowie andere organische Verbindungen auf oxidativem Wege abbauen. Die meisten Spezies leben saprophytär; doch werden etwa zwei Dutzend Arten mit opportunistischen Infektionen des Menschen in Verbindung gebracht, und zwar u. a. *P. aeruginosa, P. fluorescens, P. putida, P. cepacia, P. stutzeri, P. maltophilia* und *P. putrefaciens.* Etwa 80 % der Pseudomonas-Isolate aus klinischem Untersuchungsmaterial gehören zu *P. aeruginosa* und *P. maltophilia.*
Pseudomonas mallei, als einzige Spezies der Gattung unbegeißelt und im übrigen nur schwach positiv in der Oxidasereaktion, ist der Erreger der Tierseuche **Rotz** (Malleus). P. mallei kommt nur bei erkrankten Einhufern, nicht jedoch freilebend vor.
Pseudomonas pseudomallei, lophotrich begeißelt und im Grampräparat als bipolar gefärbte Stäbchen imponierend, verursacht die in den Tropen und Subtropen verbreitete **Melioidose**, eine eitrige oder granulomatöse Infektionskrankheit des Menschen (und zahlreicher Tierarten). Nach meist aerogener Infektion und Ausbildung initialer Lungenherde verläuft die Melioidose *metastasierend-septisch.* Chemotherapeutisch sind nur wenige Mittel (Chloramphenicol; Cephalosporine der 3. Generation) erfolgversprechend.

17.2 Pseudomonas aeruginosa

Pseudomonas aeruginosa = gefährlich für abwehrgeschwächte Patienten:

- ubiquitäres Vorkommen
- selten Infektionserreger

hohe natürliche Antibiotikaresistenz

Dieses ubiquitäre freilebende, in den meisten feuchten Biotopen vorkommende Bakterium verursacht bei Gesunden nur selten Infektionen, doch stellt es eine der gefährlichsten Bedrohungen für **hospitalisierte Patienten**, vor allem bei Karzinom oder Zystischer Fibrose als Grundleiden, dar. Bei darniederliegender Infektabwehr des Makroorganismus können aus der Kombination von hoher Antibiotikaresistenz mit der erregertypischen Palette an Toxinen und Virulenzfaktoren Infektionsgeschehen mit *hoher Letalität* resultieren.

Erregereigenschaften:
- polare Geißel(n)
- Fimbrien und Adhärenz
- extrazelluläres Polysaccharid
- zweischichtige Zellwand
- LPS
- Seitenkettenpolysaccharide Träger der O-Antigen-Spezifität

Erregereigenschaften: Die Spezies weist die typischen mikromorphologischen Merkmale der Gattung auf. Die Zellen besitzen meist eine, seltener zwei bis drei *polare Geißeln,* welche die thermolabilen H-Antigene enthalten. Bei den meisten klinischen Isolaten sind *Fimbrien* vorhanden, deren Funktion in *Adhäsionsvermittlung* – und damit Kolonisationsförderung – gesehen wird. Sowohl den Fimbrien als auch dem *extrazellulären* (allerdings nicht als Kapsel organisierten) *Polysaccharid* werden antiphagozytäre Eigenschaften beigemessen. Wie andere gramnegative Stäbchenbakterien besitzt P. aeruginosa eine *zweischichtige Zellwand* bestehend aus innerer Peptidoglykanhülle und einer äußeren Membran aus Phospholipoid, Protein und Lipopolysaccharid. Das LPS von P. aeruginosa enthält Heptose, KDO und Hydroxy-Fettsäuren neben Seitenketten- und Kernpolysacchariden. Die Seitenketten-Polysaccharide sind Träger der O-Antigen-Spezifität (Serovare), werden jedoch häufig von den Außenschichtproteinen überlagert.

- typischer „Aerobier"
  - unter bestimmten Bedingungen anaerobes Wachstum möglich
  - breitgefächerte biochemische Fähigkeiten
  - Wachstum auf Minimalmedium möglich
  - hohe Widerstandsfähigkeit gegen zahlreiche Schädlichkeiten (Austrocknung, Desinfektionsmittel, Antibiotika u. a.)

Obwohl hauptsächlich als oxidativer Mikroorganismus zu charakterisieren, der Sauerstoff als Elektronenakzeptor benützt, kann P. aeruginosa unter **anaeroben** Bedingungen wachsen, wenn Nitrat als Elektronenakzeptor verfügbar ist. In einem weiten Temperaturbereich zum Wachstum und im übrigen zur Verwendung von fast 100 verschiedenen organischen Verbindungen befähigt, kann P. aeruginosa auch mit Azetat als Kohlenstoffquelle und mit Ammoniumsulfat als Stickstoffquelle auskommen. Rechnet man die hohe Widerstandsfähigkeit gegen Austrocknung, hohe Salzkonzentrationen, gegen Farbstoffe, Desinfektionsmittel und viele Antibiotika hinzu, so wird die Fähigkeit von P. aeruginosa zur Besiedlung der unterschiedlichsten ökologi-

schen Nischen, aber auch das häufige Vorkommen als nosokomialer Erreger verständlich.
P. aeruginosa produziert eine Reihe von **Virulenzfaktoren** bzw. **Toxinen**:

Virulenzfaktoren bzw. Toxine

Bildung der verschiedenen Faktoren durch 40–100 % der Erregerstämme

Faktor	Pathogene Rolle	Bildung durch % der Stämme
Schleim-Polysaccharid	Phagozytoseschutz; Barriere gegen Antibiotikapenetration	100
Endotoxin	Schock (bei Sepsis)	100
Thermostabiles Hämolysin	Schädigung alveolärer Makrophagen	95
Phospholipase C	Lezithin-Hydrolyse	70
Proteasen	Lokale Gewebsnekrose	90
Toxin A	Letales Toxin	90
Exoenzym S	Letalitätsfaktor; Depression der Infektabwehr	40
Leukozidin	Depression der Infektabwehr	(selten)
Pigmente	Antibakterielle Kompetition	90

P. aeruginosa bildet *thermostabile* und *thermolabile Hämolysine.* Das thermostabile Hämolysin, ein Glykolipid aus je 2 Molekülen L-Rhamnose und 1-β-Hydroxy-decenoinsäure, welches alveoläre Makrophagen toxisch beeinflußt, findet sich bei Isolaten von respiratorischen Infektionen häufiger als bei P. aeruginosa-Stämmen aus der Umwelt. Schleimproduktion ist besonders ausgeprägt bei Isolaten von Zystischer Fibrose (Mukoviszidose). Hier wird ein Zusammenhang mit Phagozytoseinhibition und Erschwerung der Antibiotikapenetration gesehen: Diese Phänomene dürften Kolonisation und Erregerpersistenz ermöglichen bzw. erleichtern. Das Phenazinpigment Pyocyanin sowie das Fluoreszein mögen (außer für die schnelle Identifizierung von P. aeruginosa) wegen ihrer antibiotischen Wirkung in der interbakteriellen Kompetition – und damit in der Pathogenese von P. aeruginosa-Infektionen – eine Rolle spielen.

thermostabiles Hämolysin schädigt alveoläre Makrophagen:
- findet sich bei Isolaten aus respiratorischen Infektionen besonders häufig

extrazelluläres Polysaccharid
- häufiges Merkmal von Mukoviszidose-Isolaten
- Erleichterung der Erregerpersistenz

Pigmente (Pyozyanin, Fluoreszein) besitzen antibiotische Aktivitäten und möglicherweise Bedeutung für die Erregerselektion

P. aeruginosa sondert mehrere extrazelluläre **Proteasen** mit unterschiedlichem Substratspektrum, pH-Optimum usw. ab; eine darunter ist **Elastase**. In verschiedenen experimentellen Versuchsanordnungen ist Gewebedestruktion durch diese Proteasen nachgewiesen worden.

Proteasebildung

wichtig: Elastase

Toxin A, gebildet von etwa 90 % der Stämme und zunächst als Proenzym ausgeschieden, besitzt die vergleichsweise *größte Toxizität* (LD_{50} für Mäuse 0,2 µg bei i. p. Gabe). Es inhibiert die Proteinsynthese in empfänglichen Zellen, und zwar durch Katalyse der Übertragung des ADP-Ribosyl-Anteils von NAD auf den Elongationsfaktor 2 (EF-2). Der resultierende ADP-Ribosyl-EF-2-Komplex ist in der *Proteinsynthese inaktiv* (der intrazelluläre Wirkungsmechanismus von Toxin A entspricht damit weitgehend der Aktivität von Fragment A des Diphtherietoxins). Patienten, die eine P. aeruginosa-Sepsis überstanden haben, weisen erhöhte Antikörpertiter gegen Toxin A auf.

Toxin A: molekularer Wirkungsmechanismus: Inhibition der Proteinsynthese

Antikörper gegen Toxin A bei Sepsispatienten

Pathogenese, Klinik, Verlauf: P. aeruginosa besiedelt bevorzugt Wunden,insbesondere *großflächige Verbrennungswunden*, den *Atemtrakt bei Intensivpatienten* sowie das *Urogenitalsystem bei vorgeschädigten Patienten* und führt bei Abwehrschwäche zu Krankheitserscheinungen. Pathologisch-anatomisch liegen fibrinöseitrige, hämorrhagische oder ulzerös-nekrotisierende Entzündungen vor. Bei besonders resistenzgeminderten Patienten kommt es zur septischen Aussaat mit miliaren nekrotischen Herden in parenchymatösen Organen.
Besonders gefährdet sind *resistenzgeminderte Frühgeborene* und *Kleinkinder*, bei denen – in Abhängigkeit von der Erregerexposition und Eintrittspforte – enterale Infektionen (**Enterocolitis** mit Diarrhoe, Erbrechen und Exsikkose) oder nekrotisierende Bronchitis und Pneumonie entstehen können. Gefürchtet wird die **posttraumatische Augeninfektion** und die **traumatische Meningitis** durch P. aeruginosa. Chronische Otitis media, chronische Pyelonephritis und Prostatitis durch P. aeruginosa sind Krankheitsbilder, die bei nichthospitalisierten Patienten häufig vorkommen.

Pathogenese, Klinik, Verlauf
- bevorzugte Manifestationen
  - Verbrennungswunden
  - tiefe Atemwege (bei Intensivpatienten)
  - Harnwege
    → eitrige (hämorrhagische; ulzerös-nekrotisierende) Entzündungen; bei septischer Aussaat miliare Herde in verschiedenen Organen
- bei resistenzgeminderten Frühgeborenen:
  - Enterocolitis
  - nekrotisierende Bronchitis
  - posttraumatische Augeninfektionen
  - traumatische Meningitis
- bei nichthospitalisierten Patienten:
  - chronische Otitis media
  - chronische Pyelonephritis und Prostatitis

- hohe Letalität bei Sepsis, Meningitis und Pneumonie

Diagnose
- kultureller Nachweis
- Identifizierung (aufgrund von Farb- und Geruchstoffbildung, Antibiotikaresistenz u. a.)

Vorkommen bei Patienten nicht stets = Krankheitsdiagnose
Nachweis aus signifikantem Material (Blut, Liquor, Punktate)
Interpretation positiver Befunde aus normalerweise keimbesiedelten Materialien schwierig

spezielle Typisierung von Stämmen zur Feststellung von Infektketten

Therapie
- Herdsanierung
- Stärkung der körpereigenen Abwehr
- Chemotherapie bei Sepsis, Meningitis, Pneumonie und enteralen Infektionen Frühgeborener
- Therapie nach Antibiogramm

Regeln für kalkuliertes Vorgehen in Notfallsituationen
Sepsis: Kombination von Aminoglykosid + Azylureidopenizillin

Meningitis: Aminoglykosid (intralumbal); Fosfomycin

Pneumonie: Kombination von Aminoglykosid + Azylureidopenizillin

bei enteralen Infektionen: nichtresorbierbare Polymyxine

Bekämpfung, Prophylaxe
- krankenhaushygienische Maßnahmen
- Ausschaltung hospitalärer Erregerreservoire
- aktive Immunisierung Gegenstand wissenschaftlicher Untersuchungen

Brucella

6 Arten: ⇨

Stets lebensbedrohlich sind Sepsis, Meningitis und Pneumonie durch P. aeruginosa.

Diagnose: Im Mittelpunkt der Diagnostik steht der *kulturelle Nachweis* von P. aeruginosa. Aufgrund typischer Farb- und Geruchstoffbildung (Pyocyanin; o-Aminoacetophenon), der Kolonieform und -farbe einschließlich Hämolyse (ggf. auch der Antibiotikaresistenz) ist eine Identifizierung meist sehr schnell möglich. Antikörpernachweise sind routinemäßig nicht verfügbar.
Vorkommen und Nachweis des Erregers bei Patienten ist wegen seiner *ubiquitären Verbreitung* nicht automatisch mit einer ätiologischen Krankheitsdiagnose gleichzusetzen. Als diagnostisch *eindeutig* zu bewerten sind lediglich Nachweise aus „signifikantem" pathologischem Material, wie z. B. Blut, Liquor und Punktaten. Die Interpretation von positiven Befunden aus normalerweise keim- oder florabesiedelten Materialien (Rachensekret, Stuhl, Urin) ist durch klinische Daten und die Ergebnisse weiterer mikrobiologischer Kontrollen abzusichern.
Zur Feststellung von Infektketten vor allem bei nosokomialen Infektionen eignen sich intraspezifische Typisierungen (Serovare; Bakteriozintypen u. a.).

Therapie: Wichtigste Maßnahmen sind *Herdsanierung* und *Stärkung* bzw. Wiederherstellung *der körpereigenen Abwehr. Chemotherapie* ist unerläßlich bei Sepsis, Meningitis, Pneumonie und enteralen Infektionen Frühgeborener. Wegen der hohen natürlichen Antibiotikaresistenz von P. aeruginosa gilt zurecht die Regel, daß im individuellen Krankheitsfall das jeweilige *Antibiogramm* über die einzuschlagende Therapie entscheidet. Trotzdem lassen sich für Notfallsituationen bzw. für die *Soforttherapie* noch ohne Erregerisolierung die *folgenden Regeln* des kalkulierten Vorgehens aufstellen:
- Bei **Sepsis** ist die therapeutisch notwendige Bakterizidie am besten durch eine synergistische Kombination aus Aminoglykosid (z. B. Tobramycin) und Azylureidopenizillin (z. B. Piperacillin) zu erzielen. Die Prognose der P. aeruginosa-Sepsis läßt sich nur durch bakterizide Kombinationstherapie verbessern.
- Die **Meningitistherapie** ist erschwert durch die geringe Liquorgängigkeit von Azylureidopenizillinen und Cefsulodin und die gänzlich fehlende Liquorgängigkeit der Aminoglykoside. Meningitis durch P. aeruginosa ist daher eine eindeutige Indikation für intrathekale (intralumbale) Gabe von Aminoglykosid (Gentamicin). Systemische Therapie mit Fosfomycin ist als Alternative zu diskutieren.
- Bei **Pneumonie** hat systemische Kombinationstherapie (Aminoglykosid + Azylureidopenizillin) zur Erzielung bakterizider Effekte den ersten Stellenwert.
- Zur Antibiotikatherapie **enteraler P. aeruginosa-Infektionen** eignet sich die orale Gabe von nichtresorbierbaren Polymyxinen (Polymyxin B; Colistin).

Bekämpfung, Prophylaxe: Im Zentrum der Bekämpfung der nosokomialen P. aeruginosa-Infektionen stehen *krankenhaushygienische Maßnahmen.* Besonders relevant sind die Erregerreservoire auf Intensivstationen (Beatmungsgeräte, Luftbefeuchter usw.). Möglichkeiten einer aktiven Immunisierung gefährdeter Bevölkerungsgruppen werden gegenwärtig wissenschaftlich diskutiert.

18 Brucella

W. R. Heizmann

Die Gattung Brucella, deren Familienzugehörigkeit unklar ist, umfaßt 6 Arten:

• *B. melitensis* (Biotyp 1–3)	• *B. canis*
• *B. abortus* (Biotyp 1–7, 9)	• *B. ovis*
• *B. suis* (Biotyp 1–4)	• *B. neotomae.*

Erregereigenschaften: Brucellen sind *gramnegative, kurze,* z. T. kokkoide Stäbchen, *unbeweglich, ohne Kapsel* und bilden keine Sporen. Einige Stämme wachsen nur bei erhöhter CO_2-Spannung. Alle Arten sind katalase- und die Mehrzahl oxidasepositiv. Das Wachstum wird durch Serum- oder Blutzusatz gefördert. Kohlenhydrate werden in konventionellen Medien nicht in sauere Stoffwechselprodukte umgesetzt. Methylrot- und Voges-Proskauer-Test negativ. Alle Arten verhalten sich bis zu einem gewissen Maß wirtsspezifisch; *B. melitensis* findet sich bei Schafen, *B. abortus* bei Rindern, *B. suis* bei Schweinen. Allerdings treten Infektionen durch *B. melitensis* z. B. auch bei Rindern auf, oder es existieren Brucelloseherde unter wildlebenden Tieren, welche, wie Infektionen durch *B. suis* bei Hasen zeigen, auch für Reinfektionen bei Haustieren verantwortlich sein können. Erkrankungen des Menschen durch *B. suis, B. canis* und *B. ovis* sind sehr selten, Infektionen durch *B. neotomae* wurden bis jetzt noch nicht nachgewiesen.

Nach der Aufnahme der Bakterien (Hautverletzungen, oral, über die Konjunktiven) werden diese von neutrophilen Granulozyten und Makrophagen phagozytiert. Dort können sie bei verminderter Aktivierung der Makrophagen überleben, eine Vermehrung findet statt, die zur Zellyse führt. Betroffen sind Leber, Milz, Knochenmark und Lymphknoten. Bei ausreichender Aktivierung entstehen Granulome mit Riesenzellen als Zeichen der maximalen Infektabwehr.

Erregereigenschaften: gramnegative, kokkoide Stäbchenbakterien mit relativer Wirtsspezifität; menschliche Infektionen besonders durch *B. melitensis, B. abortus* und *B. suis.*

- Phagozytose der Erreger durch neutrophile Granulozyten und Makrophagen.
- Entstehung von Granulomen in Leber, Milz und Knochenmark.

Klinik: Bei der Brucellose handelt es sich um eine Zoonose; menschliche Krankheitsbilder durch *B. melitensis* werden als **Maltafieber**, durch *B. abortus* als **Morbus Bang** bezeichnet. Wahrscheinlich ist die Erkrankung schon seit der Antike im Mittelmeerraum endemisch. Auch Napoleon soll an den Folgen eines chronischen Maltafiebers gestorben sein.

Krankheitserscheinungen bei einer Brucellose (M. Bang bzw. Maltafieber) sind meist uncharakteristisch oder können völlig fehlen; einer der Gründe des häufig verspäteten Arztbesuches.

Die Landbevölkerung ist sich jedoch der Gefahr einer Brucellose sehr wohl bewußt (dies gilt zumindest für den südwestdeutschen Raum), möchte aber eine Infektion wegen der damit verbundenen Probleme (z. B. finanzieller Verlust durch Tötung der Herde) natürlich vermeiden.

Im Vordergrund der Symptome stehen *Abgeschlagenheit, Müdigkeit, Muskelschmerzen, zervikale* und *axilläre Lymphadenopathie, Fieber* z. T. mit dann allerdings charakteristischer Periodizität (Febris undulans) und/oder *Nachtschweiß* (DD Tuberkulose), sowie *Gelenkschmerzen* und *asymmetrische Gelenkschwellungen.* Bei Männern kann auch eine *Epidydimitis* imponieren.

Klinik

Brucellose ist eine Zoonose:
- M. Bang (B. abortus)
- Maltafieber (B. melitensis)

Uncharakteristisches Krankheitsbild mit:
- Fieber
- Müdigkeit
- Gelenkschmerzen und -schwellungen
- Nachtschweiß
- Lymphadenopathie
- Leukopenie
- bei Männern gelegentlich mit Epidydimitis

Diagnose: Bei der Brucellose handelt es sich um eine **septische Allgemeininfektion mit Leukopenie**, teilweise mit Hepato(-spleno-)megalie und Erhöhung der Transaminasen, welche zu hämatogener Streuung mit Abszedierungen besonders der Wirbelsäule und einer Mitbeteiligung des Zentralnervensystems führen kann. Gelegentlich treten im Lumbalbereich paravertebrale, sog. „kalte“ Abszesse (geringe entzündliche Reaktion des Makroorganismus) auf (DD Tuberkulose). **Differentialdiagnostisch** muß bei Patienten aus Mitteleuropa vor allem auch an eine *Yersiniose* gedacht werden. Von besonderem diagnostischem Problem sind chronische Brucellosen, die sich vielfach unerkannt über Jahre hinwegziehen. Die Patienten klagen über uncharakteristische Beschwerden und erscheinen wenigstens teilweise als psychisch (primär oder sekundär?) alteriert, in Einzelfällen wird eine chronische Brucellose als Simulantentum abgetan.

Diagnose

Entstehung von „kalten“ Abszessen (DD Tuberkulose).

Wichtigste Differentialdiagnose ist eine Yersiniose.

Brucellose kann chronisch verlaufen, Diagnose schwierig und häufig verzögert.

Epidemiologie: Gelegentlich werden Infektionen bei Reisen oder längeren Aufenthalten in Mittelmeerländern, welche von dieser Tierseuche nach wie vor stark betroffen sind, in Osteuropa, Asien, Amerika und Afrika erworben. Der Inkubationszeitraum menschlicher Erkrankungen beträgt 1–5 Wochen. Bei unklaren fieberhaften Erkrankungen von Patienten aus diesen Regionen sollte immer auch an eine Brucellose gedacht werden. Gelegentlich kann das Krankheitsbild eine maligne Histiozytose vortäuschen; möglicherweise bestehen Zusammenhänge zwischen Blutgruppenzugehörigkeit und Erkrankung.

Endemiegebiete sind Mittelmeerländer, Osteuropa, Asien, Amerika und Afrika.

Inkubationszeit:
etwa 1 bis 5 Wochen.

Zusammenhänge zwischen Blutgruppenzugehörigkeit und Erkrankungen?

In der Bundesrepublik kommen Krankheitsfälle besonders in Gebieten mit Schafzucht vor.

In der Bundesrepublik muß besonders in Gebieten mit **Schafzucht**, wie z. B. Niedersachsen oder Baden-Württemberg, mit kleineren Epidemien gerechnet werden. Eine Schafbrucellose verursacht bei frischen Infektionen oft gehäufte Aborte, es können 60–90 % der Tiere verlammen. Sonstige klinische Erscheinungen fehlen in der Regel. Aborte beim Menschen wurden in der Vergangenheit in Gebieten mit hoher Durchseuchung immer wieder beschrieben, ein sicherer Zusammenhang ließ sich jedoch nicht darstellen. Die Ursache für diesen Unterschied liegt möglicherweise im hohen Gehalt an Erythrol tierischer Plazenta, der das Wachstum der Erreger stimuliert, während in der menschlichen Plazenta kein Erythrol zu finden ist. Allerdings treten bei Frauen **ovarielle** und **pelvine Abszesse, chronische Salpingitis** und **Zervizitis** auf.

Bei einer Brucelloseepidemie ist eine enge **Zusammenarbeit mit der Veterinärverwaltung** notwendig.

Erkrankung und Todesfall sind meldepflichtig.

Häufig wird die **Veterinärverwaltung** erst durch Erkrankungen von Menschen auf Infektionen durch B. melitensis in Schafherden aufmerksam. Rinder werden dagegen regelmäßig auf Antikörper gegen Brucella abortus untersucht. Ist ein Tier oder eine Herde erkrankt, sind genaue Erhebungen über Kontakte mit anderen Herden, über Zukauf und Verkauf, Einstellung und Abgabe von Tieren anzustellen. Hierdurch kann das Ausmaß der Epidemie erkannt und die Kontaktpersonen untersucht werden. In der Abb. 18-1 werden beispielhaft die oft komplizierten epidemiologischen Zusammenhänge dargestellt. Die Brucellose ist eine meldepflichtige Erkrankung.

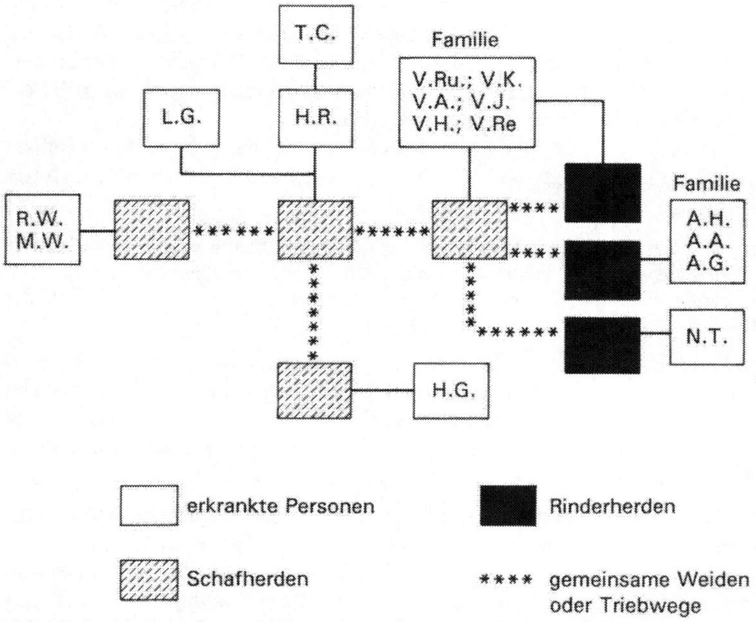

Abb. 18-1: Epidemiologische Zusammenhänge einer Brucelloseepidemie

Eine Eradikation der Erreger aus Tierbeständen wird durch eine konsequente Tötung der Tierbestände (auch der Begleittiere wie Hunde oder Esel) erreicht.

Pathogenese
Infektion erfolgt meist durch Tierkontakt oder über tierische Produkte (z. B. Milch)

Pathogenese: Die Infektion erfolgt beinahe immer über Tierkontakt oder **tierische Produkte**, allerdings ist auch Laborpersonal durch die hohe Infektiosität der Erreger bei unsachgemäßem Arbeiten im Labor gefährdet, eine Übertragung von Mensch zu Mensch ist sehr selten. Die Ausscheidung durch Urin ist beschrieben worden. Wesentlich sind **Kontaktinfektionen** bei geburtshilflichen Manipulationen bei Tieren, bei der Fleischverarbeitung und dem Umgang mit Wolle (Veterinärmediziner, Schäfer, Schafscherer, Metzger, Bauern); der orale Infektionsweg läuft über den Genuß roher Milch bzw. Rohmilchprodukte; aerogene Infektionen kommen durch Inhalation brucellenhaltigen Staubes oder von Aerosolen zustande.

hohe Tenazität der Erreger in der Umwelt

Die **Überlebenszeit** der Keime kann in der Wolle von Schafen oder im Urin bis zu 100 Tage betragen; in Wasser (8 °C), in Butter oder gekühlter Rohmilch bis zu 50 Tage. Die Erreger werden durch Pasteurisierung sofort inaktiviert, ein Überleben in neutrophilen Granulozyten der Milch ist aber beschrieben worden.

Antigene: Brucellen besitzen wie andere gramnegative Bakterien **Endotoxin.** Dieses hat die gleichen biologischen und chemischen Eigenschaften wie das von Enterobacteriaceae. Die O-Ketten-Polysaccharide werden als A- und M-Antigen bezeichnet und kommen je nach Spezies in unterschiedlichen Verhältnissen vor: bei *B. melitensis* beträgt das Verhältnis zwischen A und M 1:20, bei *B. abortus* 20:1. Sowohl A- als auch M-Antigene bestehen aus Homopolymeren des seltenen Monosaccharids 4,6-dideoxy-4-formamido-D-mannopyranose. Ein Verlust von A- und M-Antigen führt zu einer Transformation der S- (smooth) zur R- (rough) Form, welche mit einem Verlust der Virulenz und der serologischen Spezifität verbunden ist. Ein weiteres Antigen ist das Polysaccharid B, mit geringen oder fehlenden immunologischen Eigenschaften. Polysaccharid B zeigt eine enge Verwandtschaft zu zyklischen D-Glukanen von Rhizobium und Agrobacterium.

Antigennachweis
Brucellen besitzen Endotoxin, die O-Seitenketten werden als A- bzw. M-Antigen bezeichnet. Der Gehalt an A- und M-Antigen ist speziesspezifisch.

Erregernachweis: Beweisend für eine Erkrankung durch Brucella spp. ist der Erregernachweis in der *Blutkultur*, aus *Abszeßeiter* (Operationsmaterial) oder im *Knochenmark.* Wesentlich ist die verlängerte Bebrütung (zwei bis vier Wochen) unter erhöhter CO_2-Spannung (8–10%). Die *Isolierung gramnegativer, oxidasepositiver Stäbchenbakterien* muß Anlaß zu weiteren, allerdings aufwendigen Identifikationsmaßnahmen sein. Brucellen sind kurz (0,5 bis 0,7 µm zu 0,6 bis 1,5 µm), das Wachstum ist **aerob** und/oder **mikroaerophil** und bleibt bei anaeroben Bedingungen aus. Wesentlich ist der Einsatz *komplexer Medien*, da Thiamin, Niacin und Biotin von einer relativ großen Anzahl von Stämmen als Wachstumsfaktoren benötigt werden. Einige Stämme sind Hämin (Faktor X)- und NAD (Faktor V)-abhängig. Besonders für Anzucht geeignet ist der Serum-Dextrose-Agar: 40 g Blutagar No. 2 (Oxoid), 1000 ml aqua dem., 50 ml steriles, inaktiviertes Pferdeserum, 40 ml D-Glukose (25% w/v, die Lösung wird bei 105 °C für 20 min autoklaviert). Der Blutagar wird durch leichtes Erhitzen im Wasser gelöst und bei 121 °C für 15 min autoklaviert, abgekühlt, Serum und Glukoselösung werden zugegeben und Agarplatten gegossen. Zur Herstellung eines flüssigen Mediums wird anstelle des Blutagars Sojabouillon verwendet. Die Kolonien erscheinen klein, durchscheinend und erhaben. Einige wichtige Reaktionen zur vorläufigen Identifikation von Brucellen werden in den Tabellen 18-1 und 18-2 gegeben.

Erregernachweis
- in Blutkultur
- aus Abszeßeiter
- im Knochenmark

Wachstum aerob oder mikroaerophil, fehlendes anaerobes Wachstum, teilweise werden Wachstumsfaktoren benötigt

Eine weitere Differenzierung ermöglicht das Wachstumsverhalten auf farbstoffhaltigen Medien (basisches Fuchsin und Thionin).

Über die Lipopolysaccharidantigene A und M lassen sich Biovare von B. abortus, B. melitensis und B. canis voneinander abgrenzen. Darüber hinaus ist die Typisierung durch Bakteriophagen eine wichtige Methode. Für besondere Fragestellungen steht im Zweifelsfall das Referenzlaboratorium der WHO (Central Veterinary Laboratory, Weybridge, U. K.) zur Verfügung.

Vorläufige Identifikation von Brucellen: s. Tab. 18-1 und 18-2

Bei der Differenzierung ist auch das Wachstumsverhalten auf farbstoffhaltigen Medien wichtig. Eine Phagentypisierung ist möglich.

Tab. 18-1: Merkmale zur vorläufigen Identifikation von Brucella spp.

	Oxidase	CO_2	H_2S	Harnstoff Christensen Agar	Agglutination mit Antiseren A	Agglutination mit Antiseren M
B. melitensis	+	–	–	variabel	±	+
B. abortus	+	±	±	1–2 h	+	±
B. suis	+	–	+[a]	0–30 min	+	(±)
B. canis	+	–	–	0–30 min	–	–
B. neotomae	–	–	+	0–30 min	+	–
B. ovis	–	+	–	negativ	–	–

A: Antiserum gegen B. abortus
M: Antiserum gegen B. melitensis
H_2S: Nachweis mit Bleiazetatstreifen (s. unten)
a: B. suis Biotypen 2–4 sind H_2S-negativ
Beim H_2S-Nachweis mittels Bleiazetatstreifen wird dieser täglich über 4 Tage hinweg gewechselt.

Tab. 18-2: Quantitativer Nachweis von H_2S zur Differenzierung von Brucella spp. –: negativ; ±, + bis ++++: positiv

Tag	B. abortus	B. melitensis	B. suis (Biotyp 1)
1	+	–	++
2	++	–	+++
3	±	–	++++
4	–	–	+++

Häufig ist die indirekte Krankheitsdiagnose über den Antikörpernachweis notwendig:

- Agglutinationsreaktion einschließlich
- Coombs-Test
- ELISA und
- Komplementbindungsreaktion

Antikörpernachweis: In vielen Fällen gelingt der kulturelle Erregernachweis wegen der verzögerten Diagnostik nicht, daher ist eine indirekte Krankheitsdiagnose über den Antikörpernachweis notwendig. Die sensitivste Methode hierfür ist zum gegenwärtigen Zeitpunkt der ELISA-Test, welcher durch eine Agglutination (einschließlich Coombstest) und/oder die Komplementbindungsreaktion ergänzt werden muß. In Tab. 18-3 sind die Titerverläufe einiger Patienten mit Brucellose dargestellt.

Tab. 18-3: Titerverlauf bei verschiedenen Antikörpernachweismethoden

Tage nach Krankheitsbeginn	Agglutination	Coombstest	KBR	ELISA		Agglutination	KBR
	B. melitensis			IgG	IgM	Y. enterocolitica O9	
Patient L. G.							
66	640	1280	160	1.270	0.775	640	20
191	1280	2560	640	1.266	0.345	640	20
300	160	1280	160	1.252	0.082	160	20
Tage nach der ersten Untersuchung							
Patient V. Re							
0	40	negativ	80	1.065	0.181	?	<10
161	<20	negativ	40	0.580	0.180	<40	<10
410	<20	negativ	5	0.495	0.285	<40	<10

Patient L. G. mit Brucellose und schwerem Krankheitsverlauf (Isolation von B. melitensis biovar 1)
Patient V. Re ohne Krankheitssymptome, epidemiologische Zusammenhänge zu Patient L. G. (s. Abb. 18-1 zur Epidemiologie)

Nur eine ausreichende Serumverdünnung verhindert bei hohen Antikörpertitern das „Prozonenphänomen".

Bei der Agglutinationsreaktion können bei unzureichender Testdurchführung hohe Antikörperkonzentrationen das sog. „Prozonenphänomen" hervorrufen und zu falsch negativen Reaktionsausfällen führen. Es ist deshalb wichtig, die Seren ausreichend hoch zu titrieren, d. h. mindestens bis einer Verdünnung von 1:1280.

Eine Bestimmung der IgG- und IgM-Titer im ELISA zusammen mit Titern der KBR kann Aufschluß über das Krankheitsstadium geben. In einer Bevölkerung in Ländern ohne tierische Brucellose und ohne Tierkontakt sind schon niedrige Titer in der KBR (z. B. 1:10), in der Agglutinationsreaktion (z. B. 1:40) oder im ELISA (Interpretation nach Herstellerangaben) verdächtig, d. h. es empfiehlt sich, eine **genaue Anamnese** der **möglichen Tierkontakte** zu erheben und darüber hinaus eine Wiederholungsuntersuchung durchzuführen.

Interpretation von Antikörpern nur zusammen mit Anamnese und Epidemiologie möglich.
Wichtig ist vor allem eine Unterscheidung gegenüber einer Infektion durch *Yersinia enterocolitica* O:9

Eine Unterscheidung zwischen Erkrankungen durch *B. melitensis, B. abortus* und *B. suis* ist mit **serologischen Methoden** wegen der bestehenden Antigengemeinschaften unzuverlässig. Darüber hinaus bieten Kreuzreaktionen mit *Yersinia enterocolitica* (Serotyp O:9) zusätzliche Schwierigkeiten, d. h. die positiven Reaktionsausfälle müssen zusammen mit klinischen und epidemiologischen Daten interpretiert werden. Charakteristischerweise reagieren Seren von Patienten in der Agglutinationsreaktion mit Antigen von *Y. enterocolitica* O:9, nicht aber mit *Y. enterocolitica* O:3, während bei einer Infektion mit

Y. enterocolitica O:9 Kreuzreaktionen mit dem O:3-Antigen zu beobachten sind. Besteht der Verdacht auf eine Infektion durch *B. canis*, ist der Einsatz des spezifischen Antigens in serologischen Testsystemen notwendig. Weitere Kreuzreaktionen sind mit *Francisella tularensis, Vibrio cholerae, Y. enterocolitica* O:16, *Escherichia coli* O:157 (!) und *Salmonalla spp.* O:30 bekannt.
Eine weitere wichtige Methode des Antikörpernachweises für klinische und epidemiologische Untersuchungen ist der **Rose Bengal Test** (Objektträgeragglutination).

Therapie:
z. T. mit hohen Rückfallquoten
- empfohlene Therapie: Tetrazykline in Kombination mit Aminoglykosiden.
- therapeutische Alternative: Cotrimoxazol in Kombination mit Rifampicin.

Therapie: Die Therapie einer Brucellose ist nicht unproblematisch, da in Abhängigkeit vom Regime Rückfallquoten von bis zu 40% beobachtet wurden. Bei der von der World Health Organization empfohlenen Therapie beträgt die Rate der Rückfälle weniger als 10%: *Tetrazyklin* 4mal 250 bis 500 mg p.o. oder *Doxycyclin* 1 bis zweimal 200 bis 300 mg p.o. in Kombination mit *Streptomycin* 1000 mg i.m. pro Tag über eine Dauer von 3 Wochen. Als möglicherweise effektivere Alternative können *Tetrazykline* kombiniert mit *Gentamicin* (360 mg i.m. pro Tag) für 4 Wochen gegeben werden.
Weitere Untersuchungen haben auch eine Wirksamkeit von *Cotrimoxazol* gezeigt. Die Dosierung beträgt hier 2mal täglich 3 Tabletten (80 mg Trimethoprim, 400 mg Sulfamethoxazol) für 2 Wochen, gefolgt von 2mal täglich 2 Tabletten für wenigstens 6 Wochen. *Cotrimoxazol* kann mit *Rifampicin* kombiniert werden (20 mg/kg/d p.o., maximal 600 mg/d).
Da Brucellen wie andere gramnegative Bakterien Endotoxin in der Zellwand enthalten, kann dieses bei der Therapie freigesetzt werden und eine vermehrte TNF-Freisetzung mit nachfolgenden septischen Erscheinungen auslösen.
Bei chronischer Brucellose kann eine Wiederholung der Therapie notwendig werden.

Wichtig ist die chirurgische Sanierung eines Infektionsherdes.

Wesentlich ist die chirurgische Sanierung von Abszessen, bei Endokarditis ist auch ein Klappenersatz in Erwägung zu ziehen.

19 Yersinia

W. R. Heizmann

Yersinia

Die Gattung gehört zu den Enterobacteriaceae

Die Gattung Yersinia mit den humanpathogenen Spezies *Yersinia pestis, Yersinia pseudotuberculosis* und *Yersinia enterocolitica* gehört zur Familie Enterobacteriaceae.

19.1 Yersinia pestis

Yersinia pestis – Pest

zahlreiche Pandemien in der Geschichte der Menschheit

1894 Entdeckung des Erregers durch A. Yersin

Ein in der Geschichte der Menschheit seit langem bekanntes Krankheitsbild ist die Pest. Während des Mittelalters war die Pest als der „Schwarze Tod" bekannt, welcher die Bevölkerung in Europa dramatisch reduzierte. Zwischen 1500 und 1720 wurden 45 Pandemien beobachtet, nach einer Zeit der relativen Ruhe begann 1894 eine neue Pandemie, die sich ausgehend von Hong-Kong nach Indien (etwa 10 Millionen Tote während der Jahre 1898 bis 1918), Japan, den asiatischen Teil der Türkei, nach Afrika und Südamerika ausbreitete. Während dieser Pandemie entdeckte Alexandre Yersin den Erreger der Pest 1894 in Hong-Kong. Auch 1988 wurden noch Pesterkrankungen auf Madagaskar, in Zentralafrika, Süd- und Mittelamerika sowie Vietnam beobachtet, ein sporadisches Vorkommen ist auch in den letzten Jahren aus den USA berichtet worden.

- Bubonenpest
  Befall inguinaler und axillärer Lymphknoten
  septische Aussaat
- Lungenpest
- primäre Pestseptikämie

Bubonenpest: Die häufigste Form der Pest ist die **Bubonen**- oder **Beulenpest**. Nach einer Inkubationszeit von zwei bis zehn Tagen schwellen die *regionalen Lymphknoten* (z. B. inguinal, axillär) stark an und werden sehr schmerzhaft. Diese Lymphknotenveränderungen mit einer Größe von mehreren Zentimetern (Bubonen) sind ein *diagnostisches Leitzeichen.* Beim Einbruch in die Blutbahn entsteht eine *sekundäre Pestseptikämie* mit Absiedlung der Erreger in vielen Organen. Zwei weitere, aber wesentlich seltenere Krankheitsformen sind die **Lungenpest** und die **primäre Pestseptikämie**, beide mit rasch progredienten Verläufen.

„Schwarzer Tod"
Letalität 50–100 %

Eine diffuse Hämorrhagie zusammen mit Hautnekrosen und einer starken Hypoxämie mit Zyanose haben zum Begriff des „Schwarzen Todes" geführt. Die *Letalität* der **Beulenpest** beträgt ohne Behandlung etwa 50 bis 80 %, die der beiden anderen Formen nahezu 100 %. Bei Patienten nach einem Aufenthalt in Epidemiegebieten sollte bei einer Sepsis auch an die Möglichkeit einer Pest gedacht werden. Es empfiehlt sich daher, bei einer kalkulierten antimikrobiellen Therapie dieser Erkrankten Gentamicin mit in das antibiotische Regime aufzunehmen; bei gesicherter Diagnose (Kultur; der Umgang mit Pesterregern ist genehmigungspflichtig!) können die Patienten mit Tetrazyklin oder Chloramphenicol behandelt werden.

Therapie
- bei Verdacht: Gentamicin
- bei gesicherter Diagnose: ggf. Tetrazyklin oder Chloramphenicol

Epidemiologie
Erregerreservoir: Nagetiere (Ratten)

Übertragung: durch Rattenflöhe u. a.

Epidemiologie: Nagetiere sind relativ resistent gegen Infektionen durch Y. pestis. Sie stellen das *Erregerreservoir* zwischen epidemischen Ausbrüchen dar. Sporadische menschliche Erkrankungen („sylvatic plague") entstehen durch den Stich eines infizierten Rattenflohs oder anderer Ektoparasiten (z. B. Zecken) als Vektoren. Auch Haustiere können eine Infektionsquelle darstellen.

Bedingungen für die Entstehung von Epidemien:

⇨

> Es handelt sich bei der Pest um eine **Zoonose**, die dann zu Epidemien führen kann, wenn die sanitären Verhältnisse schlecht sind und damit die Zahl der Ratten zunimmt. Trotz der relativen Resistenz der Ratten gegen die Infektion steigt innerhalb der Rattenpopulation die Zahl der an Pest verstorbenen Tiere an, die Rattenflöhe suchen neue Wirte. Darunter finden sich auch Menschen, die dann über einen Stich des Rattenflohs infiziert werden.

aerogene Übertragung möglich

Durch Aerosole kann auch eine Übertragung von Mensch zu Mensch stattfinden (Lungenpest). Nach dem Stich der Ektoparasiten gelangen die Erreger auf dem Lymphweg in die *regionalen Lymphknoten.* Sie vermehren sich intrazellulär in *Makrophagen*; es kommt dort zu einer Bildung des *Hüllenantigens*, welches die Keime nach einer Freisetzung aus den Zellen vor erneuter Phagozytose schützt.

Vermehrung in Makrophagen
Hüllenantigen schützt Erreger vor erneuter Phagozytose

Virulenzsteigerung durch Punktmutation?

Inzwischen existieren Erkenntnisse, die den Wechsel in der **Virulenz** von Y. pestis erklären können. Zwei voneinander unabhängig kodierte Membranproteine sind für die Fähigkeit zur Invasion in Säugerzellen verantwortlich. Geht die Fähigkeit, beide Proteine zu bilden, verloren, steigt die Virulenz der Stämme dramatisch an. Wahrscheinlich ist hierzu nur eine Punktmutation notwendig. Zusammen mit einer großen Population empfänglicher, d. h. nicht immuner Wirte können **hochvirulente Erregerstämme** Ausgangspunkt von Epidemien sein. Sinkt die Zahl der empfänglichen Wirte durch den letalen Krankheitsausgang ab, wird die **Ausbreitung weniger virulenter Stämme** wieder zunehmen, da hierdurch die Überlebenszeit der Wirte wieder ansteigt und damit ein Überleben der Erreger in der Wirtspopulation ermöglicht wird.

Meldepflicht: für Pestverdacht sowie Erkrankung und Tod an Pest

Jeder **Verdacht** auf eine Erkrankung durch Y. pestis, jede **Erkrankung** und jeder **Todesfall** sind nach § 3 BSG meldepflichtig, Erkrankte müssen in Quarantäne.

19.2 Yersinia pseudotuberculosis, Yersinia enterocolitica

Yersinia pseudotuberculosis
Yersinia enterocolitica

nahe genetische Verwandtschaft zwischen *Y. pestis* und *Y. pseudotuberculosis*
enteritischer Verlauf
Prävalenz:
- Y. pseudotuberculosis ab 18. Lebensjahr
- Y. enterocolitica 1.–10. Lebensjahr

Über DNA-Homologien nicht abgrenzbar von *Y. pestis* ist *Y. pseudotuberculosis*; zwischen beiden Erregern besteht eine sehr enge Verwandtschaft. Allerdings sind die klinischen Symptome einer Infektion durch *Y. pseudotuberculosis* denen einer Infektion durch *Y. enterocolitica*, nicht aber denen von Y. pestis sehr ähnlich. Am häufigsten manifestiert sich die Erkrankung durch einen **enteritischen Verlauf**, *Y. pseudotuberculosis* bei Jugendlichen etwa ab dem

18. Lebensjahr, *Y. enterocolitica* vor allem bei Kindern zwischen 1 und 10 Jahren.

Klinik und Verlauf: Die Erkrankung ist uncharakteristisch mit dünnbreiigen Stühlen und einem Anstieg der Körpertemperatur. Die mesenteriale Lymphadenitis und die akute terminale Ileitis („Pseudoappendizitis") durch *Y. enterocolitica* tritt in Form eines akuten Abdomens bei Jugendlichen oder jüngeren Erwachsenen auf. Bei der Laparotomie zeigt sich charakteristischerweise keine Entzündung der Appendix, sondern **vergrößerte Mesenteriallymphknoten.** Immerhin war es möglich, bei Patienten mit akuter Appendizitis in 31% Antikörper gegen *Y. pseudotuberculosis* und in 12% gegen *Y. enterocolitica* nachzuweisen. Ein bis drei Wochen nach einer enteritischen bzw. pseudoappendizitischen Infektion können als Spätformen der Erkrankung **Mono-** oder **Polyarthritiden** auftreten. Es werden sowohl große als auch kleine Gelenke betroffen. Die Dauer der Gelenksymptomatik liegt zwischen ein bis sechs Monaten.

Offensichtlich bestehen genetische Faktoren, welche die Entstehung einer reaktiven Arthritis (ohne Erregernachweis in der Synovialflüssigkeit) nach Infektionen durch *Y. enterocolitica* begünstigen, da etwa 90% dieser Patienten HLA-B27-positiv sind (s. Kap. VI „Immunologie"). In Seren von Patienten mit **reaktiver Arthritis** finden sich auch erhöhte Titer von *IgA-Antikörpern,* ohne daß der Erreger aus Stuhl oder anderen Materialien isoliert werden konnte. Da die Halbwertszeit von IgA nur wenige Tage beträgt, wurde daraus der Schluß gezogen, daß Bakterien, welche die Persistenz der Antikörper aufrecht erhalten, an heute noch unbekannten Orten des Makroorganismus vorhanden sein müssen (Synovia?).

Nach Infektionen mit Y. enterocolitica wurde das Auftreten eines **Reiter-Syndroms** (H. Reiter, 1916; Arthritis, Urethritis, Konjunktivitis bzw. Iritis) beobachtet. Im Rahmen einer enteralen Yersiniose kann ein **Erythema nodosum** nach 7 bis 14 Tagen vor allem an den unteren Extremitäten auftreten. Beide Erreger können Ursache einer **Sepsis** sein. Die Generalisation der Erreger kann zu **Abszessen** in Leber und Milz, aber auch in anderen Organen führen. Während früher *Diabetes mellitus* oder eine *Leberzirrhose* hierfür als Dispositionsfaktoren betrachtet wurden, haben Beobachtungen den Schluß nahe gelegt, daß es auch im Rahmen eines *enteritischen Verlaufs* zu einer Bakteriämie kommen kann. Nach Bluttransfusionen von Spendern mit enteritischer Yersiniose trat bei den Empfängern ein septisches Krankheitsbild auf. Da Yersinien sich auch bei einer Temperatur von 4 °C vermehren können, war es in den über mehr als 20 Tage gelagerten Blutkonserven zu einer Anreicherung der Erreger gekommen.

Pathogenese: Ein wichtiger Faktor in der Pathogenese septikämischer Verlaufsformen einer Yersiniose ist offensichtlich auch ein **hoher Eisenspiegel,** da hierdurch die Phagozytosefähigkeit von polymorphkernigen Granulozyten beeinträchtigt wird. Darüber hinaus sind zumindest in vitro die Vermehrungsraten von *Y. pseudotuberculosis* und *Y. enterocolitica* dem Eisengehalt des Mediums proportional. Zusätzlich kann die Gabe eines Eisenchelators, wie z. B. Desferrioxamin (Desferal), die Virulenz der Erreger erhöhen, da bei fehlender Siderophorenbildung (zum Eisentransport in die Bakterienzelle) durch Yersinien die Eisenaufnahme über die Chelatoren in die Bakterien erhöht wird. Die **Virulenz** von *Y. enterocolitica* und *Y. pseudotuberculosis* wird von einem Plasmid kodiert, welches in Subkulturen rasch verlorengeht. Wichtige Virulenzfaktoren sind **Serumresistenz** (Verminderung der Komplementwirkung), **Resistenz gegen Phagozytose**, Zelladhäsion, Autoagglutination und **Enterotoxinproduktion**. Von diesem Plasmid werden auch sechs Proteine kodiert, gegen die sowohl beim Menschen als auch beim Tier Antikörper produziert werden. Diese Produktion ist bei 37 °C in Ca^{2+}-Mangelmedien am höchsten. Für die Pathogenese von Infektionen durch *Y. enterocolitica* ist deren Invasionsvermögen in Zellen der intestinalen Mukosa wesentlich, wo sie die körpereigene Infektabwehr umgehen können. Im Tiermodell wurde die Pathogenese der Diarrhoe nicht auf eine Enterotoxinwirkung (Produktion nur bei Temperaturen <30 °C) zurückgeführt, d. h. auf eine aktive Sekretion von Wasser und Elektrolyten, sondern auf die Zellschädigung mit einer verminderten Absorption von H_2O, Elektrolyten und Glukose.

Klinik und Verlauf:
- mesenteriale Lymphadenitis
- Pseudoappendizitis

(Patienten mit akuter Appendizitis zeigen in beachtlicher Häufigkeit Antikörper gegen *Y. pseudotuberculosis* bzw. *Y. enterocolitica*)

- Mono- und Polyarthritis

kein Erregernachweis in Synovialflüssigkeit („reaktive Arthritis")

Zusammenhang mit HLA B27?

IgA-Titer in Seren von Patienten mit reaktiver Arthritis

- Reiter-Syndrom **nach** Y. enterocolitica-Infektionen
- Erythema nodosum
  → Ursache ev. Sepsis

Prädisposition

Inokulations-Yersiniosen bei Bluttransfusionsempfängern

Zusammenhang zwischen **Eisenspiegel** und septischer Yersiniose

in vitro Eisengehalt des Mediums und Vermehrungsrate der Yersinien proportional

Zusammenhang mit Siderophorenbildung
Virulenz plasmidkodiert

wichtige Virulenzfaktoren:
- Serumresistenz
- Phagozytoseresistenz
- Enterotoxinbildung

Penetration in Mukosazellen

Pathogenese der Diarrhoe

Epidemiologie von Y. enterocolitica
- Vorkommen in Nahrungsmitteln
- Vorkommen bei Schweinen

Epidemiologie: Die Epidemiologie von Infektionen durch *Y. enterocolitica* ist komplex und noch wenig erforscht. Kleinere Epidemien in Amerika wurden in Zusammenhang mit roher und pasteurisierter Milch, Bohnenquark und Bohnensprossen sowie rohem Gemüse gebracht. Serotypen wie bei menschlichen Erkrankungen finden sich auch bei Schweinen (besonders Tonsillen!), obwohl eine direkte Übertragung vom Schwein auf den Menschen noch nicht nachgewiesen wurde. In einer belgischen Untersuchung (Belgien ist das Land mit der höchsten Nachweisrate von Y. enterocolitica) wurde ein sehr enger Zusammenhang zwischen dem Genuß rohen Schweinefleisches und Infektionen beobachtet. Die Inkubationszeit betrug etwa zwei Wochen.

Epidemiologie von Y. pseudotuberculosis
Vorkommen bei Tieren
Gemüse als Infektionsquelle?

Y. pseudotuberculosis ist bei verschiedenen Tierarten, z. B. bei Nagern, Katzen und Vögeln, zu isolieren. Menschliche Erkrankungen in der Umgebung kranker oder verstorbener Tiere weisen auf eine solche Übertragungsmöglichkeit hin. Eine wesentliche Infektionsquelle scheint aber auch Gemüse zu sein, da bei einer kleineren Epidemie in Schweden die Mehrzahl der Erkrankten Umgang mit Gemüse hatte.

Erregereigenschaften:
Sonstige Yersinia-Arten:
- *Y. intermedia*
- *Y. kristensenii* u. a.

Serovare I–IV von *Y. pseudotuberculosis*
Serovare O:3 und O:9 von *Y. enterocolitica*

Prävalenz der Serovare O:8 u. a.

Wachstumsoptimum bei 22°–28 °C: epidemiologische Konsequenzen?

Erregereigenschaften: Gramnegative Bakterien der Gattung Yersinia gehören zur Familie Enterobacteriaceae. Neben den drei menschenpathogenen Spezies sind weitere, vor allem bei Tieren und in der Umwelt vorkommende Arten bekannt: *Yersinia intermedia, Yersinia kristensenii, Yersinia aldovae* und *Yersinia frederiksenii.* Aufgrund ihrer Antigenität können sowohl bei *Y. pseudotuberculosis* als auch bei *Y. enterocolitica* verschiedene **Serotypen** unterschieden werden. Als menschenpathogen gelten bei *Y. pseudotuberculosis* die Serotypen I bis IV, bei *Y. enterocolitica* sind es die Serotypen O:3 und O:9 in Europa, O:8 und O:13 a, 13 b in den USA und O:5,27 in den USA und Japan. Allerdings wurden inzwischen auch in Europa Infektionen mit *Y. enterocolitica* O:8 nachgewiesen. Sowohl *Y. enterocolitica* als auch *Y. pseudotuberculosis* besitzen ein Wachstumsoptimum bei 22 bis 28 °C, bei diesen Temperaturen sind Stämme dieser Spezies peritrich begeißelt und damit beweglich, während bei Temperaturen über 30 °C die Keime unbeweglich sind.

Diagnostik
kultureller Nachweis
Selektivmedien
Kälteanreicherung

nach kulturellem Yersinien-Nachweis ist **Serotypisierung** obligatorisch

menschenpathogene Stämme sind bei 37 °C autoagglutinabel

Diagnostik: Eine *Anzüchtung* gelingt mit verlängerter Bebrütungszeit auf den in der Laboratoriumsdiagnostik üblichen Medien wie Blutplatten, Endoplatten oder Leifsonplatten. Allerdings kann die Isolierung aus Stuhl oder anderen Materialien mit physiologischer Mischflora schwierig sein, hier empfiehlt sich der Gebrauch von *Selektivmedien* wie z. B. dem Yersinien-Agar nach Schiemann oder eine Kälteanreicherung bei 4 °C. Wird ein Yersinienstamm isoliert, so muß auch eine **Serotypisierung** vorgenommen werden, um festzustellen, ob der isolierte Stamm zu den als menschenpathogen erkannten Serotypen gehört. Eine Alternative hierzu ist die bei 37 °C vorhandene Eigenschaft der *Autoagglutination* menschenpathogener Stämme oder der Nachweis des die Virulenz kodierenden Plasmids.

bei fehlendem Yersinien-Nachweis aus Stuhl:
- indirekte Krankheitsdiagnose durch Antikörpernachweis
- signifikanter Titeranstieg

Die Isolierung aus Faeces kann, wenn die abdominellen Erscheinungen 3 Wochen oder länger zurückliegen, negativ sein, ohne daß dies gegen eine Yersiniose spricht. In diesen Fällen ist eine indirekte Krankheitsdiagnose durch **Antikörpernachweis** möglich. Wesentliches Kriterium ist auch hier wieder der *signifikante Titeranstieg* bei gepaarten Seren oder das Überschrei-

Tab. 19-1: Antigengemeinschaften von Y. enterocolitica und Y. pseudotuberculosis

	Serovar	Antigengemeinschaft
Y. enterocolitica	O:3	–
	O:9	Brucella abortus, Brucella melitensis, Brucella suis
Y. pseudotuberculosis	I	–
	II	Salmonellen der B-Gruppe
	III	–
	IV	Salmonellen der D- und H-Gruppe; E. coli O:17, E. coli O:77, Enterobacter cloacae
	V	E. coli O:4
	VI	E. coli O:55

ten einer „signifikanten" Titerhöhe, die von den verwendeten Methoden abhängig ist. Eine Beurteilung der Titer ist nur zusammen mit anamnestischen und klinischen Daten möglich. Die gebräuchlichsten Methoden des Antikörpernachweises sind die klassische Röhrchen-Langsamagglutination *(Widal-Reaktion)* oder die Agglutination in Mikrotiterplatten. Andere Methoden sind die *Komplementbindungsreaktion* oder ein Enzymimmunoassay mit der Möglichkeit der Bestimmung von IgA-, IgG- und IgM-Antikörpern. Durch Partialantigengemeinschaften mit anderen gramnegativen Erregern kann die Interpretation der Antikörpertiter erschwert sein (s. Tab. 19-1).
Infektionen durch Y. enterocolitica O:3 oder O:9 gelten als **meldepflichtige Erkrankungen** (§ 3 BSG, Enteritis infectiosa – übrige Formen).

Widal-Reaktion

KBR
ELISA

Interpretation von Yersinien-Antikörpertitern erschwert durch Antigengemeinschaften (Tab. 19-1)
Meldepflicht

Therapie: Bei einem gastroenteritischen oder pseudoappendizitischen Verlauf ist eine Chemotherapie der Infektionen nicht notwendig. Septische Verlaufsformen machen aber den gezielten Einsatz von Ampicillin oder Tetrazyklin bei *Y. pseudotuberculosis* und von Tetrazyklinen oder Cephalosporinen der III. Generation bei *Y. enterocolitica* notwendig.

Therapie:
Antibiotikatherapie nur bei septischen Verlaufsformen

20 Francisella – Pasteurella – Flavobacterium

H. Werner

Francisella, Pasteurella, Flavobacterium

20.1 Francisella tularensis

Francisella tularensis – Tularämie

Tierische Infektionen durch diesen Erreger sind seit 1912 bekannt; und zwar stammten die ersten Beobachtungen über diese durch **Ektoparasiten** übertragene pestähnliche Infektionskrankheit mit *Lymphknotenschwellungen* und *Septikämie* aus der kalifornischen Landschaft Tulare. Nicht viel später wurden menschliche Erkrankungen beschrieben, bei denen septische Erscheinungen (Tularämie) im Vordergrund standen.
Der Erreger (bis vor kurzem Pasteurella tularensis; ursprünglich Bacterium tularense) ist ein sehr kleines *unbegeißeltes gramnegatives* Stäbchenbakterium, das sich auf speziell angereicherten, bluthaltigen Nährmedien unter aeroben Bedingungen bei 37 °C züchten läßt. Die Spezies bildet Endotoxin und ist antigenetisch partiell verwandt mit *Brucella spp.* und *Yersinia enterocolitica* O9.

als Erreger pestähnlicher Nagetierinfektionen seit 1912 bekannt

für menschliche Infektionen wurde der ätiologische Krankheitsname Tularämie geprägt

Erreger (rüher Pasteurella tularensis genannt):
- kleine unbewegliche gramnegative Stäbchen
- Züchtung auf Spezialmedien
- Endotoxinbildung
- partielle Antigengemeinschaft mit:
  - *Brucella spp.* und
  - *Yersinia enterocolitica O9*

Quelle für Infektionen des Menschen sind infizierte Tiere, erregerhaltiger Staub u. a. Als **Eintrittspforten** kommen Haut, Atemwege und Darmtrakt in Betracht. Die Erkrankung beginnt nach einer Inkubationszeit von wenigen Tagen plötzlich mit hohem Fieber. Bei *lokalen Verlaufsformen* stehen Primäraffekte und Schwellungen der regionären Lymphknoten im Vordergrund. Nach *septikämischer Ausbreitung* ist Befall unterschiedlicher Organe möglich.
Die **ätiologische Diagnose** beruht auf dem fluoreszenzserologischen und kulturellen *Erregernachweis* aus Punktaten, Eiter, Blut, z. T. auch Sputum. Züchtung auf Spezialmedien (z. B. Cystin-Blutagar nach Francis) ist möglich, doch erweist sich nicht selten der Meerschweinchen- oder Mäuseversuch (zur Vermehrung der subkutan mit dem menschlichen Untersuchungsmaterial in den Tierkörper gebrachten Erreger) als unumgänglich. Identifizierung der isolierten Erreger erfolgt in der *Objektträgeragglutination* (Gruber-Test) mit Hilfe spezifischer Antiseren.
Für die **serologische Krankheitsdiagnose** werden der indirekte *Hämagglutinationstest* sowie die *Widal-* und die *Komplementbindungsreaktion* eingesetzt. Bei Fehlen von Kreuzreaktionen mit Brucella- und Yersinia-enterocolitica-O9-Antigenen sind hohe Antikörper-Titer diagnostisch.
Tularämieverdacht sowie Erkrankung und Tod an Tularämie sind nach dem Bundesseuchengesetz **meldepflichtig**.
Als Mittel der Wahl gelten *Aminoglykoside*, insbesondere Streptomycin.
Tierische Reservoire bei zahlreichen Nagetier- und Vogelarten gibt es nicht nur in den USA und im Bereich der UdSSR, sondern auch in Mitteleuropa.

Infektionsquellen:
– Tiere, Staub u. a.
Eintrittspforten:
Haut, Atemwege, Darmtrakt

Beginn der klinischen Krankheit mit hohem Fieber:
- **Lokalinfektion:** Primäraffekt + Schwellung der regionären Lymphknoten
- durch hämatogene Ausbreitung **Organbefall**

Diagnose:
- mikroskopischer Erregernachweis durch Immunfluoreszenz
- kultureller Erregernachweis und Tierversuche
- serologische Krankheitsdiagnose (KBR u. a.) möglich

bei der Titerinterpretation Antigengemeinschaft mit Brucellen und Yersinien beachten

Meldepflicht für Krankheitsverdacht sowie Erkrankung und Tod an Tularämie

Therapie: Aminoglykoside, speziell Streptomycin

tierische Reservoire auf der nördlichen Halbkugel, einschließlich Mitteleuropa
verschiedene Vektoren (Zecken u. a.)
Kontaktinfektionen
Schutzmaßnahmen

Als **Vektoren** sind Zeckenarten besonders bedeutsam. *Direkte* und *indirekte Kontaktinfektionen* kommen vor.
Schutzmaßnahmen (aktive Immunisierung; Tragen von Handschuhen u. a.) sind für berufsbedingt exponierte Personen empfehlenswert.

Pasteurella

nach Ausgliederung der jetzigen Yersinia- und Francisella-Arten enthält die Gattung Pasteurella nur noch einen medizinisch wichtigen Erreger.

Pasteurella multocida
kleine gramnegative Stäbchen mit positiver Katalase-, Oxidase- und Indolreaktion
Endotoxin- und Neuraminidasebildung

Krankheitserreger bei zahlreichen Säugetier- und Vogelarten
menschliche Infektionen lokal (nach Tierbiß) oder Pneumonie mit Sepsis

respiratorische Infektionen entstehen auf dem Boden von Abwehrschwäche

Diagnose: kultureller Erregernachweis

Therapie: Mittel der Wahl ist Penizillin G

20.2 Pasteurella

Unter dieser Gattung wurden lange Zeit die Pest- und Tularämieerreger sowie mehrere weitere Arten subsumiert, die seit einigen Jahren zum Status eigener Genera erhoben sind (z. B. Yersinia, Francisella). Die bereinigte Gattung Pasteurella besitzt medizinische Bedeutung nur noch durch eine Erregerart: nämlich **Pasteurella multocida**. Diese Spezies kleiner kokkoider, bipolar angefärbter gramnegativer Stäbchen, die Glukose ohne Gasbildung spalten, in der Katalase-, Oxidase- und Indolreaktion positiv sind sowie Neuraminidase-Aktivität und Endotoxinbildung zeigen, kommt bei zahlreichen Säugetier- und Vogelarten als Krankheitserreger (multocida = vieltötend) vor.

Menschliche Infektionen entstehen entweder nach Tierbiß und Kratzverletzung in Form von abszedierenden bzw. phlegmonösen Lokalinfektionen mit Neigung zu septischer Aussaat oder aerogen als **Pneumonie**, häufig mit **Septikämie** und metastatischer Absiedlung in andere Organe. Die Manifestation respiratorischer Pasteurella-multocida-Infektionen ist von Resistenzminderung des Makroorganismus abhängig.
Die ätiologische Diagnose beruht auf dem kulturellen Erregernachweis aus Eiter, respiratorischen Sekreten und Blutkulturen.
Bei chemotherapeutisch behandlungsbedürftigen Pasteurella-multocida-Infektionen gilt Penizillin G als Mittel der Wahl.

Flavobacterium

nichtfermentierende pigmentbildende gramnegative Stäbchen
in Umwelt weit verbreitet
Flavobacterium meningosepticum gelegentlich Erreger von Neugeborenen-Meningitis
hohe natürliche Antibiotikaresistenz
Elimination von Keimquellen im Hospitalmilieu

20.3 Flavobacterium

In dieser Gattung sind nichtfermentierende pigmentbildende gramnegative Stäbchen zusammengefaßt, die in der Umwelt (Boden, Wasser, Nahrungsmittel) weitverbreitet sind. Medizinische Bedeutung wird der Spezies **Flavobacterium meningosepticum** beigelegt, die in Einzelfällen Neugeborenen-Meningitis erzeugt und sich infolge ihrer natürlichen hohen Antibiotikaresistenz im Hospitalmilieu anreichern kann. Keimquellen in der Umgebung von Kranken sind mit hospitalhygienischen Maßnahmen zu eliminieren. Therapie von manifesten Infektionen erfolgt nach Antibiogramm.

Haemophilus

gramnegative Stäbchen mit besonderen Wuchsstoffbedürfnissen

Spezies der Gattung Haemophilus: ⇨

21 Haemophilus

W. R. Heizmann

Bakterien der Gattung Haemophilus sind kleine, gramnegative Stäbchenbakterien, welche besondere Wachstumsbedürfnisse besitzen.

Zur Gattung Haemophilus gehören

H. influenzae	H. parahaemolyticus
H. parainfluenzae	H. paraphrohaemolyticus
H. aphrophilus	H. seguis
H. paraphrophilus	H. aegyptius
H. haemolyticus	H. ducreyi

21.1 Infektionen durch Haemophilus influenzae

Der wichtigste humanpathogene Erreger ist H. influenzae. Diese Spezies wurde während der Influenzapandemie von 1889 bis 1892 durch Pfeiffer erstmals beschrieben und als Ursache der **Influenza** angesehen. Durch die Entdeckung des Influenza-Virus ist inzwischen geklärt, daß H. influenzae nicht das ätiologische Agens dieser Erkrankung ist. Dennoch scheint H. influenzae auf eine noch nicht geklärte Weise an den schweren Krankheitsbildern der Influenza-Pandemie 1918/19 beteiligt gewesen zu sein. Arten der Gattung Haemophilus, auch H. influenzae, sind frühe Besiedler der *Mundhöhle*, die Keime sind also Bestandteil der physiologischen Flora. Mit höherem Lebensalter nimmt die Zahl der Keimträger ab. Daher sind Erkrankungen durch H. influenzae im **Kindesalter** relativ häufig, wichtig sind **Meningitis** und **Epiglottitis**. Nach *Streptococcus pneumoniae* ist H. influenzae die zweithäufigste Ursache einer **Otitis media**. Häufig treten hierbei kapsellose Stämme auf, welche nicht typisierbar (s. u.) sind. Bekapselte Stämme (Serotyp b) sind dagegen bei Kindern im Alter von einem halben Jahr bis zu fünf Jahren in etwa 40 bis 50 % bei einer bakteriellen Meningitis nachzuweisen. In höherem Lebensalter beträgt dieser Anteil weniger als 10 %.

Die **klinischen Symptome** sind von denen anderer bakteriell bedingter Meningitiden nicht zu unterscheiden. Typisch sind Fieber, Kopfschmerz, Müdigkeit, Verwirrtheit und Erbrechen. Ein wesentlicher diagnostischer Hinweis ist die Prüfung der **Nackensteifigkeit**, die auch bei geringer sonstiger Symptomatik nicht unterlassen werden darf. In vielen Fällen finden sich **Begleiterkrankungen**, dazu gehören *Otitis media, Sinusitis, Infektionen der oberen Luftwege, Pharyngitis* oder *Tonsilitis*. Die **Letalität** einer Haemophilus-Meningitis ist bei fehlender Behandlung hoch, auch bei adäquater Therapie beträgt sie etwa 10 %. Neurologische Schäden können zurückbleiben.

Eine **Epiglottitis** durch H. influenzae Serotyp b ist eine akute und schwer verlaufende Erkrankung bei Kindern im Alter zwischen drei und sieben Jahren. Die entzündlichen Veränderungen entwickeln sich sehr rasch und fordern eine schnelle Diagnose. Durch ein entzündliches Ödem werden die Atemwege verlegt, es kommt zur **Dyspnoe** mit **Stridor** und Einziehungen der Interkostalräume. Die Kinder nehmen typischerweise eine sitzende Haltung mit nach vorne gebeugtem Oberkörper ein. Bei der Inspektion erscheint die Epiglottis stark gerötet. In der seitlichen Röntgenaufnahme, die aber nur bei weniger schweren klinischen Symptomen noch zusätzlich durchgeführt werden kann, ist die vergrößerte Epiglottis als Weichteilschatten zu erkennen. Die Therapie muß in einer Freihaltung der Atemwege bestehen, welche in adäquater Weise durch eine nasotracheale Intubation gewährleistet wird.

Andere Krankheitsbilder durch H. influenzae sind septische **Arthritis, Osteomyelitis** und **Endokarditis**. Bei Erwachsenen treten Infektionen durch H. influenzae als Sekundärinfektionen auf, typische Grunderkrankungen sind **chronische Bronchitis**, Bronchiektasen oder Zustand nach einer Infektion durch das Influenza-Virus. Signifikante Untersuchungsmaterialien sind Blut, Liquor oder Trachealsekret. Materialien des oberen Respirationstraktes sind weniger geeignet, da die Interpretation des positiven Nachweises wegen der Zugehörigkeit von H. influenzae zu Normaflora schwierig ist.

H. influenzae besitzt eine Reihe von **Pathogenitätsfaktoren**, von großer Bedeutung ist eine Polysaccharidkapsel. Bekapselte Stämme sind pathogen und können auf Grund ihrer Antigenität typisiert werden; zur Zeit sind die Kapseltypen a bis f bekannt. Die Mehrzahl der Infektionen wird durch den Serotyp b verursacht. Die Kapsel schützt die Bakterien vor Phagozytose und dem Einfluß des Komplementsystems. Durch ein Toxin, welches die Aktivität der Zilien des Respirationsepithels unterdrückt, wird die mukoziliäre Clearence vermindert. Eine wesentliche pathogenetische Rolle spielt auch die Freisetzung einer IgA-Protease (s. Kap. VI „Immunologie").

Haemophilus-Arten zeichnen sich durch ihre **besonderen Wachstumsansprüche** aus, da sie auf normalem Nähragar nicht wachsen. H. influenzae benötigt zwei verschiedene Wachstumsfaktoren, X-Faktor (Hämin) und V-Faktor [Nikotinamid-Adenin-Dinukleotid (NAD)]. Nur bei Anwesenheit beider Faktoren wächst H. influenzae. Setzt man dem Nährmedium 5 % Schafblut

Infektionen durch Haemophilus influenzae

→ Erreger von Superinfektionen bei Influenza

H. influenzae gehört zur Mundflora
- Meningitis und Epiglottitis im Kindesalter
- Otitis media

Kapseltyp b von H. influenzae vorherrschend bei bakterieller Meningitis

Meningitis: Klinische Zeichen
Prüfung auf Nackensteifigkeit

Begleiterkrankungen der Meningitis: Otitis media, Sinusitis u. a.

Haemophilus-Meningitis hat hohe Letalität

Epiglottitis: hochakutes Krankheitsbild bei Kindern von 3–7 Jahren

Dyspnoe, Stridor
röntgenologische Zeichen der Epiglottitis

Therapie: symptomatisch (vor allem **Intubation**)

Arthritis, Osteomyelitis, Endokarditis
akute Exazerbation der chronischen Bronchitis
Untersuchungsmaterial für den Erregernachweis:
- Blut
- Liquor
- Trachealsekret

(Interpretation des H. influenzae-Nachweises aus keimbesiedelten Körperteilen schwierig)

Pathogenitätsfaktoren:
- Polysaccharidkapsel: **Phagozytoseschutz**
- Inhibition der mukoziliären Elimination
- IgA-Protease

Wuchsstoffbedürfnisse:
- X-Faktor
- V-Faktor

Satellitenwachstum in der Nachbarschaft von *Staphylococcus aureaus* auf Blutagar

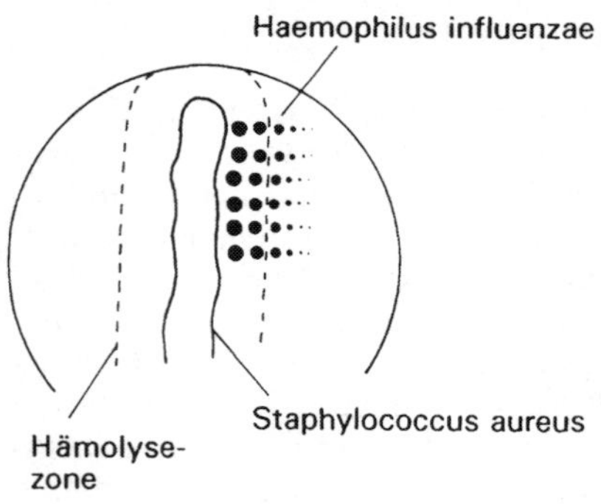

Abb. 21-1: Satellitenwachstum von Haemophilus influenzae. Koloniebildung in der Umgebung von Staphylococcus aureus; hier wird Faktor X (NAD) freigesetzt, Faktor V (Hämin) steht durch die Blutzugabe im Nährmedium zur Verfügung

Speziesdifferenzierung durch unterschiedliche Wuchsstoffbedürfnisse u. a.

zu, so ist der X-Faktor in ausreichender Konzentration vorhanden, der noch fehlende V-Faktor wird durch ein im Labor aufgebrachten S. aureus-Stamm (sog. Amme) zur Verfügung gestellt (Satelliten-Wachstum, Ammen-Phänomen, s. Abb. 21-1). Die Kolonien sind in der Umgebung der Amme deutlich vergrößert, die glasigen Kolonien besitzen eine glatte Oberfläche, der Geruch ist charakteristisch. Andere Haemophilusarten benötigen nur einen der Faktoren, dieses Merkmal kann bei der Differenzierung genutzt werden. Alle Spezies reduzieren Nitrat, die Glukosespaltung ist bei entsprechender Supplementierung mit Wachstumsfaktoren meist positiv.

Chemotherapie der H. influenzae-Infektionen
- Ampicillin Mittel der Wahl (aber auch beta-laktamasen-bildende Stämme)
- Cephalosporine der 3. Generation (Voraussetzung bei Meningitis: Liquorgängigkeit)
- Sulbactam- und Clavulansäure-Kombinationen?

Die **Therapie** der Wahl bei Infektionen durch H. influenzae ist *Ampicillin* oder *Amoxicillin.* Allerdings wurden in den vergangenen Jahren auch in Europa Stämme mit einer plasmidbedingten Ampicillin- bzw. Amoxicillin-Resistenz (β-Laktamase) bei Patienten isoliert. Alternativen bestehen in der Gabe von *Cephalosporinen der 3. Generation* (Cefotaxim, Ceftriaxon) oder bei strenger Indikationsstellung von Chloramphenicol. Eine weitere Möglichkeit, die sich im Augenblick in der klinischen Prüfung befindet, ist die Kombination von Ampicillin bzw. Amoxicillin mit einem β-Laktamasehemmer *(Sulbactam bzw. Clavulansäure).*

Meldepflicht für Meningitis

Meningitiden durch H. influenzae sind nach dem Bundesseuchengesetz **meldepflichtig**.

Epidemiologie
- Übertragung in Kindertagesstätten?
- Chemoprophylaxe mit Rifampicin bei exponierten Kindern?
- passive Immunisierung
- aktive Immunisierung mit Kapselpolysaccharid von H. influenzae b

In Kindertagesstätten kann es zur Übertragung der Erreger von Kind zu Kind kommen (etwa 1%). Die Verringerung des Risikos einer Infektion durch H. influenzae Serotyp b und der daraus resultierenden schweren Erkrankungen mit evtl. bleibender Schädigung ist in diesen Einrichtungen durch eine **Prophylaxe** mit *Rifampicin* möglich. Die protektive Wirkung einer **passiven Immunisierung** mit menschlichem Hyperimmunserum ist inzwischen erwiesen, sie schützt für etwa drei Monate und stellt in ausgewählten Fällen eine Alternative zur Rifampicin-Prophylaxe dar. Bei Kindern über drei Monaten kann eine **aktive Impfung** mit einem neuentwickelten Impfstoff durchgeführt werden. Dieser besteht aus dem an Diphtherie-Toxoid gekoppelten Kapselpolysaccharid des Serotyps b.

21.2 Haemophilus ducreyi

Haemophilus ducreyi
= „weicher Schanker"

Ursache des sog. „weichen Schankers", einer sexuell übertragbaren Erkrankung ist H. ducreyi. Nach einer Inkubationszeit von ein bis fünf Tagen treten schmerzhafte **Ulzerationen** der Genitalien (Glans penis, Labien, Perianalregion) auf. Eine **regionale Lymphadenitis** findet sich in etwa 30 bis 50% der Fälle. Ohne Behandlung können die Lymphknoten spontan aufbrechen. Der Erreger wird aus Vaginalsekret oder Eiter inguinaler Lymphknoten isoliert, allerdings ist die Anzüchtung nur auf Spezialmedien mit X-Faktor unter 5%iger CO_2-Spannung möglich.

schmerzhafte Ulzerationen an Genitalien

Befall der inguinalen Lymphknoten

Erregernachweis: mikroskopisch und kulturell

Die Prognose dieser hauptsächlich in den Tropen auftretenden Erkrankung ist gut, die Behandlung der Wahl besteht in der oralen Gabe von Erythromycin.

Therapie mit Erythromycin

22 Bordetella

W. R. Heizmann

Wichtige menschenpathogene Vertreter der Gattung Bordetella, deren taxonomische Einordnung ungewiß ist, sind *Bordetella pertussis* und *Bordetella parapertussis.*

B. pertussis wurde 1906 von Bordet und Gengou erstmals beschrieben und ist der Erreger des **Keuchhustens**. Diese Krankheit tritt nur beim Menschen auf, betroffen sind vor allem Säuglinge und Kleinkinder, nur sehr selten Erwachsene. Es handelt sich um eine hochkontagiöse respiratorische Infektion, die durch *Tröpfchen* übertragen wird. Nach einer Inkubationszeit von ein bis drei Wochen beginnen die Prodromi wie bei einem Infekt der oberen Luftwege (Stadium catarrhale). Im Laufe der nächsten ein bis zwei Wochen nehmen sie an Schwere zu. Der Husten geht in Hustenattacken von 10–20 Hustenstößen über, die Atmung sistiert, bis es am Ende des Anfalls zu einem juchzenden Inspirium kommt (Stickhusten, *Stadium convulsivum*). Danach folgen weitere Hustenanfälle mit einer Gesamtdauer von ein bis zwei Minuten. Die Anfälle treten mit einer Frequenz von 15 bis 40 pro Tag (auch während der Nacht) auf. Durch die *intrathorakale Drucksteigerung* kommt es zu einer oberen Venenstauung, zur Ruptur von Alveolen mit Emphysembildung, zu Zwerchfellrupturen, Nabel- oder Leistenhernien. Das Gesicht ist blau, gedunsen und an den Konjunktiven sind gelegentlich Blutungen sichtbar. Neugeborene und Säuglinge sind besonders gefährdet, da bei diesen anstelle der Hustenattacken für Eltern oder Pflegepersonal schwer erkannbare Apnoe-Anfälle auftreten. Nach vier bis sechs Wochen reduzieren sich Anzahl und Schwere der Anfälle (Stadium decrementi).

Komplikationen im Verlaufe des Keuchhustens (etwa 2 %) sind Otitis media, Apnoe, zerebrale Anfälle und eine Keuchhustenenzephalopathie, die zum Tode oder zu bleibenden Schäden führen kann. Bei Säuglingen ist eine **Pneumonie** als Folge einer Sekundärinfektion *(Haemophilus influenzae, Streptococcus pneumoniae)* die wichtigste Todesursache, etwa 70 % aller Todesfälle treten in diesem Alter auf. Diese sind nach dem Bundesseuchengesetz **meldepflichtig**. Neben dem schweren Verlauf werden auch leichtere Fälle beobachtet. Nach überstandener Erkrankung tritt eine **Immunität** auf, die etwa 20 Jahre anhält. Daher werden auch Zweiterkrankungen beschrieben. Bei fehlender Immunität sind auch Erwachsene für den Erreger empfänglich, der Krankheitsverlauf ist dann im allgemeinen aber leichter.

Pathogenese: Die Bakterien haften nach ihrem Eintritt in den menschlichen Organismus an den Zilien des respiratorischen Epithels, sind aber nicht invasiv. Zwei intrazelluläre Toxine der beiden Bordetellenarten interferieren mit der Aktivität der Zilien, tatsächlich ist jedoch noch wenig über die pathogenetischen Eigenschaften der Bakterien bekannt.

Die Diagnose des Keuchhustens stützt sich auf das klinische Bild, epidemiologische Beobachtungen, Erregernachweis mit der direkten Immunfluoreszenz und Anzüchtung des Erregers sowie den Nachweis von Antikörpern. Da die Krankheitssymptome während des *Stadium catarrhale* unspezifisch sind, kann die Diagnose des ersten Falles in einer empfänglichen Population stark verzögert sein. Sind dagegen schon weitere Erkrankungen bekannt, ist eine Diagnose wesentlich einfacher. Entscheidend ist die optimale Gewinnung von Untersuchungsmaterial. Ein dünner, biegsamer Drahttupfer mit Kalziumalginat wird möglichst flach durch den Nasengang bis zur hinteren Rachenwand geschoben und dort für einige Sekunden belassen. Die *Hustenplatten-Methode*, bei welcher ein Spezialmedium (nach Bordet und Gengou) während eines Hustenanfalles direkt vor den Mund des Patienten gehalten wird, ist weniger zuverlässig in der Erregerausbeute.

Erregernachweis: Innerhalb weniger Stunden können aus den Nasopharyngealabstrichen mit der **direkten Immunfluoreszenzmethode** sowohl lebende, als auch abgestorbene Erreger nachgewiesen werden. Die Interpretation des mikroskopischen Bildes kann durch unspezifische Reaktionsausfälle zu falsch positiven Ergebnissen führen, weshalb es wie bei allen fluoreszenz-

Bordetella

taxonomisch einzelstehende Gattung

Bordetella pertussis und Bordetella parapertussis – Keuchhusten

einziger natürlicher Wirt für *B. pertussis* ist der Mensch
Kinderkrankheit (Säuglinge, Kleinkinder) selten Erwachsene

Übertragung durch Tröpfcheninfektion
Prodromi – Studium catarrhale
Hustenattacken
Stickhusten (Stadium convulsivum)
15–40 Anfälle pro Tag

intrathorakale Druckstauung führt zu Venenstauungen, Rupturen, Hernien u. a.
Apnoe bei Säuglingen
Stadium decrementi

Komplikationen:
- Otitis media
- Enzephalopathie

sekundäre Pneumonien (Erreger: *Haemophilus influenzae, Streptococcus pneumoniae*)

Tod an Keuchhusten ist meldepflichtig

Überstehen der Krankheit
→ langdauernde Immunität
Zweiterkrankungen kommen vor

Pathogenese
Adhärenz an respiratorisches Epithel, jedoch ohne Invasivität

Toxin

Diagnose
- klinische Zeichen und Epidemiologie
- Erkennung des Beginns einer Epidemie schwierig
- Untersuchungsmaterial: Nasopharyngealabstrich mit Kalziumalginattupfer
- sog. Hustenplatte weniger zuverlässig

- mikroskopischer **Erregernachweis** mit direkter Immunfluoreszenz
- kultureller Erregernachweis

Anzüchtung auf Kohle-Pferdeblut-Cephalexin-Agar

Erregernachweis: vor allem im Stadium catarrhale

Antikörpernachweis: ab 15–25 Tage nach Beginn der Krankheitszeichen
- Agglutinationsreaktion
- KBR
- indirekte Immunfluoreszenz, ELISA
- krankheitsdiagnostisch wertvoll: die Serokonversion

Erregereigenschaften
B. pertussis bildet Kapsel
B. parapertussis ist kapsellos

frische Isolate von *B. pertussis* = S-Stämme der Phase I

bei weiterer Subkultivierung entstehen die Phasen II–IV (mit geringerer Virulenz)

Therapie
- symptomatisch
- Chemotherapie (mit Erythromycin u. a.) nur im frühen Krankheitsstadium von Effekt (verkürzter Krankheitsverlauf)

Prophylaxe
→ aktive Immunisierung mit abgetöteten Erregern der Phase I

Kontraindikation: ZNS-Schädigungen

Meldepflicht
Isolierung keuchhustenkranker Kinder

Erysipelothrix, Propionibacterium, Gardnerella

Erysipelothrix rhusiopathiae

Erreger (grampositive unbewegliche Stäbchen) von:
- Schweinerotlauf (Allgemeininfektion)
- beim Menschen entsteht Erysipeloid

Infektionsquellen Schweine, Wild u. a.
Eintrittspforten meist Hände

optischen Verfahren einer besonderen Erfahrung des Untersuchers bedarf. Ergänzt werden sollte die direkte Immunfluoreszenz durch die **Erregerkultur**.

Untersuchungsmaterial sind Nasopharyngealabstriche. Der rasche Transport der Tupfer in das Laboratorium muß in einem speziellen Transportmedium erfolgen, eine Kälteexposition sollte vermieden werden. Die Anzüchtung der Erreger auf einem Kohle-Pferdeblutagar mit Cephalexin erfordert etwa drei bis fünf Tage. Positive Kulturbefunde ohne Nachweis der Erreger mittels Immunfluoreszenz sind in etwa 25 % der Proben zu erwarten, während umgekehrt 45 % der Proben nur in der Immunfluoreszenz positiv sind.

Der Erregernachweis ist im allgemeinen nur während des *Stadium catarrhale erfolgreich.* Im *Stadium convulsivum*, mit den dann meist schon typischen klinischen Befunden, bietet nur noch der **Antikörpernachweis** eine labordiagnostische Hilfestellung. Antikörper sind ca. 15 bis 25 Tage nach Beginn der klinischen Symptome zu finden und erreichen ein Maximum in der 8. bis 10. Woche. Neben der *Agglutination*, der *Komplementbindungsreaktion* und der *Immunfluoreszenz* scheint der *Immunoassay* die zuverlässigsten Ergebnisse zu liefern. Den wichtigsten serologischen Hinweis bietet auch hier die Serokonversion.

Erregereigenschaften: *Bordetella pertussis* und *Bordetella parapertussis* sind kleine kokkoide gramnegative Bakterien. Nur *B. pertussis* besitzt eine Kapsel, die jedoch bei Subkultivierung verloren geht. Frisch isolierte Stämme auf Kohle-Pferdeblutagar mit Cephalexin erscheinen nach drei bis fünf Tagen als kleine stark gewölbte Kolonien. Bei *B. pertussis* handelt es sich hierbei um die *S-Stämme der Phase I* (S = smooth), welche ein gemeinsames Antigen besitzen und von einem Antiserum agglutiniert werden. Bei weiterer Subkultivierung verändert sich die Antigenität (Phasen II–IV), diese rauhen Varianten sind von geringerer Virulenz. *B. parapertussis* besitzt neben gemeinsamen auch spezifische Oberflächenantigene, die mit Antiseren gegen *B. pertussis* nicht kreuzreagieren.

Die Behandlung des manifesten Keuchhustens ist symptomatisch. Bei einer frühen Diagnose im Stadium catarrhale kann durch eine antibakterielle Therapie mit *Erythromycin, Cephalosporinen* oder *Ampicillin* der Krankheitsverlauf günstig beeinflußt und die Ausscheidung der Erreger verkürzt werden.

Die Prophylaxe des Keuchhustens ist durch eine *Immunisierung mit abgetöteten Keimen der Phase I* möglich, der Impfschutz ist hoch. Die Impfung kann ab dem 3. Lebensmonat (bis zum 7. Lebensjahr) erfolgen, z. B. in Kombination mit Diphtherie- und Tetanus-Impfung. Komplikationen wie Krampfanfälle sind gelegentlich beobachtet worden, die Häufigkeit soll bei etwa 1:3 000 bis 1:10 000 liegen. Daher sollen Kinder mit zerebralen Schädigungen nicht geimpft werden.

Nach dem Bundesseuchengesetz sind Todesfälle und Epidemien in Krankenhäusern und in Entbindungsheimen **meldepflichtig**. Erkrankte Kinder dürfen Gemeinschaftseinrichtungen wie Kindergärten oder Schulen erst nach Abklingen der Symptome, spätestens aber 3 Wochen nach Krankheitsende wieder besuchen.

23 Erysipelothrix – Propionibacterium – Gardnerella

H. Werner

23.1 Erysipelothrix rhusiopathiae

Diese Spezies grampositiver unbeweglicher schlanker Stäbchen (0,3 µm breit, 1–1,5 µm lang; Fadenformen kommen vor) ist Erreger des veterinärmedizinisch bedeutsamen **Schweinerotlaufs** (in ausgebildeter Form eine tödliche Allgemeininfektion) sowie des **Erysipeloids** des Menschen, einer meist gutartig verlaufenden Infektionskrankheit.

Infektionsquelle für den Menschen ist das tierische Erregerreservoir

(Schweine; daneben Wild, Geflügel und Meerestiere). Infektionen kommen daher in erster Linie bei berufsbedingt exponierten Personen (Schlachter, Tierärzte, Fischhändler usw.) vor. **Eintrittspforte** sind Hautläsionen, meist an den Händen.
Das Erysipeloid entwickelt sich nach einer Inkubationszeit von wenigen Tagen an der Eintrittspforte (Finger, Handrücken) in Form von Blasen und blau-rötlich verfärbten Schwellungen, die jucken und schmerzhaft sind. Die Hautherde heilen innerhalb von 2–3 Wochen ab. Arthritis der benachbarten Gelenke ist selten. Die sehr seltenen septischen und endokarditischen Verlaufsformen sind durch enterale Eintrittspforte charakterisiert.

Lokalinfektionen an Fingern und Handrücken
- Blasen und Schwellungen
- selten septische oder endokarditische Verlaufsformen

Die Diagnose wird aufgrund des Lokalbefundes und der typischen Anamnese mit hoher Sicherheit gestellt sowie durch kulturellen Erregernachweis (aus aspiriertem Gewebematerial) bestätigt. Die kleinen grauweißen Kolonien zeigen auf Blutagar meist leichte Hämolyse. Der Erreger ist in der Katalase- und Oxidase-Reaktion negativ, jedoch H_2S-positiv.

Diagnose: klinische Symptome, Anamnese und kultureller Erregernachweis

Die Therapie der Wahl besteht in der Gabe von Penizillin G.

Therapie: Penizillin G

23.2 Propionibacterium

Propionibacterium

Die beim Menschen vorkommenden Propionibacterium-Arten *(P. acnes, P. granulosum, P. avidum)* hießen früher lange Zeit „anaerobe Corynebakterien" (mit der bekanntesten Spezies Corynebacterium acnes).

P. acnes, P. granulosum und *P. avidum* früher als „anaerobe Corynebakterien" bezeichnet

Anaerobes Kulturverhalten zeichnet sie – trotz positiver Katalase-Reaktion – aus. Bei der Glukosefermentation wird reichlich Propionsäure akkumuliert. Mikromorphologisch handelt es sich um grampositive kokkoide, häufig auch keulenförmige („diphtheroide") und zu Verzweigung befähigte Stäbchen.

katalasepositive Anaerobier
keulenförmige oft verzweigte Stäbchen

P. acnes, P. granulosum und *P. avidum* kommen auf der **Haut**, und zwar vorwiegend im supraseboglandulären Haarfollikelabschnitt, sowie auf **Schleimhäuten** vor. Für die Adhärenz an makroorganismisches Epithel wird der Neuraminidasebildung Bedeutung beigemessen. Die P. acnes auszeichnende Lipase-Aktivität dürfte für den Keim im Biotop Haut von Vorteil sein. Enzymausstattung und massenhaftes Vorkommen dieser Keime machen deren ätiologische Beteiligung beim Zustandekommen der *Akne vulgaris* wahrscheinlich. Die Spezies kommen in mono- und polybakteriellen Eiterungsprozessen vor; die Rolle von P. acnes bei Fällen von Endokarditis und Septikämie sowie bei Morbus Whipple wird diskutiert.

Vorkommen auf der Haut sowie auf Schleimhäuten
Neuraminidase wichtig für Adhärenz

Lipase-Aktivität erleichtert Eroberung und Bewahrung des Standortes Haut

Vorkommen in mono- und polybakteriellen Eiterungsprozessen
ätiologische Bedeutung bei Endokarditis und Sepsis fraglich

Bei **kulturellem Nachweis** von Propionibacterium-Arten in klinischen Untersuchungsproben wie Punktaten, Blutkulturen u. ä. wird die schwierige Differentialdiagnose: ätiologisch bedeutsamer Keimnachweis oder pathogenetisch unerhebliche Kontamination – zu klären sein.
P. acnes und die nahe verwandten Propionibacterium-Arten sind gegen Penizillin G und viele andere Antibiotika (Tetrazykline, Cephalosporine, Clindamycin) **hochempfindlich**, doch sind sie bemerkenswerterweise gegen Metronidazol und andere Nitroimidazole **resistent**.
P. acnes ist mit dem in der **Immuntherapie** als Corynebacterium parvum bezeichneten (und zur Stimulierung der Makrophagenaktivierung sowie als Adjuvans eingesetzten) Bakterium identisch.

Kultureller Nachweis:
Differenzierung zwischen Kontamination und ätiologisch bedeutsamem Keimnachweis

Propionibacterium-Arten sind **empfindlich** gegen Penizillin G und andere Antibiotika, jedoch **resistent** gegen Metronidazol

P. acnes identisch mit dem in der Immuntherapie verwendeten Corynebacterium parvum

23.3 Gardnerella vaginalis

Gardnerella vaginalis

Diese Spezies – seit 1954 bekannt und ursprünglich *Haemophilus vaginalis* genannt, jedoch unlängst zu einer eigenen Gattung erhoben – hat den elektronenoptischen Zellwandaufbau grampositiver Bakterien, stellt sich jedoch in der Gramfärbung meist gramnegativ dar, und zwar als sehr kleine schlanke „pleomorphe" Stäbchen. Die **Züchtung** gelingt auf menschenbluthaltigem Agar in einer CO_2-angereicherten Atmosphäre nach 2–3 Tagen Bebrütung bei 37 °C. Der kohlenhydratspaltende Keim ist – eine Seltenheit bei „aeroben" Bakterien – **empfindlich** gegen *Metronidazol.*

lange Zeit *Haemophilus vaginalis* genannt, jedoch grampositiv (nach elektronenoptischem Zellwandaufbau)
- kleine pleomorphe Stäbchen
- Züchtung auf Menschenblutagar
- obwohl Aerobier, **empfindlich** gegen Metronidazol

G. vaginalis = Erreger der **unspezifischen Kolpitis** (Vaginitis)?

in Vaginalsekret Erkrankter meist zusammen mit anderen fakultativ pathogenen Keimen nachweisbar

Kenntnis über extravaginale Infektionen durch *G. vaginalis* noch lückenhaft kultureller Erregernachweis schwierig

Therapie der Vaginitis mit Metronidazol

Von mehreren Arbeitskreisen wird G. vaginalis als einziger oder hauptsächlicher Erreger der sog. **unspezifischen Kolpitis** (Vaginitis) angesehen. Allerdings kommt G. vaginalis in Vaginalsekret von Kolpitis-Patientinnen meist zusammen mit anderen fakultativ pathogenen Arten (z. B. Anaerobiern der Bacteroides-Gruppe) in hohen Keimzahlen vor. Gelegentlich wird G. vaginalis aus Blut bei Puerperalsepsis, bei Septikämie von Neugeborenen sowie aus Lungenabszeß von Erwachsenen isoliert. Aufgrund der schweren Züchtbarkeit des Keimes sind möglicherweise die diagnostischen Nachweise bislang unterrepräsentiert.
Zur **Diagnose** einer unspezifischen Kolpitis (Vaginitis) wird neben Ausschluß von Candida albicans und Trichomonas vaginalis der mikroskopische (unsicher) und kulturelle Nachweis von G. vaginalis gefordert. Therapeutisch hat sich *Metronidazol* bewährt.

Corynebacterium, Arcanobacterium, Rhodococcus

24 Corynebacterium – Arcanobacterium – Rhodococcus

W. R. Heizmann

Die Gattung Corynebacterium umfaßt grampositive, katalasepositive unbewegliche fakultativ anaerobe Stäbchenbakterien, die keine Sporen bilden. Durch den Zellwandaufbau bestehen Beziehungen zu Mykobakterien und Nokardien.

In der Gattung Corynebacterium sind *grampositive, unbewegliche,* teilweise leicht gekrümmte Stäbchenbakterien zusammengefaßt. Der Name dieser Gattung leitet sich aus der z. T. charakteristischen Keulenform ab. Die Bakterien sind bis auf wenige *fakultativ anaerob* und katalasepositiv. Durch den besonderen Zellwandaufbau der Corynebakterien (kurzkettige Mykolsäuren) ergibt sich eine enge Verwandtschaft mit den Gattungen Mycobacterium und Nocardia, Corynebakterien verhalten sich aber in Ziehl-Neelsen-Färbung nicht säurefest.

Corynebakterien gehören zur normalen Flora der Haut

In der Umwelt sind Corynebakterien weit verbreitet und können für Tiere und Pflanzen pathogen sein. Beim Menschen gehören Corynebakterien zur *normalen Flora* der Haut, wobei sie sich besonders häufig im Bereich der Axilla, in der Leistengegend und in den Zehenzwischenräumen finden. Ebenso lassen sich Corynebakterien in der Nase, im Oropharynx oder im Genitaltrakt isolieren.

Corynebacterium diphtheriae = Erreger der Diphtherie

24.1 Corynebacterium diphtheriae

Von besonderer humanpathogener Bedeutung ist aus der Gattung Corynebacterium der Erreger des Krankheitsbildes **Diphtherie**, *Corynebacterium diphtheriae.* Diese Erkrankung, von der vor allem Kinder betroffen werden, ist schon seit dem Altertum bekannt.

Klinik, Verlauf:
wichtigste Krankheitsform: Rachendiphtherie mit Bildung von Pseudomembranen.

Krankheitssymptome:
- Übelkeit
- Kopfschmerz
- Fieber
- Halsschmerzen
- Schluckbeschwerden

Übergreifen der Pseudomembranen auf den Larynx:
→ inspiratorischer und expiratorischer Stridor

akute Verlegung der Atemwege kann zum **Erstickungstod führen**

Klinik, Verlauf: Nach einer Inkubationszeit von wenigen Tagen kann der Verlauf von einer asymptomatischen bis zu einer rapid progressiven Form *(toxische Diphtherie)* gehen. In Mitteleuropa ist besonders die *Rachendiphtherie* bekannt. Eine bis zu mehreren Millimetern dicke Pseudomembran aus Fibrin, Leukozyten und Epithelzellen haftet fest auf der Schleimhaut, was beim Versuch der Ablösung zu Blutungen führt. Diese weißen, z. T. auch grau-grünen Pseudomembranen nehmen ihren Ausgang häufig von den geschwollenen Tonsillen und greifen auf die Uvula, den weichen Gaumen und den Pharynx über. Die Patienten leiden in diesem Krankheitsstadium unter *Halsschmerzen, Schluckbeschwerden, Übelkeit, Kopfschmerz* und *Fieber.* Die zugehörigen Halslymphknoten sind geschwollen. Bei schwerem Krankheitsverlauf kann es zur ödematösen Schwellung des Halses kommen (Caesarenhals). Ein süßlicher foetor ex ore tritt gelegentlich auf und stützt zusammen mit dem Nachweis von Pseudomembranen die Verdachtsdiagnose. Im weiteren Verlauf greifen die Pseudomembranen auf den Larynx (es existiert allerdings auch eine *primäre Larynxdiphtherie*) und auch auf die Trachea über, was zu *inspiratorischem* und *expiratorischem Stridor* führt. Eine wesentliche **Komplikation** mit der Möglichkeit des letalen Ausgangs ist die akute Verlegung der Atemwege durch die Pseudomembranen.

Diagnose: Differentialdiagnostisch muß bei der Rachendiphtherie vor allem an die **infektiöse Mononukleose** (Epstein-Barr-Virus) mit einer Beschränkung der Membranen auf die Tonsillen, eine **Pharyngitis** durch Streptokokken mit flammender Rötung oder eine **Angina Plaut-Vincenti** gedacht werden. Wesentlich ist, daß eine Streptokokken-Pharyngitis zusammen mit einer Diphtherie in bis zu 30% auftreten kann, ohne allerdings die für die Diphtherie wesentlichen klinischen Symptome zu verändern.
Weitere Manifestationen von Erkrankungen durch C. diphtheriae sind die **Augendiphtherie** mit einer entzündlich ödematösen Schwellung der Konjunktiven, die **Nasendiphtherie** mit eitrigem Ausfluß und verschiedene Formen der **Hautdiphtherie.**

Diagnose:
- DD: Mononukleose, Pharyngitis durch Streptokokken, Angina Plaut-Vincenti
- andere Manifestationen von Infektionen durch C. diphtheriae:
  - Augen-,
  - Nasen-,
  - Haut- und
  - Nabeldiphtherie

> Die Hautdiphtherie ist bei Kindern in tropischen Ländern mit schlechter sozialer Lage und ungünstigen Wohnverhältnissen sehr häufig. Gelegentlich kann diese Erkrankung auch bei Tropenrückkehrern beobachtet werden. Meist sind die Läsionen an den unteren Extremitäten lokalisiert. Es handelt sich um einige Millimeter bis 5 cm große Geschwüre mit nekrotischem, oft hämorrhagischem Grund, eingerollten Rändern, teilweise mit grauweißem festhaftendem pseudomembranösem Belag. Die Geschwüre sind anfänglich schmerzhaft, später unempfindlich und heilen in 6 bis 12 Wochen vom Rand her ab.

Hautdiphtherie: ⇦

Zu den Formen der Hautdiphtherie gehört auch die Nabeldiphtherie bei Neugeborenen. Die in diesen Lokalisationen isolierten Stämme von C. diphtheriae können auch Ursache einer Rachendiphtherie werden.
Obwohl C. diphtheriae im allgemeinen nur eine geringe Tendenz zum Einbruch in die Blutbahn zeigt, wurden schon seit dem Ende des 19. Jahrhunderts immer wieder als seltenes Ereignis systemische Infektionen mit Endokarditis beschrieben.

Erreger anderer Diphtherieformen können auch Ursache einer Rachendiphtherie werden

Pathogenese: Neben der akuten Verlegung der Atemwege spielen Komplikationen durch das von bestimmten Stämmen gebildete **Diphtherietoxin** eine wesentliche Rolle bei der Pathogenese der Erkrankung. Die Toxinproduktion ist nicht allen Stämmen von C. diphtheriae gemeinsam. Voraussetzung hierfür ist die Anwesenheit eines Corynebakteriophagen β^{tox+} (Virus), welcher in seinem Genom die Information für die Produktion des Diphtherietoxins trägt. Die Expression dieses Gens während der Vermehrung in der Bakterienzelle als Prophage in der temperenten Form (Lysogenie) führt zur Synthese und Freisetzung eines Proteins mit einem Molekulargewicht von 62000 Dalton (Exotoxin). Diese hitzelabile Polypeptidkette besteht aus den *zwei Untereinheiten A* und *B*. Die Untereinheit B des Toxins lagert sich an Rezeptoren der Zelloberfläche des Makroorganismus an, über eine proteolytische Spaltung wird das A-Fragment abgespalten, welches innerhalb der Körperzelle mit dem *Elongationsfaktor 2* (EF2) interferiert. EF2 als wesentliches Enzym bei der Polypeptidbildung über m-RNA an Ribosomen wird bei ausreichenden Toxinkonzentrationen blockiert, es kommt zum Erliegen der Proteinsynthese und damit zum *Tod eukaryonter Zellen.* Die Toxinproduktion durch C. diphtheriae ist zumindest unter Kulturbedingungen auch von exogenen Faktoren abhängig, hohe Eisenkonzentrationen unterdrücken die Produktion. Von allgemeinen Interesse ist der Aufbau des Diphtherietoxins in einen A- und B-Teil, da dies sich auch bei anderen Toxinen, z. B. beim Verotoxin oder beim Choleratoxin nachweisen läßt.

Pathogenese:
wesentlich ist die Bildung des **Diphtherietoxins** (Exotoxin)
Toxinproduktion findet nur in Anwesenheit eines temperenten Bakteriophagen statt

- Untereinheit B des Toxinmoleküls lagert sich an die Zelle an,
- Untereinheit B interferiert mit dem Elongationsfaktor 2 der Proteinsynthese,
  → führt zum Tod eukaryonter Zellen

Neben der Pseudomembranbildung bestimmen die **Toxinwirkung** und der **Immunstatus** der Patienten den Krankheitsverlauf. Unter der Toxinwirkung ist eine *Verringerung der Nervenleitgeschwindigkeit* (Polyneuritis diphtherica) zu beobachten, welche sich häufig als Gaumensegellähmung und Lähmung der Schluckmuskulatur sowie als Akkomodationsstörung manifestiert. In Zusammenhang mit den Veränderungen der Nervenleitgeschwindigkeit ist das Auftreten von EKG-Veränderungen im Sinne von ST-Senkungen, T-Negativierungen und Erregungsausbreitungsstörungen (AV-Block und Linksschenkelblock) zu interpretieren. Diese im Rahmen der Myokarditis zu beobachtenden Veränderungen beeinflussen auch die Letalität der Erkrankung.

durch Toxineinwirkung →
Verringerung der Nervenleitgeschwindigkeit mit Lähmung des Gaumensegels und der Schluckmuskulatur sowie von Akkomodationsstörungen

Veränderungen des EKG im Rahmen einer Myokarditis beeinflussen die Letalität

Spättodesfälle können bis zu 6 Wochen nach der eigentlichen Erkrankung beobachtet werden.

Epidemiologie:
sporadisches Auftreten im Rahmen kleiner Epidemien in Mittel- und Nordeuropa
Tröpfcheninfektion oder direkter Kontakt, wichtig in der Infektkette sind asymptomatische Keimträger

bei Erwachsenen: häufig fehlender Impfschutz

Begünstigt wird der Ausbruch einer Epidemie:
- durch schlechte soziale Bedingungen oder
- in Gemeinschaftseinrichtungen wie Kindergärten oder Schulen

Epidemiologie: Während der vergangenen Jahrzehnte sind auch in der Bundesrepublik wieder mehrere kleinere Ausbrüche mit z. T. hohen Letalitätsraten aufgetreten. Die Übertragungswege des Erregers sind aerogen über eine *Tröpfcheninfektion*, in tropischen und subtropischen Ländern durch *Hautkontakt* und gelegentlich auch *indirekt* über Gegenstände und Lebensmittel. Die Inkubationszeit beträgt etwa 2–6 Tage. Wichtig in der Infektionskette sind auch sog. **Keimträger**, dabei handelt es sich um Personen, bei welchen ohne Krankheitssymptome C. diphtheriae nachgewiesen werden kann (z. B. in der Rekonvaleszenz, bei schutzgeimpften Personen oder bei gesunden Kontaktpersonen). Trotz der weitverbreiteten Impfung gegen Diphtherie im Kindesalter haben Erwachsene allerdings häufig keinen ausreichenden Impfschutz mehr, d. h. der Antikörpertiter gegen Diphtherietoxin liegt unter 0,01 IU/ml. Damit ist auch diese Population für eine Diphtherie suszeptibel. Eine Diphtherie tritt häufig unter *ungünstigen sozialen Verhältnissen* auf, so beispielsweise bei einer Epidemie in Göteborg und Stockholm unter Alkoholikern und Drogenabhängigen. Wie sich bei dieser Epidemiologie gezeigt hat, scheint nicht nur die Toxinproduktion für das Entstehen einer Infektionskrankheit Voraussetzung zu sein, sondern auch die Fähigkeit der Stämme zur Adhäsion und Kolonisation.
Betroffen können aber auch Kinder unter 14 Jahren in Schulen oder Kindergärten sein. Dies hat 1989 ein Diphtherieausbruch in einem Kindergarten im Raum Reutlingen gezeigt. Trotz ausreichender epidemiologischer Untersuchungen ist es aber nicht gelungen, den Ausgangspunkt der Epidemie festzustellen (z. B. Einschleppung aus dem Ausland).

Erkrankung und Todesfall sind **meldepflichtig**. Bei Erkrankung Isolation für 10 bis 14 d.

Jede **Erkrankung** und jeder **Todesfall** sind nach dem Bundesseuchengesetz dem Gesundheitsamt zu **melden**. Die Erkrankten sind für 10 bis 14 Tage zu isolieren, auf Bettruhe ist wegen der Myokarditis zu achten. Die Isolierung kann nach dreimaligen negativen Untersuchungen im Abstand von 2 Tagen aufgehoben werden.

Mikrobiologische Diagnostik:
Probenentnahme vor Therapie: Rachen-, Nasen-, Augen- oder Hautabstriche.

Mikrobiologe ist über den klinischen Verdacht unbedingt zu informieren

Mikrobiologische Diagnostik: Die Probenentnahmen für einen Erregernachweis sind vor Beginn einer antibiotischen Therapie durchzuführen. Geeignet sind *Nasen-, Rachen-* oder *Hautabstriche.* Bei den Rachenabstrichen ist besonders darauf zu achten, daß diese vom Rand der Pseudomembranen oder nach Ablösung derselben unter den Membranen gewonnen werden. Da C. diphtheriae ohne Kenntnis des klinischen Krankheitsverdachts wegen des augenblicklich seltenen Vorkommens im Labor bei der üblichen mikrobiologischen Untersuchung durchaus übersehen werden kann, ist dieser dem Mikrobiologen unbedingt mitzuteilen. Der Ansatz erfolgt auf Blutplatten, Löffler-Medium mit Serumzusatz und Selektivmedien mit Telluritzusatz (Clauberg- oder Tinsdale-Medium). C. diphtheriae ist in der Lage, Tellurit zu Tellur zu reduzieren, die Kolonien erscheinen dann grauschwarz oder schwarz auf dem Medium. Die Bebrütung unter einer erhöhten CO_2-Spannung ist empfehlenswert.
Drei Wachstumsformen können unterschieden werden:

Wachstumsformen: ⇨

-„mitis“ mit glatten Kolonien,
-„intermedius“ mit sehr kleinen Kolonien und
-„gravis“ mit rauhen Kolonien.

durch Neisserfärbung:
Darstellung sog. Polkörperchen mit Kalzium und Polyphosphaten

Die Lagerung im **Grampräparat** kann weitere Hinweise auf den Erreger geben, charakteristisch ist die V- oder Y-Form, d. h. eine unregelmäßige Lagerung im Gegensatz zu anderen Arten von Corynebakterien, welche häufig parallel zueinander angeordnet sind. Durch die Spezialfärbung nach Neisser gelingt in Kulturpräparaten von Medien mit ausreichendem Phosphatgehalt der Nachweis von sog. *Polkörperchen.* Diese enthalten Kalzium und Polyphosphate und sind im Stadium der Zellteilung besonders ausgeprägt. Wichtig ist die **biochemische Identifikation** und damit die Abgrenzung zu anderen Arten. Wesentlich ist auch der gleichzeitige **Toxinnachweis**. Neben dem

Tierversuch im Meerschweinchen, der heute nur noch in sehr seltenen Fällen (fehlendes Antitoxin, Tierschutz) indiziert ist, ist der Elek-Test die Methode der Wahl (s. S. 103). Bei diesem Immundiffusionsverfahren zeigt das Auftreten von Präzipitationslinien (Antigen-Antikörper-Komplex) beim Zusammentreffen von Toxin und Antitoxin die Toxinproduktion des untersuchten Stammes an. Fehlt die Toxinproduktion, so ist der betreffende Stamm als avirulent einzustufen. Für epidemiologische Zwecke können die isolierten Stämme auch phagentypisiert werden. Aussagekräftiger scheint aber die Verwendung einer neuen DNA-Hybridisierungsmethode mit einem für C. diphtheriae spezifischen Insertionselement zu sein. Offensichtlich lassen sich hiermit epidemiologische Zusammenhänge gut aufklären.

Toxinnachweis geschieht über ein Immundiffusionsverfahren (Elek-Test)

Aufklärung epidemiologischer Zusammenhänge durch Phagentypisierung oder DNA-Hybridisierung

Therapie: Da die mikrobiologische Diagnostik einschließlich des Toxinnachweises mehrere Tage beanspruchen kann, ist bei klinischem Verdacht auf eine Diphtherie die Therapie sofort einzuleiten. Es handelt sich hierbei in erster Linie nicht um eine antibiotische, sondern um eine **Serumtherapie**. Unabhängig von der Dauer der Erkrankung sollte jeder Patient behandelt werden. Wesentlich ist aber der frühe Beginn, da durch das Diphtherieantiserum nur außerhalb der Zelle liegende Toxinmoleküle gebunden werden können. In der Bundesrepublik ist nur Immunserum vom Pferd zur Anwendung am Menschen zugelassen. Ein *Intrakutan-* oder *Konjunktivaltest* ist zur Prüfung auf eine eventuelle Überempfindlichkeit notwendig.

Therapie:
bei klinischem Verdacht →
sofort Serumtherapie einleiten

angewendet wird Immunserum vom Pferd (vom Menschen in der BRD nicht zugelassen)

> Die Dosierung beträgt bei Patienten mit Pseudomembranen, welche nicht über die Tonsillen hinausreichen, 1000 I.E./kg Körpergewicht (i.m.). In schweren Fällen kann die Dosis verdoppelt werden, wobei die Applikation zur Hälfte intravenös erfolgen sollte. In der Schweiz steht ein menschliches Immunserum zur Verfügung, die Dosierung beträgt je nach Alter des Patienten und dem Schweregrad der Erkrankung zwischen 1200 und 20000 I.E.

Dosierung:

Eine antibakterielle **Chemotherapie** ist nur als begleitende Maßnahme anzusehen, da zwar die Erregervermehrung und damit die weitere Toxinproduktion verhindert, aber die Wirkung des bereits gebildeten freien Toxins nur durch die Serumgabe unterdrückt wird. Mittel der Wahl sind Penizillin G und Erythromycin.

Chemotherapie mit Penizillin G oder Erythromycin ist nur begleitende Maßnahme

Prophylaxe: Wesentlichste präventive Maßnahme gegen eine Erkrankung durch C. diphtheriae ist eine aktive Immunisierung mit Toxoid-Impfstoff, meist in Kombination mit der Impfung zum Schutz vor Tetanus und Keuchhusten. Die beiden ersten Injektionen werden im Abstand von 4–6 Wochen gegeben, nach einem Jahr erfolgt die dritte Injektion (jeweils i.m.). Auffrischimpfungen sollten nach 5 und später nach 10 Jahren erfolgen. Hierbei ist zu beachten, daß bei Erwachsenen der entsprechende Impfstoff mit geringerem Antigengehalt eingesetzt wird. Bei ungeschützten Personen mit engem Kontakt zu Erkrankten kann eine passive Impfung mit 3000 I.E. durchgeführt werden. Der Schutz ist allerdings mit einer Dauer von 10–12 Tagen begrenzt.

Prophylaxe:
Prävention der Diphtherie durch:
- aktive Impfung mit Toxoidimpfstoff bei Kleinkindern
- Auffrischimpfungen in 10jährigen Abständen (Impfstoff für Erwachsene)

24.2 Corynebacterium spp. (außer C. diphtheriae)

Corynebacterium spp.

24.2.1 Corynebacterium jeikeum (group JK) und Corynebacterium group D-2

Corynebacterium jeikeum (group JK) und Corynebacterium group D-2

Bei einer Reihe von Arten dieser Gattung sind Taxonomie und Nomenklatur im Fluß, da sich gezeigt hat, daß viele Isolate keiner der bekannten Spezies zugeordnet werden konnten. Daher wurde von den Centers for Disease Control (CDC, Atlanta, USA) vorgeschlagen, diese Isolate vorerst mittels eines alphanumerischen Codes einzuordnen.
Corynebakterien können in seltenen Fällen auch bei nicht immunsupprimierten Patienten bei **Endokarditis** oder **Shuntinfektionen** nachgewiesen werden. Die Mehrzahl aller Infektionen wird jedoch bei **immunsupprimier-**

Gefährdung abwehrgeschwächter Patienten durch Corynebacterium group JK oder Corynebacterium group D-2

Lipophile Arten der Corynebakterien finden sich besonders bei Männern wegen der hohen Konzentration an Fettsäuren auf der Haut.

ten Patienten beobachtet. Obwohl wahrscheinlich alle bekannten Arten als fakultativ pathogen angesehen werden müssen, haben durch ihre Präponderanz Infektionen durch die lipophilen Arten Corynebacterium group JK (neue Nomenklatur: *Corynebacterium jeikeium*) und Corynebacterium group D-2 besonderes Interesse gefunden. Die Prävalenz bei onkologischen Patienten betrug in verschiedenen Untersuchungen über 50 %, betroffen hiervon sind wegen der höheren Konzentration von Fettsäuren auf der Haut besonders Männer. Beide Corynebacterium-Arten zeichnen sich durch eine **ungewöhnliche Antibiotikaresistenz** aus, andere Virulenzfaktoren sind zur Zeit noch nicht bekannt. Möglicherweise ist aber auch hier wieder die fehlende zelluläre Immunabwehr als Risikofaktor von wesentlicher Bedeutung:

Prädispositionen

Prädisposition für Infektionen durch Corynebacterium group JK und Corynebacterium group D-2:
- Hämatologische Grunderkrankung
- antibiotische Therapie (>2 Wochen)
- Zytostatikatherapie
- Granulozytopenie
- zentrale Venenkatheter
- lange Dauer des Krankenhausaufenthaltes

beide Arten zeichnen sich aus durch:
- hohe Antibiotikaresistenz
- sensibel häufig nur noch gegenüber Vancomycin

Onkologische Patienten werden während des Krankenhausaufenthaltes häufig antibiotisch behandelt; eine Selektion primär gegen Cephalosporine, Aminoglykoside, Clindamycin, Chinolone und andere Antibiotika resistenter Stämme führt zu einer Isolation von Stämmen, welche häufig nur noch gegen Vancomycin sensibel sind. Nach eigenen Beobachtungen gilt dies aber nicht nur für Corynebacterium group JK und Corynebacterium group D-2, sondern beispielsweise auch für Corynebacterium xerosis.

wichtigstes Krankheitsbild: Sepsis in Zusammenhang mit i.v.-Kathetern

Wichtigstes Krankheitsbild durch Corynebacterium jeikeum ist eine **Sepsis** in Zusammenhang mit zentralvenösen Kathetern. In wenigstens einem Fall wurde im Rahmen einer Sepsis bei einem leukopenischen Patienten eine *Meningitis* beschrieben. Gelegentlich sind auch *Wundinfektionen, Peritonitis* nach Peritonealdyalyse oder eine *Osteomyelitis* beobachtet worden. Auch bei Patienten mit Herzklappenersatz kann es zu einer Besiedlung der künstlichen Klappen mit Corynebacterium jeikeum kommen. Corynebacterium group D-2 wird häufig bei Harnwegsinfektionen immunsupprimierter Patienten isoliert.

Normalflora:

⇨

> Natürliches Vorkommen von Corynebakterien beim Menschen auf der Haut in der Nähe lipidproduzierender Drüsen, besonders im Bereich der Axilla, der Leiste und in den Zehenzwischenräumen, auf der Zunge, der Konjunktiven, der Nasenschleimhaut und im Genitaltrakt.

Werden Corynebacterium group JK oder group D-2 bei immunsupprimierten Patienten in Reinkultur aus signifikantem Untersuchungsmaterial (Blutkultur, Punktat, Liquor, Drainagen, Urin) nachgewiesen, ist eine Interpretation zusammen mit klinischen Symptomen einfach. In Mischkulturen z. B. von der Haut können die Erreger leicht übersehen werden, da die typischen kleinen grauen Kolonien häufig erst nach mehr als 48 h erkennbar werden. Hier kann die Verwendung eines Selektivmediums hilfreich sein.

Überwachungskulturen können einen Hinweis auf die Gefährdung der Patienten geben.

Bei abwehrgeschwächten Patienten müssen Isolate von Corynebakterien aus signifikantem Untersuchungsmaterial (z. B. Blutkulturen) besonders beachtet werden.

In **Überwachungskulturen** von Axilla, Leiste und Rektum muß auf die Erreger geachtet werden; empfehlenswert ist eine Bebrütungszeit der Medien von mindestens 72 h. Corynebacterium jeikeum bildet auf Blutagar kleine graue, etwas durchscheinende Kolonien ohne Hämolyse. Der Nachweis ohne Krankheitszeichen ist kein Grund für eine Chemotherapie. Bei Zeichen einer Sepsis und vorherigem Nachweis in Überwachungskulturen muß Vancomycin mit in die kalkulierte Therapie einbezogen werden. Werden in Blutkulturen coryneforme Bakterien isoliert, so dürfen diese gerade bei immunsupprimierten Patienten ohne Prüfung der Antibiotikaempfindlichkeit und entsprechender biochemischer Leistungen nicht als Kontamination abgetan werden.

Häufig sind endogene Infektionen, bei unzureichender hygienischer Händedesinfektion ist auch eine Übertragung von Patient zu Patient durch das Personal möglich.

Es kann nach heutigem Wissen davon ausgegangen werden, daß die Mehrzahl der Infektionen durch Corynebacterium group JK **endogenen** Ursprungs sind. Dennoch sind auch Übertragungen durch das Pflegepersonal möglich.

Auch hier stellt die konsequente Beachtung hygienischer Vorschriften, besonders die hygienische Händedesinfektion, einen wesentlichen Schutz vor Übertragungen dar.

24.2.2 Andere Corynebakterienarten

Andere Corynebakterienarten:

In seltenen Fällen können eine Reihe verschiedener Arten Ursache menschlicher Erkrankungen sein.

- **Corynebacterium ulcerans**

Corynebacterium ulcerans ruft beim Menschen eine *Pharyngitis* hervor. Erregerreservoir sind Rohmilch oder Kühe. Interessanterweise produzieren einige Stämme Diphtherietoxin und ein daraus resultierendes diphtherieähnliches Krankheitsbild. Konsequenterweise sollte daher auch in diesen Fällen eine Antitoxinbehandlung diskutiert werden.

- **Corynebacterium pseudotuberculosis**

Ein enger Kontakt zu Säugetieren (bes. Schafe) und eine daraus resultierende Lymphadenitis oder eine eiternde granulomatöse Entzündung kann durch **Corynebacterium pseudotuberculosis** hervorgerufen werden. Der Krankheitsverlauf ist häufig chronisch und rezidivierend.

- **Corynebacterium pseudodiphtheriticum**

Bei einer früh nach Klappenersatz auftretenden Endokarditis ist in einigen Fällen **Corynebacterium pseudodiphtheriticum** isoliert worden. Wahrscheinlich sind diese Stämme endogenen Ursprungs, da das natürliche Habitat z. B. der menschliche Oropharynx ist.

- **Corynebacterium xerosis**

Wie C. pseudodiphtheriticum kann auch **Corynebacterium xerosis** selten bei Endokarditis nach Klappenersatz als ätiologisches Agens gefunden werden. Darüber war ein Nachweis in einer Vielzahl von klinischen Materialien möglich: Oropharynx, Auge, arteriovenöser Shunt, Liquor, Blut, Pleuraflüssigkeit. C. xerosis läßt sich gelegentlich alleine und auch als Bestandteil von Mischinfektionen der Haut und Unterhaut isolieren. Möglicherweise sind besonders Männer von Infektionen mit C. xerosis betroffen. Obwohl nur sehr wenige Erfahrungen über eine antibiotische Therapie mit Clindamycin vorliegen, scheint, auch nach eigenen Erfahrungen, eine Behandlung mit diesem Antibiotikum zu schneller Resistenzentwicklung und Therapieversagen zu führen.

Tab. 24-1: Unterscheidungsmerkmale einiger grampositiver Stäbchenbakterien

	Katalase	Hämolyse	Motilität	H_2S	Äskulin	Nitrat	HST
Corynebacterium spp.	+	–[a]	–	–	–	V	V
L. monocytogenes	+	beta	+[b]	–	+	–	–
E. rhusiopathiae	–	–/alpha	–	+	–	–	–
R. equi[c]	+	–	–	–	V	V	V
A. haemolyticum	–	beta	–	–	V	–	–
A. pyogenes	–	beta	–	–	+	+/–	–
R. dentocariosa[d]	+	–	–	–	+	+	–
Oerskovia spp.[e]	+	–/alpha	+	–	+	V	V
Bacterionema spp.	+	–	+	–	+/–	+	–
Kurthia bessonii[f]	+	–	+	–	–	–	+

HST: Harnstoff
a: beta-Hämolyse bei C. diphtheriae
b: Beweglichkeit bei 22 und 37 °C prüfen, Listerien zeigen bei 22 °C eine typische taumelnde Bewegung, in halbfestem Medium „Schirmbildung"
c: bildet rosafarbene Kolonien
d: nach 48 bis 72 h typische Kolonien mit „gefalteter" Oberfläche
e: gelbes Pigment
f: strikt aerobes Wachstum

24.3 Arcanobacterium haemolyticum, Actinomyces pyogenes und Rhodococcus equi

Arcanobacterium, Actinomyces, Rhodococcus

Bei diesen Arten handelt es sich um grampositive Stäbchenbakterien, welche früher in die Gattung Corynebacterium eingeordnet wurden:

Arcanobacterium haemolyticum

- **Arcanobacterium haemolyticum** (Corynebacterium haemolyticum) verhält sich im Gegensatz zu Corynebakterien katalasenegativ und zeigt be-

Tab. 24-2: Biochemische Reaktionen von Corynebacterium spp., A. haemolyticum, A. pyogenes und R. equi

	Katalase	Harnstoff	Nitrat	Glukose	Maltose	Saccharose	Mannit	Xylose
C. diphtheriae	+	–	+[a]	+	+	–	–	–
C. pseudodiphtheriticum	+	+	+	–	–	–	–	–
C. pseudotuberculosis	+	+	V	+	+	–	–	–
C. ulcerans	+	+	–	+	+	–	–	–
C. xerosis	+	–	+	+	V	+	–	–
Corynebacterium group JK	+	–	–	(+)	–	–	–	–
Corynebacterium group D-2	+	+	–	–	–	–	–	–
A. haemolyticum	–	–	–	+	+	V	–	–
A. pyogenes	–	–	–	+	+	V	V	+
R. equi	+	V	V	–	–	–	–	–

a = selten negativer Reaktionsausfall

sonders auf Menschenblutplatten unmittelbar um die Kolonien eine schmale Zone einer beta-Hämolyse. Natürlicher Standort beim Menschen sollen die Haut und der Nasopharynx sein. Patienten mit Infektionen durch A. haemolyticum zeigen eine Pharyngitis, die bei etwa 50 % der Fälle von scarlatiformen makulopapulösen Hauterscheinungen begleitet wird. Andere Krankheitserscheinungen sind chronische Hautulcerationen, Zellulitis, Osteomyelitis.

Actinomyces (Corynebacterium) pyogenes

- **Actinomyces pyogenes** (Corynebacterium pyogenes) ist ebenfalls wie die Mehrzahl der Actinomycesarten katalasenegativ. Auf Schafblutagar zeigt sich eine mäßige Hämolyse. Viele Stämme bilden Toxine und/oder ein lösliches Hämolysin. Der Erreger verursacht bei Kühen und Schafen eitrige, z. T. metastasierende Hautläsionen, beim Menschen Pharyngitis sowie Hautulcerationen. Darüber hinaus wurden Fälle mit Endokarditis, septischer Arthritis, Empyem und Sepsis beschrieben.

Rhodococcus equi

- **Rhodococcus equi (Corynebacterium equi)** ist wie die Corynebakterien katalasepositiv. Bei jungem Geflügel treten durch Infektionen mit R. equi eitrige Pneumonien auf, bei Pferden Abszesse. Menschliche Infektionskrankheiten entstehen meist durch eine Inhalation der Erreger. Gewöhnlich werden abwehrgeschwächte Patienten (HIV-Infektion, maligne Erkrankung) betroffen (Pneumonie und Sepsis). R. equi wurde aus Urin, Wunden und Abszessen, Sputum, Blut und Liquor isoliert.

Bei eigenen Untersuchungen der Normalflora nicht entzündeter Augen gelang es, Corynebakterien zu züchten, welche in ihren biochemischen Leistungen R. equi glichen, sich von der Kolonienmorphologie her (z. B. fehlende rosa Pigmentierung) aber unterschieden.

25 Mycobacterium

H. Werner

Mycobacterium

= Gattung (tinktoriell und biologisch) säurefester Stäbchen
- charakteristisches Peptidoglycan
- Mykolsäuren C_{60} bis C_{90}

Gattung Mycobacterium enthält besonders wichtige Krankheitserreger

Die zahlreichen Spezies dieser Gattung sind durch *tinktorielle Säurefestigkeit*, nachgewiesen meist in der Ziehl-Neelsen-Färbung, charakterisiert. Das *Peptidoglykan* der Mykobakterien ist überwiegend durch D-Alanyl-D-mDAP- und mDAP-mDAP-Querverbindungen vernetzt. Die *Mykolsäuren* (Alpha-verzweigte und Beta-hydroxilierte Fettsäuren) der Mykobakterien sind besonders langkettig (C_{60}–C_{90}).

Die Gattung Mycobacterium enthält einige der wichtigsten Erreger menschlicher Infektionskrankheiten, nämlich *Mycobacterium tuberculosis* und *Mycobacterium bovis*, die Erreger der **Tuberkulose,** *Mycobacterium leprae*, Erreger des **Aussatzes**, und zahlreiche Arten atypischer Mykobakterien, die als opportunistische Erreger zunehmend Bedeutung erlangen.

25.1 Mycobacterium tuberculosis Mycobacterium bovis

Mycobacterium tuberculosis, Mycobacterium bovis } Tuberkulose

Die Tuberkulose, die wichtigste granulombildende Infektionskrankheit des Menschen, wird durch 2 biologisch verschiedene Spezies mit ursprünglich differenter Wirtsspezifität hervorgerufen (*M. tuberculosis:* einziger natürlicher Wirt der Mensch; *M. bovis:* Erreger der Rindertuberkulose, auch virulent für den Menschen).

Tuberkulose = **wichtigste granulombildende Infektionskrankheit des Menschen**
2 Erreger mit unterschiedlicher Wirtsspezifität

Erregereigenschaften: Die Zellen beider Spezies sind in der Regel 1–4 µm lang und 0,4 µm breit und leicht gekrümmt, in der Ziehl-Neelsen-Färbung rot. Sporen, Kapseln und Geißeln sind nicht vorhanden.
Obwohl grundsätzlich eher anspruchslos – die Tuberkulose-Erreger wachsen bereits auf Medien, die neben Mineralien nur Asparagin und Glyzerin enthalten – erfolgt ihre Züchtung aus Untersuchungsmaterial auf *komplexen Selektivmedien* (z. B. Glyzerin-Eiernährboden nach Löwenstein-Jensen), auf denen das Wachstum anderer Keime durch inhibitorische Zusätze (Malachitgrün) verhindert werden muß. Die Vermehrung von M. tuberculosis und M. bovis erfolgt sehr langsam: Infolge einer Verdopplungszeit von 5–18 Stunden entstehen erst nach 2–3 Wochen Bebrütung bei 37 °C Kolonien (M. tuberculosis: unregelmäßig begrenzte „blumenkohlartige" weißlichgelbe Kolonien).
In vitro haben M. tuberculosis und M. bovis die meisten Eigenschaften gemeinsam. Zur Differenzierung wird in erster Linie der **Niazintest** (positiv bei M. tuberculosis) benutzt, früher auch der Kaninchenversuch (nur M. bovis erzeugt nach lokaler Injektion eine progrediente generalisierte Tuberkulose bei dieser Tierspezies).
Die Zellwand der Tuberkuloseerreger ist besonders reich an **Lipiden** (bis zu 60 % der Trockensubstanz). Sie bedingen neben dem langsamen Wachstum die hohe *Lipophilie* und *Hydrophobie* der pathogenen Mykobakterien, ihre Resistenz gegen intrazellulären Erregerabbau nach Phagozytose sowie ihre Widerstandsfähigkeit gegen physikalische und chemische Einwirkungen (Resistenz gegen Säure und Austrocknung; jedoch Empfindlichkeit gegenüber Sonnenlicht, UV-Strahlung und feuchte Hitze). Unter den Tuberkulolipiden finden sich verschiedene Phosphatide und Wachse. Innerhalb der Fraktion *Wachs D*, bestehend aus Mykolsäuren und Polysaccharid, wurde als kleinste Zellwandkomponente mit Adjuvans-Effekt ein N-Acetylmuramyl-dipeptid identifiziert. Der als Trehalose-Dimykolat charakterisierte *Cordfaktor* wurde lange Zeit für das zopfartige Wachstum von Tuberkulosebakterien in Oberflächen- und Flüssig-Kulturen verantwortlich gemacht, doch wird in neuerer Zeit seine pathogenetische Bedeutung betont.
Unter den Polysacchariden der pathogenen Mycobacterium-Arten finden sich zahlreiche höhermolekulare Substanzen mit antigenen oder haptenen Eigenschaften, durch welche zwar Antikörperbildung, jedoch **kein Infektionsschutz** vermittelt wird. Die Proteine der Tuberkuloseerreger dienen als *Hauttestantigen* für die Tuberkulin-Reaktion.

Erregereigenschaften:
morphologische und färberische Eigenschaften der Erreger

Tuberkuloseerreger stellen grundsätzlich nur geringe Ansprüche an Züchtungsmedien
- Isolierung aus Krankheitsprozessen auf Selektivmedien (z. B. nach Löwenstein-Jensen)
- sehr langsame Vermehrung (Verdopplungszeit von 5–18 Stunden)

Koloniebildung nach 2–3 Wochen Bebrütung bei 37 °C
M. tuberculosis: „blumenkohlartige" weißgelbliche Kolonien

Zur Differenzierung beider Spezies:
- Niazintest bei M. tuberculosis positiv
- M. bovis „positiv im Kaninchenversuch"

Tuberkuloseerreger haben bis zu 60 % Lipide in der Zellwand
→ Lipide bedingen Hydrophobie, Resistenz gegen intrazellulären Erregerabbau sowie gegen Säure und Austrocknung

Tuberkulolipide sind vorwiegend Phosphatide und Wachse
- Wachs D enthält N-Acetylmuramyl-dipeptid (kleinstes Molekül mit Adjuvans-Effekt)
- Cord-Faktor = Trehalose-Dimykolat (pathogenetische Bedeutung durch Monokinfreisetzung)

Polysaccharide der Tuberkuloseerreger vermitteln Antikörperbildung, doch keinen Infektionsschutz

Tuberkulo-Proteine = Hauttestantigen für die Tuberkulinreaktion

Pathogenese: Der Mensch ist für die Infektion mit Mykobakterien besonders empfänglich. Die häufigste Eintrittspforte für die M. tuberculosis-Infektion sind die **Atemwege** (Lungentuberkulose); M. bovis-Infektionen werden über kontaminierte Milch (Darmtuberkulose), selten durch erregerhaltigen Stallstaub (Lungentuberkulose) akquiriert.
Tuberkuloseerreger werden zwar phagozytiert, doch erfolgt im Makrophagen *keine Abtötung*, vielmehr vermehren sie sich *intrazellulär*. Virulente Mykobakterien adhärieren an der Phagosomen-Membran der Makrophagen; anschließend fragmentiert die Phagosomen-Membran und entläßt die Mykobakterien ins Zytoplasma. Der membrandestruierende Faktor wird durch 30 Min. Erhitzen der Tuberkuloseerreger auf 56 °C inaktiviert. Der Cordfaktor ist imstande, die Mitochondrien-Membran der Phagozyten zu inaktivieren.

Pathogenese:
Mensch für pathogene Mykobakterien besonders empfänglich
Haupteintrittspforten:
- für M. tuberculosis → Atemwege
- für M. bovis → Darmtrakt

Phagozytose, aber keine intrazelluläre Abtötung in Makrophagen
- Adhärenz an der Phagosomen-Membran der Makrophagen, danach Fragmentation der Phagosomen-Membran
- Cordfaktor inaktiviert Mitochondrien-Membran

Erste Krankheitsphase zeigt extra- und intrazelluläres Erregerwachstum, Lymphknotenbefall und hämatogene Streuung
- Tuberkulin-Hautreaktion wird 14–60 Tage post infectionem positiv
- Aufbau einer zellvermittelten Immunität, dadurch Verhinderung weiterer Erregervermehrung
- Tuberkulin-positive Individuen zeigen Infektionsimmunität (d. h. erneute Infektionen verlaufen abgeschwächt)

Mechanismen der Granulombildung:
- Lymphokinbildung durch sensibilisierte T-Lymphozyten
- Aktivierung von Makrophagen (gekennzeichnet durch erhöhte intrazelluläre Mikrobizidie)

Tuberkulom **(= spezifisches Granulom)**
- avaskulär
- zentrale verkäsende Nekrose
- peripherer Epitheloidzellwall mit eingestreuten Lymphozyten und Langhans-Riesenzellen

Bildung von Verkalkungen durch Einlagerung von Ca in Nekrosen
In verkalkten Herden können Erreger überleben
→ **Gefahr der endogenen Reinfektion**
Kavernenbildung durch Aufbrechen der Granulomwände nach Verflüssigung verkäster Nekrosen
Erregerausscheidung aus Kavernen

Die erste Phase der Tuberkulose ist durch extra- und intrazelluläres Erregerwachstum sowie durch Lymphknotenbefall und hämatogene Streuung gekennzeichnet. 14–60 Tage nach der Erregerinvasion wird die *Tuberkulin-Hautreaktion* als Ausdruck einer Hypersensibilität vom verzögerten Typ *positiv* (Tuberculo-Protein-Antigene reagieren mit spezifisch sensibilisierten T-Lymphozyten; die Reaktion ist unabhängig von humoralen Antikörpern). Parallel dazu wird eine *zelluläre Immunität* aufgebaut, die weitere Erregervermehrung verhindert und zur Granulombildung führt. Erneute (weitere) Infektionen verlaufen im tuberkulin-positiven Makroorganismus abgeschwächt **(= Infektionsimmunität).**
Nach Kontakt mit Erregerantigenen bilden sensibilisierte T-Lymphozyten Lymphokine, die Makrophagen aktivieren (und außerdem B-Lymphozyten zur Bildung humoraler Antikörper veranlassen). Aktivierte Makrophagen leisten in Richtung intrazellulärer Abtötung von Tuberkuloseerregern mehr als normale Makrophagen.
Pathologisch-anatomisch faßbar ist die tuberkulöse Erreger-Wirtszell-Auseinandersetzung als **Granulom** (Tuberkulom). Es handelt sich um avaskuläre Granulome mit zentraler erregerhaltiger verkäsender Nekrose, umgeben von einem Wall aus Epitheloidzellen (= migratorisch inaktive Makrophagenabkömmlinge mit erhöhter Fähigkeit zur Erregerabtötung), Lymphozyten und Langhans-Riesenzellen (erregerhaltig, durch Fusion mehrerer Makrophagen entstanden).
Wird in die verkäsenden Nekrosen Kalzium abgelagert, so entstehen *verkalkte Herde*, die – manchmal für Jahrzehnte – das Infektionsgeschehen zur Ruhe kommen lassen. In verkalkten Herden können allerdings Tuberkuloseerreger überleben und ggf. nach langer Zeit zur Reaktivierung (endogenen Reinfektion) führen.
Demgegenüber hat Verflüssigung der verkästen Nekrosen Aufbrechen der Granulomwände mit **Kavernenbildung** zur Folge. Aus Kavernen werden meist massenhaft Erreger entleert; fibröse Ausheilung der Herde ist möglich.

Klinik und Verlauf
Lungentuberkulose:
- lokale Infektion = Primäraffekt
- Primärkomplex = Befall der hilären Lymphknoten
  - beim Erwachsenen kaum Ausbreitungstendenz
  - bei Kleinkindern häufig hämatogene Aussaat in Hirnhäute, Knochen u. a.

Miliar-Tuberkulose = hämatogene Generalisation
Orale Infektion mit M. bovis führt zu **Darmtuberkulose**

Klinik und Verlauf: Die Lungentuberkulose, meist durch *M. tuberculosis* hervorgerufen, verläuft als **Primäraffekt** bei Kindern häufig ohne klinische Symptome. Bevorzugt befallen sind die Unterlappen; über lymphogene Ausbreitung **(= Primärkomplex)** kommt es zu Befall der hilären Lymphknoten.
Die primäre Lungeninfektion bleibt beim Erwachsenen in der Regel auf das Organ beschränkt *(= chronische Lungentuberkulose).* Bei Kleinkindern kommt es relativ häufig zu *hämatogener Aussaat* in Hirnhäute, Knochen, Niere u. a. Hämatogene generalisierte Erregerstreuung wird als *Miliar-Tuberkulose* bezeichnet. Die orale Infektion mit intestinaler Manifestation durch M. bovis ist, seitdem unsere Rinderbestände saniert sind und Milch generell pasteurisiert wird, selten geworden.

Reaktivierung wird ermöglicht durch Hemmung der zellulären Immunabwehr
Eindrucksvolle Verbesserung der Prognose (und Epidemiologie) durch moderne Antituberkulotika-Therapie

Reaktivierung, meist gebahnt durch medikamentöse oder infektionsbedingte temporäre Hemmung der zellulären Immunabwehr, verläuft häufig als subapikaler Lungenbefall.
Die Mehrzahl der behandlungsbedürftigen Tuberkulose-Fälle können mit dem Arsenal der *modernen Antituberkulotika* wirksam (sogar ambulant) therapiert werden, so daß sich die Prognose der Krankheit dramatisch verbessert hat.

Meldepflicht für Erkrankung und Tod

Meldepflicht: Erkrankung sowie der Tod an aktiver Tuberkulose der Atmungsorgane und der übrigen Organe ist nach dem Bundesseuchengesetz meldepflichtig.

Diagnose:
Klinische Verdachtsdiagnose → Therapieindikation
Histologischer Granulomnachweis in Operationsmaterial

Diagnose:
a) *klinisch und pathologisch-anatomisch:* Bei entsprechenden klinischen und radiologischen Befunden kann eine Lungentuberkulose, eine Nierentuberkulose usw. mit hoher Sicherheit angenommen werden; in dieser Situation ist spezifische Therapie – *noch vor der kulturellen mikrobiologischen Diagnose* – indiziert. Im Einzelfall läßt sich durch histologischen Nachweis typischer Granulome in operativ gewonnenem Material (z. B. aus

Wirbelsäulenkörper, Haut usw.) die Verdachtsdiagnose Tuberkulose stellen.

b) *mikrobiologisch:* Die Diagnose einer Tuberkulose beruht auf dem Erregernachweis. Da es verschiedene Spezies von säurefesten Stäbchen gibt, darunter auch apathogene Arten, ist die Maxime des Erregernachweises erst mit der kulturellen Identifizierung als M. tuberculosis oder M. bovis erfüllt.

Die mikrobiologische Diagnostik der Tuberkulose weist sowohl bei der Materialentnahme als auch bei der bakteriologischen Verarbeitung Besonderheiten auf: Wegen der Präponderanz von Lungentuberkulosen sind **Sputum** (ggf. nach Provokation gewonnen) und **Magenspülwasser** (= Magennüchternsaft, der tracheal aszendierte und verschluckte Tuberkuloseerreger enthält) die häufigsten Untersuchungsproben (bei klinischem Verdacht an 2 aufeinander folgenden Tagen; zur Behandlungskontrolle alle 4 Wochen). Bei Verdacht auf *Nierentuberkulose* soll durch eingeschränkte Flüssigkeitszufuhr die Erregerdichte im **Morgenharn** erhöht werden (Urinproben zur Untersuchung auf Tuberkuloseerreger = 100 ml).

Die Technik der Anreicherung bedeutet bei Tuberkuloseerregern nicht wie sonst meist in der Bakteriologie kulturelle selektive Vermehrung, sondern angestrebt wird, die Erregerdichte a) im Material für die mikroskopische Prüfung, b) im Inokulum für die Kulturbeimpfung zu erhöhen, z. B. durch Verflüssigung von zähem Sputum mit Hilfe geeigneter Chemikalien und anschließendes Zentrifugieren.

Die **mikroskopische Kontrolle** von klinischem Material auf säurefeste Stäbchen mit Hilfe der Ziehl-Neelsen-Färbung (bei Verwendung der Auramin-Fluoreszenz-Methode müssen positive Befunde in der Ziehl-Neelsen-Färbung gegenkontrolliert werden) ist ein häufig angewendetes und wichtiges Diagnostikverfahren, doch liegt ihre Beschränkung in a) einer unteren Nachweisgrenze von 10 000 bis 100 000 Erregern pro ml, d. h. einer geringen Empfindlichkeit, und b) ihrer identifikatorischen Leistung nur bis zur Gattungsebene (säurefeste Stäbchen = Mycobacterium).

Zur **kulturellen Untersuchung** gelangen lediglich in der Minderzahl Materialien wie Liquor und operativ entnommenes Gewebe, in denen im positiven Fall mit Reinkulturen von Mykobakterien gerechnet werden darf. Diese Untersuchungsproben werden (Liquor nach Zentrifugieren; Gewebe nach Homogenisierung unter sterilen Bedingungen) *ohne dekontaminative Vorbehandlung* auf die Spezialmedien für Tuberkuloseerreger (Löwenstein-Jensen u. v. a.) verimpft. Obwohl diese Spezialmedien inhibitorische Zusätze zur Ausschaltung von nichtmykobakteriellem Koloniewachstum enthalten (z. B. Malachitgrün), können die üblichen Untersuchungsproben wie Sputum und Magenspülwasser, die hohe Keimzahlen zahlreicher schnellwachsender Bakterien und Pilze enthalten, nicht ohne dekontaminative Vorbehandlung verimpft werden. Die verschiedenen Dekontaminationsverfahren (Beispiel: 6-vol-%ige Schwefelsäure) machen sich die biologische Säurefestigkeit der Mykobakterien zunutze.

Das Meerschweinchen gehört zu den wenigen Spezies, die wie der Mensch für beide Tuberkuloseerreger **hochempfänglich** sind (deswegen konnte R. Koch die dritte der später *Henle-Koch-Postulate* genannten Forderungen mit Meerschweinchen erfüllen, nämlich die Erzeugung identischer Infektionsphänomene im Versuchstier mit vom Menschen isolierten Erregern als Beweis für die postulierte Ätiologie). Als Indikationen für den diagnostischen Meerschweinchenversuch (d. h. s. c. Verimpfung von 1 ml Untersuchungsmaterial) gelten Liquor und Operationsmaterial. Im positiven Fall entstehen – in Abhängigkeit von der Zeit – lokaler Primärherd, Aussaat in die regionären Lymphknoten und Generalisation mit Befall von Leber, Milz und Mesenteriallymphknoten. Da nach 6–8 Wochen mit Generalisation gerechnet wird, werden die Versuchstiere dann getötet, seziert und der Organbefall makroskopisch sowie mikroskopisch festgestellt. Speziesidentifizierung (M. tuberculosis oder M. bovis) ist erst über Retrokultur möglich bzw. liegt als Ergebnis der parallel angelegten Kulturversuche vor.

Bedeutung des mikrobiologischen Erregernachweises einschließlich der Speziesdiagnose
- wichtigstes Untersuchungsmaterial: Sputum
- Magennüchternsaft (mit verschluckten Tuberkuloseerregern)

Vorgehen bei klinischem Verdacht und zur Behandlungskontrolle
- Morgenharn

Anreicherungstechnik bedeutet in der Tuberkulosediagnostik Erhöhung der Erregerdichte im Untersuchungsmaterial (nicht kulturelle selektive Vermehrung)

- Nachweis von säurefesten Stäbchen in der Ziehl-Neelsen-Färbung
- Auramin-Fluoreszenzmikroskopie

Nachteile des mikroskopischen Erregernachweises:
a) geringe Empfindlichkeit
b) keine Speziesidentifizierung

Kultur:
- Liquor, Operationsmaterial u. ä.: Aussaat ohne dekontaminative Vorbehandlung

Spezialmedien mit inhibitorischen Zusätzen
- Sputum, Magenspülwasser u. dgl. müssen vor der Verimpfung dekontaminiert werden

Dekontamination = Ausschaltung der „Begleitflora"

Meerschweinchen für beide Tuberkuloseerreger hochempfänglich
Historisch wichtig:
Erfüllung des **3. Henle-Koch-Postulates**
Heutige Indikationen für den diagnostischen Meerschweinchenversuch: Liquor und Operationsmaterial

Stadien der tierexperimentellen Tuberkulose nach s. c. Verimpfung des Untersuchungsmaterials

Befundinterpretation des positiven Meerschweinchenversuches

Empfindlichkeit des Meerschweinchenversuches ist hoch (d. h. die untere Nachweisgrenze ist sehr niedrig)
Infolge paralleler Inokulation mehrerer Kulturmedien ist der züchterische Nachweis ebenfalls als sehr empfindlich einzuschätzen.

Befunde liegen erst 6–8 Wochen nach Materialeingang vor.

Antituberkulotika-Testung der pathogenen Mykobakterien

Resistenz-Testung frühestens 12 Wochen nach Materialeingang verfügbar.
Durch apparative Erfassung früher Wachstumsstadien lassen sich neuerdings die Intervalle bis zur Erstisolierung und Resistenzbestimmung verkürzen.

Tuberkulin-Hautreaktion
positiv bei:
- klinischer Tuberkulose
- inapparenten Infektionen
- nach BCG-Impfung

falsch negative Reaktionen bei:
- Sarcoidose
- Reticuloendotheliosen
- Tuberkulose-Endstadium

Konversion der Tuberkulin-Reaktion

Therapie
Bedeutung der
- primären und
- sekundären Resistenz

Kombinationstherapie zur Verhinderung der Sekundärresistenz
Penizilline, Cephalosporine u. a. gegen Tuberkuloseerreger unwirksam
Antituberkulotika:
- Isoniazid, Ethambutol, Ethionamid, Capreomycin, Pyrazinamid, Cycloserin
- Streptomycin, Kanamycin
- Rifampicin

toxische Nebenwirkungen der Antituberkulotika:
- Hepatotoxizität
- Nephro- und Ototoxizität

in der Schwangerschaft sind Isoniazid, Rifampicin und Ethambutol zugelassen

Dreierkombinationen:
- Isoniazid + Rifampicin + Ethambutol
- Isoniazid + Rifampicin + Streptomycin

Mit dem diagnostischen Meerschweinchenversuch lassen sich noch sehr geringe initiale Erregerdichten (10–100 pro ml) erfassen. Allerdings ist die Empfindlichkeit (= untere Nachweisgrenze) der modernen Kulturmethoden – bei Inokulation mehrerer Medien parallel von einer Untersuchungsprobe – mit 100–1000 Erregern pro ml als vergleichbar einzuschätzen. Sowohl Kultur- als auch Meerschweinchenbefunde sind erst 6–8 Wochen nach Materialeingang verfügbar.

Die Testung von pathogenen Mykobakterien auf **Antituberkulotikaempfindlichkeit** erfolgt mit speziellen für diese extrem langsam wachsenden Erreger geeigneten Methoden (Agardilutionstest in Röhrchen; definierte Einsaat). Die Ergebnisse – als minimale Hemkonzentrationen und Empfindlichkeits- bzw. Resistenzbewertung – liegen erst 3–4 Wochen nach der Erstisolierung, d. h. in der Regel etwa 12 Wochen nach Materialeingang, vor.

Mit hohem apparativem Aufwand (u. a. Erfassung radioaktivmarkierter Stoffwechselprodukte) lassen sich neuerdings frühe mykobakterielle Wachstumsphasen, die noch nicht als Trübung oder Koloniebildung imponieren, erfassen und die Intervalle bis zur kulturellen Isolierung und Resistenzbestimmung verkürzen.

c) *Tuberkulin-Hautreaktion:* Dieser Test, durchgeführt mit gereinigten Tuberkulin-Protein-Derivaten in standardisierter Dosis perkutan, i. c. oder in der Multipunkt-Modifikation (Ablesung nach 48–72 Stunden; Bewertung nach Vorschrift) ist positiv bei klinisch manifester Tuberkulose, bei klinisch inapparenten Infektionen, nach BCG-Impfung und z. T. auch bei Infektionen durch opportunistisch pathogene Mykobakterien. Falsch negative Reaktionen kommen im Finalstadium der Tuberkulose, bei Sarcoidose, Reticuloendotheliosen u. a. vor. Für die individuelle Krankheitsdiagnostik ist es von besonderer Bedeutung, wenn positive Tuberkulin-Reaktionen bei zuvor negativen Individuen beobachtet werden; in diesen Fällen muß die Tuberkuloseinfektion im Beobachtungszeitraum stattgefunden haben.

Therapie: Mutationsbedingte primäre *Chemotherapeutikaresistenz* kommt – in entsprechend geringer Frequenz von z. B. 10^{-6} bis 10^{-8} – prinzipiell bei allen Bakterien vor. Bei den in der zentralen Granulomnekrose von der körpereigenen Abwehr abgeschirmten Tuberkuloseerregern besteht die manifeste Gefahr, daß aus einzelnen mutationsbedingt resistenten Zellen eine ganze Population **sekundär resistenter** Erreger hervorgeht. Da es höchst unwahrscheinlich ist, daß gegen ein Antituberkulotikum mutationsbedingt resistente Erreger gegen ein zweites gleichzeitig mutationsbedingt primär resistent sind, kann durch **Kombinationstherapie** der Gefahr einer Entstehung von Sekundärresistenz begegnet werden. Für die initiale Behandlung der Tuberkulose werden Dreierkombinationen benützt.

Da die in der sog. allgemeinen antibakteriellen Chemotherapie verwendeten Penizilline, Cephalosporine und proteinsynthesehemmenden Antibiotika gegen Tuberkuloseerreger unwirksam sind, werden in der Tuberkulosetherapie fast ausschließlich spezielle **antituberkulotische Substanzen** eingesetzt, und zwar *Isoniazid, Ethambutol, Ethionamid, Capreomycin, Pyrazinamid* und *Cycloserin.* Die älteren Aminoglykoside *Streptomycin* und *Kanamycin* sind aus anderen Indikationsgebieten der antibiotischen Therapie zurückgezogen worden und werden nur in der Tuberkulosetherapie eingesetzt. *Rifampicin*, das ein breites antibakterielles Spektrum einschließlich Mykobakterien besitzt, ist der Tuberkulosetherapie vorbehalten geblieben. Vielen Antituberkulotika ist eine greifbare Gefahr toxischer Nebenwirkungen eigen, so sind bei Isoniazid, Rifampicin und Ethionamid **Hepatotoxizität**, bei Aminoglykosiden Schäden der **Nierenfunktion** und des **Gehörorgans** zu befürchten. In der Schwangerschaft gilt die Therapie mit Isoniazid, Rifampicin und Ethambutol als unbedenklich; von anderen Substanzen ist während der Schwangerschaft abzusehen.

Für die Erstbehandlung (bis zur Erregertestung) sollte die nach kleinraumepidemiologischem Erhebungen vermutlich wirksame **Dreierkombination** eingesetzt werden. In neuerer Zeit wird für diesen Zweck meist *Isoniazid + Rifampicin + Ethambutol* oder *Isoniazid + Rifampicin + Streptomycin* verwendet. In den meisten Fällen wird die Antituberkulotikatherapie heute **ambulant** durchgeführt.

Bei schweren exsudativen Formen, bei denen unter der Antituberkulotikatherapie wegen der hohen Erregerdichte die Gefahr einer **Herxheimer-Reaktion** besteht, wird zu Beginn der Behandlung noch *Kortison* gegeben. Bei **tuberkulöser Meningitis** ist kombinierte Behandlung mit *Isoniazid* + *Ethambutol* (Liquorgängigkeit) indiziert.

bei schweren exsudativen Formen besteht Gefahr der Herxheimer-Reaktion unter der Chemotherapie

Therapie der tuberkulösen Meningitis

> Als chemoprophylaktische Maßnahme wird die Behandlung tuberkulinnegativer, noch nicht infizierter Personen bei erhöhter Expositionsgefahr bezeichnet.

Chemoprophylaxe

⇦

Epidemiologie, Bekämpfung, Prophylaxe: Als Folge der ursprünglichen Wirtsspezifität ist die Epidemiologie von M. tuberculosis- und M. bovis-Infektionen verschieden.

Infektionsquelle für M. tuberculosis ist der *erkrankte, erregerausscheidende Mensch*; allerdings ist M. tuberculosis in der Außenwelt unter Umständen lange überlebensfähig (z. B. in trockenem Sputum, das nicht sonnenlichtexponiert ist, bis zu 200 Tagen). Die **Morbidität** ist bei schlechten allgemeinen hygienischen Verhältnissen (hohe Bevölkerungs- und Wohndichte bei schlechter Ernährung) hoch und sinkt bei Verbesserung der Lebensbedingungen (z. B. in der Zeit seit dem 2. Weltkrieg). In Westeuropa sind in den letzten Jahren lediglich etwa 2 % der Schulanfänger tuberkulin-positiv, ein Zeichen für die relativ geringe Durchseuchung. Medizinisches Personal auf Tuberkulosestationen unterliegt einer erhöhten Expositionsgefahr.

Epidemiologie:
Quelle für M. tuberculosis ist der erregerausscheidende Mensch
M. tuberculosis kann in trockenem Sputum lange überleben
Morbidität sinkt bei Verbesserung der Lebensbedingungen
in den letzten Jahren geringe Durchseuchung bei Schulanfängern in Westeuropa

Primäre Quelle für M. bovis ist der natürliche Wirt, das Rind. Durch Sanierung der Rinderbestände sowie durch laufende Pasteurisierung der Milch werden humane Infektionen durch M. bovis verhindert. Bei der einheimischen Bevölkerung sind daher M. bovis-Infektionen meist Reaktivierungen jahrzehntelang ruhender Tuberkulosen.

Quelle für menschliche M. bovis-Infektionen ist das Rind
Bekämpfung durch Sanierung der Rinderbestände und Pasteurisierung der Milch
Verhinderung der Mensch-zu-Mensch-Übertragung

Zu den wichtigsten **Bekämpfungsmaßnahmen** gehört die *Verhinderung der Mensch-zu-Mensch-Übertragung* durch Desinfektion erregerhaltiger Ausscheidungen (Sputum, Stuhl, Urin mit speziell antimykobakteriell wirksamen, vom „Deutschen Zentralkomitee zur Bekämpfung der Tuberkulose" empfohlenen Präparaten auf Phenol- und Chlorbasis unter Einhaltung der vorgeschriebenen Einwirkungszeiten), der Patientenwäsche und des Eß- und Trinkgeschirrs. Die Scheuerdesinfektion im Stationsbereich sowie die hygienische Händedesinfektion haben bei der Prävention berufsbedingter Tuberkuloseinfektionen einen hohen Stellenwert.

antimykobakteriell wirksame Desinfektionsmittel und deren Anwendung

Zur **Immunprophylaxe** bei Neugeborenen sowie bei tuberkulinnegativen Kindern und Risikogruppen wird der BCG-Impfstoff (Bacille Calmette-Guérin = attenuierter vermehrungsfähiger M. bovis-Stamm) intrakutan appliziert. Die Impfung wird bei Neugeborenen und Säuglingen bis zur 6. Lebenswoche ohne Tuberkulin-Testung durchgeführt. Die Impfung führt zu positiver Tuberkulinreaktion und vermittelt einen relativen 5–15 Jahre wirksamen Schutz (verhindert werden *Miliartuberkulose* und *tuberkulöse Meningitis*, nicht jedoch die *Primärtuberkulose*).

Immunprophylaxe mit BCG bei Neugeborenen und tuberkulinnegativen Risikogruppen möglich

Impfung führt zu Konversion der Hautreaktion, vermittelt jedoch **nur relativen Schutz**

25.2 Mycobacterium leprae

Mycobacterium leprae – Lepra/Aussatz

Nach Schätzungen sind gegenwärtig an Lepra 10–15 Millionen Menschen erkrankt. Der Aussatz manifestiert sich beim Menschen in zwei verschiedenen Formen, und zwar als **tuberkuloide Lepra** und als **lepromatöse Lepra.**

Millionen Kranke; zwei klinische Formen

Erregereigenschaften: Mikroskopisch von typischer Form und Größe pathogener Mykobakterien, ist M. leprae bislang nicht in der Kultur züchtbar. Zur mikroskopischen Differenzierung gegen andere Mykobakterien wird die für M. leprae typische **Pyridinextrahierbarkeit** der Säurefestigkeit benutzt. Auch der Silbernitratfärbung (Leprabakterien heller als andere Mykobakterien) wird für die Differenzierung ein gewisser Wert beigelegt.

Erregereigenschaften:
- M. leprae **nicht** in der Kultur züchtbar
- charakteristisch für M. leprae: → Pyridinextrahierbarkeit der Säurefestigkeit

- Propagation im Neunbändigen Gürteltier möglich
- aus infiziertem Gürteltier Gewinnung eines Antigens für die Serodiagnostik der Lepra

Pathogenese, Klinik, Verlauf:
Vermehrung von M. leprae in Makrophagen und Nervenzellen mit zellvermittelter Immunantwort
Nervenzerstörung führt zu Muskelatrophie
Folgen des Sensibilitätsausfalls → Verletzungen
Lepra ist kontagiös; die Inkubationszeit beträgt ≈ 3 Jahre
tuberkuloide Lepra
- erythematöse Hautläsionen
- Granulome ohne Verkäsung

niedrige Erregerdichte Folge der funktionierenden zellulären Immunantwort

Hauttest mit Lepromin meist positiv
Hypo- bis Depigmentierungen

Tendenz zur Heilung unter Chemotherapie

lepromatöse Lepra
→ Befall von Haut, Schleimhäuten und des gesamten RES
Leprome enthalten zahlreiche Makrophagen mit massenhaft Erregern, aber wenige Lymphozyten
Lepromintest meist negativ
Störung der T-Zell-Proliferation und Lymphokinbildung
Symptome:
- Facies leonina
- Ulzerationen und Mutilationen
- Cornea-Befall kann zur Erblindung führen

Gefahren der plötzlichen Antigenfreisetzung:
- lokal proliferative Vaskulitis
- generalisiert Fieber, Polyarthralgie, Neuritis

Prognose schlecht; Tod infolge von Sekundärinfektionen

Meldepflicht für Krankheitsverdacht, Erkrankung und Tod

Diagnose:
durch mikroskopischen Erregernachweis in Abstrichmaterial von Nasenseptum
Bei typischem klinischem Bild schließen negative mikroskopische Befunde die Diagnose Lepra nicht aus

Therapie:
DDS, Rifampicin, Clofazimin
Kombinationstherapie bei tuberkuloider Lepra
Prognose der lepromatösen Lepra weiterhin ernst
unter Chemotherapie sind Leprakranke nicht mehr kontagiös

Bekämpfung, Prophylaxe:
Mensch ist einziger natürlicher Wirt
Lepra endemisch in Asien, Afrika, Mittel- und Südamerika

Erregervermehrung gelingt im Neunbändigen Gürteltier. Als Besonderheit von M. leprae wurde in Erregermaterial aus experimenteller Gürteltier-Infektion ein Trisaccharid (in vivo gebunden an phenolisches Glykolipid) identifiziert, das im ELISA mit Serum Lepröser reagiert.

Pathogenese, Klinik, Verlauf: M. leprae bildet keine Toxine. Als obligat intrazellulärer Erreger vermehrt sich M. leprae in Makrophagen und in Nervenzellen. Die spezifische immunologische Antwort des Körpers ist zellulärer Natur. Zerstörung von Nerven führt zu **Atrophie** von Muskeln und Knochen. Wegen Ausfalls der Sensibilität (Hypästhesie; Analgesie) sind befallene Körperpartien durch **Verletzungen** besonders gefährdet.
Lepra ist **kontagiös**, doch werden nur empfängliche Individuen befallen. Die Inkubationszeit kann 3–5 (–10) Jahre betragen.
Außer den beiden klinischen Hauptformen werden Grenz- und Übergangsformen diagnostiziert.
Die tuberkuloide Lepra ist durch meist wenige scharf begrenzte erythematöse Hautläsionen gekennzeichnet. Die lymphozytenreichen Granulome zeigen keine Verkäsung und nur wenige Erreger. Die niedrige Erregerdichte in betroffenen Organbezirken wird dahingehend interpretiert, daß die zelluläre Immunabwehr intakt ist. In diesem Sinne ist auch der meist positive Hauttest mit Lepromin (wässriger Extrakt aus autoklavierten Lepraknoten mit Zusatz von 0,5 % Phenol) zu deuten.
Die Hautherde der tuberkuloiden Lepra können Hypo- bis Depigmentierungen und Analgesie zeigen. Nervenbefall führt zu Deformierungen an Händen und Füßen. Vor allem unter chemotherapeutischer Behandlung besteht Tendenz zu Heilung in wenigen Jahren.
Bei der lepromatösen Lepra tritt ungehemmte Bakterienvermehrung mit Befall von Haut (Makeln, Papeln, Knötchen), Schleimhäuten und des gesamten Retikuloendothelialen Systems auf. Die spezifischen Läsionen sind durch zahlreiche Makrophagen mit massenhaft phagozytierten Erregern und durch Seltenheit von Lymphozyten charakterisiert. Daß der Lepromintest meist negativ bleibt, ist Ausdruck einer spezifischen Anergie gegen M. leprae. Proliferation von T-Zellen und Lymphokinbildung (u. a. Interleukin 2) sind gestört. Als Symptome imponieren Schwellungen der Gesichtshaut, Nase und Ohren *(Facies leonina)*. Atrophien, Ulzerationen und Verstümmelungen finden sich im Haut- und Schleimhautbereich. Gefürchtet wird Cornea-Befall, der zu Erblindung führt.
Unter der Chemotherapie kann – infolge plötzlicher Antigenfreisetzung – das Erythema nodosum leprosum auftreten, lokal eine proliferative Vaskulitis mit Nekroseneigung, generalisiert Fieber, Polyarthralgie und Neuritis.
Die lepromatöse Lepra nimmt meist einen fortschreitenden Verlauf mit Tod infolge von Sekundärinfektionen.

Meldepflicht: Krankheitsverdacht sowie Erkrankung und Tod an Lepra sind nach dem Bundesseuchengesetz meldepflichtig.

Diagnose: Außer über typische klinische Befunde durch mikroskopischen Erregernachweis in Abstrichmaterial von Nasenseptum (negative mikroskopische Befunde schließen die Diagnose nicht aus).

Therapie: Hohe Erregerwirksamkeit besitzen *DDS* (= 4,4′-Diaminodiphenyl-Sulfon), *Rifampicin* und *Clofazimin*. Wegen des Zwangs zur Langzeittherapie spielen Kosten- und Verträglichkeitsgesichtspunkte eine besonders große Rolle. Zur Vermeidung sekundärer Resistenz wird neuerdings **Kombinationsbehandlung** (z. B. DDS + Rifampicin ½–1 Jahr bei tuberkuloider Lepra; ggf. Wiederholung) empfohlen. Die Prognose der lepromatösen Lepra bleibt ernst.
Chemotherapeutisch behandelte Leprakranke gelten nicht mehr als kontagiös.

Bekämpfung, Prophylaxe: Endemiegebiete der Lepra finden sich in Asien (Indien), Afrika, Mittel- und Südamerika. Der Mensch ist der einzige bekannte Wirt (allerdings zeigen die Erreger der lepraähnlichen natürlichen Infektion bei Gürteltieren in Texas und Louisiana, USA, eine hohe DNA-Homologie mit M. leprae). Übertragung erfolgt durch Hautkontakt und – bei lepromatöser Lepra – durch den besonders erregerreichen Nasenschleim. Bei Expositionsgefahr sind Neugeborene zu isolieren. Eine *Immunprophylaxe* existiert nicht. Bei hoher Kontaminationsgefahr gilt eine *Chemoprophylaxe* (in voller therapeutischer Dosis) über mindestens ein Jahr als indiziert.

Übertragung durch Hautkontakt und Nasenschleim
Neugeborene sind bei Expositionsgefahr zu isolieren
Fehlen der **Immunprophylaxe**
Indikation der Chemoprophylaxe

25.3 Atypische Mykobakterien (opportunistisch pathogene Mykobakterien)

Atypische Mykobakterien

Eine ätiologische Bedeutung von atypischen Mykobakterien ist nur dann anzunehmen, wenn klinische bzw. radiologische Erscheinungen einer pulmonalen oder disseminierten Infektion vorliegen, die Spezies M. tuberculosis oder M. bovis sicher ausgeschlossen sind und die fraglichen atypischen Mykobakterien aus signifikantem Untersuchungsmaterial wiederholt nachgewiesen wurden. Atypische Mykobakterien finden sich in der **Umwelt** (Übertragung von Mensch zu Mensch oder von Tier zu Mensch gilt als höchst unwahrscheinlich). Krankheitsmanifestation wird begünstigt durch **herabgesetzte Immunabwehr** (gehäuftes Vorkommen bei immunsupprimierten Patienten nach *Organtransplantation*, bei *Karzinomkranken* und bei *AIDS-Patienten*). Atypische Mykobakterien repräsentieren die Ätiologie von 1–4 % der Krankheitsfälle, die klinisch als Tuberkulosen imponieren.
Die **Identifizierung** der Spezies beruht auf der Prüfung des Wachstumsverhaltens bei 22°, 37° und 42 °C, der Pigmentbildung (falls positiv: ohne oder mit Lichtzutritt – skotochromogen bzw. photochromogen) und biochemischer Leistungen; ggf. sind Antigennachweis und Zellwandanalysen nötig.
Wegen der ausgeprägten primären **Resistenz** gegen *Basis-Antituberkulotika* wie Isoniazid, Streptomycin, Ethambutol und Rifampicin ist die Tatsache von besonderer Bedeutung, daß Infektionen durch atypische Mykobakterien zu chronischem, langsam progredientem Verlauf neigen.

ätiologische Bedeutung wahrscheinlich bei
- Vorliegen klinischer Zeichen
- Abwesenheit von M. tuberculosis oder M. bovis
- Nachweis atypischer Mykobakterien aus signifikantem Material

Vorkommen in der Außenwelt
opportunistische Erreger bei herabgesetzter Immunabwehr:
- Karzinom
- AIDS
- Organtransplantation (u. a.)

1–4 % der Tuberkulosen durch atypische Mykobakterien hervorgerufen
für die **Identifizierung** wichtig: Wachstumsgeschwindigkeit („schnell" bzw. „langsam") und -temperatur, Pigmentbildung
primäre Resistenz gegen Isoniazid u. a.
Infektionen durch atypische Mykobakterien neigen zu Chronizität

Mycobacterium kansasii: zeigt photoinduzierbare Farbstoffbildung, langsames Wachstum und glatte Kolonie. Das Zellwandgerüst der Spezies besteht (wie bei M. tuberculosis, M. bovis, M. leprae und M. marinum) aus *phenolischem Glykolipid.* M. kansasii ist relativ häufiger Erreger von pulmonalen und disseminierten Infektionen *(Meningitis, Arthritis, Nephritis).* Serologische Typisierung der Isolate ist möglich (die antigenetische Spezifität beruht auf einem trehalose-haltigen Lipooligosaccharid).

Mycobacterium kansasii:
photochromogen
langsames Wachstum

pulmonale und disseminierte Infektionen (Meningitis, Arthritis, Nephritis)

Langzeitbehandlung mit Dreierkombinationen

> Langzeitbehandlung mit Dreierkombinationen (Streptomycin + Isoniazid + Rifampicin) ist nötig; bei Unwirksamkeit auf Pyrazinamid + Ethionamid + Capreomycin umstellen.

⇦

Mycobacterium-avium-Mycobacterium-intracellulare-Mycobacterium-scrofulaceum-Komplex: Antigenetisch bilden diese Spezies eine Gruppe von 35 Serovaren, deren Gemeinsamkeit im Zellwandaufbau (Peptidoglykolipide) liegt. *M. avium*, mit hohem Temperaturoptimum, ruft ursprünglich die Tuberkulose von Hühnern oder sonstigen Vögeln hervor. *M. intracellulare* ist in erster Linie mit kindlicher zervikaler Lymphadenitis in Zusammenhang zu bringen; dasselbe gilt für die chromogene Spezies *M. scrofulaceum.*
Keime des M. avium-M. intracellulare-M. scrofulaceum-Komplexes rufen bei AIDS-Patienten besonders häufig disseminierte Infektionen mit Befall von Lungen, Leber, Milz, Lymphknoten und Knochenmark hervor. Die Erreger sprechen auf **Chemotherapeutika** sehr schlecht an (Sechserkombination?). Bei AIDS-Patienten mit diesen Infektionen wurden Kombinationen u. a. mit Cycloserin und dem Lepramittel Clofazimin als wirksam beschrieben.

Mycobacterium-avium-Mycobacterium-intracellulare-Mycobacterium-scrofulaceum-Komplex
35 Serovare mit ähnlichem Zellwandaufbau
- M. avium: Erreger der Hühnertuberkulose
- M. intracellulare/M. scrofulaceum: zervikale Lymphadenitis bei Kindern

disseminierte Infektion bei AIDS-Patienten
schlechtes Ansprechen auf Chemotherapie
ggf. Kombination unter Einschluß von Cycloserin und Clofazimin

Mycobacterium ulcerans ist Erreger der als Buruli-Ulkus bekannten tropischen Infektionskrankheit, die Haut und Unterhaut befällt. Die ulzerative Nekrose wird auf einen toxischen Phospholipoprotein-Polysaccharid-Kom-

Mycobacterium ulcerans
Buruli-Ulkus
Wachstum bei 33 °C

sonstige Mycobacterium-Arten, die gelegentlich in tuberkuloseverdächtigem Untersuchungsmaterial gefunden werden (M. fortuitum u. a.)

plex zurückgeführt. Optimale Wachstumstemperatur ist 33 °C (kein Wachstum bei 37 °C).
Aus tuberkulose-verdächtigem Untersuchungsmaterial (Sputum; Osteomyelitis, Abszesse u. a.) werden gelegentlich

- Mycobacterium fortuitum
- Mycobacterium gordonae
- Mycobacterium xenopii
- Mycobacterium chelonae

u. a. angezüchtet.

Nocardia
(= akute oder chronische Nocardiosen)

26 Nocardia

H. Werner

- N. asteroides
- N. farcinica
- N. brasiliensis
- N. otitidiscaviarum

Standort Erdboden
Eintrittspforte Lungen oder Hautwunde

Pathogene Nocardia-Arten *(N. asteroides, N. farcinica, N. brasiliensis, N. otitidiscaviarum)* haben ihren Standort im Erdboden und dringen aerogen oder durch Hautwunden in den Menschen ein, in dem akute oder chronische, zur Generalisation neigende Nocardiosen entstehen.

Erregereigenschaften:

- grampositive zu Verzweigungen befähigte Stäbchen
- Nocardomykolsäuren bedingen partielle Säurefestigkeit

kulturelles Verhalten:

- Koloniebildung nach 3–4 Tagen aerober Bebrütung
- sog. Makrokolonien nach ca. 14 Tagen
- ältere Kulturen von Luftmyzel überzogen

biochemisches Verhalten:

- Ureasebildung
- Hydrolyse von Xanthin u. a.

differentialdiagnostische Bedeutung der Kohlenhydratassimilation

Erregereigenschaften: Sowohl im pathologischen Material (Eiter) als auch im Kulturpräparat ähneln Nocardien mikroskopisch den pathogenen Actinomyces-Arten: Es handelt sich um *grampositive,* 0,5–1 µm dicke Stäbchen und Fäden, die sich verzweigen, jedoch keine Kapseln und keine Geißeln besitzen. Die Zellwand ist reich an Nocardomykolsäuren, die in der Ziehl-Neelsen-Färbung eine partielle Säurefestigkeit der Nocardien bedingen.
Auf nichthemmstoffhaltigen Medien (aber auch auf Löwenstein-Jensen-Medium für Mycobacterium tuberculosis) entwickeln Nocardien nach 3–4 Tagen Bebrütung bei 30–35 °C kleine grauweiße Kolonien. Nach etwa 14 Tagen Bebrütung sind *Makrokolonien* entstanden mit zentral unregelmäßig zerklüftetem und aufgetürmtem „Substratmyzel“, welches bei mikroskopischer Prüfung aus kokkoiden und bazillären Fragmenten besteht. Die Umgebung der Makrokolonie ist meist rötlich-braun verfärbt. Ältere Kulturen, deren Kolonien mit Luftmyzel überzogen sind, verbreiten einen erdigen Geruch. In Flüssigmedien wachsen Nocardien zu Oberflächenhäutchen aus.
Nocardia-Arten sind *urease-positiv.* Für die wissenschaftlich exakte Speziesdifferenzierung werden Nachweis und Charakterisierung der Nocardomykolsäuren u. a. benötigt, die praktische Speziesdifferenzierung stützt sich auf Prüfung der *Hydrolyse von Xanthin,* Tyrosin und Casein (N. asteroides negativ, N. brasiliensis positiv bei Tyrosin und Casein, N. otitidiscaviarum positiv bei Xanthin; N. farcinica ist von N. asteroides über Kohlenhydratassimilation abzugrenzen).

Pathogenese, Klinik, Verlauf:
trotz Vermehrungsfähigkeit in Makrophagen Spontanheilungsquote hoch

klinisches Vollbild bei abwehrgeschwächten Patienten
→ Prädisposition durch Leukämie, Karzinom u. a.
Abszedierungen mit zentralen Nekrosen, selten Granulome
pulmonale Form

Pneumonie meist chronisch mit Empyem- und Kavernenbildung

ZNS-Befall bei hämatogener Aussaat; schlechte Prognose der disseminierten Nocardiosen
Befall von Haut und Unterhaut mit subakutem bis chronischem Verlauf

Pathogenese, Klinik, Verlauf: Obwohl sich pathogene Nocardien innerhalb von Makrophagen vermehren können, scheinen die meisten über den *Atemtrakt* oder *Hautwunden* in den Menschen gelangten Erreger nur leichte, spontan abheilende Entzündungsreaktionen zu verursachen. Das Vollbild der Nocardiose findet sich fast ausschließlich beim **abwehrgeschwächten Patienten.** Als prädisponierende Grundleiden stehen *Leukämie, Karzinom* und zytostatische Therapie im Vordergrund. Pathologisch-anatomisch sind Nocardiosen durch *Abszedierungen* und *zentrale Nekrosen* gekennzeichnet; selten finden sich Granulome mit Riesenzellen (die eine Tuberkulose vortäuschen können).
Klinisch tritt die Nocardiose als **pulmonale** und **systemische** Infektion (vorwiegend durch *N. asteroides* und *N. farcinica*) sowie als oberflächliche Form (vorwiegend durch *N. brasiliensis*) auf. Die primäre Lungeninfektion führt nur selten zu einer nekrotisierenden, schnell tödlich endenden Pneumonie; häufiger entwickelt sich ein symptomarmes **Lungeninfiltrat** mit nachfolgender Empyem- oder Kavernenbildung. Aus diesen Herden breiten sich die Erreger hämatogen in andere Organe aus, wobei das **ZNS** (Hirnabszesse) bevorzugt befallen ist. Die Prognose der disseminierten Nocardiose ist meist schlecht.

Die Infektion von Haut und Unterhaut verläuft subakut bis chronisch; ihre Prognose ist relativ gutartig.

Diagnose: Die ätiologische Diagnose einer Nocardiose beruht auf dem mikroskopischen und kulturellen Erregernachweis. Wegen der exogenen Erregerherkunft ist jeder Nocardiennachweis beim Menschen pathognomonisch.
Gegen zwei immunodominante Nocardia-asteroides-Antigene tritt im Kranken Antikörperantwort auf. Eins dieser Antigene, ein 55-Kilodalton-Protein, wurde auch bei *N. brasiliensis* und *N. otitidiscaviarum* gefunden.

Diagnose:
mikroskopischer und kultureller Erregernachweis
Möglichkeiten einer Immundiagnostik der Nocardiosen zeichnen sich ab

Therapie: Neben einer möglichst radikalen chirurgischen Sanierung ist Chemotherapie mit *Aminoglykosiden* (Amikacin), ggf. mit dem früher viel verwendeten Sulfadiazin, nötig. Therapieversuche mit Imipenem oder Betalaktamasehemmer-Kombinationspräparaten (Amoxicillin + Clavulansäure) gelten neuerdings als gerechtfertigt. Generell gilt, daß die Chemotherapie der Nocardiosen hochdosiert und langdauernd durchzuführen ist.

Therapie:
- chirurgische Intervention
- Chemotherapie mit Aminoglykosid, ggf. Sulfadiazin
- Stellenwert von Imipenem sowie Beta-Laktamase-Hemmer-Kombinationspräparaten

Bekämpfung und Prophylaxe: *N. asteroides* und *N. farcinica* finden sich verbreitet im Erdboden der gemäßigten Klimazonen, *N. brasiliensis* vorwiegend in tropischen und subtropischen Gebieten. Wegen der Manifestationsneigung beim abwehrgeschwächten Patienten gelten Nocardien als opportunistische Erreger. Eine Expositionsprophylaxe ist nicht möglich. Falls sich jedoch Hinweise auf Infektionshäufungen bei Transplantationspatienten bestätigen, wird Erregerquellensuche (Mensch zu Mensch? – Belüftungsanlage?) zu einer krankenhaushygienisch relevanten Aufgabe.

Bekämpfung, Prophylaxe:
- *N. asteroides* und *N. farcinica* in gemäßigten Klimazonen
- *N. brasiliensis* in Tropen und Subtropen
- opportunistische Erregernatur

Hinweis auf Häufung bei Transplantationspatienten

27 Actinomyces – Arachnia – Streptomyces

H. Werner

Actinomyces, Arachnia, Streptomyces

Bei diesen Angehörigen der Ordnung Actinomycetales handelt es sich um *grampositive*, verzweigte Stäbchenbakterien mit Neigung zu myzelialem Wachstum. Eine zeitlang wurden die Mikroorganismen zu den Pilzen gerechnet (wörtliche Übersetzung von Actinomyces: Strahlenpilz), doch ist ihre Zugehörigkeit zum Bakterienreich zweifelsfrei erwiesen: Actinomyces, Arachnia und Streptomyces sind **Prokaryonten** mit einer typisch bakteriellen, peptidoglykanhaltigen Zellwand und empfindlich gegenüber antibakteriellen Antibiotika. *Proactinomycetes* (z. B. Actinomyces, Arachnia) besitzen nur begrenzte Fähigkeit zur Myzel- und Sporenbildung. Ihr normaler Standort ist die *Mundhöhle* des Menschen (und warmblütiger Tiere). *Streptomyces* repräsentiert mit über 400 Spezies die größte Gattung der Euactinomycetes, die mit deutlich ausgebildetem Substrat- und Luftmyzel sowie Sporen makroskopisch den Pilzen sehr ähnlich sehen. Ihr Standort ist die *Umwelt*, insbesondere der Erdboden.
Actinomyces und Arachnia sind Erreger der humanen (und animalen) **Aktinomykose** und können bei Parodontitis sowie Zahnwurzelkaries beteiligt sein. Streptomyces kommt nur selten als Erreger, z. B. von tropischen subkutanen „Myzetomen", vor; bekannter sind Streptomyces-Arten als Antibiotika-Produzenten sowie als – pathogenetisch meist irrelevante – Kontaminanten in klinischem Untersuchungsmaterial.

Actinomycetales = grampositive verzweigte Stäbchen mit Neigung zu myzelialem Wachstum
(keine Pilze)
- peptidoglykanhaltige Zellwand
- empfindlich gegenüber antibakteriellen Antibiotika

Proactinomycetes: Actinomyces und Arachnia (Myzel- und Sporenbildung kaum ausgeprägt)

Euactinomycetes: Streptomyces (deutliche Myzel- und Sporenbildung)

Actinomyces und Arachnia → Erreger der Aktinomykose
- Vorkommen bei Parodontitis und Zahnwurzelkaries

Streptomyces selten Erreger
- bedeutsam als Antibiotika-Produzenten

27.1 Actinomyces und Arachnia

Actinomyces und Arachnia

Spezies und Erregereigenschaften: Die Gattung Actinomyces enthält mehrere lange bekannte Spezies *(A. israelii, A. naeslundii, A. viscosus, A. odontolyticus, A. bovis)*, seit kurzem noch *A. meyeri* und *A. pyogenes* (früher Corynebacterium pyogenes; Erreger eitriger Infektionen bei Haustieren) und die neubeschriebenen Arten *A. denticolens, A. howellii* und *A. hordeovulneris.*
Innerhalb der Gattung Arachnia ist *A. propionica* (früher Actinomyces propionicus) als häufiger Erreger des Krankheitsbildes Aktinomykose bedeutsam.

Spezies der Gattung Actinomyces:
- A. israelii
- A. naeslundii
- A. viscosus
- A. odontolyticus u. a.

Tab. 27-1: Differenzierung der Gattungen Actinomyces, Arachnia und Rothia

Merkmale	Actinomyces	Arachnia	Rothia
a) **gemeinsame M.**			
mikroskopische Morphologie		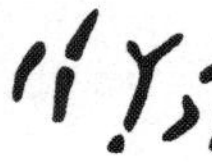	
Glukosespaltung	+	+	+
Essig- u. Milchsäurebildung	+	+	+
b) **unterschiedliche M.**			
GC % der chromosomalen DNA	58–68	64	67
LL-Diaminopimelinsäure im Peptidoglycan	–	+	–
Propionsäurebildung	–	+	–
Katalase	–	–	+

Erregereigenschaften:
- „diphtheroid"
- nichtsäurefest
- unbeweglich

typisches Peptidoglykan bei den meisten Actinomyces-Arten

Peptidoglykan von *A. bovis, A. pyogenes* und *A. propionica* zeigt Besonderheiten
Zellwandantigene: Kohlenhydrate bzw. lipoteichoinähnliche Substanzen

Actinomyces und Arachnia sind *grampositive* nichtsäurefeste unbewegliche „diphtheroide" oder fadenförmige Bakterien, z. T. mit Verzweigungen. Wie bei anderen grampositiven Bakterien enthält das Zellwand-Peptidoglykan Muraminsäure, N-Azetylglukosamin, Glutaminsäure und 1–2 weitere Aminosäuren. Bei *A. israelii, A. naeslundii, A. viscosus* und *A. odontolyticus* ist das Peptidoglykan (u. a. mit Lysin und Ornithin) identisch aufgebaut, doch unterscheidet sich das Peptidoglykan von A. bovis durch den Besitz von Asparaginsäure (statt Ornithin) und Besonderheiten der peptidischen Verknüpfung. Unter den Bausteinen des Peptidoglykans von *A. pyogenes* finden sich neben Glutaminsäure Alanin und Lysin. Arachnia-propionica-Peptidoglykan enthält L-Diaminopimelinsäure und Glyzin. Die Zellwandantigene von Actinomyces- und Arachnia-Arten sind chemisch Kohlenhydrate bzw. teichoin- und lipoteichoinähnliche Substanzen.

biochemisches (physiologisches) **Verhalten:**
- Kohlenhydrate werden fermentiert
- Kulturverhalten: aerotolerante Anaerobier

A. israelii „besonders anaerob"
Säurebildung aus Glukose: bei Actinomyces und Arachnia verschieden (letztere bildet Propionsäure)

Actinomyces und Arachnia fermentieren Kohlenhydrate und lassen sich als *aerotolerante Anaerobier* auffassen, allerdings ist die Sauerstofftoleranz der einzelnen Arten unterschiedlich: *A. viscosus* z. B. wächst auf nährstoffreichen Kulturmedien in einem Luft-CO_2-Gemisch, dagegen sind für die Züchtung von *A. israelii* strikt anaerobe Bedingungen nötig. Bei der Glukosefermentation akkumulieren Actinomyces-Spezies Milch-, Ameisen- und Bernsteinsäure, während *Arachnia propionica* neben Essig- und Ameisensäure vor allem Propionsäure bildet.

Aktinomykose: → endogene Entstehung
klinische Formen:
- zervikofazial
- thorakal
- abdominal

Aktinomykose: Die Krankheit kommt, mit Ausnahme der Inokulation über menschliche Bisse, endogen zustande. Nach Sitz und Verlauf werden die *zervikofaziale, thorakale* und *abdominale* Form unterschieden. Chronisch-progrediente Formen können sich kontinuierlich oder hämatogen in praktisch alle Organe ausbreiten.

charakteristisch:
- chronisch-destruktive Abszesse
- spezifische Granulome
- Ausbreitungstendenz
- Fistelbildung
- Drusen (schwefelgelbe Granula) = Ballen von fadenförmigen verzweigten Erregern

Pathologisch-anatomisch ist die Aktinomykose durch chronisch-destruktive **Abszesse** sowie durch „spezifische" **Granulome** charakterisiert. Typisch sind indurierte, von fibrösem Wall umgebene Massen mit weichem, eitrigem Zentrum. Die Läsionen zeigen **Ausbreitungstendenz;** in der Regel entstehen **Fisteln.** Aus den Fisteln entleert sich erregerhaltiger Eiter. Bei der chronisch-progredienten Aktinomykose werden **Drusen** („schwefelgelbe Granula") gebildet, die aus Ballen von fadenförmigen verzweigten Erregern, umgeben von hyalinen „strahlenförmig" angeordneten Substanzen, bestehen. Fisteln und Drusen gelten als pathognomonisch für die Aktinomykose.

Actinomyces und Arachnia bilden keine Exotoxine
Bedeutung der sog. Begleitbakterien

Aktivierung zellvermittelter Immunreaktionen
Freisetzung von lysosomalen Enzymen aus PMN und Makrophagen

Actinomyces und Arachnia bilden keine Exotoxine oder andere toxische Substanzen. Früher wurde die Fähigkeit zur Gewebsdestruktion mit den in aktinomykotischen Prozessen meist nachweisbaren **„Begleitbakterien"** (Streptococcus spp.; Staphylococcus aureus; Actinobacillus actinomycetemcomitans; Anaerobier der Bacteroides-melaninogenicus-Gruppe u. a.) in Zusammenhang gebracht. Nach neueren Vorstellungen bewirken Actinomyces und Arachnia selbst über die Aktivierung zellvermittelter Immunreaktionen pathologische Veränderungen: Chemotaxis, *Aktivierung der Lymphozyten-Blastogenese* sowie Freisetzung von lysosomalen Enzymen aus polymorphkernigen Granulozyten und aus Makrophagen sind nachgewiesen.

Humorale **Actinomyces-Antikörper** lassen sich bei Aktinomykose-Patienten, aber auch bei Gingivitis und Parodontitis nachweisen.

Antikörpernachweis im Serum bei Aktinomykose, Gingivitis, Parodontitis

Diagnose: Aktinomykotische Granulome und Drusen lassen sich mikroskopisch und histologisch von Pilzgranulomen eindeutig abgrenzen. Bei Nachweis von grampositiven nichtsäurefesten „diphtheroiden" Erregern in Eiter und Exsudaten werden Kulturen auf Hirn-Herz-Dextrose-Blutagar oder vergleichbaren Medien angelegt und unter anaeroben Bedingungen sowie parallel in einer CO_2-angereicherten Atmosphäre bei 37 °C bebrütet. Nach 24 Std. sowie 5–7 (ggf. 21) Tagen wird – z. B. unter dem Plattenmikroskop – nach den charakteristisch verzweigten Actinomyces-Mikrokolonien gesucht. Zur Identifizierung von Actinomyces- und Arachnia-Arten werden durch *gaschromatographischen Nachweis* die Fermentations-Endprodukte bestimmt sowie außerdem die chemische Zusammensetzung des *Zellwand-Peptidoglykans* analysiert und *Immunfluoreszenzteste* durchgeführt. A. bovis, der Erreger der Rinderaktinomykose, kommt in menschlichem Untersuchungsmaterial nicht vor.

Diagnose:
Erregernachweis aus Granulomen, Eiter, Exsudaten
mikroskopisch
kulturell (Langzeitbebrütung unter anaeroben und parallel unter mikroaerophilen Bedingungen)

Speziesidentifizierung durch
- gaschromatographische Stoffwechselanalysen
- Peptidoglykan-Analysen
- Immunfluoreszenz

Therapie: Am wirksamsten erweisen sich chirurgische Maßnahmen in Kombination mit gezielter antibakterieller Chemotherapie. Actinomyces- und Arachnia-Keime sind gegen Penizillin G und vergleichbare Antibiotika hochempfindlich; jedoch hat die klassische Penizilin G-Therapie der Aktinomykose nach neueren Berichten in manchen Fällen – vermutlich infolge der β-Laktamase-Aktivität bestimmter Begleitbakterien – versagt. Die eingehende bakteriologische Untersuchung unter Einschluß der aeroben (Staphylococcus aureus?) und anaeroben Superinfektion ist die Voraussetzung für eine gezielte Therapie entweder mit einem *β-laktamasefesten Cephalosporin* oder einer *Antibiotikakombination* mit Wirkung gegen Actinomyces/Arachnia + Begleitkeime.

Therapie:
- chirurgische Interventionen
- Chemotherapie: Penizillin G
  - durch betalactamasebildende Begleitbakterien wird Penizillin G-Therapie unwirksam
  - gezielte Therapie der Mischinfektion

Karies, Parodontitis, Gingivitis: *A. viscosus* kommt neben bestimmten anderen Bakterien in supragingivalen Karies-Plaques und in subgingivalen Plaques bei Gingivitis vermehrt vor. Diese Spezies und *A. naeslundii* verfügen über Adhärenzmechanismen (u. a. extrazelluläre Polysaccharide), die ihnen ein Haften an der Zahnschmelzoberfläche sowie an anderen plaque-bildenden Bakterien ermöglichen. Ihre Disaccharidase-Aktivität ist bei der Bildung saurer, dentinzerstörender Stoffwechselprodukte beteiligt. Bei der Karies wird *A. odontolyticus* eine wichtige Rolle zugeschrieben. Zusammen mit oralen Anaerobiern der schwarzpigmentierten Bacteroides-Gruppe und oralen Treponemen sollen die genannten Arten bei der Pathogenese der verschiedenen Formen von **Parodontitis** beteiligt sein.
Morphologisch ähnelt den Actinomyces-Keimen die dentalmedizinisch ebenfalls wichtige Spezies *Rothia dentocariosa*; diese findet sich in supragingivalen Plaques und unterscheidet sich von Actinomyces, speziell A. viscosus, durch Fehlen von Ornithin im Zellwand-Peptidoglycan, außerdem akkumuliert sie bei der Glukosefermentation keine Bernsteinsäure.

Karies, Parodontitis, Gingivitis
A. viscosus in supragingivalen und subgingivalen Plaques

Adhärenzmechanismen

Disaccharidase-Aktivität

A. odontolyticus und Karies:
Actinomyces spp. neben Bacteroides spp. und oralen Treponemen bei **Parodontitis**

Ähnlichkeit mit: Rothia dentocariosa
→ Vorkommen in supragingivalen Plaques

27.2 Streptomyces

Streptomyces

Als Bodenbakterien können Streptomyces-Arten über mannigfache Kontaminationsmöglichkeiten in Wunden u. dgl. gelangen. Zu klinischen Konsequenzen führt eine solche Wundkontamination in der Regel nicht.
In der Literatur ist ein aktinomykose-ähnliches „Myzetom" durch Streptomyces somaliensis beschrieben.
Streptomyces-Arten sind *strikte Aerobier* mit optimalem Wachstum bei 25 °C. Die Kulturen sind durch deutliches Substratmyzel, in zahlreiche Sporen fragmentiertes Luftmyzel und den charakteristischen Geruch ausgezeichnet. Mit einem Guanin-Cytosin-Gehalt der chromosomalen DNA von 69–73 % unterscheiden sich Streptomyces-Spezies von den Gattungen Actinomyces (57–69 %), Arachnia (63–65 %) und Rothia (47–53 %).

bei Vorkommen in klinischem Material meist Kontamination (Anflugkeim)

selten Krankheitserreger (tropisches Myzetom)

- Aerobier; optimale Wachstumstemperatur 25 °C
- Bildung von Luftmyzel, das in Sporen fragmentiert
- charakteristischer Geruch der Kulturen
- GC % der chromosomalen DNA verschieden von Actinomyces u. a.

Troponema

28 Treponema

H. Werner

Ordnung Spirochaetales
mit zwei medizinisch wichtigen Familien:
- Spirochaetaceae
- Leptospiraceae

Ordnung Spirochaetales

Familie Spirochaetaceae	Familie Leptospiraceae
↓	↓
Genus Spirochaeta	Genus **Leptospira**
Genus Cristispira	
Genus **Treponema**	
Genus **Borrelia**	

mikromorphologische Definition der Spirochaetales
- protoplasmatischer Zylinder
- periplasmatische Geißeln **unter** der äußeren Zellwand

Trivialname „Spirochäten" potentiell irreführend

Zu der Ordnung **Spirochaetales** gehören helikal gewundene bewegliche Bakterien ganz unterschiedlicher Größe (5–250 µm lang, 0,1–3 µm breit), die Gemeinsamkeiten des Zellaufbaus zeigen, nämlich einen *protoplasmatischen Zylinder* (bestehend aus Zytoplasma, Kernäquivalent und Zytoplasma-Membran), um diesen gewunden die *periplasmatischen Geißeln* (= Axialfilamente bzw. periplasmatische Fibrillen) und darüber liegend die äußere Zellwand. Von dem Trivialnamen *Spirochäten* ist – wie die obenstehende Taxonomie deutlich macht – nicht mehr klar, ob er sich auf die Ordnung (Spirochaetales) oder die Gattung Spirochaeta (eine Gruppe freilebender Wasserbakterien ohne medizinische Bedeutung) bezieht; um Mißverständnisse tunlichst zu vermeiden, sollten die medizinisch wichtigen Taxa (Treponema, Borrelia, Leptospira) deutlich angesprochen werden.

Treponema
sehr schmale helikal gewundene Bakterien
- **menschenpathogene Treponema-Arten in vitro nicht züchtbar**

Die Gattung Treponema enthält helikal gewundene Bakterien von 5–15 µm Länge und einer Breite von lediglich 0,1–0,2 µm.

a) Die humanpathogenen Arten *(T. pallidum, T. pertenue, T. carateum)* sind in vitro nicht züchtbar. Die neueste Taxonomie (Bergey 1984) versucht, die stärkere Ähnlichkeit zwischen den Erregern der **venerischen Syphilis**, der **endemischen Syphilis** und der **Frambösie** einerseits sowie des **Pinta-Erregers** andererseits durch eine Subspezies-Klassifikation wiederzugeben:

Taxonomie:

⇨

Treponema pallidum – – – subsp. pallidum
Treponema pallidum – – – subsp. endemicum
Treponema pallidum – – – subsp. pertenue
|
Treponema carateum

Mensch ist der **einzige natürliche Wirt** der pathogenen Treponema-Arten
Übertragung ohne Zwischenwirte
Antigengemeinschaften

Der einzige natürliche Wirt der pathogenen Treponema-Arten ist der **Mensch**; die Übertragung erfolgt ohne Zwischenwirte durch **Kontakt** bzw. diaplazentar (und in seltenen Fällen auf dem Blutweg bei Transfusionssyphilis). Pathogene Treponemen sind bislang nicht in vitro züchtbar. Wegen der Antigengemeinschaften zwischen den pathogenen Treponema-Arten lassen sich die verschiedenen Treponematosen (Syphilis, Frambösie, Pinta) serologisch nicht differenzieren.

- **in vitro züchtbare Treponema-Arten**
  - Mundflora: T. denticola, T. vincentii
  - Genitalflora: T. refringens u. a., dazu gehört auch sog. Reiter-Stamm

b) Die in vitro züchtbaren Treponema-Arten, die unter *strikt anaeroben* Bedingungen auf serumhaltigen Medien kultiviert werden können, gehören zur normalen Mundflora *(T. denticola, T. vincentii)* und Genitalflora *(T. refringens, T. minutum, T. phagedenis*; zu letzterer gehört der Reiter-Stamm, der mit den pathogenen Treponema-Arten ein genusspezifisches Antigen gemeinsam hat).

T. vincentii → Angina Plaut-Vincent

T. vincentii gilt – zusammen mit anaeroben gramnegativen Stäbchen der Gattung Fusobacterium – als Erreger der **Angina Plaut-Vincent**, einer meist einseitigen ulzerierenden Tonsillitis.

28.1 Treponema pallidum

Von den vier Treponematosen ist einzig die Syphilis weltweit verbreitet.

Erregereigenschaften: Treponema pallidum ist ein schraubenzieherartig gewundenes Bakterium von 5–15 µm Länge und einer Breite von lediglich 0,1–2 µm (Abb. 28-1). Trotz grundsätzlich guter Anfärbbarkeit *(gramnegativ)* ist das Auflösungsvermögen von Lichtmikroskopen infolge der sehr schlanken Zelleiber häufig unterschritten. Zur lichtoptischen Darstellung des Erregers werden daher *Silberimprägnationsmethoden* verwendet, bei welchen der Zelldurchmesser durch aufgelagerte Silberpräzipitate vergrößert erscheint. Lebende Treponemen lassen sich im Dunkelfeld darstellen. Die charakteristische Beweglichkeit besteht in schneller Rotation um die Längsachse sowie in Knickungen und Beugungen. Erreger aus syphilitischen Läsionen, die viskös-mukoides Material enthalten, zeigen daneben gleitende Seitwärtsbewegungen.

T. pallidum ist von einer Hülle aus *Glykosamino-glykanen* umgeben, von der noch ungeklärt ist, ob sie makroorganismischer Herkunft ist oder eine von den Treponemen synthetisierte Kapsel darstellt. Direkt unter der (Glykosamino-glykan-Hülle liegt die äußere strukturgebende Membran *(Zellwand).* Aus der Penizillinempfindlichkeit des Erregers ist auf Peptidoglykannatur dieser Zellwand zu schließen. Unter der Zellwand – d. h. zwischen Zellwand und Zytoplasmamembran (vgl. Abb. 28–2) – liegen drei Geißeln *(Axialfilamente),* welche an den beiden Zellpolen entspringen und sich um den Treponemenleib bis zur Zellmitte winden, wo sie überlappen. Die Zytoplasmamembran, der die übliche Funktion einer osmotischen Barriere zuzuschreiben ist, umhüllt den Zytoplasmazylinder mit Ribosomen, Kernäquivalent und Mesosomen. Auf der Innenseite der Zytoplasmamembran finden sich

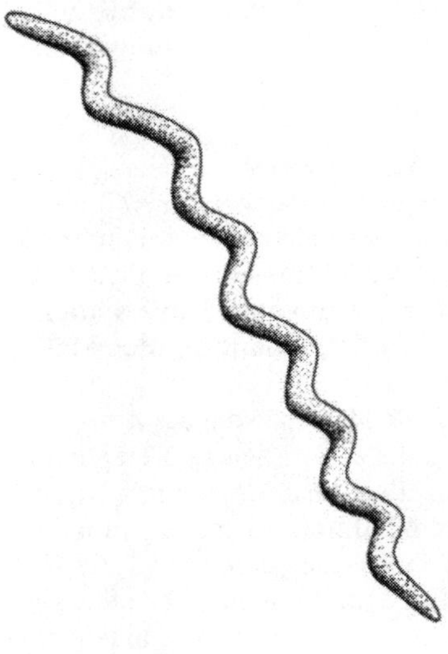

Abb. 28-1: Rasterelektronenmikroskopische Aufnahme von Treponema pallidum (in Nachzeichnung)

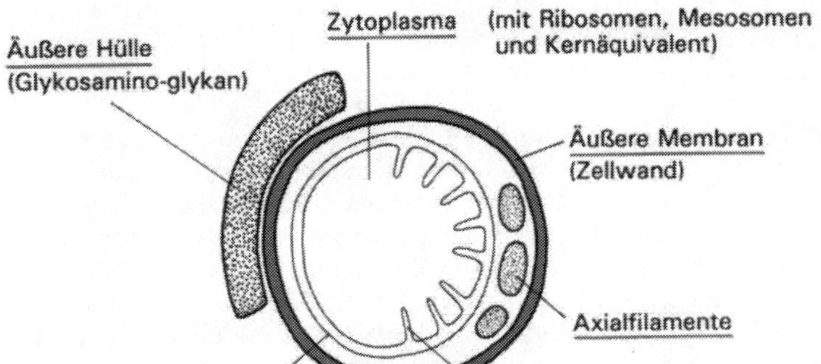

Abb. 28-2: Schematischer Querschnitt durch Treponema pallidum

Treponema pallidum – Syphilis (Lues)

weltweit verbreitet

Erregereigenschaften:
T. pallidum so schmal, daß Auflösungsvermögen von Lichtmikroskopen meist unterschritten

statt Gramfärbung: Silberimprägnation

Darstellung lebender (beweglicher) Syphilis-Treponemen im Dunkelfeld

charakteristische Beweglichkeit

Hülle aus Glykosamino-glykanen

Zellwand = äußere strukturgebende Membran enthält Peptidoglykan, das Substrat der Penizillinwirkung
Axialfilamente zwischen Zellwand und Zytoplasmamembran

Zytoplasmamembran mit Tubuli („Körperfibrillen")
Zytoplasma enthält:
- Kernäquivalent
- Ribosomen und
- Mesosomen

T. pallidum ist **hochempfindlich** gegen Hitze, Austrocknung u. a.

6–8 zytoplasmatische Tubuli („*Körperfibrillen*"; vgl. Abb. 28–2), die wie die Geißeln an beiden Zellpolen entspringen und sich um den Treponemenleib bis zur Zellmitte winden.
Durch Hitze, Kälte, Austrocknung, Desinfektionsmittel und osmotische Veränderungen wird T. pallidum schnell abgetötet.

Temperatur- und pH-Bereich der Vermehrung

⇨

> Vermehrung ist nur in einem engen pH- und Temperaturbereich (7,2–7,4 bzw. 30–37 °C) möglich.

strikter Anaerobier?

Verdopplungszeit: 30–33 Std.
chemische Zusammensetzung (ohne Wasser):
- Proteine 70 %
- Lipide (vorwiegend Phospholipide) 20 %
- Kohlenhydrate 5 %

Aus der Tatsache, daß Vermehrung nur bei eH-Werten zwischen −230 bis −240 mV eintritt, wurde lange Zeit geschlossen, daß T. pallidum zu den *strikten Anaerobiern* gehört. Neuere Befunde belegen jedoch, daß 1–4 % Sauerstoff für Wachstum benötigt werden.
Die Vermehrung erfolgt durch Querteilung. Als **Verdopplungszeit** wurden in vivo (experimentelle Kanincheninfektion) 30–33 Std. ermittelt. Die Trokkensubstanz von T. pallidum besteht zu 70 % aus *Proteinen*, zu 20 % aus *Lipiden* und zu 5 % aus *Kohlenhydraten*. Von den Lipiden wiederum gehören 68 % zu den Phospholipiden, und zwar vor allem Phosphatidylcholin, Sphingomyelin und Cardiolipin, die übrigen 38 % sind Neutralfette, in erster Linie Cholesterin.

Antigenanalyse erschwert durch Fehlen der In-vitro-Züchtung
Bildung verschiedener **Antikörper unter Infektion**
genusspezifisches Antigen

bei *T. pallidum* mehr als 100 Proteinantigene nachgewiesen

T. pallidum bildet **keine Toxine**

Die Antigenanalyse von T. pallidum ist durch Fehlen der In-vitro-Züchtung und durch die Gegenwart von makroorganismischem Material auf der Treponemenoberfläche erschwert. Daß das Antigenmakeup von T. pallidum komplex ist, zeigt u. a. die Bildung verschiedener **Antikörper** unter der Infektion. Ein genusspezifisches Antigen haben T. pallidum und die züchtbaren apathogenen Treponemen gemeinsam; ein ausschließlich für *T. pallidum* spezifisches Antigen ist jedoch nicht bekannt. Von *T. pertenue* und *T. carateum* läßt sich *T. pallidum* antigenetisch nicht unterscheiden. Mit modernen Methoden (Gelelektrophorese mit Immunoblotting) wurden bei T. pallidum über 100 Proteinantigene nachgewiesen.
T. pallidum bildet keine Toxine.

Pathogenese und klinischer Verlauf der Syphilis:
- chronisch-granulomatöse Krankheit
- Wechsel zwischen kurzen symptomatischen und langen asymptomatischen Stadien

Pathogenese und Verlauf: Syphilis ist eine *nichtschmerzende*, langsam sich entwickelnde, *chronisch-granulomatöse* Krankheit, bei der kurze symptomatische und prolongierte asymptomatische Stadien sich abwechseln. Hinter diesen Stadien steht das wechselnde Gast-Wirt-Verhältnis, wobei Erregervermehrung mit *(primären, sekundären, tertiären)* Krankheitsmanifestationen vergesellschaftet ist und als Reaktion hierauf die Immunantwort des Makroorganismus zur Heilung führt.

Charakteristikum der syphilitischen Histopathologie → **Gefäßbeteiligung**:
- Periarteriitis mit Proliferation der Adventitiazellen
- Endarteriitis mit Proliferation der Endothelzellen

im Herdbereich:
- zahlreiche Erreger
- reichlich hyalines Material (vermutlich aufgrund der Aktivität der Treponemen-Hyaluronidase)

Das hervorstechende pathologisch-anatomische Merkmal der syphilitischen Infektion ist **Gefäßbeteiligung**, insbesondere der Arteriolen und Kapillaren. *Periarteriitis* mit *Proliferation* der Adventitiazellen, *Endarteriitis* mit Schwellung und Proliferation der Endothelzellen und dadurch bedingter Lumenverengung sowie Infiltration von Lymphozyten und Plasmazellen sind die Charakteristika der syphilitischen Histopathologie. Im Bereich der Infektionsherde finden sich zahlreiche Treponemen sowie Ansammlungen von hyalinem Material. T. pallidum bildet *keine Toxine*, doch wird angenommen, daß die Treponemen-Hyaluronidase die Gewebeglykosaminoglykane zerlegt, welche beim Gefäßaufbau beteiligt sind, und auf diese Weise den Gefäßkollaps erleichtert.

Schädigung von Wirtszellen durch Antikörper- und Makrophagenangriff gegen zellständige Erreger?
Glykosaminoglykan-Hülle von T. pallidum besitzt antikomplementäre Wirkung
Immunsuppression der Wirtsabwehr erleichtert Exazerbation und Übergang in das jeweils nächste Syphilisstadium:

In neuerer Zeit wurde die Bedeutung einer Aktivierung der makroorganismischen Immunantwort für die syphilitische Histopathologie herausgestellt. Antikörper, die zusammen mit Komplement und Makrophagen mit zellständigen Erregern reagieren, könnten indirekt auch die *Wirtszelle* schädigen. Die Rolle der Glykosaminoglykan-Hülle von T. pallidum besteht zwar nicht darin, den Antikörperzugang zur Erregerzelle zu erschweren, doch besitzt die Struktur antikomplementäre Wirkung und erleichtert so möglicherweise das Überleben des Erregers in vivo. Ein augenfälliges Phänomen der Syphilis ist *Immunsuppression der Wirtsabwehr*, wodurch vermutlich Exazerbationen und Übergang in das nächste Krankheitsstadium ermöglicht werden.

a) **Primäre Syphilis:** Durch *Kontaktinfektion von Mensch zu Mensch* übertragen, dringen die Erreger in Schleimhäute oder in kleinste Hautverletzungen ein; an der Eintrittsstelle findet Vermehrung statt. Nach einer Inkubationszeit von 10–90 Tagen, am häufigsten nach etwa 3 Wochen, führt die inzwischen abgelaufene Erregervermehrung an der Eintrittsstelle – meist Labien, Vagina oder Zervix bei der Frau und Penisschaft oder Glans penis beim Manne – zu Erythem und Induration, im weiteren Verlauf zu einer Papel und dann einem oberflächlichen, schmerzlosen Ulkus mit festem Geschwürsgrund („**Harter Schanker**"). Die offenen hochkontagiösen Läsionen enthalten Treponemen in großer Zahl (etwa 10^9). Die regionären Lymphknoten sind vergrößert. Nach 2–6 Wochen tritt lokale Abheilung unter Narbenbildung ein.
Bei nicht antibiotisch behandelten Patienten entwickelt sich eine **Immunität**, die sich u. a. in Abheilung des Primäraffektes sowie in Verhinderung der Reinfektion manifestiert. Aus der *vorantibiotischen Ära* ist bekannt, daß etwa 75 % der Patienten ausschließlich primäre Syphilis entwickeln und sekundäre Syphilis bei 25 % sowie tertiäre Syphilis bei 13 % auftreten.

- **primäre Syphilis**
  - Kontaktinfektion
  - Inkubationszeit meist 3 Wochen
  - induriertes Erythem → Papel → Harter Schanker
  - offene Läsionen hochkontagiös
  - Vergrößerung der regionären Lymphknoten
  - lokale Abheilung unter Narbenbildung

  ohne Antibiotikabehandlung:
  Aufbau einer Immunität:
  - Verhinderung der Reinfektion (= Infektionsimmunität)
  - natürliche Ausheilung von 75 % nach dem ersten Stadium

b) **Sekundäre Syphilis:** Nach einer asymptomatischen Zwischenzeit von 2–24 Wochen wird aufgrund der Erregervermehrung in verschiedenen Organen das 2. Stadium der Syphilis manifest. Klinisch liegen leichtes *Fieber*, generalisierte *Lymphknotenschwellung* und makulopapulöses *Exanthem* an Handflächen und Fußsohlen, später sich ausbreitend auf Stamm und Extremitäten, vor. Als Effloreszenzen finden sich Makeln, Papeln sowie makulosquamöse und pustulöse Herde. An den Schleimhäuten von Mund und Anus sowie im Vaginalbereich treten feuchte Papeln *(Kondylomata lata)* auf. Diese Effloreszenzen enthalten hohe Keimdichten von T. pallidum und sind hochkontagiös. Die *Infektion innerer Organe* ist wegen der Schmerzlosigkeit des Befalls nur schwer zu diagnostizieren. *Nierenbefall* kann sich – vermutlich infolge Ablagerung von Immunkomplexen aus Treponemenantigen und Antikörpern des Wirtsorganismus auf der Basalmembran des Glomerulums – als nephrotisches Syndrom äußern. Bei therapeutisch unbeeinflußtem Verlauf, d. h. ohne Penizillingabe, tritt innerhalb von 2–6 Wochen klinische Heilung ein.

- **sekundäre Syphilis**
  - hämatogene Aussaat und Erregervermehrung in verschiedenen Organen
  - Fieber
  - generalisierte Lymphknotenschwellung
  - Exanthem
  - feuchte Papeln
    → Effloreszenzen sind **hochkontagiös**
  - Befall innerer Organe bleibt meist unerkannt
  - nephrotisches Syndrom
  - klinische Heilung **ohne** Antibiotikatherapie innerhalb von 2–6 Wochen

c) **Tertiäre Syphilis:** Der Zeitraum zwischen Ende der sekundären und Anfang der tertiären Syphilis, die *Latenz*, kann zwischen 3 und 30 Jahren betragen. Während der Latenz fehlen klinische Zeichen, jedoch beherbergt der Patient – vor allem in *Milz* und *Lymphknoten* – die Erreger, und die verschiedenen Serotests zum Antikörpernachweis bleiben positiv.
Tertiäre Syphilis kann so gut wie jedes Organ befallen. Besonders destruktive Läsionen der tertiären Syphilis sind Gummen, die sich bevorzugt in Haut und Knochen finden. Gummen *(Singular Gumma)* sind große Granulome mit ausgedehnter zentraler Verkäsung, zahlreichen Lymphozyten, Riesenzellen und Epitheloidzellen, allerdings nur mit vereinzelten Treponemen. Die tertiäre Syphilis endet in nennenswerter Häufigkeit **tödlich**, und zwar durch Befall der Aorta (Aortitis mit nachfolgendem Aneurysma) und myokardiale Insuffizienz (80 % der Syphilis-Todesfälle) oder durch Befall des ZNS (20 % der Syphilis-Todesfälle). Syphilis des ZNS ist pathologisch-anatomisch durch meningovaskulären oder Parenchymbefall gekennzeichnet; letzterer äußert sich bei Großhirnbeteiligung als *Paralyse* und bei Spinalmarkbefall als *Tabes dorsalis*.

- **tertiäre Syphilis**
  - Intervall zwischen 2. und 3. Stadium („Latenz"):
    3–30 Jahre
    (während Latenz bleiben Antikörpernachweise positiv)
  - Befall von grundsätzlich jedem Organ möglich
    → Gumma = großes Granulom mit ausgedehnter zentraler Verkäsung

    hohe Letalität durch:
  - syphilitisches Aorten-Aneurysma
  - myokardiale Insuffizienz
  - ZNS-Befall

  Großhirnbeteiligung → **Paralyse**
  Spinalmarkbefall → **Tabes dorsalis**

> Komplikationen der Neurosyphilis sind paralytische Demenz, amyotrophische Lateralsklerose, Anfallsleiden und Blindheit aufgrund von Optikusatrophie.

Komplikationen der Neurosyphilis:
⇦

d) **Fetal erworbene Syphilis:** In allen drei Stadien der Erwachsenen-Syphilis kann T. pallidum ab der 16.–19. Schwangerschaftswoche *diaplazentar* auf die Leibesfrucht übergehen und fast alle Organe und Gewebe des Feten infizieren. Ungefähr 50 % der infizierten Feten sterben ab, die übrigen

- **fetal erworbene Syphilis**
  diaplazentare Übertragung ab der 16.–19. Schwangerschaftswoche
  50 % der infizierten Leibesfrüchte sterben ab

- Frühform der konnatalen Syphilis
  Auftreten bei Geburt bzw. innerhalb der ersten beiden Lebensjahre
  klinische Zeichen u. a. Osteochondritis, Anämie, Hepatosplenomegalie
- Spätform der konnatalen Syphilis:
  → Hutchinson' Trias:
  interstitielle Keratitis, gekerbte Inzisoren, Taubheit

50% zeigen unterschiedliche Syphilis-Verlaufsformen. Bei der *Frühform der konnatalen* („kongenitalen") *Syphilis*, die bei Geburt oder innerhalb der ersten beiden Lebensjahre manifest wird, stehen Haut- und Schleimhautveränderungen, Osteochondritis vor allem der langen Röhrenknochen, Anämie und Hepatosplenomegalie im Vordergrund. Ein intrauterin infiziertes Kind kann aber auch während der ersten beiden Lebensjahre unauffällig erscheinen und erst danach die Zeichen der *Spätform der konnatalen Syphilis* bieten, nämlich interstitielle Keratitis und Blindheit, Zahndeformationen (gekerbte Inzisoren u. a.), Taubheit durch Befall des 8. Hirnnerven, Neurosyphilis, Rhagaden an Haut-Schleimhaut-Übergängen, kardiovaskuläre Läsionen sowie Knochendeformationen an Beinen, Nasenseptum und hartem Gaumen. Meist kommen mehrere Krankheitszeichen kombiniert vor; als besonders typisch gilt die *Hutchinson' Trias* (interstitielle Keratitis, gekerbte Schneidezähne und Taubheit).

Meldepflicht:
- der Geschlechtskrankheit
- der angeborenen Lues (nach dem Bundesseuchengesetz)

Meldepflicht: Als Geschlechtskrankheit ist die Syphilis nach dem Gesetz zur Bekämpfung der Geschlechtskrankheiten meldepflichtig. Erkrankung und Tod an angeborener Lues ist nach dem Bundesseuchengesetz meldepflichtig.

Diagnose:
unterscheide:
- Krankheitsdiagnose beim individuellen Patienten
- serologische Kontrolle bestimmter Personengruppen

bei nicht antibiotisch behandelten Patienten klinische Zeichen wesentlich:
Erregernachweis
- im Primäraffekt
- in exsudativen Effloreszenzen des 2. Stadiums

Stellenwert der Serodiagnostik:

⇨

Diagnose: Im Zusammenhang mit der Diagnose der Syphilis ist zu unterscheiden zwischen den *diagnostischen Problemen* beim einzelnen Kranken einerseits und der ausschließlich mit serologischen Methoden durchgeführten *Kontrolle bestimmter Personengruppen* (Schwangere, Blutspender).
Beim antibiotisch nicht behandelten Patienten sind die *klinischen Symptome* ein wesentlicher Bestandteil der Diagnose. Im Primäraffekt des ersten sowie in den exsudativen Effloreszenzen des zweiten Stadiums sollten mit der Dunkelfeldmethode Treponemen nachweisbar sein.

> Bei Vorliegen nichtexsudativer Effloreszenzen und bei fraglichen klinischen Symptomen (Übergang in Latenz?) stützt sich die Diagnose einer Syphilis vorwiegend oder ausschließlich auf *serologische Befunde*. Obwohl in der Pathogenese der Syphilis zellvermittelte Immunitätsvorgänge (Granulom) eine große Rolle spielen, werden für die indirekte Krankheitsdiagnose nur humorale Antikörper untersucht und bewertet.

- Nachweis von Kardiolipin-Antikörpern:
  - Kardiolipin-KBR
  - sog. Suchreaktion
- Nachweis T. pallidum-spezifischer Antikörper:
  - FTA-ABS-Test
  - TPHA-Test
  - IgM-FTA-Abs-Test
  - T. pallidum-Immobilisationstest

keine humorale Immunantwort im frühen Primärstadium ab 3. Krankheitswoche:
T. pallidum-Antikörper (IgM vor IgG)
Kardiolipin-Antikörpertiter (ab 7. Krankheitswoche)
- besonders hoch während Manifestation
- Absinken während Latenz und nach Therapie

Die hierbei verwendeten Methoden lassen sich nach dem Antigen (Kardiolipin oder Lipoidantigen einerseits und T. pallidum aus experimentell infizierten Kaninchenhoden andererseits) in zwei Gruppen einteilen: Dem Nachweis von *Kardiolipin-* oder *Lipoid-Antikörpern* dienen die Kardiolipin-KBR sowie die Suchreaktionen vom Typ der VDRL-Teste; mit T. pallidum selbst arbeitet der indirekte Immunfluoreszenztest (international geläufige Kurzbezeichnung: *FTA-ABS-Test*) und der indirekte Hämagglutinationstest *(TPHA-Test)*. Der Nachweis T. pallidum-spezifischer IgM-Antikörper ist mit dem *IgM-FTA-ABS-Test* möglich. Nur in Speziallaboratorien wird noch der T. pallidum-Immobilisationstest durchgeführt, für den vitale Erreger (Nichols-Stamm von T. pallidum aus experimenteller Kaninchenorchitis) benötigt werden.
Im frühen Primärstadium (sowie in der Inkubation) ist keine humorale Immunantwort nachweisbar. *T. pallidum-Antikörper* treten ab der 3. Krankheitswoche auf, und zwar IgM-Antikörper kurz vor IgG. TPHA- und FTA-ABS-Teste bleiben in der Latenz und nach Behandlung meist erhalten. Dagegen verlaufen die *Kardiolipin-Antikörpertiter* weitgehend parallel zum klinischen

falsch positive Reaktionen:

⇨

> Falsch positive Reaktionen werden im Serum von Patienten beobachtet, die an Lepra, Tuberkulose, Malaria, Infektiöser Mononucleose, Kollagenkrankheiten (Lupus erythematodes u. a.) leiden. Probleme erzeugen die nicht selten falsch positiven Reaktionen in der Schwangerschaft. Auch bei Drogenabhängigen sind falsch positive Reaktionen der Syphilisserologie beschrieben.

Geschehen, d.h. sie sind am höchsten während der Krankheitsmanifestation und sinken während der Latenz und nach Therapie ab.

Bekämpfung, Prophylaxe: Die Syphilis ist als Geschlechtskrankheit weltweit in quasi-epidemischer Häufigkeit verbreitet (Morbidität in Industrieländern 4–20 gemeldete Fälle pro 100000 Einwohner und Jahr). Bevorzugt befallen sind die sexuell besonders aktiven Altersgruppen, jedoch ohne Beschränkung auf Prostituierte und Homosexuelle.
Prophylaxe im engeren Sinn ist nur durch *Vermeidung der Kontaktinfektion* (z. B. durch kondomgeschützten Geschlechtsverkehr) möglich. Zu den Bekämpfungsmaßnahmen im weiteren Sinn ist Aufklärung gefährdeter Personen über Frühsymptome der (primären) Syphilis – und dadurch verstärkte Möglichkeit eines frühen Therapiebeginnes – zu rechnen.
Auswirkungen auf die Syphilis-Morbidität dürfte auch die *Gonorrhoe-Therapie* haben, sofern sie mit Penizillin G durchgeführt wird. Wegen ihrer Schmerzhaftigkeit und ihrer kurzen Inkubationszeit von nur 2–8 Tagen wird die Gonorrhoe meist behandelt, ehe klinische Zeichen einer ggf. gleichzeitig erworbenen Syphilis auftreten können.

Bekämpfung, Prophylaxe:
Morbidität

Prophylaxe durch Vermeidung der Kontaktinfektion

Aufklärung über Frühsymptome

Einfluß der Gonorrhö-Therapie auf die Syphilis-Morbidität

28.2 Treponema pallidum (endemische Variante)

Die durch *nichtsexuellen* Mensch-zu-Mensch-Kontakt übertragene Krankheit findet sich in den Wüstengebieten des Mittleren Ostens sowie von Zentral- und Südafrika verbreitet. Bevorzugt befallen sind **Kinder** jenseits des zweiten Lebensjahres. Eintrittspforte sind meist Augen- und Mundschleimhäute. Der *Primäraffekt*, eine kleine Papel, wird nur bei etwa 1% der Infizierten beobachtet. Zwei bis drei Monate nach Erstinfektion treten an Schleimhäuten, Haut, Muskeln und Knochen die *sekundären Herde* (feuchte Papeln, Condylomata lata u.a.) auf. Nach Abheilung kommt es für 5–15 Jahre zur *Latenz*, ehe sich die *Spätform* der Endemischen Syphilis mit Befall von Haut (noduläre und tuberöse Herde und Gummen) und Knochen (typisch: Tibiadestruktion) einstellt.
Die **Diagnose** beruht auf dem geographischen Vorkommen, klinischen Befunden, ggf. dem Treponemennachweis in Herden und positiver Serologie. Penizillin-Therapie führt in allen Stadien zur Heilung.

endemische Variante von T. pallidum – Endemische Syphilis

Übertragung durch nichtsexuellen Kontakt
Verbreitung in Wüstengebieten (Mittlerer Osten u. a.)
- Primäraffekt (bei Kindern) bleibt meist unentdeckt
- sekundäre Herde (feuchte Papeln u. a.) an Schleimhäuten, Haut, Knochen
- danach Latenz von 5–15 Jahren
- Spätform mit Haut- und Knochenbefall

Diagnose:
- geographisches Vorkommen
- klinische Befunde
- positive Syphilis-Serologie bzw. Erregernachweis

Penizillin-Therapie

28.3 Treponema pertenue – Frambösie (englisch: Yaws)

Durch *nichtsexuellen* Mensch-zu-Mensch-Kontakt übertragen, ist die Frambösie mit geschätzten 50 Millionen Fällen in den tropischen Gebieten Afrikas, Südamerikas und Indiens sowie in Indonesien und auf Pazifik-Inseln eine der *häufigsten Infektionskrankheiten überhaupt.* Bevorzugt befallen werden **Kinder** und **Jugendliche**; in Endemiegebieten erkranken 75% der Bevölkerung vor dem zwanzigsten Lebensjahr.
Im Bereich der kutanen Eintrittspforte entstehen innerhalb von 2–4 Wochen nichtschmerzende erythematöse Papeln, die ulzerieren und massenhaft Treponemen enthalten. Nach Ausheilung der Hautherde bilden sich atrophische Narben. Durch Dissemination kommt es 1–12 Monate nach der Infektion zu dem **sekundären Stadium**, ebenfalls mit Papeln, die aber sich in größerer Zahl im Gesicht sowie im Axillar- und Inguinalbereich entwickeln und dann auf Stamm und Arme übergreifen. Einzelne granulomatöse Papeln des Sekundärstadiums können Durchmesser von 5 cm erreichen und hinterlassen nach Abheilung depigmentierte Areale. Sukzessive Schübe dieser Läsionen entstehen im Verlaufe vieler Monate. Im **Spätstadium** der Frambösie sind – u.a. mit gummaähnlichen Destruktionsprozessen – Knochen und Periost befallen, vor allem an Beinen und Unterarmen.
Die Diagnose beruht auf dem geographischen Vorkommen, den klinischen Befunden, dem Treponemen-Nachweis im Papelexsudat und der positiven Serologie. Penizillin G ist in allen Krankheitsstadien wirksam.

Treponema pertenue – Frambösie

Übertragung durch nichtsexuellen Kontakt
im Tropengürtel der Erde weitverbreitete Infektionskrankheit
- Primäraffekt (nichtschmerzend) im Bereich der kutanen Eintrittspforte

Ausheilung unter Narbenbildung
- Sekundärstadium 1–12 Monate p. i. (Papeln im Gesicht sowie axillär usw.)
  - Riesenpapeln
  - sukzessive Schübe
- Spätstadium mit Befall von Knochen und Periost

Diagnose: geographisch, klinisch und serologisch
Penizillin-Therapie

Treponema carateum – Pinta

Übertragung durch nichtsexuellen Kontakt
Verbreitung in den Mittel- und Südamerikanischen Tropen

- Papeln des 1. Stadiums heilen ab
- Papeln und Ulzerationen im 2. Stadium

Diagnose: geographisch, klinisch und serologisch
T. carateum negativ im Kaninchenversuch
Penizillintherapie führt zu (langsamer) Heilung

28.4 Treponema carateum – Pinta

Die Krankheit wird ebenfalls durch *nichtsexuellen* Kontakt übertragen und ist – bei einer geschätzten Fallzahl von 500 000 – in den Mittel- und Südamerikanischen Tropen endemisch. Die an der Eintrittspforte entstehenden Papeln heilen ab; die Effloreszenzen des zweiten Stadiums ulzerieren und führen zu hyperpigmentierten Narbenarealen. Die Diagnose beruht auf klinischen Befunden, geographischem Vorkommen und positiver Serologie. Die Abgrenzung gegen **Frambösie** kann schwierig sein; evtl. ist experimentelle Kanincheninfektion nötig (*T. carateum* negativ, *T. pertenue* positiv). Therapie der Wahl ist Penizillin G, doch erfolgt nur langsam Abheilung der Läsionen.

Leptospira

obligat aerobe Schraubenbakterien

29. Leptospira

H. Werner

Leptospiren sind sehr dünne *obligat aerobe* Schraubenbakterien mit engen Windungen und einem einzigartigen schnellenden Bewegungstyp. Die neuere Taxonomie hat die Konzeption entwickelt, daß zwei Spezies existieren: *L. interrogans* und *L. biflexa*, wobei die erstere die pathogenen und die zweite die freilebenden apathogenen Leptospiren repräsentiert:

2 Spezies:

- *L. interrogans* mit den verschiedenen pathogenen Serovaren
- *L. biflexa* = freilebende apathogene Leptospiren

		früher Spezies, jetzt Serovare
Leptospira	L. interrogans	L. icterohaemorrhagiae
		L. grippotyphosa
		L. canicola
		L. pomona u. a.
	L. biflexa (apathogen)	

Leptospira interrogans – Leptospirose

- Hauptwirte Säugetiere, insbesondere Nager
- Erregerausscheidung mit dem Urin
- kutane Eintrittspforte für menschliche Infektionen

Erregereigenschaften (Abb. 29-1):
- sehr dünne Zelleiber
- Darstellung nur mit Dunkelfeld- oder Phasenkontrastmethode

29.1 Leptospira interrogans

Die Leptospirose ist primär eine Krankheit freilebender Säugetiere und der Haustiere. Infizierte Tiere scheiden die Erreger mit dem Urin aus. Durch (kutanen) Kontakt mit infiziertem Urin, auch über Vermittlung von feuchtem Erdboden oder Oberflächengewässer, erwirbt der Mensch die Infektion.

Erregereigenschaften: Die 8–20 µm langen Erreger zeigen viele Windungen (Abb. 29-1) und sind lediglich 0,1 µm breit; ihre mikroskopische Darstellung

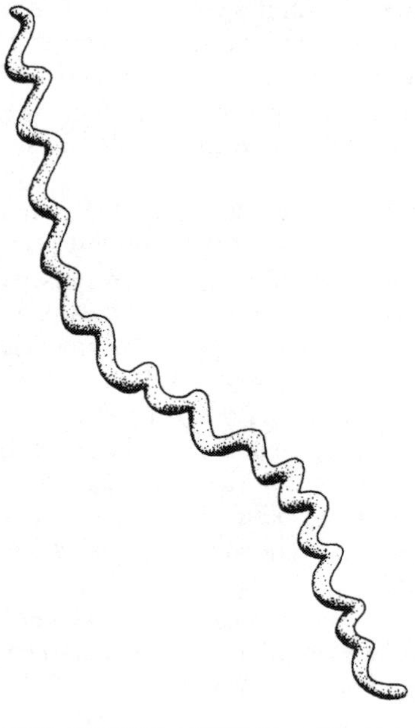

Abb. 29-1:
Elektronenmikroskopische Aufnahme von Leptospira interrogans Serovar icterohaemorrhagiae (in Nachzeichnung)

ist daher nur mit der *Dunkelfeld-* oder der *Phasenkontrastmethode* möglich. In flüssigen Medien erscheinen Leptospiren meist hakenförmig umgebogen. Leptospiren besitzen *zwei periplasmatische Geißeln*, und zwar entspringt jeweils eine an den beiden entgegengesetzten Zellpolen. Die freien Enden der periplasmatischen Geißeln sind auf die Zellmitte hin gerichtet, überlappen jedoch nicht (wie bei Treponemen und Borrelien). Die Beweglichkeit der Leptospiren erhöht sich mit steigender Viskosität des umgebenden Milieus. In der Trockensubstanz der Leptospiren sind keine Glykolipide vorhanden. Das Peptidoglykan enthält *Diaminopimelinsäure* (anstelle von Ornithin wie bei Borrelien).

Von allen pathogenen Spirochaetaceae sind Leptospiren am *leichtesten* in vitro zu züchten. Sie sind sauerstoffbedürftig und erfordern Zusatz von langkettigen Fettsäuren sowie von Vitamin B_1 und B_{12} zum Medium. Bei 30 °C und pH 7,4 kultiviert, beträgt ihre Verdopplungszeit etwa 12 Std.

Innerhalb der Spezies L. interrogans sind mehr als *180 Serotypen* (Serovare) – früher als eigene Arten betrachtet – beschrieben.

- 2 periplasmatische Geißeln
- schnellender Bewegungstyp
- Peptidoglykan mit Diaminopimelinsäure
- leichte Kultivierbarkeit
- Verdopplungszeit in vitro 12 Std.
- mehr als 180 Serovare

Pathogenese, Klinik, Verlauf: Leptospiren dringen über Schleimhäute sowie über Hautverletzungen in den Menschen ein. An der Eintrittspforte entsteht keine Läsion, vielmehr breitet sich die Infektion auf dem Blutwege aus *(leptospirämische Phase).* Humorale Antikörper in Verbindung mit Komplement wirken *leptospirizid*; infolgedessen werden die Erreger aus den meisten Organen mit Ausnahme von Hirn, Augen und Nieren wieder eliminiert. Während sich Leptospiren in Gehirn und Augen nur noch wenig vermehren, führt Erregervermehrung in den *Tubuli contorti* zu einer Ausscheidung von Leptospiren im Urin (Keimzahl bis 10^7 pro ml). Im Menschen können Leptospiren Wochen bis Monate persistieren (im Nagetier lebenslang).

Die molekularen Mechanismen der Pathogenese sind noch unaufgeklärt (Endotoxinwirkung fraglich; Ektotoxin nicht nachgewiesen). Die Diskrepanz zwischen Schwere des klinischen Bildes und weitgehendem *Fehlen eines pathohistologischen Substrates* weist auf Schädigungen im subzellulären Bereich. Schwere Fälle von Leptospirose sind durch progressive **Verschlechterung der Leber- und Nierenfunktionen** charakterisiert. Endet eine schwere Leptospirose (die ätiologisch meist dem klassischen Morbus Weil entspricht und durch Serovar icterohaemorrhagiae hervorgerufen ist) nicht tödlich, so tritt völlige Wiederherstellung der Leber- und Nierenfunktionen ein.

Pathogenese, Klinik, Verlauf:
an der kutanen bzw. mukokutanen Eintrittspforte entsteht keine Läsion
hämatogene Ausbreitung
Leptospirizidie durch Antikörper + Komplement
Leptospirenvermehrung in den Tubuli contorti führt zu Erregerausscheidung mit dem Urin
Erregerpersistenz (ohne Chemotherapie) = Wochen bis Monate
keine Ektoxinbildung
schweres klinisches Bild, aber wenig Pathohistologie
schwere Fälle = progressive Verschlechterung der Leber- und Nierenfunktion, aber → völlige Wiederherstellung möglich

Klinisch ist die Leptospirose eine biphasische Krankheit mit akuter *leptospirämischer* und – nach Immunitätsaufbau – einer zweiten *leptospirurischen* Phase. Die drei häufigst befallenen Organsysteme sind *ZNS, Nieren* und *Leber.* Nach einer Inkubationszeit von 7–14 Tagen beginnt die **leptospirämische Phase** mit plötzlichem Fieber, heftigen Kopfschmerzen, Myalgien und Schwindel. Diese Symptome bleiben ungefähr 1 Woche bestehen. Ein besonders schwerer Verlauf ist meist durch Ikterus angezeigt. Danach folgt eine mehrere Tage lange asymptomatische Periode, die von der zweiten, **leptospirurischen Krankheitsphase** mit kürzeren Fieberschüben und ZNS-Beteiligung (Meningitis) abgelöst wird.

Überstehen der Krankheit führt zu jahrelang wirksamer *serovarspezifischer Immunität.* Die Immunantwort im Patienten ist überwiegend humoral; lediglich bei Spätfolgen werden zellvermittelte Immunphänomene diskutiert.

1. Krankheitsphase leptospirämisch
2. Krankheitsphase leptospirurisch
Organbefall: ZNS, Nieren, Leber
Inkubationszeit 7–14 Tage
Fieber, Myalgien u. a.
Ikterus zeigt schweren Verlauf an nach asymptomatischem Intervall:
2. leptospirurische Phase
Krankheit hinterläßt **serovar-spezifische Immunität**

Meldepflicht: Leptospirose ist (als *Weil'sche Krankheit* und als „übrige Formen") bei Erkrankung und Tod meldepflichtig.

Meldepflicht

Diagnose: Aufgrund des klinischen Bildes allein (fieberhafte Krankheit mit *Hepatitis* und *Meningitis*) läßt sich die ätiologische Diagnose meist nicht stellen. Letztere beruht auf dem Antikörpernachweis im Patientenserum mit Hilfe des *Agglutinations-Lysis-Testes* (zu dem lebende Leptospiren als Antigen benötigt werden) und der KBR, in seltenen Fällen auch auf dem Erregernachweis aus Blut, Organen und Urin.

Diagnose:
klinisch meist nicht eindeutig möglich
Serodiagnostik:
- Agglutinations-Lysis-Test
- KBR
- ggf. Erregernachweis (z. B. autoptisch)

Therapie: Auf Antibiotikagabe (Penizillin G; Doxycyclin) spricht die Frühphase der Krankheit gut, die zweite Phase unregelmäßig an.

Therapie:
Frühtherapie meist wirksam

Bekämpfung, Prophylaxe: Eindämmung der Rattenplage und Schutz be-

Bekämpfung, Prophylaxe:

- Eindämmung der Rattenplage
- Schutz berufsbedingt exponierter Personen

aktive Immunisierung von Haustieren
Chemoprophylaxe mit Doxycyclin möglich

stimmter Berufsgruppen (Kanalarbeiter) gegen Kontamination mit Rattenurin sind seit langem akzeptierte Bekämpfungsmaßnahmen. Tierärztliche Kontrolle von Haustieren vermindert die Gefahr menschlicher Infektionen. Bei Haustieren wurde in einigen Teilen der Welt eine *aktive Immunisierung* (mit polyvalenten Antigenen von mehreren epidemiologisch relevanten Serovaren) durchgeführt. Chemoprophylaxe kurzfristig exponierter Personengruppen ist mit Doxycyclin möglich.

Spirillum minus – Rattenbißkrankheit

29.2 Spirillum minus

- Gattung Spirillum besitzt starre Zellwand und extrazelluläre Geißeln
- Spirillum minus in vitro nicht züchtbar

Mikrobiologie:
Erreger ist bipolar büschelförmig begeißelt
menschliche Infektionen durch Nagetierbiß

Die beweglichen spiralig gewundenen (2–3 Windungen) Stäbchen der Gattung Spirillum gehören nach den aktuellen Lehren der Taxonomie nicht zu den Spirochaetaceae, weil sie eine starre Zellwand und typische extrazelluläre Geißeln besitzen. Spirillum minus, das in vitro *nicht züchtbar* ist und von dem kein authentischer Stamm existiert, ist eine taxonomisch fragwürdige Entität, der aber die ursprüngliche Bezeichnung vorläufig belassen ist.
S. minus ist 3–5 μm lang und 0,2–0,5 μm breit. An beiden Zellpolen sitzen Büschel von Geißeln. Der Erreger ist hauptsächlich bei wildlebenden Nagetieren verbreitet. Infektionen des Menschen entstehen durch *Biß von Nagetieren* oder von nagetierfressenden Tieren. Menschliche Fälle werden weltweit beobachtet, sind jedoch vorwiegend aus Ostasien beschrieben (sog. *Sodoku*).

Verlauf:
- schmerzhafte Ulzeration an der Bißstelle → Erythem, Fieber, Lymphknotenvergrößerung u. a.
- Verschwinden der Symptome und Rückfall nach mehrtägigem Intervall

Nach einer Inkubationszeit von etwa 2 Wochen entzündet sich die Bißstelle, und eine schmerzhafte Ulzeration entsteht. Parallel damit gehen *Entzündung und Vergrößerung der regionären Lymphgefäße* und Lymphknoten, außerdem *Fieber*, Kopfschmerzen und ein von der Wunde ausgehendes *Erythem*, welches nur 48 Std. bestehen bleibt. Ohne antibiotische Behandlung gehen die Symptome zurück, treten jedoch 3–9 Tage später wieder auf. Dieses *„Rückfallfieber"* kann Wochen oder Monate anhalten.

Diagnose durch **Erregernachweis**
Inokulation von Laboratoriumstieren
Therapie mit Aminoglykosid und/oder Penizillin

Die ätiologische Diagnose wird durch den Nachweis von S. minus in Dunkelfeld-Präparationen aus Primärläsionen, den regionären Lymphknoten oder dem Blut gestellt. Falls diese Methode versagt, können Laboratoriumstiere mit Lymphknotenmaterial oder Blut des Patienten inokuliert und auf Entwicklung einer Spirillämie kontrolliert werden. Aminoglykoside (Streptomycin, Gentamicin) und Penizillin sind therapeutisch wirksam.

Borrelia

30 Borrelia

E. Halle, W. Presber

Borrelien (Tab. 30-1) sind die Erreger des
- Rückfallfiebers und der
- Lyme disease

Die Gattung Borrelia umfaßt mehrere Species (s. Tab. 30-1). Als Erkrankungen beim Menschen sind verschiedene Formen des **Rückfallfiebers** (Febris recurrentis) und die **Lyme disease** bekannt.

Erregereigenschaften:
- spiralförmige Erreger,
- 4–30 Windungen,
- bis 25 μm lang,
- beweglich.

Erregereigenschaften: Borrelien sind 5 bis 25 μm lange, schlanke Mikroorganismen mit 4–30 weiten, spiralförmigen Windungen. Der Zellkörper läuft spitz aus. Sie sind sehr biegsam und erreichen durch Endoflagellen eine hohe Beweglichkeit, indem sie um ihre Längsachse rotieren.
Borrelien sind *schwer anzüchtbar.* Sie wachsen unter mikroaerophilen Bedingungen auf komplexen (serumhaltigen) Nährmedien. Eine Anzucht im bebrüteten Hühnerei ist möglich.

Rückfallfieber-Borrelien

30.1 Rückfallfieber-Borrelien

Wichtigste Erreger:
- *Borrelia recurrentis:* epidemisches oder Läuserückfallfieber
- *Borrelia duttoni:*

Die beiden wichtigsten Vertreter der „Rückfallfieber-Borrelien" sind die weltweit vorkommende *B. recurrentis* und die nur in Afrika vorkommende *B. duttoni.* Sie sind die Erreger des **epidemischen Rückfallfiebers** oder, da die Übertragung in diesem Falle vor allem durch Läuse erfolgt, auch **Läuse-**

Tab. 30-1: Überblick über ausgewählte Spezies der Gattung Borrelia, Vektoren, geografische Verteilung und Art der Erkrankung

Borrelia-Spezies	Vektor	Geografische Verteilung	Erkrankung
B. recurrentis	Kleiderlaus – Pediculus humanus humanus	weltweit	epidemisch. Rückfallfieber
B. duttoni	Zecken Ornithodorus moubata	Zentral-, Ost- und Südafrika	endemisch. Rückfallfieber
B. hispanica	Zecken Ornithodorus erraticus	Nordafrika, östliches Mittelmeer	spanisch-afrikan. Rückfallfieber
B. parkeri	Zecken Ornithodorus parkeri	westliche USA	amerikan. Rückfallfieber
B. venezuelensis	Zecken Ornithodorus venezuelensis	Zentral- und Südamerika	amerikan. Rückfallfieber
B. burgdorferi	Zecken Ixodes ricinus	Europa	Lyme disease
	I. dammini	östl. USA	Lyme disease
	I. pacificus	westl. USA	Lyme disease
	I. scapularis	Europa	Lyme disease

rückfallfieber bzw. des **endemischen** oder **Zeckenrückfallfiebers** (s. a. Tab. 30-1).

endemisches oder Zeckenrückfallfieber

Pathogenese: Nach Infektion gelangen die Borrelien auf hämatogenem und lymphogenem Weg in verschiedene parenchymatöse Organe, dort können sie sich vermehren.
Die Fieberrückfälle (s. klinische Erscheinungen) werden sehr wahrscheinlich durch eine **Variabilität der Antigenstrukturen** von *B. recurrentis* verursacht. Durch Antigendrift der Zellwandproteine können sich die Borrelien den induzierten Antikörpern entziehen.

Pathogenese:
- Übertragung durch blutsaugende Arthropoden.
- Vermehrung nach hämatogener bzw. lymphogener Ausbreitung in parenchymatösen Organen.
- Ursache der Fieberschübe: Antigendrift der Oberflächenstrukturen.

Klinische Erscheinungen: Rückfallfieber ist eine septikämische Erkrankung des Menschen, die durch *typische Fieberschübe* gekennzeichnet ist. Nach einer Inkubationszeit von 2–15 (meist 5–8) Tagen steigt das Fieber plötzlich auf 40–41 °C und dauert dann etwa 3–7 Tage an. Nach einem fieberfreien Intervall von mehreren Tagen bis Wochen kommt es erneut zu Fieberschüben, die jedoch leichter verlaufen. Der Fieberanstieg ist jeweils von Schüttelfrost begleitet. Neben Schmerzen an Kopf und Gliedern, können Übelkeit und Erbrechen auftreten.
Als Komplikationen sind **Schäden der Leber** (Ikterus ist möglich), der **Nieren** und von **Herz** und **Kreislauf** möglich.

Klinische Erscheinungen:
- Inkubationszeit etwa 5–8 Tage.
- Plötzlicher Fieberanstieg mit Schüttelfrost.
- Das Fieber erreicht bis 41 °C und dauert nur wenige Tage.
- Mehrere Fieberschübe von 3 bis 7 Tagen sind möglich.

Diagnostik: Aus dem klinischen Bild ergibt sich bei einer entsprechenden Anamnese (Läuse- bzw. Zeckenkontakt oder Auslandsaufenthalte) eine Verdachtsdiagnose, die durch den Nachweis der Erreger im Blut mikroskopisch oder im Tierversuch bestätigt werden muß.
Das Blut für die Bakterioskopie muß im Fieberanstieg entnommen werden. Es kann *nativ* (Dunkelfeld- oder Phasenkontrastmikroskopie) oder im *Giemsa-Präparat* (Ausstrich oder dicker Tropfen) untersucht werden.
Der Tierversuch wird in der Maus durchgeführt. 2 bis 3 Tage nach dem Verimpfen des Materials können im positiven Falle die Borrelien im Blut nachgewiesen werden.
Die Primärkultur ist unzuverlässig; eine Anzucht kann auf serumhaltigen Nährböden oder im bebrüteten Hühnerei versucht werden.
Eine Xenodiagnose ist möglich. Dabei werden bakterienfrei aufgezogene Läuse eingesetzt. Nach einer Blutmahlzeit beim Patienten entwickeln sich in

Diagnostik:
Bei entsprechendem klinischen Bild und passender Anamnese:
- Mikroskopischer Erregernachweis im Blut (während des Fieberanstiegs!) oder
- Tierversuch durch Beimpfen von Mäusen
- (Xenodiagnose mit Läusen ist möglich)

ihnen massenhaft Borrelien, die dann leicht mikroskopisch nachweisbar sind. Serologische Methoden spielen keine Rolle.
Differentialdiagnostisch muß an **Malaria**, aber auch an **Brucellose** oder **Leptospirose** gedacht werden.

Therapie:
Mittel der Wahl sind
- Tetrazykline und
- Penizilline.

Therapie: Als Mittel der Wahl kommen trotz In-vitro-Empfindlichkeit von Borrelien gegenüber vielen Chemotherapeutika Tetrazykline und Penizilline in Frage. Als Alternative ist Erythromycin möglich.

Epidemiologie:
Läuserückfallfieber
Bei starkem Läusebefall Übertragung von Mensch zu Mensch = epidemisches Rückfallfieber.
Seuche der Kriegszeiten, heute noch in afrikanischen Ländern von Bedeutung.

Zeckenrückfallfieber:
Übertragung der Erreger durch Zecken vom tierischen Reservoir auf den Menschen.
Krankheitsfälle meist vereinzelt: endemisches Rückfallfieber.

Epidemiologie:
a) *Läuserückfallfieber = epidemisches Rückfallfieber:* Die Unterscheidung in Läuse- oder Zeckenrückfallfieber wird in Abhängigkeit von der hauptsächlichen Übertragung vorgenommen. Im Falle des Läuserückfallfiebers erfolgt die Übertragung durch *Kleiderläuse* von Mensch zu Mensch. Epidemien treten im Zusammenhang mit starkem Befall durch Kleiderläuse, insbesondere in Kriegs- und Notzeiten auf. Die starke Verlausung von Bevölkerungsgruppen führt dann auch zu dem epidemischen Geschehen. Die letzten weltweiten Ausbrüche gab es während und nach dem 2. Weltkrieg. Das ursprünglich weltweit verbreitete Läuserückfallfieber kommt heute fast nur noch in afrikanischen Ländern (Äthiopien, Sudan) vor.
b) *Zeckenrückfallfieber = endemisches Rückfallfieber:* Als Reservoir für die Borrelien kommen verschiedene Nagetiere in Frage. Zecken sind die Überträger innerhalb des Reservoirs. Da der Mensch relativ selten Zecken-exponiert ist, tritt diese Erkrankung nur sporadisch auf. Ein weiterer Grund für das sporadische bzw. endemische Auftreten des Zeckenrückfallfiebers ist darin zu sehen, daß die Zecken nur in größeren Abständen Blut saugen und den Menschen nicht permanent, wie Läuse, befallen.

Prophylaxe:
- Vektorbekämpfung (Entlausung) und
- Schutz vor Zeckenbiß (Kleidung)

Meldepflicht: für Verdacht, Erkrankung und Tod

Prophylaxe: Als wichtigste prophylaktische Maßnahme gilt die Beseitigung der Vektoren (Läuse, Zecken). Läuse können mit Insektiziden erfolgreich bekämpft werden.
Rückfallfieber war früher eine Quarantänekrankheit. **Meldepflicht** besteht bei Verdacht, Erkrankung und Tod an Rückfallfieber.

Borrelia burgdorferi → Lyme disease

30.2 Borrelia burgdorferi

Erregereigenschaften:
- dicke Schraubenbakterien mit weiten, unregelmäßigen Windungen.
- Durch Endoflagellen stark beweglich (Rotation um die Längsachse)
- Auf Spezialnährböden kultivierbar
- Stabile Oberflächenantigene

Erregereigenschaften: B. burgdorferi wurde erst 1982 beschrieben. Diese Spezies ist, im Gegensatz zu den meisten Rückfallfieber-Borrelien auf Spezialnährböden **kultivierbar**.
Im lichtmikroskopischen Präparat erscheinen sie als relativ dicke Schraubenbakterien mit weiten, unregelmäßigen Windungen. B. burgdorferi ist stark beweglich (Endoflagellen). Kultivierte Stämme von B. burgdorferi können mit der SDS-Polyacrylamidgelelektrophorese oder im Westernblot mit monoklonalen Antikörpern charakterisiert werden. Die Antigene sind, im Gegensatz zu den Rückfallfieberborrelien, stabil.

Pathogenese:
Die Übertragung auf den Menschen erfolgt durch Zecken.
Die Pathogenese der **Lyme-Borreliose** ist noch weitgehend unklar.
Sicher spielen besonders bei den späten Komplikationen Immunmechanismen eine Rolle.

Pathogenese: Die Pathogenese der Lyme-Borreliose ist noch weitgehend unklar. Die Ausbreitung erfolgt von der Bißstelle (Eintrittspforte) durch aktive Bewegung der Erreger in das umliegende Gewebe oder durch lymphogene bzw. hämatogene Streuung. In Abhängigkeit vom Ausbreitungsmechanismus entwickeln sich die verschiedenen Symptome: Erythema chronicum migrans, Lymphadenopathie bzw. Organmanifestationen.
Wahrscheinlich spielen besonders bei den späten Manifestationen und Komplikationen neben der Erregerpersistenz auch immunologische Mechanismen (z. B. Immunkomplexablagerung) eine Rolle.

Klinische Erscheinungen:
Verlauf der Lyme-Borreliose oder Lyme disease wird in drei Stadien eingeteilt:

Klinische Erscheinungen: Die durch B. burgdorferi hervorgerufene Erkrankung wird als Lyme disease oder Lyme-Borreliose bezeichnet. Der Name bezieht sich auf das Endemiegebiet Lyme in Connecticut (USA), in dem 1976 diese Erkrankung als Arthritis bei Jugendlichen beschrieben wurde.
Die Lyme-Borreliose ist die **häufigste von Zecken übertragene Infektionskrankheit** in Deutschland. Das klinische Bild ist heterogen. Sinnvoll ist eine Stadieneinteilung analog zur Syphilis.

Stadium I = Frühsymptome:
Erythema (chronicum) migrans tritt nach Zeckenbiß innerhalb von Tagen bis Wochen auf und imponiert als makulös-papulöse Effloreszenz mit einem Ringerythem. Typisch ist die konzentrische Ausbreitung des geröteten Ringes, der bis zu 20 cm Durchmesser erreichen kann.
Als Begleitsymptome können Fieber, Kopfschmerzen und Myalgien auftreten. Auch Lymphknotenschwellungen sind möglich. Die Manifestation erfolgt am häufigsten im Juni und Juli.

Stadium I:
Erythema (chronicum) migrans, ein sich konzentrisch ausbreitendes Ringerythem.
Inkubationszeit: Tage bis wenige Wochen.

Stadium II = Spätsymptome:
Dieses Stadium kann sich Wochen bis Monate nach dem Zeckenbiß herausbilden. Typisch für das Stadium II sind spezifische und unspezifische klinische Symptome, die
- das ZNS (Meningitis, Enzephalitis, Meningoradikulitis (Garin-Bujadoux-Bannwarth) oder Facialisparese)
- das Herz (Lyme-Karditis) und
- das Lymphsystem (Lymphadenitis cutis benigna) betreffen können.

Die Manifestation erfolgt meist im Juli bis September.

Stadium II:
Beteiligung von
- ZNS (Meningitis, Enzephalitis, **Meningoradikulitis**)
- Herz **(Lyme-Karditis)** und
- Lymphsystem **(Lymphadenitis cutis benigna)**.

Diese Manifestationen treten Wochen bis Monate nach der Infektion auf.

Stadium III = chronisches Stadium:
Die Manifestation erfolgt nach Monaten oder Jahren als:
- Acrodermatitis chronica atrophicans (Herxheimer),
- Lyme-Arthritis oder
- chronische Borrelienenzephalomyelitis (sehr selten) mit Para- und Tetraparesen.

Im Gegensatz zum Stadium I und II liegt beim Stadium III kein saisonales Auftreten vor.
Konnatal übertragene Lyme-Borreliosen sind wohl möglich, scheinen aber sehr selten zu sein.

Stadium III:
Dieses chronische Stadium manifestiert sich nach Monaten oder Jahren als:
- Acrodermatitis chronica atrophicans
- **Lyme-Arthritis** oder
- chronische Borrelienenzephalomyelitis.

Epidemiologie: Der Vektor für B. burgdorferi sind Zecken, in Europa hauptsächlich der Holzbock *(Ixodes ricinus),* in den USA andere Ixodes-Arten (s. Tabelle 30-1). Möglicherweise kommen als Vektoren auch blutsaugende Insekten in Frage. Als Reservoire für B. burgdorferi werden Mäuse und Rehwild beschrieben. Forstarbeiter weisen mit zunehmendem Alter signifikant erhöhte Antikörpertiter gegen B. burgdorferi auf.
Die Lyme-Borreliose wird häufig in Waldgebieten erworben, aber auch in Parks und Gärten von Städten.

Epidemiologie:
Die Übertragung erfolgt durch **Zecken!** [In Europa vor allem durch Ixodes ricinus (Holzbock)].

Reservoire sind Wildtiere.

Risikogruppen sind u. a. Forstarbeiter.

Diagnostik: Bei für Lyme-Borreliose typischen Verlaufsformen (wie *Erythema chronicum migrans, Lymphadenitis cutis benigna, Acrodermatitis chronica atrophicans*) wird eine gezielte Diagnostik, bei unspezifischen Erscheinungen (*Karditis, Arthritis, Facialisparese*) eine Ausschlußdiagnostik eingeleitet. Der Nachweis von **borrelienspezifischen Antikörpern** ist die diagnostische Methode der Wahl.
Zu empfehlen sind:
- der indirekte IgG- und der IgM-Immunfluoreszenz-Test,
- der IgG- und IgM-ELISA und
- die indirekte Hämagglutination.

Diagnostik:
Bei entsprechendem Verdacht:

Nachweis borrelienspezifischer Antikörper!

Eingesetzt werden:
- Indirekte Immunfluoreszenz (IgM und IgG),
- ELISA (IgM und IgG) und
- Indirekte Hämagglutination

Für eine Lyme-Borreliose sprechen:

- Serokonversion oder signifikante Titerbewegung
- einmalig ermittelte hohe bzw. sehr hohe Titerwerte
- Nachweis von borrelienspezifischen IgM-Antikörpern

für eine Lyme-Borreliose sprechen:

⇐

Beim Erythema migrans und auch im Anfangsstadium der Meningoradikulitis kann man Seronegativität finden.
Ein Marker für eine Beteiligung des ZNS ist der Nachweis intrathekal gebildeter Antikörper. Im Liquor-Serum-Paar wird mit dem ELISA der Gehalt an Gesamt-IgG und Borrelien-spezifischen IgG-Antikörpern bestimmt. Ist der Anteil spezifischer Antikörper am Gesamt-IgG im Liquor höher als im Serum, spricht dies für eine intrathekale Antikörperbildung.

Eine Beteiligung des ZNS wird durch den Nachweis höherer Titer von spezifischen Antikörpern im Liquor im Vergleich zum Serum nachgewiesen.

Der mikroskopische Erregernachweis ist in Punktaten und Bioptaten mittels:
- Nativpräparaten und
- gefärbten Ausstrichen

möglich.

Der direkte *mikroskopische Erregernachweis* ist möglich. In Frage kommen:
- die mikroskopische Untersuchung als Nativpräparat oder auch
- der Nachweis im gefärbten Präparat (z. B. sogenannte modifizierte Steiner-Färbung).

Erregeranzucht:

⇨

> Für die Anzüchtung ist ein komplexes Anreicherungsnährmedium (z. B. Kelly-Medium) notwendig. Die Zeit für die Isolierung beträgt 1 bis 5 Wochen!

Geeignete Untersuchungsmaterialien sind neben Blut für die Serologie auch Liquor, Punktate oder Hautbiopsien.

Therapie:
Mittel der Wahl sind Tetrazykline.

Therapie: Die Therapie der Wahl ist eine antimikrobielle Chemotherapie mit Tetrazyklinen. Auch Penizillin G oder Erythromycin sind einsetzbar, jedoch ist Borrelia burgdorferi wahrscheinlich gegen Penizillin G resistenter als ursprünglich angenommen wurde. In der Therapie von Stadium I und II hat sich Ceftriaxon bewährt.

Epidemiologie und Prophylaxe:
- Der Erreger ist weltweit verbreitet.
- Reservoire sind Wildtiere.
- Die Übertragung erfolgt durch **Zecken.**
- Schutz vor Zecken (Kleidung) ist bisher die wirksamste Prophylaxe.
- Ein Impfstoff existiert noch nicht.

Epidemiologie und Prophylaxe: Der Erreger der Lyme-Borreliose kommt wahrscheinlich *weltweit* vor. Reservoire sind verschiedene *Wildtiere* (Rehwild, Nager und auch Vögel), die nicht sichtbar erkrankt sind.
Die Übertragung erfolgt durch *Zecken* und daher ist die Vermeidung der Zeckenexposition (z. B. durch adäquate Kleidung) die wirksamste Schutzmaßnahme. Nach einem Biß sollte die Zecke bald entfernt werden.
Eine aktive oder passive Immunisierung steht z. Z. nicht zur Verfügung.

Mycoplasma, Ureaplasma

31. Mycoplasma – Ureaplasma

P. C. Döller

Familie Mycoplasmataceae

31.1. Familie Mycoplasmataceae

Familie	Gattung	Art
Mycoplasmataceae	Mycoplasma	M. pneumoniae
		M. hominis
		M. salivarium
		M. orale
		M. fermentans
		M. buccale
		M. faucium
		M. genitalium
		M. lipophilium
	Ureaplasma	U. urealyticum

Erregereigenschaften:
extrazellulär sich vermehrende Prokaryonten
- dsDNA und RNA
- Plasmamembran
- Ribosomen

Charakteristika:
- filtrierbar durch Bakterienfilter
- keine Zellwand
- pleomorphe Gestalt

Erregereigenschaften: In der Familie Mycoplasmataceae werden kleine *zellwandlose*, von einer Plasmamembran umgebene, extrazellulär sich vermehrende Prokaryonten zusammengefaßt. Sie verfügen über eine doppelsträngige DNA und über RNA, eine Plasmamembran, sowie Ribosomen. Mit einem Durchmesser von 0,2–0,3 µm zählen sie zu den kleinsten **freilebenden** Prokaryonten und werden in der Umgangssprache häufig mit dem Trivialnamen Mykoplasmen bezeichnet. Die Klassifikation der Mycoplasmataceae beruht auf biochemischen, auf serologischen, sowie auf molekularbiologischen Untersuchungen. Derzeit sind 69 Arten der Gattung Mycoplasma bekannt, welche vorwiegend im Tierreich vorkommen. Vom Menschen wurden bisher nur 9 Arten isoliert. Von den beiden bekannten Ureaplasma spp. ist nur *U. urealyticum* humanpathogen. Mykoplasmen können aufgrund ihrer geringen Größe bakteriendichte Membranfilter (Porengröße 450 nm) passieren. Mykoplasmen besitzen keine Zellwand und werden nur von einer Plasmamembran begrenzt. Daher sind sie in ihrer Gestalt sehr variabel *(pleo-*

morph) und in ihrem Färbeverhalten *gramnegativ.* Intrazelluläre Membranstrukturen sind nicht nachweisbar. Die Zellform wird v. a. von den angebotenen Nährstoffen, dem osmotischen Druck des Nährmediums und auch von der Wachstumsphase der Kultur bestimmt. Die meisten Arten sind *fakultativ anaerob.* Zytochrome der Elektronentransportkette (Atmungskette) fehlen. Aufgrund ihres kleinen Genoms sind ihre Synthesefähigkeiten begrenzt, so daß ihre Vermehrung von komplexen Nährmedien bzw. von lebenden Zellen abhängig ist. Der optimale pH-Bereich für das Wachstum liegt für Mycoplasma spp. bei ca. 8,0 und für Ureaplasma spp. bei ca. 6,0.
Bei der Anheftung an die Wirtszelle sowie bei Gleitbewegungen auf feuchten Oberflächen ist wahrscheinlich eine endständige Struktur der Mykoplasmen beteiligt. In dieser terminalen Spitze befindet sich ein Fibrillenbündel, welches sich durch die gesamte Zelle erstreckt und ein bei anderen Prokaryonten nicht bekanntes Zytoskelett bildet. Bewegungsorganellen sind nicht vorhanden.

die Vermehrung ist von komplexen Nährmedien bzw. lebenden Zellen abhängig

optimaler pH-Bereich:
- Mycoplasma spp.: 8,0
- Ureaplasma spp.: 6,0

Gleitbewegungen

Vermehrungszyklus: Genomreplikation und Zytoplasmavermehrung verlaufen asynchron. Das Genom wird repliziert, ohne daß es zunächst zu einer zytoplasmatischen Einschnürung kommt. Dadurch entstehen multinukleäre Fadenformen, die häufig verzweigt sind. Später schnürt sich das Zytoplasma zwischen den replizierten Genomen ein, und es bilden sich Ketten von kokkoiden Formen, welche dann in einzelne kugelförmige Mikroorganismen (0,3–0,8 µm im Durchmesser) zerfallen. Selbst unter optimalen Wachstumsbedingungen, wie sie bei jungen Kulturen in der logarithmischen Wachstumsphase vorliegen, erfolgen Genomreplikation und Zytoplasmavermehrung nicht synchron (Abb. 31-1).

Vermehrungszyklus:
- asynchrone Genomreplikation und Zytoplasmavermehrung
- Ausbildung multinukleärer Fadenformen mit anschließendem Zerfall in kugelförmige Mikroorganismen

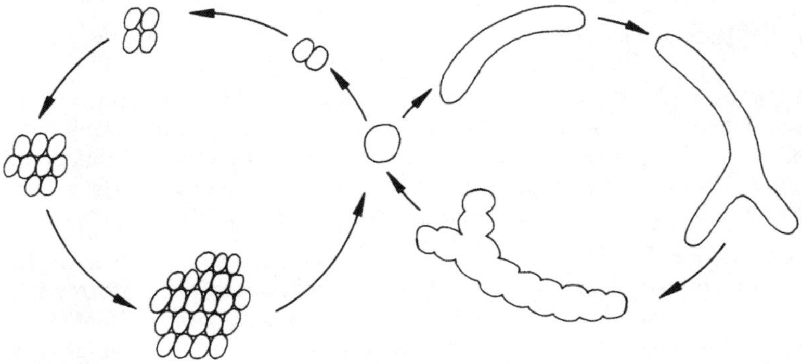

Abb. 31-1: Vermehrungszyklus von Mycoplasma spp.

Mykoplasmen und L-Phase-Bakterien (L-Formen): Mykoplasmen sind nicht in der Lage, Zellwandbestandteile (Peptidoglykane) zu synthetisieren, so daß sie gegenüber sämtlichen Penizillinen und deren Analoga *resistent* sind
„L-Formen" findet man bei einer Vielzahl verschiedener Bakterienarten. Sie können entweder *spontan* oder *nach Induktion,* z. B. durch Penizillin, Lysozym oder durch hohe Salzkonzentrationen, entstehen. Diese in ihrer Zellwandsynthese gestörten (zellwandlosen bzw. – defekten) Varianten stellen vorwiegend Laborartefakte dar. Auch wenn sie häufig morphologisch nicht unterscheidbar sind, bestehen zwischen Mykoplasmen und L-Formen erhebliche Unterschiede. So finden sich im Gegensatz zu den Mykoplasmen bei L-Formen unter anderem Vorläufer von Zellwandpolymeren sowie Penizillin-bindende Proteine in der Zellmembran. Sobald die L-Form-induzierenden Substanzen aus dem Nährmedium entfernt werden, kehren die L-Formen in ihre zellwandhaltige Bakterienform zurück. Sog. L-Formen sind, wie auch die Mykoplasmen, sehr *empfindlich* gegenüber **osmotischem Schock, Detergentien** und **Alkohol**, sowie gegenüber **spezifischen Antikörpern**, die zusammen mit Komplement zur Lyse der Zellen führen.

Mykoplasmen und L-Phase Bakterien:

Entstehung spontan oder induziert

L-Phase-Bakterien sind von Mykoplasmen morphologisch nicht unterscheidbar

Tab. 31-1: Natürliches Vorkommen und assoziierte Erkrankungen verschiedener vom Menschen isolierter Mycoplasma spp.

Organismus	Isolierungs-häufigkeit	Ort der Koloni-sierung	assoziierte Erkrankung
M. buccale	selten	Oropharynx	keine
M. faucium	selten	Oropharynx	keine
M. fermentans	selten	Urogenitaltrakt, Gelenkflüssigkeit	fraglich
M. genitalium	selten	Urogenitaltrakt	keine
M. hominis	häufig	Urogenitaltrakt	urogenitale Infektionen, septische Arthritis, postpartales Fieber, Erkrankungen bei Neugeborenen
M. lipophilium	selten	Oropharynx	keine
M. orale	häufig	Oropharynx	keine
M. pneumoniae	selten (außer bei Epidemien)	oberer und unterer Respirationstrakt	primär atypische Pneumonie, Bronchitis, Tracheitis
M. salivarium	häufig	Mundhöhle	keine
U. urealyticum	häufig	Urogenitaltrakt	nichtgonorrhoische Urethritis, ZNS-Infektionen bei Frühgeborenen

Mycoplasma spp.

Mycoplasma pneumoniae

Pathogenese
- Affinität zum unteren Respirationstrakt

Klinik, Verlauf
Inkubationszeit: ca. 1–3 Wochen
- asymptomatischer Verlauf
- häufig Tracheobronchitis
- atypische Pneumonie

Komplikationen außerhalb des Respirationstraktes
langwierige Rekonvaleszenz

Diagnose:
- Erregeranzucht

31.2 Mycoplasma spp.

31.2.1 Mycoplasma pneumoniae

Pathogenese: Mycoplasma pneumoniae besitzt eine Affinität zum unteren Respirationstrakt. Nach Anheftung an das respiratorische Epithel werden die Schleimhautzellen zerstört und die Funktion der Zilien beeinträchtigt. Bei schweren Krankheitserscheinungen können Immunmechanismen durch Auftreten zirkulierender Antigen-Antikörper-Komplexe eine Rolle spielen.

Klinik, Verlauf: Die Inkubationszeit variiert zwischen 1–3 Wochen. In weniger als einem Drittel der Fälle verläuft die Infektion *asymptomatisch.* Mehr als zwei Drittel der Infizierten entwickeln eine *Tracheobronchitis.* Die Erkrankung beginnt schleichend mit trockenem Husten, substernalen Schmerzen, Hals-, Kopf- und Thoraxschmerzen, sowie meist subfebrilen Temperaturen (Influenza-ähnliche Symptomatik). Bei ca. 3 % der Infizierten kommt es zu einer *atypischen Pneumonie* mit trockenem Reizhusten; im späteren Krankheitsverlauf kann es auch zur Produktion von eitrigem, schleimigem oder blutigem Sputum kommen.
In vereinzelten Fällen können sich **Komplikationen** außerhalb des Respirationstraktes, wie *aseptische Meningitis, Myokarditis* und *Perikarditis* entwikkeln. Ohne Antibiotika-Therapie kann das Fieber über Tage oder Wochen persistieren. Die Rekonvaleszenz ist langwierig. Es wird nur eine kurzfristige Immunität induziert, daher sind Reinfektionen häufig. Todesfälle sind selten.

Diagnose: Der kulturelle Nachweis von M. pneumoniae kann aus Untersuchungsproben des *oberen* (Nasopharynx- oder Rachenabstrich, Gurgelwasser) und des *unteren* (Sputum, Trachealaspirat, Bronchiallavage, Lungenbiopsie) *Respirationstraktes* geführt werden. Da sich Mykoplasmen an die Epithelzellen der Mucosa anheften, sollte das Untersuchungsmaterial Epithelzellen enthalten. Die Proben müssen rasch ins Laboratorium transportiert werden, da Mykoplasmen gegenüber Austrocknung sehr empfindlich sind. Der kulturelle Erregernachweis wird in flüssigen und auf festen Nährmedien geführt; frühestens nach 5–7 Tagen sind Mykoplasmen nachweisbar. Auf festen Nährmedien bildet M. pneumoniae charakteristische *„Spiegelei"*-Kolonien. Diese werden im Lichtmikroskop bei ca. 30–60facher Vergrößerung als kleine gelbliche, granulierte Kolonien (10–100 µm), die in den Agar einge-

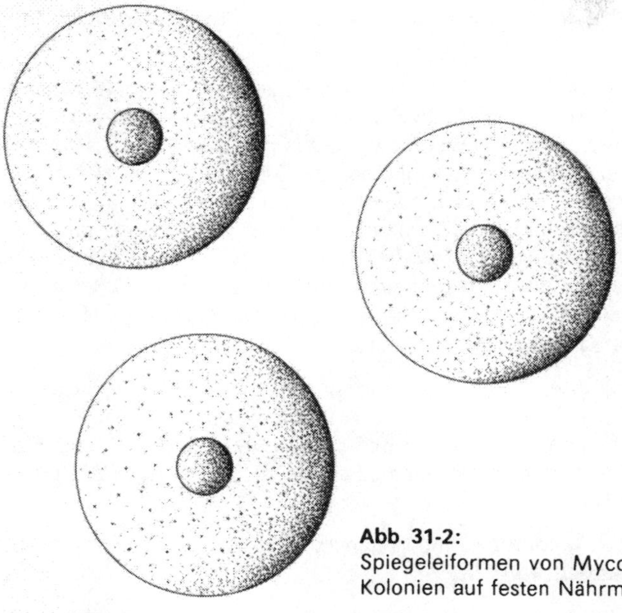

Abb. 31-2:
Spiegeleiformen von Mycoplasma-Kolonien auf festen Nährmedium

sunken sind, sichtbar. Mit spezifischen fluoreszierenden Antikörpern gelingt gelegentlich der Erregernachweis auch *direkt* aus dem Untersuchungsmaterial. M. pneumoniae-Nukleinsäure kann durch Hybridisierungstests direkt aus der Untersuchungsprobe nachgewiesen werden. Mit Hilfe dieses hochspezifischen Tests lassen sich M. pneumoniae-Infektionen innerhalb weniger (ca. 2) Stunden diagnostizieren.

- Antigennachweis
- Nukleinsäurenachweis

Die serologische Diagnose erfolgt mit der KBR oder einem ELISA. Der Nachweis spezifischer IgM-Antikörper oder ein mindestens vierfacher Titeranstieg in einem Serumpaar (Zweitserumabnahme nach ca. 10 Tagen) ist ein Hinweis auf eine akute Infektion.

- Antikörpernachweis

Therapie: Für die Therapieentscheidung ist eine frühe Labordiagnose außerordentlich wichtig, da auch andere Bakterien und auch Viren eine ähnliche Symptomatik hervorrufen können. Aufgrund ihrer Zellwandlosigkeit zeigen Mykoplasmen eine *absolute Penizillin-Resistenz* und sind daher unempfindlich gegen alle Betalaktam-Antibiotika. Mittel der Wahl für die Behandlung einer M. pneumoniae-Infektion sind *Tetrazykline* sowie *Erythromycin.*

Therapie
frühe Diagnose wichtig für Therapieentscheidung
Mykoplasmen = Penizillin-resistent →

- Tetrazykline
- Erythromycin

Eine Isolierung von Patienten mit Respirationstrakterkrankungen scheint in manchen Fällen die Ausbreitung der Infektion zu verhindern. Impfstoffe gibt es derzeit nicht.

Prophylaxe: ⇐

Epidemiologie: M. pneumoniae ist *weltweit* verbreitet, und v. a. in den gemäßigten Klimaten kann es unabhängig von der Jahreszeit zu Erkrankungen kommen. Gelegentlich treten Epidemien auf. M. pneumoniae wird bereits eine Woche vor bis einige Wochen nach Symptombeginn mit den Sekreten des Respirationstraktes ausgeschieden. Für die Übertragung der Infektion *(Tröpfcheninfektion)* ist ein enger Kontakt notwendig. Infektionen treten daher vorwiegend im Familienverband oder in eng zusammenlebenden Gruppen (Soldaten, Gefangene) auf. Auch bei Schulkindern besteht ein hohes Risiko, an einer M. pneumoniae-Infektion zu erkranken. Die schwersten Erkrankungen treten jedoch bei Patienten mittleren und höheren Alters auf.

Epidemiologie:
M. pneumoniae ist weltweit verbreitet

die Übertragung erfolgt durch Tröpfcheninfektion, wobei ein enger Kontakt notwendig ist

schwere Erkrankung bei älteren Patienten

31.2.2 Mycoplasma hominis

Mycoplasma hominis

Pathogenese: M. hominis besiedelt häufig Schleimhäute des *unteren Urogenitaltraktes* und wird als *potentiell pathogen* eingestuft. M. hominis kann sich auf der Oberfläche der Schleimhautepithelien gut vermehren und toxische

Pathogenese:
Besiedlung von Schleimhäuten des unteren Urogenitaltraktes

Stoffwechselprodukte des Erregers können zur Schädigung dieser Zellen führen.

Klinik, Verlauf:
Inkubationszeit: ca. 3–21 Tage
- urogenitale Infektionen
- auch asymptomatische Kolonisierung
- intrauterine Infektionen

Klinik, Verlauf: In erster Linie kann M. hominis zu *urogenitalen Infektionen* wie nichtgonorrhoische Urethritis, Pyelonephritis, Beckenentzündung, postabortalem und postpartalem Fieber, sowie zur septischen Arthritis führen. Bei einer Beckenentzündung findet man bei 50–70% der Frauen in Genitalabstrichen M. hominis. Frauen können jedoch auch symptomlos M. hominis in der Zervix beherbergen. Obwohl bei Männern ebenfalls asymptomatische Kolonisierungen vorkommen, besteht bei diesen jedoch eine gewisse Korrelation zwischen Keimzahl und Krankheitszeichen. Das ZNS sowie der Respirationstrakt von Feten können *intrauterin* infiziert werden und bei Neugeborenen zu schweren Krankheitsbildern führen.

Diagnose:
Erregerisolierung erforderlich

Zur Diagnose einer genitalen Infektion ist der Antikörpernachweis **nicht** geeignet

Diagnose: Die Diagnose einer genitalen M. hominis-Infektion erfordert eine Erregerisolierung. Nur bei Pyelonephritis sowie bei postabortalem oder bei postpartalem Fieber kommt es zur Antikörperbildung. Daher sind zur Diagnose genitaler M. hominis-Infektionen serologische Methoden nicht geeignet.

Therapie:
- Tetrazykline
- Erythromycin

Mitbehandlung des Sexualpartners!
Prophylaxe:

⇒

Therapie: Genitale M. hominis-Infektionen können mit Tetrazyklinen oder Erythromycin behandelt werden.

Durch Einschränkung von ungeschützten Sexualkontakten läßt sich die Häufigkeit einer Infektion senken. Impfstoffe gibt es derzeit nicht.

Epidemiologie:
- Übertragung durch Sexualkontakt
- die Infektionshäufigkeit steigt mit der Anzahl der Sexualpartner an

Epidemiologie: Die Infektion des Genitaltraktes erfolgt in der Regel durch sexuellen Kontakt, und die Infektionshäufigkeit nimmt mit der Anzahl der Sexualpartner deutlich zu. Neugeborene können intrauterin oder unter der Geburt infiziert werden.

andere Mycoplasma spp.

zählen zur physiologischen Flora des Oropharynx

M. salivarium wird mit höherer Inzidenz bei parodontalen Erkrankungen gefunden

31.2.3 Andere Mycoplasma spp.

Mycoplasma orale, M. buccale, M. lipophilium und *M. faucium* können den menschlichen **Oropharynx** besiedeln, wobei über ihre Pathogenität bisher nichts bekannt ist. *M. salivarium* kommt ebenfalls im Oropharynx des Menschen vor und wird mit höherer Inzidenz aus Zahnfleischtaschen von Personen mit parodontalen Erkrankungen isoliert. Angaben zur Pathogenität gibt es bislang nicht. Zu Infektionen des **Genitaltraktes** können *M. fermentans* und *M. genitalium*, über deren Pathogenität und Rolle im Krankheitsgeschehen ebenfalls nichts bekannt ist, führen.

Ureaplasma spp.

U. urealyticum

31.3 Ureaplasma spp.

31.3.1 Ureaplasma urealyticum

Erregereigenschaften:
Produktion von Urease

Erregereigenschaften: Mikroskopisch ähnelt Ureaplasma urealyticum anderen Mykoplasmen. Der Erreger ist unbeweglich, bildet auf festen Nährmedien sehr kleine (15–60 µm), „nichtspiegeleiförmige" rauhe Kolonien aus und wird durch anaerobe Kulturbedingungen in seinem Wachstum gefördert. U. urealyticum produziert *Urease*, welche Harnstoff (Urea) in CO_2 und Ammoniak spaltet.

Pathogenese:
Besiedlung von Epithelien des Urogenitaltraktes

Pathogenese: U. urealyticum kann die Epithelien des *Urogenitaltraktes* besiedeln, sich dort vermehren und wahrscheinlich durch Bildung toxischer Stoffwechselprodukte zur Gewebszerstörung führen. Unter anderem führt die Spaltung von Harnstoff zur Alkalisierung.

Klinik, Verlauf:
Inkubationszeit: ca. 3–21 Tage
- nichtgonorrhoische Urethritis
- Spontanabort
- Infertilität

Klinik, Verlauf: Die Infektion des Genitaltraktes erfolgt durch sexuellen Kontakt. U. urealyticum kann zu Erkrankungen wie nichtgonorrhoische Urethritis und Chorioamnionitis sowie zu Spontanabort, zu geringem Geburtsgewicht und zu Infertilität führen.

> Bei Frühgeborenen mit zu geringem Geburtsgewicht können chronische Infektionen des ZNS, sowie des unteren Respirationstraktes auftreten und zum Tode führen.

Infektionen bei Frühgeborenen:

Diagnose: U. urealyticum kann aus Urogenitalabstrichen isoliert werden, wobei es schwierig ist, zwischen Kolonisation und Infektion zu unterscheiden. Bei Frühgeburten mit zu geringem Geburtsgewicht kann der Erreger auch aus dem unteren Respirationstrakt nachgewiesen werden. Eine serologische Diagnose ist nicht möglich.

Diagnose:
- Erregerisolierung aus Urogenitalabstrich
- serologische Diagnose ist nicht möglich.

Therapie: Mittel der Wahl sind *Tetrazykline* oder *Erythromycin* mit einer Behandlungsdauer von 10–14 Tagen, wobei der Sexualpartner in die Therapie mit eingeschlossen werden muß. Penizilline sind unwirksam.

Therapie:
- Tetrazykline
- Erythromycin

Sexualpartner müssen mitbehandelt werden!

> Eine Einschränkung der Zahl an Sexualpartnern vermindert das Infektionsrisiko. Eine Schutzimpfung gibt es nicht.

Prophylaxe:

Epidemiologie: U. urealyticum kommt als Saprophyt im Mund, im Respirationstrakt und im Urogenitaltrakt vor. Der Erreger gehört zu den am häufigsten aus dem Urogenitaltrakt isolierten Mykoplasmen. Zu genitalen Infektionen kommt es nach der Pubertät, und die Häufigkeit einer Infektion nimmt mit zunehmender Anzahl von verschiedenen Sexualpartnern zu. Neugeborene können unter der Geburt infiziert werden.

Epidemiologie:
die Infektionshäufigkeit steigt mit Zunahme der Anzahl der Sexualpartner

32 Chlamydia

Chlamydia

G. Döller, P. C. Döller

32.1 Chlamydien

Chlamydiaceae

Familie	Gattung	Art	Serovar	Serotyp
Chlamydiaceae	Chlamydia	C. trachomatis	Serovar trachoma	Serotyp A-C
				Serotyp D-K
			Serovar lymphogranuloma venereum (inguinale)–Serotyp L1-L3	
		C. psittaci		
		C. pneumoniae—„TWAR-Stämme“		

Erregereigenschaften: Lange Zeit hatten Chlamydien (griech. chlamys, chlamydos = Mantel) in der Systematik eine unklare Stellung. Aufgrund ihres obligaten Zellparasitismus und ihrer geringen Größe wurden sie früher als „große Viren“ bezeichnet. Heute sind Chlamydien den Bakterien zugeordnet, da sie gleichzeitig **DNA und RNA**, eine Zellwand, sowie Ribosomen besitzen und sich durch Zweiteilung vermehren. Chlamydien sind *pleomorphe, unbewegliche, kokkoide,* 0,2–1,5 µm große Mikroorganismen, welche keine eigenen energiereichen Verbindungen synthetisieren können und daher die Biosynthesemechanismen einer Wirtszelle benötigen. Sie werden auch als *„Energie-Parasiten“* bezeichnet. Die Defekte im Energiestoffwechsel äußern sich in der Unfähigkeit, eigenes ATP zu synthetisieren, da Chlamydien über keinen terminalen Elektronentransport und über keinen Zitratzyklus verfügen. Unter den Prokaryonten haben Chlamydien das kleinste Genom mit einer ringförmigen DNA und einem Informationsgehalt für ca. 600 Polypeptide. Im Gegensatz zu C. trachomatis und einigen Stämmen von C. psittaci enthält C. pneumoniae *keine extrachromosomale DNA* (Plasmide). Ferner werden auch niedermolekulare Substanzen der Wirtszelle für die Synthese von Chlamydien-eigener DNA, RNA und Proteinen benötigt.

Erregereigenschaften:
- Chlamydien sind Bakterien
- Chlamydien enthalten DNA **und** RNA und vermehren sich durch Zweiteilung
- Chlamydien benötigen v. a. für ihre Energiegewinnung eine Wirtszelle; sie sind daher obligate Zellparasiten oder sog. „Energie-Parasiten“

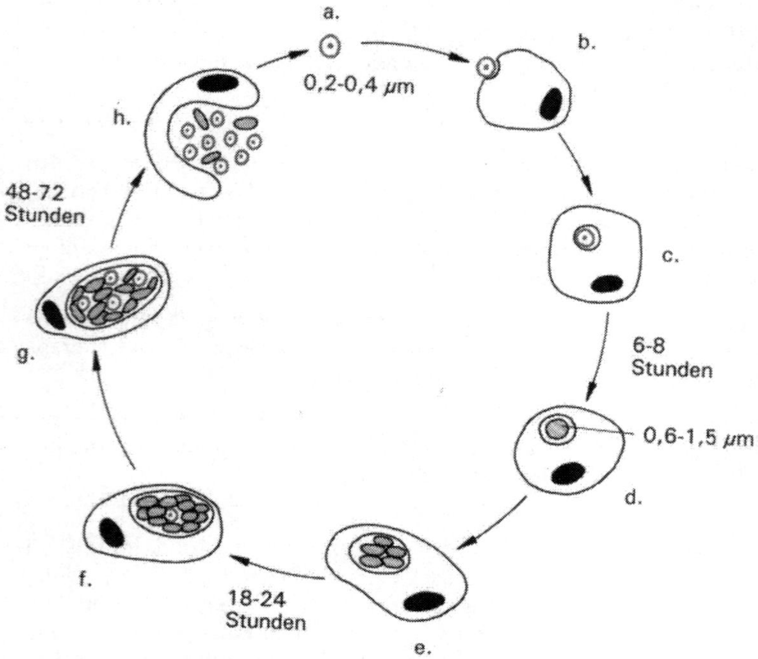

Abb. 32-1: Vermehrungszyklus von Chlamydien
Infektiöse Chlamydien (Elementarkörperchen, a) werden nach der Adsorption an eine Wirtszelle innerhalb von 2 bis 5 Stunden durch Phagozytose (b) aufgenommen. In der Wirtszelle kommt es zur Ausbildung eines Phagosoms (c). Innerhalb von 6 bis 8 Stunden wandelt sich das Elementarkörperchen in einen größeren, nichtinfektiösen Retikularkörper (d) um. Durch Zweiteilung der Retikularkörper kommt es im Phagosom zur Vermehrung der Chlamydien (e). Nach 18 bis 24 Stunden wandeln sich die Retikularkörper über Intermediärformen (f und g) wieder zu infektiösen Elementarkörperchen um. Diese werden nach 48 bis 72 Stunden auf noch unbekannte Weise aus der Wirtszelle freigesetzt (h) und können wieder andere Zellen infizieren (b).

Entwicklungszyklus
- nichtsynchronisierter Entwicklungszyklus
- Aufnahme der Chlamydien in die Wirtszelle durch Phagozytose
- Vermehrung und Entwicklung der Chlamydien im Phagosom

- **Elementarkörperchen**
  - infektiös
  - nicht replizierende Form
  - Stoffwechselaktivität gering
- **Retikularkörper**
  - nicht infektiös
  - replizierende Form
  - Stoffwechsel aktiv

Dauer des Entwicklungszyklus: ca. 48–72 Stunden

Entwicklungszyklus (Abb. 32-1): Chlamydien haben einen für Bakterien einzigartigen, *nichtsynchronisierten* Entwicklungszyklus mit überlappenden Entwicklungphasen. Die 0,2–0,4 µm großen infektiösen Elementarkörperchen replizieren nicht, sie enthalten elektronendichtes Kernmaterial, heften sich an Rezeptoren der Wirtszelle an, werden durch Phagozytose in die Zelle aufgenommen und verbleiben in der zytoplasmatischen Vakuole (Phagosom). Spezifische Rezeptoren wurden bislang nicht identifiziert, es wird jedoch vermutet, daß diese sowohl auf der Oberfläche der Wirtszelle, als auch auf den Chlamydien vorhanden sind. Die Aufnahme der Chlamydien in die Wirtszelle dauert etwa 2–5 Stunden und ist für den Wirt ein energieverbrauchender und temperaturabhängiger Prozeß. Bis heute noch ungeklärte Vorgänge verhindern zu jeder Zeit des Entwicklungszyklus die Fusion von Lysosomen mit den Phagosomen. Lysosomale Enzyme werden nicht freigesetzt, die Zerstörung und der Abbau der phagozytierten Chlamydien wird somit verhindert. Innerhalb der Phagosomen wandeln sich die *Elementarkörperchen* in *Retikularkörper* (= Initialkörperchen, 0,6–1,5 µm groß) um. Dieser Übergang erfolgt stufenlos, es können daher auch Intermediärformen auftreten. Durch diese Umwandlung verlieren die Elementarkörperchen ihre Infektiosität; ihre elektronendichten Nukleoide lösen sich in gleichmäßig verteilte fibrilläre DNA auf, ihre Ribosomen nehmen an Zahl zu und ihre Zellwand wird dünner, flexibler und zerbrechlicher. Die Retikularkörper vermehren sich durch Zweiteilung innerhalb der Vakuole, die sich dadurch vergrößert. Sie hören dann auf, sich zu teilen und wandeln sich in Elementarkörperchen um, die frühestens 20–25 Stunden nach der Infektion auftreten. Die Vakuole (Einschluß) kann gegen Ende des Entwicklungszyklus hunderte (u. U. bis zu 10.000) Elementarkörperchen, die sich nicht mehr teilen können, enthalten. Im allgemeinen ist der Entwicklungszyklus ca. 48–72 Stunden nach

Infektion beendet. Die Freisetzung der Chlamydien aus der Wirtszelle ist noch ungeklärt, wahrscheinlich lysieren die Zellen oder die Ausschleusung erfolgt über Exozytose. Die entlassenen infektiösen Elementarkörperchen haben nur geringe anabole und katabole Stoffwechselaktivitäten.

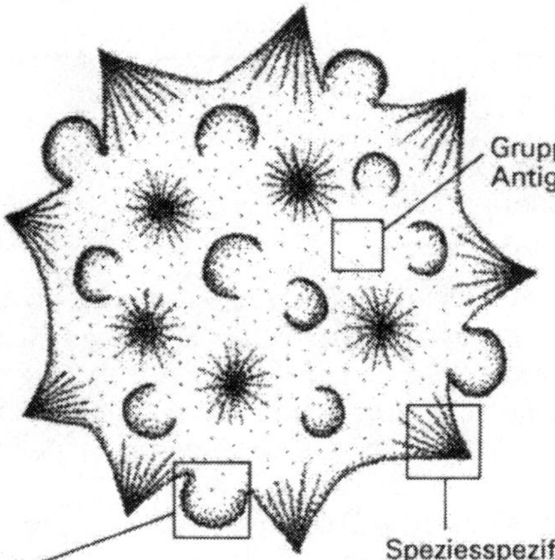

Abb. 32-2: Antigenstruktur eines Chlamydia-Elementarkörperchens

Zellaufbau und Morphologie: Intrazellulär befinden sich Chlamydien immer in Vakuolen, deren Membranen von Plasmamembranen der Wirtszelle abstammen. Die Chlamydien-Zellwand zeigt einen ähnlichen Aufbau wie die der gramnegativen Bakterien; Muraminsäure fehlt bzw. ist nur in Spuren vorhanden. C. trachomatis synthetisiert Glykogen im Gegensatz zu C. psittaci und C. pneumoniae. Ein *Genus-spezifisches* Lipopolysaccharid-Antigen ist mit der Zellwand assoziiert. Bei C. trachomatis und C. psittaci befinden sich auf der Zellwandaußenseite der Elementarkörperchen und Retikularkörper hexagonal angeordnete halbkugelförmige Projektionen. In der äußeren Membran sind *Spezies-* und *Typ-spezifische* Proteine lokalisiert. Die Zellwandinnenseite wird von einem Monolayer aus regelmäßig hexagonal angeordneten Untereinheiten (Subunits) ausgekleidet. Von C. pneumoniae sind Einzelheiten von Zellaufbau und Morphologie noch nicht beschrieben, außer daß sich die Elementarkörperchen morphologisch von denen von C. trachomatis und C. psittaci unterscheiden.

Zellaufbau und Morphologie:
- Chlamydien-Zellwand ähnlich wie bei gramnegativen Bakterien
- mit der Zellwand assoziiert: Genus-spezifisches Antigen
- äußere Membran: Spezies- und Typ-spezifische Proteine
- Zellwandinnenseite: Monolayer

Antigenstruktur: Drei unterschiedliche, vorwiegend in der Zellwand lokalisierte Antigene sind für die Erkennung von Chlamydien entscheidend. Allen Chlamydien gemeinsam ist ein *Genus-spezifisches Antigen (= Gruppenantigen).* Dieses Gruppenantigen ist ein Lipopolysaccharid, es ist hitzestabil, in Ether löslich und Perjodat-empfindlich. Es ist während des gesamten Entwicklungszyklus nachweisbar. Aufgrund eines hitzelabilen *Spezies-spezifischen Antigens* können die Spezies *C. trachomatis, C. psittaci* und *C. pneumoniae* voneinander unterschieden werden. Darüber hinaus sind diese Spezies-spezifischen Antigene an der Induktion einer meist kurzdauernden Immunität beteiligt. Diese Antigene induzieren protektive Antikörper und sind in allen Entwicklungsphasen vorhanden. *Typ-spezifische Antigene* sind vor allem bei der Einteilung von C. trachomatis in die beiden Serovare (Biovare) trachoma und lymphogranuloma venereum von großer Wichtigkeit. Es handelt sich um *Proteinantigene* (MG: ca. 27000–32000 Dalton), die sich auf der Oberfläche der Elementarkörperchen befinden. Zusätzlich kann *C. trachomatis* in 15 Serotypen (A–L3) unterteilt werden. Bei *C. psittaci-Stämmen* sind mehrere Serotypen bekannt. In der Labordiagnostik spielen diese derzeit jedoch keine Rolle. Bei *C. pneumoniae* wurden bisher nur Isolate gefunden, welche den TW- und AR-Stämmen (TWAR-Stämme) gleichen.

Antigenstruktur:
- das Genus-spezifische Antigen (Zellwand) ist bei allen Chlamydien-Arten gleich
- das Spezies-spezifische Antigen (äußere Membran) ermöglicht die Unterscheidung der einzelnen Chlamydien-Arten
  - C. trachomatis
  - C. psittaci
  - C. pneumoniae
- das Typ-spezifische Antigen (äußere Membran) ist nur bei der Einteilung von *C. trachomatis* in die Serotypen A–L3 von Bedeutung

32.2 Chlamydia trachomatis

Chlamydia trachomatis

Pathogenese

C. trachomatis = Ursache unterschiedlichster Krankheitsbilder:

- Trachom
  betroffen sind die Epithelzellen der Bindehaut mit Entzündung, zellulärer Infiltration, Nekrose bis zur Erblindung
- Einschlußkonjunktivitis
  betroffen sind ebenfalls die Epithelzellen der Bindehaut jedoch mit milderem Verlauf
- unspezifische Genitalinfekte
  betroffen ist das Zylinderepithel des Urogenitaltraktes
- Lymphogranuloma venereum
  betroffen ist die genito-anale Schleimhaut mit Entzündung, zellulärer Infiltration, Lymphknotenschwellung und Nekrose

Pathogenese: C. trachomatis kann ein breites Spektrum unterschiedlicher Zellarten infizieren. Dadurch werden die unterschiedlichsten Krankheitsbilder hervorgerufen wie:

- **Trachom**
- **Einschlußkonjunktivitis**
- **unspezifische Genitalinfekte**
- **Lymphogranuloma venereum**

- **Trachom:** C. trachomatis **(Serotyp A–C)** infiziert *Epithelzellen der Bindehaut* und ruft eine Entzündung mit *zellulärer Infiltration* (Lymphozyten, Plasmazellen und Makrophagen) hervor. Dies führt zur Ausbildung unreifer hypertropher Follikel, welche nekrotisch werden können. Diese *Nekrosen* werden durch Bindegewebe ersetzt, so daß es zu narbigen Deformierungen und zur *Erblindung* kommen kann.
- **Einschlußkonjunktivitis:** C. trachomatis **(Serotyp D–K)** infiziert ebenfalls Epithelzellen der Bindehaut, jedoch mit milderem, selbstlimitierendem Verlauf.
- **Unspezifische Genitalinfekte:** Besonders empfänglich für C. trachomatis **(Serotyp D–K)** sind die Zylinderepithelien des männlichen und weiblichen *Urogenitaltraktes.*
- **Lymphogranuloma venereum:** Die Übertragung von C. trachomatis **(Serotyp L1–L3)** erfolgt durch Sexualkontakt. Am Infektionsort wird eine Entzündung mit überwiegend mononukleären Zellen hervorgerufen. Die Invasion der genito-analen Lymphknoten führt nach unbestimmter Zeit in der Leistenregion zu Lymphknotenschwellungen *(inguinale Lymphadenopathie),* die bis in den Bauchraum reichen können. Häufig kommt es zu eitriger Einschmelzung der Lymphknoten, zu *Nekrose* und zu Vernarbung.

Klinik, Verlauf:
- Trachom
  Inkubationszeit: ca. 5–7 Tage

Klinik, Verlauf: Die Inkubationszeit des **Trachoms** beträgt ca. 5–7 Tage. Vier Stadien dieser Keratokonjunktivitis können gegeneinander abgegrenzt werden:

Stadium 1: Ausbildung unreifer hypertropher Follikel an den Konjunktiven;
Stadium 2: Entwicklung der unreifen hypertrophen Follikeln zu bläschenartigen Follikeln bzw. zu einer papillären Hypertrophie mit Papillenverschluß;
Stadium 3: Weiterentwicklung zu einer bindegewebigen Hypertrophie;
Stadium 4: Narbenstadium ohne Anzeichen für eine aktive Infektion.

- Einschlußkonjunktivitis
  Inkubationszeit: ca. 5–14 Tage
  - vorwiegendes Auftreten bei Neugeborenen, die unter der Geburt infiziert werden
  - bei Erwachsenen erfolgt eine Infektion durch Autoinokulation
- „Neugeborenen-Pneumonie"
  Inkubationszeit: ca. 2–4 Wochen

Die **Einschlußkonjunktivitis** spielt in erster Linie bei Neugeborenen eine wichtige Rolle. Da bei Frauen genitale Chlamydien-Infektionen häufig asymptomatisch verlaufen, können sich die Neugeborenen bei der Passage durch die Geburtswege infizieren. Die Inkubationszeit beträgt ca. 5–14 Tage. Bei den Neugeborenen kommt es zu einer schleimig-eitrigen Konjunktivitis, die nach 1–2 Wochen abklingt. Der Befall des oberen oder unteren Respirationstraktes kann zu einer afebrilen Pneumonie (**„Neugeborenen-Pneumonie"**) führen. Die Inkubationszeit hierfür beträgt ca. 2–4 Wochen. Auch bei Erwachsenen kann es durch Autoinokulation zu einer Chlamydien-Konjunktivitis kommen.

- unspezifische genitale Infektion; häufig Mischinfektion mit Neisseria gonorrhoeae

beim Mann:
- nichtgonorrhoische Urethritis
- postgonorrhoische Urethritis

Komplikationen sind Epididymitis und Prostatitis mit nachfolgender Infertilität

bei der Frau:
- häufig asymptomatischer oder symptomarmer Verlauf
- Zervizitis

Die **unspezifischen genitalen** Chlamydien-Infektionen werden **beim Mann** oft als *nichtgonorrhoische* (NGU) oder als *postgonorrhoische Urethritis* (PGU) bezeichnet. Mischinfektionen mit Neisseria gonorrhoeae werden häufig beobachtet. Chlamydien sind gegen Penizillin unempfindlich, so daß nach Therapie einer Gonorrhoe eine Urethritis (PGU) weiterbestehen kann. Diese verläuft meist mild mit Dysurie, Urethralbeschwerden und mukösem bis mukopurulentem Ausfluß. Die wichtigsten Komplikationen einer Chlamydien-Urethritis sind *Epididymitis* und *Prostatitis,* welche zur Infertilität führen können. Bei Homosexuellen werden häufig Proktitiden beobachtet. Bei **Frauen** verläuft die Infektion oft asymptomatisch oder symptomarm, eine ungehinderte Ausbreitung der Chlamydien-Infektion ist daher möglich. Meist ist die

Zervix betroffen, wobei die unbemerkte *Chlamydien-Zervizitis* aszendieren kann. Darüber hinaus können Entzündungen des Uterus, der Eileiter (eventuell Tubenverschluß, ektopische Schwangerschaft), der Ovarien, sowie des kleinen Beckens auftreten und zu *Infertilität* führen. Wahrscheinlich spielen Chlamydien beim sog. Urethralsyndrom der Frau, welches durch häufigen und schmerzhaften Harndrang gekennzeichnet ist, eine ätiologische Rolle. Sowohl beim Mann als auch bei der Frau können durch C. trachomatis eine *Perihepatitis* und eine *reaktive Arthritis* hervorgerufen werden.

Komplikationen sind Uterusentzündung, Eileiterentzündung, Entzündung der Ovarien, Entzündung des kleinen Beckens, welche zur Infertilität führen können

Die Inkubationszeit des **Lymphogranuloma venereum** beträgt ca. 3–20 Tage. Am Ort der Infektion bildet sich eine Papel aus, die sich zu einem Bläschen und dann zu einem kleinen Geschwür entwickelt. Die Primärläsionen klingen schnell wieder ab und werden auch häufig übersehen. Ca. 1–8 Wochen später kommt es durch Invasion der genito-analen Lymphknoten (gelegentlich mit Fieber und Schüttelfrost) zum Auftreten von schmerzhaften Schwellungen *(Bubonen)*. Die Lymphknoten können rasch an Größe zunehmen, bis in den Bauchraum hineinreichen, und es kann sich eine langwierige, granulomatöse Entzündung mit Narbenbildung entwickeln.

- **Lymphogranuloma venereum**
  Inkubationszeit: ca. 3–20 Tage
  - Primärläsion
  - Invasion der regionalen Lymphknoten
  - schmerzhafte Schwellungen

Diagnose: Die Diagnose einer C. trachomatis-Infektion kann durch *Erregeranzucht, Erregerdirektnachweis* (IFT, ELISA, Hybridisierungsmethoden) oder durch den *Antikörpernachweis* gestellt werden. Das Untersuchungsmaterial muß sorgfältig entnommen werden und sollte Epithelzellen enthalten. Der Transport ins Laboratorium muß rasch und gekühlt in einem geeigneten Transportmedium erfolgen. Die aufwendige Erregeranzucht erfolgt heute in geeigneten Zellkulturen, früher wurde diese im Dottersack eines Bruteis durchgeführt. Die angezüchteten Chlamydien können in den Zellen durch Jod- oder Giemsafärbung, mit FITC-markierten spezifischen Antikörpern oder mit Hybridisierungsmethoden (z. B. Dot-Blot-Test) nachgewiesen werden.

C. trachomatis induziert durch ihre Spezies-spezifischen Antigene die Bildung spezifischer IgG-, IgA- und IgM-Antikörper, welche mit dem IFT oder dem ELISA nachgewiesen werden können. Antikörper gegen das Gruppenantigen werden mit der Komplementbindungsreaktion (KBR) bestimmt. Der Antikörpernachweis wird in der Regel dann durchgeführt, wenn ein direkter Erregernachweis nicht möglich ist.

Diagnose
- Erregeranzucht
- Erregerdirektnachweis
- Nukleinsäurenachweis
- Antikörpernachweis

Therapie: C. trachomatis-Infektionen lassen sich wirksam mit *Tetrazyklinen, Erythromycin* und *Gyrasehemmern* bekämpfen. Die meisten Stämme sind auch gegen Sulfonamide empfindlich, unwirksam sind Penizilline und Aminoglykoside. Wichtig ist, daß die Mittel genügend lange (mehrere Wochen!) verabreicht werden.

Therapie:
- Tetrazykline
- Erythromycin
- Gyrasehemmer

Bekämpfung, Prophylaxe, Schutzimpfung: Trachom und Einschlußkonjunktivitis können durch Verbesserung der Hygiene-Verhältnisse reduziert werden. Eine ausreichende Chlordesinfektion in Schwimmbädern kann den Befall des Auges verhindern. Infektionen bzw. Reinfektionen im Genitaltrakt können durch Behandlung der Sexualpartner vermieden werden. Eine Schutzimpfung gibt es nicht.

Trachom und Lymphogranuloma venereum sind **meldepflichtig.**

Bekämpfung, Prophylaxe, Schutzimpfung:
- verbesserte Hygiene (bei Trachom und Einschlußkonjunktivitis)
- Mitbehandlung der Sexualpartner Infizierter (bei unspezifischen Genitalinfekten)

Epidemiologie: Das *Trachom* tritt vorwiegend in tropischen und subtropischen Gebieten auf, so ist es in Afrika und Asien die häufigste Ursache der Erblindung. Schätzungweise sind 500 Millionen Menschen aller Altersklassen betroffen.

Genitale Infektionen treten vor allem bei Personen mit hoher Promiskuität auf. In den entwickelten Ländern ist die C. trachomatis-Infektion etwa 3× häufiger als die Infektion mit Neisseria gonorrhoeae. Oft treten Mischinfektionen mit beiden Erregern auf. Erregerreservoir ist der Genitaltrakt des Menschen, so daß Infektionen des Auges immer vom Genitaltrakt ausgehen und durch Schmierinfektion erworben werden.

Epidemiologie:
- das Trachom tritt vorwiegend in den Tropen und Subtropen auf
- genitale Infektionen
  - betroffen sind vorwiegend Personen mit hoher Promiskuität
  - häufig liegen Mischinfektionen mit Neisseria gonorrhoeae vor

32.3 Chlamydia psittaci

Chlamydia psittaci

Pathogenese
C. psittaci gelangt in die Lunge und wird von dort aus hämatogen ausgebreitet.

Klinik, Verlauf:
Inkubationszeit: ca. 7–21 Tage
- inapparenter oder leichter grippeartiger Krankheitsverlauf
- Ornithose/Psittakose
- weitere vielgestaltige Krankheitsbilder

Diagnose
in erster Linie Antikörpernachweis
- KBR (Antikörper gegen Genus-spezifisches Antigen)
- ELISA (Antikörper gegen Spezies-spezifisches Antigen)

Therapie:
→Tetrazykline in hoher Dosierung

Prophylaxe:
- Personenschutz
- regelmäßige ärztliche Überwachung
- Antibiotika-Prophylaxe bei Vögeln

Meldepflicht bei Verdacht, Erkrankung und Tod.

Epidemiologie:
weltweite Verbreitung
- die vogelpathogenen Stämme sind hochvirulent für den Menschen
- die säugerpathogenen Stämme sind in der Regel für den Menschen nicht infektiös

Pathogenese: In der Regel gelangen die Erreger durch Inhalation von kontaminiertem Staub in die Lunge und werden von dort aus hämatogen in die Zellen des Retikuloendothelialen Systems (RES) transportiert, wo sie sich vermehren.

Klinik, Verlauf: Die Inkubationszeit beträgt ca. 7–21 Tage, in Ausnahmefällen bis zu 3 Monaten. Die Infektion kann inapparent oder mit leichten grippeähnlichen Symptomen verlaufen. Das klassische Krankheitsbild einer **Ornithose** (Psittakose) zeichnet sich durch eine atypische Pneumonie mit Benommenheit, hohem Fieber, Schüttelfrost und heftigen Kopfschmerzen aus. Die Erkrankung kann durch Beteiligung des Zentralnervensystems mit Apathie oder mit Erregungszuständen, sowie mit Halluzinationen und mit Benommenheit einhergehen. Herz *(Peri-, Myo-* und *Endokarditis),* Leber, Pankreas, Niere *(akutes Nierenversagen),* Gastrointestinaltrakt *(Enteritis),* Peritoneum und Milz, sowie Haut *(Erythema nodosum)* und Gelenke *(Polyarthritis)* können ebenfalls betroffen sein. *Konjunktivitis, Mastitis* und *Abort* sind beschrieben. In leichten Fällen dauert die Infektion ca. 10–14 Tage, in schweren Fällen ca. 3–7 Wochen. Die Letalität beträgt auch heute noch ca. 1 %.

Diagnose: Die Isolierung des Erregers in geeigneten Zellkulturen (Sicherheitslaboratorium) gelingt gelegentlich aus dem Sputum oder während der Fieberphase aus dem Blut. Serologisch läßt sich die klinische Diagnose durch einen signifikanten Titeranstieg in der KBR (Antikörper gegen das Genus-spezifische Antigen) bestätigen. Ein Immunglobulinklassen-spezifischer Antikörpernachweis (Antikörper gegen das Spezies-spezifische Antigen) kann mit einem ELISA durchgeführt werden. Im Frühstadium sind IgM-Antikörper nachweisbar.

Therapie: Tetrazykline (Mittel der Wahl Doxycyclin) müssen mindestens 10–14 Tage in genügend hoher Dosierung verabreicht werden.

Bekämpfung, Prophylaxe, Schutzimpfung: Das Personal in Vogelhandlungen, in Enten- und Putenzuchten sowie in Geflügelschlachthöfen muß entsprechende Schutzkleidung (auch Mundschutz!) tragen. Eine Staubentwicklung sollte verhindert werden. Regelmäßige ärztliche Überwachung ist empfehlenswert. Gegebenenfalls muß eine 30–45 Tage andauernde Antibiotika-Prophylaxe bei den Vögeln durchgeführt werden. Durch veterinärpolizeiliche Maßnahmen kann das Erregerreservoir begrenzt werden. Eine Schutzimpfung existiert nicht.

Meldepflicht: besteht bei Erkrankungsverdacht, Erkrankung und Todesfall.

Epidemiologie: C. psittaci ist *weltweit* verbreitet. Infektionen wurden bisher bei 32 Säugetierspezies, sowie bei über 130 Vogelarten, von denen allein 57 aus der Gruppe der Papageienvögel stammten, beobachtet. Während einige *vogelpathogene Stämme* hochvirulent für den Menschen sind, gelten die „Säugetierstämme" für ihn in der Regel als nicht infektiös.
Hauptquelle für Infektionen beim Menschen sind *infizierte Vögel* (Papageien, Wellensittiche), die oftmals symptomlos erkranken. Die Erreger werden mit Kot und Sekreten der infizierten Tiere häufig jahrelang ausgeschieden

32.4 Chlamydia pneumoniae, „TWAR-Stämme"

Chlamydia pneumoniae

Klinik, Verlauf:
respiratorische Symptome

betroffen sind der obere und untere Respirationstrakt
- atypische Pneumonie
- Bronchitis

Pathogenese: Über die Pathogenese von C. pneumoniae ist bisher nichts bekannt.

Klinik, Verlauf: Die Inkubationszeit ist unbekannt. Symptome von Seiten des *oberen Respirationstraktes* (Halsentzündung, Laryngitis, Sinusitis) sind häufig erste Anzeichen der Erkrankung. C. pneumoniae kann zu einer **atypischen Pneumonie** oder zu einer **Bronchitis**, seltener zu einer Bronchopneumonie führen. Die Erkrankung verläuft individuell sehr unterschiedlich. Während sie bei manchen Patienten sehr mild abläuft, kann sie bei anderen

Patienten Bettruhe erfordern. Bei vielen Patienten persistiert der Husten über einen Zeitraum von 1–2 Monaten. Reinfektionen können milder oder schwerer als Erstinfektionen verlaufen.

Diagnose: Die nur schwierig durchzuführende Anzucht von C. pneumoniae erfolgt in geeigneten Zellkulturen oder im Dottersack von Bruteiern. In den infizierten Zellen können die Einschlußkörperchen von C. pneumoniae mit einem FITC-markierten *monoklonalen Antikörper* identifiziert werden.
Serologisch läßt sich eine C. pneumoniae-Infektion mit der KBR (Antikörper gegen Genus-spezifisches Antigen) und mit dem IFT (Antikörper gegen Spezies-spezifisches Antigen) nachweisen. Im allgemeinen erscheinen zuerst komplementbindende Antikörper und erst einige Zeit später sind Antikörper (IgG, IgM) im IFT nachweisbar. IgM-Antikörper sind frühestens 3 Wochen nach Krankheitsbeginn nachweisbar, IgG-Antikörper erreichen erst nach 6–8 Wochen für die Diagnostik relevante Titer. Sicherster Hinweis auf eine Infektion ist ein *signifikanter Titeranstieg* in der KBR oder im IFT (IgG).
Bei Reinfektionen sind häufig mit der KBR keine Antikörper nachweisbar, ebenso fehlt eine IgM-Immunantwort.

Diagnose:
in erster Linie Antikörpernachweis

- KBR (Antikörper gegen Genus-spezifisches Antigen)
- IFT (Antikörper gegen Spezies-spezifisches Antigen)

Therapie: Tetrazykline und Erythromycin sind gut wirksam, nicht hingegen Sulfonamide. Die Therapie muß genügend lange (14–21 Tage) durchgeführt werden.

Therapie
- Tetrazykline
- Erythromycin

Bekämpfung, Prophylaxe, Schutzimpfung: Da eine genaue Kenntnis des Übertragungsweges fehlt, ist eine gezielte Bekämpfung und Prophylaxe derzeit nicht möglich. Eine Schutzimpfung gibt es nicht.

Epidemiologie: 1986 wurden erstmalig sog. TWAR-Stämme beschrieben. TWAR leitet sich von den ersten beiden Laborisolaten TW-183 (TW = Taiwan) und AR-39 (AR = acute respiratory disease) ab. Zunächst wurden diese Isolate C. psittaci zugerechnet, bis sie einer neugeschaffenen Art, C. pneumoniae, zugeordnet wurden. Vermutlich wird C. pneumoniae von Mensch zu Mensch übertragen. Auffällig ist, daß bei Kindern unter 5 Jahren nur sehr selten spezifische Antikörper nachweisbar sind. Ein Vogel- oder anderes Tierreservoir scheint nicht zu bestehen. Epidemiologische Untersuchungen lassen eine weltweite Verbreitung vermuten. So konnten C. pneumoniae bzw. spezifische Antikörper bei Personen aus den USA, aus England, Kanada, Dänemark, Norwegen, Schweden, Finnland, Japan, Taiwan und Panama gefunden werden.

Epidemiologie
bisher ist noch wenig bekannt, vermutlich weltweites Vorkommen

33 Rickettsia – Rochalimaea – Coxiella

G. Döller

Rickettsia, Rochalimaea, Coxiella

Die Familie Rickettsiaceae (Ordnung: Rickettsiales) wird in *drei Genera* unterteilt:

- Rickettsia (Trivialname: Rickettsien)
- Rochalimaea
- Coxiella

Rickettsiaceae: ⇦

Ihre Zusammenfassung in eine Familie beruht auf historischen Gegebenheiten. Die Gattungen *Rickettsia* und *Rochalimaea* sind genetisch miteinander verwandt, *Coxiella* hingegen stellt eine Gattung dar, für die noch keine übergeordnete verwandtschaftliche Beziehung gefunden wurde.

3.1 Rickettsia spp.

Rickettsia spp.

Die Klassifikation von Rickettsia spp. erfolgt aufgrund Gruppen-spezifischer (lösliche und komplementbindende) Antigene in folgende Antigengruppen (Serogruppen; Tab. 33-1):

Klassifizierung

⇨

Tab. 33-1: Klassifizierung in Antigengruppen

Antigengruppe	Spezies
Zeckenbißfieber-Gruppe	R. rickettsii R. sibirica R. conorii R. australis R. akari
Fleckfieber-Gruppe	R. prowazekii R. typhi (R. mooseri)
Tsutsugamushifieber-Gruppe	R. tsutsugamushi

Die genetische Verwandtschaft innerhalb der Antigengruppen konnte durch DNA-Hybridisierungsuntersuchungen bestätigt werden.

Erregereigenschaften:
- gramnegative, kokkoide bis stäbchenförmige, unbewegliche Bakterien
- Vermehrung
  - Aufnahme in die Wirtszelle und Phagozytose
  - Zweiteilung
  - abhängig vom Energiestoffwechsel der Wirtszelle

Erregereigenschaften: Rickettsien sind aufgrund ihrer morphologischen, biochemischen und genetischen Eigenschaften Bakterien. Sie besitzen eine typische Bakterienzellwand und sind geißellos. Die *gramnegativen* kokkoiden bis stäbchenförmigen Organismen (0,8–2,0 µm lang, 0,3–0,5 µm breit) können im Verlauf des Infektionszyklus ihre Morphologie ändern. Sie werden durch Phagozytose in eine Wirtszelle aufgenommen und können sich nur innerhalb des Zytoplasmas dieser Zelle durch Zweiteilung vermehren (Generationszeit ≥8 Stunden!). Da Glukose von den Rickettsien nicht verwertet werden kann, stellt Glutamat das wichtigste Substrat für ihren Energiehaushalt dar. Durch eine Glutamat-Oxalazetat-Transaminase, eine Glutamat-Dehydrogenase und durch die Enzyme des Zitratzyklus wird das Glutamat zur Energiegewinnung abgebaut. Zwar verfügen Rickettsien über einen eigenen Synthese- und Energiestoffwechsel, jedoch werden Nukleosidmonophosphate (AMP, GMP, CMP, TMP) nicht synthetisiert. Daher sind sie auf die Monophosphate der Wirtszelle angewiesen, welche über ein Rickettsien-eigenes Transportsystem aufgenommen werden können.

Pathogenese:
- Übertragung durch Vektoren
- Befall von Epithelzellen der Kapillaren
- lokale Vermehrung
- lymphogene und hämatogene Streuung
- Mikroinfarkte mit Blutaustritt ins umgebende Gewebe → Petechien

Pathogenese: Nach Infektion durch einen *Vektor* dringen die Rickettsien in die Endothelzellen der *Kapillaren* ein. Am Infektionsort kommt es häufig zu einer Schwellung mit entzündlicher Infiltration. In den Endothelzellen findet eine *lokale Vermehrung* der Rickettsien statt, die über eine primäre Läsion zur Schorfbildung führt, und häufig beim Tsutsugamushifieber, den Rickettsienpocken und dem Boutonneuse-Fieber zu beobachten ist. Nach einer Vermehrung in den Endothelzellen werden die Rickettsien wahrscheinlich *lymphogen* und *hämatogen* in die Gefäße vieler Organe disseminiert. Eine fokale Beteiligung kleiner Haut- und anderer Organgefäße tritt auf. In den infizierten Endothelzellen werden die intrazellulären Membranen, insbesondere die des rauhen Endoplasmatischen Retikulums, zerstört. Intima und Media der Blutgefäße werden nekrotisch. Hyaline Thromben bilden sich aus und führen zu *Mikroinfarkten* und zu Blutaustritt ins umgebende Gewebe, was sich als Petechien manifestiert. Diese sind ein Kennzeichen einer Rickettsienerkrankung. Mikroskopisch und makroskopisch findet man vaskuläre Läsionen auch im Gehirn, in den Nieren, in den Lungen und im Herzen, wobei die klinische Konsequenz aus Infarkten in diesen Geweben erheblich schwerwiegender ist als bei einer peripheren Vaskulitis.

Klinik, Verlauf:
- Zeckenbißfieber-Gruppe
  R. rickettsii
  Inkubationszeit: ca. 2–14 Tage
  Rocky-Mountain-spotted-fever (RMSF)
  - unspezifische Symptome
  - Fieber
  - Exanthem
  - pulmonale Beteiligung

Klinik, Verlauf:

- **Zeckenbißfieber-Gruppe:** *R. rickettsii* ruft das Rocky-Mountain-spotted-fever (RMSF) hervor. Nach einer ca. 2–14 Tage dauernden Inkubationszeit beginnt die Erkrankung mit Fieber, Schüttelfrost, Kopf- und Gliederschmerzen. Diese unspezifischen Symptome können von Appetitlosigkeit oder Übelkeit (ca. 38–56%), sowie von Bauchschmerzen (ca. 30–34%) oder Durchfällen (ca. 9–20%) begleitet sein. Bei ca. 90% der Erkrankten entwickelt sich ab dem 3. Krankheitstag (gelegentlich schon ab dem 1. Krankheitstag) an Hand- und Fußgelenken ein zentripetal fortschreitendes Exanthem, welches von petechialen Blutungen begleitet sein kann. Eine pulmonale Beteiligung äußert sich durch Husten, Dyspnoe und pulmonales Ödem. Besonders gravierend ist die Beteiligung des Zentralnervensystems (ZNS), die sich vielfältig manifestieren kann: Enzephalitis (ca. 28 %) mit Verwirrtheit, Stupor oder Delirium (ca. 21–26 %), mit Koma (ca. 9–10 %), mit Ataxie (ca. 5–18 %) und mit zerebralen Anfällen (ca. 8 %). Bei Infektion der Meningen, des Gehirns und des Rückenmarks werden im Liquor ca. 10–100 Leukozyten pro µl gefunden.

- Beteiligung des ZNS
- Beteiligung der Nieren mit akutem Nierenversagen
- gastrointestinale Symptome

Oft entwickeln Patienten mit einer schweren Rickettsien-Infektion akutes Nierenversagen. Durch die Beteiligung der Blutgefäße des Magens, des Darmes, des Pankreas und der Leber kommt es zum Auftreten gastrointestinaler Symptome, wie Übelkeit und Erbrechen (ca. 38–56 %), Bauchschmerzen (ca. 30–34 %) und Durchfall (ca. 9–20 %). Treten diese Symptome vor dem Exanthem auf, so kann das Krankheitsbild als Gastroenteritis oder akutes Abdomen falsch diagnostiziert werden.

R. sibirica, R. conorii, R. australis führen zu geographisch begrenzten Infektionen (s. Tab. 33-3 am Schluß dieses Beitrags). Die Inkubationszeit von *R. sibirica* beträgt ca. 2–7, von *R. conorii* ca. 5–7 und von *R. australis* ca. 7–10 Tage. Diese drei Rickettsien-Arten sind im Gegensatz zu R. rickettsii für den Menschen weniger virulent, die Krankheitsbilder sind jedoch sehr ähnlich. Charakteristisch für etwa die Hälfte der R. conorii-Infektionen ist, daß an der Zeckenstichstelle eine etwa linsengroße Primärläsion auftritt. Diese kann ulzerieren und ist von einem bräunlich-schwarzen Schorf bedeckt. Gelegentlich ist kein Zeckenstich eruierbar.

R. sibirica: Inkubationszeit: ca. 2–7 Tage
R. conorii: Inkubationszeit: ca. 5–7 Tage
R. australis: Inkubationszeit: ca. 7–10 Tage

ähnliche Krankheitsbilder wie beim RMSF, jedoch milder verlaufend

Meist tritt eine regionale Lymphadenitis mit 1–2 Wochen andauerndem Fieber, verbunden mit Kopf-, Gelenk- und Gliederschmerzen, auf. Ab dem 3.–5. Krankheitstag entwickelt sich ein makulopapulöses Exanthem, das mit dem Fieberende ohne Desquamation verschwindet. Letale Verläufe sind nicht beschrieben.

- regionale Lymphadenitis
- Fieber
- makulopapulöses Exanthem

Die Rickettsienpocken werden von *R. akari* verursacht. Die Inkubationszeit beträgt ca. 7–24 Tage. An der Zeckenstichstelle entsteht eine Woche vor Fieberbeginn aus einer Papel ein 5–10 mm großer Wundschorf, und es kommt zur regionalen Lymphadenopathie. Intermittierendes Fieber, Kopfschmerzen, Photophobie und Myalgie treten später hinzu. 3–4 Tage nach Fieberbeginn erscheint ein Windpocken-ähnlicher, generalisierter Ausschlag, der innerhalb von 7 Tagen verschwindet. Die Primärläsion heilt jedoch erst nach 3 Wochen ab.

R. akari: Inkubationszeit: ca. 7–24 Tage
- regionale Lymphadenopathie
- Fieber
- windpockenähnliches Exanthem

• **Fleckfieber-Gruppe:** *R. prowazekii* ist der Erreger des epidemischen Fleckfiebers. Die Inkubationszeit beträgt ca. 6–15 Tage. Die Infektion beginnt mit Schüttelfrost, plötzlich auftretendem 10–20 Tage andauerndem hohen Fieber, Kopf- und Gliederschmerzen. Nach 4–7 Tagen tritt ein makulöses Exanthem auf, das sich vom Stamm ausgehend auf die Extremitäten ausweitet; Gesicht, Hand- und Fußsohlen bleiben jedoch ausgespart. Zerebrale Erscheinungen wie Somnolenz und Stupor können gleichzeitig mit dem Exanthem erscheinen. Unbehandelt ist die Letalität vom Lebensalter abhängig (unter 20 Jahre, 5 %; ab 50 Jahre, mehr als 50 %). Personen, die an epidemischem Fleckfieber erkrankt waren, beherbergen häufig eine geringe Anzahl Erreger (vorwiegend in den Lymphknoten). Nach 10–30 Jahren Symptomlosigkeit kann es nach Immunitätsrückgang zu einem mildverlaufenden Fleckfieber-Rezidiv, der Brill-Zinsser-Krankheit, kommen.

• Fleckfieber-Gruppe
R. prowazekii = Erreger des
- **epidemischen Fleckfiebers:** Inkubationszeit ca. 6–15 Tage
  Fieber, Exanthem, zerebrale Erscheinungen
- Fleckfieber-Rezidiv (Brill-Zinsser-Krankheit)

Das murine Fleckfieber wird durch *R. typhi (R. mooseri)* hervorgerufen. Die Inkubationszeit beträgt ca. 7–14 Tage. Klinisch ist die Erkrankung kaum vom epidemischen Fleckfieber unterscheidbar, sie verläuft jedoch leichter und mit weniger Komplikationen. Die Infektion beginnt mit Fieber, Kopfschmerzen, Myalgie, Inappetenz und Epistaxis. In der Folge tritt ein charakteristisches Exanthem auf.

R. typhi: Inkubationszeit: ca. 7–14 Tage
- **endemisches Fleckfieber**
  (klinisch vom epidemischen Fleckfieber nicht unterscheidbar, jedoch leichterer Verlauf)

• **Tsutsugamushifieber-Gruppe:** *R. tsutsugamushi* ruft das Tsutsugamushifieber hervor. Die Inkubationszeit beträgt ca. 6–21 Tage. Kennzeichen einer Erstinfektion ist das Auftreten einer verschorfenden Primärläsion am Milbenlarvenstich und eine lokale und regionale Lymphadenopathie. Gegen Ende der ersten Krankheitswoche wird am Körper ein makuloerythematöser Ausschlag sichtbar. Dieser verschwindet innerhalb einiger Tage wieder. Im Verlauf der Erkrankung können hohes Fieber (40 °C), Kopfschmeren, Anore-

• Tsutsugamushifieber-Gruppe
R. tsutsugamushi: Inkubationszeit: ca. 6–21 Tage
- Fieber
- Lymphadenopathie
- Exanthem

respiratorische und zerebrale Komplikationen

xie, Myalgie, Photophobie und trockener Husten auftreten. Komplikationen wie interstitielle Pneumonie, Meningoenzephalitis, Myokarditis oder Splenomegalie können hinzukommen. Vor Einführung der Antibiotika-Therapie verlief die Infektion häufig letal (bis 40%).

Diagnose:
Rickettsienanzucht z. Z. nur in Sicherheitslaboratorien erlaubt

Diagnose: Prinzipiell ist die Anzucht von Rickettsien aus Blut, Plasma oder aus Biopsien von exanthematischen Hautveränderungen möglich. Für ein Diagnostiklaboratorium ist die Erregeranzucht jedoch nicht durchführbar, da diese aufgrund der früher vorgekommenen Todesfälle (z. B. der Pathologe H. T. Ricketts, 1871–1910) z. Z. nur in *Sicherheitslaboratorien* durchgeführt werden darf. Rickettsien lassen sich in geeigneten Zellkulturen oder im Dottersack von Antibiotika-freien, 5–6 Tage alten Bruteiern vermehren. Die angezüchteten Erreger können mittels der *Immunfluoreszenz* oder der *Giménez-Färbung* (basisches Fuchsin/-Malachitgrün) identifiziert werden. Rickettsien können auch durch intraperitoneale Inokulation erwachsener Meerschweinchen isoliert werden.

Methode der Wahl:
- Antikörpernachweis
  - Weil-Felix-Reaktion (Agglutinationsreaktion)
  - KBR
  - indirekter IFT

Für ein Diagnostiklaboratorium ist die *Serologie* die einzige Möglichkeit, eine Rickettsien-Infektion zu erkennen. Die Serologie wird meist mit der konventionellen, wenig sensitiven und wenig spezifischen Weil-Felix-Reaktion durchgeführt (Tab. 33-2). Antigengemeinschaften zwischen Rickettsia spp. und bestimmten Proteus-Stämmen (OX-19, OX-2, OX-K) sind die Grundlage für die Weil-Felix-Reaktion. An einer Rickettsien-Infektion erkrankte Personen bilden spezifische Rickettsien-Antikörper, die im Agglutinationstest mit den Proteus-Stämmen nachgewiesen werden können. Vermutlich sind diese kreuzreagierenden somatischen Antigene Oberflächenpolysaccharide mit gemeinsamer antigener Struktur. Spezifischer ist die KBR, bei welcher eine Mischung löslicher, Ether-extrahierter Proteine und Lipopolysaccharid-Antigene eingesetzt werden. Eines der zuverlässigsten Antikörpernachweissysteme ist der indirekte IFT, mit dem spezifische IgG- und IgM-Antikörper nachgewiesen werden können.

Weil-Felix-Reaktion: ⇨

Tab. 33-2: Agglutinationsreaktion

Weil-Felix-Reaktion mit Proteusstämmen			Erreger
OX-19	OX-2	OX-K	
+++	+	0	R. prowazekii
v	v	0	R. prowazekii (Fleckfieberspätrezidiv)
+++	+	0	R. typhi
+++	++	0	R. rickettsii R. australis
0	0	0	R. akari R. sibirica R. conorii
0	0	+++	R. tsutsugamushi
0	0	0	Rochalimaea quintana
0	0	0	Coxiella burnetii

Bewertung der Weil-Felix-Reaktion:
+ positive Reaktion
++ stark positive Reaktion
+++ sehr stark positive Reaktion
0 keine Reaktion
v variable Reaktion

Therapie
- Tetrazykline

Therapie: Rickettsien sind gut mit den rickettsiostatischen Tetrazyklinen therapierbar. Schwangere und Kinder unter acht Jahren können mit Chloramphenicol therapiert werden.

Bekämpfung, Prophylaxe, Schutzimpfung:

• **Zeckenbißfieber-Gruppe:** Mit Ausnahme von R. akari werden die Rickettsien der Zeckenbißfieber-Gruppe durch Zecken (sog. Arthropodenvektor) übertragen. Die beste Prophylaxe ist das Meiden von Zeckengebieten. Zur Verhinderung eines Zeckenstichs muß geeignete Schutzkleidung getragen werden. Die Haut bzw. die Schutzkleidung können mit einem Zecken-Repellent (z. B. N-N-Butylacetanelid, Diethyltoluamid) behandelt werden. Nach Stich muß die Zecke so bald als möglich vorsichtig entfernt und die Wunde mit Seife und Wasser ausgewaschen werden. Rickettsienpocken *(R. akari)* können durch Eliminierung der Nager und durch Bekämpfung der Milben mit Akariziden verhindert werden.

• **Fleckfieber-Gruppe:** Die Kleiderlaus (Überträger von *R. prowazekii*) kann durch Insektizide, die zur Desinfektion von Kleidern, Betten und Wohnraum geeignet sind, bekämpft werden. Früher stand ein Impfstoff zur Verfügung, der jedoch seit 1980 aus Sicherheits- und Effektivitätsgründen nicht mehr verabreicht werden darf. Murines Fleckfieber kann durch Meiden von Gebieten, in denen mit Rattenflöhen befallene Ratten vorhanden sind, verhindert werden. Ein weiterer Schutz ist die Behandlung der Haut mit Repellentien bzw. das Tragen von Repellentien-behandelter Schutzkleidung. Prinzipiell zielt die Bekämpfung und Prophylaxe auf die Vernichtung von Ratten und Flöhen ab. Vermehrte Exposition gegenüber Flöhen kann auch durch Insektizidpuder reduziert werden. Eine Schutzimpfung gibt es nicht.
Meldepflicht besteht bei Verdacht, Erkrankung und Todesfall.

• **Tsutsugamushifieber-Gruppe:** Mit der Bekämpfung der Milbenlarven sinkt die Zahl der Erkrankungsfälle. Die Bekämpfung ist durch Insektizide relativ einfach, da das Vorkommen der Milbenlarven meist auf bestimmte Gebiete begrenzt ist. Potentiell gefährdete Personen müssen geeignete Schutzkleidung tragen und unbedeckte Hautflächen mit einem Milbenrepellent behandeln. Eine Schutzimpfung gibt es nicht.

Epidemiologie:

• In Europa kommen, im Gegensatz zu Amerika, keine Naturherde von *R. rickettsii* vor. Erregerreservoire sind Zecken, die gemeinsam mit den Säugerwirten (Kaninchen, Feldmäuse und andere Nager) den Naturherd bilden. Der Mensch wird bei Aufenthalten in Naturherden durch den Stich einer infizierten Zecke angesteckt. Auch bei Hunden kommt die Infektion vor. Indirekt kann ein zeckentragender Hund Ausgang für eine Infektion des Menschen sein.
Zecken übertragen Rickettsien transovariell auf ihre Nachkommenschaft und bleiben lebenslang infektiös.

• Die ebenfalls durch Zeckenstich übertragenen *R. sibirica, R. conorii* und *R. australis* kommen in der BRD nicht vor (s. Tab. 33-3 am Schluß des Beitrags). Die Erreger können jedoch durch infizierte Zecken eingeschleppt werden und hier zur Entstehung eines u. U. jahrelang bestehenden endemischen Herdes führen. Bei der Übertragung auf den Menschen spielen häufig zekkenbefallene Hunde eine Rolle. Ein hohes Infektionsrisiko besteht bei Übernachtung im Freien (Camping, Safari) in den Verbreitungsgebieten der Erreger.
Zecken übertragen Rickettsien auch transovariell auf ihre Nachkommenschaft.

• *Rickettsienpocken (R. akari)* werden vor allem im Frühjahr und Sommer im Osten der USA und im Süden der UdSSR beobachtet. Das Reservoir von R. akari sind blutsaugende Milben, die auf Mäusen parasitieren. Naturherde werden durch infizierte Milben und ihre natürlichen Wirte (Mäuse) gebildet. Die Mäuse können den Erreger ungefähr einen Monat lang beherbergen. Die Übertragung auf den Menschen erfolgt durch infizierte Milben.

• Die Übertragung des epidemischen Fleckfiebers durch *R. prowazekii* erfolgt von Mensch zu Mensch über Kleiderläuse (Pediculus humanus var. corporis). Erregerhaltiger Läusekot gelangt über Kratzwunden in die Haut. Die äußerst effektive Erregerübertragung ist durch häufige große Blutmahlzeiten der Kleiderläuse erklärbar. Während der akuten Erkrankung des Menschen besteht eine massive Rickettsiämie, so daß sich Läuse bei ihrer Blutmahlzeit

---

Bekämpfung, Prophylaxe, Schutzimpfung:
• ZeckenbißfieberGruppe
  – Bekämpfung der Zecken
  – Meiden von Zeckengebieten
  – Schutzkleidung
  – Repellentien
  – mechanische Zeckenentfernung
R. akari = Rickettsienpocken:
  – Nagereliminierung
  – Milbenbekämpfung

• Fleckfieber-Gruppe
  – Bekämpfung der Kleiderläuse
  – Vernichtung von Ratten und Flöhen
  – Insektizide
  – Meidung von Gebieten mit Rattenflöhen
  – Schutzkleidung
  – Repellentien

Meldepflicht

• Tsutsugamushifieber-Gruppe
  – Bekämpfung der Milbenlarven
  – Insektizide
  – Schutzkleidung
  – Repellentien

Epidemiologie:
• **R. rickettsii**
Übertragung durch Zeckenstich
Vorkommen in:
  – Amerika
  – nicht in Europa (Einschleppung möglich)

• **R. sibirica, R. conorii, R. australis**
  – in der BRD nicht vorkommend (s. Tab. 33-3),
  – jedoch ist eine Einschleppung möglich

R. akari
Übertragung durch blutsaugende Milben
Vorkommen:
  – im Osten der USA
  – im Süden der UdSSR

• **R. prowazekii**
Übertragung durch Kleiderläuse

Vorkommen in:
  – Südamerika
  – Afrika

Vermehrung im Darmepithel der Läuse, Ausscheidung mit Läusekot.

infizieren können. Die Läuse verlassen den fiebernden Patienten schnell wieder, um sich einen neuen Wirt zu suchen. Auch wenn Menschenblut mit hoher Konzentration an spezifischen Antikörpern aufgenommen wird, findet noch eine Rickettsienvermehrung im Darmepithel der Läuse statt. Die Erreger werden mit dem Läusekot ausgeschieden, in dem die Rickettsien noch längere Zeit infektiös verbleiben können.

Erregerreservoir ist der Mensch
Besondere Gefährdung durch
- engen Kontakt
- isolierte, eng zusammenlebende Gemeinschaften

Da der Mensch das Erregerreservoir darstellt, besteht durch schlechte persönliche Hygiene, durch engen Körper- oder Kleiderkontakt, sowie durch isolierte Gemeinschaften (Soldaten, Gefangene) ein erhöhtes Infektionsrisiko. Die Haupterkrankungszeit ist während des Winters. Rezidive sind nach 10 und mehr Jahren möglich (Brill-Zinsser-Krankheit).

- **R. typhi**
  Übertragung durch Rattenflohstich bzw. durch Inhalation von erregerhaltigem Staub
  - Tropen und Subtropen,
  - auch in Europa vorkommend

• *R. typhi (R. mooseri)* tritt vor allem in den Tropen und Subtropen auf und führt zu sporadischen oder Gruppenerkrankungen (endemisches Fleckfieber). Auch in Europa kommt die Erkrankung vor, wobei hier vorwiegend Männer befallen werden. Am häufigsten treten die Erkrankungen während der Sommer- und Herbstmonate auf. Die Erregerübertragung auf den Menschen erfolgt durch den Kot von Rattenflöhen (Xenopsylla cheopis) oder durch Inhalation kontaminierten Staubs. Die Infektion des Menschen hängt vom Auftreten größerer Rattenpopulationen (Hafenstädte, ländliche Gegenden) ab. Besondere Risiken stellen Abfälle oder Futterspeicher, die Hausratten anlocken, dar.

- **R. tsutsugamushi**
  Übertragung durch Milbenlarvenstich

• **R. tsutsugamushi** wird durch den Stich einer Milbenlarve (Trombicula-Arten) auf den Menschen übertragen. Wichtigstes Erregerreservoir sind Ratten, Mäuse, Kaninchen und Beuteltiere. Auch Milben, welche die Rickettsien transovariell auf ihre Nachkommenschaft übertragen, stellen ein wichtiges Erregerreservoir dar. Nach dem Schlüpfen bleibt die nur sechsbeinige Milbenlarve solange in der Erde oder auf abgestorbenen Pflanzen, bis es zum Tier- (vor allem Ratten) oder Menschenkontakt kommt. Nach dem Blutsaugen am Wirtstier kehrt die Milbenlarve in den Erdboden zurück. Gefährdet sind Personen, die sich in einem Naturherd aufhalten, sowie Teilnehmer von Abenteuerreisen, die im Freien lagern und übernachten.

Rochalimaea spp.

33.2 Rochalimaea spp.

Morphologisch gleicht die Gattung Rochalimaea der Gattung Rickettsia. Für den Menschen von Bedeutung ist nur *Rochalimaea quintana.*

Rochalimaea quintana

33.2.1 Rochalimaea quintana

gramnegative, auf leblosen Nährsubstraten aerob anzüchtbare Bakterien

Erregereigenschaften: R. quintana sind *aerobe gramnegative* Stäbchen, die, im Gegensatz zu den Rickettsia spp., auf leblosen Nährsubstraten angezüchtet werden können. Auch bei R. quintana fehlen die Enzyme der Glykolyse, so daß Glukose nicht verwertet werden kann. Glutamat, Glutamin, Succinat und Pyruvat dienen als Energielieferanten.
Über die **Pathogenese** ist nichts bekannt.

Klinik, Verlauf:
5-Tage-Fieber
(= Wolhynisches Fieber)
(= Schützengrabenfieber)
relativ gutartiges Krankheitsbild

Klinik, Verlauf: Der Krankheitsverlauf des 5-Tage-Fiebers (Wolhynisches-, Trench-Fieber = Schützengrabenfieber) ist relativ gutartig und durch periodische Fieberschübe charakterisiert, wobei die Erreger längere Zeit im Blut zirkulieren. Es kommt zu Schüttelfrost, Kopf- und Muskelschmerzen mit allgemeiner Schwäche. Auch neuralgisch-rheumatische Schmerzen können auftreten. Die Krankheitserscheinungen dauern fünf Tage und können sich häufig wiederholen.

Diagnose:

Diagnose: R. quintana kann aus Patientenblut auf leblosen Nährsubstraten angezüchtet werden. Die Weil-Felix-Reaktion ist negativ (s. Tab. 33-2).

Therapie: Tetrazykline

Therapie: Mittel der Wahl sind Tetrazykline.

Bekämpfung, Prophylaxe, Schutzimpfung: Bekämpfung der Menschenlaus

Bekämpfung, Prophylaxe, Impfstoff: Durch Bekämpfung der Menschenlaus kann die Infektion verhindert werden. Eine Schutzimpfung existiert nicht.

Epidemiologie: Während des ersten Weltkrieges sind in Europa ca. 1 Million Soldaten erkrankt gewesen. Voraussetzung für das Auftreten der Erkrankung ist ein massiver Läusebefall *(Pediculus humanus)* des Menschen. Wahrscheinlich unterstützt hoher Streß (z. B. Krieg) die Infektion. Primärwirte sind Mensch und Laus. Seit dem ersten Weltkrieg sind in der BRD keine Fälle mehr aufgetreten. Deshalb wissen wir wenig über Pathogenese und besitzen kaum labordiagnostische Möglichkeiten.

Epidemiologie:
seit dem ersten Weltkrieg traten in der BRD keine Fälle mehr auf

33.3 Coxiella sp.

Coxiella sp.

Als einziger Vertreter der Gattung Coxiella ist *Coxiella burnetii* bekannt.

nur **eine** Art bekannt

33.3.1 Coxiella burnetii

C. burnetii

Erregereigenschaften: C. burnetii läßt sich mit der Giemsa-, Machiavello- und der Castañeda-Färbung darstellen, dagegen ist die Gramfärbung weniger geeignet. C. burnetii ist 0,4–1,0 µm lang und hat einen Durchmesser von 0,2–0,4 µm. Coxiellen werden durch Phagozytose in die Zellen aufgenommen und vermehren sich im Gegensatz zu Rickettsia spp. in den phagolysosomalen Vakuolen. Der Entwicklungszyklus von C. burnetii ist in Abb. 33-1 schematisch dargestellt. Coxiellen können bei niedrigem pH-Wert (4,5), wie er in den Phagolysosomen vorherrscht, Glutamat und Glukose verwerten. Es ist noch nicht geklärt, in welcher Art C. burnetii vom Stoffwechsel ihrer Wirtszelle abhängt.

Erregereigenschaften:
Vermehrung in phagolysosomalen Vakuolen nach Aufnahme in die Wirtszelle durch Phagozytose (Abb. 33-1)

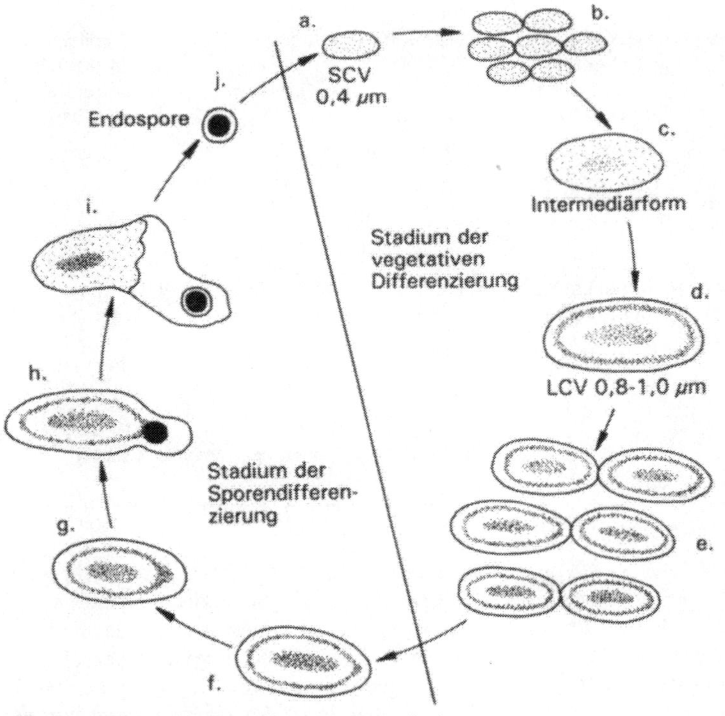

Abb. 33-1: Entwicklungszyklus von Coxiella burnetii
C. burnetii wird durch Phagozytose in die Wirtszelle aufgenommen und vermehrt sich in Vakuolen. Bei C. burnetii sind 2 infektiöse Zellvarianten mit vergleichbaren Oberflächenmembranen bekannt, die jedoch in ihrer inneren Struktur elektronenmikroskopisch beträchtliche Dichteunterschiede zeigen. Die kleine Zellvariante SCV (engl. = **s**mall **c**ell **v**ariant, a) vermehrt sich durch Zweiteilung (b) und wandelt sich über Intermediärformen (c) zur großen Zellvarianten LCV (engl. = **l**arge **c**ell **v**ariant, d) um. LCV teilt sich wiederum durch Zweiteilung (e). Die Schritte a–e werden als vegetat. Differenzierungsstadium bezeichnet. An dieses Stadium kann sich das Stadium der Sporendifferenzierung (f–i) anschließen. Im Zytoplasma der Coxiellen kommt es zu einer elektronenmikroskopisch sichtbaren Verdichtung („cap", g, h, i), aus der sich schließlich eine Endospore (j) entwickeln kann.

Tab. 33-3

Gattungen	Antigen-gruppe (Serogruppe)	Spezies	Krankheit + Synonym	Geographische Verbreitung	Arthropoden-vektor	Reservoir/ Säugerwirt	Übertragung auf den Menschen durch:
Rickettsia	Zeckenbißfieber	R. rickettsii	Rocky-Mountain-spotted-fever	Amerika	Zecke	Zecken/kleine Säugetiere	Zeckenstich
		R. sibirica	Nordasiatisches Zeckenbißfieber	Sibirien, Mongolei	Zecke	Zecken/Wild- und Haustiere	Zeckenstich
		R. conorii	Boutonneuse-Fieber, Südafrikanisches Zeckenbißfieber, Mittelmeerfieber	Mittelmeerländer, Indien, Afrika	Zecke	Zecken/Nagetiere, Hunde	Zeckenstich
		R. australis	Queensland-Zekkenbißfieber	Australien	Zecke	Zecken/Wild- und Haustiere	Zeckenstich
		R. akari	Rickettsienpokken	UdSSR, USA, Korea	Milbe	Milben/Mäuse, (Wühlmäuse?)	Milbenstich
	Fleckfieber	R. prowazekii	epidemisches Fleckfieber	Südamerika, Afrika	Kleiderlaus	Mensch	infektiöser Läusekot in Hautläsionen oder Schleimhaut
			Brill-Zinsser-Krankheit	weltweit	–	–	Reaktivierung einer latenten Infektion
		R. typhi (R. mooseri)	murines Fleckfieber, endemisches Fleckfieber	weltweit, vorwiegend Tropen und Subtropen	Rattenfloh	Nagetiere (Ratten)	infektiöser Flohkot in Hautläsionen oder Schleimhaut
	Tsutsugamushifieber	R. tsutsugamushi	Tsutsugamushifieber, Scrubtyphus, Milbenfleckfieber, Buschfieber	Asien, Australien, pazifische Inseln	Milbenlarven	Milbenlarven/ Nage- und Beuteltiere	Milbenlarvenstich
Rochalimaea	Rochalimaea	R. quintana	5-Tage-Fieber, Wolhynisches Fieber (Trenchfieber)	unbestimmt; Berichte aus Mexiko, Europa, Nordafrika, Mittlerer Osten	Kleiderlaus	Mensch	infektiöser Läusekot in Hautläsionen oder auf Schleimhaut
Coxiella	Q-Fieber	C. burnetii	Q-Fieber	weltweit	Zecke?	Zecke/Säugetier	Inhalation

Phasenwechsel:
Zwei Phasen:
- morphologisch keine Unterschiede
- Unterschiede in der Zusammensetzung der Lipopolysaccharide
  - Phase I
    Erscheinungsform von C. burnetii, die in der Natur vorkommt
  - Phase II
    Erscheinungsform von C. burnetii nach Passagen im Brutei

Phase II kann nach Passage im natürlichen Wirt wieder in Phase I übergehen

Pathogenese:
primäre Beteiligung des Alveolarepithels

Phasenwechsel: C. burnetii tritt in zwei antigenen „Phasen", ähnlich der S- und R-Phase gramnegativer Bakterien, auf. Morphologisch bestehen zwischen Phase I- und Phase II-Organismen keine Unterschiede. Physikalisch-chemisch sind jedoch Abweichungen vorhanden. So unterscheiden sich die beiden Phasenantigene in der Zusammensetzung ihrer Lipopolysaccharide, welche Endotoxineigenschaften besitzen. Die in der Natur vorkommenden Coxiella-Stämme befinden sich in Phase I. Nach Passagen im Dottersack von Bruteiern tritt der Phasenwechsel auf, und die Coxiellen gelangen dann in Phase II. Oft genügt eine einzige Passage in einem natürlichen Wirt (oder im Labortier), um eine Rekonversion zu Phase I zu erreichen.

Pathogenese: Nach aerogener Aufnahme kann C. burnetii zu einer schweren interalveolären fokalen nekrotisierenden *hämorrhagischen Pneumonie* bzw. zu einer *nekrotisierenden Bronchitis* und *Bronchiolitis* führen. Primär ist das Alveolarepithel beteiligt. Man findet C. burnetii in Histiozyten des Alveolarexsudats.

In den mediastinalen Lymphknoten, in der Milz und in den Nebennieren

kommt es zu einer *histiozytären Hyperplasie.* Nur selten kommt es bei einer akuten Q-Fieber-Infektion zur massiven Zerstörung von Hepatozyten. Daher sind die Serumtransaminasen in der Regel nur mäßig erhöht. In den Leberlobuli treten granulomatöse Veränderungen auf, welche im Spätstadium der Erkrankung häufig zur *Nekrose* im Zentrum dieser Granulome führen. Diese morphologischen Veränderungen können sehr viel länger bestehen bleiben als die klinischen Symptome.
Durch bisher ungeklärte immunologische Abläufe kann es zu Autoimmunphänomenen kommen.

Klinik, Verlauf: Die von der Infektionsdosis abhängige Inkubationszeit beträgt ca. 19–35 Tage. Manche Personen entwickeln ein

- *Prodromalstadium* mit Müdigkeit, Appetitlosigkeit, Frösteln und neurologischen Sensationen (z. B. Gefühl des Elektrisierens an Armen und Beinen, Reißen in Armen und Beinen).

Ca. die Hälfte der Infektionen verläuft entweder asymptomatisch oder als leichte uncharakteristische Erkrankungen, die häufig bei Frauen und Kindern beobachtet werden. Bei diesen Patienten sind die Temperaturen nur leicht erhöht. Häufig klagen sie über leichtes Frieren und Müdigkeit.

- *Leitsymptome* des Q-Fiebers sind:
  - Plötzlicher Fieberbeginn (39–40 °C) mit heftigen Schweißausbrüchen. Die Temperatur fällt nach 5–14 Tagen lytisch ab. Auch biphasische Temperaturkurven können auftreten, wobei die zweite Phase, mit meist niedrigeren Temperaturen, 1–19 Tage dauern kann.
  - Sehr starke Kopfschmerzen und häufig im Rücken lokalisierte Muskelschmerzen.

Das akute Q-Fieber kann zusätzlich zu Gewichtsabnahme, Gelenk-, Thorax- und Abdominalschmerzen, Myalgie, Übelkeit mit Erbrechen und zu einem Exanthem führen. Q-Fieber verläuft häufig unter dem Krankheitsbild der **atypischen Pneumonie.** Seltene Komplikationen sind Thrombophlebitis, Uveitis, Neuritis des N. opticus, welche in der Regel folgenlos ausheilen. Meningoenzephalitis und **Myokarditis** stellen schwerwiegendere Komplikationen dar, wobei die Myokarditis häufig Dauerschäden zur Folge hat. Die Coxiellen können latent im Körper bleiben und 3–20 Jahre nach akuter Infektion, als Folge einer Reaktivierung, zum chronischen Q-Fieber führen. Die häufigste Form ist die **chronische Endokarditis**, die klinisch nicht von anderen bakteriellen Endokarditiden unterscheidbar ist. Bei der chronischen Q-Fieber-Infektion können auch Leber (chronische Hepatitis) und Milz beteiligt sein. Eine Immunkomplex-Glomerulonephritis, als Manifestation von Autoimmunphänomenen, wird ebenfalls beobachtet.

Diagnose: Prinzipiell ist eine Anzucht der Coxiellen aus Blut, Urin, Plazenta, Organmaterial, Stuhl und Milch möglich, jedoch in einem Diagnostiklaboratorium unüblich, da eine Genehmigung und ein Sicherheitslaboratorium (§ 19.1 BundesseuchenG) erforderlich sind. Coxiellen wachsen auf geeigneten Zellkulturen, im Dottersack von Bruteiern oder im Versuchstier (Meerschweinchen, Mäuse).
Die akute Q-Fieber-Infektion kann durch den Nachweis spezifischer IgM-Antikörper mittels ELISA, RIA oder IFT sehr früh diagnostiziert werden, wobei Phase II-Antigen Verwendung findet. Eine relativ wenig sensitive Methode stellt die KBR dar, bei der zur Diagnose der akuten Infektion ein Serumpaar erforderlich ist (Mindestabstand zur 2. Serumabnahme: 5 Tage). Eine chronische Q-Fieber-Infektion kann durch den Nachweis von spezifischen IgG-, IgA- und IgM-Antikörper im IFT oder ELISA bzw. von komplementbindenden Antikörpern in der KBR (Titer 1:>200) gegen Phase I-Antigen diagnostiziert werden.

Therapie: Tetrazykline (Doxycyclin) sind die Mittel der Wahl. Die Therapie wirkt rickettsiostatisch und nicht rickettsiozid.

Bekämpfung, Prophylaxe, Schutzimpfung: Durch Sanierung der Tierbestände kann eine Expositionsprophylaxe durchgeführt werden. Eine Übertra-

Klinik, Verlauf des Q-Fiebers
Inkubationszeit: ca. 19–35 Tage
- Prodromalstadium
- Leitsymptome
- akutes Q-Fieber
  - v. a. atypische Pneumonie
  - Komplikationen: v. a. Myokarditis, häufig mit Dauerschäden
- chronisches Q-Fieber
  - v. a. chronische Endokarditis

Diagnose
für Erregeranzucht erforderlich:
- Genehmigung
- Sicherheitslaboratorium

Antikörpernachweis
Differenzierung zwischen
- akuter Infektion und
- chronischer Infektion möglich

Therapie:
Tetrazykline

Bekämpfung, Prophylaxe, Schutzimpfung:
Sanierung der Tierbestände

Meldepflicht
Berufskrankheit

gung mit Milch wird durch Pasteurisierung vermieden. Ein Impfstoff für den Menschen ist in der BRD nicht im Handel.
Erkrankung und Todesfall sind **meldepflichtig.** Q-Fieber ist in der BRD als Berufskrankheit besonders exponierter Gruppen (z. B. Landwirte) anerkannt.

Epidemiologie
weltweites Vorkommen

Hauptansteckungsquellen sind Schafe und Rinder

Infektion durch Einatmen von erregerhaltigem Staub (Aerosole)

besondere Gefährdung für
- Landwirte
- Schlachthofarbeiter
- Tierärzte
- Personen in der Tierproduktverwertung

Epidemiologie: C. burnetii-Infektionen sind Zooanthroponosen und kommen weltweit vor. In der BRD sind Schafe und Rinder die Hauptansteckungsquellen für den Menschen. Das Wirtsspektrum der Coxiellen ist außerordentlich groß, z. B. wurden aus Ziegen, Büffeln, Kamelen, Hunden und Katzen Coxiellen isoliert. Meist verläuft die Infektion bei den Tieren unauffällig. Die Erreger werden mit den Fäzes, Urin, Milch oder anderen Exkreten, sowie mit der Plazenta (nach Aborten) ausgeschieden. Coxiellen sind äußerst umwelt- und austrocknungsresistent und bleiben getrocknet teilweise über ein Jahr infektiös. Durch Einatmen von erregerhaltigem Staub *(Aerosol)* wird der Mensch infiziert, ebenso durch Trinken von roher Milch. Von Mensch zu Mensch erfolgt die Übertragung selten (weltweit sind drei Ausbrüche beschrieben). Gefährdet sind Personen, die direkten oder indirekten Kontakt mit infizierten Tieren haben, z. B. Landwirte, Schlachthofarbeiter, Tierärzte und Personen, die in der Tierproduktverwertung arbeiten. Bayern und Baden-Württemberg sind Q-Fieber-Endemiegebiete. In diesen Naturherden kommen wahrscheinlich nur Zecken als Vektoren für die Infektion der Tiere in Frage, wobei die Infektion des Menschen nur über die aerogene Aufnahme von infizierten Tierexkreten erfolgt. Der Mensch ist ein Endglied der Infektionskette.

III Mykologie

H. Werner

Mykologie

1 Allgemeiner Teil

1.1 Biologische Charakteristik der Pilze

Biologische Charakteristik der Pilze

Pilze = chlorophyllfreie Eukaryonten
Zellmembran enthält Ergosterin
Zellwand aus Chitin oder Zellulose
Kapselbildung kommt vor *(Cryptococcus)*

Pilze sind **chlorophyllfreie Eukaryonten** mit Zellwand, endoplasmatischem Retikulum, Mitochondrien und einem von Kernmembran umgebenem Zellkern. Die Ribosomen sind an das endoplasmatische Retikulum gebunden (Abb. 1-1). Die das Zytoplasma einschließende Zellmembran enthält außer Lipiden und Glykoproteinen Ergosterin. Die „starre" Zellwand besteht aus Chitin oder Zellulose. Manche Pilze sind von einer polysaccharid-haltigen Kapsel umgeben (Beispiel: *Cryptococcus neoformans*).

Bedeutung der Pilze in der Natur
Dekomposition organischer Substrate
Nahrungsmittelherstellung/Alkoholgewinnung
chemoorganoheterotrophe Organismen
Wachstum aerob
Energiegewinnung durch Oxydation organischer Substanzen
Giftpilze/Mykotoxinbildner/Allergene

100 000 bis 200 000 Pilzarten (Spezies) spielen im Gesamthaushalt der Natur – vor allem in der **Dekomposition organischer Substrate** – sowie in vielen speziellen Ökosystemen, bei der Nahrungsmittelherstellung (Käse) und Alkoholgewinnung (Wein, Bier usw.) eine wichtige Rolle. Wegen des Fehlens photosynthetischer Pigmente sind Pilze C-heterotroph *(chemoorganoheterotroph)*, sie wachsen unter *aeroben* Bedingungen und gewinnen Energie durch Oxydation organischer Substanzen. Für den Menschen sind Pilze gefährlich als Giftpilze (z. B. Knollenblätterpilz u. a.), Mykotoxinbildner (z. B. *Aspergillus flavus*, Produzent des Mykotoxins Aflatoxin), Allergene und Infektionserreger.

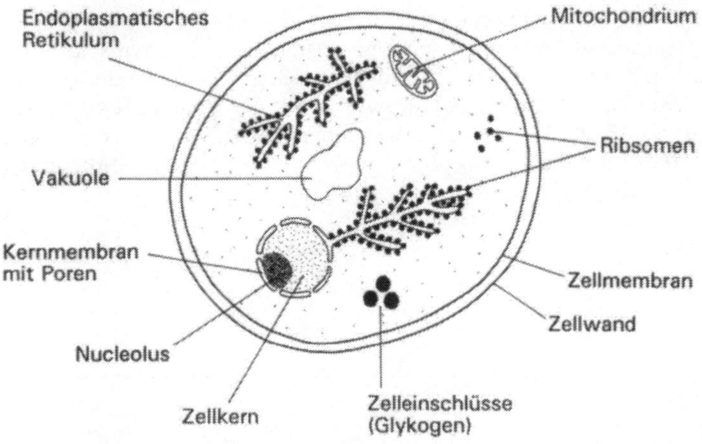

Abb. 1-1: Ultrastruktur der Pilzzelle (vereinfacht; extrazelluläres Kapselmaterial ist nicht dargestellt)

1.1.1 Infektiöse Pilze

Infektiöse Pilze
50–100 Pilzarten sind infektiös

Infektiös-pathogen für den Menschen sind nur etwa 50–100 Pilzarten. Infektiöse Pilze sind als einzelne Zellen mikroskopisch klein (etwa 5 µm Durchmesser) und erst nach Koloniebildung, d. h. in lokaler Anhäufung von etwa 1 Mrd. Zellen, mit dem unbewaffneten Auge sichtbar.

Eine einfache, vorwiegend medizinisch nutzbare Einteilung der Pilze unterscheidet nach der mikroskopischen Morphologie: **Hefepilze (Sproßpilze)**,

- Hefepilze (Sproßpilze): rundliche oder ovale Zellen; Vermehrung durch Sprossung
- Pseudohyphen
- Hyphen (Myzelien): unseptiert oder septiert

rundliche bis ovale Zellen, die sich in der Regel durch Sprossung vermehren (Beispiele: *Candida albicans, Cryptococcus neoformans*); **Pseudohyphen (Pseudomyzelien)**, langgestreckte, durch Sprossung bzw. apikales Wachstum vermehrungsfähige Zellen (Beispiel: Gewebephase von *Candida albicans*); echte **Hyphen (Myzelien)**, Pilzfadengeflechte entweder ohne Septen (= könozytisch; z. B. *Mucor*) oder mit Septen (Beispiele: *Aspergillus, Penicillium, Dermatophyten,* z. B. Trichophyton) (Abb. 1-2).

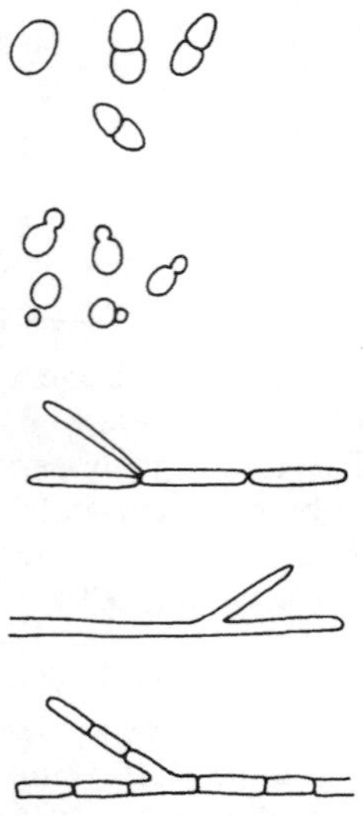

Abb. 1-2: Grundformen der Pilze

Kultur- und Gewebephase:
Gewebephase (= infektiöse Phase) verschieden von Kulturphase
Dermatophyten in Haut/Haar/Nägeln uncharakteristisch (= lediglich Pilzfäden)
Aspergillus fumigatus im Gewebe ohne Konidiophoren

Kultur- und Gewebephase: Die meisten infektiösen Pilze bilden im befallenen Gewebe andere Morphen aus als in der Kultur, z. B. auf Sabouraud-Medium. Dermatophyten, z. B. Trichophyton-Arten, erscheinen in befallenen Nägeln und infizierter Haut als uncharakteristisch verzweigte, septierte Pilzfäden; erst in der Kultur werden die typischen, identifikatorisch nutzbaren Mikro- und Makrokonidien (= vegetative z. T. mehrkammrige Sporen) gebildet. Im infizierten Lungengewebe stellt sich der Gießkännchenschimmelpilz *Aspergillus fumigatus* als verzweigte, plumpe Pilzfäden dar; die typischen Konidiophoren der Gattung Aspergillus mit der zusätzlichen Besonderheit der Spezies *A. fumigatus,* nur eine Reihe von apikal auf der Kolumella aufsitzenden Phialiden zu bilden (Abb. 1–3), treten erst in der Kultur auf. Aus diesen Hinweisen erhellt die Bedeutung der Erregerzüchtung für die ätiologische Diagnose einer Mykose.

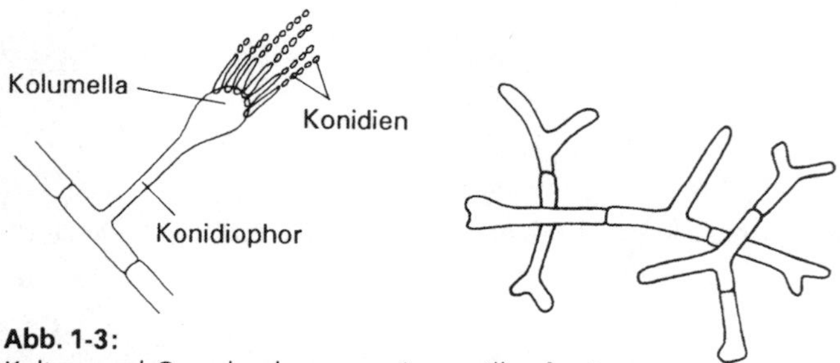

Abb. 1-3:
Kultur- und Gewebephase von Aspergillus fumigatus

Dimorphe Pilze

- Wechsel zwischen Sproßpilzphase und Schimmelpilzphase
- außerdem meist spezielle Gewebephase

1.1.2 Dimorphe Pilze

Zu den dimorphen Pilzen im engeren Sinn gehören *Histoplasma capsulatum*(Histoplasmose), *Blastomyces dermatitidis* (Nordamerikanische Blastomykose), *Coccidioides immitis* (Coccidioidomykose) und *Paracoccidioides brasi-*

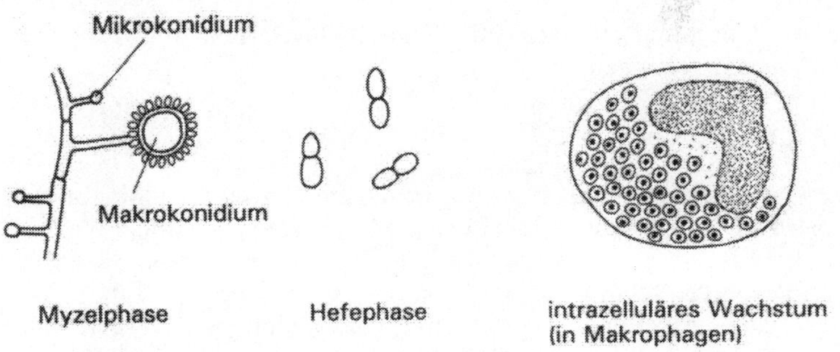

Abb. 1-4: Dimorphe Pilze – Histoplasma capsulatum mit seinen zwei Kulturphasen und der intramakrophagozytären Phase

liensis (Südamerikanische Blastomykose). Hier sind nicht nur die Unterschiede zwischen **Gewebe-** und **Kulturphase** besonders deutlich ausgeprägt, sondern es können außerdem in der Kultur Phasenwechsel zwischen hefepilzähnlichen, bei 37 °C wachsenden und schimmelpilzartigen, bei 20 °C proliferierenden Formen stattfinden (Beispiel: *Histoplasma capsulatum;* vgl. Abb. 1-4).

Beispiel: *Histoplasma capsulatum*

1.1.3 Vegetative (imperfekte) und sexuelle (perfekte) Formen

Imperfekte (= haploide) und perfekte (= diploide) Stadien

Die meisten medizinisch wichtigen Sproßpilze (Candida, Cryptococcus) und viele Fadenpilze liegen üblicherweise in der **haploiden** Phase vor (= **vegetative** oder **imperfekte** Form). Zu den vegetativen Formen gehören auch die Konidien (Sporen) der Penicillium- und Aspergillus-Arten. Die Vermehrungsvorgänge bei vegetativen Pilzformen schließen Kernteilung durch Mitose ein. Durch konjugative Vorgänge entstehen **diploide** Phasen (= **sexuelle** bzw. **perfekte** Formen), bei denen die Vermehrung über Meiose des Kerns läuft. Bei Sproßpilzen entstehen auf diese Weise Asken und Askosporen (Abb. 1-5).

Die meisten medizinisch wichtigen Pilze waren jahrzehntelang ausschließlich unter ihrer imperfekten Form bekannt, die mit einer binären Speziesbezeichnung belegt war. Später aufgefundene perfekte Formen erhielten einen neuen Namen: z. B. ist *Kluyveromyces fragilis* die „perfekte Zwillingsspezies“von *Candida pseudotropicalis,* heißt *Trichophyton mentagrophytes* in der perfekten Form *Arthroderma benhamiae* und *Cryptococcus neoformans* als kürzlich entdeckter perfekter Basidiomycet *Filobasidiella bacillispora.* Gegenwärtig ist noch die Tendenz vorherrschend, die aus den Doppelbenennungen haploid-diploid resultierende Informationsflut durch Beibehaltung der althergebrachten Imperfekte-Phase-Namen einzudämmen; jedoch begegnet man

- in der mykologischen Taxonomie häufig mit zwei verschiedenen Speziesnamen belegt
- **medizinisch geläufig (wichtig) ist meist die imperfekte Form**

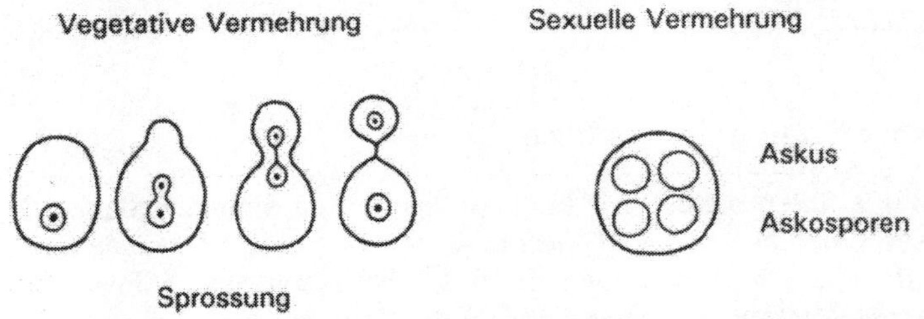

Abb. 1-5: Imperfekte Stadien bei medizinisch wichtigen Candida-Arten und entsprechende askosporogene Zwillingsspezies

Imperfektes Stadium (Spezies u. Jahr der Erstbeschreibung)	Perfektes Stadium
Candida albicans (1853)	–
C. parapsilosis (1928)	–
C. pseudotropicalis (1911)	Kluyveromyces fragilis (1965)
C. krusei (1923)	Pichia fermentans (1932)

Taxonomie/Systematik

Einteilungskriterien:
- Phylogenie
- Zytologie (Struktur)
- Reproduktion

Myxomyceta ohne medizinische Bedeutung

Zygomycetes, Ascomycetes, Basidiomycetes, Deuteromycetes: enthalten medizinisch wichtige Gattungen und Arten

Zahl der lediglich als imperfekte Form bekannten Pilzarten (= Deuteromycetes) hat abgenommen

praktisch wichtig Einteilung in
- Hefen
- Schimmelpilze
- Dermatophyten

nicht selten Befundmitteilungen, die Sexuelle-Phase-Benennungen, z. B. *Nannizzia gypsea*, verwenden.

1.1.4 Taxonomie der Pilze

Die Taxonomie der Systematik der Pilze ist nach botanischen (biologischen) Gesichtspunkten aufgestellt, d. h. **Phylogenie** (niedere – höhere Pilze), **Struktur** (könozytische – septierte Hyphen) und **Reproduktion** (Askosporen – Basidiosporen) gehören zu den grundlegenden Kriterien (Tab. 1-1).
Unter der ersten Abteilung des Reiches Myceta, den Myxomyceta oder Schleimpilzen, finden sich keine medizinisch wichtigen Arten; das gleiche gilt für die Unterabteilung Mastigomycetes der echten Pilze. Dagegen enthalten die übrigen vier Unterabteilungen der **Eumyceta**, nämlich *Zygomycetes, Ascomycetes, Basidiomycetes* und *Deuteromycetes*, allerdings verteilt auf zahlreiche hier nicht aufgeführte Klassen, Ordnungen und Familien, die medizinisch wichtigen Gattungen und Arten.
Während noch vor wenigen Jahren die Unterabteilung *Deuteromycetes* die Mehrzahl der medizinisch wichtigen Gattungen und Arten umfaßte, hat die Auffindung zahlreicher perfekter Formen in neuerer Zeit dieses Taxon zunehmend ausgedünnt. Es darf erwartet werden, daß die genetische Forschung weitere Einsichten in die Verwandtschaftsbeziehungen der Pilze bringen wird.
Die im medizinischen Bereich bewährte und weiterhin praktizierte Einteilung in **Hefen**, **Schimmelpilze** und **Dermatophyten** stellt ein Raster dar, das von der wissenschaftlichen mykologischen Klassifikation weitgehend unabhängig ist.

Tab. 1-1: Klassifikation der Pilze
1. Abteilung: Myxomyceta (Schleimpilze) – ohne medizinische Bedeutung
2. Abteilung: Eumyceta (echte Pilze) – enthält die medizinisch wichtigen Arten

Eumyceta-Unterabteilung	Charakteristik	Beispiele für medizinisch wichtige Arten
Mastigomycetes	bewegliche Sporen	keine
Zygomycetes	könozytische Hyphen	Mucor racemosus Rhizopus stolonifer
Ascomycetes	Produkte der sexuellen Konjugation (= Askosporen) entwickeln sich im Askus („Sack")	Pichia fermentans Saccharomyces cerevisiae
Basidiomycetes	nach außen produzierte Sporen (Basidiosporen)	Filobasidiella bacillispora Filobasidiella neoformans
Deuteromycetes	ohne sexuelle Stadien (= Fungi imperfecti)	Candida albicans Coccidioides immitis

Wachstum und Stoffwechsel

- Symbiose zwischen Pflanzenwurzel und Pilzen (= Mycorrhiza)
- „räuberische" Pilze
- Flechten (Algen + Pilze) = Sonderformen

Züchtung medizinisch wichtiger Pilze auf zellfreien definierten Medien
Substratverwertung über „Assimilation" oder „Fermentation"

1.1.5 Wachstum und Stoffwechsel

In der Natur erfüllen viele Pilze ihren Substrat- und Energiebedarf z. T. über spezielle *symbiotische Lebensformen* (z. B. Mycorrhiza) oder *„räuberisches Dasein"* (mit Befall von Nematoden, Insekten, Protozoen u. a.); Sonderformen stellen die *Flechten* (= Algen + Pilze) dar.
Die meisten medizinisch wichtigen Pilze wachsen, d. h. zeigen Koloniebildung (= *Thallus*), auf zellfreien, definierten Medien. Kohlenhydrate, Aminosäuren u. a. werden dabei zum Aufbau der Pilzzellbausteine verwendet (= „Assimilation") oder zwecks Energiegewinnung abgebaut (= „Fermentation"). Während manche Pilze neben N-Quellen Wachstumsfaktoren und Kohlenhydrate für optimales Wachstum benötigen, können einige Spezies auf Minimalmedium proliferieren, das neben essentiellen Mineralien lediglich NH_4^+, NO_3^- und $H_3C_2OO^-$ (Azetat) enthält.

1.1.6 Pilze als Antibiotikabildner

Pilze als Antibiotikabildner
antibakterielle Antibiotika = sekundäre Metaboliten bestimmter Pilze

Biologisch gehören antibakteriell wirksame Antibiotika zu den sekundären Metaboliten. Während Penicillium-Arten *(P. notatum, P. chrysogenum)* die ursprüngliche biologische Quelle für Penizillin – und über die 6-Aminopenicillansäure auch für zahlreiche semisynthetisch hergestellte Penizillinderivate – bilden, haben die auf Stoffwechselprodukte des Schimmelpilzes *Cephalosporium acremonium* (Abb. 1-6) zurückgehenden Cephalosporine seit den 60er Jahren eine weitere Revolution in der Antibiotikatherapie bewirkt.

6-Aminopenicillansäure
Cephalosporium acremonium
- 7-Aminocephalosporansäure
- Cephalosporine

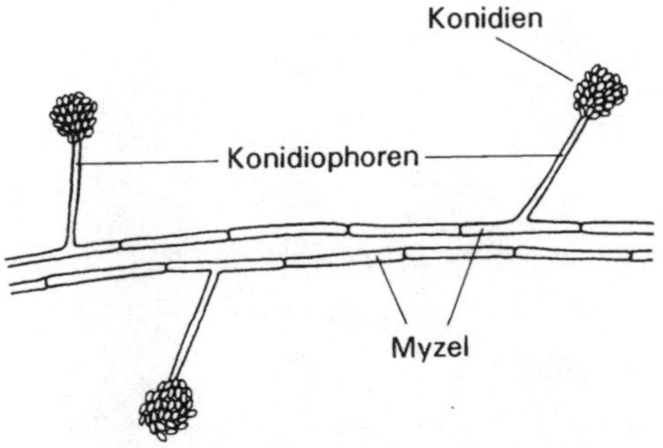

Abb. 1-6: Mikroskopische Morphologie von Cephalosporium acremonium (Quelle der 7-Aminocephalosporansäure, der biologischen Muttersubstanz semisynthetischer Cephalosporine)

1.1.7 Mykotoxine

Mykotoxine
= oral aufgenommene toxische Stoffwechselprodukte von Pilzen

Der Begriff Mykotoxine wird fast ausschließlich mit oral aufgenommenen **toxischen Stoffwechselprodukten** von Pilzen verbunden.
Akute Vergiftungserscheinungen mit Übelkeit, Krämpfen und Parästhesien werden hervorgerufen durch den Genuß von Brot bzw. Mehl aus mutterkornhaltigem Getreide (in dem sich der Pilz *Claviceps purpurea* zu braunschwarzen Sklerotien namens Secale cornutum entwickeln und dabei Alkaloide, u. a. Ergotamin, anreichern konnte). Pilzarten der Gattung *Fusarium* produzieren Trichothecin; Massenvergiftungen durch verschimmeltes Getreide sind beschrieben.

Mutterkorn-Alkaloid: Ergotamin

Fusarium spp. – Trichothecin

Seit 1960 wurde die Gefährdung des Menschen durch Aflatoxine und andere Mykotoxine in der Nahrung und in Getränken zunehmend erkannt.
Aflatoxine sind cumarinähnliche Metabolite (B_1, B_2, G_1, G_2; vgl. Abb. 1-7),die von *Aspergillus flavus* und anderen Schimmelpilzen bei Temperaturen zwischen 25°–45 °C vor allem in Erdnüssen, aber auch in anderen Nahrungsmitteln sowie in Fruchtsäften und alkoholischen Getränken gebildet werden; sie wirken in hoher Dosis akut **hepatotoxisch** (Todesfälle an Leberversagen nach Verzehr von toxinhaltigen Erdnüssen) und bei chronischer Einwirkung **kanzerogen** (sowie teratogen und mutagen). Epidemiologisch decken sich auf der Erde Gegenden mit hoher Inzidenz an primärem Leberzellkarzinom (= bestimmte Gebiete Afrikas und Asiens) mit relativ hohem Aflatoxinanteil in der Nahrung. Ein zusätzlicher Zusammenhang mit der Epidemiologie der Hepatitis B wird diskutiert. Bestrebungen, Lebensmittel- und Rohproduktimporte aus anderen Erdteilen auf Aflatoxingehalt zu analysieren, sind zu unterstützen; zulässige Aflatoxinkonzentrationen sind auf dem Verordnungswege festgelegt.

Aflatoxine B_1, B_2, G_1, G_2
– gebildet von *Aspergillus flavus*

Hauptgefahr geht von kontaminierten Erdnüssen aus
- (akut) hepatotoxisch
- (chronisch) kanzerogen

In Gebieten mit hohem Aflatoxingehalt in der Nahrung ist primäres Leberzellkarzinom häufig

Die Problematik der Mykotoxine beschränkt sich nicht auf die Aflatoxine (Tab. 1–2). *Ochratoxin A,* das nach entsprechendem Pilzbefall in Getreide,Kaffeebohnen u. a. vorkommen kann, wird erst bei Temperaturen um 200 °C (z. B. durch Rösten, nicht jedoch durch Autoklavieren) zerstört.

Ochratoxin A →

hohe Hitzeresistenz

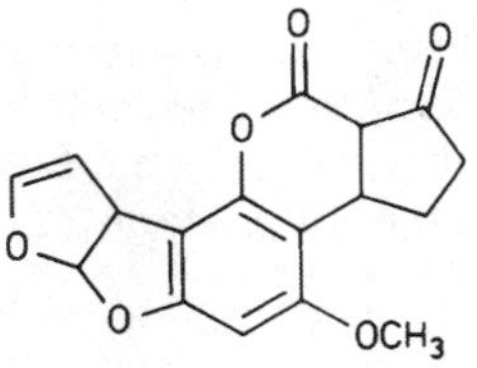

Abb. 1-7: Strukturformel von Aflatoxin B_1

Tab. 1-2: Biochemische Differenzierung von ausgewählten Sproßpilzarten

Spezies	Assimilation					Fermentation					Harnstoffspaltung
	Glukose	Maltose	Saccharose	Laktose	Inosit	Glukose	Maltose	Saccharose	Laktose	Trehalose	
Candida albicans	+	+	+	–	–	+	+	–	–	+	–
Candida stellatoidea	+	+	–	–	–	+	+	–	–	–	–
Candida krusei	+	–	–	–	–	+	–	–	–	–	–
Candida tropicalis	+	+	–	–	–	+	+	+	–	+	–
Candida parapsilosis	+	+	+	–	–	+	–	–	–	–	–
Candida pseudotropicalis	+	–	+	+	–	+	–	+	+	–	–
Torulopsis glabrata	+	–	–	–	–	+	–	–	–	+	–
Cryptococcus neoformans	+	+	+	–	+	–	–	–	–	–	+
Cryptococcus albidus	+	+	+	+	+	–	–	–	–	–	+
Cryptococcus gastricus	+	+	+	–	+	–	–	–	–	–	+
Cryptococcus laurentii	+	+	+	+	+	–	–	–	–	–	+
Trichosporon beigelii	+	+	+	+	+	–	–	–	–	–	+
Trichosporon pullulans	+	+	+	+	+	–	–	–	–	–	+
Geotrichum candidum	+	–	–	–	–	–	–	–	–	–	–
Geotrichum capitatum	+	–	–	–	–	–	–	–	–	–	–
Hansenula anomala	+	+	+	–	–	+	–	+	–	–	–

Assimilation + = Wachstum stärker als in kohlenhydratfreier Kontrolle
Fermentation + = Kohlenhydratabbau unter Gasbildung

1.1.8 Pilzflora des Menschen

Pilzflora des Menschen

Saccharomyces cerevisiae siedelt sich im Menschen nicht an

Candida albicans in niedrigen Keimzahlen = Normalbefund

Unterscheidung zwischen Florakomponente (wiederholt nachweisbar) und einmalig aufgetretenem „Anflugkeim" durch Kontrolluntersuchungen
nahrungsabhängige Darmpassanten

Die zahlreichen aus Umwelt und Nahrung in den Menschen gelangenden Pilzarten siedeln sich in und auf ihm nicht an; z. B. wird *Saccharomyces cerevisiae*, in vielen alkoholischen Getränken vorhanden, auch bei häufig wiederholter Ingestion keine Darmflora-Komponente. Nach oraler Aufnahme unterliegen Pilze bei der Magendarmpassage insbesondere der fungiziden Einwirkung der Gallensäuren und werden danach aufgeschlossen und z. T. resorbiert.

Der einzige, den Menschen über längere Zeiträume – wohl meist seit der Geburt – besiedelnde Pilz ist *Candida albicans*. Bei Gesunden ist dieser Pilz in der Darm-, Rachen- und Genitalflora, allerdings lediglich in niedrigen Keimzahlen, präsent. Keimzahlerhöhungen des *Soorpilzes* können lokal zu Krankheitserscheinungen und im weiteren Verlauf zu Invasion tieferer Gewebeschichten sowie zur Generalisation der Infektion führen.

Die Frage, ob ein im Darm-, Rachen- oder Genitalsekret gefundener Pilz zur Flora des betreffenden Individuums gehört oder einen pathologischen Befund (= Infektion) darstellt, läßt sich nicht durch eine einmalige Untersuchung, sondern erst durch wiederholte Kontrollen klären: Ist der erstisolierte Pilz nicht wiederzufinden, hat es sich um einen *„Anflugkeim"* oder einen nahrungsabhängigen *„Darmpassanten"* gehandelt.

1.2 Endogene und exogene Mykosen

Endogene und exogene Mykosen

- endogene Mykosen: Erregerquelle ist der Patient selbst
- exogene Mykosen: Erregerquelle in der Außenwelt

Die Erreger **endogener** Mykosen waren bereits vor Krankheitsbeginn beim noch gesunden Individuum vorhanden (Beispiel: *Candida albicans*); die Erregerquelle **exogener** Mykosen liegt in der Außenwelt (Beispiele: *Histoplasma capsulatum, Cryptococcus neoformans* und die meisten übrigen Erreger).

1.2.1 Abwehrmechanismen gegen Pilze

Abwehrmechanismen:
multifaktoriell

Barrierefunktion von
- unverletzter Haut und Schleimhaut
- Zilienaktivität – IgA-Sekretion

Die Abwehr des menschlichen Körpers gegen Pilze beruht auf zahlreichen Einzelaktivitäten, und zwar auf den **Barrierefunktionen von unverletzter Haut** (saurer pH-Wert, antifungische Aktivität ungesättigter Fettsäuren, Desquamation) und Schleimhäuten (Zilienaktivität im oberen Respirationstrakt,

IgA-Sekretion im oberen Respirationstrakt und im unteren Gastrointestinaltrakt), der **Makrophagenaktivität** in den Lungen, der **Wirkung der Galle** und des **sauren pH-Wertes** im oberen Gastrointestinaltrakt sowie der pilzinhibierenden Wirkung der normalen Schleimhautfloren.

Einen wichtigen Faktor der unspezifischen Resistenz gegen Pilze stellt die **Temperatur** des menschlichen Körpers dar, welche hoch genug ist, um die meisten außenweltlichen Pilze an der Proliferation im menschlichen Organismus zu hindern. Unter den zahlreichen Arten der Gattung Cryptococcus zeigt nur *C. neoformans* reichliches Wachstum bei 37 °C; andere Cryptococcus-Spezies ohne diese Eigenschaft, z. B. *C. terreus, C. ater, C. luteolus* usw., sind in der menschlichen Infektionspathologie bedeutungslos. Vermutlich spielt Temperaturabhängigkeit der Proliferation auch eine Rolle bei der Beschränkung der Trichophytie-Erreger und anderer Dermatophyten auf die kühleren oberflächlichen Integumentschichten.

Zu den chemischen Faktoren mit pilzlimitierender Wirkung gehören Fettsäuren und Lipoide auf der Haut und basische Peptide – z. B. mit Hemmwirkung gegen *Cryptococcus neoformans* – in Serum und Liquor cerebrospinalis.

Der alternative Komplementweg wird durch Polysaccharide aus der Zellwand **pathogener** Pilze wie *Candida albicans, Cryptococcus neoformans, Aspergillus fumigatus* und *Coccidioides immitis* aktiviert. Die Erzeugung der Komplementfragmente C3a und C5a spielt eine Rolle bei der akuten Entzündungsreaktion. Beschichtung von Pilzelementen mit C3b und C3d erleichtert die Phagozytose durch polymorphkernige Granulozyten.

Körpertemperatur und Resistenz gegen Pilze

Cryptococcus terreus, *C. ater*, *C. luteolus* } zeigen kein Wachstum bei 37 °C und sind apathogen

Dermatophyten proliferieren nur in oberflächlichen Hautschichten und sind nicht-invasiv

chemische Faktoren der Resistenz

antifungische basische Peptide in Serum und Liquor

Aktivierung des alternativen Komplementweges durch Pilzpolysaccharid

Entzündungsreaktion = Unterstützung der körpereigenen Abwehr

Phagozytose von Pilzen durch polymorphkernige Granulozyten

1.2.2 Prädisposition

Eine Bahnung (Prädisposition) für die Manifestation von Mykosen wird durch zahlreiche z. T. sehr unterschiedliche Faktoren geschaffen; bei gleichzeitigem Vorliegen mehrerer prädisponierender Faktoren wird das Auftreten einer **Mykose** besonders stark gebahnt.

a) **Geographische Prädisposition**: Während Candidamykose und Kryptokokkose weltweit verbreitet sind, kommen andere Mykosen in bestimmten Gebieten gehäuft vor. *Maduromykose, Chromoblastomykose* und ähnliche Verletzungsmykosen finden sich bei der barfußgehenden Bevölkerung tropischer und subtropischer Zonen gehäuft, die *Coccidioidomykose* ist – mit etwa 500 000 Neuerkrankungen pro Jahr – in den Trockengebieten der USA (Arizona, Neumexiko, Nevada u. a.) und die *Histoplasmose* (100 000 Neuerkrankungen pro Jahr) im Mississippi- und Ohio-Tal endemisch.

b) **Abwehrschwäche**: Prädisposition für die Manifestation einer Mykose wird durch Alter, Schwangerschaft, Streß, Erkrankungen des Retikuloendothelialen Systems, Karzinom, Agranulozytose, Defekte der zellulären Immunität, Diabetes mellitus, protrahierte immunsuppressive Chemotherapie, medizinische Eingriffe (Operation, Organtransplantation), Bestrahlung und Verbrennungen geschaffen.

c) **Invasive Medizin**: Langzeitbeatmung, Peritonealdialyse, Subclaviakatheter und andere *invasive* Maßnahmen der modernen Medizin erleichtern Eindringen und Ansiedlung von Pilzen, insbesondere *Candida albicans.*

Prädisposition

→ wird durch gleichzeitige Wirkung mehrerer Faktoren potenziert

- geographische Prädisposition bei
  - Maduromykose/Chromoblastomykose
  - Coccidioidomykose
  - Histoplasmose

- Faktoren/Bindungen, die zu **Abwehrschwäche** führen:
  - Alter
  - Schwangerschaft
  - Streß
  - Erkrankungen
- Prädisposition für Candidamykose durch moderne invasive Medizin

1.2.3 Gewebsreaktion

Pathologisch-anatomisch lassen sich drei Reaktionstypen unterscheiden:

a) **Akute eitrige Entzündung**, charakterisiert durch Hyperämie, Exsudation von Plasmaproteinen und Anhäufung von polymorphkernigen Granulozyten, typisch für Aspergillose, Myzetome, Sporotrichose, Mucormykose, Candidamykose, Nord- und Südamerikanische Blastomykose, Histoplasmose und mykotische Keratitis. Bei der Coccidioidomykose ist die akute eitrige Entzündung gerichtet gegen Arthrokonidien von Coccidioides immitis.

b) **Granulomatöse Entzündung**, charakterisiert durch Ansammlung von modifizierten Histiozyten (Epitheloidzellen) zusammen mit Lymphozyten und Plasmazellen und eingestreuten Riesenzellen (Langhans) meist um einen zentralen erregerhaltigen Nekrosebezirk (Abb. 1-8); häufiges Vorkommen

Gewebsreaktion

pathologisch-anatomische Reaktionstypen auf die Pilzinvasion:

- eitrige Entzündung

- mykotisches Granulom mit zentraler pilzhaltiger Nekrose (Abb. 1-8)

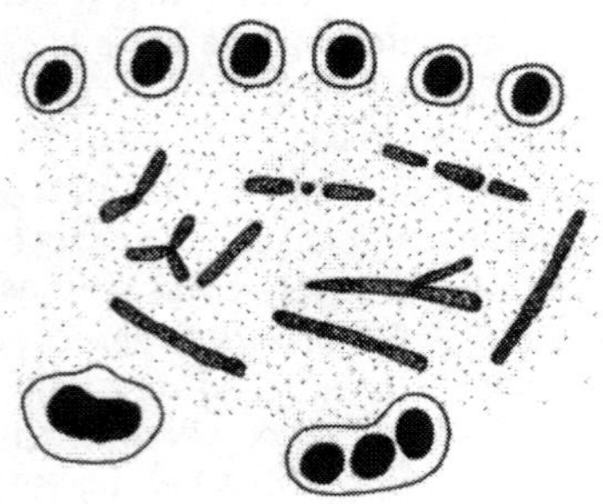

Abb. 1-8: Mykotisches Granulom. Die differentialdiagnostische Abgrenzung gegen bakterielle Granulome (Aktinomykose, Tuberkulose) ist aufgrund der Erregermerkmale (kernhaltige, meist septierte Pilzhyphen, PAS-positiv) eindeutig möglich.

bei Histoplasmose, Kryptokokkose, Myzetomen, Paracoccidioides-Mykose, Coccidioidomykose (in Reaktion auf die Sphärulen von Coccidioides immitis), Nord- und Südamerikanischer Blastomykose und Candidamykose.

- chronische Entzündung zeichnet sich durch Bindegewebsproliferation aus

c) **Chronische Entzündung**, charakterisiert durch Bindegewebsproliferation und Ansammlung von Lymphozyten, Histiozyten und Plasmazellen; kommt z. B. bei Mucormykose vor.

1.2.4 Pathogenitätsmechanismen

Pathogenitätsmechanismen

Gewebsnekrose und toxische Pilzmetabolite

Endotoxin von Appergillus fumigatus

tremorgene Mykotoxine

Bei Pilzen sind Pathogenitätsmechanismen bzw. Virulenzfaktoren noch kaum bekannt. Vermutet werden darf, daß Gewebsnekrose vor invasiven Hyphen, z. B. bei Aspergillose, durch toxische Pilzmetabolite bedingt ist. Aspergillus fumigatus bildet eine endotoxin-ähnliche Substanz (Lipopolysaccharid-Protein-Komplex) mit physikochemischen, immunologischen und biologischen Eigenschaften, die bakteriellem **Endotoxin** entsprechen. Von derselben Pilzart wurde das im Versuchstier letale Asp-Hämolysin, ein Glykoprotein, isoliert. Die Abgrenzung von tremorgenen Mykotoxinen von Aspergillus fumigatus („Fumitremorgen A und B") und die Individualisierung der Fumitoxine A – D kennzeichnen aktuelle Bemühungen um eine molekularbiologische Erklärung der Aspergillose-Pathogenese.

Extravasation von Candida albicans führt zu Gewebsbefall

Adhärenz an Endothel und Basalmembran
Lectine von Candida albicans
Fibronectin, Laminin } Wirtszellrezeptorproteine

Bei intravasaler Dissemination von *Candida albicans* – z. B. ausgehend von kontaminierten Kathetern – ist **Extravasation** des Erregers die Voraussetzung für den Gewebsbefall. Einleitender Schritt für den Austritt des Soorpilzes aus dem intravasalen Raum ist **Adhärenz** an Endothel und subendotheliale Basalmembran. Als Adhärenzmechanismen werden *C. albicans*-Lectine mit spezifischer Bindungsfähigkeit für L-Fucose, D-Mannose oder N-Acetyl-D-glucosamin und als Wirtszellrezeptorproteine Fibrinogen, Fibronectin und neuerdings besonders Laminin, ein wesentlicher Baustein der Basalmembran, diskutiert.

1.2.5 Spezifische erworbene Immunität

Spezifische erworbene Immunität

- humorale antifungische Antikörper
  → Bildung nicht nur bei klinisch manifester, sondern auch bei inapparenter Infektion
- Anti-Candida-Antikörper auch bei Gesunden

Humorale Antikörper, gerichtet gegen Zellwand- und zytoplasmatische Antigene, werden nicht nur bei klinisch manifester, sondern auch bei inapparenter Pilzinfektion gebildet. Ihr diagnostischer und prognostischer Wert ist unterschiedlich einzuschätzen: Während z. B. Auftreten präzipitierender Histoplasma-capsulatum-Antikörper im Patientenserum als Indiz für die akute Phase der Histoplasmose gewertet werden kann, lassen sich Antikörper gegen Zellwandantigene von *Candida albicans* auch bei gesunden Individuen nachweisen, so daß ihnen meist keine krankheitsdiagnostische Bedeutung zukommt.

Bewirken hohe antifungische Antikörpertiter Suppression der zellvermittelten Immunitätsreaktionen?

Die Frage, wie humorale Antikörper die Wirtsresistenz gegen Mykosen beeinflussen, ist nicht abschließend geklärt. Klinisch und tierexperimentell gibt es Hinweise darauf, daß die Bildung hoher Antikörpertiter gegen Mykose-Erreger zu einer Suppression der zellvermittelten Immunitätsreaktionen führt, die bei der Eindämmung von Mykosen zentrale Bedeutung besitzen. Keine Korrelation zwischen der Schwere des Krankheitsbildes und IgE-Titern besteht bei Patienten mit Candidamykose, Histoplasmose und anderen Systemmykosen. Bei Coccidioidomykose und Histoplasmose sind Titererhöhungen in der KBR meist ein Zeichen für Dissemination der Infektion.

Es gibt allerdings auch Beispiele dafür, daß von antifungischen Antikörpern eine Schutzwirkung für den Patienten ausgeht. So können Prognose und therapeutisches Ansprechen der *Kryptokokkose* meist mit dem Auftreten humoraler Antikörper korreliert werden (Patienten mit progressivem Krankheitsverlauf bzw. Rezidiv antikörper-negativ, bei günstigem Verlauf Antikörpertiter nachweisbar). Frauen mit hohen Anti-Candida-IgA-Konzentrationen in Zervix- und Vaginalsekret sind meist gegen *genitale Candidiasis* gefeit. Ganz generell darf den spezifischen humoralen Antikörpern über Opsonierung Intensivierung der Phagozytose zugeschrieben werden.

Das Überstehen bestimmter Systemmykosen hinterläßt bei (immunkompetenten) Genesenden eine – allerdings meist zeitlich begrenzte – erhöhte *Widerstandskraft gegen Reinfektion.* Zugrunde liegt eine erworbene Immunität, die T-zell-abhängig ist. Die Schutzwirkung gegen Reinfektion kommt im einzelnen durch aktivierte Makrophagen, Fungizidie durch sensibilisierte T-Lymphozyten und Produktion fungitoxischer Lymphokine durch T-Zellen zustande. Bei bestehender Mykose, d. h. nachdem invasive Pilze die natürlichen Barrieren durchbrochen haben, verhindern die Mechanismen der zellvermittelten Immunität Dissemination und Ausbreitung und tragen zur *Eindämmung der Infektion* bei.

Auch bei den lediglich oberflächliche Hautschichten befallenden *Dermatophytosen* ist Widerstandsfähigkeit gegen Reinfektion mit spezifisch sensibilisierter zellvermittelter Immunität vergesellschaftet, kenntlich an der Typ IV-Überempfindlichkeitsreaktion gegen Trichophytin-Hauttestantigen. Hierzu paßt, daß sich seltene Fälle von invasiver Dermatophytose auf Dysfunktion der zellvermittelten Immunitätsreaktionen zurückführen ließen. Bei bestehender Candidamykose, Histoplasmose usw. ist negative Typ IV-Überempfindlichkeitsreaktion gegen erregerspezifische Hauttestantigene in der Regel identisch mit invasiv-progressivem Krankheitsverlauf.

Nicht wenige Patienten, die unter Dissemination ihrer Mykose gegen das erregerspezifische Hauttestantigen negativ wurden, revertieren unter antimykotischer Therapie zu positiver Reaktion. Mit solchen Beobachtungen läßt sich die Hypothese belegen, daß die Dysfunktion der zellvermittelten Immunität nicht so sehr Ursache, sondern vielmehr **Folge** der Pilzinvasion ist; vermutet wird, daß oberflächliche Pilzantigene durch humorale Antikörper maskiert und anschließend durch die zellvermittelte Immunität nicht erkannt werden.

Nicht geringe klinische Bedeutung als Auslöser von Krankheitserscheinungen insbesondere im Bereich der Atemwege haben **allergische Reaktionen** auf Pilze oder Pilzbestandteile.

Allergische (atopische oder anaphylaktische) Reaktionen vom Typ I sind – z. B. als *Asthma bronchiale* – eine Folge der Freisetzung pharmakologisch aktiver Substanzen wie Histamin aus Basophilen und Mastzellen, nachdem Kontakt zwischen IgE und dem korrespondierenden Pilzantigen eingetreten sind.

Die *exogen-allergische Alveolitis* ist eine diffuse interstitielle Lungenerkrankung, die durch allergische Reaktionen vom Typ III – u. a. auf Aspergillus- und Penicillium-Arten (bei Malzarbeitern, Käsewäschern) – hervorgerufen wird. Die Typ III-Reaktionen sind durch Komplexe aus inhalativen Pilzantigenen und spezifischem IgG, die nicht phagozytiert werden, bedingt und assoziiert mit Komplementaktivierung, Chemotaxis polymorphkerniger Granulozyten sowie Vaskulitis; die sekundären entzündlichen Reaktionen führen zu Alveolitis.

keine Korrelation zwischen Krankheitsverlauf und IgE-Titern bei Candidamykose und Histoplasmose

Anstieg der KBR-Titer prognostisch ungünstig bei Coccidioidomykose und Histoplasmose

Beispiel für Schutzwirkung humoraler Antikörper: Kryptokokkose

sekretorisches IgA gegen C. albicans in Genitalsekreten verhindert **Vaginalsoor**

humorale Antikörper und Pilzphagozytose

Überstehen von Systemmykosen führt zu Widerstandsfähigkeit (Resistenz) gegen Reinfektion

Bedeutung der T-zellvermittelten Immunität

Fungizidie durch sensibilisierte T-Lymphozyten

Verhinderung der Dissemination „tiefer" Mykosen durch Mechanismen der zellvermittelten Immunität

Immunitätsvorgänge bei Dermatophytosen

Typ IV-Überempfindlichkeitsreaktion gegen Trichophytin

Generalisation von Dermatophytosen selten (bei Beeinträchtigung der zellulären Immunität)

prognostische Bedeutung der Candidin- und Histoplasmin-Hautteste

Wiederauftreten positiver Typ IV-Hautreaktionen unter der Therapie

Lahmlegung der zellvermittelten Immunität nicht Ursache, sondern Folge einer Mykose?

allergische Reaktionen auf Pilzantigene als Auslöser respiratorischer Krankheitsbilder

Reaktionen vom Typ I (IgE) – Asthma bronchiale/Bronchospasmus

Reaktionen vom Typ III (nicht phagozytierte IgG-Antigenkomplexe u. a.) – exogen-allergische Alveolitis

Pilznachweis und Diagnostik der Mykosen

Untersuchungsziele:
- ätiologische Krankheitsdiagnose
- Einblick in Pilzbesiedelung

1.3 Pilznachweis und Diagnostik der Mykosen

Die verschiedenen mikroskopischen, histologischen, kulturellen und immunologischen Techniken dienen ganz überwiegend dem Erregernachweis und der *ätiologischen Krankheitsdiagnose*, doch sind *Einblicke in intestinale und oropharyngeale Pilzbesiedlung* – aufgrund von kulturellen, z. T. auch mikroskopischen Techniken – häufig ebenfalls von klinischem Interesse.

Mikroskopischer Pilznachweis

Mikroskopie von
a) Originalmaterial (= Erregernachweis)
b) gezüchteten Pilzkulturen (Identifikation)

1.3.1 Mikroskopischer Pilznachweis

Die mikroskopische Untersuchung dient sowohl dem Pilznachweis (und der vorläufigen Pilzidentifizierung) im **Originalmaterial** als auch der mikromorphologischen **Identifizierung**, nachdem die Pilze gezüchtet sind.
In der Mykologie sind eine Reihe von speziellen mikroskopischen Verfahren üblich, die in mancher Hinsicht von den bakterioskopischen Methoden abweichen.

mikroskopische Morphologie von Sproßpilzen meist uncharakteristisch: ⟹

> Die Aussagekraft mikroskopischer Kontrollen ist ähnlich wie in der Bakteriologie dadurch beschränkt, daß die vielfach uncharakteristische Mikromorphologie allein eine sichere Erregerdiagnose oft nicht zuläßt; dies gilt vor allem für Sproßpilze.

- Nativpräparat
- Aufhellung von undurchsichtigem keratinhaltigem Material durch 10%ige Kali- oder Natronlauge

Lautet der Untersuchungsauftrag auf **Pilznachweis**, so werden Hautschuppen, Nägel, Schleimhautabstriche u. ä. zunächst ohne Fixationsprozeß untersucht. Im *Nativpräparat* in 0,9%iger NaCl-Lösung (z. B. Vaginalsekret, Betrachtung im Phasenkontrastmikroskop bzw. mit mittlerem und starkem Trockensystem) sind Pilzelemente in der Regel relativ groß und optisch dicht, so daß die Erkennung leicht gelingt. Zur *Aufhellung von undurchsichtigen keratinhaltigen Hautepithelien*, Nagelmaterial und Haaren dienen 10%ige Kali- oder Natronlauge oder Chloral-Lactophenol-Lösung; nach 30 Min. Einwirkung unter dem Deckglas lassen sich Pilzfäden, z. B. im Haarschaft, wo sie fragmentieren, oder Sproßpilze oft ohne Schwierigkeiten erkennen.

- Lactophenol-Baumwollblau-Präparat:
  - mikroskopische Kontrolle von sproßpilzverdächtigen Kolonien
  - Fadenpilze: Auffindung von gattungs- und spezies-typischen Morphen im Tesafilm-Lactophenol-Baumwollblau-Präparat
  - Objektträgerkulturen: Häufig unerläßlich für Identifikation von Fadenpilzen

Zur Auffindung nicht fixierter Pilze hat sich besonders die Lactophenol-Baumwollblau-Lösung bewährt (Phenolkristalle 20 g, Milchsäure 20 g, Glycerin 40 g, Aqua dest. 20 ml werden unter leichtem Erwärmen gelöst, anschließend wird 0,1 g Baumwollblau hinzugefügt). Myzelien, Konidien, Blastosporen usw. erscheinen hellblau. Die Methode eignet sich besonders für die *mikroskopische Kontrolle* (Schnellmethode) *von Pilzkolonien* und Objektträgerkulturen: Bei sproßpilzverdächtigen Kolonien wird Material mit der Öse in einen Tropfen Lactophenol-Baumwollblau-Lösung auf dem Objektträger eingerieben, anschließend mit dem Deckgläschen bedeckt und mit dem Trockensystem mikroskopiert. Bei *Fadenpilzen* werden mit einem objektträgerlangen Stück Tesafilm unter vorsichtigem Andrücken auf die Kolonie identifikatorisch relevante Morphen (z. B. Konidiophoren) „in situ" entnommen und anschließend auf den mit Lactophenol-Baumwollblau-Lösung beschickten Objektträger geklebt. Die Auffindung der gattungs- oder spezies-typischen Morphologie gelingt meist ohne Schwierigkeiten. Genaues Studium von Fadenpilzkul-

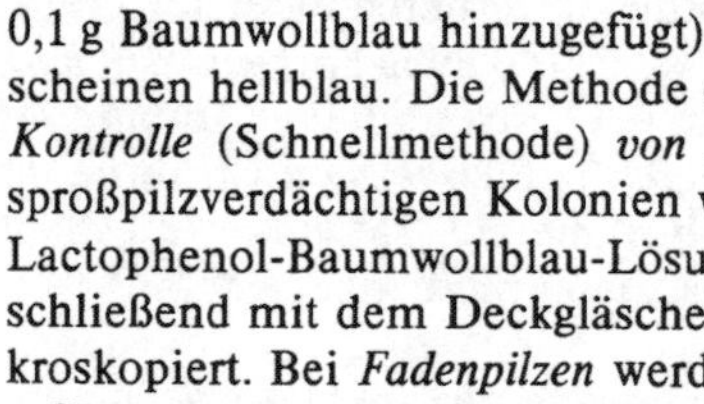

Abb. 1-9: Objektträgerkultur. Unter sterilen Bedingungen wird ein quadratisches Stück Pilzmedium (Seitenlänge ca. 1 cm, Schichtdicke 2–3 mm) ausgestanzt und auf einen sterilen Objektträger gelegt. Das Agarblöckchen wird an seinen 4 Seiten mit dem zu untersuchenden Fadenpilz beimpft und anschließend mit einem sterilen Deckgläschen bedeckt; Bebrütung des Systems in feuchter Kammer (z. B. Petrischale).

turen ist häufig erst möglich mit Hilfe der *Objektträgerkulturen* (Abb. 1-9). Diese können ungefärbt – vor allem im Bereich der bewachsenen Deckgläschen – unter dem Mikroskop kontrolliert werden. Nachdem das Deckgläschen mit der Pinzette vorsichtig abgehoben und auf einen mit Lactophenol-Baumwollblau-Lösung beschickten Objektträger transferiert wurde, kommen bei der anschließenden mikroskopischen Kontrolle meist alle identifikatorisch wichtigen Morphen zur Darstellung.

Das *Tuschepräparat*, das extrazelluläre Kapseln besonders gut erkennen läßt, ist unentbehrliches Hilfsmittel zum Nachweis von Cryptococcus neoformans in Liquor oder autoptisch entnommenem Material (z. B. Kryptokokkom des Hirnstammes) sowie zum Studium von Cryptococcus-verdächtigen Pilzkolonien.

Da Pilze **grampositiv** reagieren, werden sie bei der routinemäßigen Kontrolle von Eiter, Schleimhautsekreten, Liquor und Gewebematerial in der *Gramfärbung* erkannt. Bei Verdacht auf Histoplasmose u. a. ist die *Giemsa-Färbung* üblich. Nur kursorisch soll erwähnt werden, daß es auch bei Pilzen spezielle Sporenfärbungen gibt und mikroskopisches Studium mit Hilfe von fluoreszierenden Farbstoffen (Acridinorange, Primulin) möglich ist.

Zum **histologischen Nachweis** von Pilzelementen im infizierten Gewebe wird neben den üblichen Methoden (Hämatoxylin-Eosin-Färbung usw.) eine Anzahl von *Spezialfärbungen* empfohlen, welche die Abgrenzung der Pilze von körpereigenen Zellen verbessern. Als meistbenutzte Methoden gelten die verschiedenen Modifikationen der Perjodsäure-Schiff-Färbung (= PAS-Färbung; Pilzstrukturen meist dunkelrosa bis purpur) und die Methenamin-Silbernitrattechnik nach Gomori, welche Pilze schwarz darstellt.

Der höchste Genauigkeitsgrad des mikroskopischen Erregernachweises wird mit der **Immunfluoreszenz** erreicht, die unter Verwendung spezifischer Antiseren meist in ihrer indirekten Modifikation ausgeführt wird. Mit Hilfe *monoklonaler Antiseren* lassen sich in der indirekten Immunfluoreszenz sogar noch Antigenunterschiede zwischen Sproßpilzzellen (= Blastosporen) und Pseudomyzelien bei Candida albicans nachweisen.

1.3.2 Pilzzüchtung und -identifikation

Die Züchtung von Pilzen dient folgenden Zwecken:

a) *Identifizierung von Erregern*, die im Originalpräparat uncharakteristische Morphen zeigen (z. B. Dermatophyten, Fadenpilze in Lungengewebe);
b) *Auffindung von Sproßpilzen*, die wegen niedriger Keimdichten dem mikroskopischen Nachweis im Originalpräparat entgehen (z. B. Cryptococcus neoformans im Liquor, Candida albicans im Trachealsekret u. a.);
c) *Nachweis von Systemmykoseerregern* in homogenisiertem Gewebe u. ä.;
d) *kulturelle Quantitierung* unter dezimaler Verdünnung des Untersuchungsmaterials (Stuhl, Rachenspülwasser usw.) bzw. mit pilzmedium-beschickten Eintauchobjektträgern bei Urinproben.

Unterscheiden lassen sich **schnell wachsende** (Candida- und Cryptococcus-Arten, Koloniebildung in 24–48 Std.) und **langsam wachsende** Pilze (Trichophyton-Arten und andere Dermatophyten; Ausbildung von Kolonien mit Nebenfruchtformen usw. in 14–21 Tagen). Zu den langsam wachsenden Mykoseerregern gehören auch Histoplasma capsulatum und Coccidioides immitis, für die Bebrütungszeiten von etwa 3 Wochen nötig sind.

Als **Bebrütungstemperatur** sind 37 °C für menschenpathogene Sproßpilze und die Hefephasen der dimorphen Systemmykoseerreger sowie 22 °C–30 °C für Dermatophyten und sonstige Fadenpilze (Aspergillus-Arten u. a.) geeignet.

Für die **Pilzzüchtung** besonders häufig angewendet werden die verschiedenen Modifikationen des *Sabouraud-Mediums* (mit Dextrose oder Maltose; niedriger initialer pH-Wert von 5,6, außerdem meist Antibiotika- und sonstige Hemmstoffzusätze zur Unterdrückung von Bakterienwachstum). Die Hefephasen dimorpher Systemmykoseerreger wachsen z. B. auf *Hirn-Herz-Infusionsagar* (mit Blut- und Antibiotikazusatz). Der Nachweis von Cryptococcus neoformans wird erleichtert durch den Braunfarbeffekt auf *Guizotia-abyssinica-Agar*.

- Tuschepräparat: Kapselnachweis bei Cryptococcus neoformans

Pilze reagieren grampositiv
- Fluoreszenzmikroskopie von Pilzen (mit Acridinorange u. a.)

histologischer Pilznachweis

Spezialfärbungen: PAS und Gomori

Erregernachweis durch indirekte Immunfluoreszenz → Monoklonale Antiseren

Pilzzüchtung und -identifikation

Pilzzüchtung bezweckt:
- Identifizierung von Fadenpilzen
- Nachweis von mikroskopisch nicht entdeckten Pilzen
- Erregernachweis aus Gewebe
- quantitativen Nachweis (Urin, Stuhl u. a.)

schnellwachsende Pilze: Candida- und Cryptococcus-Arten
langsam wachsende Pilze: Dermatophyten; Histoplasma capsulatum, Coccidioides immitis

Bebrütungstemperaturen:
- 37 °C – Sproßpilze
- 22 °C–30 °C – Fadenpilze

Pilzmedien:
- Sabouraud-Agar
- Hirn-Herz-Infusionsagar
- Guizotia-abyssinica-Agar (C. neoformans)

Untersuchungsmaterial schnellstens mykologisch verarbeiten

Untersuchungsmaterial für den Pilznachweis muß zur Vermeidung von Kontamination und von Überwucherung pathogenetisch unerheblicher Keime dem mykologischen Laboratorium stets *unverzüglich* zugeleitet werden.

Fungämie-Nachweis optimiert durch Lysis-Zentrifugationsmethode

Der Pilznachweis aus dem Blutstrom **(Fungämie)** ist ein wichtiger Diagnostikschritt in der Früherkennung systemischer Mykosen durch Candida albicans, Cryptococcus neoformans, Histoplasma capsulatum u. a. Wie die meisten neueren Vergleichsuntersuchungen zeigen, läßt das kommerziell verfügbare *Lysis-Zentrifugationssystem* („Isolator"), bei dem das gewonnene Blutprobensediment auf agarhaltige Medien, z. B. Sabouraud-Dextrose-Agar, ausgesät wird, die früheste und beste Ausbeute zu.

Identifizierung von Fadenpilzen mikromorphologisch

Die **Identifizierung** von Dermatophyten und sonstigen Fadenpilzen sowie den Myzelphasen dimorpher Pilze beruht auf charakteristischen *mikromorphologischen Merkmalen* wie Form und Farbe der Mikrokonidien und Makrokonidien, Auftreten von „Spiralen" oder „Sphärulen" usw.

Identifizierungsergebnisse bei Fadenpilzen:

⇨

> Wegen der langen Bebrütungszeiten (ca. 3 Wochen, die sich durch Anlegen von Subkulturen, z. B. auf Objektträgern, auf 5–6 Wochen verlängern) sind die Identifizierungsergebnisse von **Fadenpilzen** meist erst lange nach Probeneingang dem Arzt verfügbar.

Identifizierung von Sproßpilzen:
- konventionelle Methode (Fermentation und Assimilation, Tab. 1-2) – sehr zeitaufwendig
- miniaturisierte Systeme – beschleunigte Befunderstellung

Schnellmethode:
→ Keimschlauchtest für Candida albicans (und C. stellatoidea)

Während bei **Sproßpilzen** die selektive Züchtung, z. B. auf antibiotikumhaltigem Sabouraud-Medium, 1–3 Tage nach Probeneingang positiv wird, nimmt die genaue Identifizierung mit *klassischen Fermentations- und Assimilationstests* (Tab. 1-2) – allein schon wegen der notwendigen Bebrütungszeiten – bis zu 14 Tage in Anspruch. Mit Hilfe bestimmter *miniaturisierter Systeme* (z. B. API 20C), die über 90 % der Isolate korrekt identifizieren, läßt sich das befundleere Intervall auf 3–7 Tage senken. Für die mikrobiologische Überwachung schwerkranker Patienten, die durch die Pilzbesiedelung von Katheter- und Beatmungsschläuchen durch invasive Mykosen bedroht sind, ist die Ausarbeitung exakter *Schnellmethoden* eine dringende Erfordernis. Lediglich für Candida albicans steht mit dem *Keimschlauchtest* (Ausbildung von Pseudomyzelien nach 1 Std. Bebrütung im Serum bei 37 °C) eine einfache und schnelle Identifizierungsmethode zur Verfügung. Erst im Stadium der wissenschaftlichen Erprobung befinden sich DNA-Sonden für den spezifischen Erregernachweis.

1.3.3 Antigennachweis

Antigennachweis

Mykosediagnostik durch **Nachweis von löslichen Pilzantigenen in Körperflüssigkeit**

Der Nachweis von Pilzantigenen ist definitionsgemäß an spezifische Antikörper geknüpft. Im weiteren Sinn würden zum Pilzantigennachweis Immunfluoreszenzteste gehören, doch versteht man unter dem genannten Terminus im engeren Sinn den *Nachweis von löslichen Pilzantigenen in Körperflüssigkeiten* (Serum, Liquor) als Verfahren der Mykosediagnostik. Praktische Bedeutung hat die Methode bei der Diagnostik von zwei Mykosen:

- Latextest zum Nachweis des Cryptococcus-neoformans-Kapselpolysaccharids im Liquor

a) Nachweis des Kapselpolysaccharids von Cryptococcus neoformans im Liquor mit dem *Latextest*: Aus dem häufigsten ZNS-Herd bei Kryptokokkose, dem Kryptokokkom im Stammhirn (Thalamuskerne), werden manchmal nicht die Erreger selbst, sondern nur das Kapselantigen in den Liquor abgegeben. Mit Hilfe antikörperbeschickter Latexpartikel läßt sich dieses Antigen nachweisen und so eine schnelle ätiologische Diagnose stellen.

- Candida-Antigen (Arabinit u. a.) im Serum

frühes Zeichen von Organmykose bei noch negativer Blutkultur

diagnostische Bedeutung des Candida-Antigen-Nachweises neuerdings in Zweifel gezogen

b) Nachweis von zirkulierendem Candida-Antigen mit verschiedenen immunologischen Methoden oder Hochdruck-Flüssigkeits-Chromatographie (HPLC): Ausgehend von der Beobachtung, daß Mannan und Arabinit bei Organbefall durch Candida albicans (aber auch Candida tropicalis und Candida parapsilosis) im Serum zirkulieren, auch wenn Blutkulturen negativ bleiben, wurden mit der Zielsetzung „schnelle Diagnose – frühe Therapie" mehrere Methoden – u. a. ELISA, HPLC, aber auch einfache Latex-Teste – entwickelt. An den Nachweis von Candida-Antigen wurden in den frühen 80er Jahren große Hoffnungen geknüpft, doch ist neuerdings zunehmend gezeigt worden, daß eine Korrelation zwischen positiven Antigentitern im Serum und invasiver Candidiasis nicht die Regel ist, so daß der kulturelle Erregernachweis nach wie vor als unentbehrlich gilt.

1.3.4 Serodiagnostik der Mykosen

Serodiagnostik der Mykosen

Antikörpernachweis nur bei wenigen Mykosen diagnostisch verwertbar →
- Immunodiffusion
- Immunelektrophorese

diagnostische Bedeutung von Candida-albicans-Antikörpern fraglich

beim einzelnen Patienten lassen sich durch wiederholte Kontrollen „Veränderungen der Immunitätslage" erfassen

Krankheitsdiagnostisch läßt sich der Antikörpernachweis nur bei wenigen Mykosen verwenden (Beispiele *Histoplasmose, Coccidioidomykose, u. U. Kryptokokkose und Aspergillose*). Eingesetzt werden KBR, **Immunodiffusion** (vor allem Histoplasmose), **Immunelektrophorese** (z. B. Aspergillus-fumigatus-Mykose) und neuerdings ELISA.
Wegen des häufigen Vorkommens von Candida-albicans-Antikörpern bei Gesunden fehlt der Candida-Serologie eine krankheitsdiagnostische Bedeutung im engeren Sinn; allerdings lassen sich mit Hilfe von indirekter Hämagglutination – ggf. auch indirekter Immunfluoreszenz oder KBR – beim einzelnen Patienten („longitudinal") Titerverschiebungen feststellen und so – vor allem im Verein mit den Ergebnissen von Typ IV-Hauttesten (s. 1.2.5 Spezifisch erworbene Immunität) – aus den *Veränderungen der Immunitätslage* klinisch nützliche Rückschlüsse auf die Candidiasis-Gefährdung des Patienten ziehen.

1.4 Antimykotika

Antimykotika

Das Arsenal wirksamer Antimykotika ist nur klein (Tab. 1-3); die Therapie lebensbedrohlicher Organmykosen gehört daher zu den schwierigsten Aufgaben des Arztes.

- **Polyene**
  Amphotericin B
  Nystatin

Wirkungsmechanismus: Bindung an Zellmembransterine; Fungizidie

Polyene: Diese Substanzen, biologisch von Streptomyces-Spezies gewonnen, sind durch einen Makrolidring bestehend aus 26–38 Kohlenstoffatomen und durch zahlreiche Doppelbindungen charakterisiert. Ihr Haupteffekt ist Bindung an pilzliche Zellmembransterine (Abb. 1-10). Die beiden therapeutisch wichtigen Substanzen *Amphotericin B* und *Nystatin* besitzen gegenüber Ergosterin, dem Pilzmembrankonstituens, eine größere Avidität als für Cholesterin, das in menschlichen Zellmembranen vorherrscht.

Tab. 1-3: Klinisch wichtige Antimykotika

Substanzgruppe u. Antimykotikum	Wirkungsmechanismus	Anwendungsweise	Therapeutische Indikation
Polyene	Bindung an Zellmembransterine, insbes. Ergosterin: Fungizidie		Sproßpilze Dermatophyten dimorphe Pilze
Amphotericin B		oral u. parenteral	
Nystatin		oral; topisch	
Imidazole	Inhibition der Ergosterinsynthese		Sproßpilze Dermatophyten
Miconazol		parenteral u. topisch	
Clotrimazol		topisch	
Ketoconazol		oral (führt zu systemischer Wirkung)	
Fluconazol		oral (führt zu systemischer Wirkung)	
Pyrimidine	Inhibition der DNA-Synthese		
5-Fluorcytosin (Flucytosin)		oral; parenteral	Candida Cryptococcus
Grisane	Hemmung der Chitin-Synthese		
Griseofulvin		orale Gabe führt zu Anreicherung in keratinhaltigen Geweben	Dermatophyten

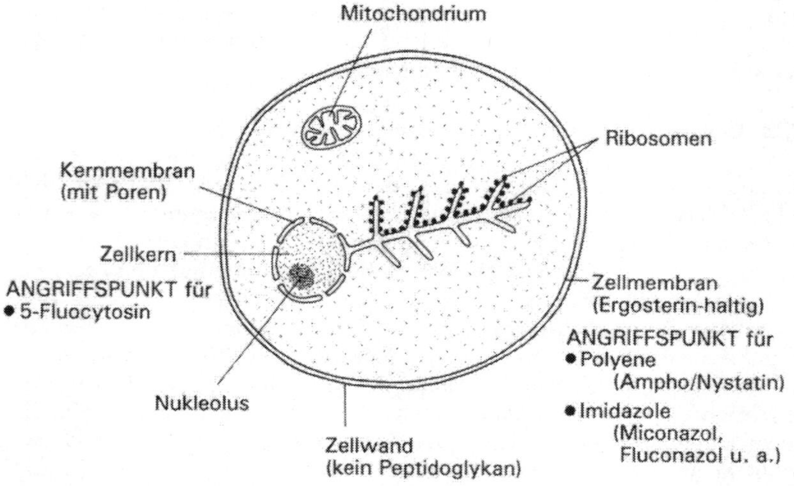

Abb. 1-10: Molekularer Wirkungsmechanismus (Angriffspunkt) therapeutisch wichtiger Antimykotika

parenterale Gabe von Amphotericin B (Toxizität beachten)

⟹

> *Amphotericin B*, obwohl in Wasser unlöslich, wird als einziges Polyen parenteral angewendet (in Na-Desoxycholat + 5 % Glukose; Dosierung 0,1 mg/kg bis 1 mg/kg pro die). Aufgrund seiner Toxizität (Nieren u. a.) ist die Indikation streng zu stellen.

orale und lokale Gabe von Nystatin

Nystatin wird oral (keine Resorption; wirksam nur im Darmkanal) und topisch eingesetzt; Indikationen sind Haut- und Schleimhaut-Candidiasis.

- Wirkungsmechanismus der **Imidazole**: Ergosterin-Synthesehemmung
  Indikationen von
  - Clotrimazol
  - Miconazol
  - Ketoconazol

Imidazole: Zu diesen Substanzen gehören *Clotrimazol, Miconazol, Ketoconazol* und *Fluconazol*; ihre antifungische Wirkung beruht auf Ergosterin-Synthesehemmung (s. Abb. 1-10). Imidazole sind bei topischer Gabe wirksam gegen Dermatophyten-Infektionen und kutane Candidiasis. *Clotrimazol* kann wegen greifbarer Toxizität nicht parenteral angewendet werden. Mit parenteraler *Miconazol*-Therapie sind dagegen Erfolge bei tiefer Organmykose unterschiedlicher Ätiologie erzielt worden. *Ketoconazol* wird nach oraler Gabe gut resorbiert und so für die systemische Mykose-Therapie verfügbar.

- Wirkungsmechanismus von **Flucytosin**: DNA-Synthesehemmung

  Resistenzentwicklung unter der Therapie?
  Kombinationstherapie (mit Amphotericin B) bei Cryptococcus-Meningoenzephalitis

Pyrimidine: 5-Fluorcytosin bzw. *Flucytosin* wird von Candida- und Cryptococcus-Zellen aufgenommen und durch Desaminierung in 5-Fluorouracil umgewandelt, das die DNA-Synthese inhibiert (s. Abb. 1-10).
Obwohl unter Flucytosin-Therapie relativ schnell resistente Pilzstämme auftreten, hat sich in den letzten Jahren die Kombinationstherapie *Amphotericin B + Flucytosin* für Cryptococcus-Meningoenzephalitis sehr bewährt.

- **Griseofulvin**: selektive Aktivität gegen Dermatophyten
  Wirkungsmechanismus: Inhibition der Chitinsynthese
  Anreicherung in keratinhaltigen Geweben (Epidermis, Nägel, Haare)

Grisane: *Griseofulvin*, aus Penicillium griseofulvum gewonnen, besitzt gegen Dermatophyten eine selektive Wirksamkeit (u. a. über Hemmung der Chitinsynthese) und ist außerdem durch spezielle Pharmakokinetik mit Anreicherungsvorgängen in keratinhaltigem Gewebe ausgezeichnet. Die Griseofulvin-Therapie ist bei der Mikrosporie näher erläutert.

Antimykotika-Empfindlichkeitsbestimmung

1.4.1 Antimykotika-Empfindlichkeitsbestimmung

therapiebegleitende Resistenzbestimmung
Korrelation mit pharmakokinetischen Daten nur bei exakter In-vitro-Testung

Das Auftreten von Resistenz gegen Polyene, Flucytosin und Imidazole hat das Bedürfnis nach einer therapiebegleitenden Resistenzbestimmung geweckt. Für die Korrelation mit pharmakokinetischen Größen der Antimykotika-Therapie sind mit standardisierten Testmethoden erzielte, reproduzierbare Ergebnisse nötig, die zuverlässig die Erreger-Interpretation empfindlich oder resistent ermöglichen.

Einflußgrößen der Antimykotikatestung:
- Pilzspezies
- Einsaatdichte

Das **Ergebnis** der Antimykotikatestung wird außer durch die Pilzspezies, die Inokulumsdichte, das Testmedium und die Bebrütungsbedingungen vor allem durch die Natur des Antimykotikums beeinflußt: *Amphotericin B* ist wasserunlöslich und lichtempfindlich, *Flucytosin* benötigt antagonistenfreie synthetische Medien, und *Imidazole* sind besonders keimzahlabhängig. Ein kürzlich beschriebenes synthetisches Pilz-Testmedium (das unter dem Namen Mycototal kommerziell in Mikrotitrationsplatten erhältlich ist) scheint bei Einhaltung der Inokulumsdichte von 10^5-10^6 KBE/ml die Testung vor allem gegen Imidazole auf sichere Füße zu stellen.

- Testmedium
- Bebrütungsbedingungen
- physiko-chemische Eigenschaften der Testsubstanz

Testung in Mikrotitrationsplatten mit industriell vorgefertigten Antimykotika-Konzentrationen

2 Spezieller Teil

Mykologie – spezieller Teil

In der Mykologie werden manche nosologischen Bezeichnungen wie z.B. Histoplasmose, Coccidioidomykose und Kryptokokkose eindeutig auf jeweils einen spezifischen Erreger bezogen; häufig sind – wie bei Trichophytie, Mikrosporie oder Candidiasis – mehrere potentielle Erreger unter ätiologischen Krankheitsnamen subsumiert. Am befallenen Organ orientieren sich Bezeichnungen wie ZNS-Mykose, Lungen-Mykose, Subkutane Mykosen und Hautmykosen. Manche der letztgenannten Begriffe implizieren seit alters ganz überwiegend bestimmte Ätiologien, z. B. wird Hautmykose vielfach gleichgesetzt mit Dermatophytose (was nicht korrekt ist, da Hautbefall durch Candida-Arten und Systemmykoseerreger unberücksichtigt bleiben). Je nach benötigter bzw. gewünschter Genauigkeit können eher weitergefaßte Begriffe wie Sproßpilzmykose u. ä. oder ätiologisch eindeutige Kombinationen wie Lungenmykose durch Aspergillus fumigatus u. dgl. verwendet werden.
Für die Einteilung der Mykosen sind traditionsgemäß sowohl **ätiologische** als auch **krankheitslokalisatorische** Gesichtspunkte maßgebend.

nosologische Bezeichnungen
- z.T. ätiologisch
- z.T. lokalisatorisch

Hautmykosen weitgehend gleichgesetzt mit Dermatophytosen

eindeutige Bezeichnung: Erregerspezies + Krankheitsmanifestation

2.1 Sproßpilzmykosen

Sproßpilzmykosen

Sproßpilze oder Hefen zeigen als gemeinsames Merkmal Vermehrungsweise durch **Sprossung**, wobei eine zunächst kleinere Tochterzelle (Blastospore, Blastokonidie) aus der Mutterzelle herauswächst. Viele Sproßpilze sind befähigt, langgestreckte Zellen (Pseudomyzelien) und z. T. sogar echtes Myzel (Pilzfadengeflecht) zu bilden. Abgesehen von Saccharomyces cerevisiae (weltweit als Alkoholbildner bei der Produktion von Wein, Bier u. ä. eingesetzt und daher nicht nur wirtschaftlich, sondern auch medizinisch bedeutsam), sind die meisten anderen als Mykoseerreger oder als Florakomponenten bzw. Kontaminanten aus klinischem Untersuchungsmaterial isolierten Sproßpilzgattungen wie Candida, Cryptococcus, Geotrichum, Rhodotorula, Sporobolomyces, Trichosporon, Hansenula und Pityrosporum (Malassezia) Deuteromycetes (s. S. 288). Allerdings sind von einigen Spezies (eindrucksvollstes Beispiel Cryptococcus neoformans) seit kurzem perfekte Formen bekannt.

Sproßpilze vermehren sich durch Sprossung (Bildung von Blastosporen bzw. Blastokonidien)
außer Pseudomyzel kommt auch echtes Myzel vor
Saccharomyces cerevisiae (Ascomycet) durch Alkoholbildung medizinisch bedeutsam
Mykoseerreger bzw. Florakomponenten bzw. Kontaminanten bei den Deuteromycetes-Gattungen
- Candida; Cryptococcus; Pityrosporum
- Geotrichum, Rhodotorula, Sporobolomyces, Trichosporon, Hansenula

2.1.1 Candidamykose

Candidamykose

2.1.1.1 Soor durch Candida albicans

Soor durch Candida albicans

Erreger: Wie andere Arten der Gattung Candida ist C. albicans (Soorpilz) eine *anaskosporogene, pseudomyzelbildende* Hefe. Neben Pseudomyzel und echtem Myzel sind die zu kleinen Haufen zusammengeballten Blastosporen (von 4–10 µm Durchmesser) und die meist endständigen runden Chlamydosporen (Abb. 2-1) als charakteristische Merkmale dieser Art anzusehen. Der Soorpilz fermentiert Glukose, Galaktose und Maltose und assimiliert außer diesen Kohlenhydraten auch Saccharose (s.Tab. 1-2). Die nächststehende Candida-Art ist C. stellatoidea, von vielen lediglich als Varietät von C. albicans betrachtet, die als einzige Spezies neben dem Soorpilz Chlamydosporen bildet.
Bei Züchtung auf Sabouraud-Medium unter aeroben Bedingungen und bei Temperaturen von 25–37 °C entstehen innerhalb von 18–24 Std. porzellan-

C. albicans = anaskosporogene pseudomyzelbildende Hefe
Erreger:
- runde endständige Chlamydosporen sind mikromorphologisch charakteristisch (Abb. 2-1)
- typisches Assimilations- und Fermentationsmuster

C. stellatoidea sehr nahestehend (Varietät von C. albicans)

Züchtung: Nach kurzer Bebrütungszeit (18–24 h) entstehen bei 25–37 °C auf Sabouraud-Medium bakterienähnliche Kolonien:

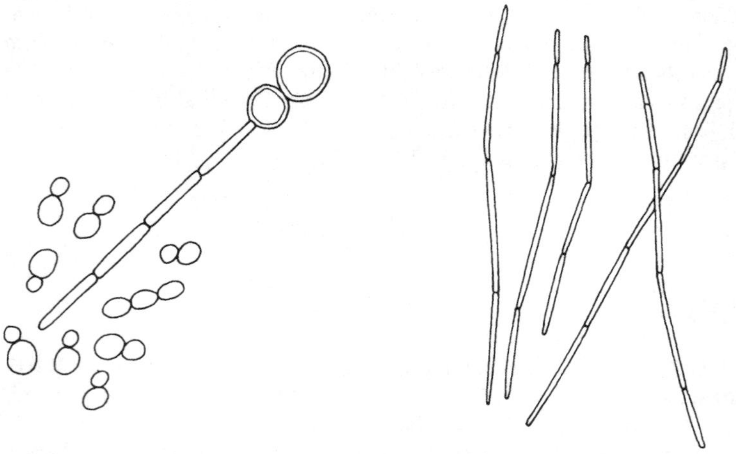

Abb. 2-1: Mikromorphologie von Candida albicans.
a) Sproßzellen, Pseudomyzel und endständige Chlamydosporen;
b) Myzelbildung auf Tween 80-Agar; ähnliche Morphen z. B. bei Soor der Ösophagusschleimhaut.

- In-vitro-Provokation von Chlamydosporen und Pseudomyzel auf Reisagar
- In-vitro-Provokation von echtem Myzel auf Tween 80-Medium

weiße Kolonien, die Bakterienkolonien ähneln. Auf Reisagar werden Pseudomyzel und Chlamydosporen gebildet; echte Pilzfäden (Hyphen) treten in vitro in Tween 80-Medium und in vivo z. B. bei invasivem Soor der Ösophagusschleimhaut auf (Abb. 2-1).

Prädisposition und Pathogenese:
Soorpilz ist normaler Schleimhautbewohner
humorale Antikörper beim Gesunden nachweisbar
bei antibakterieller Chemotherapie häufig Soorpilzvermehrung

Soorpilzvermehrung = erhöhte Invasionsgefahr

Abwehrschwäche (bei Karzinom, Leukämie, AIDS u. a.) → verstärkt Prädisposition

Adhärenz als wesentlicher Pathomechanismus

Prädisposition und Pathogenese: Candida albicans lebt auf den *Schleimhäuten* der meisten Menschen, in der Regel ohne eine Schädigung des Organismus hervorzurufen. Bei sehr vielen klinisch gesunden Menschen sind in niedrigen Titern humorale Antikörper gegen C. albicans nachweisbar. Fast jede Form von antibakterieller Chemotherapie führt über Suppression von kompetitiv wirksamen Bakterien zu einer Vermehrung von C. albicans auf den Oropharyngeal-, Intestinal- und Genitalschleimhäuten. Diese „unphysiologische" Soorpilzvermehrung stellt grundsätzlich eine *erhöhte Invasionsgefahr* dar, führt jedoch nur relativ selten zu einer klinisch manifesten Candidiasis. Finden sich hohe Sproßpilzkeimzahlen jedoch bei abwehrgeschwächten Patienten (mit Malignomen, Leukämie, AIDS und ähnlichen Grundleiden), vergrößert sich die Gefahr einer invasiven Candidamykose. Besonders gefährdet sind Patienten mit Langzeitbeatmung (und Soorpilzvermehrung in Pharynx und Trachea) sowie Patienten mit liegendem Venenkatheter oder Kunststoffimplantaten (in denen sich Soorpilze festgesetzt und vermehrt haben). Die klinischen Bilder reichen von lokalen kutanen und mukokutanen Infektionen bis zu Organmykose und generalisierter Candidiasis. Sowohl bei oberflächlichem Soor als auch bei Befall tiefer Gewebe und der Soorsepsis stellt nach heutiger Vorstellung Adhärenz den wesentlichen Pathomechanismus dar (s. S. 292).

klinische Manifestationen
- Neugeborenensoor
  - lokalisierter Neugeborenensoor
  - generalisierter Neugeborenensoor

Klinische Manifestationen

a) Neugeborenensoor: Das Neugeborene, welches einer Soorpilzinfektion fast schutzlos ausgesetzt ist, kann sich bereits unter der Geburt bzw. bald post partum infizieren. Als milde Verlaufsformen stellen sich weißliche Beläge im Bereich der Mundschleimhaut ein. Kombinieren sich jedoch Pflegeschäden, die zu Hautmazerationen z. B. im Gesicht oder im Inguinal- und Analbereich führen, mit massiver Soorpilzvermehrung, so nimmt die Krankheit schnell einen invasiven Verlauf mit Generalisation.

- Candida-albicans-Mykose jenseits der Neugeborenenperiode
  - Schleimhautinfektion = weißliche Beläge
  - Hautsoor = Erythem mit Juckreiz

b) Soor jenseits der Neugeborenenperiode („Erwachsenensoor"): Die häufigste Manifestation des Soors beim Erwachsenen sind lokale Infektionen, z. B. in den Interdigitalfalten, in den Nägeln oder im Bereich der weiblichen Geschlechtsorgane (Soor-Kolpitis; Balanoposthitis bei männlichen Partnern). Vielfach wird ein Zusammenhang zwischen vaginalem Soor und langfristiger Einnahme von Ovulationshemmern angenommen. Schleimhautinfektionen manifestieren sich als weißliche Beläge, Hautsoor imponiert klinisch als Erythem mit Juckreiz.

Tab. 2-1: Harnwegsinfektionen durch Candida-Arten
(Befunde des Universitätsklinikums Tübingen 1986–1989; berücksichtigt wurden nur erhöhte „signifikante" Urinkeimzahlen)

Candida-Spezies	n
C. albicans	922
C. glabrata (früher Torulopsis glabrata)	250
C. tropicalis	114
C. parapsilosis	38
C. krusei	18
C. lusitaneae	5
C. inconspicua	4
C. rugosa	3
C. maris	2
C. lipolytica	2
C. stellatoidea	1
C. guilliermondii	1
	1360

Obwohl Sproßpilzbefunde im Urin – und zwar auch in hohen („signifikanten") Keimzahlen von $>10^5$ pro ml – keine Seltenheit sind (Tab. 2-1), besteht über die pathogenetische und klinische Bedeutung der Befunde häufig Unklarheit (Harnwegsinfektion? Erregerausscheidung bei generalisiertem Soor?). Nachweis von Candida albicans in Urin ist nicht selten Hinweis auf Glykosurie.

klinische Bedeutung des Nachweises von C. albicans im Urin häufig unklar
→ häufig Hinweis auf Glykosurie

Während bei Patienten nur selten die Diagnose einer Soorpneumonie gesichert werden kann (Nachweis von C. albicans im Sputum kann wegen der endogenen Herkunft der Pilze meist nicht als eindeutiger Beweis gewertet werden), sprechen Autopsiebefunde mit sehr häufigem histologischem C. albicans-Nachweis in der Lunge und anderen Organen wie den Nieren dafür, daß die Soorätiologie bei vielen zum Tode führenden Krankheitsprozessen eine Rolle spielt.

- Häufigkeit der Soorpneumonie zweifelhaft:
  klinische und Autopsiebefunde stimmen nicht immer überein

Massive Sproßpilzvermehrungen in den Atemwegen oder im Verdauungskanal oder lokale Infektionen mit invasiver Tendenz bilden die Grundlage für die gefürchtete Soorsepsis. Absiedlungen in den Nieren, den Nebennieren, den Augen, im ZNS oder an den Herzklappen (Soor-Endokarditis) verschlimmern den Verlauf. Bereits die Verdachtsdiagnose ist eine Indikation für unverzüglichen Beginn der antifungischen Therapie.

- Soorsepsis: Absiedelungen in verschiedenen Organen
- Soor-Endokarditis
  Verdachtsdiagnose Soorsepsis ist Therapieindikation

Diagnose: Die ätiologische Diagnose *oberflächlicher,* leicht zugänglicher *Soorprozesse* ist über mikroskopischen und kulturellen C. albicans-Nachweis möglich, dagegen bestehen bei *tiefen Mykosen,* z. B. Pneumonie, wegen des erschwerten Zugangs zum befallenen Gewebe große diagnostische Schwierigkeiten. Die positive Blutkultur kann als Stütze für die Diagnose einer Organ-Candidiasis nur dann gewertet werden, wenn keine – möglicherweise soorpilzinfizierten – Venenkatheterzugänge bestehen. Auch durch Antikörpernachweis läßt sich nur in wenigen Fällen, z. B. bei Titeranstiegen im indirekten Hämagglutinationstest, eine individuelle Krankheitsdiagnose stützen. Candida-Antigen-Nachweis im Serum (s. S. 296) kann als zusätzliches Indiz dienen.

Diagnostik:
a) oberflächlicher Soor: mikroskopisch und kulturell
b) tiefe Mykose; Soorsepsis: Materialentnahme (für mikroskopischen und kulturellen Erregernachweis) möglichst aus dem erkrankten Organ; daneben Blutkultur und Candida-Antigen-Nachweis

Therapie: *Organmykosen* und die *Soorsepsis* sind wegen der diagnostischen Schwierigkeiten ggf. bei Verdacht bereits zu behandeln, und zwar mit Amphotericin B parenteral, ggf. in Kombination mit Flucytosin, oder mit Ketoconazol oral. Die Therapie von Hautsoor und genitaler Candidiasis erfolgt mit topisch applizierten Antimykotika (Miconazol, Clotrimazol), die des intestinalen Soors durch orale Nystatingabe.

Therapie von Soorsepsis und Organmykosen:
Amphotericin B parenteral, ggf. in Kombination mit Flucytosin; Ketoconazol oral
Hautsoor, genitaler Soor, intestinaler Soor } topische Antimykotika

Sonstige Candida-Arten

frühere Vorstellung: Nur C. albicans menschenpathogen – andere Candida-Arten sind Kontaminanten (aus Umwelt, Nahrung)
opportunistische Erregernatur – auf dem Boden von Abwehrschwäche u. a. – bei zahlreichen Candida-Arten festgestellt

2.1.1.2 Sonstige Candida-Arten

Während in früheren Jahrzehnten nur der Soorpilz Candida albicans als fakultativ pathogen betrachtet wurde und im Gegensatz dazu andere Candida-Arten lediglich differentialdiagnostische Beachtung fanden, hat sich diese Einschätzung in den letzten Jahren als Folge der häufigen Abwehrschwäche, der Kunststoffimplantate und anderer mykose-begünstigender Faktoren geändert und der Einsicht Platz gemacht, daß *Candida stellatoidea, Candida tropicalis* und zahlreiche weitere Arten Erregernatur annehmen können. Im Einzelfall sind sorgfältige Beweise der ätiologischen Bedeutung beizubringen. Therapie im Grundsatz wie bei Soor.

- C. stellatoidea Unterart (Varietät) von C. albicans

Candida stellatoidea: Diese Art (bzw. Unterart) steht C. albicans besonders nahe; im Gegensatz zu C. albicans kann C. stellatoidea Saccharose nicht assimilieren und Galaktose nicht fermentieren. Die Chlamydosporenbildung erfolgt vorwiegend interkalar. Die medizinische Bedeutung von C. stellatoidea ist – bei geringer Nachweisfrequenz (vgl. Tab. 2-1) – mit der von C. albicans vergleichbar.

- C. tropicalis wird nach C. albicans am häufigsten aus klinischem Material isoliert

Candida tropicalis: Obwohl meist saprophytärer Herkunft, wird dieser saccharose-fermentierende Hefepilz (s. Tab. 1-2) nach C. albicans am häufigsten in menschlichem Untersuchungsmaterial wie Sputum, Rachenabstrichen, Stuhl, interdigitalen Erosionen und Vaginalfluor gefunden. Seltene Fälle von *Endokarditis* und *Lungenmykose* sind beschrieben.

- C. pseudotropicalis: pathogene Bedeutung ist kritisch zu prüfen

Candida pseudotropicalis: Diese pseudomyzelbildende anaskosporogene maltose-negative (s. Tab. 1-2) Hefe wird als imperfekte Form von Kluyveromyces fragilis aufgefaßt. Der Pilz wird recht häufig in klinischem Untersuchungsmaterial gefunden, doch ist ihm nur relativ selten pathogene Bedeutung beizumessen. Einzelne Fälle von *Lungenmykose* sind beschrieben.

- C. parapsilosis in Oberflächenwasser und Nahrung weit verbreitet
  – Endokarditis, Sepsis u. a.
  – Onychomykose

Candida parapsilosis: Der Pilz (biochemisches Verhalten s. Tab. 1-2) ist in der Umwelt des Menschen, insbesondere seiner Nahrung, weit verbreitet. Bei Vorkommen in klinischem Untersuchungsmaterial ist nicht nur an Kontamination, sondern zunehmend an opportunistische Pathogenität zu denken. Fälle von *Endokarditis,* subkutaner Mykose und *Sepsis* sind belegt. Nicht selten wird C. parapsilosis bei *Onychomykose* und *Paronychie* gefunden.

- C. krusei = kahmhautbildende Hefe
in der Natur weit verbreitet
opportunistische Erregernatur in Einzelfällen (Endokarditis bei Klappenersatz) belegt

Candida krusei: Diese Candida-Art, deren perfektes Stadium Pichia fermentans heißt, ist außer über Assimilation und Fermentation (s. Tab. 1-2) durch Kolonien mit Oberflächenfaltung sowie in flüssigen Kulturen durch Kahmhautbildung gekennzeichnet. In der Natur (Wasser, Tierreich) weit verbreitet, gilt die Spezies bei Nachweis vom Menschen meist als Kontamination, doch sind *Endokarditis bei Klappenersatz, mykotische Keratitis* u. a. beschrieben (vgl. auch Tab. 2-1).

sonstige Candida-Arten meist apathogen
C. glabrata (früher Torulopsis glabrata) häufig gefunden, doch selten pathogenetisch relevant

Die ätiopathogenetische Bedeutung anderer Candida-Arten, z. B. *C. guilliermondii, C. glabrata* (früher Torulopsis glabrata) u. a., ist meist als gering einzuschätzen. Im Einzelfall (Immunsuppression, AIDS u. a.) kann opportunistische Pathogenität vorliegen, doch sind sorgfältige Beweise der Erregernatur (Blutkultur, Autopsiebefunde) beizubringen.

Kryptokokkose/Cryptococcus-Mykose

1894/95 als Europäische Blastomykose beschrieben
Entdecker von Cryptococcus (Saccharomyces) neoformans: Sanfelice (1895)
Kryptokokkose seit den 50er Jahren gebräuchlich

2.1.2 Kryptokokkose

Als Erreger der 1894/95 beschriebenen sog. Europäischen Blastomykose (später auch „Torulose") gilt seit den Untersuchungen von Sanfelice (1895) der Sproßpilz *Cryptococcus* (ursprünglich Saccharomyces) *neoformans.* Seit den 50er Jahren setzte sich für diese Krankheit zunehmend der ätiologische Name Kryptokokkose oder Cryptococcus-neoformans-Mykose durch.

Erreger:
C. neoformans weltweit verbreitet
der Mensch wird **aerogen** infiziert
Größe der Hefezellen 5–8 µm
Polysaccharid-Kapsel (Abb. 2-2)
Wachstum auf Sabouraud-Medium in weißen schleimigen Kolonien

Erreger: C. neoformans ist weltweit verbreitet, und zwar lebt der Pilz im Erdboden, wohin er mit Vogelkot gelangt, sowie auf Gräsern und anderen Pflanzen. C. neoformans kommt auch in Nahrungsmitteln vor. Hauptinfektionsquelle für den Menschen ist erregerhaltiger Staub, insbeondere verstäubter Vogelkot, und die Luftwege sind daher die wesentliche Eintrittspforte.
C. neoformans, eine imperfekte Hefe, besitzt 5–8 µm große Zellen, die von

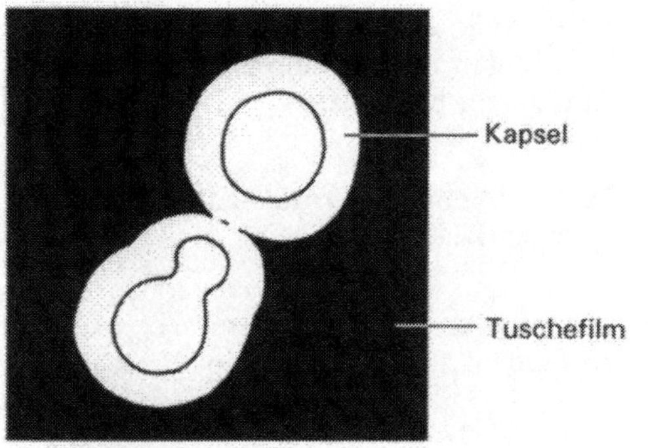

Abb. 2-2:
Bekapselte Zellen von Cryptococcus neoformans im Tuschepräparat von Liquor.

einer dicken, aus Polysaccharid bestehenden Schleimkapsel umgeben sind (Abb. 2-2). In vivo wirken diese Kapseln als Phagozytoseschutz.
Bei Temperaturen von 30°–37 °C bildet C. neoformans auf Sabouraud-Medium nach 2–5 Tagen weiße schleimige Kolonien. Auf Guizotia-abyssinica-Agar ist durch den Braunfarbeffekt selektive Züchtung und Identifizierung möglich. Biochemisch zeichnet sich Cryptococcus neoformans durch Urease-aktivität bei Fehlen der Fermentation (s. Tab. 1-2) aus.
Seit 1975 ist das perfekte Stadium von C. neoformans bekannt, nämlich *Filobasidiella neoformans,* ein Basidiomyzet (Abb. 2-3). Parallel mit dem Auffinden der nahe verwandten Spezies *Filobasidiella bacillispora* ging die molekulargenetisch gestützte Erkenntnis, daß die Serovare B und C von C. neoformans eine eigene Spezies darstellen. Da F. bacillispora dem perfekten Stadium der Serovare B und C entspricht, wurde für die letzteren die Speziesbezeichnung *Cryptococcus bacillisporus* vorgeschlagen. Demnach wird die Kryptokokkose durch die beiden menschenpathogenen Arten *C. neoformans* und *C. bacillisporus* verursacht. In klinischen Berichten sowie in der Lehrbuchliteratur wird gegenwärtig noch ganz überwiegend ausschließlich *C. neoformans* als Kryptokokkose-Erreger genannt.
Die zahlreichen übrigen Cryptococcus-Arten (z. B. C. albidus, C. terreus, C. laurentii u. a.; vgl. auch Tab. 1-2) sind apathogen.

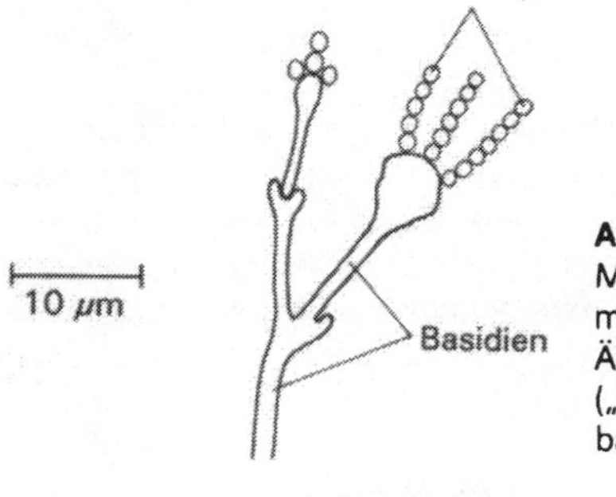

Abb. 2-3:
Mikromorphologie von Filobasidiella neoformans, der perfekten Form von C. neoformans. Ähnliche Morphen, aber schmale, dünne („bazillenähnliche") Sporen bei Filobasidiella bacillispora

Pathogenese und Klinik: Die Krankheit tritt trotz der weiten Verbreitung der Infektionsquellen sporadisch auf und setzt fast immer eine Abwehrschwäche voraus.
Im menschlichen Gewebe ist Cryptococcus-Infektion durch Fehlen akuter Entzündungszeichen charakterisiert. Typisch sind Anhäufungen (Mikrokolonien) von stark bekapselten Pilzzellen, die häufig von reaktionslosen Gewebezonen umgeben sind, ohne daß eine zelluläre Abwehr einsetzt. Erst nach weiterer Erregervermehrung und Wirksamwerden von Zellwandbestandteilen entwickeln sich beim Infizierten zelluläre und humorale Abwehrreaktionen.
Die Kryptokokkose, stets eine *exogene Infektion,* wird aerogen erworben und manifestiert sich primär in Lungenherden (Kryptokokkomen). Diese sind oft scharf begrenzt und operabel. Klinisch inapparente bzw. langdauernde Lungen-Kryptokokkosen können die gefürchtete *Gehirn-Metastasierung* setzen und zunächst zu Kryptokokkomen der Stammganglien und anderer Hirnbereiche und im weiteren Verlaufe zu der ohne spezifische Therapie meist töd-

braune Kolonien auf Guizotia-abyssinica-Agar
Harnstoffspaltung; keine Kohlenhydratfermentation

Filobasidiella neoformans = perfektes Stadium von C. neoformans
Filobasidiella bacillispora = perfektes Stadium von C. bacillisporus (= Serovare B und C von C. neoformans vor 1975)
Kryptokokkose hat demnach zwei Erreger:
- C. neoformans und
- C. bacillisporus
(sonstige Cryptococcus-Arten apathogen)

Pathogenese und Klinik:
- sporadisches Vorkommen trotz weltweiter Erregerverbreitung
- histologisch typisch ist Fehlen akuter Entzündungszeichen (bekapselte Pilze liegen als Mikrokolonien im reaktionslosen Gewebe)

zelluläre und humorale Immunitätsreaktionen setzen verzögert ein
primäre Manifestation als **Lungeninfektion** (Granulom = Kryptokokkom)
- scharf begrenzt und operabel
- im weiteren Verlauf Metastasierung in verschiedene Organe

ZNS-Kryptokokkose
- Kryptokokkom (= lokalisierter Herd)
- Meningitis und Meningoenzephalitis

Morbiditätsanstieg bei AIDS

Metastasierung in Nieren, Nebennieren, Knochenmark, Haut u.a. möglich

⟹

lichen *Meningoenzephalitis* führen. Während die ZNS-Kryptokokkose früher als selten galt, wird diese Krankheit in den letzten Jahren bei immunkompromittierten und AIDS-Patienten häufiger beobachtet

Faustregel: Mehrere Fälle pro Jahr in einem Universitäts-Klinikum bzw. in einer vergleichbaren medizinischen Einrichtung.

Durch Metastasierung auf hämatogenem und lymphogenem Wege können zahlreiche weitere Organe befallen werden, z. B. Nebennieren, Nieren, Knochenmark, Augen und Haut.

Diagnose:
- autoptisch problemlos
- intravital z. T. schwierig

Kryptokokkose = einziges Beispiel einer Mykose, die histologisch (ohne Erregerzüchtung) **eindeutig diagnostiziert werden kann**
- bei Lungen-Kryptokokkose meist kein Pilznachweis im Sputum
- bei Nierenbefall kann C. neoformans im Urin nachweisbar werden
- Tuschepräparat von Liquor bei Cryptococcus-Meningitis

Liquorkulturen bei ZNS-Kryptokokkose manchmal negativ

Latex-Test zum Nachweis des Kapselantigens

zirkulierendes Kapselantigen erschwert serologische Diagnose der Kryptokokkose

Diagnose: Die ätiologische Diagnose der Kryptokokkose ist autoptisch (histologisch) grundsätzlich leichter zu stellen als intravital.
Mit der PAS-Färbung und anderen geeigneten Methoden lassen sich in *Lungengranulomen, ZNS-Herden* u. ä. die bekapselten Sproßpilze leicht darstellen.
Da es nur *einen* bekapselten menschenpathogenen Hefepilz, nämlich den (die) Kryptokokkose-Erreger, gibt, ist die ätiologische Diagnose bereits **histologisch eindeutig** – d. h. auch ohne Bestätigung durch Züchtung – zu stellen.
Bei der *Lungenkryptokokkose* lassen sich mit mykologischen Methoden aus dem Sputum meist keine Befunde erheben; ausgenommen sind von dieser Regel seltene Fälle von Zerfallsherden mit Kommunikation zum Bronchialbaum und nachfolgender Pilzausscheidung im Sputum. Bei *Nierenbefall* kann Ausscheidung von C. neoformans mit dem Urin vorkommen.
Bei Verdacht auf *Cryptococcus-Meningitis* ist vom sedimentierten Liquor ein Tuschepräparat (s. S. 94) anzufertigen, welches durch mikroskopischen Nachweis bekapselter Sproßpilze die ätiologische Diagnose sichert (s. Abb. 2-2).
Obwohl die Züchtung von C. neoformans – u. a. mit Hilfe von Spezialmedien wie Guizotia-abyssinica-Agar – kaum Schwierigkeiten bereitet, bleiben Liquor-Kulturen bei ZNS-Kryptokokkose manchmal negativ. In diesen Fällen läßt sich die Diagnose durch den Cryptococcus-Kapselantigen-Nachweis mit Hilfe eines *Latex-Testes* sichern. Da zirkulierendes Kapselantigen, das Antikörper bindet, häufig im Überschuß vorhanden ist, hat Antikörpernachweis für die Krankheitsdiagnose der Kryptokokkose kaum Bedeutung erlangt.

Therapie:
a) chirurgisch (z. B. bei isolierten Lungenherden)
b) chemotherapeutisch (Kombination von Amphotericin B parenteral mit Flucytosin oral; ggf. Fluconazol)

Therapie: Je nach Sitz und Verlauf der Infektion sind *chirurgische Maßnahmen* (Lungengranulom) und *antifungische Chemotherapie* angezeigt.
Die Prognose einer Cryptococcus-Meningoenzephalitis war früher meist infaust: durch die moderne Kombinationstherapie mit Amphotericin B und Flucytosin ist Heilung möglich geworden. Dem oral und parenteral applizierbaren Fluconazol wird eine gute Liquorgängigkeit (50–80 % der korrespondierenden Plasmaspiegel) beigemessen; dieses neueingeführte Antimykotikum gilt daher bei der ZNS-Kryptokokkose und anderen Manifestationen (z. B. Augeninfektion) als indiziert.

2.1.3 Pityriasis versicolor durch Malassezia furfur (Pityrosporum ovale)

Pityriasis versicolor (Kleienflechte) = fleckenförmige Effloreszenzen mit kleienförmiger Schuppung

in Tropen und Subtropen häufig

Pityriasis versicolor (Kleienflechte) ist eine oberflächliche Hautmykose vorzugsweise im Sternalbereich. Im Gegensatz zu Dermatophytosen werden nur die obersten Keratinschichten befallen. Typisch sind fleckenartige Effloreszenzen mit kleienförmiger Schuppung. Die Krankheit ist unter feuchtwarmen Klimabedingungen (Tropen, Subtropen) weit verbreitet.

Malassezia furfur: rundliche doppelt konturierte Pilze neben kurzen Myzelstücken im Stratum corneum
- im Anfangsstadium der Krankheit überwiegen Myzelformen
- bei chronischer Kleienflechte herrschen runde Pilzzellen vor

Der **Erreger**, ein lipophiler Hefepilz, dessen parasitäre Phase *Malassezia furfur* heißt, stellt sich in mikroskopischen Präparaten von Hautschuppen, z. B. mit Laktophenolbaumwollblau (s. S. 294), leicht dar. Im Stratum corneum liegen in dichter Anordnung abgerundete, doppelt konturierte Pilzelemente von 3–8 µm Durchmesser. Diffus um die Nester von runden Zellen sind kurze septierte Myzelstücke gelagert, die häufig halbmondförmig gekrümmt sind (Abb. 2-4). Dieser Sproßzell-Myzel-Zyklus in der Hornschicht unterliegt gewissen „Gesetzmäßigkeiten": Im Initialstadium der Krankheit, d. h. bei geröteter Haut, finden sich vorwiegend Myzelelemente, bei länger bestehender

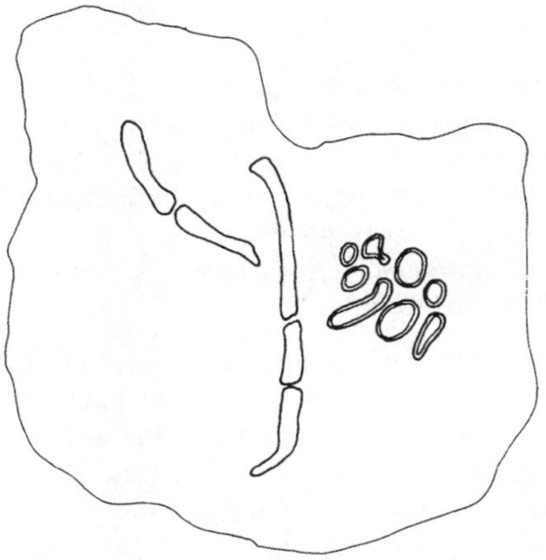

Abb. 2-4:
Hautschuppen bei Pityriasis versicolor mit Malassezia furfur

Pityriasis versicolor mit kleinlamellärer brauner Schuppung überwiegend runde dichtgelagerte Erregerzellen von gleicher Größe.

Auf Sabouraud-Medium entwickeln sich aus inokulierten pilzhaltigen Hautschuppen bei 25 °C – am besten unter einem Ölfilm – in 3–5 Tagen kleine, unregelmäßig begrenzte Kolonien von Pityrosporum ovale, die mikroskopisch als ellipsoide oder flaschenförmige Zellen von 1,5–3 μm Größe imponieren. Pityrosporum ovale gilt als die In-vitro-Phase des Erregers der Pityriasis versicolor. Der Pilz findet sich bei vielen klinisch gesunden Personen im Bereich des Kopfhaares und des äußeren Gehörganges.

Züchtung auf Sabouraud-Medium unter Ölfilm bei 25 °C: Pityrosporum ovale
In-vitro-Phase des Kleienflechteerregers

Die **Therapie** der Pityriasis versicolor ist lokal (Antimykotikum-Lotion, -Suspension, -Creme) oder systemisch.

Therapie:
a) lokal mit Antimykotika
b) systemisch mit Antimykotika

2.1.4 Befall mit Geotrichum candidum

Geotrichum candidum

Geotrichum candidum, dessen perfektes Stadium *Endomyces geotrichum* heißt, besteht ausschließlich aus septierten Hyphen, die sich durch Zerfall in rechteckige Arthrosporen vermehren (Abb. 2-5). Flache Kolonien mit charakteristischer Randstruktur entwickeln sich auf Sabouraud-Medium bei Temperaturen von 24–30 °C. Besonders häufig ist der Pilz auf Tomaten sowie in Milch und Milchprodukten zu finden, daneben kommt er auf Früchten, Gemüsesorten und in Lebensmitteln vor. In den Verdauungskanal des Menschen wird daher Geotrichum candidum ständig eingeschleust.

Nicht selten ist G. candidum in der Mundhöhle zu finden. Bilden sich länger persistierende Beläge, so kann ein der *Candida-Mykose* ähnliches Bild entstehen. Auch in Sputum und Bronchialsekret lassen sich die Arthrosporen von G. candidum manchmal nachweisen; ein pathogenetischer Zusammenhang mit bronchitischen oder pneumonischen Erscheinungen im Sinne einer Geotrichose wird von erfahrenen Klinikern meist verneint.

perfektes Stadium: *Endomyces geotrichum*
mikroskopische Morphologie: in Arthrosporen zerfallende Hyphen
- Vorkommen auf Früchten, Gemüse (Erreger der Tomatenfäule) und Lebensmitteln → daher ständiger (exogener) Zustrom in den Verdauungskanal des Menschen
- bei Belagbildung in der Mundhöhle entsteht sooähnliches Bild
- dem Nachweis von G. candidum aus Sputum und Bronchialsekret ist meist keine pathogenetische Bedeutung beizumessen

Häufigste Quelle von G. candidum-Befunden beim Menschen ist der *Darmkanal.* Die Nachweisfrequenz soll bei Kolonerkrankungen und bei Psoriasis ansteigen (von 30 % bei Gesunden auf 60–100 %). Bei Diabetikern wurde in einzelnen Fällen Bildung von zähen Pilzrasen im Darm beschrieben.

bei Psoriasis und Dickdarmerkrankungen steigt Nachweisfrequenz im Darmkanal auf 60–100 %

Eine Indikation für antimykotische Therapie ist bei Befall mit G. candidum meist nicht gegeben.

da Krankheitsbedeutung fraglich, meist keine Therapieindikation

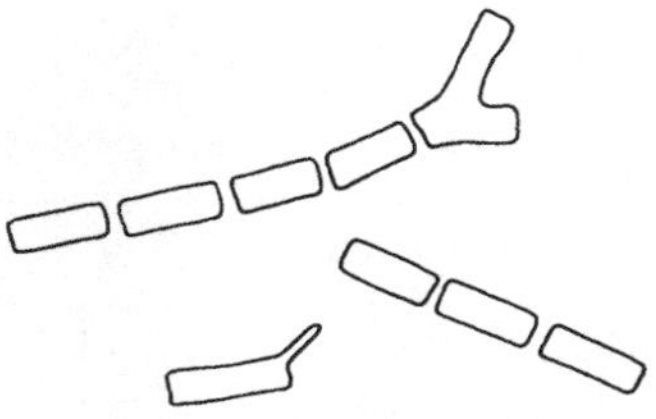

Abb. 2-5:
In Arthrosporen zerfallendes Myzel von Geotrichum candidum

Medizinische Bedeutung sonstiger Sproßpilze
Trichosporon: morphologisch definiert als anaskosporogene Sproßpilze, deren Myzel in Arthrosporen fragmentiert
keine Kohlenhydratfermentation, doch Harnstoffspaltung
Transfer früherer Trichosporon-Arten in die Gattung Geotrichum

Trichosporon cutaneum → Piedra alba
Pilzknötchen umlagern Haarschaft

Rhodotorula – ubiquitär verbreitet; die verschiedenen Arten bilden rötliche Pigmente
gelegentlicher Nachweis in Gallensaft und Mageninhalt
Sporobolomyces – lachsrote Kolonien
Vorkommen als Kontaminanten in menschlichem Untersuchungsmaterial

2.1.5 Medizinische Bedeutung sonstiger Sproßpilze

Trichosporon: Morphologisch definiert sind die Arten der Gattung Trichosporon anaskosporogene Sproßpilze, die außer Pseudomyzel auch Myzel bilden, das leicht in Arthrosporen zerfällt. Blastosporen werden ebenfalls gebildet. Wie Geotrichum candidum fehlt den Trichosporon-Arten die Fähigkeit zur Kohlenhydratfermentation, doch sind sie ureasepositiv.
Mehrere frühere Trichosporon-Arten (*T. capitatum, T. fermentans* u. a.) werden neuerdings bei der Gattung Geotrichum eingeordnet.

Trichosporon cutaneum, ein weltweit verbreiteter Pilz, ist Erreger der *Piedra alba*, die sich am Barthaar in Form von grauen, weichen, den Haarschaft umlagernden Knötchen manifestiert. Aus den Herden entwickeln sich auf Sabouraud-Medium weiß-gelbliche Kolonien mit strahlenförmigem Saum. Mikroskopisch herrschen in Arthrosporen zerfallende Myzelfäden vor.

Rhodotorula: Die verschiedenen (9) Arten der anaskosporogenen rotorangefarbene bis karminrote Pigmente bildenden Sproßpilzgattung gelten als ubiquitär verbreitet. Trotz gelegentlichem Nachweis aus Gallensaft oder Mageninhalt wird ihnen keine Pathogenität beigemessen.
Ebenfalls durch lachsrote Kolonien auf Sabouraud-Medium fällt **Sporobolomyces salmonicolor** auf. Dieser Pilz bildet Ballistosporen; Pathogenität für den Menschen kommt ihm nicht zu.

Systemmykosen

obligat pathogene „intrazelluläre" Erreger:

⟹

Erregerquelle: Erdboden der Endemiegebiete des Nord- und Südamerikanischen Kontinentes

aerogene Infektion
Granulombildung

2.2 Systemmykosen (generalisierende Mykosen durch dimorphe Pilze)

- Blastomyces dermatitidis – Nordamerikanische Blastomykose
- Coccidioides immitis – Coccidioidomykose (Coccidioides-Mykose)
- Histoplasma capsulatum – Histoplasmose
- Paracoccidioides brasiliensis – Südamerikanische Blastomykose

Diese Erreger sind typische Vertreter der dimorphen Pilze (s. S. 286); sie finden sich in den Endemiegebieten des Nord- und Südamerikanischen Kontinents im Erdboden und gelangen aerogen in den Menschen. Das vorherrschende pathologisch-anatomische Substrat im befallenen Menschen sind *Granulome* und *Makrophagen* mit ingerierten Erregern. Die Erreger der „klassischen" Systemmykosen gelten als *obligat pathogen*, d. h. sie erzeugen nicht wie die ubiquitär verbreiteten Hefe- und Schimmelpilze nur bei Abwehrschwäche generalisierende Mykosen.

Nordamerikanische Blastomykose

Erreger = Blastomyces dermatitidis
a) septierte Hyphen und einzellige Konidien
b) dickwandige Sproßpilze

perfektes Stadium: *Ajellomyces dermatitidis*

2.2.1 Nordamerikanische Blastomykose

Der Erreger ist *Blastomyces dermatitidis* (bekannt seit 1898); seine Myzelphase mit septierten Hyphen und runden bis pyriformen einzelligen Konidien entwickelt sich bei 20–22 °C auf Sabouraud-Medium. Bei 37 °C entstehen auf Hirn-Herz-Infusionsagar hefeähnliche Kolonien, die aus dickwandigen Sproßpilzzellen bestehen (Abb. 2-6). Diese entsprechen der Gewebeform des Erregers. Seit 1968 ist die perfekte Phase: *Ajellomyces dermatitidis*, bekannt, welche taxonomisch zu der Familie Gymnoascaceae gerechnet wird. Der Zu-

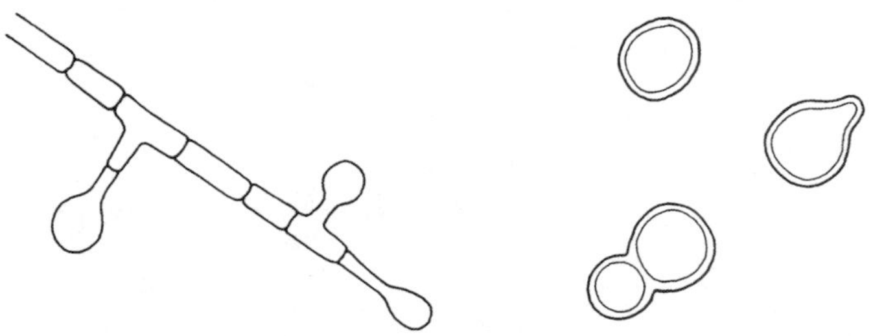

Abb. 2-6: Myzelphase (a) und Hefephase (b) von Blastomyces dermatitidis

sammenhang mit der Epidemiologie der Nordamerikanischen Blastomykose ist noch zu klären.
Pathologisch-anatomisch und klinisch ist die Nordamerikanische Blastomykose eine **chronisch granulomatöse Infektion**, die herdförmig die Lunge, aber auch Haut (B. dermatitidis), Knochen, Leber und andere Organe befällt.

chronisch-granulomatöse Infektion → Befall von Lungen, Haut, Knochen, Leber u. a.

Die Diagnose, gelenkt durch Epidemiologie und klinische Befunde, stützt sich auf den mikroskopischen und kulturellen **Erregernachweis** aus Sputum, Eiter, Biopsiematerial u. a. Der primäre Lungenbefall bleibt häufig klinisch unentdeckt. Methoden der indirekten Krankheitsdiagnose, z. B. durch Antikörpernachweis in der KBR, werden – obwohl in Endemiegebieten viel angewendet – nicht einhellig befürwortet (Kreuzreaktionen mit Histoplasma capsulatum und Paracoccidioides brasiliensis).

Diagnose durch Erregernachweis

Antikörpernachweis (KBR u. a.) nur bedingt verwertbar

Das **Therapeutikum** der Wahl ist Amphotericin B; Flucytosin ist unwirksam.

Therapie: Amphotericin B

2.2.2 Coccidioidomykose (Coccidioides-Mykose)

Coccidioidomykose

Diese Systemmykose kann als *akute, aber benigne,* meist selbstheilende Lungenerkrankung und als *chronisch-progressive, disseminierende, maligne* Verlaufsform mit Befall von Haut, Unterhaut, inneren Organen, Hirnhäuten und Knochen auftreten.

a) akuter (selbstheilender) Lungenbefall
b) disseminierende maligne Verlaufsform

Der Erreger ist *Coccidioides immitis,* ein dimorpher Pilz ungeklärter taxonomischer Stellung. Bei Temperaturen von 20–28 °C wächst seine saprophytäre Phase auf den üblichen Nährböden nach 3–4 Tagen als Fadenpilzkolonie, deren Luftmyzel nach 6–8 Tagen in Ketten charakteristischer Arthrosporen fragmentiert (Abb. 2-7). Diese Arthrosporen sind hochinfektiös, können beim Öffnen von Kulturschalen in die Atemluft übertreten und stellen eine der *größten Gefahren im Laboratorium* dar.

Coccidioides immitis:
taxonomische Stellung des Erregers ungeklärt

Kulturphase = Schimmelpilz
Luftmyzel fragmentiert in **(hochinfektiöse)** Arthrosporen

Gefahr der Laborinfektion

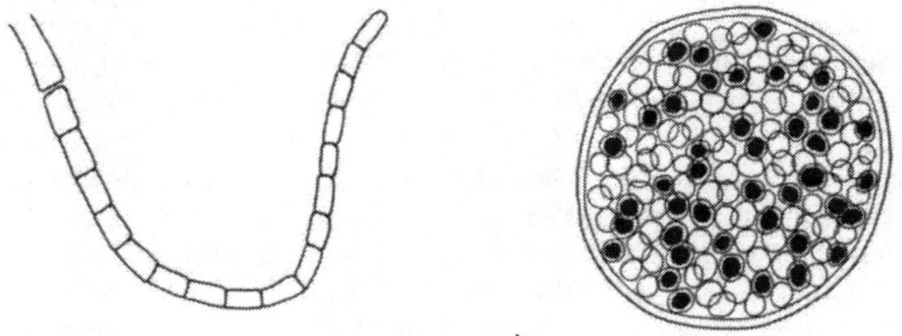

a b

Abb. 2-7: Coccidioides immitis. Kulturphase (a) mit fragmentierenden Arthrosporen; Sphärule (b) mit Endosporen.

Im infizierten Gewebe liegt Coccidioides immitis in seiner parasitären Phase vor, die durch dickwandige (2 µm), nichtsprossende, mit Endosporen (∅ 2–5 µm) angefüllte runde Zellen (Sphärulen) charakterisiert ist (s. Abb. 2-7). Die Größe der Sphärulen beträgt je nach Reifegrad 10–80 µm. In der Kultur (und vermutlich im Erdboden) keimen Sphärulen unter Hyphenbildung aus. Das perfekte Stadium des Erregers ist unbekannt.

parasitäre Phase = dickwandige Sphärulen mit zahlreichen Endosporen

perfektes Stadium unbekannt

Coccidioides immitis ist in den westlichen Trocken- und Wüstengebieten der USA heimisch. Einige Tage bis Wochen nach der Einatmung von Pilzsporen entwickelt sich eine **Pneumonie**, die in der Regel ausheilt und eine dauernde Immunität hinterläßt. Während der pneumonischen Phase wird der Erreger im Sputum ausgeschieden. Lympho- und hämatogene Dissemination des Erregers führt zu **Granulombildung** in verschiedenen Organen und wird zurecht gefürchtet. Bei Befall von Gehirn und Nebennieren ist die Prognose schlecht.

- primäre aerogene Infektion: Pneumonie heilt meist aus (Immunität)
- lympho- und hämatogene Dissemination führt zu Organbefall

Die **Diagnose** beruht auf dem mikroskopischen (Sphärulen) und kulturellen Nachweis von C. immitis aus Sputum und Biopsiematerial. Der Coccidioidin-Hauttest (durchgeführt mit Antigenen aus der Myzelphase) sowie der Sphärulin-Hauttest, die bei vielen Menschen in Endemiegebieten positiv sind, haben im individuellen Krankheitsfall Bedeutung vor allem als Ausschlußreaktionen. Die frühe IgM-Antwort kann mit Hilfe des Röhrchen-Prä-

Erregernachweis aus Sputum und Biopsiematerial
- mikroskopisch (Sphärulen)
- kulturell

Hautteste (= Ausschlußbedeutung)

humorale Antikörperantwort:

- IgM (Nachweis in der Immundiffusion)
- IgG (Nachweis in der KBR u.a.)

Therapie: Amphotericin B

Histoplasmose

im Mississippi- und Ohiotal endemisch
- primäre Lungeninfektion (aerogen)
- Dissemination selten

Erreger:
Histoplasma capsulatum = imperfektes Stadium
Schimmelpilzphase mit einzeln dem septierten Myzel aufsitzenden Konidien
Chlamydosporen mit fingerförmigen Auswüchsen
Hefephase entsteht bei 37 °C auf bluthaltigen Nährböden
intrazelluläre Vermehrung in Makrophagen (Abgrenzung gegen Leishmanien)
Vorkommen im Erdboden und bei zahlreichen Tierarten
großzellige Histoplasma-Form bei afrikanischer Histoplasmose

Emmonsiella capsulata = perfektes Stadium

Befunde:
Histoplasmose = retikuloendotheliale Zytomykose
primäre Histoplasmose oft asymptomatisch
Primärkomplex in der Lunge
Ausheilung unter Verkalkung
schwere Primärverläufe selten
durch Metastasierung entstehen Organmykosen
ulzerierende Herde im Mund-Pharynx-Bereich

Diagnose: durch mikroskopischen und kulturellen Erregernachweis

- KBR:
  - Myzelphasen-Antigen
  - Hefephasen-Antigen
  (keine Differenzierung in Ig-Klassen)
- Immundiffusion:
  - H-Bande = progressive Histoplasmose
  - M-Bande = chronische Histoplasmose
- ELISA:
  - Steigerung der Empfindlichkeit
  - Differenzierung in IgG und IgM

zipitations-Testes oder über eine charakteristische Präzipitationslinie in der Immundiffusion demonstriert werden. Die positive KBR bzw. eine korrespondierende Bande in der Immundiffusion weisen die IgG-Antwort nach. Bei disseminierter Coccidioidomykose ist **Therapie** mit Amphotericin B angezeigt.

2.2.3 Histoplasmose

Das Endemiegebiet des erdbewohnenden Histoplasmoseerregers *Histoplasma capsulatum* liegt im Mississippital, Ohiotal und Appalachian-Gebirge. Überstehen einer Lungeninfektion führt meist zu verkalkten, röntgenologisch nachweisbaren Herden (und positiver Histoplasmin-Hautreaktion). Dissemination ist selten, bei Befall wichtiger Organe jedoch lebensbedrohlich.

Erreger: *Histoplasma capsulatum*, das imperfekte Stadium des Histoplasmose-Erregers, ist ein dimorpher Pilz aus der Gruppe der Adelomyzeten. Bei Temperaturen von 20–28 °C entwickelt sich eine langsam wachsende Fadenpilzkultur mit verzweigten, septierten Hyphen und kleinen runden bis pyriformen Konidien (s. Abb. 1-4). In alten Kulturen treten die charakteristischen 7,5–15 µm großen runden, dickwandigen höckerigen Chlamydosporen mit fingerförmigen Protuberanzen auf. Auf Blut-Cystin-Agar u. ä. geeigneten Nährböden wächst bei 37 °C die Hefephase. In vivo ist charakteristisch das intrazelluläre Wachstum in Makrophagen (s. Abb.1-4). Im intrazellulären Stadium hat der Erreger Ähnlichkeit mit Leishmanien (bei der Erstbeschreibung 1906 wurde H. capsulatum zunächst als ein Protozoon gedeutet).
In den Endemiegebieten des Nord- und z. T. auch Mittel- und Südamerikanischen Kontinents wurde H. capsulatum im Erdboden und bei zahlreichen Tierarten nachgewiesen.
Bei afrikanischen Fällen von Histoplasmose wurde eine großzellige Histoplasma-Form gefunden (H. capsulatum var. duboisii). Klinisch zeichnet sich die afrikanische Histoplasmose durch fehlenden Lungenbefall bei vorherrschender Manifestation an der Haut und im Darmkanal aus.
Das askosporogene perfekte Stadium (Emmonsiella capsulata) wurde 1972 entdeckt.

Pathologisch-anatomische und klinische Befunde: Die Histoplasmose ist aufgrund des Makrophagenbefalls als *retikuloendotheliale Zytomykose* einzustufen. In den meisten Fällen ist die aerogen akquirierte primäre Histoplasmose relativ harmlos, oft sogar asymptomatisch (mit Ausnahme des positiven Histoplasmin-Hauttestes). Bei Ausbildung eines Primärkomplexes sind röntgenologische Zeichen mit Befall der regionären Lymphknoten nachweisbar. Unter Fibrose und nachfolgender Verkalkung heilen die Herde im Regelfall aus; gelegentlich entstehen Kavernen.
Durch Ausbreitung der primären Lungenherde bzw. durch Metastasierung entsteht – in seltenen Fällen – die lebensbedrohliche Systemmykose mit Befall von Leber, Milz, Knochen und Hirnhäuten. Als charakteristisch gelten dabei auch submuköse ulzerierende Herde im Mund-Pharynx-Bereich; beschrieben ist auch Befall der Chorioidea des Auges.

Diagnose: Die ätiologische Diagnose beruht auf dem *mikroskopischen und kulturellen Erregernachweis* aus geeignetem Biopsiematerial, ggf. Sputum. Der Hauttest hat Ausschlußbedeutung.
In Fällen ohne Möglichkeit des Erregernachweises – vor allem bei nichtfortschreitenden Formen – und bei uncharakteristischen Verlaufsformen kommt dem *Nachweis humoraler Antikörper* vorrangige Bedeutung zu. Benützt werden seit Jahrzehnten die KBR und die Immundiffusion. Während in der KBR Myzelphase- und Hefephase-Antigene getestet werden, jedoch die Immunglobulinklassen IgG und IgM nicht zu unterscheiden sind, gilt in der Immundiffusion der Nachweis der sog. H-Bande als Ausdruck einer progressiven Histoplasmose und Gegenwart des M-Präzipitins als Zeichen einer chronischen Histoplasmose, ohne daß Antikörpertiter definiert werden können. Mit dem neuerdings eingeführten ELISA läßt sich die Nachweisempfindlichkeit erhöhen, außerdem ist Unterscheidung von Histoplasma-IgM und -IgG möglich.

Die **Therapie** der disseminierten Histoplasmose erfolgt mit Amphotericin B.

2.2.4 Südamerikanische Blastomykose

Obwohl aerogen erworben, wird die Paracoccidioides-Mykose häufig erst durch Hautbefall klinisch und ätiologisch diagnostiziert.
Paracoccidioides brasiliensis, dessen perfektes Stadium unbekannt ist, bildet wie Blastomyces dermatitidis bei 20–30 °C die langsam wachsende Myzelphase und bei 37 °C (z. B. auf Hirn-Herz-Infusionsagar) die Hefephase aus. Im Unterschied zu Blastomyces dermatitidis zeigen die Hefezellen von Paracoccidioides brasiliensis jedoch multiple Sprossung (Abb. 2-8). Für die histologische Erregerdiagnose ist das Merkmal der multiplen Sprossung ebenfalls hilfreich.
Die Paracoccidioides-Mykose manifestiert sich als *chronisch-progressive granulomatös-eitrige Infektion der Haut*, Schleimhäute (vor allem Mundbereich), Lymphknoten und inneren Organe (insbesondere Lungen). Vermutlich entstehen extrapulmonale Herde – z. B. an der Haut – in erster Linie durch Metastasierung. Die zellvermittelte spezifische Immunität läßt sich im Paracoccidioidin-Hauttest nachweisen (s. S. 293). Obwohl beim Infizierten eine *humorale Immunantwort* – z. B. in der KBR mit Paracoccidioides-brasiliensis-Antigen – nachweisbar wird, erschweren Antigengemeinschaften mit Blastomyces dermatitidis und sogar Histoplasma capsulatum die Bewertung serologischer Befunde. Die Krankheitsdiagnose im Einzelfall beruht daher meistens auf dem mikroskopischen und kulturellen **Erregernachweis** (aus Eiter, Sputum, Biopsiematerial, Lymphknoten, Leber- und Milzgewebe usw.).
Zur **Chemotherapie** wird Amphotericin B empfohlen; Erfolge mit Sulfonamiden sind ebenfalls beschrieben.

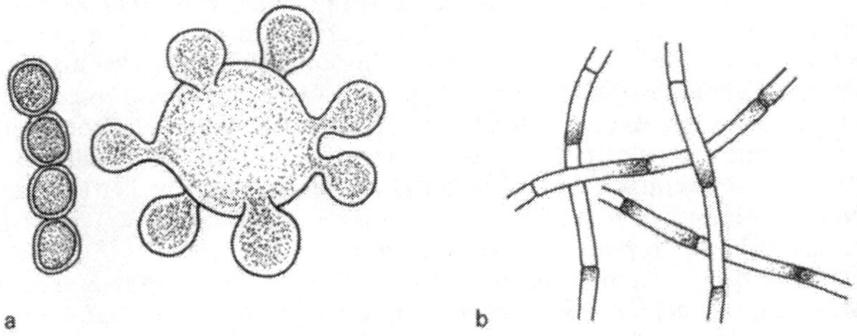

Abb. 2-8: Paracoccidioides brasiliensis. Hefephase (a) und Myzelphase (b).

2.3 Subkutane Mykosen/Verletzungsmykosen

- Sporothrix schenckii (Abb. 2-9) – Sporotrichose
- Madurella mycetomi u. a. – Marduromykose
- Phialophora spp. u. a. – Chromomykose

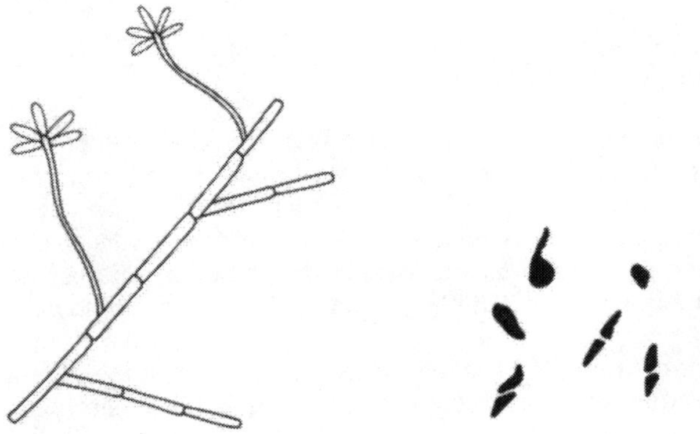

Abb. 2-9: Sporothrix schenckii. Myzelphase (a) und Gewebephase (b).

Therapie: Amphotericin B

Südamerikanische Blastomykose

Hautbefall kann zur Verdachtsdiagnose führen
Paracoccidioides brasiliensis = imperfektes Stadium
- Myzelphase (uncharakteristisch)
- Hefephase mit multipler Sprossung

histologische Diagnose: wichtig **multiple Sprossung**
pathologisch-anatomisch: granulomatös-eitrige Infektion
extrapulmonale Manifestationen über Metastasierung
Hautreaktion vom verzögerten Typ mit Paracoccidioidin
humorale Immunantwort: Befundinterpretation erschwert durch Kreuzreaktionen mit Blastomyces dermatitidis/Histoplasma capsulatum
ätiologische Diagnose = Erregernachweis

Therapie: Amphotericin B

Verletzungsmykosen durch Schimmelpilze

Infektionsbahnung durch Verletzungen an den unteren Extremitäten bei barfußgehender Bevölkerung
chronisch-progressive granulomatös-eitrige Infektionen
Therapie: chirurgisch; Chemotherapie selten erfolgreich

Die Erreger dieser Krankheiten kommen in der Außenwelt vor und gelangen durch Verletzungen mit Holzsplittern, Dornen und Gerätschaften in den menschlichen Körper, wobei die unteren Extremitäten – vor allem bei barfußgehender Bevölkerung in Tropen und Subtropen – Prädilektionsstellen sind. Pathologisch-anatomisch handelt es sich um chronisch-progressive eitrig-granulomatöse Entzündungen. Da diese Prozesse auf chemotherapeutische Behandlung kaum ansprechen, läßt sich radikales chirurgisches Vorgehen häufig nicht vermeiden.

Schimmelpilzmykosen

2.4 Schimmelpilzmykosen

- Aspergillus fumigatus – Aspergillose
- Aspergillus niger – Otomykose
- Mucor sp. – Mucormykose
- Cladosporium trichoides – Chromomykose

die meisten Vertreter der verschiedenen Schimmelpilzgattungen sind apathogen
bei abwehrgeschwächten Patienten können **Organmykosen** entstehen
- Aspergillome der Lunge
- Mucormykosen
- zerebrale Mykosen (z.B. durch Cladosporium trichoides)

Saprophytische Schimmelpilze der Gattungen Aspergillus, Mucor, Rhizopus, Cladosporium u. a., deren Hauptstandort die Außenwelt ist und die anhand ihrer charakteristischen Nebenfruchtformen identifiziert werden, kommen beim gesunden Menschen im Darm und auf der Haut vor, ohne daß Krankheitserscheinungen entstehen. Bei abwehrgeschwächten Patienten sowie bei einzelnen Individuen ohne ersichtliche Prädisposition werden durch diese Schimmelpilze **Organmykosen** hervorgerufen, z. B. Aspergillome der Lunge, Hirnabszesse durch Mucor- oder Aspergillus-Arten oder Zerebralchromomykose durch Cladosporium trichoides. Falls sich diese Prozesse nicht chirurgisch beseitigen lassen, stellt sich ihre chemotherapeutische Behandlung als problematisch heraus.

Aspergillosen sind häufigste Schimmelpilzmykosen in den gemäßigten Klimazonen

A. fumigatus ist pneumopathogen
A. fumigatus-Bronchomykosen

A. niger = Otitis externa (neben Mucor sp.)
Bedeutung des Cerumens für die unspezifische Abwehr

Therapie
a) chirurgisch (z. B. Aspergillom)
b) chemotherapeutisch

In den gemäßigten Zonen werden vergleichsweise häufig Aspergillosen beobachtet. *A. fumigatus* (s. Abb. 1-3) scheint im Bereich der tiefen Atemwege besonders häufig pathogene Wirkungen zu entfalten: Auf dem Boden von tuberkulösen oder karzinomatösen Kavernen siedeln sich nicht selten massive Aspergillus-fumigatus-Infektionen in Form von Mycetomen an (röntgenologisch sind diese Aspergillome durch eine Luftsichel über der kugelförmigen Pilzmasse charakterisiert). A. fumigatus-Bronchomykosen finden sich bei chronischen Bronchitikern. *A. niger* hat ähnliche Avidität für den äußeren Gehörgang wie Mucor-Arten (die Pilzvermehrung wird normalerweise durch ungesättigte Fettsäuren im Cerumen unterdrückt).
Bei chemotherapeutisch behandlungsbedürftigen Schimmelpilz-Mykosen sind Therapieversuche mit Amphotericin B und/oder Flucytosin, ggf. Fluconazol, angezeigt.

Hautmykosen

2.5 Hautmykosen

Dermatophytosen =
- Mikrosporie
- Trichophytie
- Epidermophytie

zellvermittelte Immunantwort, obwohl Dermatophyten nicht invasiv

Dermatophytosen: Befall von Epidermis, Nägeln und Haaren durch keratinophile Pilze der Gattungen Microsporum, Trichophyton und Epidermophyton. Obwohl diese Pilze in nichtkeratinhaltiges Gewebe nicht eindringen, erfolgt Immunantwort, nachweisbar z. B. durch Hautreaktionen vom verzögerten Typ gegen Trichophytin (Extraktantigen aus Trichophyton-Pilzen; vgl. auch Seite 293).

Mikrosporie

- *Microsporum audouinii:* befällt das Kopfhaar bei Kindern
  Infizierte Haare brechen etwa 1 mm oberhalb der Kopfhaut ab
  epidemische Ausbreitung in Schulen usw. möglich
- *Microsporum canis:* zoophil, doch kommen menschliche Infektionen vor

2.5.1 Mikrosporie (M. audouinii, M. canis)

M. audouinii (Abb. 2-10) befällt – fast ausschließlich im Kindesalter – das Kopfhaar; um das infizierte Haar herum bildet der Erreger Sporenmanschetten (ektotriche Sporulation), die im Woodschen Licht fluoreszieren. Befallene Haare brechen etwa 1 mm oberhalb der Kopfhaut ab, wachsen aber nach. Spontanheilung der Krankheit mit Beginn der Pubertät. Mikrosporie durch M. audouinii kann sich in Schulen, Kinderheimen u. ä. epidemisch ausbreiten.
Zoophile Microsporum-Arten (*M. canis* u. a.) kommen bei Haus- und Laboratoriumstieren vor, letztere sind nicht selten Infektionsquelle für menschliche

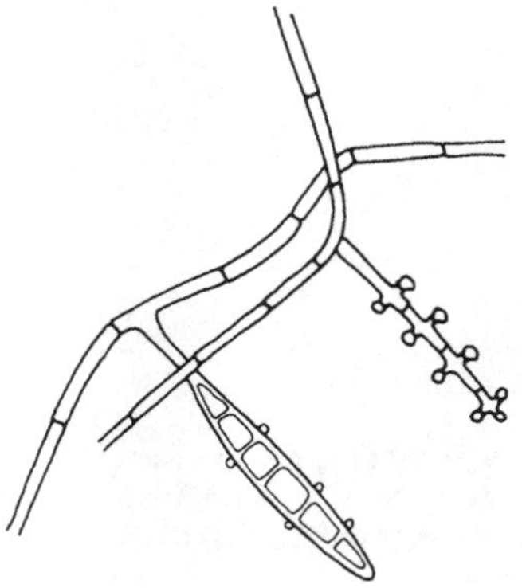

Abb. 2-10: Microsporum audouinii. Kulturform mit Makrokonidien.

Erkrankungen. Die perfekten Stadien von Microsporum-Arten werden zur Gattung Nannizzia gerechnet.

Diagnose: Sie stützt sich auf den klinischen Befund, die mikroskopische Untersuchung von befallenen Haaren (in 10%iger Kali- oder Natronlauge; s. S. 294) und die Kultur auf Sabouraud-Medium, das bei 22–30 °C 2–3 Wochen bebrütet wird. Form und Farbe der Kolonien sowie die mikroskopische Morphologie, insbesondere die mehrkammrigen Makrokonidien (s. Abb. 2-10), führen zur Identifizierung der Microsporum-Art.

Diagnose:
a) klinisch
b) durch mikroskopischen und kulturellen Erregernachweis

Therapie: Mikrosporie wurde erst mit der Einführung der Griseofulvin-Therapie medikamentös behandlungsfähig. Oral appliziertes Griseofulvin reichert sich nach systemischer Verteilung im Körper in keratinhaltigem Gewebe, einschließlich der Haare, an. In griseofulvin-haltigem Haar können Microsporum-Pilze nicht mehr weiter proliferieren, so daß durch Nachwachsen von pilzfreiem Haar Heilung eintritt. Allerdings ist Griseofulvin-Therapie 2–3 Monate durchzuführen und muß während dieser Zeit auf unerwünschte Nebenwirkungen (Blutbild) kontrolliert werden.

Therapie: Griseofulvin
Sistieren von Microsporum-Wachstum in griseofulvin-haltigem Haar

Kontrolle auf Nebenwirkungen der Griseofulvin-Therapie

2.5.2 Trichophytie (T. rubrum, T. mentagrophytes)

Trichophytie durch:
Trichophyton rubrum und *T. mentagrophytes*

Fast alle Trichophyton-Arten befallen neben der Haut – klinische Bezeichnungen sind dann Trichophytia superficialis und Trichophytia profunda – auch Nägel (Onychomykose) und Haare.

Befall von Haut, Nägeln (Onychomykose) und Haaren

Die Interdigitalräume an den Füßen gehören zu den häufigst befallenen Körperteilen (*Athletenfuß*). Übermäßiges Schwitzen, alkalischer pH-Wert der Haut, ungeeignete Fußbekleidung sowie eine erhöhte Pilzexposition über pilzhaltige Matten u. ä. in Duschräumen begünstigen das Angehen einer Trichophytie. Die häufigsten Erreger in Mittel- und Westeuropa sind T. rubrum und T. mentagrophytes; die perfekten Stadien von Trichophyton werden zur Gattung Arthroderma gerechnet.

sog. Athletenfuß →
Prädisposition durch Hyperhidrosis, alkalischen pH-Wert der Haut und erhöhte Pilzexposition

Die **klinischen Erscheinungen** nach Infektion mit anthropophilen Trichophyton-Arten sind meist relativ milde, doch neigt der Infektionsverlauf zur Chronizität. Menschliche Infektionen mit zoophilen Trichophyton-Pilzen zeigen dagegen häufig heftige Entzündungsreaktionen (Blasen und Papeln).

Arthroderma benhamiae = perfektes Stadium von T. mentagrophytes
T. rubrum und *T. mentagrophytes* = häufigste Erreger
- anthropophile Trichophyton-Arten führen zu milden Krankheitserscheinungen
- Infektion mit zoophilen Trichophyton-Pilzen durch heftige Entzündungsreaktionen gekennzeichnet

Die ätiologische **Diagnose** beruht – neben dem klinischen Befund und direkter Mikroskopie (durch T. mentagrophytes befallene Haare zeigen ektotriche Sporulation) – vor allem auf dem kulturellen Erregernachweis (mit ähnlichen Methoden wie bei der Mikrosporie geschildert). Form und Farbe der Kolonie sowie die mikroskopische Morphologie, insbesondere der Nachweis von septierten Pilzfäden mit Mikrokonidien und die Beurteilung der Gestalt der Makrokonidien, führen zur Speziesdiagnose (vgl. Mikromorphologie von T. mentagrophytes in Abb. 2-11). Positive Reaktionen im Trichophytin-Hauttest sind in der Bevölkerung weit verbreitet und haben daher im individuellen Krankheitsfall nur geringe diagnostische Bedeutung.

Diagnose:
- klinisch
- mikroskopischer Pilznachweis in Haar, Hautschuppen und Nagelmaterial
- kultureller Trichophyton-Nachweis

Bedeutung des Trichophytin-Hauttestes

In der **Therapie** der Trichophytie nimmt Griseofulvin ebenfalls eine Sonderstellung ein. Bei Befall der Epidermis sowie der Nägel ist allerdings ein The-

Therapie:
- systemisch mit Griseofulvin (ggf. Ketoconazol oral)
- Lokaltherapie

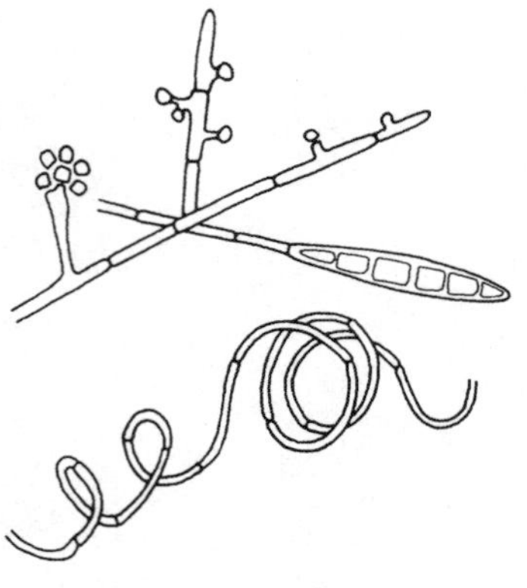

Abb. 2-11: Mikromorphologie von Trichophyton mentagrophytes. Mikrokonidien, „Spiralen" und mehrkammrige Makrokonidien

rapieversuch mit oral appliziertem Ketoconazol oder mit lokal wirksamen Antimykotika (Tolnaftat, Miconazol) angezeigt.

Favus durch Trichophyton schoenleinii:
Skutula
Zerstörung der Haarpapille führt zu Alopezie

Trichophyton schoenleinii – Favus: Diese Krankheit befällt vorzugsweise den behaarten Kopf bei Kindern und verläuft dort nicht selten unter dem Bilde von Pyodermien. Die T. schoenleinii-Infektion führt zur Entwicklung von Pilzkolonien *(Skutula)*, die das eingeschlossene Haar zum Absterben bringen und durch Zerstörung der Haarpapille zur bleibenden Haarlosigkeit führen. Das befallene Haar zeigt endotriche Pilzsporulation.
Griseofulvin-Therapie hat sich als sehr wirksam erwiesen und die früher häufige Krankheit weithin zum Verschwinden gebracht.

Therapie: Griseofulvin

2.5.3 Epidermophytie (Epidermophyton floccosum)

Epidermophytie durch *Epidermophyton floccosum*
ausschließlich Hautbefall
Abgrenzung gegen Trichophytie durch kulturellen Epidermophyton-Nachweis
tropische Hautmykosen, die nicht durch Dermatophyten hervorgerufen sind:
schwarze Piedra: steinharte Knötchen bis 1 mm Ø am Haarschaft

Diese Dermatophyten-Art (Abb. 2-12) befällt ausschließlich die Epidermis, vor allem in den Interdigitalräumen der Hände und Füße. Die Krankheit läßt sich nur durch kulturellen Erregernachweis von Hautbefall durch Trichophyton-Arten abgrenzen.
In den Tropen gibt es **weitere Hautmykosen**, die nicht durch Dermatophyten im engeren Sinne hervorgerufen werden (Beispiele: **schwarze Piedra** durch den schwarzbraunpigmentierten Pilz Piedraia hortai; **weiße Piedra**, meist hervorgerufen durch Trichosporon cutaneum; vgl. S. 306).

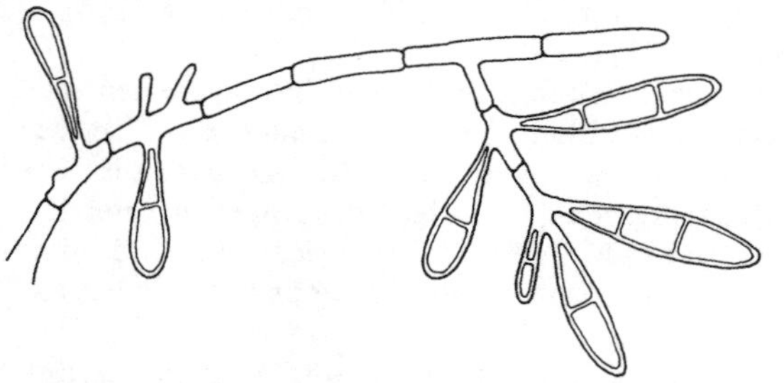

Abb. 2-12: Epidermophyton floccosum. Kultur mit keulenförmigen Makrokonidien; Mikrokonidien fehlen

IV Virologie

Virologie

1. Allgemeiner Teil

P. C. Döller, M. H. Wolff, G. Döller

Allgemeine Virologie

Viren sind für eine Vielzahl von Erkrankungen bei Mensch, Tier und Pflanze verantwortlich. Sie sind bei ihrer Vermehrung von lebenden Zellen abhängig und unterscheiden sich wesentlich von anderen Mikroorganismen (Tab. 1-1).

Viren sind für eine Vielzahl von Erkrankungen verantwortlich

Die Bezeichnung *Virus* hat ihren Ursprung im Lateinischen und bedeutet so viel wie Gift bzw. Schleim. Die Entdeckung der Viren geht auf Filtrationsversuche zurück, die bei der Suche nach dem Erreger der Maul- und Klauenseuche (Löffler und Frosch, 1898) um die Jahrhundertwende angewandt wurden. Schon damals wurde erkannt, daß diese Krankheitserreger ungewöhnlich klein und daher im Lichtmikroskop nicht sichtbar sind und von bakteriendichten Filtern nicht zurückgehalten werden.

1.1 Viruseigenschaften

Viruseigenschaften

- Viren sind elektronenmikroskopisch sichtbar
- die Größe von Viren beträgt ca. 15–450 nm
- die genetische Information ist DNA oder RNA

Viren sind nur mit dem Elektronenmikroskop darstellbare Mikroorganismen, da sie nur ca. 15–450 nm groß sind. Die genetische Information der Viren (virales Genom) ist in einer Nukleinsäure, die entweder Desoxyribonukleinsäure (DNA) oder Ribonukleinsäure (RNA) sein kann, gespeichert. Das virale Genom ist von einer Proteinhülle (Kapsid) umgeben. Da den Viren zelluläre Strukturen, d. h. Zellorganellen, wie Mitochondrien, Endoplasmatisches Retikulum und Ribosomen sowie Enzymsysteme zur Energiegewinnung fehlen, sind sie zur *Vermehrung* (Replikation) *auf lebende Zellen* angewiesen *(obligate Zellparasiten)*. Dabei beeinflussen sie die infizierten Wirtszellen derart, daß die Synthesemechanismen dieser Zellen für die Virusvermehrung genutzt werden. Nach ihrer Vermehrung erhalten einige Viren beim Ausschleusen aus der Wirtszelle zusätzlich eine Lipoproteinhülle (Envelope). Das komplette infektiöse Partikel wird auch als **Virion** bezeichnet.

eine Virusvermehrung kann nur in lebenden Zellen erfolgen

Tab. 1-1: Wichtige Merkmale verschiedener Gruppen von Krankheitserregern

	Viroide	Prione	Viren	Rickettsien	Chlamydien	Mykoplasmen/ Bakterien	Protozoen
Durchmesser in nm	Molekulargewicht der Nukleinsäure ca. 50 000 Dalton	?	15–450	250–600	250–1 000	200–1 500	5 000–100 000
Nukleinsäure	RNA	?	RNA **oder** DNA	RNA und DNA	RNA und DNA	RNA und DNA	RNA und DNA
Vermehrung	intrazellulär	? intrazellulär	intrazellulär	intrazellulär durch Zweiteilung	intrazellulär durch Zweiteilung	extrazellulär durch Zweiteilung	intra- und extrazellulär
Wirtsorganismen	Pflanze	Tier Mensch	Pflanze Tier Mensch	Tier Mensch	Tier Mensch	Pflanze Tier Mensch	Tier Mensch

• Viroide

⇨

Viroide sind hüllproteinfreie, sehr kleine einzelsträngige RNA-Moleküle, die als Krankheitserreger bei Pflanzen bekannt geworden sind.

• Prione

⇨

Prione sind sehr kleine (MW unter 50.000 Dalton) hydrophobe Proteine, die wahrscheinlich keine Nukleinsäure enthalten. Die Bezeichnung Prion leitet sich von **Pro**tein und **Infektion** ab, und bedeutet, daß es sich hierbei um Proteine handelt, welche mit dem Auftreten einer Infektion assoziiert sind. Vermutlich spielen sie bei Slow-Virus-Erkrankungen eine Rolle.

Größe und Struktur von Viren
die Größenbestimmung erfolgt durch physikalische Methoden:

Größe und Struktur der Viren: Die *Größenbestimmung* von Viren und ihren Bestandteilen kann mit verschiedenen Methoden durchgeführt werden. Bei der Präparation der Viren kann es durch physikalische oder chemische Einflüsse zu Veränderungen der Viruspartikel kommen, so daß Schwankungen bei den Größenangaben möglich sind.

• Membranfiltration

Bei der Membranfiltration wird eine gereinigte Virussuspension durch Membranen mit bekannten Porengrößen filtriert. Der Virusdurchmesser läßt sich anhand der Porenweite desjenigen Filters, durch welches das Virus gerade noch filtriert werden kann, abschätzen. Die Größenbestimmung mit dieser Methode zeigt eine relativ große Schwankungsbreite.

• Sedimentation

Die Sedimentationskonstante (S-Wert) eines Viruspartikels ist von dessen Form, Dichte und Größe abhängig und wird im Schwerefeld einer Ultrazentrifuge ermittelt. Mit dieser können Kräfte erzeugt werden, die mehr als dem 100000fachen der Erdschwerkraft (>100000 xg) entsprechen. In diesem Schwerefeld sedimentieren Viruspartikel mit einer Geschwindigkeit, die proportional zu ihrer Größe ist.

• Elektronenmikroskopie

Im Elektronenmikroskop ist es möglich, Partikel darzustellen, welche aufgrund ihrer geringen Größe im Lichtmikroskop nicht mehr sichtbar sind.

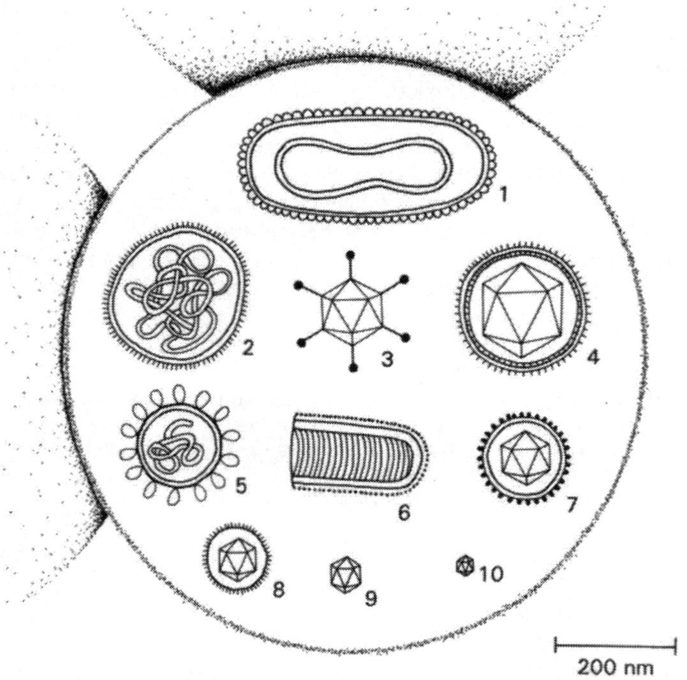

Abb. 1-1: Größe einiger Vertreter folgender Virusfamilien im Vergleich zu einem Bakterium (Staphylococcus):
1. Poxviridae; 2. Paramyxoviridae; 3. Adenoviridae; 4. Herpesviridae; 5. Coronaviridae; 6. Rhabdoviridae; 7. Retroviridae; 8. Togaviridae; 9. Caliciviridae; 10. Picornaviridae

Durch Vergleich mit Partikeln bekannter Größe (z. B. Latex-Partikel) ist eine Größenbestimmung von Viren möglich. Diese Methode liefert die zuverlässigsten Größenwerte. Abb. 1-1 zeigt vergleichend die Größe der Vertreter einiger Virusfamilien.

1.1.1 Chemische Zusammensetzung von Viren

Chemische Zusammensetzung von Viren

- Nukleinsäuren
  speichern die genetische Information von Viren
  - DNA oder RNA
  - Einzel- oder Doppelstrang
  - segmentiert oder unsegmentiert

Nukleinsäuren: Die genetische Information von Viren ist entweder in **DNA** oder **RNA** gespeichert. Diese liegt entweder als *Einzel-* oder *Doppelstrang* vor. Die meisten Viren besitzen ein einziges Nukleinsäuremolekül *(unsegmentiertes Genom).* Reoviridae, Orthomyxoviridae, Arenaviridae und Bunyaviridae enthalten dagegen ein *segmentiertes Genom* mit 2 bis 12 Genomsegmenten je nach Virusfamilie. Die Segmentierung des Genoms erleichtert bei der Doppelinfektion einer Zelle durch zwei nahe verwandte Viren eine Rekombination des Genoms *(Reassortment).*
Die taxonomische Einteilung von Viren beruht unter anderem auf der Nukleinsäureart (DNA, RNA), auf deren physikalischer Form (Einzel- und Doppelstrang), und bei RNA-Viren auf ihrer Polarität (Plus- und Minus-Strang, s. u.). Während die meisten DNA-Viren eine doppelsträngige DNA (Ausnahme: Parvoviridae) besitzen, welche entweder zirkulär oder linear vorliegt, weisen RNA-Viren in der Regel eine Einzelstrang-RNA (Ausnahme: Reoviridae) auf, die in linearer Form vorliegt.

- Virusproteine
  - Strukturproteine
  - Enzyme

Virusproteine: Neben den Nukleinsäuren sind Proteine eine essentielle Komponente von Viren. Sie können entweder an der Formgebung als Bausteine des Virions (Strukturproteine) oder an virusspezifischen enzymatischen Aktivitäten beteiligt sein. *Strukturproteine* schützen das Virusgenom vor äußerer Einwirkung (z. B. vor Nukleasen), und sie sind bei der Adsorption von Viren an Wirtszellrezeptoren beteiligt. Eine wichtige Eigenschaft viraler Proteine ist deren *Antigenität,* d. h. ihre Fähigkeit, Antikörper zu induzieren. Durch biochemische Methoden (SDS-Polyacrylamidgelelektrophorese) ist es möglich, Strukturproteine der verschiedenen Viren nach ihrem Molekulargewicht aufzutrennen. Die Anzahl der viralen Polypeptide und deren Molekulargewichte sind für die Virusvertreter charakteristisch. So enthalten z. B. Polioviren nur 4, Herpesviren dagegen mehr als 20 und Pockenviren sogar über 30 Strukturproteine. Virusspezifische *Enzyme,* wie z. B. DNA-Polymerase, RNA-Polymerase oder Reverse Transkriptase, sind an der Virusreplikation beteiligt.

- Lipide und Kohlenhydrate
  Bestandteile der äußeren Virushülle

Lipide und Kohlenhydrate: Neben Nukleinsäure und Proteinen können Viren zusätzlich Lipide und Kohlenhydrate in Form von Lipoproteinen, Glykoproteinen oder Glykolipiden enthalten, welche meist Bestandteile der äußeren Hülle *(Envelope)* sind. Während Lipide nur bei umhüllten Viren vorkommen, sind Kohlenhydratanteile auch bei nichtumhüllten Viren vorhanden. Umhüllte Viren können durch Lipidlösungsmittel zerstört werden und damit ihre Infektiosität verlieren. Der Lipid- bzw. Kohlenhydratanteil kann zwischen ca. 4 % (Poxviridae) und ca. 35 % (Orthomyxoviridae, Retroviridae) der Virusmasse betragen.

1.1.2 Virusstruktur

Virusstruktur

Die Strukturaufklärung von Viren war mit Hilfe elektronenmikroskopischer Untersuchungen und Röntgenstrukturanalysen möglich. Strukturbildende Elemente eines Virions sind Virusproteine, welche auch eine Schutzfunktion für die virale Nukleinsäure ausüben. Ein Viruspartikel kann zu ca. 50–90 % aus Proteinen bestehen. Viele gleichartige Proteinuntereinheiten *(Kapsomere)* umgeben die Virusnukleinsäure. Sie sind symmetrisch angeordnet und bilden einen typischen Proteinmantel, der als **Kapsid** bezeichnet wird und gemeinsam mit der Nukleinsäure das **Nukleokapsid** *(Core)* bildet. Entsprechend der symmetrischen Anordnung der einzelnen Proteinuntereinheiten werden Viren mit **ikosaedrischer** (kubischer) Symmetrie (z. B. Herpes-, Adeno-, Papovaviridae) oder mit **helikaler** Symmetrie (z. B. Orthomyxo-, Corona-, Rhabdoviridae) unterschieden (Abb. 1-2).

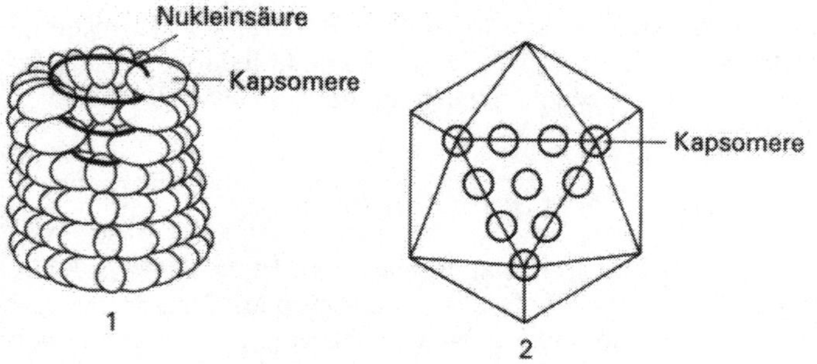

Abb. 1-2: Schematische Darstellung der helikalen (1) und ikosaedrischen Symmetrie (2)

• ikosaedrisches Nukleokapsid

Grundstruktur des **ikosaedrischen** Nukleokapsids ist ein Polyeder aus 20 (griech.: eikosi) gleichseitigen Dreiecken, auf dem die Kapsomere angeordnet sind. Man unterscheidet *Hexamere*, bei dem ein Kapsomer von 6 Nachbarkapsomeren, und *Pentamere*, bei dem ein Kapsomer von 5 Nachbarkapsomeren, umgeben werden (Tab. 1-2).

Tab. 1-2: Struktur ikosaedrischer Virionen

Virusfamilie	Anzahl pro Virion		
	Kapsomere	Hexamere	Pentamere
Adenoviridae	252	240	12
Herpesviridae	162	150	12
Reoviridae	92	80	12
Picornaviridae	12	0	12

• helikales Nukleokapsid

Beim **helikalen** Nukleokapsid liegt die Nukleinsäure als Spirale vor, um welche die einzelnen Proteinuntereinheiten angeordnet sind, so daß ein Hohlzylinder entsteht.
Bei einigen Virusfamilien (z. B. Herpes-, Orthomyxo-, Rhabdo-, Flavi- und Togaviridae) wird das Nukleokapsid von einer Hülle, dem Envelope (Peplos), umgeben, deren Untereinheiten als Peplomere bezeichnet werden. Sowohl helikale als auch ikosaedrische Viren können von einer Hülle umgeben sein (Abb. 1-3).

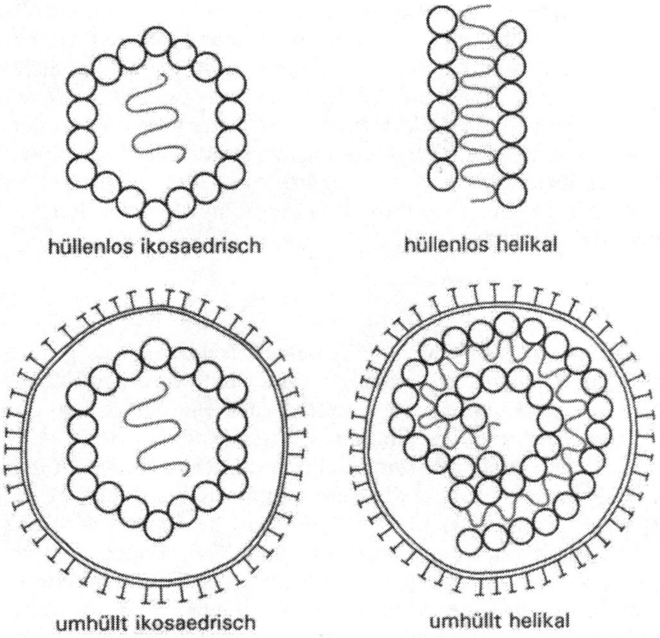

Abb. 1-3: Einfache Formen von Virionen und ihre Strukturkomponenten

Viren, die weder eine helikale noch eine ikosaedrische Symmetrie des Kapsids aufweisen, werden als **komplexe Viren** bezeichnet. Zu diesen zählen die Poxviridae, deren sehr komplizierter Aufbau die höchste Organisationsform von Viren darstellt.

- komplexes Virus

1.2 Virusklassifikation

Virusklassifikation

- nach klinischen Symptomen
- nach physikalisch-chemischen Kriterien;

Die älteste Einteilung der Viren basiert auf der **klinischen Symptomatik** und dem damit verbundenen Gewebetropismus, z. B. neurotrope, respiratorische, lymphotrope, hepatotrope oder kardiotrope Viren. Da ein Virus verschiedene Krankheitsbilder (z. B. Herpes-simplex-Virus: Stomatitis, Keratitis, Enzephalitis) hervorrufen kann, ist eine Systematik, welche auf diesen biologischen Eigenschaften beruht, nicht zufriedenstellend. Daher wurden zur weiteren Differenzierung **physikalisch-chemische Kriterien** herangezogen und durch das „International Committee on Taxonomy of Viruses" (ICTV) eine Vereinheitlichung der Nomenklatur erreicht.

taxonomische Einteilung durch das „International Committee on Taxonomy of Viruses":

Die taxonomische Einordnung von Viren erfolgt nach deren Nukleinsäuretyp (DNA oder RNA, Einzelstrang oder Doppelstrang), dem Molekulargewicht der Nukleinsäure, der Art des Genoms (Plus-Strang-, Minus-Strang-Genom; segmentiert, unsegmentiert), dem Virionendurchmesser, der Kapsidsymmetrie, der Anzahl der Kapsomeren, dem Vorhandensein oder der Abwesenheit einer Virushülle, dem Replikationsort (im Zellkern oder Zytoplasma) der Viren.

Eine weitere wichtige Rolle bei der Virusklassifikation spielen molekularbiologische Untersuchungen (z. B. Basenzusammensetzung, Hybridisierung). Aufgrund dieser Merkmale ist eine **Einteilung nach Familie, Genus** und **Spezies** möglich. Virus**familien** enden mit *-viridae*, z. B. Picornaviridae, Virus**genera** enden auf *-virus*, z. B. Enterovirus und Virus**spezies** besitzen den Zusatz *Virus*, z. B. Poliovirus. Ein kurzer Überblick über die animalen Virusfamilien ist in Tab. 1-3 enthalten.

taxonomische Bezeichnungen

kurzer Überblick über die animalen Virusfamilien (Tab. 1-3)

Tab. 1-3: Einteilung der Viren

Nukleinsäure	Symmetrieform	Hülle	Anzahl der Kapsomere	Größe des Virions	Molekulargewicht der Nukleinsäure im Virion ($\times 10^6$)	Physikalischer Typ der Nukleinsäure	Virusfamilie
DNA	ikosaedrisch	fehlt	32	18–26	1,5–2,0	ss	Parvoviridae
			72	45–55	3–5	ds, zirkulär	Papovaviridae
			252	70–90	20–25	ds	Adenoviridae
		vorhanden	162	42–45	1,6–2,1	ss/ds, zirkulär	Hepadnaviridae
				180–200	92–102	ds	Herpesviridae
	komplex	komplexe Umhüllung		230–400	85–240	ds	Poxviridae
RNA	ikosaedrisch	fehlt	32	20–30	2,5	ss	Picornaviridae
			32 und 92	60–80	12–20	ds, segmentiert (10–12)	Reoviridae
			32	33–39	2,6–2,8	ss	Caliciviridae
		vorhanden	32?, 42?	40–70	4	ss	Togaviridae
			?	40–50	4	ss	Flaviviridae
			?	790/970 × 80	4,2	ss	Filoviridae
			?	90–120	6	ss	Retroviridae
	helikal	vorhanden		90–120	4,5–7	ss, segmentiert (3)	Bunyaviridae
				80–120	5	ss, segmentiert (7–8)	Orthomyxoviridae
				150–300	5–8	ss	Paramyxoviridae
				70–80 × 130–240	3,5–4	ss	Rhabdoviridae
				50–300	3–5	ss, segmentiert (2)	Arenaviridae
				80–160	5,5	ss	Coronaviridae

DNA-Viren

1.2.1 DNA-Viren

• Poxviridae

Poxviridae sind umhüllt, von quaderförmiger, komplexer Form mit einem Durchmesser von 300–450 nm und enthalten als Genom eine doppelsträngige DNA. Humanpathogen sind z. B. *Variola-, Affenpocken-, Kuhpocken-*, sowie *Molluscum-contagiosum-Virus.* Durch eine radikale Pockenimpfstrategie konnten die Erreger der Menschenpocken ausgerottet werden.

• Herpesviridae

Herpesviridae sind umhüllt und enthalten als Genom eine doppelsträngige DNA. Der Virusdurchmesser beträgt ca. 180–200 nm. Nach einer Primärinfektion persistieren Herpesviren im Organismus. Humanpathogen sind *Herpes-simplex-Virus Typ 1 und 2, Varizella-Zoster-Virus, Zytomegalievirus, Epstein-Barr-Virus* und das *Humane Herpes-Virus Typ 6.* Darüber hinaus kommen Herpesviridae bei nahezu allen Tierspezies vor.

• Adenoviridae

Adenoviridae sind nicht umhüllt, enthalten als Genom eine doppelsträngige DNA und sind ca. 70–90 nm groß. Sie können jahrelang in lymphoiden Geweben persistieren und wurden ursprünglich aus adenoiden Geweben des Menschen isoliert. Bei den humanpathogenen Vertretern können derzeit 41 verschiedene Serotypen unterschieden werden. Obwohl bei manchen Tierarten (z. B. Hamster, Ratte) durch einige Serotypen Tumore induziert werden können, gibt es beim Menschen bisher keinen Anhalt für eine Beteiligung an der Tumorgenese.

• Papovaviridae

Papovaviridae sind nichtumhüllte, ca. 45–55 nm große, doppelsträngige DNA-Viren mit zirkulärem Genom. Humanpathogen sind *Papilloma-* und *Polyomaviren.* In der Folge einer JC-Virus-Infektion kann es zu einer *Slow-Virus-Erkrankung* (progressive multifokale Leukoenzephalopathie; PML) kommen.

• Parvoviridae

Parvoviridae sind nichtumhüllte, sehr kleine, ca. 18–26 nm große Viren mit einer einzelsträngigen DNA als Genom. Humanpathogen ist das *Humane Parvovirus B19*, welches bei Infektionen während der Schwangerschaft zum Absterben oder zur Schädigung der Frucht führen kann. Parvoviren kommen auch bei einer Vielzahl verschiedener Tierarten vor.

• Hepadnaviridae

Hepadnaviridae sind umhüllte, ca. 42–45 nm große Viren, deren Genom aus einer zirkulären doppelsträngigen, teilweise jedoch einzelsträngigen DNA besteht. Humanpathogen ist das *Hepatitis-B-Virus* (HBV), welches zu einer Hepatitis führen, die wiederum in eine chronische Form übergehen kann. Eine Komplikation ist das primäre Leberzellkarzinom. Auch tierpathogene Vertreter der Hepadnaviridae sind bekannt.

RNA-Viren

1.2.2 RNA-Viren

• Picornaviridae

Picornaviridae sind hüllenlose ca. 20–30 nm große Viren, mit einer einzelsträngigen RNA als Genom. Zu den wichtigsten humanpathogenen Vertretern zählen die Enteroviren mit über 70 verschiedenen Virustypen (u. a. *Polio-, Coxsackie-* und *ECHO-Viren*), sowie *Rhinoviren* mit über 100 verschiedenen Typen.

• Reoviridae

Reoviridae sind hüllenlose, ca. 60 nm große Viren mit einem segmentierten Genom aus 10–12 Segmenten linearer doppelsträngiger RNA. Neben pflanzen- und tierpathogenen Genera sind für den Menschen als Krankheitserreger drei Genera von Bedeutung (z. B. *Rotaviren*).

• Orthomyxoviridae

Orthomyxoviridae sind umhüllte, ca. 80–120 nm große, sehr pleomorphe, einzelsträngige RNA-Viren mit segmentiertem Genom (8 bzw. 7 Segmente). Humanpathogen sind *Influenza A-, B-* und *C-Viren.* Auch im Tierreich existieren verschiedene Influenzaviren.

• Paramyxoviridae

Paramyxoviridae sind umhüllte, ca. 150–300 nm große Viren mit einer einzelsträngigen RNA als Genom, welches im Gegensatz zu den Orthomyxoviridae, nicht segmentiert ist. Humanpathogen sind *Parainfluenza-, Masern-, Mumps-* und *RS(Respiratory syncytial)-Viren.* Tierpathogene Vertreter sind das Newcastle Disease- sowie das Staupe- und Rinderpestvirus.

Rhabdoviridae sind umhüllte einzelsträngige RNA-Viren mit charakteristischem geschoßförmigem Aussehen, einem Durchmesser von ca. 50–95 nm und einer Länge von ca. 130–380 nm. Das *Rabiesvirus (Tollwutvirus)* besitzt ein sehr großes Wirtsspektrum und kann auch auf den Menschen übertragen werden.

• Rhabdoviridae

Bunyaviridae sind umhüllte, ca. 90–120 nm große einzelsträngige RNA-Viren, deren Genom aus 3 Segmenten besteht. Über 300 verschiedene Virusarten, die vor allem in tropischen und subtropischen Ländern vorkommen, sind bekannt. Einige dieser Viren werden durch Arthropoden übertragen. Das *Hantaanvirus* ist der einzige wichtige in Europa vorkommende Virusvertreter und wird nicht durch Arthropoden übertragen.

• Bunyaviridae

Togaviridae sind umhüllte, ca. 40–70 nm große einzelsträngige RNA-Viren mit einem großen Wirtsspektrum. Mit Ausnahme des nur beim Menschen vorkommenden *Rötelnvirus* werden die Togaviridae durch einen Arthropodenvektor übertragen.

• Togaviridae

Flaviviridae sind umhüllte, ca. 40–50 nm große einzelsträngige RNA-Viren. Mehr als 70 Virusarten werden dieser Gattung zugeordnet, welche durch Stechmücken, Zecken oder andere Arthropoden übertragen werden. In Europa ist vor allem das durch Zecken übertragene *FSME-(Frühsommer-Meningoenzephalitis)-Virus* von Bedeutung.

• Flaviviridae

Coronaviridae sind umhüllte, ca. 80–130 nm große einzelsträngige RNA-Viren, welche beim Menschen zu banalen Erkältungskrankheiten führen können.

• Coronaviridae

Arenaviridae sind umhüllte, in ihrer Größe (50–300 nm) stark schwankende einzelsträngige RNA-Viren mit einem aus zwei Segmenten bestehenden Genom. In Europa kommt das *LCM-(lymphozytäre Choriomeningitis)-Virus* vor, welches v. a. bei Infektionen während der Schwangerschaft zu Komplikationen führt.

• Arenaviridae

Retroviridae sind umhüllte, ca. 90–120 nm große Viren mit einer linearen einzelsträngigen RNA. Sie besitzen ein virusspezifisches Enzym, die Reverse Transkriptase. Zu den Retroviren zählen RNA-Tumorviren, sowie die in den letzten Jahren bekanntgewordenen humanen *T-lymphotropen Viren*, deren bekanntester Vertreter HIV ist.

• Retroviridae

Filoviridae sind umhüllte, einzelsträngige RNA-Viren mit einer Größe zwischen 790/970 × 80 nm. Sie sind pleomorph und können stäbchen- bis fadenförmige Gestalt annehmen. Das *Marburg-* und *Ebola-Virus* sind Erreger des Afrikanischen Hämorrhagischen Fiebers.

• Filoviridae

Caliciviridae sind hüllenlose, ca. 29–35 nm große einzelsträngige RNA-Viren. Humanpathogen sind das *Norwalk-Virus* und Norwalk-ähnliche Viren. Auch tierpathogene Vertreter sind bekannt.

• Caliciviridae

1.3 Virusvermehrung

Virusvermehrung

Eine Virusvermehrung kann nur in lebenden Zellen erfolgen. Kenntnisse über die Virusvermehrung stützen sich in erster Linie auf Untersuchungen von infizierten Zellkulturen. Nicht jeder Wirtsorganismus (Wirtsspektrum), auch nicht jedes Gewebe oder jede Zelle eines Organismus sind für eine Virusinfektion gleichermaßen **suszeptibel** (empfänglich). So kann das Wirtsspektrum verschiedener Viren beträchtlich variieren. Einige Viren besitzen ein breites Wirtsspektrum (z. B. Rabiesvirus) und können daher eine Vielzahl verschiedener Wirtstiere infizieren, andere dagegen weisen ein enges Wirtsspektrum auf, so daß nur eine bestimmte Tierart oder der Mensch (z. B. mäusepathogenes bzw. humanpathogenes CMV) infiziert werden kann.

eine Virusvermehrung kann nur in lebenden Zellen erfolgen

das Wirtsspektrum kann beträchtlich variieren

Unter der **Suszeptibilität** (Abb. 1-4), die u. a. von geeigneten Rezeptoren (s. u.) der Wirtszelle abhängt, versteht man die Eigenschaft einer Zelle oder eines Organismus, infiziert werden zu können. Die Infektion einer suszeptiblen Zelle bedeutet jedoch nicht, daß es auch zu einer Virusvermehrung mit

Suszeptibilität ist die Eigenschaft, infiziert werden zu können

zu einer produktiven Infektion kommt es nur in permissiven Zellen

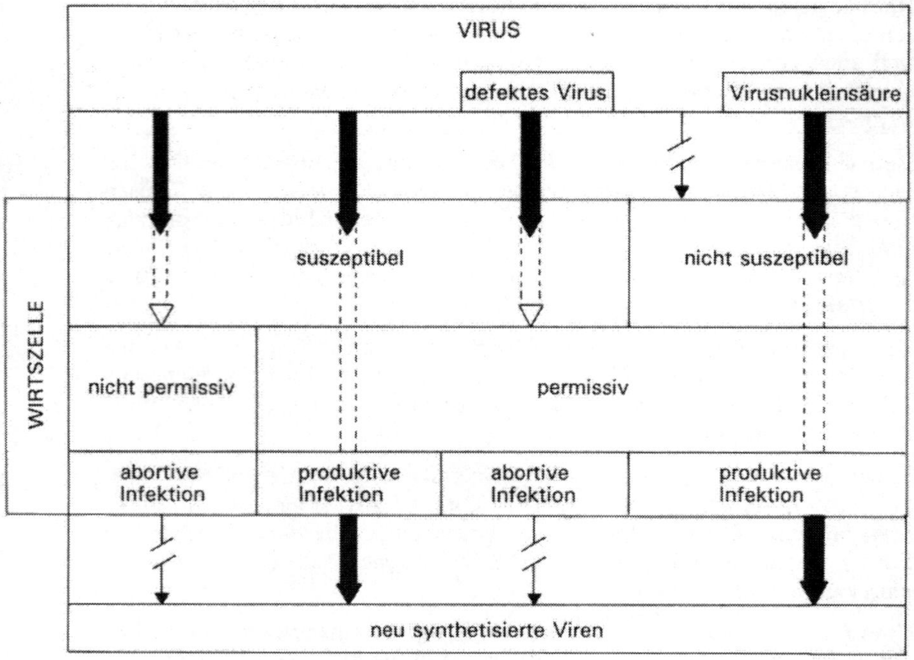

Abb. 1-4: Suszeptibilität und Permissivität

Produktion infektiöser Viren kommt. Diese **produktive** Infektion ist nur in **permissiven** Zellen (Zellen, die eine Vermehrung „erlauben" = lat. permittere) möglich. Permissiv können jedoch auch Zellen sein, denen geeignete Rezeptoren fehlen (nicht suszeptibel). Wird diesen Zellen gereinigte Virusnukleinsäure angeboten, so kommt es zur Produktion von kompletten, infektiösen Virionen. Suszeptible Zellen können auch **nichtpermissiv** sein. Dies bedeutet, daß im Verlauf des Infektionszyklus nicht alle Virusgene exprimiert werden. Es kommt zu einer **abortiven** Infektion, in deren Verlauf keine infektiösen Viren entstehen. Ein defektes Virus führt in permissiven Zellen zu einer abortiven Infektion. **Restriktiv** oder **restringent** ist eine Infektion dann, wenn Zellen nur vorübergehend permissiv sind. Dies kann dazu führen, daß das Virus in der infizierten Zelle solange persistiert, bis die Zelle permissiv wird. Es ist auch möglich, daß nur wenige Zellen einer Zellpopulation zu einem bestimmten Zeitpunkt in der Lage sind, Viren zu produzieren.

Infektionsfolge ⇨

Folge einer abortiven oder restriktiven Infektion ist die Persistenz des viralen Genoms in der infizierten Zelle.

Infektionsprozeß einer Zelle

Für ihre Vermehrung bringen Viren ihr Genom, entweder DNA oder RNA, in eine suszeptible Wirtszelle ein. Viele Viren bringen bei der Infektion einer Zelle außerdem virusspezifische Enzyme, welche sie für ihre Vermehrung benötigen, mit. Größe und Zusammensetzung des viralen Genoms, wie auch dessen Organisation, variieren beträchtlich, so daß verschiedene Vermehrungswege existieren. Der Infektionsprozeß einer Zelle kann in mehrere Stadien eingeteilt werden:

Stadien des Infektionsprozesses ⇨

- Adsorption
- Penetration
- Uncoating
- Synthesephase
- Zusammenbau der Viruspartikel
- Virusausschleusung

Alle Stadien der Virusreplikation erfordern eine enge Wechselwirkung zwischen viralen Komponenten (Nukleinsäure, Polypeptide) und zellulären Synthesemechanismen.

1.3.1 Infektion einer Wirtszelle

Infektion einer Wirtszelle

- durch Adsorption bindet ein Virus an eine Wirtszelle

Um eine Zelle infizieren zu können, muß sich das Virus zunächst an die Oberfläche einer Wirtszelle anheften (**Adsorption**;, S. Abb. 1-5). An diesem Vorgang sind Rezeptoren *(Glykoproteine)* der Wirtszelloberfläche beteiligt. Änderungen in der Struktur viraler Oberflächenproteine, z. B. durch Mutation, können zu einem Verlust der Adsorptionsfähigkeit an zelluläre Rezeptoren führen. Bestimmte Ionenkonzentrationen, die eine elektrostatische Abstoßung verhindern, sowie geeignete Temperaturen sind für eine Adsorption notwendig. Die Expression spezifischer Rezeptoren auf der Wirtszelle ist in manchen Fällen vom Entwicklungsstadium der Zellen abhängig. Häufig sind daher Rezeptoren nur auf bestimmte Zellen beschränkt. Dies spielt v. a. bei einer Infektion mit Parvoviridae eine große Rolle.

- durch Penetration gelangt ein Virus in eine Wirtszelle

Nach der Adsorption gelangen die Viren durch einen energieabhängigen Prozeß, die **Penetration** (Abb. 1-6), in die Wirtszelle. Zwei unterschiedliche Me-

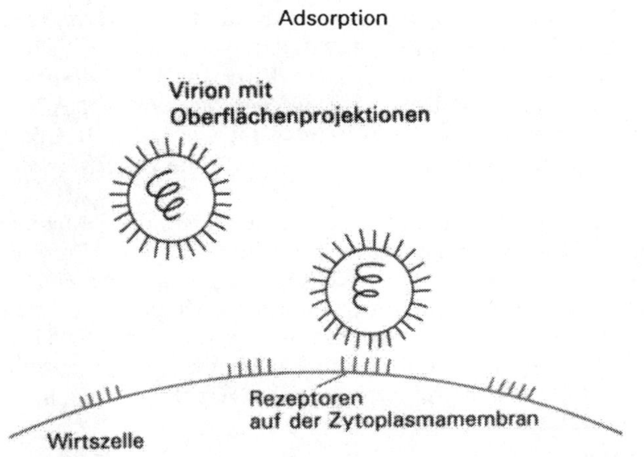

Abb. 1-5: Adsorption von Viren über spezifische Rezeptoren auf der Wirtszelle

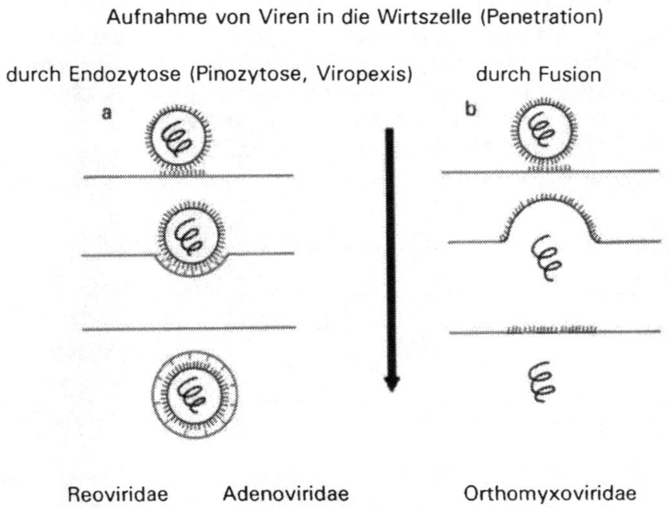

Reoviridae	Adenoviridae	Orthomyxoviridae
Picornaviridae	Parvoviridae	Paramyxoviridae
Togaviridae	Coronaviridae	Herpesviridae
Flaviviridae	Papovaviridae	Poxviridae
Bunyaviridae	Hepadnaviridae	Retroviridae
Rhabdoviridae		

Abb. 1-6: Aufnahme von Viren in eine Wirtszelle

• durch Uncoating wird die Virusnukleinsäure in der Wirtszelle freigelegt

chanismen sind hierbei möglich. Durch **Pinozytose** (Abb. 1-6a) (Endozytose, Viropexis) können Viruspartikel in zytoplasmatische Vakuolen aufgenommen werden. Durch **Fusion** (Abb. 1-6b) der Plasmamembran der Wirtszelle mit der Virushülle verschmelzen beide, und die Virushülle gelangt nicht in die Zelle. Voraussetzung hierfür sind bestimmte virale Polypeptide in der Virushülle; hüllenlose Viren können daher nicht durch Fusion in die Zelle aufgenommen werden.

Die virale Nukleinsäure muß in der Wirtszelle zuerst aus dem Virus freigelegt werden **(Uncoating)**, so daß sie durch virale oder wirtszelleigene Enzyme transkribiert und translatiert werden kann. Nach Freisetzung der Nukleinsäure sind elektronenmikroskopisch in der infizierten Zelle keine Virionen darstellbar. Diese Phase wird als **Eklipse** (griech. Ausbleiben, Verschwinden) bezeichnet. Während dieser Phase findet sowohl die Vermehrung der viralen Nukleinsäure *(Transkription)* wie auch die Synthese virusspezifischer Proteine *(Translation)* statt.

die Virusvermehrung ist von der Struktur des viralen Genoms abhängig:
- DNA oder RNA
- einzel- oder doppelsträngig
- nichtsegmentiert oder segmentiert
- Polarität bei einzelsträngigen RNA-Viren

Das virale Genom besteht aus DNA oder RNA und kann in einzel- (ss) oder doppelsträngiger (ds) Form vorliegen. Bei RNA-Viren ist die Erbinformation entweder auf nur ein Nukleinsäuremolekül beschränkt (nichtsegmentiert) oder auf mehrere Genomsegmente (z. B. Orthomyxoviridae, Reoviridae) verteilt. Hingegen ist das Genom der DNA-Viren immer nichtsegmentiert. DNA-Viren besitzen mit Ausnahme von Parvovirus ein doppelsträngiges Genom, beim Hepatitis-B-Virus ist dieses nur partiell doppelsträngig (ss/ds).

Die **Virusreplikation** soll beispielhaft bei DNA-Viren (dsDNA: Herpesviridae; ssDNA: Parvoviridae; ss/dsDNA: Hepadnaviridae) und RNA-Viren (dsRNA: Reoviridae; ssRNA: Orthomyxoviridae [Minus-Strang-RNA]; Picornaviridae und Retroviridae [Plus-Strang-RNA]) dargestellt werden (Abb. 1-7 bis 1-13).

Synthese viraler Polypeptide an einer virusspezifischen mRNA erfolgt durch die Proteinbiosynthesemechanismen einer Wirtszelle

Schlüsselreaktion einer Virusvermehrung ist die *Synthese viraler Polypeptide* durch die Proteinbiosynthesemechanismen der Wirtszelle. Das Virus muß der Zelle seine genetische Information als mRNA anbieten. Eine Zelle besitzt keine Enzyme zur Synthese von mRNA an einer viralen RNA. Daher muß das Virus eigene mRNA in Form einer Plus-Strang-RNA zur Verfügung stellen oder bei Minus-Strang-RNA-Viren ein Enzym, welches virale mRNA synthetisieren kann. DNA-Viren, welche sich im Zellkern vermehren, nutzen die zelluläre Transkriptase.

Expression und Replikation des viralen Genoms
DNA-Viren

1.3.2 Expression und Replikation des viralen Genoms

DNA-Viren: Bei den meisten dsDNA-Viren *(Papovaviridae, Adenoviridae, Herpesviridae)* wird das Virusgenom im Zellkern repliziert und kann daher die wirtszelleigenen Enzyme nutzen, so daß auch gereinigte Virus-DNA allein infektiös sein kann. Abweichend davon findet der Vermehrungszyklus der Poxviridae (dsDNA) zum Teil auch im Zytoplasma statt.

• Replikation der Herpesviridae

• In Abb. 1-7 ist schematisch die Replikation der *Herpesviridae* dargestellt.

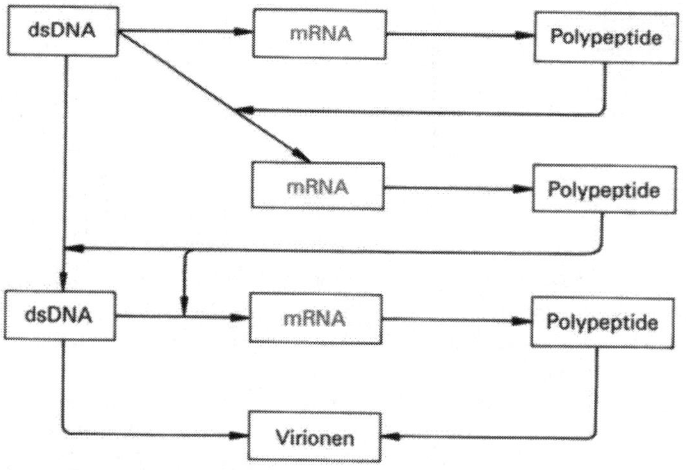

Abb. 1-7: dsDNA-Viren

An der viralen dsDNA als Matrize erfolgt die Replikation der Virus-DNA und die Transkription in virale mRNA. An der mRNA werden verschiedene Polypeptide synthetisiert, welche ihrerseits wieder für die Synthese weiterer mRNA-Klassen benötigt werden. Virale Strukturproteine werden mit neusynthetisierter Virus-DNA zu Nukleokapsiden zusammengesetzt.

• Parvovirus

• Von der einzelsträngigen *Parvovirus*-DNA (ssDNA) muß zunächst im Zellkern der Wirtszelle eine komplementäre DNA synthetisiert werden, wobei eine doppelsträngige DNA entsteht (Abb. 1-8). Dieser Vorgang erfolgt nur in der späten S-Phase der Wirtszelle. Aus der dsDNA wird eine einzelsträngige DNA herausgeschnitten und zusammen mit neusynthetisierten viralen Polypeptiden zu neuen Viren zusammengebaut.

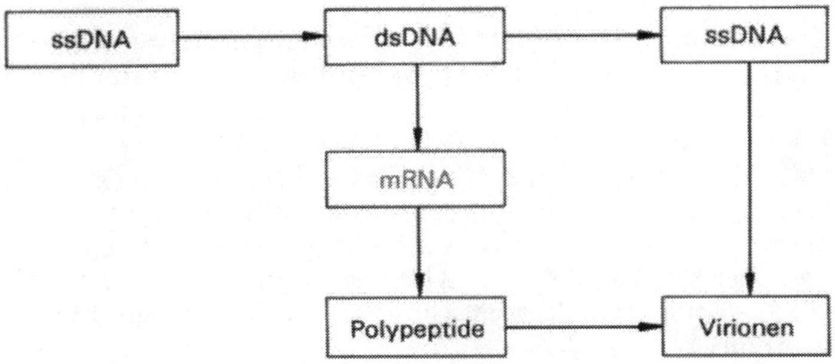

Abb. 1-8: ssDNA-Viren

• Hepatitis-B-Virus

• Beim *Hepatitis-B-Virus*, einem ss/ds-DNA-Virus, muß zunächst die partiell einzelsträngige DNA durch eine viruseigene DNA-Polymerase in einen Doppelstrang (Reparatur) und ein „supercoil"-Molekül überführt werden (Abb. 1-9). Zwei verschiedene RNA-Klassen werden anschließend transkribiert: eine mRNA, an welcher die virale Polypeptidsynthese erfolgt und eine virale (genomische) RNA, die als Matrize für die Transkription viraler (genomischer) DNA durch eine Reverse Transkriptase dient.

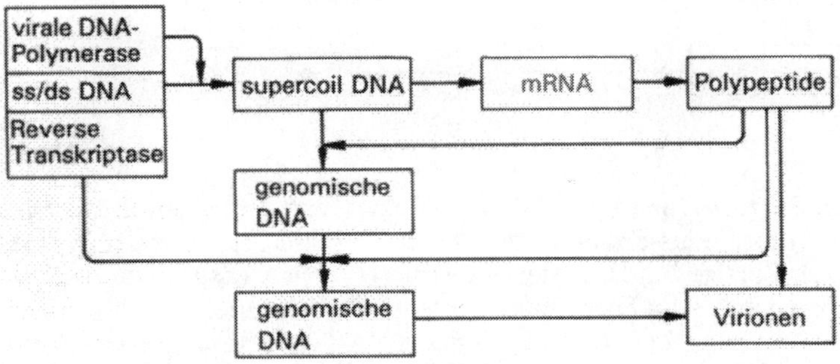

Abb. 1-9: Hepatitis B-Virus, ss/dsDNA-Viren

RNA-Viren: Einzelsträngige RNA-Viren können in drei Gruppen eingeteilt werden:

RNA-Viren:

• bei Plus-Strang-RNA-Viren fungiert die Virus-RNA als mRNA
viral Enzyme sind zur Translation nicht notwendig

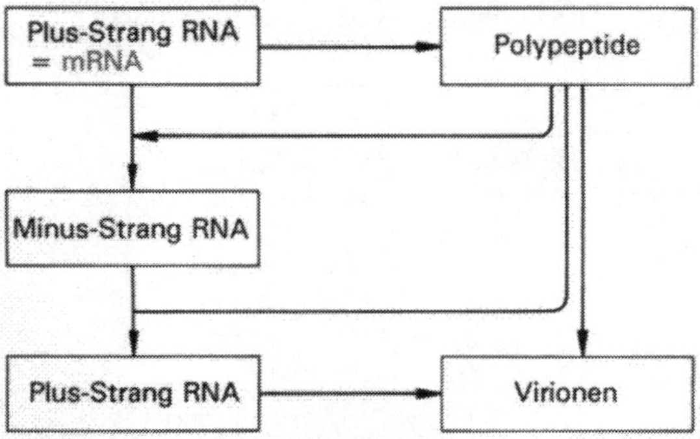

Abb. 1-10: Plus-Strang RNA-Viren

durch gereinigte Nukleinsäure alleine können infektiöse Viren synthetisiert werden

• Viren, bei denen die Virus-RNA direkt als mRNA fungiert (z. B. *Picornaviridae, Togaviridae, Flaviviridae, Caliciviridae* und *Coronaviridae*) werden als **Plus-Strang-RNA-Viren** bezeichnet (Abb. 1-10). Gelangt Plus-Strang-RNA in eine Wirtszelle, so bindet diese an Ribosomen und wird in ihrer Gesamtheit translatiert. Es entsteht ein einziges langes Polypeptid, welches anschließend (posttranslational) in kleinere Polypeptide gespalten wird. Unter diesen Polypeptiden befindet sich auch eine Polymerase, welche an der Virus-RNA als Matrize komplementäre Minus-Strang-RNA synthetisiert. An dieser Minus-Strang-RNA werden Plus-Strang-RNA-Moleküle synthetisiert und zusammen mit viralen Strukturproteinen zu Viren zusammengebaut. Gereinigte Nukleinsäure alleine führt in einer permissiven Zelle zur Synthese infektiöser Viren (Transfektion).

• bei Minus-Strang-RNA-Viren muß zunächst eine Plus-Strang-RNA synthetisiert werden, die ihrerseits als mRNA fungieren kann

virale Enzyme sind für die Replikation notwendig

gereinigte Virusnukleinsäure allein ist nicht infektiös

• Bei den **Minus-Strang-RNA-Viren** (z. B. *Orthomyxoviridae, Paramyxoviridae, Bunyaviridae, Filoviridae, Arenaviridae* und *Rhabdoviridae*) kann die Virus-RNA nicht direkt als mRNA fungieren, sondern muß zunächst in eine Plus-Strang-RNA transkribiert werden (Abb. 1-11). Da die Wirtszelle diese Enzyme nicht besitzt, müssen alle Minus-Strang-RNA-Viren eine eigene Transkriptase zur Verfügung stellen; dies bedeutet auch, daß gereinigte Virus-RNA allein nicht infektiös sein kann. Es entsteht komplementäre mRNA, an welcher virusspezifische Polypeptide synthetisiert werden, und eine weitere Plus-Strang-RNA (genomische RNA) als Matrize für die Synthese viraler (Minus-Strang) RNA.

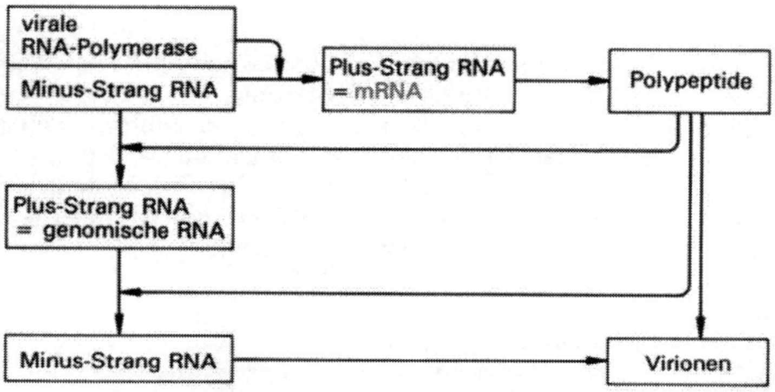

Abb. 1-11: Minus-Strang RNA-Viren

• bei Retroviridae wird die virale RNA durch eine viruseigene Reverse Transkriptase in eine DNA translatiert, welche anschließend in das Wirtszellgenom integriert wird

• Bei den **Retroviridae** (z. B. HIV) besteht das Genom aus zwei identischen Strängen viraler Plus-Strang-RNA, welche miteinander verbunden sind (Abb. 1-12). Einzige Funktion der viralen RNA ist, als Matrize für die Synthese viraler DNA zu dienen. Eukaryontenzellen fehlt dieses Enzym, daher müssen Retroviren eine RNA-abhängige-DNA-Polymerase (Reverse Transkriptase) mitbringen. Die Reverse Transkriptase synthetisiert komplementäre DNA, es entsteht vorübergehend eine noch an Virus-RNA gebundene, einzelsträngige DNA. Die virale RNA wird durch Ribonuklease abgebaut, so daß an der verbleibenden einzelsträngigen DNA ein komplementärer DNA-

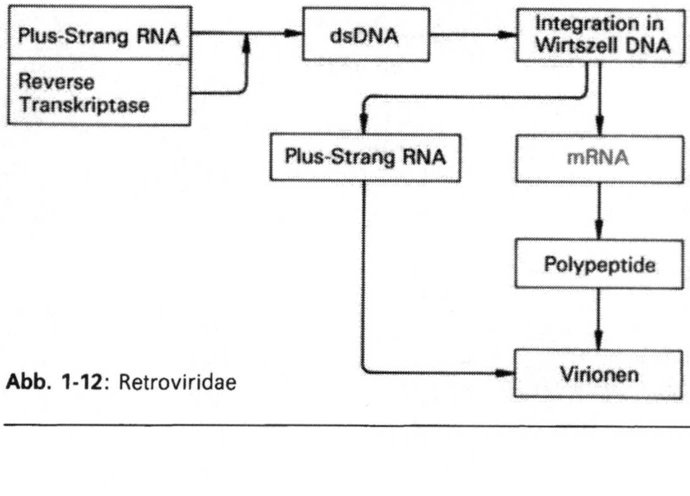

Abb. 1-12: Retroviridae

Strang synthetisiert werden kann und eine zirkuläre doppelsträngige DNA entsteht. Diese DNA gelangt in den Zellkern der Wirtszelle, wo eine Integration in das Wirtszellgenom stattfindet. Eine virusspezifische Genexpression erfolgt nicht. Kommt es jedoch zur Expression, so wird an der integrierten Virus-DNA durch eine wirtszelleigene Transkriptase mRNA synthetisiert, an welcher schließlich die virale Polypeptidsynthese erfolgt. Virus-DNA dient auch als Matrize für die Synthese von genomischer Virus-RNA.

- Bei den **doppelsträngigen RNA-Viren** (Reoviridae), wird das segmentierte Genom durch eine viruseigene Polymerase transkribiert (Abb. 1-13). Entsprechend den 10–12 Genomsegmenten entstehen 10–12 verschiedene mRNAs (Plus-Strang-RNA), an denen einerseits virale Polypeptide, andererseits auch einzelsträngige komplementäre RNA, aus welcher dsRNA gebildet wird, synthetisiert werden.

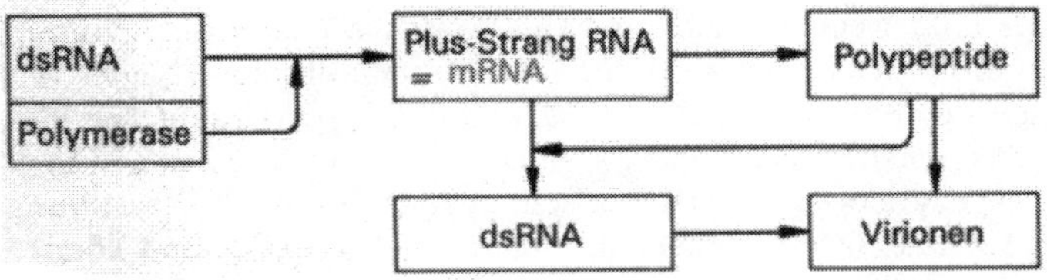

Abb. 1-13: dsRNA-Viren

1.3.3 Zusammenbau und Freisetzung der Viren

Zusammenbau und Freisetzung der Viren

- die Freisetzung von nichtumhüllten Viren erfolgt durch Zellzerstörung
- die Freisetzung von umhüllten Viren erfolgt durch Knospung

Nach Genomreplikation und Synthese viraler Polypeptide werden die Viren zusammengebaut. **Nichtumhüllte Viren** werden entweder im Zellkern (z. B. *Adenoviridae, Papovaviridae*) oder im Zytoplasma (z. B. *Reoviridae, Picornaviridae*) zusammengefügt und durch Zellzerstörung (Zytolyse) freigesetzt (Abb. 1-14a). **Umhüllte Viren** werden beim Durchtritt durch Wirtszellmembranen endgültig zusammengebaut (z. B. *Herpesviridae, Orthomyxoviridae*), d. h. sie erhalten dabei ihre Hülle und werden durch Knospung (Budding) freigesetzt (Abb. 1-14b). Diese Art der Freisetzung geht nicht unbedingt mit einer Zellzerstörung einher. Durch den Einbau viraler Glykoproteine in die Wirtszellmembran erhält diese eine neue antigene Spezifität, wodurch diese Zellen ein Angriffsziel für die Immunabwehr des Organismus werden können.

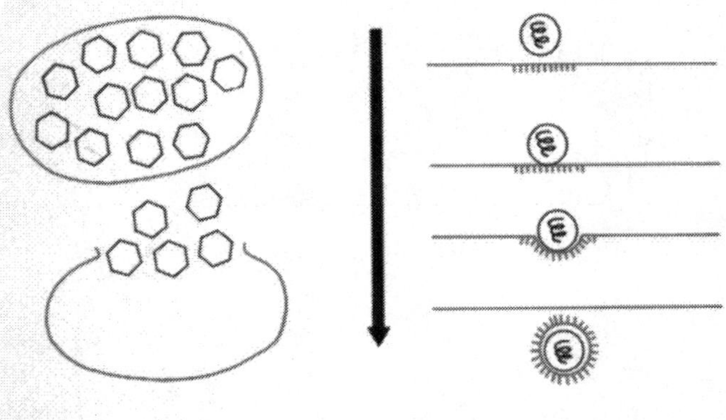

Adenoviridae
Caliciviridae
Papovaviridae
Picornaviridae
Reoviridae

Arenaviridae
Bunyaviridae
Coronaviridae
Filoviridae
Flaviviridae
Hepadnaviridae
Herpesviridae

Orthomyxoviridae
Paramyxoviridae
Poxviridae
Retroviridae
Rhabdoviridae
Togaviridae

Abb. 1-14: Virusfreisetzung

Bakteriophagen

⟹

- wegen ihres engen Wirtsspektrums werden sie bei der Typisierung bestimmter Bakterien eingesetzt

- lytische Infektion:
  → führt zur Zerstörung des infizierten Bakteriums

- lysogene Infektion:
  → führt zu keiner Bakterienzerstörung, sondern zu einer Integration des Phagengenoms ins Bakteriengenom

Pathogenetische Bedeutung für den Menschen besitzen integrierte Phagen, die zur Bildung von Diphtherie- oder erythrogenem Toxin führen können.

Eine lysogene Infektion kann in eine lytische Infektion übergehen.

1.3.4 Bakteriophagen

Bakteriophagen sind Viren, die nur Bakterien infizieren können.

Das Wirtsspektrum eines bestimmten Phagenstammes ist sehr eng, was bei der Typisierung von Bakterien **(Phagentypisierung)** ausgenutzt wird. So ist es z. B. möglich, Bakterien, welche biochemisch und serologisch als gleiche Art bzw. Serovar identifiziert wurden, durch Phagentypisierung weiter zu differenzieren. Diese Art der Differenzierung hat vorwiegend *epidemiologische* Bedeutung (z. B. Ermittlung von Infektketten). Vorwiegend wird diese Typisierungsmethode bei bestimmten Salmonella spp. und bei Staphylococcus aureus eingesetzt.

Lytische Infektion (Abb. 1-15a): Der Phage bindet an einen spezifischen Rezeptor an der Bakterienoberfläche und kann anschließend sein Genom in das Bakterium einschleusen (injizieren). Die Proteinhülle des Phagen verbleibt außerhalb des Bakteriums an der Zelloberfläche. Es kommt zur Vermehrung von *Phagennukleinsäure* und *Phagenproteinen*, welche zu neuen Phagenpartikeln zusammengebaut und anschließend durch Zellzerstörung freigesetzt werden. Die neuentstandenen Phagen sind infektiös und können wieder suszeptible Bakterien infizieren.

Lysogene Infektion (Abb. 1-15b): Eine lysogene Infektion führt primär zu keiner Zellzerstörung. Nach Infektion eines suszeptiblen Bakteriums wird das Phagengenom (als sog. *Prophage*) in das Bakterienchromosom **integriert** und somit bei der Vermehrung des Bakteriums auf die Nachkommenschaft weitervererbt. Lysogene Phagen haben pathogenetische Bedeutung auch für den Menschen, da z. B. die Produktion von Diphtherie- oder von erythrogenem Toxin (Scharlach) von der Integration eines Phagengenoms in Corynebacterium diphtheriae bzw. in Streptococcus pyogenes abhängt.
Spontan oder induziert (z. B. durch UV-Strahlung) kann aus einer lysogenen eine lytische Infektion entstehen. Dabei desintegriert der Prophage aus dem Bakteriengenom und kann angrenzende bakterielle DNA-Sequenzen aus dem Bakterienchromosom mitnehmen. Die Phagen werden vermehrt und die reifen Phagen werden durch Zellzerstörung freigesetzt. Diese können wieder suszeptible Bakterien infizieren und die von ihnen mitgeführte Erbinformation des Bakteriums dadurch auf andere Bakterien übertragen (Transduktion).

a

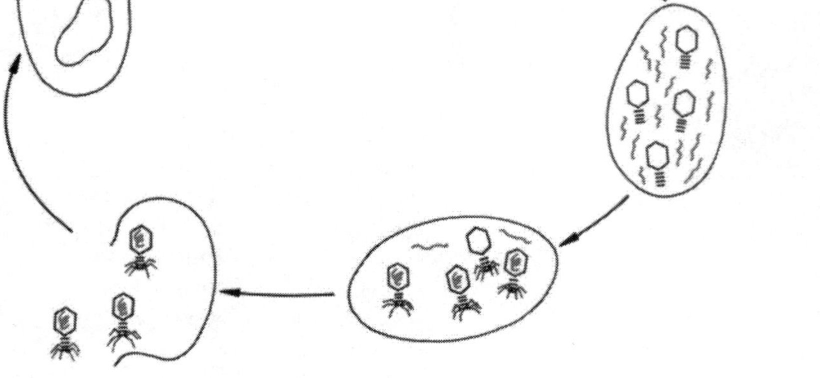

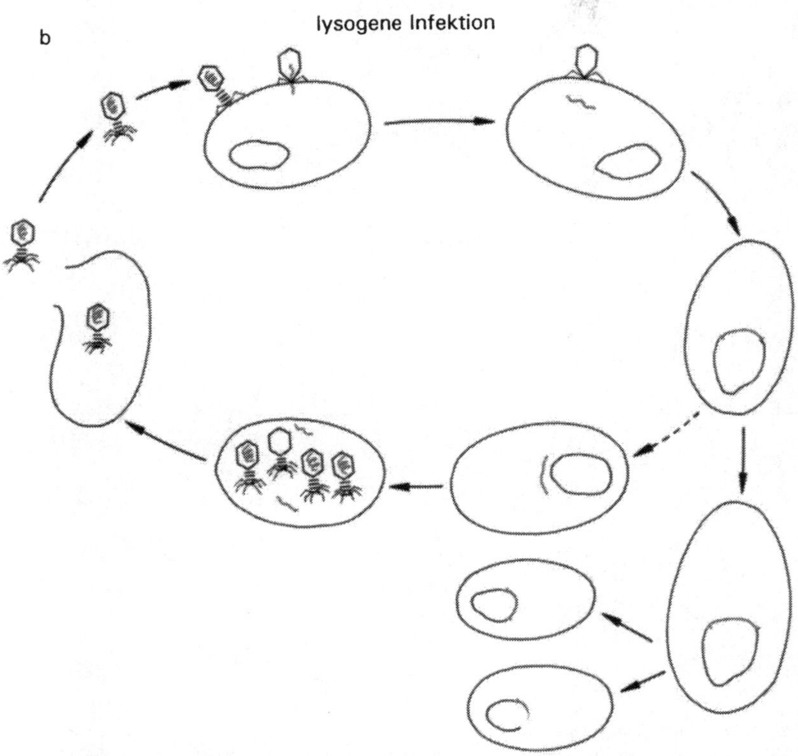

Abb. 1-15: Lytische und lysogene Infektionen durch Bakteriophagen

1.4 Virusgenetik

Virusgenetik

Die genetische Information von Viren kann durch Mutation oder Rekombination modifiziert werden, wobei Mutationen für das Virus letal sein können. Nichtgenetische Mechanismen können ebenfalls eine Veränderung von Viren verursachen.

1.4.1 Genetische Mechanismen

Genetische Mechanismen

Mutationen

- spontane Mutationen
- induzierte Mutationen
- bedingt letale Mutationen

Mutationen: Eine Virusmutante unterscheidet sich genetisch von nichtmutierten bzw. Wildtyp-Viren (erstmalig isoliertes Virus). Aus genetischen Studien sind verschiedene Arten von Mutationen bekannt. Ohne äußere Einflüsse kommt es gelegentlich zu *spontanen Mutationen.* Die Mutationsraten sind bei DNA-Viren gering, bei RNA-Viren höher. Durch Mutagene kann die Mutationsrate drastisch erhöht werden *(induzierte Mutation).* Häufig sind diese Mutationen mit einem Verlust der Infektiosität oder einer verminderten Virusvermehrung verbunden. Mutagen wirken z. B. alkylierende Substanzen, Basenanaloga und UV-Strahlung. Durch Mutagene können andererseits auch Mutanten zum Wildtyp revertieren. Kommt es zu Mutationen essentieller Gene, die nur unter bestimmten Bedingungen zur Inaktivierung führen, spricht man von *bedingt letalen Mutationen* (z. B. ts-Mutanten). So spielen z. B. die temperatursensitiven (ts) Mutanten eine wichtige Rolle bei genetischen Untersuchungen. Hierbei wird durch eine Mutation ein thermolabiles Genprodukt synthetisiert, welches nur bei niedriger (permissiver) Temperatur seine Funktion ausüben kann, nicht jedoch bei höherer (nichtpermissiver) Temperatur. Darüber hinaus sind noch eine Vielzahl weiterer Mutationsformen, wie z. B. kältesensitive Mutanten, plaquemorphologische Mutanten, Mutanten mit verändertem Wirtsbereich bekannt.

Rekombinationen

bei Mischinfektionen kommt es zum Austausch genetischen Materials

Rekombinationen (Abb. 1-16a): Unter einer Rekombination versteht man eine physikalische Interaktion viraler Genome in einer *mischinfizierten Zelle.* Infizieren z. B. zwei verwandte, genetisch aber verschiedene Viren eine Wirtszelle (sog. Doppelinfektion), so kann es zu einem *Austausch von geneti-*

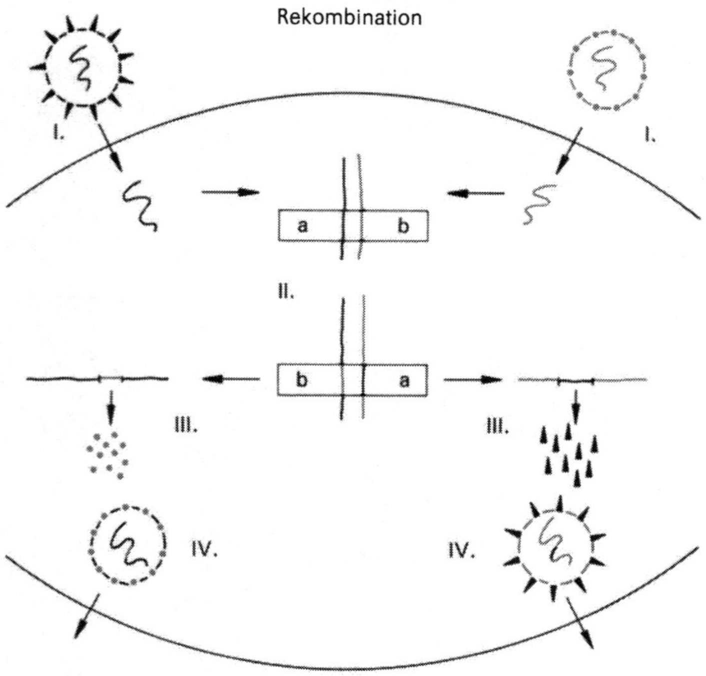

Abb. 1-16a: Rekombination
Durch eine Mischinfektion mit zwei genetisch unterschiedlichen Viren (A und B) mit nichtsegmentiertem Genom, kann es in der Zelle zu einem Austausch genetischer Informationen (z. B. genetische Informationen für bestimmte Oberflächenpolypeptide; a und b) kommen. Diese Gene werden stabil in das jeweils andere Virusgenom eingebaut. Nach Expression der genetischen Information treten Virusnachkommen auf, die z. B. Oberflächenpolypeptide des jeweils anderen Eltervirus exprimieren.
I. Doppelinfektion mit zwei verwandten Viren mit nichtsegmentiertem Genom
II. Austausch genetischer Information (z. B. für ein bestimmtes Oberflächenpolypeptid)
III. Proteinsynthese mit Bildung von Oberflächenpolypeptiden
IV. Viruszusammenbau und Virusausschleusung

schem Material (Rekombination) zwischen beiden Virusarten kommen. Die neuentstandenen viralen Genome enthalten somit genetische Informationen beider Elterviren. Dadurch kommt es zum Auftreten von Viren, die im *Genotyp* und auch im *Phänotyp* verändert sind.

- Viren mit unsegmentiertem Genom
- Viren mit segmentiertem Genom → Reassortment

Zwei Mechanismen sind bei der Rekombination möglich. Bei Viren mit *unsegmentiertem* Genom – dazu zählen alle DNA-Viren und einige RNA-Viren – werden kovalente Bindungen in der Nukleinsäure gelöst und nach dem Genaustausch wiedervereinigt. Bei Viren mit *segmentiertem* Genom, zu denen Orthomyxo-, Reo-, Bunya- und Arenaviridae zählen, werden die Genomsegmente sehr leicht neu sortiert. Dieser Vorgang wird als *Reassortment* (Abb. 1-16b) bezeichnet.

gentechnische Rekombinanten
- gentechnisch hergestellte Impfstoffe

Gentechnische Rekombinanten (s. auch Abschnitt über Schutzimpfungen) (Abb. 1-17): Eine experimentelle Rekombination findet Anwendung bei der Produktion gentechnologisch hergestellter Impfstoffe. So befinden sich derzeit Impfstoffe im Entwicklungsstadium, bei denen in das Genom von Vacciniavirus experimentell die Information für ein oder mehrere (Fremd)-Antigene integriert wurde (rekombinante Viren). Diese (Fremd)-Antigene können im Verlauf der Virusvermehrung synthetisiert und an der Virusoberfläche exprimiert werden. Die Applikation eines derartig modifizierten Impfvirus könnte zur Immunität gegenüber diesen (Fremd)-Antigenen führen.

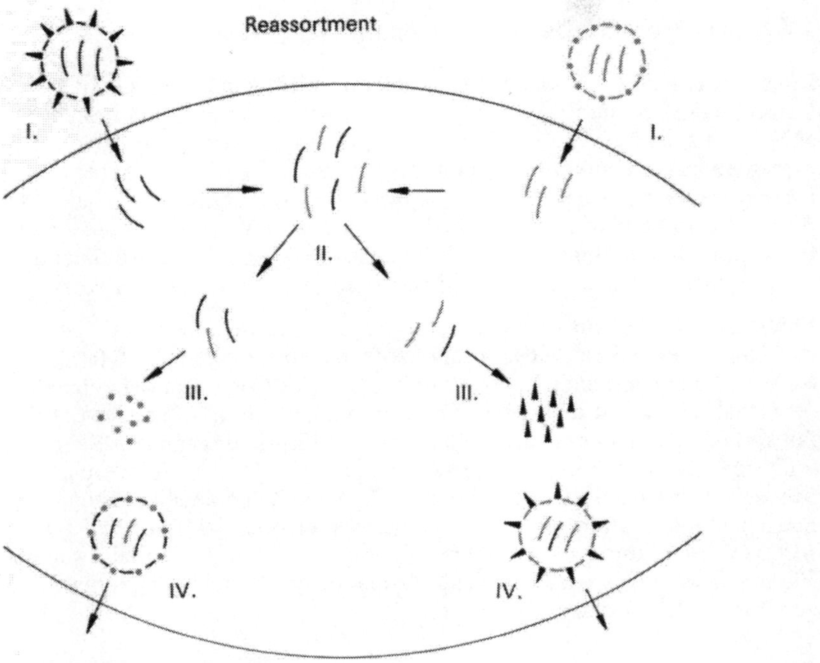

Abb. 1-16b: Reassortment
Durch eine Mischinfektion mit zwei genetisch unterschiedlichen Viren (C und D), die ein segmentiertes Genom besitzen, kann es in der Zelle zu einem Austausch von Genomsegmenten (z. B. mit der genetischen Information für bestimmte Oberflächenpolypeptide; c und d) kommen. Nach Expression der genetischen Information treten Virusnachkommen auf, die z. B. Oberflächenpolypeptide des jeweils anderen Eltervirus exprimieren.
I. Doppelinfektion mit zwei verwandten Viren mit segmentiertem Genom
II. Austausch genetischer Information (ganzer Genomsegmente)
III. Proteinsynthese mit Bildung von Oberflächenpolypeptiden
IV. Viruszusammenbau und Virusausschleusung

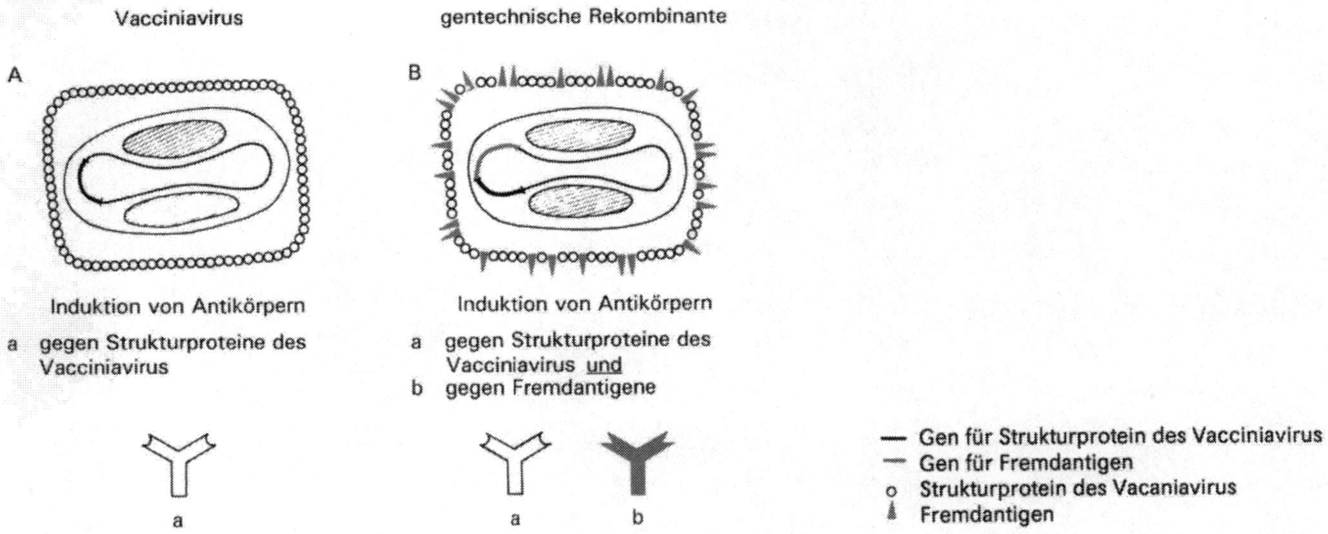

Abb. 1-17: Gentechnische Rekombinanten
Die genetische Information für Oberflächenantigene des Vacciniavirus ist im Virusgenom (doppelsträngige DNA) lokalisiert (A). Nach einer Impfung mit Vacciniavirus werden virusspezifische Antikörper (a) induziert. Gentechnisch lassen sich verschiedene DNA-Fragmente mit der genetischen Information für Fremdantigene in die Vacciniavirus-DNA integrieren. Virusspezifische sowie Fremdantigene werden auf der Oberfläche des rekombinanten Vacciniavirus exprimiert (B). Nach Impfung mit einem rekombinanten Vacciniavirus werden sowohl Antikörper gegen Oberflächenproteine des Vacciniavirus (a), als auch Antikörper gegen Fremdantigene gebildet (b).

Nichtgenetische Mechanismen

Interferenz
Beeinflussung der Vermehrung eines Virus durch ein anderes

Phänotypische Mischung
durch eine Doppelinfektion mit verschiedenartigen Viren können Viruspartikel entstehen, deren äußere Struktur nicht der eingeschlossenen genetischen Information entspricht

1.4.2 Nichtgenetische Mechanismen

Interferenz: Ein Virus, welches eine Zelle infiziert, kann diese derart beeinflussen, daß sich ein zweites Virus nicht vermehren kann. Auch besteht die Möglichkeit, daß ein Virus mit seiner eigenen Vermehrung *interferiert*, d. h. es werden anstelle infektiöser Viren DI-Partikel (s. u.) gebildet. Als einer der Interferenzmechanismen wird Interferon diskutiert. Hierbei wird in einer virusinfizierten Zelle Interferon induziert, welches die Vermehrung eines zweiten Virus, auch in einer anderen Zelle, hemmt. Solange das erstinfizierende Virus vorhanden ist, wird der Zustand der Interferenz aufrecht erhalten.

Phänotypische Mischung (Abb. 1-18): Bei Doppelinfektion einer Zelle mit zwei nichtverwandten Viren können die Virusnachkommen zufällig aus Strukturproteinen beider Elterviren bestehen. Das Genom dieser Nachkommenschaft entspricht dem eines Eltervirus und ist unverändert. Im Extremfall kann das Genom des einen Eltervirus vom Kapsid des anderen Eltervirus umgeben sein. Aus dieser Mischung von Genom und Strukturproteinen ergeben sich Viruspartikel, deren äußere Struktur nicht der eingeschlossenen genetischen Information entspricht. Diese phänotypische Mischung ist *genetisch nicht stabil* und existiert daher nur vorübergehend. Im Verlauf weiterer Virusvermehrungen entstehen wieder Viren, deren Phänotyp der enthaltenen genetischen Information entspricht.

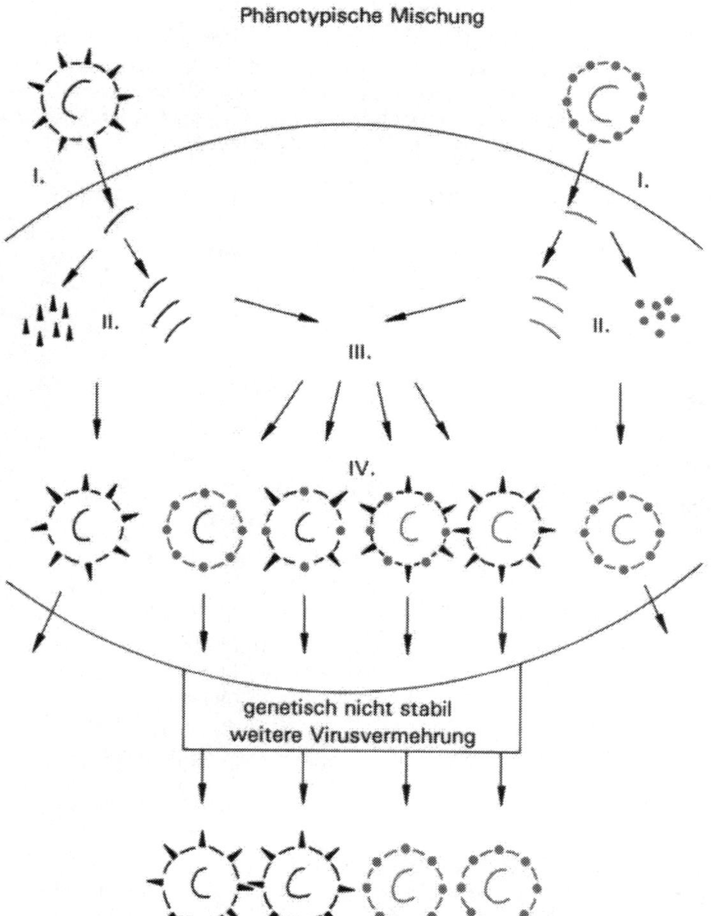

Abb. 1-18: Phänotypische Mischung
Durch eine Mischinfektion mit zwei unterschiedlichen Viren (A und B) können Virusnachkommen entstehen, welche zufällig aus Strukturproteinen beider Eltern bestehen. Das Virusgenom ist dabei unverändert und entspricht dem eines Eltervirus. Die phänotypische Mischung ist genetisch nicht stabil, so daß im Verlauf weiterer Virusvermehrungen wieder Viren entstehen, welche den Elterviren gleichen.

1.4.3 Defekte Viren

Unter *defekten Viren* oder *DI-Partikeln* (engl. defective interfering particles) (Abb. 1-19) werden inkomplette, nichtvermehrungsfähige Viren verstanden, deren Genom eine oder mehrere für die Virusvermehrung benötigten genetischen Informationen fehlen (subgenomische Deletionsmutanten). Nach Infektion einer Wirtszelle werden nur einige Viruskomponenten gebildet (DI-Partikel), so daß keine infektiösen Viren entstehen **(abortive Infektion).** Die fehlenden genetischen Informationen können jedoch von anderen Viren (sog. Helferviren) zur Verfügung gestellt werden **(Komplementation).** Durch eine Doppelinfektion einer Zelle mit defekten und Helferviren kann es zur Vermehrung der defekten Viren kommen (Abb. 1-20).

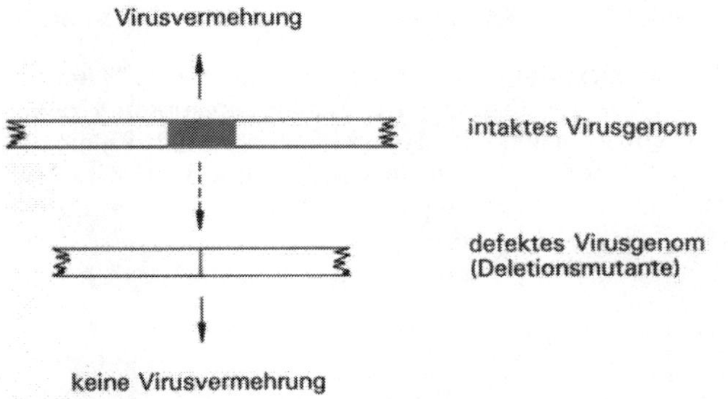

Abb. 1-19: Defekte Viren
A. Durch ein intaktes Virusgenom ist ein Virus in der Lage, sich zu vermehren.
B. Fehlt einem Virusgenom ein essentielles Gen (z. B. Deletionsmutante), so kann sich das Virus ohne Hilfe nicht mehr vermehren (defektes Virus).

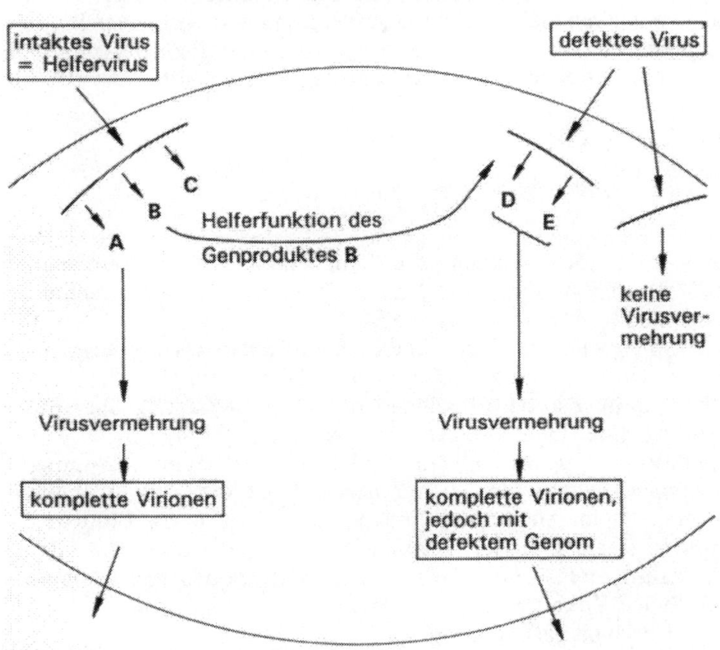

Abb. 1-20: Vermehrung von defekten Viren
Infiziert ein defektes Virus (B) eine Zelle, so kann es sich nicht vermehren. Kommt es zu einer Doppelinfektion mit einem Helfervirus (A), so induziert das Helfervirus z. B. ein Genprodukt, welches für die Vermehrung des defekten Virus notwendig ist. Das defekte Virus kann sich nun zwar vermehren, es entstehen jedoch wiederum defekte Viren.

Defekte Viren

defekte Viren sind inkomplette, nicht vermehrungsfähige Viren

- abortive Infektion
- Komplementation durch Helferviren

• Satellitenviren

Satellitenviren nutzen Genprodukte, welche von anderen *nichtverwandten* Viren produziert werden. Zu diesen Viren zählen die Adeno-assoziierten Viren (AAV) sowie das Hepatitis-D-Virus, welches nur bei gleichzeitiger Anwesenheit von Hepatitis-B-Virus vermehrungsfähig ist. Obwohl Hepatitis-B-Virus ein DNA-Virus ist, ist das Satellitengenom (Hepatitis-D-Virus) ein kleines RNA-Molekül, über dessen Funktion noch wenig bekannt ist.

• Pseudovirionen

Pseudovirionen sind „Virionen", die während des Vermehrungszyklus anstelle des Virusgenoms irrtümlich Nukleinsäure der Wirtszelle eingeschlossen haben. Da den Pseudovirionen virale Nukleinsäure fehlt, ist eine *Vermehrung nicht möglich.* Morphologisch besteht kein Unterschied zwischen Pseudovirionen und infektiösen Virionen.

• konditionell defekte Viren

Konditionell (bedingt) defekte Viren sind Mutanten, welche nur unter bestimmten Bedingungen defekt sind (z. B. temperatursensitive Mutanten).

Experimenteller Gentransfer

1.4.4 Experimenteller Gentransfer

Transfektion = Synthese kompletter, infektiöser Virionen

Wird gereinigte Virusnukleinsäure ohne virale Proteine in eine Wirtszelle eingebracht, so führt dies zur Synthese kompletter, infektiöser Virionen **(Transfektion).** In der Regel gelingt die Transfektion mit Nukleinsäure von DNA- und von Plus-Strang-RNA-Viren. Mit Minus-Strang-RNA ist eine Transfektion nicht möglich, da ohne ein viruseigenes Enzym (Transkriptase) keine Vermehrung möglich ist.

Virale Pathogenese

1.5 Virale Pathogenese

Nach Eindringen in den Wirtsorganismus können Viren empfängliche (suszeptible) Zellen infizieren. In diesen Zellen findet in der Regel eine Virusreplikation statt, und häufig wird dadurch eine Zellschädigung hervorgerufen, welche sich als Erkrankung manifestieren kann. Auch Abwehrmaßnahmen des Wirtes können zu Erkrankungen führen.

• lokal
• generalisiert
• apparent
• inapparent

Während sich einige Viren am Eintrittsort **(lokal)** vermehren, verursachen andere Viren **generalisierte** Infektionen. Beide Infektionsarten können **apparent**, d. h. mit Krankheitserscheinungen (symptomatisch), oder **inapparent** (asymptomatisch) verlaufen. Eine inapparente Infektion kann nur durch die Untersuchung von Serum auf spezifische Antikörper entdeckt werden.

Virusübertragung

1.5.1 Virusübertragung

Übertragungswege

Folgende Übertragungswege sind bekannt (Tab. 1-4):

- Viele Viren werden **aerogen** (z. B. Tröpfcheninfektion) übertragen. Hierzu zählen v. a. Viren, die sich im Respirationstrakt vermehren können.
- **Fäkal-oral** werden v. a. Viren übertragen, die den Gastrointestinaltrakt infizieren und mit dem Stuhl ausgeschieden werden.
- Durch **sexuelle Kontakte** kann es zur Virusübertragung über die Schleimhäute des Genitaltraktes kommen.
- Zur **perkutanen** Übertragung sind Verletzungen der Haut notwendig. Dies können kleine, auch nichtsichtbare Risse der Haut oder der Schleimhaut sein. Auch durch Injektion von Viren in die Blutbahn, z. B. durch stechende oder beißende Arthropoden (Arboviren) oder mit kontaminierten Kanülen, durch Bluttransfusionen und Blutprodukte können Viren übertragen werden.
  Weitere Übertragungswege sind:
- die **intrauterine** Übertragung von der Mutter auf das ungeborene Kind über den materno-fetalen Kreislauf,
- sowie eine Virusübertragung durch **Organtransplantationen**.

Tab. 1-4: Wichtige Übertragungswege von Viren auf den Menschen

Übertragungsmechanismus	Beispiele
Von Mensch zu Mensch	
– aerogen	Mumpsvirus, Masernvirus, Rötelnvirus, Varizella-Zoster-Virus, Pockenviren, Influenzaviren, Parainfluenzaviren, Respiratory syncytial Virus, Rhinoviren, Coronaviren
– fäkal-oral	Polioviren, Hepatitis-A-Virus, Adenoviren, Norwalk-Virus, Rotavirus
– Sexualkontakt	Hepatitis-B-Virus, Herpes-simplex-Virus, Human Immunodeficiency Virus, Papillomaviren
– perkutan (Verletzung, Bißwunde, Nadelstiche, Bluttransfusion, Blutprodukt)	Hepatitis-B-Virus, Hepatitis-C-Virus, Human Immunodeficiency Virus, Rabiesvirus
Von der Mutter auf den Embryo/Fetus	Rötelnvirus, Zytomegalievirus, Hepatitis-B-Virus, Human Immunodeficiency Virus, Coxsackieviren, Varizella-Zoster-Virus
Durch Organtransplantation	Zytomegalievirus, Erreger der Creutzfeld-Jakob-Erkrankung
Von Arthropoden auf den Menschen	Dengue-Viren, Frühsommer-Meningoenzephalitis-Virus, Gelbfiebervirus, Alphaviren
Von Tier zu Tier, wobei der Mensch zufälliger Wirt ist (aerogen, Biß)	Arenaviren, Hantaan-Virus, Rabiesvirus

1.5.2 Virusausbreitung im Wirtsorganismus

Virusausbreitung im Wirtsorganismus

- lokale Infektion von:
  - Respirationstrakt
  - Gastrointestinaltrakt

Lokale Infektionen: Die meisten Viren gelangen über Schleimhautoberflächen des Respirations- und Gastrointestinaltraktes in den Wirtsorganismus und können am Eintrittsort lokale Infektionen verursachen. So führen z. B. *Influenzaviren im Respirationstrakt* und *Rotaviren im Gastrointestinaltrakt* zu einer lokalen Infektion. Da Schleimhäute im allgemeinen durch verschiedene unspezifische Abwehrfaktoren (z. B. proteolytische Enzyme, Schleim) geschützt sind, müssen diese Viren eine besondere Resistenz gegenüber diesen besitzen.

– Virusaufnahme in die Darmschleimhaut: in den Peyerschen Plaques werden Viren durch M-Zellen aus dem Darmlumen aufgenommen und dem lokalen Immunsystem präsentiert

Näher untersucht sind die Mechanismen der *Virusaufnahme in die Darmschleimhaut.* Im Gebiet der Peyerschen Plaques existieren spezielle Epithelzellen, sog. M-Zellen, welche z. B. Viren aufnehmen und zu den Lymphfollikeln transportieren können. M-Zellen findet man auch im Epithel des Respirationstraktes, wo sie wahrscheinlich ebenfalls eine Rolle bei der Aufnahme von Viren in den Wirtsorganismus spielen. Verschiedene Viren können sich an diese M-Zellen heften und werden von diesen in Vesikel eingeschlossen. Danach werden diese Vesikel durch die M-Zelle transportiert und gelangen in Kontakt mit mononukleären Zellen der an die M-Zelle angrenzenden Lymphfollikel. Dieser spezifische und direkte Durchtritt der Viren durch die Schleimhaut führt zu einem frühen Kontakt mit dem lokalen Immunsystem.

- generalisierte Infektionen
  - lymphogene Virusausbreitung
  - hämatogene Virusausbreitung

Generalisierte Infektionen: Viele Viren werden über den Lymph- *(lymphogen)* oder über den Blutweg *(hämatogen)* entweder über infizierte Blutzellen (z. B. Rubellavirus, Zytomegalievirus, LCM-Virus in Lymphozyten) oder frei im Plasma (z. B. Poliovirus) ausgebreitet. Dies führt zu generalisierten Infektionen mit Virusausbreitung auf andere Zielorgane. In diesen kann es zu einer weiteren Virusvermehrung mit entsprechender Krankheitsmanifestation kommen. Daher treten Symptome auf, die weit von der Inokulationsstelle entfernt liegen. So kann es z. B. bei Enteroviren (Eintritt über den Gastrointestinaltrakt) zu einer Erkrankung des ZNS oder bei Varizella-Zoster-Virus, welches über den Respirationstrakt in den Organismus gelangt, zu einer Erkrankung mit Hauterscheinungen kommen.

- Infektion des ZNS
  – neuronale Virusausbreitung

Infektionen des ZNS: Die Virusausbreitung kann auch über die Nervenbahnen (*neuronal*, z. B. Rabiesvirus, Herpes-simplex-Virus) erfolgen. Nach Eindringen durch die Haut scheint sich das Rabiesvirus an die Acetylcholinrezeptoren der motorischen Endplatte zu binden und dringt dadurch in die peripheren Motoneurone ein. Die Viren werden dann axonal über die Vorderhornzellen ins Gehirn transportiert.

Zell- und Gewebetropismus und Zellrezeptoren
Die Suszeptibilität der Zellen hängt von spezifischen Rezeptoren auf der Wirtszelloberfläche ab.

1.5.3 Zell- und Gewebetropismus und Zellrezeptoren

Am Zielorgan angelangt, müssen sich die Viren an eine Wirtszelle anheften, da ohne diese Adsorption eine Aufnahme in eine Zelle nicht möglich ist. Hierbei weisen die Viren einen spezifischen Zell- bzw. Gewebetropismus (-affinität) auf, der auf spezifischen Rezeptoren der Wirtszelloberfläche und besonderen Oberflächenstrukturen der Viren beruht. Die **Suszeptibilität** (Empfänglichkeit) der Zelle ist genetisch festgelegt. So werden von der Wirtszelle Plasmamembranproteine **(Rezeptoren)** synthetisiert, die für die Empfänglichkeit der Zellen für Viren notwendig sind. Mäusezellen können z. B. mit Poliovirus nicht infiziert werden, da keine Poliovirusrezeptoren an der Zelloberfläche vorhanden sind (nicht suszeptibel). Diese Zellen sind jedoch permissiv (s. Abschnitt „Virusvermehrung") und können experimentell durch Virus-RNA infiziert werden **(Transfektion)**. Dabei erfolgt eine Virusvermehrung mit Produktion infektiöser Viren. Die im Verlauf einer Infektion gebildeten spezifischen neutralisierenden Antikörper besetzen die für die Adsorption zuständigen viralen Antigene, so daß diese nicht mehr an Wirtszellrezeptoren binden können.

- Virulenzfaktoren der Ortho- und Paramyxoviridae

Ortho- und Paramyxoviridae besitzen auf der Virusoberfläche als **Virulenzfaktoren** bestimmte Glykoproteine, wie z. B. Neuraminidase und Hämagglutinin bei Influenzaviren und Fusionsprotein z. B. bei Respiratory syncytial Virus. Voraussetzung für die Infektiosität dieser Viren ist eine *proteolytische Spaltung* von *Hämagglutinin* und *Fusionsprotein.* In Zellkulturen, denen diese proteolytischen Eigenschaften fehlen, kommt es nur zu einem abortiven Infektionszyklus, bei welchem nichtinfektiöse Viren entstehen.

- Infektion einer suszeptiblen Zelle
  – Adsorption
  – Penetration
  – Uncoating
  – Transkription
  – Translation
  – Viruszusammenbau
  – Virusfreisetzung

Trifft ein Virus auf eine suszeptible Wirtszelle, so kommt es in dieser zu regelmäßigen Abläufen wie *Adsorption, Penetration, Uncoating, Transkription, Translation, Viruszusammenbau* und *Virusfreisetzung.* Diese intrazellulär ablaufenden Ereignisse sind für das Schicksal der infizierten Zelle von Bedeutung. In Zellkulturen macht sich eine Zellschädigung durch den sog. zytopathischen Effekt bemerkbar. Infizierte Zellen können auch ohne Zellzerstörung beeinträchtigt werden, wobei Virusansammlungen in diesen Zellen als sog. Einschlußkörperchen (z. B. Negri-Körper bei Rhabdoviren) färberisch sichtbar gemacht werden können. Eine Zelle kann auch durch Viren transformiert oder persistent bzw. latent infiziert werden. Im Einzelnen wird hierauf im Abschnitt 1.3 „Virusvermehrung" eingegangen.

Reaktion der Wirtszelle auf eine Virusinfektion
Beispiel: Poliovirusinfektion

Hemmung der zellulären zugunsten der viralen Proteinbiosynthese

1.5.4 Reaktion der Wirtszelle auf eine Virusinfektion

Am Beispiel des Poliovirus werden die Abläufe in einer Zelle nach Infektion dargestellt. Nach **Adsorption** an spezifische **zelluläre Rezeptoren** gelangt das Poliovirus ins Zytoplasma. Virus-RNA, welche direkt als mRNA dient, wird freigesetzt. Entscheidend ist die **Hemmung** der **zellulären** zugunsten der **viralen** Proteinbiosynthese. Die Synthese von Wirtszellproteinen nimmt ab. Dabei dissoziieren die Ribosomen von der Wirtszell-mRNA, welche am 5'-Ende eine sog. cap-Gruppe, die für die Initiation der Translation wirtsspezifischer Polypeptide verantwortlich ist, besitzt. Poliovirus-RNA fehlt diese Struktur. Der cap-bindende Komplex wird durch Poliovirus zerstört, so daß es zu einer gezielten Hemmung der zellulären Proteinbiosynthese kommt. Die von der Wirtszell-mRNA dissoziierten Ribosomen können nun an die Virus-RNA binden und ein einziges, langes Polypeptid synthetisieren. Dieses wird anschließend (posttranslational) in mehrere Polypeptide gespalten. Dabei entstehen eine virusspezifische RNA-Polymerase und virale Strukturproteine. Die Virus-RNA dient außerdem als Matrize für eine komplementäre RNA. An dieser entsteht durch die neusynthetisierte RNA-Polymerase virale RNA, aus welcher gemeinsam mit Strukturproteinen neue Viruspartikel entstehen und durch Zellzerstörung freigesetzt werden.

1.5.5 Immunantwort und andere Abwehrmaßnahmen des Wirtsorganismus

Immunantwort und andere Abwehrmaßnahmen des Wirtsorganismus

Ein immunkompetenter Organismus reagiert auf eine Virusinfektion mit Abwehrmaßnahmen. Die **unspezifische** Abwehr ist sofort nach einer Infektion wirksam, die **spezifische** (*humorale* und *zelluläre*) Immunantwort dagegen wird erst durch den Antigenreiz induziert. Bis zum Wirksamwerden dieser Abwehr ist eine gewisse Zeit erforderlich. Durch Schutzimpfung kann die induzierte spezifische Immunantwort vor einer natürlichen Infektion schützen, da die bereits vorhandenen Antikörper den Erreger sofort nach Eindringen in den Organismus eliminieren können.

- unspezifische Abwehrmaßnahmen
- spezifische Abwehrmaßnahmen

Bei der Pathogenese hämorrhagischer Virusinfektionen scheint eine Immunkomplex-vermittelte Komplementaktivierung über den klassischen Weg von Bedeutung zu sein, so z. B. beim *Argentinischen hämorrhagischen Fieber* und beim *Dengue-Schocksyndrom.*

Interferone

⇦

> **Interferone** sind biologisch sehr aktive Proteine, die eine hohe Wirts-, jedoch keine Virusspezifität aufweisen. Sie wirken direkt auf virusinfizierte Zellen und hemmen dadurch die Virusvermehrung.

Adsorption, Penetration und Uncoating werden durch Interferone nicht beeinflußt. Der Eingriff erfolgt in der frühen Synthesephase, so daß frühe Translationsprodukte nicht gebildet werden. Interferon, welches von virusinfizierten Zellen gebildet und freigesetzt wird, bindet an Rezeptoren der Nachbarzellen und induziert in diesen einen antiviralen Effekt. Auch natürliche Killerzellen **(NK-Zellen)** können aktiviert werden und virusinfizierte Zellen vernichten. Durch synthetische Substanzen kann Interferon zwar induziert werden (z. B. bei einer Rhinovirusinfektion), jedoch lassen sich nur wenige Virusinfektionen erfolgreich beeinflussen.

- Steigerung der Pathogenität von Viren durch vorhandene spezifische Antikörper

Eine spezifische Immunantwort ist in der Regel für den Wirtsorganismus von Vorteil, da sie zur Gesundung führt, jedoch sind auch gegenteilige Auswirkungen bekannt. So können spezifische Antikörper gegen Dengue-Virus die Pathogenität des Dengue-Virus steigern und bei den betroffenen, teilimmunen Personen kann es zur Ausbildung des *Dengue-Schock-Syndroms* kommen. Bei Kindern, die mit einem im Experimentalstadium befindlichen Totimpfstoff gegen Respiratory syncytial Virus immunisiert worden sind, traten bei natürlicher Infektion schwerere Krankheitsverläufe auf als bei nichtgeimpften Kindern. Über die genauen Mechanismen ist nur wenig bekannt. Nach Masernimpfung mit einem Totimpfstoff (nicht mehr im Handel befindlich!) traten nach natürlicher Infektion veränderte und schwere Krankheitsverläufe (atypische Masern) auf. Die humorale Immunantwort war bei diesem Impfstoff gegen das Hämagglutinin gerichtet, jedoch nicht gegen das bei der Inaktivierung zerstörte Fusionsprotein.

- Autoimmunerkrankungen

Eine Virusinfektion kann auch zur Produktion von Autoantikörpern, die gegen nichtinfiziertes Gewebe gerichtet sind, führen. Folge dieser antiviralen Immunantwort kann eine Gewebeschädigung oder Funktionsänderung von nichtinfizierten Geweben sein.

1.5.6 Virus-Persistenz, Virus-Latenz und Slow-Virus-Erkrankungen

Virus-Persistenz, Virus-Latenz und Slow-Virus-Erkrankungen

Die meisten Virusinfektionen sind selbstlimitierend, jedoch können einige Viren im Wirtsorganismus persistieren oder latent vorliegen, so daß erst lange Zeit nach einer Infektion klinische Erscheinungen auftreten können.

- persistierende Infektion: infektiöse Viren sind nach akuter Infektion noch nachweisbar

Bei einer **persistierenden** Infektion können infektiöse Viren noch nach Verschwinden der Symptome der akuten Infektion isoliert werden. Eine persistierende Infektion kann mit klinischen Erscheinungen oder asymptomatisch verlaufen. In manchen Fällen (z. B. Immundefizienz, Immunsuppression, Neugeborene) kann eine persistierende Infektion durch eine veränderte Immunantwort des Wirtsorganismus bedingt sein. Eine Viruspersistenz oder -latenz kann jedoch auch Folge einer Infektion mit bestimmten Viren (z. B. Herpesviridae) im normalen, immunkompetenten Wirt sein.

- latente Infektion: infektiöse Viren sind nicht nachweisbar, jedoch deren Nukleinsäure

Bei einer **latenten** Infektion liegt die Erbinformation (Nukleinsäure) des Virus in bestimmten Zellen vor. Infektiöse Viruspartikel können während der Latenzphase nicht nachgewiesen werden; sie treten nur intermittierend nach einer Reaktivierung auf.

- Slow-Virus-Erkrankungen

Während der monate-, häufig jahrelangen Inkubationszeit von **Slow-Virus-Erkrankungen** (z. B. Creutzfeld-Jakob-Erkrankung, Kuru) treten keine Krankheitserscheinungen auf.

Virusinduzierte Tumoren

1.5.7 Virusinduzierte Tumoren

Die Beteiligung von Viren bei der Entstehung von Tumoren konnte erstmals von Rous gezeigt werden, welcher 1911 das nach ihm benannte Rous-Sarkom-Virus entdeckte. Dieses Retrovirus führt bei Hühnern zur Ausbildung von Tumoren und zeichnet sich durch das Vorhandensein eines viralen Onkogens (v-onc, als v-src bezeichnet) mit hohem onkogenem Potential aus.

- Zelltransformation
- virale Onkogene
- zelluläre Onkogene

Dieses **virale** Onkogen (v-onc) führt zur **Zelltransformation** und ist mit **zellulären** onc-Genen (c-onc) verwandt. Diese lassen sich in bestimmten menschlichen Tumorzellen nachweisen. Es wird vermutet, daß Retroviren c-onc-Gene im Laufe der Evolution akquiriert haben und lediglich als Vehikel bei der Übertragung von Onkogenen fungieren.
Auch DNA-Viren können Zellen in vitro und in vivo transformieren. Zwar können in vitro Zelltransformationen (z. B. Polyomaviren, Adenoviren) vorkommen, die jedoch für die Entstehung von Tumoren in vivo nur geringe Bedeutung haben. Ein Zusammenhang zwischen malignen genitalen Tumoren besteht bei bestimmten *Papillomavirustypen.* Das *Epstein-Barr-Virus* führt in bestimmten geographischen Regionen zum Burkitt-Lymphom und zum Nasopharynxkarzinom. Das *Hepatitis-B-Virus* kann an der Entstehung des primären Leberzellkarzinoms beteiligt sein. In manchen Tumorgeweben lassen sich virale Nukleinsäuren nachweisen.

Prophylaxe und Therapie von Virusinfektionen

Schutzimpfungen

1.6 Prophylaxe und Therapie von Virusinfektionen

1.6.1 Schutzimpfungen

Ziel einer Schutzimpfung ist es, den Menschen vor gefährlichen Infektionskrankheiten zu schützen.

Beispiele:

Der Erfolg einer Schutzimpfung soll am Beispiel der weltweiten Pockenausrottung und der drastischen Reduzierung von Poliomyelitiserkrankungen in der BRD erläutert werden.

- Pockenschutzimpfung

Schon lange vor unserer Zeitrechnung waren die Pocken in Indien und China bekannt und waren über Jahrhunderte eine Geißel der Menschheit. Die Bevölkerungszahlen in Europa haben bis zum Ende des Römischen Reiches kaum zugenommen, da etwa jedes dritte Kind an Pocken, und nicht an Kriegsfolgen, Pest oder Hunger verstorben war. Die bedeutendste Entdeckung, die zur weltweiten Ausrottung der Pocken geführt hat, wurde bereits am 24. Mai 1769 gemacht, nämlich daß Kuhpocken, die bei Melkern auf deren Hände übertragen worden waren, diese vor einer Pockenerkrankung schützten. Diese Beobachtung wurde 29 Jahre später von dem englischen Arzt Jenner aufgegriffen. Er konnte beweisen, daß die bei einem Jungen durchgeführte Impfung mit Kuhpockenbläschen-inhalt gegen eine 6 Wochen später vorgenommene Pockeninfizierung vor der Erkrankung schützte. 1874 wurde in Deutschland die Pockenpflichtimpfung eingeführt. Aufgrund eines von der WHO weltweit durchgeführten Eradikationsprogrammes konnten die Pocken ausgerottet werden. Der letzte Pockenfall wurde 1977 in Somalia beobachtet. Am 8. Mai 1980 wurde dann die Welt für pockenfrei erklärt.

1961 wurden in der BRD 4461 Poliomyelitiserkrankungen mit 305 Todesfällen und über 800 Dauerschäden gemeldet. Nach Einführung der Polioschluckimpfung (nach Sabin) im Februar 1962 waren Ende 1962 nur noch knapp 300 Personen erkrankt und die Todesfälle auf 31 reduziert. Zwischen 1978 und 1982 wurden nur noch 46 Erkrankungsfälle gemeldet, wobei der Anteil an Ausländern bei ca. 70% lag, bei den verbleibenden 30% handelte es sich um eingeschleppte Fälle. Autochthone Erkrankungen wurden zuletzt 1978 in der BRD beschrieben, und seither wurden pro Jahr weniger als 10, fast ausschließlich importierte, Poliofälle gemeldet.

• Polioschutzimpfung

Diese Beispiele verdeutlichen, daß durch Schutzimpfung eine virale Infektionskrankheit ausgerottet bzw. eingedämmt werden kann. Heute bestehen durch die **passive** und die **aktive** Immunisierung mehrere Möglichkeiten, eine virusspezifische Immunität zu erzielen.

Möglichkeiten der Ausrottung bzw. Eindämmung von viralen Infektionskrankheiten

Passive Immunisierung: Durch die *Übertragung virusspezifischer Antikörper* (Immunglobuline) kann eine nichtimmune Person prophylaktisch gegen das entsprechende Virus für wenige Wochen bis Monate geschützt werden. Es gibt folgende Möglichkeiten zum Erwerb eines passiven Immunschutzes:

Passive Immunisierung:

• *Immunglobulin-Präparate vom Menschen* (Normal-Immunglobulin) werden aus einem Spenderpool hergestellt und enthalten die gesamte Immunglobulinfraktion mit den bei der Spenderpopulation vorhandenen Antikörpern (polyvalent). Diese Präparate werden zur Hepatitis-A-, zur Poliomyelitis- und zur Masern-Prophylaxe eingesetzt.

• Immunglobulin-Präparate vom Menschen

• *Hyperimmunpräparate (Hyperimmunglobuline),* auch als spezifische Immunglobulinpräparate bezeichnet, stammen aus ausgesuchten Spenderkollektiven und enthalten virusspezifische Antikörper in besonders hoher Konzentration. Diese Präparate können zur Prophylaxe von FSME, Hepatitis B, Mumps, Röteln, Tollwut, Zytomegalie, Varizellen und Zoster eingesetzt werden.

• Hyperimmunpräparate

• *Rekonvaleszentenserum* wird von Personen gewonnen, die von einer Infektionskrankheit genesen sind. Es wird z. B. zur Verhinderung des Lassafiebers eingesetzt.

• Rekonvaleszentenserum

Artfremde Immunglobuline zur Verhinderung von Virusinfektionen werden in Europa nicht mehr verwendet. ⇦

Neben der Immunglobulingabe zur **Prophylaxe** kann eine Indikation für die Verabreichung von Immunglobulinen **nach Virusexposition** (Hepatitis B, FSME, Röteln, Varizellen, Tollwut) von Nichtimmunen bestehen. Hierbei ist es sehr wichtig, daß die Präparate so bald als möglich nach Viruskontakt vor der Virämie verabreicht werden. Eine Substitution von Antikörpern bei Patienten mit Immundefekten kann ebenfalls durch Immunglobulinpräparate erfolgen.

Immunglobulingabe:
– vor Virusexposition
– nach Virusexposition

Aktive Immunisierung (Tab. 1-5): Für die aktive Immunisierung stehen augenblicklich drei Impfstoffarten zur Verfügung.

Aktive Immunisierung

• Beim *„Lebendimpfstoff"* handelt es sich um vermehrungsfähige, v. a. in ihrer Neurovirulenz abgeschwächte (attenuierte) Viren, die p. o. (Poliomyelitis, trivalent [Sabin]) oder s. c. (Masern, Röteln, Mumps, Varizella-Zoster, Gelbfieber) appliziert werden. Bei der Poliomyelitis-Schluckimpfung wird der natürliche Infektionsweg nachgeahmt, was zur Bildung einer lokalen und humoralen Immunität führt.

• „Lebendimpfstoff"

Bei Impfungen mit Lebendviren sind Zeitabstände von mindestens vier Wochen für weitere Impfungen mit Lebendimpfstoffen festgelegt. ⇦

Ein großer Vorteil von Lebendimpfstoffen ist, daß eine Auffrischimpfung (Booster), im Vergleich zu den Totimpfstoffen (s. u.), nicht so oft durchgeführt werden muß. Nach Immunglobulingabe sollte ein Mindestabstand von

Tab. 1-5: Aktive Immunisierung gegen Viruskrankheiten

Impfung gegen	Impfzeitpunkt	Applikation	Applikationshäufigkeit	Impfung in der Schwangerschaft	Anmerkungen
Lebendimpfstoffe					
Masern	ab 15. Lebensmonat	s. c.	1×	kontraindiziert	Kombination mit Mumps- und Rötelnimpfung üblich, oder alleine mit Mumpsimpfung; öffentlich empfohlen
Mumps	ab 15. Lebensmonat	s. c.	1×	kontraindiziert	Kombination mit Masern- und Rötelnimpfung üblich; öffentlich empfohlen
Röteln	ab 15. Lebensmonat	s. c.	1×	kontraindiziert	Kombination mit Mumps- und Masernimpfung üblich; öffentlich empfohlen
Gelbfieber	ab 13. Lebensmonat	s. c.	1×	ab 4. Schwangerschaftsmonat möglich	Impfung nur von autorisierten Impfärzten; Auffrischung nach 10 Jahren
Varizella-Zoster	jedes Alter	s. c.	1×	kontraindiziert	Indikationsimpfung bei Personen mit Immundefekten, bei Bestrahlung oder Zytostatikatherapie im Behandlungsintervall
Poliomyelitis	ab 3. Lebensmonat	oral	Grundimmunisierung: 3 Impfungen mit Mindestabstand von 6 Wochen	möglich	Auffrischung nach 10 Jahren, Induktion einer lokalen und einer humoralen Immunität; öffentlich empfohlen
Totimpfstoffe					
Poliomyelitis	ab 8. Lebenswoche	i. m.	2 Injektionen im Abstand von 4–8 Wochen, 3. Impfung 6–12 Monate nach der 2. Injektion	möglich	Auffrischung nach 5 Jahren; öffentlich empfohlen
FSME	in Sonderfällen ab dem 2. Lebensjahr	i. m.	2 Injektionen im Abstand von 1–3 Monaten, 3. Injektion 9–12 Monate nach 1. Injektion	möglich	Impfbeginn während der kalten Jahreszeit, wenn keine Zeckenaktivität vorhanden ist; Auffrischung nach 3 Jahren
Influenza	ab 2. Lebensjahr	i. m.	jährlich	nur für Risikopatientinnen	Indikationsimpfung bei Personen mit Kreislauferkrankungen, Herzfehlern oder anderen Grundleiden; Impfung von gefährdetem Personal. Bei Pandemien muß ein größerer Personenkreis geimpft werden; öffentlich empfohlen; Auffrischung nach 1 Jahr
Tollwut	präexpositionell	i. m.	3 Injektionen (z. B. Tag 0, 28 und 56)	möglich	Auffrischung nach 3 Jahren
	postexpositionell	i. m.	6–7 Injektionen (Tag 0, 3, (5), 7, 14, 30, 90)	möglich	bei postexpositioneller Impfung ist Kombination mit Tollwuthyperimmunglobulin indiziert
Gentechnologischer Impfstoff					
Hepatitis B	jedes Alter	i. m.	2 Injektionen im Abstand von 4 Wochen, 3. Injektion 6 Monate nach der 1. Injektion	möglich	Auffrischung nach Ermittlung des Immunstatus; öffentlich empfohlen

3 Monaten zu einer Impfung mit vermehrungsfähigen Viren eingehalten werden, da die Gefahr besteht, daß durch die applizierten Immunglobuline das Impfvirus neutralisiert wird. Gegen Mumps, Masern und Röteln steht ein Kombinationsimpfstoff zur Verfügung, der jedoch erst ab dem 15. Lebensmonat verabreicht werden soll, da aufgrund vorhandener maternaler Antikörper ebenfalls das Impfvirus neutralisiert werden kann.

Prinzipiell sollten Lebendimpfstoffe einer Schwangeren nicht verabreicht werden.

• „Totimpfstoff"

• Die *„Totimpfstoffe"* enthalten entweder nichtvermehrungsfähige, inaktivierte Viren oder Teilprodukte (Spaltvakzine) der Viren und werden i. m. appliziert (Poliomyelitis trivalent [Salk], Influenza, Tollwut und FSME). Der mit einem Totimpfstoff erzielte Impfschutz hält in der Regel kürzer als nach Impfung mit einem Lebendvirus, so daß früher und öfter eine Auffrischimpfung notwendig ist. Zeitabstände für weitere Impfungen mit Totimpfstoffen sind nicht festgelegt. Bei Hepatitis B und Tollwut ist eine simultane aktiv/passive Immunisierung möglich.

• gentechnologisch hergestellter Impfstoff

• *Gentechnologisch hergestellter Impfstoff*: Seit einigen Jahren ist ein sog. rekombinanter Hepatitis-B-Impfstoff im Handel. Hierzu wurde das HBsAg-Gen in einer Vektor-DNA rekombiniert und der rekombinierte Vektor in Hefezellen, in denen es zur Synthese von HBsAg kommt, eingebaut. Nach Vermehrung der Hefezellen werden diese aufgebrochen, das HBsAg extrahiert und gereinigt. Ein großer Vorteil dieses Impfstoffes ist, daß nur ein Virusprotein i. m. verabreicht wird und kein ganzes Viruspartikel (Abb. 1-21).

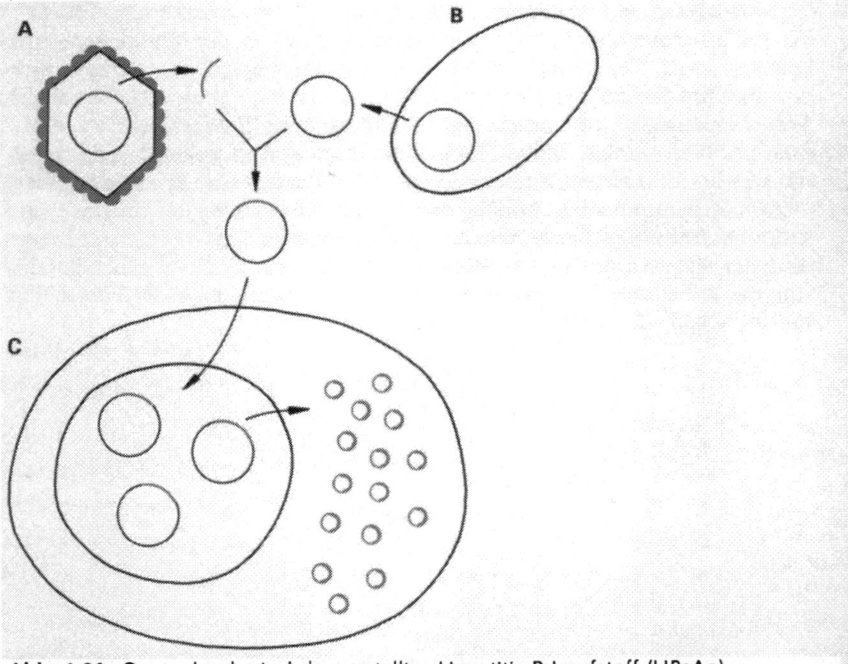

Abb. 1-21: Gentechnologisch hergestellter Hepatitis-B-Impfstoff (HBsAg)
A: Hepatitis-B-Virus: genetische Information für HBsAg (rot)
B: Escherichia coli mit Plasmid
C: Hefezelle mit rekombiniertem Plasmid und neugebildetem HBsAg
Die genetische Information für HBsAg wird aus dem Virusgenom herausgeschnitten und in ein Plasmid von Escherichia coli eingebaut. Dieses Plasmid wird in eine Hefezelle gebracht, wo die genetische Information für HBsAg exprimiert wird. Durch die Vermehrung der Hefezellen kann HBsAg in größerer Menge produziert werden. Nach Aufbrechen der Hefezellen und Reinigung des HBsAg wird dieses als Impfstoff eingesetzt.

Eine Applikation von Tot- und von gentechnologisch hergestellten Impfstoffen während der Schwangerschaft gilt als unbedenklich.

Wirksamkeitssteigerung

Zur Verbesserung und zur Verlängerung der antigenen Wirksamkeit werden einigen Impfstoffen Adjuvantien (u. a. $Al(OH)_3$, Adsorbatimpfstoff) zugesetzt.

Hühnereiweißüberempfindlichkeit

Da einige Impfviren (Mumps, Influenza, FSME, Tollwut [PCEC] und Gelbfieber) auf Hühnerembryonen oder primären Hühnerfibroblastenzellen gezüchtet werden, ist bei Hühnereiweißüberempfindlichkeit bei diesen Impfungsstoffen größte Vorsicht geboten.

Antivirale Chemotherapie

1.6.2 Antivirale Chemotherapie

Durch die enge Verknüpfung der Virusreplikation mit Biosynthesemechanismen der Wirtszelle ergeben sich Probleme für eine antivirale Chemotherapie.

antiviral wirksame Substanz: ⇨

> Eine wirksame antivirale Substanz muß daher, ohne den normalen Zellstoffwechsel zu schädigen, in virusspezifische Synthesevorgänge eingreifen.

Dies bedeutet, daß Virustatika, die in den viralen Replikationszyklus eingreifen, nicht nur selektiv zwischen virusspezifischen und zellulären Synthesemechanismen unterscheiden, sondern auch selektiv virale Replikationsschritte blockieren müssen. Angriffspunkte für antivirale Substanzen müssen daher **viruskodierte Enzyme** und **Strukturproteine** sein, die sich von zellulären Proteinen unterscheiden. Neben dem Eingriff in die Replikation besteht die Möglichkeit, auf Adsorption, Penetration und Uncoating einzuwirken.

derzeit stehen nur wenige antiviral wirksame Substanzen zur Verfügung

Für die Therapie von Virusinfektionen stehen derzeit nur wenige antivirale Substanzen zur Verfügung, von denen die meisten gegen Herpesviridae wirksam sind. Im Verlauf des Vermehrungszyklus von Herpesviren können durch **Nukleosidanaloga** *(Antimetabolite)* virusspezifische Syntheseschritte spezifisch blockiert werden. Diese Nukleosidanaloga werden anstelle der Nukleosidbasen in die sich replizierende Nukleinsäure eingebaut, so daß die Transkription gehemmt wird. Häufig erfolgt die Anwendung zu spät, da mit Auftreten der ersten Symptome bereits eine massive Virusvermehrung stattgefunden hat und der Einbau dieser Substanzen nur noch zu einer Begrenzung der Infektion führt. Die Strukturformeln einiger antiviraler Substanzen sind in Abb. 1-22 dargestellt.

Nukleosidanaloga werden anstelle von Nukleosiden in die replizierende Nukleinsäure eingebaut

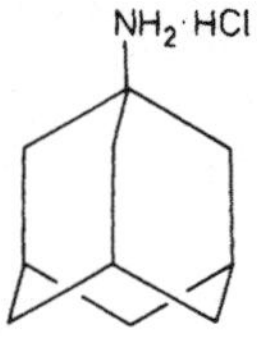

Amantadin

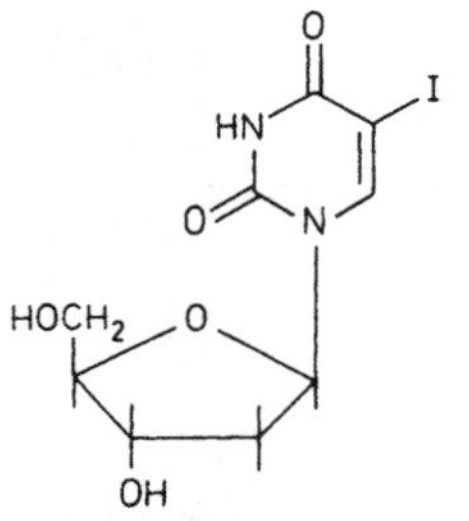

Joddesoxyuridin

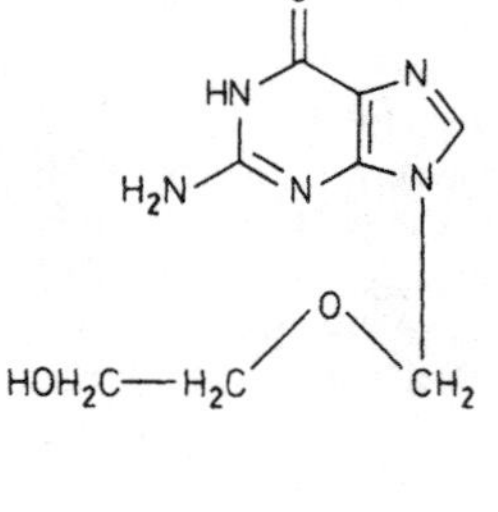

Aciclovir

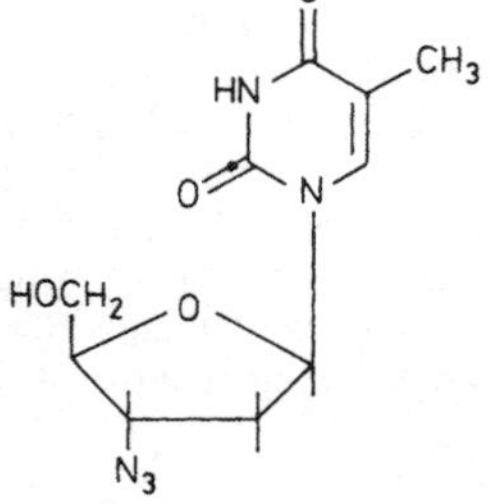

Azidothymidin

Abb. 1-22: Strukturformeln einiger antiviraler Chemotherapeutika

- Purinanaloga ersetzen Adenin und Guanin
- Pyrimidinanaloga ersetzen Thymin, Cytosin und Uracil

Man unterscheidet **Purinanaloga**, wie das *Aciclovir* (9-[(2-Hydroxyethoxy)methyl]-guanin), das *Ganciclovir* (1,3 Dihydroxy-2-Propoxymethyl-Guanin), sowie das *Vidarabin* (9-β-D-Arabinofuranosyladenin), welche anstelle der Purinbasen Adenin und Guanin in die Nukleinsäure eingebaut werden, von **Pyrimidinanaloga**, wie das *IUDR* (5-Jod-2'-Desoxyuridin), das *Trifluri-*

din (2'-Desoxy-5-trifluormethyluridin), sowie das *Azidothymidin* (3'-Azido-3'-Deoxythymidin), welche die Pyrimidinbasen Thymin, Cytosin und Uracil ersetzen.

Die antivirale Wirkung der Pyrimidinanaloga *IUDR* und *Trifluridin* beruht darauf, daß es durch den Einbau der Analoga im Verlauf der Virusreplikation zu Ablesefehlern bei der Transkription der mRNA kommt und dies zur Synthese fehlerhafter funktionsloser Polypeptide führt. Diese Substanzen wurden bevorzugt bei Herpes-simplex-Virus-Infektionen eingesetzt. Trotz relativ guter Wirksamkeit zeigen diese Präparate eine hohe Toxizität. Aufgrund der guten Wirksamkeit und Verträglichkeit des Aciclovirs (s. u.) kommen IUDR und Trifluridin nur noch in Ausnahmefällen zum Einsatz.

- **Pyrimidinanaloga**
  - IUDR
  - Trifluridin

Bei der Therapie von AIDS-Patienten wird *Azidothymidin* (AZT) eingesetzt. Dieses Nukleosidanalogon wird nach dessen Phosphorylierung anstelle von Thymidin als „falsche Base" durch das virusspezifische Enzym „Reverse Transkriptase" in die Nukleinsäure eingebaut, so daß keine weiteren Nukleotide angelagert werden können und es dadurch zum Abbruch der viralen DNA-Synthese kommt. Eine gewisse selektive Wirkung beruht darauf, daß Azidothymidin durch die virusspezifische Reverse Transkriptase offenbar eher umgesetzt wird als durch die zelleigene DNA-Polymerase. Azidothymidin kann eine HIV-Infektion nicht heilen, führt jedoch zu einer Lebensverlängerung. Integrierte virusspezifische DNA (Provirus) kann nicht mehr beeinflußt werden. Erhebliche Nebenwirkungen wurden beobachtet, die sich vor allem in Knochenmarksuppression äußern, die zu Anämien und Leukopenien führen können.

- Azidothymidin

Das derzeit am häufigsten eingesetzte Purinanalogon (Guanosinanalogon) ist das *Aciclovir*, das bevorzugt in Zellen penetriert, die mit Herpes-simplex-Virus infiziert sind. Aciclovir dient der viralen, nicht jedoch der zellulären Thymidinkinase (TK) als Substrat und wird durch diese zu Aciclovir-Monophosphat phosphoryliert. Durch zelluläre Enzyme wird es über Aciclovir-Diphosphat zu Aciclovir-Triphosphat phosphoryliert und in die virale DNA eingebaut. Der Einbau dieses „falschen" Nukleotids führt zum DNA-Kettenabbruch (Abb. 1-23). Da sich diese Vorgänge weitgehend auf virusinfizierte Zellen beschränken, ist die Toxizität von Aciclovir sehr gering. Daher eignet sich Aciclovir nicht nur zur Therapie akuter Infektionen, sondern auch zu einer zeitlich begrenzten Prophylaxe. Eine latent persistierende Herpes-simplex-Virus-Infektion in den Ganglien kann jedoch nicht beeinflußt werden. Nach Absetzen des Virostatikums kann es daher immer wieder zu Rezidiven kommen. Wichtigstes Anwendungsgebiet für Aciclovir ist die Behandlung von Herpes-simplex- und Varizella-Zoster-Virus-Infektionen bei immunsupprimierten Patienten.

- **Purinanaloga**
  - Aciclovir

Das Aciclovir-Analogon *Ganciclovir* ist ein azyklisches Nukleosid mit einer starken Aktivität gegen Zytomegalievirus (CMV). Es wird durch eine zelluläre Kinase phosphoryliert und entfaltet als Triphosphat seine Wirkung

- Ganciclovir

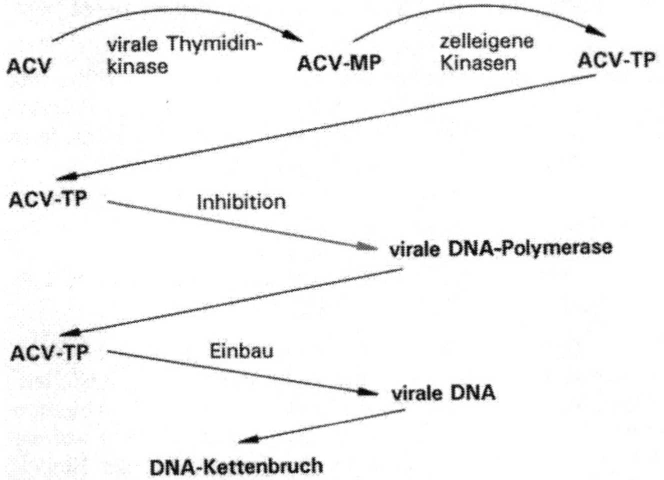

Abb. 1-23: Wirkungsweise von Aciclovir (ACV)
MP = Monophosphat; TP = Triphosphat

durch Hemmung der CMV-spezifischen DNA-Polymerase. Therapeutische Erfolge wurden vor allem bei der CMV-Chorioretinitis und -Kolitis erzielt. Ein genereller Einsatz bei CMV-Infektionen wird nicht empfohlen, da resistente CMV selektiert werden, sowie toxische Nebenwirkungen auftreten können.

– Vidarabin

Das Purinanalogon *Vidarabin* blockiert virale DNA-Polymerasen vorwiegend von Herpesviridae, ist jedoch auch gegen Poxviridae und z. T. auch gegen Adenoviridae und Papovaviridae wirksam.

Amantadin ist ein zyklisches Amin und hemmt spezifisch die Vermehrung von Influenza-A-Viren

Amantadin (1-Adamantanamin) und dessen Derivat Rimantadin gehören zur Gruppe der zyklischen Amine und hemmen spezifisch die Vermehrung von Influenza-A-Viren durch Verhinderung des „Uncoating". Wahrscheinlich sind auch frühe Transkriptionsschritte betroffen. Das Medikament kann prophylaktisch und innerhalb der ersten 24 Stunden nach Krankheitsbeginn auch therapeutisch oral verabreicht werden.

• **Interferone**

Interferone sind eine Gruppe von heterogenen Glykoproteinen mit Molekulargewichten zwischen 20000 bis 40000 Dalton, die die Virusvermehrung hemmen. Sie werden bei Mensch und Tier, aber auch in Zellkulturen infolge einer Virusinfektion oder durch Stimulation mit anderen Induktoren (synthetische, doppelsträngige RNA) gebildet. Drei Klassen von Interferonen werden unterschieden:

- *Alpha-Interferone* werden in Leukozyten nach viraler Induktion gebildet.
- *Beta-Interferone* werden aus induzierten Fibroblastenzellinien gewonnen.
- *Gamma-Interferone* werden in stimulierten T-Lymphozyten gebildet.

Interferone sind speziesspezifisch, nicht dagegen virusspezifisch

Interferone weisen eine hohe Speziesspezifität auf. Sie sind daher im wesentlichen nur bei den Tierspezies antiviral wirksam, in denen ihre Bildung induziert wurde, so wirkt z. B. Mäuseinterferon nur bei Mäusen und menschliches Interferon nur beim Menschen. Heute können Interferone in genügend großen Mengen gentechnologisch hergestellt werden. Der Mechanismus der antiviralen Wirksamkeit ist nur zum Teil aufgeklärt. Wirtszellen scheinen speziesspezifische Rezeptoren für Interferone zu besitzen. Frühe Prozesse der Virusreplikation, wie Adsorption, Penetration und Uncoating, werden nicht beeinflußt, dagegen frühe Translationsvorgänge. Die Wirkung der Interferone ist nicht virusspezifisch, so daß sie sowohl RNA- als auch DNA-Viren hemmen können.

Diagnostik viraler Erkrankungen

1.7 Diagnostik viraler Erkrankungen

- Nachweis des Infektionserregers
- Nachweis spezifischer Antikörper

Die Labordiagnose einer Viruserkrankung beruht zum einen auf dem Nachweis des **Erregers** (Abb. 1-24) und zum anderen auf dem Nachweis virusspezifischer **Antikörper**. Viren können durch Anzüchtung oder durch den Nachweis viraler Antigene bzw. viraler Nukleinsäuren nachgewiesen werden.

Transport des Untersuchungsmaterials

Transport des Untersuchungsmaterials: Für eine Virusanzucht sollte das Untersuchungsmaterial so schnell wie möglich und gekühlt in das Laboratorium transportiert werden. Abstrichmaterial darf nicht eintrocknen und muß durch geeignete Salzlösungen feucht gehalten werden.

Virusanzucht

1.7.1 Virusanzucht

Viren benötigen zu ihrer Vermehrung lebende Zellen

Da Viren obligat intrazelluläre Parasiten sind, benötigen sie zu ihrer Vermehrung lebende Wirtszellen (Zellkultur, Brutei und Versuchstier).

• **Zellkulturen** zur Virusanzucht

Zellkulturen: Am häufigsten werden heute Zellkulturen (Tabelle 1–6) zur Virusanzucht eingesetzt, da diese relativ einheitliche Wirtsysteme darstellen. Zellkulturen werden unter sterilen Bedingungen aus Geweben oder Organen vom Menschen oder von Tieren (Säuger, Insekten) etabliert. Dazu werden die Gewebe oder Organe mechanisch zerkleinert und anschließend Einzelzellen aus dem Zellverband enzymatisch (Trypsin, Pronase) herausgelöst und auf geeigneten Trägermaterialien (z. B. Plastik, Glas) zum Anwachsen ge-

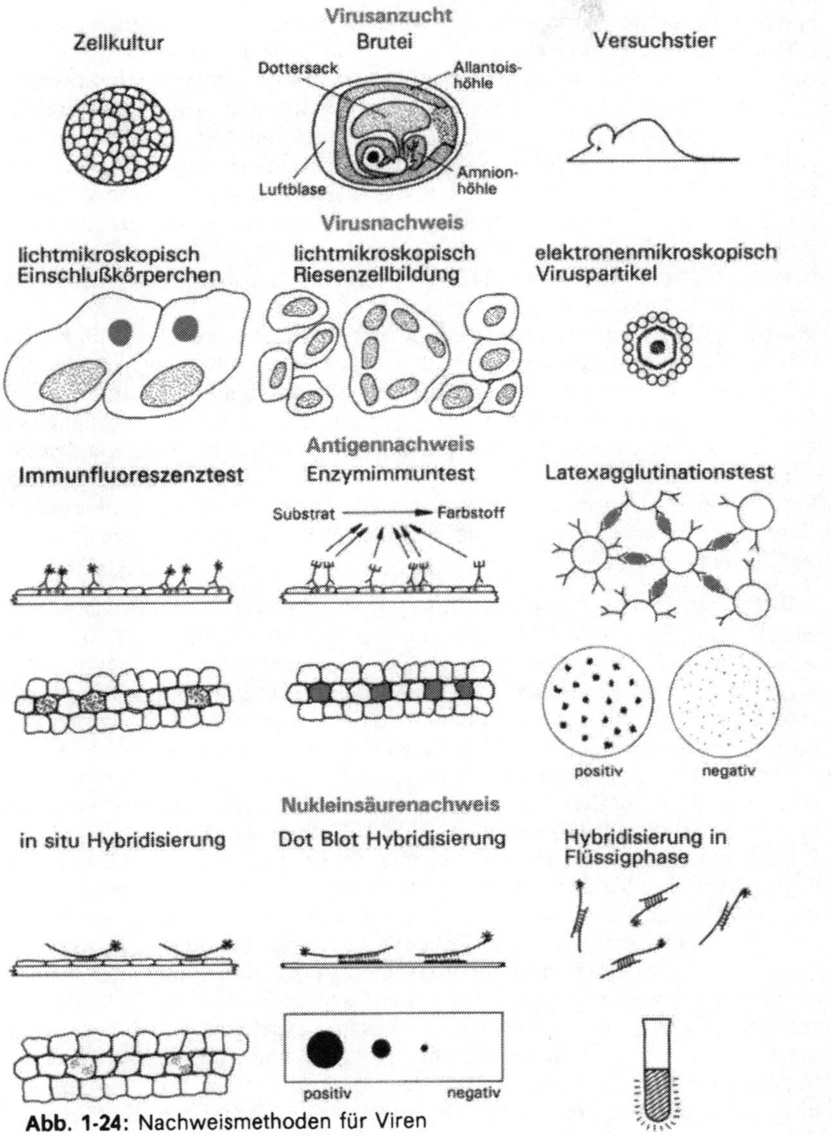

Abb. 1-24: Nachweismethoden für Viren

Tab. 1-6: Auswahl einiger zur Virusanzucht gebräuchlicher Zellkulturen

Wirtszellen	Abkürzungen	Geeignet zur Vermehrung folgender Viren
Primäre Affennierenzellen	PRMK	Pockenviren, Mumpsvirus, Masernvirus, Rhinoviren, Influenzaviren
Primäre Hühnerfibroblasten	PCEC	Rabiesvirus, FSME-Virus
Affennierenzellen	Vero	Pockenviren, Marburg-Virus, Ebola-Virus, Rötelnvirus, Polioviren, Coxsackie-B-Viren, ECHO-Viren
Hundenierenzellen	MDCK	Influenzaviren
Humane diploide Fibroblasten	HDCS	Herpes-simplex-Virus, Varizella-Zoster-Virus, Zytomegalievirus, Rhinoviren, Rabiesvirus
Humane Tumorzellen	HEp-2, HeLa	Adenoviren, Parainfluenzaviren, Mumpsvirus, Respiratory syncytial Virus, Polioviren, Coxsackie-B-Viren, Rötelnvirus, Coronaviren
Moskitozellen		Alphaviren, Dengue-Viren

bracht. Die Zellen vermehren sich solange, bis eine einschichtige Zellage („Monolayer") die Glas- oder Plastikoberfläche bedeckt. Kulturen, die direkt von Organen oder Geweben stammen, werden als *Primärkulturen* bezeichnet. Aus dem Monolayer der Primärkulturen können wiederum Einzelzellen (s. o.) gewonnen, in neue Kulturgefäße überführt und dort vermehrt werden. Diese Subkultivierung führt zu sog. *Sekundärkulturen*. Die Häufigkeit der möglichen Subkultivierungen variiert von Zellart zu Zellart; so können manche Zellen nur 1–4 mal (Subkultur), andere dagegen 30–60 mal (diploide Zellinie) subkultiviert werden. Zu letzteren zählen z. B. menschliche embryonale Fibroblasten-Zellen (HDCS = engl. **h**uman **d**iploid **c**ell **s**train), in denen sich zahlreiche Viren vermehren können.

- Primärkulturen stammen direkt von Organen oder Geweben ab
- Sekundärkulturen entstehen nach Subkultivierung von Primärkulturen

Werden Zellkulturen aus Tumorgewebe hergestellt, so haben diese die Fähigkeit zur Kontaktinhibition verloren, d. h. diese Zellen können beliebig häufig *(„Permanente Zellinie")*, einige auch als Suspensionskultur, subkultiviert werden. Die bekanntesten sind die HeLa-Zellinie, die von einem menschlichen Zervixkarzinom abstammt, sowie die aus einem humanen Epidermoidkarzinom abstammende HEp-2-Zellinie. Permanente Zellinien können in vitro durch virale Transformation (z. B. onkogene Viren) bzw. durch Chemikalien (Mutation) induziert werden oder spontan (Spontanmutation) aus „normalen" Zellen entstehen.

- Permanente Zellinien stammen von Tumorgeweben ab

- **Nährmedien**

Nährmedien: Zellen müssen für ihre Vermehrung, für ihre Stoffwechselvorgänge, sowie für die Virusvermehrung mit den erforderlichen Nährstoffen versorgt werden. Es werden daher zwei unterschiedliche Kulturmedien, *Anzucht-* und *Erhaltungsmedium*, verwendet. Beide Kulturmedien bestehen aus gepufferter physiologischer Salzlösung und aus komplexen biologischen Bestandteilen (z. B. fetales Kälberserum; Kälberserum), wobei die optimale Medienzusammensetzung für die jeweilige Zellart ermittelt werden muß. Das Anzuchtmedium enthält für das Wachstum notwendige komplexe Bestandteile in hoher Konzentration (z. B. 7–15 % Kälberserum), dagegen sind im Erhaltungsmedium, in welchem sich die Zellen nicht mehr vermehren, jedoch lebensfähig bleiben, komplexe Medienbestandteile nur in geringer (bis ca. 3 %) Konzentration enthalten. Der optimale pH-Bereich für Wachstum und Überleben beträgt für alle Zellen 7,2–7,4. Da die Zusammensetzung komplexer Nährmedien meist nicht standardisierbar und häufig auch die exakte Zusammensetzung nicht bekannt ist, werden heute vereinzelt vollsynthetische Nährmedien, bei denen die Zusammensetzung sowohl qualitativ als auch quantitativ definiert ist, eingesetzt. Da alle Nährmedien auch die Vermehrung von Bakterien und Pilzen fördern, müssen zur Vermeidung einer Kontamination mit diesen Organismen alle Medien sterilfiltriert werden

- das Anzuchtmedium enthält notwendige Bestandteile für die Zellvermehrung
- im Erhaltungsmedium kommt es zu keiner Zellvermehrung, die Zellen werden jedoch lebensfähig erhalten

Nachweismethoden zur Identifizierung von Viren in Zellkulturen

1.7.2 Nachweismethoden zur Identifizierung von Viren in Zellkulturen

Nach Beimpfung einer Zellkultur mit Untersuchungsmaterial wird diese regelmäßig unter einem Umkehrmikroskop auf das Auftreten eines **zytopathischen Effektes** (CPE), welcher nach Tagen oder Wochen als Zeichen einer Virusvermehrung auftreten kann, beobachtet. Veränderungen der Zellmorphologie charakterisieren einen CPE, der sich je nach Virus und Zellkultur unterschiedlich manifestieren kann, z. B. als **Abkugelung** der Zellen oder als **Synzytienbildung** (Fusion mehrerer Zellen zu einer mehrkernigen Riesenzelle). Einige Viren zeigen zunächst keinen CPE (z. B. manche Adenoviren). Bei diesen Viren wird eine sog. „Blindpassage" durchgeführt, wobei der Zellkulturüberstand der beimpften Zellkultur nach einer definierten Zeit auf eine frische Zellkultur überimpft wird. Meist tritt bei dieser zweiten Passage ein CPE auf. Das Auftreten eines charakteristischen CPE reicht nur selten (z. B. bei Herpes-simplex-Virus) als Virusnachweis aus. In der Regel sind weitere Identifizierungsschritte durch direkte oder indirekte Nachweisverfahren notwendig.

zytopathischer Effekt:
- Zellzerstörung
- Bildung von Riesenzellen

weitere Identifizierungsschritte sind notwendig:

1.7.2.1 Indirekter Virusnachweis

Indirekter Virusnachweis

Durch Interferenz (z. B. Interferon, Konkurrenz am Zellrezeptor) ist eine virusinfizierte Zelle für ein anderes Virus nicht mehr empfänglich (suszeptibel). Dieses Phänomen wird ausgenutzt, um Viren, die selbst keinen CPE verursachen, nachzuweisen *(Interferenz-Test).* Infiziert man z. B. Affennierenzellen mit ECHO-Virus Typ 11, so tritt ein CPE auf. Werden mit demselben Virus jedoch Affennierenzellen, die mit Rötelnvirus (kein CPE) beimpft sind, infiziert, so tritt kein CPE auf. Dieser Vorgang wird als „Challenge" bezeichnet, wobei das ECHO-Virus hier als *Challenge-Virus* fungiert. Es wird in diesem Fall nicht das Rötelnvirus selbst (direkt) nachgewiesen, sondern indirekt durch die Induktion einer Interferenz.

- Interferenz-Test

Eine Unterscheidung zwischen umhüllten und nichtumhüllten (nackten) Viren ist durch eine *Chloroform-* oder *Etherbehandlung* des virushaltigen Zellkulturüberstandes möglich. Hierdurch wird die Virushülle zerstört, so daß sich umhüllte Viren nicht mehr vermehren können. Bei nichtumhüllten Viren hat diese Behandlung auf die Vermehrungsfähigkeit keinen oder nur wenig Einfluß.

- Behandlung mit organischen Lösungsmitteln zur Unterscheidung von umhüllten und nichtumhüllten Viren

Eine Virusvermehrung erfolgt nur bei Einhaltung *optimaler Bebrütungstemperaturen.* Diese entsprechen in der Regel der im Wirtsorganismus vorherrschenden Temperatur. So vermehren sich Viren, die zu Respirationstrakterkrankungen führen, bei 33 °C meist besser als bei 37 °C. Das Temperaturoptimum für gastrointestinale Viren oder Viren, die zur Virämie führen, liegt bei 37 °C.

Virusvermehrung nur bei optimaler Bebrütungstemperatur

Hämagglutinierende Viren: Bevor es zum Auftreten eines CPE kommt, exprimiert eine z. B. mit Orthomyxo- oder Paramyxoviridae infizierte Zelle an ihrer Oberfläche virusspezifische Rezeptoren für Erythrozyten (Hämagglutinine). Nach der Knospung durch die Zellmembran werden diese Hämagglutinine Bestandteil der Virushülle. Setzt man einer infizierten Zellkultur, die noch keinen CPE ausgebildet hat, Hühner- oder Meerschweinchenerythrozyten zu, so kommt es zur Adsorption der Erythrozyten an die viralen Hämagglutinine der Zellmembran, welche nach Auswaschen nichtadsorbierter Erythrozyten lichtmikroskopisch als Erythrozytenansammlung auf virusproduzierenden Zellen zu sehen sind *(Hämadsorption).* Nach Freisetzung der Viren in den Zellkulturüberstand oder in die Allantoisflüssigkeit des Bruteis können hämagglutinierende Viren mit dem *Hämagglutinationstest* (HA) nachgewiesen werden. Bei positivem Reaktionsausfall ist jedoch nur die Aussage möglich, daß es sich um hämagglutinierende Viren handelt, so daß weitere Identifizierungsschritte notwendig sind.

Hämagglutinierende Viren

- Hämadsorptionstest
- Hämagglutinationstest

1.7.2.2 Direkter Virusnachweis

Direkter Virusnachweis

Alle bislang erwähnten Methoden sind relativ unspezifische Nachweisverfahren, im Gegensatz zu Verfahren, bei denen zum Virusnachweis spezifische Antikörper eingesetzt werden, wie IFT, EIA, Neutralisations- und Plaquereduktionstest.

Beim **Neutralisationstest** ist durch spezifische virusneutralisierende Antikörper eine Virusvermehrung in Zellkulturen nicht mehr möglich (Abb. 1-25a). Der Neutralisationstest ist auch im Brutei und im Tierversuch möglich.

- Neutralisationstest

Eine Variante des Neutralisationstestes stellt der **Plaquereduktionstest** (Abb. 1-25b) dar. Als Plaque versteht man eine lokalisierte zytopathische Veränderung in einem Zellrasen. Plaques treten nur dann auf, wenn ein Übertreten neugebildeter Viren in die flüssige Phase des Nährmediums durch Überschichten des infizierten Zellrasens mit Nähragar verhindert wird. Mit einem Vitalfarbstoff (z. B. Neutralrot) können die lebenden Zellen angefärbt werden, und die Plaques stellen sich als helle, farblose Flecken im Zellrasen dar. Die Morphologie eines Plaques ist vom jeweiligen Virus abhängig. In jedem dieser hellen Flecke ist die Nachkommenschaft eines einzelnen Viruspartikels lokalisiert (Plaquetest, s. Abb. 1-25c). Viren aus einem Plaque sind genetisch identisch; werden diese aus *einem Plaque* weiterver-

- Plaquereduktionstest

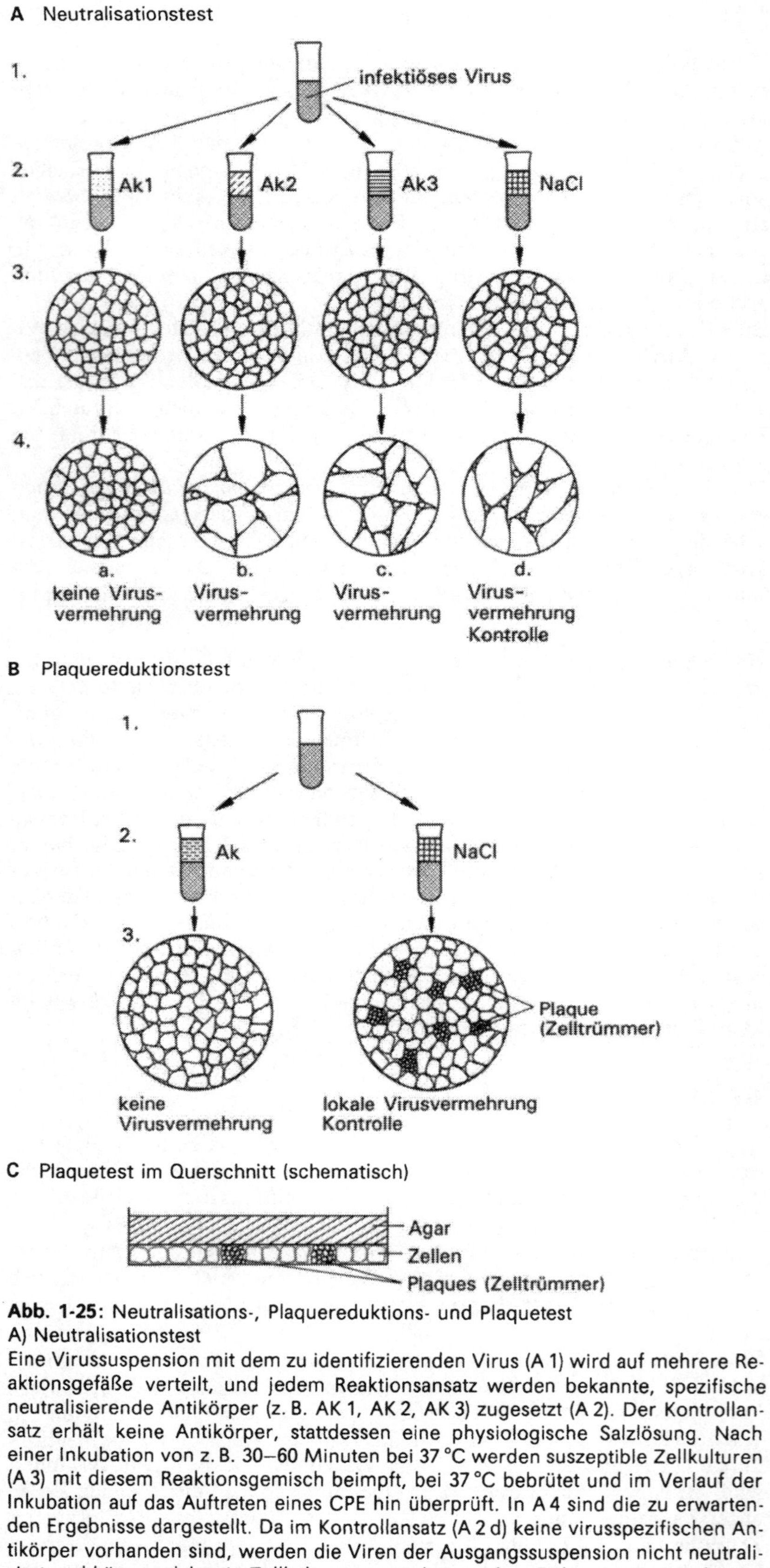

Abb. 1-25: Neutralisations-, Plaquereduktions- und Plaquetest
A) Neutralisationstest
Eine Virussuspension mit dem zu identifizierenden Virus (A 1) wird auf mehrere Reaktionsgefäße verteilt, und jedem Reaktionsansatz werden bekannte, spezifische neutralisierende Antikörper (z. B. AK 1, AK 2, AK 3) zugesetzt (A 2). Der Kontrollansatz erhält keine Antikörper, stattdessen eine physiologische Salzlösung. Nach einer Inkubation von z. B. 30–60 Minuten bei 37 °C werden suszeptible Zellkulturen (A 3) mit diesem Reaktionsgemisch beimpft, bei 37 °C bebrütet und im Verlauf der Inkubation auf das Auftreten eines CPE hin überprüft. In A 4 sind die zu erwartenden Ergebnisse dargestellt. Da im Kontrollansatz (A 2 d) keine virusspezifischen Antikörper vorhanden sind, werden die Viren der Ausgangssuspension nicht neutralisiert und können daher in Zellkulturen vermehrt werden. Es kommt zum Auftreten eines CPE (Ad). Dasselbe gilt für Ab und Ac, da die hier eingesetzten Antikörper die zu untersuchenden Viren nicht neutralisieren. In Aa ist kein CPE aufgetreten, da mit

mehrt, so wird dies als biologische Klonierung bezeichnet. Nach Vorinkubation einer virushaltigen Suspension mit neutralisierendem Antiserum tritt eine Hemmung der Plaquebildung („Plaquereduktionstest") auf.

Brutei: Das früher häufig eingesetzte embryonierte Hühnerei (Brutei) spielt heute in der Labordiagnostik nur noch in Spezialfällen eine Rolle. Es wurde durch die Zellkulturtechnik abgelöst. Befruchtete Hühnereier werden zunächst 10–12 Tage bei 37 °C bebrütet. In dieser Zeit entwickelt sich der Hühnerembryo. Für die Virusanzucht sind Chorioallantoismembran, Allantois- und Amnionhöhle des embryonierten Hühnereis von Bedeutung. Unter sterilen Bedingungen werden diese mit Virus bzw. mit Untersuchungsmaterial des Patienten beimpft. Je nach Virusvertreter findet man auf der Chorioallantoismembran charakteristische Läsionen (Poxviridae, Herpesviridae). Wenn hohe Virusausbeuten erforderlich sind, wie bei der Impfstoffherstellung (z.B. Influenza) oder zur Herstellung von Antigenen für Diagnostiktests (z. B. für KBR oder EIA), können manche Viren auf Bruteiern vermehrt werden.

Versuchstiere werden heute bis auf wenige Ausnahmen zur Virusdiagnostik nicht mehr eingesetzt. Eine dieser Ausnahmen stellt der Nachweis von Coxsackie-A-Viren in saugenden Mäusen (jünger als 48 Stunden) dar.

1.7.3 Antigennachweis aus Patientenmaterial – infizierte Zellkulturen

1.7.3.1 Unspezifischer Virusnachweis

Hinweise auf eine Virusinfektion in Zellkulturen: Da eine Virusanzucht sehr lange dauern kann, wurden Methoden entwickelt, die eine *schnellere Diagnose* erlauben. Die älteste Methode beruht auf dem lichtmikroskopischen Nachweis von Einschlußkörperchen in virusinfizierten Zellen des Untersuchungsmaterials. Es handelt sich um Aggregate von Viren oder Reaktionsprodukte der infizierten Zelle, die nach Färbung *lichtmikroskopisch* sichtbar werden. Dieser Nachweis ist *unspezifisch* und kann nur als Hinweis auf eine Virusinfektion gedeutet werden. Aufgrund unterschiedlicher Mechanismen der Virusreplikation können zwei Typen von Einschlußkörpern unterschieden werden:

- Einschlußkörperchen, die mit dem Ort der Virusvermehrung identisch sind, z. B. die *zytoplasmatischen* Einschlußkörperchen bei humanen Pocken (Guarnierische Körperchen) oder zytoplasmatische Einschlüsse in Nervenzellen bei einer Tollwutvirus-Infektion (Negri-Körperchen).
- Reaktionsprodukte des aufgrund der Virussynthese gestörten zellulären Stoffwechsels (*intranukleäre* Einschlüsse bei Herpesvirus-Infektionen, die mit degenerativen Kernveränderungen verbunden sind).

Brutei

Versuchstiere: nur in Ausnahmefällen indiziert

Antigennachweis aus Patientenmaterial – infizierte Zellkulturen

Unspezifischer Virusnachweis

Hinweise auf eine Virusinfektion in Zellkulturen:
- lichtmikroskopisch findet man nach Anfärbung Einschlußkörperchen im Zytoplasma oder im Kern von infizierten Zellen

dem Antikörper (A 1) die Viren neutralisiert wurden und daher nicht mehr infektiös sind.

B) Plaquereduktionstest

Eine Virussuspension mit dem zu identifizierenden Virus (B 1) wird auf mehrere Reaktionsgefäße (nur 2 dargestellt) verteilt, und es werden spezifische neutralisierende Antikörper zugesetzt. Der Kontrollansatz erhält keine Antikörper. Nach Vorinkubation werden Zellkulturen mit diesem Reaktionsgemisch beimpft. Um eine Ausbreitung neusynthetisierter Viren auf andere Zellen über das Nährmedium zu unterbinden, wird der beimpfte Zellrasen mit einer Agarschicht übergossen (siehe C). Die neugebildeten Viren können sich daher nur von Zelle zu Zelle ausbreiten. Werden die Viren durch die Antikörper nicht neutralisiert, so bilden sich Plaques (lokalisierter CPE) aus.

C) Plaquetest

Der einschichtige, virusinfizierte Zellrasen ist von einer Agarschicht bedeckt, welche eine Virusausbreitung verhindert. An Stellen, an denen eine Zelle infiziert wurde, bildet sich ein Plaque (lokaler CPE) aus. Ein Plaque besteht aus aneinandergrenzenden abgetöteten Zellen, die, ausgehend von einem einzigen Viruspartikel, durch eine Virusverbreitung von Zelle zu Zelle entstanden sind.

- elektronenmikroskopische Darstellung viraler Feinstrukturen in infizierten Zellen

Elektronenmikroskopisch lassen sich virale Feinstrukturen in einer infizierten Zelle darstellen. Eine Unterscheidung zwischen physikalischen Partikeln und infektiösen Viren ist jedoch nicht möglich. Die Nachweisempfindlichkeit ist erheblich geringer als bei der Virusanzucht. So müssen z. B. mindestens 10^7–10^8 Herpesviruspartikel pro ml vorhanden sein, um diese im Elektronenmikroskop nachweisen zu können.
Durch den Zusatz eines spezifischen Antiserums (Immun-Elektronenmikroskopie) können in Suspension befindliche Viruspartikel mit dem zugesetzten Serum Antigen-Antikörper-Komplexe ausbilden. Diese Komplexe können elektronenmikroskopisch rascher nachgewiesen werden als die einzelnen Viruspartikel.

Spezifischer Virusnachweis

spezifischer Nachweis mit virusspezifischen Antikörpern:

1.7.3.2 Spezifischer Virusnachweis

Ein spezifischer Virusnachweis mit virusspezifischen Antikörpern direkt aus Patientenmaterial bzw. aus infizierten Zellkulturen ist durch den Nachweis charakteristischer Antigene mit IFT, EIA oder Latexagglutinationstest (s. Abb. 1-24) möglich. Dazu werden **monoklonale Antikörper** (MAK) den polyvalenten vorgezogen, da sie sich durch eine hohe Spezifität auszeichnen. Durch Fusion einer Tumorzelle mit einem durch Virus stimulierten B-Lymphozyten einer Maus entsteht ein sog. Hybridom (monospezifischer, homogener Zellklon). Dieses besitzt die Wachstumseigenschaften der Tumorzelle und die Antikörperproduktionsmechanismen des B-Lymphozyten und produziert Antikörper mit nur einer Spezifität (monoklonal).

- direkter Immunfluoreszenztest

Direkter Immunfluoreszenztest (IFT): Fluoreszenzmarkierte virusspezifische Antikörper binden an Virusantigen und können fluoreszenzmikroskopisch sichtbar gemacht werden.

- Enzymimmuntest
  Auftreten von Farbreaktionen

Enzymimmuntest (EIA): Virusspezifische Antikörper werden mit einem Enzym markiert. Das Testprinzip entspricht dem des IFT. Eine Antigen-Antikörper-Bindung wird durch die enzymatische Metabolisierung eines Substrates als Farbreaktion sichtbar gemacht.
Der EIA kann einerseits in infizierten Zellen (in situ), andererseits in flüssigem Untersuchungsmaterial durchgeführt werden. Beim **in situ** EIA (Immunperoxidasetest) binden virusspezifische, peroxidase-markierte Antikörper an Virusantigen in infizierten Zellen. Durch die Peroxidase wird ein Substrat zu einem farbigen Endprodukt gespalten. Dieses präzipitiert, färbt die virusinfizierte Zelle an und kann lichtmikroskopisch nachgewiesen werden.

  – lichtmikroskopischer Nachweis

Zum Virusnachweis in ***flüssigem*** Untersuchungsmaterial (Patientenmaterial, Zellkulturüberstand) werden virusspezifische Antikörper als „Fängerantikörper" über deren Fc-Teil an eine feste Phase (geeignetes Kunststoffmaterial wie z. B. Mikrotiterplatte, Kugel, Röhrchen) gebunden. Befinden sich im Untersuchungsmaterial Virusantigene, so binden diese an die antigenen Bindungsstellen (Fab-Teile) der Fängerantikörper und können mit virusspezifischen, enzymmarkierten, sog. „Detektionsantikörpern" nachgewiesen werden („Sandwich"-EIA). Die Farbreaktion kann entweder mit dem bloßen Auge oder photometrisch ausgewertet werden.

  – photometrischer Nachweis

- Radioimmuntest
  – radiometrischer Nachweis

Radioimmuntest (RIA): Das Prinzip des Radioimmuntests entspricht dem des EIA. Anstelle eines Enzyms werden die Detektionsantikörper mit ^{125}J markiert. Das gebundene Jod kann durch Autoradiographie (in situ) bzw. in einem Gammazähler nachgewiesen werden.

- Latexagglutinationstest
  – mit dem bloßen Auge sichtbare Agglutination

Latexagglutinationstest: Beim Latexagglutinationstest sind virusspezifische Antikörper über ihren Fc-Teil an Latexpartikel gebunden. Wird virushaltiges Untersuchungsmaterial mit diesen Latexpartikeln vermischt, so binden sie über ihre Fab-Teile Viruspartikel, und es kommt zu einer innerhalb von wenigen Minuten mit bloßem Auge sichtbaren Agglutination.

Nukleinsäurenachweis

1.7.4 Nukleinsäurenachweis

Eine neuere Methode ist der *Nachweis viraler Nukleinsäure* im Untersuchungsmaterial, welcher durch Hybridisierung erfolgt. Auch der Nachweis viraler Enzyme (HBV-DNA-Polymerase und Reverse Transkriptase), die zur Virusreplikation benötigt werden, ist im Untersuchungsmaterial möglich.

Hybridisierungstechniken: Der Nachweis spezifischer viraler Nukleinsäuresequenzen (DNA oder RNA) im Untersuchungsmaterial beruht auf der Basenpaarung einzelsträngiger komplementärer Nukleinsäurestränge. Die Nukleinsäureprobe oder -sonde ist markiert (radioaktiv, enzymatisch) und bindet bei bestehender Basenhomologie an eine vorher thermisch denaturierte (in Einzelstränge zerlegte) DNA bzw. an einzelsträngige RNA. Dieser Vorgang wird als Renaturierung bezeichnet. Nicht gebundenes Material wird durch Waschen bzw. Chromatographie entfernt, und die hybridisierte Nukleinsäure wird durch Autoradiographie, durch ein präzipitierendes Substrat (Farbentwicklung) bzw. im Gammazähler nachgewiesen.

- Hybridisierungstechniken
Nachweis homologer Nukleinsäuresequenzen

Drei Hybridisierungstechniken können unterschieden werden (s. Abb. 1-24):

- Bei der *Dot-Blot-Hybridisierung* wird die zu analysierende Nukleinsäure in Einzelstrangform (denaturiert) und ohne weitere Auftrennung, auf einen geeigneten Träger (Membranfilter) aufgetropft (dot) und fixiert.
- Bei der *In-situ-Hybridisierung* kann die Lokalisation spezifischer viraler Nukleinsäuresequenzen in infizierten Zellen (z. B. Gewebeschnitte, Biopsien) ermittelt werden.
- Bei der *Hybridisierung in Flüssigphase* wird Virusnukleinsäure z. B. im Patientenserum nachgewiesen. Diese Methode steht derzeit nur für die Hepatitis-B-Diagnostik zur Verfügung. Hierbei findet mit ^{125}J markierte HBV-DNA Verwendung. Gebundene (hybridisierte) DNA wird von nicht gebundener HBV-DNA durch Chromatographie abgetrennt und kann anschließend im Gammazähler gemessen werden.

– Dot-Blot-Hybridisierung

– in situ-Hybridisierung

– Hybridisierung in Flüssigphase

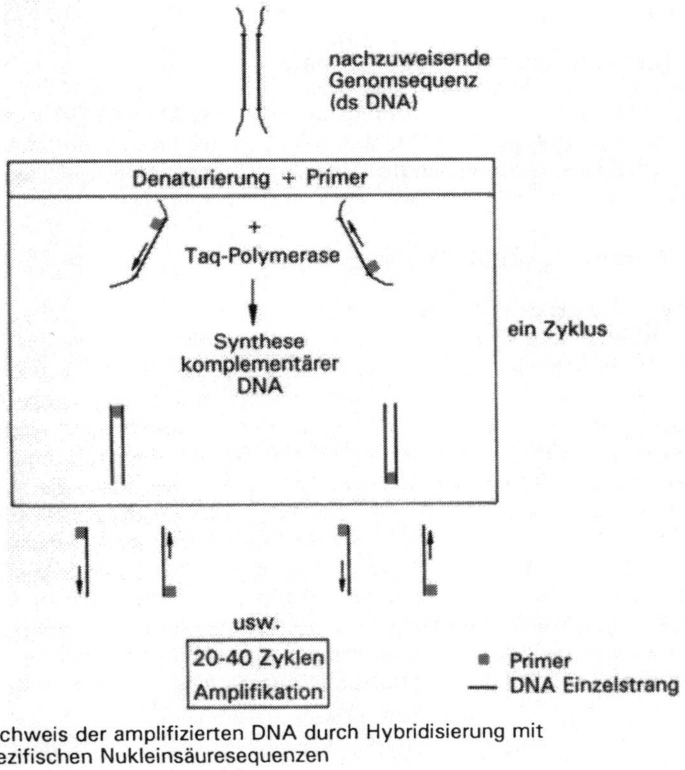

Abb. 1-26: „Polymerase Chain Reaction" (PCR):
Der aus dem Patientenmaterial isolierten denaturierten DNA werden Primer (synthetische Oligonukleotide) zugegeben. Diese Primer hybridisieren mit komplementären Abschnitten der DNA. Der zwischen den beiden Oligonukleotiden befindliche DNA-Teil wird dann durch eine Taq-Polymerase (aus einem thermophilen Bakterium) repliziert. Durch Erhitzen (Denaturierung) werden die neusynthetisierten Doppelstränge wieder in Einzelstränge getrennt, und nach Abkühlen beginnt die Reaktion wieder von vorne. Durch mehrere dieser Zyklen (meist 20–40) wird die Virus-DNA um ein vieltausendfaches amplifiziert und kann z. B. durch Hybridisierung nachgewiesen werden.

- „Polymerase Chain Reaktion" Steigerung der Nachweisempfindlichkeit von Nukleinsäuren

„Polymerase Chain Reaction" (PCR; Polymerase-Ketten-Reaktion) (Abb. 1-26): Durch die PCR konnte die Nachweisempfindlichkeit von Nukleinsäuren um ein vielfaches gesteigert werden, theoretisch kann durch 40 Reaktionszyklen eine Amplifikation von 10^{13} erreicht werden. Bei dieser Methode wird zunächst die zu untersuchende DNA extrahiert, gentechnologisch amplifiziert und durch Hybridisierung mit markierter komplementärer Virusnukleinsäure die amplifizierte DNA nachgewiesen.

Nachweis spezifischer Antikörper

1.7.5 Nachweis spezifischer Antikörper

drei Antikörperklassen sind für die Diagnostik von besonderer Bedeutung:
- IgM-Antikörper
- IgG-Antikörper
- IgA-Antikörper

Eine Virusinfektion kann auch durch den Nachweis virusspezifischer Antikörper diagnostiziert werden. Diese werden vom Wirtsorganismus als Reaktion auf eine Infektion gebildet (humorale Immunabwehr) und können im Blut, gelegentlich auch im Liquor, nachgewiesen werden. Drei Antikörperklassen spielen hierbei eine besondere Rolle. Im Verlauf einer Virusinfektion treten zunächst **IgM-Antikörper** auf, die relativ früh (nach wenigen Wochen oder Monaten) wieder verschwinden. **IgG-Antikörper** treten nur unwesentlich später auf, können jedoch lange Zeit (Jahre, u. U. lebenslang) nachgewiesen werden. **IgA-Antikörper** werden von Schleimhäuten gebildet (sekretorische IgA-Antikörper) und können z. T. auch im Serum nachgewiesen werden. Sie sind für einen lokalen Schutz, z. B. im Respirations- und Gastrointestinaltrakt, vorrangig verantwortlich. IgA-Antikörper verschwinden, ähnlich den IgM-Antikörpern, relativ schnell aus dem Serum.
Im folgenden werden die in der Virologie gebräuchlichsten Testverfahren zum Nachweis virusspezifischer Antikörper beschrieben.

Nichtspezifischer Antikörpernachweis

- Paul-Bunnell-Test

1.7.5.1 Nichtspezifischer Antikörpernachweis

Paul-Bunnell-Test: Bei einer EBV-Infektion (infektiöse Mononukleose) werden sog. „heterophile Antikörper" (IgM-Antikörper) gebildet, die mit Schaf-, Rinder- oder Pferde-, nicht jedoch mit Meerschweinchenerythrozyten agglutinieren können.

Spezifischer Antikörpernachweis

- Komplementbindungsreaktion

1.7.5.2 Spezifischer Antikörpernachweis

Komplementbindungsreaktion (KBR; Abb. 1-27): Zum Nachweis virusspezifischer Antikörper muß ein definiertes Antigen eingesetzt werden. Es kommt zur Bildung eines Antigen-Antikörper-Komplexes, an welchen Komplement binden kann. Diese Bindung wird mit einem Indikatorsystem *(hämolytisches System)* nachgewiesen, welches aus einem „Ambozeptor" (inaktiviertes Antiserum gegen Schaferythrozyten) und Schaferythrozyten besteht. Sind virusspezifische Antikörper vorhanden, so werden diese durch das zugesetzte Antigen gebunden. An diesen Antigen-Antikörper-Komplex kann Komplement binden und steht zur Lyse der mit Ambozeptor beladenen Erythrozyten nicht mehr zur Verfügung. Das Ausbleiben einer Hämolyse zeigt somit indirekt die Anwesenheit von spezifischen Antikörpern an. Sind keine virusspezifischen Antikörper vorhanden, kommt es zu keiner Antigen-Antikörper-Komplexbildung und Komplement wird nicht verbraucht, so daß die mit Ambozeptor beladenen Erythrozyten durch nicht verbrauchtes Komplement lysiert werden.

- Hämolyse-in-Gel-Test

Hämolyse-in-Gel-Test (HiG): Beim HiG werden Erythrozyten mit Antigen (z. B. Röteln- oder Influenzavirus) beschichtet und in ein Agarosegel gegossen. In ausgestanzte Löcher werden zuerst Serum und später Komplement eingefüllt. Enthält das Serum virusspezifische Antikörper, so werden die Erythrozyten lysiert. Dies führt zur Ausbildung eines Hämolysehofs, dessen Größe mit der im Serum enthaltenen spezifischen Antikörperkonzentration korreliert.

- Hämagglutinationshemmtest

Hämagglutinationshemmtest (auch HIRST-Test genannt; gebräuchliche Abkürzungen: HHT, HAHT, HIT, HAH; Abb. 1-28): Im HHT können nur Antikörper gegen Viren nachgewiesen werden, die die Fähigkeit besitzen

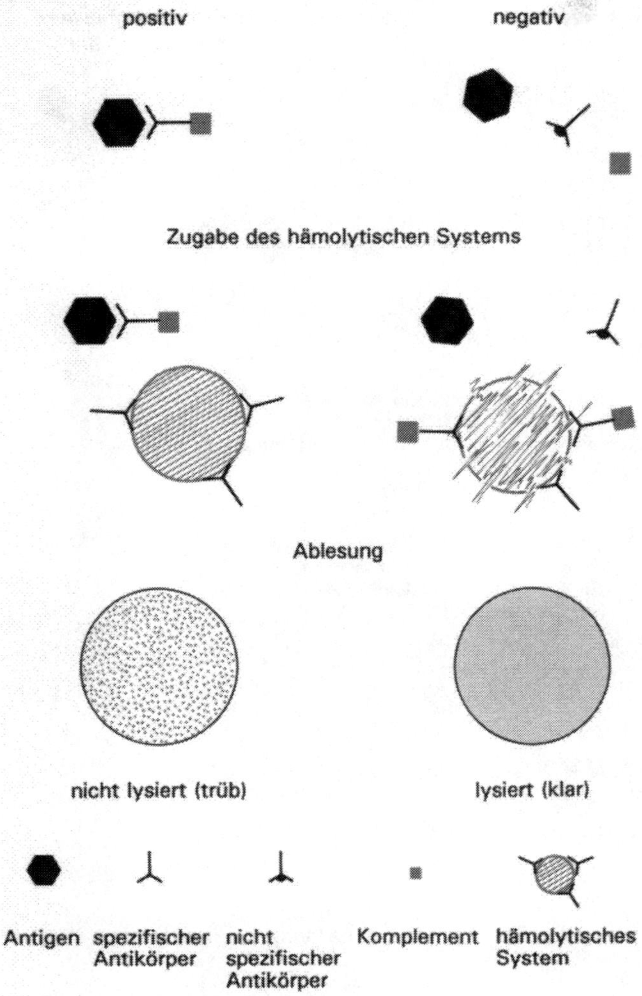

Abb. 1-27: Komplementbindungsreaktion

Erythrozyten zu agglutinieren (Hämagglutination). In einem Serum vorhandene virusspezifische Antikörper binden an virale Hämagglutinine, so daß diese für eine Hämagglutination nicht mehr zur Verfügung stehen.

- Neutralisationstest

Neutralisationstest (NT): Durch Zugabe von vermehrungsfähigen Viren zu einer Serumprobe mit virusspezifischen Antikörpern kommt es zu einer Neutralisation des Virus, so daß eine Vermehrung dieser Viren z. B. in Zellkulturen, im Brutei oder in Versuchstieren nicht mehr möglich ist.

- Latexagglutinationstest

Latexagglutinationstest: Beim Latexagglutinationstest sind virale Antigene an Latexpartikel gebunden. Wird Patientenserum, welches virusspezifische Antikörper enthält, mit diesen Latexpartikeln vermischt, so binden die Antikörper an das virale Antigen, so daß es zu einer innerhalb weniger Minuten mit bloßem Auge sichtbaren Agglutination kommt.

Diagnose einer akuten Infektion durch den Nachweis virusspezifischer IgM-Antikörper
– Immunglobulinklassen-spezifischer Test
– Isolierung von IgM-Antikörpern

Bei den bisher beschriebenen Methoden ist ein *Immunglobulinklassen-spezifischer Antikörpernachweis* nicht möglich, so daß mit diesen die gesamten virusspezifischen Antikörper erfaßt werden. Eine akute Infektion kann durch den Nachweis virusspezifischer IgM-Antikörper diagnostiziert werden. Diese können mit einem Immunglobulinklassen-spezifischen Test (z. B. IFT, ELISA, RIA) nachgewiesen werden. Eine Alternative stellt die Isolierung von IgM-Antikörpern über eine Zuckergradientenzentrifugation oder über die Hochdruckflüssigkeits-Chromatographie (HPLC) dar. Die isolierten IgM-Antikörper können z. B. im HHT oder NT eingesetzt werden.

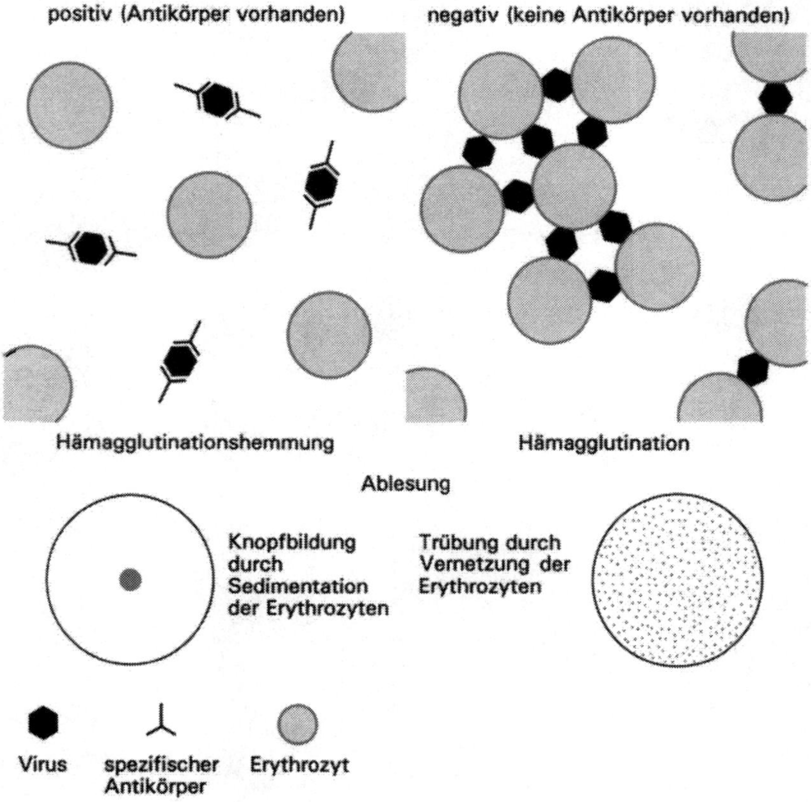

Abb. 1-28: Hämagglutinationshemmtest

Methoden zum Immunglobulinklassen-spezifischen Antikörpernachweis

- indirekter Immunfluoreszenztest
- „Rapid fluorescent focus inhibition test"
- Enzymimmunassay, Radioimmunassay

1.7.5.3 Methoden zum Immunglobulinklassen-spezifischen Antikörpernachweis

Indirekter Immunfluoreszenztest (IFT): Virusantigen wird an einen Träger gebunden. Meist handelt es sich um Objektträger, auf denen virusinfizierte Zellen fixiert sind. Enthält das Patientenserum virusspezifische Antikörper, so binden diese an das Virusantigen. Gebundene Antikörper werden mit fluoreszenzmarkierten anti-human-Antikörpern (anti-human-IgG, anti-human-IgA oder anti-human-IgM) nachgewiesen. Die Beurteilung erfolgt mit dem Fluoreszenzmikroskop, wobei in der infizierten Zelle fluoreszierende antigene Strukturen sichtbar sind.

„Rapid fluorescent focus inhibition test" (RFFIT): Dieser Test wird v. a. in der Tollwutdiagnostik eingesetzt und stellt eine Modifikation des Neutralisationstests dar. Nach Inkubation von Virusantigen und Patientenserum, welches virusspezifische Antikörper enthält, kommt es zur Neutralisation des Virus. Nach Inokulation von suszeptiblen Zellen mit diesem Antigen-Antikörper-Gemisch erfolgt keine Virusvermehrung in den Zellen, so daß mit fluoreszenzmarkierten virusspezifischen Antikörpern in den Zellen keine Virusantigene nachgewiesen werden können.

Enzymimmunassay (ELISA), **Radioimmunassay** (RIA): Prinzipiell sind ELISA und RIA ähnlich aufgebaute Testverfahren. Der wichtigste Unterschied besteht im Nachweissystem. Beim ELISA wird ein Enzym-Substrat-Komplex verwendet und beim RIA radioaktive Substanzen, meist ^{125}J. Der RIA bringt Probleme bei der Entsorgung von Testmaterialien mit sich, so daß heute die meisten Testsysteme auf dem Prinzip des ELISA basieren. Für beide Testverfahren (ELISA und RIA) existieren drei Testprinzipien, der *indirekte* und *„antibody capture"* ELISA bzw. RIA, sowie der *Kompetitions-Test* (Abb. 1-29). Bei letzterem ist keine Differenzierung in Immunglobulinklassen möglich.

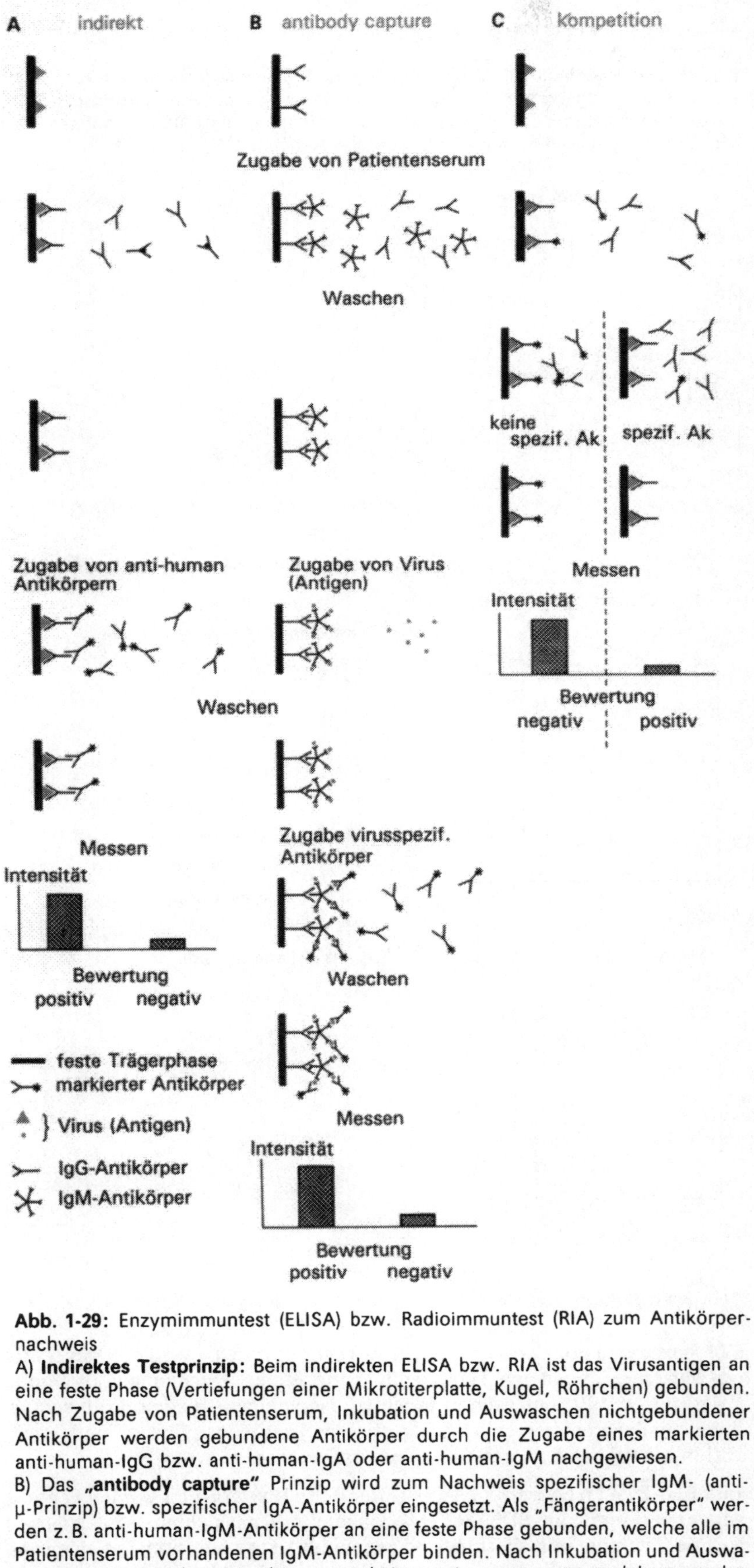

Abb. 1-29: Enzymimmuntest (ELISA) bzw. Radioimmuntest (RIA) zum Antikörpernachweis

A) **Indirektes Testprinzip:** Beim indirekten ELISA bzw. RIA ist das Virusantigen an eine feste Phase (Vertiefungen einer Mikrotiterplatte, Kugel, Röhrchen) gebunden. Nach Zugabe von Patientenserum, Inkubation und Auswaschen nichtgebundener Antikörper werden gebundene Antikörper durch die Zugabe eines markierten anti-human-IgG bzw. anti-human-IgA oder anti-human-IgM nachgewiesen.

B) Das **„antibody capture"** Prinzip wird zum Nachweis spezifischer IgM- (anti-μ-Prinzip) bzw. spezifischer IgA-Antikörper eingesetzt. Als „Fängerantikörper" werden z. B. anti-human-IgM-Antikörper an eine feste Phase gebunden, welche alle im Patientenserum vorhandenen IgM-Antikörper binden. Nach Inkubation und Auswaschen nichtgebundener Antikörper wird Virusantigen zugesetzt, welches von den spezifischen Antikörpern gebunden wird. Nach erneutem Inkubieren und Waschen wird gebundenes Antigen mit markierten virusspezifischen Antikörpern nachgewiesen.

C) Beim **Kompetitionstest** ist Virusantigen an eine feste Phase gebunden. Nach gleichzeitiger Zugabe von Patientenserum und markierten virusspezifischen Antikörpern konkurrieren die im Patientenserum vorhandenen Antikörper mit den markierten virusspezifischen Antikörpern um das Antigen.

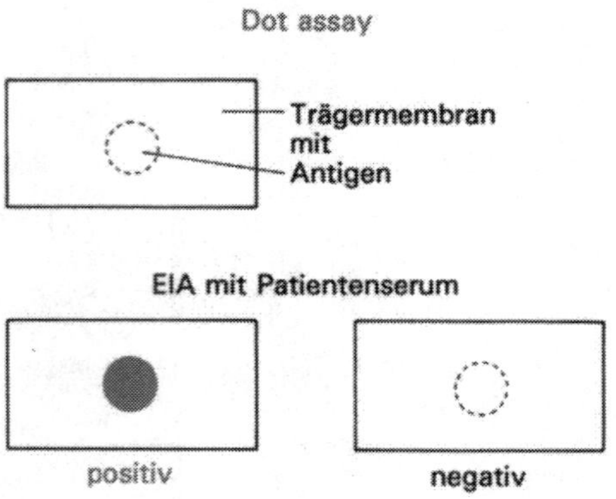

Abb. 1-30: Testverfahren mit einem Antigengemisch

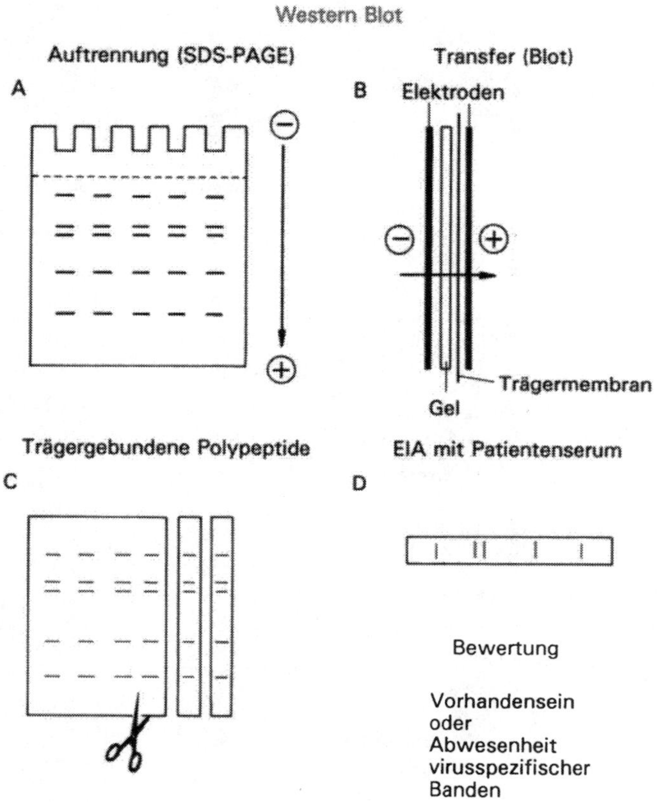

Abb. 1-31: Auftrennung von viralen Polypeptiden nach ihrem Molekulargewicht

• Dot Immunobinding Assay

Dot Immunobinding Assay (DIA; Abb. 1-30): Beim DIA wird das Virusantigen auf einen geeigneten Träger (z. B. Nitrozellulose-Membranen) getropft, fixiert und mit Patientenserum inkubiert. Nach einem Waschschritt werden die gebundenen virusspezifischen Antikörper mit einem Enzym-markierten anti-human-IgG oder -IgM-Antikörper nachgewiesen.

Immuno-Blot (Western-Blot)

Immuno-Blot (Western-Blot; Abb. 1-31): Beim Western-Blot werden Peptide gereinigter Viren im SDS-Gel elektrophoretisch nach ihrem Molekulargewicht aufgetrennt und anschließend ebenfalls elektrophoretisch auf einen geeigneten Träger (z. B. Nitrozellulose) übertragen („geblottet“). Das in Streifen geschnittene Trägermaterial mit virusspezifischen Polypeptidbanden wird mit Patientenserum inkubiert. Virusspezifische gebundene Antikörper werden mit Enzym-markierten anti-human-IgG- oder -IgM-Antikörpern nachgewiesen.

Synthetische Peptide als Antigen

Synthetische Peptide als Antigene: Für die oben angeführten Techniken sind manche Virusantigene nur sehr schwer in hohen Konzentrationen und ausreichender Reinheit zu gewinnen. Ist die Struktur der immunogenen viralen Polypeptide bekannt, so können synthetische Peptide mit ca. 6–20 Aminosäuren produziert und als Antigen in verschiedenen Antikörpernachweissystemen eingesetzt werden. Bei den synthetischen Peptiden besteht jedoch die potentielle Gefahr, daß die Avidität der Antikörper zu den synthetischen Peptiden geringer ist als zu nativen Virusproteinen (ev. durch Diskontinuität der Epitope).

Spezielle Virologie

2 Spezieller Teil

Poxviridae

2.1 Poxviridae

G. Döller

Familie	Gattung	Vertreter
Poxviridae	Orthopoxvirus	Variolavirus, Alastrimvirus
		Vacciniavirus
		Affenpockenvirus
		Kuhpockenvirus
	Parapoxvirus	Orfvirus
		Erreger des Melkerknotens
	(nicht zugeordnet)	Molluscum-contagiosum-Virus

Poxviridae		
Größe	ca. 250–400 nm	Aufbau
Symmetrie	komplex	
Hülle	vorhanden	
Nukleinsäure	dsDNA	Genom
Molekulargewicht	85–240 × 10^6 Dalton	
Replikation u. Zusammenbau	im Zytoplasma	Vermehrung
Freisetzung durch Zytolyse oder Knospung		

Etwa 40 Pockenvirusarten, pathogen für Säuger, Vögel und Insekten, sind bekannt (Poxviridae: engl. pox = Pocken, Blattern).

Viruseigenschaften

Viruseigenschaften: Mit 300–450 nm Länge und 170–260 nm im Durchmesser sind die Poxviridae die größten Viren. Sie besitzen eine äußere Hülle, die eine komplexe Struktur mit einem inneren „Kern“ (Core), der die lineare doppelsträngige DNA enthält, umschließt. Das Genom besteht aus einer doppelsträngigen DNA mit einem Molekulargewicht von 85–240 × 10^6 Dalton. Mehr als 30 Strukturproteine sowie mehrere Enzyme, einschließlich einer DNA-abhängigen Transkriptase, sind bekannt. Alle Pockenviren besitzen ein gemeinsames Nukleoprotein (NP). Die Vermehrung findet im Zytoplasma statt mit einer De-novo-Bildung der Virusmembranen. Die Virusfreisetzung erfolgt durch Zytolyse oder selten durch Knospung.

2.1.1 Variolavirus

Variolavirus

Pathogenese:
- hämatogene Aussaat mit
  - Virusvermehrung im RES
  - Virusvermehrung in den Lymphknoten
- Pustelbildung
- Pockennarben

Pathogenese: Die Virusvermehrung beginnt vermutlich zunächst im *Respirationstrakt.* Es kommt zur asymptomatischen Virämie mit Aussaat in das *Retikuloendotheliale System.* Die Viren vermehren sich in den *Lymphknoten,* wonach eine sekundäre Virämie mit Organmanifestationen und *Pustelbildung* auftritt. Bei generalisierten Infektionen kommt es frühzeitig zu einer Kapillarerweiterung in den Papillen des Koriums mit Anschwellen des angrenzenden Endothels. Lymphozyten, Histiozyten und neutrophile Granulozyten infiltrieren die Haut und bilden interzelluläre Ödeme und Bläschen aus. Nach Ausheilung der Läsionen können permanente *Pockennarben* bestehen bleiben.

Klinik, Verlauf:
Inkubationszeit: ca. 7–17 Tage
- Prodromalstadium
- Eruptionsstadium

Effloreszenzen zeigen alle das gleiche Stadium
- Rekonvaleszenzstadium

Diagnose:
- Virusnachweis
- Virusanzucht
- Antikörpernachweis

Therapie

Prophylaxe

Epidemiologie:
Der letzte Pockenfall ist 1977 in Somalia aufgetreten

Vacciniavirus

Impfvirus
Eine Impfung ist heute nicht mehr indiziert.

Gentechnische Rekombinanten

Tierpathogene Pockenviren können beim Menschen zu Erkrankungen führen

Affenpockenvirus

Pathogenese:
- Virusvermehrung im RES
- Virämie
- Infektion der Epidermiszellen → Exanthem

Klinik, Verlauf:
gleiche Symptome wie bei den klassischen Pocken
Inkubationszeit: ca. 7–15 Tage

Diagnose

Klinik, Verlauf: Die *Inkubationszeit* beträgt ca. 7–17 Tage. Die Möglichkeit einer Ansteckung ist bereits im *Prodromal-* oder *Initialstadium* (2 Tage vor dem Eruptionsstadium) gegeben. Es ist gekennzeichnet durch hohes Fieber, Kopf-, Rücken- und Lendenschmerzen. Variolavirus führt zu einer schweren Verlaufsform (Variola major) bzw. bei Teilimmunen zu einer abgeschwächten Form (Variola mitigata bzw. Variolois). Alastrimvirus zeigt einen milderen Verlauf (Variola minor). Das *Eruptionsstadium* zwischen dem 6. und 10. Krankheitstag ist gekennzeichnet durch Fieberabfall, zentrifugales Exanthem (Macula zu Papula, Vesicula, Pustula und Crusta), bei welchem die Effloreszenzen alle das gleiche Stadium zeigen. Die noch infektiösen Krusten fallen nach 1–3 Wochen ab *(Rekonvaleszenzstadium).* Narben verbleiben v. a. im Gesicht, der Rumpf ist nur schwach betroffen.

Diagnose: Gewebeabstriche können elektronenmikroskopisch direkt untersucht werden. Eine Virusisolierung in geeigneten Zellkulturen oder auf der Chorioallantoismembran von Bruteiern ist möglich. Der Antikörpernachweis erfolgt durch HHT, KBR, ELISA oder NT.

Therapie: Eine spezifische Behandlung existiert nicht.

Prophylaxe: Eine Schutzimpfung erfolgte mit *Vacciniavirus.*

Epidemiologie: Die Pocken waren weltweit verbreitet. Durch ein konsequentes Impfprogramm der Weltgesundheitsorganisation (WHO) konnten die Pocken ausgerottet werden. Der letzte Pockenfall wurde 1977 in Somalia diagnostiziert. Am 8. Mai 1980 wurde die Welt von der WHO als pockenfrei erklärt. Pockenverdacht, Erkrankungs- und Todesfall sind meldepflichtig.

2.1.2 Vacciniavirus

Impfvirus: Das Vacciniavirus (Impfvirus) entspricht in seiner Antigenität vollständig dem Variolavirus. Die Pockenschutzimpfung wurde mit einem Lebendimpfstoff durchgeführt; eine Indikation für diese besteht heute, auch bei Auslandsreisen, nicht mehr.

Gentechnische Rekombinanten: Das Vacciniavirus könnte in Zukunft wieder bei der Impfstoffherstellung an Bedeutung gewinnen (s. IV 1 „Allgemeiner Teil").

Tierpathogene Pockenviren: Das Kuh- und das Affenpockenvirus, sowie das Orfvirus (Ziege, Schaf) und der Erreger des Melkerknotens (Kuh) können beim Menschen eine Erkrankung mit lokalisierten Hauterscheinungen hervorrufen.

2.1.3 Affenpockenvirus

Pathogenese: Der Infektionsweg der Affenpocken ist noch unbekannt. Vermutet wird eine Infektion über minimale Hautabrasionen oder aber über den Respirationstrakt. Während der Inkubationsperiode vermehrt sich das Virus wahrscheinlich innerhalb der Zellen des Retikuloendothelialen Systems (Lymphknoten). Es kommt zur Virämie, und die Epidermiszellen der verschiedensten Körperregionen werden dadurch infiziert, wobei als Folge ein Exanthem auftritt.

Klinik, Verlauf: Die Symptome der Affenpocken sind klinisch von denen der klassischen Pocken nicht zu unterscheiden, außer daß die Lymphknoten früh und sehr auffällig vergrößert sind. Die Inkubationszeit beträgt ca. 7–15 Tage. Nach einem Prodromalstadium von 2–3 Tagen mit Fieber, Kopfschmerzen und extremer Müdigkeit entwickelt sich ein Exanthem im Gesicht und am Körper. Innerhalb von 10 Tagen entwickeln sich folgende Effloreszenzen: Macula zu Papula, Vesicula, Pustula und Crusta. Die Letalität beträgt ca. 16 %. Bei den Überlebenden verbleiben Narben wie nach einer Variolavirus-Infektion.

Diagnose: Eine elektronenmikroskopische Unterscheidung von anderen Viren innerhalb der Poxviridae ist nicht möglich. Eine endgültige Diagnose kann nur durch die Beimpfung der Chorioallantoismembran eines *Bruteis* erfolgen, da sich charakteristische Läsionen ausbilden. In Speziallaboratorien können spezifische Antikörper durch einen RIA nachgewiesen werden.

Therapie

Therapie: Eine spezifische Behandlung existiert nicht.

Prophylaxe

Prophylaxe: Die Schutzimpfung kann mit *Vacciniavirus* durchgeführt werden.

Epidemiologie

Epidemiologie: 1958 wurde das Affenpockenvirus erstmalig in Kopenhagen bei aus Singapur stammenden Cynomolgusaffen isoliert. In Zaire wurde 1970 der erste Fall einer Erkrankung beim Menschen bekannt. Die Infektion erfolgt direkt durch Affen oder deren Organe, einen Zwischenträger gibt es nicht.

2.1.4 Molluscum-contagiosum-Virus

Molluscum-contagiosum-Virus

nur beim Menschen vorkommend

Molluscum contagiosum **(Dellwarze)** kommt weltweit nur beim Menschen vor. Auf der Haut treten charakteristische stecknadelkopf- bis erbsengroße leicht eingedellte Knötchen auf, aus deren zentralem Porus sich eine breiartige, grauweißliche virushaltige Masse ausdrücken läßt. Die Knötchen bilden sich nach einigen Wochen zurück. Infiziert werden Kinder durch direkten engen Kontakt oder indirekt z. B. in Schwimmbädern. Bei Erwachsenen erfolgt die Übertragung auch durch sexuelle Kontakte.

2.2 Herpesviridae

M. H. Wolff

Herpesviridae

Familie	Subfamilie	Gattung	Virusvertreter
Herpesviridae	Alphaherpesvirinae	Herpes-simplex-Virus	Typ 1
			Typ 2
		Varizella-Zoster-Virus	
	Betaherpesvirinae	Zytomegalie-Virus	
	Gammaherpesvirinae	Epstein-Barr-Virus	
	noch nicht zugeordnet	Humanes Herpesvirus Typ 6	

Herpesviridae

Herpesviridae		
Größe	180–200 nm	Aufbau
Symmetrie	ikosaedrisch	
Hülle	vorhanden	
Nukleinsäure	dsDNA	Genom
Polarität		
Molekulargewicht	$80-150 \times 10^6$ Dalton	
Replikation u. Zusammenbau	im Zellkern	Vermehrung
Freisetzung	durch Knospung	

Herpesviren (Herpesviridae: von griech. herpein = kriechen) sind weltweit bei Mensch und Tier verbreitet. Häufig verlaufen die Infektionen inapparent oder subklinisch. Dennoch kann eine Vielzahl sehr ernsthafter Erkrankungen auftreten. Eine wichtige Gemeinsamkeit aller Herpesviren ist die Persistenz im Wirtsorganismus. Fünf humanpathogene Vertreter der Herpesviridae sind bekannt:

5 humanpathogene Vertreter der Herpesviridae: ⇦

- das **Herpes-simplex-Virus** (HSV),
- das **Varizella-Zoster-Virus** (VZV),
- das **Zytomegalie-Virus** (CMV),
- das **Epstein-Barr-Virus** (EBV), sowie
- das Humane **Herpesvirus Typ 6** (HHV 6).

Herpesviren kommen weltweit vor

Persistenz im Wirtsorganismus

Morphologisch unterscheiden sich die Viren nicht voneinander, es bestehen jedoch hinsichtlich der DNA-Sequenzen und der Polypeptidmuster sowie biologisch erhebliche Unterschiede. Die ca. 180–200 nm großen Herpesviren besitzen als Genom eine lineare doppelsträngige DNA mit einem Molekulargewicht von $80-150 \times 10^6$ Dalton. Das Genom wird von einem ikosaedrischen Kapsid, bestehend aus 150 hexagonalen und 12 pentagonalen Kapsomeren, sowie von einem Tegument umgeben. Nach der Replikation im Zellkern erhalten die Herspesviren beim Durchtritt durch die innere Zellkernmembran eine äußere Hülle (Envelope) mit kurzen Oberflächenprojektionen. Der Envelope besteht aus Lipiden, Kohlenhydraten und Proteinen. Daher sind die Viren gegenüber Ether, Chloroform, Detergentien und Säuren empfindlich. Außerhalb ihres Wirtsorganismus sind die Herspesviren wenig stabil.

Herpes-simplex-Virus

2.2.1 Herpes-simplex-Virus (HSV)

Viruseigenschaften

Viruseigenschaften: Die lineare doppelsträngige DNA hat ein Molekulargewicht von 100×10^6 Dalton und kodiert für mehr als 40 Proteine, die noch nicht alle identifiziert sind. Von der viralen DNA werden drei Polypeptidgruppen kodiert, die kaskadenartig im Verlaufe der Replikation synthetisiert werden:

kaskadenartiger Verlauf der Synthese von 3 Polypeptidgruppen:

⇨

- sehr frühe *(immediate early)* und
- frühe *(early)* Polypeptide, welche den Replikationszyklus regulieren,
- späte *(late)* Polypeptide (Strukturproteine), welche das Nukleokapsid bilden, und Polypeptide, die glykosyliert und in die Virushülle eingebaut werden.

Das Wirtsspektrum von HSV variiert im Vergleich zu anderen Herpesviren sehr stark. Die Viren replizieren sich außer in verschiedenen Zellkulturen auch in embryonierten Hühnereiern, sowie in Versuchstieren (Maus, Meerschweinchen).

- HSV-1: orofaziale Infektionen
- HSV-2: genitale Infektionen
  - gemeinsame Antigene
  - DNA-Homologien

Es gibt zwei morphologisch sehr ähnliche Herpes-simplex-Virus-Typen (**HSV-1** und **HSV-2**). Sie besitzen viele gemeinsame Antigene und stimmen zu 40 % in ihrer Basensequenz überein. Trotz serologischer Kreuzreaktion ist es jedoch möglich, HSV-1 und HSV-2 mit Hilfe verschiedener Tests *(Verwendung monoklonaler Antikörper, DNA-Analyse)* voneinander zu unterscheiden. Ein weiterer wichtiger Unterschied zeigt sich in der Lokalisation der Infektion. HSV-1 verursacht hauptsächlich *orofaziale* und HSV-2 vornehmlich *genitale* Infektionen.

Pathogenese:
- Primärinfektion von Schleimhautzellen
  - lokale Vermehrung
  - Transport in Ganglien
  - Latenz
  - Reaktivierung
  - axonaler Transport in die Peripherie
- Faktoren, die zur Reaktivierung führen können:
  - Sonnenbestrahlung
  - Nervenreizung
  - Fieber
  - hormonelle Einflüsse
  - psychische Einflüsse
  - Immunsuppression
- Formen der Reaktivierung:
  - Rekurrenz: asymptomatischer Verlauf
  - Rekrudeszenz: symptomatischer Verlauf

Pathogenese: Die Primärinfektion mit HSV findet in Schleimhautzellen statt. Hier vermehrt sich das Virus lokal, dringt schließlich in die peripheren Endigungen sensibler und autonomer Nervenfasern ein und gelangt mit dem axonalen Transport in die zugehörigen autonomen Ganglien (HSV-1: *Ganglion Gasseri*, HSV-2: *Sakralganglien*). Dort findet zunächst eine aktive Virusproduktion statt. Mit Beginn der Immunität wird diese *produktive* Phase unterdrückt. Während das Virus von der Schleimhaut eliminiert wird, geht in den Neuronen die aktive Infektion in eine *latente* persistierende Infektion über. Durch den Übergang in eine persistierende Infektion in den Ganglien wird einerseits eine Ausbreitung des Virus in das ZNS verhindert, deren Folge eine Enzephalitis wäre, andererseits aber ist die Persistenz die Voraussetzung für *endogene Rezidive.* Durch verschiedene Faktoren, wie Sonnenbestrahlung, Nervenreizung, Fieber, hormonelle und psychische Einflüsse (Streß) sowie durch Immunsuppression kann es zu einer Reaktivierung kommen. In deren Folge wird das Virus axonal in die Epithelzellen des neuralen Versorgungsgebietes transportiert. Dort vermehrt es sich erneut und führt zu virushaltigen Läsionen, die wieder eine Infektionsquelle darstellen. Bei diesem Wiederaufflackern der latenten Infektion unterscheidet man zwischen der *Rekurrenz* (asymptomatischer Verlauf) und der *Rekrudeszenz* (symtomatischer Verlauf) (Abb. 2-1).

Klinik, Verlauf:
Inkubationszeit: ca. 3–9 Tage

- eine primäre **HSV-1-Infektion** verläuft häufig inapparent

Klinik: Verlauf: Die primäre *HSV-1-Infektion* (Inkubationszeit ca. 3–9 Tage) verläuft in ca. 90 % inapparent. Nur in ca. 10 % der Fälle gibt es leichte uncharakteristische Krankheitsbilder. Von diesen wiederum sind nur ein Zehntel klinisch erkennbar. Das häufigste Erscheinungsbild ist die Gingivostomatitis, sie variiert von kleinen kurzanhaltenden Läsionen an der Lippe, Zunge oder Gaumen bis hin zu schweren Erkrankungen mit hohem Fieber. Sie tritt vornehmlich im jüngeren Kindesalter (10 Monate bis 6 Jahre) auf. Beim Säugling erfolgt eine Infektion meist über eine apparente bzw. inapparente Reaktivierung bei der Mutter oder über Primärinfektion bei Geschwistern oder Spielkameraden.

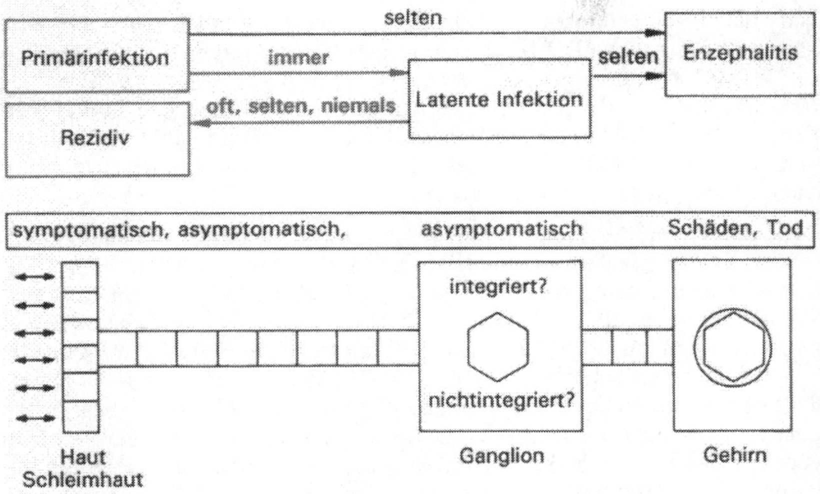

Abb. 2-1: Schema der Pathogenese einer Herpes-simplex-Infektion

Das *HSV-2 (Herpes genitalis)* wird meist durch Geschlechtsverkehr übertragen. Läsionen des Partners sind dabei die Infektionsquelle. Die genitale HSV-2-Infektion kann als Primär- oder häufiger als Sekundärinfektion (nach bereits durchgemachter HSV-1-Infektion) mit Allgemeinsymptomen wie Fieber, Myalgie und Kopfschmerzen ablaufen. Gelegentlich wird auch eine Virusmeningitis beobachtet. Lokale Läsionen können beim Mann an der Glans penis, am Penisschaft, an der Vorhaut und am Skrotum, bei der Frau an den Labien, am Mons pubis, am Perineum, an der Klitoris, in der Vagina und an der Zervix auftreten. Diese Symptome dauern bei Personen ohne vorhergegangene HSV-1-Exposition bis zu 2 Wochen, bei Personen mit bereits vorhandenen HSV-1-Antikörpern sind die Symptome leichter und klingen nach ungefähr einer Woche ab. Wahrscheinlich als Folge einer Schmierinfektion oder durch orogenitalen Kontakt mit HSV-2 findet man gelegentlich Bläschen an Fingern, am Mund (Stomatitis) oder an anderen Körperregionen.

- eine **HSV-2-Infektion** verläuft häufiger als Sekundärinfektion

Die Infektion kann auch völlig asymptomatisch verlaufen, wobei aber infektiöse Viren, die zu einer wichtigen Infektionsquelle für die Mitmenschen werden, entstehen.

asymptomatische Infektionen sind eine wichtige Infektionsquelle

Komplikationen einer HSV-Infektion:

Eczema herpeticatum: Die Haut von Exanthematikern ist durch das Exanthem geschädigt und daher für Infektionen besonders empfänglich. Durch die Inokulation mit dem autologen HSV-Stamm kann es so zu extensiven Effloreszenzen kommen und dadurch zu lebensbedrohlicher Erkrankung mit starkem Flüssigkeitsverlust. Außerdem besteht ein hohes Risiko für bakterielle Superinfektionen.

Komplikationen einer HSV-Infektion

- *Eczema herpeticatum*
  - *z. T. lebensbedrohlich*
  - *hohes Risiko für bakterielle Superinfektion*

HSV-Enzephalitis: Sie ist ein relativ seltenes Ereignis und wurde bei Patienten jeder Altersgruppe beschrieben. Die Erkrankung tritt nicht nur als Folge einer Primärinfektion auf, sondern kann auch durch die Reaktivierung des Virus hervorgerufen werden. Klinisch äußert sie sich als eine rasch progrediente Erkrankung mit Kopfschmerzen und neurologischen Ausfällen, die von Dysphasie, Konvulsionen und Hemiparese begleitet werden und schließlich zum Koma führen können. Fast immer sind die Temporallappen beidseits beteiligt. Die Letalität unbehandelter Patienten liegt bei ca. 70 %. Bei den Überlebenden bleiben häufig neurologische Dauerschäden zurück.

- *HSV-Enzephalitis*
  - relativ selten
  - hohe Letalität

Herpes neonatorum: Der Neugeborenen-Herpes verläuft aufgrund des noch nicht ausgereiften Immunsystems (unreife Monozyten) des Neugeborenen als generalisierte Infektion. Die häufigste Infektionsquelle ist der Geburtskanal, wenn bei der Mutter kurz vor oder zum Zeitpunkt der Geburt eine primäre oder rekurrierende HSV-2-Infektion besteht. In solchen Fällen wird eine Geburt durch Kaiserschnitt empfohlen. Seltener ist die Ursache eine HSV-1-Infektion der Mutter oder anderer Personen (Pflegepersonal/Verwandte). Die Erkrankung führt unbehandelt in etwa der Hälfte der Fälle zum

- *Herpes neonatorum*
  - generalisierte Infektion
  - meist Infektion unter der Geburt
  - ohne Therapie häufig letal oder Entstehung schwerer Dauerschäden

Tod. Bei ungefähr einem weiteren Drittel bleiben lebenslänglich schwere Folgeschäden zurück. Die Häufigkeit des Herpes neonatorum wird mit einer auf 30 000 Geburten angegeben.

• *Herpeskeratitis*

Herpeskeratitis: Bei der Herpeskeratitis treten Läsionen auf dem Epithel der Kornea *(Keratitis dendritica)* mit gelegentlicher Ausbreitung auf das Bindegewebe der Hornhaut *(Keratitis disciformis)* auf. Manchmal werden auch Bläschen auf den Augenlidern beobachtet.

Diagnose:
• Virusnachweis

Diagnose: Zum *Virusnachweis* eignen sich Bläscheninhalt, Schleimhautabstriche, Liquor, gegebenenfalls auch Hirnbiopsien. Morphologisch ist der Virusnachweis mit dem *Elektronenmikroskop* (EM) innerhalb weniger Stunden möglich, ist allerdings mit einigen Nachteilen verbunden. Um überhaupt Virionen im EM zu sehen, müssen im Untersuchungsmaterial mindestens 10^7–10^8 Viruspartikel/ml vorhanden sein. Darüber hinaus ist eine Differentialdiagnose innerhalb der Familie Herpesviridae morphologisch nicht möglich. In gynäkologischen Abstrichmaterial (Zervix-Abstrich), welches nach Papanicolaou gefärbt ist, kann lichtmikroskopisch aufgrund der typischen intranukleären Einschlußkörperchen eine Herpesvirus-Infektion vermutet werden, jedoch ist auch hier eine weitere Differenzierung nicht möglich.

• Virusisolierung

Die *Virusisolierung* auf geeigneten Zellkulturen ist nach wie vor eine sensitive und zuverlässige Methode, mit welcher innerhalb von drei Tagen in ca. 80 % der Fälle die Diagnose gestellt werden kann. Aufgrund des sehr typischen CPE ist nur in wenigen Fällen eine weitere Virustypisierung, z. B. mit monoklonalen Antikörpern, notwendig. Auf der Chorioallantoismembran des embryonierten Hühnereis erscheinen weiße Läsionen. Mikroskopisch sind in den infizierten Zellen typische intranukleäre Einschlußkörperchen zu beobachten.

• Antigennachweis
• Nukleinsäurenachweis

Der *Nachweis virusspezifischer Antigene* mit IFT oder ELISA, sowie der Nachweis virusspezifischer *Nukleinsäure* durch Hybridisierung ist ebenfalls möglich.

• Antikörpernachweis
  – bei Primärinfektionen

Ein signifikanter Titeranstieg (Serokonversion) spezifischer *Antikörper* in einem Serumpaar (Akute-Phase-Serum und Serum aus der 2. oder 3. Krankheitswoche) ist in der Regel nur bei *Primärinfektion* zu erwarten. KBR und ELISA zeigen hierbei gleich gute Ergebnisse. Der Nachweis spezifischer IgM-Antikörper (IFT, ELISA) in einem Einzelserum führt schon am Ende der ersten Krankheitswoche zur Diagnose. Rezidive verursachen in der Regel keinen Titeranstieg.

  – bei Sekundärinfektionen

Bei einer *Sekundärinfektion,* in der Regel einer genitalen HSV-2-Infektion nach vorausgegangener HSV-1-Infektion, sind zwar Titeranstiege möglich, werden aber selten erfaßt. Auch eine IgM-Antwort ist dabei nicht unbedingt zu erwarten. Aufgrund der Antigengemeinschaften zum Varizella-Zoster-Virus (VZV) kommt es auch zu heterologen Titeranstiegen.

  – bei Herpes-Enzephalitis

Zum Nachweis einer autochthonen Antikörperbildung bei einer *Herpes-Enzephalitis* müssen vergleichend spezifische Antikörper in Liquor und Serum bestimmt werden. Hierzu muß die Intaktheit der Bluthirnschranke durch die Bestimmung des Albumingehaltes in Liquor und Serum beurteilt werden.

Therapie:
Eingriff in die virale DNA-Synthese
• Thymidinanaloga
• Guanosinanaloga

Therapie: Für die Therapie standen in der Vergangenheit vor allem *Thymidinanaloga* zur Verfügung, die als Antimetabolite (5-Jod-2'-Desoxyuridin, IUDR; 1-β-D-Arabinofuranosylcytosin, Ara C; 9-β-D-Arabinofuranosyladenin, Ara A; Trifluorothymidin, TFT) in die Virus-DNA-Synthese eingreifen. Diese Präparate zeigten, trotz relativ guter Wirksamkeit, eine hohe Toxizität. Eine wesentlich verbesserte Therapie wurde mit dem *Guanosinanalogon Aciclovir* (ACV; 9-(2-Hydroxyethoxymethyl)-Guanin) erreicht. Dieser Wirkstoff penetriert bevorzugt in HSV-infizierte Zellen. Er dient der HSV-kodierten – nicht jedoch der zellulären – Thymidinkinase als Substrat, was zur Bildung von ACV-Monophosphat führt. Durch zelleigene Enzyme wird Monophosphat in ACV-Triphosphat phosphoryliert und in die virale DNA eingebaut. Der Einbau des Analogons führt schließlich zum DNA-Kettenbruch. Da diese Vorgänge weitgehend auf die virusinfizierten Zellen beschränkt sind, ist die Toxizität für den Patienten relativ gering. Neben der Behandlung akuter Infektionen (Herpes-Enzephalitis, Herpes-Keratitis, Herpes genitalis, Herpes labialis) eignet sich ACV auch für eine zeitlich begrenzte Prophylaxe. Allerdings kann das persistierende, latente Virus in den Ganglien nicht beeinflußt werden, so daß es nach Absetzen der Substanz immer wieder zu Rezidiven kommen kann. Resistente HSV-Stämme wurden in der Zwischenzeit beschrieben.

eine latente, persistierende Infektion wird nicht beeinflußt

Epidemiologie: Symptomatische und asymptomatische Reaktivierung sind die Quelle für die Weiterverbreitung einer HSV-Infektion. Die Übertragung erfolgt durch direkten Schleimhautkontakt bzw. durch Schmier- und Tröpfcheninfektion. Im Erwachsenenalter sind ca. 95% der Bevölkerung mit *HSV-1* durchseucht. Eine *HSV-2*-Infektion erfolgt erst mit Aufnahme des Geschlechtsverkehrs und erreicht in unserer Bevölkerung eine Häufigkeit von ca. 10–20%. Die Durchseuchungsraten für HSV-1 und HSV-2 sind in anderen Ländern und Erdteilen, sowie in verschiedenen sozioökonomischen Bevölkerungsschichten unterschiedlich. Nur bei einem Drittel der Infizierten treten Rezidive auf.

Epidemiologie:
Übertragung durch
– direkten Schleimhautkontakt
– Schmier- und Tröpfcheninfektion

- Infektion mit HSV-1 in Kindheit und früher Jugend
- Infektion mit HSV-2 erst nach Erlangung der Geschlechtsreife

2.2.2 Varicella-Zoster-Virus (VZV)

Varicella-Zoster-Virus

Das Varicella-Zoster-Virus ist der Erreger der **Windpocken** (Varizellen) und der **Gürtelrose** (Zoster). Die Varizellen (Primärinfektion) sind in der Regel eine mild verlaufende, jedoch sehr kontagiöse Erkrankung. Diese äußert sich in einem bläschenförmigen Exanthem der Haut und einem Enanthem der Schleimhaut. Der Zoster ist das endogene Rezidiv und tritt sporadisch auf.

Erreger von
- Windpocken (Primärinfektion)
- Gürtelrose (endogenes Rezidiv)

Viruseigenschaften: VZV ist morphologisch von den übrigen Herpesviren nicht zu unterscheiden. Es ist nur ein antigenetisch einheitlicher Typ bekannt. Biologisch bestehen Unterschiede, die sich unter anderem in der engen Wirtsspezifität zeigen. Eine Anzüchtung in Versuchstieren ist deshalb nicht möglich.

Viruseigenschaften

Pathogenese: Die Eintrittspforte für VZV ist die Schleimhaut des oberen Respirationstraktes. Das Virus vermehrt sich zunächst im retikulohistiozytären System. Nach einer virämischen Phase kommt es zum Auftreten der *Windpocken* mit Exanthem der Haut und Enanthem der Schleimhäute. Nach Abklingen der Exazerbationen wird das Virus nicht aus dem Organismus eliminiert, sondern führt in den Spinalganglien zu einer persistierenden, latenten Infektion. Die bevorzugten Orte der Persistenz sind die Ganglia thoracica (Spinalganglien), sowie das G. trigeminale (G. Gasseri). In Zellkulturen ist der produktive Virusnachweis aus den Spinalganglien (latentes Virus) bisher noch nicht gelungen. Allerdings konnte Virus-DNA und -mRNA im Ganglion Gasseri nachgewiesen werden.
Die *Gürtelrose* (Zoster) ist das endogene Rezidiv der Windpocken und kommt daher nur nach einer früher durchgemachten VZV-Infektion vor. Mit Nachlassen der Immunität tritt sie meist erst viele Jahre nach einer VZV-Infektion auf. Von einer Reaktivierung sind in der Regel ältere bzw. abwehrgeschwächte Personen betroffen. Dabei kommt es zu entzündlichen Veränderungen im Ganglion, in deren Folge eine streng begrenzte zentripetale Ausbreitung des Virus auftritt. Typisch ist eine *einseitige Lokalisation*, meist in den mittleren Thorakalsegmenten (daher Gürtelrose), welche von den befallenen Ganglien innerviert werden. Auch im Trigeminusbereich kann ein Zoster auftreten.

Pathogenese:
Eintrittspforte ist die Schleimhaut des oberen Respirationstraktes

hämatogene Ausbreitung

- Manifestation auf der Haut als generalisierter Ausschlag (Windpocken)

Persistenz von VZV in
– G. trigeminale
– G. thoracica
- Manifestation auf der Haut als lokalisierter Ausschlag (Gürtelrose)

Klinik, Verlauf: Die Inkubationszeit der *Windpocken* beträgt etwa 14–17 Tage. Danach tritt das Exanthem auf, das sich vornehmlich am Stamm, später aber auch im Gesicht, den Gliedmaßen und auf den Wangenschleimhäuten ausbreitet. Die Läsionen entwickeln sich rasch. Es kommt innerhalb von 24 Stunden zur Bläschenbildung. Die Effloreszenzen treten schubweise auf, so daß im gleichen Hautgebiet diese in verschiedenen Entwicklungsstadien (Papeln, Bläschen und Pusteln) beobachtet werden können. Sie verschorfen schließlich und heilen in der Regel ohne Narbenbildung ab. Als *Komplikationen* können Pneumonie oder Enzephalitis auftreten.
Obwohl Erkrankungen bei *schwangeren Frauen* selten vorkommen – dies liegt an der nahezu vollständigen (ca. 95%) Durchseuchung dieser Altersgruppe –, sind kongenitale Defekte bei Neugeborenen, deren Mütter während der Schwangerschaft an Varizellen erkrankt waren, beschrieben worden. Ein er-

Klinik, Verlauf bei Windpocken
Inkubationszeit: ca. 14–17 Tage
- Exanthem und Enanthem
- schubweises Auftreten der Effloreszenzen mit verschiedenen Entwicklungsstadien gleichzeitig
- Abheilung ohne Narbenbildung

- Windpocken bei Schwangeren

höhtes Risiko für schwere neonatale Varizellen besteht bei mütterlichen VZV-Infektionen, 4 Tage vor bis 2 Tage nach der Entbindung, sowie bei Neugeborenen suszeptibler Mütter, da beim Neugeborenen in beiden Fällen mütterliche VZV-Antikörper fehlen. Infektionen im ersten Trimenon führen meist zum Abort, selten zur Mißbildung.

- schwerer, generalisierter Verlauf bei Immunsupprimierten

Besonders bei Kindern mit Immundefekten und bei immunsupprimierten Patienten verlaufen VZV-Infektionen generalisiert, protrahiert, häufig mit letalem Ausgang.

Klinik, Verlauf bei Gürtelrose
- vorwiegend sind ältere Personen betroffen
- segmentierte Lokalisation der Effloreszenzen
- Komplikationen am Auge, am Ohr und durch Generalisierung
- häufig Neuralgien

Die *Gürtelrose* tritt vor allem bei älteren Personen auf. Die Windpocken-ähnlichen Effloreszenzen sind segmental lokalisiert und finden sich typischerweise im Thorakalbereich (daher die Bezeichnung Gürtelrose) oder im Versorgungsgebiet des Trigeminus. Bei Virusreaktivierung im Trigeminusbereich können Augenkomplikationen (Zoster ophthalmicus) auftreten. Wird der Nervus facialis betroffen, kommt es gelegentlich zum Befall des Ohrs (Zoster oticus). Eine Dissemination (Zoster generalisatus) wird selten beobachtet. Neuralgische Schmerzen (Zosterneuralgie) werden vor allem bei älteren Patienten beschrieben und können über Monate hinweg andauern.

eine Gürtelrose in der Schwangerschaft ist für das Ungeborene unbedenklich

Eine *Gürtelrose in der Schwangerschaft* ist für das Ungeborene unbedenklich, da über die vorhandenen mütterlichen Antikörper ein Schutz besteht. Äußerst selten tritt auch bei Kleinkindern eine Gürtelrose auf, jedoch nur dann, wenn deren Mütter während der Schwangerschaft eine Windpockenerkrankung durchgemacht haben und es dadurch beim Feten zu einer Primärinfektion gekommen ist.

Diagnose:
- Virusnachweis

Diagnose: Der *Virusnachweis* aus Bläscheninhalt ist elektronenmikroskopisch innerhalb weniger Stunden möglich. Früher war dadurch eine differentialdiagnostische Abgrenzung zu den Pockenviren möglich, da das VZV im Elektronenmikroskop als rundes Partikel gegenüber dem quaderförmigen Pockenvirus erscheint. Eine Differenzierung innerhalb der Herpesvirusgruppe ist jedoch nicht möglich.

- Virusanzucht

Die Isolierung und Anzüchtung von VZV in geeigneten Zellkulturen ist weitaus langwieriger als von HSV. Selbst bei fachgerechter Probenentnahme und optimalen Transportbedingungen wird frühestens nach 4–6 Tagen, in der Regel aber erst nach 8–10 Tagen, ein CPE sichtbar. Dieser ist sehr typisch, so daß weitere Differenzierungsschritte nicht notwendig sind.

- Antigennachweis

Antigen kann innerhalb weniger Stunden mit dem IFT direkt im Abstrichmaterial nachgewiesen werden.

- Antikörpernachweis

Die *serologische Diagnostik* kann mit der KBR oder dem indirekten IFT durchgeführt werden. Hierzu wird ein Serumpaar (Akute-Phase-Serum; Zweitserumabnahme nach ca. 7–10 Tagen) zum Nachweis eines signifikanten Titeranstieges benötigt. Steht kein Serumpaar zur Verfügung, so können bei Windpocken mit dem IFT oder ELISA spezifische IgM-Antikörper nachgewiesen werden. Bei der Manifestation einer Gürtelrose kommt es nicht unbedingt zu einem signifikanten Titeranstieg oder zum Auftreten spezifischer IgM-Antikörper. Zur Klärung der Immunitätslage (z. B. in der Schwangerschaft) eignen sich am ehesten IFT oder ELISA, da mit der KBR einige Monate nach der Primärinfektion häufig keine Antikörper mehr nachweisbar sind.

Therapie und Prophylaxe:
- Aciclovir

Therapie und Prophylaxe: Zur Behandlung von Varizellen-Pneumonien, schwerverlaufenden Windpocken bei Erwachsenen, bei Kindern mit Störungen des Immunsystems, sowie bei schmerzhafter Gürtelrose wird *Aciclovir* eingesetzt.

- Zoster-Immunglobulin

Bei Risikogruppen (z. B. immunsupprimierte Kinder, Schwangere kurz vor der Niederkunft, Neugeborene perinatal erkrankter Mütter) ist zur Verhütung einer VZV-Infektion eine passive Immunisierung mit Zoster-Immunglobulin (ZIG) indiziert. Diese muß aber innerhalb von drei Tagen nach Kontakt durchgeführt werden.

- attenuierter Lebendimpfstoff

Zur aktiven Prophylaxe steht heute ein *attenuierter Lebendimpfstoff* zur Verfügung.

Epidemiologie:
- außerordentlich kontagiös

Epidemiologie: Die Übertragung des außerordentlich kontagiösen VZV erfolgt über Tröpfcheninfektion. Eine weiträumige Übertragung mit dem Luftstrom („Windpocken") scheint möglich zu sein. Epidemien mit einer jahreszeitlichen Häufung im Winter und Frühjahr werden vor allem bei Kindern zwischen dem 2. und 6. Lebensjahr beobachtet. Zum Ende des 2. Lebensjahrzehnts sind bereits 90 % der Bevölkerung durchseucht. Auch der Zoster kann insbesondere bei massiver Ausprägung Quelle für Windpocken sein.

– jahreszeitliche Häufungen im Winter und Frühjahr
– betroffen sind vorwiegend Kinder

2.2.3 Zytomegalie-Virus (CMV)

Zytomegalie-Virus

Ursprünglich aus Speicheldrüsengewebe isoliert, erhielt das Virus zunächst den Namen „salivary gland virus". Seinen endgültigen Namen Zytomegalie-Virus (CMV) (griech. Zytos = Zelle; griech. megas = groß) erhielt der Erreger 1960. Eine Infektion mit CMV führt in infizierten Zellen zur Riesenzellbildung mit typischen intranukleären Einschlußkörperchen (Eulenauge) und gab dem Krankheitsbild (Zytomegalie) seinen Namen.

Viruseigenschaften: Die lineare doppelsträngige DNA hat ein Molekulargewicht von $100-150 \times 10^6$ Dalton und kodiert für mehr als 50 Proteine, die noch nicht alle identifiziert sind.

Viruseigenschaften

Pathogenese: Die Übertragung des Virus von Mensch zu Mensch kann über Speichel, Muttermilch, Urin, Vaginalsekret oder Sperma erfolgen. Eine Infektion durch Organtransplantate oder Bluttransfusionen ist ebenfalls möglich. Nach der häufig inapparenten Erstinfektion verbleibt das Virus in den Zellen, ohne sich zu replizieren (Persistenz). Virusantigen oder Virusnukleinsäure konnten in verschiedenen Organen und Sekreten nachgewiesen werden. CMV persistiert in einer aktiven Form im distalen Teil der Henle-Schleife, sowie in der Parotis.

Pathogenese:
Die Übertragung erfolgt über
– Körperflüssigkeiten und Sekrete
– Organtransplantate
– Bluttransfusionen

Die Infektion führt zu einer lebenslänglichen Immunität, durch exogene oder endogene Schwächung der Abwehrlage ist jedoch der Übergang in ein reproduktives Stadium (Rezidiv) möglich.

Rezidive bei geschwächter Abwehr

Klinik, Verlauf: Kaum eine Virusinfektion verläuft klinisch so vielfältig und häufig uncharakteristisch wie die CMV-Infektion. Es können *prä-, peri-* und *postnatale* Infektionen vorkommen, die asymptomatisch oder schwer verlaufen können.

Klinik, Verlauf:
häufig uncharakteristisch

- *Pränatale Infektion:* Das CMV wird sehr häufig intrauterin auf den Feten übertragen. Fruchtschäden sind überwiegend nach einer Primärinfektion in der Schwangerschaft zu erwarten. Die Inzidenz der intrauterinen Infektion wird mit 0,4–2,5 % der Lebendgeburten angegeben. In weit über 90 % der konnatal Infizierten beobachtet man keine Symptome bei der Geburt, bei 5 % werden uncharakteristische und bei weiteren 5 % typische Manifestationen, wie Hepatosplenomegalie, Ikterus, petechiale Blutungen, Mikrozephalie und geringes Geburtsgewicht, beobachtet. Spätmanifestationen sind psychomotorische Retardierung, Lernstörungen, Hörschäden, Zahndefekte u. a. Eine Korrelation zwischen Zeitpunkt der Infektion und Schweregrad der Schädigung – wie beim Rötelnvirus – gibt es bei der CMV-Infektion nicht. Der Nachweis einer frischen CMV-Infektion in der Schwangerschaft ist keine Indikation für eine Interruptio.

- Pränatale Infektionen
  – intrauterine Übertragung
  – nur bei Primärinfektionen in der Schwangerschaft fruchtschädigend

keine Indikation für eine Interruptio

- *Perinatale Infektion:* Wenn Virus zum Zeitpunkt der Geburt im Zervikalepithel der Mutter nachweisbar ist, beträgt die Infektionsrate beim Neugeborenen etwa 50 %. Im allgemeinen verläuft eine perinatale Infektion bei reifen Neugeborenen asymptomatisch, dagegen treten häufig klinische Erscheinungen nach Austauschtransfusionen bei Frühgeborenen auf.

- Perinatale Infektionen
  – häufig asymptomatischer Verlauf

- *Postnatale Infektion:* Im Kindesalter verläuft eine CMV-Infektion häufig symptomatisch, bei Erwachsenen dagegen meist asymptomatisch oder mit nur vorübergehenden Krankheitserscheinungen, wie bei der infektiösen Mononukleose. Gelegentlich tritt auch eine Hepatitis auf. Schwere Verläufe werden vor allem bei immunsupprimierten Patienten, z. B. bei Transplantatempfängern, beobachtet.

- Postnatale Infektionen
  – bei Kindern häufig symptomatisch
  – bei Erwachsenen meist asymptomatisch

Diagnose: Eine aktive CMV-Infektion kann durch *Virusanzucht* in geeigneten Zellkulturen diagnostiziert werden. Untersuchungsmaterial der Wahl ist Urin. Außerdem ist eine Virusanzucht aus Lymphozyten, Rachenspülflüssigkeit, Zervixsekret und Biopsiematerial möglich. Der CPE auf menschlichen diploiden Fibroblastenkulturen zeigt sich meist erst nach 1–2 Wochen. In

Diagnose:
- Virusanzucht

- Nukleinsäurenachweis
- Antikörpernachweis

diesen Kulturen gelingt jedoch mit einem IFT oder ELISA bereits nach 18 Stunden der Nachweis sehr früher Virusantigene (immediate early antigens). Der *Nachweis viraler Nukleinsäuren* direkt aus Untersuchungsproben ist mit Hilfe der DNA-Hybridisierungstechnik möglich.
Für die *serologische Untersuchung* zum Nachweis spezifischer Antikörper stehen verschiedene Methoden (KBR, NT, IFT, ELISA) zur Verfügung. Da der Nachweis komplementbindender Antikörper für die Diagnose einer aktiven CMV-Infektion nicht immer – insbesondere bei Immunsupprimierten – ausreichend ist, müssen empfindlichere Methoden, wie IFT oder ELISA, angewandt werden, mit denen eine Differenzierung zwischen IgG- und IgM-Antikörpern möglich ist. Der Nachweis von CMV-spezifischen IgM-Antikörpern ist Zeichen einer aktiven Infektion. Das Fehlen von IgM-Antikörpern schließt jedoch eine CMV-Infektion nicht aus.

Prophylaxe und Therapie:
- Ganciclovir
- CMV-Hyperimmunserum

Prophylaxe und Therapie: Einige Nukleosidderivate zeigen zwar in vitro eine gute Wirksamkeit, bei klinischem Einsatz aber auch erhebliche Nebenwirkungen. Eine CMV-Infektion kann mit *Ganciclovir* therapiert werden. Zur Prophylaxe steht CMV-Immunglobulin zur Verfügung, dessen Wirksamkeit jedoch fraglich ist. Zur Therapie ist es nicht geeignet.

Epidemiologie:
weltweit verbreitet

Virusausscheidung über
- Respirationstrakt
- Urogenitaltrakt
- Muttermilch

besonderes Problem bei Immunsupprimierten

Epidemiologie: Das CMV ist weltweit verbreitet. Die Virusausscheidung erfolgt über den Nasen-Rachenraum und über den Urogenitaltrakt. Auch über die Muttermilch kann es zur Virusübertragung kommen, was in den Entwicklungsländern zu einer frühen Durchseuchung der Kinder führt. In diesen Ländern liegt die Durchseuchung im Erwachsenenalter bei ca. 100 %, in Mitteleuropa und in den USA jedoch nur bei etwa 50 %. Ein besonderes Problem stellt die CMV-Infektion bei Immunsupprimierten (Transplantations- und AIDS-Patienten) dar. Bei diesen ist die Prävention vor einer endogenen Reaktivierung sehr schwierig und nicht kalkulierbar.

Epstein-Barr-Virus

2.2.4 Epstein-Barr-Virus (EBV)

Das Epstein-Barr-Virus (EBV) ist das ätiologische Agens der **infektiösen Mononukleose** (Pfeiffersches Drüsenfieber, „kissing disease", Studenten-Krankheit). Weiterhin ist es mit dem im tropischen Afrika vorkommenden **Burkitt-Lymphom** und dem in Südchina verbreiteten **Nasopharynxkarzinom** assoziiert.

Viruseigenschaften:
Virusvermehrung in B-Lymphozyten des Menschen

Viruseigenschaften: Das EBV vermehrt sich vor allem in B-Lymphozyten des Menschen und führt in diesen zu einer persistierenden Infektion.
In vitro konnten Lymphozyten vom Mensch und von bestimmten Neuweltaffen (Marmorset) infiziert werden, was zur Entwicklung zum Teil transformierter kontinuierlicher Zellinien führte. Bei diesen Zellinien gibt es virusproduzierende (producer) und nichtvirusproduzierende Zellen (nonproducer), in denen im Verlaufe der Virusreplikation folgende spezifische Antigene gebildet werden:

Auftreten verschiedener virusspezifischer Antigene im Verlauf einer EBV-Infektion:

⇨

- **EBNA** („Epstein-Barr nuclear antigen") wird im Zellkern exprimiert. Der Nachweis gelingt jedoch nur in Zellinien, die keine anderen EBV-Antigene exprimieren („Raji"-Zellen).
- **EA** („early antigens") werden sehr früh im Verlauf der Virusreplikation im Zytoplasma gebildet.
- **VCA** („viral capsid antigen") sind Strukturproteine des Nukleokapsids. Sie werden im Zytoplasma von Producerzellinien (z. B. in P3HR1-Zellen) synthetisiert und im Zellkern zum Nukleokapsid zusammengefügt.
- **MA** („membrane antigens") sind Proteine, die bei Producerzellinien in die Zytoplasmamembran eingebaut werden. Antikörper gegen diese Antigene besitzen neutralisierende Eigenschaften.

Der Nachweis spezifischer Antikörper gegen diese Antigene sind für den Verlauf und die Diagnostik der Erkrankung von Bedeutung.

Pathogenese: Die Primärinfektion erfolgt oral (kissing disease) und führt zunächst zu einer *lokalen Virusproduktion* in Zellen der Tonsillen. Nach einer massiven Virusvermehrung in lymphoiden Zellen kommt es zur *hämatogenen Ausbreitung* des Virus im gesamten Organismus. Nach einer Infektion ist der Mensch lebenslang immun gegen EBV. Da das Virus in infizierten *B-Lymphozyten lebenslang persistiert,* wird der Mensch zum Virusträger und kann damit zur Infektionsquelle werden. Das EBV persistiert in einer aktiven Form in lymphatischen Zellen und in der Parotis.

Pathogenese:
- lokale Primärinfektion
- hämatogene Ausbreitung
- Persistenz in B-Lymphozyten

Klinik, Verlauf: Das Krankheitsbild der infektiösen Mononukleose ist sehr vielgestaltig und verläuft häufig auch subklinisch. Nach einer Inkubationszeit von ca. 4–7 Wochen kommt es vorwiegend im jugendlichen Alter zu Fieber, Lymphadenopathie, Pharyngitis, Tonsillitis. Auch Spleno- oder Hepatosplenomegalie können auftreten. Seltener wird ein Exanthem oder Enanthem beobachtet. Komplikationen können unter anderem Pneumonie, Myokarditis und Nephritis sein.

Klinik, Verlauf:
Inkubationszeit: ca. 4–7 Wochen
Infektiöse Mononukleose:
- Fieber
- Lymphadenopathie
- Pharyngitis
- Tonsillitis

Diagnose: Das EBV kann aus Rachenabstrich, Leukozyten und Lymphknoten in Nabelschnur-Lymphozytenkultur vermehrt werden. Virale Nukleinsäure kann direkt im Untersuchungsmaterial durch Hybridisierung nachgewiesen werden. Beide Methoden werden jedoch nur in Speziallaboratorien durchgeführt.

Im Diagnostiklabor wird eine EBV-Infektion durch den Nachweis heterophiler (Paul-Bunnell-Test) und spezifischer Antikörper (IFT, ELISA) diagnostiziert. Grundlage des spezifischen Antikörpernachweises sind die oben erwähnten Antigene. In der akuten Krankheitsphase steigen IgM- und IgG-Antikörper gegen VCA rasch an. Während die IgG-Antikörper lebenslang erhalten bleiben, sind VCA-IgM-Antikörper nur ca. 1–3 Monate nachweisbar. IgG-Antikörper gegen EA erscheinen bei ca. 80–90 % der Patienten nur wenige Tage nach Auftreten von VCA-Antikörper und sind bis zu einem Jahr nach einer frischen Infektion nachweisbar. Antikörper gegen EBNA steigen erst in der Rekonvaleszenzphase an und persistieren lebenslang (Abb. 2-2).

Diagnose:
- Virusnachweis
- Nukleinsäurenachweis
- Antikörpernachweis
  - heterophile Antikörper
  - spezifische Antikörper

Therapie: Nukleosidanaloga, die bei anderen Herpesviruserkrankungen angewandt werden, befinden sich noch in klinischer Erprobung.

Therapie:

Epidemiologie: Die Mehrzahl der EBV-Infektionen verläuft asymptomatisch. Auf etwa 2 000 Infektionen kommt wahrscheinlich nur 1 Erkrankungsfall. Serologisch-epidemiologische Untersuchungen zeigten, daß die *infektiöse Mononukleose* weltweit verbreitet ist. Die Durchseuchung von Bevölkerungsgruppen mit niedrigem sozioökonomischen Status erfolgt bereits in der frühen Kindheit im Gegensatz zu Gruppen mit hohem sozioökonomischen Status. Bei letzteren erfolgt die Infektion im Adoleszenten- oder im jungen Erwachsenenalter.

Das *Burkitt-Lymphom* ist ein malignes Lymphoepitheliom, kommt mit hoher Inzidenz bei Kindern in Afrika und Neuguinea vor und ist in Gebieten mit hoher Malaria-Inzidenz endemisch.

Epidemiologie:
- Infektiöse Mononukleose: weltweit verbreitet
- Burkitt-Lymphom: Afrika, Neuguinea

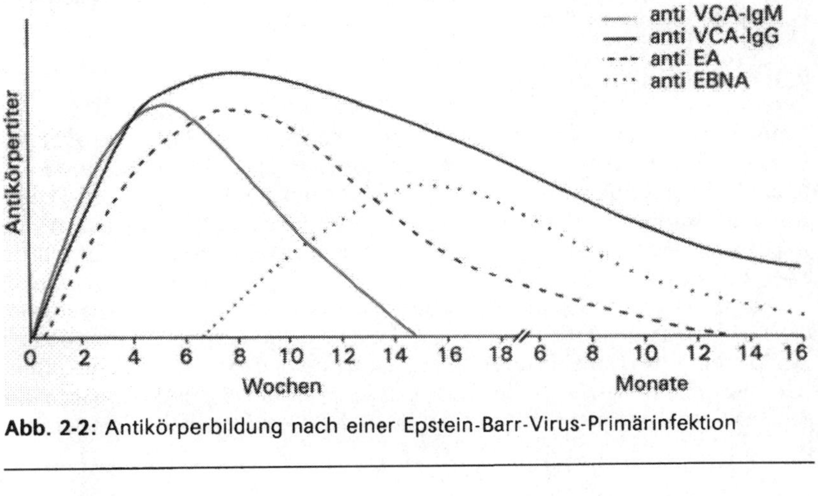

Abb. 2-2: Antikörperbildung nach einer Epstein-Barr-Virus-Primärinfektion

• Nasopharynxkarzinom: China

Das *Nasopharynxkarzinom* wird vor allem bei Menschen in den südlichen Provinzen Chinas beobachtet. Es tritt dort mit einer Häufigkeit von 1:10 000 auf. Neben der EBV-Infektion scheinen bei der Ätiologie eine genetische Prädisposition sowie bisher unbekannte Umweltfaktoren eine Rolle zu spielen.

Humanes Herpesvirus Typ 6

bei Immunsupprimierten und AIDS-Patienten nachgewiesen

2.2.5 Humanes Herpesvirus Typ 6 (HHV6)

Bei Immunsupprimierten und AIDS-Patienten wurde ein bisher nicht bekanntes Herpesvirus isoliert und als Humanes Herpesvirus Typ 6 (HHV6) bezeichnet. Untersuchungen des Genoms zeigten keine Homologien zu den anderen humanen Herpesviren mit Ausnahme zum CMV. Das Genom dieses lymphotropen Virus wurde in infizierten B- und T-Lymphozyten nachgewiesen.

Übertragung durch Tröpfchen oder andere Körperflüssigkeiten

Die Übertragung erfolgt durch Tröpfcheninfektion. Es ist aber auch eine Infektion durch andere Körperflüssigkeiten möglich. Das Virus führt in der Regel zu einer lytischen Infektion der lymphatischen Zellen. Diskutiert wird der Zusammenhang der HHV6-Infektion mit folgenden Erkrankungen: chronisches Müdigkeitssyndrom, lymphoproliferative Erkrankungen, Autoimmunerkrankungen.

Diagnose:
• Antikörpernachweis möglich
• Virusnachweis möglich
• Nukleinsäurenachweis möglich

Diagnose: *Spezifische Antikörper* wurden bei 30–70 % der Patienten mit Abwehrschwäche (einschließlich AIDS), jedoch nur bei 7–19 % gesunder Kontrollpersonen gefunden. Der *Virusnachweis* erfolgt durch Kokultivation von infizierten Blutlymphozyten, Knochenmarkszellen oder Lymphomzellen mit Nabelschnurlymphozyten. Virusgenom in infizierten Zellen wird durch In-situ-Hybridisierung und Antikörper im Serum werden mit dem IFT nachgewiesen.

Hepadnaviridae

2.3 Hepadnaviridae

M. H. Wolff

Familie — Vertreter

Hepadnaviridae ── Hepatitis-B-Virus (HBV)
└── Animale Hepatitisviren

Zur Familie der Hepadnaviridae (Hepadnavirus = Zusammensetzung aus **Hep**atitis-**a**ssoziierte **DNA**-Viren) gehören außer verschiedenen tierpathogenen Hepatitisviren (z. B. Waldmurmeltier, Pekingente u. a.) das humanpathogene Hepatitis-B-Virus (HBV). Im Jahre 1964 beschrieb Blumberg erstmals bei australischen Ureinwohnern ein Antigen, welches in der Folge als Australia-Antigen bezeichnet wurde. Dieses, durch Zufall mit Hepatitiden in Verbindung gebrachte Antigen wird heute als HBsAg (Oberflächenantigen des Hepatitis-B-Virus) bezeichnet. Hepatitis-B-Virus ist nicht nur Ursache einer akuten Hepatitis-B-Infektion, sondern ist auch an der Entstehung von chronischen Lebererkrankungen, Leberzirrhose und primärem Leberzellkarzinom beteiligt.

Hepatitis-B-Virus

Viruseigenschaften:

Hepadnaviridae

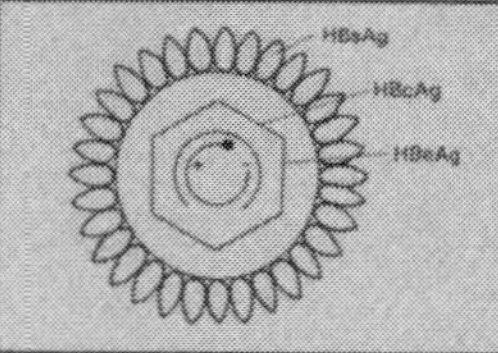

Größe	42–45 nm	Aufbau
Symmetrie	ikosaedrisch	
Hülle	vorhanden	
Nukleinsäure	zirkuläre ss/dsDNA	Genom
Molekulargewicht	1,6–2,1 × 10^6 Dalton	
Replikation	im Zellkern	Vermehrung
Zusammenbau	im Zytoplasma	
Freisetzung	vermutlich durch Knospung	

• HBsAG: Oberflächenantigen
• HBcAg: „Core"-Antigen
• HBeAg: „e"-Antigen

2.3.1 Hepatitis-B-Virus (HBV)

Viruseigenschaften: Das komplette Virion, nach seinem Entdecker auch als Dane-Partikel bezeichnet, hat einen Durchmesser von 42–45 nm. In der Lipidhülle ist das Hepatitis-B-Oberflächenantigen (HbsAg) lokalisiert. Dieses Antigen wird während der Virusreplikation im Überschuß produziert, in das Blut abgegeben und ist dort bei infizierten Personen nachweisbar. Es tritt in zwei Formen auf, als sphärisches oder als tubuläres Partikel mit einem Durchmesser von ca. 22 nm. Man unterscheidet Subtypen des **HBsAg**, denen die Antigenkomponente a gemeinsam ist. Die als adw, ayw, adr und ayr bezeichneten Subtypen spielen nur eine epidemiologische, jedoch keine klinische und diagnostische Rolle. Das Kapsid wird vom **HBcAg** (Hepatitis-B-core-Antigen) und dem **HBeAg** gebildet. HBe-Antigen ist wahrscheinlich eine kryptische Komponente des HBc-Ag. Das Genom des Virus besteht aus einer zirkulären, teilweise einzelsträngigen DNA mit einem Molekulargewicht von $2,1 \times 10^6$ Dalton. Außerdem besitzt das Virus eine spezifische DNA-Polymerase, eine reverse Transkriptase, sowie eine HBV-assoziierte Phosphokinase.

Pathogenese: Das HBV gelangt parenteral durch Inokulation von infektiösem Blut oder anderen Körperflüssigkeiten in den Organismus. Hämatogen (Virämie) gelangt das Virus in die Hepatozyten, in denen die Replikation stattfindet, wobei die Leberzellen wahrscheinlich nicht direkt durch das Virus zerstört werden. Durch Veränderung der Antigenität der Zelloberfläche werden die infizierten Zellen von der körpereigenen Immunabwehr als fremd erkannt und eliminiert. Nach Replikation in den Hepatozyten wird HBV nicht wie HAV über die Gallengänge in den Darm ausgeschieden, sondern gelangt direkt ins Blut.

Pathogenese:
parenterale Übertragung durch
- Blut
- andere Körperflüssigkeiten

die Veränderung der Antigenität infizierter Hepatozyten führt zur Zerstörung derselben durch die körpereigene Abwehr

Klinik, Verlauf: Häufig verläuft die Infektion inapparent oder subklinisch. Die Inkubationszeit liegt meist zwischen ca. 6 Wochen und 6 Monaten. Ein bis zwei Wochen vor der ikterischen Phase kommt es zu prodromalen Erscheinungen wie Unwohlsein, Übelkeit und Erbrechen. Bereits vor und während dieser Zeit besteht die Gefahr einer Virusübertragung durch seröse Körperflüssigkeiten. Nach 2–4 Wochen beginnt die Genesungsphase. Ca. 0,5–1 % der Hepatitis-B-Erkrankungen nehmen einen fulminanten Verlauf mit letalem Ausgang. Bei etwa 5–10 % der Patienten kann sich im Erwachsenenalter eine *chronische Hepatitis* entwickeln. Dabei unterscheidet man sog. *asymptomatische HBsAg-Träger*, Patienten mit chronisch persistierender oder chronisch aktiver Hepatitis. Letztere kann in eine Leberzirrhose übergehen. Als besondere Folge der chronischen HBV-Infektion kann sich mit oder ohne vorausgegangene Leberzirrhose ein *primäres Leberzellkarzinom* entwickeln.
Eine Infektion während der *Schwangerschaft* führt nach heutigem Wissensstand nicht zu Mißbildungen der Frucht. Bei Müttern mit chronischem Trägerstatus oder mit akuter HBV-Infektion besteht für das Kind ein Infektionsrisiko, in dessen Folge es zu chronischem Trägerstadium, zu chronischer Hepatitis, zu fulminanter Hepatitis, sowie zum Leberzellkarzinom kommen kann. Eine besondere Gefahr besteht für Neugeborene von Müttern, die neben HBsAg auch HBeAg aufweisen.

Klinik, Verlauf:
- häufig inapparent oder subklinisch

Inkubationszeit: ca. 6 Wochen bis 6 Monate
- akute Hepatitis
- chronische Hepatitis
  - chronisch persistierend
  - chronisch aktiv
- asymptomatische Träger
- primäres Leberzellkarzinom
- HBV-Infektion während der Schwangerschaft

Diagnose: Ein direkter Erregernachweis durch Virusanzucht in Zellkulturen ist nicht möglich. In besonderen Fällen kann virale DNA im Serum von Infizierten nachgewiesen werden.
Die Diagnose einer HBV-Infektion wird aus dem Serum gestellt und beruht auf dem Nachweis (RIA, ELISA) der verschiedenen viralen Antigene (HBsAg, HBeAg) und der gegen diese im Verlauf der Infektion induzierten

Diagnose aus Serum
- Nukleinsäurenachweis
- Antikörpernachweis
- Antigennachweis

Tab. 2-1: Interpretation serologischer Marker bei HBV-Infektionen

Serologische Marker bei HBV-Infektionen

HBs Ag	HBe Ag	Anti-HBe	Anti-HBc IgG	Anti-HBc IgM	Anti-HBs	Interpretation	Infektiosität des Blutes
+	+	–	(+)	+	–	Inkubationszeit	hoch
+	+	–	+	+	–	akute Hepatitis B oder chron. Träger	hoch
+	–	+	+	+	–	spätes Stadium oder chron. Stadium	gering
–	–	+	+	–	+	Rekonvaleszenz nach akuter HBV-Infektion	keine
–	–	–	+	–	+	zurückliegende HBV-Infektion	keine
–	–	–	+	–	–	zurückliegende HBV-Infektion mit nicht nachweisb. anti-HBs	fraglich
–	–	–	+	+	–	frühes rekonval. Stadium	keine
–	–	–	–	–	+	geimpft	keine

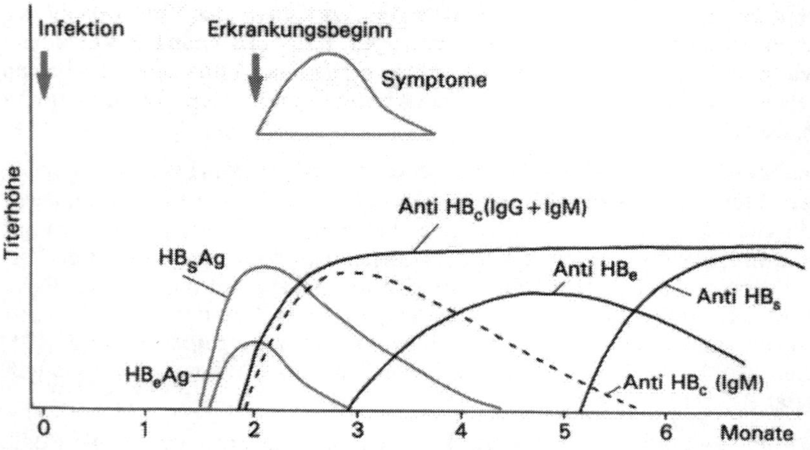

Abb. 2-3: Antigen- und Antikörperbildung bei einer akuten HBV-Infektion

Antikörper (Anti-HBs, Anti-HBc-IgM, Anti-HBc-IgG, Anti-HBe) (Tab. 2-1 und Abb. 2-3). HBcAg kann nur im Kern von Hepatozyten mit dem IFT nachgewiesen werden.

Therapie:

Therapie: Eine spezifische Therapie gibt es bei der Hepatitis B nicht. Ansätze einer Behandlung der chronisch aktiven Form mit Interferon haben nur begrenzte Erfolge erzielt. Antivirale Chemotherapeutika waren bisher erfolglos.

Prophylaxe und Schutzimpfung:
- passive Immunisierung
  - Hepatitis-B-Immunglobulin

Prophylaxe und Schutzimpfung: Bei Exposition mit HBV-haltigem Material (z. B. bei Laborunfällen, Nadelstichverletzungen) steht zur *passiven Immunisierung* ein hochtitriges Hepatitis-B-Immunglobulin (HBIG) zur Verfügung. Dieses sollte innerhalb von 6 Stunden nach Kontakt verabreicht werden. Bei alleiniger einmaliger Immunglobulingabe hält der Schutz etwa 10–12 Wochen an. Wegen der langen Inkubationszeit wird daher zusätzlich zur passiven Immunisierung eine *aktive Immunisierung* (simultane Aktiv-Passiv-Immunisierung) durchgeführt.

- aktive Immunisierung
  - Gabe von HBsAg
  - Impfschema beachten
  - Impferfolg kontrollieren

Da HBV nicht in Zellkulturen vermehrt werden kann, wurde längere Zeit der Impfstoff aus Seren von HBsAg-Trägern oder aus Seren von chronisch HBV-Infizierten gewonnen (Impfstoff der 1. Generation). Als Impfstoff wurde eine gereinigte und inaktivierte HBsAg-Präparation verabreicht. Seit 1986 steht eine gentechnologisch hergestellte Vakzine zur Verfügung (Impfstoff der 2. Generation). Dazu wurden die für das HBsAg-kodierenden Genomabschnitte zunächst in E. coli-Plasmiden kloniert und danach in Hefezellen amplifiziert.

Je nach Impfstoffhersteller werden 3–4 Impfdosen am Tag 0, nach 1 und 6 Monaten bzw. am Tag 0, nach 1, 2 und 12 Monaten verabreicht. Eine Überprüfung des Impferfolges ist unbedingt notwendig, da die Schutzwirkung individuell unterschiedlich ausfallen kann. Eine Kombination von HBV-Vakzine mit Interleukin 2 (Impfstoff der 3. Generation) befindet sich derzeit in klinischer Erprobung. In diesem neuen Impfkonzept wird zum ersten Mal eine körpereigene biologische Substanz (Interleukin 2), die die Immunantwort zusätzlich verstärkt, verwendet. Bei der Applikation an Dialysepatienten, die nur sehr schlecht oder gar nicht auf die herkömmlichen Hepatitis-B-Schutzimpfungen ansprachen, wurden erste positive Erfahrungen gemacht.
Eine Hepatitis-B-Schutzimpfung wird bei folgenden Personengruppen empfohlen:

Personengruppen, für die eine Hepatitis-B-Schutzimpfung empfohlen wird

⇨

- Medizinisches und zahnmedizinisches Personal mit direktem Kontakt zu Patienten, Blut, Gewebe oder Körpersekreten;
- Patienten, denen häufig Blut oder Blutbestandteile übertragen werden (z. B. Hämophile, Dialysepatienten);
- Patienten in psychiatrischen Anstalten oder Fürsorgeeinrichtungen, Zerebralgeschädigte oder Verhaltensgestörte;

- Neugeborene HBsAg-positiver Mütter;
- Homosexuelle;
- Prostituierte;
- Fixer;
- Geschlechtspartner und eventuell Familienangehörige von chronisch Infizierten.

Epidemiologie: Weltweit werden 200 Millionen Personen mit einer chronischen HBV-Infektion vermutet. Etwa 6–20% der Bevölkerung Südafrikas und Südostasiens sind HBsAg-Träger, in der BRD sind es nur ca. 0,2–0,4% der Einheimischen. Die Übertragung von HBV erfolgt parenteral und in Ländern mit hoher Prävalenz vorwiegend von der Mutter auf das Neugeborene. Durch Überwachung von Blut und Blutprodukten, sowie durch Schutzimpfung von medizinischem und zahnmedizinischem Personal konnte die Zahl der Infektionen reduziert werden. Dennoch besteht eine potentielle Infektionsgefahr u. a. für Fixer, für Personen mit häufig wechselndem Geschlechtsverkehr sowie für Sexualpartner HBsAg-positiver Personen.
Im Krankenhaus ist eine Isolierung von Patienten mit akuter oder chronischer Hepatitis B nicht erforderlich, wenn die vorgeschriebenen hygienischen Maßnahmen eingehalten werden können.

Epidemiologie:
Vermutlich 200 Millionen Menschen weltweit betroffen

Vor allem ist zu beachten, daß bereits kleinste Blutmengen HBV enthalten können. Im Bereich der Krankenversorgung kommen die meisten Infektionen durch Nadelstiche zustande. Ein möglicher Blutkontakt (Blutabnahme, Laborarbeiten) kann durch das Tragen von Einmalhandschuhen reduziert werden.

wichtige Hygienemaßnahmen: ⇐

2.3.2 Hepatitis-D-Virus (HDV)

Hepatitis-D-Virus

Viruseigenschaften: Beim Hepatitis-D-Virus (HDV), früher Delta-Agens genannt, handelt es sich um ein *defektes Virus*, das für seine Replikation auf die *Helferfunktion* des HBV angewiesen ist. HDV hat einen Durchmesser von ca. 35–37 nm. Das Nukleokapsid besteht aus Protein (eigentliches Delta-Antigen) und einer einzelsträngigen, zirkulären RNA mit einem Molekulargewicht von $5{,}5 \times 10^5$ Dalton, welche keine Homologie mit der HBV-DNA aufweist. *Das Nukleokapsid wird vom HBsAg umhüllt.*

Viruseigenschaften:
- defektes Virus
- benötigt HBV als Helfervirus

Pathogenese: Eine HDV-Infektion ist nur bei gleichzeitiger HBV-Infektion möglich. Sie kann *simultan mit HBV* oder als *Superinfektion bei HBsAg-Trägern* auftreten. Während es bei der Simultaninfektion klinisch keinen Unterschied zu einer akuten HBV-Infektion gibt, führt eine Superinfektion häufig zu schweren, auch fulminant und tödlich verlaufenden Erkrankungen oder zu chronischen Verläufen.

Pathogenese:
- simultane Infektion mit HBV
- Superinfektion von HBsAg-Trägern

Diagnose: Der *direkte Nachweis von Delta-Antigen* in Leberbiopsien ist mit dem IFT sowohl bei akuter wie auch chronischer HDV-Infektion möglich. Im Serum kann das Delta-Antigen nur kurze Zeit während der akuten Phase mit RIA oder ELISA nachgewiesen werden.
Die Diagnose erfolgt meist nur durch den *Nachweis spezifischer IgG- und IgM-Antikörper* im RIA oder ELISA. Spezifische IgM-Antikörper findet man nur während der akuten Phase, IgG-Antikörper auch noch später (Abb. 2-4). Delta-Virus-RNA kann durch *Hybridisierung* mit c-DNA im Serum bestimmt werden.

Diagnose:
- Antigennachweis
- Antikörpernachweis
- Nukleinsäurenachweis

Therapie und Prophylaxe: Eine spezifische Therapie existiert nicht. Durch eine Hepatitis-B-Impfung wird auch das Risiko einer HDV-Infektion wesentlich verringert.

Prophylaxe durch Hepatitis-B-Impfung

Epidemiologie: HDV wird vermutlich wie HBV parenteral übertragen. Seroepidemiologische Studien zeigen, daß die Durchseuchung in Süditalien, in Westafrika sowie in einigen arabischen Golfstaaten am höchsten ist. Einem besonderen Risiko für eine HDV-Infektion sind Drogenabhängige sowie Hä-

Epidemiologie:
- parenterale Übertragung
- besonderes Risiko für
  - Fixer
  - Hämophile

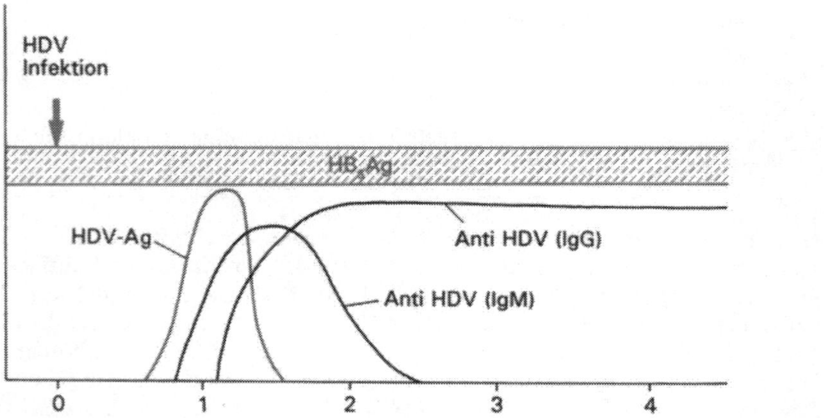

Abb. 2-4: Antigen- und Antikörperbildung bei einer HDV-Infektion eines HBsAg-Trägers (Superinfektion)

mophile ausgesetzt. Bei HBsAg-positiven Fixern in Europa wurde bei 33–75 % auch eine HDV-Infektion beobachtet.

Adenoviridae

2.4 Adenoviridae

G. Döller, M. H. Wolff, P. C. Döller

Familie	Gattung		Serotypen
Adenoviridae	Mastadenovirus	Subgenus A	– 12, 18, 31
		Subgenus B	– 3, 7, 11, 14, 16, 21, 34, 35
		Subgenus C	– 1, 2, 5, 6
		Subgenus D	– 8, 9, 10, 13, 15, 17, 19, 20, 22–30, 32, 33, 36, 37, 38, 39, 42
		Subgenus E	– 4
		Subgenus F	– 40, 41
	Aviadenovirus		

Viruseigenschaften

Adenoviridae		
Größe	70–90 nm	Aufbau
Symmetrie	ikosaedrisch	
Hülle	keine	
Nukleinsäure	linear, dsDNA	Genom
Molekulargewicht	$20-25 \times 10^6$ Dalton	
Replikation u. Zusammenbau	im Zellkern	Vermehrung
Freisetzung	durch Zytolyse	

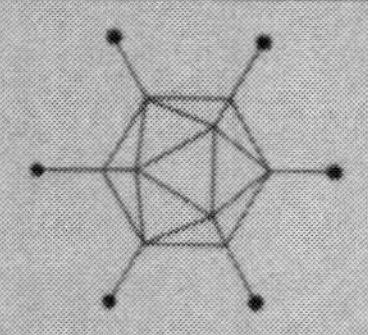

Viruseigenschaften: Die Gattung Mastadenovirus kommt bei Säugern vor, und die Gattung *Aviadenovirus* (griech. adenos = Drüse) ist bei Vögeln endemisch. Die Virionen der Adenoviren sind hüllenlos, von kubischer Symmetrie und besitzen 252 Kapsomeren. Zwölf davon (Pentamere) sind an den Ecken des Virions lokalisiert und tragen v. a. speziesspezifische Epitope, die verbleibenden 240 Kapsomere (Hexamere) besitzen v. a. genus- und subgenusspezifische Epitope. Das Genom besteht aus einer doppelsträngigen, linearen DNA mit einem Molekulargewicht von $20-25 \times 10^6$ Dalton. Im Zellkern erfolgt die Replikation und der Zusammenbau der Virionen und im Zytoplasma die Synthese der Polypeptide. Die infektiösen Viruspartikel werden durch Lyse der Wirtszelle freigesetzt.

Pathogenese:
vorwiegend Virusvermehrung in Epithelzellen von
- Pharynx
- Konjunktiven
- Ileum

der Krankheitsprozeß ist meist lokalisiert

Pathogenese: Der Hauptvermehrungsort von Adenoviren sind Epithelzellen im Pharynx, in der Konjunktiva und im Ileum. Charakteristisch für Adenoviren sind ihre Fähigkeiten, die Expression von m-RNA der Wirtszelle abzuschalten und die Bildung von Adenovirus-Strukturproteinen im Überschuß zu induzieren. Diese liegen dann als intranukleäre Einschlußkörperchen vor. Meist bleibt der Krankheitsprozess lokalisiert, da das Virus selten weiter als bis in die ableitenden Lymphwege gelangt. Das Freisetzen der infektiösen Viruspartikel durch Zellzerstörung (Lyse) führt zu Schleimhautschädigungen. Bei schweren Adenovirus-Pneumonien sind die intranukleären Einschlüsse in den Alveolarzellen charakteristisch. In den Zellen des oberen Respirationstraktes kommt es zu einer Schädigung der Flimmerepithelzellen und damit zu einem gestörten Clearance-Mechanismus.

Klinik, Verlauf: Eine Vielzahl verschiedener Krankheitsbilder werden durch Adenoviren verursacht (Tab. 2-2), wobei Adenovirus-Infektionen häufig (47–55 %) subklinisch verlaufen. Die Inkubationszeit beträgt ca. 5–9 Tage. In den ersten Tagen der Erkrankung erreicht die Virusausscheidung ihr Maximum. Betroffen sind in erster Linie
- das Auge,
- der obere Respirationstrakt,
- die Lunge,
- der Gastrointestinaltrakt.

In seltenen Fällen werden ZNS und Myokard befallen. Adenovirus-Infektionen führen häufig zu jahrelang persistierenden Infektionen, v. a. der Tonsillen, ohne daß Krankheitserscheinungen vorhanden sein müssen.

Klinik, Verlauf:
Inkubationszeit: ca. 5–9 Tage
- häufig subklinischer Verlauf
- häufig jahrelang asymptomatisch persistierende Infektionen

Tab. 2-2: Erkrankungen durch Adenovirus-Subtypen

Syndrome	Krankheitszeichen und Symptome	Serotypen
Erkrankung des oberen Respirationstraktes	Schnupfen, allgemeines Unwohlsein, Pharyngitis, Fieber, Tonsillitis	1–3, 5, 7
Erkrankung des unteren Respirationstraktes	allgemeines Unwohlsein, Husten, Fieber, Bronchitis, Pneumonie	3, 4, 7, 21
Pertussis-Syndrom	Hustenanfälle, Erbrechen, Zyanose	5
Pharyngokonjunktivalfieber	Fieber, Pharyngitis, Konjunktivitis	3, 4, 7
Epidemische Keratokonjunktivitis	Keratitis, Konjunktivitis, Kopfschmerzen, präaurikuläre Lymphknotenschwellung	8, 19, 37
akute hämorrhagische Konjunktivitis	Subkonjunktivalblutung, Konjunktivitis, Chemosis, Follikelbildung	11
Zystitis	Zystitis (häufig hämorrhagische Zystitis)	11
Erkrankung bei Immunsupprimierten	Schnupfen, allgemeines Unwohlsein, Pharyngitis, Fieber, Tonsillitis, Pneumonie, Durchfall, Exanthem	11, 34, 35
Säuglingsenteritis	Durchfall, Fieber	31, 40, 41
Neurologische Erkrankung	Meningitis	7
Sexuell übertragbare Erkrankungen	Genitalulzera	2, 19, 37

Diagnose: Die Virusanzucht erfolgt aus Sekreten des Nasen-Rachenraumes und der Konjunktiven, aus Liquor, Blut und Tränenflüssigkeit, sowie aus Stuhl- und Urinproben auf geeigneten Zellkulturen. Im allgemeinen sind zur Isolierung von Subgenus A und Adenovirus 8 von Subgenus D Blindpassagen bis zum Auftreten eines charakteristischen zytopathischen Effektes notwendig. Die Identifizierung wird mit Serotyp-spezifischen Antikörpern im NT und im HHT oder durch Restriktionsanalysen durchgeführt. Adenoviren vermehren sich langsam, daher wurden Schnelltests (Agglutinationstest, RIA und ELISA) entwickelt, mit welchen Adenoviren direkt im Patientenuntersuchungsmaterial nachgewiesen werden können. Auch sind Dot-Blot-Hybridisierungen beschrieben, die jedoch augenblicklich in Routinelabors noch kei-

Diagnose:
- Virusanzucht
- Antigennachweis
- Antikörpernachweis

nen Eingang gefunden haben. Für den Antikörpernachweis stehen NT und HHT (typspezifisch) sowie KBR, RIA und ELISA (subgenusspezifisch) zur Verfügung.

Therapie:
Verhütung bakterieller Superinfektionen

Therapie: Eine spezifische Therapie gibt es nicht. Bei der durch Adenovirus verursachten Keratokonjunktivitis dient eine antibiotische Behandlung der Verhütung von bakteriellen Superinfektionen. Die rechtzeitige lokale Anwendung von Kortikosteroiden bei gesicherter Adenovirusinfektion gilt als Mittel der Wahl zur Unterdrückung oder Minderung der Hornhautbeteiligung sowie zur Linderung der akuten Symptome.

Prophylaxe:
- fachgerechte Desinfektion und Sterilisation von gebrauchten ärztlichen Instrumenten
- sachgemäße Chlorierung von Schwimmbädern

Prophylaxe: Bei der durch Adenovirus verursachten Keratokonjunktivitis gelten als wichtigste Abwehrmaßnahmen die Desinfektion und Sterilisation (z. B. von augenärztlichen Instrumenten). Die Instrumente sind unmittelbar nach Gebrauch zu desinfizieren (15minütiges Auskochen in einer 0,5%igen Sodalösung oder Einlegen in 3%ige Formaldehyd-Lösung für mindestens 4 Stunden oder Einlegen in eine 0,5%ige Chloramin T-Lösung für 10 Minuten). Der Übertragung in Schwimmbädern wird durch sachgemäße Chlorierung vorgebeugt. Eine Schutzimpfung steht in der Bundesrepublik nicht zur Verfügung. In den USA wurde zur Verhütung epidemischer Ausbrüche durch Adenovirus Typ 4 und 7 vor allem unter Rekruten ein Lebendimpfstoff mit Wildvirus entwickelt, welcher in Form von Gelatinekapseln verabreicht wird, wobei nach Auflösung im Darm die Wildviren freigegeben werden. Dies führt zu einer auf den Darmabschnitt begrenzten subklinischen Infektion, welche gleichzeitig eine Immunität gegen spätere respiratorische Infektionen verleiht.

Epidemiologie:
Übertragung durch Tröpfchen- oder Schmierinfektion

Epidemiologie: Die Adenovirus-Infektionen können epidemisch auftreten;betroffen sind alle Altersklassen. Vor allem bei Säuglingen und Kleinkindern kann es jedoch zu einer akuten febrilen Pharyngitis kommen. Bei Schulkindern und Jugendlichen tritt Pharyngokonjunktivalfieber auf und bei jungen Erwachsenen in enger Gemeinschaft, z. B. Soldaten, sind akute respiratorische Infektionen vorherrschend. Die Übertragung erfolgt von Mensch zu Mensch durch Tröpfchen- oder Schmierinfektion. Die widerstandsfähigen und weit verbreiteten Viren können auch durch Manipulationen am Auge (augenärztliche Instrumente oder Reiben der Augen) übertragen werden. Bei mangelhafter Hygiene kann die Übertragung durch Handtücher, Waschlappen etc., sowie durch unzureichend chlorierte Schwimmbäder erfolgen.

2.5 Papovaviridae

P. C. Döller, M. H. Wolff, G. Döller

Papovaviridae

Papovaviridae

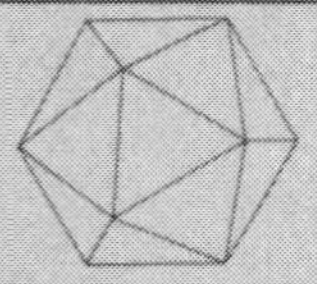

Größe	45–55 nm	Aufbau
Symmetrie	ikosaedrisch	
Hülle	keine	
Nukleinsäure	zirkulär, dsDNA	Genom
Molekulargewicht	$3-5 \times 10^6$ Dalton	
Replikation u. Zusammenbau	im Zellkern	Vermehrung
Freisetzung	durch Zytolyse	

Familie	Gattung	Vertreter
Papovaviridae	Papillomavirus	HPV Genotyp 1–46
	Polyomavirus	BK-Virus
		JC-Virus

Der Name **Papova** setzt sich aus den Anfangsbuchstaben des **Pa**pillomavirus, des **Po**lyomavirus und des **Va**kuolisierenden Agens (Simian Virus 40 = SV 40) zusammen. Das vakuolisierende Agens kommt nur bei Affen vor. Aufgrund von DNA-Homologien können bei den Papillomaviren **(HPV = humanes Papillomavirus)** derzeit 46 Genotypen unterschieden werden.
Bei der Bezeichnung **BK- (BKV)** und **JC-Virus (JCV)** wurden die Initialen der Namen der Patienten, aus denen diese Viren erstmalig gezüchtet wurden, zugrunde gelegt.

Viruseigenschaften:

Viruseigenschaften: Papovaviridae sind *hüllenlose, ikosaedrische* Viren mit einem Durchmesser von 45–55 nm. Eine doppelsträngige, *zirkulär geschlossene* DNA mit einem Molekulargewicht von $3-5 \times 10^6$ Dalton bildet das Genom, welches für mindestens 7 Strukturproteine kodiert. *Replikation* und *Zu-*

sammenbau der Virionen erfolgen im *Zellkern*, und die reifen Virionen werden durch Lyse der infizierten Zelle freigesetzt.

2.5.1 Papillomavirus

Papillomavirus

Pathogenese: Die meisten Papillomaviren sind auf eine Wirtsspezies beschränkt. Die Viren befallen durch die geschädigte Hornschicht der Haut – gegebenenfalls bei Schleimhautdefekten – in der Regel eine *Epithelzelle*, die zu einem monoklonalen gutartigen *Tumor* proliferiert. In Einzelfällen kommt es zur malignen Umwandlung. Der Mechanismus der Tumorinduktion ist noch unverstanden.

Pathogenese:
Befall von Epithelzellen mit Proliferation:
- Entwicklung eines gutartigen Tumors
- in Einzelfällen maligne Entartung

Klinik, Verlauf: Die *Inkubationszeit* kann Wochen bis Monate betragen. Das klinische Erscheinungsbild kann vielfältig sein. Es reicht von Läsionen, die mit dem bloßen Auge nicht sichtbar sind, bis hin zu massivem exophytischem Wachstum mit Hyperkeratose. Papillomaviren induzieren *gutartige Tumoren der Haut und der Schleimhäute* (Warzen, Papillome und Akanthome). Unterschiedliche HPV-Genotypen führen zu Tumoren, die sich morphologisch, histologisch und in ihrer Lage im Körper unterscheiden (Tab. 2-3).

Klinik, Verlauf:
Inkubationszeit: Wochen bis Monate

Induktion gutartiger Tumoren der Haut und Schleimhaut

⇐ Plantar- und gemeine Warzen entarten praktisch nie.

Tab. 2-3: Häufiges Vorkommen von HPV bei gut- und bösartigen Tumoren

Hautwarzen	HPV-Genotypen
Plantarwarzen (Verruca plantaris)	1
Gemeine Warzen (Verruca vulgaris)	2, 4
Flache Warzen (Verruca plana)	3, 10
Epidermodysplasia verruciformis	5, 8, 17, 20, 36
Anogenitale Warzen	
Condylomata acuminata	6, 11
Buschke-Löwenstein-Tumor	6, 11
intraepitheliale Zervixneoplasie	6, 16, 31
Bowenoide Papulose	16
Gutartige Tumoren des Kopfes und Halses	
Larynxpapillom	6, 11
orale Papillome	6, 11
fokale epitheliale Hyperplasie Heck	13, 32
konjunktivale Papillome	11
Bösartige Tumoren	
Plattenepithelkarzinom der Haut bei Patienten mit Epidermodysplasie	5, 8
Zervixkarzinom	16, 18
Penis- und Vulva-Karzinom	6, 16, 18

Diagnose: Die Diagnose der verschiedenen Warzen wird klinisch gestellt. Aus Operationsmaterial, aus Biopsien von Tumoren oder aus abgeschabten Schleimhautzellen können die Viren elektronenmikroskopisch oder mit einem direkten IFT nachgewiesen werden.

Diagnose:
- klinisch
- Antigennachweis
- Nukleinsäurenachweis

⇐ Die Methode der Wahl ist derzeit die Detektion viraler Nukleinsäure mittels Hybridisierung.

Keine Rolle spielen Virusisolierung und Antikörpernachweis. Die Antikörperbildung verläuft nur sehr langsam, und es werden nur niedrige Titer erreicht.

Therapie: Die Warzen werden entweder chirurgisch, durch Kryotherapie oder durch Ätzbehandlung entfernt.

Therapie

Prophylaxe: Durch sorgfältige *Desinfektion* von öffentlichen Bädern (Fußböden) kann die Übertragung reduziert werden. Bei *massivem Befall des Geburtskanals* ist eine Übertragung unter der Geburt möglich (gegebenenfalls Indikation für eine Sectio). Eine Schutzimpfung ist derzeit nicht verfügbar.

Prophylaxe:
Desinfektion

Epidemiologie:
Übertragung durch direkten Kontakt

Epidemiologie: Die *Übertragung* erfolgt durch direkten Hautkontakt oder durch Kontakt mit HPV-kontaminierten Oberflächen (Schwimmbäder). Autoinokulation ist beschrieben. Warzen kommen v. a. bei Kindern und Jugendlichen vor. Die Inzidenz von HPV-Infektionen ist in den letzten 10 Jahren ständig angestiegen. Bei Personen mit Promiskuität werden gehäuft genitale und anogenitale HPV-Infektionen beobachtet.

Polyomavirus

2.5.2 Polyomavirus

Pathogenese:
hohe Wirtsspezifität
– Infektion über den Respirationstrakt
– Virämie
– Zielorgan Niere

Pathogenese: Polyomaviren besitzen eine hohe Spezies-, Gewebe- und Zellspezifität und können sich nur in ihren natürlichen Wirten vermehren. Die Viren gelangen wahrscheinlich über den Respirationstrakt in den Organismus, um sich dort zu vermehren. Über eine virämische Phase gelangen sie in die *Nieren* (das Zielorgan), vermehren sich in den *Epithelzellen* des Harntraktes und können vorübergehend mit dem Urin ausgeschieden werden.

⇨ **Beim Immunkompetenten bleiben die Viren für eine unbestimmte Zeit in einem latenten Zustand.**

Bei *Störung der T-Zellfunktion*, wie sie bei
- AIDS,
- immunsuppressiver Therapie (z. B. bei Organtransplantation),
- primärer Immunmangelkrankheit,
- Schwangerschaft,
- Diabetes,
- im Alter

Reaktivierung latenter Polyomaviren

auftritt, können die *latenten Viren reaktiviert* werden, wobei es zur Virusvermehrung im Harntrakt und zur Ausscheidung mit dem Urin kommt. JCV kann durch seinen zusätzlichen *Neurotropismus* das Gehirn infizieren, wobei ebenfalls eine gestörte T-Zellfunktion bei der Krankheitsentwicklung eine Rolle spielt. Oligodendrozyten werden zerstört, und es kommt zur *progressiven multifokalen Leukoenzephalopathie (PML)* mit multiplen Demyelinisierungsherden.

Neurotropismus von JCV führt zur PML

Klinik, Verlauf:
- Primärinfektion in der Kindheit
- Verlauf in der Regel asymptomatisch
- Reaktivierung bei Immunsuppression:
  - BKV-Reaktivierung meist asymptomatisch
  - JCV-Reaktivierung kann zur PML führen

Klinik, Verlauf: Die Primärinfektion erfolgt in der Kindheit und verläuft in der Regel asymptomatisch. Der Übertragungsweg, die Inkubationszeit und die Dauer der Infektiosität sind nicht bekannt. Polyomaviren führen in der Regel zu *klinisch inapparenten persistierenden Infektionen.* Einzige Anzeichen sind nach Primärinfektion bei Kindern milde respiratorische Symptome mit Antikörperkonversion. Eine Assoziation mit natürlich vorkommenden malignen Tumoren ist nicht bewiesen. Die *Reaktivierung* von BKV und JCV *bei Immunsuppression* führt zur Virurie, bleibt jedoch meist ohne klinische Symptome. JCV-Reaktivierung kann auch zu einer infausten, subakut verlaufenden, demyelinisierenden Erkrankung des ZNS, der *progressiven multifokalen Leukoenzephalopathie (PML),* führen mit Beeinträchtigung des Sprech- und Sehvermögens. Früh im Krankheitsverlauf tritt Demenz auf. Die Erkrankung schreitet schnell voran, es kommt zur *Paralyse* der Extremitäten, zur Rindenblindheit und zu Abnormitäten des Sensoriums. Nach 3–6 Monaten endet die Infektion letal. Fieber tritt nicht auf, und der Liquor ist unauffällig.

Diagnose:
- Virusnachweis
- Nukleinsäurenachweis

Diagnose: *Virus, virale Antigene* oder *virale DNA* können aus Urin, in Tumordünnschnitten oder aus Gehirngewebe (PML) nachgewiesen werden (Elektronenmikroskopie, IFT, ELISA, Virusanzucht, Nukleinsäurehybridisierung). Serologische Untersuchungen spielen nur eine untergeordnete Rolle (HHT, ELISA, IFT).

Therapie

Therapie: Eine spezifische Therapie der BKV- und JCV-Infektionen ist nicht möglich.

Prophylaxe

Prophylaxe: Spezielle Maßnahmen zur Bekämpfung und Prophylaxe sind nicht bekannt.

Epidemiologie: Polyomaviren sind bei Säugern (Hund, Kaninchen, Rind und Schwein) weit verbreitet. Für die weltweit vorkommenden humanpathogenen BKV und JCV ist kein Tierreservoir bekannt. Die meisten Infektionen mit JCV und BKV erfolgen bereits in der *Kindheit*, wobei man den genauen Übertragungsweg nicht kennt. Eine Verbreitung über den *Respirationstrakt* wird angenommen. Nach einer Primärinfektion verweilen BKV und JCV latent für eine unbestimmte Zeit vorwiegend in den *Nieren* und werden bei Immunsuppression mit dem Urin ausgeschieden. Ob virushaltiger Urin auch in der Lage ist, suszeptible Personen zu infizieren, ist nicht klar. Zur *Reaktivierung* kommt es nicht nur bei Immunsuppression, sondern auch bei geringfügigeren Änderungen der Immunitätslage wie z. B. in der Schwangerschaft. Die meisten *PML*-Fälle ereignen sich im *Alter*, wahrscheinlich als Folge einer JCV-Reaktivierung. Auch bei Kindern und jungen Erwachsenen mit Immundefizienz kommen Fälle von PML vor.

Epidemiologie:
bei Säugern weit verbreitet

die meisten Infektionen erfolgen in der Kindheit

BKV und JCV bleiben für unbestimmte Zeit latent in den Nieren

bei Immunsuppression werden die Viren mit dem Urin ausgeschieden

2.6 Parvoviridae

M. H. Wolff, G. Döller, P. C. Döller

Familie	Gattung	Vertreter
Parvoviridae	Parvovirus	humanes Parvovirus B 19
	Dependovirus	
	Densovirus	

Parvoviren (lat. parvus = klein) kommen bei vielen Tierspezies vor. Densovirus wird ausschließlich bei Insekten gefunden. Beim Menschen findet man die Gattungen Parvovirus und Dependovirus. In der Gattung Dependovirus werden adenoassoziierte Viren zusammengefaßt, die für ihre Vermehrung eine Koinfektion mit einem Adeno- oder Herpes-simplex-Virus (Helferviren) benötigen. Über die Pathogenität des Dependovirus ist nichts bekannt.

Parvoviridae

Parvoviridae

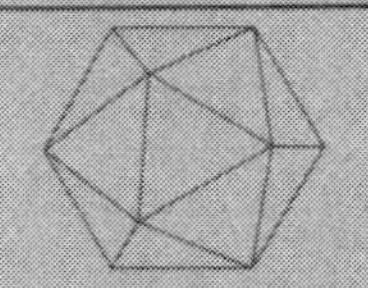

Größe	ca. 18–26 nm	Aufbau
Symmetrie	ikosaedrisch	
Hülle	keine	
Nukleinsäure	lineare ssDNA	Genom
Polarität	Plus-Strang	
Molekulargewicht	1,5–2,0 × 10^6 Dalton	
Replikation u. Zusammenbau	im Zellkern	Vermehrung
Freisetzung	?	

2.6.1 Humanes Parvovirus B 19

Viruseigenschaften: Parvoviren sind nackte, sehr kleine (ca. 18–26 nm), hitze- und pH-stabile Viren. Das Kapsid, bestehend aus 32 Kapsomeren, hat eine ikosaedrische Symmetrie. Das Genom besteht aus einer einsträngigen, linearen DNA von positiver Polarität mit einem Molekulargewicht von 1,5–2,0 × 10^6 Dalton, kann in das Zellgenom integriert werden und kann so zu einer persistierenden Infektion führen. Die Replikation des Virus erfolgt im Zellkern und ist abhängig von bestimmten Phasen (S-Phase bis frühe G 2-Phase) des Zellzyklus.

Pathogenese: Zielzellen des Parvovirus B 19 sind Zellen, die sich schnell vermehren, v. a. erythropoetische Zellen im Knochenmark. Bei einigen Patienten führt die Infektion daher zur Hemmung der Erythropoese mit aplastischen Krisen. Vorübergehend kann auch eine Leukopenie auftreten.

Klinik, Verlauf: Nach einer Inkubationszeit von ca. 4–20 Tagen kommt es zur Virämie. Das Krankheitsbild (*Erythema infectiosum*, syn. Ringelröteln, Ohrfeigenkrankheit, „Fünfte Krankheit") äußert sich in leichter Temperaturerhöhung, Kopfschmerzen, sowie einem Erythem auf den Wangen (Schmetterlingsexanthem) und einem auf dem ganzen Körper ausgebreiteten *rötelnähnlichen Exanthem.* Häufig werden auch arthralgisch-arthritische Beschwerden beschrieben. Bei Immunschwäche kann es zur Reaktivierung von persistierendem Virus kommen.
Bei einer *Infektion im ersten Trimenon der Schwangerschaft* besteht die Gefahr eines *Aborts*, im zweiten Trimenon die Gefahr eines *Hydrops fetalis* und im dritten Trimenon die Gefahr von *Totgeburten.* Mißbildungen bei lebendgeborenen Kindern wurden bislang nicht beobachtet. Der Nachweis von Ringelröteln in der Schwangerschaft stellt derzeit keine Indikation zur Interruptio dar.

Humanes Parvovirus B 19

Viruseigenschaften:

Pathogenese:
Zielzellen sind die erythropoetischen Zellen des Knochenmarks

Klinik, Verlauf:
Inkubationszeit: ca. 4–20 Tage
→ Virämie

Infektionen in der Schwangerschaft:
- 1. Trimenon → Abort
- 2. Trimenon → Hydrops fetalis
- 3. Trimenon → Totgeburt

Diagnose:
- Nukleinsäurenachweis
- Antikörpernachweis

Diagnose: Da eine Verwechslungsgefahr mit den echten Röteln (Rubellavirus) besteht, ist eine serologische Abklärung des Immunstatus in der Schwangerschaft nach erfolgtem Kontakt unbedingt notwendig. Eine pränatale Diagnostik zum Nachweis von Parvovirus B19-DNA im Fruchtwasser und fetalem Blut kann durchgeführt werden. Die Labordiagnostik ist bisher nur auf wenige Laboratorien beschränkt. *Virale Nukleinsäure* kann aus Rachensekret, fetalem Gewebe oder Fruchtwasser durch DNA-Hybridisierung nachgewiesen werden. Die Bestimmung spezifischer *IgM- und IgG-Antikörper* erfolgt mit ELISA.

Prophylaxe, Therapie:
Kontakt mit Erkrankten vermeiden

Prophylaxe, Therapie: Eine spezifische Prophylaxe und Therapie gibt es zur Zeit nicht. Schwangere mit häufigem Kontakt mit Kindern (z. B. Kindergärtnerinnen, Kinderkrankenschwestern) sollten den Umgang mit an Ringelröteln Erkrankten vermeiden. Obwohl bei Auftreten des Exanthems in der Regel kein Virus mehr ausgeschieden wird, besteht jedoch eine Infektionsgefahr durch Kinder, die sich in der Inkubationszeit befinden. Wird ein Hydrops fetalis diagnostiziert, ist ein fetaler Blutaustausch indiziert.

Epidemiologie:
jahreszeitliche Häufungen im Winter und Frühjahr
Übertragung durch
- Tröpfchen
- Blut
- Plasmaprodukte

Epidemiologie: Infektionen mit dem Parvovirus B19 sind weltweit verbreitet. Das Virus wird hauptsächlich durch Tröpfcheninfektion übertragen. Auch über Blut oder Plasmaprodukte ist eine Infektion möglich. Die Erkrankung tritt häufig epidemisch, mit einer jahreszeitlichen Häufung im Winter und Frühjahr, in Kindergärten und Schulen auf.

Eine einmal durchgemachte Infektion hinterläßt eine *lebenslange Immunität.*

Im Erwachsenenalter sind ca. 40–60% durchseucht.

Reoviridae

2.7 Reoviridae

P. C. Döller

Familie	Gattung	Vertreter
Reoviridae	REO-Virus	Serotyp 1–3
	Orbivirus	Virus des Colorado-Zeckenfiebers
	Rotavirus	Serotyp 1–4

Während die Übertragung von REO- und Rotaviren durch direkten Kontakt erfolgt, werden Orbiviren durch Arthropoden übertragen (Reoviridae = engl. respiratory enteric orphan).

Viruseigenschaften:

Reoviridae

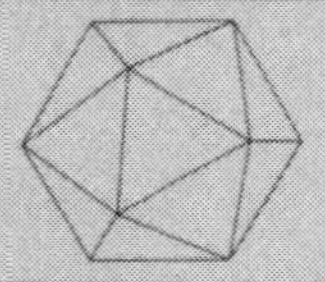

Größe	60–80 nm	Aufbau
Symmetrie	ikosaedrisch	
Hülle	keine	
Nukleinsäure	10–12 Segmente, dsRNA	Genom
Molekulargewicht	$12-20 \times 10^6$ Dalton	
Replikation u. Zusammenbau	im Zytoplasma	Vermehrung
Freisetzung	durch Zytolyse	

Viruseigenschaften: Die 60–80 nm großen Virionen sind von kubischer Symmetrie und hüllenlos. Das Genom setzt sich aus 10–12 *Segmenten* linearer *doppelsträngiger RNA* mit einem Molekulargewicht von $12-20 \times 10^6$ Dalton zusammen und kodiert 6–10 Strukturproteine sowie virusspezifische Enzyme, zu der auch eine Transkriptase (RNA-Polymerase) zählt. Die *Replikation* und der Zusammenbau zu reifen Virionen finden im *Zytoplasma* statt.

REO-Virus

2.7.1 REO-Virus

„Respiratory enteric orphan"-(REO)-Viren lassen sich aus dem **Respirations-** und **Gastrointestinaltrakt** isolieren. Ursprünglich konnten ihnen keine Krankheitsbilder (orphan = Waise) zugeordnet werden.

Pathogenese

Pathogenese: Die Aufnahme der Viren erfolgt peroral, und sie können sich wahrscheinlich hämatogen im gesamten Organismus, u. a. im ZNS, ausbreiten.

Klinik, Verlauf: Die Mehrzahl der Infektionen verlaufen *inapparent* bzw. mit milder Symptomatik, so daß ihnen meist keine Bedeutung beigemessen wird. Bei Patienten, von denen REO-Viren isoliert wurden, sind folgende vier klinische Syndrome beobachtet worden:

Klinik, Verlauf:
– inapparent
– milde Symptomatik

- Infektionen mit Hepatitis und Enzephalitis,
- Infektionen mit Rhinitis, Pharyngitis und Pneumonie,
- Infektionen mit Erbrechen und Diarrhoe,
- unspezifische Allgemeininfektionen.

Klinische Syndrome:

⇐

Diagnose: Die Diagnose kann durch *Virusanzucht* in Zellkulturen aus Proben des Respirations- und Gastrointestinaltraktes geführt werden. Auch aus Liquor und Urin ist der Virusnachweis möglich.
Serologisch erfolgt die Diagnose durch den Nachweis von neutralisierenden (NT) oder hämagglutinationshemmenden (HHT) *Antikörpern.*

Diagnose:
- Virusisolierung
- Antikörpernachweis

Therapie: Eine spezifische Therapie gibt es nicht.

Therapie

Prophylaxe: Die Bekämpfung und Prophylaxe erfordert einfache Hygienemaßnahmen, um die fäkal-orale oder aerogene Übertragung zu vermeiden. Eine Schutzimpfung gibt es nicht.

Prophylaxe:
Vermeidung fäkal-oraler Übertragung

Epidemiologie: REO-Virus kommt weltweit vor, und die meisten Menschen werden im *Säuglings-* und *frühen Kindesalter* infiziert. REO-Viren konnten auch aus Affen, Rindern, Mäusen, Hühnern und anderen Tieren isoliert werden.

Epidemiologie:
weltweit verbreitet
Infektion im Säuglings- und Kindesalter

2.7.2 Orbivirus

Orbivirus

Das Virus des **Colorado-Zeckenfiebers** kommt nur in einigen Staaten Nordamerikas vor.

Colorado-Zeckenfieber

Pathogenese: Das Virus infiziert hämatopoetische Zellen, welche nicht zerstört werden und daher ausreifen können, was zu einer Virämie über Wochen oder Monate führt. Dabei ist das Virus durch seine intrazelluläre Lage (v. a. in Erythrozyten) vor den Abwehrmechanismen des Organismus geschützt.

Pathogenese:
Infektion hämatopoetischer Zellen

Klinik, Verlauf: Ca. 3–6 Tage nach Zeckenstich kommt es zu einer häufig *schweren biphasischen Allgemeininfektion* mit abruptem Krankheitsbeginn, Schüttelfrost, hohem Fieber, schweren Kopf-, Muskel- und Gliederschmerzen.

Klinik, Verlauf:
Inkubationszeit: ca. 3–6 Tage
häufig schwere biphasische Allgemeininfektion

Diagnose: Bei erkrankten Personen, die aus Endemiegebieten kommen, müssen folgende Krankheiten differentialdiagnostisch abgeklärt werden: Rocky Mountain Spotted Fieber, Tularämie, Q-Fieber. Die Isolierung des Colorado-Zeckenfieber-Virus und der Antikörpernachweis sind möglich, werden jedoch nur in Speziallaboratorien durchgeführt.

Diagnose:
- Reise-Anamnese
- Virusisolierung
- Antikörpernachweis

Therapie: Eine spezifische Therapie existiert nicht.

Therapie

Prophylaxe: Der beste Schutz ist die *Vermeidung von Zeckenkontakten* z. B. durch Schutzkleidung und Repellentien. Innerhalb von 6 Monaten nach Genesung darf kein Blut gespendet werden, um eine Übertragung zu verhindern.

Prophylaxe:
Vermeidung von Zeckenkontakten

Epidemiologie: Das Vorkommen des Virus beschränkt sich auf Höhenregionen zwischen ca. *1 200* und *3 000 m* in *Nordamerika,* wo bestimmte Zeckenarten vorkommen, wobei die Hauptaktivität der Zecken, und folglich die Inzidenz der Erkrankung, in den *Sommermonaten* liegt.

Epidemiologie:
das Vorkommen der Erkrankung ist auf die Zeckenverbreitungsgebiete beschränkt

2.7.3 Rotavirus

Rotavirus

Rotaviren können bei Mensch und Tier zur schweren **akuten Gastroenteritis** führen. Das gruppenspezifische Antigen ist Bestandteil der inneren Kapsid-

akute Gastroenteritis

Pathogenese:
Infektion der Epithelzellen des Dünndarms

Klinik, Verlauf:
Übertragung fäkal-oral
Inkubationszeit: ca. 24–72 Stunden

Leitsymptome:
- akut einsetzende wässrige Durchfälle
- Dehydrierung

asymptomatische Verläufe bis hin zu Todesfällen

Diagnose:
Virusnachweis im Stuhl

Therapie

Prophylaxe:
Hygienemaßnahmen

Epidemiologie:
weltweit verbreitet
betroffen sind v. a.
- Neugeborene,
- Säuglinge,
- Kleinkinder und
- hospitalisierte Personen
Erkrankungshäufung in den Wintermonaten

Togaviridae

Arboviren

Übertragung durch blutsaugende Arthropoden

schicht, und die speziesspezifischen Antigene (Serotyp) sind mit dem äußeren Kapsid assoziiert.

Pathogenese: Die Infektion ist auf die ausdifferenzierten *Epithelzellen des Dünndarmes* beschränkt, wobei es zur Störung der Zottenstruktur kommt. Auch nach Abklingen der Durchfälle kann Virus noch 1–4 Tage ausgeschieden werden.

Klinik, Verlauf: Die Übertragung erfolgt *fäkal-oral* durch Schmutz-, durch Schmier- und eventuell auch durch Tröpfcheninfektion. Die *Inkubationszeit* liegt zwischen ca. 24 und 72 Stunden. Betroffen sind vor allem *Neugeborene sowie Säuglinge und Kleinkinder* zwischen einem Monat und zwei Jahren, welche bei voller Gesundheit plötzlich von Brechreiz oder Erbrechen, Fieber und schwerem Krankheitsgefühl befallen werden. Leitsymptome sind akut einsetzende, überwiegend *wässrige Durchfälle* von gelber bis brauner Farbe, ohne Blut, jedoch mit Schleimbeimengungen. Die Symptome dauern zwischen 12 Stunden und etwa 6 Tagen. Massiver Wasser- und Elektrolytverlust führt zur *Dehydrierung* der Patienten. Bei Kindern kommen asymptomatische Verläufe bis hin zu Todesfällen vor. Bei Erwachsenen zeigt die Infektion in der Regel einen leichten bzw. symptomlosen Verlauf.

Diagnose: Klinisch ist es schwierig, eine Rotavirusenteritis von einer bakteriellen Enteritis zu unterscheiden. Der *Direktnachweis* von Rotavirus im Stuhl durch Elektronenmikroskopie, Antigen-Nachweis im ELISA oder Latex-Agglutinationstest sichert die Diagnose innerhalb von wenigen Stunden. Serologische Untersuchungen spielen für eine Akutdiagnostik keine Rolle.

Therapie: Eine spezifische Therapie gibt es nicht. Bei Neugeborenen, Säuglingen und Kleinkindern muß ein *Flüssigkeits- und Elektrolytausgleich* erfolgen. Bei Erwachsenen sind therapeutische Maßnahmen meist überflüssig.

Prophylaxe: Die Bekämpfung und Prophylaxe erfordert eine sorgfältige Einhaltung von *Hygienemaßnahmen*, um die fäkal-orale Übertragung zu vermeiden. Eine Schutzimpfung gibt es nicht.

Epidemiologie: Rotaviren sind weltweit verbreitet, und es kann zu sporadischen Infektionen wie auch zu Epidemien kommen. Überwiegend sind v. a. hospitalisierte Neugeborene und Kleinkinder bis etwa 2 Jahre betroffen, sowie ältere Menschen (Altenheime). Eine Häufung ist in den *Wintermonaten* (November-März) zu beobachten.

2.8 Togaviridae

G. Döller, P. C. Döller

Die frühere Familie Togaviridae (lat. toga = Umhang) wird heute in zwei Familien geteilt. Einerseits in die Familie **Togaviridae** mit den Gattungen *Alpha-* (früher „Gruppe A"-Arboviren), *Rubi-*, *Pesti-* und *Arterivirus* und andererseits in die Familie **Flaviviridae** mit einer Gattung *Flavivirus* (früher „Gruppe B"-Arboviren). Die Bezeichnung „Arbovirus" setzt sich zusammen aus den Begriffen „**ar**thropod-**bo**rne **virus**" und bedeutet, daß diese Viren durch einen blutsaugenden Arthropodenvektor auf einen empfänglichen Wirt (Säugetier, Mensch) übertragen werden. Sie können sich sowohl im Vektor als auch im Wirt vermehren. „Arbovirus" ist keine offizielle taxonomische Bezeichnung, sondern stellt eine ökologisch definierte Gruppe dar, zu welcher außerdem Viren aus der Familie **Bunyaviridae** und **Reoviridae** (Colorado-Zeckenfieber) zählen.

Familie	Gattungen	Vertreter
Togaviridae	Alphavirus	Eastern Equine Encephalomyelitis (EEE)-Virus
		Western Equine Encephalomyelitis (WEE) Virus
		Venezolanisches Pferde-Enzephalitis-Virus
		Semliki-Forest-Virus
		Chikungunya-Virus
		O'Nyong-nyong-Virus
		Sindbis-Virus
	Rubivirus	Rötelnvirus
	Pestivirus	Bovines Virusdiarrhoe-Virus (BVDV)
		Schweinepest-Virus
	Arterivirus	Pferde-Arteritis-Virus

Viruseigenschaften: Die Virionen der Togaviridae enthalten ein sphärisches Nukleokapsid, welches von einer lipidhaltigen Hülle umgeben ist. Sie haben einen Durchmesser von 40–70 nm. Die Oberfläche der Hülle ist mit Projektionen besetzt. Das Genom besteht aus einer einzelsträngigen Plus-Strang-RNA mit einem Molekulargewicht von 4×10^6 Dalton. Die Replikation erfolgt im Zytoplasma. Über Knospung („Budding") durch die Zellmembran wird reifes Virus aus der Wirtszelle freigesetzt. Das reife Viruspartikel ist sehr instabil und zerfällt spontan. Glykosylierte Polypeptide auf der Virusoberfläche zeigen eine pH-abhängige hämagglutinierende Aktivität.

2.8.1 Alphavirus

Charakteristisch für alle Alphaviren ist ihre *Übertragung durch Stechmücken.*

Pathogenese: Durch den Stich einer Stechmücke, gelegentlich auch durch aerogene Übertragung, gelangen Alphaviren in den Wirtsorganismus. In Zellen an der Einstichstelle und/oder in den regionären Lymphknoten kommt es zur Virusreplikation mit *primärer Virämie*, welche dem Virus erlaubt, extraneurales Gewebe und Organe zu infizieren. Dies führt zu einer *sekundären Virämie* mit hohen Viruskonzentrationen im Blut, durch welche sich wieder ein blutsaugender Vektor infizieren kann. Pathologische Veränderungen sind an Herzmuskel, Pankreasepithel, braunem Fettgewebe und lymphoidem Gewebe zu beobachten. Durch Überwindung der Bluthirnschranke kommt es zur Mitbeteiligung des ZNS.

Klinik, Verlauf: Die Klinik einiger Alphaviren ist als Übersicht auf Tab. 2-4 dargestellt.

Diagnose: Die *Virusisolierung* kann in Speziallaboratorien in Zellkulturen von Stechmücken (Aëdes spp.) oder in Saugmäusen entweder aus Patientenblut oder aus Hirnbiopsien Verstorbener erfolgen. Da die Viruskonzentration bei Auftreten der schweren klinischen Krankheitsbilder meist schon wieder abnimmt, ist eine Virusanzucht oft nicht sehr erfolgreich.
Virales Antigen kann mit einem indirekten IFT oder mit einem Immunperoxidasetest direkt in Geweben Infizierter nachgewiesen werden.
Der Nachweis *virusspezifischer Antikörper* wird mittels NT, KBR, HHT oder ELISA geführt. Spezifische IgM-Antikörper erscheinen kurz nach Auftreten der klinischen Symptome und können auch im Liquor nachgewiesen werden.

Therapie: Die Therapie erfolgt symptomatisch, da eine spezifische Therapie nicht zur Verfügung steht.

Prophylaxe: Die Vernichtung der Stechmücken ist die wichtigste Bekämpfungsstrategie. Eine spezifische direkte Maßnahme zur Infektionsverhütung beim Menschen gibt es nicht. Es erfolgt jedoch eine Impfung der Pferde mit einem inaktivierten Impfstoff gegen das WEE-, das EEE- und das Venezola-

Viruseigenschaften

Togaviridae

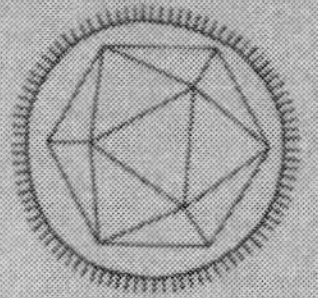

Größe	40–70 nm	Aufbau
Symmetrie	ikosaedrisch	
Hülle	vorhanden	
Nukleinsäure	ssRNA	Genom
Polarität	Plus-Strang	
Molekulargewicht	$4{,}0 \times 10^6$ Dalton	
Replikation u. Zusammenbau	im Zytoplasma	Vermehrung
Freisetzung	durch Knospung	

Alphavirus

Übertragung durch Stechmücken

Pathogenese:
Virusvermehrung an der Einstichstelle und in den regionären Lymphknoten
- primäre Virämie
- sekundäre Virämie

Infektion von blutsaugenden Vektoren durch hohe Viruskonzentrationen im Blut

Klinik, Verlauf

Diagnose:
- Virusisolierung
- Antigennachweis
- Antikörpernachweis

Therapie:
erfolgt symptomatisch

Prophylaxe:
Vernichtung von Stechmücken

nische Pferde-Enzephalitis-Virus. Gegen letzteres steht auch ein attenuierter Lebendimpfstoff zur Verfügung. Die Tiere müssen jährlich geimpft werden.

Tab. 2-4: Klinik der Alphaviren

Virus	Klinik, Verlauf
Eastern Equine Encephalomyelitis (EEE)-Virus	Inkubationszeit: 2–10 Tage a) subklinischer Verlauf b) Enzephalitis (Letalität 50–70 %) c) neurologische Erkrankungen mit bleibenden Schäden
Western Equine Encephalomyelitis (WEE)-Virus	Inkubationszeit: 4–21 Tage a) subklinischer Verlauf b) Enzephalitis c) Fieber d) Exanthem e) Arthritis
Venezolanisches Pferde-Enzephalitis-Virus	Inkubationszeit: 2–10 Tage a) Influenza-ähnliche Erkrankung mit Fieber (gutartiger Verlauf) b) Enzephalitis
Semliki-Forest-Virus	Inkubationszeit: ca. 3–5 Tage a) Fieber b) Exanthem c) Arthritis d) Enzephalitis (auch letal)
Chikungunya-Virus	Inkubationszeit: ca. 3–12 Tage a) hämorrhagisches Fieber b) Myalgie c) Arthralgie
O'Nyong-nyong-Virus	Inkubationszeit: ? a) Fieber b) Arthralgie
Sindbis-Virus	Inkubationszeit: ? a) Influenza-ähnliche Erkrankung mit Fieber (gutartiger Verlauf) b) Ockelbo-Krankheit mit Exanthem und Arthralgie

Tab. 2-5: Epidemiologie der Alphaviren

Virus	Geographische Verbreitung	Wirt	Vektor
Eastern Equine Encephalomyelitis (EEE)-Virus	Nord- und Südamerika; USA und Karibik sind Endemiegebiete	Vögel, Mensch	Aëdes spp., Culisetta spp.
Western Equine Encephalomyelitis (WEE)-Virus	Nordamerika	Vögel, Mensch	Aëdes spp., Culex spp.
Venezolanisches Pferde-Enzephalitis-Virus	Amerika	Pferde, Nager, Vögel, Mensch	Aëdes spp., Culex spp.
Semliki-Forest-Virus	Afrika, Asien	Mensch	Aëdes spp.
Chikungunya-Virus	Afrika, Süd- und Südostasien	Affen, Mensch	Aëdes spp., Culex spp.
O'Nyong-nyong-Virus	Zentral- und Ostafrika	Mensch	Anopheles spp.
Sindbis-Virus	Mittelmeerraum, Asien, Australien, Skandinavien	Vögel, Mensch	Culex spp.

Epidemiologie: EEE- und WEE-Viren werden durch Stechmücken auf den Menschen und andere Säuger, sowie auf Vögel übertragen. Beim Blutsaugen infizierter Stechmücken erfolgt die zufällige Übertragung auf Menschen, Pferde und Maulesel. Das Venezolanische Pferde-Enzephalitis-Virus zirkuliert unter Nagern, Vögeln und Stechmücken. Bei Wärme, Regenfällen und bei gehäuftem Auftreten der Überträger kommt es zu Ausbrüchen bei Pferden und Menschen.
Die Ockelbo-Krankheit, welche wahrscheinlich durch das Sindbis-Virus hervorgerufen wird, tritt bevorzugt im Spätsommer in waldreichen Gebieten Skandinaviens auf (s. Tab. 2-5).

Epidemiologie:
zufällige Übertragung auf den Menschen

2.8.2 Rötelnvirus (Rubellavirus)

Rötelnvirus

Pathogenese: Durch eine Tröpfcheninfektion übertragen, vermehrt sich das Rötelnvirus zuerst im oberen Respirationstrakt und den regionären Lymphknoten. 5–7 Tage nach Infektion setzt die Virämie (Dauer 8–10 Tage) ein. Über den Blutweg kommt es zur Ausbreitung des Virus auf den Nasopharynx und auf die Zielorgane. Das Organstadium schließt die Beteiligung der Haut, der Lymphknoten, unter Umständen auch der Milz und der Gelenke ein. Bei einer Schwangerschaft wird das Virus auch auf die Frucht übertragen. In Leukozyten vermehrt sich das Virus und wird darin auch transportiert. Ca. 15–17 Tage nach Infektion, d. h. 1–2 Tage nach Ausbruch des Exanthems, sind bereits IgG-, IgA- und IgM-Antikörper nachweisbar.

Pathogenese:
- Vermehrung im oberen Respirationstrakt
- Vermehrung in den regionären Lymphknoten
- hämatogene Ausbreitung auf verschiedene Organe
- bei Schwangerschaft Infektion der Frucht

Klinik, Verlauf:
- *Postnatale Röteln:* Die Inkubationszeit beträgt 14–18 Tage. Es können Prodromalerscheinungen wie Schnupfen, Konjunktivitis und Kopfschmerzen auftreten. Das Organstadium äußert sich früh in einer postaurikulären und zervikalen Lymphknotenschwellung. Danach kommt es zum Auftreten eines Exanthems, welches sich zuerst hinter den Ohren, dann über Gesicht, Hals und Rumpf ausbreitet und 2–3 Tage andauert. Die Erkrankung ist meist harmlos und das Exanthem kann auch fehlen (inapparenter Krankheitsverlauf). Komplikationen wie Meningoenzephalitis, thrombozytopenische Purpura, Arthralgie und rheumatische Beschwerden, Otitis, Bronchitis sowie Myokarditis und Perikarditis sind selten.
- *Pränatale Rötelninfektion:* Eine Erstinfektion im ersten Trimenon der Schwangerschaft führt bis zur 6. Gestationswoche meist zu einer Embryopathie (in 50–70% der Fälle); die Häufigkeit der kindlichen Mißbildungen nimmt bei fortschreitender Schwangerschaftsdauer ab (7.–9. Gestationswoche ca. 25%; 10.–12. Gestationswoche ca. 15%; 13.–16. Gestationswoche ca. 6–10%; 17.–21. Gestationswoche < 5%). Bei einer Infektion ab der 22. Gestationswoche besteht für das Kind das Risiko für die Entwicklung funktioneller Störungen.

Klinik, Verlauf:
- postnatale Röteln
  Inkubationszeit: ca. 14–18 Tage
  - Prodromalstadium
  - Organstadium
  - Exanthem

Komplikationen selten

- pränatale Röteln
  Erstinfektion im 1. Trimenon führt meist zur Embryopathie

Folge einer *Rötelnembryopathie* können folgende Defekte (Rubellasyndrom) sein:
- Die klassischen Organmißbildungen (Gregg'sche Trias) betreffen Herz, Auge und Ohr.
- Psychomotorische und geistige Retardierung sowie Mikrozephalie können auch auftreten.
- Das erweiterte Rötelnsyndrom umfaßt darüber hinaus Manifestationen chronischer Infektionen: Hepatosplenomegalie mit Ikterus, Myokarditis, Pneumonie, thrombozytopenische Purpura, Enzephalitis, Hepatitis, Knochenveränderungen und geringes Geburtsgewicht.
- Das „Late-onset"-Rötelnsyndrom beginnt zwischen dem 4.–6. Lebensmonat und kann ohne oder mit den klassischen Organmißbildungen auftreten. Es umfaßt Wachstumsstillstand, interstitielle oder rekurrierende Pneumonie, chronisches Exanthem, chronische Durchfälle und bakterielle Infektionen. Die Letalität beträgt mehr als 70%.
- Progressive Rötelnpanenzephalitis (PRP). Es handelt sich hierbei um eine chronisch-entzündliche, progressive ZNS-Erkrankung als Folge einer persi-

Folge der Rötelnembryopathie
- Gregg'sche Trias
- psychomotorische und geistige Retardierung
- erweitertes Rötelnsyndrom
- „Late-onset"-Rötelnsyndrom
- progressive Rötelnembryopathie

stierenden Rötelninfektion. Diese sog. „Slow-Virus"-Infektion ist sehr selten, die mittlere Inkubationszeit beträgt 10–15 Jahre.

⟹

Röteln in der Frühschwangerschaft stellen eine Indikation zur Interruptio dar.

Diagnose:
- Virusisolierung möglich

Diagnose: Die Virusisolierung wird nur in Speziallaboratorien aus Blut, Urin, Rachenabstrich oder Liquor in geeigneten Zellkulturen durchgeführt. Das Virus vermehrt sich meist ohne sichtbaren zytopathischen Effekt (CPE), so daß das Viruswachstum indirekt durch einen Interferenz-Test oder durch einen direkten IFT nachgewiesen werden muß.

Methode der Wahl:
- Antikörpernachweis

Eine akute Röteln-Infektion wird vorwiegend serologisch diagnostiziert. Die frische Infektion kann bei einem Serumpaar (Akute-Phase-Serum; Abnahme des Zweitserums ca. 8–10 Tage nach Erstserumabnahme) durch einen signifikanten Titeranstieg mit dem HHT erkannt werden. Steht jedoch nur ein Serum zur Verfügung, so können mit ELISA (und RIA) spezifische IgM-Antikörper nachgewiesen werden. Nur noch selten wird heute eine physikalische Trennung der IgM- von den IgG-Antikörpern, entweder mit der Saccharose-Dichtegradienten-Zentrifugation oder mit der HPLC, durchgeführt. Die Rötelnantikörper in den Fraktionen können anschließend mit dem HHT, dem ELISA oder dem RIA nachgewiesen werden (Abb. 2-5)

Immunität bei Schwangeren

⟹

Nach den Mutterschaftsrichtlinien wird die Immunität gegen Rötelnvirus routinemäßig mit dem HHT bestimmt. Bei einem HHT-Titer ≥1:32 ist eine Immunität anzunehmen. Zur Abklärung eines zweifelhaften HHT-Titers muß das Ergebnis eines zweiten Tests herangezogen werden (Hämolysis-in-Gel-Test (HiG), IgG-ELISA).

Therapie:
nur bei Schwangeren

Therapie: Eine spezifische Therapie mit Röteln-Immunglobulinen ist bei einer unkomplizierten Rötelnvirus-Infektion nicht erforderlich. Eine Ausnahme bilden Schwangere nach Rötelnkontakt. Bei diesen ist jedoch die Immunglobulingabe nur bis zum 8. Tag nach Rötelnkontakt, also vor Einsetzen

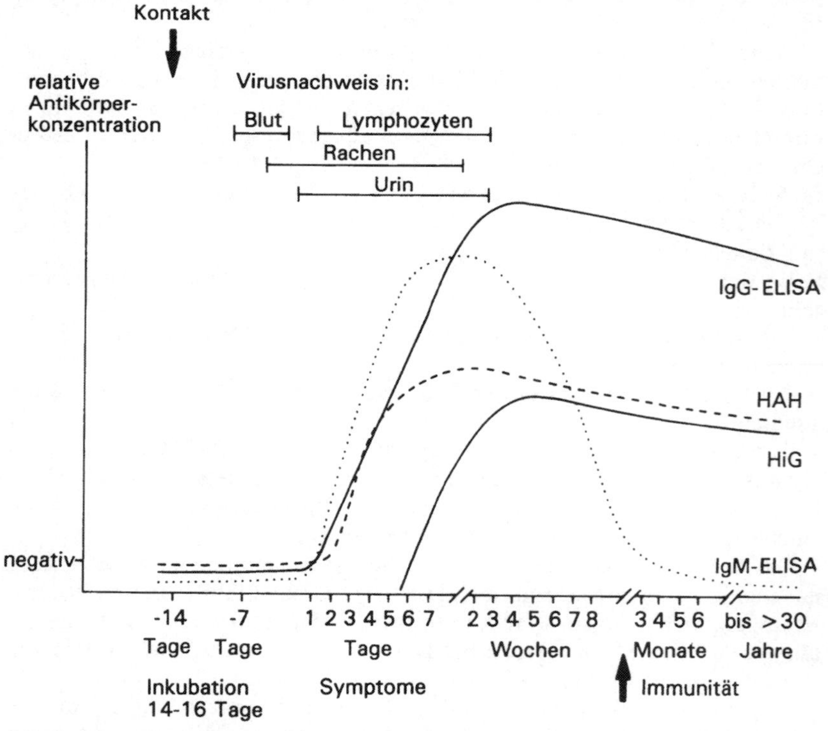

Abb. 2-5: Virus- und Antikörpernachweis im Verlauf einer primären Rötelnvirus-Infektion

der virämischen Phase, sinnvoll und auch dann nicht absolut zuverlässig. Die Immunglobulingabe muß während der Schwangerschaft mehrmals wiederholt werden.

Prophylaxe:
Ziel ist die Verhinderung einer Rötelnvirus-Infektion des Embryos oder Feten
• passive Immunisierung

Prophylaxe: Alle prophylaktischen Maßnahmen dienen dazu, eine Rötelnvirus-Infektion des Embryos bzw. Feten und damit einen Schwangerschaftsabbruch zu verhindern. Röteln-Immunglobuline können zur passiven Prophylaxe seronegativen Schwangeren im ersten und zweiten Trimenon verabreicht werden.

• aktive Immunisierung

> Eine aktive Prophylaxe mit einem Lebendimpfstoff ist als Kombinationsimpfung (Masern-Mumps-Röteln) ab dem 15. Lebensmonat öffentlich empfohlen.

Impfstrategien:
– ab 15. Lebensmonat
– vor der Pubertät
– im Wochenbett

Mädchen vor der Pubertät werden mit einem monovalenten Rötelnimpfstoff geimpft. Bei Impfung seronegativer Frauen im gebärfähigen Alter ist nach der Impfung eine 3monatige Konzeptionsverhütung vorsichtshalber angezeigt, obwohl eine Embryopathie durch Impfvirus bisher nicht beobachtet wurde. Seronegativen Schwangeren wird eine Impfung im Wochenbett empfohlen. *Der Impferfolg muß kontrolliert werden.* Der Impfstoff ist gut verträglich; als Nebenreaktion nach Impfung junger Frauen ist eine meist kurzdauernde Arthralgie beschrieben, jedoch sind in seltenen Fällen auch länger anhaltende und rezidivierende Arthritiden beobachtet worden. Die Impftiter persistieren über viele Jahre. Reinfektionen kommen zwar vor, verlaufen jedoch meist asymptomatisch. Embryopathien sind unter diesen Umständen sehr selten.

Epidemiologie:
• Rötelnvirus ist weltweit verbreitet
• einziger Wirt ist der Mensch
• Übertragung durch Tröpfcheninfektion

Epidemiologie: Das Rötelnvirus ist *weltweit* verbreitet. Der Mensch ist der einzige Wirt. Die Übertragung des Virus erfolgt vor allem durch *Tröpfcheninfektion.* Die Virusausscheidung dauert durchschnittlich von einer Woche vor bis eine Woche nach Beginn des symptomatischen Stadiums. Röteln sind weniger kontagiös als Masern, deshalb erfolgt die Durchseuchung langsamer. Nur 85–90% der jungen Erwachsenen sind in der BRD immun. Schon 2–3 Tage nach Exanthembeginn können Antikörper nachgewiesen werden. Diese bleiben lebenslänglich bestehen und bieten Schutz vor einer Zweiterkrankung. Säuglinge mit Rötelnembryopathie stellen eine Infektionsquelle für das nichtimmune Pflegepersonal dar, da sie das Virus im Nasopharynx und im Urin bis zu 1 Jahr ausscheiden können. Auch im Liquor kann das Virus über diesen Zeitraum nachweisbar sein.

2.8.3 Pestivirus und Arterivirus

Pestivirus und Arterivirus

Pestiviren sind weltweit bei Rindern bzw. bei Schweinen verbreitet und führen bei diesen zu schweren Erkrankungen. Arterivirus führt beim Pferd zu einer Arteritis. Beide Gattungen sind nach dem augenblicklichen Kenntnisstand für den Menschen nicht pathogen.

2.9 Flaviviridae

Flaviviridae

P. C. Döller

Familie	Gattung	Vertreter
Flaviviridae	Flavivirus	Dengue-Virus Serotyp 1–4
		Gelbfieber-Virus
		Frühsommer-Meningoenzephalitis (FSME)-Virus

mehr als 70 Virusarten sind bekannt

Derzeit werden dieser Gattung (früher als Gruppe B-Arboviren bezeichnet) mehr als 70 Virusarten zugeordnet (lat. flavus = gelb). Die wichtigsten Vertreter sind in der Tab. 2-6 dargestellt. Ein Teil der Viren wird durch **Stech-**

Tab. 2-6: Auswahl verschiedener Flaviviren und deren Krankheitsbilder

Überträger	Virusvertreter	Krankheitssymptome
Stechmücken	Dengue-Virus 1–4	Fieber, Arthralgie, Myalgie, Exanthem, (Hämorrhagie)
	Gelbfieber-Virus	Fieber, Gelbsucht, Hämorrhagie, Nierenversagen
	West-Nil-Virus	Fieber, Arthralgie, Myalgie, Exanthem
	St. Louis Enzephalitis-Virus	Meningoenzephalitis
	Murray Valley Enzephalitis-Virus	Meningoenzephalitis
	Japanisches B-Enzephalitis-Virus	Meningoenzephalitis
	Rocio-Virus	Meningoenzephalitis
Zecken	Russisches Frühsommer-Enzephalitis-Virus	Meningoenzephalitis
	Frühsommer-Meningoenzephalitis (FSME)-Virus	Meningoenzephalitis
	Omsk hämorrhagisches Fieber-Virus	Fieber, hämorrhagisches Fieber
	Kyasanur Waldkrankheit-Virus	Fieber, Hämorrhagie, Meningoenzephalitis

mücken oder **Zecken** übertragen. **Hepatitis-C-Virus** (s. Kap. 2.20) wird derzeit in die Familie Flaviviridae eingeordnet.

Viruseigenschaften:

Flaviviridae

Größe	40–50 nm	Aufbau
Symmetrie	ikosaedrisch	
Hülle	vorhanden	
Nukleinsäure	ssRNA	Genom
Polarität	Plus-Strang	
Molekulargewicht	$4{,}0 \times 10^6$ Dalton	
Replikation	im Zytoplasma	Vermehrung
Zusammenbau u. Freisetzung	durch Knospung	

Viruseigenschaften: Virionen der Flaviviridae sind ca. 40–50 nm im Durchmesser, enthalten ein sphärisches Nukleokapsid und sind von einer lipidhaltigen Hülle umgeben. Das Genom wird von einer einzelsträngigen Plus-Strang-RNA mit einem Molekulargewicht von ca. 4×10^6 Dalton gebildet und kodiert folgende drei Strukturproteine: ein core-Protein (C), ein membranassoziiertes Protein (M) und ein glykosyliertes Hüllprotein (E = envelope). Die Replikation erfolgt im Zytoplasma. Der Viruszusammenbau erfolgt beim Transport durch die Wirtszellmembran, wobei durch bislang ungeklärte Prozesse die Virionen eine Hülle erhalten. Glykosylierte Polypeptide auf der Virusoberfläche (Spikes) zeigen eine pH-abhängige hämagglutinierende Aktivität.

Flavivirus

2.9.1 Flavivirus

Dengue-Virus

2.9.1.1 Dengue-Virus

Pathogenese:
Virusvermehrung führt zu:
- Zellschädigung
- Gerinnungsstörung
- immunologischer Schädigung

bereits vorhandene Dengue-Virus-Antikörper sind krankheitsverstärkend

Pathogenese: Eine Virusvermehrung in monozytären Phagozyten führt zu einer direkten *Zellschädigung.* Durch Gerinnungsstörungen und immunologisch bedingte Schädigungen kommt es zur *Hämorrhagie.* Dabei sind bereits vorhandene Dengue-Virus-Antikörper krankheitsverstärkend, was den schwereren Verlauf einer sekundären Infektion mit Dengue-Virus erklären könnte. Bereits vorhandene Dengue-Virus-Antikörper stellen somit wahrscheinlich einen wichtigen Risikofaktor dar. Eine generalisierte Zunahme der Gefäßpermeabilität hat eine *Hypovolämie* zur Folge mit dem Syndrom des *Dengue-Schocks.*

Klinik, Verlauf:
Inkubationszeit: ca. 4–5 Tage

Klinik, Verlauf: Nach einem Stich durch Stechmücken der Gattung Aëdes folgt eine Latenzperiode von ca. 4–5 Tagen.
Bei der Dengue-Virus-Infektion lassen sich folgende *drei Schweregrade* unterscheiden:

- *Klassisches Dengue-Fieber*, welches mit Fieber, Kopfschmerz und Unwohlsein einhergeht und gutartig verläuft. Gerinnungsstörungen sind bei dieser Form jedoch nicht zu beobachten.
- *Hämorrhagisches Dengue-Fieber*, welches nach Abklingen des Fiebers zu hämorrhagischen Manifestationen auf der Haut führt. Dabei kommt es durch die gestörte Mikrozirkulation zum Austritt von Plasma und Plasmaproteinen aus den Gefäßen in den extrazellulären Raum. Diese schwere Verlaufsform führt zur Hämorrhagie und kann mit Zeichen des Schocks einhergehen.
- Die schwerste Form der Infektion kommt durch Störung der Gerinnung und Zunahme der Gefäßpermeabilität zustande, welche über eine Hypovolämie zum *Dengue-Schock-Syndrom* mit einer hohen Letalität von 20 und mehr Prozent führt.

Schweregrade der Dengue-Virus-Infektion

⇐

Diagnose: Innerhalb der ersten Tage bis zu einer Woche nach Krankheitsbeginn kann eine *Virusisolierung* aus Leukozyten oder aus Organbiopsien entweder in Saugmäusen oder in Zellkulturen von Stechmücken erfolgen. Aus demselben Untersuchungsmaterial kann *Virusantigen* direkt mittels IFT bzw. ELISA nachgewiesen werden.
Für den *Antikörpernachweis* stehen NT, HHT, KBR, ELISA und IFT zur Verfügung. Mit den beiden letzteren Methoden können sowohl spezifische IgG- als auch IgM-Antikörper nachgewiesen werden. Komplementbindende, neutralisierende sowie IgG-Antikörper können nach einer Dengue-Virus-Infektion lebenslänglich persistieren. Eine frische Infektion kann daher nur durch einen mindestens vierfachen Titeranstieg in zwei im Abstand von 2–3 Wochen entnommenen Serumproben oder durch den Nachweis von spezifischen IgM-Antikörpern diagnostiziert werden.

Diagnose:
- Virusanzucht
- Antigennachweis
- Antikörpernachweis

Therapie: Die Therapie erfolgt symptomatisch, da eine spezifische Therapie nicht zur Verfügung steht.

Therapie:
erfolgt symptomatisch

Prophylaxe: Durch Bekämpfung der Vektoren kann die Virusübertragung unterbunden werden. Zur Individualprophylaxe werden Stechmücken-abhaltende Kleidung, Repellentien und Moskitonetze eingesetzt. Impfstoffe sind in der Erprobung.

Prophylaxe:
- Bekämpfung der Vektoren
- Schutzkleidung
- Repellentien
- Moskitonetze

Epidemiologie: Die Übertragung des Dengue-Virus erfolgt durch Stechmükken und ist somit an das Vorkommen der Vektoren gebunden. Es ist weltweit in tropischen Gebieten verbreitet, wobei Südostasien, westlicher Pazifikraum und Zentralamerika als Endemiegebiete gelten. In den südostasiatischen Städten ist der wichtigste Vektor Aëdes aegypti. Der Mensch wird als bedeutendstes Virusreservoir betrachtet, obwohl das Virus auch von natürlich infizierten Affen isoliert wurde. In den letzten 30 Jahren ist das hämorrhagische Dengue-Fieber in Südostasien zu einer wichtigen Krankheits- und Todesursache von Kindern geworden. Aëdes aegypti brütet in unmittelbarer Nähe menschlicher Behausungen. Weibliche Mücken infizieren sich während des Blutsaugvorganges mit dem Dengue-Virus und übertragen dieses während einer 8–10 Tage dauernden Inkubationsperiode auf den Wirt. Dengue gewinnt aufgrund der Zunahme des Tourismus in Endemiegebiete auch für die europäische Medizin zunehmend an Bedeutung.

Epidemiologie:
Übertragung durch Stechmücken

geographische Verbreitung: Tropen

Virusreservoir
- Mensch
- Affe

2.9.1.2 Gelbfieber-Virus

Gelbfieber-Virus

Pathogenese: Das Gelbfieber-Virus befällt über die Kupfferschen Sternzellen das Leberparenchym und führt dadurch zur Leberschädigung. Eine gesteigerte vaskuläre Permeabilität und eine Gerinnungsstörung führen zur hämorrhagischen Manifestation.

Pathogenese:
- Leberschädigung durch Befall der Kupfferschen Sternzellen
- Hämorrhagien durch gesteigerte Gefäßpermeabilität und Gerinnungsstörung

Klinik, Verlauf: Eine Gelbfieber-Virus-Infektion verläuft häufig subklinisch. Die Inkubationszeit beträgt 3–6 Tage. Es können *vier Schweregrade* des Krankheitsbildes unterschieden werden:

Klinik, Verlauf:
häufig subklinischer Verlauf
Inkubationszeit: ca. 3–6 Tage

Schweregrade der Gelbfieber-Virus-Infektion

⇨

- *Sehr mild:* nur wenige Stunden Fieber mit Kopfschmerzen.
- *Mild:* stärker ausgeprägtes Fieber mit Kopfschmerzen, Symptomen von Seiten des Gastrointestinaltraktes und allgemeinem Krankheitsgefühl. Nach 2–3 Tagen tritt eine längerandauernde Körperschwäche ein.
- *Mittelschwer:* die stärker ausgeprägte Symptomatik zeigt einen biphasischen Verlauf. Es kommt in der zweiten Phase zur Gelbsucht, Albuminurie und Oligurie, und es können Blutungen auftreten. Das Fieber persistiert hierbei über eine Woche.
- *Bösartig:* in der Regel sterben die Patienten innerhalb der ersten Krankheitswoche. Die Letalität liegt auch bei hospitalisierten Patienten bei 40–50 %.

DD:
– Malaria
– Influenza
– andere hämorrhagische Fieber

Das Überstehen der Erkrankung führt jedoch zu einer langandauernden Immunität. Milde Fälle von Gelbfieber können mit Malaria oder Influenza verwechselt werden, schwere Fälle mit Hepatitis sowie mit anderen hämorrhagischen Fiebern.

Diagnose:
- Antigennachweis
- Virusanzucht möglich

Diagnose: Das Gelbfieber-Virus kann histopathologisch im IFT nachgewiesen werden. Eine *Virusisolierung* ist innerhalb der ersten 3–4 Tage nach Krankheitsbeginn aus Blut möglich und erfolgt in Saugmäusen und/oder in Zellkulturen von Vertebraten und Stechmücken. Virusisolierung aus der Leber von Verstorbenen ist auch möglich, eine Leberbiopsie ist jedoch wegen der Gefahr von Hämorrhagien absolut kontraindiziert.

- Antikörpernachweis

Der *Nachweis einer Immunantwort* ist mit verschiedenen serologischen Untersuchungsverfahren möglich. Im frühen Krankheitsstadium (erste Krankheitswoche) können *hämagglutinationshemmende* (HHT) sowie *neutralisierende Antikörper* (NT) nachgewiesen werden. Letztere können für viele Jahre persistieren. Komplementbindende Antikörper erscheinen erst in der zweiten Krankheitswoche und können innerhalb von 6–12 Monaten nach Infektion relativ schnell auf niedrige Titer absinken. Serologische Kreuzreaktionen mit anderen Flaviviren kommen vor. Spezifische IgG- und IgM-Antikörper können mit dem ELISA nachgewiesen werden. IgM-Antikörper werden in der Regel während des Stadiums der Gelbsucht gefunden.

Therapie:
erfolgt symptomatisch

Therapie: Die Therapie erfolgt symptomatisch, da eine spezifische Therapie nicht zur Verfügung steht.

Prophylaxe:
Vernichtung der Vektoren

wirksame Prophylaxe mit attenuiertem Lebendimpfstoff

→ für Reisen in bestimmte Länder vorgeschrieben

Prophylaxe: Die Bekämpfung der Mückenbrutstätten und die Mückenbekämpfung im Umkreis internationaler Flughäfen durch allgemeine Maßnahmen und Insektizide sollen zu einer Reduktion bzw. Ausrottung der Vektoren führen. Eine Prophylaxe ist mit einem *attenuierten Lebendimpfstoff* (apathogener Gelbfieber-Virusstamm 17-D, 17-D-Impfstoff) möglich. Die Gelbfieber-Schutzimpfung darf jedoch nur in zugelassenen Impfzentren durchgeführt werden. Ebenso unterliegen Herstellung, Qualitätskontrolle, sowie Anwendung einer strengen Überwachung durch die Weltgesundheitsorganisation (WHO). Die Immunität beginnt am 7. Tag nach der Impfung, und sie bleibt möglicherweise lebenslang erhalten. Im internationalen Reiseverkehr ist diese Impfung für bestimmte Länder *vorgeschrieben*, wobei die Gültigkeit des internationalen Impfzertifikates 10 Tage nach der Impfung beginnt und 10 Jahre beträgt. Die Impfung kann im Bedarfsfall wiederholt werden. Säuglinge unter 6 Monaten dürfen nicht geimpft werden.

Epidemiologie:
Vorkommen in den Tropen (Amerika, Afrika)

Übertragung durch Stechmücken

- sylvatisches oder Dschungel-Gelbfieber
- urbanes Gelbfieber

Epidemiologie: Gelbfieber ist in tropischen Regionen Amerikas und Afrikas endemisch. Das Gelbfieber-Virus wird durch bestimmte Stechmücken entweder vom Affen auf den Menschen oder von Mensch zu Mensch übertragen. Die Entwicklung des Virus in der Mücke erfordert Temperaturen von mindestens +18 °C. Das Gelbfieber stellt in den tropischen Regionen ein Hauptgesundheitsproblem dar. In Afrika ist das Gelbfieber zwischen dem 15. nördlichen und dem 10.–16. südlichen Breitengrad verbreitet. In diesen Regionen erfolgt die Übertragung durch Stechmücken der Gattung Aëdes, wobei A. africanus v. a. zu einer Infektion im Waldgebiet, dem *sylvatischen* oder *Dschungel-Gelbfieber*, und A. aegypti und A. simpsoni zu Infektionen in den Dörfern, dem *urbanen Gelbfieber* führen. In Amerika ist das Gelbfieber v. a. in der Amazonas-Region, dem Orinoko und dem Magdalena Valley (Gebiete zwischen dem 10. nördlichen und dem 40. südlichen Breitengrad) verbreitet. Als primäre Vektoren werden hier Stechmücken der Gattung Haemagogus angenommen. Eine transovarielle Übertragung kommt bei diesen Moskitos vor und ist teilweise für die Persistenz des Virus verantwortlich. Gefährdete Gruppen stellen v. a. Wald- und Landarbeiter in diesen Gebieten dar. Eine Weiterverbreitung des Gelbfieber-Virus über den Schiffs- und Flugverkehr ist möglich.

Weiterverbreitung der infizierten Vektoren ist über den Schiffs- und Flugverkehr möglich

2.9.1.3 Frühsommer-Meningoenzephalitis (FSME)-Virus

Frühsommer-Meningoenzephalitis-Virus

Pathogenese: Das Virus gelangt nach dem Zeckenstich und seiner *Vermehrung am Infektionsort* über den Lymphweg in die *regionären Lymphknoten.* Über die Blutbahn breitet sich das Virus in alle Organe aus *(Virämie).* Hierbei kann es zur Überwindung der Blut-Hirn-Schranke und zur Infektion des ZNS kommen.

Pathogenese:
- Virusvermehrung am Infektionsort
- lymphogene Ausbreitung
- hämatogene Ausbreitung

Klinik, Verlauf: Die Erkrankung verläuft in der Regel biphasisch. Nach einer Inkubationszeit von ca. 2–28 Tagen kommt es zur ersten Erkrankungsphase mit Virämie, welche 1–8 Tage dauern kann und mit erhöhten Temperaturen einhergeht. *Die erste Krankheitsphase* ist gekennzeichnet durch ein grippales Krankheitsbild mit uncharakteristischen Symptomen wie Kopf-, Rücken- und Gliederschmerzen oder gelegentlich auch mit gastrointestinalen Erscheinungen. Nach einem fieber- und beschwerdefreien Intervall von 1–20 Tagen folgt eine *zweite Krankheitsphase (meningoenzephalitische Phase)* mit erneutem plötzlichem Temperaturanstieg auf hohe Werte bis über 40 °C und zunehmenden Kopfschmerzen. Der Befall des ZNS kann zu Meningitis, Meningoenzephalitis, Meningoenzephalomyelitis oder Meningoradikuloneuritis führen. Ein Drittel der Patienten gelangt in die zweite Krankheitsphase. Nach einer Infektion können monatelange Depressionen, Kopfschmerzen und irreversible Lähmungen zurückbleiben. Tödliche Verläufe sind beschrieben. Eine durchgemachte Infektion hinterläßt eine lebenslange Immunität.

Klinik, Verlauf:
Inkubationszeit: ca. 2–28 Tage
- erste Krankheitsphase: grippales Krankheitsbild
- zweite Krankheitsphase: zerebrale Erscheinungen

Diagnose: Eine FSME-Erkrankung kann nur labordiagnostisch von anderen Erkrankungen mit ähnlicher Symptomatik abgegrenzt werden. Die *Virusanzucht* in Zellkulturen bzw. Saugmäusen gelingt entweder aus dem Gehirn (bei Todesfall) oder aus Blut, aus letzterem jedoch nur während des virämischen Vorstadiums der FSME. In der zweiten Krankheitsphase ist die Anzucht nur aus dem Liquor möglich.

Diagnose:
- Virusanzucht möglich

Am wichtigsten bei der Diagnostik einer FSME-Erkrankung sind *serologische* Untersuchungsmethoden. Beim Auftreten der ZNS-Symptome sind meist 2–4 Wochen seit dem Zeckenstich vergangen, so daß der Antikörperbefund in der Regel positiv ausfällt. Für die serologische Labordiagnostik stehen KBR und ELISA zur Verfügung, in Speziallaboratorien können NT und HHT durchgeführt werden. Mit dem ELISA ist die Differenzierung zwischen spezifischen IgG- und IgM-Antikörpern im Blut oder auch im Liquor möglich. Eine frische Infektion wird durch einen mindestens vierfachen Titeranstieg bzw. durch den Nachweis spezifischer IgM-Antikörper diagnostiziert. Dabei ist zu beachten, daß IgM-Antikörper z. T. noch monatelang nach Infektion nachweisbar sind. Auch eine Schutzimpfung führt zur Bildung von IgM- und IgG-Antikörpern.

- Antikörpernachweis

Therapie: Eine kausale Therapie einer FSME-Virus-Infektion ist nicht bekannt, daher muß die Therapie symptomatisch erfolgen. Postexpositionell kann nach dem heutigen Kenntnisstand bis einschließlich dem 3. Tag nach Zeckenstich FSME-Immunglobulin verabreicht werden.

Therapie:
postexpositionell bis einschließlich dem 3. Tag nach Zeckenstich: FSME-Immunglobulin

Prophylaxe: Repellentien und Schutzkleidung können einen Zeckenbefall verringern. Zecken am Körper müssen sofort entfernt werden, um eine Übertragung von FSME-Virus zu unterbinden. Die Zecken können z. B. bei Hunden und Katzen mechanisch entfernt oder durch Insektizide bekämpft werden.

Prophylaxe:
- Repellentien
- Schutzkleidung
- mechanisches Entfernen
- Insektizide
- Schutzimpfung

Für die *aktive Immunisierung* steht ein Impfstoff zur Verfügung, der inaktivierte FSME-Viren (Totimpfstoff) enthält. Die Grundimmunisierung umfaßt 3 Injektionen, am Tag 0, 1–3 Monate nach der ersten Injektion und 9–12 Monate nach der zweiten Injektion. 3 Jahre nach der letzten Injektion sollte eine Auffrischimpfung erfolgen.

Epidemiologie:
Überträger: Zecken
- innerhalb der infizierten Zecken erfolgt die Übertragung von Entwicklungsstadium zu Entwicklungsstadium
- infizierte Zecken bleiben zeitlebens Virusträger
- Aufnahme des Virus von den Zecken beim Blutsaugen an einem infizierten Wirt

Epidemiologie: Die wichtigsten Vektoren (Hauptüberträger) für das FSME-Virus sind Zecken der Gattung *Ixodes.* Für die Übertragung auf den Menschen ist Ixodes ricinus, der „Holzbock" von Bedeutung. Das FSME-Virus kann bei Ixodes ricinus von Entwicklungsstadium zu Entwicklungsstadium *(transstadial)* und wohl selten vom Muttertier auf das Ei *(transovarial)* übertragen werden. Die infizierten Zecken selbst erkranken dabei nicht, bleiben jedoch zeitlebens Virusträger. Das FSME-Virus kann von Ixodes ricinus-Larven, -Nymphen und -Adulten auf den Menschen und andere Wirtstiere übertragen werden. Der Stich ist schmerzlos, so daß er vom Wirt nicht bemerkt wird. Mit dem Speichel der Zecke gelangt das Virus beim Saugakt in den Wirt. Während der Virämie beim Wirtstier kann eine nichtinfizierte Zecke beim Saugakt das FSME-Virus aufnehmen. Der Mensch ist dann das Endglied der Infektionskette, da eine Übertragung des FSME-Virus von Mensch zu Mensch bisher nicht beobachtet wurde. *Naturherde* sind in Deutschland v. a. im Süden (Baden-Württemberg, Bayern) lokalisiert. Weiterhin kommt das FSME-Virus v. a. in Österreich, der Schweiz, Ungarn, Jugoslawien, Polen, der Tschechoslowakei und in Gebieten Skandinaviens vor. Die Zeckenaktivität ist von bestimmten geobiologischen Kriterien abhängig wie Temperatur, Feuchtigkeit und Meereshöhe. So ist ab etwa 1 000 m Meereshöhe nicht mehr mit dem Vorkommen von infizierten Zecken zu rechnen. Zur Risikogruppe zählen Wald- und Forstarbeiter, sowie Wanderer, Spaziergänger, Beeren- und Pilzsammler in FSME-Endemiegebieten.

Naturherde
- im Süden der BRD
- in Österreich
- in der Schweiz
- in osteuropäischen Ländern
- in Teilen Skandinaviens

Paramyxoviridae

2.10 Paramyxoviridae

G. Döller

Familie	Gattung	Vertreter
Paramyxoviridae	Paramyxovirus	Parainfluenzavirus Serotyp 1–4
		Mumpsvirus
	Morbillivirus	Masernvirus
	Pneumovirus	Respiratory Syncytial Virus (RSV)

Viruseigenschaften:

Paramyxoviridae

Größe	ca. 150–300 nm	Aufbau
Symmetrie	helikal	
Hülle	vorhanden	
Nukleinsäure	ssRNA	Genom
Polarität	Minus-Strang	
Molekulargewicht	5–8 × 10^6 Dalton	
Replikation u. Zusammenbau	im Zytoplasma	Vermehrung
Freisetzung	durch Knospung	

Viruseigenschaften: (Paramyxoviridae: griech. para = bei, neben, abweichend; myxa = Schleim). Das 12–17 nm große geknäuelte helikale Nukleokapsid wird von einer lipidhaltigen Hülle mit großen Oberflächenstrukturen umgeben. Die Gesamtgröße der Viren liegt zwischen 150 und 300 nm. Das Genom ist ein unsegmentiertes einzelsträngiges RNA-Molekül mit negativer Polarität und einem Molekulargewicht von 5–8 × 10^6 Dalton. Es kodiert für folgende 6 Strukturproteine: *Hämagglutinin-Neuraminidaseprotein* (HN), *Fusionsprotein* (F), *Nukleokapsidprotein* (NC), *Phosphoprotein* (P), *Membranprotein* (M) und *Largeprotein* (L). Drei Strukturproteine werden auf der Virusoberfläche exprimiert, Neuraminidase [nicht bei Masern- und RS-Viren], Hämagglutinin [nicht bei RSV] und Fusionsprotein. Vom viralen Genom wird auch eine virusspezifische Transkriptase kodiert. Die Replikation der Viren erfolgt im Zytoplasma. Die Hülle wird über Knospung durch die Plasmamembran der Wirtszelle gebildet, wobei Lipide der Wirtsmembran in der Außenhülle des Virus eingebaut werden.

Parainfluenzaviren
Pathogenese:
Infektion von Schleimhäuten des oberen und des unteren Respirationstraktes

2.10.1 Parainfluenzaviren

Pathogenese: Zur Bildung infektiöser Viruspartikel ist die Spaltung eines Oberflächenproteins (Fusionsprotein) erforderlich. Die Viren infizieren nicht nur die *Schleimhäute von Nase und Rachen,* sondern auch die des *unteren Respirationstraktes,* was zum Absterben der Epithelzellen und zu Entzündungsreaktionen führt. Larynx und Trachea können ebenso betroffen sein, was bei Kindern eine Laryngotracheobronchitis mit Krupp-Syndrom *(Pseudokrupp)* zur Folge haben kann. Eine Infektion der tiefen Atemwege manifestiert sich als Bronchitis, Bronchiolitis oder Pneumonie. Es besteht offensichtlich ein Zusammenhang zwischen dem Auftreten von Virus-spezifischen IgE-Antikörpern und der Freisetzung von Histaminen in Nasen-Rachensekreten bei der Entwicklung des Krupp-Syndroms.

Klinik, Verlauf: Die Inkubationszeit beträgt ca. 2–6 Tage. Bei Kindern führen Primärinfektionen zu Husten, Schnupfen, Heiserkeit und Fieber (Dauer: 2–3 Tage). Akute Respirationstraktinfektionen, wie *Bronchopneumonien, Bronchiolitis, Bronchitis* oder *akute Laryngotracheobronchitis* (bei jungen Kindern mit *Pseudokrupp*), können ebenfalls auftreten.

Klinik, Verlauf:
Inkubationszeit: ca. 2–6 Tage

Klinisch wird das *Krupp-Syndrom* (Pseudokrupp) in vier Stadien eingeteilt:

4 Stadien des Pseudokrupp: ⇦

Stadium 1:	mit bellendem Husten;
Stadium 2:	mit Stridor, Einziehungen im Jugulum und Epigastrium;
Stadium 3:	mit Stridor, Einziehungen auch seitlicher Thoraxpartien, Atemnot, Tachykardie, Hautblässe, Unruhe und Angst;
Stadium 4:	mit Stridor, maximalen Einziehungen, höchster Atemnot, kleinem und frequentem Puls, Zyanose und Sopor.

Pneumonien werden bei Kindergarten- und Schulkindern durch Typ 1 und Typ 2 sowie bei Neugeborenen und Kleinkindern häufig durch Typ 3 hervorgerufen. Bei Erwachsenen sind Parainfluenza-Pneumonien selten, häufiger sind Infektionen des oberen Respirationstraktes durch Reinfektionen zu beobachten.

bei Erwachsenen häufig Reinfektionen des oberen Respirationstraktes

Diagnose: Die Labordiagnose erfolgt durch *Virusanzucht* aus Nasen-Rachensekreten bzw. aus Rachenabstrichen oder Rachenspülflüssigkeiten auf geeigneten Zellkulturen. Der *Virusnachweis* kann auch direkt aus Nasen-Rachensekreten mit einem IFT oder ELISA erbracht werden. Die *serologische Diagnose* wird durch einen signifikanten Titeranstieg in der KBR oder im HHT geführt. *Spezifische IgM-Antikörper* im ELISA lassen ebenfalls eine frische Infektion erkennen, hohe *Serum-IgA-Antikörpertiter* sind ein starker Hinweis auf eine frische (oder erst kurze Zeit zurückliegende) Infektion. Die serologische Diagnose kann problematisch sein, da nach einer Infektion heterotypische Antikörper gegen andere Parainfluenza-Virustypen oder Mumps-Virus gebildet werden und zu serologischen Kreuzreaktionen führen.

Diagnose:
- Virusisolierung
- Antigennachweis
- Antikörpernachweis

Therapie: Eine spezifische Therapie gibt es nicht, sie muß *symptomatisch* erfolgen. Das Krupp-Syndrom kann bei langsamem Fortschreiten der Symptome durch Inhalation feucht-kühler Luft, ausreichende Flüssigkeitsaufnahme und Beruhigung gelindert werden. Eine stationäre Behandlung kann erforderlich werden. Bei schneller Verschlechterung kann eine *Adrenalin-Inhalation* (Epinephrin-Racemat) erforderlich werden.

Therapie:
erfolgt symptomatisch

Prophylaxe: Eine Schutzimpfung existiert nicht.

Prophylaxe

Epidemiologie: Die Parainfluenzaviren sind *weltweit* verbreitet, mit Ausnahme der Typen 1 und 2, gegen welche Kinder von zurückgezogen lebenden Indianerstämmen in Südamerika keine Antikörper haben. Parainfluenzavirus Typ 4 ist schwer nachweisbar und wurde nur in den USA gefunden. Die einzige Infektionsquelle ist der *Mensch,* wobei es zur Übertragung durch Tröpfcheninfektion oder durch direkten Personenkontakt kommt. Parainfluenzaviren können ganzjährig auftreten, Häufungen finden sich jedoch im Herbst und Frühjahr.

Epidemiologie:
weltweit verbreitet

Mensch ist einzige Infektionsquelle

Häufungen im Herbst und Frühjahr

2.10.2 Mumpsvirus

Mumpsvirus

Pathogenese: Das Virus wird durch Tröpfcheninfektion übertragen, wobei die *Nasen-Rachen-Schleimhaut* infiziert wird. Die Virusreplikation findet auch

Pathogenese:

Infektion der
- Nasen-Rachen-Schleimhaut
- Drüsenepithelien

Drüsenschwellung durch interstitielles Ödem

Freisetzung von Amylase

in den Zellen der Drüsengänge statt, führt zum Absterben der *Drüsenepithelien* und ruft eine Entzündungsreaktion mit einer Anhäufung von Lymphozyten und Makrophagen hervor. Ein um die Drüsengänge herum lokalisiertes *interstitielles Ödem* führt zu einer Drüsenschwellung. Wegen der Gewebszerstörung kommt es zu *Amylasefreisetzung* in den Blutstrom, wodurch der Serum-Amylase-Spiegel signifikant ansteigt. Testes, Ovarien, Pankreas, Auge, Innenohr, periphere Nerven und ZNS können sekundär betroffen sein.

Klinik, Verlauf:
Inkubationszeit: ca. 12–35 Tage

Parotitis mit charakteristischer Schwellung der Parotis

Komplikationen:
- Mitbeteiligung anderer drüsiger Organe
- Miterkrankung des ZNS

Klinik, Verlauf: Die Inkubationszeit beträgt ca. 12–35 Tage. Nach einem ein- bis mehrtägigen Prodromalstadium (uncharakteristische Symptomatik) kommt es v.a. zur *Schwellung der Parotis* (einseitig, beidseitig oder nacheinander beidseitig) mit Fieber bis 40 °C. Die druckempfindliche Schwellung findet sich vor allem vor und unter dem Ohr, so daß das Ohrläppchen in typischer Weise abgehoben wird. Innerhalb von 10 Tagen ist die Parotis wieder abgeschwollen. *Komplikationen* stellen die Mitbeteiligung anderer drüsiger Organe oder eine Miterkrankung des ZNS dar. Die wichtigsten Komplikationen sind *Meningitis* und *Orchitis*, wobei letztere bei einer Infektion nach der Pubertät, wenn auch selten, zur Sterilität führen kann. Weniger häufig kommen Gastroenteritis, Oophoritis, Mastitis, Taubheit, hämolytische Anämie, subakute Thyreoiditis, Nephritis und Arthritis vor. Eine durch Mumpsvirus hervorgerufene Pankreatitis kann vielleicht einen juvenilen Diabetes mellitus auslösen. Die Letalität von Mumps ist gering (<1 %).

Diagnose:
- Virusisolierung
- Antikörpernachweis

Diagnose: Eine *Virusanzucht* ist bereits 5 Tage vor Auftreten der Parotitis aus Speichel und Rachenspülwasser und bis zu 10 Tage nach Krankheitsbeginn aus Speichel, Rachenspülwasser, Urin und Liquor möglich. Sie erfolgt im Brutei oder auf geeigneten Gewebekulturen.
Die *serologische Diagnostik* wird mit KBR, HHT, Hämolysis-in-Gel-Test und einem IgG- und IgM-ELISA durchgeführt. Der serologische Nachweis einer frischen Infektion erfolgt durch Bestimmung spezifischer *IgM-Antikörper* oder durch einen signifikanten Titeranstieg. Die komplementbindenden Antikörper sinken in der Rekonvaleszenz sehr rasch ab. Die Immunität kann mit dem IgG-ELISA bestimmt werden.

Therapie

Therapie: Zur Mitigierung werden spezifische Immunglobuline verabreicht, deren Wirkung jedoch nicht bewiesen ist.

Prophylaxe:
Schutzimpfung mit Lebendimpfstoff, häufig als Kombinationsimpfung (Masern, Mumps, Röteln)

Prophylaxe: Die Schutzimpfung erfolgt mit vermehrungsfähigen, in ihrer Neurovirulenz abgeschwächten Viren (Lebendimpfstoff). Häufig wird die Schutzimpfung als Kombinationsimpfung (Masern, Mumps, Röteln) durchgeführt. Die Impfung wird für alle Kinder ab dem 15. Lebensmonat öffentlich empfohlen. Komplikationen nach Mumpsschutzimpfung sind in der Regel nicht zu erwarten. In sehr seltenen Fällen ist mit verkürzter Inkubationszeit eine mumpsähnliche Erkrankung beobachtet worden.

Epidemiologie:
- weltweites Vorkommen
- Erkrankungshäufung im Herbst, Winter und Frühjahr
- Übertragung durch:
  - Tröpfcheninfektion
  - Schmierinfektion

Epidemiologie: Der Mumps *(Parotitis epidemica)* ist eine weltweit vorkommende akute Infektionskrankheit des Menschen und tritt in unseren Breiten meist epidemisch im Herbst, Winter und Frühjahr auf. Die Übertragung erfolgt v.a. durch *Tröpfchen-* und *Schmierinfektion* von Mensch zu Mensch. Ca. 30–40 % der Mumpsinfektionen verlaufen inapparent.

Im ersten Lebensjahr sind Mumpsinfektionen, auf Grund maternaler Antikörper, selten.

Bei einer Mumpsinfektion im ersten Trimenon der Schwangerschaft kann es zu Aborten kommen. Mißbildungen werden (wenn überhaupt) sehr selten induziert.

Masernvirus

2.10.3 Masernvirus

Pathogenese:
- Replikation
  - im oberen Respirationstrakt
  - im Gastrointestinaltrakt

Pathogenese: Nach einer *lokalen Virusreplikation* im oberen Repirations- oder Gastrointestinaltrakt, in den ableitenden Harnwegen bzw. in den Konjunktiven kommt es vermutlich zu einer *lymphogenen* und später *hämatogenen Aus-*

breitung des Virus. Auch kleine Blutgefäße, Lymphsystem und ZNS können betroffen sein. In Zellen des Retikuloendothelialen Systems und in stimulierten Lymphozyten vermehrt sich das Virus ebenfalls. Derartige Zellen können als Vehikel für die Disseminierung des Virus und als Ausgangspunkt für die Viruspersistenz dienen. In nichtstimulierten Lymphozyten kommt es in der Regel zu keiner Virusreplikation. Während des Prodromalstadiums ist die Infektion bereits disseminiert. Es kommt zu einer massiven Einbeziehung des lymphatischen Systems mit Leukopenie und relativer Lymphozytose sowie zu einer *Schwächung zellvermittelter Immunreaktionen.* So fällt z. B. eine positive Tuberkulinreaktion bis einige Wochen nach Genesung negativ aus. Die unkomplizierte, akute Erkrankung wird nach 3–5 Tagen durch die Entwicklung von Immunreaktionen beendet. Das Exanthem ist eine *Folge von Immunreaktionen* zwischen Virus-infizierten Endothelzellen und T-Zellen. Eine gestörte T-Zellfunktion stellt eine ernste Situation dar, da die Erkrankung unaufhaltsam fortschreiten kann und häufig zum Tode führt. Ein Exanthem tritt hierbei nicht auf. Diese Komplikationen wie auch eine *Riesenzellpneumonie,* hervorgerufen durch ungehinderte Virusreplikation im Lungengewebe, sowie eine *Enzephalitis* werden bei Kindern mit angeborener oder erworbener zellvermittelter Immunschwäche beobachtet. Bei normal funktionierendem Immunsystem können zwei weitere Formen der ZNS-Beteiligung auftreten. Eine *postinfektiöse Enzephalitis* tritt mit einer Häufigkeit von 1:1–2 000 Masernerkrankungen auf und entwickelt sich durchschnittlich 5–7 Tage nach Auftreten des Exanthems. Eine Spätkomplikation, die *subakute sklerosierende Panenzephalitis (SSPE),* tritt nur sehr selten auf (1:1 000 000 Masernerkrankungen) und beruht auf der Aktivierung einer zellassoziierten Infektion durch ein defektes Masernvirus, welches sich durch direkten Zell-Zellkontakt ausbreitet. Hinweise auf eine Ausreifung der Viruspartikel an der Zelloberfläche gibt es nicht. Wahrscheinlich wird die Zelloberfläche in ihrer Antigenstruktur so wenig modifiziert, daß die infizierte Zelle der Immunabwehr entkommt.

– in den ableitenden Harnwegen
– in den Konjunktiven
- Ausbreitung:
  – lymphogen
  – hämatogen

Schwächung zellvermittelter Immunreaktionen

das Exanthem ist eine Folge von Immunreaktionen

bei gestörter Immunabwehr treten schwere Verläufe auf

- ZNS-Beteiligung
  → postinfektiöse Enzephalitis
- seltene Spätkomplikation
  → subakute sklerosierende Panenzephalitis (SSPE)

Klinik, Verlauf: Die Inkubationszeit beträgt in der Regel ca. 10–14 Tage. Der Krankheitsverlauf gliedert sich in 3 Stadien.

Klinik, Verlauf:
Inkubationszeit: ca. 10–14 Tage

3 Stadien des Krankheitsverlaufs:

- Das *Prodromalstadium* dauert 2–5 Tage und tritt 9–12 Tage nach der Infektion auf. Es ist charakterisiert durch katarrhalische Erscheinungen der oberen Luftwege (Rhinitis, Konjunktivitis, Pharyngitis, Angina, Bronchitis). Gelegentlich treten Temperaturerhöhungen bis ca. 38 °C auf. Häufig werden Kopliksche Flecken auf der Wangenschleimhaut sichtbar.
- Es folgt das *Exanthemstadium.* Das Exanthem beginnt hinter den Ohren und breitet sich über Hals, Gesicht, Schultern, Rumpf und Extremitäten auf den ganzen Körper aus. Im allgemeinen steigt das Fieber auf 39–40 °C an. Das Masernexanthem kann entweder disseminiert oder konfluierend sein.
- Nach 2–4 Tagen blaßt das Exanthem rasch ab, und das *Rekonvaleszenzstadium* mit allmählicher Rückgewinnung der Abwehrkräfte des Körpers folgt, wobei noch eine Anfälligkeit gegenüber anderen Erkrankungen (Tbc, Diphtherie, Keuchhusten) vorhanden ist.

Nach Erkrankung bildet sich eine lebenslange Immunität aus.

Vielfältige *Komplikationen* können nach einer Masernvirus-Infektion vorkommen. Eine *Masern-Enzephalitis* tritt entweder vor, während oder nach dem Exanthem mit zentralnervösen Symptomen auf, die zu schweren ZNS-Defekten oder zum Tod führen können. Beim *Masern-Krupp* führt eine schwere Laryngitis mit Glottisödem zu Heiserkeit mit Atemnot. Eine häufige Komplikation stellt die *Otitis media* dar. Durch Fortschreiten einer Masern-Bronchitis kann es zu einer abszedierenden nekrotisierenden *Pneumonie* mit bakterieller Superinfektion kommen. Eine *Kreislaufinsuffizienz* kann zum

Komplikationen:
– Masern-Enzephalitis
– Masern-Krupp
– Otitis media
– Pneumonie
– Kreislaufinsuffizienz
– SSPE

Herzversagen mit Tod führen. Ca. 7–10 Jahre nach einer akuten Masernerkrankung kann eine *subakute sklerosierende Panenzephalitis (SSPE),* welche zu den Slow-Virus-Infektionen gezählt wird, auftreten. Es handelt sich um eine chronisch progrediente entzündliche zentralnervöse Erkrankung.

Diagnose:
- Virusisolierung
- Antigennachweis
- Nukleinsäurenachweis
- Antikörpernachweis

Diagnose: Die *Virusanzucht* ist ca. 4 Tage vor Auftreten des Exanthems aus Blut (Leukozyten), Nasen-Rachensekreten und Konjunktivalabstrichen auf geeigneten Zellkulturen möglich. Aus Urin ist die Virusisolierung erst nach Auftreten des Exanthems möglich. Mit einem IFT kann auch direkt aus Nasen-Rachensekreten *virales Antigen* in Zellen nachgewiesen werden. Der Nachweis *viraler Nukleinsäuren* befindet sich noch im Experimentalstadium. Mit dieser Technik ist es gelungen, Masernvirus-spezifische RNA in Lymphozyten, Gehirnzellen und Osteozyten nachzuweisen. Der *Antikörpernachweis* kann mit dem NT, dem HHT, der KBR, einem IgG- oder IgM-ELISA oder -IFT geführt werden. Spezifische IgG-Antikörper persistieren mit großer Wahrscheinlichkeit lebenslang. Bei der SSPE sind extrem hohe Masern-Antikörperkonzentrationen im Serum und Liquor zu finden.

Therapie

Therapie: Eine spezifische Therapie existiert nicht.

Prophylaxe:
- aktive Immunisierung:
  → Lebendimpfstoff, meist als Kombinationsimpfung (Masern, Röteln, Mumps) verabreicht

Prophylaxe: Zur Prophylaxe der Masern existiert eine öffentlich empfohlene Schutzimpfung, die s. c. mit Stämmen aus *vermehrungsfähigen, attenuierten Masernviren* durchgeführt wird und als Kombinationsimpfung (Masern, Röteln, Mumps) verabreicht werden kann. Die Schutzimpfung sollte nicht vor dem 15. Lebensmonat erfolgen. Durch zunehmende Immunisierung ist die Enzephalitisfrequenz stark gesunken. Da die Masern-Schutzimpfung gegen Masern wirksam ist, kann man davon ausgehen, daß sie auch vor SSPE schützt. Einen *passiven Schutz* für maximal 3 Monate erreicht man bei Kleinkindern im ersten Lebensjahr (höchste Letalität durch Masern), bei Kindern mit Immundefekten und bei seronegativen Schwangeren durch Verabreichung von spezifischen *Masern-Immunglobulinen,* welche bis zum 5. Inkubationstag verabreicht werden müssen.

- passive Immunisierung:
  → Masern-Immunglobulin

Epidemiologie:
weltweit verbreitet
Kontagionsindex >0,95

Entwicklungsländer

Epidemiologie: Masern sind *weltweit* verbreitet und der Mensch ist das *einzige Virusreservoir.* Der Kontagionsindex ist größer als 0,95. Das Enzephalitisrisiko ist bei älteren Kindern (zehn- bis zwölfjährig) 3–5mal höher als bei Kleinkindern. In *Entwicklungsländern* hat die Mehrzahl der Kinder bereits bis zum 3. Lebensjahr eine Masern-Infektion durchgemacht. Masern-Pneumonien zählen in diesen Ländern zu einer der Haupttodesursachen bei Kleinkindern.

Industrienationen

In den *Industrienationen* erkranken hauptsächlich Kindergarten- und Grundschulkinder und – seit die Infektionsausbreitung durch geimpfte Kinder verzögert wird – auch ältere Kinder und Erwachsene. Der Häufigkeitsgipfel liegt zwischen dem 5. und 9. Lebensjahr. Zweiterkrankungen erweisen sich vermutlich als diagnostischer Irrtum.

Respiratory Syncytial Virus

2.10.4 Respiratory Syncytial Virus (RSV)

Pathogenese:
Eintrittspforten:
- Nase
- Auge
- Mund
- oberer Respirationstrakt
- unterer Respirationstrakt
  - Bronchiolitis
  - Pneumonie

Pathogenese: Die Eintrittspforten des RS-Virus sind vor allem *Nase, Auge* und *Mund.* Nach Beteiligung des oberen Respirationstraktes kann sich die Infektion auch auf den unteren Respirationstrakt ausbreiten, wobei Pneumonie und Bronchiolitis eine unterschiedliche Pathogenese zeigen. Bei der *Bronchiolitis* sind die wesentlichen pathologischen Veränderungen (Nekrose des Bronchiolarepithels, Rundzellinfiltration, Ödeme der Submukosa und Adventitia) in den Bronchiolen lokalisiert. Schleim und Zelldetritus sammeln sich im Lumen der Bronchiolen und verengen diese. Die Alveolen bleiben in der Regel ausgespart. Die pathologischen Zeichen der *Pneumonie* sind diffuser, sie enthalten eine mononukleäre Infiltration des subepithelialen Gewebes von Bronchien, Bronchiolen und den interalveolären Wänden. Bei ausgedehnter Erkrankung kommt es zu einer Nekrose der Epithelzellen in den Bronchiolen und Alveolen. In den Nasen-Rachensekreten finden sich hohe RSV-IgE-Antikörper-Konzentrationen sowie ein hoher Histaminspiegel, welcher auf eine allergische Komponente hinweist.

allergische Komponente von pathogenetischer Bedeutung

Klinik, Verlauf: Die Inkubationszeit beträgt ca. 3–5 Tage. *Primärinfektionen* bei Kleinkindern gehen in der Regel mit einer Symptomatik des oberen Respirationstraktes mit Schnupfen, verstopfter Nase und Husten einher, können im weiteren Verlauf den unteren Respirationstrakt (Pneumonie, Bronchitis) mit einbeziehen und zu Dyspnoe sowie zum Krupp-Syndrom führen. Häufig kommt es zu einer Otitis media. Temperaturen zwischen 38–40 °C treten auf. *Reinfektionen* kommen vor und führen zu Erkrankungen des oberen Respirationstraktes (banale Erkältungskrankheit). Bei *Immunsupprimierten* können die RSV-Infektionen zu sehr schweren Verläufen mit letalem Ausgang führen.

Klinik, Verlauf:
Inkubationszeit: ca. 3–5 Tage

- Primärinfektion
- Reinfektionen

schwere Verläufe bei Immunsupprimierten

Diagnose: Die *Virusisolierung* kann aus Nasen-Rachensekreten oder Rachenspülflüssigkeiten auf geeigneten Zellkulturen erfolgen. Der Erfolg ist von der Abnahmetechnik und dem Zeitraum bis zur Bearbeitung im Labor abhängig. Mit einem ELISA oder IFT kann das RS-Virus auch direkt aus der Untersuchungsprobe nachgewiesen werden. Die *serologische Diagnose* wird mit der KBR, dem ELISA oder mit dem NT durchgeführt, wobei bei der Befundinterpretation zu berücksichtigen ist, daß bei Kleinkindern die Immunantwort verzögert auftritt.

Diagnose:
- Virusisolierung
- Antigennachweis
- Antikörpernachweis

Therapie: Eine spezifische Therapie gibt es derzeit nicht. Die antivirale Substanz *Ribavirin*^R^, die über Aerosol verabreicht werden muß, befindet sich in der klinischen Erprobung.

Therapie

Prophylaxe: Eine effektive Prophylaxe ist nicht bekannt, eine Verhinderung z. B. von nosokomialen Infektionen kann durch kleine Pflegeeinheiten erfolgen. Eine Maßnahme zur Verhinderung von RSV-Infektionen ist das Händewaschen. Eine Schutzimpfung gibt es nicht. RSV-Lebendvakzinen befinden sich derzeit in der Entwicklung.

Prophylaxe:
Hygienemaßnahmen

Epidemiologie: Die RSV-Infektion wird durch *Tröpfchen* oder auch durch *kontaminierte Gegenstände* übertragen. Ab dem 3.–5. Tag nach Infektion wird RS-Virus aus dem oberen Respirationstrakt ausgeschieden; die Ausscheidung dauert bei Kindern durchschnittlich 7–8 Tage, bei Erwachsenen kürzer. Schwer verlaufende RSV-Infektionen werden besonders bei Säuglingen ab dem 6. Lebensmonat beobachtet. In unseren Breiten treten die RSV-Infektionen vorwiegend im Spätherbst, Winter und Frühling auf.

Epidemiologie:
Übertragung durch
– Tröpfcheninfektion
– kontaminierte Gegenstände

Erkrankungshäufungen im Spätherbst, Winter, Frühjahr

2.11 Orthomyxoviridae

P. C. Döller

Orthomyxoviridae

Virusfamilie	Gattung	Vertreter
Orthomyxoviridae	Influenzavirus	Influenza-A-Virus
		Influenza-B-Virus
		Influenza-C-Virus

2.11.1 Influenza-A- und -B-Virus

Viruseigenschaften: (Orthomyxoviridae: griech. ortho = gerade, aufrecht; myxa = Schleim). Die reifen Virionen sind von kugeliger Gestalt mit 80–120 nm im Durchmesser, sie können aber auch in filamentöser Form auftreten. Das helikale Nukleokapsid hat einen Durchmesser von 9–15 nm und ist von einer pleomorphen Lipidhülle mit Oberflächenprojektionen umgeben. Das Genom besteht aus 8 Segmenten linearer Einzelstrang-RNA mit negativer Polarität (Minus-Strang-RNA) und einem Molekulargewicht von 5×10^6 Dalton und kodiert für 7–9 Polypeptide. Dazu zählen eine virusspezifische Transkriptase, eine Neuraminidase (NA) und Hämagglutinin (HA 1–HA 2). Die Virusreplikation findet im Zellkern und im Zytoplasma statt (vgl. Kap. IV.1 „Allgemeine Virologie"). Die viruseigene Transkriptase synthetisiert zunächst eine m-RNA von jedem Genomsegment. An dieser

Influenza-A- und -B-Virus
Viruseigenschaften:

Orthomyxoviridae

Größe	80–120 nm	Aufbau
Symmetrie	helikal	
Hülle	vorhanden	
Nukleinsäure	8 Segmente ssRNA	Genom
Polarität	Minus-Strang	
Molekulargewicht	5×10^6 Dalton	
Replikation u. Zusammenbau	im Zytoplasma	Vermehrung
Freisetzung	durch Knospung	

bei Mischinfektion mit Influenza-A-Viren kann es zum Reassortment von Genen kommen
Subtypen bei Influenza-A-Viren des Menschen:
- Influenza A/H1 N1
- Influenza A/H2 N2
- Influenza A/H3 N2
• Antigen-Shift
• Antigen-Drift

m-RNA werden Proteine synthetisiert, welche an der Synthese komplementärer RNA (genomische RNA) beteiligt sind. Der Zusammenbau der Viren (assembly) erfolgt über Knospung durch die Plasmamembran. Während einer *Mischinfektion* mit verschiedenen Influenza-A-Stämmen kann es zum *Reassortment* von Genen kommen, daher lassen sich Influenza-A-Viren aufgrund ihrer Oberflächenproteine (Hämagglutinin und Neuraminidase) in Subtypen unterteilen. Dreizehn Hämagglutinin- (H1–H14) und neun Neuraminidase-Subtypen (N1–N9) sind bekannt, wobei beim Menschen bisher **H1, H2, H3**, sowie **N1** und **N2** vorkamen. Bei Influenza-B-Viren treten Subtypen nicht auf. Die Entstehung von Subtypen wird als *„Antigen-Shift"* und die Entstehung von Stammunterschieden als *„Antigen-Drift"* bezeichnet. Die Nomenklatur der Influenzavirus-Stämme berücksichtigt Virustyp, Isolierungsort, laufende Nummer am Isolierungsort, Isolierungsjahr und antigene Eigenschaften der Hämagglutinin- und Neuraminidase-Antigene wie z. B. A/Mississippi/1/85 (H3 N2), A/Singapore/6/86 (H1 N1) oder B/Ann Arbor/1/86.

• **Reassortment** durch simultane Infektion einer Wirtszelle mit zwei verschiedenen Influenza-A-Viren
  - 8 getrennte Genomsegmente
  - Genaustausch
  - Nachkommenviren besitzen z. T. Eigenschaften beider Elternviren
  - veränderte Pathogenität

Reassortment von Genen: Der genetische Aufbau von Influenza-A-Viren ist sehr variabel, da die einsträngige RNA in 8 getrennten Segmenten vorliegt, wobei jedes Segment für ein Genprodukt kodiert (Tab. 2-7). Wenn eine simultane Infektion einer Wirtszelle mit zwei verschiedenen Influenza-A-Viren erfolgt, können durch *Reassortment* komplette Virusgene (Segmente) ausgetauscht werden. Durch die Neusortierung des genetischen Materials kann eine Nachkommenschaft entstehen, deren Genom RNA-Segmente von beiden Elternviren besitzt und deren Pathogenität dadurch verändert sein kann. Werden Hämagglutinin- oder Neuraminidase-Gen ausgetauscht, verändert sich die Antigenität des Virus drastisch. Dieser Vorgang wird als *Antigen-Shift* bezeichnet und kommt nur bei Influenza-A-, nicht dagegen bei Influenza-B-Virus vor und ist eine Voraussetzung für Pandemien.

→ **Antigen-Shift**
nur bei Influenza-A-Virus

• **Punktmutation:**
geringe Änderung der Antigenität
→ **Antigen-Drift**

Tab. 2-7: Genomsegmente von Influenza-A-Viren, deren Genprodukte und Funktionen

Segment	Genprodukt	Funktion
1	basisches Polymerase-Protein (PB2)	Bestandteil der RNA-Transkriptase
2	basisches Polymerase-Protein (PB1)	Bestandteil der RNA-Transkriptase
3	saures Polymerase-Protein (PA)	Bestandteil der RNA-Transkriptase
4	Hämagglutinin (HA)	Oberflächenglykoprotein (wichtigste Antigendeterminante, vielfältige Funktion bei Virusadsorption und Fusion)
5	Nukleoprotein (NP)	bildet zusammen mit den RNA-Segmenten das Ribonukleoprotein; strukturelle Komponente der RNA-Transkriptase
6	Neuraminidase (NA)	Oberflächenglykoprotein mit Neuraminidase-Aktivität; Funktion wahrscheinlich bei der Virusfreisetzung
7	Matrix-Protein (M)	wichtige Strukturkomponente
8	Nicht-Struktur-Protein (NS)	nichtstrukturelles Protein; Funktion wahrscheinlich beim Abschalten der Wirtszell-Proteinsynthese

Punktmutationen in der Basensequenz führen zu geringen Änderungen in der Antigenität (HA und NA); dieser Vorgang wird als *Antigen-Drift* bezeichnet. Diese schafft die Voraussetzung für leichtere Grippe-Epidemien, da in der Bevölkerung noch eine Teilimmunität gegenüber diesen leicht veränderten Antigenen besteht.

Pathogenese:
Befall der Epithelzellen des Respirationstraktes

Pathogenese: Influenzaviren werden mit der Atemluft verbreitet. Die an der Oberfläche des Virus lokalisierten Glykoproteine *(Hämagglutinin* und *Neura-*

minidase) sind für das Eindringen des Virus in die Epithelzellen des Respirationstraktes verantwortlich. Die *virale Neuraminidase* kann Schleim auf der Epitheloberfläche verflüssigen und erleichtert dadurch die Anheftung der Viren an die Zelloberfläche. Vorwiegend ist der *obere* Respirationstrakt betroffen, obgleich die Viren auch in tiefere Regionen gelangen können. Nur Stämme, deren *Hämagglutinin* von den Wirtszellen durch Proteasen (z. B. Trypsin) gespalten wird, sind infektiös und pathogen. Protektive Antikörper des Wirtsorganismus sind gegen Hämagglutinin und Neuraminidase gerichtet. Die Antigenität dieser Virusstrukturen kann durch Mutationen derart verändert werden, daß es zu einer erneuten Infektion kommen kann. Bakterien können zu *Sekundärinfektionen* führen, und andererseits kann es durch bakterielle Proteasen, welche zur Spaltung des Hämagglutinins (HA) in HA1 und HA2 führen, zur *Steigerung der Infektiosität und Pathogenität* von Influenzaviren kommen.

Funktion der viralen Oberflächenproteine
- Neuraminidase
  - Schleimverflüssigung
- Hämagglutinin
  - Anheftung an die Wirtszelle
  - Eindringen in die Wirtszelle

vorwiegend ist der **obere** Respirationstrakt betroffen

Sekundärinfektion durch Bakterien
Steigerung der Infektiosität und Pathogenität von Influenza-Viren durch bakterielle Proteasen

Klinik, Verlauf: Eine Influenzavirus-Infektion (Inkubationszeit ca. 2–5 Tage) verläuft selbst bei nichtimmunen Personen in mehr als 50 % der Fälle klinisch inapparent oder subklinisch, obwohl die Infizierten tagelang für ihre Umgebung ansteckend sein können. Als unkomplizierte Influenza („Grippe") sind ihre Symptome von zahllosen anderen Respirationstraktinfektionen (oft als „grippaler Infekt") nicht zu unterscheiden. Die *klassischen Symptome einer Influenza* sind plötzlicher Beginn mit einer starken Beeinträchtigung des Allgemeinbefindens (Niesreiz, Kopf-, Muskel- und Gliederschmerzen) sowie steilem Temperaturanstieg und gleichzeitiger Manifestation v. a. am Respirationstrakt (Laryngotracheobronchitis, Bronchiolitis und Pneumonie) mit nichtproduktivem Husten oder Halsschmerzen. Das Krankheitsbild ist häufig so schwer, daß Arbeitsunfähigkeit besteht und Bettruhe erforderlich ist. Gelegentlich kommt es auch zu Übelkeit, Erbrechen und Durchfall. Die Symptomatik verschwindet im allgemeinen spontan nach ca. 3–5 Tagen, gelegentlich auch später, wobei das Allgemeinbefinden auch noch mehrere Wochen beeinträchtigt sein kann.

Klinik, Verlauf:
häufig klinisch inapparenter oder subklinischer Verlauf
Inkubationszeit: ca. 2–5 Tage

klassische Symptome der „Gripppe"
- plötzlicher Beginn
- starke Beeinträchtigung des Allgemeinbefindens
- steiler Temperaturanstieg
- Manifestation am Respirationstrakt

häufig schweres Krankheitsbild

spontanes Verschwinden der Symptomatik nach 3–5 Tagen

Komplikationen sind *Myokarditis* und *Meningoenzephalitis, Exazerbation chronischer Grundleiden, Influenzavirus-Pneumonie* und/oder *sekundäre bakterielle Infektionen.* Die Influenzavirus-Pneumonie kann sich unterschiedlich manifestieren:

Komplikationen

- Bei der *banalen Influenzavirus-Pneumonie* kommt es zu einer Virusbronchopneumonie mit multiplen Herden und günstiger Prognose.
- Die *hämorrhagische Influenzavirus-Pneumonie* stellt die typische Form einer schwer verlaufenden Influenza dar. Durch sie ist auch die Mehrzahl der tödlichen Verläufe während Pandemien bedingt. Häufig kommt eine bakterielle Superinfektion, v.a. durch Staphylokokken und Haemophilus influenzae, hinzu.
- Die *perakute fulminante (foudroyante) Influenzavirus-Pneumonie* geht mit einem ausgedehnten hämorrhagischen Ödem einher und kann in 24–48 Stunden zum Tode führen.

unterschiedliche Manifestation der Influenzavirus-Pneumonie

⇐

Besonders bei Kindern und Jugendlichen kommt eine Komplikation vor, deren Hauptursache die Medikation mit Salicylaten (Reye-Syndrom) ist. Während einer Influenza-Epidemie sind Salicylate daher bei Kindern und Jugendlichen kontraindiziert. Die durch natürliche Infektion erworbene *Immunität* gegen eine Influenzavirus-Infektion kann aufgrund von Antigen-Shift und -Drift gegen neu auftretende Subtypen und Stämme *unwirksam* bzw. *abgeschwächt* sein.

Komplikation besonders bei Kindern und Jugendlichen durch Medikation mit Salicylaten → Kontraindikation

Diagnose: Die klinische Diagnose einer Influenza ist ohne Labordiagnostik unzuverlässig. *Virusisolierung* und *Antigennachweis* können jedoch innerhalb kurzer Zeit die Diagnose sichern. Die *Virusanzucht* erfolgt aus Nasen-Rachensekreten bzw. aus Rachenspülflüssigkeit, welche innerhalb der ersten 3 Krankheitstage abgenommen werden müssen. Rachenabstriche sind zur Anzüchtung weniger geeignet. Die Virusanzucht erfolgt in embryonierten

Diagnose:
- Virusisolierung

Hühnereiern oder in geeigneten Zellkulturen. Nach Anzucht in Zellkulturen können die Viren durch Hämadsorption, IFT und ELISA nachgewiesen werden. Die Typisierung der Isolate erfolgt mit dem HHT. Eine wichtige Rolle spielt der *Direktnachweis von Virusantigen* in Epithelzellen des Nasen-Rachensekrets bzw. in Nasen-Rachenabstrichen mit dem direkten IFT und dem ELISA. Der Vorteil dieser Tests besteht u. a. darin, daß die Proben ohne Kühlung ins Labor verschickt werden können, da kein vermehrungsfähiges Virus, sondern nur Virusantigen nachgewiesen wird.

- Antigennachweis

Serologische Methoden zeigen erst in einer späteren Krankheitsphase spezifische IgG-, häufig IgA- und gelegentlich IgM-Antikörper. Während Typ-spezifische Antikörper gegen NP- und M-Protein gebildet werden, sind Subtyp-spezifische Antikörper gegen HA und NA gerichtet. Serum sollte zu Beginn der Erkrankung sowie nach weiteren 2–3 Wochen untersucht werden. Die Serodiagnostik kann mit HHT, KBR, NT, IFT und ELISA durchgeführt werden. Mit den beiden letzteren ist der *Nachweis spezifischer IgG-, IgA- und IgM-Antikörper* möglich. Die KBR weist vor allem Antikörper gegen das NP-Antigen nach und unterscheidet daher nur zwischen den beiden Typen A und B (Typ-spezifisch). HHT, IFT und ELISA können Antikörper gegen HA und NA nachweisen und sind daher Subtyp-spezifisch.
Ein vierfacher Titeranstieg spricht für eine frische Infektion.

- Antikörpernachweis

Therapie:
- Amantadin
- Rimantadin

nur wirksam bei Influenza-A-Virus-Infektionen

Therapie: Eine Influenza-A-Infektion kann oral mit *Amantadin* (oder *Rimantadin*) behandelt werden. In die Virusvermehrung greifen diese Substanzen wahrscheinlich vor der RNA-Replikation ein. Werden die Substanzen in den ersten 24–48 Stunden nach Ausbruch der Erkrankung verabreicht, so führt dies zu einem milderen und kürzeren Krankheitsverlauf. Die Substanzen wirken nicht gegen eine Influenza-B-Infektion. Eine weitere Substanz, *Ribavirin*^{R}, hat den Vorteil, daß sie nicht nur gegen Influenza-A-, sondern auch gegen Influenza-B-Virus wirkt. Ribavirin besitzt jedoch eine hohe Toxizität und ist in der Regel oral nicht wirksam, so daß es kontinuierlich als Aerosol appliziert werden muß. Es ist derzeit in der Bundesrepublik Deutschland nicht zugelassen.

Prophylaxe:
- Amantadin-(Rimantadin)-Prophylaxe
- Schutzimpfung
  - jährliche Änderung in der Impfstoffzusammensetzung (Empfehlungen der WHO)
  - inaktivierter Ganzvirionen-Impfstoff
  - Spalt-Impfstoff
  - Subunit-Impfstoff

Schutzdauer etwa 1 Jahr

Prophylaxe: Chemoprophylaxe und Schutzimpfung können eine Influenza verhindern bzw. das Krankheitsbild abschwächen. Durch eine *orale Amantadin-(Rimantadin-)-Prophylaxe* können ca. 70–90 % der Influenza-A-Infektionen verhindert werden. Für die Impfstoff-Zusammensetzung der *Schutzimpfung* werden jedes Jahr von der Weltgesundheitsorganisation (WHO) Empfehlungen herausgegeben. Neben der inaktivierten *Ganzvirionenvakzine* wurden zur Erzielung höherer Antigenität Spalt- und Subunit-Impfstoffe entwickelt. Der *Spalt-Impfstoff*, der derzeit in der Bundesrepublik eingesetzt wird, enthält noch Komponenten wie Virusnukleinsäure und verschiedene Proteine, die für den Impfschutz nicht erforderlich sind. Der *Subunit-Impfstoff* enthält nur noch die für einen Impfschutz notwendigen Antigene (HA und NA). Die induzierte Schutzdauer beträgt für beide Impfstoffe etwa ein Jahr. Lebendimpfstoffe, wie sie z. B. in den UdSSR eingesetzt werden, sind bei uns nicht zugelassen. Die Indikation der Impfung ist auf bestimmte Bevölkerungsgruppen beschränkt:

Indikation zur Impfung:

⟹

> Geimpft werden sollten vor allem Personen, die wegen bestimmter Grundleiden durch eine Influenza-Erkrankung besonders gefährdet sind, Personen über 60 Jahre sowie Personen, die in erhöhtem Maße einer Infektion ausgesetzt sind, wie z. B. medizinisches Personal, Personen in Heimen, Kasernen etc.

Kontraindikationen

Die Impfung verhindert nicht immer eine Erkrankung, kann jedoch vor Komplikationen, v. a. bei älteren Menschen, schützen. Kontraindiziert ist eine Impfung bei Überempfindlichkeit gegenüber Hühnereiweiß sowie bei Patienten mit akut fieberhaften Erkrankungen. Die Impfung erfolgt im Herbst eines jeden Jahres, vor Beginn der Influenza-Saison. Als sehr seltene Nebenwirkung wird das Guillain-Barré-Syndrom diskutiert.

Epidemiologie: Die Influenza ist auch heute noch eine der wichtigsten epidemischen Infektionskrankheiten in den gemäßigten Klimazonen. In den *gemäßigten Zonen und in der nördlichen Hemisphäre* dauert die Influenza-Saison etwa von November bis April und in der *südlichen Hemisphäre* etwa von Mai bis Oktober. In den *Tropen* scheint die Influenza endemisch zu sein, und Epidemien treten dort mehrmals im Jahr auf. Auf welche Weise das Influenzavirus in der menschlichen Bevölkerung persistiert, ist noch ungeklärt.

Epidemiologie:
Influenza-Saison in Europa von November bis April

Durch Antigen-Shift kommt es unregelmäßig und unvorhersehbar zu **Pandemien**.

⇦

Pandemien

Die am besten dokumentierten Pandemien sind 1918, 1957, 1968 und 1977 aufgetreten. 1918 sind weltweit ca. 20 Millionen Menschen an einer Influenza-A-Virus-Infektion, vermutlich vom Subtyp H1 N1, engverwandt mit den Schweine-Influenza-Stämmen (H1 N1), verstorben. 1957 kam es durch ein A/H2 N2-Virus zur „asiatischen Grippe", 1968 durch ein A/H3 N2-Virus zur „Hongkong-Grippe". 1957 und 1968 ersetzten die pandemischen Subtypen die bis dahin vorherrschenden. 1977 trat jedoch zu dem damals im Umlauf befindlichen Subtyp zusätzlich wieder ein A/H1 N1-Virus auf, so daß seither A/H3 N2- und A/H1 N1-Subtypen gemeinsam vorkommen.
Zu den *natürlichen Wirten* für Influenzaviren gehören außer dem Menschen Pferd, Schwein, Nerz, Seehund, Wal, Wildente, Truthahn, Huhn, Wachtel, Möwe, Seeschwalbe und gelegentlich auch andere Vögel. Viele der aviären Influenzaviren infizieren Wildenten, sind für diese aber nicht pathogen und können in deren Intestinaltrakt überleben. Für ein Reassortment bieten sich dadurch ausgezeichnete Voraussetzungen.

2.11.2 Influenza-C-Virus

Influenza-C-Virus

Für die Bezeichnung von Influenza-C-Virus gelten dieselben Regeln wie für die anderen Influenzaviren (z.B. C/Ann Arbor/1/50). Influenza-C-Viren sind den Influenza-A- und -B-Viren ähnlich, wichtige Unterscheidungsmerkmale sind jedoch zu beobachten. Influenza-C-Viren sind ca. 130–150 nm im Durchmesser, sie besitzen nur 7 Genomsegmente und nur ein Glykoprotein mit hämagglutinierenden Eigenschaften, welches auch zur Zellmembranfusion führt und eine Rezeptor-zerstörende Funktion besitzt. Zur Antigendrift kommt es nur in begrenztem Ausmaß.

- Influenza-C-Virus führt vornehmlich bei Kindern und Kleinkindern zu einer milden Erkrankung des Respirationstraktes.
- Erwachsene sind nur gelegentlich betroffen.
- Schweine und Hunde können ebenfalls infiziert werden.

Andere natürliche Tierwirte sind jedoch bislang nicht bekannt. Influenza-C-Viren können ebenfalls in embryonierten Hühnereiern und geeigneten Zellkulturen angezüchtet werden.

2.12 Rhabdoviridae

G. Döller, P. C. Döller, M. H. Wolff

Familie	Gattung	Vertreter
Rhabdoviridae ———	Lyssavirus ———	Rabiesvirus (Tollwutvirus)

Viruseigenschaften: (Rhabdoviridae: griech. rhabdos = Stab) Das Virion hat ein charakteristisches geschoßförmiges Aussehen mit einem Durchmesser von 50–95 nm und einer Länge von 130–380 nm. Ein helikales, zylindrisch aufgewickeltes Nukleokapsid wird von einer lipidhaltigen Hülle mit 6 bis 8 nm großen Oberflächenprojektionen (Spikes), welche aus Glykoproteinen bestehen und hämagglutinieren können, umgeben. Das Genom besteht aus einer einzelsträngigen RNA mit negativer Polarität und einem Molekularge-

Rhabdoviridae

Viruseigenschaften:

Rhabdoviridae

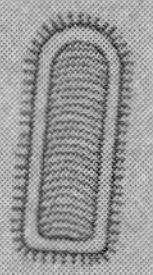

Größe	ca. 50–95 × 130–380 nm	Aufbau
Symmetrie	helikal	
Hülle	vorhanden	
Nukleinsäure	ssRNA	Genom
Polarität	Minus-Strang	
Molekulargewicht	3,5–4,6 × 10^6 Dalton	
Replikation u. Zusammenbau	im Zytoplasma	Vermehrung
Freisetzung	durch Knospung	

wicht von 3,5–4,6 × 10^6 Dalton. Außer Strukturproteinen kodiert die RNA eine virusspezifische Transkriptase. Die Replikation der Virionen erfolgt im Zytoplasma. Mittels Knospung durch intrazytoplasmatische Membranen werden die Virionen zusammengesetzt.

Rabiesvirus (Tollwutvirus)

Pathogenese:
Voraussetzung für eine Infektion ist das Eindringen des Virus über
- Hautverletzung
- Schleimhaut

Neurotropismus
das Virus gelangt auf neuronalem Weg ins Gehirn
neuronale Ausbreitung in die Peripherie

Virus erscheint
- in Speicheldrüsen,
- im Nasenepithel,
- in der Papillenregion der Zunge

Rabiesvirus während des gesamten Infektionsgeschehens im ZNS
→ Immunsystem wird erst spät stimuliert

2.12.1 Rabiesvirus (Tollwutvirus)

Pathogenese: Da das Rabiesvirus die intakte Haut nicht durchdringen kann, ist eine *Hautverletzung* (z. B. Biß) die Voraussetzung für eine Infektion. Ein Eindringen über die *Schleimhäute* ist jedoch auch ohne Verletzungen möglich. Das Virus infiziert die Gewebezellen an der Eintrittsstelle, hält sich dort bis zu etwa 72 Stunden auf und kann sich z. B. in quergestreiften Muskelzellen replizieren. Im Organismus verhält sich das Rabiesvirus *neurotrop.* Es erreicht das periphere Nervensystem vermutlich über die neuromuskulären Spindeln sowie über die motorischen Endplatten (Azetylcholinrezeptoren) und wandert dann innerhalb des Axoplasmas zu den Ganglionzellen des *Rückenmarks* und weiter ins *Gehirn*, wo sich kleinere und größere Virusaggregate (Negri-Körperchen) ausbilden. Es kommt zu einer ausgedehnten *Enzephalitis.* Vom Gehirn breitet sich das Virus wieder axonal in die *Peripherie* aus und erscheint in *Speicheldrüsen, Nasenepithel* und in der *Papillenregion der Zunge.* Während des gesamten Infektionsgeschehens hält sich das Rabiesvirus im ZNS auf. Dadurch wird das Immunsystem erst in einer sehr späten Phase, wenn große Virusmengen freigesetzt werden, stimuliert, und hohe Antikörpertiter sind im Serum und Liquor erst zu einem späten Zeitpunkt nachweisbar.

Klinik, Verlauf:
Inkubationszeit: ca. 10–150 Tage

Klinik, Verlauf: Die *Inkubationszeit* beim Menschen beträgt ca. 10–150 Tage.

⇨

Je näher die Bißstelle dem ZNS liegt, desto kürzer ist die Inkubationszeit.

- Prodromalerscheinungen
- akutes Krankheitsbild
  - Wilde Wut: neurologische Symptomatik mit Krämpfen und Muskelspasmen
  - Stille Wut: paralytisches Krankheitsbild

Virusausscheidung mit starkem Speichelfluß

Prodromalsymptome der Erkrankung sind Juckreiz, Parästhesien, Schmerzen an der Inokulationsstelle, Fieber, Kopfschmerz und Erbrechen. Das akute Krankheitsbild äußert sich entweder als *„Wilde Wut"* oder als *„Stille Wut".* Bei der *„Wilden Wut"* tritt eine neurologische Symptomatik mit generalisierten Krämpfen und Muskelspasmen im Pharynx-/Larynxbereich auf, welche auch allein durch den Anblick von Wasser *(Hydrophobie)* ausgelöst werden kann. Die *„Stille Wut"* ist durch ein paralytisches Krankheitsbild gekennzeichnet. Bei beiden Erscheinungsbildern kommt es zu starker *Salivation* mit entsprechender Virusausscheidung. Bisher sind nur drei Rabiesvirus-Infektionen beim Menschen beschrieben, die nicht tödlich endeten.

Diagnose:
- Direktnachweis
- Virusanzucht

Diagnose: Die Diagnose erfolgt in einem Speziallaboratorium. Ein schneller *Virusnachweis* kann mit dem direkten IFT von einem Kornea-Abklatschpräparat durchgeführt werden. Die *Virusisolierung* ist aus Speichel durch intrazerebrale Inokulation von Mäusen möglich. Post mortem wird Virus aus dem Gehirn oder aus Speicheldrüsengewebe mit dem IFT nachgewiesen. Der IFT ist spezifischer als der veraltete Nachweis von Negri-Einschlußkörperchen.

- Antikörpernachweis:
  Antikörper sind erst sehr spät im Krankheitsverlauf nachweisbar

Spezifische *Antikörper* lassen sich mit dem NT, der KBR und dem ELISA nachweisen. Ein sehr zuverlässiger Antikörpernachweistest ist der häufig in der Rabies-Diagnostik verwendete „Rapid Fluorescent Focus Inhibition Test" (RFFIT), ebenso der „Dot Immunobinding Assay" (DIA).

Therapie

Therapie: Eine virusspezifische Therapie existiert nicht.

⇨

Bis zu 72 Stunden nach Viruskontakt kann eine aktive und passive Immunisierung die Erkrankung verhindern.

Prophylaxe:
Schutzimpfung

Prophylaxe: Zur *Rabies-Schutzimpfung* steht heute ein in humanen diploiden Fibroblasten-Zellkulturen gezüchtetes und mit β-Propiolacton inaktiviertes

Virus zur Verfügung (HDCS [human diploid cell strain] -Vakzine). Kostengünstigere hochgereinigte Rabies-Impfstoffe aus Hühnerfibroblasten-Zellkulturen (*PCEC* [primary chicken embryo cells] *-Vakzine*) sind in der Bundesrepublik seit 1985 zugelassen. Beide Impfstoffe sind gut verträglich, nebenwirkungsarm und induzieren eine gute Immunität. *Präexpositionell* sind nur drei Injektionen notwendig, wobei die Zeitabstände zwischen den einzelnen Injektionen – wie vom jeweiligen Hersteller empfohlen – eingehalten werden sollten (z.B. Tag 0, 28 und 56). Der Impfschutz erstreckt sich über 3 Jahre. Die *postexpositionelle Immunisierung* erfordert sechs oder sieben Injektionen, wobei die Zeitabstände zwischen den Injektionen – auch wie vom Hersteller empfohlen – eingehalten werden sollten (z. B. an Tag 0, 3, (5), 7, 14, 30 und 90). Gleichzeitig erfolgt eine passive Immunisierung mit humanem Rabies-Immunglobulin, wobei die Dosis pro kg Körpergewicht berechnet werden muß. Bei Bißwunden wird die eine Hälfte des Immunglobulins um die Wunde herum injiziert, die restliche Menge wird i.m. appliziert. Eine *orale Immunprophylaxe bei Füchsen* wird heute mit Ködern durchgeführt, die Impfvirus (attenuiertes Lebend-Rabiesvirus) enthalten, mit dem Ziel, die Infektionskette zu durchbrechen.

- HDCS-Vakzine
- PCEC-Vakzine

- präexpositionell aktive Immunisierung

- postexpositionell aktiv-passive Immunisierung

Unterbrechen der Infektkette durch orale Immunprophylaxe bei Füchsen

Epidemiologie: Die Tollwut ist eine *Zoonose*, die in Mitteleuropa zur Zeit vor allem bei Wildtieren (Füchse und Rehe) auftritt. *Hauptüberträger* auf den Menschen sind in Europa Fuchs, Hund und Katze. Tollwut kann auf Nutz- und Haustiere und auf den Menschen übertragen werden. Man unterscheidet die in Europa vorherrschende *silvatische Wildtollwut* und die *urbane* oder *Haustiertollwut*, welche v.a. in Afrika, Asien und Lateinamerika vorkommt. In Europa stellt der Rotfuchs das Bindeglied zwischen beiden Tollwutformen dar, da er den häufigsten Kontakt zu menschlichen Siedlungen hat. Auch bei Tieren endet die Rabies-Infektion letal, mit Ausnahme von blutsaugenden Fledermäusen (Vampire) in Amerika. Diese können über einen langen Zeitraum (Monate, vielleicht Jahre) symptomlos infiziert sein und den Menschen durch Biß oder durch Aerosole, welche in von Fledermäusen bewohnten Höhlen auftreten, infizieren. Kürzlich wurden auch Rabiesviren bei Fledermäusen in Europa beschrieben. Je nach Tierart treten nach Rabiesvirus-Infektion *Änderungen des Verhaltens* wie Unruhe, Teilnahmslosigkeit, Zustände erhöhter oder verminderter Nervenerregung, Aggressivität oder Benommenheit und schließlich Lähmungen auf; danach tritt der Tod ein. Viele Wildtiere verkriechen sich, andere verlieren ihre natürliche Scheu. Im allgemeinen verenden infizierte Tiere nach 10 bis 14 Tagen. Direkte Sonneneinstrahlung (UV) tötet das Virus ab, in Kadavern von verendeten Tieren kann es jedoch noch nach Wochen infektiös sein.

Tollwutverdacht, Erkrankung und Todesfall sind nach dem BSeuchG *meldepflichtig*. Nach dem Biß durch ein tollwutverdächtiges Tier entscheidet der Amtstierarzt über das weitere Vorgehen bezüglich des Tieres (z. B. weitere Beobachtung des Tieres mit eventueller Tötung und anschließenden Laboruntersuchungen wie Histologie des Gehirnes des tollwütigen Tieres oder Antigennachweis mittels IFT).

Epidemiologie:
Hauptüberträger in Europa
- Fuchs
- Hund
- Katze

- silvatische Wildtollwut: v. a. in Europa
- urbane oder Haustiertollwut: v. a. in Afrika, Asien, Lateinamerika

Rabiesvirus-Infektionen enden letal

Tollwutvirus kann in Kadavern von verendeten Tieren noch nach Wochen infektiös sein

Meldepflicht bei Verdacht, Erkrankung und Tod

2.13 Filoviridae

M. H. Wolff, P. C. Döller, G. Döller

Filoviridae

Familie	Gattung	Vertreter
Filoviridae	Filovirus	Marburg-Virus
		Ebola-Virus

In der Familie Filoviridae (lat. filum = Faden) sind zwei Virusvertreter zusammengefaßt: **Marburg- und Ebola-Virus**, die Erreger des **„Afrikanischen Hämorrhagischen Fiebers"**. Im Jahre 1967 wurde bei einer Epidemie unter Laborangehörigen, die Kontakt mit infiziertem Gewebe importierter Meerkatzen aus Uganda hatten, ein bis zu diesem Zeitpunkt unbekanntes Virus isoliert, welches nach dem erstmaligen Isolierungsort Marburg benannt

Marburg- und Ebola-Virus:
- **Afrikanisches Hämorrhagisches Fieber**

- **höchste Sicherheitsvorkehrungen im Laboratorium!**

Viruseigenschaften:

Filoviridae

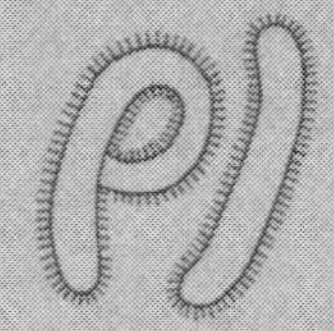

Größe	790/970 × 80 nm	Aufbau
Symmetrie	helikal	
Hülle	vorhanden	
Nukleinsäure	ssRNA	Genom
Polarität	Minus-Strang	
Molekulargewicht	$4{,}2 \times 10^6$ Dalton	
Replikation u. Zusammenbau	im Zytoplasma	Vermehrung
Freisetzung	durch Knospung	

Marburg-Virus

Klinik, Verlauf:
Inkubationszeit: ca. 3–9 Tage
Eintrittspforten: Haut und Schleimhäute
- hohes Fieber
- Exanthem und Enanthem mit Hämorrhagie

beobachtet werden auch
- Hepatitis
- Pankreatitis
- Nephritis
- Myokarditis
- Orchitis

- lange Rekonvaleszenz
- Letalität ca. 30 %

Diagnose:
- Virusanzucht
- Antikörpernachweis

Therapie und Prophylaxe:
- Rekonvaleszentenplasma
- Isolierung von Erkrankten

Epidemiologie:
Zoonose

Ebola-Virus

Klinik, Verlauf:
Inkubationszeit: ca. 4–16 Tage

wurde. Mehrere Jahre später beobachtete man Krankheitsausbrüche in Südafrika, Kenia und Zimbabwe. Von den ins Krankenhaus eingelieferten Erkrankten ging durch Mensch-zu-Mensch-Kontakt die Infektion auf das Pflegepersonal über. 1976 kam es im Sudan und in Zaire zu Erkrankungen, die klinisch den durch das Marburg-Virus hervorgerufenen Erkrankungen ähnelten. Die isolierten Viren waren zwar morphologisch dem Marburg-Virus ähnlich, unterschieden sich jedoch in ihrer Antigenität. Sie wurden nach einem Fluß in Zaire (Ebola) benannt.

Marburg- und **Ebola-Virus** gehören zur Gruppe derjenigen Viren, bei deren Handhabung die höchste Sicherheitsstufe in Laboratorien gefordert wird. Patienten müssen streng isoliert werden.

Viruseigenschaften: Die Viren sind sehr pleomorph und können stäbchenbis fadenförmig aussehen, Verzweigungen ausbilden, U-förmig bzw. zirkulär oder wie die Ziffer „sechs" geformt sein. Der Durchmesser der Virionen beträgt bei beiden Viren ca. 80 nm, in ihrer Länge zeigen sich jedoch Variationen. Während das *Marburg-Virus* ca. *790 nm* lang ist, weist das *Ebola-Virus* eine Länge von ca. *970 nm* auf. Das Genom besteht aus einer einzelsträngigen RNA mit negativer Polarität und einem Molekulargewicht von $4{,}2 \times 10^6$ Dalton und bildet mit viralen Polypeptiden ein starres helikales Nukleokapsid, welches von einer Lipidhülle mit Oberflächenprojektionen umgeben wird. Diese erhält das Virus nach seiner Replikation im Zytoplasma bei der Knospung durch die Zytoplasmamembran. Wegen ihrer Hülle sind die Viren gegenüber Ether, Detergentien, Formalin und Phenol empfindlich. Bei Temperaturen von 56 °C werden sie innerhalb von 60 Minuten inaktiviert.

2.13.1 Marburg-Virus

Klinik, Verlauf: Die Inkubationszeit beträgt ca. 3–9 Tage. Die Eintrittspforten für das Virus sind Haut und Schleimhäute. Das Virus führt zu einer generalisierten Allgemeinerkrankung mit Virämie und zum Befall aller Organe *(pantrop).* Die Virusausscheidung erfolgt durch Rachensekret, Urin und Sperma. Nach kurzem Prodromalstadium (Myalgie, Arthralgie, Kopfschmerzen) beginnt die Krankheit sehr plötzlich und äußert sich mit hohem Fieber, Erbrechen, Durchfall, Abdominalschmerzen, Myalgie, Konjunktivitis, sowie mit einem makulo-papulösen Exanthem und Enanthem mit Hämorrhagien. Auch Hepatitis, Pankreatitis, Nephritis, Myokarditis sowie Orchitis werden beobachtet. Das Fieber fällt nach einer Kontinua am 7.–8. Tag wieder ab, und es kommt in einigen Fällen um den 20. Krankheitstag erneut zu einem Fieberanstieg. Die Rekonvaleszenzphase dauert sehr lange. Die Letalität beträgt bei hospitalisierten Patienten ca. 30 %.

Diagnose: Der *Virusnachweis* (EM, IFT) kann aus Blut, sowie aus autoptisch gewonnenem Material erfolgen. Die *Virusanzucht* ist in geeigneten Zellkulturen möglich. Der Antikörpernachweis erfolgt mit NT, KBR oder IFT.

Therapie und Prophylaxe: Eine spezifische Therapie ist nicht bekannt. Die Behandlung erfolgt symptomatisch (Überwachung des Elektrolythaushalts und der Nierenfunktion). Die erfolgreiche Gabe von Rekonvaleszenten-Plasma wird beschrieben. Als prophylaktische Maßnahme ist die *Isolierung der Erkrankten* unbedingt notwendig.

Epidemiologie: Die Marburg-Virus-Infektion ist eine *Zoonose.* Das natürliche Virusreservoir ist unbekannt, jedoch sind Hinweise vorhanden, daß Meerschweinchen infiziert sind, da bei ihnen mit dem RIA spezifische Antikörper nachgewiesen werden konnten. Bei der Übertragung auf den Menschen sind Affen beteiligt gewesen, obwohl bei Wildaffen in Afrika keine spezifischen Antikörper nachgewiesen werden konnten.

2.13.2 Ebola-Virus

Klinik, Verlauf: Die Inkubationszeit beträgt ca. 4–16 Tage. Die Erkrankung beginnt mit plötzlichem Fieber, Kopf-, Hals- und Rückenschmerzen. In der

Folge treten Nacken-, Rücken- oder Gliederschmerzen auf. Als Folge einer Verbrauchskoagulopathie treten in mehr als 70 % der Fälle schwere, v. a. gastrointestinale Blutungen auf.

– plötzlicher Beginn
– schwere Blutungen

Diagnose: Die *Anzucht* des Ebola-Virus kann aus Blut, Rachenspülflüssigkeit und Urin auf geeigneten Zellkulturen erfolgen. Viruspartikel können mit dem EM dargestellt werden. Zum *Nachweis der Antikörper* eignet sich der IFT.

Diagnose:
- Virusanzucht
- Antikörpernachweis

Epidemiologie: Das natürliche Virusreservoir ist unbekannt. Die Übertragung erfolgt in der Regel durch *Schmierinfektion* von Mensch zu Mensch. Das Krankheitsbild wurde erstmalig 1976 im Südsudan und in Zaire beobachtet. Eine Übertragung durch kontaminierte Kanülen in einem Missionshospital war wahrscheinlich die Ursache für Sekundärfälle mit *sehr hoher Letalität.* Von 318 Erkrankten starben 280. Vermutlich kommen auch subklinische Verläufe vor, da bei serologischen Untersuchungen im zentralafrikanischen Raum spezifische Antikörper bei Mensch und Tier (Meerschweinchen und Affen) gefunden wurden. Außerhalb Afrikas kam es nur einmal (1977) in England zu einer Laborinfektion.

Epidemiologie:
Übertragung durch
– Schmierinfektion
– kontaminierte Kanülen

2.14 Bunyaviridae

P. C. Döller, G. Döller, M. H. Wolff

Bunyaviridae

Familie	Gattung	Vertreter
Bunyaviridae	Bunyavirus	Bunyamveravirus
	Phlebovirus	Rifttalfieber-Virus
	Nairovirus	Krim-Kongo-Hämorrhagisches-Fieber-(KKHF)-Virus
	Uukuvirus	Uukuniemi-Virus
	Hantavirus	Hantaan-Virus

Die Familie *Bunyaviridae* (Bunya = Ort in Südwest-Uganda) enthält nahezu 300 verschiedene Virusarten. Häufig werden sie nur in kleinen, engumschriebenen geographischen Regionen beobachtet und tragen dann den Namen des Fundortes (z. B. Rifttalfieber). Die meisten Virusvertreter kommen in unseren Breiten nicht vor. Die Gattungen **Bunyavirus, Phlebovirus, Nairovirus** und **Uukuvirus** zählen zu der ökologisch definierten Gruppe der **Arboviren** (**ar**thropod **bo**rne). **Hantavirus**, welches auch in Europa von Bedeutung ist, wird als einziges nicht durch Arthropodenvektoren übertragen. Einen Überblick über die Gattungen der Familie Bunyaviridae gibt die Tab. 2-8.

nahezu 300 verschiedene Virusarten bekannt

Viruseigenschaften: Drei zirkuläre einzelsträngige Nukleokapsidstränge mit einem Durchmesser von 2–2,5 nm bilden das segmentierte Genom. Die RNA besitzt negative Polarität und ein Molekulargewicht von 4,5–7 × 10^6 Dalton. Die von einer Lipidhülle mit Oberflächenprojektionen umgebenen Virionen sind 90–120 nm groß und enthalten eine virusspezifische Trans-

Viruseigenschaften:

Bunyaviridae

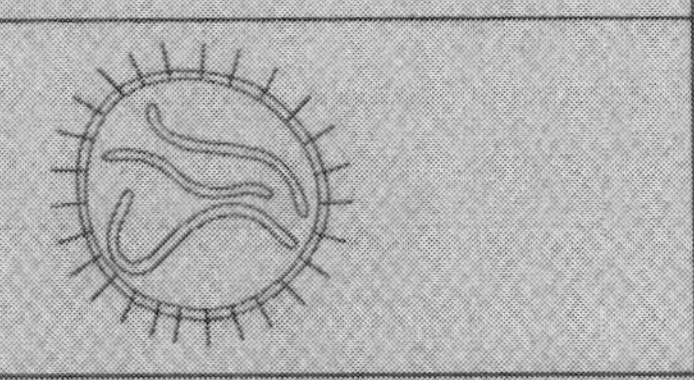

Größe	90–120 nm	Aufbau
Symmetrie	helikal	
Hülle	vorhanden	
Nukleinsäure	3 Segmente, ssRNA	Genom
Polarität	Minus-Strang	
Molekulargewicht	4,5–7 × 10^6 Dalton	
Replikation	im Zytoplasma	Vermehrung
Freisetzung und Zusammenbau	durch Knospung	

Tab. 2-8: Übersicht über die Gattungen der Bunyaviridae

Virusgattung	Vektor	Wirt	Erkrankung
Bunyavirus	Stechmücken	kleine Säuger, Primaten, Vögel, Huftiere	fieberhafte Enzephalitis, exanthematisches Fieber
Phlebovirus	Stechmücken	Säugetiere	Fieber, hämorrhagisches Fieber, Enzephalitis (Sandfliegenfieber, Rifttalfieber)
Nairovirus	Zecken, Stechmücken	Vögel	uncharakteristisches Fieber, hämorrhagisches Fieber
Uukuvirus	Zecken	Vögel	keine Erkrankungen beim Menschen bekannt
Hantavirus	keiner (Tröpfcheninfektion)	kleine Nagetiere	hämorrhagisches Fieber mit renaler Beteiligung

Mischinfektionen können zur Genomreassortierung führen

kriptase. Eines der Oberflächenglykoproteine ermöglicht eine *Hämagglutination*. Die *Replikation* der Virionen findet im Zytoplasma statt, und der Zusammenbau erfolgt über Knospung durch Membranen des Golgi-Apparates. Mischinfektionen engverwandter Viren können zur *Reassortierung* ihres Genoms führen.

Hantaan-Virus

2.14.1 Hantaan-Virus

Pathogenese:
Durchlässigkeit der Kapillaren mit Verlust an Proteinkolloiden und massiven hämorrhagischen Nekrosen

Pathogenese: Das Hantaan-Virus-verursachte *hämorrhagische Fieber mit renalem Syndrom* (HFRS) führt zur Durchlässigkeit der Kapillaren mit einem signifikanten Verlust an Proteinkolloiden. Pathologisch-anatomisch lassen sich massive hämorrhagische Nekrosen in den Nieren, in der Hypophyse und im rechten Vorhof nachweisen.

Klinik, Verlauf:
Inkubationszeit: bis zu 5 Wochen

Klinik, Verlauf: Nach Kontakt mit Ausscheidungen von infizierten Tieren kommt es wahrscheinlich zur Virämie, die allerdings wegen der langen *Inkubationszeit* von bis zu 5 Wochen meist nicht nachweisbar ist. Hantaan-Virus kann in Europa und Asien zu einer mild oder schwer verlaufenden Erkrankung führen, die unter den verschiedensten Bezeichnungen bekannt ist:

> hämorrhagisches Fieber mit renalem Syndrom (HFRS), Nephropathia epidemica, epidemisches hämorrhagisches Fieber, koreanisches hämorrhagisches Fieber.

Die Hantaan-Virus-Infektion führt primär zu einer interstitiellen Nephritis. Der Verlauf der Erkrankung gliedert sich in 3 Phasen:

3 Phasen des HFRS

⇨

- Die Erkrankung beginnt abrupt mit 3–4 Tage andauerndem hohen Fieber (Schüttelfrost), intensiver Schmerzsymptomatik (Myalgie und Kopfschmerz) sowie Photophobie und Pharynxenanthem, Hämaturie.
- Etwa 3–6 Tage nach Fieberbeginn treten meist schwere Lumbalgie, abdominale Schmerzen, Nausea, Erbrechen und Oligurie auf.
- Etwa 4–10 Tage nach Erkrankungsbeginn kommt es zur Niereninsuffizienz.

Eine Dialysepflichtigkeit ist selten, und ein Übergang in die chronisch terminale Niereninsuffizienz wurde bisher nicht beobachtet. Die Letalität wird mit etwa 1 % angegeben.

Diagnose:
- Antigennachweis
- Antikörpernachweis

Diagnose: Ein *Antigennachweis* ist in infizierten Organen mit dem IFT möglich. *IgG-* und *IgM-Antikörper* können mit einem indirekten IFT nachgewiesen werden.

Therapie:
erfolgt symptomatisch

Therapie: Die Therapie muß symptomatisch erfolgen, da keine spezifische Therapie existiert.

Prophylaxe:
Vermeidung von Kontakt mit Nagetieren

Prophylaxe: Der Kontakt zwischen Mensch und Nagetieren sollte vermieden werden. Eine aktive und passive Immunisierung ist derzeit nicht möglich.

Epidemiologie:
Hantaan-Virus ist weltweit verbreitet
Übertragung durch direkten oder indirekten Kontakt

vorwiegend ist die ländliche Bevölkerung betroffen:
→ Kontakt mit infizierten Nagetieren

Tröpfcheninfektion

Epidemiologie: Die Übertragung des *weltweit* verbreiteten Hantaan-Virus erfolgt nur durch *direkten* oder *indirekten Kontakt* zwischen Säugern. Anfang der 50er Jahre wurde das koreanische hämorrhagische Fieber mit renalem Syndrom v.a. bei Soldaten in Korea bekannt. In Mitteleuropa gibt es nur vereinzelte Berichte über Hantaan-Virus-Infektionen, die jedoch vermutlich häufiger sind, als sie derzeit diagnostiziert werden. Hantaan-Virus ist für das hämorrhagische Fieber mit renalem Syndrom v. a. bei der *ländlichen Bevölkerung* verantwortlich. Bei diesem Personenkreis kommt es nach Kontakt mit *infizierten Nagetieren* (z. B. mit verschiedenen Mäuse- und Rattenarten) zur Infektion. Hantaan-Virus wird von gesund erscheinenden Nagetieren mit *Speichel, Fäzes* und *Urin* ausgeschieden und bleibt außerhalb des Organismus nur kurze Zeit infektionstüchtig. Die Übertragung auf den Menschen erfolgt im allgemeinen durch *Tröpfcheninfektion* mit infektiösen Tierexkreten. Die Verbreitung des Hantaan-Virus ist auf die geographische Verbreitung der Wirtstiere begrenzt.

2.15 Arenaviridae

P. C. Döller, M. H. Wolff, G. Döller

Virusfamilie	Gattung	Vertreter
Arenaviridae	Arenavirus	LCM-Virus (Virus der lymphozytären Choriomeningitis)
		Lassa-Virus
		Junin-Virus
		Machupo-Virus

In der Familie Arenaviridae (lat. arena = Sand) sind derzeit 13 Virusvertreter bekannt, wobei nur die oben aufgeführten vier humanpathogen sind. Aufgrund ihres Vorkommens teilt man sie in zwei geographische Gruppen:

- die **altweltlichen**, zu denen das *Virus der lymphozytären Choriomeningitis* (LCM-Virus) und das *Lassa-Virus* zählen, und
- die **neuweltlichen**, zu denen das *Junin-* und das *Machupo-Virus* gehören.

Viruseigenschaften: Morphologisch sind die verschiedenen Virusvertreter nicht zu unterscheiden. Sie besitzen eine pleomorphe Lipidhülle mit großen Oberflächenprojektionen. Die Hülle umschließt 2 Moleküle lineare oder zirkuläre einzelsträngige RNA von negativer Polarität und Molekulargewichten von ca. 3×10^6 und $1{,}3 \times 10^6$ Dalton, sowie Ribosomen der Wirtszelle, welche sich elektronenmikroskopisch im Virion wie Sandpartikel darstellen und der Familie ihren Namen gegeben haben. Über die Funktion der eingeschlossenen Ribosomen ist nichts bekannt. Die Virionen sind im Durchschnitt 120 (50–300) nm groß. Die beiden RNA-Stränge sind durch ein Nukleokapsidprotein (Molekulargewicht 65000–72000 Dalton), welches die RNA wahrscheinlich vor einem intrazellulären Abbau schützt, eng verbunden. Im Virion befindet sich eine RNA-abhängige virale RNA-Polymerase (Transkriptase). Die Virus-Replikation findet im Zytoplasma statt, und der Virus-Zusammenbau erfolgt über eine Knospung durch die Zytoplasmamembran.

2.15.1 Lymphozytäres Choriomeningitis-Virus (LCMV)

Pathogenese: Über die Pathogenese der LCM-Virus-Infektion des Menschen ist nur wenig bekannt. Es existiert jedoch ein Mausmodell.

Dabei werden die Unterschiede in der Immunantwort zwischen der immuninkompetenten (neugeborenen) und der immunkompetenten (ab 6. Lebenstag) Labormaus gegenübergestellt. In den immunkompetenten Mäusen vermehrt sich das Virus zunächst in den der Eintrittspforte benachbarten Lymphknoten, von wo aus es in das retikuloendotheliale System gelangt und für die Immunreaktion verantwortliche Zellen schädigt. Wahrscheinlich dringt das LCM-Virus auch in die Meningen und die Plexus choroidei ein, was eine *lymphozytäre Infiltration* mit Schwellung und Entzündung zur Folge hat. Die Immunantwort gegen virale Antigene führt zu den Krankheitssymptomen. Spezifische Antikörper bilden mit viralen Antigenen Immunkomplexe und deren Ablagerung führt in den Nieren zur *Glomerulonephritis*. Kapillarschäden bewirken Serumaustritt und Blutungsneigung.

Eine wichtige Rolle in der Pathogenese der LCM-Virus-Infektion spielen auch *zelluläre Immunreaktionen*, die zum Tode der Labormäuse führen. Mit dem Rückgang der Infektion kommt es in der Regel zur vollständigen Heilung. Der Zeitpunkt der Infektion ist entscheidend. Infektionen in utero oder innerhalb von 5 Tagen nach der Geburt führen zu einer persistenten Infektion (immuninkompetente Maus) mit humoraler Immunantwort, jedoch ohne wirkungsvolle zelluläre Immunantwort. Es kommt zu keiner systemischen Erkrankung. Eine Infektion nach der ersten Lebenswoche führt in der Regel zu einer humoralen *und* zellulären Immunantwort mit den Symptomen einer klassischen LCM-Erkrankung bei der Maus. Eine Meningitis scheint durch die Einwirkung von Virus-spezifischen zytotoxischen T-Zellen auf die infizierten Zellen zu entstehen.

Arenaviridae

- altweltliche Virusvertreter
  - LCM-Virus
  - Lassa-Virus
- neuweltliche Virusvertreter
  - Junin-Virus
  - Machupo-Virus

Viruseigenschaften:

Arenaviridae

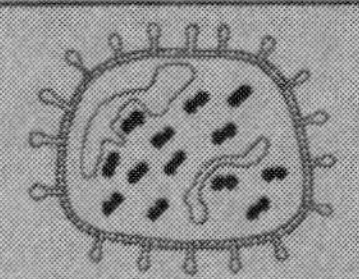

Größe	50–300 nm	Aufbau
Symmetrie	helikal	
Hülle	vorhanden	
Nukleinsäure	2 Segmente, ssRNA	Genom
Polarität	Minus-Strang	
Molekulargewicht	ca. 3×10^6 und $1{,}3 \times 10^6$ Dalton	
Replikation	im Zytoplasma	Vermehrung
Zusammenbau und Freisetzung	durch Knospung	

Lymphozytäres Choriomeningitis-Virus

Pathogenese: ist wenig bekannt

Mausmodell:

⇦

eine wichtige Rolle in der Pathogenese spielen zelluläre Immunreaktionen

Klinik, Verlauf:
Inkubationszeit: ca. 1–3 Wochen

grippale Symptomatik, gelegentlich Komplikationen

Klinik, Verlauf: Nach einer *Inkubationszeit* von ca. 1–3 Wochen kommt es zur Erkrankung. Der Schweregrad der Erkrankung hängt wahrscheinlich von der Infektionsdosis und dem Infektionsweg ab. Milde und asymptomatische Verläufe sind bekannt. Beim Menschen kommt es zu einer *akuten fieberhaften Erkrankung* mit Abgeschlagenheit, Glieder- und Kopfschmerzen (grippale Symptomatik). Häufig sind die Kopfschmerzen retro-orbital lokalisiert. Myalgien machen sich am stärksten in der Lumbalregion bemerkbar. Nach einem meist nur kurzen beschwerdefreien Intervall von wenigen Tagen kann es zu einer *aseptischen Meningitis* kommen, welche in eine meningoenzephalitische oder enzephalomyelitische Form übergehen kann. *Pneumonie, Arthritis, Parotitis* und *Orchitis* wurden ebenfalls beobachtet. Schwere Verläufe führen zu Krankenhausaufenthalt mit langandauernder (2 bis 3 Wochen) Genesungsphase, welche mit Müdigkeit, Somnolenz und Schwindel einhergehen kann. Letale Verläufe sind selten.

Infektionen in der Schwangerschaft

Pränatale Infektionen: LCM-Virus-Infektionen in der Frühschwangerschaft führen zu Aborten und in der späten Schwangerschaft treten beim Kind Enzephalitis mit Hydrozephalus und Chorioretinitis auf.

Diagnose:
- Virusisolierung

Diagnose: Am einfachsten gelingt die *Virusisolierung* im frühen Krankheitsstadium aus Blut und Liquor durch intrazerebrale Übertragung auf virusfreie Labormäuse (Saugmäuse) oder durch Virusvermehrung in geeigneten Zellkulturen. Angezüchtetes Virus kann anschließend durch verschiedene Techniken, wie z. B. direkter IFT oder ELISA, nachgewiesen werden.

- Antikörpernachweis

Im Patientenserum lassen sich mit dem indirekten IFT und dem ELISA *IgG-* und *IgM-Antikörper* bereits in der ersten bis zweiten Krankheitswoche erfassen. IgG-Antikörper bleiben meist noch Jahre nach der Infektion nachweisbar. Niedrige Titer komplementbindender Antikörper treten erst in der zweiten bis dritten Krankheitswoche auf und sind nach 1–2 Jahren nicht mehr nachweisbar. Im Gegensatz dazu treten neutralisierende Antikörper erst 6–12 Wochen nach Krankheitsbeginn auf und können noch jahrzehntelang nachweisbar sein.

Therapie

Therapie: Eine spezifische Therapie existiert nicht.

Prophylaxe:
Beseitigung infizierter Nagetiere

Prophylaxe: Zur Vorbeugung sollten als verseucht erkannte Goldhamster und Hausmäuse beseitigt werden. Eine Schutzimpfung gibt es nicht.

Schwangere sollten grundsätzlich jeden Kontakt mit diesen Nagetieren meiden.

Epidemiologie:
Übertragung durch Nagetiere
- Hausmaus
- Labornagetiere
- Goldhamster

Epidemiologie: Die LCM ist primär eine Zoonose, und das Virus wird von *Nagetieren* (Hausmaus *Mus musculus*) (und zwar von solchen, die als Haustiere gehalten werden) sowie von Labornagetieren übertragen. In den letzten Jahren haben syrische Goldhamster aus verseuchten gewerblichen Zuchten zu Infektionen des Menschen geführt. Eine Übertragung von Mensch zu Mensch scheint nicht vorzukommen. Das *Virusreservoir* sind Nagetiere, welche nach intrauteriner oder kurz nach der Geburt erfolgter Infektion zeitlebens Virusträger sind und mit Nasensekret, Speichel, Urin und Kot das Virus ausscheiden. Das LCM-Virus ist weit verbreitet und kommt in Europa, Nord- und Südamerika vor. Die Häufigkeit der LCM-Virus-Infektionen beim Menschen läßt sich nur sehr schwer abschätzen, da ein Teil der Infektionen subklinisch verläuft. In der Bundesrepublik findet man ein *Nord-Süd-Gefälle* in der Durchseuchung der Bevölkerung. Im Norden (NRW, Niedersachsen) haben bis zu 10 % der Bevölkerung Antikörper gegen LCM-Virus, im Süden (Bayern) dagegen nur etwa 0,1 %. Der *Übertragungsweg* ist unbekannt, erfolgt aber wahrscheinlich durch Kontakt mit Nagerurin, über Schnittwunden und Hautabrasionen oder durch Aspiration von infektiösem Material. Die *Infektionshäufigkeit* steigt im Winter an, wenn die freilebenden Nagetiere Schutz vor der Kälte suchen und sich in bewohnte Häuser zurückziehen, wodurch die Wahrscheinlichkeit eines Kontaktes zwischen Mensch und Ausscheidungen der Nagetiere steigt. Versuchstiere sowie Zellkulturen können unbemerkt persistent mit LCM-Virus infiziert sein.

Virusvorkommen in Europa, Nord- und Südamerika

in der Bundesrepublik Nord-Süd-Gefälle

2.15.2 Lassa-Virus

Lassa-Virus

Pathogenese: Bei den tödlich verlaufenden Lassa-Virus-Infektionen werden fokale Nekrosen in Leber, Nebenniere und Milz, welche jedoch nicht so ausgeprägt sind, als daß sie den tödlichen Verlauf erklären könnten, beobachtet. Obwohl auch in anderen Organen (Gehirn, Ovarien, Pankreas, Uterus, Plazenta) eine hohe Viruskonzentration nachweisbar ist, treten dort keine signifikanten Organschädigungen auf. Die Todesursache ist letztlich nicht bekannt. Bei letalen Verläufen sind jedoch signifikant höhere Viruskonzentrationen im Blut nachweisbar als bei nichtletalen Infektionen.

Pathogenese:
fokale Nekrosen in Leber, Milz und Nebenniere

hohe Viruskonzentrationen auch in anderen Organen

Ursache des möglichen letalen Ausgangs aber letztlich unklar

Eine massive Kapillardurchlässigkeit und eine Störung der Thrombozytenfunktion führt zur Hämorrhagie.

Klinik, Verlauf: Das Lassafieber beginnt schleichend nach einer *Inkubationszeit* von ca. 3–18 Tagen, wobei nur ca. 10–25 % der Infektionen zu einer fieberhaften Erkrankung führen. Auf eine relativ *kurze Prodromalphase* (Abgeschlagenheit, Muskel- und Gliederschmerzen, Übelkeit und Kopfschmerzen) folgt *Fieber* (40 °C) mit *Schüttelfrost.* Häufig treten Gelenk- und Lumbalschmerzen sowie ein nichtproduktiver Husten, starke frontale Kopfschmerzen, Konjunktivitis und starke Halsschmerzen mit geschwürigen Veränderungen im Rachen- und Gaumenbereich mit Schluckbeschwerden auf. Starke retrosternale Brustschmerzen, Erbrechen und Durchfälle mit schmerzhaften Bauchkrämpfen, Muskelschmerzen und Lymphknotenschwellungen können auch vorkommen. Die Patienten sind *schwerkrank,* häufig apathisch und leicht benommen. Ab dem 7. Krankheitstag kann sich über den ganzen Körper ein *makulopapulöses Exanthem* ausbreiten. In den ersten 15 Krankheitstagen findet sich das Virus in den Zellen der *Rachenschleimhaut* und wird mit dem Sputum ausgeschieden. Auch über den Urin kann es längere Zeit (ca. 30 Tage) ausgeschieden werden. Die gefürchtetste Komplikation beim Lassa-Fieber ist das Auftreten einer *hämorrhagischen Diathese.* Die Erkrankung kann zu Schock, Atemnot, Enzephalopathie und schließlich zum Tod führen. Vier klinische Verlaufsformen werden unterschieden:

Klinik, Verlauf:
Inkubationszeit: ca. 3–18 Tage

- kurze Prodromalphase
- Fieber mit Schüttelfrost
- Exanthem

Komplikationen
- hämorrhagische Diathese
- Tod

- akute unkomplizierte Lassa-Fieber-Erkrankung, die nach 10 Tagen abklingt;
- unkomplizierte verlängerte Fieberverläufe über 21 Tage;
- akute Erkrankung mit früh auftretenden Komplikationen und meist schwerem Verlauf;
- biphasischer Krankheitsverlauf mit Komplikationen und einer Verschlechterung in der 2. Krankheitswoche mit einer Letalität von etwa 14 %.

4 klinische Verlaufsformen des Lassafiebers

⇦

Diagnose: Die Verarbeitung von Untersuchungsmaterialien zum Nachweis von Lassa-Fieber-Virus unterliegt *strengsten Sicherheitsbestimmungen.* Diese Arbeiten dürfen nur in entsprechend ausgerüsteten Hochsicherheitslaboratorien durchgeführt werden. Die *Virusanzucht* in Zellkulturen gelingt aus Rachenspülflüssigkeit, Blut und Urin. Mit einem ELISA ist der *Antigennachweis* aus Serum und Gewebeproben möglich. *Virale Nukleinsäuren* sind mit Hybridisierungstechniken in Gewebeproben nachweisbar. *Antikörper* werden mit KBR, NT und indirektem IFT bestimmt.

Diagnose unter strengsten Sicherheitsauflagen!
- Virusanzucht
- Antigennachweis
- Nukleinsäurenachweis
- Antikörpernachweis

Therapie: Zur Therapie des akuten Lassa-Fiebers wird 1β-D-Ribofuranosyl-1,2,9-triazol-3-carboxamid *(Ribavirin[R]),* ein Guanosin-Analogon, eingesetzt. Die Letalität wird drastisch gesenkt, jedoch nur, wenn Ribavirin[R] innerhalb der ersten sechs Krankheitstage verabreicht wird. Bis zum 6. Fiebertag hat sich die Verabreichung von *Rekonvaleszentenserum* bewährt.

Therapie:
- Ribavirin[R]
- Rekonvaleszentenserum

Prophylaxe: Die wichtigste Prophylaxe stellt die *Unterbrechung des Kontaktes zwischen infizierten Nagern und den Menschen* dar. Ein Impfstoff befindet sich

Prophylaxe:
Vermeidung von Kontakt zwischen Nager und Mensch

Isolierung der Patienten

Epidemiologie:
nur in Westafrika vorkommend

im Entwicklungsstadium. Das Virus wird mit Sputum und Urin über längere Zeit ausgeschieden, so daß eine Patientenisolierung empfohlen wird.

Epidemiologie: Lassa-Fieber wurde erstmalig um 1950 in Westafrika beschrieben und seither nur dort gefunden. Das einzige bekannte *Virusreservoir* ist ein rattenartiger Nager (Mastomys natalensis), welcher in enger Gemeinschaft mit Menschen lebt. Wahrscheinlich erfolgt die Übertragung auf den Menschen durch direkten oder durch indirekten Kontakt mit Nahrungsmitteln, die mit Urin und Kot der infizierten Nager kontaminiert sind. Eine Übertragung von Mensch zu Mensch durch Blut scheint möglich zu sein. Schätzungsweise kommen mehr als 100 000 Lassa-Virus-Infektionen pro Jahr mit mehreren Tausend Toten in Westafrika vor. Krankenhausinfektionen mit schweren Verläufen sind in Afrika beschrieben worden und durch übliche Hygiene-Maßnahmen zu verhindern.

Junin- und Machupo-Virus

Pathogenese:
Hämorrhagien durch Schädigung der Blutgefäße

2.15.3 Junin- und Machupo-Virus

Pathogenese: Es handelt sich primär um *hämorrhagische Infektionen*, welche das Endothel der Blutgefäße betreffen und zu irreversiblem Schock und Tod führen können. Petechien, auch in den inneren Organen, treten auf. An den Gefäßwänden kommt es zu einem leichten Ödem mit Anschwellung der Kapillaren und perivaskulärer Hämorrhagie. Intraalveolare und bronchiale Blutungen, sowie Milzblutungen treten auf. Lymphknoten sind aufgrund einer Zellhyperplasie vergrößert.

Klinik, Verlauf:
Inkubationszeit: ca. 7–10 Tage

- Frühphase
  - Fieber
  - Übelkeit und Erbrechen
  - Exanthem
- zweites Krankheitsstadium
  - hämorrhagische Manifestationen
  - neurologische Symptome
- Rekonvaleszenz-Stadium
  - Schwäche
  - Gewichtsverlust
  - Alopezie

Klinik: Die *Inkubationszeit* beträgt ca. 7–10 Tage. Das argentinische und bolivianische hämorrhagische Fieber beginnt schleichend mit Unwohlsein, Fieber, allgemeiner Myalgie und Anorexie. In der *Frühphase* der Erkrankungen kommt es zu Übelkeit und Erbrechen, und das Fieber kann auf über 40 °C ansteigen. In der Regel treten keine respiratorischen Symptome und keine Halsschmerzen auf. Meist erscheint jedoch ein Exanthem im Gesicht, am Hals und am Thorax. Auch ein pharyngeales Enanthem kann vorkommen. Das *zweite Krankheitsstadium* beginnt zwischen dem 4. und 6. Erkrankungstag mit hämorrhagischen Manifestationen (Nasenbluten, Schleimhaut- und Hautblutungen, Hämatemesis). Neurologische Symptome sind bei etwa der Hälfte der Erkrankten zu verzeichnen. Das *dritte* oder *Rekonvaleszenz-Stadium* dauert lange (3–6 Wochen) und ist durch Schwäche, Gewichtsverlust und gelegentlich durch Auftreten von Alopezie charakterisiert.

Therapie:
Rekonvaleszentenserum

Therapie: *Rekonvaleszentenserum*, innerhalb der ersten 8 Krankheitstage eingesetzt, führt zu einer drastischen Senkung der Letalität. Die Wirksamkeit hängt von der Konzentration an neutralisierenden Antikörpern ab.

Diagnose:
unter strengsten Sicherheitsauflagen!

- Virusanzucht
- Antikörpernachweis

Diagnose: Laborarbeiten mit diesen Viren erfordern entsprechend ausgerüstete *Hochsicherheitslaboratorien.* Die *Virusisolierung* erfolgt aus Rachenspülflüssigkeit, aus Blut und aus Urin in Saugmäusen oder in Zellkulturen. Die *serologische Diagnostik* erfolgt mit NT, indirektem IFT oder ELISA.

Prophylaxe:
Vermeidung von Kontakt zwischen Nager und Mensch

Prophylaxe: Die wichtigste Prophylaxe stellt die *Unterbrechung des Kontaktes zwischen Nager und Mensch* dar. Ein Impfstoff für das argentinische hämorrhagische Fieber befindet sich im Entwicklungsstadium.

Epidemiologie:
- Argentinien →
  Krankheitshäufung während der Erntezeit

Epidemiologie: Das *argentinische hämorrhagische Fieber* (Junin-Virus) wurde erstmals um 1950 im Nordwesten Argentiniens beschrieben. Die Erkrankung kommt hauptsächlich bei erwachsenen Männern, besonders bei Farmarbeitern, vor. Während der Erntezeit kommt es zu einer Krankheitshäufung, da die Nagetiere während dieser Zeit sich drastisch vermehren und eine große Anzahl Feldarbeiter im Einsatz sind. Als *Virusreservoir* dienen Mäuse der Spezies Calomys spp., welche chronisch infiziert sind und das Virus wahrscheinlich mit dem Urin ausscheiden.

- Bolivien

Das Machupo-Virus, verantwortlich für das *bolivianische hämorrhagische Fieber*, wurde erstmals 1964 isoliert. Es ist auf eine bestimmte Region *Boliviens* beschränkt; Calomys callosus ist das Virusreservoir.

2.16 Retroviridae

M. H. Wolff

Retroviridae

Familie	Subfamilie	Vertreter
Retroviridae	Oncovirinae	
	Spumavirinae	
	Lentivirinae	Human Immunodeficiency Virus (HIV-1)
		Human Immunodeficiency Virus (HIV-2)

Retroviren sind entwicklungsgeschichtlich eine sehr alte Virusfamilie. Das zeigt sich unter anderem in einer sehr engen Wechselbeziehung dieser Viren mit ihren Wirtszellen. Der Name Retroviridae leitet sich von einem virusspezifischen Enzym **(Reverse Transkriptase)** ab, welches alle Vertreter dieser Familie besitzen. Retroviren sind schon seit längerem dafür bekannt, daß sie bei Tieren einerseits **immunsuppressive Aktivität**, andererseits **tumorinduzierende Eigenschaften** besitzen.

Die Retroviren lassen sich in drei Subfamilien unterteilen. Die eigentlichen RNA-Tumorviren, Typ B-, Typ C- und Typ D-Oncovirus, gehören zu den **Oncovirinae** und werden nur bei Tieren gefunden. **Spumavirinae** („foamy virus") kommen ebenfalls nur bei Tieren vor. Neben den tierpathogenen Maedi-Visna-Viren gehören die humanpathogenen „Human Immunodeficiency Viruses" (HIV-1 und HIV-2) zu den **Lentivirinae**.

3 Subfamilien:
- Oncovirinae
- Spumavirinae
- Lentivirinae

Beim Menschen wurden Retroviren erstmals 1980 entdeckt und als **humane T-lymphotrope Viren** (HTLV) bezeichnet. Seitdem sind diese Viren Gegenstand intensiver Forschung. **HTLV-1** verursacht eine Form der T-Zell-Leukämien (Adulte T-Zell-Leukämie), die vor allem in der Karibik, in Japan und im Südosten der USA, in der BRD jedoch bisher nur sehr selten auftritt. **HTLV-2** wurde bei Patienten mit Haarzell-Leukämie isoliert. 1983 wurde bei AIDS-(acquired immunodeficiency syndrome)-Patienten **HTLV-3**, welches heute als **HIV-1** bezeichnet wird, entdeckt. Seit 1986 ist **HIV-2** bekannt, welches von Patienten aus Westafrika isoliert wurde.

Retroviren erstmals 1980 entdeckt → HTLV
- HTLV-1
- HTLV-2
- HTLV-3

2.16.1 Human Immunodeficiency Virus (HIV)

Human Immunodeficiency Virus (HIV)

Viruseigenschaften: Das Virion ist ca. 90–120 nm groß und besteht aus einem Innenkörper *(Core)* und einer Virushülle *(Envelope)*. Das Genom (zwei genetisch identische lineare einzelsträngige RNA-Moleküle mit positiver Polarität; MG: 6×10^6 Dalton) besitzt an beiden Enden sog. *Long terminal repeats* (LTR). Diese sich wiederholenden Nukleinsäuresequenzen sind bei der Integration der viralen Nukleinsäure in das Wirtsgenom beteiligt. Neben regulatorischen Genen besitzt HIV auch die drei Retrovirus-charakteristischen Gene *gag, pol* und *env.*

Viruseigenschaften:

Retroviridae

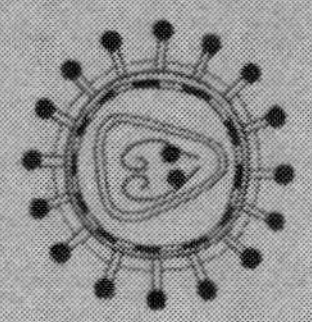

Größe	ca. 90–120 nm	Aufbau
Symmetrie	ikosaedrisch	
Hülle	vorhanden	
Nukleinsäure	lineare ssRNA	Genom
Polarität	Plus-Strang	
Molekulargewicht	6×10^6 Dalton	
Replikation und Zusammenbau	im Zytoplasma	Vermehrung
Freisetzung	durch Knospung	

- Gag kodiert für ein **g**ruppenspezifisches **A**ntigen, welches im „core" lokalisiert ist.
- Pol kodiert eine **Poly**merase (Reverse Transkriptase).
- Env kodiert Hüll- bzw. Membranproteine („**env**elope").

Wichtige Strukturproteine für die Virusadsorption an die Wirtszelle (Glykoproteine vom Molekulargewicht 120 bzw. 41 Dalton; gp 120, gp 41) befinden sich in der äußeren Hülle. Nach Adsorption fusioniert das Virus mit der Zellmembran und dringt dadurch in die Zelle ein. Die virale RNA wird durch die *Reverse Transkriptase* in eine DNA umgeschrieben und als sog. Provirus in die DNA der Wirtszelle integriert. In dieser integrierten Form kann die genetische Information Monate bis Jahre latent bleiben, ohne die betroffenen Zellen in ihrer Funktion zu stören. Bei der Zellteilung wird sie auf die Tochterzellen weiter vererbt. Zu jeder Zeit ist eine *Reaktivierung* möglich, in deren Folge virale RNA und virusspezifische Polypeptide synthetisiert, zu

Reverse Transkriptase
RNA → DNA
Integration in die Wirtszelle als Provirus

Viruspartikeln zusammengesetzt und schließlich durch Knospung aus der Wirtszelle freigesetzt werden.

Pathogenese:
Zielzellen sind in erster Linie T4-Zellen

Pathogenese: Zielzellen von HIV sind unter anderem *T4-Zellen* (T-Helferzellen), welche mit ihren Oberflächenrezeptoren (CD4-Rezeptor) das Glykoprotein gp 120 von HIV erkennen. Es kommt jedoch nur bei ca. jeder 10.000sten Zelle zur Infektion mit Zellzerstörung. Durch diese direkte Zerstörung der T4-Zellen läßt sich allerdings nicht die massive Verminderung dieser Zellen bei AIDS-Kranken erklären. Es werden noch weitere indirekte Mechanismen, die zur Zerstörung der T4-Zellen führen, vermutet. Schließlich kommt es durch direkte und indirekte Beeinträchtigung der T4-Zellen zu deren Funktionsstörung und somit zu einer *Schwächung des Immunsystems.* Es ist bekannt, daß nicht nur T4-Zellen, sondern under anderem auch Monozyten, Makrophagen, B-Lymphozyten sowie Langerhans-Zellen der Haut infiziert werden können. Der Nachweis von HIV im Hirngewebe und auch im Liquor ist ein Hinweis auf neurotropes Verhalten.

Klinik, Verlauf:
Übertragung durch
- Blut
- Sperma
- Vaginalsekret

Inkubationszeit: ca. 14–25 Tage
Latenzzeit: ca. 6 Monate–15 Jahre

- akute Phase
- Latenzstadium
- AIDS
  - Tumore
  - rezidivierende oder persistierende Infektionen
  - opportunistische Infektionen

Klinik, Verlauf: HIV wird in erster Linie über *Blut* und *Blutprodukte* sowie über *Sperma* und *Vaginalsekret* übertragen. Die Erkrankung verläuft in mehreren Phasen (Abb. 2-6).

Nach einer *Inkubationszeit* von ca. 14–25 Tagen kann es zu einer uncharakteristischen klinischen Symptomatik *(akute Phase)*, ähnlich einem grippalen Infekt mit Fieber, Unwohlsein, Lymphknotenschwellungen, aber auch zu Durchfall, Kopfschmerzen und Müdigkeit kommen, welche ca. 2–3 Wochen andauern. Da der Zeitpunkt der Infektion mit HIV in der Regel unbekannt bleibt, wird die akute Phase in der Regel nicht als HIV-Infektion erkannt. Obwohl in dieser frühen Phase häufig noch keine Antikörper nachweisbar sind, sind die Infizierten bereits infektiös. Im anschließenden *Latenzstadium* (ca. 6 Monate–15 Jahre) bleibt die Infektion klinisch stumm, wobei jedoch die Betroffenen hochinfektiös sind. Aus diesem Stadium kann sich jederzeit das Lymphadenopathie-Syndrom (LAS) oder direkt AIDS entwickeln. Beim LAS oder beim „AIDS related complex" (ARC) kommt es zum Auftreten von Allgemeinsymptomen wie Gewichtsverlust, lang andauerndem Fieber oder auch Diarrhoen. Dieses Stadium kann sich über Jahre hinziehen, sich zeitweilig sogar klinisch bessern oder auch verschlechtern, bis schließlich die Erkrankung zum Vollbild AIDS führt. Dieses ist durch die stark erniedrigte Zahl der T-Helferzellen gekennzeichnet. Über kurz oder lang kommt die immunologische Abwehr völlig zum Erliegen. Klinisch äußert sich dieses Stadium zum einen durch *Tumore* (z. B. Kaposisarkom), zum anderen durch *rezidivierende* oder *persistierende Infektionen.* Die wichtigsten *opportunistischen Infektionen* sind in Tab. 2-9 aufgeführt.

Diagnose:
- Virusanzucht
- Antigennachweis
- Nukleinsäurenachweis
- Antikörpernachweis

Diagnose: HIV kann auf geeigneten Zellkulturen *angezüchtet* werden. Da diese Methode zeitlich und materiell sehr aufwendig ist, kann sie zur Zeit nur in Speziallaboratorien durchgeführt werden. Eine schlüssige Aussage ist dabei nur im positiven Fall möglich. Ein negatives Ergebnis schließt eine HIV-Infektion nicht aus. Mit spezifischen HIV-Antikörpern können *Virus-Antigene* mit IFT oder ELISA direkt im Untersuchungsmaterial nachgewiesen werden. Der *Nachweis viraler Nukleinsäure* gelingt in infizierten Zellen durch In-situ-Hybridisierung. Die Empfindlichkeit der Methode kann durch die „polymerase-chain reaction" (PCR) gesteigert werden. Der Nachweis der

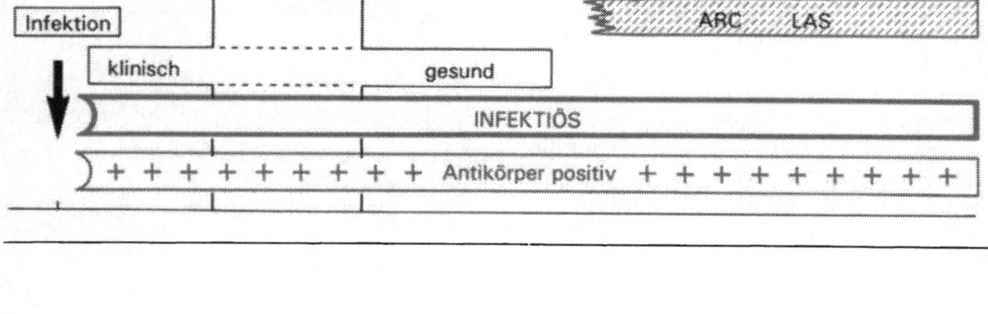

Abb. 2-6:
Verlauf einer HIV-Infektion

Tab. 2-9: Opportunistische Infektionen

Mikroorganismen	Erreger	Krankheitsbild
Pilze	Candida spp, Cryptococcus neoformans	Soor-Oesophagitis Encephalitis; Pneumonie
Protozoen	Pneumocystis carinii	Pneumonie
	Toxoplasma gondii	neurotrope Erscheinungen
	Cryptosporidium spp.	therapieresistente Diarrhoe
Viren	Zytomegalie-Virus	Dissemination
	Herpes-simplex-Virus	chronisch ulzerierende mukokutane Läsionen
	Varicella-Zoster-Virus	lokalisierter oder disseminierter Verlauf
	Epstein-Barr-Virus	unklar
Bakterien	Mycobacterium avium	Lymphadenopathie
	Mycobacterium tuberculosis	extrapulmonale Manifestation

Reversen Transkriptase ist ebenfalls möglich.
Für die Labordiagnostik hat sich der *Nachweis von HIV-Antikörpern* durchgesetzt. Beim heutigen Stand des Wissens ist der positive Antikörpernachweis der Beweis für eine erfolgte Infektion und damit verbundene Kontagiosität. Eine Differenzierung zwischen HIV-1- und HIV-2-Infizierten ist möglich. Spezifische Antikörper können mit ELISA, IFT, Immunpräzipitation, sowie Immunoblot (Westernblot) nachgewiesen werden. Ein positives Ergebnis im ELISA (derzeit gängigste Routinemethode) muß zunächst in einer zweiten Blutprobe reproduzierbar sein und dann durch einen zweiten, methodisch anderen, Test bestätigt werden (Bestätigungstest).

Epidemiologie:
- HIV-1 → weltweit
- HIV-2 → Westafrikaner und Kontaktpersonen

Epidemiologie: Während HIV-1 bereits weltweit verbreitet ist, wurde HIV-2 bislang nur bei Westafrikanern und deren Kontaktpersonen gefunden. Beide Viren werden in erster Linie über *Blut* und *Blutprodukte* sowie über *Sperma* und *Vaginalsekret* übertragen. Eine Übertragung durch andere Körpersekrete (Speichel- und Tränenflüssigkeit, Schweiß, Urin, Nasensekret, Muttermilch) gilt nicht als gesichert, kann jedoch nicht ausgeschlossen werden. Dagegen gilt eine Übertragung durch normale soziale Kontakte sowie durch Atemluft (Aerosole) und durch Nahrungsmittel als höchst unwahrscheinlich.

Übertragungsmöglichkeiten von HIV-1 und HIV-2

Übertragungsmöglichkeiten von HIV-1 und HIV-2:
- Geschlechtsverkehr (homo-heterosexuell)
- Gebrauch kontaminierter Nadeln (Fixer, „needle sharing")
- Organtransplantation
- Bluttransfusion, Gabe von Blutprodukten
- von der Schwangeren auf das Kind
- kontaminierte Gegenstände (Nadelstichverletzung, u. a.)

Die Herkunft von HIV-1 und HIV-2 ist noch nicht geklärt. Es wird angenommen, daß die Viren aus Afrika stammen und dort zunächst nur in abgeschlossenen Gebieten vorkamen. Bedingt durch Urbanisierung, Massentourismus, aber auch durch Zunahme der Promiskuität wurde das Virus später auf andere empfängliche Personen übertragen und konnte sich so weiter ausbreiten. Im Gegensatz zu Afrika, wo Frauen und Männer etwa im gleichen Verhältnis durchseucht sind, vermutlich bedingt durch die heterosexuelle Promiskuität, liegt das Verhältnis männlich/weiblich in Europa und in den USA derzeit bei ca. 15:1. Die Infektion erfolgt hauptsächlich bei bestimmtem Risikoverhalten.
In der Bundesrepublik Deutschland wird die Gesamtzahl der HIV-Infizierten gegenwärtig auf mehr als 500 000 geschätzt (Stand: Nov. 1989). Die Verdopplungszeit der an AIDS-Erkrankten liegt derzeit zwischen 8 und 10 Monaten.

Therapie und Prophylaxe:
- Azidothymidin
- Expositionsprophylaxe

Therapie und Prophylaxe: Retroviren unterscheiden sich von anderen Viren vor allem durch den Besitz einer Reversen Transkriptase. Ein Ansatzpunkt für eine spezifische Therapie ist die ***Hemmung der Reversen Transkriptase.*** Bekanntestes Mittel der Reverse-Transkriptase-Hemmer ist das *Azidothymidin* (AZT), welches allerdings durch seine Toxizität auf das hämopoetische System erhebliche Nebenwirkungen zeigt und daher häufige Bluttransfusionen notwendig macht. Impfstoffe befinden sich derzeit in Entwicklung. Bis geeignete Impfstoffe und Chemotherapeutika zur Verfügung stehen, kann nur eine vernünftige *Expositionsprophylaxe* (Kondome, sterile Kanülen und Spritzen, ausreichend sterilisierte medizinische Instrumente, Kontrolle von Blutspendern u. a.) betrieben werden.

Picornaviridae

2.17 Picornaviridae

G. Döller

Familie	Gattung	Vertreter
Picornaviridae		
	Enterovirus	Poliovirus Typ 1–3
		Coxsackievirus A (Typ 1–24) und B (Typ 1–6)
		ECHO-Viren (Typ 1–34)
		humane Enteroviren (Typ 68–71) mit Hepatitis A-Virus („Enterovirus Typ 72“)
	Rhinovirus	humane Rhinoviren (ca. 140 Typen)

Viruseigenschaften:

Picornaviridae

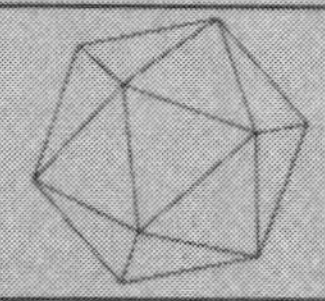

Größe	20–30 nm	Aufbau
Symmetrie	ikosaedrisch	
Hülle	fehlt	
Nukleinsäure	ssRNA	Genom
Polarität	Plus-Strang	
Molekulargewicht	$2{,}5 \times 10^6$ Dalton	
Replikation und Zusammenbau	im Zytoplasma	Vermehrung
Freisetzung	durch Zytolyse	

Viruseigenschaften: (Picornaviridae: Abkürzung aus **pico** [ital. = sehr klein] und **r**ibonucleic **a**cid [engl. = Ribonukleinsäure]) Die hüllenlosen Virionen besitzen eine ikosaedrische Symmetrie. Sie sind 22–30 nm groß und aus 60 Polypeptideinheiten aufgebaut. Das Genom besteht aus einer einzelsträngigen RNA mit positiver Polarität und hat ein Molekulargewicht von $2{,}5 \times 10^6$ Dalton. Während der Virusvermehrung wird ein einziges großes Vorläufer-Polypeptid synthetisiert, welches posttranslational in funktionelle Polypeptide gespalten wird. Die Virusreplikation und der Viruszusammenbau finden im Zytoplasma statt, und infektiöse Viruspartikel werden durch Lyse der infizierten Zelle freigesetzt.

Enterovirus

2.17.1 Enterovirus

Pathogenese der Polioviren:

- Eindringen in Epithelzellen des oberen Respirationstraktes
- lokale Vermehrung in Tonsillen und in zervikalen Lymphknoten
- Verbreitung über den Gastrointestinaltrakt und den Blutstrom
- Zielorgane sind ZNS und Haut
- Virusausscheidung mit dem Stuhl

Der Befall von Neuronen kann zu persistierenden Funktionsstörungen und Lähmungen führen.

Pathogenese: Die Pathogenese der Enterovirus-Vertreter unterscheidet sich lediglich durch deren unterschiedliche Zielorgane und ist am besten bei den *Polioviren* untersucht.
Der Eintritt von *Poliovirus* in den Organismus erfolgt über die Epithelzellen von Mund, Nase, Rachen und gelegentlich Auge und führt zu einer primären lokalen Virusvermehrung im Lymphgewebe (Tonsillen, zervikale Lymphknoten). Einige Tage später findet man Virionen im Blut, frei im Plasma vorliegend und wahrscheinlich auch in Leukozyten. Zu diesem Zeitpunkt vermehrt sich das Virus im Dünndarm, vor allem in den Peyerschen Plaques und wahrscheinlich auch in den Epithel- und Schleimhautzellen. Aus diesen Vermehrungsorten gelangt das Virus wieder in den Blutstrom und dadurch zu den anderen Zielorganen. Die Meningen können betroffen sein, und eine Infektion der Haut wird als Exanthem sichtbar. Unter bestimmten Umständen kann die Nervenzelle infiziert werden. Entlang der Axone wird das ZNS erreicht. Die Folge kann eine Meningoenzephalitis sein, die mit einer Entzündungsreaktion und dem Auftreten von Leukozyten im Liquor einhergeht. Werden Neurone durch die Infektion zerstört, kommt es zu persistierenden Funktionsstörungen und Lähmungen. Akute fokale neurologische Zeichen, Bewußtseinsstörungen sowie vorübergehende Lähmungserscheinungen werden wahrscheinlich durch eine lokale Immunantwort hervorgerufen.

Bei Patienten mit intaktem Immunsystem kommt es unmittelbar nach der Infektion zur Induktion einer Immunantwort. Das frühe Auftreten von *neutralisierenden Antikörpern* im Blut (ab dem 4. Tag p. i.) hemmt wahrscheinlich die Weiterverbreitung des Virus in das ZNS. Die zelluläre Immunität ist bei den Enterovirus-Infektionen nur ungenügend untersucht.

frühe Antikörperbildung

2.17.1.1 Polioviren

Polioviren

Klinik, Verlauf: In ca. 95 % verläuft die Infektion *inapparent*. Der *klinische Verlauf* der Poliomyelitis weist Regelmäßigkeiten auf und kann daher in verschiedene Stadien eingeteilt werden. Das *Initialstadium* tritt nach ca. 5–7 Tagen Inkubationszeit auf und ist durch Fieber, Erbrechen, Kopf- und Halsschmerzen und seltener durch Durchfälle gekennzeichnet. Bei einem symptomlosen Initialstadium findet man Inkubationszeiten von ca. 7–15, manchmal sogar bis 35 Tage. Dieses Initialstadium kann die einzige Manifestation einer Poliomyelitis sein, und wird auch als „Minor illness" oder „abortive Poliomyelitis" bezeichnet. Zu einer Invasion des ZNS kommt es dabei nicht. Es schließt sich ein weitgehend symptomloses Intervall, das *Latenzstadium*, an. Es folgt das *präparalytische Stadium*. Das Fieber ist höher als im Initialstadium, die klinischen Symptome sind Meningismus, Opisthotonus, Lasègue-Zeichen und Dreifußzeichen. Nach 1–5 Tagen erfolgt ein allmählicher Übergang in das *paralytische Stadium*, das sich in *Paralysierungs-* und *Rekonvaleszenzstadium* aufteilt. Bei der spinalen Form des Paralysierungsstadiums treten schlaffe Lähmungen bei verschiedenen Muskeln auf. Am häufigsten findet man unsymmetrisch verteilte Lähmungen an Muskeln der unteren Extremitäten. An den oberen Extremitäten sind meist Deltamuskel und Trizeps betroffen. Durch Lähmung der Interkostalmuskulatur kommt es zur Beeinträchtigung der Atmung. Gefürchtet ist die bulbo-pontine Form mit Gefährdung des Atem- und Kreislaufzentrums und meist letalem Ausgang. Auf das im allgemeinen 1–3 Tage andauernde Paralysierungsstadium folgt das Rekonvaleszenzstadium, in dem das Fieber zurückgeht. Es kann zum völligen oder teilweisen Rückgang der Lähmungserscheinungen kommen; meist muß eine längerdauernde orthopädische Behandlung angeschlossen werden.

Klinik, Verlauf:
in ca. 95 % inapparenter Verlauf
Inkubationszeit: ca. 7–35 Tage
- Initialstadium
  - Fieber
  - Erbrechen
  - Kopf- und Halsschmerzen
- Latenzstadium
  weitgehend symptomlos
- präparalytisches Stadium
  - höheres Fieber
  - Meningismus
  - Opisthotonus
- paralytisches Stadium mit Paralysierungs- und Rekonvaleszenzstadium
  - spinale Form → Muskellähmungen
  - Rekonvaleszenz → Rückgang der Lähmungserscheinungen, wobei meistens orthopädische Behandlung notwendig ist

Diagnose: Methode der Wahl zur Diagnose einer Poliovirus-Infektion ist die *Virusanzucht* auf geeigneten Zellkulturen vom Menschen oder Affen. Vom Initial- bis zum Rekonvaleszenzstadium wird Virus in großen Mengen im *Stuhl* (bis zu 10^8 Viruspartikel/g Stuhl) ausgeschieden. Aus dem *Rachenraum* ist das Virus vom Initial- bis hin zum Paralysierungsstadium nachweisbar. Bis zu Beginn des präparalytischen Stadiums kann Virus aus dem *Blut* isoliert werden. Der Nachweis aus dem *Liquor* gelingt nur in der Frühphase meningitischer Erscheinungen. Die Virustypisierung erfolgt im NT.

Diagnose:
- Virusanzucht

Die *serologische Diagnose* erfordert die Untersuchung eines Serumpaars, wobei das erste Serum während der akuten Krankheitsphase und das zweite Serum ca. 14 Tage später entnommen wird. Ein signifikanter Titeranstieg in der KBR oder dem NT spricht für eine frische Infektion. Während mit dem NT Typ-spezifische Antikörper nachgewiesen werden, ist mit der KBR keine Typendiagnose möglich. Sollte während der Frühphase der Infektion kein Serum abgenommen worden sein, so kann der Nachweis spezifischer IgM-Antikörper (NT) die Infektion bestätigen.

- Antikörpernachweis

Therapie: Eine spezifische Therapie gibt es nicht.

Therapie

Prophylaxe: Zur Schutzimpfung gegen Poliomyelitis stehen zwei unterschiedliche Impfstoffe zur Verfügung. Ein trivalenter Impfstoff aus vermehrungsfähigen, abgeschwächten (attenuierten) Polioviren der Typen 1, 2 und 3 (nach Sabin). Dieser Impfstoff wird dreimal *oral (Schluckimpfung)* verabreicht (im Abstand von mindestens 6 Wochen) und simuliert eine natürliche Infektion. Die Impfung kann ab dem 3. Lebensmonat durchgeführt werden. Eine Auffrischimpfung sollte nach 10 Jahren erfolgen. Der Impfling scheidet die Nachkommenschaft der Impfviren im Oropharynx und mit den Faeces aus. Im Darmtrakt werden spezifische sekretorische IgA-Antikörper gebildet.

Prophylaxe:
- Schluckimpfung mit Lebendimpfstoff (nach Sabin)

Bei mindestens 90 % der Impflinge kann man im Serum neutralisierende Antikörper gegen die 3 Poliovirustypen nachweisen. Durch die von dem Impfling ausgeschiedenen Viren können Kontaktpersonen infiziert werden. Ein Vorteil dieses Impfstoffes ist, daß bei einer Infektion mit Wildvirus aufgrund der lokalen enteralen Immunität dieses nicht ausgeschieden und weiter verbreitet wird. Von Nachteil kann sein, daß sich die Impfviren im Darm stark vermehren und in Ausnahmefällen ihre Neurovirulenz zurückgewinnen können. Es kann dadurch zu einer *paralytischen Erkrankung* beim Impfling oder bei seinen Kontaktpersonen kommen. Diese Impfzwischenfälle sind jedoch selten (1 Impfzwischenfall auf ca. 3,4 Mill. Impfdosen). Impflinge sollen gesund sein und sollten nach Impfung ungewohnte körperliche Anstrengungen, wie z. B. Hochleistungssport, für eine Woche unterlassen. Impfviren können im Laboratorium aufgrund bestimmter Merkmale von Wildviren unterschieden werden, so daß damit eine Impfkomplikation von einer Wildvirus-Infektion unterschieden werden kann. Bei allen Patienten mit einem Immundefekt oder einer immunsuppressiven Therapie ist diese Impfung kontraindiziert.

• Injektionsimpfung mit Totimpfstoff (nach Salk)

Von Salk wurde ein trivalenter Impfstoff aus inaktivierten Polioviren entwickelt, welcher *parenteral* verabreicht wird. Bei der Erstimmunisierung wird der Impfstoff 2mal im Abstand von 4–8 Wochen injiziert, eine Auffrischimpfung (Booster) ist 6 Monate nach der 2. Injektion erforderlich. Zur Aufrechterhaltung einer ausreichenden Antikörperkonzentration sind Boosterinjektionen im Abstand von höchstens 5 Jahren notwendig. Die Impfung führt zur Bildung zirkulierender Antikörper, die nach Exposition das Eindringen von Wildviren in das ZNS verhindern. Gegen eine enterale Poliovirus-Infektion besteht nur ein geringer Schutz, so daß eine Ausbreitung von Wildviren durch diese Impfung nicht so effektiv vermieden werden kann wie durch die Lebendimpfung. Der Impfstoff kann ab der 8. Lebenswoche verabreicht werden.

Es handelt sich um eine öffentlich empfohlene Impfung.

Epidemiologie:
Polioviren sind weltweit verbreitet

Übertragung durch
– Schmierinfektion
– Tröpfcheninfektion

Infektionen treten vorwiegend während der warmen Jahreszeit auf

3 Formen
• endemische Poliomyelitis
• epidemische Poliomyelitis
• Postvakzinations-Poliomyelitis

Epidemiologie: Die Poliomyelitis tritt *weltweit* auf und wird meist durch *fäkal-orale Schmier-* oder seltener über *Tröpfcheninfektion* verbreitet. Indirekt können auch koprophage Fliegenarten oder Küchenschaben die Viren auf Nahrungsmittel übertragen. Die Infektionen treten in unseren Breiten vorwiegend während der warmen Jahreszeit auf, doch verschwinden die Viren auch in den Wintermonaten nicht vollkommen. Personen mit einer Agammaglobulinämie oder Hypogammaglobulinämie können die Viren symptomlos länger als ein Jahr ausscheiden. Drei epidemiologische Verhaltensmuster lassen sich unterscheiden.

- Die *endemische Poliomyelitis* kommt in dicht bevölkerten, tropischen Gebieten vor, wobei Säuglinge und Kleinkinder oft zu einem Zeitpunkt, zu dem noch maternale Antikörper vorhanden sind, infiziert werden. Paralytische Krankheitsverläufe treten dort bei ca. 1 % auf.
- Die *epidemische Poliomyelitis* tritt vor allem in Industrieländern als Folge eines verbesserten Hygienestandards auf. Betroffen sind meist ältere Kinder und Erwachsene.
- In Ländern, in denen regelmäßig mit Lebendimpfstoff geimpft wird, findet man die *Postvakzinations-Poliomyelitis.* In diesen Ländern sind durch die Impfung die Wildviren verdrängt.

Zur Erkrankung kommt es gelegentlich bei nichtimmunen Personen als Folge von Infektionen mit meist importierten Polio-Wildviren.

Coxsackie-Viren

2.17.1.2 Coxsackie-Viren

Klinik, Verlauf:
Inkubationszeit: ca. 2–15 Tage

Klinik, Verlauf: Die Inkubationszeit liegt zwischen ca. 2–15 Tagen.

• Eine **Coxsackievirus-A-Infektion** führt zu verschiedenen Krankheitsbildern. Die meist bei Kleinkindern vorkommende *Herpangina* ist charakterisiert durch einen abrupten Fieberbeginn mit Halsweh, wobei auch Anorexie, Dysphagie, Erbrechen und Abdominalschmerzen auftreten können. Der Pharynx ist meist hyperämisch, und im Mund- und Rachenraum treten wenige kleine charakteristische Bläschen mit einem geröteten Hof auf. Das *Hand-Fuß-Mund-Exanthem* ist durch ein gewöhnlich an der Wangenschleimhaut lokalisiertes Enanthem und ein etwas später an Händen und Füßen auftretendes Exanthem charakterisiert. Die *akute hämorrhagische Konjunktivitis* äußert sich in einer subkonjunktivalen Hämorrhagie mit Beeinträchtigung des Sehvermögens, starken Augenschmerzen und Photophobie. Ferner können eine *Enzephalitis*, eine *akute lymphonoduläre Pharyngitis*, eine *aseptische Meningitis*, eine *Paralyse*, ein *Exanthem*, eine *Hepatitis*, *Durchfälle bei Kindern* und *uncharakteristische, fieberhafte Erkrankungen* („Sommergrippe“) mit *Schnupfen* auftreten.

- **Coxsackievirus-B-Infektionen** führen zu *Pleurodynie (= epidemische Myalgie oder Bornholmsche Erkrankung)*. Charakteristisch sind plötzlich auftretendes Fieber und starke Brustschmerzen. Unspezifische Krankheitszeichen wie Unwohlsein, Kopfweh und Anorexie können vorangehen. *Myo- oder Perikarditis* sowie *schwere systemische Infektionen des Neugeborenen* mit *Meningoenzephalitis* können ebenfalls auftreten. *Aseptische Meningitis* und *Paralyse* stellen weitere Krankheitsbilder dar. Die Auslösung eines Typ I-Diabetes mellitus nach Coxsackievirus-B-Infektionen wird diskutiert.

Krankheitsbilder bei Coxsackievirus-Infektionen:

- Coxsackievirus A

Krankheitsbilder	Virustypen
Herpangina	2–6, 8, 10
Hand-Fuß-Mund-Exanthem	5, 10, 16
Hämorrhagische Konjunktivitis	24
Enzephalitis	7, 9
Akute lymphonoduläre Pharyngitis	10
Aseptische Meningitis	2, 4, 7, 9, 10
Paralyse	7, 9
Exanthem	4–6, 9, 16
Hepatitis	4, 9
Durchfälle bei Kindern	18, 20–22, 24
uncharakteristische, fieberhafte Erkrankungen („Sommergrippe“), Schnupfen	21, 24

- Coxsackievirus B

Krankheitsbilder	Virustypen
Pleurodynie (= epidemische Myalgie, Bornholmsche Erkrankung); Myo- oder Perikarditis; schwere systemische Infektionen des Neugeborenen mit Meningoenzephalitis	1–5
Aseptische Meningitis	1–6
Paralyse	2–5

Diagnose: Die sicherste Diagnose ist die *Virusanzucht* aus Stuhl. Aus Rachenabstrich und Liquor kann nur in der Frühphase der Erkrankung Virus isoliert werden. Coxsackievirus B wächst auf geeigneten Zellkulturen. Coxsackievirus A läßt sich zuverlässig in Saugmäusen nach intrazerebraler Inokulation isolieren. Die Typisierung muß im NT erfolgen.
Virale Nukleinsäure kann z. B. in Myokardbiopsien durch In-situ-Hybridisierungen mit c-DNA-Sonden nachgewiesen werden. Diese Methode steht jedoch für die Routinediagnostik noch nicht zur Verfügung.
Die *serologische Diagnose* erfolgt mit der KBR. Diese erlaubt jedoch keine Typendiagnose, da meist Gruppenantigene verwendet werden. Eine zuverlässige serologische Diagnose kann nur durch einen signifikanten Titeranstieg in einem Serumpaar gestellt werden. ELISAs zum Nachweis spezifischer IgG- und IgM-Antikörper sind in der Entwicklung und gegen einige Coxsackievirus-Typen schon kommerziell erhältlich.

Diagnose:
- Virusanzucht
- Nukleinsäurenachweis
- Antikörpernachweis

Therapie: Eine spezifische Therapie gibt es nicht.

Prophylaxe: Eine Schutzimpfung gibt es nicht.

Therapie und **Prophylaxe** existieren nicht

Epidemiologie: Die Coxsackieviren sind *weltweit* verbreitet. Virusreservoir ist der *infizierte Mensch*. Der wichtigste Übertragungsmodus ist die fäkale *Schmier-* und die *Tröpfcheninfektion*. In den gemäßigten Zonen kommt es v. a. in den Sommer- und Herbstmonaten überwiegend bei Kindern zur Erkrankung.

Epidemiologie:
weltweite Verbreitung
Schmier- und Tröpfcheninfektion
vorwiegend bei Kindern im Sommer und Herbst

2.17.1.3 ECHO-Viren

ECHO-Viren

Klinik, Verlauf: Die *Inkubationszeit* liegt zwischen ca. 2–15 Tagen. ECHO-Virus-Infektionen (ECHO = engl. **e**nteric **c**ytopathogenic **h**uman **o**rphan) verlaufen in der Regel klinisch stumm oder als uncharakteristischer „grippaler Infekt“ (Sommergrippe, Erkältungskrankheit, Diarrhoe). In ca. 10 % der Fälle kann sich jedoch eine **aseptische Meningitis** mit biphasischem Fieberverlauf, eine **Myoperikarditis**, sowie eine **exanthematische Erkrankung** entwickeln. ECHO-Viren verursachen auch eine **Enzephalitis**, eine **Ataxie** oder das **Guillain-Barré-Syndrom.**

Klinik, Verlauf:
Inkubationszeit: ca. 2–15 Tage
Verlauf:
– inapparent
– uncharakteristisch

Krankheitsbilder	Virustypen
Aseptische Meningitis	1–11, 12–23, 25, 27, 28, 30, 31, 35–69
Myoperikarditis	1, 6, 9, 19
Exanthematische Erkrankung	2, 4, 6, 9, 11, 16, 18
Enzephalitis; Ataxie; Guillain-Barré-Syndrom	2, 6, 9, 19

Diagnose: Üblicherweise erfolgt die Labordiagnose aus Stuhl durch *Virusanzucht* auf geeigneten Zellkulturen vom Affen oder Menschen. Aus Rachenabstrich und Liquor ist die Virusanzucht nur während der Frühphase der Erkrankung möglich. *Spezifische Antikörper* können mit der KBR nachgewiesen werden.

Diagnose:
- Virusanzucht
- Antikörpernachweis

Therapie: Eine spezifische Therapie gibt es nicht.

Prophylaxe: Eine Schutzimpfung gibt es nicht.

Therapie und **Prophylaxe** existieren nicht

Epidemiologie:
weltweit verbreitet
Schmier- und Tröpfcheninfektion
vorwiegend bei Kindern im Sommer und Herbst

Epidemiologie: ECHO-Viren sind *weltweit* verbreitet und werden durch fäkale *Schmier-* und *Tröpfcheninfektion* übertragen. Kinder werden häufiger infiziert als Erwachsene. In den gemäßigten Zonen kommt es v. a. in den Sommer- und Herbstmonaten zu Erkrankungen.

Enterovirus Typ 68–71

2.17.1.4 Enterovirus Typ 68–71

Klinik, Verlauf:
Inkubationszeit: ca. 2–15 Tage

Krankheitsbilder der einzelnen Virustypen ⇨

Klinik, Verlauf: Die Inkubationszeit beträgt ca. 2–15 Tage.

- Enterovirus Typ 68 führt zu *Pneumonie und Bronchiolitis*
- *Typ 70 zur akuten hämorrhagischen Konjunktivitis*
- *die Typen 70 und 71 zur Paralyse* und *Meningoenzephalitis,* sowie
- Typ 71 zum *Hand-Fuß-Mund-Exanthen.*

Diagnose:
- Virusanzucht

Therapie und **Prophylaxe** existieren nicht

Diagnose: Die Diagnose erfolgt aus Liquor, Rachenabstrich und Stuhl durch *Virusanzucht* auf geeigneten Zellkulturen vom Affen oder Menschen.

Therapie: Eine spezifische Therapie existiert nicht.

Prophylaxe: Eine Schutzimpfung gibt es nicht.

Epidemiologie:
weltweit verbreitet
Schmier- und Tröpfcheninfektion vorwiegend im Sommer und Herbst

Epidemiologie: Die Enteroviren Typ 68–71 sind *weltweit* verbreitet und werden durch fäkale *Schmier-* und *Tröpfcheninfektion* übertragen. In den gemäßigten Zonen kommt es v. a. in den Sommer- und Herbstmonaten zur Erkrankung.

Hepatitis-A-Virus

2.17.1.5 Hepatitis-A-Virus (HAV) – „Enterovirus Typ 72"

Derzeit wird die Ausgliederung des HAV aus der Gattung Enterovirus sowie die Neuschaffung der Virusfamilie Heparnaviridae diskutiert.

Pathogenese:
- parenchymale Zellnekrosen
- periportale Entzündungsreaktion
- Leberzellzerstörung durch Immunmechanismen
- keine Persistenz
- keine chronische Leberschädigung

Pathogenese: Bei einer akuten viralen Hepatitis kommt es zur *parenchymalen Zellnekrose* und zu einer *periportalen Entzündungsreaktion.* Virales Antigen ist in den Kupfferschen Sternzellen und im Zytoplasma der Hepatozyten nachweisbar. Die histologischen Leberveränderungen sind bei Hepatitis A und B ähnlich. Die *Leberzellzerstörung* beruht wahrscheinlich auf Immunmechanismen. Hinweise auf eine Persistenz des Virus gibt es nicht und ein Übergang in eine chronische Leberschädigung wurde nicht beschrieben.

Klinik, Verlauf:
Inkubationszeit: ca. 10–40 Tage

- Prodromalstadium wie grippaler Infekt
- ikterische Organmanifestation
- keine chronische Verlaufsform

Klinik, Verlauf: Die *Inkubationszeit* beträgt ca. 10–40 Tage. Anfänglich unterscheidet sich die HAV-Infektion nicht von einem grippalen Infekt, da hohes Fieber mit Kopfschmerz, Nausea und Inappetenz sowie Durchfälle auftreten können. Nach diesem mehrtägigen Prodromalstadium verschwinden viele der Prodromalsymptome, und es kann zu einer *ikterischen Organmanifestation* kommen. Meist heilt die Erkrankung nach 4–8 Wochen aus. Eine chronische Verlaufsform ist nicht bekannt.

Diagnose:
- Antigennachweis

Diagnose: Die Diagnose einer akuten Hepatitis-A-Infektion kann durch den *Nachweis von HAV* im Stuhl mit RIA und ELISA erbracht werden. Die Virusausscheidung beginnt bereits etwa 1–2 Wochen vor Ausbruch der Erkrankung und nimmt bei Beginn der klinischen Symptomatik rasch ab.

- Antikörpernachweis

Methode der Wahl ist die *serologische Diagnose* durch den Nachweis von HAV-spezifischen IgM-Antikörpern (Abb. 2-7), welche bereits bei Beginn der Symptomatik nachweisbar sind und in der Regel über einen Zeitraum von etwa 3–6 Monate nachweisbar bleiben. Spezifische IgG-Antikörper bleiben in der Regel lebenslang erhalten (Immunität).

Therapie:
- postexpositionell → Standardimmunglobulin

Therapie: Eine spezifische Therapie gibt es nicht. *Postexpositionell* kann Standardimmunglobulin innerhalb eines kurzen Zeitraums (maximal 8–10 Tage) nach Infektion verabreicht werden.

Prophylaxe:
- präexpositionell → Standardimmunglobulin

Prophylaxe: Ein Impfstoff für die aktive Schutzimpfung ist noch nicht zugelassen, jedoch augenblicklich in klinischer Erprobung. Standardimmunglobulin, welches neutralisierende Antikörper gegen HAV enthält, kann *präex-*

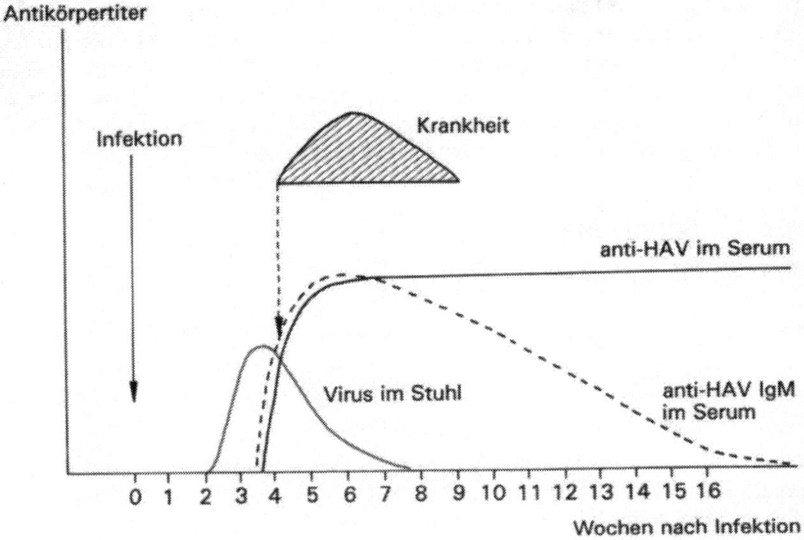

Abb. 2-7: Antigen- und Antikörpernachweis nach einer Hepatitis-A-Infektion

positionell vor einem Aufenthalt in einem Hochrisikoland verabreicht werden. *Meldepflichtig* sind Verdacht, Erkrankung und Todesfall.

Meldepflicht bei Verdacht, Erkrankung und Tod

Epidemiologie: Das HAV ist *weltweit* verbreitet. In Mitteleuropa kommt es vor allem bei nichtimmunen Personen im Anschluß an Urlaubsreisen in südliche Länder zur Erkrankung. Die Übertragung des HAV erfolgt *fäkal-oral* oder durch *kontaminiertes Wasser* und *Nahrungsmittel.* Von besonderer Bedeutung sind hierbei rohe Muscheln, die aus fäkal kontaminierten Gewässern stammen. Sozioökonomisch niedrig gestellte Bevölkerungsgruppen sind besonders gefährdet. In den Industrienationen kommen aufgrund verbesserter hygienischer Verhältnisse keine autochthonen Fälle vor, dagegen sind Einschleppungen häufig.

Epidemiologie:
weltweit verbreitet

fäkal-orale Übertragung

2.17.2 Rhinoviren

Rhinoviren

Pathogenese: Rhinoviren infizieren über spezifische Rezeptoren vorwiegend *Epithelzellen des Nasen-Rachenraums,* wobei sich die Viren von Zelle zu Zelle ausbreiten. Während der akuten Krankheitsphase sind die meisten Nasenepithelzellen infiziert. Der Mechanismus der Rhinitis ist bis heute noch unbekannt. Es kommt zu einer signifikanten Verlängerung der mukoziliaren Clearance der Nase, zu einer Reduktion der Schlagfrequenz der Flimmerepithelien und zu einem Verlust großer Flächen mit Flimmerepithel.

Pathogenese:
Infektion von Epithelzellen des Nasen-Rachen-Raumes

Klinik, Verlauf: Die *Inkubationszeit* beträgt ca. 2–5 Tage. Die über hundert bekannten Rhinovirustypen verursachen eine akute Rhinitis (banale Erkältung, Schnupfen). Erkrankungen des unteren Respirationstraktes wie chronische Bronchitis oder Asthma werden nur selten mit Rhinoviren in Zusammenhang gebracht.

Klinik, Verlauf:
Inkubationszeit: ca. 2–5 Tage

über 100 bekannte Rhinovirustypen
→ akute Rhinitis

Diagnose: Aufgrund der relativ harmlosen und nur kurzdauernden Erkrankung erfolgt im allgemeinen *keine* Labordiagnose. Die Virusanzucht kann jedoch in geeigneten Zellkulturen erfolgen. *Antigennachweis* direkt aus Untersuchungsmaterial (ELISA) sowie der Nachweis von *Virusnukleinsäure* mit c-DNA-Sonden sind beschrieben, jedoch für die Labordiagnostik nicht kommerziell erhältlich. Der Nachweis spezifischer Antikörper kann durch einen NT, KBR, IgG- oder IgA-ELISA geführt werden. Auch diese Methoden stehen für die Routinelabordiagnostik nicht zur Verfügung.

Diagnose:
keine Routine-Labordiagnose

Therapie: Eine spezifische Therapie gibt es nicht.

Prophylaxe: Eine Schutzimpfung gibt es nicht. Eine Erklärung hierfür ist das relativ harmlose Krankheitsbild, die Typenvielfalt und die nur kurzdauernde lokale Immunität.

Therapie und **Prophylaxe** gibt es nicht

Epidemiologie:
weltweit verbreitet
Häufungen im Herbst und Frühjahr

Epidemiologie: Rhinoviren sind *weltweit* verbreitet, und der *Mensch* ist der einzige Wirt. Häufungen der Erkrankungen sind im Herbst und Frühjahr zu beobachten. Die Viren werden mit den Sekreten des Respirationstraktes ausgeschieden und durch Tröpfcheninfektion oder durch Autoinokulation mit Virus-kontaminierten Händen übertragen. Die im 1. Lebensjahr sehr häufige Erkrankung geht mit zunehmendem Alter zurück.

Caliciviridae

Viruseigenschaften:

Caliciviridae

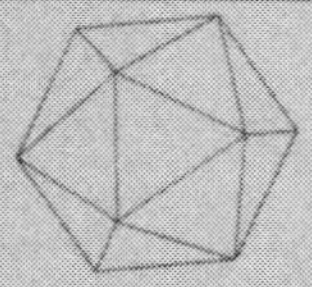

Größe	ca. 33–39 nm	Aufbau
Symmetrie	ikosaedrisch	
Hülle	keine	
Nukleinsäure	ssRNA	Genom
Polarität	Plus-Strang	
Molekulargewicht	$2{,}6-2{,}8 \times 10^6$ Dalton	
Replikation und Zusammenbau	im Zytoplasma	Vermehrung
Freisetzung	durch Zytolyse	

2.18 Caliciviridae

M. H. Wolff

Familie	Gattung	Vertreter
Caliciviridae	Calicivirus	Norwalk-Virus und Norwalk-ähnliche Viren

Zur Familie der Caliciviridae (lat. calix = Becher) gehören human- sowie tierpathogene Viren. Beim Menschen rufen das Norwalk-Virus bzw. Norwalk-ähnliche Viren Gastroenteritiden hervor.

2.18.1 Norwalk-Virus und Norwalk-ähnliche Viren

Viruseigenschaften: Das nackte, ikosaedrische Virion hat einen Durchmesser von ca. 33–39 nm. Die becherförmigen Vertiefungen an der Oberfläche gaben dem Virus den Namen. Das Genom besteht aus einer einzelsträngigen RNA mit positiver Polarität und einem Molekulargewicht von ca. $2{,}6-2{,}8 \times 10^6$ Dalton. Das Virus repliziert im Zytoplasma der Wirtszelle. Die Freisetzung der reifen Virionen erfolgt durch Zytolyse.

Pathogenese
histopathologische Veränderungen der Dünndarmschleimhaut

Pathogenese: Im Verlaufe einer Norwalk-Virus-Infektion sind *histopathologische Veränderungen der Dünndarmschleimhaut* beschrieben worden, die sich nach Abklingen der klinischen Erscheinungen innerhalb von 10 Tagen wieder regenerierten. Eine Malabsorption für Fette und Kohlenhydrate wurde beobachtet.

Klinik, Verlauf:
Inkubationszeit: ca. 24–48 Stunden
Krankheitsdauer: ca. 12–24 Stunden

- Gastroenteritis

Klinik, Verlauf: Die *Inkubationszeit* beträgt ca. 24–48 Stunden. Hauptsymptome sind *Übelkeit, Erbrechen, Durchfälle* und *abdominale Krämpfe.* Die Erkrankung dauert ca. 12–24 Stunden, in seltenen Fällen mehr als 48 Stunden. Die Viren werden mit dem Auftreten der klinischen Symptomatik in hohen Konzentrationen mit dem Stuhl ausgeschieden. Eine Virusausscheidung vor Beginn der klinischen Symptomatik wurde nicht beobachtet.

Diagnose:
nur in Speziallaboratorien möglich

Diagnose: Eine *Virusanzucht* aus Stuhl ist bisher nicht möglich. Virus bzw. Virusantigen kann allerdings nur in einigen Speziallaboratorien mit Immun-EM, ELISA oder RIA nachgewiesen werden.

Therapie existiert nicht

Therapie: Eine spezifische Therapie gibt es nicht.

Epidemiologie:
- Übertragung fäkal-oral oder
- durch kontaminierte Lebensmittel

Viren sind weltweit verbreitet

Epidemiologie: Die Übertragung des Virus von Mensch zu Mensch erfolgt entweder *fäkal-oral* oder durch den *Genuß kontaminierter Lebensmittel* bzw. Wasser. Das Norwalk-Virus wurde erstmalig 1968 in Norwalk (Ohio) bei einer Epidemie mit Durchfällen aus Stuhl isoliert. Seither wurde dieses Virus oder dem Norwalk-Virus ähnliche Viren häufiger bei Gastroenteritiden nachgewiesen. Die Viren treten *weltweit* sporadisch ohne jahreszeitliche Häufungen auf. Kontaminierte Lebensmittel oder Wasser verursachen gelegentlich epidemische Ausbrüche in Familien, Schulen und Kindergärten. Meist sind Kinder betroffen, jedoch kann es auch bei Erwachsenen zur Infektion kommen. Neben Rotavirus scheinen diese Viren eine der häufigsten Ursachen für virale kindliche Enteritiden zu sein.

2.19 Coronaviridae

G. Döller, M. H. Wolff, P. C. Döller

Familie	Gattung	Vertreter
Coronaviridae	Coronavirus	Humanes Coronavirus 229 E (HCV-229 E)
		Humanes Coronavirus OC 43 (HCV-OC 43)
		Humanes Enterales Coronavirus (HECV)

Viruseigenschaften: Coronaviren (lat. corona = Kranz) sind runde, leicht pleomorphe Partikel und haben in der Regel einen Durchmesser von 80–160 nm. Eine Plus-Strang-RNA mit einem Molekulargewicht von 5,5 × 10^6 Dalton wird von einer Hülle mit Oberflächenprojektionen (Peplomeren) umgeben. Die Virusvermehrung findet im Zytoplasma der Wirtszelle statt, die Virionen werden im rauhen ER und im Golgi Apparat zusammengebaut und durch Fusion von Golgivesikeln mit der Zytoplasmamembran oder gelegentlich durch Zellyse freigesetzt.

Pathogenese: Über die Pathogenese von HCV-229 E- und -OC 43-bedingten Erkrankungen ist nur wenig bekannt, es scheint jedoch zur Infektion und zur Zerstörung von Flimmerepithelzellen des *Respirationstraktes* zu kommen. Noch weniger ist über die Pathogenese von HECV-verursachten Erkrankungen bekannt.

Klinik, Verlauf: Die Inkubationszeit für HCV-229 E- und -OC 43-Erkrankungen beträgt ca. 2–5 Tage. Es tritt eine *Rhinitis* mit Heiserkeit und leichtem Fieber *(banale Erkältungskrankheit)* auf. Bei Kindern kann es in seltenen Fällen (ca. 3 %) zur Erkrankung des unteren Respirationstraktes kommen. Zu welchen Erkrankungen HECV führt, ist bisher noch ungeklärt.

Diagnose: Die Diagnose kann nur in einem Speziallaboratorium gestellt werden. Prinzipiell ist die *Anzucht* von HCV-229 E und -OC 43 aus Rachenspülwasser möglich, jedoch sehr aufwendig. *Antikörper* können mit KBR oder ELISA nachgewiesen werden, gegen OC 43 zusätzlich mit dem HHT.

Therapie: Eine spezifische Therapie gibt es nicht.

Prophylaxe: Eine Schutzimpfung gibt es nicht.

Epidemiologie: HCV-229 E und -OC 43 sind in Europa, Nord- und Südamerika beobachtet worden. Die Übertragung erfolgt durch *Tröpfcheninfektion.* Der Erkrankungsgipfel liegt in unseren Breiten im *Winter* und *Frühjahr.* HECV wurde in vielen Teilen der Welt (Europa, Zentralamerika, Afrika, Indien, Australien und Japan) aus Stuhlproben von Patienten mit Enteritis und auch von gesunden Personen isoliert. Coronaviren sind auch im Tierreich (Kalb, Schwein, Huhn, Truthahn, Hund, Katze, Papagei, Maus und Ratte) weit verbreitet.

Coronaviridae

Coronaviridae

Größe	80–160 nm	Aufbau
Symmetrie	helikal	
Hülle	vorhanden	
Nukleinsäure	ssRNA	Genom
Polarität	Plus-Strang	
Molekulargewicht	5,5 × 10^6 Dalton	
Replikation und Zusammenbau im Zytoplasma und ER		Vermehrung
Freisetzung	durch Fusion, selten Zytolyse	

Pathogenese:
Respirationstrakt ist betroffen

Klinik, Verlauf:
Inkubationszeit: ca. 2–5 Tage

- Rhinitis
- banale Erkältungskrankheit

Diagnose:
in Speziallaboratorien möglich

Therapie und **Prophylaxe** existieren nicht

Epidemiologie:
- Übertragung durch Tröpfchen
- Erkrankungshäufung im Winter und Frühjahr

2.20 Taxonomisch noch nicht eingeordnete Viren

P. C. Döller, G. Döller, M. H. Wolff

2.20.1 Hepatitis Non-A, Non-B (HNANB)

Es gibt zwei Formen der **viralen Hepatitis**, welche keinem der bekannten Hepatitiserreger (Hepatitis-A-, Hepatitis-B- und Hepatitis-D-Virus) zugeordnet werden können und bei denen andere Ursachen einer Lebererkrankung ausgeschlossen sind: eine **parenterale** Form, welche heute die häufigste Ursache einer Posttransfusionshepatitis darstellt, und eine **enterale** (epidemische) Form, welche einer Hepatitis-A-Virus-Infektion ähnelt. Beide werden

Taxonomisch noch nicht eingeordnete Viren

Hepatitis Non-A, Non-B

- parenterale Form
- enterale Form

als **Hepatitis Non-A, Non-B** (HNANB) bezeichnet. Für den Erreger der parenteralen Form wurde die Bezeichnung *Hepatitis-C-Virus* und für den Erreger der enteralen Form *Hepatitis-E-Virus* vorgeschlagen.

Hepatitis-C-Virus

Erregereigenschaften:
Verwandtschaft mit den Toga- oder Flaviviridae

Pathogenese wenig bekannt

Klinik, Verlauf:
Inkubationszeit: ca. 20–60 Tage

bis zu 50 % der Patienten entwickeln eine chronische Form der Erkrankung

Diagnose:
Ausschlußverfahren für
- HAV,
- HBV und
- andere hepatotrope Erreger

Therapie und **Prophylaxe** existieren nicht

Epidemiologie:
weltweite Verbreitung
- parenterale Übertragung durch Blut und Blutprodukte
- Infizierte können vermutlich Jahrzehnte Träger von Erregern sein

2.20.1.1 Hepatitis-C-Virus

Erregereigenschaften: Das Hepatitis-C-Virus (HCV) hat einen Durchmesser von ca. 50–60 nm und scheint eine Hülle zu besitzen. Vermutlich ist es mit den Toga- bzw. Flaviviridae verwandt. Das Genom besteht aus einer einsträngigen Plus-Strang-RNA mit ca. 10 000 Nukleotiden.

Pathogenese: Über die Pathogenitätsmechanismen dieser Erreger ist noch sehr wenig bekannt. Es wird vermutet, daß Immunmechanismen bei der Zerstörung der Hepatozyten eine Rolle spielen.

Klinik, Verlauf: Das klinische Bild einer Hepatitis C ist dem anderer akuter viraler Hepatitiden sehr ähnlich. Die *Inkubationszeit* beträgt ca. 20–60 Tage. Gewöhnlich verläuft die Erkrankung mild, subklinisch oder anikterisch. Ein großer Teil der HCV-Infektionen heilen nach 8–10 Wochen aus. Bis zu 50 % der Patienten mit einer NANB-assoziierten Posttransfusionshepatitis entwikkeln eine *chronische Form* der Erkrankung, die häufig ohne Spätfolgen ausheilt. Schwere Hepatitiden mit Gelbsucht können jedoch auch vorkommen, und schwere chronische Verläufe sind nicht selten.

Diagnose: Die Labordiagnose wurde bislang durch Ausschlußverfahren geführt. Ausgeschlossen werden müssen *HAV* und *HBV* sowie *andere hepatotrope Erreger* wie z. B. EBV, CMV, HSV, Coxsackie-Viren, Coxiella burnetii, Leptospiren, bei entsprechender Anamnese auch Gelbfieber sowie toxisch-medikamentöse Ursachen und Autoimmunerkrankungen mit Leberschädigung. Seit 1990 steht ein Test zur Verfügung, mit dem Antikörper gegen das (gentechnisch hergestellte) Antigen C-100 von HCV nachgewiesen werden können.

Therapie: Eine spezifische Therapie ist bisher nicht bekannt.

Prophylaxe: Eine Schutzimpfung gibt es nicht.

Epidemiologie: Die geographische Verbreitung des Hepatitis-C-Virus scheint *weltweit* zu sein. Die *parenterale Übertragung* kann durch Inokulation von Blut und Blutprodukten, bei der Hämodialyse, bei Drogenmißbrauch, Nadelstichverletzung oder wahrscheinlich auch durch engen körperlichen Kontakt erfolgen. In Ländern, in denen durch Blutspenderuntersuchungen die Inzidenz von HBV-induzierten Posttransfusionshepatitiden wesentlich gesenkt werden konnte, ist die Hepatitis-C-Infektion heute für 80–90 % der transfusionsassoziierten Hepatitiden verantwortlich. Die Infizierten können die Erreger Jahrzehnte, vermutlich lebenslang im Blut (Carrier) tragen.

Hepatitis-E-Virus

Erregereigenschaften:
Verwandtschaft mit den Caliciviridae

Klinik, Verlauf:
Inkubationszeit: ca. 30–40 Tage

schwerer Krankheitsverlauf bei Schwangeren

Diagnose durch Ausschlußverfahren für
- HAV,
- HBV und
- andere hepatotrope Erreger

2.20.1.2 Hepatitis-E-Virus

Erregereigenschaften: Hepatitis-E-Virus (HEV) ist noch nicht vollständig charakterisiert. Es scheint den Caliciviren zu ähneln. Das Virus ist nicht umhüllt und hat einen Durchmesser von 27 nm. Morphologisch bestehen zwar Ähnlichkeiten mit dem Hepatitis-A-Virus, jedoch finden sich keinerlei Antigengemeinschaften.

Klinik, Verlauf: Die *Inkubationszeit* beträgt ca. 30–40 Tage. Die akute HEV-Infektion beginnt schleichend, meist mit Anorexie, extremer Müdigkeit und oft afebril. Nur etwa 20–25 % der Erkrankten werden ikterisch. Ein mehrphasischer Transaminasen-Verlauf zeigt häufig den Übergang in eine chronische Hepatitis an. Schwere Verläufe mit hoher Letalität sind bei *Schwangeren*, besonders im letzten Trimenon, beschrieben.

Diagnose: Eine spezifische Labordiagnose ist nicht möglich, da der Erreger noch nicht ausreichend charakterisiert ist. Derzeit muß die Diagnose im *Ausschlußverfahren* erfolgen. Ausgeschlossen werden müssen *HAV*, *HBV* und

HCV sowie *andere hepatotrope Erreger* wie z.B. EBV, CMV, HSV, Coxsackie-Viren, Coxiella burnetii, Leptospiren, bei entsprechender Anamnese Gelbfieber, toxisch-medikamentöse Ursachen sowie Autoimmunerkrankungen mit Leberschädigung.

Therapie: Eine spezifische Therapie ist bisher nicht bekannt.

Prophylaxe: In Ländern, in welchen eine epidemische Hepatitis vorkommt, muß die Aufnahme von kontaminiertem Wasser bzw. Nahrungsmitteln vermieden werden. Eine Schutzimpfung gibt es nicht.

Therapie und **Schutzimpfung** existieren nicht, **Prophylaxe** nur durch Meiden von kontaminierten Lebensmitteln

Epidemiologie: Hepatitis-E kommt in Indien, in Zentral- und Südost-Asien, im Mittleren Osten und in Nordafrika vor und ist durch *schwere Verläufe* mit *hoher Letalität* in der Schwangerschaft gekennzeichnet. Die Infektion scheint auf *fäkal-oralem* Weg übertragen zu werden und geht auf die Aufnahme von verunreinigten Nahrungsmitteln oder Trinkwasser zurück.

Epidemiologie:
- fäkal-orale Übertragung
- hohe Mortalität in der Schwangerschaft

2.20.2 Slow-Virus-Infektionen

Slow-Virus-Infektionen

Slow-Virus-Infektionen rufen chronische Krankheitsprozesse hervor, die ausschließlich **ein** Organsystem betreffen und durch **lange Inkubationszeiten** (in der Regel ⅓ der Lebensspanne des Wirtes) gekennzeichnet sind. Zwei Gruppen von Erkrankungen lassen sich beim Menschen unterscheiden.

- nur ein Organsystem betroffen
- sehr lange Inkubationszeit

2 Gruppen von Erkrankungen

- die **subakuten chronischen Enzephalomyelitiden** (hervorgerufen durch konventionelle Viren),
  - SSPE [subakute sklerosierende Panenzephalitis: *Masernvirus*]: [vgl. 2.10.3]
  - PRP [progressive Rötelnpanenzephalitis: *Rötelnvirus*]: [vgl. 2.8.2]
  - PML [progressive multifokale Leukoenzephalopathie: *JC-Virus*]: [vgl. 2.5.2] sowie
- die **subakuten spongiformen Enzephalopathien,**
  - *Kuru*
  - *Creutzfeldt-Jakob-Erkrankung*
  - *Gerstmann-Sträussler Syndrom*

Der Krankheitsverlauf ist **ausnahmslos progressiv, degenerativ** und **tödlich**. Bei Schafen, Rindern und Nerzen sind spongiforme Enzephalopathien beschrieben. Bei Wapitihirschen kommt es zum chronischen Kräftezerfall.
Im folgenden werden nur die **spongiformen Enzephalopathien** dargestellt.

- ausnahmslos tödlicher Verlauf

Erregereigenschaften: Für diese Slow-Virus-Infektionen gibt es derzeit drei, jedoch bisher nicht bewiesene Hypothesen: Die *Prionen*-(Prion = **pro**teinaceous **in**fectious particle)-*Hypothese* besagt, daß Protein allein für die Infektiosität ausreichend ist. Bei der *Virus-Hypothese* wird ein bisher noch unbekanntes Virus oder virusähnliches Agens für die Infektion verantwortlich gemacht. Die *Virino-Hypothese* besagt, daß die genetische Information in einer Nukleinsäure niedergelegt ist und von einem wirtszellkodierten Protein umgeben und geschützt wird. Nukleinsäuren sind jedoch noch nicht nachgewiesen worden. Die Isolierung und Reinigung infektiöser Partikel gestaltet sich schwierig. Es wird angenommen, daß die wichtigsten Komponenten Proteine sind, da gewisse Proteasen und starke denaturierende Substanzen in der Lage sind, das infektiöse Agens zu zerstören. Ansonsten sind die „Erreger" gegen Inaktivierung ungewöhnlich stabil; so ist z. B. durch 10 % Formalin, Erhitzung auf 100 °C und UV- oder Röntgen-Strahlung keine Inaktivierung der „Erreger" möglich.
Histologisch werden Amyloidablagerungen in erkrankten Gehirnen gefunden. Abnorme Fibrillen (Scrapie-assoziierte Fibrillen [SAF]) sind nur nach Aufarbeitung infizierter Gehirne nachweisbar. Es ist noch zweifelhaft, ob es sich bei den SAF um den Erreger selbst handelt.

Erregereigenschaften:
drei Hypothesen:
- Prion
- Virus
- Virino

gegen Inaktivierung sind die „Erreger" ungewöhnlich stabil

Kuru

Inkubationszeit mehr als 30 Jahre

nur in Papua-Neuguinea vorkommend

2.20.2.1 Kuru

Die *Inkubationszeit* kann mehr als 30 Jahre betragen. Kuru (in der Sprache der Fore: kuru = zittern. Fore: Sprachgruppe in Papua-Neuguinea) macht sich durch Unsicherheiten im Gang und Gleichgewichtsstörungen bemerkbar. Die Erkrankung kam endemisch ausschließlich bei Angehörigen der o. g. Sprachgruppe in Papua-Neuguinea vor. Es wird vermutet, daß die Infektion vor allem bei der Vorbereitung Verstorbener für den kultischen Kannibalismus übertragen wurde. Frauen, Kinder und Jugendliche, die mit diesen Tätigkeiten beschäftigt waren, wurden häufiger infiziert als Männer. Die Aufnahme erfolgte vermutlich durch Schmierinfektionen über Augen, Nase und über Schnittwunden. Kulturelle Veränderungen führten zum Verschwinden des Kannibalismus. Mit entsprechender zeitlicher Verschiebung ist Kuru drastisch zurückgegangen.

Gerstmann-Sträussler Syndrom

- sehr selten
- genetische Prädisposition wahrscheinlich

2.20.2.2 Gerstmann-Sträussler-Syndrom (GSS)

Das Gerstmann-Sträussler-Syndrom (GSS) kommt sehr selten vor. Ein autosomal-dominanter Erbgang ist auffällig. Man nimmt eine *genetische Prädisposition* an, welche entweder für die Erregerempfänglichkeit und/oder für die Amyloidbildung und seine Ablagerung nach der Infektion verantwortlich ist. Zwar konnten SAF und Protease-resistentes Protein nachgewiesen werden, jedoch liegen derzeit keine weiteren Informationen vor. Es kommt zur *Zerstörung von Neuronen*, zu *Vakuolenbildung* und zu *reaktiver Astrogliosis.* Amyloidablagerungen findet man über das gesamte Gehirn verstreut, während diese bei Kuru und CJE nur im Cerebellum auftreten. Der Übertragungsmechanismus und die Inkubationszeit beim Menschen sind nicht bekannt. Die Erkrankung läßt sich im Labor auf bestimmte Primaten und Nager übertragen.

Creutzfeldt-Jakob-Erkrankung

Erregereigenschaften: bislang nur Proteine mit infektiöser Eigenschaft bekannt

2.20.2.3 Creutzfeldt-Jakob-Erkrankung (CJE)

Erregereigenschaften: Bis heute konnten weder Viruspartikel noch Nukleinsäuren als Erreger der CJE (Hans-Gerhard Creutzfeldt, Neurologe, 1885–1961, Alfons Jakob, Neuropathologe, 1884–1931) nachgewiesen werden. Proteine (Prione) mit einem Molekulargewicht von ca. 28 000 und infektiöser Eigenschaft konnten jedoch gefunden werden, wobei diese wahrscheinlich von demselben Gen kodiert werden, welches auch für ein normales zelluläres Protein kodiert.

Pathogenese
- nur das Gehirn ist betroffen
  - herdförmige Zerstörung von Neuronen
  - vakuoläre Änderungen in der grauen und weißen Substanz

Pathogenese: Bei den spongiformen Enzephalopathien ist nur das Gehirn betroffen. Es kommt zur herdförmigen *Zerstörung von Neuronen*, zu vakuolären Änderungen (spongiform = schwammförmig) in der grauen und weißen Substanz. Es können eine reaktive Astrogliosis (Gliazellwucherungen) und in bestimmten Fällen extrazelluläre Amyloid-Ablagerungen (Plaques) im Cerebellum auftreten. Eine entzündliche Reaktion im Gehirn und eine Immunantwort sind nicht nachweisbar.

Klinik, Verlauf:
Inkubationszeit: ca. 16 Monate bis mehr als 20 Jahre

- chronisch degenerative ZNS-Erkrankung
- progrediente Demenz
- tödlicher Verlauf

Klinik, Verlauf: CJE ist eine *chronisch degenerative ZNS-Erkrankung*, welche im allgemeinen zwischen dem 40. und 65. Lebensjahr in Erscheinung tritt. Die Inkubationszeit ist abhängig vom Eintrittsort und der Infektionsdosis. Die kürzesten Inkubationszeiten bei direkter Inokulation des Erregers ins Gehirn (z. B. Duraplastik, kontaminierte Instrumente) liegen bei ca. 16–28 Monaten. Nach Gaben von kontaminiertem Wachstumshormon kam es 4–23 Jahre später zur Erkrankung. Bei den sporadischen nicht iatrogen übertragenen Fällen sind Inkubationszeiten nicht bekannt. Im *Frühstadium* lassen sich Gedächtnis-, Konzentrations- und Merkfähigkeitsstörungen, erhöhte Reizbarkeit, Persönlichkeitsveränderungen, ängstlich agitierte Zustandsbilder oder depressiv-asthenische Syndrome nachweisen. Kopfschmerz, Schlaflosigkeit und Schwindelgefühl treten auf. Es kommt zur *progredienten Demenz* teilweise mit motorischen Störungen und zerebellären Symptomen. Die Erkrankung verläuft in allen Fällen *tödlich.*

Diagnose: Die Labordiagnose ist schwierig, da das infektiöse Agens bis heute nicht charakterisiert ist. Der einzig sichere Nachweis besteht darin, Erreger auf Versuchstiere zu übertragen. Die Verdachtsdiagnose wird anhand klinischer Zeichen gestellt. Gehirnbiopsien können morphologische Änderungen zeigen. Der elektronenmikroskopische Nachweis von SAF ist nur durch Aufarbeitung von Gehirnmaterial möglich, stellt jedoch ein wichtiges diagnostisches Kriterium dar. Protease-resistente Proteine können mittels Elektrophorese und Westernblot nachgewiesen werden. Wegen der hohen Resistenz der Erreger gegenüber Desinfektionsmaßnahmen müssen bei der Verarbeitung des Untersuchungsmaterials *besondere Sicherheitsvorkehrungen* getroffen werden.

Diagnose:
- nur in Forschungslaboratorien möglich
- bei der Verarbeitung des Untersuchungsmaterials sind besondere Sicherheitsvorkehrungen notwendig

Therapie: Eine erregerspezifische Therapie ist nicht möglich.

Therapie bislang **nicht** möglich

Prophylaxe: Durch geeignete Maßnahmen können *iatrogene Übertragungen* vermieden werden. So wird derzeit empfohlen, alle kontaminierten Geräte einige Stunden lang in 1 N NaOH oder in Natriumhypochlorit einzulegen. Autoklavieren muß mit einstündiger Einwirkungszeit bei einer Temperatur von 132 °C durchgeführt werden. Eine Formalinfixierung, z. B. von Organmaterial, führt *nicht* zur Inaktivierung des Erregers.

Prophylaxe:
Vermeidung iatrogener Übertragungen
Formalin führt **nicht** zur Inaktivierung des Erregers

Epidemiologie: CJE tritt *weltweit* mit einer Inzidenz von etwa 1 auf 1 000 000 auf und zeigt bei ca. 10 % der Fälle ein autosomal-dominantes Vererbungsmuster. Der natürliche Übertragungsweg ist nicht bekannt. Bei der CJE sind *iatrogene Übertragungen* nach Kornea- und Dura-mater-Transplantation, nach stereotaktischen (Elektroden, sowie ungenügend desinfizierte chirurgische Instrumente) Untersuchungen sowie nach Gabe von Wachstumshormon, welches aus der Hypophyse infizierter Gehirne gewonnen wurde, bekannt geworden.

Epidemiologie:
- der natürliche Übertragungsweg ist nicht bekannt
- iatrogene Übertragungen

Medizinische Parasitologie

V Medizinische Parasitologie

W. Presber

Einführung

Grundbegriffe

Zu den Parasiten gehören:
- Protozoen (Einzeller)
- Helminthen (Würmer) und
- Arthropoden (Gliedertiere)

Definition:

⇨

Arten der Gast – Wirt – Beziehung:
- Parasiten (Parasitismus):
- Saprophyten (Saprophytismus)
- Symbionten (Symbiose)
- Mutualen (Mutualismus)
- Kommensalen (Kommensalismus)

Saprophyten, Symbionten, Mutualen und Kommensalen bilden die Normalflora.

Formen des Parasitismus:
- fakultative Parasiten (Übergang zum Saprophytismus)
- obligate Parasiten

- Endoparasiten leben im Inneren des Wirtes
- Ektoparasiten leben auf der Körperoberfläche
- stationäre Parasiten leben ständig auf dem Wirt
- temporäre Parasiten suchen den Wirt nur zur Nahrungsaufnahme auf

1 Einführung

1.1 Grundbegriffe

Die Parasiten, der Arbeitsgegenstand der Parasitologie, sind eine sehr heterogene Gruppe von Lebewesen. Sie umfassen Vertreter der **Protozoen** (kernhaltige Einzeller), **Helminthen** (Würmer) und der **Arthropoden** (Gliedertiere), die weder phylogenetisch, noch morphologisch zusammengehören. Ihre einzige Gemeinsamkeit ist die Form des Nahrungserwerbs und das Verhältnis zu ihren **Wirten**, den Organismen, auf denen sie leben und von denen sie sich ernähren. Im Gegensatz zu anderen Formen des Zusammenlebens fügen Parasiten ihren Wirten einen Schaden zu. Sie sind wie folgt definiert:

> Parasiten sind Lebewesen, die zum Zwecke des Nahrungserwerbs auf ein anderes Lebewesen, den Wirt, angewiesen sind und diesen schädigen.

Parasiten unterscheiden sich grundsätzlich von den **Saprophyten**, die sich von totem, organischem Material ernähren und auf diese Weise nur indirekt auf einen Wirt angewiesen sind, sowie von **Symbionten, Mutualen** und **Kommensalen**. Diese sind für ihre Wirte von Nutzen, oder die Beziehungen sind „wertfrei". Sie sind Bestandteil der Normalflora. Die Übergänge sind oft fließend.

Wenn ein Organismus sowohl *saprophytär* als auch *parasitär* leben kann, ist er ein **fakultativer Parasit.** Dies trifft für einige Fliegenlarven zu, die sich sowohl von Abfällen *(saprophytär)* als auch in Wunden eines Wirtes *(parasitär)* ernähren können. **Obligate Parasiten** sind in ihrer Existenz auf die parasitäre Lebensweise angewiesen.

Wie fließend die Übergänge zwischen *Parasitismus* und *Kommensalismus* sind, zeigen auch einige Bewohner unseres Verdauungstraktes: Leben sie in unserer Mundhöhle oder in unserem Darm und ernähren sich von Speiseresten oder Bakterien ohne uns zu schaden, dann sind es *Kommensalen* oder Saprophyten. Beginnen sie, die Darmwand anzugreifen, und ernähren sich von Zellen des Wirtes oder fügen diesem auf eine andere Weise Schaden zu, dann sind es *Parasiten.*

Oft kann ein einzelner Parasit keine Krankheit hervorrufen. Erst der massenhafte Befall eines Wirtsorganismus führt, wie bei anderen Krankheitserregern auch, zu den entsprechenden Schäden.

Eine weitere Unterscheidung innerhalb der Parasiten ist durch die räumliche Beziehung zum Wirt möglich. **Endoparasiten** leben im Inneren des Wirtes, **Ektoparasiten** auf dessen Körperoberfläche. Besonders bei den Ektoparasiten muß man zwischen *stationären* und *temporären* Arten unterscheiden.

Die *stationären Parasiten* befinden sich immer *(permanent stationär)* oder wenigstens während einer bestimmten Phase ihrer Entwicklung *(periodisch stationär)* in oder auf dem Wirt. Die *temporären Parasiten* suchen ihren Wirt nur zur Nahrungsaufnahme auf. In diese Gruppe fällt die Mehrzahl der blutsaugenden Insekten und Spinnentiere. Da einige von diesen Arthropoden uns eher stören, als daß sie uns wirklich schaden, nennt man sie **Lästlinge.**

Von dieser Einteilung völlig unberücksichtigt ist die Fähigkeit einiger Arthropoden, Erreger von Krankheiten zu übertragen, als Vektoren zu fungieren oder durch Gifte selbst Krankheiten auszulösen (s. Abschnitt „Arthropoden“).

Viele Parasiten können nicht nur einen Wirt befallen, sondern sie haben ein mehr oder weniger breites **Wirtsspektrum.** Der wichtigste Wirt für das Überleben des Parasiten oder einer bestimmten Entwicklungsstufe ist der **Hauptwirt.** Die anderen, die ein Überleben ebenfalls ermöglichen, sind **Nebenwirte** oder **Zufallswirte** (s. a. Schema 1-1).

Oft gelangen Parasiten in Wirte, in denen sie sich nicht weiter entwickeln können. Diese Wirte bezeichnet man als **Fehlwirte.** Parasiten können auch in Fehlwirten zu Erkrankungen führen.

Ein Parasit, der nur eine Wirtsspezies befällt, ist **monoxen** (*Monoxenie* = Einwirtigkeit); ein Parasit, der wenigstens in einer Entwicklungsphase verschiedene Spezies als Wirte nutzen kann, wird als **oligo-** oder **polyxen** (*Oligo-* oder *Polyxenie* = Mehr- oder Vielwirtigkeit) bezeichnet.

Viele einzellige Parasiten und alle Würmer durchlaufen einen Entwicklungszyklus. Dabei wird dieser Entwicklungszyklus bei einigen Parasiten in einem einzigen Wirt abgeschlossen: diese Parasiten sind **homoxen** *(Homoxenie).* In anderen Fällen entwickeln sich die verschiedenen Stadien in unterschiedlichen Wirtspezies: diese Parasiten sind **heteroxen** (*Heteroxenie* – s. a. Schema 1-1).

Grundlage solcher Zyklen sind vielfach die Nahrungsketten, die gewährleisten, daß ein Parasit von einem Wirt in den nächsten gelangen kann. In einigen Fällen werden umweltresistente **Zysten** gebildet, die in ihrer Bedeutung für die Ausbreitung und das Überleben des Parasiten den Sporen vergleichbar sind.

Bei den Würmern ermöglichen die oft sehr widerstandsfähigen Eier eine Ausbreitung. Bei allen Würmern, aber auch bei vielen einzelligen Parasiten treten im Verlauf des Entwicklungszyklus Geschlechtsformen auf. Der Wirt, in dem die Verschmelzung der Geschlechtszellen erfolgt, ist innerhalb eines

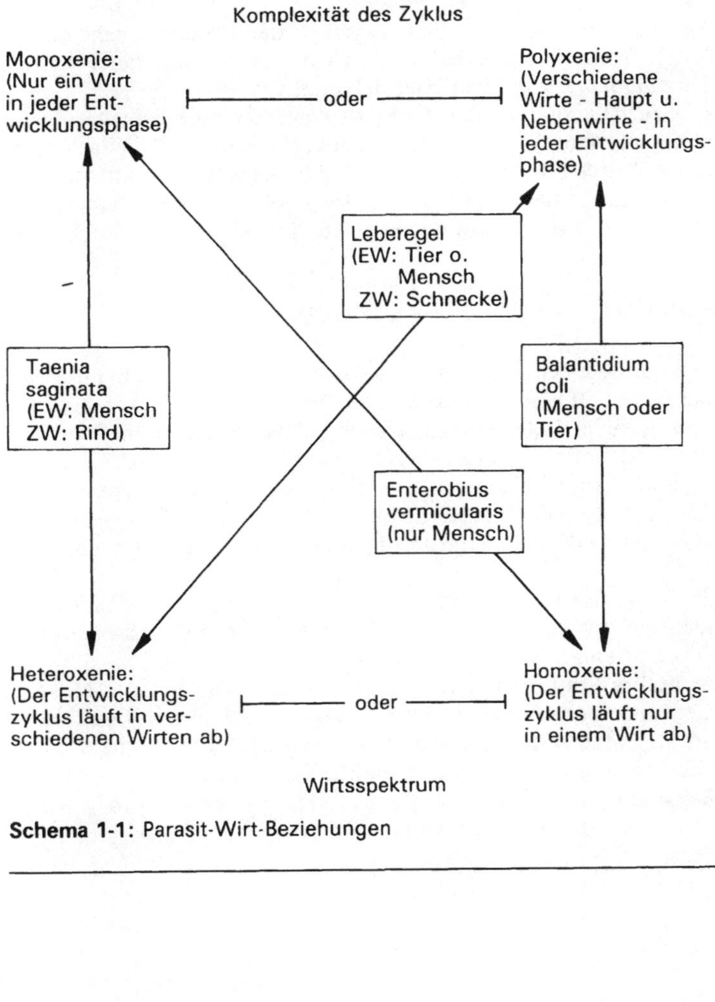

Schema 1-1: Parasit-Wirt-Beziehungen

Wirtsspektrum:
Mit den Begriffen
- Hauptwirt
- Nebenwirt
- Zufallswirt
- Fehlwirt

wird die Bedeutung der einzelnen Wirte bezeichnet.
- Monoxenie (Einwirtigkeit)
- Oligoxenie (Mehrwirtigkeit)
- Polyxenie (Vielwirtigkeit)

bezeichnen die Zahl der möglichen Wirte.
- Homoxenie und
- Heteroxenie

bezeichnen die Zahl der in einen Entwicklungszyklus eingeschalteten Wirte.

- Endwirt und
- Zwischenwirt
geben an, ob die Geschlechtsformen der Parasiten gebildet werden.

Zyklus der **Endwirt.** Die Wirte, in denen weitere Entwicklungsphasen des Parasiten ablaufen, sind **Zwischenwirte.**
Die Kenntnis der verschiedenen Wirte, die in die Entwicklung eines Parasiten eingeschaltet sind, und deren biologischer Bedeutung bildet eine wichtige Grundlage für die Einschätzung von Infektionsrisiken und für die Planung antiepidemischer Maßnahmen.

Übertragung von Parasiten

1.2 Übertragung von Parasiten

- aerogen: fast ohne Bedeutung
- Kontakt-(Schmier-)infektionen: von untergeordneter Bedeutung
- fäkal/orale oder alimentäre Übertragung: wichtigste Form der Übertragung parasitärer Erkrankungen!
- inokulative Übertragung: wichtige Form der Übertragung, denn sie beinhaltet die Einschaltung von blutsaugenden Insekten.
- diaplazentare Übertragung: ist möglich (z. B. bei der Toxoplasmose!)

Aus den zum Teil komplexen Entwicklungszyklen ergeben sich einige Unterschiede in der Bedeutung der Übertragungsmechanismen im Vergleich zu anderen Infektionskrankheiten:
a) Die **aerogene Übertragung** ist von untergeordneter Bedeutung (Beispiel: *Pneumocystis carinii*).
b) **Kontakt-(Schmier-)infektionen** (z. B. Übertragung von *Trichomonas vaginalis* beim Geschlechtsverkehr) sind ebenfalls weniger bedeutsam als bei den übrigen Erregern.
c) Eine große Rolle, insbesondere für die Übertragung einer Vielzahl von intestinalen Parasiten, spielen die **fäkal/orale Schmierinfektion** bzw. die **alimentäre Übertragung.** Neben der einfachen Form, die in der Ausscheidung von Zysten oder Eiern durch einen Wirt und der Aufnahme durch einen neuen Wirt besteht (z. B. Zysten von *Entamoeba histolytica* oder Eier des Peitschenwurmes *Trichuris trichiura*), laufen oft weitere Entwicklungsschritte in einem anderen Wirt ab, und die Infektion erfolgt dann, wie z. B. bei Rinderbandwurm *(Taenia saginata)*, durch die Aufnahme infizierten Fleisches.
d) Die **inokulative** Form der Übertragung ist bei parasitären Erkrankungen besonders wichtig; zum einen, weil viele Parasiten durch blutsaugende Insekten übertragen werden, und zum anderen, weil sich einige Larvenstadien von Würmern durch die intakte Haut bohren können (z. B. Hakenwurmlarven).
e) Die spezielle Form der **diaplazentaren Übertragung** ist bei einigen Parasiten möglich (z. B. *Toxoplasma gondii*).

Große Parasiten rufen Krankheiten allein durch ihr Wachstum hervor: → **Infestation.** Eine **Infektion** setzt eine Vermehrung voraus.

Auch bei Parasiten unterscheidet man zwischen der **Invasion**, dem einfachen Befall, der oft mit einem Anhaften gleichzusetzen ist, und der **Penetration**, dem Durchbrechen von Haut oder Schleimhaut.
Im Gegensatz zu den mikrobiellen Erregern können einige Parasiten (größere Würmer) auch ohne Vermehrung, sondern allein durch ihr Wachstum zu Schäden des Wirtes führen. Man unterscheidet deshalb **Infektionen**, bei denen eine Vermehrung der Erreger stattfinden muß, von **Infestationen**, bei denen es nur zu einem Wachstum des Parasiten kommt.

Parasit-Wirt-Wechselwirkungen

1.3 Parasit-Wirt-Wechselwirkungen

Möglicherweise ist ein Parasit nur ein schlecht angepaßter Saprophyt.

Ein Parasit lebt auf Kosten eines anderen Organismus und schädigt diesen. Wenn er eine hohe Pathogenität besitzt, tötet er seinen Wirt in kurzer Zeit. Ist der Wirt nicht in der Lage, eine ausreichende Nachkommenschaft zur Sicherung des Fortbestandes seiner Art hervorzubringen, dann beraubt sich der Parasit über einen langen Zeitraum betrachtet seiner Nahrungsgrundlage. Ein derartiges Paar (Parasit/Wirt) führt in eine evolutionäre Sackgasse und stirbt aus. Man könnte deshalb Parasiten als schlecht angepaßte Saprophyten bezeichnen.

Schutzmechanismen der Parasiten vor der unspezifischen und spezifischen Abwehr:
- Intrazelluläres Wachstum
- Resistenz gegenüber Komplement
- Abkapselung

Im Laufe der Evolution haben Parasiten eine Vielzahl von Mechanismen herausgebildet, um sowohl der unspezifischen als auch der spezifischen Abwehr des Wirtes zu entgehen:
- Die **intrazelluläre Vermehrung** von Protozoen (zum Teil sogar in Makrophagen: Leishmanien) schützt in vielen Fällen vor der Phagozytose.
- Einige Parasiten sind **resistent gegenüber Komplement** (z. B. die Stadien der Trypanosomen, die im Blut des Menschen vorkommen).
- Eine **Abkapselung** kann sowohl ein Schutzmechanismus des Wirtes als auch des Parasiten sein (z. B. *Trichinella spiralis).*

- Einige Parasiten weichen in Körperregionen aus, in denen sie vor dem Immunsystem sicher sind (z. B. in das **ZNS**).
- Antikörper können durch **abgeschilferte Antigene** (z. B. bei Plasmodien) oder durch **Antigenüberschuß** (z. B. bei Mikrofilarien) „neutralisiert" werden: **Antikörper-Trapping.**
- **Antigenvarianz** (z. B. bei Trypanosomen) und **molekulares Mimikry** (Einbau von Wirtsantigenen in die Körperoberfläche von Parasiten (z. B. bei Schistosomen) stellen weitere Schutzmechanismen der Parasiten dar.

- Vermehrung in Nischen (z. B. im ZNS)
- Antikörper-Trapping
- Antigenvarianz
- molekulares Mimikry

1.4 Allgemeine Pathogenese parasitärer Infektionen

Wie auch bei anderen Infektionskrankheiten führen in vielen Fällen erst die Wechselwirkungen der Parasiten mit dem Immunsystem oder den Faktoren der unspezifischen Abwehr zu den klinischen Erscheinungen **(Immunpathogenese).**

Eine besondere Rolle bei der Abwehr parasitärer Infektionen spielt das **IgE.** Es führt über die Stimulierung der Histaminausschüttung und die Steigerung der Gefäßpermeabilität zu einem verstärkten Austritt von IgG und damit zu einer verstärkten Wirksamkeit der Antikörper. Dies kann unter Mitwirkung von Komplement letztendlich sogar zum Tod größerer Darmparasiten (Würmer) führen, ist aber auch für einen großen Teil der Symptomatik parasitärer Infektionen verantwortlich.

Neben den Mechanismen der Immunpathogenese gibt es drei weitere Möglichkeiten, wie Parasiten zu Krankheitserscheinungen führen können:
- Parasiten können **Toxine** oder toxische Metabolite bilden.
- Parasiten führen durch **Entzug von Nährstoffen** oder **Vitaminen** zur Krankheit.
- Insbesondere größere Parasiten können durch **Verstopfen** oder **Verlegen von Hohlorganen** oder durch Verdrängen von Gewebe zu Funktionsstörungen führen.

Das jeweils spezifische Wechselspiel von Parasit und Wirt führt dann zu den mehr oder weniger typischen Krankheitszeichen. Der Ablauf jeder einzelnen Infektion wird dabei maßgeblich von der Virulenz des Erregers und der Disposition des Wirtes beeinflußt.

Allgemeine Pathogenese parasitärer Infektionen:

Pathogenesemechanismen sind:
- Immunpathogenese als Folge der Wechselwirkung mit dem Immunsystem.

Bei parasitären Erkrankungen spielt das IgE in der Abwehr eine zentrale Rolle.

- Toxinbildung
- Entzug von Nährstoffen und oder Vitaminen
- Verlegen oder Verstopfen von Hohlorganen und Abflüssen, Verdrängen von Gewebe und Organen.

2 Einführung in die allgemeine Protozoologie

Protozoen sind einzellige Eukaryoten. Ihre Einteilung wird von den einzelnen Autoren noch unterschiedlich vorgenommen. Der konsequente Einsatz der DNA-Hybridisierungstechniken auch in der Parasitologie wird die phylogenetische Verwandtschaft der einzelnen Spezies untereinander aufklären und in Zukunft zu einer mehr genetisch und weniger morphologisch-funktionell begründeten Systematik führen.

Eine zur Zeit mögliche Einteilung der Protozoen geht von 5 Stämmen (Phyla) aus:

Stämme:	Medizinisch relevante Unterstämme:
Sarcomastigophora	Bestehend aus den Unterstämmen **Sarcodina** mit der Klasse *Rhizopoda*, in der alle humanpathogenen Amöben vertreten sind, und **Mastigophora** (Flagellata) mit der Klasse *Zoomastigophora*, in der alle humanpathogenen Flagellaten vertreten sind.
Apicomplexa	Der Stamm der **Apicomplexa** oder **Sporozoa** umfaßt sich intrazellulär vermehrende Parasiten, die in ihrem Entwicklungszyklus einen besonderen Generationswechsel haben.

Allgemeine Protozoologie

Protozoen sind einzellige Eukaryoten.

Zu den Protozoen gehören die
- Amöben (Rhizopoda oder Wurzelfüßer)
- Flagellaten (Mastigophora), die als Sarcomastigophora zusammengefaßt werden,
- Ciliaten (Ciliata oder Wimpertiere)
- Sporentierchen (Sporozoa oder Apicomplexa)

die Vertreter der Microspora und der Myxozoa.

Ciliophora	Der einzige humanpathogene Vertreter überhaupt ist **Balantidium coli.**
Microspora	In diesem Stamm gibt es primär keine Parasiten des Menschen, jedoch sind inzwischen einige Infektionen bei AIDS-Patienten beschrieben (durch *Enterozytozoon bieneusi* und *Encephalitozoon cuniculi*). Hierbei handelt es sich wahrscheinlich um einen Erreger, der einen neuen Lebensraum erschließt.
Myxozoa	Es sind keine Parasiten von Warmblütern bekannt. Einige Vertreter haben als Fischparasiten eine Bedeutung für den Menschen.

3 Spezielle Protozoologie

Spezielle Protozoologie

3.1 Amöben

Amöben

Amöben sind weit verbreitet.
Ihre Pseudopodien dienen sowohl der Fortbewegung als auch der Nahrungsaufnahme.

Eine Differenzierung erfolgt nach:
- Größe und
- Form der gesamten Zelle und des Zellkerns.

Die Mehrzahl der Arten ist freilebend, einige sind Saprophyten im Verdauungskanal, und wenige sind pathogen.

Amöben, wegen ihrer Pseudopodien auch Wurzelfüßer oder Rhizopodien genannt, sind in der Natur weit verbreitet. Die Pseudopodien dienen neben der Fortbewegung auch der Nahrungsaufnahme. Einige Arten können in wäßrigem Milieu auch Geißeln ausbilden.
Die Unterscheidung der Arten erfolgt noch nach morphologischen Kriterien wie z. B. **Größe der Zelle, Größe** und **Struktur des Zellkernes** und **Form** bzw. **Anfärbbarkeit von Einschlüssen.**
Neben den vielen frei lebenden Arten gibt es einige, die als Normalflora in der Mundhöhle oder im Darmtrakt des Menschen gefunden werden. Wichtigster humanpathogener Vertreter ist *Entamoeba histolytica*, der Erreger der Amöbenruhr.
In seltenen Fällen können auch frei lebende Amöben der Gattungen *Naegleria* und *Acanthamoeba* zu Infektionen des Menschen führen.

3.1.1 Entamoeba histolytica

Entamoeba histolytica

E. histolytica ist weltweit verbreitet (Tropen!).
400 Millionen Infizierte!
Risikogruppe außerhalb der Tropen: Homosexuelle

Erregereigenschaften:
Saprophytäre Minutaform
- 20 µm Durchmesser
- lebt im Dickdarm
- typisch strukturierter, kreisrunder Kern
- ernährt sich von Bakterien
- Bildet kugelige, bis 15 µm große Zysten,
- die im reifen Endzustand 4 Kerne besitzen.

Vegetative Formen und umweltresistente Zysten werden mit dem Stuhl ausgeschieden. Die Infektion erfolgt durch orale Aufnahme von Zysten (!) mit kontaminierten Lebensmitteln (oder Trinkwasser).

Pathogene Magnaform:
- Ursache der Umwandlung ist unbekannt
- Durchmesser bis 30 µm

Entamoeba histolytica ist weltweit verbreitet und besonders in den Tropen eine der häufigsten Ursachen von akuten Durchfallerkrankungen (ADE). Es wird mit etwa 400 Millionen infizierten Personen gerechnet.
Auch in nichttropischen Ländern kann *E. histolytica* isoliert werden. Ihre Prävalenz bei homosexuellen Männern wird mit bis zu 27 % angegeben.
Erregereigenschaften: Entamoeba histolytica kann in zwei morphologisch und pathogenetisch unterschiedlichen Formen auftreten. Die kleinere, 12–20 µm große *Minutaform* ist ein Saprophyt, der sich von den im Dickdarm vorhandenen Bakterien ernährt. Typisch sind ein transparenter Plasmasaum zwischen äußerer Membran und dem eigentlichen Zytoplasma mit den Innenstrukturen sowie ein kreisrunder Kern mit peripheren Granula und einem zentralen Karyosom. Diese Strukturen sind nur im gefärbten Zustand zu erkennen (vgl. Abb. 3-1).
Die Minutaform kann kugelige, 12 bis 15 µm große *Zysten* bilden. Diese haben eine veränderte Wandstruktur, die eine erhöhte Resistenz gegenüber Umwelteinflüssen, vor allem Austrocknung, bedingen. Die reifen Zysten weisen nach zwei Endomitosen 4 Kerne auf. Im Verlaufe dieser Reifung werden Chromidialkörper gebildet, die zum Teil wieder verschwinden. Dabei handelt es sich um stärker anfärbbare Speichersubstanzen.
Die Zysten wie auch die vegetativen Formen werden mit dem Kot ausgeschieden. Die Zysten können unter geeigneten Bedingungen (10–15 °C) bis zu einem Monat überleben.
Durch Aufnahme von Zysten (seltener durch die Aufnahme vegetativer Formen) kann sich ein neuer Wirt infizieren.
Unter dem Einfluß einer sich ändernden Normalflora, einer gestörten Verdauung oder anderer, bisher nicht bekannter Faktoren kann sich die Minutaform in die größere (bis 30 µm) *Magnaform* umwandeln. Diese ist der

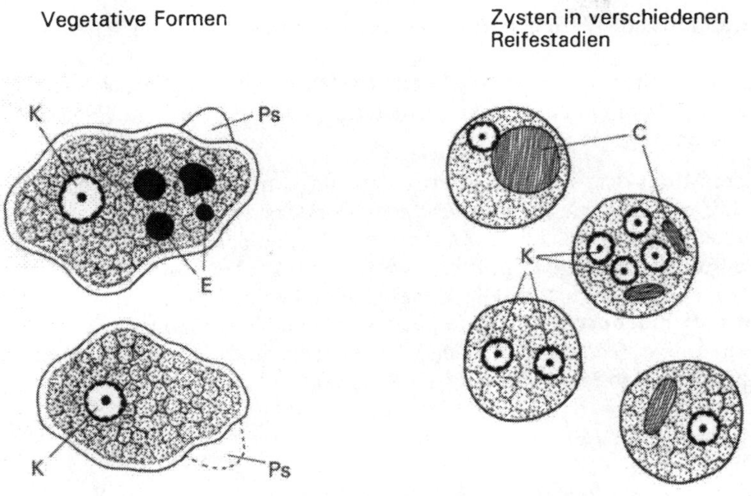

K = Zellkern mit zentralem Karyosom

E = phagozytierte Erythrozyten in der Magnaform

Ps = Pseudopodie C = Chromidialkörper

Abb. 3-1: Vegetative Form und Zysten von Entamoeba histolytica

eigentliche Parasit. Sie kann aktiv in die Darmwand eindringen und ernährt sich ausschließlich von Erythrozyten.
Entamoeba histolytica ist monoxen und heteroxen: die Entwicklung läuft in einem einzigen Wirt ab. Neben dem Menschen können eine Reihe von Tieren infiziert werden. Als Reservoir ist nur der Mensch von Bedeutung. (Zur Morphologie vgl. Abb. 3-1.)

- ist invasiv und ernährt sich von Erythrozyten
- E. histolytica ist monoxen und heteroxen. Hauptwirt ist der Mensch.

Pathogenese: Nur die Magnaform von E. histolytica ist pathogen. Sie bildet eine Reihe von proteolytischen Enzymen, mit deren Hilfe sie aktiv in die Darmschleimhaut eindringen und diese sogar durchbrechen kann. Die Magnaform ist resistent gegenüber Komplement. Die entstehenden nekrotischen Veränderungen sind meist herdförmig: *intestinale Amöbiasis.*
Wenn Amöben über die Nekrosen in den Kreislauf gelangen, können sie in die verschiedensten Organe geschwemmt werden. Es kann zur *extraintestinalen Amöbiasis* kommen. Am häufigsten betroffen ist die Leber. In den jeweils befallenen Organen können, zum Teil im Verlaufe von vielen Jahren, große Abszeßhöhlen (*Amöbenabszeß* oder *Amöbom*) entstehen. Genauere biochemische und serologische Untersuchungen haben gezeigt, daß sich verschiedene Isolate von Magnaformen hinsichtlich ihrer Enzymausstattung unterscheiden: es gibt verschiedene *Zymodeme.* Die epidemiologische und/oder pathogenetische Bedeutung muß noch untersucht werden.

Pathogenese:
Nur die Magnaform kann mittels einer Reihe proteolytischer Enzyme in das Wirtsgewebe eindringen und zu herdförmigen Nekrosen führen: intestinale Amöbiasis.

Hämatogene Streuung kann zur extraintestinalen Amöbiasis führen (Amöbenabszeß). Bevorzugtes Organ ist die Leber.

Auf der Grundlage ihrer Enzymausstattungen kann man E. histolytica-Isolate in verschiedene Zymodeme einteilen.

Klinik/Verlauf: Die klinisch manifeste intestinale Verlaufsform ist die *Amöbenruhr.* Sie ist gekennzeichnet durch anfangs breiigen und später blutigschleimigen Stuhl. Chronische Verläufe bieten das Bild einer rezidivierenden *Kolitis.* Durch Vernarbung der Ulzerationen kann es zu Obstruktionen kommen. *Perforationen* sind möglich.
Extraintestinale Verlaufsformen bieten das Bild eines abakteriellen („sterilen") Abszesses.
Bevorzugtes Erfolgsorgan ist die Leber *(Leberabszeß),* aber z. B. auch Perikarditiden sind möglich. Eine extraintestinale Amöbiasis kann auch aus einer symptomlosen intestinalen Verlaufsform entstehen.

Klinik/Verlauf:
intestinale Amöbiasis:
- Amöbenruhr mit blutig-schleimigen Stühlen
- Kolitis
- Perforationen sind möglich

extraintestinale Amöbiasis:
- Abszesse in verschiedenen Organen (Leberabszeß)

Die Diagnose der intestinalen Form der Amöbiasis erfolgt durch den mikroskopischen Nachweis von Zysten oder vegetativen Formen im Stuhl. Dazu können verschiedene Färbe- oder Kontrastierungsverfahren eingesetzt werden.

Diagnose:
Die Diagnose erfolgt durch den mikroskopischen Erregernachweis.

Extraintestinale Verlaufsformen werden serologisch nachgewiesen.

Die extraintestinale Verlaufsform der Amöbiasis wird vor allem serologisch nachgewiesen.
In einzelnen Fällen können bildgebende Verfahren zur Diagnose führen. In unter Sicht gewonnenem Punktionsmaterial können dann auch Erreger nachgewiesen werden.

Therapie:
Metronidazol

Prophylaxe:
- sauberes Trinkwasser
- einwandfreie Lebensmittel

antiepidemische Maßnahmen:
- Sanitation (Fäkalienbeseitigung)
- Meldepflicht

Therapie: Mittel der Wahl bei intestinaler und extraintestinaler Amöbiasis sind Nitroimidazole wie *Metronidazol* oder *Ornidazol.*
Wichtigste prophylaktische Maßnahme für Tropenreisende ist die Verwendung von einwandfreiem Trinkwasser (notfalls Abkochen) und der Verzicht auf Speisen unklarer Herkunft (z. B. bei unschälbarem Obst).
Bei den **antiepidemischen Maßnahmen** steht die Verbesserung der sanitären Verhältnisse *(Fäkalienbeseitigung)* im Vordergrund. In vielen Ländern auch außerhalb der Tropen besteht eine *Meldepflicht.*

Entamoeba coli

- Kommensale des Dickdarms
- Bestandteil der Normalflora
- bis zu 30 µm groß
- enthält niemals Erythrozyten
- Zysten sind bis zu 25 µm groß und enthalten bis zu 8 Kerne

3.1.2 Entamoeba coli

Entamoeba coli ist ein Kommensale, der als Bestandteil der Normalflora des Dickdarmes gefunden werden kann. Die medizinische Bedeutung besteht vor allem in der Abgrenzung von der pathogenen *E. histolytica.* E. coli ist mit 25 bis 30 µm größer als deren Magnaform und enthält im Gegensatz zu dieser niemals Erythrozyten. Neben einer Vielzahl weiterer morphologischer Unterschiede der vegetativen Formen, insbesondere des Kernaufbaues, ist auch eine Unterscheidung der Zysten möglich. Reife E. coli-Zysten sind größer (20 bis 25 µm Durchmesser) und enthalten 8 Kerne (s. Abb. 3-2).

Vegetative Form

Zysten in verschiedenen Reifestadien

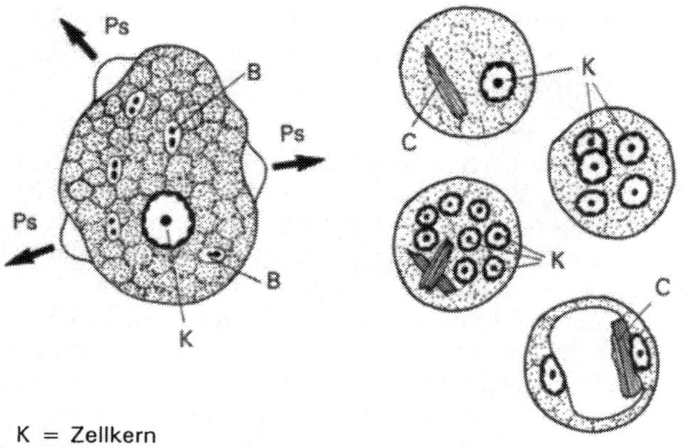

K = Zellkern

B = phagozytierte Bakterien

Ps = Pseudopodien mit Bewegungsrichtung

C = Chromidialkörper

Abb. 3-2: Vegetative Form und Zysten von Entamoeba coli

Amöben der Normalflora

- *Entamoeba gingivalis* → in der Mundhöhle.
- *Entamoeba hartmanni,*
- *Endolimax nana,*
- *Dientamoeba fragilis,*
- *Iodamoeba bütschlii*

sind häufige Kommensalen im Dickdarm des Menschen.

Sie haben vor allem differentialdiagnostische Bedeutung.

3.1.3 Amöben der Normalflora

Entamoeba gingivalis ist ein Kommensale, der zur Normalflora der Mundhöhle gehört. Zysten sind nicht bekannt.
Entamoeba hartmanni wurde früher als kleinere Variante von E. histolytica angesehen. Sie ist nur 5 bis 10 µm groß und kann als Kommensale im Dickdarm des Menschen vorkommen. Die ebenfalls kleineren Zysten enthalten 4 Kerne (s. Abb. 3-3).
Endolimax nana, Dientamoeba fragilis und *Iodamoeba bütschlii* sind weitere Kommensalen, die im Dickdarm des Menschen angetroffen werden können. Ihre Differenzierung erfolgt ebenfalls auf der Grundlage der Unterschiede in Beweglichkeit und Morphologie der vegetativen Formen, der besonderen An-

färbbarkeit von Innenstrukturen und der Unterschiede im Aufbau der Zysten, soweit welche gebildet werden (s. Abb. 3-4, 3-5 u. 3-6). Elektronenmikroskopische Untersuchungen haben gezeigt, daß *Dientamoeba*

Dientamoeba fragilis ist nach neueren Befunden ein geißelloser Flagellat.

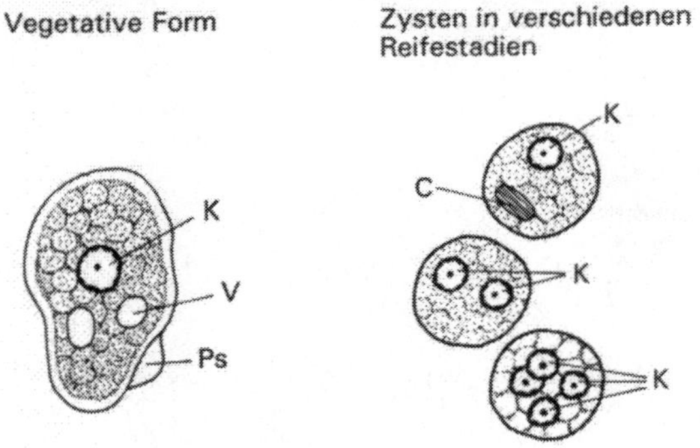

K = Zellkern mit zentralem Nukleolus

V = Vakuole

Ps = Pseudopodie C = Chromidialkörper

Abb. 3-3: Vegetative Form und Zysten von Entamoeba hartmanni

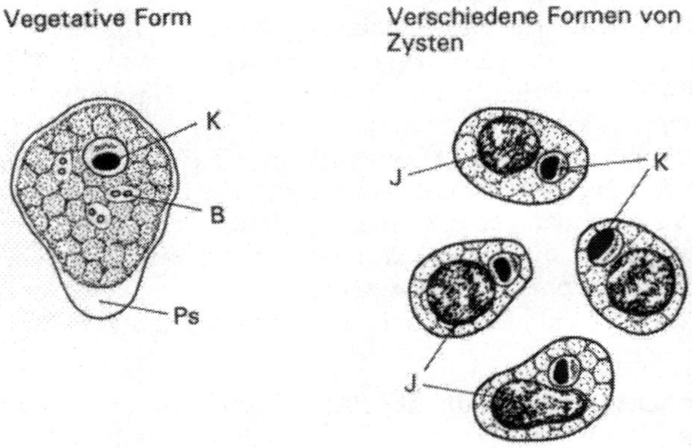

K = Zellkern

B = phagozytierte Bakterien

Ps = Pseudopodie

J = mit Jod färbbare Innenstruktur

Abb. 3-4: Vegetative Form und Zysten von Iodamoeba bütschlii

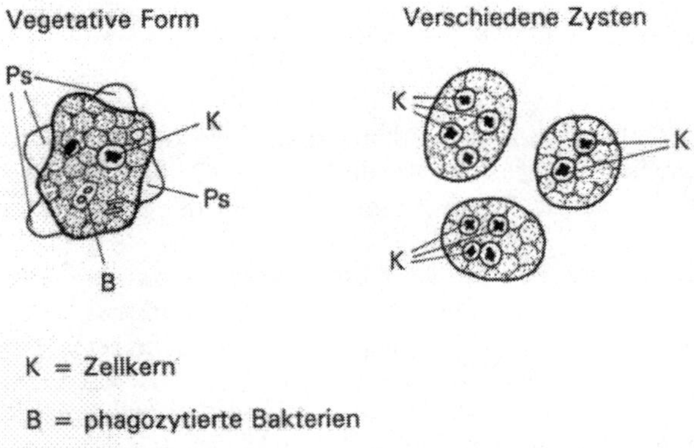

K = Zellkern

B = phagozytierte Bakterien

Ps = Pseudopodie

Abb. 3-5: Vegetative Form und Zysten von Endolimax nana

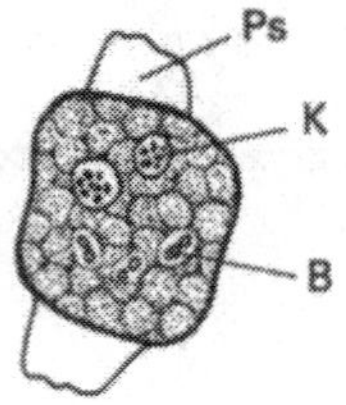

K = Zellkern mit Granula
(Es sind teilweise zwei Zellkerne vorhanden)

B = phagozytierte Bakterien

Ps = Pseudopodie

Abb. 3-6: Vegetative Form von Dientamoeba fragilis (es gibt keine Zysten)

fragilis zu den Flagellaten gezählt werden muß, obwohl die Bewegung durch Pseudopodien erfolgt und keine extrazellulären Geißelstrukturen gebildet werden.

Freilebende Amöben

Naegleria fowleri und *Naegleria australiensis* können zur Primären Amöben-Meningoencephalitis (PAM) führen.
Sie dringen über die Nase ein.
Acanthamöben dringen über die Haut und Schleimhäute ein.
Naegleria und Acanthamoeba sind Opportunisten.
Sie können zu Keratitiden bei Kontaktlinsenträgern führen.

Diagnose:
wird meist zufällig (mikroskopisch) gestellt.

Therapie:
Naegleria: Amphotericin plus Miconazol oder Rifampicin

Acanthamoeba: Amphotericin plus Sulfonamide
(Bei Keratitis: Neomycin)

3.1.4 Freilebende Amöben

Obwohl freilebende Amöben in der Natur weit verbreitet sind, führen sie nur selten zu klinisch manifesten Infektionen.
Naegleria fowleri und *Naegleria australiensis* sind, ausgehend von Infektionen beim Baden in freien Gewässern, als Erreger der **Primären Amoeben-Meningoencephalitis (PAM)** beschrieben. Eintrittspforte ist die Nase, und die Erreger folgen den Nervi olfactorii.
Im Gegensatz zu Naeglerien dringen Acanthamöben über die Haut und Schleimhäute ein. Beide Gattungen führen vorwiegend bei immunkompromittierten Patienten zu Erkrankungen und sind somit auch in die Reihe der **Opportunisten** einzuordnen, die z. B. bei erworbener Immunschwäche **(AIDS)** zu letalen Komplikationen führen können.
Tragen von Kontaktlinsen ist eine Disposition für Infektionen der Hornhaut durch Acanthamöben.

Die Diagnose dieser seltneren, im Falle der PAM äußerst schweren Amöbenerkrankungen wird oft nur zufällig gestellt. Sie ist durch den mikroskopischen Nachweis des Erregers möglich.

Die Therapie im Falle von *N. fowleri* ist schwierig; Amphotericin B allein oder in Kombination mit Miconazol oder Rifampicin werden mit einigem Erfolg eingesetzt.
Acanthamoeben sind empfindlicher als Naegleria. Zur Therapie werden Amphotericin und Sulfonamide eingesetzt. Zur Therapie der Keratitis wird Neomycin beschrieben.

Flagellaten

Vertreter dieses Stammes besitzen mindestens eine Geißel als Bewegungsorganell.

Die Familie der **Trypanosomatidae** hat die größte humanmedizinische Bedeutung.
Wichtiges Merkmal ist der Kinetoplast.
Vertreter sind die Gattungen:
- Trypanosoma
- Leptomonas
- Crithidia
- Leishmania

Weitere wichtige humanpathogene Flagellaten sind:

3.2 Flagellaten

Die Flagellaten (Mastigophora), der zweite Unterstamm der **Sarcomastigophora**, sind durch spezifische Bewegungsorganellen, die Geißeln, gekennzeichnet. Einzelne Spezies können in bestimmten Phasen der Entwicklung auch ohne Geißel auftreten.
Die medizinisch bedeutendste Familie sind die **Trypanosomatidae.** Alle Vertreter sind Parasiten. Ein für ihre Zuordnung wichtiges Merkmal ist der **Kinetoplast**, ein besonderes, DNA enthaltendes Organell. Er befindet sich in der Nähe des Basalkörpers, von dem die Geißel entspringt. Dieser Kinetoplast ist auch in den Formen vorhanden, die keine Geißel besitzen. Er ermöglicht eine Zuordnung zu dieser Familie (s. Tab. 3-1).
Die meisten Vertreter der Trypanosomatidae durchlaufen bei ihrer Vermehrung einen Wirtswechsel. Dabei treten in Abhängigkeit von der Wirtsspezies

Tab. 3-1: Eigenschaften der Vertreter der Trypanosomatidae

Name	Trypanosoma-Form	Crithidia-Form	Leptomonas-Form	Leishmania-Form
Bezeichnung	trypomastigot	epimastigot	promastigot	amastigot
Geißel	vorhanden	vorhanden	vorhanden	ohne
undulierende Membran	vorhanden lang	vorhanden kurz	ohne	ohne
Wirt	Vertebrat	Wirbellose	Wirbellose	Vertebrat
Gewebe	Blut	Darm	Darm	intrazellulär

Schema

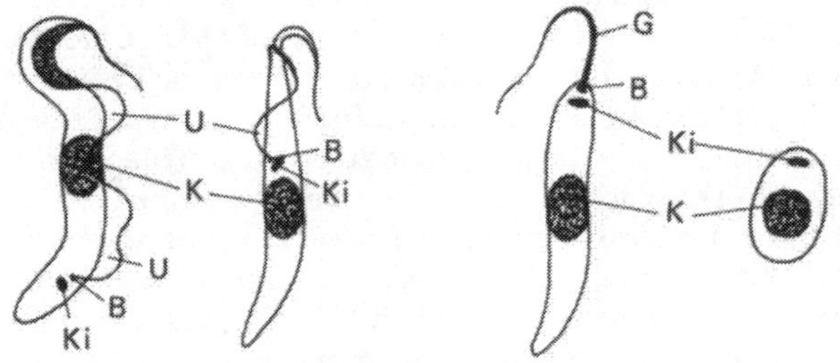

K = Zellkern
Ki = Kinetoplast
G = Geißel
U = undulierende Membran
B = Basalkorn

und Lokalisation im Wirtsorganismus verschiedene Formen auf, die in der Tab. 3-1 gegenübergestellt werden.

Neben den humanpathogenen Vertretern aus der Familie der Trypanosomatidae sind die **Trichomonaden** (Ordnung Trichomonadida) und die **Giardien** (Ordnung Diplomonadida) von medizinischem Interesse.

- Trichomonaden und
- Giardien

3.2.1 Trypanosoma brucei rhodesiense und Trypanosoma brucei gambiense

Trypanosoma brucei rhodesiense, Trypanosoma brucei gambiense } Schlafkrankheit oder afrikanische Trypanosomiasis

Diese Erreger der Schlafkrankheit kommen nur in Afrika vor **(afrikanische Trypanosomiasis).** Ihre Ausbreitung ist an den Vektor, die Tse-tse-Fliege (Vertreter der Gattung Glossina), gekoppelt: **Tse-tse-Gürtel.** Trotz dieser Begrenzung auf 36 Länder südlich der Sahara ist diese Erkrankung mit etwa 20 000 Neuerkrankungen pro Jahr und einer Letalität von bis zu 5 % noch immer ein großes gesundheitspolitisches Problem.

Die Erreger der Schlafkrankheit kommen nur in Afrika vor.
Sie sind auf den Vektor, die Tse-tse-Fliege, angewiesen.
Man rechnet mit 20 000 Neuerkrankungen pro Jahr.

Erregereigenschaften: Trypanosoma brucei rhodesiense und Trypanosoma brucei gambiense sind schlanke, etwa 20 bis 30 µm lange Flagellaten mit einer Geißel. Diese entspringt am Hinterende und begrenzt eine undulierende Membran, die sie am Vorderende als freie Geißel noch überragt.

Trypanosomen vermehren sich durch Längsteilung. Die Enzyme der parasitären Glykolyse sind inzwischen alle gereinigt worden, und aus Unterschieden zu den analogen Wirtsenzymen ergaben sich interessante Ansatzpunkte für zukünftige selektive Chemotherapeutika.

Erregereigenschaften:
- bis zu 30 µm lang und schlank
- trypomastigote Form
- Vermehrung durch Längsteilung
- spezifische Glykolyseenzyme (Ansatz für die Chemotherapie)

Die Übertragung erfolgt durch Stechfliegen der Gattung Glossina. Diese nehmen die Erreger mit dem Blut auf. Die Trypanosomen vermehren sich im Mitteldarm der Fliege. Dabei ändern sie nicht nur ihre Gestalt, sie verlieren auch ihre Infektiosität für den Menschen. Nach etwa zwei Wochen verlassen sie den Darm und dringen in die Speicheldrüse der Stechfliege ein. Hier wandeln sie sich vorübergehend in die epimastigote Form um. Nach wenigen Tagen liegen sie wieder in der trypomastigoten Form vor, und die Tse-tse-Fliege ist *infektiös.*

Die Übertragung erfolgt durch Stechfliegen der Gattung Glossina (Tse-tse-Fliegen).

Im Vektor erfolgt ein Formenwechsel.

In Abhängigkeit von den Stechgewohnheiten der jeweiligen Fliegenspezies und den Eigenschaften der Trypanosomensubspezies läuft der Zyklus von T. b. gambiense (vorwiegend in Westafrika) vorwiegend zwischen Mensch und Vektor ab, wohingegen der Zyklus von *T. b. rhodesiense* auch Tiere, vor allem freilebende Paarhufer, einschließt. *T. b. rhodesiense* ist heteroxen (zwei Wirte im Zyklus) und polyxen (mehrere Säugetierwirte), *T. b. gambiense* ist heteroxen und monoxen.

In Abhängigkeit von den Stechgewohnheiten der Fliege erfolgt die Übertragung von Mensch zu Mensch: *T. b. gambiense* ist heteroxen und monoxen
oder von Tier zu Mensch: *T. b. rhodesiense* ist heteroxen und polyxen.

Pathogenese:
Eintrittspforte:
→ Trypanosomenschanker
dann auftreten der Erreger in:
- Blut (Phase I)
- Lymphknoten (Phase II)
- ZNS (Phase III)

Die Pathogenese ist geprägt von der Variabilität der Oberflächenantigene. Eine Elimination durch das Immunsystem ist nicht möglich.

Jede Woche kann eine neue Antigenvariante im Blut erscheinen.

Die massenhafte Entstehung von Immunkomplexen (Immunpathogenese) führt zu Nephritiden und Myokarditiden.

Es gibt symptomlose Carrier.

Klinik/Verlauf:
- Beginn mit leichtem Fieber und Abgeschlagenheit. Erreger sind nur im Blut;
- es folgen: Lymphknotenschwellungen = Winterbottom'sches Zeichen; Erreger sind auch in den Lymphknoten anzutreffen.
- Eindringen in das ZNS: Folge: Somnolenz; Erreger sind im Liquor.

Schwere Verläufe führen zum Tode.

Diagnose:
Mikroskopischer Erregernachweis in:
- Blut,
- Lymphknotenpunktat oder
- Liquor.

Es gibt serologische Tests: z. B. ELISA, IHA und IFT.
Für Felduntersuchungen: Kartenagglutinationstest (CATT)

Therapie:
nur arsenhaltige Präparate sind liquorgängig;
Pentamidin und Suramin können nur in den frühen Stadien eingesetzt werden.
Neue Präparate (z. B. DFMO) sind in der Erprobung.

Kurzzeitprophylaxe:
ist mit Pentamidin möglich.
Antiepidemische Maßnahmen:
- Kontrolle der Tse-tse-Fliege
- Therapie der Erkrankten.

Trypanosoma cruzi – Chagaskrankheit oder amerikanische Trypanosomiasis
Der Erreger der Chagaskrankheit kommt ausschließlich in Lateinamerika vor.
Etwa 20 Millionen Infizierte

Pathogenese: Bei *T. b. rhodesiense*-Infektionen kann es an der Eintrittspforte (Bißstelle der Tse-tse-Fliege) zu einer lokalen Entzündung *(Trypanosomenschanker)* kommen, die sich nach wenigen Wochen zurückbildet. Über eine Vermehrung im Blut und in den Lymphknoten dringen die Trypanosomen nach einigen Wochen auch in das ZNS ein.
Die Pathogenese der Schlafkrankheit ist geprägt durch die Antigenvariation der Erreger. Das wichtigste Oberflächenantigen, das „variant surface glycoprotein" (VSG), liegt in über 100 Kopien, die sich in ihrer Antigenität unterscheiden, im Genom vor.
Die Expression der neuen Antigenvariante wird durch Transposition des jeweiligen Genes an eine Teleomer-nahe Region des Chromosoms gesteuert. Etwa jede Woche ist im Blut ein neues Antigen nachweisbar. Diese Varianz macht die Entwicklung eines Impfstoffes aus heutiger Sicht unmöglich.
Neben den durch die Trypanosomen hervorgerufenen zentralen Ausfällen, die auch die typische Somnolenz hervorrufen, führen die in großer Menge entstehenden Immunkomplexe zu *Nephritiden* und *Myokarditiden* sowie weiteren sekundären Folgeerscheinungen, die den Verlauf komplizieren.
In einigen Fällen entwickelt sich nach der Infektion keine Erkrankung und es entsteht ein asymptomatischer Carrierstatus.

Klinik/Verlauf: Der Beginn der Erkrankung ist gekennzeichnet durch leichtes Fieber, Übelkeit und Abgeschlagenheit. Im weiteren Verlauf nimmt das Fieber zu. In dieser Phase sind die Erreger ausschließlich im Blut (Phase I). In der Folgezeit treten Gelenkschmerzen auf. Die Lymphknoten, in denen jetzt auch Erreger nachweisbar sind (Phase II), sind geschwollen. Besonders betroffen sind die Lymphknoten der Nackenregion: *Winterbottom'sches Zeichen.*
Im weiteren Verlauf dringen die Erreger ins ZNS ein und sind im Liquor nachweisbar (Phase III). Innerhalb von Wochen oder Monaten kommt es nun zu klinisch sichtbaren zentralnervösen Störungen. Wichtigstes Symptom ist die zunehmende Somnolenz. In schweren, unbehandelten Fällen führt die Schlafkrankheit über ein Koma zum Tode.

Diagnose: In Abhängigkeit vom Stadium der Schlafkrankheit sind die Erreger mikroskopisch im Blut (I), im Lymphknotenpunktat (II) oder auch im Liquor (III) nachweisbar.
Auch für die Diagnose der afrikanischen Trypanosomiasis wurden eine Reihe von serologischen Tests wie ELISA, direkte und indirekte Hämagglutination (IHA) und Immunfluoreszenztest (IFT) entwickelt. Von besonderer Bedeutung ist die Bestimmung des IgM. Für den Feldeinsatz in Endemiegebieten wurde der *Kartenagglutinationstest* zum Nachweis von *Trypanosoma b. gambiense* (CATT) entwickelt.

Die Therapie erfolgt mit arsenhaltigen Präparaten wie *Melarsoprol*, die eine relativ hohe Toxizität haben, jedoch im Gegensatz zu den übrigen Präparaten liquorgängig sind.
Der Einsatz von *Suramin* ist nur in den frühen Stadien möglich. *Pentamidin* wird vor allem zur Prophylaxe benutzt. Resistenzen gegen alle Präparate sind inzwischen beschrieben worden.
Systematische Untersuchungen führten zur Aufnahme des Ornithindecarboxylase-Hemmstoffes DL-α-Difluormethylornithin (DFMO) in die klinische Erprobung.

Eine Kurzzeitprophylaxe ist bisher nur mit *Pentamidin* möglich.

Die antiepidemischen Maßnahmen richten sich vor allem auf die Kontrolle der Tse-tse-Fliegen und die Behandlung der infizierten Personen.

3.2.2 Trypanosoma cruzi

Trypanosoma cruzi, der Erreger der Chagaskrankheit, kommt nur in Süd- und Mittelamerika vor *(amerikanische Trypanosomiasis)*. Nach Schätzungen der WHO sind fast 20 Millionen infiziert, und jedes Jahr kommen etwa 200 000 Erkrankungen hinzu.

Erregereigenschaften und Entwicklungszyklus: Trypanosoma cruzi wird von Raubwanzen der Gattung Triatoma übertragen. Epimastigote Formen vermehren sich im Darm der Wanze und werden jeweils nach einem Saugakt neben der Bißstelle mit dem Kot ausgeschieden. Dort werden sie in der Regel durch unbewußtes Kratzen im Schlaf in die Haut eingerieben. Hier erfolgt eine intrazelluläre Vermehrung in der Umgebung der Eintrittspforte. Die Erreger gelangen dann wieder ins Blut, wo sie als *trypomastigote Form* vorliegen. Sie sind bis zu 20 µm lang, besitzen eine undulierende Membran, die von der Geißel begrenzt wird.
Mit dem Blut werden die Parasiten im gesamten Organismus verteilt. Sie dringen in Zellen des reticulo-endothelialen Systems (RES), der Muskulatur (besonders der Hohlorgane), aber auch Zellen der Neuroglia ein und vermehren sich in diesen durch Zweiteilung. Intrazellulär liegen sie als *amastigote Leishmaniaform* vor. Innerhalb weniger Tage entstehen mit Parasiten angefüllte Zellen (Pseudozysten). Diese enthalten nicht nur die bis zu 1,5 × 5 µm großen amastigoten, sondern auch einige *trypomastigote Formen.* Die Amastigoten können wiederum Zellen infizieren, die Trypomastigoten müssen von den Vektoren aufgenommen werden. Im Darm der Vektoren erfolgt parallel zur Umwandlung in die epimastigote Form eine Vermehrung, und nach 8 bis 10 Tagen erscheinen infektiöse Erreger im Wanzenkot. Neben dem Menschen gibt es tierische Reservoire (Gürteltier, Nager, Hunde und Katzen).
T. cruzi ist heteroxen und polyxen.

Erregereigenschaften und Entwicklungszyklus:
Übertragung:
Mit dem Kot von Raubwanzen der Gattung Triatoma (Vektor)

Erreger im Blut:
bis zu 20 µm lange trypomastigote Formen

Hämatogene Ausbreitung:
- Vermehrung als Leishmaniaform (1,5 × 5 µm)
- in den Zellen des RES und in Muskelzellen von Hohlorganen
- durch Zweiteilung

Gleichzeitig entstehende trypomastigote Formen können von Wanzen aufgenommen werden.

Erscheinen im Wanzenkot nach 8 bis 10 Tagen.

Es gibt tierische Reservoire (Polyxenie).

Pathogenese: Die Pathogenese ist eine Folge der Zellzerstörung durch die Vermehrung der Erreger in Kombination mit einer spezifischen Immunantwort. Da die Vermehrung vor allem in Muskel- und Nervenzellen von Hohlorganen stattfindet, kommt es, auch unter Mitwirkung des Immunsystems, zu einer immer weiter fortschreitenden Zellzerstörung. Die Folge ist eine Dilatation der betroffenen Organe: Bildung von *Megaorganen*, die für das Chagasleiden typisch sind.

Pathogenese:
Zerstörung von Muskel- und Nervenzellen der Hohlorgane durch die Vermehrung der Parasiten und die Immunabwehr.
Folge:
Bildung von Megaorganen durch Organdilatation.

Bei der Klinik unterscheiden wir die *Primärreaktion* an der Eintrittspforte, die *akute „Chagas-Krankheit"* und das *chronische „Chagas-Leiden".*
Die Infektion beginnt in der Regel mit einer Schwellung an der Bißstelle, dem *Chagoma.* Da die Eintrittspforte oft das Augenlid ist, kann es zu typischen, einseitigen Lidschwellungen kommen, dem *Romañáschen Zeichen.*
Es können regionale Lymphknotenschwellungen auftreten. Nach 1 bis 2 Wochen tritt Fieber auf, und in dieser Phase sind die Erreger mit hoher Wahrscheinlichkeit im Blut nachweisbar. Die *Chagas-Krankheit* entwickelt sich innerhalb weniger Wochen und kann bis zu zwei Monate dauern. Sie verläuft bei Erwachsenen meist subklinisch. Fieber, Lymphknotenschwellungen und Hepatosplenomegalie können auftreten. Nur bei Kindern entstehen häufiger Myokarditiden und Meningoenzephalitiden. Allgemeinsymptome wie Schwindel, Somnolenz, Kopfschmerz und Erbrechen sind möglich.
Das *chronische Chagas-Leiden* entwickelt sich nur bei etwa einem Drittel der infizierten Patienten. Dabei kommt es zu den spezifischen Veränderungen von Hohlorganen: *Megaorgan*-Bildung (Herz, oder Verdauungstrakt).
Das klinische Bild hängt von dem betroffenen Organ und dem Ausmaß der Schädigung ab. In schweren Fällen kann es zu Aneurysmen des Herzens und zu Rupturen kommen. Schädigung des Reizleitungssystems kann zu Herzrhythmusstörungen und zum Schenkelblock führen.
Auch die Insuffizienz anderer Hohlorgane kann zum Tode führen.

Klinik:
- Primärreaktion (Chagoma) an der Bißstelle. (Häufig als einseitige Lidschwellung: Romañásches Zeichen).
- Die akute „Chagas-Krankheit" entwickelt sich innerhalb weniger Wochen. Sie ist gekennzeichnet durch Fieber, Lymphknotenschwellungen und Hepatosplenomegalie.
  Bei einem Teil der Patienten entwickelt sich das
- chronische „Chagas-Leiden", welches durch die Megaorganbildung gekennzeichnet ist.

Eine Organinsuffizienz kann zum Tode führen.

In Endemiegebieten wird die Diagnose, insbesondere der Spätform, an Hand des klinischen Bildes gestellt. Der Beweis erfolgt durch den direkten oder indirekten *Erregernachweis.* Im Blut sind die Erreger frühestens 1 bis 2 Wochen nach der Infektion zu finden. Das Maximum der Parasitämie wird im 2. und 3. Monat der Erkrankung erreicht. Wegen der rhythmischen Vermehrung sind Wiederholungsuntersuchungen nötig, und die insgesamt geringe Parasitämie erfordert meist den Einsatz von Anreicherungsverfahren (spezielle Zentrifugationstechniken). In der chronischen Phase ist eine Diagnostik nur noch mit *serologischen Methoden* wie Immunfluoreszenztest, ELISA oder Agglutinationstesten (indirekte Hämagglutination oder Latexagglutination) möglich.

Diagnose:
In Endemiegebieten: klinisch
Der Beweis ist der mikroskopische Erregernachweis im Blut oder der Nachweis spezifischer Antikörper.

Eine spezielle Möglichkeit ist die Xenodiagnose: Erregernachweis im Vektor.

Eine bei der Chagaskrankheit noch angewendete Sonderform der Diagnostik ist die sog. *Xenodiagnose*, bei der man „steril" aufgezogene Raubwanzen verwendet. Diese werden für eine Blutmahlzeit mit dem Patienten in Kontakt gebracht und nach etwa 2 Wochen wird ihr Kot untersucht. Waren im Patientenblut Trypanosomen vorhanden, so haben diese sich in der Raubwanze vermehrt, und die metazyklischen Formen sind im Kot nachweisbar. Darüber hinaus gibt es inzwischen auch DNA-Sonden zum Nachweis von T. cruzi.

Therapie:
Eine sichere Therapie gibt es noch nicht. Nifurtimox oder Benznidazol sind möglich.

Ein sicher wirkendes Präparat zur Therapie der Chagaskrankheit gibt es noch nicht. Eine Therapie der akuten Phase ist in den meisten Fällen mit *Nifurtimox* oder *Benznidazol* möglich. Therapieerfolge in der chronischen Phase sind umstritten.

Prophylaxe:
Die Prophylaxe besteht in der Vektorkontrolle und in der **Überwachung der Blutkonserven**!

Prophylaxe: Es gibt noch keinen Impfstoff, und auch eine Chemoprophylaxe ist nicht möglich. Alle Anstrengungen konzentrieren sich auf Maßnahmen der Vektorkontrolle und zur **Untersuchung von Blutkonserven** in Endemiegebieten.
Für die Vektorkontrolle wurden spezielle, insektizidhaltige und für den Masseneinsatz sprühfähige Farbanstriche entwickelt, die den Wirkstoff nur langsam abgeben und so über einige Monate eine wirksame Reduktion der Raubwanzen garantieren.

Leishmanien – Leishmaniasen

Leishmanien werden von Schmetterlingsmücken übertragen.
Sie liegen im Säugetierwirt in der geißellosen Leishmaniaform vor.
Sie kommen in Südeuropa, Asien, Afrika und Lateinamerika vor. Es wird mit 100 Millionen Patienten pro Jahr gerechnet.

3.2.3 Leishmanien

Leishmanien sind obligate intrazelluläre Parasiten, die in ihren Säugetierwirten als geißellose (amastigote) Form vorliegen. Sie sind für ihre Ausbreitung an das Vorhandensein von Schmetterlingsmücken als Vektor gebunden. In der alten Welt (Südeuropa, Asien und Afrika) sind es Vertreter der Gattung *Phlebotomus* und in der neuen Welt der Gattung *Lutzomyia*. Insgesamt rechnet man weltweit mit mehreren hundert Millionen Patienten pro Jahr.

Erregereigenschaften und Entwicklungszyklus:
Leishmanien sind:
- 2 bis 4 µm große,
- unbegeißelte Parasiten.

Vermehrung im Säugetierwirt:
- obligat intrazellulär und
- ausschließlich in Makrophagen,
- Freisetzung durch Platzen.

Sie gelangen mit weißen Blutzellen in den Vektor.

Vermehrung in der Mücke:
- über begeißelte promastigote Formen,
- nach einer Woche ist die Mücke infektiös.

Erregereigenschaften und Entwicklungszyklus: Leishmanien sind kleine, nur 2 bis 4 µm große, unbegeißelte Parasiten. Ihre Zugehörigkeit zur Ordnung Kinetoplastida ist lichtmikroskopisch nur am Vorhandensein des Kinetoplasten erkennbar.
Im Elektronenmikroskop ist der Rest einer Geißel, in einer Geißeltasche liegend, zu erkennen.
Die Leishmanien vermehren sich durch Teilung innerhalb von Phagozyten, und diese können so mit Parasiten angefüllt sein (bis zu 200 pro Zelle), daß einige Autoren von einer „Speicherkrankheit" sprechen. Um in den Makrophagen überleben zu können, sind eine Reihe spezieller Enzyme nötig, die u. a. das Killing verhindern. Derartige Enzyme, z. B. die Superoxid-Dismutase der Leishmanien, sind interessante Ansatzpunkte zur Entwicklung neuer Chemotherapeutika.
Durch Platzen der Wirtszelle werden die Parasiten frei und können neue Zellen in der Nachbarschaft infizieren. Mit dem Blut gelangen die Leishmanien in den Vektor und werden im Mückendarm freigesetzt. Dort wandeln sie sich in eine bis zu 20 µm lange, schlanke, begeißelte promastigote Form um. Nach etwa 1 Woche ist die Mücke infektiös. Bei einem erneuten Saugakt können die Parasiten mit in die Stichwunde erbrochenem Darminhalt wieder in einen Wirbeltierwirt gelangen.

Leishmanien sind polyxen und heteroxen. Neben Hunden spielen vor allem Nager als Wirte (und damit als Reservoire) eine Rolle.

Es gibt keinen Antigenwechsel.

Leishmanien sind *polyxen* und *heteroxen*. Ihr Entwicklungszyklus läuft in *zwei Wirten* ab, und es können jeweils verschiedene Wirbeltiere als Wirt dienen. In Abhängigkeit von der Leishmanienspezies kommen neben *Hunden* auch *Nagetiere* als Wirte für die humanpathogenen Arten in Frage. Diese Wildtiere stellen bei einigen Spezies epidemiologisch wichtige Reservoire dar.
Im neuen Wirt werden die Parasiten von Makrophagen aufgenommen und wandeln sich in diesen wieder in die amastigote Form um. Im Gegensatz zu den Trypanosomen wird bei den Leishmanien kein Antigenwechsel beobachtet.

Pathogenese:
Die Pathogenese hängt von der Erregerspezies und der Immunitätslage des Wirtes ab.

Pathogenese: Die Pathogenese wird nicht nur von der Spezies und damit der Pathogenität des Erregers bestimmt, sondern in entscheidendem Maße von dem Alter und der Immunitätslage der infizierten Person. Ein großer Teil der klinisch sichtbaren Veränderungen erklärt sich aus der Wechselwirkung zwischen Erreger und Immunsystem.

Nach der Klinik lassen sich drei Krankheitsbilder unterscheiden:
- die **viszerale** Leishmaniasis (VL).
- die **kutane** (in der Regel lokale) Leishmaniasis (CL) und
- die **mukokutane Leishmaniasis (MCL).**

Bei den kutanen Formen kann man noch zwischen *Altwelt-* und *Neuwelt-*Leishmaniasen unterteilen, je nachdem ob sie in Asien und Afrika oder in Amerika vorkommen. Diesen Krankheitsbildern lassen sich bestimmte Leishmanienspezies als Erreger zuordnen. Der für die Pathogenese entscheidende Unterschied besteht in der Fähigkeit, sich nur in regionalen Makrophagen (CL und MCL) oder in allen Zellen des RES vermehren zu können (VL). Die molekulare Grundlage dieser Unterschiede ist noch unbekannt.
Die typischen klinischen Bilder ergeben sich aus der Wechselwirkung zwischen Zellzerstörungen durch die Parasitenvermehrung und den verschiedenen spezifischen und unspezifischen Abwehrreaktionen.
Die bisher vor allem klinisch/geographisch vorgenommene Einteilung der Erreger wird in zunehmendem Maße durch eine Klassifikation auf der Grundlage von DNA-Hybridisationsdaten abgelöst. Dies führt in der Zukunft sicher zu einer Reihe von Umbenennungen. Gegenwärtig werden in den entsprechenden Laboratorien 14 Referenzstämme gehalten. Die Unterscheidung erfolgt mittels Restriktionsanalyse und durch DNA-Sonden.

Die Klinik ist für die jeweilige Erregergruppe relativ einheitlich:
1. Der Leishmania-donovani-Komplex mit *Leishmania donovani donovani, L. d. infantum* und *L. d. chagasi,* den Erregern der *Kala Azar* oder *viszeralen Leishmaniasis (VL): L. d. donovani* kommt in Südeuropa (Mittelmeergebiet), Afrika, Asien und Südamerika vor. Es sind vor allem Erwachsene betroffen. *L. d. infantum* ist ebenfalls Erreger einer viszeralen Leishmaniasis und wird ausschließlich im Mittelmeerraum, vor allem bei Kindern gefunden. Bei Erwachsenen kann es zu einer kutanen Leishmaniasis kommen. *L. d. chagasi* ist in Südamerika beheimatet und wird besonders bei Jugendlichen beobachtet.
An der Eintrittspforte kann ein Primäraffekt auftreten, der dem Trypanosomenschanker ähnelt. Die eigentliche Krankheit beginnt nach einer Inkubationszeit von 2 bis zu 20 Wochen mit länger anhaltendem Fieber (ohne Schüttelfrost). Typisch sind zwei Fiebergipfel pro Tag und eine ausgeprägte Hepatosplenomegalie.
Eine häufig beobachtete Pigmentierung der Haut gab der Krankheit den aus dem Indischen kommenden Namen: Kala Azar = schwarze Krankheit.
Unbehandelt führt die Kala Azar in vielen Fällen innerhalb von 2 bis 3 Jahren zum Tode.
Nach überstandener Krankheit besteht eine belastbare Immunität.
Bei der viszeralen Leishmaniasis spielen vor allem Caniden (wegen ihrer Nähe zum Menschen) als Reservoire eine wichtige Rolle. Für die geographische Ausbreitung sind jedoch Kleinnager von Bedeutung.

2. Der Leishmania-tropica-Komplex mit *Leishmania tropica minor* und *Leishmania tropica major,* Erreger der *kutanen Leishmaniasis (CL)* oder Orientbeule: Die Krankheit entsteht lokal an der Eintrittspforte (Stichstelle der Moskitos). Dies sind gewöhnlich die im Schlaf unbedeckten Körperpartien, vor allem das Gesicht.
L. t. minor ist der Erreger der trockenen oder urbanen Form, die in der Regel von Mensch zu Mensch übertragen wird. Die Inkubationszeit beträgt einige Monate, und der Verlauf dieser Infektion ist relativ leicht.
L. t. major ist der Erreger der feuchten oder ruralen (ländlichen) Form, die von tierischen Reservoiren auf den Menschen übertragen wird. Die Inkubationszeit ist mit 5 bis 10 Wochen kürzer als bei der urbanen Form. Der Verlauf der Erkrankung ist jedoch etwas schwerer.

3 verschiedene Verlaufsformen

⇐

Den jeweiligen Krankheitsbildern lassen sich verschiedene Spezies mit unterschiedlichem Zelltropismus zuordnen:
- regionale Vermehrung in Makrophagen (Erreger der CL und der MCL),
- generalisierte Vermehrung im RES (Erreger der VL).

Die bisherige Einteilung der Erreger nach klinisch/geographischen Gesichtspunkten wird von einer molekularbiologischen Systematik abgelöst.

Klinik:
1. Viszerale Leishmaniasis
oder Kala Azar:
(Leishmania-donovani-Komplex)
- *L. d. donovani* ist in den Tropen weit verbreitet und ruft bei Erwachsenen eine VL hervor.
- *L. d. infantum* ist Erreger einer VL vor allem bei Kindern im Mittelmeerraum.
- *L. d. chagasi* ruft in Südamerika vor allem bei Jugendlichen eine VL hervor.

Ablauf der Erkrankung:
- Primäraffekt
- symptomloses Intervall (bis zu 20 Wochen Inkubationszeit)
- anhaltendes Fieber
- typische Hepatosplenomegalie
- Pigmentierung der Haut = Kala Azar

Unbehandelt ist die Kala Azar oft tödlich.
Die Immunität ist belastbar.
Als Reservoire spielen Hunde wegen ihrer Nähe zum Menschen eine besondere Rolle.

2. kutane Leishmaniasis:
(Leishmania-tropica-Komplex)
Typische Form:
die Orientbeule, ein bis zu 3 cm großes Ulkus mit aufgeworfenem Rand an der jeweiligen Eintrittspforte.
- *L. t. minor:*
  - Erreger der harmloseren, trockenen (urbanen) Form.
  - Reservoir ist der Mensch.
- *L. t. major:*
  - Erreger der schwereren, feuchten (ruralen) Form.
  - Reservoir sind vor allem Wildtiere (Kleinnager).

Beide Formen heilen spontan unter Narbenbildung ab.
Es bleibt eine belastbare Immunität.
Komplikationen ergeben sich aus bakteriellen Superinfektionen.

L. aetiopica führt zu einer metastasierenden Hautleishmaniase.

Reservoire sind Kleinnager.

3. Mukokutane Leishmaniasis:
(Leishmania-mexicana- und Leishmania-brasiliensis-Komplex)
Diese Erkrankungen sind durch zum Teil schwere Destruktionen des Knorpels und Metastasierungen gekennzeichnet.

- *L. m. mexicana*:
  - Erreger des Chicleró-Ulcer (Destruktion des äußeren Ohres).
  - Reservoir: baumständige Kleinnager.
- *L. m. amazonensis* und *L. m. pifanoi*
  Erreger diffuser Hautleishmaniasen mit schlechter Heilungstendenz.
- *L. brasiliensis brasiliensis*:
  - Erreger der Espundia
    Diese Erkrankung ist durch schwere destruktive Ulzerationen des Oro-Nasopharynx gekennzeichnet.
  - Reservoire sind Kleinnager.
- *L. b. peruviana*:
  - Erreger der Uta.
  - Schlechte Heilungstendenz.

Diagnose der VL:
Die Diagnose erfolgt durch den mikroskopischen Erregernachweis in Bioptaten oder Blut.

Intradermaltest mit Leishmanin ist möglich.

Antikörpernachweis:
- mittels ELISA, IHA oder IFT
- Cave Kreuzreaktionen mit Trypanosomen

Erregeranzucht ist möglich

Diagnose der CL und der MCL:
- In Endemiegebieten oft klinisch.
- Bestätigung durch mikroskopischen Erregernachweis im Bioptat vom Ulkusrand.
- Der serologische Antikörpernachweis ist möglich.
- Direktagglutination für Feldbedingungen

Therapie:
Zur Therapie werden Diamidine, Pentamidine oder Antimonpräparate eingesetzt.

Allopurinol wird bei CL eingesetzt und ist für VL in der klinischen Testung.

In beiden Fällen bildet sich nach einer Inkubationszeit von einigen Wochen ein Knötchen, welches sich in weiteren Wochen vergrößert und im Zentrum aufbricht. Typisch ist der aufgeworfene Rand des in der Regel kreisrunden und etwa 3 cm großen Ulkus.
Auch die etwas schwerere, feuchte Form heilt wie die trockene Form innerhalb eines Jahres unter Bildung typischer Narben spontan wieder ab. Komplikationen ergeben sich aus bakteriellen Superinfektionen.
Die bisher nur in Aethiopien gefundene Spezies *Leishmania aetiopica* ruft eine diffuse (metastasierende) Hautleishmaniasis hervor. Sie ähnelt in dieser Hinsicht *L. mexicana.*
Bei den kutanen Leishmaniasen spielen vor allem Kleinnager als Reservoire eine Rolle.

3. *Leishmania-mexicana-* und *Leishmania-brasiliensis-Komplex* mit *Leishmania mexicana mexicana, L. m. pifanoi* und *L. m. amazonensis* sowie *Leishmania brasiliensis brasiliensis* und *L. b. peruviana*: Erreger mukokutaner Leishmaniasen (MCL) mit zum Teil schweren Destruktionen auch des Knorpels: Diese Erreger neigen zur Metastasierung und damit zu „diffusen" Verläufen. *L. m. mexicana* ist der Erreger des *Chicleró-Ulcer,* einer Erkrankung, die das äußere Ohr betrifft und vor allem bei Chicleros (Kautschuksammlern) auftritt. Wahrscheinlich werden sie beim Besteigen der Bäume von Vektoren gestochen, die sich bevorzugt in den Baumwipfeln aufhalten und ansonsten baumständige Nager befallen, die das besondere Reservoir darstellen.
L. m. amazonensis und *L. m. pifanoi* sind Erreger diffuser Hautleishmaniasen im Amazonasgebiet bzw. in Venezuela. Sie ähneln der durch *L. aetiopica* hervorgerufenen Erkrankung. Die Heilungstendenz ist schlecht.
L. brasiliensis brasiliensis ist der Erreger der *Espundia,* einer mukokutanen Leishmaniasis, die durch schwere, destruktive Ulzerationen im Oro-Nasopharynx gekennzeichnet ist. Oft sind weite Teile des Knorpels betroffen. Massive Schluckbeschwerden können die Folge sein. Wie bei den kutanen Formen sind Kleinnager auch als Reservoire für die mukokutanen Leishmaniasen von besonderer Bedeutung.
L. b. peruviana ist der Erreger der *Uta,* einer primär lokalen kutanen Leishmaniase, die der Orientbeule ähnelt. Die Heilungstendenz ist schlechter.

Die Diagnose der viszeralen Leishmaniasis ist durch den *direkten mikroskopischen Erregernachweis* im Bioptat (Knochenmark, Leber oder Milz!) bzw. Blutausstrich möglich. Im Giemsa-gefärbten Präparat sind die in den Makrophagen liegenden Leishmanien gut zu erkennen.
Der Hauttest *(Intradermaltest)* mit *Leishmanin* wird immer seltener angewendet. Der Nachweis von Antikörpern ist mittels ELISA, indirekter Hämagglutination (IHA) oder Immunfluoreszenz (IFT) möglich, jedoch sind Kreuzreaktionen mit Trypanosomen beschrieben worden.
Eine Anzucht der Erreger in speziellen Medien ist ebenfalls möglich und stellt eine Anreicherung dar.

Die Diagnose der kutanen und mukokutanen Leishmaniasen wird, besonders in den Endemiegebieten, meist klinisch gestellt. Der mikroskopische Nachweis von Erregern im Bioptat vom Ulkusrand (CL) oder von einer Probeexzision (MCL) ist möglich und zur Abgrenzung zu anderen Erkrankungen unerläßlich.
Auch bei den kutanen Leishmaniasen können serologische Verfahren zum Nachweis von Antikörpern eingesetzt werden.
Für die Diagnostik unter Feldbedingungen wurde ein Direktagglutinationstest entwickelt.

Therapie: Zur Therapie werden neben *Diamidinen* und *Pentamidinen* noch immer *Antimonpräparate* eingesetzt. Bei kutanen Leishmaniasen kann Amphotericin B verwendet werden. Auch Allopurinol (ursprünglich zur Therapie der Gicht entwickelt) hat sich inzwischen zur Therapie der kutanen Leishmaniasen bewährt und wird zur Behandlung der viszeralen Leishmaniasen erprobt.
Da die Leishmanien sich ausschließlich in phagozytierenden Zellen vermehren, ist ein neuer Weg der Applikation von Pharmaka möglich. Durch Ein-

schließen von relativ toxischen, herkömmlichen Pharmaka in Liposomen, die dann spezifisch von Makrophagen aufgenommen werden, kann bei gleicher Pharmakamenge die Toxizität für den Organismus gesenkt und der Effekt gegen die Erreger gesteigert werden. Diese Form der gezielten Arzneimittelapplikation wird als *Targetting* bezeichnet.
Chirurgische Maßnahmen dienen nur der Wiederherstellung der Funktion bei Deformationen durch mukokutane Leishmaniasen.

Targetting:
Verpacken von Pharmaka in Liposomen mit dem Ziel der bevorzugten Beeinflussung infizierter Makrophagen ist in der Erprobung.

Die Prophylaxe besteht in Maßnahmen zur Vektorkontrolle. An einer Vakzine wird gearbeitet. In einigen Gebieten Asiens wird die „Leishmanisation" (Inokulation von infektiösem Material zwecks Immunisierung) noch praktiziert.

Prophylaxe:
- Vektorkontrolle
- An einer Vakzine wird gearbeitet.

3.2.4 Trichomonas vaginalis

Trichomonas vaginalis – Trichomoniasis

Trichomonas vaginalis wurde schon vor über 150 Jahren entdeckt. Dieser Flagellat führt weltweit zu Infektionen im weiblichen, aber auch männlichen Genitale. Allein in den USA wird mit über 6 Millionen Patienten gerechnet.

T. vaginalis ist weltweit verbreitet.

Erregereigenschaften und Entwicklungszyklus: Trichomonas vaginalis bildet keine Zysten. Die vegetativen Formen (Trophozoiten) sind 10 bis 25 µm lang und 5 bis 15 µm breit. Sie besitzen einen deutlich sichtbaren, leicht gebogenen Achsenstab, der ihnen eine gewisse Stabilität verleiht. Am vorderen Zellpol entspringen 5 Geißeln, von denen eine zurückgeklappt ist und eine undulierende Membran begrenzt. Diese erstreckt sich nur über die halbe Zellänge (s. Abb. 3-7).
Das Temperaturoptimum von T. vaginalis liegt bei 37 °C. Da der Erreger sehr temperaturempfindlich ist und keine Zysten bildet, kann eine Ausbreitung nur durch direkten Kontakt (Geschlechtsverkehr) erfolgen.
Mit seinem pH-Optimum von 5,5 bis 6 hat sich der Erreger an die Verhältnisse in der Vagina angepaßt. Die Bedeutung von vielfach beschriebenen Rundformen ist noch nicht geklärt.
T. vaginalis ist monoxen und homoxen.

Erregereigenschaften und Entwicklungszyklus:
Vegetative Formen:
- bis zu 25 µm lang;
- 4 freie Geißeln und eine fünfte, die eine kurze undulierende Membran begleitet;
- Vermehrung durch Längsteilung;
- temperaturempfindlich!
- T. vaginalis bildet keine Zysten.
- Normaler Standort ist die Vagina der Frau.
- Übertragung durch Geschlechtsverkehr;
- einziger Wirt ist der Mensch.

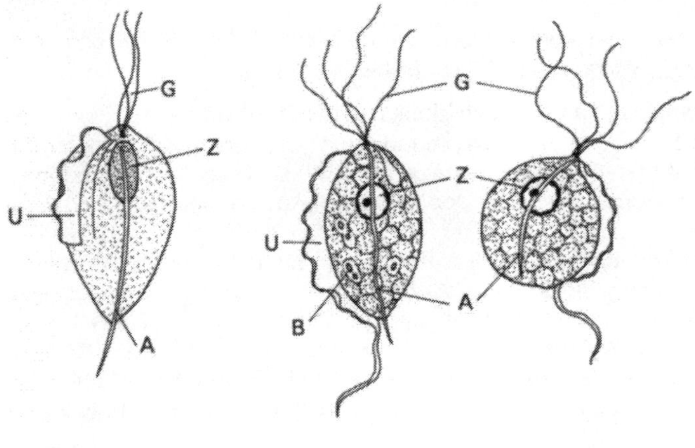

Z = Zellkern
A = Achsenstab
G = Geißel
B = phagozytierte Bakterien
U = undulierende Membran

Abb. 3-7: Trichomonas vaginalis und Trichomonas hominis

Pathogenese: In der Literatur werden Isolate mit *unterschiedlicher Virulenz* beschrieben. Diese wird von der Produktion noch nicht vollständig charakterisierter *Toxine* bestimmt. Auch *Adhäsine* sind beschrieben. Wahrscheinlich wird die jeweilige Pathogenese von einer Vielzahl Faktoren, u. a. auch der

Pathogenese:
Möglicher Einfluß von:
- Toxinen
- Adhäsinen
- bakterieller Normalflora

bakteriellen Begleitflora, geprägt. Dies würde auch erklären, warum die Erregerdichte und das klinische Bild nicht immer korrelieren.

Klinik:
Die Mehrzahl der Infektionen ist sicher symptomlos.
Trichomoniasis der Frau:
- typischer Ausfluß
- Beteiligung der Harnwege ist möglich.
- Sterilität ist eine seltene Komplikation.

Trichomoniasis des Mannes
- Urethritis und Prostatitis
- Sterilität als Komplikation ist selten.

Klinik: Die Mehrzahl der Infektionen bei Mann und Frau ist symptomlos. Die Trichomoniasis der Frau ist ein entzündlicher Prozeß, gekennzeichnet durch einen gelblich-weißen Ausfluß mit typischem Geruch. Es handelt sich in jedem Falle um eine Mischinfektion mit bestimmten Bakterien. Ein Einwandern der Erreger in die Harnröhre ist häufig zu beobachten, ein weiteres Vordringen in die Blase ist möglich, aber seltener *(Urogenitaltrichomoniasis)*. Sterilität nach Trichomoniasis bei der Frau ist möglich, aber selten.
Beim Mann steht die meist symptomlose Urethritis im Vordergrund, die zu einer Prostatitis führen kann. Auch beim Mann kann eine chronische Infektion zur Sterilität führen.

Diagnose:
Die Diagnose erfolgt meist noch durch den mikroskopischen Erregernachweis in Abstrichmaterialien.
Die Immunfluoreszenz ist deutlich empfindlicher.
Eine Anzucht ist möglich.

Diagnose: Die Diagnose erfolgt in der Regel durch den mikroskopischen Nachweis der Erreger im Direktpräparat, obwohl man mit dieser Methode nur 50 bis 70 % der Infektionen erfaßt.
Trichomonaden sind an ihren typischen, zappeligen Bewegungen leicht zu erkennen. Eine Anfärbung (Giemsa) ist nur zur sicheren Speziesdiagnose nötig.
Die direkte Immunfluoreszenz liefert sicherere Ergebnisse. Eine Erregeranzucht in speziellen Medien ist möglich, aber nur bei geringen Erregerzahlen oder zur Therapiekontrolle nötig.

Therapie:
- Metronidazol
- parallele Therapie des Sexualpartners

Prophylaxe:
- Partnerauswahl
- Benutzen von Kondomen

Therapie: Mittel der Wahl ist *Metronidazol*. Um Reinfektionen zu vermeiden, ist eine gleichzeitige Therapie des Geschlechtspartners erforderlich.

Eine Prophylaxe ist schon durch die Partnerwahl beim Geschlechtsverkehr möglich. Kondome bieten Schutz auch vor der Übertragung von Trichomonaden.

Giardia lamblia – Lambliasis (Giardiasis) oder Lamblienruhr
Giardia lamblia wurde früher Lamblia intestinalis genannt.
Der Erreger der Lamblienruhr ist weltweit verbreitet.
Kinder sind häufiger betroffen.

3.2.5 Giardia lamblia

Giardia lamblia wurde früher *Lamblia intestinalis* genannt, eine Bezeichnung, die heute zum Teil noch verwendet wird. Aus dieser Zeit erklärt sich auch die Bezeichnung für die Giardia-Infektion:
Lamblienruhr.
G. lamblia ist weltweit verbreitet, mit einer Häufung in den Tropen. Kinder sind stärker betroffen als Erwachsene.

Erregereigenschaften und Entwicklungszyklus:
Die vegetative Form:
- ist bis zu 20 µm groß und dorsoventral abgeflacht;
- hat auf der ventralen Seite eine große Sauggrube;
- hat 4 Paar Geißeln;
- besitzt 2 Kerne;
- vermehrt sich durch Längsteilung.

Der natürliche Standort ist der Dünndarm.

G. lamblia bildet umweltresistente Zysten, die mit Stuhl ausgeschieden werden.
Die Zysten sind oval und bis zu 15 µm lang.

Erregereigenschaften und Entwicklungszyklus: Die vegetative Form von G. lamblia ist 5 bis 15 × 10 bis 20 µm groß und von birnen- oder tropfenförmiger Gestalt. Auf der ventralen, konkaven Seite ist ein großes, nierenförmiges Areal zu erkennen, welches der Anheftung an das Darmepithel dient (Sauggrube).
Der natürliche Standort sind die Krypten des Dünndarms. G. lamblia ernährt sich von den Sekreten der Mukosa. Auf der konkaven Unterseite entspringen 4 Paar Geißeln. Die dorsale Seite ist konvex. Diese dorsoventrale Asymmetrie ist die Ursache für die typischen taumelnden Bewegungen von G. lamblia in frischem Untersuchungsmaterial oder in Kulturen. Charakteristisch für diesen Erreger ist auch, daß er zwei große, nebeneinanderliegende Kerne besitzt.
Die Vermehrung erfolgt durch Längsteilung. G. lamblia kann Zysten bilden, die eine dickere Wandstruktur besitzen. Diese verleiht ihnen eine größere Resistenz gegenüber Umweltfaktoren. Die Zysten sind 7 bis 10 × 10 bis 15 µm groß und werden mit dem Stuhl ausgeschieden (s. Abb. 3–8).

Infektion erfolgt durch:

Die Übertragung auf neue Wirte erfolgt durch orale Aufnahme von zystenhaltigen Lebensmitteln oder verunreinigtem Trinkwasser.

G. lamblia ist homoxen und polyxen.
Bedeutung tierischer Wirte als Reservoire ist unklar.

Giardia lamblia ist *homoxen* (der Entwicklungszyklus läuft nur in einem Wirt ab) und *polyxen* (es können mehrere Arten, unter anderem der Mensch als Wirt dienen).

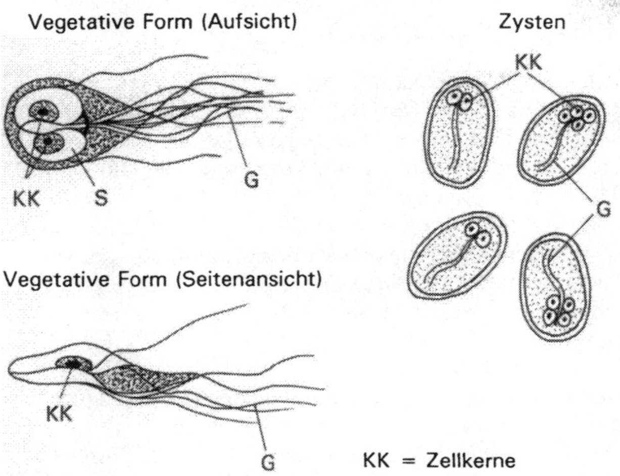

KK = Zellkerne

G = Geißeln (bzw. Geißelanlage)

S = Sauggrube

Abb. 3-8: Vegetative Form und Zysten von Giardia lamblia

Die Bedeutung tierischer Reservoire für die Infektionen des Menschen ist noch nicht geklärt.

Pathogenese: G. lamblia bildet keine Toxine oder aggressiven Enzyme. Die Schädigung für den Wirt resultiert wahrscheinlich allein aus der Reduktion der resorptiven Oberfläche durch Anheftung der Parasiten und durch eine Störung der Funktion der Schleimhaut.
Da es eine größere Zahl von Ausscheidern gibt, die auch in der Anamnese keine Erkrankung aufweisen, wird eine besondere Disposition (Verdauungsstörungen?) oder eine Beteiligung der bakteriellen Darmflora an der Pathogenese der Lamblienruhr diskutiert.

Pathogenese:
Mechanische Blockade der resorptiven Oberfläche durch die an den Dünndarmzotten haftenden Giardien.
Die Mehrzahl der Infektionen ist wahrscheinlich symptomlos (Ausscheider).

Klinik: Klinische Symptome sind vor allem fett- und schleimhaltige Stühle. Häufig sind Oberbauchbeschwerden und Durchfall *(Lamblienruhr).* Ein Gewichtsverlust ist möglich.
Wenn die Gallenblase von der Infektion mitbetroffen ist, können Koliken und Ikterus auftreten.

Klinik:
Typisch sind fett- und schleimhaltige Stühle und Durchfälle (Lamblienruhr).
Eine Beteiligung der Gallenwege kann zum Ikterus führen.

Diagnose: Die Erreger sind im Stuhl sowohl in der Zystenform als auch als Trophozoiten (vegetative Form) nachweisbar. Deshalb sollten sowohl ungefärbte Frischpräparate als auch gefärbte Stuhlausstriche untersucht werden.
Da die Ausscheidung nicht kontinuierlich erfolgt, sind bei negativem Ausfall *Wiederholungen der Untersuchungen* nötig.
Eine Anreicherung der Zysten ist mit einfachen Techniken möglich.
Da der Erreger im Dünndarm parasitiert, ist ein Nachweis im Duodenalsaft möglich.
Neben den mikroskopischen Verfahren stehen heute eine Reihe serologischer Tests (vor allem ELISA) zum Erregernachweis zur Verfügung.
Der Einsatz von DNA-Sonden zur in situ-Hybridisierung ist noch im experimentellen Stadium.

Diagnose:
Mikroskopischer Nachweis von vegetativen Formen bzw. Zysten im Stuhl oder Duodenalsaft.

Es gibt serologische Tests (ELISA).

Da es eine Reihe von symptomlosen Ausscheidern gibt, kann es vorkommen, daß im Stuhl nachgewiesene Giardien nicht die Ursache der klinischen Erscheinungen sind, es kann z. B. ein Ulkus verschleiert werden.

Eine Therapie ist mit *Metronidazol* möglich.
Da die Infektion durch orale Aufnahme von Zysten erfolgt, besteht die **Prophylaxe** in hygienischen und sanitären Maßnahmen, die eine Kontamination von Lebensmitteln und Trinkwasser verhindern.

Therapie:
Metronidazol

Prophylaxe:
Hygienische und sanitäre Maßnahmen

Apathogene Flagellaten

Apathogene Flagellaten haben vor allem differentialdiagnostische Bedeutung.
Zu ihnen gehören:
- *Trichomonas hominis* (im Dickdarm)
- *Trichomonas tenax* (in der Mundhöhle)
- Pentatrichomonas hominis (im Dickdarm)
- Chilomastix mesnili (im Dickdarm)
- Retortamonas intestinalis (im Dickdarm)
- Enteromonas hominis (im Dickdarm)

Sporozoa
(oder Apicomplexa):
Wesentliches Merkmal dieses Stammes ist ein Entwicklungszyklus, der aus
- Schizogonie mit Bildung von Trophozoiten, Merozoiten und Schizonten,
- Gamogonie mit Bildung von Mikro- bzw. Makrogametozyten als Vorstufen und Mikro- bzw. Makrogameten als reife Geschlechtszellen die zu einer Zygote verschmelzen und
- Sporogonie mit Bildung von Sporozoiten in Sporozysten und Oozysten

besteht.

3.2.6 Apathogene Flagellaten

Trichomonas hominis: Dieser Flagellat ist weltweit verbreitet. Er lebt im Dickdarm des Menschen und ernährt sich von Bakterien. Die Trophozoiten sind 7 bis 10 × 10 bis 15 µm groß und von birnenförmiger Gestalt. Im Gegensatz zu T. vaginalis erstreckt sich die undulierende Membran über die gesamte Länge des Mikroorganismus (Abb. 3-7).
Es sind bisher keine Zystenstadien bekannt.
Trichomonas tenax: T. tenax ist ein Kommensale der Mundhöhle, der vor allem in den Zahnbelägen zu finden ist. Auch dieser Flagellat ist weltweit verbreitet. Wie bei T. hominis erstreckt sich die undulierende Membran über die gesamte Länge.
Ein Zystenstadium ist nicht bekannt.
Da eine Passage durch den Magen für diesen Flagellaten nicht möglich ist, erfolgt die Ausbreitung wahrscheinlich über Schmierinfektionen.
In einigen Fällen wurde T. tenax als Erreger respiratorischer Infekte beschrieben. Eine Therapie ist in diesen Fällen mit Metronidazol möglich.

Pentatrichomonas hominis, Chilomastix mesnili, Retortamonas intestinalis und *Enteromonas hominis* sind weitere apathogene Flagellaten des Dickdarms. Sie fallen in Frischpräparaten durch ihre Beweglichkeit auf. Eine Differenzierung an Hand der Größe und morphologischen Besonderheiten ist jedoch nur im gefärbten Präparat möglich. *Pentatrichomonas hominis* ist bis zu 20 µm lang und schlank. Dieser Flagellat hat 4 bis 5 freie Geißeln sowie eine weitere Geißel, die eine undulierende Membran über die gesamte Zellänge begleitet und als freie Geißel das hintere Ende überragt.
Chilomastix mesnili ist bis zu 25 µm lang und von schlanker (nur bis 8 µm Dicke), birnenförmiger Gestalt. Die deutlich sichtbare Mundgrube gibt diesem Flagellaten ein unverwechselbares Aussehen. C. mesnili bildet Zystenstadien.
R. intestinalis ist relativ klein: 3 bis 5 × 5 bis 10 µm und von birnenförmiger Gestalt. Dieser Flagellat bildet Zysten von etwa gleicher Größe. Er ist häufiger bei Personen mit gestörtem Sanitärverhalten zu finden (z. B. bei geistig behinderten Kindern).
Enteromonas hominis ist nur wenig größer als R. intestinalis und bildet ebenfalls Zystenstadien, die jedoch im Unterschied 2 Kerne haben und eher oval sind. Auch E. hominis wird in allen Teilen der Welt gefunden. Die Tatsache, daß dieser Flagellat selten beschrieben wird, spiegelt nicht nur seine Apathogenität wider, sondern auch seine geringe Größe, die den Nachweis in der Regel nur nach gezieltem Suchen ermöglicht.

3.3 Sporozoa

Der Stamm der Sporozoa (Apicomplexa) ist durch einen besonderen Vermehrungszyklus gekennzeichnet (s. Schema 3-2). Wesentliches Merkmal ist eine intrazelluläre Teilung der Parasiten, die **Schizogonie**. Die sich so vermehrenden Formen nennt man **Trophozoiten** oder **Schizonten**. Das Ergebnis der intrazellulären Teilungen sind die **Merozoiten**. Diese können neue Zellen infizieren und sich entweder weiter durch Teilung (Schizogonie) vermehren, oder sie bilden Geschlechtszellen.
Meist kann man deutlich zwischen kleineren männlichen Geschlechtszellen, den **Mikrogameten**, und größeren weiblichen Geschlechtszellen, den **Makrogameten**, unterscheiden. Vorstufen dieser Geschlechtszellen werden **Mikro-** bzw. **Makrogametozyten** oder **Mikro-** bzw. **Makrogamonten** genannt.
Diese geschlechtliche Phase des Zyklus, die **Gamogonie**, endet mit der Verschmelzung zweier Geschlechtszellen und der Bildung einer **Zygote**. In einer weiteren ungeschlechtlichen Phase, der **Sporogonie**, entstehen aus dieser Zygote durch Teilung **Sporozoiten**. In einigen Fällen ist diese Form beweglich. Man nennt sie dann **Ookinet**.
Erfolgt die Entstehung der Sporozoiten innerhalb einer Hülle, wird die neu

entstandene Struktur **Oozyste** genannt. Oft sind in einer derartigen Oozyste noch eine artspezifische Anzahl von Untereinheiten, die **Sporozysten** enthalten, die dann ihrerseits wieder eine artspezifische Anzahl von Sporozoiten enthalten. **Sporoblasten** sind sich entwickelnde Sporozysten.
Da diese Oozysten von ihren Wirten ausgeschieden werden, findet auf dieser Stufe des Entwicklungszyklus in der Regel ein Wirtswechsel statt. Form, Größe und innerer Aufbau der Oozysten dienen der Differenzierung der Arten und haben jeweils diagnostische Bedeutung. Im neuen Wirt werden die Sporozoiten freigesetzt und vermehren sich wieder durch ungeschlechtliche Teilung, die Schizogonie (s. Schema 3-2).

Auf der Stufe der Oozysten findet oft ein Wirtswechsel statt.

In mit Sporozoiten infizierten Zellen läuft wieder eine Schizogonie ab.

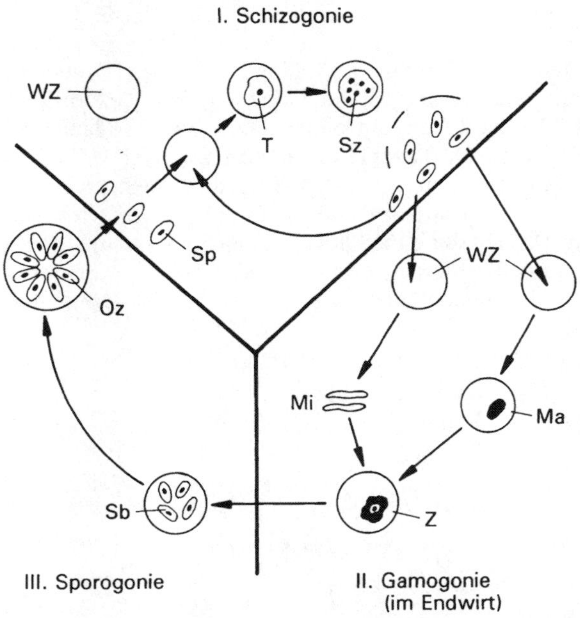

Schema 3-2: Allgemeiner Zyklus der Sporozoa

T = Trophozoit	Sz = Schizont	M = Merozoiten
Mi = Mikrogamet	Ma = Makrogamet	Z = Zygote
Oz = Oozyste mit Sp	Sp = Sporozoiten	Sb = Sporoblast
WZ = Wirtszellen		

Am konischen Zellpol der Sporozoen befindet sich eine besondere Struktur, die aus einem Polring und Fibrillen besteht. Sie gehört zum sog. Apikomplex, der wahrscheinlich eine Funktion bei der Penetration in die Wirtszellen hat. Diese spezielle Struktur hat der Erregergruppe ihren Namen gegeben: **Apicomplexa**.

Die Struktur am konischen Ende der Parasiten, der Apikomplex, gab dem Stamm den zweiten Namen. Sie dient wahrscheinlich der Penetration in Zellen.

3.3.1 Toxoplasma gondii

Toxoplasma gondii – Toxoplasmose

Toxoplasma gondii ist weltweit verbreitet.
Die Infektion des Menschen kann sowohl durch Aufnahme von Oozysten als auch durch Aufnahme von Gewebszysten erfolgen. Eine Sonderform ist die diaplazentare Übertragung von T. gondii während der Schwangerschaft.

T. gondii ist weltweit verbreitet.

Erregereigenschaften und Entwicklungszyklus: *Toxoplasma gondii ist fakultativ polyxen* und *heteroxen*, das heißt der Entwicklungszyklus läuft in der Regel in zwei Wirten ab, und die möglichen Zwischenwirte können verschiedenen Arten angehören.
Als Endwirte kommen nur *Katzen* und *katzenartige Tiere* (Feliden) in Frage. Zwischenwirte können die unterschiedlichsten Fleisch-, Pflanzen- und Allesfresser sein. In Mitteleuropa ist die Katze der Endwirt und Kleinnager, die die natürliche Beute der Katzen sind, stellen die wichtigsten Zwischenwirte dar. Neben Mäusen und Ratten können auch Tiere, die für die Ernährung

Erregereigenschaften:
T. gondii ist:
fakultativ heteroxen und polyxen.
Es gibt eine Vielzahl von Zwischenwirten.
Endwirte sind nur Katzen und katzenartige Tiere (Feliden).
Wichtigste Zwischenwirte in Europa sind Kleinnager.
Für den Menschen sind Haus- und Wildschwein von Bedeutung.

Entwicklungszyklus:
- Katzen sind der Endwirt. In ihrem Darm läuft die Gamogonie ab.
- Sie scheiden im Kot unreife Oozysten von etwa 10 × 15 µm aus.
- Durch Reifung entstehen insgesamt 8 Sporozoiten.
- Die Oozysten müssen durch orale Aufnahme in den Zwischenwirt gelangen.
- In den Zellen des Zwischenwirtes entstehen Pseudozysten mit
- 3–7 µm langen Parasiten;
- freigesetzte Parasiten können neue Zellen infizieren.
- Die anfänglich schnelle Entwicklung wird immer langsamer. (Tachyzoiten – Bradyzoiten)
- Schließlich entstehen bis zu 300 µm große Gewebszysten, die bis zu 1000 Parasiten enthalten können.
- Gewebszysten sind viele Jahre infektiös.
- Sie müssen mit der Nahrungskette in einen neuen Wirt gelangen
- oder sie sterben ab und verkalken.
- Der neue Wirt kann wieder ein Zwischenwirt sein, oder eine Katze, die dann der Endwirt ist.
- Jede Katze kann nur einmal Oozysten ausscheiden, eine Impfung wäre möglich.

des Menschen von Bedeutung sind, in den Entwicklungszyklus eingeschaltet sein. Von epidemiologischer Bedeutung für den Menschen sind infizierte Haus- und Wildschweine (s. Schema 3-3).

Katzen scheiden mit dem Kot unreife *Oozysten* aus. Diese sind etwa 10 × 15 µm groß und erst nach einer Reifung im Freien, die 2 bis 4 Tage dauert, infektiös. Sie enthalten dann zwei Sporozysten mit je vier Sporozoiten (s. Abb. 3-9).

Die Oozysten bleiben mehrere Monate (maximal 2 Jahre) infektiös und müssen durch orale Aufnahme in einen neuen Wirt gelangen. Dies kann wieder eine Katze sein, die einen Endwirt darstellt, oder aber einer der vielen möglichen Zwischenwirte.

Im Darm des Zwischenwirtes werden die Sporozoiten freigesetzt und verlassen diesen durch Penetration der Darmwand. Sie vermehren sich dann durch Zweiteilung in Vakuolen von Wirtszellen. Anfänglich werden Zellen des RES bevorzugt. Die mit Parasiten angefüllten Vakuolen *(Pseudozysten)* platzen und setzen 16 bis 32 etwa 2 bis 4 µm breite und 3 bis 7 µm lange, gekrümmte vegetative Formen von Toxoplasma gondii frei (vgl. Abb. 3-9). Diese können neue Zellen infizieren und sich wiederum vermehren.

Im weiteren Verlauf werden auch Muskelzellen und Zellen anderer Gewebe sowie das ZNS infiziert. Da sich die intrazellulären Parasiten durch *Endodyogonie* (Entstehung von zwei Tochterzellen in einer Mutterzelle) vermehren, nennt man die Parasiten in dieser Phase auch *Endozoiten.* Die Vermehrung

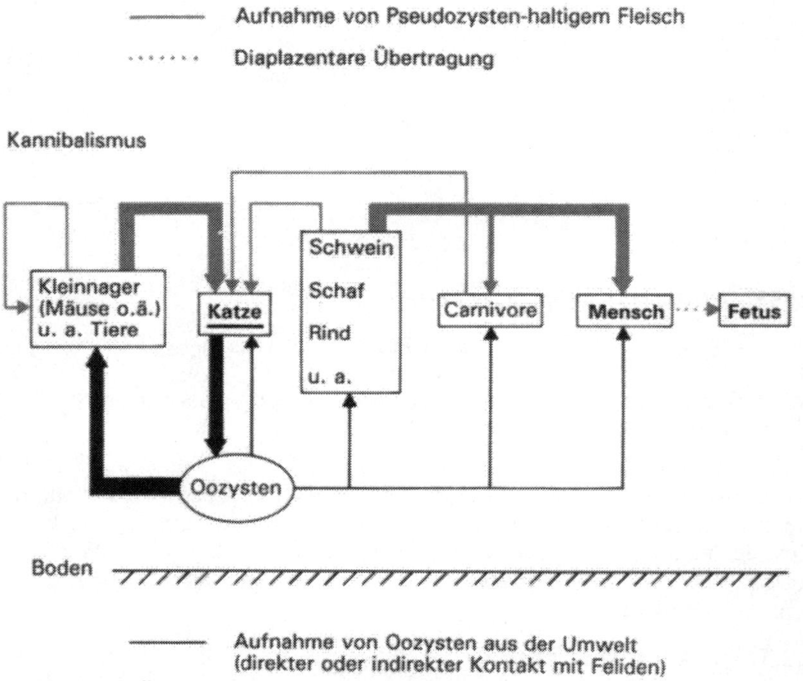

Schema 3-3: Übertragung von Toxoplasma gondii

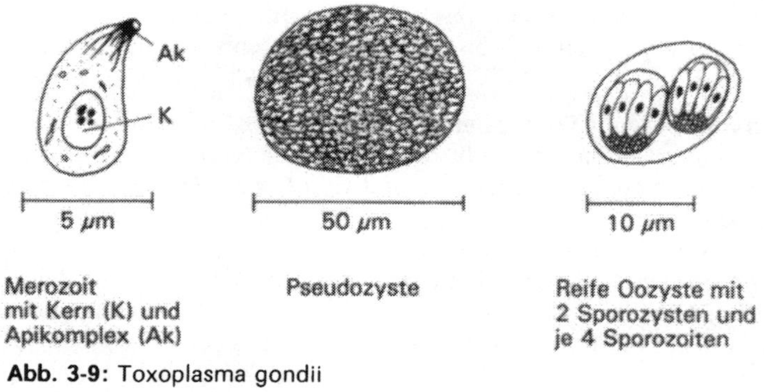

Abb. 3-9: Toxoplasma gondii

läuft anfänglich sehr schnell ab, weshalb diese Endozoiten auch *Tachyzoiten* genannt werden. Unter dem Einfluß der sich herausbildenden Immunität wird die Vermehrung immer langsamer und kommt schließlich ganz zum Stillstand. Es entstehen Zellen, die mit riesigen *Gewebszysten* angefüllt sind. Diese können einen Durchmesser von bis zu 300 µm haben und bis zu 1000 Parasiten enthalten (s. Abb. 3-9).
Die Parasiten in dieser Phase werden *Bradyzoiten* oder *Zystozoiten* genannt. Die Gewebszysten bleiben über viele Jahre infektiös. Sie müssen mit der Nahrungskette in einen neuen Wirt gelangen. Andernfalls sterben sie ab und können verkalken. Werden derartige Zysten von einem weiteren Zwischenwirt (dies kann auch der Mensch sein) aufgenommen, wiederholt sich dieser Prozeß und endet wieder mit der Bildung von Gewebszysten.
Gelangen die Gewebszysten in einen potentiellen Endwirt (Katze), dann entwickeln sich im Darmepithel nach einer anfänglichen *Endopolygonie* (Entstehung mehrerer Tochterzellen in einer Mutterzelle) die entsprechenden Gameten. Nach der Bildung von Mikrogamet und Makrogamet und deren Verschmelzung zu einer Zygote wird diese als unreife Oozyste mit dem Kot ausgeschieden. Die Zeitspanne von der Infektion bis zum Ausscheiden von infektiösen Formen wird *Präpatenzzeit* genannt. Die Präpatenzzeit hängt vom Zwischenwirt ab. Sie kann wenige Tage bis 5 Wochen betragen und ist bei unseren Hauskatzen dann am kürzesten, wenn sie durch pseudozystenhaltige Kleinnager infiziert wurden. Dies entspricht dem natürlichen Zyklus. Die Ausscheidung der Oozysten hält 1 bis 3 Wochen an. Jede Katze kann nur einmal Oozysten ausscheiden. Eine Impfung von Katzen wäre möglich.

Die **Infektion des Menschen** kann
- durch orale Aufnahme von Oozysten,
- durch Aufnahme von Gewebszysten mittels infizierten, rohen Fleisches oder
- diaplazentar erfolgen!

Pathogenese: Die Mehrzahl der Toxoplasmainfektionen verläuft asymptomatisch oder subklinisch. Die Bildung der Pseudozysten entspricht der akuten Phase der Erkrankung. Dabei führt die regionale Vermehrung zu lokalen Nekroseherden in den jeweils befallenen Organen und Geweben. Besonders betroffen sind neben dem *RES* und der Muskulatur vor allem auch *ZNS* (einschließlich Auge), *Leber* und *Plazenta.* Bis zum Einsetzen der Immunität werden Parasiten aus den Pseudozysten freigesetzt und können über Blut und Lymphe im Organismus verbreitet werden.
Bei bestehender Immunität werden freigesetzte Parasiten neutralisiert.
Im weiteren Verlauf können auch die Verkalkungsherde, die aus abgestorbenen Pseudozysten entstehen, zu pathologischen Zeichen führen.
Bei Immundefizienz (AIDS) kann es zur Exazerbation einer ruhenden Toxoplasmose kommen.

Pathogenese:
Die Mehrzahl der Infektionen verläuft subklinisch.
Symptome entstehen durch Nekrosen und Verkalkungen in:
- RES
- Muskulatur
- ZNS (einschließlich Auge)
- Leber und
- Plazenta(!).

Die einsetzende Immunität verhindert die weitere Ausbreitung der Parasiten – es entstehen die Gewebszysten.
Immundefizienz (z. B. AIDS) kann zur **Exazerbation einer ruhenden Toxoplasmose** führen!

Klinik: Bei der Toxoplasmose muß man drei verschiedene Infektions- und Verlaufsformen unterscheiden:
a) postnatale Toxoplasmose: Postnatal erworbene Infektionen von immunologisch gesunden Personen durch T. gondii verlaufen in der Mehrzahl der Fälle inapparent oder subklinisch. Ein leichter klinischer Verlauf ist geprägt durch Lymphknotenschwellungen, oft begleitet von Fieber, Gliederschmerzen und Abgeschlagenheit. Ein Exanthem ist möglich.
Bei schweren Krankheitsbildern kann neben den Lymphknoten (Adenitis) und verschiedenen inneren Organen wie Leber (Hepatitis), Herz (Myokarditis) und Lunge (interstitielle Pneumonie) vor allem das ZNS (Meningo-Enzephalo-Myelitis) betroffen sein. Das Krankheitsgeschehen hängt in hohem Maße von der Disposition ab, und bei Immunschwäche kann es zu dramatischen Verläufen kommen.

Klinik:
Es werden drei Verlaufsformen unterschieden:
- postnatale Toxoplasmose
  immunologisch Gesunder mit
  - Fieber
  - Lymphknotenschwellung
    und selten
  - Adenitis
  - Hepatitis
  - interstitieller Pneumonie
  - Meningo-Enzephalo-Myelitis

T. gondii ist ein typischer Opportunist!

b) konnatale Toxoplasmose: In etwa 50 % der Primoinfektionen (Erstinfektionen) von Schwangeren wird eine Infektion des Feten beobachtet. Diese konnatale Toxoplasmose ist mit einer hohen Komplikationsrate behaftet und stellte bisher das Hauptproblem der Toxoplasmainfektionen dar. In Abhängigkeit vom Zeitpunkt der Primoinfektion der Mutter können Aborte oder Foetopathien auftreten. Besonders betroffen sind ebenfalls das Gehirn (Hydrocephalus und intrazerebrale Verkalkungen), das Auge (Chorioretinitis) und das Herz.

- konnatale Toxoplasmose
  Mögliche Erkrankung des Feten bei einer Erstinfektion der Mutter mit:
  - Hydrocephalus
  - Verkalkungen (auch des ZNS)
  - Chorioretinitis

Für den Schweregrad ist der Zeitpunkt der Infektion entscheidend.

Dispensairbetreuung von Risikokindern

⟹

Oft sind die Neugeborenen zum Zeitpunkt der Geburt noch unauffällig und erst in den folgenden Jahren treten Zeichen der geistigen Retardierung als Folge der konnatal erworbenen Toxoplasmose auf. Eine Dispensairbetreuung von Risikokindern ist daher notwendig.

- Toxoplasmose bei Immundefizienz

Sowohl eine Neuinfektion als auch eine Exazerbation ist gekennzeichnet durch eine massive, ungehemmte Vermehrung vor allem im ZNS.

Es können Hemiparesen auftreten.

Todesfälle sind beschrieben.

c) Toxoplasmose bei Immundefizienz: Diese Form der Toxoplasmose kann sowohl durch Neuinfektion als auch durch Exazerbation einer ruhenden Toxoplasmose entstehen. Tierversuche haben gezeigt, daß insbesondere die Reaktivierung einer Toxoplasmose zu schweren zerebralen Verlaufsformen führt. Dabei kann die Tatsache eine Rolle spielen, daß Toxoplasmen in Zellen mit CD4-Rezeptoren ruhen (neben Lymphozyten auch Zellen der Mikroglia) und durch eine Infektion mit HIV freigesetzt werden.
Eine Infektion unter den Bedingungen der Immundefizienz ist im wesentlichen durch ein ungehindertes Wachstum der Parasiten geprägt. Dies führt vor allem zu einer schweren Schädigung des ZNS bis hin zu Hemiparesen. Todesfälle sind beschrieben.

Diagnose
- direkter, mikroskopischer Erregernachweis in Punktaten oder Bioptaten
- Antikörpernachweis mittels verschiedener Tests (IFT, IHA, ISAGA und ELISA sowie KBR und SFT).

Die Diagnose ist durch den *direkten mikroskopischen Erregernachweis* und *serologisch* möglich. Für den direkten Nachweis werden Punktions-, Biopsie und Nekropsiematerial eingesetzt. Eine Darstellung ist sowohl mit der Giemsa-Färbung als auch mit markierten Antikörpern möglich.
Für den *Antikörpernachweis* gibt es eine Vielzahl kommerzieller Tests (Immunfluoreszenz (IFT), indirekte Hämagglutination (IHA), Immunosorbent-Agglutination-Assay (ISAGA) und ELISA). Sie lösen die KBR und den klassischen „Sabin-Feldman-Test" (SFT) oder Serofarbtest ab. Der SFT beruht auf der Tatsache, daß mit Antikörpern behandelte Toxoplasmen im Gegensatz zu unbehandelten Parasiten nicht mehr mit Methylenblau anfärbbar sind. Ein großer Nachteil ist der notwendige Umgang mit lebenden, infektiösen Erregern.

Für die Bewertung der Antikörpertiter ist der Titerverlauf oder die Höhe des spezifischen IgM von Bedeutung.
Achtung:
IgM kann über Monate nachweisbar sein.
Die zerebrale Toxoplasmose bei AIDS-Patienten kann mittels Computertomographie diagnostiziert werden.

Für die Bewertung der Ergebnisse insbesondere bei niedrigeren Titern ist entweder der Nachweis eines Titeranstieges oder der Nachweis von spezifischem IgM nötig, da nur so eine beginnende Erstinfektion erkannt werden kann. Dabei muß beachtet werden, daß bei einer Toxoplasmose in Einzelfällen IgM über viele Monate nachweisbar sein kann.
Der serologische Antigennachweis im Blut wird in Zukunft bei AIDS-Patienten eine Rolle spielen. Insbesondere für die schweren Verläufe der zerebralen Toxoplasmose bei AIDS-Patienten haben sich moderne bildgebende Verfahren wie die Computertomographie als aussagefähig erwiesen.

Therapie:
Pyrimethamin plus Sulfonamid; Spiramycin bei Schwangeren

Therapie: Mittel der Wahl ist eine Kombination von *Pyrimethamin* und *Sulfonamid.* Besonders in der Schwangerschaft stellt Spiramycin eine Alternative dar.

Prophylaxe:
- Rohes Fleisch tieffrieren.
- Hygiene beim Umgang mit Katzen und bei der Arbeit im Freien.
- Screening der Schwangeren zur Früherkennung einer Erstinfektion.

Die Prophylaxe richtet sich gegen die Aufnahme von infektiösem (pseudozystenhaltigem) Fleisch und von Oozysten aus der Umwelt. Normales Braten oder Kochen, aber auch Tieffrieren (−20 °C für 3 Tage) tötet alle Zystozoiten ab.
Vor der Oozystenaufnahme schützen hygienische Maßnahmen z. B. im Zusammenhang mit Gartenarbeit oder beim Umgang mit Katzen. Da nur unreife Oozysten ausgeschieden werden, ist frischer Katzenkot nicht infektiös. Prophylaktische Maßnahmen sind insbesondere für nichtimmune Schwangere und für AIDS-Patienten von Bedeutung.

Sarcocystis suihominis – Sarcosporidiose
Sarcocystis bovihominis – Coccidiose

3.3.2 Sarcocystis suihominis Sarcocystis bovihominis

Beide weltweit verbreitet.

Beide Parasiten kommen weltweit vor.

Erregereigenschaften und Entwicklungszyklus
- Der Mensch ist Endwirt
- Zwischenwirte sind Schwein bzw. Rind
- Die Infektion des Menschen erfolgt durch zystenhaltiges Fleisch.

Erregereigenschaften und Entwicklungszyklus: Der Mensch ist jeweils der Endwirt für Sarcocystis suihominis und Sarcocystis bovihominis. Er infiziert sich durch die Aufnahme von Gewebezysten, indem er rohes Fleisch von infizierten Zwischenwirten (Schwein bzw. Rind) zu sich nimmt (Schema 3-4).

Pathogenese und Klinik: Als Folge einer wahrscheinlich toxischen Schädigung des Darmepithels sind Gastroenteritiden möglich.

Pathogenese und Klinik:
Toxisch bedingte Gastroenteritiden

Diagnose: Die Diagnose erfolgt über den Nachweis von Oozysten oder Sporozysten im Stuhl.

Diagnose:
Oozystennachweis im Stuhl

Therapie: Der Einsatz von Sulfonamiden scheint möglich.

Therapie:
Sulfonamide

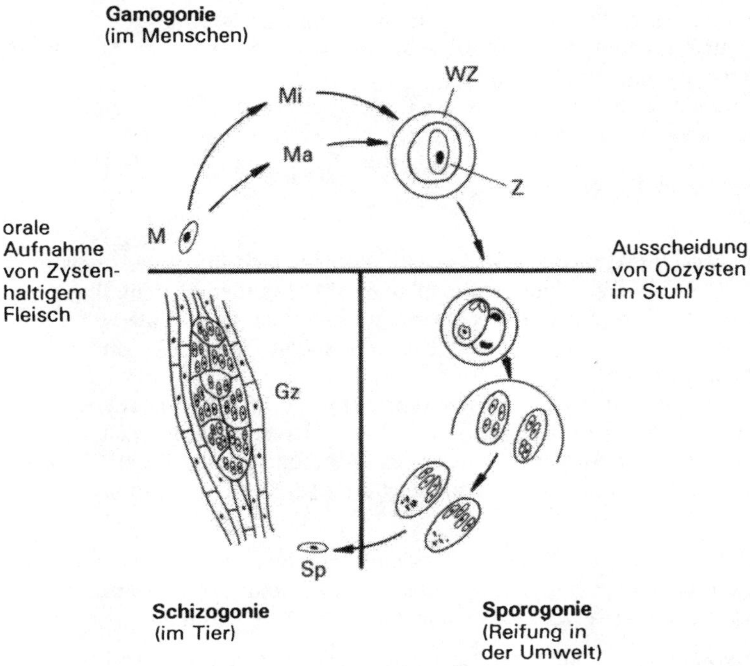

Schema 3-4: Entwicklung von Sarcocystis spp.

M = Merozoit; Mi = Mikrogamet; Ma = Makrogamet; WZ = Wirtszelle; Z = Zygote; Sb = Sporoblast; Sp = Sporozoit; Gz = Gewebszyste (oder Pseudozyste) in der Muskulatur

Prophylaxe: Verzicht auf den Genuß rohen Fleisches oder Tiefrieren bei −20 °C für drei Tage.

Prophylaxe:
Tieffrieren rohen Fleisches

3.3.3 Cryptosporidium parvum

Cryptosporidium parvum – Cryptosporidiose

Obwohl der Erreger schon seit 1910 bekannt ist, wurde 1976 zum ersten Mal über eine Erkrankung durch Cryptosporidium beim Menschen berichtet, und erst 1984 wurde seine Bedeutung für AIDS-Patienten erkannt.

Erregereigenschaften und Entwicklungszyklus: Cryptosporidium ist *homoxen* und *polyxen*. Der Entwicklungszyklus läuft in jeweils nur einem Wirt ab, aber es können eine Vielzahl von Reptilien, Vögeln und Säugetieren als Wirt dienen. Ursprünglich führte dies zur Isolierung von über 20 Spezies. Inzwischen geht man davon aus, daß es nur zwei wirklich verschiedene Arten gibt. Die humanpathogene Art ist C. parvum.

Erregereigenschaften und Entwicklungszyklus:
Cryptosporidium ist homoxen und polyxen.

Die Infektion erfolgt durch Aufnahme infektiöser Sporozysten mit je 4 Sporozoiten. Diese werden im Dünndarm freigesetzt und lagern sich an (oder in) die Mikrovilli der Schleimhaut. Sie sind *intrazellulär*, aber *extrazytoplasmatisch*.

Die Infektion erfolgt durch orale Aufnahme von Sporozysten.
Die Vermehrung läuft intrazellulär im Dünndarmepithel ab.

In den Epithelzellen läuft eine Schizogonie mit anfänglich 8 Merozoiten pro infizierter Zelle ab. Im Verlaufe der Infektion werden dann nur noch 4 oder 2 Merozoiten pro Zelle gebildet. Gleichzeitig entstehen die ersten Mikro- und Makrogameten. Nach der Verschmelzung der Geschlechtszellen werden über eine Zygote etwa 5 bis 6 µm große Oozysten gebildet. Die Oozysten können eine dicke oder eine dünne Schale besitzen.

Es werden bis 6 µm große Oozysten gebildet:
- die dünnschaligen führen zu einer Autoinfektion,
- die dickschaligen sind umweltresistent und können neue Wirte infizieren.

Die dünnschaligen Formen besitzen keine Umweltresistenz. Ihnen wird die Fähigkeit zur Autoinfektion zugeschrieben. Die dickschaligen Formen gelangen mit dem Stuhl ins Freie. Dort können sie mehrere Monate überleben und Ausgangspunkt einer neuen Infektion sein (s. a. Schema 3-5).

Pathogenese:
Die Vermehrung der Parasiten führt zu einer Reduktion der funktionellen Oberfläche.
Die Ausheilung ist spontan.
Bei immundefizienten Patienten treten chronische und extraintestinale Verläufe auf.

Pathogenese: Cryptosporidium wird vorwiegend im Dünndarm angetroffen, kann sich aber auch im Dickdarm vermehren. Die klinischen Symptome im Falle der intestinalen Form ergeben sich wahrscheinlich allein aus einer Reduktion der resorptiven Oberfläche in Dünn- und Dickdarm.
Im immunkompetenten Patienten heilt eine klinische Infektion nach wenigen Tagen spontan aus.
Im immundefizienten Patienten kann es zu schweren, chronischen Verläufen kommen.

C. parvum ist ein Opportunist.

Klinik:
Meist milde, spontan abklingende Durchfälle, vor allem bei Kindern.

Schwere, chronische Verläufe mit starkem Flüssigkeits- und Elektrolytverlust bei **AIDS-Patienten.**
Tödliche Verläufe sind möglich.

Klinik: Eine Infektion immunologisch Gesunder ist durch einen meist milden, nur wenige Tage dauernden, spontan abklingenden Durchfall gekennzeichnet. Sowohl auf Grund des Übertragungsmodus (fäkal/orale Schmierinfektionen) als auch wegen der sich ausbildenden Immunität sind Kinder besonders betroffen.
Immundefiziente Patienten weisen schwere, chronische Verläufe auf, die zum Teil mit erheblichem Flüssigkeits- und Elektrolytverlust einhergehen. Ohne Therapie kann der Ausgang tödlich sein. Insbesondere bei dieser Personengruppe sind extraintestinale Krankheitsbilder (z. B. Pneumonien) beschrieben worden.

Diagnose:
Mikroskopischer Nachweis von Oozysten im Stuhl.

Therapie:
Spiramycin und wenn nötig, Ersatz der Elektrolyte

Die Diagnose kann durch den mikroskopischen Nachweis von Oozysten im Stuhl gestellt werden. Dazu sind einfache Färbemethoden ausreichend.
Eine Anreicherung der Oozysten ist mit den üblichen Verfahren möglich.

Zur Therapie wird *Spiramycin* empfohlen. Bei schweren Verläufen müssen Flüssigkeit und Elektrolyte ersetzt werden.

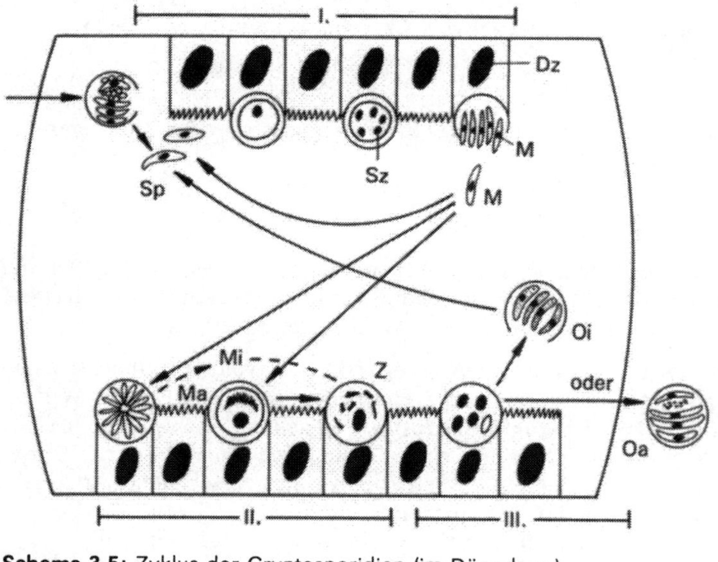

Schema 3-5: Zyklus der Cryptosporidien (im Dünndarm)

I. Schizogonie (im Dünndarmepithel)
Sp = Sporozoiten; Sz = Schizont; M = Merozoiten; Dz = Dünndarmzellen mit Kernen
II. Gamogonie (im Dünndarmepithel)
Mi = Mikrogameten; Ma = Makrogamet; Z = Zygote
III. Sporogonie (im Dünndarm)
Oa = Oozyste mit dicker Hülle; Oi = Oozyste mit dünner Hülle; Sp = Sporozoiten

Eine Prophylaxe ist nur durch hygienische Maßnahmen möglich.

Prophylaxe: hygienische Maßnahmen

3.3.4 Isospora belli

Isospora belli – Coccidiose

Die Coccidiose ist weltweit verbreitet. Eine Häufung ist in den wärmeren Ländern (einschließlich Mittelmeerraum) zu beobachten.
Isospora belli ist *monoxen* und *homoxen.* Einziger Wirt ist der Mensch. Die Infektion erfolgt über die Aufnahme Oozysten-kontaminierter Nahrungsmittel. Die gesamte Entwicklung läuft in den *Epithelzellen des Dünndarms* ab.

- Erreger der Coccidiose
- weltweit verbreitet
- homoxen und monoxen
- einziger Wirt ist der Mensch
- Übertragung durch orale Aufnahme von Oozysten
- Entwicklung im Dünndarm

Die Pathogenese der Infektion ergibt sich wohl eher aus der Reduktion der resorptiven Oberfläche als durch Produktion oder Freisetzung von Toxinen.

Klinik und Verlauf: Die Infektion verläuft meist subklinisch. Schwere Verläufe sind durch Diarrhoen infolge von Resorptionsstörungen gekennzeichnet, die von Übelkeit und Erbrechen begleitet sind.

Klinik und Verlauf
- Infektionen sind meist subklinisch
- selten Durchfälle und Erbrechen

Eine Diagnose ist durch den Nachweis der Oozysten im Stuhl möglich. Dabei ist zu beachten, daß sie unreif, als Sporoblasten, etwa ab 10. Tag post infectionem (Präpatenz) ausgeschieden werden.
Erst nach einigen Tagen („Kultur") sind die 18 bis 20 × 25 bis 30 µm großen Oozysten mit 2 Sporozysten und je 4 Sporozoiten nachweisbar.
Eine Anreicherung erhöht die Wahrscheinlichkeit der Diagnose.

Diagnose durch Nachweis der bis 30 µm großen Oozysten im Stuhl.
(Eine „Kultur" ist günstig.)

Eine Therapie ist mit Trimethoprim plus Sulfonamid möglich.

Therapie: Trimethoprim plus Sulfonamid

3.3.5 Plasmodium spp.

Plasmodium spp. – Malaria (Sumpf- oder Wechselfieber)
- *Plasmodium falciparum*
- *Plasmodium vivax*
- *Plasmodium ovale* und
- *Plasmodium malariae.*

Plasmodien sind an das Vorhandensein von spezifischen Anophelesmücken gebunden (daher der Name Sumpffieber).

Plasmodium falciparum	Malaria tropica
	Malaria tertiana (maligna)
Plasmodium vivax	Malaria tertiana (benigna)
Plasmodium ovale	Malaria tertiana (benigna)
Plasmodium malariae	Malaria quartana

Die Verbreitung der Malaria ist an das Vorhandensein des Vektors, geeignete Spezies der Gattung Anopheles (daher der Name Fiebermücken), gebunden. Die Beziehung des Vektors zu feuchten Standorten führte zu der Bezeichnung Sumpffieber.
Auch in gemäßigten Klimaten wie z. B. in Mitteleuropa gibt es derartige Spezies. Der Parasit kann aber in den kälteren Wintermonaten nicht im Vektor, sondern nur im Warmblüterwirt überleben. So konnte die Malaria durch konsequente Therapie aller Patienten und durch ein Netz von Kontrolluntersuchungen in den 50er Jahren aus den Endemieherden, die es auch in Mitteleuropa (z. B. nördlich von Berlin) gab, verdrängt werden. Ein Reimport wäre möglich.

Auch in Mitteleuropa gibt es geeignete Anophelesspezies.

Heute ist die Malaria auf einen „Gürtel" in den Tropen begrenzt. Über 2,5 Milliarden Menschen leben in gefährdeten Gebieten, und man rechnet noch immer mit 100 bis 300 Millionen infizierten Personen. Die große Schwankung ergibt sich aus der Dunkelziffer in den Endemiegebieten.
Mit mehreren Millionen Neuerkrankungen und wahrscheinlich weit über 1 Million Todesfälle pro Jahr ist die Malaria auch heute noch eine der großen Herausforderungen der Medizin.
Besonders betroffen sind Kinder.

Heute ist die Malaria auf einen „Gürtel" in den Tropen begrenzt.
Man rechnet mit bis zu 300 Millionen infizierten Personen und über 1 Million Todesfälle.

Erregereigenschaften und Entwicklungszyklus: Plasmodien sind Parasiten, deren Schizogonie in den roten Blutzellen von Vertebraten abläuft. Es gibt jeweils speziesspezifische Plasmodien bei Reptilien, Vögeln und Säugetieren. Plasmodien sind *heteroxen,* da der Zyklus in zwei Wirten abläuft, und *polyxen* in bezug auf den Arthropodenwirt, da bis zu 60 Arten der 200 Vertreter der Gattung Anopheles Plasmodien auf den Menschen übertragen können. In der Mücke läuft die Gamogonie ab – sie ist der Endwirt. Der Mensch ist für die Plasmodien nur Zwischenwirt. Es gibt *keine tierischen Reservoire.*
Die Infektion des Menschen erfolgt durch *Sporozoiten,* die sich im Speichel einer infizierten Mücke befinden. Sporozoiten sind bis zu 12 µm lange,

Erregereigenschaften und Entwicklungszyklus:
- Plasmodien parasitieren in Erythrozyten von Vertebraten
- Sie sind spezifisch für einen Vertebratenwirt, können aber in verschiedenen Anophelesspezies überleben.
- Es gibt keine tierischen Reservoire für die menschliche Malaria!
- Der Mensch wird durch Sporozoiten infiziert, die infektiöse Mücken übertragen.

- Die Schizogonie beginnt in der Leber: extraerythrozytäre Phase.
- *Pl. falciparum* und *Pl. malariae* verlassen die Leber, und die Schizogonie läuft nur noch in den Erythrozyten ab.
- Bei *Pl. vivax* und *Pl. ovale* verbleiben Hypnozoiten in der Leber: sie sind die Ursache für Rückfälle.

schlanke, spindelförmige Zellen. Sie gelangen über den Kreislauf in die Leber und sind innerhalb von 30 Minuten aus dem Blut verschwunden. Sie können sowohl die Zellen des *RES* als auch die *Leberparenchymzellen* infizieren und vermehren sich dort intrazellulär durch *Schizogonie.* Diese *extraerythrozytäre Phase* dauert speziesspezifisch etwa 7 bis 10 Tage. In dieser Zeit laufen mehrere Vermehrungszyklen ab. Die in der Leber gebildeten Merozoiten können nun Erythrozyten infizieren, und es beginnt die *erythrozytäre Phase.* Bei Pl. falciparum und Pl. malariae verschwinden in dieser Phase alle Schizonten aus der Leber, wohingegen bei Pl. vivax und Pl. ovale auch während der erythrozytären Phase Schizonten in der Leber verbleiben können. Da diese sich nicht mehr aktiv vermehren, sondern „ruhen“, nennt man sie *Hypnozoiten.* Sie können nach Jahren wieder aktiviert werden und Ursache für Rückfälle sein.

Erythozytärer Zyklus:
- Merozoiten infizieren Erythrozyten.
- Es bilden sich Trophozoiten.
- Junge Trophozoiten sind meist ringförmig.
- Die Trophozoiten wandeln sich in vielkernige, je nach Spezies verschieden geformte Schizonten um.
- Ein Zyklus dauert speziesabhängig 48–72 Stunden.
- Bei der Freisetzung der Merozoiten werden Pyrogene frei. Sie sind für das Fieber verantwortlich.
- Die Merozoiten können neue Erythrozyten infizieren.

Nach der Invasion eines Merozoiten in eine rote Blutzelle wandelt sich dieser in einen *Trophozoiten,* die wachsende Struktur, um. Die Trophozoiten der einzelnen Spezies sind morphologisch voneinander zu unterscheiden, was eine wichtige Grundlage für die mikroskopische Differenzierung der Plasmodien bildet (s. Tab. 3-2).
Junge Trophozoiten sind meist ringförmige Gebilde mit einem randständigen Kern. Die im Laufe der Reifung entstehenden, vielkernigen Morulastadien können bizarr, amöboid, bandförmig oder kugelig sein. Nach 48 oder 72 Stunden, je nach Spezies, sind in jedem infizierten Erythrozyten (wiederum in Abhängigkeit von der Spezies) zwischen 8 und 24 Merozoiten entstanden, die durch Platzen der roten Blutzellen frei werden und neue Erythrozyten infizieren können (s. Schema 3-6).
Die Parasiten sind bei ihrer Entwicklung auf das Hämoglobin als Nährstoffquelle angewiesen. Hämoglobinanomalien können zu einer gewissen Resistenz gegenüber Plasmodien führen.

Malaria tertiana:
(Fieberschübe jeden 3. Tag) Folge des synchronen Zyklus von *Pl. vivax* und *Pl. ovale* von jeweils 48 Stunden.
(Die Vermehrung von *Pl. falciparum* ist meist asynchron.)
Malaria quartana:
Folge des synchronen 72-Stunden-Zyklus von *Pl. malariae.*

Außer bei *Pl. falciparum* läuft diese erythrozytäre Entwicklung synchron ab und führt daher zu Fieberschüben in zeitlich determinierten Intervallen: *Pl. vivax* und *Pl. ovale* alle 48 Stunden (jeden 3. Tag = *Malaria tertiana*) und *Pl. malariae* alle 72 Stunden (jeden 4. Tag = *Malaria quartana*).

Tab. 3-2: Vergleich der Plasmodienarten

	Plasmodium falciparum	Plasmodium ovale	Plasmodium malariae	Plasmodium vivax
Größe und Form der Erythrozyten:	unverändert	vergrößert oval	meist unverändert, teilweise größer	vergrößert
Junge Trophozoiten (Ringformen):	klein, ⅓–¼ des Zelldurchmessers, oft mehrkernig, oft mehrere Ringformen pro Zelle	regulär, ¼–⅔ des Zelldurchmessers	weniger regulär, ¼–⅔ des Zelldurchmessers	irregulär, ¼–⅔ des Zelldurchmessers
Alte Trophozoiten:	s. o.	rund und kompakt	kompakt oder bandförmig	irregulär
Tüpfelung:	nicht vorhanden	grobkörnig	feinkörnig	nicht vorhanden
Schema der Trophozoiten in den Blutzellen:	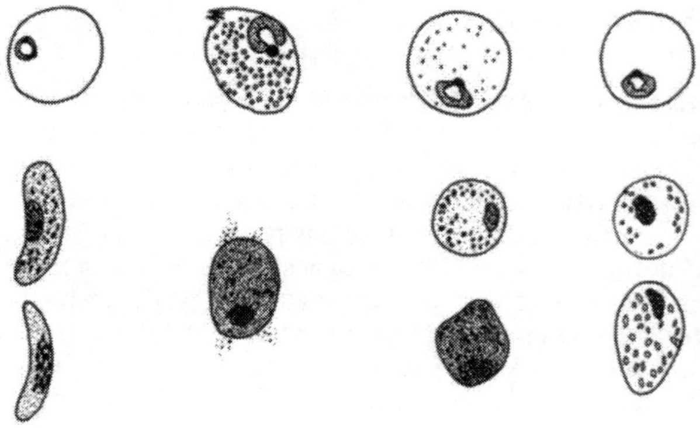			
Schema der Gametozyten:				
Mikrogametozyt:				
Makrogametozyt:				

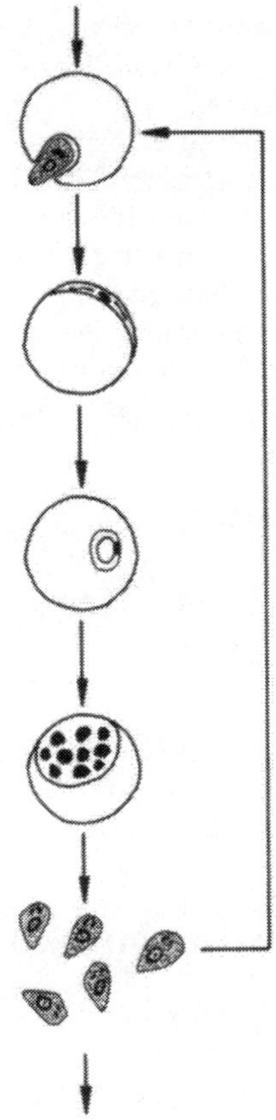

Schema 3-6:
Schizogonie der Plasmodien am Beispiel von *Pl. falciparum*

Die Infektion neuer Erythrozyten kann durch Schizogonie wieder zur Bildung von Schizonten und Merozoiten führen. Es können aber auch die Vorstufen der Geschlechtszellen, die Mikro- und Makrogametozyten, entstehen. Diese müssen von einer Anophelesmücke aufgenommen werden, in deren Darm sich aus den Gametozyten die reifen Gameten entwickeln. In den Mikrogametozyten läuft dabei eine Zellteilung ab, und durch *„Exflagellation"* entstehen schlanke, längliche, bewegliche Mikrogameten.

Die nach der Befruchtung der Makrogameten durch je einen Mikrogameten entstehenden Zygoten wandeln sich in einen beweglichen *Ookineten* um, aus dem in der Darmwand eine *Oozyste* entsteht.

In dieser entwickeln sich im Verlauf von 1 Woche (*Pl. falciparum* und *Pl. vivax*) oder zu bis 5 Wochen *(Pl. malariae) Sporozoiten.* Diese *äußere Inkubationszeit,* die der Zyklusdauer in der Mücke entspricht, ist sowohl abhängig von der Außentemperatur als auch speziesspezifisch.

Durch Platzen werden jeweils einige hundert Sporozoiten freigesetzt und gelangen über das Hemocoel auch in die Speicheldrüsen.

Bei einer erneuten Blutmahlzeit werden sie mit dem Speichel auf den neuen Wirt übertragen.

Gamogonie:
- Infektion der Erythrozyten kann zu Mikro- und Makrogametozyten führen.
- In der Mücke erfolgt die Umwandlung in die jeweiligen Gameten und die Befruchtung.
- Die Zygote ist beweglich. Dieser Ookinet verläßt den Darm.
- Es entsteht eine Oozyste.

Sporogonie:
- In jeder Oozyste reifen einige hundert Sporozoiten.
- Sie werden durch Platzen frei und gelangen vor allem in die Speicheldrüsen.
- Bei einer Blutmahlzeit können sie auf den Menschen übertragen werden.

Pathogenese: Die Pathogenese der Malaria ist ein äußerst komplexer Vorgang. Beim Zellzerfall freiwerdende pyrogene Substanzen rufen das typische Fieber hervor.

Die *Splenomegalie* ist sowohl eine Folge der Mauserung infizierter Erythrozyten als auch der Phagozytose solcher Zellen, die durch die Anlagerung von Antigenen verändert sind. Die *Anämie* ist zum einen eine direkte Folge der Lyse parasitierter Zellen, zum anderen werden infizierte Zellen, die Fremdantigene tragen, phagozytiert oder durch *Autoimmunmechanismen* zerstört. Dabei spielen auch Immunkomplexe eine Rolle, die sich durch Anlagerung von Antikörpern an die infizierten Erythrozyten bilden.

Darüber hinaus führt die geringere Elastizität der infizierten Erythrozyten nicht nur zu einer Verstopfung der Kapillaren, sondern auch zu einer *mechanischen Hämolyse.*

Pathogenese:
Die Pathogenese ist komplex. Sie setzt sich zusammen aus:
- Zellzerfall und Zellzerstörung durch:
  - Parasitenvermehrung
  - Autoimmunmechanismen
  - Phagozytose
  - mechanische Zerstörung mit
  - Freisetzung von Pyrogenen
  - Anämie
- Veränderung der Eigenschaften der infizierten Erythrozyten mit
  - Aggregation der Erythrozyten
  - Anlagerung an Gefäßwände;

die Folge sind Mikrozirkulationsstörungen.
- Lokale Entzündungen und Nekrosen der benachbarten Gewebe als Folge
  - der Mitbeteiligung bei Reaktionen der Immunabwehr und der
  - unspezifischen Abwehr, sowie der
  - Mikrozirkulationsstörungen (besonders im ZNS).
- Schäden durch Immunkomplexe (insbesondere in der Niere).

Verstärkt wird die Anämie durch den entstehenden Eisenmangel infolge des Hämoglobinverlustes und einer verminderten Blutbildung.
Der aus der Anämie resultierende allgemeine Sauerstoffmangel im Gewebe wird vor allem bei *Pl. falciparum*-Infektionen durch Störungen der Mikrozirkulation weiter verstärkt, die nur zu einem geringen Teil die Folge der erhöhten Rigidität der infizierten Erythrozyten sind. Sie werden vor allem durch die Anlagerung dieser modifizierten Zellen an die Kapillarendothelien und eine zum Teil beträchtliche Aggregation hervorgerufen.
In Verbindung mit den lokal an den Anlagerungsstellen auftretenden immunologischen Reaktionen und Entzündungsprozessen kann es zu Gefäßwandschäden mit Hämorrhagien und lokalen Nekrosen in verschiedenen Organen kommen.

Neben den *zerebralen Störungen*, die über ein Koma zum Tode führen können, sind *Nierenversagen, Leberschäden* mit deutlichem Ikterus, *gastrointestinale Störungen* mit Durchfällen und Malabsorption, *Hepatitis* und *Pneumonien* häufige Folgen der Malaria.

Die Malaria war und ist ein Selektionsfaktor.

Eine relative Resistenz bedeuten:
- Hämoglobinvarianten,
- stoffwechselbedingte Anämien,
- Antigenvarianten der Erythrozyten.

Die Malaria war und ist daher in den endemischen Gebieten ein starker *Selektionsfaktor*. Bei den betroffenen Populationsgruppen haben sich eine Reihe genetisch fixierter Veränderungen herausselektiert, die eine gewisse Resistenz vermitteln:
1. Das Hämoglobin kann so verändert sein, daß es von den sehr spezifischen Proteasen der Plasmodien schlechter abgebaut wird. Dies ist die Ursache der Resistenz von *Sichelzellanämie-Merkmalsträgern*. (Auch das fetale Hämoglobin (HbF) wird schlechter verwertet und stellt somit noch einen gewissen Schutz für die Neugeborenen dar.)
2. Eine Reihe von stoffwechselbedingten Anämien, wie der *G6PDH-Mangel*, gehen ebenfalls mit einer erhöhten Resistenz gegenüber Plasmodien einher. Beide Anämieformen sind in Malariagebieten deutlich häufiger.
3. *Pl. vivax* benötigt als Rezeptor das Duffy-Antigen. Erythrozyten, die dieses nicht besitzen, können nicht infiziert werden. Die Abwesenheit dieses Antigens bei weiten Teilen der afrikanischen Bevölkerung erklärt das Fehlen von *Pl. vivax*-Infektionen in dieser Population.

Klinik:
Typisch sind rhythmische Fieberschübe mit Schüttelfrost, Schweißausbrüchen (Wechselfieber) und Splenomegalie.

Klinik: Das klinische Bild der Malaria ist geprägt durch die periodischen Fieberschübe mit Schüttelfrost und Schweißausbrüchen *(Wechselfieber)*, Splenomegalie und Anämie. In Endemiegebieten kann allein die Häufigkeit von Splenomegalie bei Kindern einen Eindruck von der Inzidenz vermitteln. Insbesondere bei *Pl. falciparum*-Infektionen wird das Bild durch die oben dargestellten Mechanismen modifiziert.

Pl. falciparum:
- Die Inkubationszeit beträgt etwa 1 Woche.
- Das Fieber ist oft kontinuierlich.
- Die Zirkulationsstörungen sind stark ausgeprägt.
- Eine massive Hämolyse ist häufig.
- Diese Form führt unbehandelt oft zum Tode:
  → Malaria tertiana maligna.

Pl. falciparum: Bei Infektionen mit Pl. falciparum kann es schon nach 1 Woche zu Fieberschüben kommen. Da die Vermehrung der Erreger in den Erythrozyten nicht in dem Maße synchron erfolgt wie bei den anderen Spezies, ist das Auftreten der Fieberschübe nicht regelmäßig alle 48 Stunden *(Malaria tertiana)*. Es kann sogar zu einem mehr oder weniger kontinuierlichen Fieber kommen.
Die Zirkulationsstörungen durch Aggregation der infizierten Erythrozyten und deren Anlagerung an Gefäßendothelien sind ausgeprägt. Die Organe der Blutmauserung sind vergrößert, es besteht eine deutliche Hepatosplenomegalie. Die zum Teil massive Hämolyse kann in Verbindung mit spezifischen Nierenschäden zur *Hämoglobinurie* führen, die in schweren Fällen als „Schwarzwasserfieber" bezeichnet wird. Unbehandelt führt die Pl. falciparum-Infektion häufig zum Tode *(Malaria tertiana maligna)*. Wichtigste Todesursache ist dabei die zerebrale Malaria infolge der Mikrozirkulationsstörungen. Weitere Todesursachen können Nierenversagen und Ateminsuffizienz sein. Obwohl weltweit nur 15 % der Malariafälle durch diesen Erreger hervorgerufen werden, gehen doch fast alle schweren Verläufe und Todesfälle auf sein Konto.

Pl. ovale:
- Die Inkubationszeit beträgt etwa 2 Wochen.

Pl. ovale: Nach einer Inkubationszeit von etwa 2 Wochen treten im Abstand von 48 Stunden *(Malaria tertiana)* bis zu 8 Fieberschübe auf, die durch

Schüttelfrost eingeleitet werden und die nach einigen Stunden unter Schwitzen abklingen. Rezidive können über einen Zeitraum von mehreren Jahren auftreten, wofür die Hypnozoiten in der Leber verantwortlich gemacht werden. Eine Pl. ovale-Infektion heilt in der Regel spontan aus *(Malaria tertiana benigna)*.

- Die Fieberschübe treten alle 48 Stunden auf.
- Die Krankheit heilt meist spontan aus: Malaria tertiana benigna.
- Rezidive sind möglich.

Pl. malariae: Nach einer Inkubationszeit, die bis zu 7 Wochen betragen kann, treten im Abstand von jeweils 72 Stunden *(Malaria quartana)* bis zu 20 Fieberschübe auf, die von Schüttelfrost eingeleitet werden. Rezidive sind über einen Zeitraum von bis zu 40 Jahren beschrieben worden. Dabei kommt es wahrscheinlich zu sekundären Infektionen der Leber.

Pl. malariae:
- Inkubationszeit bis zu 7 Wochen,
- Fieberschübe alle 72 Stunden: Malaria quartana,
- Rezidive sind über viele Jahre möglich.

Pl. vivax: Nach einer Inkubationszeit von etwa 2 Wochen tritt bei Monoinfektionen alle 48 Stunden *(Malaria tertiana)* ein Fieberschub von etwa 6 bis 8 Stunden auf, der mit Schüttelfrost eingeleitet wird. In der Regel laufen nicht mehr als 15 Fieberschübe ab. Nach einem anfallsfreien Intervall können erneut Fieberschübe auftreten. Derartige Rückfälle durch Aktivierung von Hypnozoiten können über einen Zeitraum von einigen Jahren auftreten. Eine Pl. vivax-Infektion kann spontan ausheilen.

Pl. vivax:
- Inkubationszeit etwa 2 Wochen,
- Fieberschübe alle 48 Stunden,
- auch diese Form heilt meist spontan aus: → Malaria tertiana benigna,
- Rezidive sind möglich.

Pl. vivax ist mit 80 % die häufigste Ursache der Malaria und wird auch außerhalb des Tropengürtels angetroffen.

Bei *Mischinfektionen* durch verschiedene Plasmodienspezies treten zeitliche Abweichungen bei den Fieberschüben auf!

Immunität:

> Eine *Immunität* gegen Plasmodien entwickelt sich nur langsam und geht ohne eine ständige Exposition bald wieder verloren. Diese Immunität ist die Ursache für die mögliche spontane Ausheilung der Malaria.

In endemischen Gebieten sind Kleinstkinder durch eine passive und Erwachsene durch eine aktiv erworbene Immunität geschützt. Kinder stellen in Endemiegebieten die Risikogruppe mit den höchsten Erkrankungsziffern dar.
Bei Personen aus nichtendemischen Gebieten (Touristen) ist das Infektionsrisiko für alle Altersgruppen gleich. Wegen der zum Teil langen Inkubationszeit kann es auch noch 7 Wochen nach Rückkehr zu Erkrankungen kommen.

Diagnose: Die Diagnose erfolgt durch den mikroskopischen Nachweis der Trophozoiten, Schizonten und Gametozyten im Giemsa-gefärbten Blutausstrich (vgl. Tab. 3-2). Bei niedriger Parasitendichte stellt die Methode des *dikken Tropfens* eine Möglichkeit dar, Parasiten in einem größeren Volumen nachzuweisen.

Diagnose:
Mikroskopischer Nachweis der Erreger im gefärbten Blutausstrich oder im „dicken Tropfen".

Ein auf dem Objektträger luftgetrockneter Tropfen wird dazu in Aqua dest. hämolysiert und so lange in destilliertem Wasser aufbewahrt, bis das Hämoglobin völlig ausgewaschen ist. Nach nochmaligem Trocknen kann nun eine Giemsafärbung erfolgen. Um zwischen den Trümmern und Kernen der weißen Blutzellen die typischen Parasitenformen (z. B. Ringstrukturen) zu finden, ist einige Übung erforderlich.

Die Differenzierung erfolgt an Hand der Morphologie von Trophozoiten, Schizonten und Gametozyten.

Die Blutentnahme sollte bei Verdacht auf *Pl. falciparum*-Infektionen am Ende eines Fieberschubes erfolgen. Für den Nachweis chronischer Infektionen werden zunehmend *serologische Verfahren* wie ELISA und indirekte Immunfluoreszenz genutzt. Bei niedriger Parasitendichte ist ein Einsatz von *DNA-Sonden* möglich. Diese Nachweismethode wurde im Zusammenhang mit der Impfstoffentwicklung ausgearbeitet und wird nun allmählich auch für die Diagnostik verwendet.
Eine besondere Rolle spielt die Kontrolle von Blutkonserven, da auf diesem Wege ebenfalls eine Übertragung möglich ist.

Zur Diagnose chronischer Infektionen mit niedriger Parasitämie werden serologische Methoden eingesetzt.

Es gibt DNA-Sonden.

Therapie: Resistenzentstehung spielt auch bei der Therapie parasitärer Erkrankungen eine Rolle. In vielen Teilen der Welt ist *Pl. falciparum* resistent gegenüber *Chloroquin*, dem Mittel der Wahl. Auch gegen das Mittel der zwei-

Therapie:
ist je nach Resistenz der Erreger mit
- Chloroquin

- Pyrimethamin plus Sulfadoxin
- Mefloquin oder
- Chinin möglich.

Neu eingeführt werden Halofantrin und Artemether.

Eine Radikalkur zur Eradikation von Gewebsschizonten ist mit Primaquin möglich.

ten Wahl, die Kombination von *Pyrimethamin* und *Sulfadoxin*, gibt es schon Resistenzen, wie auch gegen das noch relativ neue Präparat *Mefloquin*.
In Abhängigkeit von der Resistenz der Erreger können *Chloroquin*, *Pyrimethamin/Sulfadoxin* und *Mefloquin* eingesetzt werden. Eine Kombination mit *Tetrazyklin* ist möglich. Mittel der letzten Wahl ist noch immer das erste Antimalariapräparat überhaupt: *Chinin*.
Neu auf dem Markt ist *Halofantrin*, und für das aus der chinesischen traditionellen Medizin entwickelte Präparat *Artemether* laufen klinische Studien. Eine Radikalkur, die auch Gewebsschizonten von *Pl. vivax* und *Pl. ovale* erfaßt, ist mit *Primaquin* möglich.

Prophylaxe:
Je nach Resistenzlage mit
- Chloroquin (Langzeitprophylaxe)
- Pyrimethamin/Sulfadoxin (wegen der Nebenwirkungen umstritten)
- Mefloquin (Kurzzeitprophylaxe)

Maßnahmen zur Vektorkontrolle!

An einer Vakzine wird noch gearbeitet; klinische Testungen erfolgen bereits. Wahrscheinlich wird in Zukunft eine Mischvakzine mit Antigenen gegen alle Entwicklungsstufen eingesetzt.

Prophylaxe: In Abhängigkeit von der jeweiligen Resistenzlage ist eine Langzeit-Chemoprophylaxe mit *Chloroquin* möglich. Die Prophylaxe mit der Kombination Pyrimethamin/Sulfadoxin bei Chloroquinresistenz ist wegen der Nebenwirkungen umstritten. Für eine Kurzzeit-Chemoprophylaxe kann *Mefloquin* eingesetzt werden. Darüber hinaus sind die verschiedensten Maßnahmen zum Schutz vor Mücken anzuwenden (Moskitonetze, Repellentien u. a.).
An einer Vakzine wird gearbeitet. Erste klinische Testungen laufen. Man geht heute davon aus, daß nur ein Kombinationsimpfstoff, der Antigene sowohl der *Sporozoiten* und *Schizonten* als auch der *Gameten* enthält, einen wirksamen Schutz bieten kann. Dabei würden die ersten beiden Komponenten zu einem Schutz der geimpften Person bzw. zu einer Verminderung der schweren Verläufe führen. Da die Antikörper gegen die Gametenantigenkomponente erst in der Mücke wirksam werden, leistet dieser Anteil des Impfstoffes einen Beitrag zur Verhinderung der Ausbreitung der Erreger. Integrierter Bestandteil aller Antimalariaprogramme in Endemiegebieten sind Maßnahmen zur Vektorkontrolle.

Richtlinien zu Desinsektionsmaßnahmen im internationalen Reiseverkehr

Da die Malaria auch über infizierte Mücken, die in Frachträumen von Flugzeugen eingeschleppt werden, übertragen werden kann, gibt es internationale Richtlinien zur *Desinsektion* im internationalen Flugverkehr.

Kontrolle von Blutkonserven: ⟹

Weil der Erreger auch mit Blut- und Blutprodukten übertragen werden kann, stellt die *Kontrolle von Blutkonserven* eine Form der Prophylaxe dar.

In diesem Zusammenhang muß erwähnt werden, daß das gemeinsame Benutzen von Kanülen z. B. im Zusammenhang mit dem Drogenmißbrauch auch zur Übertragung von Plamodien führen kann.

Pneumocystis carinii – Pneumozystose
(= Interstitielle Pneumonie der Neugeborenen/Pneumocystis-Pneumonie der Erwachsenen)

3.3.6 Pneumocystis carinii

Nach DNA-Hybridisierungsdaten steht P. carinii den Pilzen evolutionär näher als den Protozoen.
P. carinii ist ein weltweit verbreiteter Saprophyt.
Sein normaler Standort ist die Lunge.
Eine medizinische Bedeutung hat er als Erreger der
- **interstitiellen Pneumonie der Neugeborenen** und der
- **Pneumocystis-Pneumonie** immundefizienter Erwachsener.

In beiden Fällen liegt eine extreme Disposition vor.
P. carinii ist ein Opportunist!
Ein Nachweis von P. carinii führt häufig zur Diagnose AIDS.

Die systematische Zuordnung von Pneumocystis carinii ist noch umstritten. Es bestehen Ähnlichkeiten sowohl mit den Pilzen als auch mit den Sporozoen. DNA-Hybridisierungsdaten weisen auf eine engere Verwandtschaft zu den Pilzen hin.
Im Hinblick auf seine Lebensweise und seine Rolle als Krankheitserreger ist er eher ein *Saprophyt*, der nur in besonders disponierten (immunschwachen) Personen zu einer Erkrankung führen kann. Bei unreifen Neugeborenen ist er der Erreger der **interstitiellen Pneumonie der Neugeborenen** und bei immundefizienten Erwachsenen der **Pneumocystis-Pneumonie**. Pn. carinii ist ein klassischer *Opportunist*.
Eine besondere Rolle spielt dieser Erreger im Zusammenhang mit der erworbenen Immunschwäche (AIDS). Infektionen mit P. carinii führten in den USA bis 1989 in über 60 % der Fälle erst zu der Diagnose AIDS.
Antikörper gegen P. carinii werden weltweit gefunden, und schon in den ersten vier Lebensjahren tritt eine nahezu vollständige Durchseuchung der Bevölkerung ein. Sein normaler Standort ist die Lunge von Mensch und Tier. Die Bedeutung tierischer Reservoire ist unklar. Die Übertragung erfolgt wahrscheinlich aerogen.

Erregereigenschaften und Entwicklungszyklus: Die Infektion erfolgt wahrscheinlich allein über die aerogene Aufnahme von etwa 7 bis 10 µm großen, dickwandigen Zysten. Diese setzen in der Lunge Sporozoiten (?) frei, die sich in Trophozoiten (?) umwandeln. Dabei handelt es sich um 1 bis 2 µm große Strukturen, die sich in den Alveolen ansiedeln und durch Fortsätze mit den Alveolarzellen verbunden sind.
Diese Trophozoiten können sich einmal durch Zweiteilung vermehren und zum anderen langsam wachsen. Sich vergrößernde Trophozoiten stellen *präzystische Strukturen* dar. In ihnen entwickeln sich Innenkörper, die dann wieder den Sporozoiten entsprechen würden.

Erregereigenschaften und Entwicklungszyklus:
- Die Infektion erfolgt wahrscheinlich durch aerogene Zystenaufnahme.
- Die Zysten sind dickwandig und bis 10 µm groß.
- Die Vermehrung erfolgt in den Alveolen. Es besteht ein direkter Zellkontakt.
- Über Trophozoiten (?) und Präzysten entstehen Zysten mit Sporozoiten (?).

Pathogenese und Klinik: Als klassischer Opportunist kann sich P. carinii nur im immundefizienten Patienten ungehemmt vermehren und zu Krankheiten führen. Die *Infektion unreifer Neugeborener* stellt sich als *interstitielle plasmazelluläre Pneumonie* dar, die durch Ateminsuffizienz und Husten charakterisiert ist. Die Infiltrate sind röntgenologisch nachweisbar.
Im Falle der *Pneumocystis-Pneumonie* sind die Alveolen angefüllt mit Parasiten. Dies führt nicht nur zu einer lebensbedrohlichen Beeinträchtigung der Atmung und des Gasaustausches, sondern auch zu einer Belastung des kleinen Kreislaufes mit entsprechender Tachykardie.

Pathogenese und Klinik:
Krankheiten entstehen nur im immundefizienten Wirt.
Die ungehemmt wachsenden Erreger führen wahrscheinlich allein durch ihre Anwesenheit zur Ateminsuffizienz (Blockade des Gasaustausches) und zur Belastung des kleinen Kreislaufes.
Die Krankheit hat unbehandelt eine hohe Letalität.

Diagnose: Die Diagnose erfolgt von seiten der Mikrobiologie durch den Nachweis der Erreger in Punktions- oder Biopsiematerialien oder in der Spülflüssigkeit nach *broncho-alveolärer-Lavage* (BAL). Da die Erreger nicht gleichmäßig in der Lunge verteilt sind, empfiehlt sich bei einer Biopsie die Entnahme mehrerer Proben von verschiedenen Stellen. Wegen der unterschiedlichen Anfärbbarkeit von Zystenformen (Hüllenstrukturen) und Trophozoiten sollten jeweils zwei verschiedene Färbemethoden (z. B. Giemsafärbung für die Trophozoiten und Grocott-Silberfärbung für die Hüllstrukturen) parallel eingesetzt werden.
Ergänzt werden die diagnostischen Möglichkeiten durch serologische Teste (Immunfluoreszenz). Da wegen der gestörten Immunantwort der Patienten ein Nachweis von Antikörpern ohne Bedeutung ist, werden Tests zum *Antigennachweis* entwickelt. Neben den mikrobiologischen Verfahren liefert die Klinik in Verbindung mit dem Röntgenbild erste Hinweise auf das Vorliegen einer P. carinii-Infektion.

Diagnose:
Die Diagnose erfolgt durch den mikroskopischen Erregernachweis in
- Punktions- oder Biopsiematerial,
- Spülflüssigkeit nach BAL (broncho-alveolärer-Lavage).

Da sich die Zysten und Trophozoiten unterschiedlich anfärben lassen, sind verschiedene Färbemethoden einzusetzen!
Wichtige methodische Ergänzung: Immunfluoreszenz.
Serologische Antigennachweise werden entwickelt.
Hinweise liefert das Röntgen.

Therapie: Mittel der Wahl ist *Pyrimethamin.* Ebenfalls eingesetzt werden können *Trimethoprim/Sulfamethoxazol* und *Cotrimoxazol.*

Therapie:
Mittel der Wahl ist Pyrimethamin.

Prophylaxe: Eine Prophylaxe im eigentlichen Sinne ist nicht möglich, da die Mehrzahl der Infektionen der Erwachsenen endogen erfolgt.
Klinische Ausbrüche bei AIDS-Patienten konnten durch Inhalation von Pyrimethamin-Aerosolen zurückgedrängt werden. Eine mögliche Folge sind jedoch generalisierte Pneumocystis-Infektionen.

Prophylaxe:
ist kaum möglich: es handelt sich um eine endogene Infektion
Inhalation von Pyrimethamin-Aerosolen kann eine Pneumonie verhindern.

3.4 Ziliaten

Ziliaten

3.4.1 Balantidium coli

Balantidium coli – Balantidienruhr

Balantidium coli ist der einzige Ziliat mit einer medizinischen Bedeutung. Er ist weltweit verbreitet, wird jedoch in den Tropen häufiger angetroffen. Sein natürlicher Standort ist der Dickdarm.

B. coli ist der einzige humanpathogene Ziliat; er lebt im Dickdarm.

Erregereigenschaften und Entwicklungszyklus: B. coli ist *homoxen* und *polyxen*: die Entwicklung kann in einem Wirt ablaufen, es sind jedoch mehrere Tierarten und der Mensch als Wirt geeignet. Von besonderer epidemiologischer Bedeutung ist das Schwein, welches wahrscheinlich das natürliche Reservoir darstellt.
B. coli ist mit seinen bis zu 100 µm Länge bei einer Breite von bis zu 70 µm der mit Abstand größte Vertreter der Protozoen, die beim Menschen gefunden werden können. Die Oberfläche ist mit Reihen dicht stehender kurzer Zilien bedeckt, die dem Mikroorganismus mit ihrer koordinierten, an undu-

Erregereigenschaften und Entwicklungszyklus:
- B. coli ist homoxen und polyxen.
- Reservoir ist das Schwein.
- B. coli ist oval und bis zu 100 µm lang.
- Die Oberfläche ist mit Zilien besetzt.
- Typische Merkmale sind ein Zellmund (Zytostom) und zwei Kerne: ein Mikro- und ein Makronukleus.

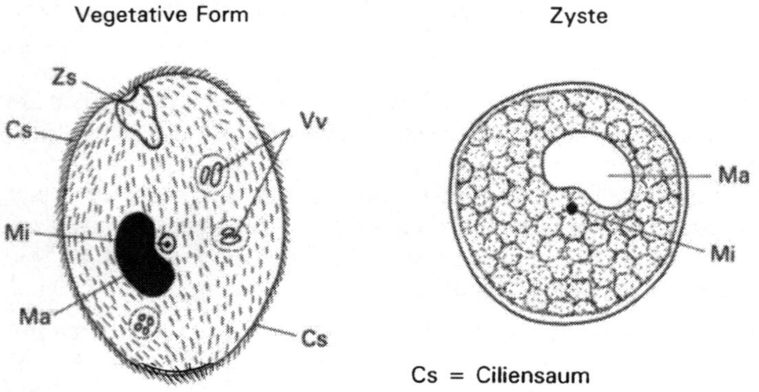

Cs = Ciliensaum

Mi = Mikronukleus

Ma = Makronukleus

Zs = Zytostom (Zellmund)

Vv = Verdaungsvakuolen

Abb. 3-10: Vegetative Form und Zyste von Balantidium coli

lierende Membranen erinnernden Bewegung ein „gleitendes" Vorwärtskommen ermöglichen.
Am Vorderende befindet sich ein deutlich sichtbares *Zytostom* (Zellmund), in welches die als Nahrung dienenden Bakterien gestrudelt werden.
Im Innern sind die für die Ziliaten typischen zwei Kerne, ein größerer, nierenförmiger Makronukleus und ein kleinerer, an der konkaven Seite des Makronukleus liegender Mikronukleus (Abb. 3-10). Die Vermehrung erfolgt durch Zweiteilung. Durch Konjugationsmechanismen ist eine Form der Sexualität möglich.
B. coli bildet kugelige Zysten von 50 bis 70 µm Durchmesser (s. Abb. 3-10). Diese werden mit dem Stuhl ausgeschieden und können von neuen Wirten aufgenommen werden. Die *Infektion des Menschen* erfolgt durch fäkal/orale Schmierinfektion über kontaminierte Nahrung oder Trinkwasser und ist vom Hygienestandard der betroffenen Personengruppen abhängig. Dies erklärt, warum bei einer grundsätzlichen Häufung in den Tropen in den gemäßigten Klimaten insbesondere Insassen von Heimen für geistig Behinderte betroffen sind.

- Die Vermehrung erfolgt durch Zweiteilung.
- Es findet eine Konjugation statt.
- B. coli bildet Zysten, die mit dem Stuhl ausgeschieden werden.
- Die Infektion des Menschen erfolgt durch orale Aufnahme der Zysten.

Pathogenese: Die Mehrzahl der Infektionen scheint symptomlos zu sein. Eine Häufung auch klinischer Verläufe in den Tropen kann sowohl mit einer anderen bakteriellen Normalflora als auch mit spezifischen Unterschieden in der Ernährung erklärt werden. (Beide Faktoren beeinflussen einander.)
Darüber hinaus besitzt B. coli eine Invasionsfähigkeit. Es kann (in Abhängigkeit von der Disposition?) in die Mukosa eindringen und zu Ulzerationen führen.

Pathogenese:
Die Mehrzahl der Infektionen verläuft symptomlos.
B. coli besitzt ein Invasionsvermögen. Die Folge sind Ulzerationen.
Wahrscheinlich wird die Virulenz von der bakteriellen Normalflora mitbestimmt.

Klinik: Klinische Verläufe sind durch zum Teil blutig-schleimige Durchfälle – daher der Name Balantidienruhr – gekennzeichnet. Tenesmen sind häufig. Übelkeit, Erbrechen und Kopfschmerzen können als unspezifische Begleitsymptome auftreten. In der Schleimhaut entstehen irreguläre Ulzerationen. Ein Auswandern der Erreger (extraintestinale Verläufe) und Perforationen der Darmwand sind möglich, aber selten.
Bei massivem Flüssigkeitsverlust kann es wie bei den klinisch ähnlichen Verläufen von Cholera oder Kokzidiose/Kryptosporidiose zu Kreislaufstörungen kommen.

Klinik:
Das typische Krankheitsbild mit blutig-schleimigen Stühlen ist die Balantidienruhr.
Es entstehen irreguläre Ulzerationen in der Darmschleimhaut.
Perforationen und extraintestinale Verläufe sind selten.

Die Diagnose erfolgt durch den Nachweis der beweglichen Erreger oder der unbeweglichen Zysten in frischen Stuhlausstrichen. Wegen ihrer Größe können bei der Färbung die für die Identifizierung wichtigen Innenstrukturen nicht mehr erkennbar sein.

Diagnose:
Mikroskopischer Nachweis der vegetativen Formen oder der Zysten im Stuhl.

Eine Therapie ist mit *Tetrazyklinen* oder *Metronidazol* möglich.

Therapie:
Tetrazykline oder Metronidazol

Die Prophylaxe besteht in sanitären und hygienischen Maßnahmen. Kontakt mit Schweinen stellt ein erhöhtes Infektionsrisiko dar.

Prophylaxe:
Hygienische Maßnahmen.

4 Allgemeine und spezielle Helminthologie

Die Helminthologie ist die *Lehre von den krankheitsauslösenden Würmern* bei Mensch, Tier und Pflanze. Als vielzellige Organismen, die in Einzelfällen eine Länge von mehreren Metern erreichen können, sind Würmer Vertreter der Metazoa. Wegen ihrer Größe können einige Würmer als Einzelindividuen Krankheiten hervorrufen – im Gegensatz zur Infektion wird dies als **Infestation** bezeichnet.
Nur in zwei Stämmen, den *Plathelminthes* (Plattwürmern) und den *Nemathelminthes* (Fadenwürmern), kommen humanpathogene Spezies vor. Neben Vertretern der Klasse *Trematoda* (Saugwürmer) und der Unterklasse *Cestoda* (Bandwürmer), die beide zu den Plattwürmern gehören, sind es vor allem in den gemäßigten Klimaten die Vertreter des Unterstammes der *Nematoda* (Rundwürmer), die zu Infektionen des Menschen führen.

Allgemeine und spezielle Helminthologie

= Lehre von den pathogenen Würmern. Größere Würmer können Infestationen hervorrufen.

Humanpathogene Würmer gehören zu den
- Trematoda (Saugwürmer oder Egel) und
- Cestoda (Bandwürmer), die beide zu den Plattwürmern (Plathelminthes) gehören, oder zu den
- Nematoda (Rundwürmer), die zu den Fadenwürmern (Nemathelminthes) gehören.

4.1 Nematoda

Nematoden sind eine sehr artenreiche Gruppe im Tierreich überhaupt. Von den mehr als 30 000 Arten lebt etwa die Hälfte frei im Boden oder im Wasser, und die übrigen parasitieren bei den verschiedensten Wirten. In einigen Fällen, so auch bei dem humanpathogenen *Strongyloides stercoralis*, ist der Übergang zum Parasitismus noch erkennbar, indem eine parasitäre Lebensweise im Menschen und eine saprophytäre Lebensweise im Freien nebeneinander vorkommen.
Alle Nematoden haben einen drehrunden, langgestreckten Körper, der von einer mehrschichtigen **Cuticula** umgeben ist. Diese ist eine Ablagerung des darunterliegenden Zellverbandes. Sie besitzen eine Längsmuskulatur, die ihnen eine gewisse Beweglichkeit durch Schlängeln verleiht. Das primitive Nervensystem kann verschiedene Reizqualitäten (Dehnung, Licht, chemische Stoffe) wahrnehmen, wobei die Leistungsfähigkeit in Abhängigkeit vom Lebensraum sehr unterschiedlich ist.
Alle Nematoden besitzen einen kompletten Magen-Darmkanal, ein primitives Exkretionssystem und sind getrenntgeschlechtlich. Auch die Entwicklung der Larven folgt einem einheitlichen Grundprinzip: durch drei Häutungen voneinander abgrenzbar treten vier Larvenstadien (L1–L4) auf. Wenn in den Entwicklungszyklus ein Wirtswechsel eingeschaltet ist, dann erfolgt er in der Regel zwischen L1 und L2 sowie zwischen L3 und L4.

Nematoda

Nur ein kleiner Teil der über 30 000 Arten sind Parasiten.

Strongyloides stercoralis kann sowohl parasitär als auch saprophytär leben.

Allgemeine Eigenschaften:
- Nematoden sind langgestreckt, drehrund und von einer Cuticula umgeben.
- Sie besitzen eine Längsmuskulatur, die Schlängelbewegungen ermöglicht.
- Ein primitives Nervensystem kann auf einfache Reize reagieren.
- Alle Nematoden besitzen einen vollständigen Verdauungstrakt.
- Nematoden sind getrenntgeschlechtlich.
- Die Entwicklung erfolgt über 4 Larvenstadien (L1–L4).

4.1.1. Enterobius vermicularis (Madenwurm, früher: Oxyuris)

Der Madenwurm ist weltweit verbreitet und kommt auch in den gemäßigten Klimaten gehäuft vor. Er ist damit nicht nur einer der häufigsten Erreger von Infektionskrankheiten überhaupt, sondern auch die häufigste Ursache parasitärer Infektionen in den entwickelten Industrieländern.

Erregereigenschaften und Entwicklungszyklus: Der Entwicklungszyklus ist *monoxen* und *homoxen*, d. h. der Zyklus läuft nur in einem Wirt ab, und es kommt nur eine Spezies als Wirt in Frage: der *Mensch*. Es gibt keine tierischen Reservoire.
Die Weibchen von Enterobius vermicularis sind mit 9 bis 12 mm Länge deutlich größer als die nur 2 bis 5 mm langen Männchen. Der Madenwurm lebt im Dickdarm des Menschen.
Das Weibchen verläßt zur Eiablage den After und legt unter ständigem Umherkriechen sämtliche im Uterus befindlichen Eier in der Analregion ab. Die Eiablage erfolgt nachts und führt zu starkem Juckreiz. Oft werden Würmer durch unbewußtes Kratzen im Schlaf zerquetscht. Insbesondere Kinder kön-

Enterobius vermicularis → Enterobiose

Der Madenwurm ist weltweit verbreitet und möglicherweise der häufigste Parasit überhaupt.

Erregereigenschaften und Entwicklungszyklus:
- E. vermicularis ist monoxen und homoxen: einziger Wirt ist der Mensch.
- Standort ist der Dickdarm.
- Die Weibchen sind bis 12 mm lang (die Männchen etwas kürzer).
- Die Weibchen legen die Eier nachts perianal ab.
- Der Juckreiz führt zum unbewußten Kratzen – die Folge können Autoinfektionen sein.

- Die Eier sind
  - dünnschalig
  - längsoval
  - asymmetrisch
  - etwa 30 × 50 µm groß.
- Sie müssen oral aufgenommen werden (Schmierinfektion).
- Nach zwei Wochen sind die Würmer geschlechtsreif.
- Die Weibchen legen innerhalb von wenigen Wochen bis zu 10 000 Eier.

nen sich dann beim Lutschen an den Fingern noch in der gleichen Nacht wieder infizieren. Dies ist möglich, da sich in den Eiern unter dem Einfluß von Sauerstoff und Körperwärme schon innerhalb weniger Stunden invasionsfähige Larven entwickeln.
Durch Schmierinfektion können die Eier direkt oder indirekt (kontaminierte Gegenstände wie Nachtwäsche oder Kleidungsstücke) auf andere Personen übertragen werden. Nach oraler Aufnahme gelangen die Eier in den Darm des Wirtes, wo die Larven freigesetzt werden. Diese entwickeln sich innerhalb von etwa 2 Wochen zu den geschlechtsreifen Würmern. Die Männchen sterben bald nach der Begattung. In den Weibchen werden im Verlaufe von 3 bis 7 Wochen bis zu 10 000 Eier gebildet, die dann nachts wieder in die Analregion abgelegt werden.
Die Eier sind dünnschalig (man kann die Larve erkennen), längsoval und asymmetrisch und etwa 30 × 50 µm groß (Abb. 4-1). Außerhalb des Wirtes können die Eier, auch unter normalen Bedingungen, nur wenige Wochen überleben.

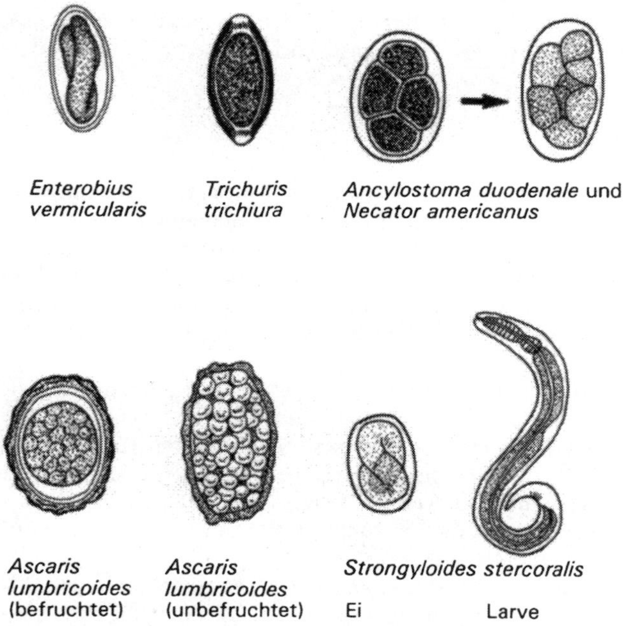

Abb. 4-1: Eier und Larven humanpathogener Nematoden

Pathogenese und Klinik:
E. vermicularis verursacht vor allem Schlafstörungen, die in schweren Fällen zu Entwicklungsstörungen führen können.

Das Einwandern der Würmer ins weibliche Genitale ist eine unangenehme Komplikation.

Pathogenese und Klinik: Auch massive Infektionen mit E. vermicularis sind in der Regel harmlos. Der Madenwurm hat eine eher saprophytäre Lebensweise. Durch ständiges nächtliches Jucken während der Eiablage kann es zu Schlafstörungen und bei Kindern in schweren Fällen auch zu Entwicklungsstörungen kommen.
Ein Problem stellen die ins weibliche Genitale verirrten Madenwürmer dar, die zu äußerst unangenehmen Reizungen führen können. Die mechanische Entfernung ist insbesondere bei Kleinkindern auch psychisch belastend.

Diagnostik:
Einachweis in Abklatschpräparaten von der Analregion (Klebestreifentechnik).

Diagnostik: Ein Hinweis auf Madenwurmbefall ergibt sich häufig aus dem zufälligen Auffinden von Würmern im Stuhl. Da die Eier in die Analregion abgelegt werden, sind sie nur selten im Stuhl zu finden und müssen mittels eines Klebestreifens (Tesafilm) in Form eines Abklatschpräparates von der Analregion isoliert werden. Die Klebestreifen können, in physiologische Kochsalzlösung eingebettet, direkt unter dem Mikroskop begutachtet werden.

Therapie:
Mebendazol, Thiabendazol oder Pyrantelpamoat.

Eine Therapie ist mit *Mebendazol, Thiabendazol* und *Pyrantelpamoat* möglich. Wegen der hohen Übertragungsrate in Kinderkollektiven ist eine Therapie der Geschwister oder der übrigen Mitglieder einer Gruppe anzustreben.

Prophylaktische Maßnahmen bestehen in der strikten Einhaltung hygienischer Maßnahmen. Insbesondere ein Kürzen der Fingernägel führt bei Kleinkindern zu einer Reduktion des Autoinfektionsrisikos.

Prophylaxe:
Hygienische Maßnahmen!

4.1.2 Trichuris trichiura (Peitschenwurm)

Trichuris trichiura – Trichuriasis

Der Peitschenwurm ist weltweit verbreitet, jedoch wegen seines teilweise im Freien ablaufenden Entwicklungszyklus in feuchtwarmen Ländern und bei schlechten sanitären Verhältnissen wesentlich häufiger. Trichuris trichiura gehört zu den häufigsten Parasiten überhaupt.
Funde aus dem Altertum belegen, daß T. trichiura die Entwicklung des Menschen begleitet hat. Dies erklärt auch seine vergleichsweise geringe Pathogenität.
Weltweit werden über 500 Millionen infestierte Personen geschätzt.

Weltweite Verbreitung, jedoch in den Tropen häufiger.

Gehört zu den häufigsten Parasiten überhaupt
(etwa 500 Millionen Infestierte)

Erregereigenschaften und Entwicklungszyklus: Trichuris trichiura ist *homoxen* und *polyxen*, d. h. die Entwicklung läuft nur in einem Wirt ab, aber es gibt mehrere mögliche Wirte (Endwirte). Hauptwirt ist der *Mensch.*
Peitschenwürmer sind etwa 5 cm lang, wobei die Männchen etwas kürzer sind als die Weibchen. Beide leben im Dickdarm des Menschen. Mit seinem wesentlich schlankeren vorderen Teil, der nur 0,1 bis 0,2 mm Durchmesser hat, dringt T. trichiura in die Schleimhaut ein. Der hintere Teil, der etwa ⅓ der Gesamtlänge ausmacht, ist bis zu 1 mm dick und ragt in das Darmlumen. Die Weibchen legen einige Tausend Eier pro Tag, die mit dem Stuhl ins Freie gelangen. Die Eier von T. trichiura sind etwa 25 × 55 µm groß und haben nicht nur eine typische Zitronenform, sondern sind auch wegen ihrer Schleimpfröpfe an den Polen unverwechselbar (s. Abb. 4-1). Sie sind extrem widerstandsfähig gegenüber chemischen Einflüssen, jedoch nicht gleichermaßen resistent gegenüber Austrocknung.
Die Entwicklung der Larven beginnt erst unter der Einwirkung von Sauerstoff. Sie dauert auch bei günstigen klimatischen Bedingungen (Temperatur und Feuchtigkeit) etwa 2 Wochen und kann bis zu 12 Monate beanspruchen. Die Eier mit invasionsfähigen Larven müssen vom neuen Wirt oral aufgenommen werden. Die Larven werden im Darm freigesetzt und dringen dann in die Wand des Dickdarmes ein. Hier beginnt die Entwicklung im Wirt. Nach 1 bis 2 Wochen wächst das Hinterteil allmählich in Richtung Darmlumen. Nach etwa 6 Wochen sind die Würmer geschlechtsreif, und es können Eier im Stuhl nachgewiesen werden. Die Lebenserwartung von T. trichiura beträgt etwa 3 Jahre.

Erregereigenschaften und Entwicklungszyklus:
- T. trichiura ist homoxen und polyxen: Hauptwirt ist der Mensch.
- Die Weibchen sind etwa 5 cm lang, die Männchen etwas kürzer.
- Ihr dünneres Vorderteil dringt in die Darmwand ein.
- Jedes Weibchen legt einige Tausend Eier pro Tag.
- Die Eier sind zitronenförmig, 25 × 55 µm groß und besitzen typische Polpfröpfe.
- Die Eier gelangen mit dem Stuhl ins Freie.
- Nach einer temperaturabhängigen Reifung sind sie infektiös.
- Durch orale Aufnahme gelangen sie in den Dickdarm.
- Dort entwickeln sich aus den freigesetzten Larven die adulten Würmer.
- Diese leben bis zu 3 Jahre.

Pathogenese und Klinik: Infestationen mit T. trichiura führen nur bei massenhaftem Befall zu klinisch relevanten Veränderungen. Diese ergeben sich aus den direkten Schäden an der Darmschleimhaut in der Umgebung des Wurmes und durch die von diesem sezernierten Enzyme. Sie stellen sich als teilweise blutige Diarrhoen oder als Koliken dar. Massiver Befall, insbesondere bei Kindern, kann darüber hinaus zum Darmprolaps führen.
Komplikationen können sich bei gemeinsamem Auftreten mit *Entamoeba histolytica* ergeben. Der Peitschenwurm kann für die Amöben Eintrittspforten schaffen und so extraintestinale Verlaufsformen begünstigen.
Außerdem führt eine hohe Wurmlast zur Anämie und bei ohnehin schlechter Ernährung zu einer weiteren Verschlechterung der Kalorien- und Proteinbilanz.

Pathogenese und Klinik:
- Leichter Wurmbefall ist harmlos.
- Massiver Wurmbefall kann zu toxischen (?) Schäden der Dickdarmwand führen – Darmprolaps ist möglich.
- Blutige Durchfälle sind häufig.
- Der Protein- und Eisenentzug durch die Würmer kann ebenfalls von klinischer Bedeutung sein.
- T. trichiura erleichtert extraintestinale Verlaufsformen der Amöbiasis.

Die Diagnose erfolgt durch den Nachweis der typischen Eier im Stuhl.

Eine Therapie ist mit *Mebendazol, Thiabendazol* oder *Fenbendazol* mit einer Wahrscheinlichkeit der Totalsanierung von etwa 90 % möglich.

Prophylaxe und antiepidemische Maßnahmen bestehen in der Einhaltung strikter Hygiene und der Realisierung sanitärer Maßnahmen (Fäkalienbeseitigung). In endemisch belasteten Gebieten ist auf den Zustand der Nahrung zu achten.

Diagnose:
Einachweis im Stuhl.
Therapie:
Mebendazol, Thiabendazol oder Fenbendazol. Eine Totalsanierung ist schwer zu erreichen.
Prophylaxe:
Sanitäre und hygienische Maßnahmen.

4.1.3 Ascaris lumbricoides (Spulwurm)

Ascaris lumbricoides – Ascariasis

Der Spulwurm ist weltweit verbreitet; man rechnet mit 1 Milliarde infizierten Personen.

Ascaris lumbricoides kommt weltweit vor. Wegen der hohen Umweltresistenz seiner Eier ist er – bei entsprechenden sanitären Verhältnissen – auch in den gemäßigten Klimaten weit verbreitet. Mit etwa 1 Milliarde infestierten Personen ist der Spulwurm einer der häufigsten Erreger von Infektionskrankheiten.

Erregereigenschaften und Entwicklungszyklus:
- A. lumbricoides ist homoxen und monoxen: einziger Wirt ist der Mensch.
- Er lebt im Dünndarm.
- Weibchen werden bis 40 cm lang.
- Sie legen bis zu 200 000 Eier pro Tag.
- Die Eier sind
  - etwa 45–60 µm groß,
  - höckrig und
  - extrem umweltresistent.
- Die Larven entwickeln sich in den Eiern im Freien (Temperaturabhängigkeit!).
- Infektiöse Eier müssen oral aufgenommen werden (verunreinigtes Gemüse).
- Im Dünndarm schlüpft die L2-Larve.
- Sie gelangt über
  - Blutkreislauf
  - Lunge
  - Kehlkopf und
  - Oesophagus

  als L4-Larve wieder in den Dünndarm (Blut-Lungen-Weg)
- Nach 10 bis 12 Wochen sind die Würmer geschlechtsreif, und es werden Eier im Stuhl ausgeschieden.
- Unbefruchtete Eier (Einzelwürmer) sind schlanker.

Erregereigenschaften und Entwicklungszyklus: Ascaris lumbricoides ist *homoxen* und *monoxen.* Einziger Wirt ist der Mensch. Kreuzinfektionen mit dem Schweinespulwurm *Ascaris suis* sind umstritten.

Der Spulwurm ist ein relativ großer Parasit. Die Männchen können bis zu 25 cm, die Weibchen sogar 40 cm lang werden. Die Weibchen legen maximal 200 000 Eier pro Tag, die mit dem Stuhl ins Freie gelangen. Sie sind etwa 45 × 60 µm groß und haben eine dicke Schale mit höckriger Oberfläche. An dieser Oberfläche bleiben Kotreste und -pigmente haften und geben den Eiern ein dunkelbraunes Aussehen (s. Abb. 4-1).

Die Entwicklung der Larven beginnt erst nach Zutritt von Luftsauerstoff im Freien. Sie ist temperaturabhängig und läuft nur oberhalb von 8 °C ab. Unter ungünstigen Bedingungen kann sie mehrere Monate betragen. Bei über 25 °C Außentemperatur ist sie nach 1 bis 2 Wochen abgeschlossen.

Die Eier mit den invasionsfähigen L2-Larven müssen vom neuen Wirt oral aufgenommen werden. Dies geschieht in der Regel über kontaminierte Nahrungsmittel. Im Darm schlüpft die Larve, durchbricht die Darmwand und erreicht über den Pfortaderkreislauf die Leber. Nach etwa einer Woche verläßt eine L3-Larve die Leber und gelangt über den großen und den kleinen Kreislauf etwa 2 Wochen später in die Lunge. Hier erfolgt die letzte Häutung. Die L4-Larve wandert nun die Atemwege aufwärts. Im Kehlkopf löst sie einen Schluckreflex aus und gelangt nun zum zweiten Male in den Darm *(Blut-Lungen-Weg).* Im Dünndarm werden die Würmer geschlechtsreif, und nach etwa 10 bis 12 Wochen sind Eier im Stuhl nachweisbar *(Präpatenzzeit).* Auch unbefruchtete Weibchen (z. B. bei Einzelbefall) produzieren Eier. Diese nicht-fertilen Eier sind schlanker und länger als die befruchteten, fertilen Eier.

Die Eier gelangen wieder mit dem Stuhl ins Freie und müssen reifen.

Da Kopfdüngung und Abwasserverrieselung in Mitteleuropa an Bedeutung verloren haben, ist hier der Spulwurmbefall deutlich zurückgegangen.

Pathogenese und Klinik:
Die Lungenpassage der Larven führt zu unspezifischen Bronchitiden.
Einzelwürmer im Darm sind meist harmlos.
Selten kommt es zu Gallengangsverschlüssen.
Massiver Wurmbefall kann zum Darmverschluß (Wurmileus) führen.
Der Einfluß auf die Nahrungsbilanz ist umstritten.
Durchfälle und Erbrechen sind sicher Folge einer Allergisierung durch Metabolite.
Würmer, die sich infolge chemischer Reize (Nahrung) bewegen, können Bauchschmerzen verursachen.

Pathogenese und Klinik: Die Veränderungen, die die Larven bei ihrer Wanderung durch die Leber hervorrufen, sind auch bei stärkerem Befall meist symptomlos. In der Lunge führt der Aufenthalt der Larven neben eosinophilen Infiltraten oft zu Bronchitiden, deren Ursache meist nicht erkannt wird.

Die adulten Würmer werden in der Regel gut toleriert. Oft erkennt man eine Infestation nur durch den spontanen Abgang von Würmern. Nach eingeleiteter Therapie ist der Abgang von mehreren Hundert Würmern beschrieben.

Im Einzelfall führen in den Gallengang eingedrungene Würmer zu (zum Teil reversiblen) Abflußstörungen mit Stauungsikterus. Auch bei moderatem Befall können verknäuelte Würmer zu einem Darmverschluß *(Wurmileus)* führen. Diese lebensbedrohliche Komplikation verlangt eine sofortige chirurgische Intervention.

Der Einfluß der Nahrungsbilanz ist umstritten, spielt jedoch insbesondere bei Mangelernährung von Wurmträgern eine Rolle. Eine allergisierende Rolle von Metaboliten wird beschrieben. Sie könnten Symptome wie Enteritis und Erbrechen erklären. Bauchschmerzen werden oft durch heftige Bewegungen der Würmer erklärt und können eine Reaktion auf bestimmte Speisen sein.

Diagnose:
mikroskopischer Einachweis im Stuhl

Die Diagnose erfolgt durch den Nachweis von Wurmeiern im Stuhl. Die unspezifischen Veränderungen in der Lunge sind auch im Röntgenbild auffällig. Eine Darstellung adulter Würmer durch Kontrastaufnahmen des Darmes ist zufällig möglich.

Therapie: Mebendazol

Therapie: Mittel der Wahl ist *Mebendazol.*

Eine Prophylaxe in Gebieten mit hoher Durchseuchung ist durch den Verzicht auf den Genuß von unzureichend gereinigtem frischen Obst und Gemüse oder von landwirtschaftlichen Produkten unklarer Herkunft möglich.

Antiepidemische Maßnahmen bestehen in der Verhinderung der Kontamination von Wasser und Lebensmitteln mit Fäkalien sowie in einer Therapie der Wurmträger.

Prophylaxe und antiepidemische Maßnahmen:
Vorsicht beim Verzehr von frischem Obst und Gemüse in Endemiegebieten.
Sanitäre und hygienische Maßnahmen (Fäkalienbeseitigung!).
Therapie der Wurmträger.

4.1.4 Tierpathogene Spulwürmer

Tierpathogene Spulwürmer – Larva migrans

Insbesondere durch die orale Aufnahme embryonierter Eier des Hundespulwurmes kann es zu Erkrankungen des Menschen kommen. Da der Mensch für diese tierischen Ascariden ein Fehlwirt ist, treffen die im Darm geschlüpften Larven nach dem Verlassen des Darmes nicht auf die erforderlichen Reize und „irren" zum Teil über Wochen in den inneren Organen des Wirtes umher.
Die Folge ist das vielgestaltige Krankheitsbild der **Larva migrans visceralis.** Insbesondere bei Befall des ZNS oder des Auges sind schwere klinische Verläufe möglich. Einzelne Todesfälle sind beschrieben. Die Larven sind einige Millimeter groß, können aber im Extremfalle eine Länge bis zu 5 cm erreichen.

Für die Spulwürmer von
- Hund *(Toxocara canis)* und
- Katze *(Toxocara cati)*

ist der Mensch Fehlwirt.
Nach oraler Eiaufnahme wandern die geschlüpften Larven im gesamten Körper umher: →
Larva migrans visceralis
Je nach Lokalisation (z. B. ZNS oder Auge) sind schwere Störungen möglich.

Die Diagnose erfolgt bei Verdacht serologisch durch den Nachweis spezifischer Antikörper.

Eine Therapie ist mit *Mebendazol* möglich.

Diagnose:
Serologisch

Therapie: Mebendazol

4.1.5 Ancylostoma duodenale, Necator americanus (Hakenwürmer)

Ancylostoma duodenale, **Necator americanus** } Ancylostomiasis

Diese beiden humanpathogenen Hakenwürmer kommen bevorzugt in den feuchtwarmen Gebieten des tropischen Gürtels zwischen 40° nördlicher und 30° südlicher Breite vor. Man rechnet weltweit mit mehr als 100 Millionen infestierter Personen.

Diese beiden humanpathogenen Hakenwürmer sind in den Tropen weit verbreitet.

Erregereigenschaften und Entwicklungszyklus: Hakenwürmer sind *homoxen* und *monoxen:* einziger Wirt ist der Mensch. *Ancylostoma duodenale* und *Necator americanus* sind sich sehr ähnlich. Die Weibchen sind 10 bis 12 bzw. 8 bis 10 mm lang und die Männchen jeweils etwa 2 mm kürzer. Ihren Namen haben diese Würmer wegen der Mundwerkzeuge, die sich in ihrer Mundkapsel befinden. Bei *Ancylostoma duodenale* handelt es sich um ein Paar Doppelhaken und bei Necator americanus um ein Paar Zahnplatten. Mit diesen beißen sie Schleimhautpfröpfe aus der Schleimhaut heraus und gelangen so an das Blut des Wirtes, von dem sie sich ernähren. Ein weiterer Unterschied zwischen diesen beiden Spezies ist, neben der Form des Halteapparates (des „äußeren Genitales"), die Form der Eier.
Diese sind bei *A. duodenale* etwa 40 × 60 µm (s. Abb. 4-1) und bei *N. americanus* etwa 40 × 70 µm, also etwas schlanker. Ein Weibchen kann bis zu 20000 Eier pro Tag produzieren.
Die dünnschaligen, durchsichtigen Eier enthalten, wenn sie mit dem Stuhl ausgeschieden werden, deutlich sichtbare Furchungsstadien in einer frühen Phase. Für die weitere Entwicklung ist Sauerstoff nötig. Im Freien schlüpfen dann nach 1 bis 2 Tagen Larven, die sich in Abhängigkeit von den äußeren Faktoren wie Temperatur und Luftfeuchtigkeit innerhalb weniger Tage zu invasionsfähigen Larven weiterentwickeln. Bei entsprechenden Temperaturreizen können sie aktiv in einen neuen Warmblüterwirt eindringen. Als Endwirt kommt nur der Mensch in Frage.
Auf dem *Blut-Lungen-Weg* gelangen die Larven über den großen und den kleinen Kreislauf in die Lunge und dringen in die Alveolen ein. Von hier müssen sie über die Trachea den Kehlkopf erreichen, um dann durch Abschlucken in den Darm zu gelangen. Dabei bevorzugt *A. duodenale* eher distale Dünndarmabschnitte, und *N. americanus* hält sich besonders im proximalen Dünndarm auf. Nach 5 bis 6 Wochen können Eier im Stuhl nachgewiesen werden *(Präpatenzzeit).*

Erregereigenschaften:
- Beide Arten sind homoxen und monoxen: einziger Wirt ist der Mensch.
- A. duodenale (A. d.) und N. americanus (N. a.) sind sehr ähnlich.
- Länge: A. d. bis 12 mm
  N. a. bis 10 mm
- Mundwerkzeuge:
  A. d. 2 Paar Haken
  N. a. 2 Zahnplatten
- Dünnschalige Eier:
  A. d. 40 × 60 µm
  N. a. 40 × 70 µm

Entwicklungszyklus:
- Die Eier gelangen mit dem Stuhl ins Freie.
- In ihnen entwickeln sich invasionsfähige Larven. Diese schlüpfen im Boden.
- Die Infektion erfolgt durch Eindringen der Larven in die Haut.
- Über den Blut-Lungen-Weg gelangen die Larven in den Dünndarm.
- 6 Wochen nach Eiaufnahme sind die Würmer geschlechtsreif (Präpatenzzeit).

Pathogenese:
An der Eintrittsstelle der Larven (meist an den Füßen) entstehen entzündliche Veränderungen.
Die Würmer beißen mit den Mundwerkzeugen kleine Pfröpfe aus der Schleimhaut. Es entstehen blutende Mikroulzerationen.

Klinik:
Die Hakenwurmkrankheit ist geprägt durch starke Eisen- und Proteinverluste. (Pro Tag können bis zu 100 ml Blut verlorengehen!)
Die Folge sind Unterentwicklung und Leistungsschwäche.
Wahrscheinlich kann massiver Hakenwurmbefall ohne weitere Faktoren zum Tode führen.

Diagnostik:
Mikroskopischer Einachweis im Stuhl.

Therapie: Mebendazol

Prophylaxe: Tragen von Schuhen in Endemiegebieten und Fäkalienbeseitigung

Tierpathogene Hakenwürmer – Larva migrans cutanea
Erregereigenschaften und Entwicklungszyklus von *Ancylostoma brasiliense* (Hautmaulwurf):
Dieser Hakenwurm der Hunde und Katzen kommt weltweit vor.
Der Mensch ist ein Fehlwirt.

Pathogenese und Klinik:
Die Larven dringen in den menschlichen Körper ein und wandern im Stratum germinativum umher.
Die Folge sind entzündliche Veränderungen der Haut: → Larva migrans cutanea.
Therapie:
Vereisen oder Thiabendazol

Prophylaxe:
Reinhaltung von Stränden und Spielanlagen.

Strongyloides stercoralis – Strongyloidiasis

Der Zwergfadenwurm ist weltweit verbreitet, jedoch in den Tropen bedeutend häufiger.

Die Lebenserwartung der Hakenwürmer beträgt bis zu 6 Jahren.

Pathogenese und Klinik: Schon das Eindringen der Larven führt zu entzündlichen Veränderungen der Haut. Bakterielle Superinfektionen können eine Komplikation darstellen. Die eigentliche Schädigung des Wirtes erfolgt durch Läsionen (Mikroulzerationen), die die Hakenwürmer mit ihren Mundwerkzeugen in der Darmschleimhaut hervorrufen. Diese verursachen einen Blutverlust sowohl durch die Blutaufnahme des Parasiten als auch durch Nachbluten, wenn der Parasit seinen Standort wechselt.
Wahrscheinlich decken die Hakenwürmer über die Blutaufnahme nicht nur ihren Nährstoff-, sondern darüber hinaus auch ihren Sauerstoffbedarf. Dies würde die vergleichsweise großen Blutmengen erklären, die pro Hakenwurm und Tag aufgenommen werden. Massiver Hakenwurmbefall kann auf diese Weise zu Blutverlusten von mehreren Millilitern pro Tag führen, in Extremfällen 50 bis 100 ml. Heute geht man davon aus, daß der durch Hakenwurmbefall verursachte chronische Protein- und Eisenverlust ohne Wirkung weiterer Faktoren zum Tode führen kann.
Insbesondere in Entwicklungsländern unter den Bedingungen einer chronischen Mangelernährung führt der Hakenwurmbefall zu einer Verschärfung der Situation. Neben retardiertem Wachstum bei Kindern wurde eine verminderte Lernfähigkeit und eine deutliche Herabsetzung der physischen Leistungsfähigkeit nachgewiesen. Eine erfolgreiche Wurmkur und die anschließende Verhinderung von Reinfektionen ermöglicht ein Erreichen der Normwerte.

Die Diagnostik erfolgt durch den Nachweis der typischen Eier im Stuhl. Eine Anreicherung verbessert die Erfolgsaussichten.

Eine Therapie ist mit *Mebendazol* möglich.

Wichtigste prophylaktische Maßnahme ist das Tragen von festen Schuhen in Endemiegebieten.
Für die erfolgreiche Bekämpfung der Hakenwurmkrankheit in Endemiegebieten ist neben der Therapie der Wurmträger vor allem die Durchsetzung sanitärer Maßnahmen eine Grundvoraussetzung.

4.1.6 Tierpathogene Hakenwürmer

Erregereigenschaften und Entwicklungszyklus: Ancylostoma brasiliense ist ein Hakenwurm, der weltweit bei Hunden und Katzen vorkommt. In Morphologie und Entwicklungszyklus ähnelt er den humanpathogenen Arten. Die Invasionslarven von Ancylostoma brasiliense dringen auch in die Haut des Menschen ein. Eine Infektion kann auf durch Hundekot verunreinigten Kinderspielplätzen oder Badestränden erfolgen.

Pathogenese und Klinik: Da der Mensch Fehlwirt ist und die Larven nicht auf die notwendigen chemischen Signale treffen, irren sie im Stratum germinativum umher und führen zu entzündlichen Veränderungen der Haut. Diese folgen der Wanderung der Larve: Larva migrans cutanea, die pro Tag bis zu 3 cm zurücklegen kann.

Eine Therapie ist bei Einzelinfektionen durch Vereisung möglich. Die Larve befindet sich in der Regel etwa 1 cm vor der entzündlichen Hautveränderung! Bei Mehrfachinfektionen wird *Thiabendazol* eingesetzt.

Die Prophylaxe besteht in der Vermeidung der Kontamination von Spielplätzen und Badestränden mit Hundekot.

4.1.7 Strongyloides stercoralis (Zwergfadenwurm)

Der Zwergfadenwurm ist weltweit verbreitet, kommt jedoch insbesondere im tropischen Gürtel zwischen 40° nördlicher und 30° südlicher Breite vor. Weltweit wird mit über 40 Millionen infizierten Personen gerechnet.

Erregereigenschaften und Entwicklungszyklus: Strongyloides stercoralis

kann sowohl in einer parasitären Form als auch frei im Boden lebend vorkommen. Die geschlechtsreifen männlichen Formen halten sich wahrscheinlich nur im Boden auf. Damit ist der Zwergfadenwurm ein fakultativer Parasit.
Im Menschen kommen nur parthenogenetische Weibchen vor, die zur Eiablage befähigt sind. Die Larven schlüpfen, da für ihre Entwicklung kein Sauerstoff nötig ist, meist noch im Darm. Sie gelangen, oft schon als invasionsfähige Formen, mit dem Stuhl ins Freie (s. Abb. 4-1). Da die etwa 200 µm langen Larven durch die Haut in ihren neuen Wirt gelangen, sind Autoinfektionen möglich, indem die Larven direkt im Analbereich oder in der Oberschenkelregion wieder in den Wirt eindringen. Damit ist der Befall mit Strongyloides stercoralis eine echte Infektion mit einer tatsächlichen Vermehrung des Erregers im Wirt.
Larven, die in den Boden gelangen, entwickeln sich unter geeigneten Bedingungen zu etwa 800 µm langen Männchen oder bis zu 1 mm langen Weibchen. Aus den Eiern dieser Weibchen können sich im Boden wieder Geschlechtsformen entwickeln, oder die L3-Larven dringen durch die Haut in einen Wirtsorganismus ein. Neben dem Menschen können auch Hunde und Katzen infiziert werden. Diese spielen aber als Reservoir keine Rolle.
Die Larven gelangen über den *Blut-Lungen-Weg* in den Darm. Dabei entwickeln sich innerhalb von zwei Wochen ausschließlich Weibchen, die zu parthenogenetischer Eiablage befähigt sind. Solche parasitierenden Weibchen sind mit etwa 2 mm Länge größer als ihre freilebenden Varianten.

Erregereigenschaften und Entwicklungszyklus:
- Der geschlechtliche Teil der Vermehrung läuft im Boden ab: St. stercoralis ist ein fakultativer Parasit.
- Im Darm des Menschen oder anderer Säugetiere kommen nur Weibchen vor, die parthenogenetisch Eier legen.
- Die Larven brauchen zur Entwicklung keinen Sauerstoff und schlüpfen meist schon im Darm.
- Sie sind etwa 200 µm lang.
- Diese Larven können direkt wieder in den Wirt eindringen. Über den Blut-Lungen-Weg gelangen sie wieder in den Darm.
- Larven, die in den Boden gelangen, bilden Männchen und Weibchen.
- Nach der Befruchtung legen die Weibchen Eier, die sich zu L3-Larven entwikkeln. Diese können wieder in den Menschen eindringen oder eine neue im Boden lebende Generation bilden.

Pathogenese und Klinik: Schon beim Eindringen der Larven kann es zu Hauterscheinungen kommen. Diese sind bei Autoinfektionen besonders in der Analregion anzutreffen und stellen sich als streifenförmige, entzündliche Veränderungen dar.
Auf dem Wege durch die Lunge rufen die Larven dort eosinophile Infiltrate hervor, die in Abhängigkeit von der Befallsstärke zu klinisch relevanten Erscheinungen führen können. Bei immunologisch gesunden Personen kann ein massenhafter Befall der vorwiegend oder ausschließlich intestinal vorkommenden Weibchen neben uncharakteristischen Leibschmerzen zu Diarrhoe und Obstipationen führen.
Bei unbehandelten Patienten sind chronische Verläufe möglich.
Bei Patienten mit schweren Immundefekten werden die Larven in den verschiedensten Organen gefunden, wo sie zu den unterschiedlichsten Beeinträchtigungen und Funktionsausfällen führen können. Strongyloides stercoralis ist ein Opportunist, der erst bei entsprechender Abwehrschwäche des Wirtes eine entsprechende Pathogenität aufweist.

Pathogenese und Klinik:
- Entzündliche Hautveränderungen an der Eintrittspforte der Larven.
- Infiltrate in der Lunge.
- Durchfall und Leibschmerzen bei massivem Befall (Autoinfektion).
- Bei immundefizienten Patienten kann es zu einer Ausbreitung der Larven und Würmer im gesamten Organimus kommen.

St. stercoralis ist ein Opportunist!

Die Diagnose erfolgt durch den mikroskopischen Nachweis der Larven im Stuhl.

Diagnose:
Nachweis der Larven im Stuhl.

Eine Therapie ist mit *Thiabendazol* möglich.
In endemisch belasteten Gebieten ist das Tragen von Schuhwerk eine effektive **Prophylaxe.**

Therapie: Thiabendazol
Prophylaxe: In Endemiegebieten sind Schuhe notwendig.

4.1.8 Trichinella spiralis

Trichinen sind Parasiten von Fleisch- oder Allesfressern. Sie kommen weltweit vor. Eine Ausnahme stellt Australien dar. Die Übertragung erfolgt ausschließlich im Rahmen der Nahrungskette.
In Abhängigkeit von der Durchseuchung der Wild- und Haustiere und von den Ernährungsgewohnheiten der Bevölkerung stellen die Trichinen eine Gefahr für den Menschen dar. In Mitteleuropa sind Haus- und Wildschweine die wichtigste Infektionsquelle für den Menschen.

Trichinella spiralis – Trichinellose/Trichinose
Trichinen kommen bis auf Australien weltweit vor.
Sie sind Parasiten der Fleisch- und Allesfresser.
Das Schwein ist die wichtigste Infektionsquelle für den Menschen in Mitteleuropa.

Erregereigenschaften und Entwicklungszyklus: Die Eingliederung des Entwicklungszyklus von Trichinella spiralis ist nicht einfach, weil er eine Besonderheit aufweist: er läuft komplett in einem Wirt ab, aber er endet immer mit einem Larvenstadium. Man kann ihn also nur bedingt als *monoxen* bezeichnen. Auch was die Vielfalt der möglichen Wirte betrifft, ist T. spiralis eine Besonderheit, indem eine Vielzahl von Fleisch- und Allesfressern als Wirte

Erregereigenschaften und Entwicklungszyklus:
T. spiralis ist homoxen und polyxen. Die Entwicklung läuft in nur einem Wirt ab, jedoch endet der Zyklus jeweils mit dem Larvenstadium.

Die Vielfalt der möglichen Wirte ist sehr groß.
Im Darm leben die adulten Würmer (Darmtrichinen).
Jedes Weibchen setzt nach der Befruchtung bis zu 1 000 Larven frei.
Diese wandern in die quergestreifte Muskulatur und kapseln sich dort zusammengerollt als invasionsfähige L3-Larven ein (Muskeltrichinen).
Mit der Nahrungskette müssen sie in einen neuen Wirt gelangen.
Hauptinfektionsquelle für den Menschen ist **infiziertes Schweinefleisch.**
Nach Jahren sterben die Muskeltrichinen ab und können verkalken.
Im Darm eines neuen Wirtes werden die Larven freigesetzt und entwickeln sich zur Geschlechtsreife.

geeignet sind. Da der Mensch in keine Nahrungskette eingegliedert ist, ist er ein funktioneller Fehlwirt: von ihm kann keine Infektion ausgehen.
Die geschlechtsreifen Würmer leben im Dünndarm der jeweiligen Wirte: *Darmtrichine.* Die Männchen sind mit nur 2 mm Länge kleiner als die bis 3,5 mm langen Weibchen. Nach der Befruchtung entwickeln sich noch im Uterus des Weibchens in den Eiern die Larven, die als L1-Larven das Weibchen verlassen: Trichinella spiralis ist ovovivipar. Ein Weibchen bringt bis zu maximal 1 000 Nachkommen hervor.
Die L1-Larven durchdringen die Darmwand und wandern aktiv oder gelangen passiv mit dem Blutstrom in die quergestreifte Muskulatur des Wirtes. Nach einer Häutung dringen sie in die Muskelzellen ein, wo nach einer weiteren Häutung die invasionsfähigen L3-Larven entstehen. Diese Entwicklung in der Muskulatur dauert etwa 10 Tage. Die Larven rollen sich nun spiralig zusammen und werden im Laufe der folgenden Wochen durch den Wirt abgekapselt *(Muskeltrichine).* Sie schalten auf einen Minimalstoffwechsel um und sind nun *mehrere Jahre* lebensfähig und infektiös. Erfolgt keine Aufnahme in einen neuen Wirt, sterben sie ab und verkalken. Werden derartige Larvenstadien im Rahmen einer Fleischmahlzeit durch einen neuen Wirt aufgenommen, so erfolgt innerhalb eines Tages nach Freisetzung durch die Verdauungsenzyme des Wirtes die letzte Häutung und die Entwicklung zur geschlechtsreifen Darmtrichine. Schon am zweiten Tag kann die Begattung erfolgen, und 5 Tage nach der Aufnahme von Larven werden die ersten L1-Larven freigesetzt.

Pathogenese und Klinik:
Zu Symptomen kommt es nur, wenn eine bestimmte Infektionsdosis überschritten wird.
Darmbeschwerden können schon nach 1 Tag auftreten.
Im Rahmen allergischer Reaktionen kommt es zu Fieber.
Nach Befall der Muskulatur treten Muskelschwäche und Muskelschmerz auf.
Massiver Befall führt zu bleibenden Schäden.

Pathogenese und Klinik: Erst wenn eine bestimmte Infektionsdosis von einigen Tausend Larven überschritten ist, muß mit klinischen Erscheinungen gerechnet werden. Schon am folgenden Tag können sich Darmbeschwerden einstellen. In der weiteren Entwicklung kommt es zu einer vorwiegend allergischen Reaktion auf die Larven, die von Fieber begleitet sein kann.
In dem Maße, wie die Larven in die Muskulatur eindringen, wird die Symptomatik von Muskelschmerzen, -steife und -schwäche geprägt. Dies ist vor allem eine Folge des Nährstoffentzuges durch die wachsenden Larven. Bei schwächerem Befall bilden sich die Symptome zurück, wenn die Larven in die Ruhephase eintreten. Ein stärkerer Befall führt zu *bleibenden Leistungseinschränkungen.*

Diagnostik:
Mikroskopischer Nachweis der Muskeltrichinen in Bioptaten.
Serologische Methoden sind möglich, jedoch kommt es zu Kreuzreaktionen mit anderen Würmern.
Therapie: Thiabendazol

Diagnostik: Eine sichere Diagnose ist durch mikroskopischen Nachweis von Muskeltrichinen im Muskelbioptat möglich.
Serologische Tests sind wegen möglicher Kreuzreaktionen bei Infektionen mit anderen Würmern weniger aussagefähig.
Die sichersten Befunde liefert eine Mikropräzipitation an Lebendlarven.

Eine Therapie ist mit *Thiabendazol* möglich.

Prophylaxe:
Fleischbeschau und Tieffrieren von rohem Fleisch.

Prophylaxe: Die gesetzlich geregelte Fleischbeschau ist die wichtigste prophylaktische Maßnahme. Tieffrieren (3 Tage) oder vollständiges Garen tötet Muskeltrichinen ab.

Anisakis marina – Heringswurmkrankheit

Der Heringswurm ist ein in Nordeuropa verbreiteter Parasit fischfressender Meeressäuger.
Der Mensch ist ein Fehlwirt.
Zwischenwirte sind Seefische (u. a. Heringe).
Der Mensch infiziert sich durch Aufnahme von Larven bei Verzehr rohen Fisches.
Die Larven befallen die Magen- und die Darmschleimhaut.
Allergisierung und mechanische Schädigung führen zu Koliken.
Die Therapie erfolgt chirurgisch.
Tieffrieren des Fisches bietet einen ausreichenden Schutz.

4.1.9 Anisakis marina (Heringswurm)

Bei den Vertretern der Gattung Anisakis handelt es sich um Parasiten von Meeressäugern. Anisakis marina ist die in Nordeuropa häufigste Spezies. Sie parasitiert in der Magenschleimhaut der Endwirte. In den Entwicklungszyklus sind zwei Zwischenwirte eingeschaltet. Nach Krebstieren als erstem Zwischenwirt können verschiedene Fische, u. a. der Hering, als zweiter Zwischenwirt infiziert werden. Über diesen Weg kann sich der Mensch durch den Genuß von rohem oder unzureichend zubereitetem Fisch infizieren. Er ist ein Fehlwirt, und der Parasit kann sich in ihm nicht weiterentwickeln. Die Larven lagern sich in die Magen- oder Darmwand ein und können, insbesondere auch infolge starker allergisierender Wirkung, zu schweren Koliken führen.
Die Diagnose kann bei Verdacht mit einem Radioimmunoassay gestellt werden. Eine Therapie ist chirurgisch möglich. Tieffrieren oder ausreichendes Erhitzen bildet einen sicheren Schutz vor einer Infestation.

4.2 Filarien

Filarien sind Parasiten der Vertebraten (außer Fische), in deren Entwicklungszyklus in jedem Falle ein blutsaugender Vertreter der Arthropoden integriert ist.
Die Weibchen setzen im Endwirt Larven, sog. **Mikrofilarien** frei, die zum Teil noch von dünnen Eihüllen umgeben sind: **gescheidete Mikrofilarien**. Mikrofilarien ohne Eihüllen werden als **ungescheidet** bezeichnet. Weitere Unterschiede in der Morphologie und Physiologie der Mikrofilarien (wie Länge, Verteilung der Kerne im Inneren der Mikrofilarien oder Lokalisation im Wirtsorganismus) werden für die Differentialdiagnostik herangezogen (Abb. 4-2).
In Anpassung an die Stechgewohnheiten ihrer Vektoren weisen die Mikrofilarien einiger Spezies eine **Periodizität** auf, das heißt sie kommen nur zu bestimmten Tageszeiten im peripheren Blut vor und halten sich die übrige Zeit in den Gefäßen innerer Organe auf. Der Rhythmus wird wahrscheinlich durch den pO_2 im Blut reguliert.

Filarien

Filarien sind Parasiten der Säugetiere.
Ihre Larven, die Mikrofilarien, müssen von einem blutsaugenden Insekt auf den neuen Wirt übertragen werden.
Einige Mikrofilarien sind noch von einer Eihülle (Scheide) umgeben.
In Anpassung an die Stechgewohnheiten der Vektoren können sie periodisch im Blut auftreten.

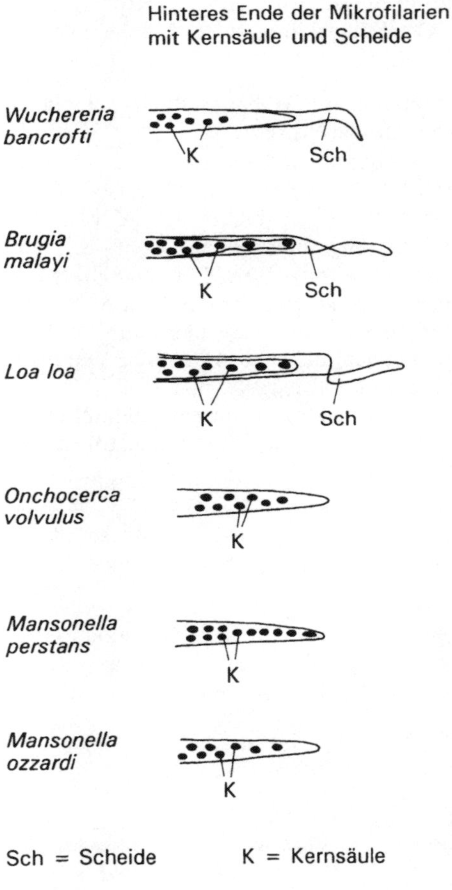

Abb. 4-2:
Morphologie der Mikrofilarien

4.2.1 Wuchereria bancrofti und Brugia spp.

Erregereigenschaften und Entwicklungszyklus: Wuchereria bancrofti ist etwas größer als Brugia malayi. Die Weibchen erreichen bis zu 10 cm Länge. Sie parasitieren in den Lymphgefäßen des Menschen, der der einzige Endwirt ist. B. malayi kommt auch im Bindegewebe vor.
Die Mikrofilarien sind jeweils gescheidet und halten sich im Blut auf. Sie weisen eine mehr oder weniger ausgeprägte Periodizität auf. In der Regel sind sie nur nachts im peripheren Blut zu finden. Einige Subspezies der Filarien haben sich jedoch insofern an die Stechgewohnheiten ihrer potentiellen Zwischenwirte angepaßt, als diese ursprüngliche Periodizität verlorengegan-

Wuchereria bancrofti } Elephantiasis
Brugia spp.
Erregereigenschaften und Entwicklungszyklus:
- Beide Gattungen sind Parasiten des Menschen.
- Die Weibchen werden bis zu 10 cm lang.
- Sie parasitieren oft paarweise oder in Gruppen in den Lymphgefäßen.
- Die gescheideten Mikrofilarien halten sich in der Regel nachts im peripheren Blut auf.
- Vektoren sind verschiedene Mückenarten.

- Nur bei B. malayi spielen Tiere als Reservoir eine Rolle.
- Die Lebenserwartung der Filarien beträgt etwa 10 Jahre.
- W. bancrofti ist in den Tropen weit verbreitet.
- B. malayi ist auf die Pazifikregion beschränkt.

gen ist. So tritt die in der Pazifikregion beheimatete Subspezies *W. bancrofti pacifica* vorwiegend tagsüber im peripheren Blut auf.
Als Zwischenwirte oder biologische Vektoren fungieren verschiedene Mükkenarten, die den Gattungen Aedes, Anopheles und Culex bzw. Mansonia angehören können. In den Zwischenwirten erfolgt innerhalb einer Woche die Entwicklung zu den L 3-Larvenstadien, die für den Endwirt infektiös sind und bei einer erneuten Blutmahlzeit aktiv in den neuen Wirt eindringen. Für W. bancrofti ist allein der Mensch ein geeigneter Endwirt *(Homoxenie).* B. malayi befällt neben den Menschen auch Affen und Haustiere, die dann als Reservoir eine große Bedeutung haben *(Polyxenie).* Im Endwirt erfolgt innerhalb von 1 bis 2 Jahren die Entwicklung zur geschlechtsreifen Filarie. In dieser Zeit müssen sich auch die Geschlechtspartner finden, um dann gemeinsam in Lymphgefäßen zu parasitieren. Die Lebenserwartung kann mehr als 10 Jahre betragen.
Während *W. bancrofti* in den Tropen weit verbreitet ist, kommt *B. malayi* vor allem in Südostasien und im Pazifikraum vor. In Indonesien tritt eine weitere Spezies, *B. timori,* auf. Die geographische Ausbreitung wird neben der Abhängigkeit von bestimmten Vektoren vor allem auch durch eine Temperaturabhängigkeit der Larven bedingt. So muß die Außentemperatur mehr als 25 °C betragen, damit eine erfolgreiche Entwicklung in der Mücke ablaufen kann (s. a. Tab. 4-1).

Pathogenese und Klinik:
2 pathogenetische Prozesse:
- Antigene der Filarien und der Mikrofilarien führen zu allergischen und entzündlichen Reaktionen.
- Die adulten Filarien führen zu einem mechanischen Verschluß der Lymphgefäße.

Die Folge sind:
in der Anfangsphase:
- Fieber und Abgeschlagenheit,
- Gelenkschmerzen,
- Lymphknotenschwellungen und Lymphangitiden,

Pathogenese und Klinik: Bei der Infektion mit W. bancrofti oder B. malayi laufen zwei unterschiedliche pathogenetische Prozesse ab.
Zum einen werden sowohl durch die Filarien und Mikrofilarien selbst als auch durch die nach dem Absterben freigesetzten Antigene allergische Reaktionen ausgelöst. Diese führen, insbesondere am Beginn der Infektion, zu unspezifischen Symptomen wie Fieber, Abgeschlagenheit, Kopf- und Gelenkschmerzen sowie zu Lymphknotenschwellungen und Lymphangitiden.
Der typische Lymphstau ist sowohl eine Folge von chronischen, entzündlichen Prozessen, die über Zellproliferationen im Laufe der Jahre zu einer Verengung der Lymphgefäße führen können, als auch durch den Verschluß der Lymphgefäße durch die Würmer selbst bedingt.
Die anfänglich weichen, ödematösen Schwellungen können allmählich zu gewaltigen Deformationen der betroffenen Organe führen. Hydrozelenbil-

Tab. 4-1: Filarien des Menschen

	Wuchereria bancrofti	*Brugia malayi*	*Loa loa*	*Onchocerca volvulus*	*Mansonella*[1] *perstans*	*Mansonella*[1] *streptocerca*	*Mansonella ozzardi*
Größe: m	– 4 cm	– 2,5 cm	– 3,5 cm	– 4,5 cm	– 4,5 cm	?	?
w	– 10 cm	– 8 cm	– 7 cm	– 50 cm	– 8 cm	?	– 8 cm
Lokalisation:	Lymphgefäße	Lymphgefäße	subcutanes Bindegewebe	subcutanes Bindegewebe	Pleura- u. Peritonealhöhle	subcutanes Bindegewebe	Peritonealhöhle
Mikrofilarien:							
Größe:	– 300 µm	– 230 µm	– 300 µm	– 350 µm	– 200 µm	– 240 µm	– 240 µm
Scheide:	+	+	+	–	–	–	–
Lokalisation:	Blut	Blut	Blut	Haut	Blut	Haut	Blut
Periodizität:	+ (+)	+	+	–	+	–	–
Vektor:	Aedes Anopheles Culex	Aedes Anopheles Mansonia	Chrysops	Simulium	Culicoides	Culicoides	Culicoides
Klinik:	Elephantiasis u. Lymphadenitis	Elephantiasis u. Lymphadenitis	Kalabarschwellung	Flußblindheit	–	Dermatitis	–
Infizierte:	≥300 Mio	~100 Mio	~40 Mio	≥40 Mio	≥50 Mio	~10 Mio	~15 Mio
Chemotherapie:	Mittel der Wahl für alle Filarien ist Diäthylcarbamazin						
Wurmextraktion:	umstritten	umstritten	(möglich)	möglich			
Prophylaxe:	Vektorkontrollmaßnahmen und Expositionsprophylaxe: Repellentien, Moskitonetze						
Geograph. Ausbreitung:	Asien Afrika Lateinamerika	Asien	Afrika	Afrika Lateinamerika	Afrika Lateinamerika	Afrika	Lateinamerika

[1] Diese Spezies werden heute wegen der unbescheideten Mikrofilarien zur Gattung Mansonella gezählt. Sie wurden früher als Dipetalonema-Spezies eingeordnet.

dungen mit über 20 Liter Inhalt sind beschrieben. Bei den Extremitäten wird die Haut dann derb und faltig. In dieser Phase spricht man von *Elephantiasis.*
Am häufigsten betroffen sind die unteren Extremitäten, aber auch das äußere Genitale (Scrotum bzw. große Labien), die oberen Extremitäten oder die Mammae.

im weiteren Verlauf:
– Lymphstau mit Hydrozelenbildung: **Elephantiasis.**
Betroffen sind vor allem die unteren Extremitäten und das äußere Genitale.

Diagnose: In vielen Fällen führt in den Endemiegebieten ein ausgeprägtes klinisches Bild zur Diagnose, die durch den Nachweis der typischen, gescheideten Mikrofilarien im Giemsa-gefärbten Blutausstrich bestätigt wird. Auch im ungefärbten Frischpräparat sind die stark beweglichen Mikrofilarien gut zu erkennen.
Serologische Methoden sind möglich, jedoch treten Kreuzreaktionen bei Infektionen mit anderen Filarien auf.

Diagnose:
- In Endemiegebieten klinisch.
- Mikroskopischer Nachweis der Mikrofilarien im Blut.
  Periodizität beachten!
- Serologische Methoden sind einsetzbar, es gibt jedoch Kreuzreaktionen.

Eine Therapie ist mit *Diäthylcarbamazin* möglich. Insbesondere für Kampagnen in endemischen Gebieten wird *Ivermectin* empfohlen.

Therapie: Diäthylcarbamazin

Eine Prophylaxe ist, insbesondere bei ausgeprägter Nachtaktivität der Vektoren, durch mechanische Maßnahmen (Moskitonetze) und Repellentien möglich. In einem Endemiegebiet wurde durch breiten Einsatz von *Diäthylcarbamazin,* welches in Speisesalz gemischt wurde, eine Reduktion der Mikrofilarien und damit der Übertragung erreicht.

Prophylaxe:
- Maßnahmen zur Vektorkontrolle (einschl. Moskitonetze)
- Chemoprophylaxe mittels Diäthylcarbamazin

4.2.2 Loa loa (Wanderfilarie oder Augenwurm) – Loiasis oder Loaose (Kalabar-Schwellung oder Kamerunbeule)

Loa loa – Loiasis/Loaose

Erregereigenschaften und Entwicklungszyklus: Im Gegensatz zu anderen Helminthen wandern auch die adulten Würmer während ihres gesamten Lebens im Organismus des Wirtes, insbesondere im Unterhautbindegewebe, umher *(Wanderfilarie).* Die Weibchen von Loa loa sind etwa 7 cm lang, die Männchen nur 3,5 cm.
Die Mikrofilarien von L. loa sind gescheidet, etwa 300 µm lang und tagsüber im peripheren Blut (s. a. Tab. 4-1). Sie müssen von tagaktiven Stechfliegen der Gattung Chrysops aufgenommen werden und entwickeln sich in diesen innerhalb von 8 bis 10 Tagen zu invasionsfähigen L3-Larven. Diese dringen bei einer erneuten Blutmahlzeit in den nächsten Wirt ein. Als Wirte kommen neben dem Menschen möglicherweise Affen in Frage, die aber keine epidemiologische Bedeutung haben.
Innerhalb von 8 Monaten bis zu 4 Jahren entwickeln sich die Larven zu den adulten Würmern. Nach der Begattung setzen die Weibchen Mikrofilarien frei.
L. loa kommt nur im tropischen Afrika vor (s. a. Tab. 4-1).

Erregereigenschaften und Entwicklungszyklus:
- Die Weibchen werden bis zu 7 cm lang (die Männchen nur 3,5 cm). Sie wandern zeitlebens im Gewebe des Wirtes umher (Wanderfilarie).
- Die gescheideten Mikrofilarien sind tagsüber im peripheren Blut.
- Vektoren sind Stechfliegen der Gattung Chrysops. In ihnen entwickeln sich die infektiösen L3-Larven.
- Die Entwicklung der geschlechtsreifen Würmer im Endwirt kann bis zu 4 Jahren dauern.
- Hauptwirt ist der Mensch.

Pathogenese und Klinik: Während der Wanderung führen die Würmer zu entzündlich-allergischen Reaktionen der Haut, die nach 2 bis 3 Tagen wieder verschwinden, um an einer neuen Stelle aufzutreten. Bevorzugt sind die Extremitäten. Wegen dieser, bis zu mehreren Zentimetern großen Schwellungen hat die Krankheit den Namen *Kalabar-Schwellung* oder *Kamerunbeule.* Die Schwellung ist schmerzhaft und juckt. Wenn die Würmer auf ihrem Weg durch den Körper die Sklera oder Konjunktiva passieren, sind sie als mäanderförmige Schlingen sichtbar *(Augenwurm).*
Nur in Ausnahmefällen kommt es zu klinisch schweren Verläufen (z. B. Glottisödem bei Passage des Kehlkopfes).
Es gibt auch asymptomatische Verläufe (bei nachgewiesener Mikrofilariaemie) oder Intervalle, in denen keine Schwellungen auftreten.

Pathogenese und Klinik:
Die Würmer führen zu entzündlich-allergischen Schwellungen (Kalabar-Schwellung oder Kamerunbeule).
Diese werden zum Teil mehrere Zentimeter groß und verschwinden nach einigen Tagen, um an einer anderen Stelle wieder aufzutreten.
In der Sklera werden die Würmer sichtbar: → Augenwurm.
Komplikationen sind selten (z. B. bei Kehlkopfpassage).

Zu einer Diagnose führt in Endemiegebieten das klinische Bild. Der sichere Nachweis einer L. loa-Infektion ist durch die Extraktion des Wurmes oder den mikroskopischen Nachweis der Mikrofilarien im Giemsa-gefärbten Blutausstrich möglich. (Blut tagsüber entnehmen!)

Diagnose:
- Klinisches Bild in den Endemiegebieten. Beweis: Wurmextraktion.
- Mikroskopischer Mikrofilariennachweis im Blut

Therapie: Mittel der Wahl ist *Diäthylcarbamazin.* Eine Extraktion des Wurmes ist bei Passage der Sklera möglich.

Therapie:
Diäthylcarbamazin

Prophylaxe:
Chemoprophylaxe ist umstritten, Vektorkontrolle ist verläßlicher.

Onchocerca volvulus –
Onchocerciasis/Onchozerkose
Erregereigenschaften und Entwicklungszyklus:
- Humanpathogene Filarie.
- Parasitiert meist in Gruppen in Knoten des Unterhautbindegewebes (Knäuelfilarie).
- Sie kommt in den Tropen vor.
- Die Weibchen werden bis zu 40 cm lang.
- Die ungescheideten Mikrofilarien wandern im Unterhautbindegewebe.
- Vektor sind Mücken der Gattung Simulium (Kriebelmücken oder Blackfly)
- Im Vektor entwickeln sich die infektiösen L3-Larven.
- Im Menschen, als einzigem Endwirt, entwickeln sich die geschlechtsreifen Würmer.
- Die Lebenserwartung beträgt etwa 15 Jahre.

Pathogenese und Klinik:
Einzelinfektionen sind harmlos.
Die bis hühnereigroßen Knoten sind meist schmerzfrei.
Die Mikrofilarien, die im Unterhautbindegewebe, in den Skleren und in der Hornhaut wandern, provozieren Abwehrreaktionen.
Die akute Reaktion ist eine schmerzende Dermatitis.
Die Folge chronischer Infektionen ist eine degenerative Veränderung der Haut mit starkem Elastizitätsschwund:
→ Papier- oder Greisenhaut.
Die Veränderungen am Auge führen zur Blindheit:
→ Flußblindheit!

Diagnose:
Mikroskopischer Mikrofilariennachweis in Hautbioptaten (Skin-snips).
Eine Abgrenzung gegen apathogene Arten ist nur nach Färbung (z. B. Giemsa) möglich.

Mazzotti-Test findet nur noch selten Anwendung.

Therapie:
Ivermectin und Diäthylcarbamazin wirken nur auf Mikrofilarien.
Suramin tötet auch die adulten Würmer.
Eine Exzision (insbesondere großer Knoten) ist möglich.

Prophylaxe: Eine Prophylaxe mit *Diäthylcarbamazin* ist möglich, jedoch umstritten. Erfolgreicher sind Maßnahmen der Vektorkontrolle.

4.2.3 Onchocerca volvulus – (Knäuelfilarie)

Erregereigenschaften und Entwicklungszyklus: Onchocerca volvulus ist eine humanpathogene Filarie, die in der Regel in Gruppen (Knäulen) angeordnet im Unterhautbindegewebe des Menschen parasitiert.
Die **Knäuelfilarie** kommt im tropischen Afrika und in Mittelamerika vor. Ihre Ausbreitung ist an das Vorkommen des biologischen Vektors, der Kriebelmücke (Insekten der Gattung *Simulium*; auch *Blackfly* genannt), gekoppelt. Es sind tagaktive Insekten, die sich nur in der Nähe schnell fließender Gewässer aufhalten.
Die Weibchen sind bis zu 40 cm lang und produzieren täglich einige Tausend L1-Larven. Diese ungescheideten Mikrofilarien sind etwa 350 µm lang. Sie gelangen ins Unterhautbindegewebe und können dort mehr als 2 Jahre umherwandern. Gelangen sie bei einer Blutmahlzeit in den geeigneten Vektor, entwickeln sie sich innerhalb einer Woche zu invasionsfähigen L3 Larven. Bei einem erneuten Saugakt können diese die Mundwerkzeuge der Kriebelmücke aktiv verlassen und in den neuen Wirt eindringen. Einziger Endwirt für C. volvulus ist der Mensch. In diesem entwickeln sich die Larven innerhalb von 10 bis 14 Monaten zu den geschlechtsreifen Würmern (s. a. Tab. 4-1). Sie siedeln sich meist in Gruppen in der Unterhaut an, die zu den typischen Knoten führen.
Die Lebenserwartung beträgt etwa 15 Jahre.

Pathogenese und Klinik: Einzelinfektionen mit O. volvulus führen nicht zu klinischen Erscheinungen. Erst bei einer größeren Befallsstärke treten Symptome auf.
Typisch für die Erkrankung sind die bis zu hühnereigroßen, meist schmerzfreien Knoten in der Unterhaut, in denen sich die Filarien zusammengeknäuelt aufhalten. In der Regel sind sie über großen Knochen lokalisiert. Es kommen auch Erkrankungen ohne diese Knotenbildung vor. Durch die im Unterhautbindegewebe wandernden Mikrofilarien und die von ihnen ausgelösten Abwehrreaktionen des Körpers kommt es im Verlaufe von Jahren zu schweren Destruktionen, vor allem der elastischen Anteile des Bindegewebes. Eine besondere Bedeutung haben dabei abgestorbene Mikrofilarien, die einen starken antigenen Reiz auslösen. Eine akute Folge ist eine teilweise schmerzhafte, juckende Dermatitis. Im Ergebnis der chronischen entzündlichen Prozesse treten typische Veränderungen der Haut auf: *Papier-* oder *Greisenhaut.*
Die Veränderungen in Kornea und Iris führen schließlich zur Erblindung: *Flußblindheit.*

Die Diagnose erfolgt durch den mikroskopischen Nachweis von Larven, die aus einem Hautbioptat *(Skin-snip)* austreten. Dazu wird die Probe in physiologischer Kochsalzlösung auf einen Objektträger gebracht. Es sollten jeweils mehrere Proben von verschiedenen Regionen (u. a. Beckenkamm) entnommen werden. Eine Abgrenzung von den Mikrofilarien apathogener Filarienarten (z. B. *Mansonella streptocerca*) ist im gefärbten Präparat möglich. Der Skin-snip sollte so gewonnen werden, daß kein Blut austritt, da sonst möglicherweise im Blut vorhandene Mikrofilarien anderer Spezies die Diagnose erschweren.

Der *Mazzotti-Test* wird nur noch selten angewendet. Er beruht auf einer allergischen Reaktion auf abgestorbene Mikrofilarien nach Gabe einer subtherapeutischen Dosis Diäthylcarbamazin, die als Konjunktivitis erkennbar ist. (Nach Anreicherung können Mikrofilarien im Urin gefunden werden. Bei starkem Befall können Mikrofilarien auch im Liquor cerebrospinalis oder im Kammerwasser auftreten.)

Eine Therapie ist mit *Ivermectin* möglich. Dieses tötet jedoch, wie auch das früher verwendete *Diäthylcarbamazin*, nur die Mikrofilarien. Adulte Würmer werden von *Suramin* abgetötet. Eine Exzision, insbesondere von großen Knoten, ist möglich.

Die Prophylaxe besteht in einer *Vektorkontrolle* sowie in der Therapie der Erkrankten. Dabei spielt auch die Exstirpation von Knoten eine Rolle.
In einigen Endemiegebieten (z. B. am Oberlauf des Voltaflusses) wurden unter Aufsicht der WHO erfolgreiche Bekämpfungsprogramme begonnen.
Eine gewisse Individualprophylaxe ist durch den Einsatz von Repellentien möglich.

Prophylaxe:
- Vektorkontrolle und
- Therapie der Erkrankten.

4.2.4 Apathogene Filarien des Menschen

Da die Vertreter der Gattung Dipetalonema gescheidete Mikrofilarien haben, sind einige Spezies umbenannt worden. Dies betrifft auch die beim Menschen vorkommenden Arten *Dipetalonema perstans* und *Dipetalonema streptocerca*, die nun als *Mansonella perstans* und *Mansonella streptocerca* der Gattung Mansonella zugeordnet werden. Zusammen mit *Mansonella ozzardi* haben sie wegen ihrer geringen Pathogenität vor allem differentialdiagnostische Bedeutung (die Eigenschaften sind in der Tab. 4-1 zusammengefaßt).
M. streptocerca kommt ausschließlich im tropischen Afrika vor, wohingegen *M. perstans* auch in Südamerika anzutreffen ist. *M. ozzardi* ist auf Lateinamerika beschränkt. Alle drei Spezies werden von Mücken der Gattung Culicoides (Gnitzen) übertragen. Nur in seltenen Fällen kommt es neben einer deutlichen Eosinophilie zu Fieber, Juckreiz, Gelenkschmerzen, Bauchschmerzen oder einer Lymphadenopathie.
Für die tierpathogenen *Dirofilarien* kann der Mensch als Fehlwirt dienen. Die Mikrofilarien werden durch Mücken der Gattungen Aedes, Anopheles oder Culex auf den Menschen übertragen und können dann zum klinischen Bild einer **kutanen Larva migrans** führen.

Apathogene Filarien des Menschen

- *Mansonella perstans* und
- *Mansonella streptocerca*, die früher zur Gattung Dipetalonema gehörten, sowie
- *Mansonella ozzardi* haben eine nur geringe Pathogenität.

Sie kommen nur in den Tropen vor und sind vor allem von differentialdiagnostischer Bedeutung.

Für tierpathogene Dirofilarien ist der Mensch ein Fehlwirt. Infektionen können zur **kutanen Larva migrans** führen.

4.2.5 Dracunculus medinensis (Medina-, Guinea- oder Drachenwurm)

Dracunculus medinensis – Dracontiasis

Erregereigenschaften und Entwicklungszyklus: Der Drachenwurm ähnelt in vielen Aspekten den Filarien, ist mit ihnen aber nur entfernt verwandt. Er kommt in Nordafrika und im Nahen Osten einschließlich Indien vor.
Die geschlechtsreifen Weibchen sind bis zu 1 m lang, aber nur etwa 2 mm dick. Sie wandern im Unterhautbindegewebe ihrer Wirte, wobei sie die untere Extremität wegen der höheren Wahrscheinlichkeit des Kontaktes mit Oberflächengewässern bevorzugen. Der durch die lokale Abkühlung bei Wasserkontakt hervorgerufene Reiz veranlaßt den Wurm zu einer *Ulkusbildung* in der Haut des Wirtes. Durch dieses Ulkus gelangen die im Weibchen vorhandenen Larven direkt aus dem Uterus ins Wasser. Oft können die insgesamt fast 2 Millionen Larven nur an mehreren aufeinanderfolgenden Tagen ausgeschleust werden. Im Wasser müssen sie in Kleinkrebse der Gattung *Cyclops* gelangen, in denen sich die weitere Entwicklung der Larven vollzieht. Durch Aufnahme von larvenhaltigen Flohkrebsen mit dem Trinkwasser kann sich der Mensch infizieren. Neben dem Menschen hat wahrscheinlich nur noch der Hund als Endwirt eine epidemiologische Bedeutung.
Nach oraler Aufnahme werden die L3-Larven im Duodenum freigesetzt, durchbrechen die Darmwand und wandern, in der Anfangsphase auch durch Lymphknoten, im Körper des Wirtes umher. Innerhalb etwa eines Jahres werden sie geschlechtsreif.
Die nur etwa 2 cm langen Männchen sterben nach der Begattung. Die Weibchen suchen solche Körperregionen auf, die auf Grund der auftretenden Temperaturgradienten einen Wasserkontakt signalisieren. Im Uterus der Weibchen entwickeln sich in dieser Zeit lebensfähige L1-Larven. Ein entsprechender Temperaturreiz führt zur Bildung eines Bläschens, und erst bei wiederholtem Wasserkontakt bildet sich ein Ulkus, durch welches die Larven ins Freie gelangen können.
Die Weibchen sterben nach der Freisetzung der Larven ab und können dann verkalken.

Erregereigenschaften und Entwicklungszyklus:
- Der Drachenwurm ist keine Filarie, diesen jedoch ähnlich.
- Die Weibchen werden bis zu 1 m lang, aber nur 2 mm dick.
- Sie leben im Unterhautbindegewebe.
- Zur Ablage der Larven suchen sie Körperregionen mit Wasserkontakt auf, die sie an den Temperaturgradienten erkennen.
- Dort bildet sich ein Ulkus.
- Bis zu 2 Millionen Larven verlassen das Weibchen und den Wirt durch dieses Ulkus in der Haut.
- Zwischenwirt ist ein Wasserfloh (Cyclops).
- Die L3-Larven gelangen mit den Wasserfloh durch orale Aufnahme in den Endwirt.
- Die Würmer werden nach 1 Jahr geschlechtsreif.
- Die nur 2 cm langen Männchen sterben nach der Begattung.
- Die Weibchen wandern bis zur Freisetzung der Larven umher und verkalken dann.

Pathogenese und Klinik: Erste klinische Symptome wie *Erythem* und *Überempfindlichkeit* können schon vor der Entstehung des Bläschens auftreten.

Pathogenese und Klinik:

Aus einem juckenden Bläschen bildet sich ein Ulkus, welches unter Narbenbildung abheilt.
Komplikationen entstehen aus bakteriellen Superinfektionen (Tetanus mit Todesfolge).

Diagnose:
Wird meist klinisch gestellt.
Man kann die Ulkusbildung provozieren.

Therapie:
Thiabendazol, Mebendazol oder Metronidazol.
Die klassische Therapie besteht im vorsichtigen Herausziehen des Wurmes durch Aufwickeln auf einen Stab.

Prophylaxe:
Behandlung des Trinkwassers

Trematoda

- Alle Trematoden (Egel) sind Parasiten.
- Mit Hilfe von zwei Saugnäpfen halten sie sich an den Oberflächen von Hohlorganen fest.
- Sie besitzen einen blind endenden Darm
- In die äußere Hülle, das Tegument, können Wirtsantigene eingelagert werden: molekulares Mimikry.
- Die Mehrzahl der Trematoden sind Zwitter.
- Alle humanpathogenen Trematoden haben einen Entwicklungszyklus, der einen Generationswechsel einschließt.

Allgemeiner Entwicklungszyklus:
- Die Eier besitzen meist einen Deckel (Operculum).
- Sie gelangen mit den Exkrementen ins Freie.
- Dort schlüpfen bewimperte Larven: Miracidien.
- Zwischenwirte sind meist Süßwasserschnecken.
- Die Schnecken kommen oft nur in den Tropen vor und begrenzen so die Ausbreitung der Egel!
- Im Zwischenwirt erfolgt eine Vermehrung: aus Muttersporocysten entstehen Tochtersporocysten und Redien.
- Aus den Redien entstehen geschwänzte Cercarien, die den Zwischenwirt aktiv verlassen.
- Die Cercarien bilden in einem zweiten Zwischenwirt Metacercarien, oder sie dringen direkt in den Endwirt ein.
- Im Endwirt entwickeln sich die adulten Würmer.

Das sich bildende Ulkus kann bis zu 2 cm Durchmesser erreichen. Es heilt nach ein bis zwei Wochen unter Narbenbildung ab. Der Wurm ist in der Regel erst nach einigen Tagen ständig im Ulkus sichtbar.
Die eigentliche Gefahr liegt in bakteriellen Sekundärinfektionen. Todesfälle infolge *Tetanus* sind in den Endemiegebieten möglich.

Die Diagnose wird in der Regel klinisch gestellt, nachdem in einem Hautulkus ein Fadenwurm erkennbar wird. Man kann bei entsprechendem Verdacht die Ulkusbildung durch gezielte Kältereize (Wasserbäder) provozieren.
Serologische Methoden zum Antikörpernachweis sind möglich. Verkalkte Würmer können als Zufallsbefunde beim Röntgen gefunden werden.

Die klassische Therapie besteht im vorsichtigen Herausziehen des Wurmes durch langsames Aufwickeln auf einen Stab. Diese Prozedur kann mehrere Tage dauern. Vermutlich ist das Symbol der Medizin, die sich um einen Stab windende Schlange, von alten Darstellungen dieser Wurmextraktion abgeleitet.
Eine Chemotherapie kann mit *Thiabendazol, Mebendazol* oder *Metronidazol* durchgeführt werden.

Die Prophylaxe besteht in der Behandlung des Trinkwassers; eine einfache Filtration reicht in diesem Falle schon aus.

4.3 Trematoda (Saugwürmer oder Egel)

Trematoden sind dorsoventral abgeplattete, ovale oder lanzettförmige Würmer. Alle Trematoden sind **Parasiten**. Mit ihren beiden Saugnäpfen halten sie sich an den Oberflächen von Hohlorganen oder Gefäßen fest. Typisches Merkmal dieser Klasse ist der als Folge der parasitären Lebensweise blind endende Darm.
Alle humanpathogenen Trematoden gehören der Unterklasse *Digenea* an, was auf einen besonderen biphasischen Entwicklungszyklus hinweist. Es findet in mindestens zwei Phasen der Entwicklung, die jeweils an einen Generationswechsel gekoppelt sind, eine starke Vermehrung statt. Trotz einer großen Mannigfaltigkeit lassen sich insbesondere im Entwicklungszyklus einige wesentliche Gemeinsamkeiten finden.
In den oft gedeckelten Eiern entwickelt sich eine bewimperte Larve, das **Miracidium**. In den meisten Fällen müssen die Eier in Oberflächengewässer gelangen, wo sie frei schwimmend den Zwischenwirt, in der Regel eine Süßwasserschnecke, erreichen. Miracidien, die sich in Landschnecken weiterentwickeln, müssen von diesen mit der Nahrung aufgenommen werden. Meist ist die Ausbreitung der Egel an das Vorkommen der Schnecken gebunden. Diese können sich oft nur unter tropischen Bedingungen vermehren.
Im Zwischenwirt entsteht ein vermehrungsfähiges Stadium, die **Muttersporocyste**. Sie entspricht einem Keimsack ohne differenzierte Organe. Die Nahrung wird durch die Körperoberfläche aufgenommen. In der Muttersporocyste entwickeln sich je nach Trematodenart oder äußeren Bedingungen neue Sporocysten, die **Tochtersporocysten**, oder eine morphologisch differente Tochtergeneration, die **Redien**. Redien besitzen einen Pharynx und einen Darm. Da mehrere Generationen von Sporocysten oder Redien in einem Zwischenwirt aufeinanderfolgen können, findet in dieser Phase eine massive Vermehrung des Parasiten statt. Als infektionsfähige Larven, die den Zwischenwirt aktiv verlassen, entstehen **Cercarien**. Cercarien sind geschwänzte Larven, aus denen in einigen Fällen in einem weiteren Zwischenwirt **Metacercarien** oder direkt im Endwirt die geschlechtsreifen Trematoden entstehen.
In einer Schnecke können aus nur einem Miracidium über 50000 Cercarien entstehen. Die Cercarien können entweder direkt durch die Haut in den Endwirt eindringen, oder sie werden von diesem in Form einer enzystierten Zwischenform **(Metacercarien)** mit der Nahrung aufgenommen. Metacercarien können, in Abhängigkeit von der Trematodenart, sowohl auf der Ober-

fläche von Pflanzen, als auch in weiteren Zwischenwirten vorkommen. Das aktive Eindringen der Cercarien in den Endwirt ist nur mit Hilfe einer Reihe spezieller hydrolytischer Enzyme möglich.
Mit einer Ausnahme (Schistosomatidae) sind alle Trematoden Zwitter. Die Form und Größe der Geschlechtsorgane ist ein wichtiges Unterscheidungsmerkmal der Trematoden untereinander. Da die männlichen Geschlechtsorgane eher reifen, ist eine **Fremdbefruchtung** die Regel, und nur selten können einzeln liegende Trematoden durch **Selbstbefruchtung** entwicklungsfähige diploide Eier produzieren. Einige Arten können **parthenogenetisch**, d.h. ohne Befruchtung, haploide, entwicklungsfähige Eier und damit haploide Nachkommen produzieren. Die äußere Hülle der Trematoden, das **Tegument**, wird von einer Mucopolysaccharidschicht überzogen, die in Abhängigkeit vom jeweiligen Wirt verschieden aufgebaut ist. Hierbei handelt es sich um eine Form des **molekularen Mimikry**, welches einen Schutzmechanismus vor den Faktoren der Wirtsabwehr darstellt.

4.3.1 Egel der Leber und der Gallenwege

4.3.1.1 Fasciola hepatica (Großer Leberegel)

Erregereigenschaften und Entwicklungszyklus: Fasciola hepatica ist 2 bis 3 cm lang und lebt vor allem in den Gallengängen von Wiederkäuern. Durch den massiven Befall von Rindern kann er zu erheblichen ökonomischen Verlusten in der Landwirtschaft führen. Seine 80 × 140 µm großen, gedeckelten Eier gelangen mit dem Kot ins Freie. Zwischenwirt sind Schnecken der Gattung Lymnaea. Die Cercarien enzystieren sich an Wasserpflanzen (z.B. Wasserkresse) und müssen als Metacercarien mit der Nahrungsaufnahme in den Endwirt gelangen. Dort werden sie im Dünndarm freigesetzt, verlassen den Darm und gelangen über die Bauchhöhle in die Leber. Nach einer mehrwöchigen Wanderung durch das Leberparenchym dringen sie in Gallengänge ein und wachsen zu geschlechtsreifen Würmern heran.
Die Präpatenzzeit beträgt etwa 10 Wochen; dies ist bei massivem Befall auch die Inkubationszeit.
Fasciola hepatica hat eine Lebenserwartung von bis zu 10 Jahren. Der große Leberegel ist weltweit verbreitet. Infektionen des Menschen sind möglich, aber selten (weltweit einige Tausend).

Pathogenese und Klinik: Zu Krankheitszeichen kommt es erst bei massivem Befall. Typisch sind die *Leberparenchymschäden* durch die wandernden, heranreifenden Würmer. Neben einer druckempfindlichen, geschwollenen Leber treten Fieber und Eosinophilie auf.
In der chronischen Phase kommt es durch die andauernde Reizung der Gallengänge zu entzündlichen Veränderungen mit einer Störung des Gallenabflusses. Bei schwerem Befall kann eine *Leberzirrhose* entstehen.

Die Diagnose erfolgt durch den Nachweis der Eier (s. Abb. 4-3). Da die Eier denen von *Fasciolopsis buski*, dem großen Darmegel, sehr ähnlich sind, ist eine sichere Unterscheidung nur durch den Einachweis im Duodenal- (Gallen-)saft möglich. Der alleinige Einachweis im Stuhl kann zu Verwechselungen führen.

Mittel der Wahl zur Therapie aller Trematodeninfektionen ist *Praziquantel.*

Eine sichere Prophylaxe ist der Verzicht auf den Verzehr roher Pflanzen, die Kontakt mit Oberflächengewässern hatten (z.B. Wasserkresse). Ein anderer Leberegel, der in seiner Morphologie und in seinem Entwicklungszyklus F. hepatica ähnelt, ist **Fasciola gigantica**. Er ist bis zu 7 cm groß und kommt besonders bei Wiederkäuern vor. Die Eier sind etwas breiter. Infektionen des Menschen sind selten.

Egel der Leber und der Gallenwege

Fasciola hepatica – Fascioliasis/Fasciolose

Erregereigenschaften und Entwicklungszyklus:
- Der große Leberegel ist bis zu 3 cm lang.
- Er parasitiert in den Gallengängen von Wiederkäuern.
- Die 80 × 140 µm großen Eier müssen ins Wasser gelangen.
- Die aus den Zwischenwirten (Süßwasserschnecken) freigesetzten Larven enzystieren sich an Wasserpflanzen.
- Sie werden nach oraler Aufnahme im Endwirt freigesetzt und gelangen über die Bauchhöhle in die Leber.
- Die Lebenserwartung beträgt etwa 10 Jahre.
- Infektionen des Menschen sind möglich.

Pathogenese und Klinik:
1. Bei entsprechender Anzahl rufen die wandernden Larven Leberparenchymschäden hervor.
2. Die adulten Würmer provozieren in den Gallengängen entzündliche Veränderungen, die sich über Galleabflußstörungen bis zur Zirrhose entwickeln können.

Diagnose:
Mikroskopischer Einachweis im Stuhl oder Gallensaft.

Therapie:
Praziquantel
Prophylaxe:
Verzicht auf Genuß von rohen Pflanzen, die Kontakt mit Oberflächenwasser hatten.
Fasciola gigantica ist ein bis zu 7 cm langer naher Verwandter von Fasciola hepatica.

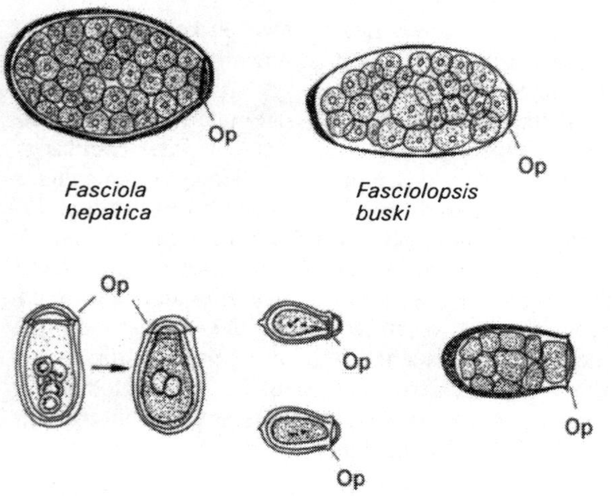

Abb. 4-3: Eier einiger humanpathogener Trematoden

Dicrocoelium dendriticum – Dikrozöliose

Der große Lanzettegel ist ein Parasit der Herbivoren.
Die Besonderheit seines Entwicklungszyklus besteht darin, daß eine Landschnecke als erster und eine Ameise als zweiter Zwischenwirt eingeschaltet sind.
Klinisch relevante Infektionen des Menschen sind selten.
Oberbauchbeschwerden sind möglich.
Die Diagnose erfolgt durch den mikroskopischen Nachweis der Eier im Stuhl.
Eine Therapie kann mit Praziquantel erfolgen.

4.3.1.2 Dicrocoelium dendriticum (Kleiner Leberegel oder Lanzettegel)

Der nur 8 bis 10 mm große Lanzettegel ist vor allem ein Parasit der **Herbivoren** (insbesondere der Schafe) der Nordhalbkugel. Ein Befall des Menschen ist selten und ein massiver Befall, der zu klinisch sichtbaren Veränderungen führt, ist auf Grund des besonderen Entwicklungszyklus unwahrscheinlich.
Der erste Zwischenwirt ist eine Landschnecke. Diese muß die etwa 25×40 µm großen Eier aufnehmen und scheidet später die Cercarien in Schleimballen aus, die dann von Ameisen gefressen werden müssen. Im Hinterleib der Ameisen wandeln sich die Cercarien in Metacercarien um. Nur jeweils eine einzige Cercarie, der *Hirnwurm*, dringt in das Unterschlundganglion der Ameise ein und verändert deren Verhalten so, daß sie an Grashalmen emporklettert und sich dann an der Spitze festbeißt. Auf diese Weise werden die infizierten Ameisen mit hoher Wahrscheinlichkeit von ihren grasfressenden Endwirten aufgenommen, ein Grund, weshalb der Mensch nur selten infiziert wird. Im Dünndarm der Endwirte schlüpfen die Larven und wandern den Ductus choledochus aufwärts. In den kleinen Gallengängen der Leber entwickeln sie sich zu geschlechtsreifen Würmern.
Die Präpatenzzeit beträgt bis zu 10 Wochen. Infektionen des Menschen sind meist symptomlos. Schmerzen im Oberbauch und Leberbeschwerden sind möglich. Die Diagnose erfolgt durch den Nachweis der etwa 25×40 µm großen Eier im Stuhl (s. Abb. 4-3). Typisch sind zwei „Keimkerne“ des Miracidiums, die durch die Schale sichtbar sind.
Eine Therapie ist mit Praziquantel möglich.

Clonorchis sinensis – Clonorchiasis
Opistorchis felineus und Opistorchis viverrini – Opistorchiasis

Erregereigenschaften:
Die Eigenschaften vom chinesischen Leberegel *Clonorchis sinensis* und von den Katzenleberegeln *Opistorchis felineus* und *Opistorchis viverrini* sind sehr ähnlich:
- *Clonorchis sinensis:*
  - in Ostasien beheimatet,
  - bis 25 mm lang,

4.3.1.3 Clonorchis sinensis (Chinesischer Leberegel), Opistorchis felineus und Opistorchis viverrini (Katzenleberegel)

Erregereigenschaften und Entwicklungszyklus: Clonorchis sinensis ist vor allem in Ostasien beheimatet. Dort rechnet man mit über 20 Millionen Infizierten.
Cl. sinensis ist etwa 15 bis 25 mm lang und bis zu 4 mm breit. Der Bauchsaugnapf ist etwas kleiner als der Mundsaugnapf. Die Hoden sind stark verästelt. Dies sind Unterschiede zu Opistorchisspezies. Die Eier sind birnenförmig, etwa 30 µm lang und 15 µm breit. Am schlankeren Pol haben sie einen relativ

großen Deckel *(Operculum)*. Im Innern ist schon das Miracidium sichtbar. Neben einer Süßwasserschnecke der Gattung Bithynia dienen eine Vielzahl von Fischen (auch Karpfenartige) als zweiter Zwischenwirt. In diesen bilden sich die Metacercarien als Wartestadien.
Mit der Nahrungskette gelangen die Larvenstadien in den Endwirt. Im Endwirt wird die Metacercarie im Dünndarm freigesetzt und wandert den Ductus choledochus aufwärts. Nur dort können sich die Leberegel in 2 bis 3 Wochen zu den geschlechtsreifen Würmern entwickeln. Mit dem Auftauchen der ersten Eier im Stuhl endet die Präpatenzzeit.
Cl. sinensis ist *heteroxen* und *polyxen*. Mensch und Tier infizieren sich durch Aufnahme von Metacercarien-haltigem Fisch. Vor allem Katzen spielen als Reservoir eine große Rolle. In ihnen kann Cl. sinensis sehr alt werden, ohne den Wirt stark zu schädigen. Für die Infektion des Menschen sind vor allem seine Eßgewohnheiten von Bedeutung. So trägt die asiatische Küche, die auch rohen Fisch verwendet, zu einer Ausbreitung der Leberegel bei. Weltweit wird mit über 35 Millionen Infizierten gerechnet.

- birnenförmige, gedeckelte, 15 × 30µm große Eier;
- erster Zwischenwirt sind Süßwasserschnecken,
- zweiter Zwischenwirt sind Fische;
- Endwirt sind fischfressende Tiere (Katze!) oder der Mensch.
- Die Larven werden im Dünndarm freigesetzt und wandern in die Gallengänge ein.
- Der Mensch infiziert sich durch den Verzehr von rohem Fisch. Das Infektionsrisiko hängt von den Eßgewohnheiten ab (asiatische Küche!).
- Es gibt über 35 Millionen Infestierte.

Pathogenese und Klinik: Krankheitszeichen treten in der Regel nur bei stärkerem und anhaltendem Wurmbefall auf. In schweren Fällen kann es zum Verschluß der Gallenwege mit entsprechendem Stauungsikterus kommen. Die Veränderungen der Gallenwege sind eine Folge der chronischen Reizung, die zu einer Proliferation der Epithelien führt. Eine Leberzirrhose als Spätfolge ist möglich.

Pathogenese und Klinik:
Nur bei stärkerem Wurmbefall kann es zu Verschlüssen der Gallengänge mit Stauungsikterus kommen.
Leberzirrhose als Spätfolge ist möglich.

Die Diagnose erfolgt durch den Nachweis der typischen Eier im Stuhl.

Eine Therapie ist mit *Praziquantel* möglich.

Die Prophylaxe besteht in der Vermeidung des Verzehrs von rohem Fisch.

Diagnose:
Einachweis im Stuhl.
Therapie: Praziquantel

Prophylaxe:
Keinen rohen Fisch essen.

Opistorchis felineus ist 8 bis 12 mm lang und ähnelt in Morphologie, Entwicklungszyklus, Pathogenese und Klinik Clonorchis sinensis. Seine Eier sind etwas schlanker als die von Cl. sinensis. Er ist vor allem in den gemäßigten Klimaten in Europa und Asien beheimatet und befällt carnivore (fischfressende) Säugetiere und den Menschen.
Insgesamt rechnet man mit einigen Millionen infestierter Personen.
Die Diagnose erfolgt durch den Nachweis der Eier im Stuhl.
Eine Therapie ist mit *Praziquantel* möglich.
Eine sichere Prophylaxe ist der Verzicht auf den Genuß von rohem Fisch.
Im fernen Osten (Thailand) tritt statt O. felineus ein enger Verwandter, *Opistorchis viverrini*, auf (vgl. O. felineus bzw. Clonorchis sinensis).

- *Opistorchis felineus:*
  Dieser Egel ist nur bis 12 mm lang. Er kommt auch in Europa vor. Zyklus, Pathogenese, Klinik, Diagnose, Therapie und Prophylaxe sind analog zu *Cl. sinensis*. Die Eier sind etwas schlanker.

Im fernen Osten tritt statt Opistorchis felineus der nahe Verwandte
- *Opistorchis viverrini*
  auf.

4.3.2 Egel des Dünndarms

4.3.2.1 Fasciolopsis buski (Riesendarmegel)

Egel des Dünndarms

Fasciolopsis buski – Fasciolopsiasis oder Fasciolopsose

Erregereigenschaften und Entwicklungszyklus: Fasciolopsis buski ist mit bis zu 7 cm Länge der größte humanpathogene Egel. Der Riesendarmegel ist in Südostasien beheimatet und befällt neben dem Menschen vor allem Schweine. Er ist ein naher Verwandter des großen Leberegels, lebt aber im Gegensatz zu diesem im **Dünndarm** seines Wirtes.
Die Eier sind etwa 80 × 135 µm groß, oval und haben einen relativ kleinen Deckel (s. Abb. 4-3). Als Zwischenwirt dienen Süßwasserschnecken der Gattungen Stegmentina und Hippeutis. Die Cercarien enzystieren sich an der Oberfläche von Wasserpflanzen, die auch vom Menschen verzehrt werden (Früchte der Wassernuß *Trapa natans* sowie die Zwiebelhüllen von *Eleocharis tuberosa*), und gelangen mit der Nahrungsaufnahme in den Endwirt. Die Zysten haben einen Durchmesser von nur 0,15 mm. Die Präpatenzzeit dauert etwa 6 Wochen.
Infektionen des Menschen sind auf Südostasien beschränkt. Es wird mit etwa 10 Millionen Infestierten gerechnet.

Erregereigenschaften und Entwicklungszyklus:
- Mit bis zu 7 cm Länge größter Egel des Menschen;
- in Südostasien beheimatet;
- parasitiert in Mensch und Schwein;
- die Eier sind relativ groß (80 × 135 µm) und haben einen relativ kleinen Deckel;
- Zwischenwirt sind Süßwasserschnecken;
- es bilden sich enzystierte Cercarien an Wasserpflanzen (z. B. Wassernuß);
- Verzehr der mit Zysten behafteten Pflanzenteile führt zur Infektion;
- es wird mit 10 Millionen Infestierten gerechnet.

Pathogenese und Klinik: Erst stärkerer Befall führt zu klinischen Symptomen. Neben den Diarrhoen ist vor allem der morgendliche Nüchternschmerz

Pathogenese und Klinik:
Erst stärkerer Wurmbefall führt zu klinischen Symptomen. Typisch ist morgendlicher Nüchternschmerz.
Koliken und auch Todesfälle sind möglich.

ein typisches Zeichen. Im weiteren Verlauf können Koliken auftreten. Einzelne Todesfälle sind bei massivem Befall beschrieben worden.

Die Diagnose erfolgt durch den Nachweis der Eier im Stuhl.

Die Therapie erfolgt mit *Praziquantel.*

Die Prophylaxe besteht im Verzicht auf den Genuß ungekochter Wasserpflanzen in Endemiegebieten.

Diagnose: Einachweis im Stuhl.

Therapie: Praziquantel

Prophylaxe: Kein Genuß roher Wasserpflanzen

4.3.2.2 Echinostoma ilocanum und Echinostoma lindoensis – Echinostomiasis oder Echinostomose Heterophyes heterophyes und Metagonimus yokogawai (Zwergdarmegel) – Heterophyose oder Metagonimose

Echinostoma ilocanum
Echinostoma lindoensis } Echinostomiasis oder Echinostomose

Heterophyes heterophyes
Metagonimus yokogawai } Heterophyose oder Metagonimose

Bei diesen Zwergdarmegeln handelt es sich um kleine, nur 12 bis 18 mm große Parasiten, die im Dünndarm von Tier und Mensch parasitieren.
Sie sind in Ostasien beheimatet.
Die Infektion erfolgt über larvenhaltige Mollusken bzw. Fische.
Massiver Befall führt zu abdominalen Beschwerden.

Echinostoma ilocanum und *Echinostoma lindoensis* sind kleine, etwa 5 bis 9 mm bzw. 12 bis 18 mm lange Egel, die im Dünndarm von Tieren (Nager, Hunde und zum Teil Wasservögel) und selten auch im Menschen parasitieren. Sie kommen in Indonesien, auf den Philippinen, aber auch in Südchina und Indien vor.
Die Eier sind etwa 65 × 95 µm groß. Die Infektion der Endwirte erfolgt über die Aufnahme metacercarienhaltiger Mollusken. Schon bei geringer Befallsstärke können intestinale Beschwerden auftreten, die zum Teil mit erheblichen Leibschmerzen verbunden sind.
Heterophyes heterophyes und *Metagonimus yokogawai* sind sehr kleine, nur 1,5 bis 2,5 mm große Egel des Darmes, die in ihrer äußeren Gestalt Opistorchis bzw. Clonorchis ähneln. Sie kommen in Ostasien und Nordafrika vor und befallen neben dem Menschen vor allem fischfressende Säugetiere.
Die Eier sind etwa 15 × 24 bzw. 15 × 30 µm groß; sie ähneln denen von Opistorchis. Die Infektion erfolgt durch den Verzehr rohen, larvenhaltigen Fisches. Nur massiver Befall führt zu unspezifischen abdominalen Beschwerden oder Enteritiden.

Die Diagnose wird durch den Einachweis im Stuhl gestellt.
Therapie ist mit Praziquantel möglich.

Die Diagnose erfolgt jeweils durch den Nachweis der Eier im Stuhl.

Mittel der Wahl zur Therapie der Infektionen mit kleinen Darmegeln ist ebenfalls *Praziquantel.*

Prophylaxe besteht im Verzicht auf den Verzehr roher Mollusken bzw. rohen Fischfleisches.

Eine sichere Prophylaxe ist der Verzicht auf den Genuß ungekochter Meeresfrüchte oder Fische in Endemiegebieten.

4.3.3 Lungenegel (Paragonimus spp.)

Lungenegel
Paragonimus spp. – Paragonimiasis
Erregereigenschaften:
- Häufigster Vertreter ist *Paragonimus westermani.*
- Er ist kaffeebohnenförmig und bis zu 15 mm lang.
- Er parasitiert in den Atemwegen von Carnivoren.
- Die Eier müssen in Oberflächengewässer gelangen (in der Regel mit dem Sputum).
- Im Wasser schlüpfen die Miracidien.
- Erster Zwischenwirt sind Süßwasserschnecken.
- Der zweite Zwischenwirt sind Süßwasserkrebse, in denen sich Metacercarien bilden.
- Mit der Nahrungskette gelangen die Metacercarien in den Endwirt.
- Im Endwirt (z. B. Mensch) schlüpfen die Larven und wandern über die Bauchhöhle in die Lunge.
- In der Lunge entwickeln sich die geschlechtsreifen Würmer, die oft paarweise von einer bindegewebigen Kapsel umgeben werden.

Erregereigenschaften und Entwicklungszyklus: Es gibt wenigstens 5 humanpathogene Paragonimusarten. Der häufigste und bestuntersuchte Vertreter der Lungenegel ist *Paragonimus westermani.*
P. westermani ist ein kaffeebohnenförmiger (5 × 8 × 15 mm) rotbrauner Egel mit einer stacheligen Außenhaut. Er parasitiert die Lunge oder seltener die Nasennebenhöhlen von Carnivoren. Die relativ großen (etwa 55 × 90 µm) Eier müssen entweder direkt mit dem Sputum oder nach dem Abschlucken indirekt mit dem Stuhl ins Freie, in Oberflächengewässer, gelangen. Hier schlüpfen die Miracidien und infizieren den ersten Zwischenwirt. Dabei handelt es sich um Süßwasserschnecken, die unterschiedlichen Gattungen angehören können.
Die sich in den Schnecken entwickelnden Cercarien dringen in Süßwasserkrebse ein und bilden dort enzystierte Metacercarien. Mit der Nahrungskette gelangen die Metacercarien in die Endwirte, in denen sie unter dem Einfluß von Gallensäuren schlüpfen.
Die Larven verlassen nun den Darm und dringen in die Bauchhöhle ein. Nach einer Wachstumsphase in der Bauchhöhle wandern sie durch das Zwerchfell in die Lungen. Hier lagern sie sich oft paarweise zusammen und werden vom Wirtsgewebe mit einer Bindegewebskapsel umschlossen. Nach 2 bis 3 Monaten sind die Lungenegel geschlechtsreif. Das Innere der Kapsel kommuniziert in der Regel mit den Atemwegen, und auf diese Weise können die Eier dann wieder ins Freie gelangen.

Lungenegel leben bis zu 20 Jahre. Die Zahl der infizierten Personen wird weltweit auf etwa 10 Mio. geschätzt.

Die Pathogenese ist geprägt von den *mechanischen* Zerstörungen, die die wachsenden Egel während ihrer Wanderung verursachen und die die Zystenbildung hervorrufen.

Klinische Zeichen können in der Anfangsphase der Infektion Oberbauchbeschwerden sein. Später dominieren Schmerzen in der Lunge, begleitet von chronischem Husten mit zum Teil blutigem Auswurf. Haben sich die Egel fälschlicherweise in anderen Organen eingenistet (z. B. ZNS), dann kommt es dort zu entsprechenden Störungen oder Ausfällen.

Die Diagnose ist durch den Nachweis der Eier möglich (s. Abb. 4-3). Dies kann im Sputum oder im Stuhl (abgeschluckte Eier – cave Verwechslung mit anderen Egeln) erfolgen. Röntgenaufnahmen der Lunge zeigen die Zysten und können zur Verwechselung mit einer Tuberkulose führen.
Eine serologische Diagnostik ist vor allem bei extrapulmonalem Befall von Bedeutung. Neben einem ELISA wird hauptsächlich die indirekte Hämagglutination eingesetzt.
Mittel der Wahl für die Chemotherapie ist *Praziquantel.*
Eine sichere Prophylaxe stellt der Verzicht auf den Genuß rohen Krebsfleisches dar.
Weitere humanpathogene Spezies sind u. a. *P. kellicoti* (dieser Egel ist etwas größer als P. westermani), *P. africanus* und *P. uterobilateralis,* die im tropischen Westafrika vorkommen, sowie *P. peruvianus* und *P. mexicanus,* die in Lateinamerika anzutreffen sind.

4.3.4 Schistosomen

4.3.4.1 Schistosoma spp. (Pärchenegel)

> Die Schistosomiasis zählt zu den wenigen schweren Erkrankungen, bei der es weltweit mehr als 200 Millionen Betroffene gibt. Damit ist sie noch immer eine der größten Herausforderungen für die Medizin.

Da der Zwischenwirt nur in warmem Süßwasser vorkommt, ist die Schistosomiasis auf tropische Gebiete begrenzt. Nach zwischenzeitlicher Abnahme der Erkrankungsziffern infolge intensiver Bekämpfungsmaßnahmen steigen die Zahlen inzwischen wieder an. Dies ist eine direkte Folge von großangelegten Bewässerungsprojekten, die ideale Lebensräume für die Schnecken schaffen. **Portugal** ist das einzige europäische Land, aus dem Schistosomiasis gemeldet wurde.
Es gibt wenigstens 5 humanpathogene Schistosomenarten, die sich in ihrer geographischen Ausbreitung, ihrem Entwicklungszyklus und in dem von ihnen verursachten klinischen Bild unterscheiden (s. Tab. 4-3).

Die **Urogenitalbilharziose** ist als Krankheitsbild schon aus dem alten Ägypten überliefert und gehört damit zu den ältesten, dokumentierten Infektionskrankheiten des Menschen.

Erregereigenschaften und Entwicklungszyklus: *Schistosoma haematobium* ist der Erreger der *Urogenitalbilharziose.* Dieser Parasit kommt vor allem in Afrika und im Nahen Osten vor. Die Männchen sind 8 bis 15 mm lang, platt und längs gefaltet. In dem dadurch entstehenden ventralen Kanal befindet sich das dünnere, kreisrunde Weibchen. Die Oberfläche ist mit Wärzchen versehen, die ihrerseits wieder Borsten tragen. Diese Strukturen dienen sicher der Verankerung des Parasiten in den Blutgefäßen. (*Sch. japonicum* und *Sch. mekongi* haben keine derartigen Wärzchen.) Das Weibchen ist bis zu 20 mm lang. Beide besitzen zwei Saugnäpfe. Auch der Bauchsaugnapf liegt weit vorn. Der bevorzugte Sitz von Sch. haematobium sind die Venen der harnableitenden Organe (Blase und Ureteren).

- Die Eier gelangen über die Atemwege ins Freie.
- Die Lebenserwartung beträgt 20 Jahre.
- es gibt etwa 10 Mio. Infestierte.

Pathogenese:
Schäden werden sowohl durch
- die wandernden Larven als auch durch
- die enzystierten Altwürmer hervorgerufen.

Klinik:
- Oberbauchbeschwerden (in der Anfangsphase) und
- Schmerzen in der Lunge mit chronischem Husten und zum Teil blutigem Auswurf

Diagnose:
- Einachweis in Sputum oder Stuhl (abgeschluckte Eier);
- Serodiagnostik bei extrapulmonalem Befall.

Therapie: Praziquantel
Prophylaxe:
Verzicht auf den Genuß rohen Krebsfleisches in Endemiegebieten.
weitere humanpathogene Spezies:
- P. kellicoti
- P. africanus
- P. peruvianus
- P. mexicanus
- P. uterobilateralis

Schistosomen
Schistosoma spp. – Schistosomiasis oder Bilharziose
Schistosomiasis = schwere Erkrankung

Durch die Abhängigkeit von bestimmten Wasserschnecken als Zwischenwirt ist sie auf die Tropen begrenzt (Ausnahme: Portugal).
Im Zusammenhang mit Bewässerungsprojekten haben die Erkrankungszahlen trotz der Bekämpfungsprogramme wieder zugenommen.
Es gibt 5 humanpathogene Schistosomenarten, die sich in geographischer Ausbreitung, Morphologie und Pathogenese unterscheiden.

Erregereigenschaften von:
Schistosoma haematobium
= Erreger der Urogenitalbilharziose:
- Der Erreger kommt in Afrika und im nahen Osten vor.
- Das Männchen ist bis zu 15 mm lang, platt und längs gefaltet. Es bildet einen Kanal.
- In diesem Kanal befindet sich das schlankere, längere (bis 20 mm), drehrunde Weibchen (Pärchenegel).

- Neben den beiden Saugnäpfen dienen Borsten an der Oberfläche der Verankerung in den kleinen Venen der harnableitenden Organe.
- Zur Eiablage kriechen die Weibchen in die Kapillaren.
- Die Eier sind 60 × 150 µm groß und besitzen einen typischen endständigen Sporn.
- Sie bohren sich durch die Gefäßwände in das Lumen der harnableitenden Organe.
- Mit dem Urin gelangen die Eier ins Freie.
- Im Wasser schlüpfen die Miracidien.
- In jeweils spezifischen Schnecken entwickeln sich Mutter- und Tochtersporocysten, aus denen Furcocercarien entstehen.
- Die Furcocercarien verlassen die Schnecke und dringen, im Wasser schwimmend, aktiv in den Endwirt (Mensch) ein.
- Bei der Passage durch die Haut werfen die Cercarien ihren Schwanz ab. Es entstehen Schistosomula.
- Über den Kreislauf gelangen sie in die Lunge, wo sie unbestimmte Zeit verweilen.
- Mit dem großen Kreislauf werden die Larvenstadien im Körper verteilt, und nur ein Teil gelangt in das Stromgebiet der Arteria mesenterialis inferior.
- Die Würmer reifen und lagern sich paarweise in die Endstrombahn.
- Die Lebenserwartung beträgt bis zu 10 Jahre.

Der Zyklus der anderen Spezies verläuft analog.

Tab. 4-2: Diagnostik der Schistosomiasis
Materialentnahme und Morphologie der Eier

	Material	Sporn (Lage)
Sch. mansoni	Stuhl/Bioptat	groß; seitlich 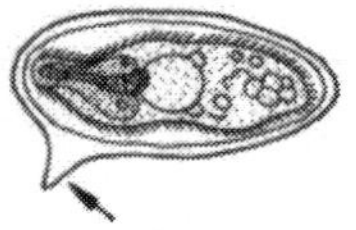
Sch. japonicum	Stuhl/Bioptat	klein; seitlich 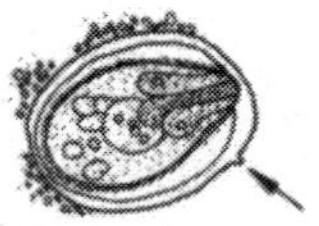
Sch. mekongi	Stuhl/Bioptat	klein; seitlich (wie bei Sch. japonicum)
Sch. intercalatum	Stuhl/Bioptat	endständig 
Sch. haematobium	Urin	endständig 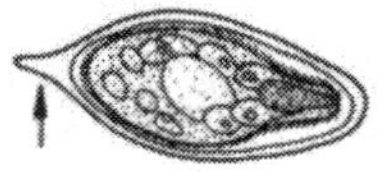

Zur Eiablage verlassen die Weibchen die Männchen und kriechen in die Endkapillaren. Dort legen sie jeweils bis zu 30 Eier ab. Die Eier von Sch. haematobium sind etwa 60 × 150 µm groß und besitzen einen typischen endständigen, bis zu 10 µm langen Sporn (s. Tab. 4-2). Um die Eier können sich Granulome bilden. Durch Absonderung von lytischen Enzymen (?) und mit Hilfe des Sporns bohren sie sich durch das umliegende Gewebe und gelangen mit einiger Wahrscheinlichkeit in die ableitenden Harnwege und mit dem Urin ins Freie. Während dieser Passage reifen im Innern der Eier die Miracidien, so daß sie bei Verlassen des Wirtes schlüpfbereit sind. Wenn die Eier kein Hohlorgan erreichen, sterben sie spätestens nach vier Wochen im Gewebe ab und verkalken dann in der Regel.
Im Freien, im Süßwasser, schlüpfen die Miracidien und müssen innerhalb von 12 Stunden ihren Zwischenwirt, eine Schnecke der Gattung Bulinus, infizieren. In diesem entstehen über die Mutter- und Tochtersporocysten innerhalb von 4 Wochen die etwa 0,5 mm langen Cercarien. Diese werden wegen ihres gegabelten Schwanzes auch *Furcocercarien* genannt. In Abhängigkeit von der Wassertemperatur dauert die Entwicklung in der Schnecke etwa 4 bis 5 Wochen.
Die Cercarien müssen nun wiederum innerhalb eines Tages den Endwirt, den Menschen, infizieren. Sie erkennen ihn mittels spezieller Chemorezeptoren. Nach Kontakt mit der Haut kriecht die Cercarie auf der Oberfläche, bis sie einen Haarfollikel trifft, und bohrt sich dann aktiv in diesen ein. Dazu entleert sie den Inhalt ihrer Penetrationsdrüsen und wirft den Schwanz ab. Das so entstandene, schwanzlose *Schistosomulum* gelangt über die Kapillaren der Haut und das Herz in die Lunge. Dort verweilt es für unbestimmte Zeit, um dann über den großen Kreislauf im Körper verteilt zu werden. Ein großer Teil der Schistosomula gelangt sicher an ungünstige Standorte und wird abgebaut. Die, die in das Stromgebiet der Arteria mesenterialis inferior gelangen, entwickeln sich innerhalb von 3 bis 6 Monaten zu geschlechtsreifen Würmern. Die Lebenserwartung von Sch. haematobium beträgt bis zu 10 Jahre.

Tab. 4-3: Vergleich der humanpathogenen Schistosomaspezies

	Schistosoma haematobium	Schistosoma mansoni	Schistosoma japonicum	Schistosoma intercalatum	Schistosoma mekongi
Ausbreitung	Afrika vord. Orient	Afrika Südamerika	Asien	Afrika	Mekonggebiet
Krankheitsbild:	Blasen-Urogenital-bilharziose	Darm- u. Leberbilharziose	asiatische (Darm-) Bilharziose	Darmbilharziose	asiatische (Darm-) Bilharziose
Häufigkeit:	~100 Mio.	≥50 Mio.	≥50 Mio.	Zehntausende	Zehntausende
Größe: m	– 15 mm	– 10 mm	– 20 mm	– 15 mm	– 20 mm
w	– 20 mm	– 15 mm	– 22 mm	– 25 mm	– 22 mm
Eier:					
Größe, ca.:	50 × 170 µm	50 × 160 µm	55 × 90 µm	35 × 200 µm	50 × 70 µm
Sporn:	groß, seitlich	groß, endständig	klein (Knopf), seitlich	groß, endständig	klein (Knopf), seitlich
Eiausscheidung:	im Urin (selten im Stuhl)	im Stuhl	im Stuhl	im Stuhl	im Stuhl
tierische Wirte:	Affen	Nagetiere Paviane	Haustiere	Huftiere Nager	?
epid. Bedeut. d. tierischen Wirte:	keine	keine	wichtig	keine	keine
Zwischenwirt:	Bulinus spp.	Biomphalaria spp.	Oncomelania u. Katayama spp.	Bulinus spp.	Tricula aperta
Präpatenzzeit:	– 12 Wochen	– 7 Wochen	– 10 Wochen	– 7 Wochen	?
Untersuchungs-material:	Urin	Stuhl Bioptat	Stuhl Bioptat	Stuhl Bioptat	Stuhl Bioptat

Neben dem Menschen können speziesabhängig verschiedene Tiere als Endwirte dienen (vgl. Tab. 4-3): Schistosomen sind *heteroxen* und *polyxen.*
Der **Entwicklungszyklus der übrigen humanpathogenen Arten** verläuft analog. Die Angaben zur Morphologie der Erreger, zum Zyklus und zur geographischen Ausbreitung sind in der Tab. 4-3 im Vergleich zu *Sch. haematobium* dargestellt.

Pathogenese und Klinik: Schon beim Eindringen der Cercarien kann es im Wiederholungsfalle zu einer allergischen Reaktion kommen (vgl. *Zerkariendermatitis*). Im weiteren Verlauf kommt es zu *perivaskulären Infiltrationen,* die sowohl eine Reaktion auf zytotoxische Substanzen als auch die Folge einer Allergisierung sind. Diese Phase ist gekennzeichnet durch Fieber, Kopf- und Gliederschmerzen sowie Oberbauchbeschwerden. Häufig tritt eine Urtikaria auf. Sch. mansoni und Sch. japonicum können schon in dieser Anfangsphase, in der noch keine Eier in den Exkrementen nachweisbar sind, zu *intestinalen Störungen* führen.
Bei länger bestehenden, massiven Infektionen führen die aus den Gefäßen austretenden Eier zur *Zerstörung der Gefäße* mit Blutungsneigung und zu entzündlichen Veränderungen. Eier, die nicht über Hohlorgane ins Freie gelangen, werden eingekapselt. Diese *Granulombildung* führt in den jeweils befallenen Organen ebenfalls zu schweren Schäden. Im Falle der Leber ist eine *Fibrose* möglich. Sie ist sowohl das Resultat der in die Leber gelangten Eier als auch der freigesetzten Toxine. Der chronische mechanische und entzündliche Reiz hat darüber hinaus eine kanzerogene Wirkung. Neben der Leber ist vor allem die Lunge betroffen, aber auch ein Befall des ZNS kann zu entsprechenden Defekten führen.
Urogenitalbilharziose: Je nach Befallsstärke kommt es nach einigen Wochen, noch innerhalb der Präpatenzzeit, zu unspezifischen Symptomen wie Fieberschüben, Gliederschmerzen und Abgeschlagenheit. Mit Beginn der Eiproduktion stellen sich dann auch die Symptome in den harnableitenden Wegen ein: Brennen bei der Miktion und Eingeweideschmerz.
Stärkere, längerdauernde Infektionen führen zu einer *Hämaturie.* Zystoskopisch sind typische Veränderungen der Blasenwand (*Sandkornzystitis*: kleine Knötchen – *„Eituberkel"* – als Folge der austretenden Eier) erkennbar. Später kommen Nekrosen, Ulzerationen, Papillome und fibrotische Veränderungen hinzu. Im Laufe der Zeit verkalkt die Blasenwand, und im Spätstadium tritt gehäuft Blasenkrebs auf.

Pathogenese und Klinik:
Je nach Stadium und Befallsstärke gibt es verschiedene Symptome:
- Zerkariendermatitis an der Eintrittspforte;
- perivaskuläre Infiltrationen als Folge von Allergisierungen und toxischer Reizung;
- unspezifische Allgemeinsymptome wie Fieber, Kopf- und Gliederschmerz;
- im weiteren Verlauf führen die austretenden Eier zur Blutungsneigung;
- Eier in den Geweben rufen eine Granulombildung hervor und können verkalken. Je nach betroffenem Organ und Befallsstärke kommt es zu Funktionsstörungen.
- Die Leber ist häufig betroffen: eine Fibrose kann die Folge sein.
- Bestimmte Toxine wirken wahrscheinlich kanzerogen.

Urogenitalbilharziose:
Erreger: *Sch. haematobium*
Typische Symptome sind im
- Anfangsstadium:
  - Brennen bei der Miktion
  - Eingeweideschmerz
- im Spätstadium:
  - Hämaturie
  - Veränderungen der Blasenwand:
  - Sandkornzystitis
  - Nekrosen und Papillome
  - Blasenkrebs ist möglich
  - Abflußstörungen in den Ureteren mit Harnstau

Da auch die Ureteren von den entzündlichen Veränderungen betroffen sein können, sind Abflußstörungen mit entsprechenden Stauungszeichen der Harnleiter und des Nierenbeckens möglich. Die Tatsache, daß die höchsten Eikonzentrationen bei Jugendlichen gefunden werden, läßt auf eine sich langsam entwickelnde Immunität schließen.

Darm- und Leberbilharziose und asiatische Darmbilharziose:
Erreger:
Schistosoma intercalatum
Schistosoma mansoni
Schistosoma japonicum
Schistosoma mekongi
- Standort der Würmer sind das Pfortadergebiet bzw. die Mesenterialvenen.
- Die Eiablage erfolgt meist in den Gefäßen der Dickdarmwand. Die Eier gelangen mit dem Stuhl ins Freie.
- „Irrläufer" bilden in den verschiedensten Organen Granulome und verkalken.
- Mechanische und toxische Schäden im Darm führen zur Kolitis mit blutig-schleimigen Stühlen.
- Die hepatolienale Bilharziose als Sonderform ist durch Hepatosplenomegalie, Aszites und portale Hypertension gekennzeichnet.

Darmbilharziose: Wichtigster Erreger ist Sch. mansoni. Sein natürlicher Standort ist das Pfortadergebiet und der Bereich der Mesenterialvenen. Die Eiablage erfolgt meist direkt in den Gefäßen der Dickdarmwand, so daß die Eier nach Passage der Darmwand mit dem Stuhl ins Freie gelangen können. Durch die Eipassage kommt es zu mechanischen und toxischen Schädigungen der Darmwand, die schließlich zu einer Kolitis führen. Die Folge sind Obstipationen, die von Durchfällen abgelöst werden. Die teilweise blutig-schleimigen Stühle erinnern an eine Amöbenruhr.
Rektoskopisch sind Knötchen und Papillombildungen sowie in schweren Fällen Ulzerationen sichtbar. In andere Organe abgeschwemmte Eier bilden dort Granulome und verkalken schließlich. Bei entsprechender Befallsstärke können dann auch dort Funktionsausfälle mit entsprechenden klinischen Symptomen auftreten. Besonders häufig ist die Mitbeteiligung von Leber und Milz *(hepatolienale Bilharziose)*, die durch eine Organvergrößerung und in schweren Fällen durch portale Hypertension mit Aszites und Varizenbildung gekennzeichnet ist.
Eine Infektion mit Sch. mansoni führt häufig zu einer Leberfibrose. Weitere Erreger der Darmbilharziose sind Sch. japonicum, Sch. mekongi und Sch. intercalatum (vgl. Tab. 4-3).

Diagnose:
Je nach Art der Schistosomiasis durch Einachweis im Stuhl (bzw. Rektumbioptat) oder Urin.
Der Einsatz serologischer Teste ist möglich.

Die Diagnose erfolgt durch den Nachweis der Eier im Stuhl bzw. Urin (s. Tab. 4-2) Für den Nachweis der Eier im Urin empfiehlt sich eine körperliche Belastung vor der Uringewinnung, um das Austreten der Eier aus der Blasenwand zu fördern und damit ihre Menge im Harn zu steigern. Anreicherungen durch Zentrifugation oder Membranfiltration sind möglich. In Endemiegebieten hat sich ein Screening mit Teststreifen zum Nachweis der Haematurie in Verbindung mit einer Proteinurie bewährt. Erfolgreicher als der Nachweis von Schistosoma-Eiern im Stuhl ist die histologische Untersuchung von Bioptaten aus der Rektumschleimhaut.
Für die serologische Diagnostik stehen eine Reihe von Testen zur Verfügung. Häufig wird noch die *Cercarienhüllenreaktion* (CHR) verwendet, bei der die im Serum von Patienten vorhandenen Antikörper um lebende Cercarien von Sch. mansoni eine zarte, sichtbare Hülle bilden. Da dieser Test 1 Jahr nach einer erfolgreichen Therapie wieder negativ ausfällt, läßt er sich auch zur Therapiekontrolle verwenden.

Therapie:
Praziquantel für alle Spezies
Prophylaxe:
- Kontakt mit Cercarien-haltigem Wasser vermeiden.
- Antiepidemische Maßnahmen:
  - Therapie der Wurmträger,
  - ordnungsgemäße Fäkalienbeseitigung,
  - Kontrolle der Zwischenwirte.

Therapie: Mittel der Wahl für alle Spezies ist *Praziquantel.*

Prophylaxe: Die Prophylaxe für Tropenreisende besteht in der Vermeidung von Kontakt mit Cercarien-haltigem Wasser: Baden nur im Swimmingpool. Dies ist für Einheimische in endemischen Gebieten oft unmöglich. Nur ein Komplex von antiepidemischen Maßnahmen wie Therapie der Wurmträger, ordnungsgemäße Beseitigung der Fäkalien, Kontrolle der Zwischenwirte (verstärkter Einsatz biologischer Maßnahmen in Ergänzung oder Ablösung der Molluskizide) kann zur Zurückdrängung der Schistosomiasis führen.

4.3.4.2 Tierpathogene Pärchenegel

Tierpathogene Pärchenegel – Zerkariendermatitis
(= Badedermatitis/swimmer's itch oder Schistosomatidendermatitis)

Erreger: z. B. *Trichobilharzia szidati*, ein Parasit der Wasservögel auch in Europa.
Klinik: Urtikaria durch eindringende Cercarien nach Sensibilisierung.
Spontane Abheilung.
Diagnose: serologisch
Therapie: Falls erforderlich mit Antihistaminika.

Die in unseren Breiten beheimatete *Trichobilharzia szidati* ist ein Parasit der Wasservögel (Enten). Die Cercarien dieses Pärchenegels können auch in die Haut des Menschen eindringen und führen bei Erstbefall zu einer Sensibilisierung. Ein wiederholter Befall kann dann schon nach wenigen Minuten zu stark juckenden Quaddeln führen. Diese bilden nach einigen Tagen Papeln und heilen innerhalb von 2 bis 3 Wochen ohne Komplikationen ab.
Die **Infektionsgefahr** ist in der Nähe von Schilfgürteln größer (Präsenz der Wasservögel).
Die definitive **Diagnose** Zerkariendermatitis ist serologisch möglich.
Eine **Therapie** ist mit *Antihistaminika* möglich.

4.4 Cestoda

Alle Bandwürmer sind **Endoparasiten**, die sich so weit an die parasitäre Lebensweise angepaßt haben, daß ihnen ein Darm fehlt. Sie nehmen die Nahrung über die äußere Haut, das Tegument, auf.
Alle humanmedizinischen relevanten Bandwürmer sind Zwitter und segmental gegliedert. Einem Kopf, dem **Scolex**, der Haftorgane (Saugnäpfe und teilweise Hakenkränze) besitzt, folgt eine Halsregion, in der die Bandwurmglieder, die **Proglottiden**, gebildet werden. Diese formen dann eine Kette, die **Strobila**, die aus mehreren Tausend Gliedern bestehen kann und dann eine Länge von einigen Metern erreicht.
Da die männlichen Geschlechtsorgane (Hoden) und die weiblichen Geschlechtsorgane (Ovarien und Uteri) nacheinander geschlechtsreif werden, ist eine **Selbstbefruchtung** nur dann möglich, wenn der Bandwurm gewunden ist und jüngere Glieder die älteren befruchten können. In den weiblichen Geschlechtsorganen reifen die befruchteten Eier heran und werden in der Regel noch in den Endgliedern liegend ausgeschieden. In den Eiern befindet sich zu diesem Zeitpunkt meist schon ein Larvenstadium, die **Sechshakenlarve (Oncosphaera)** oder das bewimperte **Coracidium**.
Alle Bandwürmer sind *heteroxen*, d. h. sie benötigen für ihre Entwicklung mindestens einen Zwischenwirt. In den Zwischenwirten bilden sich die verschiedenen Larvenstadien, die zum Teil unterschiedliche Entwicklungsstufen repräsentieren können, die dann auch unterschiedlich benannt werden.

Cestoda – Bandwürmer

Alle Bandwürmer sind darmlose Endoparasiten.
Sie sind segmental gegliedert.
Der Scolex (Kopf) kann Haftorgane wie Saugnäpfe oder Hakenkränze tragen.
Die Proglottiden (Glieder) bilden eine Kette (Strobila).
In jedem Glied reifen männliche und weibliche Geschlechtsorgane.
Eine Selbstbefruchtung ist möglich.
Die letzten Glieder enthalten die befruchteten Eier und werden ausgeschieden.
In den Eiern befindet sich die Sechshakenlarve, die in einen Zwischenwirt gelangen muß.

4.4.1 Taenia saginata (Rinderbandwurm)

Taenia saginata ist weltweit verbreitet. Die Häufigkeit der Bandwurminfektionen wird sowohl von der Art der Rinderhaltung (offene Weidewirtschaft und Verrieselung von kommunalen Abwässern) als auch von den Eßgewohnheiten beeinflußt. Neben der Fleischbeschau führt vor allem die Tierhaltung in Stallungen zu einer Abnahme der Taenia-saginata-Infektionen.
Weltweit wird mit über 50 Millionen Bandwurmträgern gerechnet.

Erregereigenschaften und Entwicklungszyklus: Taenia saginata besitzt einen etwa 2 mm breiten Scolex mit vier Saugnäpfen *(kein Hakenkranz!)*. Die Strobila kann bis zu 7 m lang werden. Sie besteht aus etwa 1000–2000 Proglottiden, die etwa bis zu 2 cm lang werden können und maximal 12 mm breit sind. Täglich können bis zu 7 Endglieder abgestoßen werden, die wegen ihrer Eigenbeweglichkeit den After zum Teil aktiv verlassen. In dem stark verzweigten Uterus (etwa 20 Verzweigungen) sind bis zu 30000 dickwandige, 30 × 35 µm große Eier mit einer fast völlig entwickelten Oncosphaera enthalten (s. Tab. 4-4).
Die Eier müssen ins Freie gelangen und von Rindern, den Zwischenwirten, aufgenommen werden. Nur dort kann die Sechshakenlarve nach dem Schlüpfen über die Darmwand und den Pfortaderkreislauf in den großen Kreislauf gelangen. Nach wenigen Tagen siedeln sie sich in gut durchbluteter, quergestreifter Muskulatur an. In den folgenden 4 bis 5 Monaten entwickelt sich dann eine infektionstüchtige Larve, die *Blasenlarve* oder *Finne*, die im Falle von Taenia saginata *Cysticercus bovis* genannt wird. Dabei handelt es sich um einen in das Innere der Blase gestülpten Scolex. Diese Larve muß mit der Nahrung (rohes Fleisch) in den menschlichen Organismus gelangen.
Im Dünndarm des Menschen wird sie von der umgebenden Muskulatur befreit, der Kopf stülpt sich nach außen und heftet sich noch im Dünndarm an die Mucosa. Von der Halsregion aus beginnt der Wurm zu wachsen. Nach frühestens fünf Wochen können reife Bandwurmglieder abgehen (Präpatenzzeit).

Taenia saginata – Taeniasis/Täniose

Der Rinderbandwurm ist weltweit verbreitet.
Antiepidemische Maßnahmen haben ihn in Europa zurückgedrängt.
Es wird mit 50 Millionen Bandwurmträgern gerechnet.

Erregereigenschaften und Entwicklungszyklus:

- Der Scolex besitzt 4 Saugnäpfe und keinen Hakenkranz.
- Die Strobila besteht aus 1000 bis 2000 Proglottiden.
- Die reifen Glieder können bis zu 2 cm lang werden und sind beweglich.
- Der Uterus ist stark verzweigt.
- Jeder gravide Uterus enthält bis zu 30000 ovale, 30 × 35 µm große Eier.
- Zwischenwirt ist das Rind.
- Die Infektionslarve (Finne oder Blasenlarve) entwickelt sich in der Muskulatur.
- Sie muß mit der Nahrungskette in den menschlichen Dünndarm gelangen.
- Hier entwickelt sich der geschlechtsreife Bandwurm.

Pathogenese und Klinik: T. saginata ruft keine spezifischen Schäden bei seinem Wirt hervor. Neben Hungergefühl und Durchfällen (die auch zur Abmagerung führen können) sind Bauchschmerzen möglich. Wahrscheinlich wer-

Pathogenese und Klinik:
Die unspezifischen Symptome werden wahrscheinlich durch Bewegung des Wurmes ausgelöst.

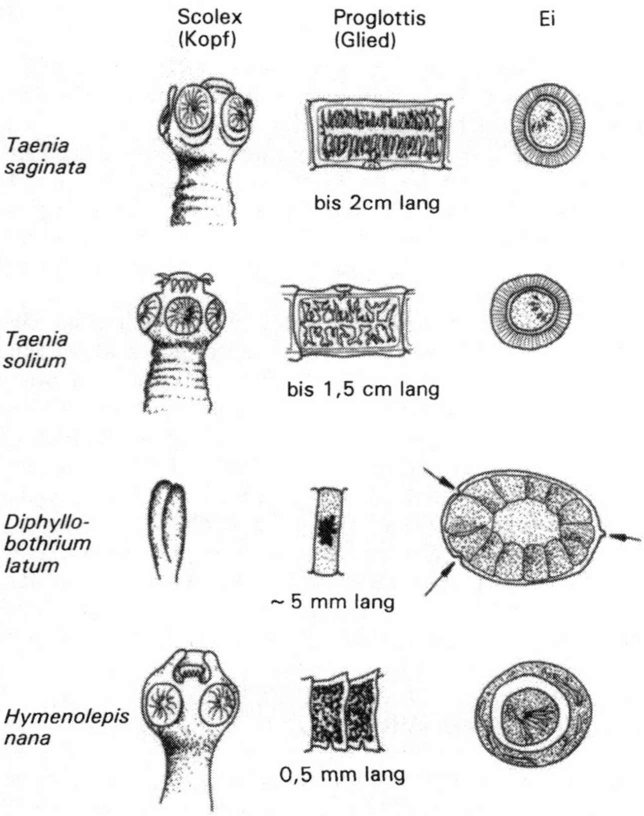

Tab. 4-4: Morphologie der Bandwürmer

den diese durch Bewegungen des Wurmes ausgelöst, der damit auf Nahrungsreize reagiert.

Diagnose:
Die Diagnose erfolgt durch den Nachweis der Proglottiden im Stuhl oder in der Nachtwäsche.

Die Diagnose erfolgt in der Regel durch den Nachweis von Proglottiden im Stuhl. Da die Endglieder von T. saginata beweglich sind, können sie den After aktiv verlassen und dann in der Nachtwäsche oder im Bett gefunden werden.
Die Abgrenzung zu T. solium erfolgt anhand des spezifischen Aufbaues des Uterus (vgl. Tab. 4-4). Der Nachweis von Taenieneiern im Stuhl ist möglich. Eine Unterscheidung der Arten gelingt nicht.

Therapie:
Mittel der Wahl sind Praziquantel und Niclosamid.

Therapie: Mittel der Wahl sind *Praziquantel* und *Niclosamid.* Da der Bandwurm sich von der Halsregion aus regenerieren kann, ist auf den Abgang des Kopfes zu achten.

Prophylaxe:
- Sanitäre Maßnahmen und Fleischbeschau.
- Rohes Fleisch nur nach Tieffrieren verzehren.

Prophylaxe: Wichtigste Maßnahme ist die Verhinderung der Infektion der Tiere (Tierhaltung). Neben der Fleischbeschau ist eine serologische Untersuchung der Schlachttiere zur Erkennung des Finnenbefalles möglich. Eine persönliche Schutzmaßnahme ist der Verzicht auf den Genuß rohen Fleisches. Tieffrieren bei −20° für wenigstens 24 Stunden führt zu einer Abtötung der Finnen.
Da der Mensch keine ausreichende Immunität entwickelt, sind Reinfektionen möglich. An Vakzinen zur Immunisierung der Zwischenwirte (Rinder) wird gearbeitet.

Taenia solium – Taeniasis und Zystizerkose

Ebenfalls weltweit verbreitet, jedoch häufiger unter schlechten sanitären Verhältnissen.

4.4.2 Taenia solium (Schweinebandwurm)

Taenia solium ist ebenfalls weltweit verbreitet, ist aber besonders unter sanitär schlechten Verhältnissen, wenn Schweine in enger Gemeinschaft mit den Menschen gehalten werden, wesentlich häufiger.

Erregereigenschaften und Entwicklungszyklus:

Erregereigenschaften und Entwicklungszyklus: T. solium ist dem Rinderbandwurm sehr ähnlich. Im Gegensatz zu T. saginata besitzt T. solium neben

den vier Saugnäpfen auch einen Hakenkranz. T. solium ist mit 3 bis 4 m Länge kürzer als T. saginata.
Auch die Proglottiden sind etwas kleiner, und die Uteri weisen im Durchschnitt nur 10 bis 12 Verzweigungen auf. Die Eier der beiden Taenienarten sind nicht zu unterscheiden (s. Tab. 4-4).

Pathogenese und Klinik: Wie auch bei T. saginata verursacht der Befall mit T. solium in der Regel keine Beschwerden. Nur selten kommt es zu unspezifischen gastrointestinalen Beschwerden.
Im Gegensatz zu T. saginata kann der Mensch für T. solium auch Zwischenwirt sein, d. h. er kann sich mit Eiern infizieren, und in seinem Körper entwickeln sich die Cysticerci. Die so entstehende *Zystizerkose* ist besonders unter sanitär schlechten Verhältnissen häufiger anzutreffen. In Mexiko allein rechnet man mit einigen Millionen Fällen. Massiver Befall des ZNS mit Finnen kann tödlich verlaufen.
Die **Diagnose** ist analog zu der von T. saginata. Die Zystizerkose kann, bei klinischem Verdacht, serologisch oder mit bildgebenden Verfahren nachgewiesen werden. Besonders die Computertomographie hat sich als sehr leistungsfähig erwiesen. Eine Biopsie ist möglich.

Therapie: Mittel der Wahl sind *Praziquantel* und *Niclosamid.*

Prophylaxe: Die Prophylaxe ist analog zu der bei Taenia saginata. Wegen der überwiegenden Stallhaltung der Schweine in Mitteleuropa ist der Befall mit Schweinefinnenbandwurm seltener.
Beim möglichen Umgang mit Proglottiden im Labor ist daran zu denken, daß sich der Mensch auch an den Eiern von T. solium infizieren kann.

- T. solium wird nur 4 m lang.
- Der Skolex besitzt 4 Saugnäpfe und einen Hakenkranz.
- Die Proglottiden sind kleiner als die von T. saginata.
- Der Uterus besitzt nur 10–12 Verzweigungen.
- Der Zyklus ist analog zu T. saginata.
- Zwischenwirt ist das Schwein.

Pathogenese und Klinik:
Der Bandwurmbefall ist in der Regel symptomlos.
Der Mensch kann für T. solium Zwischenwirt sein. Der Befall mit Larvenstadien ist die Zystizerkose.
Bei massivem Befall des ZNS kann sie tödlich verlaufen.
Diagnose:
Wurmbefall: Nachweis der Proglottiden.
Zystizerkose: Röntgen oder CT sowie Biopsie und Serologie.
Therapie:
Mittel der Wahl sind Praziquantel und Niclosamid.
Prophylaxe:
Sanitäre Maßnahmen und Fleischbeschau.
T. solium – Eier sind infektiös für den Menschen!

4.4.3 Echinococcus spp.

Echinococcus granulosus ist weltweit verbreitet. Endwirte sind die verschiedensten Caniden, in unseren Breiten vor allem verschiedene Hundearten. *Echinococcus multilocularis* scheint nur auf der nördlichen Halbkugel vorzukommen. Wichtigster Endwirt ist der Rotfuchs, aber auch Hunde spielen in unseren Breiten eine wichtige Rolle.

Erregereigenschaften und Entwicklungszyklus: Die Länge der adulten Würmer ist bei den einzelnen Spezies verschieden und schwankt zwischen 1 bis 3 mm bei *E. multilocularis* und 2 bis 6 mm *E. granulosus.* Neben der Zahl der Glieder (3 bis 6) und der Morphologie der Geschlechtsorgane können eine Reihe weiterer Merkmale zur Unterscheidung der einzelnen Spezies eingesetzt werden. So wie sich die Endwirte für die einzelnen Spezies unterscheiden, sind auch die Zwischenwirte unterschiedlich. Für *E. granulosus* sind es vor allem herbivore Huftiere (Schaf!) und für *E. multilocularis* Kleinnager. Für den vor allem in Lateinamerika beheimateten *E. voegeli* ist es das Paka.
Der Entwicklungszyklus läuft für die drei Spezies sehr ähnlich ab. Die adulten Würmer scheiden die Proglottiden, in denen sich noch die Eier befinden, mit dem Kot aus. Die Eier werden von Pflanzenfressern aufgenommen. Andere Zwischenwirte, wie der Mensch, können sich ebenfalls durch Eiaufnahme infizieren. Im Darm des Zwischenwirtes schlüpfen die Sechshakenlarven und gelangen über die Darmwand und den Pfortaderkreislauf primär in die Leber, wo sie sich in der Mehrzahl der Fälle ansiedeln. Die Häufigkeit ist bei den einzelnen Wirtstierspezies unterschiedlich.
Aus der Sechshakenlarve entwickelt sich im Falle von *E. granulosus* eine blasenförmige Finne, die *Hydatide,* die innen mit einer Keimschicht ausgekleidet ist, von der aus Tochterblasen entstehen. Erst in diesen bilden sich die Protoscolices, die eigentlichen infektiösen Larvenstadien, die schon einen Bandwurmkopf erkennen lassen. Im Falle von *E. multilocularis* fehlt die relativ derbe Hülle um die Blase, so daß die Finne mit vielen Verzweigungen infiltrativ in das umgebende Gewebe einwächst. Die netzartig-schwammigen Strukturen sind durch Zysten mit gallertigem Inhalt unterbrochen, in denen sich die Protoscolices bilden. Das infiltrative Wachstum und die Fähigkeit,

Echinococcus spp.

Echinococcus granulosus
Echinococcus multilocularis bzw.
Echinococcus voegeli
} Zystische, alveoläre bzw. polyzystische Echinokokkose

E. granulosus: weltweit verbreitet. Endwirte sind Hunde.
E. multilocularis: auf der Nordhalbkugel. Endwirte sind Füchse.
Erregereigenschaften und Entwicklungszyklus:
- Die Würmer sind nur wenige Millimeter lang.
- Sie haben (speziesabhängig) maximal 6 Glieder.
- Die Endwirte scheiden die Eier mit den Proglottiden im Kot aus.
- Jedes Glied kann bis zu 2000 Eier enthalten.
- Die Eier ähneln den Taenieneiern.
- Zwischenwirte sind Herbivore;
- in diesen bilden sich:
  – bei *E. granulosus:* große zystische Finnen (Hydatiden) mit Sekundärblasen oder
  – bei *E. multilocularis:* verzweigte, schwammige Finnen mit der Neigung zur Metastasierung.
- In den Finnen befinden sich die infektiösen Larvenstadien.
- Über die Nahrungskette gelangen sie in die Endwirte.
- Ein geeigneter Endwirt kann ohne Symptome Tausende Bandwürmer beherbergen!

Der Mensch kann für Echinococcus Zwischenwirt sein!

Pathogenese:
Die Finnen wachsen über viele Jahre.
- *E. granulosus* verdrängt durch expansives Wachstum das umgebende Gewebe;
- *E. multilocularis* zerstört das Gewebe der Umgebung durch infiltratives Wachstum. Metastasierungen sind möglich.

Klinik:
Die Klinik ist geprägt durch spezifische Funktionsausfälle der betroffenen Organe.
- *E. granulosus* befällt vorwiegend das ZNS. Ohne Therapie ist die Infektion nach Jahren tödlich.
- *E. multilocularis* befällt primär vor allem die Leber. Metastasierungen sind häufig. Die Prognose ist wegen der schlechten therapeutischen Möglichkeiten ungünstig.

Diagnose:
- bildgebende Verfahren
- serologischer Antikörpernachweis

Therapie:
- chirurgisches Entfernen
- Chemotherapie mit Mebendazol oder Albendazol

Prophylaxe:
Hygienischer Umgang mit Hunden.
Kontrolle des für die Hunde bestimmten Fleisches.

Diphyllobothrium latum –
Diphyllobothriose

D. latum ist vor allem in Nordeuropa beheimatet.
Länge: bis 12 m
Haftorgane: Sauggruben
Die Glieder sind breiter als lang.
Die Eier sind relativ groß (bis 70 µm) und gedeckelt.
Aus den Eiern schlüpfen bewimperte Larven, die in Süßwasserkrebsen ein Prozerkoid bilden.
In Süßwasserfischen entsteht die für die Endwirte infektiöse Larve, das Plerozerkoid.
Endwirte sind fischfressende Säugetiere.
Lokalisation im Endwirt: Darm

aus abgeschwemmten Teilen in anderen Organen Metastasen zu bilden, erinnert an einen bösartigen Tumor.
Die Endwirte (Carnivore) infizieren sich durch Aufnahme von Protoscolices mit der Nahrung. Im Darm des Endwirtes entwickeln sich aus diesen neue Bandwürmer. Geeignete Endwirte können ohne klinische Symptome einige Tausend Bandwürmer beherbergen, die mit jeder Proglottide jeweils bis zu maximal 2 000 Eier produzieren. Die Eier ähneln in Form und Größe den Taenieneiern.

Die **Pathogenese** ist eine Folge des expansiven *(E. granulosus)* bzw. des infiltrativen *(E. multilocularis)* Wachstums. Dieses Wachstum kann sich über viele Jahre, zum Teil ohne jedes klinische Anzeichen, ausdehnen und erst dann, wenn kein Raum mehr für eine Verdrängung vorhanden ist oder wenn ein relevanter Anteil eines Organes durch die Infiltration zerstört ist, kommt es zu den entsprechenden Ausfällen.

Klinik und Verlauf der Erkrankung werden sowohl durch das befallene Organ als auch durch die Art des Wachstums der „Finne" bestimmt. Die Larven von *E. granulosus* siedeln sich in verschiedenen inneren Organen, vor allem in der Leber (bis zu ⅔ der Fälle) und im ZNS, an. Dort wachsen sie langsam und expansiv, so daß, wenn genügend Raum vorhanden ist, oft über viele Jahre keine klinischen Symptome auftreten. Die Infektion wird oft erst auffällig, wenn es durch Druck auf Nachbarorgane oder Gefäße zu Ausfällen kommt. Infektionen des ZNS führen eher zu entsprechenden Veränderungen. Eine Ruptur der Blase kann zur Aussaat der Scolices und damit zur Metastasierung, aber auch zur Spontanheilung führen.
Die „Finnen" von *E. multilocularis* befallen primär fast ausschließlich die Leber. Auch diese Larvenstadien wachsen langsam und oft lange unerkannt. Wegen ihres infiltrativen Wachstums kommt es aber viel eher und ausgeprägter zu Gewebezerstörungen (z. B. als Anstieg der Transaminasen oder Ikterus erkennbar). Der besondere Aufbau fördert eine hämatogene Streuung und Metastasierung, so daß häufig auch andere Organe befallen sind.
Wegen der schlechteren therapeutischen Möglichkeiten ist die Prognose ungünstiger als beim Befall mit *E. granulosus.*

Diagnose: Bildgebende Verfahren können zu einer Verdachtsdiagnose führen. Die Bestätigung sollte serologisch durch den Nachweis spezifischer Antikörper erfolgen.

Therapie: In einigen Fällen ist eine chirurgische Entfernung möglich, wobei die Gefahr besteht, durch Abschwemmung von Larven Metastasierungen zu induzieren. Zur Chemotherapie werden *Mebendazol* und *Albendazol* eingesetzt.

Eine Prophylaxe besteht in der Sanierung von Hunden in der Umgebung des Menschen. Innereien von Schlachttieren sollten nur dann verfüttert werden, wenn eventuell enthaltene Larvenstadien durch Tiefrieren (−18 °C für wenigsten 3 Tage) oder Kochen abgetötet wurden.

4.4.4 Diphyllobothrium latum (Fisch- oder breiter Grubenkopfbandwurm)

Neben *Diphyllobothrium latum* kommen noch einige andere Spezies beim Menschen vor. *D. latum* ist unter anderem in Nordeuropa weit verbreitet. Mit über 12 m Länge ist es der größte Parasit des Menschen. Seinen Namen verdankt er den länglichen Sauggruben an beiden Seiten des etwa 2 mm langen Kopfes. Typisch sind auch die – im Gegensatz zu den Taenien – kürzer als breiten Proglottiden mit einem spiralig gewundenen Uterus. Die relativ großen (etwa 70 × 50 µm) gedeckelten Eier erinnern an die der Trematoden (s. Abb. 4-4).
Aus den Eiern, die noch in den Proglottiden mit dem Stuhl ausgeschieden werden, entwickeln sich im Süßwasser bewimperte Larven, die **Korazidien.** Diese entwickeln sich in Kleinkrebsen zu einem **Prozerkoid** und nach Aufnahme durch den geeigneten Zwischenwirt in das bis zu 2 cm lange **Plero-**

zerkoid. Zwischenwirte sind eine Reihe von Süßwasserfischen, in denen sich im Laufe der Zeit mehrere Larvenstadien ansammeln können. Mit der Nahrungskette gelangen die Larven in geeignete Endwirte. Dies können neben fischfressenden Säugetieren auch Menschen sein, wenn sie ungenügend zubereiteten Fisch konsumieren.
Im Darm des Endwirtes entwickelt sich innerhalb weniger Wochen der geschlechtsreife Bandwurm. Die Infektionen verlaufen meist symptomlos, und nur selten entstehen leichte, unspezifische gastrointestinale Beschwerden.
Eine **perniziöse Anämie** als Folge des Vitamin B 12-Entzuges durch den Bandwurm ist als Komplikation beschrieben. Die Diagnose wird durch den Einachweis im Stuhl gestellt.
Eine Therapie ist mit *Niclosamid* oder *Praziquantel* möglich.
Weltweit wird mit über 10 Millionen Bandwurmträgern gerechnet.

Klinik:
unspezifische gastrointestinale Beschwerden.
Diagnose:
Einachweis im Stuhl.

Therapie:
Niclosamid oder Praziquantel

4.4.5 Hymenolepis nana (Zwergbandwurm)

Hymenolepis nana – Hymenolepiasis

Hymenolepis nana ist weltweit verbreitet. Er ist in tropischen Ländern häufiger. Mit nur 3 cm Länge ist er der kleinste Bandwurm des Menschen. Sein Entwicklungszyklus weist eine Besonderheit auf: der Mensch kann sowohl Zwischen- als auch Endwirt sein. Da die Infektion durch die mit dem Kot ausgeschiedenen Eier erfolgt, sind unter schlechten sanitären Verhältnissen Autoinfektionen möglich, die zu einer klinisch relevanten Wurmlast führen können. Dies ist trotz der mit wenigen Wochen relativ kurzen Lebenserwartung der Würmer möglich.
Wie bei anderen Bandwürmern auch schlüpfen aus den Eiern im Darm des Wirtes die Sechshakenlarven **(Onkosphären)**. Sie dringen in die Zotten ein und entwickeln sich innerhalb weniger Tage zu Zystizerkoiden, die sich, in den Darm zurückgekehrt, innerhalb weniger Wochen zu einem geschlechtsreifen Bandwurm entwickeln können.
Bei *H. nana* ist die Einschaltung eines Insektes (z. B. Floh) möglich. Dieser Zwischenwirt muß dann vom Endwirt aufgenommen werden. Endwirte sind neben dem Menschen Nagetiere und Hunde. Der Übertragungsmodus erklärt, warum der Befall mit *H. nana* bei Kindern häufiger ist als bei Erwachsenen. Leichte Infektionen verlaufen klinisch stumm, massive Infektionen führen zu unspezifischen gastrointestinalen Beschwerden.

H. nana kommt weltweit vor.
Mit nur bis zu 3 cm ist er der kleinste Bandwurm des Menschen.
Endwirte sind außerdem Hunde und Nagetiere.
Die Entwicklung ist auch ohne Zwischenwirt möglich.
Autoinfektionen können zu einem massiven, klinisch relevanten Befall führen.

Klinik:
unspezifische gastrointestinale Beschwerden.

Die Diagnose erfolgt durch den Nachweis der typischen Eier, die eine dicke, transparente Schicht zwischen einer äußeren Wand und einer inneren Membran aufweisen.

Eine Therapie ist, wenn erforderlich, mit *Niclosamid* oder *Praziquantel* möglich (Therapiekontrolle nach 2 Wochen und 3 Monaten).

Die Prophylaxe besteht in der Therapie der befallenen Personen und in allgemeinen hygienischen Maßnahmen.

Diagnose:
Einachweis im Stuhl.
Therapie:
falls erforderlich mit Niclosamid oder Praziquantel.
Therapiekontrolle (!) und eventuell Nachbehandlung.
Prophylaxe:
sanitäre und hygienische Maßnahmen.

5 Arthropoden

Arthropoden

5.1 Arthropoden als Krankheitserreger

Arthropoden als Krankheitserreger

Arthropoden oder Gliedertiere sind eine sehr artenreiche Gruppe von Lebewesen. Zu ihnen gehören die **Insekten**, die **Spinnentiere**, die **Krebse** und die **Vielfüßer**.
Vertreter der Arthropoden spielen sowohl als Wirte oder Zwischenwirte (insbesondere einige Krebsarten) als auch als Vektoren eine Rolle bei der Entstehung von Infektionskrankheiten des Menschen. Einige Arthropoden können jedoch selbst Ursache von Krankheiten sein.
Neben der Einwirkung von **Giften**, wie wir sie von Bienen- oder Hornissenstichen kennen, die in den Tropen durch die Anwesenheit einer Vielzahl weiterer giftiger Arthropoden (z. B. Spinnen und Skorpione) eine größere Bedeutung hat, sind vor allem der **Madenfraß** (die **Myiase**) und die **Krätze**

Zu den Arthropoden gehören:
- Insekten
- Spinnentiere
- Krebse
- Vielfüßer

Sie spielen eine Rolle als
- Zwischenwirte
- Vektoren oder
- Ursache einer Krankheit.

Einige Arthropoden sind **Gifttiere** (z. B. Bienen oder Skorpione).

Manche Fliegenarten legen ihre Eier in die Haut des Menschen, oder in Wunden und rufen so den Madenfraß (die **Myiase**) hervor.

Ein Vertreter der Arthropoden, der eine Infektionskrankheit hervorrufen kann, ist: *Sarcoptes scabiei*
Der Erreger der Krätze ist ein Spinnentier.

Sarcoptes scabiei gehört zu den Grabmilben. Die nur 0,5 mm großen Weibchen graben Gänge in die Haut, in die sie ihre Eier legen. Die geschlechtsreifen Tiere können auf die Oberfläche kriechen und auf diese Weise bei Kontakt von Mensch zu Mensch übertragen werden.

Klinik:
Das klinische Bild ist von starkem Juckreiz geprägt.
Weite Teile der Körperoberfläche können befallen sein, der Kopf ist jedoch meist frei. *S. scabiei* kann sexuell übertragen werden (Erreger einer STD).

Diagnose:
Erregernachweis.

Therapie:
Insektizide (z. B. Lindan)
Andere Milben, die im Staub oder Getreide (Mehl) vorkommen und als Allergene wirken, rufen Krätze-ähnliche Krankheitsbilder wie die **Trugkrätze** oder die **Gebüschkrätze** hervor.

Arthropoden als Vektoren

Als mechanische Vektoren können Arthropoden (z. B. Fliegen, Schaben oder Ameisen) Erreger in Gesundheitseinrichtungen ausbreiten.

(Scabies) zu nennen. In Europa spielt die **Myiase** eine untergeordnete Rolle in der Humanmedizin, da es in diesen Breiten keine Fliegen gibt, die ihre Eier direkt auf oder in die Haut des Menschen legen **(anthropophage Fliegen)**. Nur in Ausnahmefällen legen einige Fliegenspezies ihre Eier in Wundgebiete oder nekrotische Bereiche, so daß sich die schlüpfenden Maden dort entwickeln. In den Tropen sind es vor allem die Larven von *Cordylobia anthropophaga* (der Tumbufliege), die den Menschen befallen können und dann zu schmerzhaften Beulen führen.
Eine durch Arthropoden hervorgerufene Infektionskrankheit im eigentlichen Sinn ist die **Krätze**. Der Erreger ist *Sarcoptes scabiei*, die Krätzmilbe. Milben sind Spinnentiere, die als Saprophyten oder Parasiten in der Natur weit verbreitet sind. Typisch für die Milben ist, daß ihre Larvenstadien nur drei Beinpaare haben und erst in der weiteren Entwicklung die für die Spinnentiere charakteristischen vier Beinpaare ausgebildet werden.
Je nach ihrer Lebensweise auf dem Wirt unterscheidet man bei den parasitierenden Arten zwischen Nage-, Saug- und Grabmilben. Die Krätzmilbe *Sarcoptes scabiei* gehört zur letzten Gruppe.
Die nur bis zu 0,5 mm großen, befruchteten Weibchen graben Gänge im Stratum germinativum und legen in diese über einen Zeitraum von etwa zwei Monaten bis zu 500 Eier. Aus diesen schlüpfen die Larven, die sich innerhalb von 14 (Männchen) bis zu 21 Tagen (Weibchen) zu den geschlechtsreifen Tieren entwickeln können. Da die Milben die Gänge zeitweilig verlassen und an die Oberfläche kommen, um sich in einem neuen Hautareal erneut einzubohren, können sie durch Kontakt auf andere Personen übertragen werden. In trockener Luft sind Krätzmilben nur 1 bis 2 Tage lebensfähig, in getragener Wäsche dagegen können sie fast zwei Wochen überleben.

Das klinische Bild ist durch starken Juckreiz (besonders nachts in der Wärme des Bettes oder bei Temperaturwechsel) geprägt. Durch das Kratzen kann es zu Sekundärinfektionen kommen. Neben Händen, Ellenbogen, Knien und Knöcheln sind vor allem die Axillar-, die Mamillar- und die Umbilikalregion betroffen. Der Kopf ist in der Regel frei von Krätzmilben. Da auch die Inguinalregion befallen sein kann, ist eine sexuelle Übertragung möglich.

Die Diagnose erfolgt bei Verdacht durch den Nachweis (Lupe oder Mikroskop) von Krätzmilben in Probenmaterial, welches mit einer Nadel oder einem Skalpell gewonnen wurde.

Eine Therapie ist mit *Lindan* plus *Benzyliumbenzoicum* oder mit *Crotamiton* möglich.
Andere Milben können gehäuft in Staub (auch Hausstaub) oder Mehl vorkommen. Der ständige Kontakt mit diesen Antigenen kann zur Allergisierung und bei Beteiligung der Lunge zu schweren Beeinträchtigungen der Atemfunktionen führen.
Ist die Haut das primäre Kontaktorgan, so können Krätze-ähnliche Krankheitsbilder entstehen **(Trugkrätze)**, die besonders bei Bäckern gehäuft auftreten.
Die Larven der freilebenden Gattung *Trombicula* sind Blutsauger und können auch den Menschen befallen, wenn er sich ihren Standorten nähert. Da in diesem Falle der Speichel allergisierend wirkt, kann wiederholter Kontakt zum Krankheitsbild der **Gebüschkrätze** führen.

5.2 Arthropoden als Vektoren

Bei den Vektoren werden mechanische und biologische unterschieden. **Mechanische Vektoren** sind solche, die Mikroorganismen, Larvenstadien oder Eier übertragen, ohne obligater Bestandteil des Entwicklungszyklus zu sein. Die Übertragung geschieht in der Regel durch Haften der Erreger an der Körperoberfläche der Vektoren.
Eine besondere Rolle spielen dabei Fliegen, aber auch auf die Schaben und die insbesondere in den Krankenhäusern immer häufiger vorkommenden Pharaoameisen muß in diesem Zusammenhang verwiesen werden. Deshalb

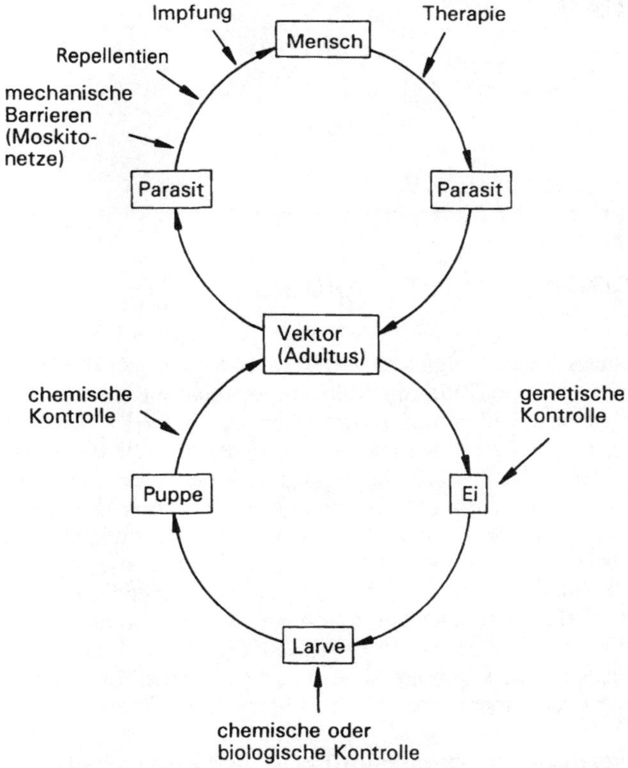

Schema 5-1: Möglichkeiten der Intervention und der Vektorkontrolle

ist die **Desinsektion**, die Vernichtung der Arthropoden, die eine medizinische Bedeutung haben können, ein Teil des Hygieneregimes.

Wenn in den Arthropoden ein Teil des Entwicklungszyklus abläuft, bezeichnet man sie als **biologische Vektoren**. Eine besondere Rolle spielen dabei blutsaugende Insekten und die Zecken, die blutsaugenden Formen der Spinnentiere.

Einige Arthropoden können als biologischer Vektor für verschiedene Erregerspezies (einschließlich Viren) dienen. Deshalb sind Maßnahmen, die zur Kontrolle dieser Vektoren dienen, ein wichtiger Beitrag zur Beherrschung der von ihnen übertragenen Krankheiten (vgl. Schema 5-1).

Komplexe Programme zur Bekämpfung von Malaria, Schlafkrankheit oder Onchozerkose beinhalten immer einen Anteil von Maßnahmen zur Vektorkontrolle.

Desinsektion ist deshalb Teil des Hygieneregimes in Krankenhäusern.

Biologische Vektoren sind obligater Bestandteil des Entwicklungszyklus eines Erregers. Sie stellen wichtige Angriffspunkte für die Bekämpfung der von ihnen übertragenen Erreger dar.

VI Immunologie

W. R. Heizmann

Grundbegriffe der Immunologie

1 Grundbegriffe der Immunologie

Der **Makroorganismus Mensch** muß sich von der Geburt (gelegentlich auch schon in utero) bis zu seinem Tode mit **Mikroorganismen** auseinandersetzen. So sind beispielsweise äußere und innere Oberflächen des Körpers von Bakterien besiedelt, die in Faeces Keimzahlen von 10^{11} bis 10^{12} Bakterien pro g erreichen können (etwa 70–75 % des Stuhlgewichtes). Diese Masse an Bakterien ist offensichtlich nicht krankmachend, wobei Funktion und Interaktion zwischen Mikro- und Makroorganismus weitgehend unerforscht sind. Demnach können Mechanismen postuliert werden, die dieses Zusammenleben regeln. Andere Bakterien unterliegen diesen regulatorischen Faktoren nicht, dringen in den Makroorganismus ein und machen ihn „krank“. Während der Evolution wurden Mechanismen entwickelt, die es dem Makroorganismus möglich machen, sich gegen das Eindringen zu wehren, d. h. körperfremde Antigene zu erkennen und zu zerstören. Das **Immunsystem** entwickelte sich.

Wesentliche Funktion des **Immunsystems** ist die Unterscheidung zwischen „körpereigen“ und „körperfremd“.

Wesentliche **Voraussetzung** für dessen Funktion ist die Fähigkeit, zwischen *„selbst“ (körpereigen)* und *„nicht-selbst“ (körperfremd)* zu unterscheiden. Die Fähigkeit „körpereigen“ zu erkennen, muß unabhängig von einer Auseinandersetzung mit körperfremden Antigenen (nicht-selbst) vorhanden sein, da es sonst zu einer Selbstzerstörung des Makroorganismus durch das eigene Immunsystem kommen würde. Fehlregulationen auf dieser Ebene äußern sich beispielsweise als *„Autoimmunkrankheiten“*. Von Bedeutung ist das System *„körpereigen/körperfremd“* auch beim Erfolg oder Mißerfolg von Organtransplantationen.

Immunantwort gegen
- extrazelluläre Erreger über die Produktion von Immunglobulinen durch B-Lymphozyten;
- intrazelluläre Erreger werden durch T-Lymphozyten abgetötet.

In einer **zweiten Stufe** muß das Immunsystem erkennen, ob es sich bei dem

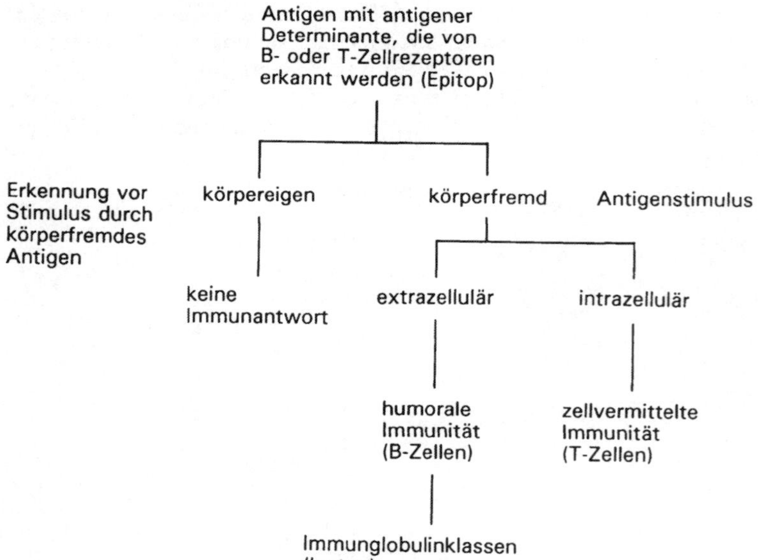

Abb. 1-1: Notwendige Entscheidungsschritte des Immunsystems zur effektiven Infektabwehr

eingedrungenen Mikroorganismus um *extrazelluläre* oder *intrazelluläre* Erreger handelt. Dies ist für die Effektivität der Immunantwort wesentlich. Bei *intrazellulären Erregern* wird die Antwort in der Produktion von zellzerstörenden (zytotoxischen) T-Zellen, bei *extrazellulären Erregern* in der Produktion von Immunglobulinen (Antikörpern) durch B-Zellen bestehen.

Im **dritten Schritt** wird darüber entschieden, welche der 5 *Immunglobulinklassen* (Isotypen) von den B-Zellen für die optimale Immunantwort produziert werden muß (Abb. 1-1).

Bei extrazellulären Erregern muß der optimale Typ des Immunglobulins gefunden werden.

Während der vergangenen Jahre wurde das Verständnis für Funktion und Regulation unseres Immunsystems wesentlich erweitert; im Rahmen des Faches Medizinische Mikrobiologie soll in diesem Kapitel ein stark vereinfachter Überblick über dessen Rolle bei der Infektabwehr gegeben werden.

1.2 Komplementsystem

Komplementsystem

Frisches Serum enthält Substanzen, die in der Lage sind, in Gegenwart von Antikörpern eine Zellyse herbeizuführen. Diese Faktoren werden als **Komplement** bezeichnet. Das Komplementsystem besteht aus etwa 20 Komplement- und Kontrollproteinen. Die **Aktivierung der Komplementkaskade** erfolgt auf zwei Wegen: der sog. *klassische Weg* über Antigen-Immunglobulin-Komplexe und der *alternative Weg*, der von Immunglobulinen unabhängig ist. Beide Wege führen über eine gemeinsame Endstrecke zur **Zellyse**. Eine weitere Hauptfunktion des Komplementsystems ist die **Opsonierung von Mikroorganismen**. Bei einer Opsonierung durch das Komplementsystem bilden dessen verschiedene Proteine bzw. deren enzymatisch veränderte Produkte Liganden für spezifische Rezeptoren an der Oberfläche phagozytierender Zellen, die zu einer Erhöhung der **Phagozytoserate** führen. Das Komplementsystem stellt ein wichtiges Bindeglied zwischen den Elementen der spezifischen Immunabwehr und den Zellen dar, die nach der Reaktion Immunglobulin-Antigen diesen Komplex entfernen.

Aktivierung des Komplementsystems auf 2 Wegen:
- klassischer Weg über Antigen-Immunglobulin-Komplexe;
- alternativer Weg, der von Immunglobulinen unabhängig ist.

Die Aktivierung des Immunsystems führt zur
- Zellyse
- Opsonierung des Antigens und damit Verbesserung der Phagozytose.

1.2.1 Aktivierungsmöglichkeiten des Komplementsystems

1.2.1.1 Klassischer Aktivierungsweg

Aktivierungsmöglichkeiten des Komplementsystems
Klassischer Aktivierungsweg

Nach der Bindung eines IgM- oder von bis zu 6 IgG-Molekülen (IgG 1 und IgG 3) an ein Epitop lagert sich der Komplementfaktor C 1 über den C 1q-Teil an. Faktor C 1q besteht aus drei Untereinheiten A, B und C (jeweils mit einem MG von 23 000). An C 1q können, wenn mehr als ein Fc-Teil des Immunglobulins gebunden ist, die Faktoren C 1r und C 1s angelagert werden. Der so entstandene und durch Ca^{2+} stabilisierte Komplex Ag:Ig:C 1q:C 1r:C 1s ($C\,\overline{1qrs}$; der Strich symbolisiert die aktive Form). Während der Formierung wird C 1r in $C\,\overline{1r}$, eine Protease, überführt, die wiederum C 1s in $C\,\overline{1s}$ umwandelt. Im nächsten Schritt spaltet $C\,\overline{1s}$ Faktor C 4 in die Peptide C 4a und C 4b. Das C 4b-Molekül bindet auf der Zelloberfläche an einer anderen Stelle als der C 1qrs-Komplex. Ungebundenes C 4b wird rasch abgebaut. $C\,\overline{1s}$ ist ebenfalls in der Lage, C 2 in C 2a und C 2b zu spalten, besonders dann, wenn C 2 mit C 4b einen Komplex eingegangen ist (Mg^{2+}-abhängig). Aus C 4b und C 2b entsteht ein neuer Komplex $C\,\overline{4b\,2b}$, an den über C 4b der Faktor C 3 gebunden wird. C 3 wird durch $C\,\overline{2b}$ in C 3a und C 3b gespalten, was zum Komplex C 4b:C 2b:C 3b ($C\,\overline{4b\,2b\,3b}$) führt. Diese so entstandene Protease spaltet Faktor C 5 in C 5a und C 5b. An $\overline{C\,5b}$(a) lagern sich die Faktoren C 6, C 7, C 8 und C 9 an, was letztlich zur „Loch"bildung in der Zellmembran und damit zur Zellyse führt. C 5b wird durch C 6 stabilisiert, zusammen mit C 7 erhöht sich die Hydrophobie des Komplexes, was zu einer stabilen Assoziation mit Lipidmembranen führt. Durch die Bindung von C 8 und C 9 entsteht eine zylinderförmige Struktur mit hydrophober Oberfläche und hydrophilem Zentrum, welches eine Passage von H_2O und kleinen Ionen zuläßt. Bei Integration dieser Struktur in eine Lipidmembran wird damit der Vorgang der Lyse gefördert. Es hat sich gezeigt, daß für eine effektive Lyse eine Mindestzahl von lytischen Komplexen vorhanden sein muß.

Alternativer Aktivierungsweg

1.2.1.2 Alternativer Aktivierungsweg

Der alternative Aktivierungsweg ist von Immunglobulinen unabhängig, er wird durch die drei Proteine B, D und P (Properdin) gesteuert. In Anwesenheit von Mg^{2+}-Ionen bildet sich ein Komplex aus C 3 und B, welcher durch Protein D in $C\,\overline{3\,Bb}$ umgewandelt wird. Dieser Komplex hat eine schwache proteolytische Aktivität und kann C 3 in C 3 a und C 3 b spalten. C 3 b bindet an der Zellwand des Antigens und formt mit B einen neuen Komplex C 3 b:B, der wieder durch Protein D gespalten wird, es entsteht C 3 b:Bb ($C\,\overline{3\,bBb}$). Diese Protease mit hoher Aktivität wandelt C 3 in C 3 a und C 3 b um. Zur Stabilisierung von $C\,\overline{3\,bBb}$ ist Protein P notwendig. Ist ausreichend C 3 b vorhanden, binden wiederum zwei oder mehr C 3 b-Moleküle an den C 3 b:Bb:P-Komplex, es bildet sich $(C\,3\,b)_n$:Bb:P, dieser neue Komplex ist in der Lage, C 5 in C 5 a und C 5 b zu spalten. Hieraus entsteht wieder der C 6:C 7:C 8:C 9-Komplex mit seiner lytischen Aktivität. Eine Übersicht über beide Aktivierungswege ist in der Abb. 1-1 enthalten.

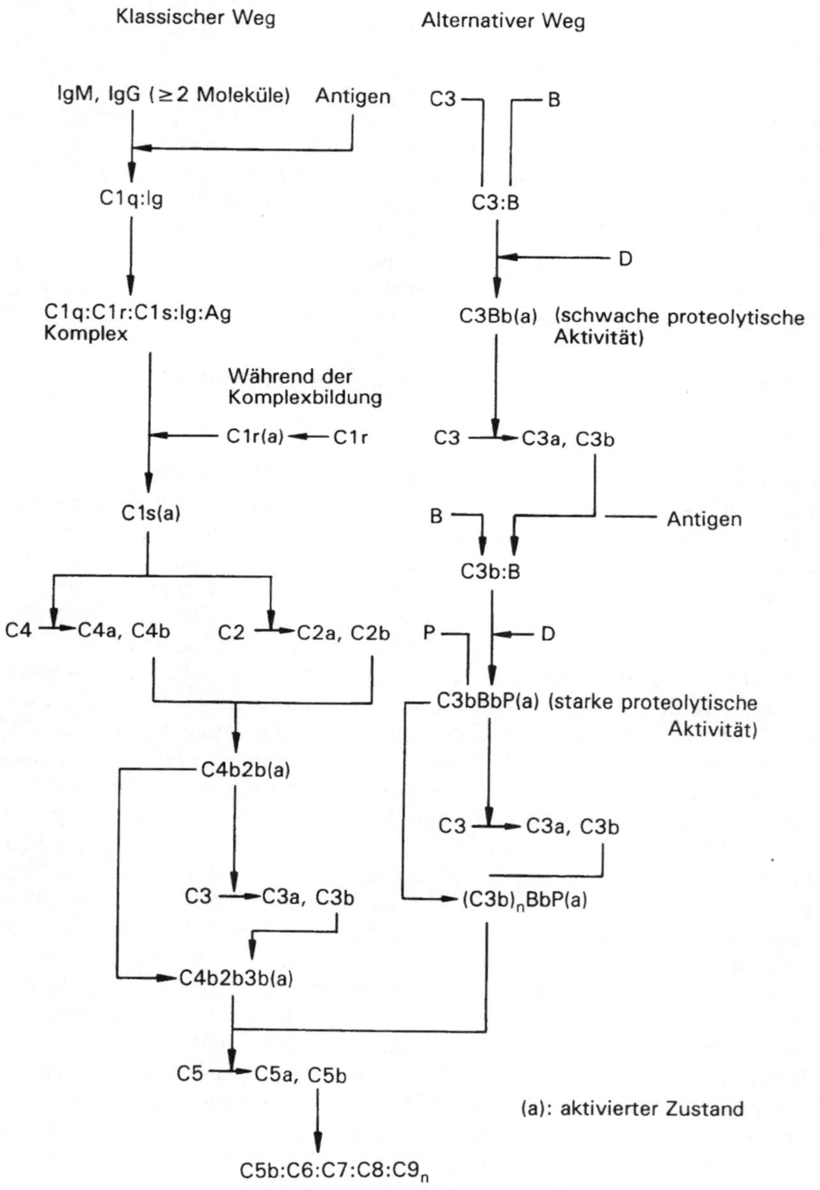

Schema 1-1: Aktivierungsmöglichkeiten des Komplementsystems

1.2.2 Funktionen des Komplementsystems

Funktionen des Komplementsystems

Inhibitoren verhindern eine spontane Aktivierung des Komplementsystems.

Im Serum läuft immer eine spontane Aktivierung des Komplementsystems ab, welche jedoch durch **Inhibitoren** auf einem sehr niedrigen Niveau gehalten wird. Diese Inhibitoren inaktivieren beispielsweise rasch C 3b, C $\overline{1s}$ und C $\overline{1r}$, andere wiederum verhindern eine Komplexbildung oder fördern die Desintegration aktiver Komplexe. Ein wichtiges Abbauprodukt von C 3b ist das *membrangebundene C 3d*, für das sich beispielsweise Rezeptoren auf B-Zellen finden.

Eine ausreichende Dichte von Ag:Ig-Komplexen auf Zellwänden bildet beispielsweise das entsprechende Gegengewicht zu den Inhibitoren. Der C 1-Inhibitor wirkt auf C $\overline{1r}$ und C $\overline{1s}$ und verhindert die Bildung von C 2a und C 2b, während Faktor 1 das C 3b-Peptid inaktiviert und bei Anwesenheit eines C 4-Bindeproteins auch C 4b. Beim alternativen Aktivierungsweg bindet Faktor H an C 3b und verhindert die Bildung von C 3:B, gleichzeitig wird die Dissoziation von C $\overline{3bBb}$ gefördert. Ein weiteres Protein, als S bezeichnet, schützt die Zelle vor der Einwirkung des C 5b:C 6:C 7:C 8:C 9-Komplexes.

Die Zahl der C 9-Moleküle ist ein kritischer Faktor bei der bakteriellen Zellyse, ebenso die Zielstrukturen der Immunglobuline an der Zelle.

Das Modell der **Funktionen des Komplementsystems** wurde in Versuchen erarbeitet, bei denen Erythrozyten, und nicht Bakterien, als Zielzellen dienten. Die Verhältnisse bei Bakterien sind durch den sehr viel komplexeren Zellwandaufbau etwas anders. Obwohl der C 5-C 9-Komplex in die äußere Zellwand eingebaut wird, reicht dies alleine nicht aus, um ein Bakterium abzutöten. Welche zusätzlichen Mechanismen notwendig sind, serum (komplement)-empfindliche Bakterien zu inaktivieren, ist noch unbekannt; doch scheint die Zahl der C 9-Moleküle ein kritischer Faktor zu sein. Bindet sich nur ein C 9-Molekül an den C 5-C 8-Komplex, bleibt die Lyse aus, wird C 9 mehrfach gebunden, werden die Bakterien lysiert. Die Effektivität komplementbindender Antikörper hängt nicht nur von der Aktivierung des Komplementsystems ab, sondern auch von ihrer **Spezifität gegen bestimmte Epitope**, wesentlich sind also die Zielstrukturen der Zelle.

C 3b erfüllt eine wesentliche Aufgabe bei der Opsonierung. Rezeptoren für C 3b existieren auf phagozytierenden Zellen.

Das Komplementsystem bildet eine Brücke zwischen antigenspezifischen Funktionen des Immunsystems und phagozytierenden Zellen.

Das C 3b-Peptid erfüllt noch eine zweite, ganz wesentliche Aufgabe. Es ist kovalent an die Zelloberfläche gebunden und vermittelt die **Phagozytose der Zelle** (Opsonierung). Hierfür existieren C 3b-Rezeptoren beispielsweise auf neutrophilen Granulozyten, eosinophilen Granulozyten, Monozyten und Makrophagen. Patienten mit einem C 3-Mangel leiden unter rekurrenten bakteriellen Infektionen, da die Opsonierung der Bakterienzellen nur schwach ausgeprägt ist. Es ist hier eine Brücke zwischen den *spezifischen Funktionen des Immunsystems* und *phagozytierenden Zellen* wie den *neutrophilen Granulozyten* über das Komplementsystem erkennbar.

1.3 Neutrophile polymorphkernige Granulozyten

Neutrophile polymorphkernige Granulozyten
- wesentlicher Faktor der **Immunabwehr** bei Bakterien- und Pilzinfektionen
- bei nichtinfektiösen Erkrankungen
  → Schädigung des Wirtsgewebes, z. B. bei
  – Gicht
  – rheumatoider Arthritis
  – Immunvaskulitis
  – entzündlichen Darmerkrankungen u. a.

Neutrophile Granulozyten dienen in erster Linie der **Abwehr von Infektionen** durch Bakterien und Pilze; allerdings können sie bei nichtinfektiösen Erkrankungen zu einer erheblichen **Schädigung des Wirtsgewebes** beitragen. Hierzu gehören Erkrankungen wie *Gicht, rheumatoide Arthritis, Immunvaskulitis, Glomerulonephritis, entzündliche Darmerkrankungen, Myokardinfarkt, ARDS* (adult respiratory distress syndrome), *Emphysem, Asthma, maligne Neoplasien* und *chronisch entzündliche Erkrankungen.* Die Rolle der neutrophilen Granulozyten in der Infektabwehr kann sehr gut bei Patienten mit Neutropenie (Zellzahlen <1 000, besonders <100/mm^3, z. B. nach Knochenmarktransplantation, Induktionstherapie bei hämatologischen Erkrankungen) beobachtet werden, da das Risiko einer Infektion mit sinkender Granulozytenzahl sehr stark ansteigt. Die Patienten leiden häufig unter aphthösen Ulzerationen der Schleimhäute, an einer schweren Gingivitis, Parodontitis oder an Pneumonien und anderen lebensbedrohlichen bakteriellen oder mykologischen Infektionen.

Neutrophile wirken im Verbund mit Immunglobulinen, Komplement und Zytokinen.

Nach der Zellreifung innerhalb von 6–14 Tagen im Knochenmark aus pluripotenten Stammzellen wandern die Zellen nach kurzem Aufenthalt im zirkulierenden Blut ins Gewebe ab. Da die Zellen nur eine geringe Fähigkeit besitzen, zwischen *körpereigen* und *körperfremd* zu unterscheiden, sind sie

Adhärenz und Phagozytose opsonierter Mikroorganismen werden durch Rezeptoren und ihre entsprechenden Liganden vermittelt.

dabei auf andere Faktoren des Immunsystems, wie **Immunglobuline, Komplement** oder **Zytokine** angewiesen.

Die **Adhärenz der Neutrophilen** an Zellen und Oberflächen wird durch Glykoproteine als Rezeptoren der Zelloberfläche vermittelt: C 3b-Rezeptor (CR 3), LFA-1 Rezeptor, p 150,95 Rezeptor. Der Ligand für CR 3 ist C 3b aus dem Komplementfaktor C 3, welcher an der Oberfläche während der Komplementaktivierung fixiert wird. Es kommt zu einer synergistischen Funktion mit Rezeptoren für den Fc-Teil (konstanter Teil des Antikörpermoleküls) von IgG und führt zur Verbesserung von Adhärenz und Phagozytose opsonierter Mikroorganismen. **Opsonine** sind körpereigene Stoffe, die durch Anlagerung an Antigene eine Phagozytose begünstigen; hierzu gehören *Immunglobuline* (IgG und IgM), *Faktoren des Komplementsystems* und *Fibronektin.* Der LFA-1 Rezeptor findet sich an der Oberfläche von Lymphozyten, Neutrophilen und Monozyten, er scheint ebenfalls für die Adhärenzfunktion wichtig zu sein, während die Funktion des p150,95 noch unbekannt ist.

Patienten mit einer CR 3-Defizienz (Rezeptor für C 3b) leiden an gehäuften Infektionen

Neutrophile Granulozyten bei Patienten mit der seltenen *autosomalen CR 3-Defizienz* besitzen eine verminderte Zelladhärenz einschließlich einer verminderten Phagozytose opsonierter Mikroorganismen sowie eine herabgesetzte Spontanbewegung und Chemotaxis der Zellen. Es kommt durch die verminderte Adhärenz auch an Endothelzellen zu einem Verlust des Marginalpools in den Blutgefäßen mit einer persistierenden Neutrophilie (Zellzahlen >2facher Normalwert). Bei Patienten mit einer CR 3-Defizienz ist die Entzündungsantwort vermindert, häufig sind beispielsweise Hautinfektionen oder Mastitis bzw. Otitis während der Kindheit.

Plasmamembrangebundene und intrazelluläre Enzymsysteme fördern die Abtötung von Mikroorganismen.

Aktivierte Neutrophile produzieren große Mengen mikrobizider Oxidantien (phagozytic-cell respiratory burst) und Enzyme (Proteasen, Kollagenase), die in Abhängigkeit ihrer Lokalisation in der Zelle in zwei Gruppen eingeteilt werden: **plasmamembrangebundene** und **intrazelluläre Systeme.**

An der **Plasmamembran** ist eine NADPH-Oxygenase lokalisiert, die in der Lage ist, eine Reihe oxidativer Substanzen zu generieren. Über Elektronentransfer mit NADPH, einem Flavin-Adenin-Dinukleotid, als Elektronendonator und Cytochrom$_{b558}$ wird O_2 zu O_2-, danach folgt eine Umwandlung in Hydroxylradikale.

$$2\,O_2 + NADPH \xrightarrow[\text{Oxidase}]{} 2\,O_2\text{-} + NADP + H^+$$

$$2\,O_2\text{-} + 2\,H^+ \xrightarrow[\substack{\text{Superoxiddismutase (pH neutral)}\\ \text{spontan (pH sauer)}}]{} H_2O_2 + O_2$$

H_2O_2 wird nur zu einem geringen Teil im Extrazellulärraum gemessen, offensichtlich katabolisiert die Zelle selbst die Mehrzahl der Moleküle.

$$2\,H_2O_2 \xrightarrow[\text{Katalase}]{} 2\,H_2O + O_2$$

In zellfreien Systemen konnte bei Anwesenheit eines eisenhaltigen Katalysators gezeigt werden, daß OH aus O_2- und H_2O_2 entsteht, dennoch war es bis jetzt nicht möglich, diesen Schritt bei Neutrophilen nachzuweisen.

Weiter entsteht unter dem zusätzlichen Einfluß der Myeloperoxidase der Neutrophilen **HOCl** (Hypochlorid) und freies Chlor. Die Myeloperoxidase (durch sie wird auch die grüne Farbe des Eiters hervorgerufen) ist in großen Mengen vorhanden (bis zu 5 % des Trockengewichtes der Zelle). Über die Myeloperoxidase wird die Entstehung von Hypochlorsäure katalysiert, wobei H_2O_2 über die NADPH-Oxidase zur Verfügung gestellt wird.

$$H_2O_2 + Cl^- + H^+ \xrightarrow[\text{Myeloperoxidase}]{} HOCl + H_2O$$

HOCl ist ein starkes Oxidans und tötet Bakterien innerhalb kürzester Zeit effektiv ab. Es bildet mit endogenen Aminen Chloramine, die antimikrobiell wirksam sind, gesundes Gewebe jedoch nicht angreifen.

Das Cl^--Ion kann durch Br^-, I^- oder SCN^- ersetzt werden. HOCl stellt ein sehr starkes Oxidans dar, das eine Reihe biologisch wichtiger Moleküle angreifen kann, dazu gehören Amine, Aminosäuren oder Nukleotide. Die von 10^6 Neutrophilen in 2 h gebildete Menge von 2×10^{-7} mol an HOCl reicht aus, um etwa $1{,}5 \times 10^8$ Escherichia-coli-Zellen innerhalb von Sekundenbruchteilen abzutöten. Bei diesem Vorgang besteht eine negative Rückkopplung in der Inaktivierung der Myeloperoxidase durch HOCl. Gesundes Gewebe wird offensichtlich nicht durch HOCl angegriffen. Der Grund liegt darin, daß zusammen mit endogenen Aminen Chloramine entstehen. Diese besitzen zwar nach wie vor die Fähigkeit, Mikroorganismen abzutöten, können aber gesundes Gewebe nicht angreifen. Eine Lokalisation der HOCl-Wirkung wird auch durch eine Bindung des polaren Myeloperoxidasemoleküls an Gewebe erreicht.

Chronisch granulomatöse Erkrankungen sind eine heterogene Gruppe von Störungen des oxidativen Metabolismus der Bildung des Wasserstoffperoxids. Die Patienten leiden unter gehäuft auftretenden schweren Infektionen tiefer Gewebe durch *katalasepositive Bakterien* und durch *Pilze.* Da die Entzündungen auch ohne Entzündungsreize weiter bestehen, führt dies zu einer **extensiven Granulombildung**, z. B. bis zu einer Obstruktion des Ösophagus oder der ableitenden Harnwege.

Chronisch granulomatöse Erkrankungen mit Störung der Bildung von H_2O_2 führen zu gehäuften Infekten und zu extensiver Granulombildung.

Diese Beobachtung führt zur Annahme, daß oxidative Produkte phagozytierender Zellen auch eine negative Rückkoppelung zur Limitierung der Entzündungsreaktion steuern.

Neutrophile besitzen in Form einer großen Zahl von **Granula** unterschiedlicher Größe intrazelluläre Enzymsysteme. Unter den Granula können wenigstens vier Arten unterschieden werden, die über die Gene der Chromosomen 17 und 21 codiert werden.

- **„Primäre" Granula** werden in die *größeren* und dichteren, peroxidasepositiven und die etwas *kleineren*, peroxidasenegativen, mit einem hohen Gehalt an saueren Hydrolasen unterteilt.
- Zu den **„sekundären" Granula** gehören die *glykoproteinreichen Strukturen* mit hohem Gehalt an Laktoferrin und Vitamin-B_{12}-bindenden Protein.
- Zu den **„tertiären" Granula** die noch wenig erforschten *laktoferrinarmen*, an Gelatinase reichen Strukturen.

Intrazelluläre Enzymsysteme existieren in Form von
- primären,
- sekundären und
- tertiären Granula.

Die Granula werden während der Aktivierung neutrophiler Granulozyten mobilisiert und verschmelzen mit den **Phagosomen**. Darüber hinaus kommt es bei der Migration zum Entzündungsort zu einer Verschmelzung mit der **Plasmamembran** und einer Freisetzung des Inhaltes an der Zelloberfläche und in die Umgebung. Wichtig sind **Proteasen** wie *Serinprotease, Elastase, Kollagenase* und *Gelatinase.* Granula enthalten hohe Konzentrationen an Elastase, einem Enzym, das u. a. auch Immunglobuline, Komplementfaktoren, Gerinnungsfaktoren und andere Proteine spalten kann. Dieses Enzym entfaltet physiologischerweise seine Aktivität in Phagosomen beim Abbau von Mikroorganismen, während extrazelluläre Antiproteinasen, z. B. alpha$_1$-Proteinaseinhibitor, eine Gewebezerstörung verhindern. *Laktoferrin*, ein Fe-Chelator, ist ein wichtiges antimikrobielles Agens, da Fe von einigen Bakterien als Wachstumsfaktor benötigt wird. Darüber hinaus erleichtert Laktoferrin die Produktion von Hydroxylradikalen.

Die Granula verschmelzen mit den Phagosomen oder der Plasmamembran und setzten Enzyme frei.

Wichtige intrazelluläre Enzyme sind
- Elastase
- Kollagenase
- Gelatinase und
- Serinprotease.

Laktoferrin bindet Eisen, welches von einigen Erregern als Wachstumsfaktor benötigt wird.

Bei der Infektabwehr werden durch den Einstrom von neutrophilen Granulozyten und deren Aktivierung HOCl und **proteolytische Enzyme** freigesetzt, wobei gleichzeitig die proteolytischen Enzyme aus einer inaktiven durch HOCl in eine aktive Form überführt werden. Dieses **binäre Prinzip der Aktivierung** gewährleistet die Möglichkeit, potentiell toxische Substanzen unschädlich in der Zelle zu lagern. Ist der Antigenstimulus vorbei, endet auch der Einstrom neutrophiler Granulozyten, und die Konzentration aktiver proteolytischer Enzyme (die bei der Antigenzerstörung und bei der Abszeßbildung beteiligt waren) sinkt, das **Schutzschild der Antiproteinasen** existiert wieder.

Binäres Prinzip der Aktivierung: HOCl aktiviert inaktive granulozytäre proteolytische Enzyme → toxische Substanzen können unschädlich in der Zelle gelagert werden

Angeborene Defekte weisen auf die Funktion der Granula hin. Die Patienten haben eine fehlende Entzündungsreaktionen und rekurrierende bakterielle Infektionen der Haut und tiefer Gewebe. Ein Mangel an Myeloperoxidase ist ein relativ häufiger, autosomal rezessiver Defekt (Frequenz etwa 1:4 000). Er führt zu einem Verlust der Bakterizide und der Fungizidie in vitro, während in vivo allerdings keine gehäuft auftretenden Infektionen beobachtet werden.

Funktion der Granula

- **Präformierte Mediatoren** der Entzündung (z. B. Histamin) liegen in aktiver Form in den Granula von Mastzellen und basophilen Granulozyten vor.
- **Neugenerierte Mediatoren** entstehen bei der Zellaktivierung: PAF oder Leukotriene und Prostaglandine als Hauptmetabolite der Arachidonsäure.

Als **Mediatoren** einer Entzündung werden Botenstoffe bezeichnet, die mit spezifischen Rezeptoren der Zielzellen reagieren und eine sekundäre Aktivierung von biochemischen Prozessen an den Zellen hervorrufen. **Präformierte Mediatoren** (z. B. *Histamin, Heparin*) liegen in aktiver Form in den Granula von Mastzellen und basophilen Granulozyten vor. **Neugenerierte Mediatoren** entstehen bei der Zellaktivierung von Neutrophilen, Monozyten und Makrophagen. Hierzu zählt der *thrombozytenaktivierende Faktor* (platelet activating factor, PAF), der zu einer Aggregation der Thrombozyten führt. Gleichzeitig ist der PAF eine chemotaktisch wirksame Substanz für neutrophile und eosinophile Granulozyten, zudem kann er Makrophagen aktivieren. Während der Aktivierung neutrophiler Granulozyten wird auch ein Anstieg des intrazellulären Kalziums im Rahmen des Arachidonsäuremetabolismus beobachtet, da die in diesem Stoffwechselweg wichtige Phospholipase A_2 kalziumabhängig ist. Auch die weiteren Enzyme der Umsetzung zu zellspezifischen Metaboliten sind von der Anwesenheit von Kalzium abhängig. *Leukotriene* als eine der Hauptmetabolite der Arachidonsäure beeinflussen die vaskuläre Permeabilität, Chemotaxis, die Kontraktion glatter Muskulatur und sind an einer Vielzahl akuter und chronisch entzündlicher Vorgänge beteiligt. Gleichzeitig mit der Produktion von Leukotrienen besitzen Granulozyten Rezeptoren für diese Moleküle, die aktivierend auf die Zelle wirken, sowie die Möglichkeit, im Rahmen der negativen Rückkoppelung, Leukotriene zu inaktivieren. Bakterielle Endo- und Exotoxine sind in der Lage, in den Leukotrienmetabolismus neutrophiler Granulozyten einzugreifen, d. h. eine Leukotrienfreisetzung zu aktivieren. Hierzu zählen Lipid A, Streptolysin O, sowie bakterielle Hämolysine. Eine verminderte Freisetzung von Leukotrienen führt zu einer verminderten Abwehr bakterieller Infektionen, erst bei einer Normalisierung der Granulozytenfunktion ist die Elimination der Erreger möglich.

1.4 Blutgerinnung und Leukozyten

Blutgerinnung und Leukozyten

Endotoxine führen zur Freisetzung von Gewebsthromboplastin aus Monozyten/Makrophagen
→ die Hämostase wird aktiviert, hieraus kann sich das Krankheitsbild einer **disseminierten intravasalen Gerinnung** entwickeln.

PAF fördert die Thrombozytenaggregation.

Die Hämostase als physiologischer Prozeß kann unter bestimmten Bedingungen pathologisch verändert sein; hierzu gehört beispielsweise die **disseminierte intravasale Gerinnung** (DIC) bei Infektionen. Ein Endotoxinstimulus (Endotoxine sind Bestandteile der Zellwand gramnegativer Bakterien, LPS; s. S. 9) führt zur Freisetzung von Gewebsthromboplastin aus Monozyten/Makrophagen; der extrinsische Weg der Hämostase wird aktiviert. Allerdings ist die Aktivierung gegenüber dem Stimulus zeitlich versetzt, da Gewebsthromboplastin neu synthetisiert werden muß.
Der **plateletactivating factor** (PAF) wird nicht nur in Mastzellen, sondern auch in neutrophilen Granulozyten, Monozyten und Thrombozyten gebildet. Wesentlich ist die Fähigkeit des PAF, Thrombozyten zu aggregieren und zusammen mit anderen aktivierenden Substanzen die Blutgerinnung zu starten. Neben der Fähigkeit, Thrombozyten zu aggregieren, besitzt PAF noch weitere biologische Wirkungen ähnlich denen von Histamin, darüber hinaus ist er ein starker chemotaktischer Faktor für polymorphkernige Leukozyten.

1.5 Zytokine

Zytokine
= Botenstoffe des Immunsystems

Zytokine sind Proteine, die als Botenstoffe in die Immunregulation des Körpers eingreifen und die Funktion verschiedener Zellsysteme untereinander koordinieren und steuern.

So werden Beginn und Ende der Proliferationsphase bei Antigenstimulus beeinflußt, die Phagozytoserate erhöht, oder Zellen werden gegenüber viralen Infektionen unempfindlich. Die Interaktionen sind komplex, und die Wirkung der Zytokine hängt von diesem selbst und den verschiedenen Zielzellen ab. Spezifische Rezeptoren auf Zelloberflächen vermitteln die Wirkung

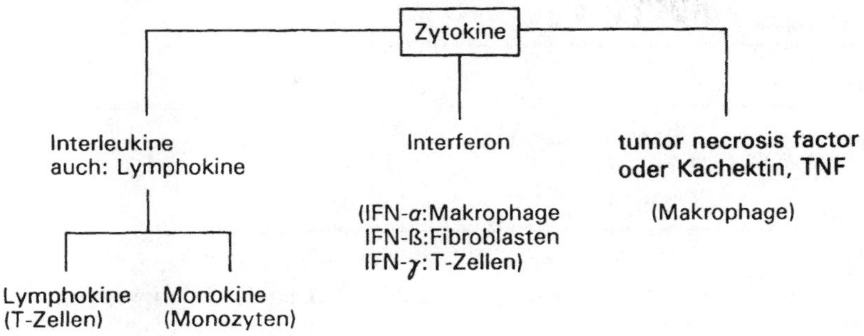

Abb. 1-2

der Zytokine auf die Zellen. Die Vielfalt der Benennungen von Stoffen des Immunsystems und ihren komplexen Interaktionen macht es schwer, einen Überblick über den gegenwärtigen Stand der immunologischen Forschungen zu gewinnen, es muß darüber hinaus davon ausgegangen werden, daß die Liste der Zytokine noch unvollständig ist.
In der Abb. 1-2 sind die Begriffe und ihre Beziehungen untereinander dargestellt.

Spezifische Rezeptoren auf Zelloberflächen vermitteln die Wirkung der Zytokine auf die Zellen.

1.5.1 Interleukine

Interleukine

- Interleukin-1: Umwandlung ruhender T-Helfer-Zellen in aktive Formen

Interleukin-1 (IL-1)

	Synonyma	Herkunft
IL-1	endogenes Pyrogen, Lymphozytenaktivierungs-faktor (LAF)	Makrophagen viele Epithelzellen hämatopoetische Zellen

IL-1 wird nicht nur von Makrophagen gebildet, sondern auch von anderen Zellen; es entfaltet seine Wirkung an lymphatischen und nicht-lymphatischen Zellen. Dieses Zytokin wandelt ruhende *T-Helfer-Zellen* in aktive Formen um und nimmt daher in der Aktivierung der zellulären und damit auch indirekt der humoralen Immunabwehr eine zentrale Rolle ein. Daneben kann IL-1 Fieber auslösen *(endogenes Pyrogen)*, und es fördert Wachstum und Differenzierung von Zellen der weißen Reihe im Knochenmark.

- Interleukin-2: Steuerung der Antikörperproduktion von B-Zellen

Interleukin-2 (IL-2)

	Synonyma	Herkunft
IL-2	T-Zellwachstumsfaktor (TCGF)	T-Zellen

Bei der Proliferation von T-Helfer-Zellen werden große Mengen an IL-2 freigesetzt, die zytotoxische und Suppressor-T-Zellen und NK- (natural killer) Zellen induzieren. Zusammen mit Interferon-gamma steuert IL-2 auch die *Antikörperproduktion von B-Zellen.* Gleichzeitig besitzen T-Helfer-Zellen Rezeptoren für IL-2, die einen weiteren Stimulus der Proliferation darstellen. Nach einer gewissen Zeit (etwa 3 d) sinkt die Zahl der Rezeptoren, und die Zelle kehrt in ihr Ruhestadium zurück. Eine Modellvorstellung der Regulation besteht darin, daß bei der stimulierten Ausgangszelle nur eine bestimmte Anzahl von IL-2-Rezeptoren exprimiert wird und die Zahl der Rezeptoren pro Zellteilung abnimmt. Dies führt wieder zu einer Verminderung des Stimulus durch IL-2 und bestimmt damit die Zahl der möglichen Teilungsschritte einer T-Helfer-Zelle.

- Interleukin-3: steuert die Hämatopoese

Interleukin-3 (IL-3)

	Synonyma	Herkunft
IL-3	Colony Stimulating Factor (CSF), haematopoetic growth factor	T-Zellen

IL-3 steuert die *Hämatopoese*, d. h. Wachstum und Differenzierung von Stammzellen im Knochenmark, und wird durch aktivierte T-Zellen synthetisiert.

- Interleukin-4: fördert die B-Zell-Proliferation und die Expression von Klasse-II-MHC-Antigenen

Interleukin-4 (IL-4)

	Synonyma	Herkunft
IL-4	BCGF 1, BSF-1, BCDF-gamma, MFF, MAF	T-Zellen Mastzellen

Dieses Interleukin fördert sowohl die *B-Zell-Proliferation* als auch die *Expression von Klasse-II-MHC-Antigenen.* Durch die Zunahme an MHC-Molekülen wird die Fähigkeit der B-Zellen verbessert, Antigen für T-Zellen zu päsentieren. Gleichzeitig fördert IL-4 die klonale Expansion antigenspezifischer B-Zellen. IL-4 steuert die Art der gebildeten Isotypen der Immunglobuline, besonders von IgG_1 und IgE. Möglicherweise wird IL-4 von einem anderen Helfer-T-Zelltyp gebildet (der auch IL-5 und IL-6 produziert) als der, welcher IL-2 synthetisiert, wobei IL-4 das Verhältnis der beiden Zelluntertypen beeinflußt. IL-2 und IL-4 können auch gegenregulatorische Effekte haben, so inhibiert IL-4 die B-Zellproliferation durch IL-2.

- Interleukin-5: steuert die IgM- und IgA-Produktion der B-Zellen

Interleukin-5 (IL-5)

	Synonyma	Herkunft
IL-5	TRF, BCGFII, EDF, KHF, Eo-CSF, IgA-enhancing factor	T-Zellen

Interleukin-5 steuert die IgM- und IgA-Produktion der B-Zellen; IL-5 hat auch einen positiven Einfluß auf Wachstum und Differenzierung von eosinophilen Granulozyten.

- Interleukin-6: fördert die Proliferation von B-Zellen und von Stammzellen des Knochenmarkes

Interleukin-6 (IL-6)

	Synonyma	Herkunft
IL-6	Interferon-β2 (IFN-β2), Hybridoma-wachstumsfaktor (HP 1), BSF-2, BCDF	Monozyten, T-Zellen, Fibroblasten Tumorzellen

IL-6 fördert die *Proliferation von B-Zellen* und von *Stammzellen des Knochenmarks* (besonders der Makrophagen und Granulozyten). Dieses Interleukin wirkt zusammen mit IL-1 auf ruhende T-Zellen und wandelt diese in aktive Formen um. Zusammen mit IL-2 induziert IL-6 die Differenzierung von zytotoxischen T-Zellen. Wie IL-1 kann IL-6 in Hepatozyten die Produktion von Akute-Phase-Proteinen induzieren.

- Interleukin-7

Interleukin-7 (IL-7)

	Synonyma	Herkunft
IL-7	Lymphopoietin-1 B-cell growth factor	Stromazellen (Milz, Niere), Thymus

IL-7 beeinflußt die Entwicklung von B- und T-Zellen.

1.5.2 Interferon

Interferon

Interferon-γ (IFN-γ): Dieses Zytokin wird durch aktivierte T-Zellen und durch NK-Zellen gebildet, stimuliert Makrophagen und deren Phagozytoseleistung sowie die Abtötung phagozytierter Zellen. Darüber hinaus wird die Expression von Klasse-II-Antigenen gefördert. Verbessert wird damit die Anlagerung von T-Zellen. Durch IL-2 und IL-4 stimulierte B-Zellen sezernieren unter IFN-γ-Einfluß vermehrt Immunglobuline, besonders IgG_2. Gleichzeitig ist IFN-γ ein Gegenspieler von IL-4 und vermindert beispielsweise die IgG_1- und IgE-Synthese.

1.5.3 Tumor Necrosis Factor (TNF, Kachektin)

Tumor Necrosis Factor

Endotoxin stimuliert die Produktion von TNF durch Makrophagen.

Die Wirkung des TNF auf den Makroorganismus kann durch die Hemmung des Arachidonsäuremetabolismus abgeschwächt werden.

Die Bedeutung des TNF ist erst in den letzten Jahren in den Mittelpunkt des Interesses gerückt, da entdeckt wurde, daß die Hauptmanifestationen eines **Endotoxinschocks** von diesem Faktor verursacht werden. Endotoxin gramnegativer Bakterien ist der potenteste Stimulus für die Produktion von TNF. Bei Patienten mit dem Vollbild eines septischen Schocks sind die Spiegel von TNF aber niedrig. Nach i. v. Gabe von Endotoxin bei gesunden Versuchspersonen stieg der TNF-Spiegel nach etwa 90 min auf ein Maximum an, dem nach weiteren 90 min ein Temperaturanstieg, die Erhöhung der Herzfrequenz und ein Anstieg des ACTH folgte, bei gleichzeitig sinkenden TNF-Spiegeln. Während dieser Versuche stiegen die Konzentrationen von Interleukin-1β und Interleukin-γ nicht an. Durch die Gabe des Zyklooxygenasehemmers Ibuprofen (s. Arachidonsäuremetabolismus) wurde zwar die Ausschüttung von TNF nicht unterdrückt, die klinischen Symptome waren aber deutlich geringer ausgeprägt.

1.6 Major Histocompatibility Complex (MHC)

Major Histocompatibility Complex (MHC)

Die Produkte des MHC sind für die Erkennung körpereigen-körperfremd wesentlich.

Es existieren 2 Klassen von MHC-Antigenen:
- Klasse I-Antigen (HLA-A, B, C) sind auf allen Zellen zu finden
- Klasse II-Antigene (HLA-DR, DQ, DP) auf Makrophagen, B- und T-Zellen.

In jeder bisher untersuchten Wirbeltierart wurden Gene gefunden, welche die sog. *Zelloberflächen-Histokompatibilitätsantigene* kodieren. Dieser genetische Komplex wird als „major histocompatibility complex" (MHC), beim Menschen auch als „human leukokocyte antigen" (HLA), bezeichnet. Der MHC ist auf dem kurzen Arm von Chromosom 6 kodiert. Die Produkte des MHC sind für die Erkennung *körpereigen-körperfremd* wesentlich. Neben dem MHC existieren noch die *minor histocompatibility loci*, die aber von weitaus geringerer Bedeutung sind. Die Genloci des MHC und deren Proteinprodukte können in zwei Klassen eingeteilt werden. Diese unterscheiden sich in ihrer Verteilung in verschiedenen Geweben, ihren Strukturen und in ihren Funktionen. Membrangebundene **Klasse I-MHC-Antigene** sind auf allen kernhaltigen Zellen zu finden und werden als HLA-A, B und C bezeichnet. Die Klasse I-Antigene sind über eine nichtkovalente Bindung mit β_2-Mikroglobulin (Chromosom 15, nicht MHC-abhängig) assoziiert und das Ziel der Rezeptoren zytotoxischer T-Zellen (T_8-Zellen). **Antigene der Klasse II** sind auf bestimmte Zellarten beschränkt, dazu gehören Makrophagen, B-Zellen und T-Zellen. Sie bestehen aus je einer membrangebundenen α- und β-Kette und sind Ziel von Helfer-T-Zellen. Die Bezeichnungen für die Antigene sind HLA-DR, DQ und DP.
Innerhalb des MHC finden sich eine Reihe von Genen, die unterschiedliche Moleküle kodieren, dazu gehört auch der C-4-Komplementfaktor, das B-Protein des alternativen Weges der Komplementaktivierung, Cytochrom P_{450} oder der Tumor Necrosis Factor und die Restriktionselemente der MHC-Klassen I und II (Abb. 1-3).

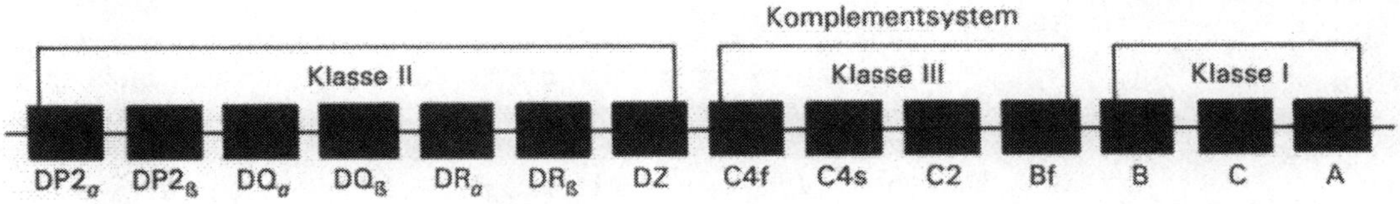

Abb. 1-3: Anordnung der Loci menschlicher MHC- und HLA-Gene

Zellgebundene Produkte der Gene des MHC-Komplexes werden als Restriktionselemente bezeichnet.

Wesentliche Aufgabe der Klasse I und II-MHC-Gene ist die **Steuerung des Erkennungsvorganges** für das Immunsystem zwischen körpereigen und körperfremd. Die zellgebundenen Produkte der Gene werden auch als *Restriktionselemente* bezeichnet. Ihre Funktion wird in den T-Zell- und B-Zell-Kapiteln näher beschrieben.

Zusammenhang zwischen MHC-(HLA-)Antigenen, Bakterien und Erkrankungen

1.6.1 Zusammenhang zwischen MHC-(HLA-)Antigenen, Bakterien und Erkrankungen

In der Pathogenese der Spondylitis ankylosans sind möglicherweise Antigengemeinschaften zwischen HLA-B 27 und Bakterien (z. B. Klebsiella spp.) von Bedeutung.

Das bekannteste Beispiel für den Zusammenhang zwischen HLA-Antigenen, menschlichen Erkrankungen und Bakterien ist die **Spondylitis ankylosans**. Bei Patienten mit Spondylitis ankylosans und positivem HLA-B 27 (Klasse I) sollen Bakterien (*E. coli, Klebsiella spp., Shigella spp., Yersinia spp., Streptococcus spp.* oder *Clostridium perfringens*) Plasmide tragen, die Faktoren kodieren, welche die Antigenität des Klasse-I-Antigens verändern und so eine Autoimmunantwort hervorrufen. Diese Bakterien persistieren über lange Zeit in der Darmflora von Patienten mit der Erkrankung.
Andere Vorstellungen zur Pathogenese der Spondylitis ankylosans gehen von Kreuzreaktionen (Antigengemeinschaften) zwischen HLA-B 27 und Bakterien aus. So hatten 70 % der Patienten Klebsiellen im Stuhl, dagegen nur in 20 % bei Personen ohne Spondylitis. Während der akuten Krankheitsphase sind auch die IgA-Spiegel gegen Klebsiellen erhöht. Entstehen also bei Personen mit HLA-B 27 kreuzreagierende Antikörper gegen Bakterien mit ähnlichen Oberflächenantigenen wie HLA-B 27, so könnte sich daraus eine Autoimmunerkrankung mit chronisch entzündlichen Prozessen entwickeln.

Zusammenhänge zwischen dem HLA-System und Infektionen durch
- Hepatitis-B-Virus
- Epstein-Barr-Virus oder
- Mykobakterien

bestehen ebenfalls.

Bei **HBV-Infektionen** sind bei antigen-negativer, chronisch aktiver Hepatitis Personen mit den Markern HLA-B 8 und HLA-DR 3 besonders betroffen. Auch non-responder bei HBV-Impfungen sind signifikant häufiger bei HLA-DR 7-Trägern. Eine Assoziation von HLA-DR 5 und einer verminderten Antikörperantwort gegen Kapsidantigen des **Epstein-Barr-Virus** wurde ebenfalls beobachtet. Bei **AIDS** mit der Entwicklung eines Kaposi-Sarkoms bestehen Zusammenhänge mit HLA-DR 5 und DR 2. Auch bei Erkrankungen mit **Mykobakterien** scheint das HLA-System in der Pathogenese wesentlich zu sein. Dies gilt sowohl für die *Tuberkulose* als auch die *Lepra*. Bei einer Untersuchung von Patienten mit färberischem Nachweis von Mycobacterium tuberculosis im Sputum ergab sich eine positive Assoziation mit HLA-DR 2 und DQw 1 und eine negative mit DQw 2. Die Entwicklung einer Mykobakteriose oder deren Ausbleiben hat so vielleicht eine gemeinsame genetische Basis, die auch bei der Entstehung von Infektionen bei immunsupprimierten Patienten von Bedeutung sein könnte. So wäre z. B. auch zu untersuchen, ob eine INH-Prophylaxe bei Patienten mit den oben genannten HLA-Typen von Bedeutung ist. In Abhängigkeit vom HLA-Typ entwickelt sich bei der Lepra entweder der lepromatöse Typ (HLA-DR 2) mit abgeschwächter zellulärer Reaktion und fehlenden Granulomen oder der tuberkuloide Typ (HLA-DR 3) mit Granulombildung.

Eine Hypothese zum Polymorphismus der AB0-Blutgruppen stellt Zusammenhänge mit Infektionskrankheiten wie Pest oder Pocken her.

Neben dem Einfluß des HLA-Systems sind auch die AB0-Blutgruppen für die Disposition von Infektionskrankheiten von Bedeutung. Der AB0-Polymorphismus in den Populationen der Erdbevölkerung ist wahrscheinlich eine Folge selektiver Krankheiten wie **Pest** oder **Pocken**. Die Blutgruppe 0 ist in Gegenden ohne Pestepidemien in den vergangenen Jahrhunderten wesentlich häufiger, die Blutgruppe A ist in den Gegenden, in denen früher die Pocken endemisch waren, relativ seltener.

Makrophagen-Monozyten-System

1.7 Makrophagen-Monozyten-System

Monozyten des Blutes wandern in Gewebe und werden zu organspezifischen Makrophagen:
- Kupfersche Sternzelle in der Leber
- Langerhanssche Zellen der Haut
- Osteoklast im Knochen

Zellen des Makrophagen-Monozyten-Systems sind im gesamten Körper verteilt. Im Knochenmark finden sich die **Promonozyten** einschließlich ihrer Vorläuferzellen, während **Monozyten** im Blut zirkulieren und Makrophagen sich in Geweben finden, d. h. gemeinsamer Ursprung, gemeinsame Funktion, ähnliche Morphologie. **Makrophagen** werden je nach Organ unterschiedlich bezeichnet: *Kupfersche Sternzelle* in der Leber, *Langerhanssche Zel-*

len der Haut, *Osteoklast* im Knochen, *Mikroglia* im Gehirn, als *mehrkernige Riesenzelle* in Granulomen (Langhanssche Riesenzellen z. B. bei Tuberkulose, Listeriose oder Yersiniose). Der Begriff des Makrophagen-Monozyten-Systems ersetzt den des retikuloendothelialen Systems.

Die Differenzierung im Knochenmark von der ersten Vorläuferzelle bis zum reifen **Monozyten** dauert etwa 6 Tage, es besteht keine Knochenmarksreserve wie z. B. bei Granulozyten. Die Monozyten zirkulieren dann mit einer Halbwertszeit von etwa drei Tagen. Ob beim Menschen ein Marginalpool in den Gefäßen besteht, ist nicht genau bekannt; bei Mäusen beträgt er etwa 60 % der Gesamtzahl der Monozyten im Blut. Monozyten stellen offensichtlich keine einheitliche Population an Zellen dar, es herrscht **Heterogenität** hinsichtlich der Zelldichte, Größe, Morphe und der Oberflächenantigene. Die Migration dieser Zellen ist aber rein zufällig verteilt. Ein Rückverteilungsphänomen vom Gewebe zurück in das zirkulierende Blut existiert wahrscheinlich nicht. Eine Transformation in Gewebemakrophagen mit morphologischen und z. T. auch funktionellen Eigenschaften in Abhängigkeit des entsprechenden Gewebes wird möglicherweise über Gewebefaktoren vermittelt. Die Lebensdauer der Makrophagen ist ebenfalls nicht genau bekannt, aus Beobachtungen bei Patienten mit Knochenmarktransplantationen läßt sich ein Ersatz der homologen Makrophagen durch Makrophagen des Spendermarkes nach etwa drei Monaten beobachten.

Wesentlich ist auch die Fähigkeit der Monozyten zur **Diapedese** der Gefäßwand und die **Einwanderung in das Infektionsgebiet.** Chemotaktische Faktoren wie Komplement und dessen Produkte fördern diesen Vorgang, während die nachfolgende Phagozytose in Abhängigkeit von **Opsoninen** (Antikörper, Komplement und Fibronektin) abläuft. Aktivierte Makrophagen nehmen auch flüssige Substanzen durch Pinozytose auf. Verbunden mit der Ingestion ist eine erhöhte Stoffwechselaktivität (Glukosemetabolismus) und der damit zusammenhängende „respiratory burst", d. h. die Entstehung von Superoxid-Anionen und Wasserstoffperoxid.

Von übergeordneter Bedeutung sind Phagozytose und *Abtötung von intrazellulären Erregern* wie *Mycobacterium tuberculosis, Listeria spp., Leishmania spp.* oder *Toxoplasma gondii*, aber auch das **Abfangen extrazellulärer Erreger** aus dem Blutstrom, wie z. B. *Streptococcus pneumoniae* (Pneumokokken). Gleichzeitig können Monozyten/Makrophagen als Vehikel und Reservoir von Erregern bei fehlender intrazellulärer Abtötung dienen. Ein aktuelles Beispiel hierfür ist die Rolle der Makrophagen als Reservoir für das HIV-1 bei AIDS-assoziierter Demenz. Bei der Abwehr spontan entstehender maligne entarteter Zellen wird deren Wachstum unterdrückt, es kommt zur Abtötung durch lysosomale Enzyme, Sauerstoffradikale, Proteinasen und TNF.

Ruhende Makrophagen werden durch **Interferon-γ** von T-Zellen aktiviert. Aktivierte Makrophagen nehmen an Größe zu, die Oberfläche wird ebenfalls vergrößert, die Fähigkeit zur Adhärenz und Ausbreitung auf Oberflächen ist erhöht, es kommt zu einer vermehrten Bildung von Pseudopodien und zu einer erhöhten Zahl von Pinozytosevesikeln. Ganz allgemein kann ein aktivierter Makrophage vermehrt fakultativ intrazelluläre Erreger oder Tumorzellen abtöten. Werden Makrophagen Endotoxin ausgesetzt, so wird der *„tumor necrosis factor"* (TNF, Kachektin) etwa 90 min später freigesetzt. Dieser kann wiederum zumindest in vitro Makrophagen aktivieren, was zu einer Beschleunigung des Aktivierungsprozesses führt. Gleichzeitig beeinflußt der TNF die Reaktion des Makroorganismus auf das Endotoxin (s. dort).

Das Makrophagen-Monozyten-System übernimmt bei der Immunabwehr verschiedene Funktionen:

Antigenpräsentation für Lymphozyten während der Entwicklung der spezifischen Immunität, **Unterstützung der Lymphozyten** durch Freisetzung löslicher Faktoren, **Phagozytose und Abtötung** phagozytierter Organismen. Eine rasche Phagozytose durch diese Zellen wird durch IgG-Rezeptoren (Fc-Rezeptor) und Rezeptoren für die Hauptfragmente des Komplementfaktors C3 vermittelt.

- Mikroglia im Gehirn
- mehrkernige Riesenzelle in Granulomen (Langhanssche Riesenzellen z. B. bei Tuberkulose, Listeriose oder Yersiniose).

Monozyten stellen keine einheitliche Population dar, es herrscht Heterogenität hinsichtlich der Zelldichte, Größe, Morphe und der Oberflächenantigene.

Die Phagozytose durch Monozyten/Makrophagen wird durch Opsonine gefördert.

Monozyten/Makrophagen sind bei der Elimination von intrazellulären Erregern besonders wichtig. Gleichzeitig können sie bei fehlender Abtötung ein Erregerreservoir darstellen.

Ruhende Makrophagen werden durch IFN-gamma (von T-Zellen) stimuliert.

Gleichzeitig fördert der „tumor necrosis factor" (TNF) die weitere Aktivierung.

Wesentliche Funktionen des Systems:

⇦

Ein völliges Fehlen von Makrophagen ist nicht mit dem Leben vereinbar, Fehlfunktionen prädisponieren für Infektionen.

Das Monozyten-Makrophagen-System steht am Anfang und am Ende der Immunantwort. Am Beginn einer Infektion gelingt es den Makrophagen meist nicht, das infektiöse Agens zu eliminieren. Wesentlich ist die Verarbeitung und Präsentation von Antigen gegenüber Lymphozyten für die Entstehung einer spezifischen Immunantwort. Teile des Antigens werden zusammen mit dem zelleigenen Ia-Antigen (Klasse II MHC-Antigen) auf der Zelloberfläche präsentiert und nur in dieser Kombination von Lymphozyten erkannt. Monozyten sammeln sozusagen die Antigene an einem Ort mit hoher Konzentration von T- und B-Zellen. Am Ende der Immunantwort kooperiert das System mit Antikörpern und zytotoxischen T-Zellen, um nun die Erreger effektiv abzutöten.

Offensichtlich ist ein völliges Fehlen von Makrophagen nicht mit dem Leben vereinbar, da noch keine Person ohne diese Zellen beschrieben wurde. *Neugeborene*, Patienten mit Kortikoidtherapie oder anderer *immunsuppressiver Therapie*, Patienten mit *Diabetes mellitus*, mit *Verbrennungen* und *AIDS* haben Makrophagen, deren Migrationsvermögen eingeschränkt ist. Diese **Fehlfunktion** trägt wahrscheinlich zur Prädisposition für Infektionen bei, zudem andere Defekte der körpereigenen Abwehr bei diesen Personen bestehen (z. B. Unterbrechung der Kontinuität der Haut durch i. v. Katheter oder Intubation). Eine Verminderung der Phagozytose wird bei *Monozytenleukämie, systemischem Lupus erythematodes* und angeborenem Mangel an Rezeptoren für Produkte des C3-Komplementfaktors beobachtet. Fehlende intrazelluläre Abtötung bei Patienten mit *chronisch granulomatösen Erkrankungen* prädisponiert zu subkutanen Abszessen, ebenso in Organen mit vielen Zellen des Monozyten-Makrophagensystems (Leber, Lunge, Milz und Lymphknoten). Dieser Defekt wird auch wieder bei Kortikoidtherapie, viralen Infektionen und in der Neugeborenenperiode beobachtet. Darüber hinaus bilden Neugeborene in verringertem Maß Fibronektin, C3 und Komplementfaktor B. Zusätzlich ist die Produktion von Interferon-γ in Lymphozyten eingeschränkt, was sekundär zu einer verminderten Aktivierung der Monozyten führt. Neueste Untersuchungen haben bei Patienten mit *Urämie* und *Dialysepflicht* eine veränderte Funktion der Fc-Rezeptoren gezeigt, was für die hohe Prävalenz von Infektionen bei diesen Patienten mit verantwortlich sein kann. Persistierende intrazelluläre Infektionen einschließlich *Leishmaniose, lepromatöser Lepra* oder *Tuberkulose* führen wiederum zu einer durch Prostaglandine unterdrückten Freisetzung von Interferon-γ durch Lymphozyten.

1.8 T-Lymphozyten

T-Lymphozyten

nehmen zentrale Stellung ein:
- sie sind zusammen mit MHC-Antigenen wesentlich für die Unterscheidung **körpereigen – körperfremd;**
- sie erkennen ein Antigen als intrazellulär oder extrazellulär;
- sie erkennen Antigene in Assoziation mit einem membrangebundenen Antigen des MHC-Komplexes = duale Erkennung.

T-Lymphozyten nehmen innerhalb des Immunsystems eine zentrale Stellung ein. Sie sind wesentlich für die Unterscheidung zwischen **körpereigen** und **körperfremd**, die Erkennung, ob ein Antigen **intrazellulär** oder **extrazellulär** liegt und die Entscheidung, welcher **Immunglobulin-Isotyp** bei extrazellulären Erregern deren Elimination am wirkungsvollsten unterstützt. T-Lymphozyten können ein Antigen nur in Assoziation mit einem membrangebundenen Antigen des MHC-Komplexes erkennen. Diese **duale Erkennung** ist für die Aktivierung der verschiedenen T-Zellinien wesentlich. Immunregulatorische T-Zellen [T_4-Helferzellen (T^H-Zellen) und T8-Suppressorzellen (T^S-Zellen)] beeinflussen die Interaktion zwischen T-Zellen, B-Zellen und Makrophagen. Zytotoxische T-Zellen [T_8-zytotoxische Zellen (T^C)] lysieren Zielzellen, beispielsweise Tumor- oder mit einem Virus infizierte Zellen. Theoretische Überlegungen haben zu der Annahme geführt, daß noch eine weitere – allerdings bis heute noch nicht nachgewiesene – T-Zellart existiert, die beispielsweise als T^D-Zelle bezeichnet werden kann und vor allem die zelluläre Abwehr aktivieren soll. Die Abb. 1-4 gibt eine Übersicht über alle T-Zellarten und ihre Funktionen.

Der T-Zellrezeptor besteht aus 5 Untereinheiten: Tiα, Tiβ, T3γ, T3δ und T3ε.

T-Zellrezeptoren finden sich auf über 95% der T-Zellen. Dieser besteht aus 5 Untereinheiten: Tiα, Tiβ, T3γ, T3δ und T3ε. Tiα und Tiβ sind über Disulfidbrücken verbunden und enthalten sowohl variable als auch konstante Regionen, beide Moleküle repräsentieren eine Bindungsstelle für Antigen und

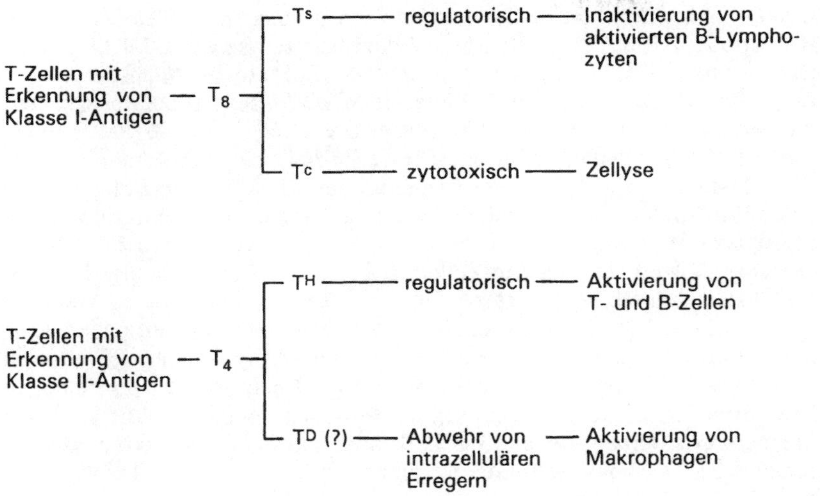

Abb. 1-4: Übersicht über T-Zellarten und ihre Funktion

MHC-Antigen. T-Untereinheiten übernehmen eine zelluläre Signalfunktion, der prinzipielle Aufbau entspricht z. B. dem des Insulinrezeptors. Neben den Tiα-β- Rezeptoren existieren noch Tiγ-δ-Rezeptoren auf IL-2-abhängigen Zellinien. Diese T3 + Tγ-δ-Zellen stellen aber nur einen kleinen Teil der Lymphozyten dar und besitzen eine natural-killer-cell-ähnliche Aktivität.

Während der Ontogenese erscheint auf der T-Zelle zuerst das schaferythrozytenbindende Protein T11 und danach T3-Moleküle (beim Menschen CD3; CD = cluster of differentiation). Die Zellinie teilt sich dann durch einen noch nicht geklärten Mechanismus (hier spielt der Thymus wahrscheinlich eine wesentliche Rolle) in **zwei Subpopulationen** auf: $T_1/T_3/T_4$-Zellen (Phänotyp CD4) als T^H- und T^D-Zellen und $T_1/T_3/T_8$-Zellen (Phänotyp CD8) als T^S- und T^C-Zellen. Die Population der peripheren T-Lymphozyten besteht etwa zu zwei Dritteln aus T3+T4-Zellen und zu einem Drittel aus T3+T8-Zellen, nur ein kleiner Teil besitzt kein T4 oder T8. Diese Zellen entsprechen den T3+γ-δ-Zellen.

Die T-Zellen (CD3) teilen sich in zwei große Subpopulationen etwa im Verhältnis ⅓ zu ⅔ auf. Der größere Teil mit CD4-Antigen sind T^H und T^D(?)-Zellen, der kleinere mit CD8-Antigen T^S- und T^C-Zellen.

T4-Glykoproteine binden an Klasse II-MHC-Antigene, T8 an Klasse I-MHC-Antigene. Die Interaktion von T-Zellen mit antigentragenden Zellen unterliegt der sog. MCH-Restriktion. T_4-Zellen können sich nur an Zellen mit Klasse II-Antigenen anlagern, d. h. über den Ti-Rezeptor zur Erkennung von Fremdantigen und MHC-Antigen und zusätzlich über das T_4-Antigen an das MHC-Molekül. Auch die T_8-Zellen unterliegen der MHC-Restriktion, hier müssen die Zielzellen aber das Klasse I-MHC-Antigen tragen. Besondere Bedeutung hat das T4-Molekül dadurch erlangt, daß es auch als Rezeptor für das HIV dienen kann, was den Tropismus dieses Virus gut erklärt.

T_4-Zellen können sich nur an Zellen mit Klasse II-Antigen über den Ti-Rezeptor anlagern, hierdurch Erkennung von Fremdantigen und MHC-Antigen, zusätzlich über T_4-Antigen an das MHC-Molekül der Zielzelle.
Zielzellen für T_8-Zellen müssen das Klasse I-MHC-Antigen tragen.

Die Ti-Untereinheiten sind ähnlich wie die Immunglobuline aufgebaut. Auch die Diversität der T-Zellrezeptoren, d. h. der V-Regionen, läuft über eine Rekombination von V-, J- und D-Genen ab, während die konstante Region über ein C-Gen kodiert wird. Die Rekombination von Tiα und Tiβ findet während der Ontogenese ausschließlich im Thymus statt. Der **Thymus** scheint für die Entwicklung immunologischer Mechanismen von wesentlicher Bedeutung zu sein. Wird einer neugeborenen Maus der Thymus entfernt, so verliert diese die Fähigkeit der verzögerten Hypersensibilität oder der Transplantatabstoßung. Die Zahl der Lymphozyten in Blut, Lymphe, Milz und in den Lymphknoten ist stark reduziert. Wird dagegen bei erwachsenen Mäusen der Thymus entfernt, bleiben die Veränderungen praktisch aus. Beim Menschen sind einige seltene angeborene Störungen dieser Art bekannt. Beim *Di-George-Syndrom*, einer Thymusdysplasie, ist die T-Zellfunktion gestört, was zu einer sehr stark erhöhten Infektionsrate durch Viren führt. Ein anderes Beispiel der Thymusdysplasie liegt beim *SCID-Syndrom (severe combined immunodeficiency)* vor. Gleichzeitig mit der T-Zelldysfunktion ist die Funktion der B-Zellen verändert. Kinder mit dieser Erkrankung sterben meist vor dem dritten Lebensjahr.

Ti-Untereinheiten sind ähnlich wie Immunglobuline aufgebaut, jedoch im Gegensatz dazu fest in der Zellwand verankert.

Der Thymus übernimmt eine wesentliche Rolle bei der Entwicklung der T-Zellen → gestörte T-Zellfunktionen bei Thymusdysplasie

Die T-Zellproliferation ist das Ergebnis eines Zusammenspiels von T3-Ti, IL-2 und IL-2-Rezeptor.

Die **T-Zellproliferation** ist das Ergebnis eines Zusammenspiels von T3-Ti, IL-2 und IL-2-Rezeptor. Ruhende T-Zellen besitzen keine IL-2-Rezeptoren, jedoch eine große Anzahl von MHC-Antigen-Rezeptoren. Nach der Triggerung durch Fremdantigen und Klasse II-MHC-Antigen (Makrophage) vermindert sich die Anzahl der Antigenrezeptoren, und innerhalb von Stunden wird der IL-2-Rezeptor induziert. Dieser Prozeß wird wahrscheinlich über den T11-Rezeptor gesteuert, der wiederum den Einstrom von Kalzium über einen Kalziumkanal beeinflußt, da letztendlich die Ca-Konzentration für die Induktion des IL-2-Gens in den T4/T8-Zellen verantwortlich scheint. Gleichzeitig wird IL-2 aus den Zellen freigesetzt und bindet an die IL-2-Rezeptoren, hierdurch kommt es zur DNA-Synthese und zur Mitose. Geht die Antigenstimulation zurück, werden T3-Ti-Rezeptoren reexprimiert, und die Zahl der IL-2-Rezeptoren vermindert sich. Für den gesamten Aktivierungsvorgang ist IL-1 von Makrophagen notwendig. Nach neueren Forschungen kann diese Rolle auch von dem sog. **Endotoxin-assoziierten Protein** (EAP) übernommen werden, welches wie IL-1 direkt auf T-Zellen wirkt, zusätzlich fungiert EAP als colony stimulating factor (CSF). Ein weiterer Aktivierungsprozeß läuft über das schaferythrozytenbindende Protein ab. Dieser Vorgang ist in seinen Einzelheiten noch nicht aufgeklärt, doch ist er von Antigen und MHC-Komplex unabhängig.

Bei der Aktivierung von Lymphozyten durch IL-2 entwickeln sich auch T^C-Zellen. Interferone (IFN) können diesen Vorgang auch indirekt über Makrophagen und IL-1 verstärken. Gleichzeitig bilden diese Zellen auch IFN-α und IFN-γ, was wiederum zu einer Amplifikation der Immunantwort führt.

Regulation der Immunantwort bei extrazellulären und intrazellulären Erregern

Bei intrazellulär liegenden Erregern unterdrücken T^S-Zellen die Aktivität von B-Zellen, was eine höhere Effektivität von T^C-Zellen zur Folge hat.

1.8.1 Regulation der Immunantwort bei extrazellulären und intrazellulären Erregern

Die Effektoren der Immunantwort sind bei extra- und intrazellulären Erregern unterschiedlich, d. h. Immunglobuline durch B-Zellen sind bei der Abwehr von extrazellulären Erregern wesentlich, während T^C-Zellen intrazelluläre Keime abtöten. Wird an der Zelloberfläche Antigen intrazellulärer Erreger zusammen mit Klasse I-Antigen (auf allen Zellen) präsentiert, entsteht eine Konkurrenz um die Bindung an das Antigen zwischen Immunglobulinen (Wirkung ineffektiv) und T^C-Zellen (Wirkung effektiv). Da die Zahl der Immunglobulinmoleküle die der T^C-Zellen weit übersteigt, muß ein **Regulationsmechanismus** existieren, der die Immunglobulinproduktion temporär unterdrückt, um T^C-Zellen effektiv an infizierte Zellen zu binden. Hier greifen T^S-Zellen ein, die ein Proliferationssignal beim Zusammentreffen mit zellgebundenem Antigen und Klasse I-Antigen erhalten und die dann die Aktivität von T^H-Zellen überspielen. Aktivierte T^S-Zellen inaktivieren B-Zellen, die Immunglobulinsyntheserate geht zurück, und aktivierte T^C-Zellen werden bei der Anlagerung an Zellen mit Fremdantigen nicht mehr durch Immunglobuline blockiert; die infizierte Zelle wird lysiert. Während des Endstadiums der zellvermittelten Immunantwort werden wieder Antigene freigesetzt, diese wieder an Immunglobuline und Makrophagen gebunden, die Aktivität der T^H-Zellen steigt an und die der T^S-Zellen nimmt ab, da auch der Stimulus (Fremdantigen und Klasse I-Antigen) durch eine erfolgreiche Zellyse ausbleibt. So ist zu erklären, daß auch bei intrazellulären Erregern spezifische Antikörper bei den Patienten nachzuweisen sind.

Liegt das Antigen extrazellulär, bindet dies über Immunglobuline an Makrophagen mit Klasse I- und Klasse II-Antigenen, T^H-Zellen werden weiter aktiviert und die Immunglobulinproduktion durch B-Zellen gefördert.

Rolle der T-Zellen und der MHC-Gene bei der Transplantatabstoßung

Wesentlich für den Erfolg einer Transplantation ist die gute Übereinstimmung der MHC-Antigene von Spender und Empfänger, um eine Aktivierung der T-Zellen zu vermeiden.

1.8.2 Rolle der T-Zellen und der MHC-Gene bei der Transplantatabstoßung

Bei der Transplantatabstoßung *(Wirt-gegen-Transplantat-Reaktion)* sind sowohl **Helfer-** als auch **zytotoxische T-Zellen** von Bedeutung. Eine zytotoxische Antwort des Empfängerorganismus bei unterschiedlichen Klasse I-Antigenen von Spender und Empfänger entsteht dadurch, daß Klasse I-Antigene

des Spenders zusammen mit Klasse II-Antigenen des Empfängers auf antigenpräsentierenden Zellen erscheinen, was zur T^H-Zellaktivierung und anschließender Aktivierung zytotoxischer T-Zellen führt. Andererseits kann eine Subpopulation der zytotoxischen T-Zellen unabhängig von Helfer-T-Zellen mit Klasse I-Antigenen der Spenderzellen reagieren. Klasse II-Antigene des Spenders können mit T4-Zellen reagieren, diese geben IL-2 und Interferon-γ ab. Interleukin-2 stimuliert dann T_8-Zellen, die gegen Klasse I-Antigene von Spenderzellen gerichtet sind.
Bei der Übertragung großer Mengen von lebenden Spenderleukozyten bei fehlenden Leukozyten des Empfängers, z. B. nach Bestrahlung des Knochenmarks vor Knochenmarktransplantation, kann sich eine *Transplantat-gegen-Wirt-Reaktion* („graft versus host reaction") mit schweren Krankheitszeichen beim Empfänger entwickeln. Wesentlich für den Erfolg einer Transplantation ist daher die gute Übereinstimmung der **MHC-Antigene** von Spender und Empfänger. Durch die Unterdrückung der Immunantwort des Empfängers läßt sich die Annahme des Transplantats weiter verbessern. Bei einer unspezifischen Immunsuppression ist dann die gesamte Immunabwehr geschwächt, was zu einer Häufung lebensbedrohlicher Infektionen führen kann. Eingesetzt werden *Azathioprin, Prednison* und mit großem Erfolg *Cyclosporin A.* Eine wesentliche Wirkung der Kortikoidgabe beruht auf der verminderten Migration von Monozyten/Makrophagen aus dem Knochenmark, einer Verminderung der Enzymsynthese und der reduzierten Freisetzung von IL-1. Der Effekt von Cyclosporin A auf die Immunantwort ist ebenfalls komplex, da Cyclosporin A die Synthese von IL-2 durch T_4-Zellen unterdrückt. Neuere Forschungen haben Wege gezeigt, die Antigenität des Spendergewebes zu verändern oder über eine Modifikation der Immunantwort über Antiidiotypen gegen Rezeptoren für MHC-Antigene die Annahme des Gewebes zu verbessern. Zur Vermeidung der bei Knochenmarktransplantationen so gefürchteten „graft versus host reaction" können über monoklonale anti-T-Zellantikörper die reifen T-Zellen des Spenders entfernt werden.

Es werden 2 Formen der Transplantatabstoßung unterschieden:
- Wirt-gegen-Transplantat (host versus graft) und
- Transplantat-gegen-Wirt (graft versus host).

1.9 B-Lymphozyten

B-Lymphozyten produzieren **Immunglobuline** gegen Protein- und Kohlenhydratantigene von Mikroorganismen, Toxine und andere Substanzen. Es werden neun verschiedene Immunglobulinisotypen unterschieden: IgM, IgG_1 bis IgG_4, IgA_1 und IgA_2, IgE sowie IgD. Der Aufbau der Immunglobuline ist prinzipiell bei jedem Isotyp gleich: das Molekül setzt sich aus zwei schweren und zwei leichten Ketten zusammen, und es können zwei funktionelle Teile unterschieden werden. Durch proteolytische Spaltung entstehen je nach Enzym der Fc-Teil *(crystallizable = kristallisierbar)* als Ligand für Rezeptoren auf Zelloberflächen und Bindungsstelle für Komplement sowie der Fab-Teil *(antigenbindendes Fragment)* als $F(ab)_2$ mit 2 Bindungsstellen und $F(ab)_1$ mit einer Bindungsstelle.
Die Ketten werden als L (leicht) und H (heavy, schwer) bezeichnet. L-Ketten setzen sich aus etwa 200 Aminosäuren, H-Ketten aus 500–750 Aminosäuren zusammen. Im Fab-Teil sind die vollständigen L-Ketten und etwa 200 Aminosäuren der H-Kette enthalten, im Fc-Teil die übrigen Aminosäuren der H-Kette. Der Isotyp des Immunglobulins wird durch die H-Kette determiniert. Bei den L-Ketten lassen sich kappa- und lambda-Ketten unterscheiden. Biologisch aktiv sind nur Dimere aus L- und H-Ketten. Die Antigenbindungsstellen setzen sich aus Teilen je einer L- und H-Kette zusammen, dieser Teil des Moleküls wird als V-Region bezeichnet. Die V-Region wiederum besteht aus FW-Teilen (konstant) und CD-Teilen (Antigenbindungsstellen mit hoher Variabilität).

B-Lymphozyten

produzieren Immunglobuline, 9 verschiedene Immunglobulinisotypen sind bekannt:
- IgM,
- IgG_1 bis IgG_4,
- IgA_1 und IgA_2,
- IgE sowie
- IgD.

Ein Immunglobulinmolekül setzt sich aus zwei schweren (H) und zwei leichten Ketten (L) zusammen.
Durch eine proteolytische Spaltung kann das Molekül in zwei Teile zerlegt werden:
- Fab-Teil aus vollständigen L-Ketten und einem Teil der H-Ketten mit Antigenbindungsstellen;
- Fc-Teil aus den restlichen H-Ketten als Ligand für Rezeptoren und Bindungsstelle für Komplement.

Die Antigenbindungsstellen setzen sich aus Teilen je einer L- und H-Kette zusammen und bilden die variable (V) Region.

1.9.1 Genetik

Zwei Entwicklungsphasen können bei Zellen der B-Zellinie unterschieden werden: eine **antigenunabhängige Phase** (Prä-B-Zelle zum reifen B-Lymphozyten) und eine **antigenabhängige Phase** (B-Lymphozyt zur immunglo-

Genetik

In der Entwicklung von B-Zellen können zwei Phasen unterschieden werden:

- antigenunabhängig von der hämatopoetischen Stammzelle bis zum B-Lymphozyten und
- antigenabhängig vom B-Lymphozyten zur spezifischen Plasmazelle.

Während der Differenzierung zur B-Zelle findet eine Reihe von Translokationen statt, welche die Antigenspezifität der V-Region determinieren.

Alle Nachkommen einer B-Zelle im Rahmen einer polyklonalen Proliferation synthetisieren Immunglobuline einer Spezifität.

Durch die Variabilität der V-Region können etwa 10^5 bis 10^7 verschiedene Antigene erkannt werden.

Punktmutationen der DNA während der B-Zellteilung schaffen die Möglichkeit einer Selektion von Zellen mit hoher Affinität des Rezeptors zum Antigen.

Komplexe Antigene werden in ihre Bruchstücke (Epitope) zerlegt, d. h. komplexe Strukturen in einfachere überführt.
Damit wird die notwendige Zahl unterschiedlicher V-Regionen begrenzt.
Aktivierte B-Zellen, die in das Ruhestadium zurückgekehrt sind, werden Gedächtniszellen genannt und üben eine Kontrollfunktion bei Reinfektionen aus.

bulinproduzierenden spezifischen Plasmazelle). Die erste Phase beginnt mit dem Eintritt der pluripotenten hämatopoetischen Stammzelle des Knochenmarks in den B-Zell-Weg und endet mit dem B-Lymphozyten, d. h. mit Zellen, welche an ihrer Oberfläche IgM-Antikörper exprimieren. Zwei sich ergänzende biologische Vorgänge sind zur Entstehung großer und in ihrer Antigenspezifität (nicht im Isotyp!) unterschiedlicher B-Zellpopulationen wesentlich: 1. Translokation der Gene für die variable Region des Antikörpers, 2. polyklonale Proliferation.

Normalerweise beschreibt der Begriff Gen einen DNA-Abschnitt, welcher ein Protein kodiert. Zum Aufbau eines Immunglobulins werden aber verschiedene DNA-Segmente (z. B. V, J, D) benötigt, um ein Gen aufzubauen. Diese Teile werden als **Exon** und nicht als **Gen** bezeichnet. Während der Differenzierung zur B-Zelle findet eine Reihe von Translokationen der Exone [Chromosomen 14 (schwere Kette), 2 (kappa-Kette, leicht) und 22 (lambda-Kette, leicht)] statt, welche die V-Region der Antikörper kodieren. In einer ersten Rekombination werden bei der schweren Kette ein oder mehrere D-Exone *(diversity)* der schweren Kette (D_H) in die Nähe eines J_H-Exons *(joining)* unter Entfernung der dazwischenliegenden DNA transponiert. In einer zweiten Rekombination wird mit einem Exon des V_H-Gens (variable) ein $V_HD_HJ_H$-Set für die schwere Kette gebildet. Zusammen mit dem C-Exon entsteht für diese Zelle die endgültige Sequenz für die m-RNA, wobei über verschiedene C-Exone der Isotyp determiniert wird. Dieser Vorgang läuft in der Zelle für die leichte Kette prinzipiell gleich ab, d. h. es entsteht hier ein V_LJ_LC-Set (D fehlt bei leichten Ketten). Das C-Exon beeinflußt, ob eine lambda- oder kappa-Kette synthetisiert wird. Wenn also z. B. in einer B-Zelle $V_{H230}D_3J_{H2}$ und $V_{L432}J_{L1}$ entstand, so werden in allen von dieser Zelle stammenden Nachkommen im Rahmen der polyklonalen Proliferation Antikörper mit dieser Spezifität gebildet.

Für die V-Region der schweren Ketten existieren drei Genorte – V_H, D_H und J_H – und für die der leichten Ketten zwei – V_L und J_L. Geschätzt wird die Zahl der Exone des V_H-Gens auf etwa 100 bis 1 000, bei D_H auf etwa 10, sowie auf 4 bei J_H. Von dem V_L-Exon sind ca. 200 und vom J_L 6 bekannt. Die verschiedenen Exone entstanden offensichtlich durch Duplikation und anschließende Mutation. Hierdurch ist die enorme Variabilität der V-Regionen mit etwa 5×10^7 Möglichkeiten verständlich. Andere Schätzungen gehen von einer niedrigeren Zahl von ca. 10^5 aus. Jede einzelne B-Zelle bildet – bedingt über Translokationsprozesse während ihrer Entwicklung – Antikörper mit genetisch determinierten V-Regionen, d. h. es kann die Regel **„eine Zelle – ein Antigen"** postuliert werden. Nach der Auswanderung der B-Zellen aus dem Knochenmark in die Lymphknoten, in die Milz und in andere Organe wird früher oder später eine Begegnung mit dem passenden Antigen stattfinden. Dieses Antigen wird häufig nur eine geringe Affinität besitzen, weshalb ein zweiter Mechanismus zur Erhöhung der Affinität existiert. Dieser entspricht einer Punktmutation in der DNA. Normalerweise sind Punktmutationen einer Stelle der DNA während der Zellteilung sehr selten (Frequenz etwa 10^{-8} bis 10^{-9}). Mutationen aktivierter B-Zellen sind dagegen mit einer Frequenz von 10^{-3} bis 10^{-4} wesentlich häufiger. Hierdurch entsteht die Möglichkeit der Selektion von Zellen mit sehr viel höherer Affinität des Rezeptors zum Antigen. B-Lymphozyten eines jeden Klones können unter dem Einfluß von Interleukinen die Produktion von IgM-Isotypen in die der anderen Isotypen (unterschiedliche schwere Ketten) ändern, hierdurch bleibt aber die Antigenspezifität (es wird nur das C-Exon geändert) erhalten. Reife B-Zellen exprimieren an ihrer Oberfläche sowohl IgM- als auch IgD-Antikörper.

Dem Bestand an möglichen Variationen von etwa 10^5 bis 10^7 stehen schätzungsweise 10^{20} bis 10^{43} verschiedene Antigene gegenüber. Komplexe Antigene werden daher wahrscheinlich in kleinere Bruchstücke, **Epitope**, zerlegt, die dann wiederum etwa der Zahl der möglichen Varianten entspricht.

Kehren aktivierte B-Zellen in das Ruhestadium (G_0) zurück, so werden diese *Gedächtniszellen* genannt. Auf diese Weise kommt es zu einer Kontrollfunktion über viele Monate und Jahre hinweg, d. h. bei einer Reinfektion treffen auf diese Weise immunkompetente Zellen sehr früh mit dem Antigen zusammen und können schnell zu einer antigenspezifischen Immunantwort aktiviert werden. Da einige antikörperbildende Zellen über Monate oder auch Jahre hinweg persistieren können, sind während dieses Zeitraumes Antikörper nachweisbar. Bei einer Reinfektion kommt es noch vor den klinischen Symptomen zu einem Anstieg der Antikörpertiter *(Booster-Effekt)*.

Die Produktion der Isotypen durch die B-Zellen ist nicht willkürlich, sondern unterliegt einer Steuerung durch **Interleukine** (IL-4 und IL-5). Eine frühe Immunantwort wird durch **IgM** vermittelt, welches sehr potent in der Aktivierung der Komplementkaskadenproenzyme ist, die in aktivierter Form die Phagozytose und die Abtötung von Mikroorganismen fördern. Das IgM-Molekül besteht aus fünf identischen Immunglobulindimeren und besitzt damit zehn Antigenbindungsstellen. IgM befindet sich hauptsächlich im Intravaskulärraum. Dagegen diffundiert IgG, welches den überwiegenden Teil der Immunglobuline bildet, in alle Gewebe und Flüssigkeiten des Körpers. Einzige und wesentliche Ausnahme hiervon ist das **Zentralnervensystem.** Wichtig ist auch, daß IgG über einen aktiven Transportvorgang die Plazentarschranke überwinden kann, d. h. der Schutz des Neugeborenen vor Infektionen erfolgt hauptsächlich über maternale Antikörper. Die Beurteilung der Antikörpertiter zur indirekten Krankheitsdiagnose bei Neugeborenen (z. B. bei Verdacht auf konnatale Toxoplasmose) bedarf daher besonderer Beurteilungskriterien und muß die Titerhöhen und deren Dynamik bei Mutter und Kind berücksichtigen. Die Antikörperantwort gegen Polysaccharidantigene geschieht hauptsächlich über die IgG_2-Subklasse, während Proteine eine IgG_1- und IgG_3-Antwort hervorrufen. Besonders IgG_1- und IgG_3-Antikörper binden an Fc-Rezeptoren phagozytierender Zellen, hierdurch kommt es zusammen mit einer Komplementaktivierung zu einer Förderung der Phagozytose.

IgA wird selektiv durch Schleimhäute transportiert und bietet neben den phagozytierenden Zellen einen Schutz des Körpers gegen eine Invasion von Erregern im Respirations- bzw. Darmtrakt. Die IgA-Systeme in Serum und auf Schleimhäuten scheinen hinsichtlich der molekularen Eigenschaften des IgA, der Verteilung der beiden Isotypen sowie der Funktionen unterschiedlich zu sein. Serum-IgA liegt als $(LH)_2$ mit einem Überwiegen von IgA_1 vor, während beim Schleimhaut-IgA (S-IgA) die beiden $(LH)_2$-Einheiten über eine Disulfid-Brücke verbunden sind. An dieses Molekül wird beim Transport durch die Epithelzelle ein sekretorisches Peptid angelagert. Neuere Untersuchungen deuten darauf hin, daß z. B. auf nasopharyngealen Schleimhäuten IgA_1 überwiegt. Die biologischen Funktionen von IgA und ihre Abhängigkeit vom Fc-Teil sind sehr vielfältig (s. Tab. 1-1).

Eine entscheidende Rolle spielen Schleimhautantikörper neben zellulären Immunreaktionen bei der Abwehr viraler Infektionen des Respirations- und

Die Produktion der Immunglobulin-Isotypen wird durch Interleukine (IL-4 und IL-5) gesteuert.
IgM erscheint im zeitlichen Ablauf der Immunantwort zuerst, findet sich hauptsächlich im Intravaskulärraum und kann die Blut-Hirn-Schranke sowie die Plazentarschranke nicht überwinden.

IgG findet sich in Geweben und Flüssigkeiten des Körpers.
Das Molekül dringt nicht durch die Blut-Hirn-Schranke, wohl aber über einen aktiven Transportvorgang durch die Plazentarschranke und übernimmt wichtige Funktionen bei der Immunabwehr Neugeborener.

IgA wird selektiv durch Schleimhäute transportiert und bildet eine Schutzbarriere gegen eine Erregerinvasion.

Tab. 1-1: Biologische Funktionen von IgA und ihre Abhängigkeit von der Fc-Region

Funktion	Abhängigkeit vom Fc-Teil
S-IgA	
Inhibition der Adhärenz von Mikroorganismen an Oberflächen durch	
Agglutination	+
Verminderung der Hydrophobie und der negativen Ladung	+
Neutralisierung von Toxinen und Enzymen	–
Inhibition der Antigenpenetration durch Schleimhäute	+
Opsonierung für Neutrophile und Makrophagen	+
Vermittlung bakterizider Aktivität durch Monozyten	+
antikörperabhängige zelluläre Zytotoxizität	+
Serum-IgA	
antientzündliche Aktivität	
Blockade der IgG, IgM und IgE vermittelten Reaktionen: Chemotaxis, Phagozytose, Anaphylaxie, Arthus-Reaktion	+
hepatobiliäre Elimination von Immunkomplexen	+
Vermittlung bakterizider Aktivität durch Monozyten	+
antikörperabhängige zelluläre Zytotoxizität	+

Für eine effektive Abwehrfunktion ist die Integrität des S-IgA erforderlich. Bestimmte Erreger produzieren IgA-Proteasen, welche das Molekül spalten und damit unwirksam machen können. Durch diesen proteolytischen Abbau können die Erreger Schleimhäute besiedeln und invasiv werden.

IgE übernimmt wichtige Funktionen bei der Abwehr von Parasiten und ist beim anaphylaktischen Typ der Hypersensibilität in der Pathogenese wesentlich.

Antigen wird über Immunglobuline an B-Zellen gebunden und zusammen mit Klasse II-MHC-Antigen T-Zellen präsentiert. Dies fördert über Interleukine Proliferation und Differenzierung von B-Zellen.

des Darmtraktes. Auch andere lösliche Antigene im Darm, einschließlich bakterieller Antigene, binden an S-IgA unter der Bildung makromolekularer Komplexe, welche aus dem Darm entfernt werden. Beide Formen des IgA können wie IgG und IgM die Komplementkaskade aktivieren. Dies geschieht entweder über den „alternative pathway" oder auf dem klassischen Weg, allerdings scheint dann die Aktivierung der Komplementkaskade unvollständig zu sein. Ein synergistischer bakteriostatischer Effekt kommt durch IgA-Antikörper gegen eisenbindende Moleküle auf Bakterienoberflächen zusammen mit ungesättigtem Laktoferrin zustande. Um alle Abwehrfunktionen auf Schleimhäuten aufrecht zu erhalten, muß die Integrität des S-IgA erhalten bleiben. Zwar ist das S-IgA resistenter als andere Immunglobuline gegen gewöhnliche mikrobielle und intestinale Enzyme, doch gibt es eine Reihe von Erregern, welche spezielle IgA-Proteasen besitzen. Hierzu gehören die drei wichtigsten Erreger **bakterieller Meningitiden,** *Haemophilus influenzae, Neisseria meningitidis* und *Streptococcus pneumoniae.* Eine IgA-Proteaseaktivität wird auch bei *Neisseria gonorrhoeae* und *Ureaplasma urealyticum* gefunden. Von großer medizinischer Bedeutung ist auch, daß bei dentalmedizinisch wichtigen Erregern [*Streptococcus sanguis* und *Streptococcus mitior*, verantwortlich für die initiale Plaqueformation auf den Zähnen, und bei gramnegativen anaeroben Stäbchenbakterien (z. B. *Bacteroides spp.*) bei Parodontitis] dieses Enzym nachgewiesen werden kann. Frische Isolate aus Darminhalt und bei Harnwegsinfektionen von Spezies der Familie Enterobacteriaceae besitzen diese Eigenschaft ebenfalls. Durch den proteolytischen Abbau des IgA können Erreger Schleimhäute besiedeln und in sie penetrieren. Die Fab-Teile behalten ihre volle Kapazität an Antigene zu binden, da aber der Fc-Teil fehlt, bleibt eine Agglutination sowie eine Adhärenz an Zellen aus. Diese an Oberflächenantigene gebundenen Fab-Fragmente schützen die Erreger durch eine Blockade vor dem Einfluß von intakten Antikörpern bzw. immunkompetenten Zellen.

IgE-Antikörper (Serum) triggern eosinophile und basophile Granulozyten sowie Mastzellen über Oberflächenrezeptoren, wobei es zur Freisetzung von Histamin und anderen Enzymen kommt, was besonders bei der Abwehr von Parasiten wichtig ist. Auf die Bedeutung des IgE beim anaphylaktischen Typ der Hypersensibilität soll hier nur hingewiesen werden, eine genauere Darstellung findet sich im entsprechenden Kapitel 1.11.1. Die Rolle der IgD-Antikörper ist allerdings noch weitgehend ungeklärt. Die Tab. 1-2 bietet eine Zusammenfassung der Eigenschaften der Immunglobulinklassen.

Eine Aktivierung der B-Zellen findet durch Bindung von Antigen an die Oberflächenimmunglobuline, die durch eine zusätzliche Aminosäuresequenz in der Membran verankert sind, statt. Die Antigenfragmente werden an der B-Zelloberfläche zusammen mit einem Klasse II MHC-Antigen präsentiert. Der Antigen-MHC-Antigenkomplex kann durch T-Zellen erkannt werden, welche wiederum über T-Zellfaktoren die Proliferation und Differenzierung

Tab. 1-2: Zusammenfassung der Eigenschaften der Immunglobulinklassen

Isotyp	IgM	IgG	IgA	IgE	IgD
MG schwere Ketten	70 000 d	50 000 d	55 000 d	70 000 d	65 000 d
Bezeichnung der schweren Ketten	μ	γ	α	ε	δ
MG leichte Ketten		20 000 d			
Bezeichnung der leichten Ketten		kappa **oder** lambda			
MG Molekül gesamt	900 000 d	150 000 d	160 000 d (360 000 d)	190 000 d	180 000 d
Serumkonzentrationen mg/l	0,5–2	8–16	1,4–4,2	0,00004	0,2
HWZ im Serum (d)	5	21	6	2	3
Plazentagängigkeit	–	+	–	–	–
Komplementaktierung					
klassisch	+	+	–	–	–
alternativ			+		

antigenpräsentierender B-Zellen fördern. Die entstehenden Plasmazellen können während der Dauer eines Tages mehrere tausend Antikörper pro Sekunde produzieren. Auf reifen B-Zellen lassen sich Rezeptoren für C3b (und C3d) des Komplementsystems, Interferon, Interleukin-4 (oder BSF, B-cell stimulating factor) finden, nach der Aktivierung zusätzlich solche für IgM, IgE, Transferrin und Interleukin-2. Einige dieser Glykoproteinrezeptoren sind relativ unspezifisch, so kann an den Rezeptor für C3d das *Epstein-Barr-Virus* binden. Dieser Vorgang führt zu einer polyklonalen Aktivierung mit der Entstehung einer „unspezifischen" Antikörperantwort.

Die Entwicklung der B-Zellinie ist vom **Lebensalter** abhängig. Ein Grund hierfür ist der allmähliche Erwerb eines antigeninduzierten Pools von Gedächtniszellen. Darüber hinaus ist die Reifung der B-Zellen an die Reifung der T-Zellen gebunden, welche wiederum durch Makrophagen beeinflußt wird. Obwohl B-Lymphozyten schon vor der Geburt in der Lage sind, sich zu IgM-, IgG-, oder IgA-Plasmazellen zu wandeln, können IgG-und IgA-B-Zellen bei Kindern nicht gut induziert werden, weshalb die IgM-Antikörperantwort in den frühen Lebensphasen überwiegt. IgM-Spiegel entsprechend dem von Erwachsenen werden schon mit einem Jahr erreicht, bei IgG mit fünf bis sieben Jahren und bei IgA erst in der Pubertät (Serumspiegel; auf Schleimhäuten hohe Konzentrationen schon nach vier bis sechs Wochen). Die Antigenantwort gegen verschiedene Antigene wird ebenfalls erst allmählich erworben, so kann eine B-Zellantwort auf Proteinantigene schon beim Neugeborenen induziert werden. Dagegen rufen z. B. Polysaccharid-Vakzinen erst im Alter von etwa zwei Jahren eine ausreichende Antikörperantwort hervor.

Die Entwicklung der B-Zellen ist vom Lebensalter abhängig;
in frühen Lebensphasen überwiegt die IgM-Antwort, höhere IgG-Spiegel werden mit 5–7 Jahren, hohe IgA-Spiegel erst in der Pubertät erreicht.

Die Immunantwort eines Makroorganismus beim **ersten Antigenkontakt** fällt anders als bei wiederholtem Zusammentreffen mit dem gleichen Antigen aus. Dies gilt sowohl für die zelluläre als auch die humorale Immunität. Ein gutes Bild der Funktion des Immunsystems wird durch die Höhe der Immunglobulinspiegel gegeben. Nach der Injektion eines Tieres mit einem löslichen Antigen steigt der Immunglobulinspiegel nach einer Latenzzeit von einer Woche oder mehr langsam auf ein niedriges Maximum an. Während dieser Zeit wird vornehmlich IgM gebildet **(Primärantwort).** Bei der Wiederholung der Antigeninjektion steigen die Antikörper rasch zu hohen Spiegeln an **(Sekundärantwort).** Hierbei handelt es sich in erster Linie um IgG-Antikörper, die nach einem raschen initialen Abfall über längere Zeit persistieren können. Weitere Injektionen führen zu noch höheren Spiegeln, die dann allerdings einem endgültigen Maximum zustreben. Dieses Verhalten ist bei der Immunisierung gegen Krankheitserreger wichtig, da Abstände von weniger als 10 Tagen bei der Antigengabe nicht zum gewünschten Erfolg der maximalen Immunantwort **(Booster)** führt.

Beim ersten Antigenkontakt steigt der Immunglobulinspiegel, vor allem IgM, nach einer Latenzzeit von etwa 7–10 d auf ein niedriges Maximum an (Primärantwort).
Erst bei einem zweiten Antigenkontakt werden rasch hohe Spiegel, vor allem von IgG erreicht (Sekundärantwort).

1.9.2 Idiotypen und Antiidiotypen

Idiotypen und Antiidiotypen

Die dreidimensionale Oberfläche der V-Region von Immunglobulinen besteht aus einer Anzahl von Epitopen (Idiotyp), welche die Produktion von antiidiotypischen Immunglobulinen induzieren können.
Möglicherweise hat das Netzwerk aus Idiotypen und Antiidiotypen eine regulative Aufgabe innerhalb des Immunsystems.

Wird ein Tier (z. B. Kaninchen oder Schaf) mit menschlichen Immunglobulinen immunisiert, so wird dieses mit einer Immunglobulinantwort auch gegen die V-Region des menschlichen Antikörpers antworten. Die vom Tier produzierten Antikörper sind gegen eine Vielzahl von Epitopen des humanen Immunglobulins gerichtet. Die *antigenen Determinanten der V-Region* werden als **Idiotypen** bezeichnet, während die *tierischen Antikörper* gegen die Epitope der V-Region antiidiotypische Antikörper oder **Antiidiotypen** genannt werden. Die dreidimensionale Oberfläche der V-Region besteht aus einer Anzahl von antigenen Determinanten, welche das idiotypische Bild eines Antikörpers bestimmen. Die Gesamtheit der Idiotypen bildet also das **individuelle idiotypische Profil.** Da die Zahl der V-, D- und J-Gene beschränkt ist, können verschiedene Antikörper mit unterschiedlicher Antigenspezifität gleiche Idiotypen besitzen. Es ist also möglich, die V-Region auf zwei Arten zu definieren: durch den Idiotyp (Antigenität) oder durch die Spezifität der Antigenbindung. Bei der sehr großen Vielzahl von unterschiedlichen V-Regionen existieren Antikörper, welche nach dem Schlüssel-Schloß-Prinzip V-Regionen mit einer Spezifität gegen den ersten Idiotypen besitzen. Auf diese Weise entsteht ein Netzwerk von Idiotypen und Antiidiotypen. Wird während einer Immunantwort ein Antikörper 1 (Idiotyp) gebildet, kann dieser an eine B-Zelle des antiidiotypischen B-Zellklones binden und so die Produktion des antiidiotypischen Antikörpers induzieren. Dieser Antikörper stellt eine Art **Autoantikörper** dar und wird auch **Autoantiidiotyp** genannt. Während der Immunantwort können auch Anti-Antiidiotypen gebildet werden. Hier endet allerdings der Kreis, da Anti-Antiidiotypen den Idiotypen sehr ähnlich sind. Dieses **Netzwerk der Idiotypen** und **Antiidiotypen** ist nicht nur auf B-Zellen beschränkt, da es auch zu Interaktionen zwischen B-Zell-Idiotypen und T-Zell-Idiotypen (V-Region der T-Zell-Rezeptoren) kommt. Darüber hinaus besteht die T-Zell-Population aus T_4- und T_8-Zellen, was die Möglichkeiten der Vernetzung und Selbstregulation der Immunantwort über dieses Netzwerk der Idiotypen sehr stark erweitert. Neben diesem regulatorischen Teil hat das Idiotyp-Antiidiotyp-System eine weitere wesentliche Eigenschaft. Ein Beispiel soll dies erläutern: die V-Region des Antikörpers 1 (Idiotyp) ist komplementär zu einer Struktur des immunisierenden Antigens, während der Antiidiotyp (Antikörper 2) wiederum komplementär zum Idiotypen ist. Daher besteht die Möglichkeit, daß der Antiidiotyp dem immunisierenden Antigen ähnelt. Tatsächlich gibt es Beispiele hierfür, so werden gegen Antiinsulinantikörper Antiidiotypen gefunden, die an Insulinrezeptoren binden und sogar die Glykolyse stimulieren können. Ein weiterer Aspekt ist der Einsatz von Antiidiotypen zur Immunisierung. Eine solche Vakzine wäre nicht mehr infektiös, sie könnte in großen Mengen hergestellt werden, eine bessere Stimulierung der T-Zell-Antwort wäre zu erwarten, und schließlich könnten Antiidiotypen hergestellt werden, welche invariablen Antigenen sich stark verändernder Viren (z. B. Influenza-Virus, HIV) entsprechen.

Monoklonale Antikörper

Monoklonale Antikörper entstehen durch eine Zellfusion von Plasmazellen einer mit dem entsprechenden Antigen immunisierten Maus und Maus-Myelomzellen (Hybridome).

Sie sind wichtig zur
- Identifikation von Antigenen,
- Reinigung von Stoffen,
- Typisierung von Blut und Gewebe.

1.9.3 Monoklonale Antikörper

Besondere Aufmerksamkeit wurde in den letzten Jahren der Entwicklung sog. monoklonaler Antikörper geschenkt. Über Zellfusionstechniken können antigenspezifische Antikörper in großen Mengen hergestellt werden. Das Prinzip besteht darin, Plasmazellen aus der Milz einer mit dem entsprechenden Antigen immunisierten Maus mit einer maligne entarteten Zellinie, z. B. Maus-Myelomzellen, zu fusionieren. Die entstehenden langlebigen Hybridome produzieren dann Antikörper mit unterschiedlicher Spezifität, darunter auch solche gegen das immunisierende Antigen. Durch Selektionsvorgänge kann die gewünschte Zellinie dann gefunden und isoliert werden. Monoklonale Antikörper stammen zwar von einem Hybridom, welches identische Immunglobuline synthetisiert. Dies aber bedeutet noch keine Aussage über die Spezifität dieser Immunglobuline, denn monoklonale Antikörper können auch sehr unspezifisch sein. Sie sind (die richtige Spezifität vorausgesetzt) wichtige Werkzeuge bei der Identifikation von bakteriellen und viralen Antigenen, zur Reinigung von Stoffen, z. B. von Interferonen, zur Typisierung von Blut und Gewebe. Eine weitere Möglichkeit besteht in der Zukunft vielleicht auch bei der Therapie maligner Tumore. Besitzen diese spezifische Oberflächenantigene, so können dagegen gerichtete monoklonale Antikörper mit antikanzerogenen Stoffen beladen werden und entfalten so eine nur gegen diese Zellen gerichtete Aktivität.

Natürliche Killerzellen (NK-Zellen)

1.10 Natürliche Killerzellen (natural killer cells)

Ein kleiner Anteil der Lymphozyten gehört weder zu den B- noch zu den T-Zellen. Innerhalb dieser Population finden sich auch sog. *natural killer cells* (NK-Zellen). Diese können als fremd erkannte (z. B. auch maligne entartete Zellen) und mit Viren infizierte Zellen ohne vorherige Sensibilisierung und ohne spezifische Antigenerkennung abtöten. Die Zellabtötung ist von HLA-Antigenen unabhängig. Sie enthalten Granula mit sauren Hydrolasen.

1.10.1 Erkennung von körpereigen und körperfremd

Erkennung von körpereigen und körperfremd

Voraussetzung zur Vermeidung einer Selbstzerstörung durch die eigene Wirtsabwehr ist die Fähigkeit körpereigen und körperfremd unterscheiden zu können. Wichtig ist ein „Lernprozeß“ während der Ontogenese, dessen Grundprinzip möglicherweise in der unterschiedlichen Zeitdauer der Anwesenheit oder Abwesenheit eines Antigens zu suchen ist; körpereigene Antigene sind permanent zugänglich, während körperfremde Antigene immer nur kurze Zeit vorhanden sind. Innerhalb des Immunsystems müssen antigenspezifische Zellen in zwei Zustandsformen überführbar sein: inaktiviert ohne Effektorfunktion (i-Zellen) und aktiviert mit Effektorfunktion (a-Zellen). Treffen i-Zellen auf das ihnen entsprechende Antigen, verläuft ihre Differenzierung zuerst weiter in Richtung Inaktivierung, dies gilt vor allem für i-Zellen mit einer Spezifität gegen körpereigen-Antigene, da diese ja permanent zugänglich sind. Ein gewisser Teil der iT^H-Zellen, die nicht durch körpereigen-Antigene inaktiviert wurden, durchlaufen eine langsame, von Antigenen unabhängige Differenzierung zu a-Zellen, die gegen körperfremd-Antigene gerichtet sind (diese sind nicht anwesend, d. h. fehlende Inaktivierung der T-Zelle). Auf diese Weise bildet sich ein Pool von aT^H-Zellen, die über die assoziative Antigenerkennung iT- und iB-Zellen bei Anwesenheit kurzlebiger Antigene in aktivierte Formen überführen können (Abb. 1-5).

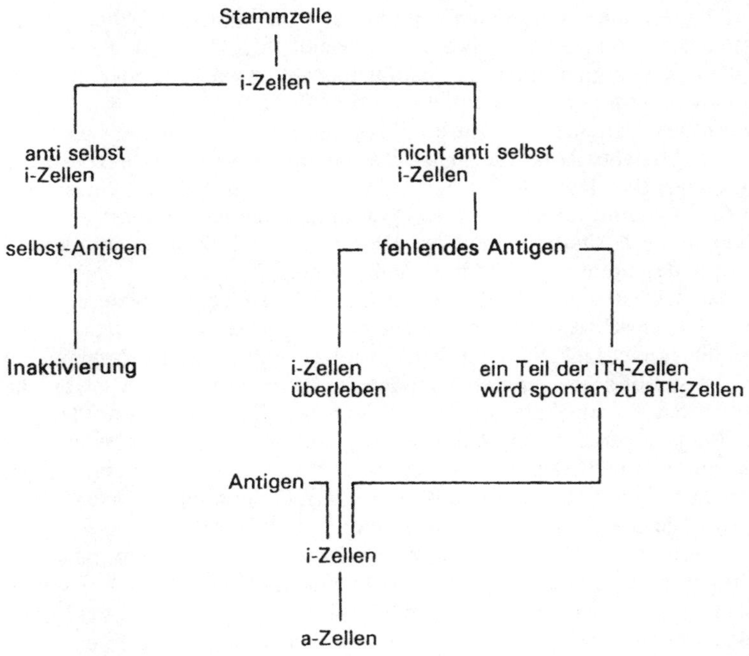

Abb. 1-5: Steuerung der Erkennung von körpereigen und körperfremd

Die alleinige Antigenerkennung einer iB- oder iT-Zelle führt primär also zu einem Signal für die Zelle, welches in einem langsamen Prozeß zu deren Tod führt. Trifft diese Zelle mit gebundenem Antigen während dieses Inaktivierungsprozesses auf eine aT^H-Zelle mit der gleichen Antigenspezifität, wird dieser Vorgang umgekehrt und der i-Zustand in einen a-Zustand überführt.

1.11 Überempfindlichkeitsreaktionen und Allergien

Überempfindlichkeitsreaktionen und Allergien
Eine Hypersensitivität tritt erst nach Aktivierung des Immunsystems auf.

Bei Überempfindlichkeitsreaktionen des Immunsystems handelt es sich um erworbene Reaktionen, die sich von der normalen Immunantwort nur durch

Es werden 2 Arten der Hypersensitivität unterschieden:
- immunglobulinvermittelt mit schneller Reaktion,
- zellvermittelt mit langsamer Reaktion.

ihre *überschießende Ausprägung* unterscheiden, d. h. die Reaktionen, wie sie hier beschrieben werden, laufen in geringerer Ausprägung physiologischerweise ebenfalls so ab. Krankheitssymptome entstehen vor allem dann, wenn ein Individuum eine entsprechende *genetische Disposition* aufweist. Eine Hypersensitivität tritt also *nicht* bei erstmaligem Antigen-(Hapten-)kontakt auf; dieser führt zunächst zur **Aktivierung des Immunsystems** mit der Bildung von spezifischen Plasmazellen, Antikörpern und T-Zellen. Die Dauer der Entwicklung einer Hypersensitivität beträgt daher wenigstens etwa zehn Tage, d. h. wird das Immunsystem nach dieser Zeit erneut dem Antigen oder Hapten ausgesetzt, kommt es zu einer spezifischen, aber überschießenden Antwort. Zwei prinzipielle Arten der Überempfindlichkeitsreaktion können unterschieden werden: antikörpervermittelte Reaktionen mit schneller Ausprägung innerhalb von Minuten (Typ I-III) und zellvermittelte Reaktion mit langsamer Reaktion innerhalb von 24 h (Typ IV).

Anaphylaktischer Typ – Allergie

- tritt nach Immunisierung mit einem Antigen in niedriger Dosierung und einer erneuten, zeitlich versetzten, Exposition auf,
- kann zu schweren Schockzuständen als Folge der Freisetzung von Mediatoren führen.

1.11.1 Typ I: Anaphylaktischer Typ – Allergie

Nach Immunisierung mit einem Antigen in **niedriger** Dosierung entstehen bei einer zweiten **hohen** Dosierung schwere Schocksyndrome. Beim Menschen äußert sich dies als *Bronchospasmus, Kreislaufzusammenbruch, Urtikaria, Ödeme, disseminierte intravasale Gerinnung, Leuko-* und *Thrombopenie.* Anaphylaktische Reaktionen können die Folge der Gabe von Fremdserum (z. B. vom Pferd, s. Antitoxinbehandlung bei Diphtherie) sein, von Impfstoffen mit Verunreinigungen durch Hühnereiweiß, von Medikamenten (z. B. Penizillin), von Pollen im Rahmen einer Desensibilisierungsbehandlung oder nach Insektenstichen. In seltenen Fällen kann es jedoch unumgänglich sein, einem hypersensitiven Patienten ein Antitoxin zu verabreichen. Eine Möglichkeit, die anaphylaktische Reaktion auszuschalten, besteht in der protrahierten Gabe ansteigender Dosen des Antigens. Man nimmt an, daß das Antigen bei niedrigen Konzentrationen die Antikörper allmählich neutralisiert und heftige Reaktionen deshalb ausbleiben. Allerdings kehrt dann die hyperallergische Lage des Immunsystems innerhalb weniger Tage zurück.

Eine geringere Ausprägung des Krankheitsbildes (z. B. Heuschnupfen) wird als Atopie bezeichnet.

Aufnahme der Antigene über den Respirationstrakt oder oral

Neben den schweren Krankheitsbildern dieses Allergietyps existieren noch weitere, weniger schwere Erkrankungen, welche als **Atopie** bezeichnet werden und dem gleichen Pathomechanismus folgen. Eine erbliche Veranlagung für die Entstehung des Krankheitsbildes, nicht aber für das Allergen, ist wahrscheinlich, da familiäre Häufungen auftreten. Das bekannteste Beispiel ist der *Heuschnupfen* oder das *Heufieber.* Die Aufnahme von Antigenen über den Respirationstrakt ist hier der auslösende Faktor. Zu den Allergenen gehören Hausstaub mit Hausmilben, Blütenpollen, Schimmelpilze, Mehl, Tierhaare usw. Die orale Aufnahme bestimmter Lebensmittel wie Fisch, Milch oder Eier führt zu *Urtikaria* oder *gastrointestinalen Störungen.* Wird das Allergen intrakutan verabreicht, entsteht eine lokale Quaddel. Dieses Phänomen kann dazu benutzt werden, nach den für einzelne Patienten spezifischen Allergenen zu suchen, um dann eine **Desensibilisierungstherapie** einleiten zu können.

Desensibilisierungstherapie ⟹

Das Prinzip dieser Therapie besteht darin, die Bildung von spezifischen IgG-Antikörpern anzuregen, welche das Allergen noch vor einem IgE-Kontakt abfangen sollen.

Mediatoren der hypersensitiven Sofortreaktion:
Durch die Degranulation von Mastzellen (Gewebe) und basophilen Granulozyten über IgE-Antigenkomplexe werden Histamin und andere Mediatoren des anaphylaktischen Typs der Hypersensitivität freigesetzt.

Mediatoren der hypersensitiven Sofortreaktion: Seit langem ist bekannt, daß in der Pathophysiologie die Freisetzung von Entzündungsmediatoren durch Mastzellen und basophile Leukozyten eine Rolle spielt. Der hohe Gehalt an Histamin der Mastzellen, die bekannten pharmakologischen Effekte und die Lokalisation in der Nähe von Haut- und Schleimhautoberflächen wies schon früh auf ihre Bedeutung hin. Die **Degranulation** der Mastzellen und der basophilen Granulozyten wird durch IgE getriggert. Beide Zelltypen besitzen Rezeptoren mit hoher Affinität für den Fc-Teil von IgE. Bei der Anwesenheit des spezifischen Antigens werden die IgE-Antikörper verbunden und die Zellen aktiviert. Diese sezernieren präformierte Mediatoren aus ihren sekretorischen Granula in die extrazelluläre Umgebung und generieren de novo Lipidmetabolite aus der Zellmembran. Jeder dieser **präformierten** oder **neugebildeten Mediatoren** besitzt entzündungsfördernde Eigenschaften, die zur *Vasodilatation, erhöhten Gefäßdurchlässigkeit, Kontraktion der glatten Muskulatur* des *Respirations-* und *Intestinaltraktes*, verstärkter *Schleimproduktion* und *Chemotaxis* für eosine und neutrophile Granulozyten sowie für Monozyten führt.

Mastzellen sind die Hauptquelle des Histamins in Geweben, während basophile Leukozyten den Hauptteil des Histamins bei den zirkulierenden Zellen stellen. Bei niedrigem pH der Granula ist Histamin an eine Heparin-Protease-Matrix gebunden, während bei der Freisetzung des Inhaltes der pH-Wert ansteigt und damit das Histamin aus der Bindung rasch in das Gewebe diffundieren kann. Die Wirkungen des Histamins werden über drei Rezeptortypen vermittelt. Über den **H_1-Rezeptor** erfolgt die Kontraktion der glatten Muskulatur einschließlich der Atemwege und des Gastrointestinaltraktes, die vermehrte Durchlässigkeit venöser Gefäße und die verstärkte Schleimproduktion in der Nase. Der **H_2-Rezeptor** vermittelt ebenfalls eine erhöhte Gefäßpermeabilität und -dilatation, eine vermehrte Schleimproduktion in den Bronchien und Pruritus. Nach neueren Forschungen wird der **H_3-Rezeptor** an Nerven gefunden.

Die Wirkungen des Histamins werden über Rezeptoren an den Zellen des Erfolgsorgans vermittelt.

Während präformierte Mediatoren der sekretorischen Granula auch in ruhendem Zustand der Zellen vorhanden sind, werden Lipidmediatoren erst nach der Zellaktivierung gebildet. Eine zentrale Stellung nimmt hier die **Arachidonsäure** neben dem PAF ein. Nach der Aktivierung der Mastzellen und der basophilen Granulozyten wird Arachidonsäure durch Phospholipase A_2 oder C und Diacylglycerollipase freigesetzt.

Die **Leukotriene** A_4, C_4, D_4 und E_4 als Produkte des Arachidonsäureabbaus wurden als *„slow reacting substance of anaphylaxis"* bezeichnet. Sie erzeugen auch schon in kleinsten Mengen Erytheme und Jucken der Haut, die Inhalation führt zu einem Bronchospasmus besonders der Bronchioli. Leukotrien C_4 und D_4 fördern die Schleimproduktion. Neben den Leukotrienen werden aus Arachidonsäure auch **Prostaglandine** gebildet. Wird Prostaglandin D_2 in die Haut gespritzt, kommt es zur erhöhten Vasodilatation und Vasopermeabilität, die etwa über zwei Stunden anhält und von einer Infiltration durch polymorphkernige Leukozyten begleitet wird. Bei Inhalation erzeugt dieses Prostaglandin einen starken Bronchospasmus.

Leukotriene und Prostaglandine als weitere wesentliche Mediatoren werden aus Arachidonsäure neu synthetisiert.

Wahrscheinlich existiert keine einheitliche Mastzellpopulation, sondern zwei oder mehr Subpopulationen. Eine dieser Subpopulationen ist wahrscheinlich von Interleukin-3 (Ursprung in aktivierten T-Lymphozyten) abhängig; damit werden Mastzellen zu einem Teil der lymphozytären Immunantwort auf bestimmte Antigene, d. h. sie spielen damit nicht nur bei Hypersensitivitätsreaktionen eine Rolle im Immunsystem.

1.11.2 Typ II: Zytotoxischer Typ

Das Prinzip dieses Allergietyps besteht darin, daß Antigene der Zellwand oder Antigen, welches an der Zellwand gebunden wurde, mit IgG- oder IgM-Antikörpern reagiert und dies über eine Aktivierung der Komplementkaskade zur Zellyse oder zur Zerstörung durch Monozyten führt. Dieser Reaktionstyp wird bei der *Rhesusinkompatibilität*, Autoimmunkrankheiten wie der *Hashimoto-Thyreoiditis* (Thyroidalzellen exprimieren Klasse II-Antigen, daneben physiologischerweise Klasse I-Antigen, hierdurch Erkennung über Helfer-T-Zellen), *Thyreotoxikose* (Antikörper reagieren mit Thyroidalzellen, was zur Stimulierung führt), *systemischem Lupus erythematodes* (Antikörper gegen DNA, Zellkerne) oder auch *Myasthenia gravis* (Antikörper gegen motorische Endplatten der neuromuskulären Endplatten) beobachtet. Gelegentlich können Medikamente als Hapten funktionieren, wenn sie an eine Zelloberfläche binden und die Produktion von zytotoxischen Antikörpern gegen den Medikamenten-Zellantigen-Komplex stimulieren. Es kommt dann z. B. zur Entstehung hämolytischer Anämien, einer Agranulozytose oder einer thrombozytopenischen Purpura.

Typ II: Zytotoxischer Typ

Immunglobuline gegen zellwandgebundene Antigene aktivieren die Komplementkaskade mit Zellyse oder führen zur Zerstörung des Antigens durch Makrophagen.
Dieser Reaktionstyp ist vorhanden bei:
- Rhesusinkompatibilität
- Autoimmunkrankheiten
- Thyreotoxikose
- systemischem Lupus erythematodes
- Myasthenia gravis
- allergischen Reaktionen auf Medikamente

Typ III: Immunkomplex-vermittelte Hypersensitivität
2 Arten:
- Arthus-Reaktion und
- Serumkrankheit.

1.11.3 Typ III: Immunkomplex-vermittelte Hypersensitivität

Bei normalem Ablauf der immunologischen Reaktionen werden Immunkomplexe aus Antigen und Antikörper im Blut oder in Gewebespalten gebildet. Gelegentlich können diese Vorgänge in *übersteigerter* Form ablaufen und zu einer **lokalen** (Arthus-Reaktion) oder **systemischen Ablagerung** (Serumkrankheit) von Komplexen an den Basalmembranen führen. Diese abgelagerten Immunkomplexe verursachen eine entzündliche Reaktion und die Aktivierung des Komplementsystems.

Bei der Arthus-Reaktion führt ein wiederholter Antigenstimulus zur Bildung präzipitierender Immunglobuline sowie zur Entstehung von Immunkomplexen, die am Eintrittsort verbleiben und eine entzündliche Reaktion hervorrufen → z. B. allergische Alveolitis (Farmerlunge)

Arthus-Reaktion: Eine wiederholte Antigenstimulation kann zu Bildung präzipitierender Antikörper führen, die am Ort des Antigeneintritts hohe Konzentrationen erreichen. Die dabei entstehenden Immunkomplexe verbleiben am Eintrittsort und entwickeln dort ihren schädlichen Einfluß, wobei besonders die Blutgefäße betroffen sind. Landwirte, welche mit schimmeligem Heu arbeiten, atmen z. B. Sporen von *Aspergillus fumigatus*, einem Schimmelpilz ein. Bilden sich in der Lunge in überschießendem Maß Antikörper gegen das Antigen aus und kommt es zur Arthus-Reaktion, entwickelt sich eine extrinsische **allergische Alveolitis**. Diese wird auch als Farmerlunge bezeichnet. Die Arthus-Reaktion scheint auch bei Infektionen durch Filarien (Fadenwürmer) für die lokal begrenzten Schädigungen z. B. im Auge verantwortlich zu sein.

Bei der Serumkrankheit ist nach Ausbildung der Primärantwort genügend Antigen (besonders bei Fremdserum) vorhanden, um mit den neu entstandenen Immunglobulinen Komplexe zu bilden, die besonders die Basalmembran von Gefäßen schädigen

Serumkrankheit: Dieser Erkrankungstyp der Typ III-Allergie entsteht schon nach einer großen Gabe von Fremdserum auch bei zuvor nicht sensibilisierten Individuen. Das Prinzip der Reaktion besteht darin, daß nach Ausbildung der Immunantwort nach etwa zehn Tagen immer noch genügend Antigen vorhanden ist, um mit den Antikörpern reagieren zu können. Die Immunkomplexe werden überall im Körper abgelagert und schädigen Blutgefäße und Basalmembranen. Daher sind etwa zehn Tage nach dem Antigenkontakt erste Krankheitszeichen zu beobachten wie Fieber, Urtikaria, Ödeme, Gelenkschwellungen und -schmerzen sowie Lymphknotenvergrößerungen. Da Fremdserumgaben inzwischen in der Therapie sehr selten geworden sind, ist auch die Serumkrankheit selten geworden. Nach Infektion durch *Streptococcus pyogenes* ist die Entstehung von Immunkomplexen zu beobachten, die besonders die **Basalmembranen der Nieren** schädigen. Auch bei anderen Erkrankungen, wie infektiöser Endokarditis, systemischem Lupus erythematodes oder Plasmodium-malariae-Infektion, sind Nephritiden als Folge einer Serumkrankheit zu beobachten.

Die fortgesetzte Gabe von Penizillinen oder Sulfonamiden führt ebenfalls zu einer allergischen Reaktion vom Typ der Serumkrankheit.

Typ IV: Überempfindlichkeit vom Spättyp →

tritt bei Infektionskrankheiten durch intrazelluläre Erreger auf.
Im Gegensatz zu den anderen Typen wird diese Form der Hypersensitivität durch T-Lymphozyten vermittelt.

1.11.4 Typ IV: Überempfindlichkeit vom Spättyp

Insbesondere bei intrazellulär persistierenden Mikroorganismen basiert ein wesentlicher Teil der Immunabwehr in der T-Zell- und Makrophagenfunktion. Ein langes Überleben der Mikroorganismen in Makrophagen führt zur Entstehung von chronisch entzündlichen Reaktionen mit entsprechenden Krankheitszeichen und einem zellulären Infiltrat. Antikörper spielen also bei diesem Allergietyp definitionsgemäß keine Rolle, obwohl gegen das Antigen gerichtete Antikörper vorhanden sein können. Eine Überempfindlichkeit vom verzögerten Typ tritt bei vielen Infektionskrankheiten durch **Bakterien, Viren, Pilze, Protozoen** und **Würmer** auf. Prinzipiell kann dann durch Injektion des Antigens eine ähnliche Reaktion wie beim Tuberkulintest erzielt werden. Allerdings ist dann nichts über den Aktivitätsgrad der Erkrankung bekannt. Bei einigen der Erkrankungen mit intrazellulär persistierenden Erregern empfiehlt sich daher der Nachweis von Antikörpern *(Brucellose, Typhus)*, die aber z. B. bei der Diagnose einer Tuberkulose oder der Listeriose kaum eine Rolle spielen.
Der Spättyp der Überempfindlichkeitsreaktionen ist bei der **Tuberkulose** und der **Tuberkulintestung** von großer Wichtigkeit. Bei der Tuberkulinte-

stung wird überprüft, ob bei der untersuchten Person ein Antigenkontakt mit Mykobakterien stattgefunden hat, da dann bei Injektion von entsprechendem Antigen am Injektionsort (Haut) eine lokale Reaktion in Form einer Induration auftritt. Im allgemeinen wird als Antigen sog. *purified protein derivative* (PPD) aus Mykobakterien benutzt.
Auch bei der **Kontaktdermatitis**, einer häufigen Berufserkrankung, beruht die Entzündungsreaktion auf einer Überempfindlichkeit vom verzögerten Typ. Die Allergene wirken über den Hautkontakt, wobei die Zahl der möglichen Allergene sehr groß scheint und in vielen Materialien, welche in Haushalt und Beruf gebraucht werden, vorkommen können.

Die Überempfindlichkeit vom Spättyp ist auch die Basis
- der Tuberkulintestung, ebenso ist dies die Ursache der Entzündungsreaktion bei
- Kontaktdermatitis

1.12 Blutgruppenantigene

Blutgruppenantigene

- Menschen mit der Blutgruppe A besitzen Isoagglutinine (IgM) gegen B-Antigen der Erythrozyten,
- Personen mit der Blutgruppe B Isoagglutinine gegen A-Antigen,
- solche mit Blutgruppe 0 gegen A und B, und
- bei Personen mit Blutgruppe AB fehlen Isoagglutinine.

Normalerweise sind beim Menschen **Immunglobuline** gegen Blutgruppenantigene zu finden, die sie selbst nicht besitzen. Im sog. **AB0-System** tragen die Erythrozyten von Personen mit der Blutgruppe A das A-Antigen auf der Erythrozytenoberfläche. Diese Menschen besitzen IgM-Antikörper, welche gegen das B-Antigen der Erythrozyten gerichtet sind (Blutgruppenantikörper, Isoagglutinin, Isohämagglutinin, Isoantikörper). Beim Phänotyp Blutgruppe B sind dies Isoantikörper gegen das A-Antigen, bei der Blutgruppe A Isoantikörper gegen das B-Antigen, bei der Blutgruppe 0 (Erythrozytenantigen H) Isoantikörper gegen A- und B-Antigen der roten Blutkörperchen, und bei der Blutgruppe AB finden sich keine Isoantikörper. Die Entstehung der Isoagglutinine des AB0-Systems soll über kreuzreagierende Oberflächenantigene von Bakterien des Intestinaltraktes induziert werden.
Werden einem Patienten mit der Blutgruppe A Erythrozyten der Blutgruppe B transfundiert, kommt es zu einer Bindung der Anti-B-Antikörper an die transfundierten B-Erythrozyten, einer Aktivierung der Komplementkaskade und einer nachfolgenden Lyse der transfundierten Blutkörper mit lebensbedrohlichen Folgen. Um diese Transfusionszwischenfälle auszuschalten, ist es Vorschrift, die sog. **Kreuzprobe** durchzuführen.

Es handelt sich hierbei um eine In-vitro-Prüfung der Blutgruppenverträglichkeit von Spender- und Empfängerblut. Erythrozyten des Empfängers werden mit Serum des Spenders oder Serum des Empfängers mit Erythrozyten des Spenders in einem Reagenzglas oder auf einem Objektträger bei 37 °C für 20 min inkubiert. Eine makroskopische oder mikroskopische (80fache Vergrößerung) Verklumpung zeigt die Blutgruppeninkompatibilität an.

Zum Ausschluß eines Transfusionszwischenfalls muß immer eine **Kreuzprobe** durchgeführt werden.

⇦

Neben dem AB0-System existieren noch weitere Blutgruppensysteme (Tab. 1-3).
Wesentlich ist auch das sog. **Rhesus-System** (Rh-System), dessen hauptsächliches Antigen bei Vorhandensein auf der Erythrozytenoberfläche als D bezeichnet wird, das Blut ist Rh^+. Fehlt dieses Antigen (d), ist das Blut Rh^-; Isoagglutinine gegen D fehlen.
Eine besondere Rolle spielt das Rhesussystem bei der Entstehung des **Morbus haemolyticus neonatorum**. Trägt eine Rh^--Mutter ein Kind mit der Blutgruppe Rh^+ aus und kommt es unter der Geburt zu einer Übertragung kindlicher Erythrozyten in den mütterlichen Kreislauf, so stimulieren die D-Erythrozyten des Kindes eine Antikörperantwort mit der Entstehung von IgG-Antikörpern bei der Mutter. Folgt dieser ersten Schwangerschaft eine zweite, ebenfalls mit einem Rh^+-Kind, nach, so treten die anti-Rh-IgG-Antikörper der Mutter durch die Plazentarschranke in den kindlichen Kreislauf über und schädigen den Feten in utero. Die Prophylaxe dieser Erkrankung besteht heute darin, Rh^--Müttern nach der Geburt ein **Anti-Rhesus-Antiserum** zu spritzen, welches die kindlichen Erythrozyten mit dem D-Antigen zerstört, um so eine Immunisierung zu verhindern. Dies muß selbstverständlich nach jeder Geburt wiederholt werden. Ist der Immunstatus der Mutter nicht bekannt, so kann der sog. Coombs-Test durchgeführt werden, dessen

Träger des Merkmals D des Rhesussystems werden als Rh^+, Personen ohne dieses Merkmal (d) als Rh^- bezeichnet.

Das Rhesussystem spielt bei der Entstehung des **Morbus haemolyticums neonatorum** eine wesentliche Rolle, da anti-Rh-IgG-Antikörper sensibilisierter rhesusnegativer Mütter die Plazentarschranke passieren und Rh^+-Feten schädigen können.
Die Prophylaxe besteht in der Gabe eines Anti-Rhesus-Antiserums bei rhesusnegativen Müttern rhesus-positiver Kinder sowie der Kontrolle des Immunstatus („Antikörpersuchtest").

Tab. 3-1: Blutgruppensysteme

System	Phänotyp	Häufigkeit in Europa (%)
AB0	H	39
	A	44
	B	12
	AB	5
Rh	D (Antigen+)	85
	d (Antigen−)	15
	C	
	c	
	E	
	e	
Lutheran	Lu(a+)	0,2
	Lu(a+b+)	7,5
	Lu(b+)	92,3
Lewis	Le(a−b+)	75
	Le(a+b−)	20
	Le(a−b−)	5
Kell	K	0,2
	Kk	7,8
	k	92
Duffy	Fy(a+)	20
	Fy(a+b+)	48
	Fy(b+)	32
Kidd	Jk(a+)	27
	Jk(a+b+)	50
	Jk(b+)	23
MN	M	28
	N	22
	MN	50
Ss	S	11
	s	44
	Ss	45
P	P_1	80
	P_2	20

Prinzip auch beim Nachweis nichtagglutinierender Antikörper (z. B. IgG) gegen Bakterien angewendet wird.

Antigene

1.13 Antigene

Definition:

> Antigene sind Stoffe, welche in der Lage sind, eine Immunantwort im Makroorganismus hervorzurufen.

Bei Antigenen handelt es sich häufig um
- Proteine,
- Polysaccharide und
- Polysaccharid-Lipid-Komplexe.

Diese Eigenschaft der Antigene ist relativ, d. h. gegen ein vom Menschen als *„selbst“* erkanntes Molekül beispielsweise an der Zelloberfläche wird es keine Immunantwort dieses menschlichen Immunsystems geben, wohl aber, wenn dieses Antigen in einen zweiten, genetisch anderen Makroorganismus eingebracht wird; dort wird es als *„nicht-selbst“* erkannt.
Es existiert prinzipiell gesehen eine sehr große, aber endliche Zahl von **natürlichen** und **künstlichen Antigenen**. Dabei handelt es sich um komplex aufgebaute Moleküle mit einem Molekulargewicht von 10000 Dalton und größer. Viele Antigene bestehen aus Proteinen oder aus Kombinationen mit Proteinen, aus Polysacchariden und Polysaccharid-Lipid-Komplexen. Über die Abwehrmechanismen des Körpers sollen dann die als *„nicht-selbst“* erkannten Stoffe neutralisiert und unschädlich gemacht werden. Distinkte und für Abwehrzellen zugängliche Bereiche (Epitope) dieser großen Moleküle sind in der Lage, die Produktion unterschiedlicher Ti-Rezeptoren oder B-Zellpopulationen hervorzurufen.
Bakterien enthalten allein durch ihre relative Größe eine große Anzahl von

Antigenen, die in **lösliche** und **zelluläre Antigene** unterteilt werden können, von denen wiederum nur ein gewisser Teil für Infektion und Immunität wesentlich ist.

Antigene von Mikroorganismen können in
- löslicher und
- korpuskulärer Form vorliegen.

Lösliche Antigene sind Zellprodukte, die in die Umgebung abgegeben werden; dazu gehören *Exotoxine* (z. B. bei darmpathogenen Escherichia-coli-Stämmen oder bei Corynebacterium diphtheriae), *Enzyme* (z. B. Hyaluronidasen, Elastasen) und *Hämolysine*. Dabei handelt es sich meist um *Proteine*. Gelegentlich können auch zelluläre Antigene von Kapseln als lösliche Antigene freigesetzt werden.

Lösliche Antigene:
- Exotoxine,
- Proteasen oder
- Hämolysine

Zelluläre Antigene sind Oberflächenstrukturen der Zellen. Kapselantigene entsprechen der Polysaccharidhülle um ein Bakterium wie Streptococcus pneumoniae herum, der Polypeptidhülle um Bacillus anthracis oder der Peptidhülle um Yersinia pestis. Somatische Antigene der Zellwand werden als *O-Antigene* bezeichnet. Diese bestehen aus Proteinen, Protein-Polysaccharid-Molekülen oder aus Protein-Polysaccharid-Lipid-Molekülen. *Geißel-* oder *H-Antigene* sind Proteine und nur bei beweglichen Bakterien vorhanden. Die Bezeichnung H leitet sich vom Begriff „Hauch" ab, mit dem der feine Rasen beweglicher Stämme der Gattung Proteus auf festen Medien beschrieben wurde. „O" bei Oberflächenantigenen steht für „ohne Hauch", d. h. für unbewegliche Stämme von Proteus spp. Inzwischen haben sie einen viel weiteren begrifflichen Inhalt erhalten.

Zelluläre Antigene:
- Kapselantigene
- O-Antigene (Zellwand) oder
- H-Antigene (Geißel)

Weiterhin existieren *Kapselantigene* wie Vi-Antigen bei Salmonella typhi oder K-Antigene bei E. coli. Zelluläre Antigene können neben biochemischen Reaktionen auch zur Identifikation herangezogen werden. Innerhalb einer Spezies finden sich häufig unterschiedliche O- und H-Antigene, die in ihrer individuellen Zusammensetzung für epidemiologische Untersuchungen (z. B. bei E. coli, P. aeruginosa oder Flavobacterium meningosepticum) gut geeignet sind. Für die Gattung Salmonella beschreibt das Kauffmann-White-Schema die Zusammensetzung der O- und H-Antigene, über die dann einzelne Spezies definiert werden.

Das Kapselantigen bei *Salmonella typhi* wird als Vi-Antigen, bei *Escherichia coli* als K-Antigen bezeichnet.

Die Antigenität von Viren ist weniger kompliziert als die von Bakterien. Viele besitzen nur drei oder vier Antigene, die auch bestimmten Strukturen, wie z. B. dem Kapsid, entsprechen können. Virale Enzyme wie die Neuraminidase auf Influenza-Viren sind ebenfalls Antigene. Auch bei Viren können zwei Antigengruppen unterschieden werden. **Virale** oder **V-Antigene** der Oberfläche intakter Viren stimulieren in erster Linie Antikörper, welche die Infektiosität des Virus neutralisieren. Diese neutralisierenden Antikörper sind für die Immunität von besonderer Bedeutung und können mit Hilfe des Neutralisationstestes nachgewiesen werden. **Lösliche** oder **S-Antigene** werden während der Replikation der Viren in die Umgebung freigesetzt. S-Antigene können komplex aufgebaut sein und werden wiederum unterschieden in strukturelle S-Antigene, die Bestandteile des Virion sind (z. B. Nukleoproteine bei Influenza- oder Mumps-Virus), während andere S-Antigene in gereinigten Viren nicht gefunden werden können. Dennoch werden sie durch das Virusgenom kodiert und haben enzymatischen Charakter bei der Infektion von Zellen durch Viren. Antikörper gegen S-Antigene sind nicht neutralisierend, sie können aber durch andere immunologische Methoden (z. B. Komplementbindungsmethode) nachgewiesen werden. Selbstverständlich besitzen auch andere Erreger wie Protozoen oder Helminthen Antigene, über die sie vom Makroorganismus als fremd erkannt werden können.

2 Antigengruppen:
- virale Antigene der Oberfläche intakter Viren stimulieren die Entstehung neutralisierender Antikörper;
- lösliche Antigene werden während der Virusreplikation in die Umgebung freigesetzt und induzieren andere, nichtneutralisierende Antikörper.

Es existieren Fälle, bei denen die Immunabwehr gegen Erreger erschwert sein kann. Verschiedene Mikroorganismen sind in der Lage, ihre Antigenität immer wieder zu verändern, um so dem Einfluß von Antikörpern oder T-Zellen zu entkommen. Hierzu gehören *Borrelia recurrentis*, das *HIV* oder das *Influenza-Virus*. Bei Protozoen oder Helminthen ändert sich die Antigenität in Abhängigkeit der Entwicklungsstadien.

Verschiedene Erreger können ihre Antigenität verändern, um so dem Immunsystem zu entkommen.

Heterophile Antigene sind Moleküle, die verschiedenen Spezies gemeinsam sein können. So besitzt *Treponema pallidum* einen Lipidkomplex, dessen Antigenität der ähnlicher Komplexe beim Tier (z. B. Rinderherz) entspricht. Diese Antigene sind auch die Basis verschiedener diagnostischer Reaktio-

Heterophile Antigene sind Moleküle, die verschiedenen Spezies gemeinsam sind. Dies wird

- beim Kardiolipin-Test (Lues),
- beim Weil-Felix-Test (Rickettsiosen) und
- bei der Paul-Bunnell-Reaktion (Mononukleose) diagnostisch genutzt.

nen. Bei der Diagnose der Lues werden beim sog. Kardiolipin-Test Lipidextrakte aus Rinderherzen als Antigen eingesetzt. Beim Weil-Felix-Test ist die Antigengemeinschaft von *Rickettsia spp.* und *Proteus spp.*, bei der Paul-Bunnell-Reaktion die des *Epstein-Barr-Virus* und der *Schaferythrozyten* gemeinsame Grundlage.
Auf menschliche Antigene, insbesondere HLA-Antigene, und ihre Funktion bei der Immunantwort ist an den entsprechenden Stellen ausführlich eingegangen worden. An dieser Stelle sollen aber noch einige **Definitionen** gegeben werden. Unter dem Begriff

Definitionen

autolog (autogenetisch) werden Antigene verstanden, die von demselben Individuum stammen und damit bei diesem keine Immunantwort hervorrufen. Beispiele sind Hauttransplantationen oder autologe Knochenmarktransplantation bei iatrogener Ganzkörperbestrahlung als kurative Maßnahme bei einem Malignom (z. B. Hodgkin-Lymphom)

Isolog (isogen, syngen, syngenetisch) sind Antigene, wenn sie von einem genetisch identischen Individuum stammen, z. B. eineiige Zwillinge.

Allogen sind Antigene, wenn sie von einem Individuum der gleichen Art stammen.

Heterolog (xenogen) sind Antigene mit teilweiser Antigengemeinschaft, aber von einer anderen Spezies stammend (s. o.).

Wie aus den obigen Definitionen abzuleiten ist, ist der Begriff der Antigenität relativ zu sehen, von Individuum zu Individuum, von Spezies zu Spezies.

Haptene sind niedermolekulare Substanzen, die nur in Verbindung mit größeren Molekülen (z. B. Proteinen) immunogen sind.

Eine besondere Stellung unter den Antigenen nehmen die sog. **Haptene** oder **Partialantigene** ein. Diese niedermolekularen Substanzen sind im Gegensatz zu den Vollantigenen nicht in der Lage, eine Antikörperantwort zu stimulieren. Werden Haptene aber an größere Moleküle wie Proteine gekoppelt, entwickelt sich eine ausreichende Antigenität. Haptene alleine können aber mit vorhandenen Antikörpern reagieren.
Das Ausmaß der Immunantwort ist auch vom physiko-chemischen Zustand des Antigens abhängig, partikuläre Antigene sind potenter als lösliche. Werden lösliche Antigene an Adjuvantien (Aluminiumhydroxid, Freundsches Adjuvans) gebunden, erhöht sich deren Antigenität, dies wird z. B. bei **Impfstoffen** genutzt. Der Makroorganismus ist auch in der Lage, auf eine Vielzahl von Antigenen gleichzeitig zu reagieren, besonders dann, wenn sie in einem ausgewogenen Verhältnis ohne starken Überschuß eines einzelnen stehen. Auch dieses Phänomen wird bei Impfungen genutzt, z. B. bei der *Diphtherie-Pertussis-Tetanus-Impfung* oder bei der *Impfung asplenischer Patienten* mit *Pneumokokkenantigenen.*

2 Schutzimpfungen

Schutzimpfungen

- aktive Impfung:
  das Immunsystem wird aktiviert, und es bildet sich ein dauerhafter Schutz aus
- passive Impfung:
  Immunglobuline werden ohne Aktivierung des Immunsystems zugeführt, es entsteht nur ein temporärer Schutz.

Neben der Expositionsprophylaxe (z. B. bei *Malaria*) sind Schutzimpfungen bei Mensch und Tier eine wichtige Maßnahme, die Entstehung von Infektionskrankheiten zu verhindern bzw. im Verlauf abzuschwächen. Bei der **aktiven** Impfung wird das Immunsystem des Empfängers aktiviert, bei der **passiven** Impfung wird ein vorübergehender Schutz durch die Übertragung von Immunglobulinen mit Spezifität gegen bestimmte Erreger erreicht. Passive Impfungen sind z. B. dann angezeigt, wenn kein geeigneter Impfstoff zur Verfügung steht, bei der Prophylaxe vor und nach Exposition oder wenn die Patienten immunsupprimiert (hier z. B. Zytomegalie-Hyperimmunserum) sind. Bei allen Schutzimpfungen ist zwischen **Indikation** und **Kontraindikation** abzuwägen. Sind schwere und/oder bleibende Nebenwirkungen durch den Impfstoff häufiger als bei der zu verhütenden Krankheit, ist die Indikation wahrscheinlich nur in besonderen Fällen gegeben.

2.1 Passive Impfung

Passive Impfung

„natürliche" passive Immunität bei Neugeborenen

Eine passive Immunität, die auf natürlichem Weg entstanden ist, findet sich bei Neugeborenen. Durch die Fähigkeit, die Plazentarschranke zu überwinden, treten maternale Antikörper (IgG) in den kindlichen Kreislauf über. Hierdurch entsteht eine **natürliche Immunität** gegenüber einer Reihe von Infektionskrankheiten, gegen die allerdings auch die Mutter immun sein muß. Der passive Schutz überbrückt die ersten Lebensmonate, bis die Funktion des Immunsystems des Säuglings ausgereifter ist. Dieser natürliche Vorgang kann auch im späteren Lebensalter nachgeahmt werden.

Die passive Immunisierung bedeutet die Übertragung von Antikörpern in einen Organismus, der diese nicht oder in nicht ausreichender Menge besitzt.

Passiv übertragene Immunglobuline können Bakterientoxine und Viren neutralisieren, die Phagozytose fördern und das Komplementsystem aktivieren.

Bei der Gabe von heterologem Antiserum besteht die Gefahr anaphylaktischer Reaktionen.

Der dadurch gewonnene Impfschutz ist nur **temporär**, da die Immunglobuline eine begrenzte Lebensdauer haben und das Immunsystem des Empfängers gegen das unerwünschte Antigen nicht aktiviert wurde, Gedächtniszellen der B-Zellen also nicht existieren. Passiv übertragene Immunglobuline können Bakterientoxine (z. B. auch Endotoxine) und Viren neutralisieren, die Phagozytose fördern und das Komplementsystem aktivieren. Als **Serumspender** kommen sowohl **Tiere** als auch **Menschen** in Frage. Wird tierisches Serum verwendet, stammt dies meist von Pferden. Allerdings sind heterologe Antiseren nicht unproblematisch, da die Gefahr **anaphylaktischer Reaktionen** groß ist (Typ I, Typ III-Serumkrankheit). Bei Schlangenbissen wird ebenfalls tierisches Immunglobulin verwendet.

Polyvalentes humanes Immunglobulin wird vor allem zur Prophylaxe der Hepatitis A und der Behandlung einer Agammaglobulinämie verwendet; die Immunglobulintiter gegen seltene Erreger sind niedrig.

In den letzten Jahren hat sich aber die Anwendung von **menschlichen Immunglobulinen** durchgesetzt. So steht inzwischen auch bei der *Diphtherie* menschliches Hyperimmunserum (in der BRD nicht zugelassen) zur Verfügung. Inzwischen ist die Bandbreite der Anwendung sehr groß geworden, wobei nicht in allen Fällen der Nutzen einer Immunglobulingabe gesichert ist. Häufig wird ein normales menschliches Globulin *(Gammaglobulin)* eingesetzt, welches überwiegend IgG-Antikörper enthält. Dieses Gammaglobulin besteht aus einem Gemisch der Seren von etwa 1000 Blutspendern, d. h. es ist nicht standardisiert. Vor Anwendung wird das Serum gereinigt und eingeengt. Nur die Antikörper häufig auftretender Infektionskrankheiten sind in diesen Präparationen in höheren Titern enthalten, da selten auftretende Antikörper, die nur in wenigen Spenderseren vorkommen, bei der Poolbildung zuvor ausverdünnt werden. Polyvalentes humanes Immunglobulin wird vor allem zur Prophylaxe der *Hepatitis A* und der Behandlung einer *Agammaglobulinämie* verwendet.

Menschliche Hyperimmunseren haben hohe Antikörpertiter gegen bestimmte Antigene. Wichtig kann ihr Einsatz bei
- Tollwut,
- Diphtherie,
- Tetanus,
- Zytomegalie,
- Keuchhusten,
- Varizellen oder
- Hepatitis B sein.

Menschliche Hyperimmunseren weisen hohe Antikörpertiter gegen bestimmte Antigene auf. Besonders häufig wird das Tetanus-Immunglobulin bei der Prophylaxe des Tetanus verwendet. Spezielle Indikationen gibt es für den Einsatz von **Hyperimmunglobulinen** gegen *Zytomegalie-Virus* (nach Transplantationen), *FSME* (Prophylaxe und Therapie nach Zeckenstich), *Hepatitis-B* (Prophylaxe Neugeborener nach Kontakt mit Material, welches infektiöses Virus enthielt), *Röteln* (erstes Trimenon der Gravidität), *Varizellen* (Kinder unter immunsuppressiver Therapie), *Tollwut* (bei Bißverletzungen durch verdächtige oder manifest erkrankte Tiere), *Pseudomonas aeruginosa* (immunsupprimierte Patienten), *D-Antigen der Erythrozyten* (Verhütung der Rh-Sensibilisierung, s. S. 509).

Durch eine spezifische Behandlung der Immunglobulinpräparate ist die intravenöse Gabe im Gegensatz zu früher, wo nur eine i. m. Applikation möglich war, bei den Hyperimmunseren üblich. Die besonderen Reinigungsverfahren verhindern sicher die Übertragung von Hepatitis-B-Viren, diese Präparationen sollen auch kein vermehrungsfähiges HIV mehr enthalten. Die Anwendung der passiven Impfung ist u. a. bei folgenden Erkrankungen möglich:

Tollwut

Tollwut: Gabe des Hyperimmunserums nur in Kombination mit der aktiven

Immunisierung bei allen Verletzungen durch Wildtiere oder sicher tollwutkranke Tiere sowie allen übrigen schweren Bißverletzungen. Die Dosis beträgt 20 I.E./kg Körpergewicht. Die Hälfte der Dosis wird um die Wunde herum appliziert, der Rest i. m. gegeben.

Diphtherie und **Tetanus** (s. aktive Impfung).

Zytomegalie

Zytomegalie: Bei Organ- und Knochenmarktransplantationen ist die Gabe eines Hyperimmunserums mit hohen Titern neutralisierender Antikörper in bestimmten Situationen indiziert.

Varizellen

Varizellen: Bei abwehrgeschwächten Patienten, Neugeborenen von Müttern mit Varizellen, exponierten Schwangeren ohne Antikörper kann 0,2 ml/kg KG Varizella-Zoster-Immunglobulin verabreicht werden.

Hepatitis A

Hepatitis A: Die Gabe von 5 ml polyvalentem Immunglobulin (i.m.) stellt bei erwachsenen Personen ohne Antikörper eine effektive Prophylaxe gegen die Hepatitis A für etwa 3 bis 6 Monate dar.

Hepatitis B

Hepatitis B: Um eine sichere Schutzwirkung zu erzielen, muß das Hepatitis-B-Hyperimmunserum (0,06 ml/kg KG i.m.) unmittelbar nach der Exposition, spätestens nach 12 h verabreicht werden, Wiederholung nach 4 bis 6 und nach 8 bis 12 Wochen. Personen mit bereits vorhandener Immunität brauchen kein Hyperimmunglobulin zu erhalten. Kinder von Müttern mit einer B-Hepatitis (im letzten Schwangerschaftsdrittel oder chronische Form) müssen sofort, d. h. noch im Kreissaal, passiv (1 ml Hyperimmunserum i. m.) und aktiv immunisiert werden.

FSME

Frühsommermeningoenzephalitis FSME: Nach Exposition 0,1 ml/kg KG (i. m.) bis 48 h nach Zeckenstich, 0,2 ml/kg KG (i. m.) am 3. und 4. Tag nach Zeckenstich (s. auch aktive Impfung).

2.2 Aktive Impfung

Aktive Impfungen

(Impfstoffe aktivieren das Immunsystem.

3 Arten von Impfstoffen werden verwendet:
- Totimpfstoffe
- Lebendimpfstoffe
- Toxoide

Aktive Impfungen haben den Vorteil, über lange Zeit durch die Entwicklung von Gedächtniszellen zu wirken. Die Wirksamkeit ist von der Reaktionslage des Makroorganismus und vom Impfstoff, d. h. von seiner Antigenität, abhängig. Bei dieser Art der Schutzimpfung werden drei Arten von Impfstoffen verwendet: **Tot-** und **Lebendimpfstoffe** sowie **Toxoide**.

2.2.1 Totimpfstoffe

Totimpfstoffe

Vorteil: Anwendungsmöglichkeit bei immunsupprimierten Patienten
Nachteil: Antigenstimulus ist geringer als bei Lebendimpfstoffen

Totimpfstoffe enthalten *abgetötete* bzw. *inaktivierte Erreger* mit größtmöglicher Integrität der antigenen Determinanten. Es existieren verschiedene Verfahren zur Herstellung, häufig angewandt wird eine thermische Behandlung bei 55–60 °C, eine Formalinbehandlung oder eine Behandlung mit Ultraschall. Wesentliches Ziel ist die *vollständige Ausschaltung der Infektiosität.* Vorteile der aktiven Impfung mit Totimpfstoffen ist ihre Anwendungsmöglichkeit bei immunsupprimierten Patienten; relativer Nachteil dieser Impfstoffe ist, daß der Antigenstimulus geringer ist als bei Lebendimpfstoffen. Beispiele für Impfungen mit Totimpfstoffen sind:

Keuchhusten
Empfehlung: Beschränkung auf Risikogruppen

mögliche Nebenwirkung: Krampfanfälle innerhalb der ersten 7 Tage nach Impfung

Keuchhusten (Pertussis): Der Impfstoff besteht aus einer Suspension von abgetöteten Bakterien der S-Phase. In der BRD besteht zur Zeit die Empfehlung, die Impfung auf besondere Risikogruppen zu beschränken (Säuglinge in Gemeinschaftseinrichtungen, unter ungünstigen sozialen Verhältnissen oder bei besonderer Gefährdung). Wesentlichste Nebenwirkung ist das Auftreten von Krampfanfällen innerhalb der ersten sieben Tage nach Impfung. Möglicherweise ist dies aber auf ein zufälliges Zusammentreffen zweier unabhängiger Ereignisse zurückzuführen. Der Impfstoff wird 3mal im Abstand von je 4 bis 6 Wochen in Kombination mit anderen Impfstoffen (DPT) ab dem 3. Lebensmonat i. m. gegeben, die Auffrischimpfung nach einem Jahr; keine Gabe nach dem 2. Lebensjahr, da dann eine Zunahme der Komplikationen beobachtet wird.

Typhus (s. auch Lebendimpfstoffe): Verwendung findet eine Suspension von Salmonella typhi. Der Impfschutz ist relativ schwach und muß bei Expositionsrisiko alle zwei bis drei Jahre aufgefrischt werden. Häufige Nebenwirkungen sind Fieber und Kopfschmerzen.

Typhus
Impfschutz muß 2–3jährlich aufgefrischt werden.

Cholera: Die Grundimmunisierung erfolgt in zwei Dosen im Abstand von ein bis vier Wochen subkutan mit inaktivierten Cholerabakterien. Die Dosis beträgt beim Erwachsenen 0,5 bzw. 1 ml, bei Kindern im Alter von 1–10 Jahren die halbe Dosis. Die Schutzdauer von etwa 6 Monaten ist nur kurz, daher ist bei anhaltender Exposition nach diesen Zeiträumen eine Auffrischimpfung notwendig. Als Nebenwirkungen treten lokale Impfreaktionen, Fieber, Abgeschlagenheit und Kopfschmerzen auf.

Cholera
Schutzdauer: 6 Monate

Poliomyelitis (s. auch Lebendimpfstoffe): Der Totimpfstoff nach Salk enthält drei Typen des Poliovirus, die mit Formalin abgetötet sind. Die Schutzwirkung des Impfstoffes – die Anwendung erfolgt s.c. – scheint der des oralen Lebendimpfstoffes nach Sabin ebenbürtig zu sein. Grundimmunisierung: 2mal 1 ml im Abstand von 8 Wochen, besser scheint die 2. Impfung im Abstand von 6 Monaten zu sein. Der Impfschutz hält etwa 10 Jahre an.

Poliomyelitis
Impfschutz: 10 Jahre

Tollwut: Zur Zeit stehen zwei Impfstoffe zur Verfügung, die sich durch die Zellinien, in welchen das Virus propagiert wird, unterscheiden: *HDCV, human diploid cell vaccine,* und *PCECV, purified chick embryo cell vaccine.* Beide Impfstoffe sind sehr gut verträglich und können in der Prophylaxe exponierter Personen oder postexpositionell (auch in Kombination mit einem Tollwut-Immunglobulin 20 I.E./kg KG, die Hälfte der Dosis um die Wunde herum, den Rest i.m. spritzen, s. auch passive Immunisierung) eingesetzt werden. Der aktive Impfstoff (HDCV und PCECV: 3 × je 1 ml i.m.) wird bei der Impfprophylaxe an den Tagen 0,7,21 oder alternativ 0,28,56 gegeben, die Boosterimpfung nach einem Jahr und Auffrischimpfungen in 5jährigen Abständen. Impfplan nach Exposition: Nach prophylaktischer Impfung genügen zwei erneute Injektionen innerhalb von drei Tagen. Bei Personen ohne prophylaktische Impfung und wenn die letzte Impfung länger als fünf Jahre zurückliegt, erfolgt die Impfstoffgabe (jeweils 1 ml i.m.) an den Tagen 0,3,7,14,30 und 90.

Tollwut
2 Impfstoffe stehen zur Verfügung:
- HDCV
- PCECV;

beide können prophylaktisch und postexpositionell eingesetzt werden.

Influenza: Die Impfung gegen Influenza empfiehlt sich bei bestimmten Personen: hierzu zählen *Herz-* und *Kreislaufkranke,* solche mit *chronischen Erkrankungen* des Respirationstraktes oder *der Nieren* und *ältere Personen* in *Gemeinschaftseinrichtungen.* Das Virus wird auf Hühnerembryonen gezüchtet und anschließend hoch gereinigt, so daß die Gefahr durch eine Ei-Allergie sehr gering ist. Die Vakzine besteht aus den Antigenen Neuraminidase und Hämagglutinin. Durch Antigendrift und Antigenshift der Influenzaviren entstehen besondere Probleme in der Impfstoffherstellung, da der für eine Epidemie oder Pandemie verantwortliche Stamm mit neuem Antigen möglicherweise im Impfstoff noch nicht berücksichtigt werden konnte. Dosierung: Erwachsene einmal 0,5 ml, Kinder unter 6 Jahren zweimal 0,25 ml im Abstand von mindestens 4 Wochen. Die Impfung sollte im Herbst, vor Beginn der Erkältungssaison stattfinden, eine Auffrischimpfung evtl. mit anderen Antigenen jeweils nach einem Jahr.

Influenza
indiziert bei
- Herz- und Kreislaufkrankheiten
- chronischen Erkrankungen des Respirationstraktes oder der Niere
- älteren Personen in Gemeinschaftseinrichtungen

Hepatitis B: Der Impfstoff wird als Rekombinantenimpfstoff durch Hefen produziert und ist damit von der Gefahr, HIV zu übertragen, befreit. Eine der früheren Quellen des Hepatitis-B-Antigens waren die Seren von HBV-Ag positiven Personen, die möglicherweise auch mit HIV infiziert waren. Eine Übertragung des HIV im Rahmen einer Hepatitis-B-Impfung mit dieser Vakzine ist aber noch nicht beschrieben worden. Die Impfung, deren Schutz drei bis fünf Jahre anhält, empfiehlt sich bei *Personal* des *Gesundheitsdienstes, Homosexuellen* oder *Drogenabhängigen.* Nach der Grundimmunisierung (0, 1 Monat, 6 Monate) sollten alle 3 bis 5 Jahre Auffrischimpfungen erfolgen. Für Kinder von der Geburt bis 10 Jahre ist eine entsprechende Dosierung zu verwenden. Bei Patienten mit unzureichender Immunantwort bei einer Impfung (z. B. Urämie mit notwendiger Hämodialyse) konnte in ersten Studien gezeigt werden, daß die gleichzeitige Gabe von Interleukin-2 und Hepatitis-B-Impfstoff zu einer deutlich verbesserten Immunantwort führt.

Hepatitis B
Impfschutz: 3–5 Jahre indiziert bei:
- Personal des Gesundheitsdienstes
- Homosexuellen
- Drogenabhängigen

Keine Gefahr der HIV-Übertragung

FSME
indiziert bei:
- Land- und Forstarbeitern
- Personen in Endemiegebieten

Frühsommermeningoenzephalitis (FSME): Eine Impfung zum Schutz vor einer FSME ist bei Personen mit einer Exposition gegen die Zecke Ixodes ricinus, den Überträger des Virus, angezeigt. Hierzu gehören Land- und Forstarbeiter, evtl. Personen und Urlauber in Endemiegebieten (Süddeutschland, Österreich). Das Virus wird durch Formalin inaktiviert. Die Impfung (außerhalb der Zeckenaktivität) besteht aus zwei Injektionen (0,5 ml i. m.) im Abstand von 4–12 Wochen sowie aus einer dritten Gabe nach 9–12 Monaten. Eine Auffrischimpfung sollte alle drei Jahre erfolgen. (s. auch passive Impfung).

Pneumokokken
indiziert bei:
- älteren Menschen
- Zustand nach Splenektomie

Pneumokokken: Die Anwendung des Impfstoffes (1 × 0,5 ml s.c. oder i. m.) gegen 23 der häufigsten Serotypen ist bei älteren Personen oder Personen mit Zustand nach Splenektomie zu empfehlen. Die Gabe sollte innerhalb von 5 Jahren nur einmal erfolgen, da bei einer zweiten Impfung ein Boostereffekt ausbleibt, die Zahl der Nebenwirkungen (lokal und systemisch) aber auf ca. 50 % ansteigt. Bei asplenischen Personen muß bei Krankheitsverdacht unbedingt auch eine sofortige Penizillin-Therapie durchgeführt werden, da in einigen Fällen die Impfung alleine nicht ausreicht.

Meningokokkenmeningitis
bei Reisen in Länder mit Infektionsrisiko

Meningokokkenmeningitis: Eine Vakzine mit Kapselpolysacchariden von Neisseria meningitidis, Serogruppen A und C steht für Reisende in Länder mit hohem Infektionsrisiko zur Verfügung. Die Antigenität der Serogruppe B ist gering (Verwandtschaft mit ZNS-Lipid-Strukturen?), weshalb im Augenblick kein wirksamer Impfstoff vorhanden ist.

Haemophilus influenzae
Impfstoff ist gebunden an Diphtherie-Toxoid

Haemophilus influenzae: Der Haemophilus-influenzae- (Typ b) Kapselpolysaccharid-Impfstoff (Connaught Laboratories) ist an Diphtherie-Toxoid gebunden und wird ab dem 3. Lebensmonat in Dosen von je 0,5 ml an zwei Terminen im Abstand von 6–8 Wochen verabreicht (eine 3. Dosis im 2. Lebensjahr). Wirksamkeit der Impfung in der Prävention von Meningitis durch H. influenzae gilt als nachgewiesen.

2.2.2 Lebendimpfstoffe

Lebendimpfstoffe

enthalten vermehrungsfähige, in ihrer Virulenz jedoch stark abgeschwächte Erreger; diese können bei abwehrgeschwächten Patienten eine Erkrankung auslösen.

Impfungen mit Lebendimpfstoffen enthalten vermehrungsfähige Erreger, die aber unter Erhaltung der Antigenität so verändert (attenuiert) sind, daß sie keine Erkrankungen hervorrufen können. Der Erfolg dieser Form der Impfung ist deshalb größer, weil örtlich eine reguläre Erkrankung abläuft oder aber eine Immunität solange besteht, wie lebende Erreger im Organismus vorhanden sind **(Infektionsimmunität)**. Das bekannteste Beispiel für die Anwendung von Lebendimpfstoff ist die Impfung gegen *Pocken* mit dem Kuhpockenvirus durch Jenner 1796. Durch die Eradikation der Pocken ist diese Impfung heute nicht mehr notwendig. **Kontraindikationen** bei der Gabe von Lebendimpfstoffen ist eine *Kortikoidtherapie, Immunsuppression* im Rahmen einer Grundkrankheit oder eine *Schwangerschaft.* Die Anwendung von Lebendimpfstoff ist bei folgenden Infektionskrankheiten möglich:

Tuberkulose
Inzidenz konnte um 80 % gesenkt werden
indiziert bei:
- ansteckungsgefährdeten Neugeborenen
- tuberkulinnegativen älteren Kindern
- exponierten Erwachsenen

Tuberkulose: Beim BCG (Bacille Calmette-Guérin, Stamm Kopenhagen 1331) handelt es sich um einen attenuierten Stamm von *Mycobacterium bovis,* der über gallehaltige Medien passagiert wurde. Durch die konsequente Anwendung des Impfstoffes ist es möglich, die Inzidenz der Tuberkulose um fast 80 % zu senken. Die Impfung wird bei Neugeborenen und Säuglingen bis zur 6. Lebenswoche bei besonderer Ansteckungsgefahr, für tuberkulinnegative ältere Kinder und Jugendliche und exponierte Erwachsene (medizinisches Personal) empfohlen. Nebenwirkungen können am Inokulationsort entstehen (Ulzerationen), oder auch Vergrößerungen der lokalen Lymphknoten, gelegentlich kann es zu Einschmelzungen derselben kommen. Wichtig ist die streng intrakutane Injektion von 0,1 ml des Impfstoffes.

Typhus
Impfschutz: 12 Monate

Typhus: Neben dem oben erwähnten Totimpfstoff steht ein lyophilisierter Lebendimpfstoff *(Salmonella typhi Ty21a)* zur Verfügung. Die magensaftresistenten Kapseln werden im Abstand von 2 Tagen dreimal oral genommen und gewähren einen Impfschutz von etwa 12 Monaten.

Poliomyelitis: Eine weite Verbreitung hat die Poliomyelitisimpfung nach Sabin gefunden. Im Gegensatz zur Impfung nach Salk werden die attenuierten Poliomyelitisviren der Typen 1, 2 und 3 auf einem Stück Zucker oral gegeben. Bei dieser Impfung besteht die Möglichkeit der Interferenz, d. h. die Vermehrung einer der drei Typen wird unterdrückt. Daher wird die Schluckimpfung dreimal in Abständen von 4–8 Wochen verabreicht, der Abstand zwischen der zweiten und dritten Impfung kann auch bis zu einem Jahr betragen. Auffrischimpfungen (1 Dosis) sind in jeweils 10jährigen Abständen angezeigt. Der Impfstoff ist sicher und effektiv (auch lokale Immunität der Darmschleimhaut), in seltenen Fällen kann es aber zu einer paralytischen Poliomyelitis der Impflinge oder von Kontaktpersonen kommen, da sich das Virus im Darm vermehrt und mit dem Stuhl (etwa 4–6 Wochen) ausgeschieden wird.

Poliomyelitis
Impfstoff ist sicher und effektiv, aber seltene Fälle von paralytischer Poliomyelitis

Masern: Das Impfvirus wächst auf Hühnerfibroblasten, daher besteht eine Kontraindikation bei Allergie gegen Hühnereiweiß. Eine einzige Injektion des Impfstoffes (0,5 ml i.m., s. c.) im Alter von etwa 15 Monaten reicht aus. Impfmasern können nach 5–12 Tagen auftreten, sie sind aber nicht ansteckend. Meist erfolgt die aktive Immunisierung in Kombination mit Mumps oder mit Mumps und Röteln.

Masern
Kontrainduziert bei Allergie gegen Hühnereiweiß
Kombination mit
- Mumpsimpfung
- Mumps- und Rötelnimpfung

Mumps: Ein effektiver Mumpsimpfstoff steht zur Verfügung, für ihn gilt ähnliches wie für die Schutzimpfung gegen Masern (1 × 0,5 ml i.m. oder s.c.).

Mumps
s. Masern

Röteln: Ein wesentliches Ziel der Impfung ist die *Verhütung von Rötelnembryopathien.* Wird die Impfung nicht im zweiten Lebensjahr durchgeführt, sollten Mädchen im Alter zwischen 10 und 14 Jahren nach Testung auf Antikörper geimpft werden. Bei der Impfung muß eine Schwangerschaft ausgeschlossen werden, nach erfolgter Impfung bei Frauen sollte keine Schwangerschaft in den folgenden drei Monaten auftreten. Wird eine Rötelnimpfung kurz vor der Konzeption oder eine versehentliche Impfung während der ersten Schwangerschaftswochen durchgeführt, besteht nicht in jedem Fall eine zwingende Indikation zur Interruptio, da das Risiko einer Embryopathie durch das Impfvirus sehr gering scheint. Eine Impfung empfiehlt sich auch bei beruflich exponierten Personen ohne Antikörper. Nach einer Gabe (0,5 ml i.m. oder s.c.) sind bei 95–100 % der Impflinge Antikörper nachzuweisen. Nebenwirkungen sind selten, gelegentlich treten Arthralgien, vergrößerte Speicheldrüsen oder ein allgemeines Krankheitsgefühl auf.

Röteln
Ziel: Verhütung von Rötelnembryopathien
indiziert bei:
- Mädchen zwischen 10 und 14 Jahren nach Testung auf Antikörper
- beruflich exponierten Personen ohne Antikörper

Varizellen: Die Impfung (1 × 0,5 ml s.c.) sollte bei Personen mit hohem Krankheitsrisiko durchgeführt werden. Der Impfschutz bleibt für etwa zwei Jahre bestehen.

Varizellen
Impfschutz: 2 Jahre

Gelbfieber: Eine Impfung bei Reisen in Gelbfiebergebiete muß mindestens 10 Tage vor Einreise erfolgen. Der Impfstoff mit dem attenuierten Virus wird bei Erwachsenen und Kindern subkutan oder intramuskulär gespritzt (0,5 ml), bei Kindern ab dem siebten bis zum zwölften Lebensmonat muß die Dosis verringert werden (0,1 ml i.c.), in früheren Lebensaltern darf keine Impfung erfolgen. Schwangere sollten nicht geimpft werden (evtl. mit einer Dosis von 0,1 ml). Die Impfung ist sehr effektiv, die Konversionsrate beträgt etwa 95 %, und ihre Schutzwirkung hält bei Gabe der Normaldosis etwa 10 Jahre an. Als Nebenwirkung kann eine Enzephalitis besonders bei Säuglingen auftreten.

Gelbfieber
bei Reisen in Endemiegebiete 10 Tage vor Antritt
Kontraindiziert bei Schwangeren

Impfschutz: 10 Jahre

2.2.3 Toxoidimpfstoffe

Toxoidimpfstoffe

Neben den Tot- und Lebendimpfstoffen sind Toxoidimpfstoffe sehr wichtig.

> Unter Toxoiden werden Toxine verstanden, deren Toxizität, nicht aber deren Antigenität, durch eine Formalinbehandlung aufgehoben wurde.

Toxoide: ⇦

Diphtherie
auch heute noch notwendig
Kontraindiziert bei
- akuten Erkrankungen
- aktiver Tbc
- Krampfanamnese
- rheumatischen Herzvitien
- chronischem Nierenleiden

mit dem Alter zunehmende Nebenwirkungen

Tetanus
nach Grundimmunisierung Auffrischimpfungen im Abstand von ca. 10 Jahren, im Verletzungsfall zwischen dem 5. und 10. Jahr

Zur Verbesserung der Immunantwort werden die Toxoide häufig an Aluminiumhydroxid adsorbiert (Formoltoxoid-Adsorbatimpfstoff). Beispiele für mögliche Impfungen:

Diphtherie: Das Diphtherietoxoid kann in allen Lebensaltern, bei Kindern auch in Kombination mit anderen Vakzinen (z. B. Diphtherie, Pertussis, Tetanus), gegeben werden. Allerdings ist die Dosierung vom Alter abhängig, sie sollte ab der 10. Lebenswoche bis zum 6. Lebensjahr 0,5 ml, vom 6. bis zum 8. Lebensjahr 0,3 ml (2× im Abstand von 4–8 Wochen) betragen. Ab diesem Alter ist eine Immunisierung mit dem Erwachsenenimpfstoff mit geringerem Antigengehalt durchzuführen. Die Grundimmunisierung ist nach einem Jahr mit einer dritten Impfstoffgabe abgeschlossen. Bei Kindern sollte mit einer dem Alter entsprechenden Dosierung nach 5 Jahren eine Auffrischimpfung erfolgen, dann alle 10 Jahre. Gegenindikationen sind akute Erkrankungen, aktive Tbc, Krampfanamnese, rheumatische Herzvitien, chronische Nierenleiden. Komplikationen treten in Form einer entzündlichen Reaktion und von Fieber auf. Die Nebenwirkungen nehmen mit dem Alter zu.

Tetanus: Der wirksamste Schutz vor einer Tetanuserkrankung ist die aktive Immunisierung. Der Tetanus-Adsorbat-Impfstoff wird zweimal im Abstand von vier bis acht Wochen und ein drittes Mal nach einem Jahr intramuskulär (jeweils 0,5 ml) verabreicht. Auffrischimpfungen sind in Abständen von ca. zehn Jahren erforderlich. Hat eine Person die Grundimmunisierung erhalten, so genügt diese in den ersten fünf Jahren im Verletzungsfall. Im Zeitraum zwischen dem 5. und 10. Jahr wird eine einmalige Auffrischimpfung gegeben. Nach dieser Zeit oder bei unklarem Impfstatus ist die aktiv-passive Simultanimpfung durchzuführen. Sie besteht in der gleichzeitigen Applikation von 250 bzw. 500 I. E. (bei chirurgisch nicht einwandfrei versorgbaren Wunden sowie bei ausgedehnten Verbrennungen, hier zweite Injektion mit 250 I. E. etwa 36 h später) Tetanus-Immunglobulin i. m. und von 0,5 ml Teta-

Impfplan (Stand: 7. 1990)

Lebensalter	Impfung	Personenkreis
1. Lebenswoche (zelluläre Abwehr!)	Tuberkulose	Neugeborene bei erhöhter Ansteckungsgefahr
Ab 3. Lebensmonat	Diphtherie-Tetanus (D-T) 2× im Abstand von mindestens 6 Wochen oder	alle Kinder
	Diphtherie-Pertussis-Tetanus (D-P-T) 3× im Abstand von 4 Wochen	Beginn nicht nach dem 1. Lebensjahr
	Poliomyelitis 2× trivalente Schluckimpfung im Abstand von mindestens 6 Wochen	alle Kinder
	Haemophilus influenzae b (Hib) 3× im Abstand von 6–8 Wochen	alle Säuglinge
Ab 15. Lebensmonat	Masern, Mumps, Röteln	alle Kinder
	Poliomyelitis (3. trivalente Schluckimpfung)	
	D-T (3. Impfung)	
	D-P-T (4. Impfung)	
6./7. Lebensjahr	bisher versäumte Impfungen (außer Pertussis) Tetanus-Diphtherie (Auffrischimpfung mit verringerter Dosis bei Diphtherie)	
10. Lebensjahr	Poliomyelitis (Wiederimpfung)	alle Kinder
15.–16. Lebensjahr	Röteln	alle Mädchen, die zuvor nicht geimpft wurden
	Tetanus (Auffrischimpfung)	
	Diphtherie (Auffrischimpfung mit geringer dosiertem Impfstoff)	

nus-Adsorbat-Impfstoff an getrennten Körperstellen. Bei Unverträglichkeit des Impfstoffes kann auch eine Hyperimmunisierung vorliegen, im Zweifelsfall kann die Bestimmung der Antikörpertiter weitere Auskunft über den Immunstatus geben. Bei Impfungen im Säuglingsalter ist zu beachten, daß der passiv durch maternale Antikörper gegebene Schutz auch den Erfolg einer aktiven Impfung beeinträchtigen kann. Die Impfungen sollten daher ohne zwingende Indikation (Verletzung) nicht vor dem dritten Lebensmonat durchgeführt werden.

Impfzwischenfälle und -komplikationen

Bei **Impfzwischenfällen** und **Impfkomplikationen** werden bei öffentlich durch den Gesundheitsdienst empfohlenen Impfungen nach Paragraph 51 des Bundesseuchengesetzes Entschädigungen bezahlt. Wesentlich bei Impfungen ist die Beachtung der **Kontraindikationen**, hierdurch kann die Zahl der Impfzwischenfälle sicher gering gehalten werden.

besondere Beachtung der Kontraindikationen

Sachverzeichnis

Papier | Fördert gute Waldnutzung
FSC® C083411

Kolibri 360 GmbH
Ferdinand-Jühlke-Straße 7
99095 Erfurt, Deutschland
produktsicherheit@kolibri360.de